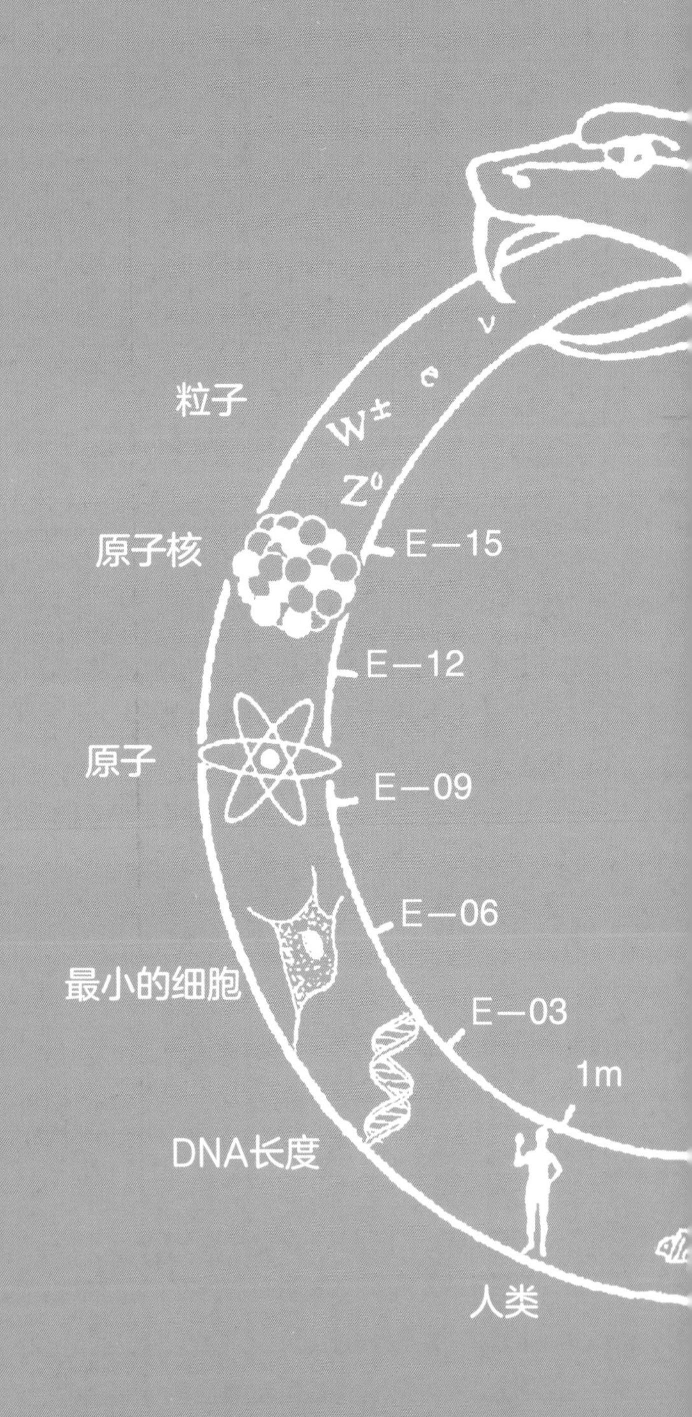
粒子
$W^{\pm}$ e ν
$Z^0$
原子核
E—15
E—12
原子
E—09
E—06
最小的细胞
E—03
1m
DNA长度
人类

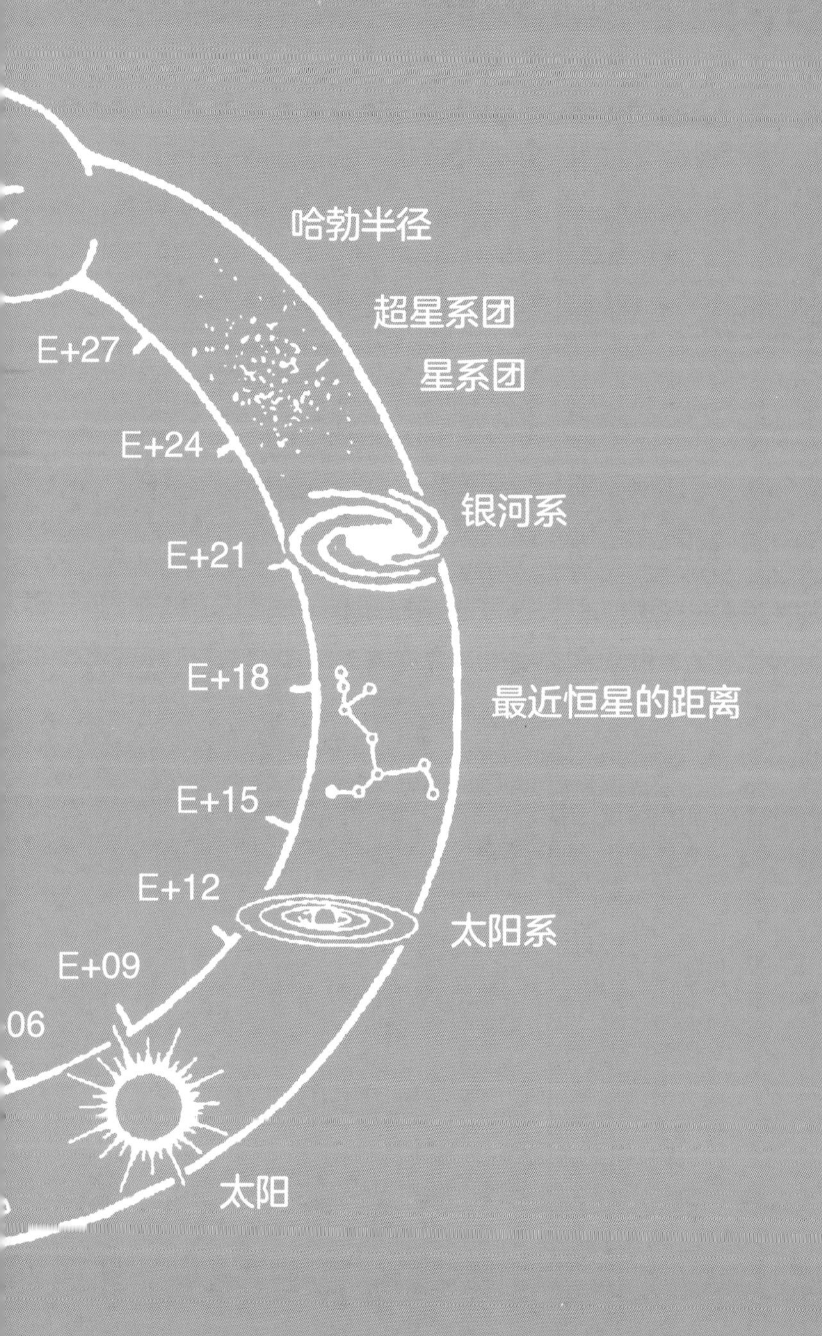

哈勃半径
超星系团
星系团
银河系
最近恒星的距离
太阳系
太阳
E+27
E+24
E+21
E+18
E+15
E+12
E+09
06

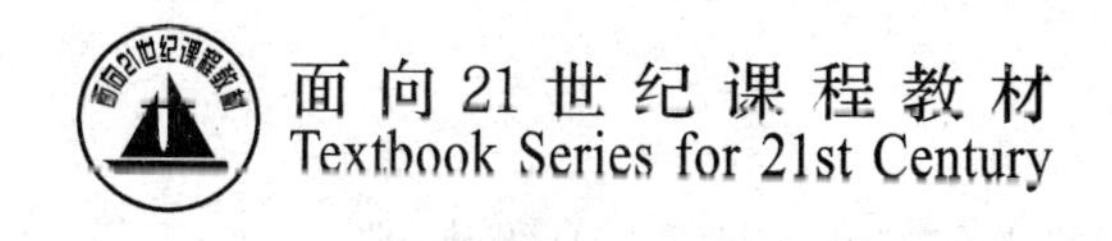


新概念物理教程

# 电磁学

（第三版）

赵凯华　陈熙谋

中国教育出版传媒集团
高等教育出版社·北京

内容提要

本书是"面向21世纪课程教材"，是在第二版的基础上修订而成的。此次修订，保持了原书在用现代的观点审视、选择和组织传统的教学内容，适当的为物理学前沿打开窗口和安装接口，通过知识的传授提高科学素质和能力等方面的改革特色，更新了部分内容。全书包括静电场、恒定电流场，恒磁场，电磁感应、电磁场的相对论变换，电磁介质，电路，麦克斯韦电磁理论、电磁波、电磁单位制6章和5个数学附录。

本书可作为高等学校物理学类专业的教材或参考书，特别适合物理学基础学科拔尖人才培养选用。对于其他理工科专业，本书也是教师备课时很好的参考书和学生的辅助读物。

**图书在版编目（CIP）数据**

新概念物理教程. 电磁学 / 赵凯华，陈熙谋主编
. —3版. —北京：高等教育出版社，2023.7（2024.12重印）
ISBN 978-7-04-051410-0

Ⅰ.①新… Ⅱ.①赵… ②陈… Ⅲ.①物理学－高等学校－教材②电磁学－高等学校－教材 Ⅳ.①O4

中国版本图书馆CIP数据核字(2019)第035114号

XINGAINIAN WULI JIAOCHENG DIANCIXUE

策划编辑 缪可可　责任编辑 缪可可　封面设计 张　楠　版式设计 徐艳妮
插图绘制 于　博　责任校对 吕红颖　责任印制 沈心怡

| | | | |
|---|---|---|---|
| 出版发行 | 高等教育出版社 | 网　址 | http://www.hep.edu.cn |
| 社　址 | 北京市西城区德外大街4号 | | http://www.hep.com.cn |
| 邮政编码 | 100120 | 网上订购 | http://www.hepmall.com.cn |
| 印　刷 | 涿州市星河印刷有限公司 | | http://www.hepmall.com |
| 开　本 | 787mm×1092mm 1/16 | | http://www.hepmall.cn |
| 印　张 | 25 | 版　次 | 2003年4月第1版 |
| 字　数 | 620千字 | | 2023年7月第3版 |
| 购书热线 | 010-58581118 | 印　次 | 2024年12月第4次印刷 |
| 咨询电话 | 400-810-0598 | 定　价 | 58.00元 |


物 料 号　51410-00

# 第三版序

本书第二版已出版了十七年，印刷33次。目前应出版社的要求，扩大开本，出第三版。在此过程中出版社的编辑们对此书从头到尾仔细校对了一遍，提出了一些修订意见，作者很感谢他们。本次改版内容未作太大改动，只是在第三章1.3小节加了电磁感应磁力线计算机模拟图。

有人认为，第四章中磁介质的磁荷观点是不必要的。实际上在有关磁性材料的文献中都采用磁荷观点的理论，搞磁性材料的人不了解，会引起混乱。所以对一般的学生可以不讲，但他们需要知道。

借本书出第三版之机，我想对采用本书的师生说几句话。

我们这套新概念物理教程添加了一些物理前沿发展的介绍。有人反对，说学生看不懂，加重了他们的负担。后继课的老师说，抢了他们的地盘。下面谈谈我个人教书的一段经历。

考上大学的理科生，多是中学里的佼佼者，他们对物理，特别是近代物理里各种激动人心的成就满怀兴趣。如果进入大学来，两年之内尽和滑轮、斜面和经典电路一类的东西打交道，他们会不会感到失望？可是物理最新成果的内容很深，无法给低年级讲懂。一次我在德国考查教学时听了一位教授给刚入学的一年级学生讲力学课，他在讲摩擦力的时候联系到超流现象。课后我问他，你讲这些学生能懂吗？他说，有些内容学生可以不懂，但不能不知道。在这个想法启发下，我把我教课的内容分为基本和扩展两个部分，基本部分学生必须理解和掌握，扩展部分只是为了扩大眼界，听听就算了，可以不懂。这一点我国的学生很不习惯。老师一讲这些内容时学生就要想“这个考不考”，听不下去。我的经验是，讲前事先声明，下面介绍的一些内容是不考的。学生一下子就放心了。专心来听，懂多少算多少，兴趣也来了。1993年我讲力学课的时候，学生在调查表上反映，赵老师讲的课很引发兴趣，但不能全懂。三年后，到了他们四年级的时候我们做了一次跟踪的调查。他们反映，说当时听赵老师讲课的时候有的问题不懂，可是引起了他们极大的兴趣，以后几年学后继课的时候，他们带着不懂的问题去学，把问题搞懂了。带着问题学，比带着一张白纸去学效率要高很多。有些学生还说，现在要毕业了，有些问题还不懂，今后有机会还希望把它们搞懂。

这就是为什么新概念物理教程增添一些物理前沿内容介绍的原因。

赵凯华

2023年2月

# 第二版序[1]

本书第一版出版到现在只有三年，但年发行量居《新概念物理教程》五本之首。书中已发现的一般性笔误和印刷错误在第一版历次重印时大部分已订正。本次改版，我们根据使用者的意见，将书中某些章节的顺序做了调整。主要有两点：把①静电能和②恒定电流场及其边值条件从第四章提前到第一章，从而电动势的概念也可在第三章用到之前先出现。此外，增补了习题答案。

作者感谢指出本书第一版中错误的所有教师和学生。

作 者

2006 年 6 月

[1] 本书的修改得到"国家基础科学人才培养资助"J0630311.

# 第一版序

从教学顺序上看，本书是《新概念物理教程》中的第三卷。全套书各卷的编写和改革思路是一脉相承的，但根据内容的特点，各卷的情况有所不同。继力学课之后，电磁学是普通物理系列中最重要的基础课。电磁学中最重要的概念是“场”。场与质点不同，是在空间具有连续分布的客体，它的规律要从整体上去把握。场在空间的分布不一定直接与场源相联系，邻近各点之间场的分布也是紧密相关的。描述和处理“场”所需的概念（如通量、环量）和方法与学生过去熟悉的大不相同。学生在电磁学课中第一次系统地学到“场”的概念和处理“场”的方法。按现代物理学的观点，粒子不过是场的激发态，“场”的概念比“粒子”更基本。通过“场”产生相互作用的观点是与现代物理学的精神相通的。

我们曾在20多年前编写过一本《电磁学》教材，在全国范围内得到相当广泛的采用，并且沿用至今，势头未减。本书就是在那本书的基础上改写的。这次改写的时候我们面临的问题是保留什么？改什么？无疑，无论在内容的取舍、叙述的条理、概念的分析等方面，凡经得住教学实践的考验，而用现代的观点审视又不陈旧过时的，都应该保留。在本套《新概念物理教程》中，作为现代的观点，强调了对称性原理和守恒量的应用。对称性分析在普通物理各门课里要数电磁学中用得最多，但过去的讲法以具体的物理定律（如库仑定律、毕奥—萨伐尔定律）为据，就事论事地讨论问题，而未从层次更高的对称性原理出发，做更简洁、普适性更广的讨论。这次成书时我们改过来了。此外，过去镜像对称性这一威力强大的武器几乎没被利用过，本书中我们强调了这方面的应用。至于守恒量，电磁学从来就重视电势与能量的讨论，但局限于标势，对磁矢势介绍得很少，并且对电磁动量与磁矢势的关系基本上未涉及。这次成书时我们增加了有关内容。再者，本书对原书的章节做了些合并与调整，使相关内容（如电介质和磁介质，直流电路与交流电路）叙述起来更紧凑。对一些太技术性的问题和过时的仪器设备做了删除。电磁学的历史，从麦克斯韦算起少说也有150年了，至今生命力不衰。本书对电磁学的前沿要不要有更多的反映？经典电磁学的前沿早已成为应用性学科，如电工学、电子学的内容，在基础物理课中不宜过多介绍。量子方面呢？在这些问题中多涉及量子力学的基本概念，除了新闻式的报导外，很难对未学过量子力学或《新概念物理教程·量子物理》卷的学生，做稍微本质一点的介绍。加之本卷《新概念物理教程·电磁学》已经很厚了，这方面的内容只好割爱。

本卷在《新概念物理教程》各卷中也许显得比传统的变化少了一些。我们发现费曼在他著名的《物理学讲义》序言中有这样的话：“……尽管我想，就物理内容而言，第一年课程制订得还相当满意。第二年我就不那么满意了。课程的前半部分讨论的是电和磁，我想不出什么比通常更令人激动的独特而不同的方式去讲述。”可能这就是实际情况，我们应当尊重。在教学改革中实事求是的精神是很必要的。

《电磁学》原书是两人共同编写的。本卷的改写，陈熙谋除对整体参与了一些重要意见和提供一些片段外，主要重写了第五章，其余工作由赵凯华完成。

作 者

2002年炎暑

目　　录

# 第一章 静电场 恒定电流场

## §1. 静电的基本现象和基本规律

### 1.1 两种电荷

在很早的时候，人们就发现了用毛皮摩擦过的琥珀能够吸引羽毛、头发等轻小物体。后来发现，摩擦后能吸引轻小物体的现象，并不是琥珀所独有的，像玻璃棒、火漆棒、硬橡胶棒、硫磺块或水晶块等，用毛皮或丝绸摩擦后，也都能吸引轻小物体(图 1-1)。

物体有了这种吸引轻小物体的性质，就说它带了电，或有了*电荷*。带电的物体叫*带电体*。

使物体带电叫做*起电*。用摩擦方法使物体带电叫做*摩擦起电*。

图 1-1 摩擦起电

实验指出，两根用毛皮摩擦过的硬橡胶棒互相排斥；两根用绸子摩擦过的玻璃棒也互相排斥；可是，用毛皮摩擦过的硬橡胶棒与用绸子摩擦过的玻璃棒互相吸引，这表明硬橡胶棒上的电荷和玻璃棒上的电荷是不同的。实验证明，所有其他物体，无论用什么方法起电，所带的电荷或者与玻璃棒上的电荷相同，或者与硬橡胶棒上的电荷相同。所以，自然界中只存在两种电荷；而且，*同种电荷互相排斥，异种电荷互相吸引*。

物体所带电荷数量的多少，叫做*电荷量*简称*电量*。测量电量的最简单的仪器是*验电器*，其构造如图 1-2a 所示，在玻璃瓶上装一橡胶塞，塞中插一根金属杆，杆的上端有一金属球，下端有一对悬挂的金箔(或铝箔)。当带电体和金属杆上端的小球接触时，就有一部分电荷传到金属杆下端的两块金箔上，它们就因带同种电荷互相排斥而张开，所带的电荷愈多，张角就愈大。为了便于定量地确定电荷的多少，还可用*静电计*来测量。静电计是在金属外壳中绝缘地安装一根金属杆，在金属杆上安装一根可以偏转的金属指针，并在杆的下端装一个弧形标度尺来显示指针偏转的角度，如图 1-2b 所示。静电计其实是测量电势的仪器。为了定量地测量电量，需在静电计的金属杆上接一金属圆筒(叫做法拉第圆筒)。要测量的电荷应与圆筒的内表面接触，其测量原理要用到本章 5.3 节所述的导体壳的静电平衡性质。

a 验电器　　　b 静电计

图 1-2 测量电量的装置

如果静电计原已带了电，我们再把同种电荷加到它上面，指针的偏转角就会增大；把异种电荷逐渐加上去，就会看到指针的偏转角开始时缩小，减到 0 之后又复张开，这时它所带的是后加上去的那种电荷。这些事实表明，两种电荷像正数和负数一样，同种的放在一起互相增强，异种的放在一起互相抵消。为了区别两种电荷，我们把其中的一种(用绸子摩擦过的玻璃棒所带的电荷)叫做*正电荷*[1]，另一种(用毛皮摩擦过的硬橡胶棒所带的电荷)叫做*负电荷*，它们的数量分别

---

[1] 近年来有人做实验发现，如果玻璃棒的温度较高，或者玻璃棒表面较粗糙，摩擦时造成局部温度较高，玻璃棒上会产生负电荷。

用正数和负数来表示，电荷的正、负本来是相对的，把两种电荷中的哪一种叫做“正”，哪一种叫做“负”，本是任意的。上述命名法历史上是由富兰克林首先提出来的，国际上一直沿用到今天。

正、负电荷互相完全抵消的状态叫做中和。下面我们将从物质的微观结构看到，任何所谓不带电的物体，并不意味着其中根本没有电荷，而是其中具有等量异号的电荷，以致其整体处在中和状态，所以对外界不呈现电性。

实验表明，摩擦起电还有一个重要的特点，就是相互摩擦的两个物体总是同时带电的，而且所带的电荷等量异号。

## 1.2 静电感应 电荷守恒定律

另一种重要的起电方法是静电感应。如图 1－3 所示，取一对由玻璃柱支持着的金属柱体 A 和 B，它们起初彼此接触，且不带电。

当我们把另一个带电的金属球 C 移近时，将发现 A、B 都带了电，靠近 C 的柱体 A 带的电荷与 C 异号，较远的柱体 B 带的电荷与 C 同号(图 1－3a)。这种现象叫做静电感应。如果先把 A、B 分开，然后移去 C，则发现 A、B 上仍保持一定的电荷(图 1－3b)。最后如果让 A、B 重新接触，它们所带的电荷就全部消失(图 1－3c)。这表明，A、B 重新接触前所带的电荷是等量异号的。

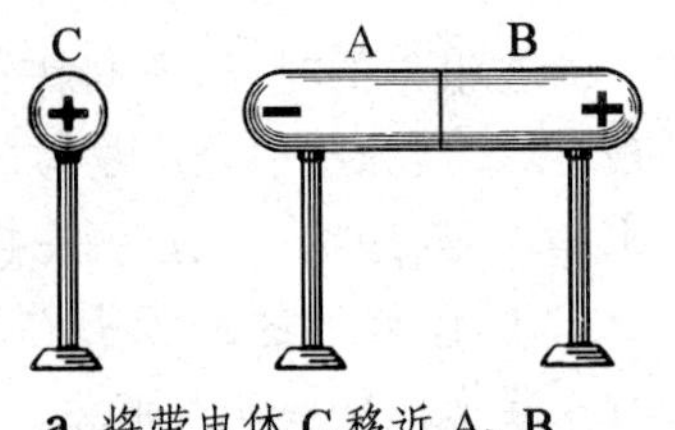


a 将带电体 C 移近 A、B

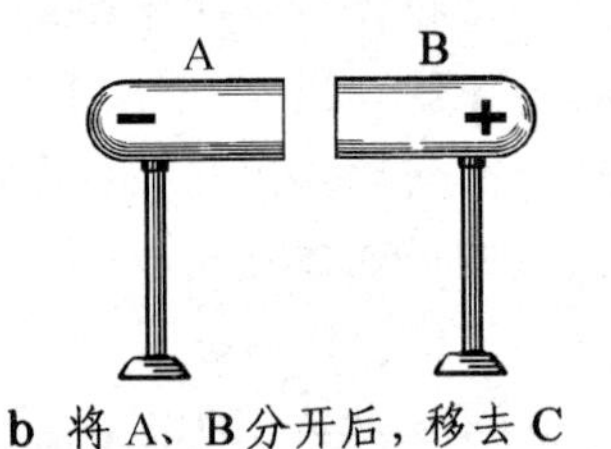


b 将 A、B 分开后，移去 C

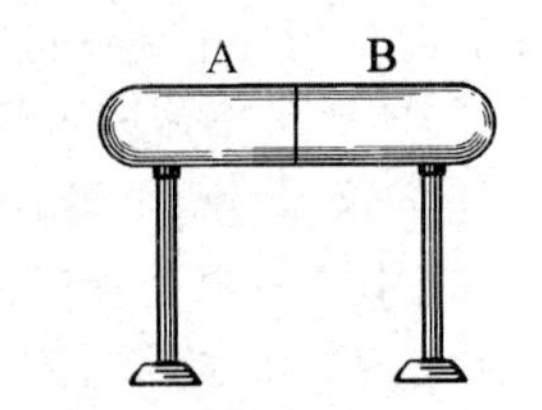


c A、B重新接触

图 1－3 静电感应

摩擦起电和静电感应的实验表明，起电过程是电荷从一个物体(或物体的一部分)转移到另一物体(或同一物体的另一部分)的过程。摩擦起电时，某种电荷从一物体转移至另一物体，从而使两物体的中和状态都遭到破坏，各显电性。譬如在负电荷转移的过程中，失去它的一方带上正电，获得它的一方带上负电，因此两物体带上等量异号的电荷。在静电感应的现象里也是一样，把带电体 C 移近时，金属柱体 A 和 B 中与 C 同号的电荷被排斥，异号电荷被吸引，于是在 A、B 之间发生了电荷的转移，使它们带上等量异号的电荷。

从以上一些事实可以总结出如下的定律：*电荷既不能被创造，也不能被消灭，它们只能从一个物体转移到另一个物体，或者从物体的一部分转移到另一部分，也就是说，在任何物理过程中，电荷的代数和是守恒的*。这个定律叫做电荷守恒定律。电荷守恒定律不仅在一切宏观过程中成立，近代科学实践证明，它也是一切微观过程(如核反应和“基本”粒子过程)所普遍遵守的[1]。它是物理学中普遍的基本定律之一。

## 1.3 导体、绝缘体和半导体

如果使带电体同玻璃棒的某个地方接触，玻璃棒的那个地方就带上电荷，可是别的地方仍旧

---

[1] 举个突出的例子来说明，高能光子($\gamma$ 射线)和原子核相碰时，会产生一对正负电子(电子对的产生)；反之，当一对正负电子互相靠近时会融合而消失，在消失处产生 $\gamma$ 辐射(电子对的湮没)。光子不带电，正负电子所带的电荷等量异号，故在此微观过程中尽管粒子产生或消灭了，但过程前后电荷的代数总和仍没有变。这便是在微观领域内对电荷不被创造、不被消灭的新理解。

不带电。如果使带电体同金属物体的某个地方(例如验电器中金属杆上端的球)接触,那么,不仅接触的地方带电,而且金属物体的其他部分(如金属杆下端的金箔)也带上了电。图 1-3 中金属柱体A、B因静电感应而带的电荷并不会沿玻璃支柱跑掉,但是当它们重新接触时,两边的电荷却能跑到一起而中和。

从许多这类实验中可以得到一个结论,就是按照电荷在其中是否容易转移或传导,习惯上可以把物体大致分成两类:(1) 电荷能够从产生的地方迅速转移或传导到其他部分的那种物体,叫做导体;(2) 电荷几乎只能停留在产生的地方的那种物体,叫做绝缘体。金属、石墨、电解液(酸、碱、盐类的水溶液)、人体、地、电离了的气体等都是导体;玻璃、橡胶、丝绸、琥珀、松香、硫磺、瓷器、油类、未电离的气体等都是绝缘体。

应当指出,这种分类不是绝对的,导体和绝缘体之间并没有严格的界限。在一定的条件下物体转移或传导电荷的能力(称为导电能力)将发生变化,例如,绝缘体在强电力作用下将被击穿而成为导体。另外,还有许多称为半导体的物质,它们的导电能力介于导体和绝缘体之间,而且对温度、光照、杂质、压力、电磁场等外加条件极为敏感。

### 1.4 物质的电结构

近代物理学的发展已使我们对带电现象的本质有了深入的了解。物质是由分子、原子组成的,而原子又由带正电的原子核和带负电的电子组成,原子核中有质子和中子,中子不带电,质子带正电。一个质子所带的电量和一个电子所带的电量数值相等,也就是说,如果用 $e$ 代表一个质子的电量,则一个电子的电量就是 $-e$.

物质内部固有地存在着电子和质子这两类基本电荷正是各种物体带电过程的内在根据。由于在正常情况下物体中任何一部分所包含的电子的总数和质子的总数是相等的,所以对外界不表现出电性。但是,如果在一定的外因作用下,物体(或其中的一部分)得到或失去一定数量的电子,使得电子的总数和质子的总数不再相等,物体就呈现电性。

两种不同质料的物体互相摩擦后之所以都会带电,是因为通过摩擦,每个物体中都有一些电子脱离了原子的束缚,跑到另一物体上去。但是,不同材料的物体彼此向对方转移的电子数目往往不相等,所以总体上讲,一个物体失去了电子,另一个物体得到了电子,结果失去电子的物体就带正电,得到电子的物体就带负电。 因此,摩擦带电实际上就是通过摩擦作用使电子从一个物体转移到另一个物体的过程。

在金属导体里,原子中的最外层电子(价电子)可以摆脱原子的束缚,在整个导体中自由运动,这类电子叫做*自由电子*。原子中除价电子外的其余部分叫*原子实*。在固态金属中原子实排列成整齐的点阵,称为*晶格*或*晶体点阵*。自由电子在晶体点阵间跑来跑去,像气体的分子那样作无规运动,并不时地彼此碰撞或与点阵上的原子实碰撞。这就是金属微观结构的经典图像。图 1-3 所示的静电感应现象可解释如下,当我们把带正电的物体(图 1-3a 中的 C) 移到金属导体(图中的 A 和 B) 附近时,导体内的自由电子就受到正电荷的吸引力,向靠近带电体的一端移动。结果导体的这一端就因电子过多而带负电,另一端则因电子过少而带正电。从这里可以看出,感应带电实际上是在外界电力的作用下,自由电子由导体的一部分转移到另一部分造成的。

一切导体之所以能够导电,是因为它们内部存在着可以自由移动的电荷,这种电荷叫做*自由电荷*。在不同类型的导体中,自由电荷的微观载体是不一样的。金属中的自由电荷就是自由电子。在电解液中,自由电荷不是电子而是溶解在其中的酸、碱、盐等溶质分子离解成的正、负离子。在电离的气体(如日光灯中的汞蒸气)中,自由电荷也是正、负离子,不过气体中的负离子往往就是电子。

在绝缘体中,绝大部分电荷都只能在一个原子或分子的范围内作微小的位移。这种电荷叫做束缚电荷。由于绝缘体中自由电子很少,所以它们的导电性能很差。

在半导体中导电的粒子(叫做载流子),除带负电的电子外,还有带正电的"空穴"。当半导体中多数载流子是电子时,称为N型半导体;当多数载流子是"空穴"时,称为P型半导体。将N型和P型半导体结合起来,可以制成各种半导体器件,如晶体二极管、晶体三极管等,它们在现代电子技术中有着广泛的应用。

上述物质结构的图像表明,电荷的量值是离散的(近代物理学中把这叫做"量子化的")。电荷的量值有个基本单元,即一个质子或一个电子所带电量的绝对值 $e$,每个原子核、原子或离子、分子,以至宏观物体所带的电量,都只能是这个元电荷 $e$ 的整数倍。这个常量是由实验测定的,根据2014年发布的数据,这个元电荷的量值为

$$e = 1.6021766208(98)\times 10^{-19}\ \mathrm{C},$$

它的近似值为

$$e = 1.602\times 10^{-19}\ \mathrm{C},$$

C(库仑)是电量的单位,它的定义将在后文阐述。不过根据上式我们也可以说,1C的电量是元电荷的

$$\frac{1}{1.602\times 10^{-19}} = 6.24\times 10^{18}\ \text{倍}。$$

### 1.5 库仑定律

发现电现象后两千多年的长时期内,人们对电的了解一直处于定性的初级阶段。这是因为,一方面社会生产力的发展还没有提出应用电力的急迫需要,另一方面,人们对电的规律的研究必须借助于较精密的仪器,这也只有在生产水平达到一定高度时才能实现。这种状况一直延续很久,到了19世纪人们才开始对电的规律及其本质有比较深入的了解。

最早的定量研究是在18世纪末,库仑通过实验总结出两个静止点电荷间相互作用的规律,现称之为库仑定律。所谓点电荷,是指这样的带电体,它本身的几何线度比起它到其他带电体的距离小得多。这种带电体的形状和电荷在其中的分布已无关紧要,因此我们可以把它抽象成一个几何点。

库仑定律表述如下:

在真空中,两个静止的点电荷 $q_1$ 和 $q_2$ 之间的相互作用力的大小和 $q_1$ 与 $q_2$ 的乘积成正比,和它们之间的距离 $r$ 的平方成反比;作用力的方向沿着它们的联线,同号电荷相斥,异号电荷相吸。

令 $\boldsymbol{F}_{12}$ 代表 $q_1$ 给 $q_2$ 的力,$r$ 代表两电荷间的距离,$\hat{\boldsymbol{r}}_{12}$ 代表由 $q_1$ 到 $q_2$ 方向的单位矢量,则

$$\boldsymbol{F}_{12} = k\,\frac{q_1 q_2}{r^2}\,\hat{\boldsymbol{r}}_{12}, \tag{1.1}$$

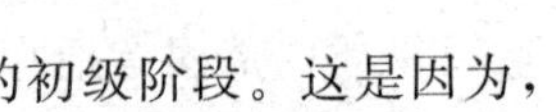

图1-4 库仑定律

无论 $q_1$、$q_2$ 的正负如何,此式都适用。当 $q_1$、$q_2$ 同号时,$\boldsymbol{F}_{12}$ 沿 $\hat{\boldsymbol{r}}_{12}$ 方向,即排斥力;当 $q_1$、$q_2$ 异号时,$q_1$ 与 $q_2$ 的乘积为负,$\boldsymbol{F}_{12}$ 沿 $-\hat{\boldsymbol{r}}_{12}$ 方向,即吸引力。当下标1、2对调时,$\hat{\boldsymbol{r}}_{21}=-\hat{\boldsymbol{r}}_{12}$,故(1.1)式还表明,$q_1$ 给 $q_2$ 的力 $\boldsymbol{F}_{21}=-\boldsymbol{F}_{12}$(见图1-4),即静止电荷之间的库仑力满足牛顿第三定律。

$\boldsymbol{F}_{12}$ 或 $\boldsymbol{F}_{21}$ 的大小 $F$ 为

$$F=k\frac{q_1q_2}{r^2},\tag{1.2}$$

式中 $k$ 是比例系数,它的数值取决于式中各量的单位。

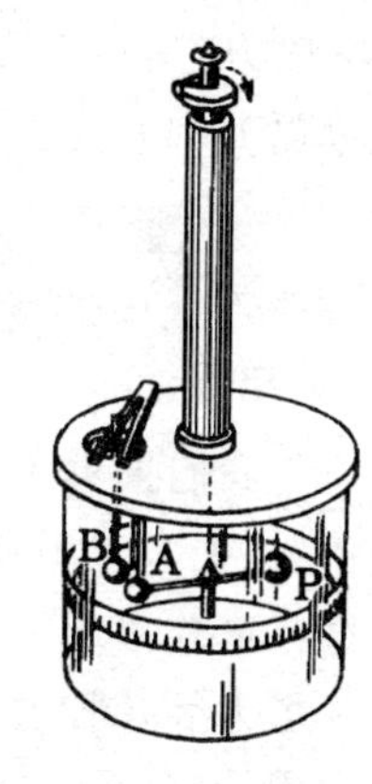

图 1-5 库仑扭秤

库仑定律是1784—1785年间由库仑通过扭秤实验总结出来的。扭秤的结构示于图1-5,在细金属丝下悬挂一根秤杆,它的一端有一小球A,另一端有平衡体P,在A旁还置有另一与它一样大小的固定小球B. 为了研究带电体之间的作用力,先使A、B各带一定的电荷,这时秤杆会因A端受力而偏转。转动悬丝上端的旋钮,使小球回到原来位置。这时悬丝的扭力矩等于施于小球A上电力的力矩。如果悬丝的扭力矩与扭转角度之间的关系已事先校准、标定,则由旋钮上指针转过的角度读数和已知的秤杆长度,可以得知在此距离下A、B之间的相互作用力。

很多书籍和文献中常采用的一种电学单位制,称为厘米·克·秒静电单位制,通常以CGSE或e.s.u.表示它,在这单位制中选(1.1)式或(1.2)式中的比例系数 $k=1$,并由此来定义电量的单位(详见第六章7.3节)。

本书采用的单位制是MKSA单位制,它是目前公认的国际单位制(SI)的一部分。在这单位制中有四个基本量:长度、质量、时间和电流。长度以米(M)为单位,质量以千克(K)为单位,时间以秒(S)为单位。电流以安培(A)为单位。其他各物理量的单位都可以从这些单位导出。例如,力的单位N(牛顿) = $\mathrm{kg\cdot m/s^2}$,功的单位为J(焦耳) = N·m. 在MKSA单位制中电量的单位是C(库仑),因为电流等于单位时间内通过导线横截面的电量,故库仑的定义是:如果导线中载有1A的恒电流,则在1s内通过导线横截面的电量为1C,即

$$1\,\mathrm{C}=1\,\mathrm{A\cdot s}.$$

库仑和e.s.u.电量的关系是

$$1\,\mathrm{C}=3.00\times10^9\ \text{e.s.u.电量。}$$

在MKSA单位制中,公式(1.1)或(1.2)里电量单位用C,距离的单位用m,力的单位用N,比例系数 $k$ 写成 $k=\dfrac{1}{4\pi\varepsilon_0}$ 的形式:

$$F=\frac{1}{4\pi\varepsilon_0}\frac{q_1q_2}{r^2},\tag{1.3}$$

$\varepsilon_0$ 是物理学中一个基本物理常量,叫做真空电容率或真空介电常量,其数值为

$$\varepsilon_0=8.854\,187\,817\cdots\times10^{-12}\ \mathrm{C^2/(N\cdot m^2)}.$$

其近似值为

$$\varepsilon_0=8.85\times10^{-12}\ \mathrm{C^2/(N\cdot m^2)}.$$

相应的 $k$ 值是

$$k=\frac{1}{4\pi\times8.85\times10^{-12}}\ \mathrm{N\cdot m^2/C^2}=8.99\times10^9\ \mathrm{N\cdot m^2/C^2}.$$

在MKSA单位制中,长度(L)、质量(M)、时间(T)、电流(I)为基本量,任何一个物理量 $Q$ 的量纲具有如下形式:

$$[Q]=\mathrm{L}^p\mathrm{M}^q\mathrm{T}^r\mathrm{I}^s,$$

例如电量 $q$ 和 $\varepsilon_0$ 的量纲分别为

$$[q]=\mathrm{TI},\quad [\varepsilon_0]=\frac{[q_1][q_2]}{[F][r^2]}=\mathrm{L^{-3}M^{-1}T^4I^2}.$$

最后我们指出,虽然库仑定律是通过宏观带电体的实验研究总结出来的规律,但物理学进一步的研究表明:原子结构,分子结构,固体、液体的结构,以至化学作用等问题的微观本质都和

电磁力(其中主要部分是库仑力)有关。而在这些问题中,万有引力的作用却是十分微小的(见习题 1-1)。

## §2. 电场 电场强度

### 2.1 电场

我们推桌子时,通过手和桌子直接接触,把力作用在桌子上。马拉车时,通过绳子和车直接接触,把力作用到车上。在这些例子里,力都是存在于直接接触的物体之间的,这种力的作用,叫做接触作用或近距作用。但是,电力(电荷之间的相互作用力)、磁力(如磁铁对铁块的吸引力)和重力等几种力,却可以发生在两个相隔一定距离的物体之间,而在两物体之间并不需要有任何由原子、分子组成的物质作介质。那么,这些力究竟是怎样传递的呢?围绕着这个问题,在历史上曾有过长期的争论。一种观点认为这类力不需要任何媒介,也不需要时间,就能够由一个物体立即作用到相隔一定距离的另一个物体上,这种观点叫做超距作用观点。另一种观点认为这类力也是近距作用的,电力和磁力是通过一种充满在空间的弹性介质——“以太”来传递的。

近代物理学的发展证明,“超距作用”的观点是错误的,电力和磁力的传递虽然速度很快(约 $3\times10^8$ m/s),但并非不需要时间;而历史上持“近距作用”观点的人所假定的那种“弹性以太”也是不存在的。实际上,电力和磁力是通过电场和磁场来作用的。

$\boldsymbol{F}_{21}$ ←○1 电场 2○→ $\boldsymbol{F}_{12}$

图 1-6 电荷间的相互作用通过电场

近代物理学的发展告诉我们:凡是有电荷的地方,四周就存在着电场,即任何电荷都在自己周围的空间激发电场;而电场的基本性质是,它对于处在其中的任何其他电荷都有作用力,称作电场力。因此,电荷与电荷之间是通过电场发生相互作用的。具体地讲,当图 1-6 中的物体 1 带电时,1 上的电荷就在周围的空间激发一个电场;物体 2 带电时,2 上的电荷也在周围的空间激发一个电场。带电体 2 所受的力 $\boldsymbol{F}_{12}$ 是 1 的场施加给它的,带电体 1 所受的力 $\boldsymbol{F}_{21}$ 是 2 的场施加给它的。用一个图式来概括,则为

$$\text{电荷} \Leftrightarrow \boxed{\text{电场}} \Leftrightarrow \text{电荷}$$

现在,科学实验和广泛的生产实践完全肯定了场的观点,并证明电磁场可以脱离电荷和电流而独立存在;它具有自己的运动规律;电磁场和实物(即由原子、分子等组成的物质)一样具有能量、动量等属性;一句话,电磁场是物质的一种形态。电磁场的物质性在它处于迅速变化的情况下(即在电磁波中)才能更加明显地表现出来,关于这个问题,我们将在第六章内详细讨论。本章只讨论相对于观察者静止的电荷在其周围空间产生的电场,即静电场。本章的任务是研究静电场的分布规律,以及带电粒子在电场力作用下的运动等问题,并进一步讨论导体对静电场分布的影响。在学习这章时所遇到的处理问题的方法,其中不少对研究其他场(如磁场)也适用,它们有相当的普遍意义。所以这章是学好整个电磁场理论非常重要的基础。

### 2.2 电场强度矢量 $\boldsymbol{E}$

我们现在对电场进行定量的研究。首先引入电场强度矢量的概念。

上面讲到,电场的一个重要性质是它对电荷施加作用力,我们就以这个性质来定量地描述电场。为此,我们必须在电场中引入一电荷以测量电场对它的作用力。为了使测量精确,这电荷必须满足以下一些要求。首先,要求这电荷的电量 $q_0$ 充分小,因为引入这电荷是为了研究空间原

来存在的电场的性质，如果这电荷的电量 $q_0$ 太大，它的影响就会显著地改变原有的电荷分布，从而改变了原来的电场分布情况。其次，电荷 $q_0$ 的几何线度也要充分小，即可以把它看作点电荷，这样才可以用它来确定空间各点的电场性质。今后把满足这样条件的电荷 $q_0$ 叫做试探电荷。

让我们做一个演示实验（图 1-7）。电场是由带电体 A 产生的，用挂在丝线下端的带电小球作为试探电荷，把它先后挂在 $P_1, P_2, \cdots, P_6$ 等位置上，测量电场对它的作用力 $\boldsymbol{F}$. $\boldsymbol{F}$ 的大小可通过丝线对铅垂线偏角的大小来确定。如图所示，试探电荷在 $P_1$、$P_2$、$P_3$ 各点受到的电力依次减小；此外，在 $P_4$、$P_5$、$P_6$ 各点受到的电力也依次减小，但方向却与前者不同。这表明，电场对位于不同地点的试探电荷所施的电力大小和方向都可能不同。

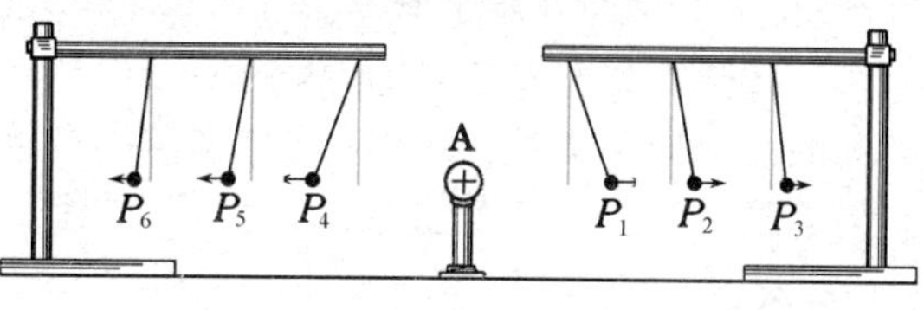


图 1-7 用试探电荷测场强

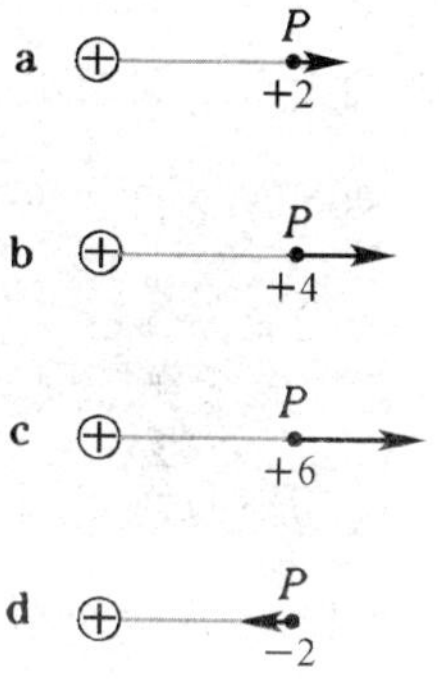

现在我们来研究电场中任一固定点的性质。按照库仑定律，在电场中任一固定点 $P$，试探电荷所受的电力是和试探电荷的电量 $q_0$ 成正比的。如果我们把试探电荷电量增大到 2,3,4,…,$n$ 倍（但仍须满足试探电荷条件），我们将看到同一地点的 $F$ 也增大到 2,3,4,…,$n$ 倍，而力的方向不变（图 1-8a、b、c）。如果把 $q_0$ 换成等量异号的电荷，则力的大小不变，方向反转（图 1-8d）。因此，对于电场中的固定点来说，比值 $\boldsymbol{F}/q_0$ 是一个无论大小和方向都与试探电荷无关的矢量，它是反映电场本身性质的。我们把它定义为电场强度，简称场强，用 $\boldsymbol{E}$ 来表示：

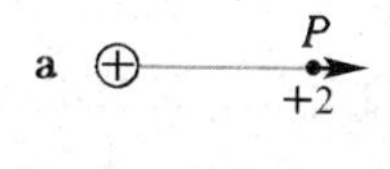


图 1-8 $\boldsymbol{F}$ 与 $q_0$ 成正比

$$\boldsymbol{E} = \frac{\boldsymbol{F}}{q_0}. \tag{1.4}$$

如果用文字来表述，就是：某处电场强度定义为这样一个矢量，其大小等于单位电荷在该处所受电场力的大小，其方向与正电荷在该处所受电场力的方向一致。

如果电场中空间各点的场强大小和方向都相同，这种电场叫做均匀电场，它是一种特殊情况。一般说来，电场中空间不同点的场强，其大小和方向都可以不同。电场强度的单位是 N/C（以后会看到，这单位又可写作 V/m，这是实际中更经常的写法）。

**例题 1** 求点电荷 $q$ 所产生的电场中各点的电场强度。

**解：** 如图 1-9 所示，以点电荷 $q$ 所在处为原点 $O$，另取一任意点 $P$（叫做场点），距离 $\overline{OP} = r$. 我们设想把一个正试探电荷 $q_0$ 放在 $P$ 点，根据库仑定律，它受的力为

$$\boldsymbol{F} = \frac{1}{4\pi\varepsilon_0}\frac{qq_0}{r^2}\hat{\boldsymbol{r}},$$

式中 $\hat{\boldsymbol{r}}$ 是沿 $OP$ 方向的单位矢量。根据定义式(1.4)，$P$ 点的场强为

$$\boldsymbol{E} = \frac{\boldsymbol{F}}{q_0} = \frac{1}{4\pi\varepsilon_0}\frac{q}{r^2}\hat{\boldsymbol{r}}. \tag{1.5}$$ ▌

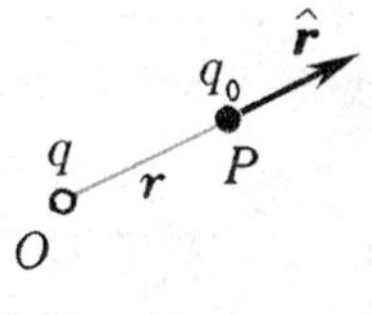

图 1-9 例题 1——求点电荷的场强

本题未指明 $q$ 的正负，(1.5) 式对两种情形都适用。若 $q>0$，$\boldsymbol{E}$ 沿 $\hat{\boldsymbol{r}}$ 方向；若 $q<0$，$\boldsymbol{E}$ 沿 $-\hat{\boldsymbol{r}}$ 方向。在上面的计算中，场点 $P$ 是任意的，所以我们已经得出了点电荷 $q$ 产生的电场在空间的分布，即 ① $\boldsymbol{E}$ 的方向处处沿以 $q$ 为中心的径矢（$q>0$）或其反方向（$q<0$）；② $\boldsymbol{E}$ 的大小只与距离 $r$ 有关，所以在以 $q$ 为中心的每个球面上场强的大小相等。通常说，这样的电场是球

对称的。(1.5) 式还表明，$E$ 与 $r^2$ 成反比；当 $r\to\infty$ 时，$E\to 0$。

在图 1-10 中我们用许多小箭头来描绘一个正点电荷产生的电场分布，箭头指向该点场强的方向，箭头的长短表示场强的大小。从这里我们看到，描绘电场的分布不能靠单个矢量，而是在空间每一点上都要有一个矢量。这些矢量的总体，叫做矢量场。用数学的语言来说，矢量场是空间坐标的一个矢量函数。学习下面的内容时，读者应特别注意这一点，即我们的着眼点往往不是个别地方的场强，而是求它与空间坐标的函数关系。

图 1-10 正点电荷产生的场强分布

### 2.3 电场线

为了形象地描述电场分布，通常引入电场线(旧称电力线)的概念。利用电场线可以对电场中各处场强的分布情况给出比较直观的图像。

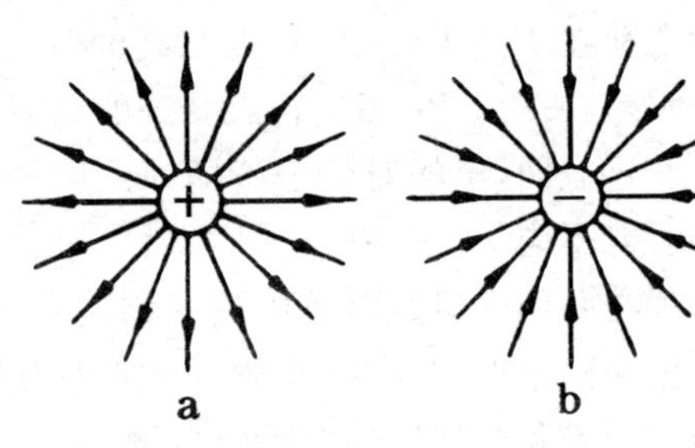


图 1-11 点电荷的电场线

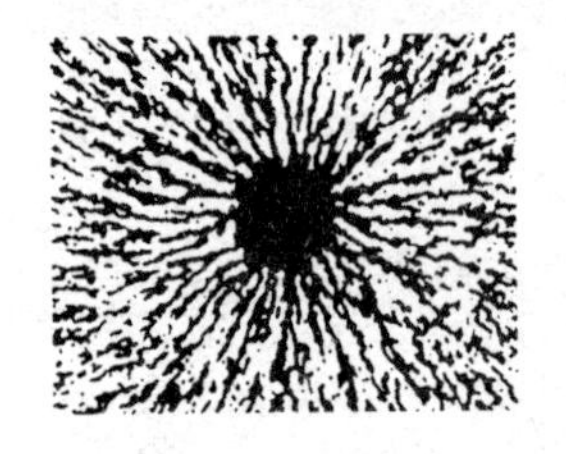

图 1-12 点电荷电场线的实验图形

图 1-10 用在空间各点画小箭头的方法来描绘各处场强分布情况。现在把这些小箭头连接起来，对于正的点电荷我们就得到许多条以点电荷为中心的、向四外辐射的直线(图 1-11a)；对于负的点电荷就得到以负电荷为中心、向内会聚的直线(图 1-11b)。在普遍情况下，把这些小箭头连接起来时，所得到的联线可能是曲线(见图 1-13)。可以看出，在这样画出的每一线条(下面统称曲线)上任一点 $P$，场强的方向就是该曲线在 $P$ 点的切线方向。这样画出来的曲线就是电场的电场线。

概括起来讲，如果在电场中作出许多曲线，使这些曲线上每一点的切线方向和该点场强方向一致，那么，所有这样作出的曲线，叫做电场的电场线。

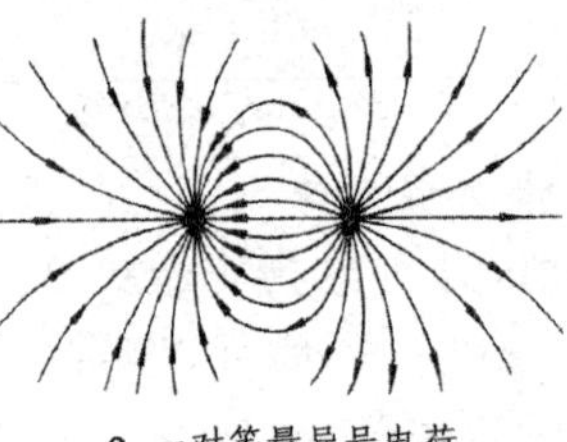

a 一对等量异号电荷

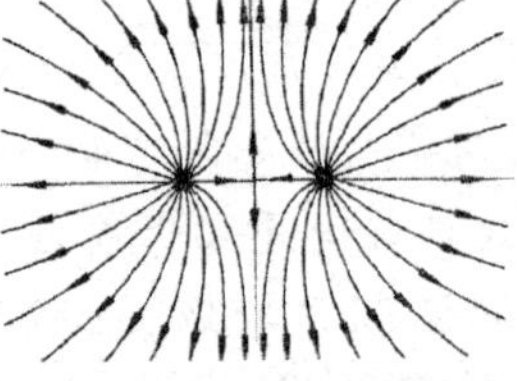

b 一对等量同号电荷

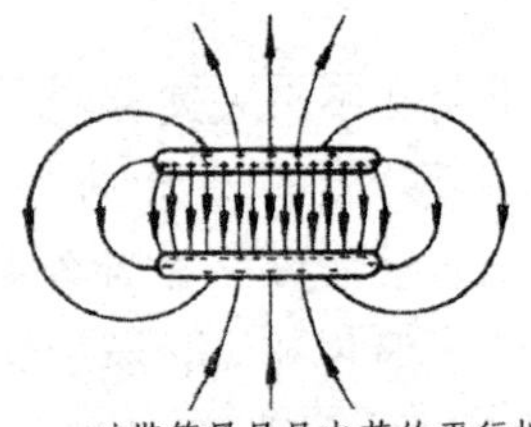

c 一对带等量异号电荷的平行板

图 1-13 几种带电系统的电场线

电场线可以借助于一些实验方法显示出来。例如在水平玻璃板上撒些细小的石膏晶粒，或在油上浮些草秆，它们就会沿电场线排列起来。图 1-12 和图 1-14 就是用这类方法显示出来的点电荷产生的电场线照片。

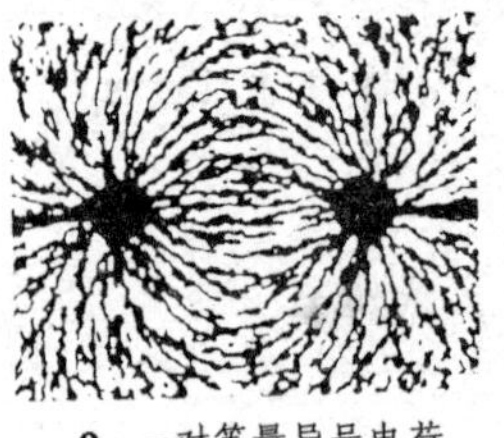

a 一对等量异号电荷

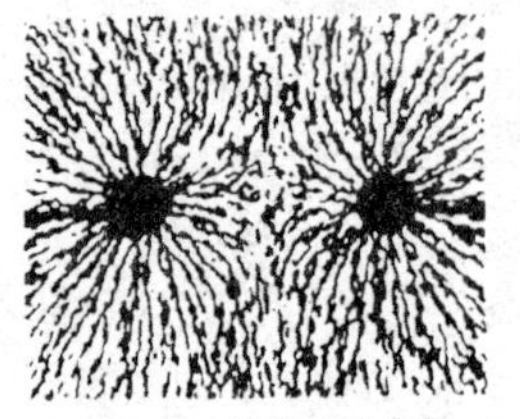

b 一对等量同号电荷

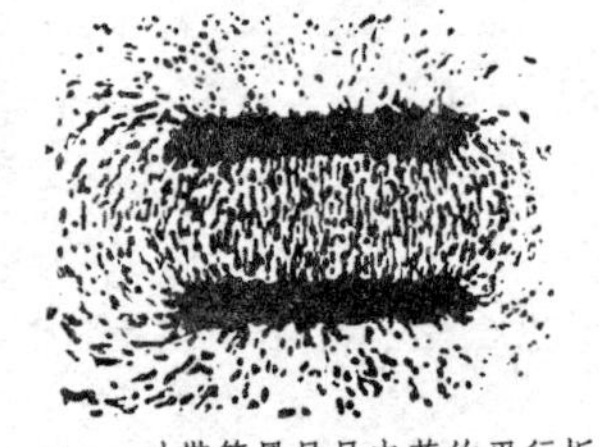

c 一对带等量异号电荷的平行板

图 1-14 几种带电系统的电场线的实验图形

### 2.4 电场强度叠加原理

电场力是矢量，它服从矢量叠加原理。即，如果以 $\boldsymbol{F}_1,\boldsymbol{F}_2,\cdots,\boldsymbol{F}_k$ 分别表示点电荷 $q_1,q_2,\cdots,q_k$ 单独存在时电场施于空间同一点上试探电荷 $q_0$ 的力，则它们同时存在时，电场施于该点试探电荷的力为 $\boldsymbol{F}_1,\boldsymbol{F}_2,\cdots,\boldsymbol{F}_k$ 的矢量和，即

$$\boldsymbol{F}=\boldsymbol{F}_1+\boldsymbol{F}_2+\cdots+\boldsymbol{F}_k.$$

将上式除以 $q_0$，我们得到

$$\boldsymbol{E}=\boldsymbol{E}_1+\boldsymbol{E}_2+\cdots+\boldsymbol{E}_k, \tag{1.6}$$

式中 $\boldsymbol{E}_1=\boldsymbol{F}_1/q_0,\boldsymbol{E}_2=\boldsymbol{F}_2/q_0,\cdots,\boldsymbol{E}_k=\boldsymbol{F}_k/q_0$ 分别代表 $q_1,q_2,\cdots,q_k$ 单独存在时在空间同一点的场强，而 $\boldsymbol{E}=\boldsymbol{F}/q_0$ 代表它们同时存在时该点的总场强。

由此可见，点电荷组所产生的电场在某点的场强等于各点电荷单独存在时所产生的电场在该点场强的矢量叠加。这叫做电场强度叠加原理(简称场强叠加原理)。

由一对靠得很近的等量异号电荷构成的带电体系，称为电偶极子，这是继点电荷之后最简单而且重要的带电系统。实际中电偶极子的例子是很多的。例如在第四章中我们将看到，在外电场的作用下电介质(即绝缘体)的原子或分子里正、负电荷产生微小的相对位移，形成电偶极子。又如在第六章中我们将看到，当一段金属线(无线电发射天线)里电子作周期性运动，使得金属线的两端交替地带正、负电荷，形成振荡偶极子。

**例题 2**　如图 1-15 所示，一对等量异号点电荷 $+q$ 和 $-q$，其间距离为 $l$，求两电荷延长线上一点 $P$ 和中垂面上一点 $P'$ 的场强，$P$ 和 $P'$ 到两电荷联线中点 $O$ 的距离都是 $r$.

**解：** (i) 求 $P$ 点的场强

$P$ 点到 $\pm q$ 的距离分别为 $r\mp l/2$，所以 $\pm q$ 在 $P$ 点产生场强的大小分别为

$$\begin{cases} E_+=\dfrac{1}{4\pi\varepsilon_0}\dfrac{q}{\left(r-\dfrac{l}{2}\right)^2},\\ E_-=\dfrac{1}{4\pi\varepsilon_0}\dfrac{q}{\left(r+\dfrac{l}{2}\right)^2}. \end{cases}$$

$\boldsymbol{E}_+$ 向右，$\boldsymbol{E}_-$ 向左，故总场强大小为

$$E=E_+-E_-=\frac{q}{4\pi\varepsilon_0}\left[\frac{1}{\left(r-\dfrac{l}{2}\right)^2}-\frac{1}{\left(r+\dfrac{l}{2}\right)^2}\right],$$

方向向右。

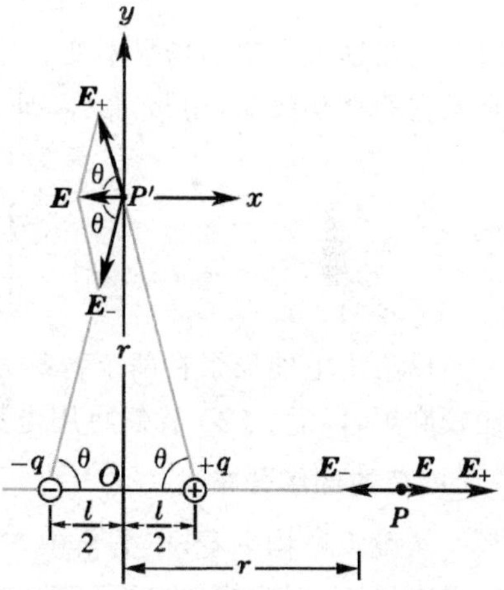

图 1-15 例题 2——求偶极子的场强

(ii) 求 $P'$ 点的场强

$P'$ 点到 $\pm q$ 的距离都是 $\sqrt{r^2+l^2/4}$，它们在 $P'$ 点产生的场强大小一样：

$$E_+=E_-=\frac{1}{4\pi\varepsilon_0}\frac{q}{r^2+\dfrac{l^2}{4}},$$

但方向不同(见图 1-15)。为了求二者的矢量和，可取直角坐标系，其 $x$ 轴与 $\pm q$ 的联线平行，方向向右，$y$ 轴沿它们的中垂线。将 $\boldsymbol{E}_+$ 和 $\boldsymbol{E}_-$ 分别投影到 $x$、$y$ 方向后各自叠加，即得总场强的 $x$、$y$ 两个分量 $\boldsymbol{E}_x$、$\boldsymbol{E}_y$. 不过根据对称性可以看出，$\boldsymbol{E}_+$ 和 $\boldsymbol{E}_-$ 的 $x$ 分量大小相等、方向一致(都沿 $x$ 的负向)；$y$ 分量大小相等，方向相反。从

$$\begin{cases} E_x = E_{+x} + E_{-x} = 2E_+\cos\theta, \\ E_y = E_{+y} + E_{-y} = 0. \end{cases}$$

由图可以看出

$$\cos\theta = \frac{\frac{l}{2}}{\sqrt{r^2 + \frac{l^2}{4}}},$$

故总场强 $\boldsymbol{E}$ 的绝对值为

$$E = |E_x| = 2E_+\cos\theta = \frac{1}{4\pi\varepsilon_0}\frac{ql}{\left(r^2 + \frac{l^2}{4}\right)^{3/2}},$$

$\boldsymbol{E}$ 沿 $x$ 的负向。

对于电偶极子，$\pm q$ 之间的距离 $l$ 远比场点到它们的距离 $r$ 小得多。当 $r \gg l$ 时，

$$\frac{1}{\left(r - \frac{l}{2}\right)^2} - \frac{1}{\left(r + \frac{l}{2}\right)^2} = \frac{\left(r + \frac{l}{2}\right)^2 - \left(r - \frac{l}{2}\right)^2}{\left(r - \frac{l}{2}\right)^2\left(r + \frac{l}{2}\right)^2} = \frac{2lr}{\left(r^2 - \frac{l^2}{4}\right)^2} \approx \frac{2l}{r^3},$$

和

$$\frac{l}{\left(r^2 + \frac{l^2}{4}\right)^{3/2}} \approx \frac{l}{r^3}.$$

所以在电偶极子延长线上，$\boldsymbol{E}$ 的大小为

$$E \approx \frac{1}{4\pi\varepsilon_0}\frac{2ql}{r^3};$$

在中垂面上 $\boldsymbol{E}$ 的大小为

$$E \approx \frac{1}{4\pi\varepsilon_0}\frac{ql}{r^3}. \blacksquare$$

上述结果表明：① 电偶极子的场强与距离 $r$ 的三次方成反比，它比点电荷的场强随 $r$ 递减的速度快得多。 ② 电偶极子的场强只与 $q$ 和 $l$ 的乘积有关。譬如 $q$ 增大一倍而 $l$ 减少一半，电偶极子在远处产生的场强不变。这表明，$q$ 和 $l$ 的乘积是描述电偶极子属性的一个物理量，通常叫做它的电偶极矩，用 $p$ 表示，即 $p=ql$，这样，电偶极子的场强公式可写为

$$\begin{cases} \text{延长线上 } E \approx \frac{1}{4\pi\varepsilon_0}\frac{2p}{r^3}, \\ \text{中垂面上 } E \approx \frac{1}{4\pi\varepsilon_0}\frac{p}{r^3}. \end{cases} \tag{1.7}$$

上面仅给出电偶极子在两个特殊方位上的场强分布，用场强叠加原理求偶极子场强的普遍分布比较麻烦，以后（§4）我们将用电势叠加原理来计算。

### 2.5 电荷的连续分布

从微观结构来看，电荷集中在一个个带电的微观粒子（如电子、原子核等）上边。但从宏观效果来看，人们往往把电荷看成是连续分布的。根据不同的情况，有时把电荷看成在一定体积内连续分布（体分布），有时把电荷看成在一定曲面上连续分布（面分布），有时把电荷看成在一定曲线上连续分布（线分布），等等。与此相应地，就需要引入电荷体密度、电荷面密度、电荷线密度等概念。

所谓电荷体密度，就是单位体积内的电荷。考虑带电体内某点 $P$，取一体积元 $\Delta V$ 包含 $P$ 点，设在 $\Delta V$ 内全部电荷的代数和为 $\sum q$，则 $P$ 点电荷体密度定义为

$$\rho_e = \lim_{\Delta V \to 0}\frac{\sum q}{\Delta V}. \tag{1.8}$$

应指出的是，这里“$\Delta V\to 0$”是一种数学上的抽象，实际上只要 $\Delta V$ 在宏观上看起来足够小就行了，但在其中还是包含了大量的微观带电粒子，$\sum q$ 就是它们所带电量的代数总和。由此可见，电荷体密度的概念实际上包含了对一定的宏观体积取平均的意思，平均的结果便从微观的不连续分布过渡到宏观的连续分布。

以后我们将会看到，电荷经常分布在导体或电介质（绝缘体）的表面附近很薄的一层里，如果我们不打算研究电荷沿纵深方向的分布，就可把这表面层抽象成一个没有厚度的几何面。在数学上可以这样来处理：设表面层的厚度为 $\delta$，层内电荷体密度为 $\rho_e$. 取面积为 $\Delta S$ 的一块表面层（图 1-16），它的体积为 $\delta\Delta S$，其中包含的电荷量有 $\Delta q=\rho_e\delta\Delta S$. 设想 $\delta\to 0$，$\rho_e\to\infty$，但保持它们的乘积 $\rho_e\delta=\sigma_e$ 为一有限值，则

图 1-16 电荷面密度

$$\Delta q=\sigma_e\Delta S,\qquad 或\qquad \sigma_e=\frac{\Delta q}{\Delta S},$$

$\sigma_e$ 称为电荷面密度，它的物理意义是单位面积内的电荷。和前面的 $\Delta V$ 一样，这里的 $\Delta S$ 也应是微观看很大、宏观看很小的。在数学上可以写成

$$\sigma_e=\lim_{\Delta S\to 0}\frac{\sum q}{\Delta S}. \tag{1.9}$$

有时电荷分布在某根细线或某细棒上。如果我们不打算研究电荷沿横截面的分布，就可把细线或细棒看成一条几何线。在数学上可作类似于前面的处理：设细线的截面积为 $S$，电荷体密度为 $\rho_e$. 在细线上取长度为 $\Delta l$ 的一段（图 1-17），它的体积为 $S\Delta l$，其中包含的电荷量有 $\Delta q=\rho_e S\Delta l$. 设想 $S\to 0$，$\rho_e\to\infty$，但保持它们的乘积 $\rho_e S=\eta_e$ 为一有限值，则

图 1-17 电荷线密度

$$\Delta q=\eta_e\Delta l,\qquad 或\qquad \eta_e=\frac{\Delta q}{\Delta l},$$

$\eta_e$ 称为电荷线密度，它的物理意义是单位长度内的电荷。和前面的 $\Delta V$、$\Delta S$ 一样，这里的 $\Delta l$ 也应是微观看很大、宏观看很小的。在数学上可以写成

$$\eta_e=\lim_{\Delta l\to 0}\frac{\sum q}{\Delta l}. \tag{1.10}$$

下面我们举一些连续带电体的例题。任何连续的带电体可以分割成无穷多个电荷元，所以也可把它看作点电荷组，场强叠加原理和电势叠加原理对它们同样适用，不过叠加需要用积分来运算。

**例题 3** 求均匀带电细棒中垂面上的场强分布，设棒长为 $2l$，所带总电量为 $q$.

**解：** 选细棒中点 $O$ 为原点，取坐标轴 $z$ 沿细棒向上（图 1-18）。由于细棒具有轴对称性，即在包含 $z$ 轴的每一平面内情况都相同，我们就选图 1-18 中的纸平面作代表。细棒的中垂面与纸面的交线为中垂线 $OP$.

整个细棒可以分割成一对一对的线元，其中每对线元 $\mathrm{d}z$ 和 $\mathrm{d}z'$ 对于中垂线 $OP$ 对称，这一对线电荷元在中垂线上任一点 $P$ 所产生的元场强 $\mathrm{d}\boldsymbol{E}$ 和 $\mathrm{d}\boldsymbol{E}'$ 也对中垂线对称。它们在垂直于 $OP$ 方向的分量互相抵消，从而合成矢量 $\mathrm{d}\boldsymbol{E}+\mathrm{d}\boldsymbol{E}'$ 沿中垂线方向（我们把它叫做 $\boldsymbol{r}$ 方向），其大小为 $2\,\mathrm{d}E\cos\alpha$，其中

$$\mathrm{d}E=\frac{1}{4\pi\varepsilon_0}\frac{\eta_e\,\mathrm{d}z}{r^2+z^2},$$

$$\cos\alpha=\frac{r}{\sqrt{r^2+z^2}},$$

式中 $r$ 表示距离 $OP$，$\eta_e=\dfrac{q}{2l}$ 是电荷线密度，则 $\eta_e\,dz$ 是包含在线元 $dz$ 内的电量。细棒在 $P$ 点的总场强是所有这样的一对对元场强 $d\boldsymbol{E}$ 和 $d\boldsymbol{E}'$ 的矢量和，其方向必然也在 $\boldsymbol{r}$ 方向上，所以我们只需计算总场强的 $r$ 分量 $E_r$ 就够了，$E_r$ 是各对元场强的 $r$ 分量（即 $2dE\cos\alpha$）的代数和。因为电荷是连续分布的，求和实际上是沿细棒积分。因为在 $2dE\cos\alpha$ 中已包含对称的两段线元 $dz$ 和 $dz'$ 的贡献，我们只需在半根细棒上积分，即

$$E=E_r=\int_0^l 2\,dE\cos\alpha=\frac{2\eta_e}{4\pi\varepsilon_0}\int_0^l\frac{r\,dz}{(r^2+z^2)^{3/2}}=\frac{\eta_e\,l}{2\pi\varepsilon_0\,r\sqrt{r^2+l^2}}.$$ ▌

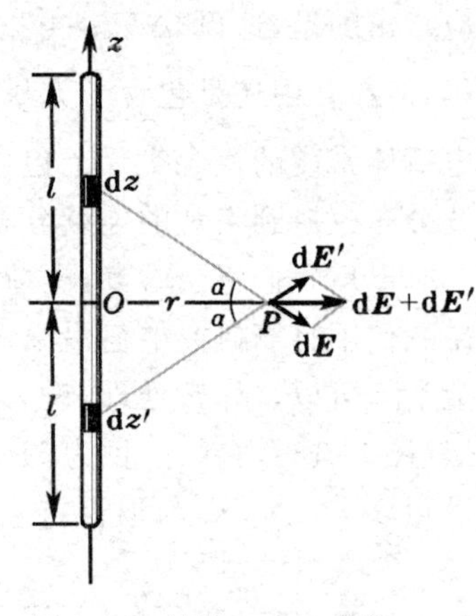

图 1-18 例题 3—— 求带电细棒中垂面上的场强

当细棒为无限长时，任何垂直于它的平面都可看成中垂面。所以，无限长细棒周围任何地方的电场都与棒垂直。在上面的计算结果中，取 $l\to\infty$ 时的极限，即得这时的场强为

$$E=\frac{\eta_e}{2\pi\varepsilon_0\,r}.\tag{1.11}$$

(1.11) 式表明，$E$ 与 $r$ 成反比。以上结果对于有限长细棒来说，在靠近其中部附近的区域（$r\ll l$）也近似成立。

由例题 2、例题 3 我们看到，矢量叠加实际上归结为各分量的叠加。在计算时，关于对称性的分析是很重要的，它往往能使我们立即看出合成矢量的某些分量等于 0，判断出合成矢量的方向，使计算大大简化。

### 2.6 带电体在电场中受的力及其运动

电荷和电场间的相互关系有两个方面，即电荷产生电场和电场对电荷施加作用力。我们先计算电偶极子在均匀电场中受的力。

**例题 4** 计算电偶极子在均匀电场中所受的力矩。

**解：** 以 $\boldsymbol{E}$ 表示均匀电场的场强，$\boldsymbol{l}$ 表示从 $-q$ 到 $+q$ 的矢量，$\boldsymbol{E}$ 与 $\boldsymbol{l}$ 间夹角为 $\theta$（见图 1-19）。根据场强的定义，正负电荷所受的力分别为 $\boldsymbol{F}_{\pm}=\pm q\boldsymbol{E}$，且它们大小相等，方向相反，合力为 0。然而 $\boldsymbol{F}_+$、$\boldsymbol{F}_-$ 的作用线不同，二者组成一个力偶。它们对于中点 $O$ 的力臂都是 $\dfrac{l}{2}\sin\theta$，对于中点 $O$，力矩的方向也相同，因而总力矩为

$$L=F_+\times\frac{l}{2}\sin\theta+F_-\times\frac{l}{2}\sin\theta=qlE\sin\theta.$$

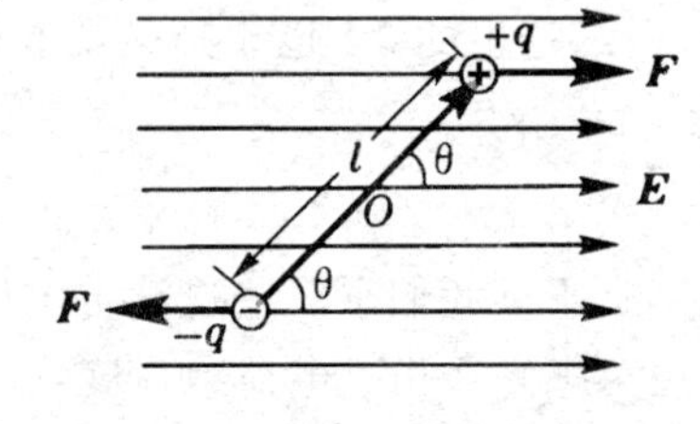

图 1-19 例题 4—— 电偶极子在均匀电场中所受的力矩

这公式表明，当 $\boldsymbol{l}$ 与 $\boldsymbol{E}$ 垂直时（$\theta=\pi/2$），力矩最大；当 $\boldsymbol{l}$ 与 $\boldsymbol{E}$ 平行或反平行时（$\theta=0$ 或 $\pi$），力矩为 0。力矩的作用总是使 $\boldsymbol{l}$ 转向场强 $\boldsymbol{E}$ 的方向。用矢量式表示，上式可以写成

$$\boldsymbol{L}=q\,\boldsymbol{l}\times\boldsymbol{E}.\tag{1.12}$$ ▌

关于矢量的叉乘和力矩的矢量表示，可参考附录 A.

上面的例题表明：与电偶极子本身有关的量 $q$ 与 $\boldsymbol{l}$ 又一次以它们的乘积，即电偶极矩 $\boldsymbol{p}$ 的形式出现。这样，电偶极子所受力矩的公式可写为

$$\boldsymbol{L}=\boldsymbol{p}\times\boldsymbol{E}.\tag{1.13}$$

在非均匀电场中，电偶极子除了受到力矩之外，同时还受到一个力。

下面的例题讨论电子在阴极射线示波器中的运动，在此之前，我们先简单介绍一下阴极射线示波器。阴极射线示波器是把电信号变换成可观察图像的仪器。如图 1-20 所示，示波管内阴极发射

的电子，经过一系列电极的作用，到达荧光屏，在屏上形成一个亮点。示波管中各个电极的作用无非是使电子束聚焦、控制其方向和速度。而控制作用又是通过电极所产生的电场来实现的。因此在设计时必须研究电极的形状和位置对电场的影响。

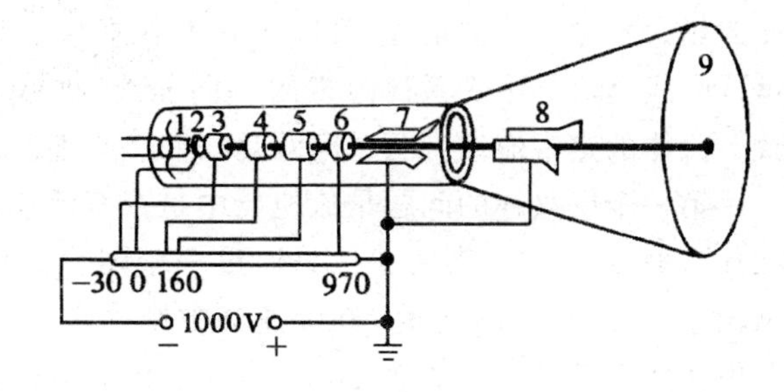


图 1-20 示波管示意图

1— 灯丝；2— 阴极；3— 控制极；4— 第一阳极；5— 第二阳极；6— 第三阳极；7— 竖直偏转系统；8— 水平偏转系统；9— 荧光屏

另外，在电子束到达荧光屏之前，还受偏转系统（见图 1-20 中的 7、8）的控制，在偏转系统两个极板上加信号电压使电子束运动的方向随外来信号而改变。下面计算一道有关示波管的例题。

**例题 5** 图 1-21 是示波管的竖直偏转系统，加电压于两极板，在两极板间产生均匀电场 $\boldsymbol{E}$，设电子质量为 $m$，电荷为 $-e$，它以速度 $\boldsymbol{v}_0$ 射进电场中，$\boldsymbol{v}_0$ 与 $\boldsymbol{E}$ 垂直，试讨论电子运动的轨迹。

**解：** 电子在两极板间电场中的运动和物体在地球重力场中的平抛运动相似。作用在电子上的电场力为 $\boldsymbol{F}=e\boldsymbol{E}$，电子的偏转方向与 $\boldsymbol{E}$ 相反，即图 1-21 中竖直向下的方向（设它为 $-y$ 方向）。电子在竖直方向的加速度为 $a=-eE/m$. 在水平方向电子的运动方程为

$$x=v_0t,$$

在竖直方向电子的运动方程为

$$y=\frac{1}{2}at^2=-\frac{1}{2}\frac{eE}{m}t^2,$$

消去 $t$，即得电子运动的轨迹：

$$y=-\frac{eE}{2mv_0}x^2.$$

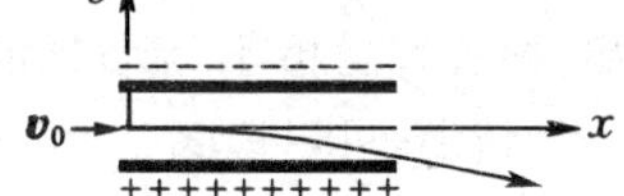


图 1-21 例题 5—— 电子在示波管中的偏转系统

这是一段抛物线。当电子跑出两极板的范围后，因为不再受到电场力的作用，它将沿着已偏转的方向匀速直线前进。▌

## 2.7 矢量场

以上所述，通过场强的定义，利用点电荷的场强公式和场强叠加原理，计算了某些离散点电荷以及连续分布电荷产生的电场分布。原则上说，由此可以计算任意电荷分布所产生的电场分布。而已知电场分布，任何其他带电体在电场中的运动原则上也都可以求解。因此关于电场的描述似乎已经穷尽了。然而物理学家并不满足于根据已知的电荷分布计算电场分布这种认识电场的途径，而是期望从不同角度揭示电场的规律性。我们知道，一定的电荷分布不仅在空间任意一点都产生一定的电场强度，形成一定的电场分布，而且空间任意一点的电场强度与邻近点的电场强度之间必然存在一定联系。寻找这种空间各点场强之间的联系可获得刻画场的规律性的最好表达，它比起直接联系场点和源点的表达更能反映场的规律性的特征。

物理学家们探索场的这种规律性曾经耗费了许多精力，他们曾经试图用力线、场中的某种应力，以及用某种齿轮的啮合来描述场的规律性，均未获满意的结果，最终找到的矢量场论表达是人类思想的凝练和升华。

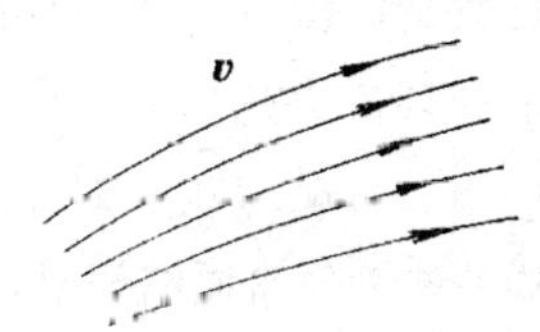


图 1-22 流速场中的流线

流体运动的描述提供了很好的启迪。我们考虑流体的定常流动，流体中每一点都有一个确定的流速 $\boldsymbol{v}$，因此流体定常流动形成定常的

流速场。它是一个矢量场，可以在流体中画出一些流线来形象地描述流体的流动，如图 1-22 所示。流线是流体中一系列假想的有向曲线，曲线上每一点的切线方向与该点流体的流速 $\boldsymbol{v}$ 一致。流体的定常流动有两个问题是我们感兴趣的。

第一个感兴趣的问题是流速场中是否有流体从中流出的“源”和流体流入的“汇”？ 源和汇在什么地方？ 这可借助于计算通过一个闭合曲面的流量表示出来。如图 1-23 所示，在流速场中作一任意闭合曲面 $S$，考虑曲面上任意一小曲面元 $\mathrm{d}S$，令 $\theta$ 为该处流速 $\boldsymbol{v}$ 与面元法线之间的夹角，于是

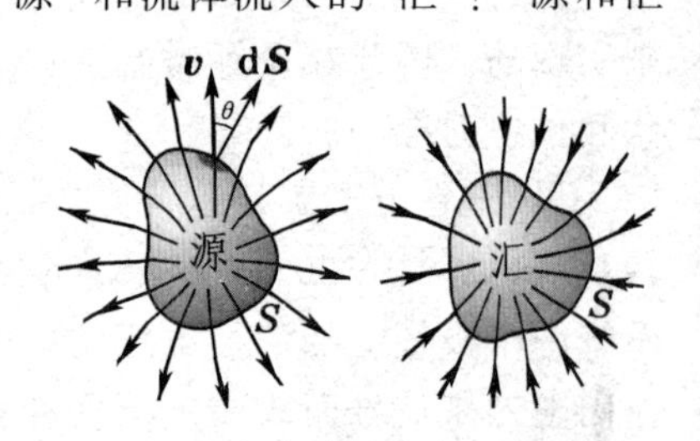

图 1-23 流体通过闭合曲面的流量

$$v\cos\theta\,\mathrm{d}S = v_{\perp}\,\mathrm{d}S,$$

是单位时间流过面元 $\mathrm{d}S$ 的流体体积，$\oint\!\!\oint_{(S)} v\cos\theta\,\mathrm{d}S$ 则是单位时间流出闭合曲面 $S$ 的流量。如果 $\oint\!\!\oint_{(S)} v\cos\theta\,\mathrm{d}S>0$，则表示 $S$ 面内必有流体从中流出的源(source)；如果 $\oint\!\!\oint_{(S)} v\cos\theta\,\mathrm{d}S<0$，则表示 $S$ 面内必有流体流入的汇(sink)；如果 $\oint\!\!\oint_{(S)} v\cos\theta\,\mathrm{d}S=0$，则表示闭合曲面内既无源又无汇，流体从 $S$ 面的一部分流入，从另一部分流出，两者数量相等，流量抵消；另一种可能性是其内存在强度相等的源和汇。为了区分究竟属哪一种情形，可以选取更小的闭合曲面，计算通过这些闭合曲面的流量。

另一个感兴趣的问题是流速场中是否有涡旋？流体的涡旋运动是围绕一条轴线(称为涡线)进行的，大气中的龙卷风是最明显的例子。涡线或者通向流体的边界，或者在流体内形成闭合曲线。涡线在什么地方？这可以通过计算沿一条闭合环路的环流表示出来。如图 1-24 所示，在流速场中取任意闭合曲线 $L$，考虑曲线上任意一小曲线元 $\mathrm{d}\boldsymbol{l}$，令 $\theta$ 为 $\boldsymbol{v}$ 与线元之间的夹角，于是

$$\boldsymbol{v}\cdot\mathrm{d}\boldsymbol{l} = v\cos\theta\,\mathrm{d}l = v_{/\!/}\,\mathrm{d}l,$$

表示在线元处的流速沿线元方向有一定的分量，沿闭合环路的积分 $\oint_{(L)} v\cos\theta\,\mathrm{d}l$ 则表示沿该环路的流速分量的总和，称为环流。如果 $\oint_{(L)} v\cos\theta\,\mathrm{d}l>0$，则表示存在与环路 $L$ 绕行方向相同的涡线穿过环路；如果 $\oint_{(L)} v\cos\theta\,\mathrm{d}l<0$，则表示存在与环路 $L$ 绕行方向相反的涡线穿过环路；如果 $\oint_{(L)} v\cos\theta\,\mathrm{d}l=0$，则表示没有涡线穿过环路，或有强度相同而方向相反的涡线穿过环路。为了区分究竟是哪一种情形，可以选取更小的闭合环路，计算沿这些环路的环流。

流速场中是否有源和汇，是否有涡旋，它们在什么地方，强度如何，是区别不同流速场性质的重要因素，它们是由流速场通过闭合曲面的流量和沿闭合曲线的环流表达出来的，因此流速场的规律性可通过流量和环流表达出来。而流量 $\oint\!\!\oint v\cos\theta\,\mathrm{d}S$ 和环流 $\oint v\cos\theta\,\mathrm{d}l$ 是反映流速场中邻近各点相互联系的两个侧面，它们在数学上是以矢量场(流速场)对闭合曲面的积分(流量)和沿闭合曲线的积分(环流)的形式表达的。

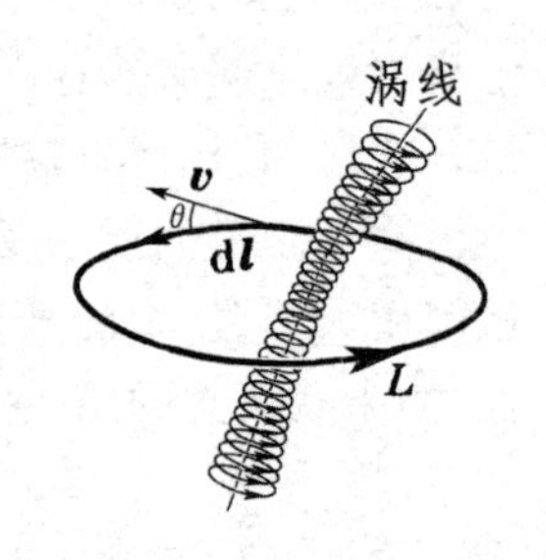

图 1-24 流体沿闭合环路的环流

电场和磁场与流体的流速场有许多相似之处，它们都是矢量场。虽然电场和磁场并不代表什么东西在流动，我们仍可以类比流

速场计算电场对闭合曲面的面积分 $\oiint E\cos\theta\,\mathrm{d}S$(称之为“通量”)和电场沿闭合曲线的线积分 $\oint E\cos\theta\,\mathrm{d}l$(称之为“环量”),电场“通量”和“环量”的概念比电荷产生电场分布的规律更能反映出电场的特征。下面§3和§4就是通过电场的通量和环量的引入,讲述静电场规律的两个基本定理。以后对于磁场,我们也将研究磁场在闭合曲面上的通量和闭合曲线的环量来探讨磁场的特征。

## §3. 高斯定理

我们知道,球面的面积 $S=4\pi r^2$,与半径 $r$ 的平方成正比,局限在一个立体角内的球面面积也是如此(见图1-25),从而一个点光源照射在单位面积上的光通量(单位时间通过的光能)是与距离平方成反比的。

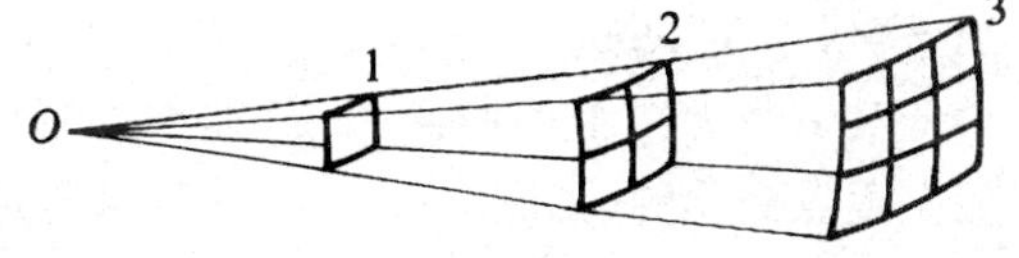


图1-25 面积与距离平方成正比

再者,如图1-26所示,对于同样面积的窗口,通过倾斜与垂直窗口的光通量之比为 $\cos\theta$,这里 $\theta$ 是光的传播方向与窗口面法线之间的夹角。

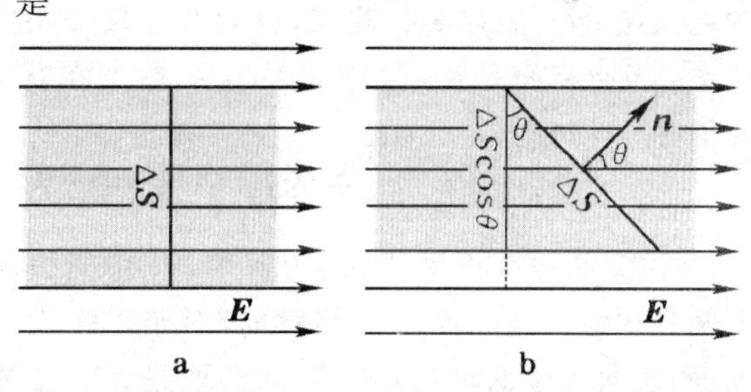


图1—26 光通量与倾角的关系

以上两点颇富启发性,使我们想到,通过类比能为同是平方反比的静电场做点什么。

### 3.1 立体角

下面我们需要一点有关立体角概念的数学准备。有关立体角的概念,详见附录A.5节,这里作一扼要的陈述。如图1-27a所示,在空间取一点 $O$,以它为中心作一半径为 $r$ 的球面,并以它为顶点作任一形状的锥面。锥面在球面上割出来的面元 $\mathrm{d}S$ 正比于半径 $r$ 的平方,即二者之比是个常量,可作为锥面所张立体角 $\mathrm{d}\Omega$ 大小的量度,这种立体角的单位叫做球面度(符号为sr):

$$\mathrm{d}\Omega=\frac{\mathrm{d}S}{r^2}(\text{球面度}),\tag{1.14}$$

立体角的球面度与平面角的弧度相对应。正像整个圆周对圆心所张平面角是 $2\pi$ 弧度一样,整个球面对球心所张的立体角是 $4\pi$ 球面度。

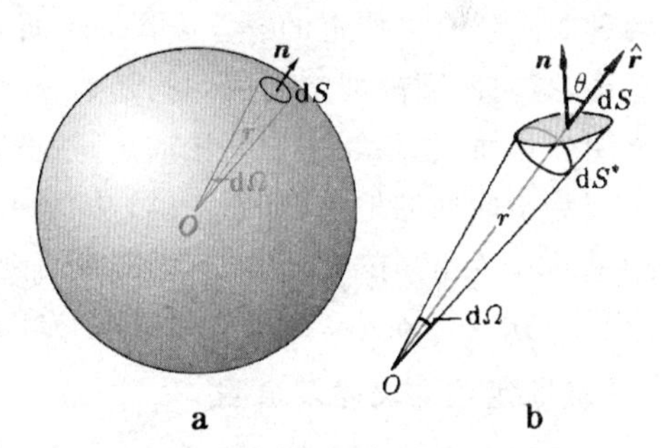


图1-27 面元所张的立体角

如图1-27b所示,面元 $\mathrm{d}S$ 不一定与由顶点引出的径矢垂直。如果它是斜的,应计算它在垂直径矢方向的投影面积 $\mathrm{d}S^*=\mathrm{d}S\cos\theta$,这里 $\theta$ 是 $\mathrm{d}S$ 的法线与径矢之间的夹角。为了把上述关系表达得更简洁,我们可以引进面元矢量 $\mathrm{d}\boldsymbol{S}$ 的概念:在面元 $\mathrm{d}S$ 的法线方向取一单位矢量 $\boldsymbol{n}$,面元矢量定义为 $\mathrm{d}\boldsymbol{S}\equiv\mathrm{d}S\,\boldsymbol{n}$,即 $\mathrm{d}\boldsymbol{S}$ 的大小等于 $\mathrm{d}S$,方向沿法向 $\boldsymbol{n}$.这样一来,立体角的公式(1.14)推广为

$$\mathrm{d}\Omega=\frac{\hat{\boldsymbol{r}}\cdot\mathrm{d}\boldsymbol{S}}{r^2},\tag{1.15}$$

式中 $\hat{\boldsymbol{r}}$ 为单位径矢。

$\boldsymbol{n}$ 和 $\mathrm{d}\boldsymbol{S}$ 的指向选定后，径矢 $\hat{\boldsymbol{r}}$ 与它可能成锐角，也可能成钝角，从而按(1.15) 式定义的立体角就可能有正有负(见图 1-28a,b)。

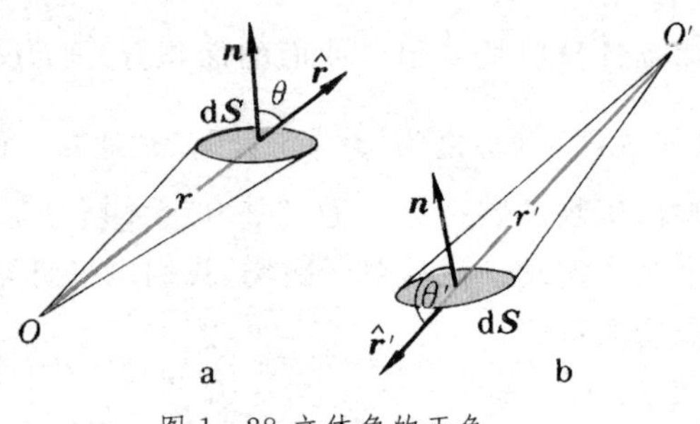


图 1-28 立体角的正负

### 3.2 电通量

定义如下物理量为通过面元 $\mathrm{d}\boldsymbol{S}$ 的电通量：

$$\mathrm{d}\Phi_E = E\cos\theta\ \mathrm{d}S = \boldsymbol{E}\cdot\mathrm{d}\boldsymbol{S}, \qquad (1.16)$$

式中 $\theta$ 为场强 $\boldsymbol{E}$ 与面元外法向之间的夹角。注意，夹角 $\theta$ 可以是锐角(图 1-29a)，也可以是钝角(图 1-29b)，所以电通量 $\mathrm{d}\Phi_E$ 可正可负；当 $\theta$ 为锐角时，$\cos\theta>0$，$\mathrm{d}\Phi_E$ 为正；当 $\theta$ 为钝角时，$\cos\theta<0$，$\mathrm{d}\Phi_E$ 为负；当 $\theta=\pi/2$ 时，$\cos\theta=0$，$\mathrm{d}\Phi_E=0$(图 1-29c)。

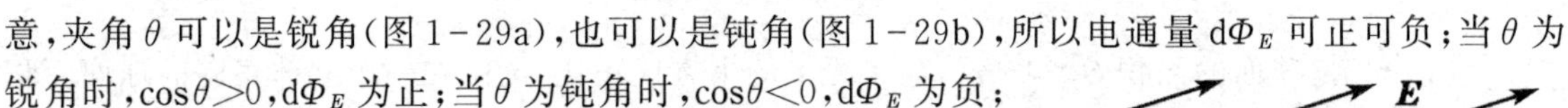

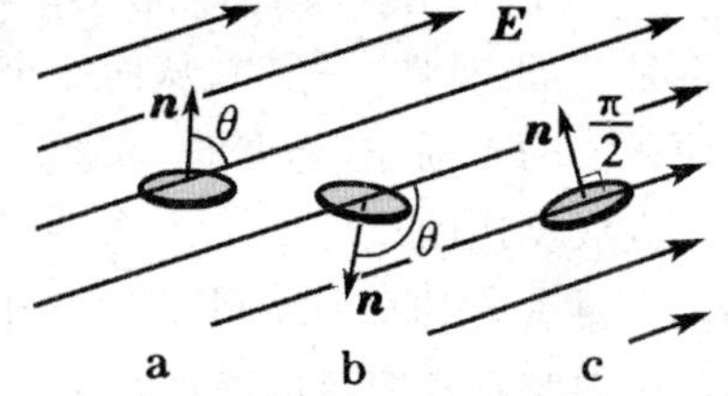


图 1—29 通过有限大

对于非无限小的曲面来说，曲面上场强的大小和方向一般是逐点变化的(见图1-30)，要计算电通量，就需要把这曲面分割成许多小面元 $\mathrm{d}S$，并按(1.16) 式计算通过每一个小面元的电通量 $\mathrm{d}\Phi_E$ 后再叠加起来，得到通过整个曲面 $S$ 的总电通量 $\Phi_E$.当所有面元 $\mathrm{d}S$ 趋于无限小时，叠加在数学上表示为沿曲面 $S$ 的积分：

$$\Phi_E = \iint\limits_{(S)} \boldsymbol{E}\cdot\mathrm{d}\boldsymbol{S} = \iint\limits_{(S)} E\cos\theta\ \mathrm{d}S. \qquad (1.17)$$

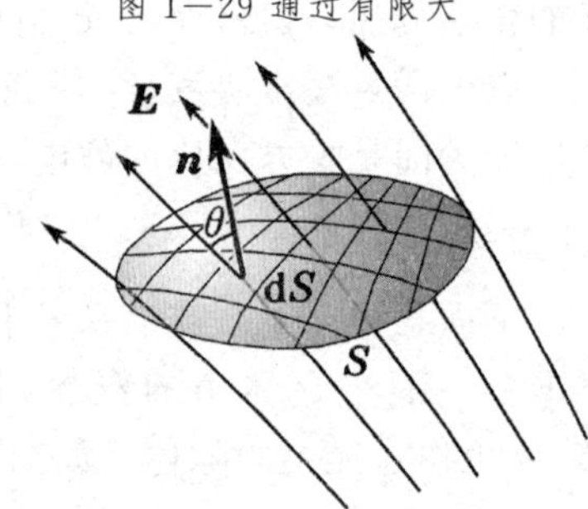


图 1-30 通过闭合曲面的电通量

一个曲面有正反两面，与此对应，它的法向矢量也有正反两种取法。正和反本是相对的，对于单个面元或不闭合的曲面，法向矢量的正向朝哪一面选取是无关紧要的。但闭合曲面则把整个空间划分成内外两部分，其法线矢量正方向的两种取向就有了特定的含义：指向曲面外部空间的叫外法向矢量，指向曲面内部空间的叫内法向矢量。今后我们约定：对于闭合曲面，总是取它的外法向矢量(图 1-31)。这样一来，在电场线穿出曲面的地方(如图 1-31 中的 $A$ 点)，$\theta<\pi/2$，$\cos\theta>0$，电通量 $\mathrm{d}\Phi_E$ 为正；在电场线进入曲面的地方(如图 1-31 中的 $B$ 点)，$\theta>\pi/2$，$\cos\theta<0$，电通量 $\mathrm{d}\Phi_E$ 为负。

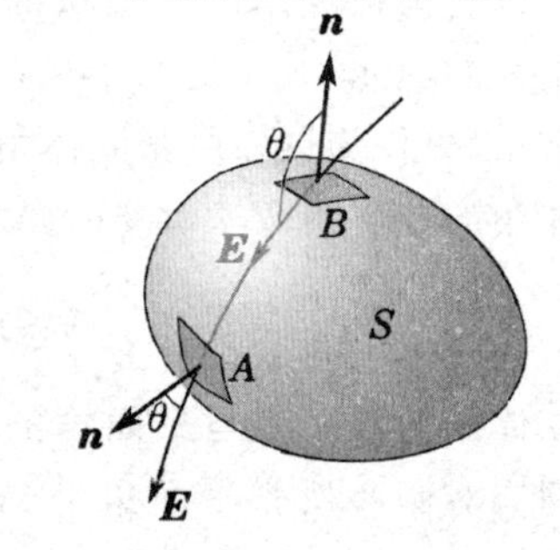


图 1-31 通过闭合曲面的电通量

### 3.3 高斯定理的表述及证明

我们现在开始介绍静电场的一个最重要的定理 —— 高斯定理，其表述如下：通过一个任意闭合曲面 $S$ 的电通量 $\Phi_E$ 等于该面所包围的所有电量的代数和 $\sum q$ 除以 $\varepsilon_0$，与闭合面外的电荷无关。对于高斯定理这种表述的理解我们将通过定理的证明和应用逐步加以深化。

用公式来表达高斯定理，则有

$$\Phi_E = \oint\!\!\oint\limits_{(S)} \boldsymbol{E}\cdot\mathrm{d}\boldsymbol{S} = \oint\!\!\oint\limits_{(S)} E\cos\theta\ \mathrm{d}S = \frac{1}{\varepsilon_0}\sum_{\substack{i \\ (S内)}} q_i. \qquad (1.18)$$

这里 $\oiint\limits_{(S)}$ 表示沿一个闭合曲面 $S$ 的积分，这闭合曲面 $S$ 习惯上叫做高斯面。

高斯定理可以由库仑定理和场强叠加原理导出。下面我们从特殊到一般，分几步来证明高斯定理。

(1) 通过包围点电荷 $q$ 的闭合曲面的电通量都等于 $q/\varepsilon_0$

将点电荷的场强公式(1.5) 代入电通量的定义式(1.16)，再和立体角的表达式(1.15) 比较，得

$$\mathrm{d}\Phi_E = \frac{q}{4\pi\varepsilon_0}\frac{\hat{\boldsymbol{r}}\cdot\mathrm{d}\boldsymbol{S}}{r^2} = \frac{q}{4\pi\varepsilon_0}\mathrm{d}\Omega. \qquad (1.19)$$

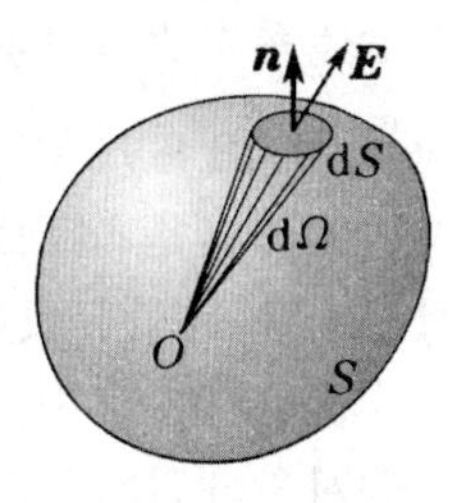


图 1-32 闭合曲面对它所包围的点所张的立体角为 4π

亦即，点电荷的电场通过某面元 d$\boldsymbol{S}$ 的通量，正比于面元对质点所张的立体角 d$\Omega$. 因此，对于一个将该点电荷包围在内的闭合曲面 $S$ 对点电荷所张的立体角为 $\oiint\limits_{(S)}\mathrm{d}\Omega = 4\pi$(图 1-32)，通过 $S$ 的通量为

$$\Phi_E = \frac{q}{4\pi\varepsilon_0}\oiint\limits_{(S)}\mathrm{d}\Omega = \frac{q}{\varepsilon_0}. \qquad (1.20)$$

从上面的运算可以看出，之所以会有这一结果，是和库仑的平方反比定律分不开的。

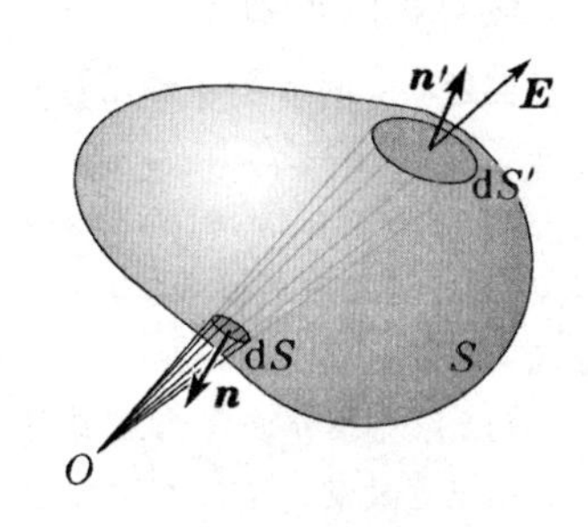


图 1-33 闭合曲面对它外部的点所张的立体角恒为 0

(2) 通过不包围点电荷的任意闭合面 $S$ 的电通量恒为 0

如图 1-33 所示，当点电荷在闭合面 $S$ 之外时，从某个面元 d$\boldsymbol{S}$ 进入闭合面的电通量必然从另外一个面元 d$\boldsymbol{S}'$ 上穿出。两面元的法线与场强之间的夹角一为钝角，一为锐角，故两面元对该点电荷所张的立体角 d$\Omega$、d$\Omega'$ 数值相等，符号相反，它们的代数和为 0。所以整个闭合曲面 $S$ 对它外部的点所张的立体角恒为 0 因而外部点电荷通过它的电通量也恒为 0。

(3) 多个点电荷的电通量等于它们单独存在时的电通量的代数和

计算有一定形状和大小的带电体产生的电通量时，需要把该带电体看成许多点电荷的组合(图 1-34)，先计算每个点电荷单独产生的电通量 d$\Phi_{E1}$，d$\Phi_{E2}$，d$\Phi_{E3}$，…，由于存在场强叠加原理：

$$\boldsymbol{E} = \boldsymbol{E}_1 + \boldsymbol{E}_2 + \boldsymbol{E}_3 + \cdots,$$

场强作矢量叠加，通量作代数叠加：

$$\begin{aligned}\mathrm{d}\Phi_E &= \boldsymbol{E}\cdot\mathrm{d}\boldsymbol{S} = \boldsymbol{E}_1\cdot\mathrm{d}\boldsymbol{S} + \boldsymbol{E}_2\cdot\mathrm{d}\boldsymbol{S} + \boldsymbol{E}_3\cdot\mathrm{d}\boldsymbol{S} + \cdots \\ &= \mathrm{d}\Phi_{E1} + \mathrm{d}\Phi_{E2} + \mathrm{d}\Phi_{E3} + \cdots.\end{aligned} \qquad (1.21)$$

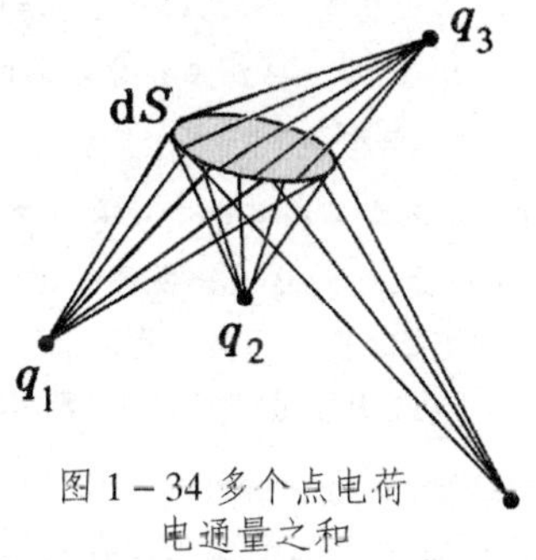

根据上述有关单个点电荷通过闭合曲面通量的结论：

$$\begin{cases} S\text{ 内} & \Phi_{E1} = \dfrac{q_1}{\varepsilon_0},\ \Phi_{E2} = \dfrac{q_2}{\varepsilon_0},\ \cdots,\ \Phi_{Ek} = \dfrac{q_k}{\varepsilon_0}; \\ S\text{ 外} & \Phi_{E\,k+1} = 0,\ \Phi_{E\,k+2} = 0,\ \cdots \end{cases}$$

图 1-34 多个点电荷电通量之和

和通量的叠加原理，我们立即得到点电荷组通过闭合曲面 $S$ 的通量为(1.18) 式：

$$\Phi_E = \oiint\limits_{(S)}\boldsymbol{E}\cdot\mathrm{d}\boldsymbol{S} = \oiint\limits_{(S)}E\cos\theta\,\mathrm{d}S = \Phi_{E1} + \Phi_{E2} + \cdots + \Phi_{Ek} = \frac{1}{\varepsilon_0}\sum_{i\,(S\text{内})} q_i.$$

下面我们举些应用高斯定理求电场的例题，在使用高斯定理时要注意：(1.18) 式中的 $\boldsymbol{E}$ 是

带电体系中所有电荷(无论在高斯面内或高斯面外)产生的总场强,而 $\sum q$ 只是对高斯面内的电荷求和,这表明高斯定理表述的内容是高斯面外的电荷对总通量 $\Phi_E$ 没有贡献,但不是对总场强 $\boldsymbol{E}$ 没有贡献(图 1-35)。[1]

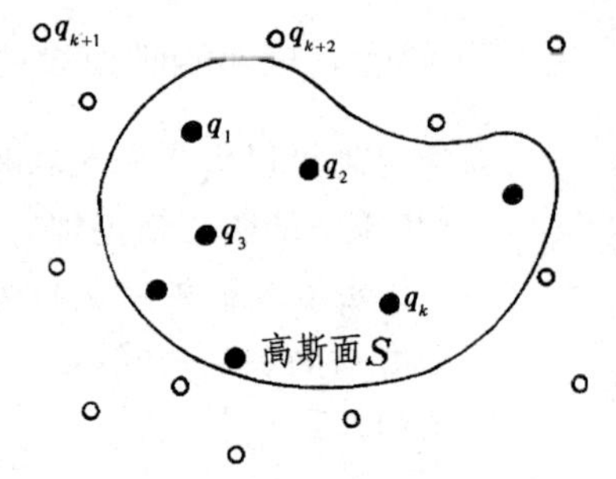


图 1-35 高斯定理

能够直接运用高斯定理求出场强的情形,都必须具有一定的对称性,所以在下面的几个例题里,我们首先都要作对称性的分析。我们曾在例题 3 中使用过一种对称性分析的方法,下面我们将使用另一种方法。读者可从中比较两种方法的短长。

### 3.4 球对称的电场

**例题 6** 利用高斯定理求电荷面密度均匀的带电球壳产生的场强分布。

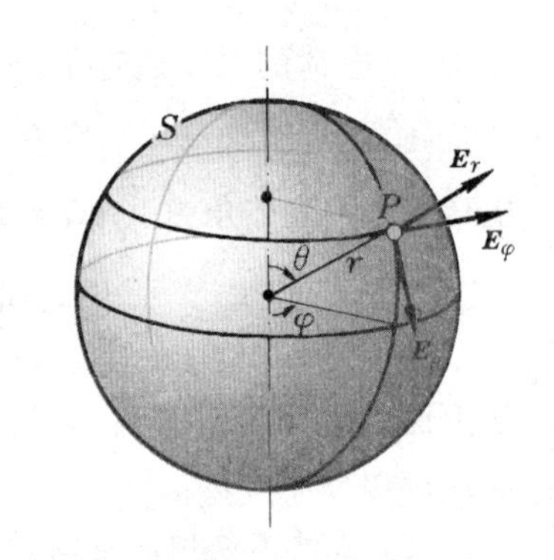


图 1-36 例题 6——用高斯定理

**解:** 取球坐标 $(r,\theta,\varphi)$ 如图 1-36 所示,在距球心 $r$ 处取一场点 $P$,一般说来,该点的场强 $\boldsymbol{E}(P)$ 应该有 $E_r$, $E_\theta$, $E_\varphi$ 三个分量。现在利用对称性的原理来分析这些分量:

(1) 球壳围绕任一直径都是旋转不变的,从而场强的分布也不应该变。然而在旋转时 $E_\theta$ 和 $E_\varphi$ 分量却要变,只有它们都等于 0 才不违反对称性原理。

(2) 剩下唯一可能不等于 0 的分量只有 $E_r$.由于球壳具有围绕球心作任意旋转的对称性,所有离球心等远的各点上 $E_r$ 分量的大小彼此相等。

综合上面的分析,我们的结论是:在任何一个与球壳同心的球面上场强的大小 $E$ 都相等,方向与此曲面垂直。现在让我们利用高斯定理来求这场强的大小。为此我们取通过场点 $P$ 的同心球面为高斯面。

首先按照定义式(1.17)计算电通量。为了讨论起来方便,我们假定球壳带正电。(若带负电,只需把场强的方向反过来就是了,做法是一样的。)因为场强与高斯面垂直向外,该式中的 $\theta=0$, $\cos\theta=1$(注意勿与球坐标中的 $\theta$ 混淆),通量 $\Phi_E$ 等于 $E$ 乘以球面面积 $4\pi r^2$,即

$$\Phi_E = 4\pi r^2 E. \tag{a}$$

现在再按高斯定理来计算电通量。设球壳的半径为 $R$,带电总量为 $Q$,这里需要区分场点 $P$ 在球壳外($r>R$)和球壳内($r<R$)两个不同情形。

(1) $P$ 点在球外($r>R$)(图 1-37a):球壳全部被高斯面包

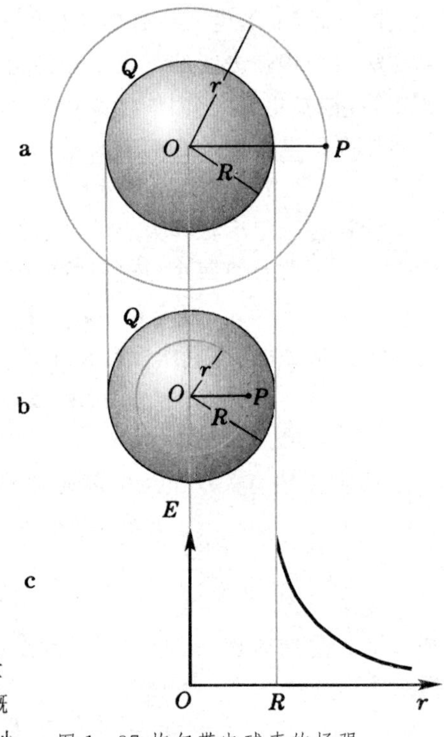


图 1-37 均匀带电球壳的场强

---

[1] 有人问:若高斯面 $S$ 通过点电荷 $q$,此 $q$ 对通过 $S$ 面电通量 $\Phi_E$ 的贡献是多少? 我们说,这个问题没有答案,因为“点电荷”的概念是一种物理抽象,采用这种抽象就意味着我们不打算理会它的大小和形状,更谈不上它如何被分割的问题。把高斯面取在点电荷上是没有意义的。

围，故按高斯定理有

$$\Phi_E = \frac{Q}{\varepsilon_0}, \tag{b}$$

比较(a)、(b)两式，得

$$4\pi r^2 E = \frac{Q}{\varepsilon_0} \quad 即 \quad E = \frac{1}{4\pi\varepsilon_0}\frac{Q}{r^2}. \tag{c}$$

这表明：**均匀带电球壳在外部空间产生的电场，与其上电荷全部集中在球心时产生的电场一样。**

(2) $P$ 点在球内($r < R$)(图 1－37b)：

这时高斯面内没有电荷。根据高斯定理：

$$\Phi_E = 4\pi r^2 E = 0, \tag{b'}$$

由此得 $P$ 点的场强为

$$E = 0.$$

这表明：**均匀带电球壳内部空间的场强处处为 0。**

概括起来，我们有

$$E = \begin{cases} \dfrac{1}{4\pi\varepsilon_0}\dfrac{Q}{r^2}, & (r > R) \\ 0, & (r < R) \end{cases} \tag{1.22}$$

场强 $E$ 随 $r$ 变化的曲线示于图 1－37c。可以看出，场强在球壳上($r = R$)的数值有个跃变。▍

**例题** 7　求均匀带电球体内外的电场分布，设球体带电荷总量为 $Q$，半径为 $R$.

**解：** 在这个情形里电场的分布也是球对称的。我们可以把带电球体分割成一层层的同心带电球壳，这样就可利用上题的结果了。如图 1－38a 所示，当场点 $P$ 在球外时，各层球壳上的电荷好像全部集中在球心一样，从而

$$E = \frac{1}{4\pi\varepsilon_0}\frac{Q}{r^2}.$$

如果场点 $P$ 在球内(图 1－38b)，则所有半径 $r > \overline{OP}$ 的那些球壳上的电荷对 $P$ 都不起作用，只有半径 $r < \overline{OP}$ 的球壳对 $P$ 点的场强有贡献，而它们上面的全部电荷 $q$ 又好像集中在球心一样。从而

$$E = \frac{1}{4\pi\varepsilon_0}\frac{q}{r^2}.$$

现在我们来计算 $q$. 因为带电球体的总体积为 $4\pi R^3/3$，故电荷体密度为

$$\rho_e = \frac{3Q}{4\pi R^3}.$$

半径为 $r$ 的高斯球面包围的体积为 $4\pi r^3/3$，其中的电量

$$q = \frac{4\pi r^3}{3}\rho_e = \frac{Qr^3}{R^3}.$$

所以带电球体内部的场强为

$$E = \frac{\rho_e r}{3\varepsilon_0} = \frac{1}{4\pi\varepsilon_0}\frac{Qr}{R^3}.$$

球内外场强 $E$ 随 $r$ 变化的情况示于图 1－38c，可以看出，在带电球体的表面上($r = R$)内外场强的大小趋于同一数值 $\dfrac{1}{4\pi\varepsilon_0}\dfrac{Q}{R^2}$，在这里场强是连续的，并且其数值最大。

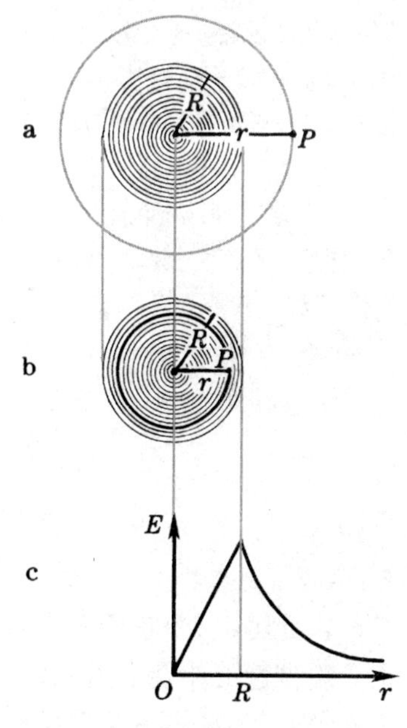

图 1－38 例题 7—— 均匀带电球体的场强

概括起来，我们有

$$E = \begin{cases} \dfrac{1}{4\pi\varepsilon_0}\dfrac{Q}{r^2}, & (r > R) \\ \dfrac{1}{4\pi\varepsilon_0}\dfrac{Qr}{R^3}, & (r < R) \end{cases} \tag{1.23}$$ ▍

### 3.5 轴对称的电场

**例题** 8 利用高斯定理求电荷密度均匀的无限长细棒产生的场强分布。

**解：**与例题 6 一样，利用高斯定理求场强分布的第一个步骤，是分析系统的对称性。在本题中的对称性主要有轴对称性、纵向平移对称性和镜像反射对称性。

取柱坐标$(r,\varphi,z)$如图 1-39a 所示，在轴外取一场点 $P$，一般说来，该点的场强 $\boldsymbol{E}(P)$ 应该有 $E_r$，$E_\varphi$，$E_z$ 三个分量。现在利用对称性逐一分析三个分量：

(1) 令轴线与 $P$ 点组成的平面叫 $\Pi_1$（见图 1-39a），柱体在对 $\Pi_1$ 的镜像反射变换下是不变的，从而场的分布也不应该变。然而在此变换下 $E_\varphi$ 分量反向，只有它等于 0 才不违反对称性原理。

(2) 通过 $P$ 点作轴线的垂面 $\Pi_2$（见图 1-39a），无限长圆柱体在对 $\Pi_2$ 的镜像反射变换下也是不变的，从而场的分布也不应该变。然而在此变换下 $E_z$ 分量反向，只有它等于 0 才不违反对称性原理。

(3) 剩下唯一可能不等于 0 的分量只有 $E_r$. 由于圆柱体具有围绕轴线的旋转对称性，所有离柱轴等远的圆周上各点 $E_r$ 分量的大小相等；由于无限长圆柱体具有沿 $z$ 方向的平移不变性，所有离柱轴等远的纵向各点 $E_r$ 分量的大小也相等。

综合上面的分析，我们的结论是：在任何一个以细棒为轴的圆柱面上场强的大小 $E$ 都相等，方向与此柱面垂直。现在让我们利用高斯定理来求这场强的大小。为此我们取高斯面 $S$ 如下：侧面是通过场点 $P$ 的同轴柱面，用一对垂直于柱轴的平行平面在上述柱面上随意截取长度为 $l$ 的一段，两端用平面封死（见图 1-39b）。下面分析通过这个高斯面 $S$ 的通量 $\Phi_E$ 与场强 $E$ 大小的关系。

首先按照通量的定义计算。如在例题 3 中那样，我们仍假定细棒带正电。于是在侧面场强与高斯面垂直并指向外，$\theta=0$，$\cos\theta=1$，通量 $\Phi_{E侧}$ 等于 $E$ 乘以柱面面积 $2\pi rl$；在上、下底面场强与高斯面平行，$\theta=\pi/2$，$\cos\theta=0$，故 $\Phi_{E底}=0$. 即

$$\Phi_E=\Phi_{E侧}+\Phi_{E底}=2\pi rlE. \tag{a}$$

另一方面，设细棒上电荷线密度为 $\eta_e$，高斯面内包含的电荷有 $\eta_e l$. 按高斯定理来计算，

$$\Phi_E=\frac{\eta_e l}{\varepsilon_0}. \tag{b}$$

比较(a)、(b)两式，得

$$2\pi rlE=\frac{\eta_e l}{\varepsilon_0},$$

即

$$E=\frac{\eta_e}{2\pi\varepsilon_0 r}.$$

这与例题 3 的结果(1.11)式一致。▌

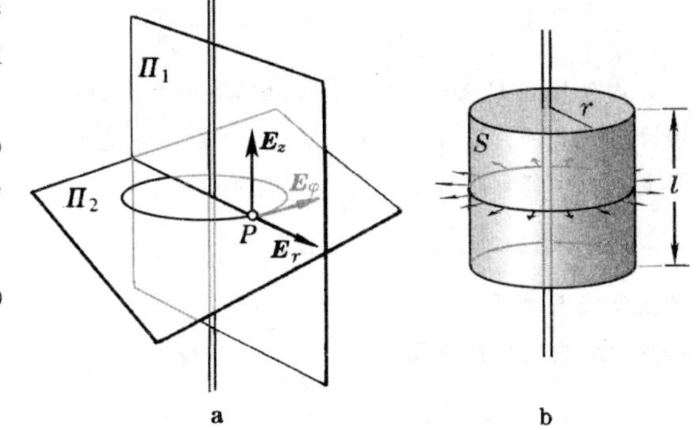


图 1-39 例题 8——用高斯定理求均匀带电无限长细棒的场强分布

由此可见，当条件允许时，利用高斯定理计算场强的分布要简捷得多。

在例题 6 中我们看到，一个均匀带电的空心球壳产生的电场，从外部看来就好像全部电荷集中在球心，如同点电荷那样反比于 $r^2$；但它在内部产生的电场为 0。在例题 7 中我们又看到，一个均匀带电的实心球体产生的电场，从外部看来也好像全部电荷集中在球心一样，与 $r^2$ 成反比；但它在内部产生的电场正比于 $r$. 能否设想，在我们当前讨论的轴对称情形里也有类似的现象？亦即，一个均匀带电的空心圆柱产生的电场，从外部看来就好像全部电荷集中在轴线上，如细棒那样反比于 $r$；但它在内部产生的电场为 0。而一个均匀带电的实心圆柱产生的电场，从外部看来也好像全部电荷集中在轴线上，如细棒那样反比于 $r$；但它在内部产生的电场正比于 $r$. 这些猜想都是对的，留给读者自己去验证。

### 3.6 无限大带电平面的电场

**例题** 9 求均匀带正电的无限大平面的场强分布，设电荷面密度为 $\sigma_e$.

**解：** 本题利用镜像反射来分析对称性。

取直角坐标 $(x,y,z)$ 如图 1-40a 所示，原点 $O$ 在带电平面上，带电平面为 $xy$ 面，$z$ 轴与之垂直。在 $z$ 轴上取一场点 $P$，一般说来，该点的场强 $\boldsymbol{E}(P)$ 应该有 $E_x$，$E_y$，$E_z$ 三个分量。现在利用对称性逐一分析三个分量：

(1) 带电平面在对 $yz$ 面的镜像反射变换下是不变的，从而场的分布也不应该变。然而在此变换下 $E_x$ 分量反向，只有它等于 0 才不违反对称性原理。

(2) 带电平面在对 $zx$ 面的镜像反射变换下是不变的，从而场的分布也不应该变。然而在此变换下 $E_y$ 分量反向，只有它等于 0 才不违反对称性原理。

(3) 剩下唯一可能不等于 0 的分量只有 $E_z$. 在对 $xy$ 面的镜像反射变换下 $P$ 点变到 $P'$ 点，$P$ 点的 $E_z$ 变为 $P'$ 点的 $E_z'$，$E_z$ 和 $E_z'$ 大小相等，方向相反。此外，无限大的平面具有在自身平面内平移的不变性，所以 $E_z$ 的大小与 $P$ 点的 $x$、$y$ 坐标无关。

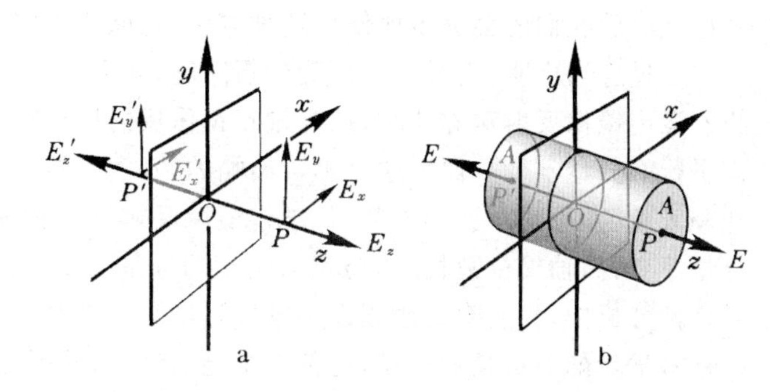


图 1-40 例题 9—— 用高斯定理求均匀带电无限大平面的场强分布

综合上面的分析，我们的结论是：带电平面的电场沿法向，在等远的地方场强大小相等，两侧场强方向相反。根据场强分布的这个特点，我们应该把高斯面取成图 1-40b 所示的形式，它是这样一个柱体的表面，其侧面与带电平面垂直，两底与带电平面平行，并对带电平面对称。

首先按照通量的定义计算。设底面积为 $A$，则 $\Phi_{E两底} = EA + EA = 2EA$，$\Phi_{E侧} = 0$，故通过整个高斯面的电通量为

$$\Phi_E = \Phi_{E两底} + \Phi_{E侧} = 2EA. \tag{a}$$

另一方面，设带电平面上电荷面密度为 $\sigma_e$，高斯面内包含的电荷有 $\sigma_e A$，按高斯定理来计算，

$$\Phi_E = \frac{\sigma_e A}{\varepsilon_0}. \tag{b}$$

比较(a)、(b) 两式，得

$$2EA = \frac{\sigma_e A}{\varepsilon_0},$$

即

$$E = \frac{\sigma_e}{2\varepsilon_0}. \tag{1.24}$$

上式表明，场强 $E$ 与场点到带电平面的距离无关。▌

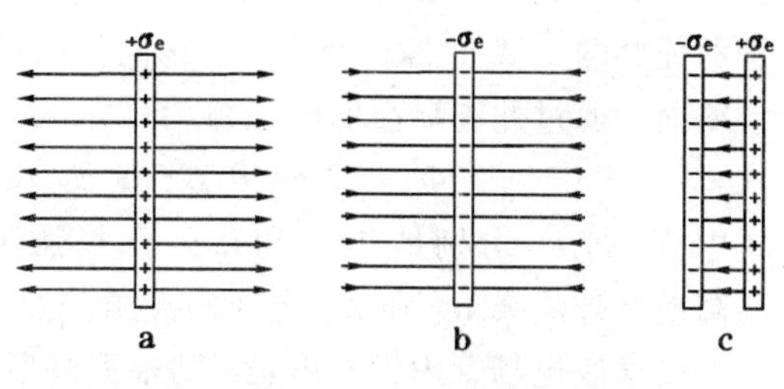


图 1-41 正负无限大带电平面

如果无限大平面带正电，电场指向两侧(图 1-41a)；带负电则电场指向中央(图 1-41b)。利用上面的结果可以证明：一对带等量异号电荷的无限大平行平面之间的场强为

$$E = \frac{\sigma_e}{\varepsilon_0}. \tag{1.25}$$

外部场强为 0(图 1-41c)。这一结果在后面时常要用到。

从以上几个例题可以看出，利用高斯定理求场强的关键在于对称性的分析。只有当带电体系具有一定的对称性时，我们才有可能利用高斯定理求场强。虽然这样的带电体系并不多，但在几个特例中得到的结果都是很重要的。这些结果的实际意义往往不限于这些特例的本身，很多实际场合都可用它们来作近似的估算。就拿无限长的带电细棒或无限大的带电板来说，虽然实

际中没有无限大的带电体系，但是对于有限长的棒和有限大的板附近的地方来说，只要不太靠近端点或边缘，例题 8、9 的结果还是相当好的近似。

在例题 3 中采用的对称性分析方法需要用到库仑定律和场强叠加原理，即各个电荷元在场点产生的电场强度沿着二者的连线，叠加时某些分量抵消。本节所采用的对称性分析方法与之不同，不用库仑定律和场强叠加原理，只需按照对称性原理的普遍原则，即可得到我们所需的重要结论。以后我们还会更多地使用这种方法，它能让我们比较容易地得到一些更为普遍的结论。

不过应当声明，用对称性原理分析问题，并不是什么具体的实验事实也不需要。譬如上面当我们运用镜像反射对称性时，认为进行镜像反射操作时，电场强度与镜面垂直的分量反向，与镜面平行的分量不变。似乎这是不言而喻的，其实不然。要知道，在物理学中矢量有两类：*极矢量*和*轴矢量*（参见附录 A 第 4 节）。进行镜像反射时，极矢量与镜面垂直的分量反向，与镜面平行的分量不变；而轴矢量则相反，与镜面垂直的分量不变，与镜面平行的分量反向。[1]所以，在上面的对称性分析中，我们隐含地假设了电场强度是极矢量。在电磁学中描述电学量的矢量是极矢量，描述磁学量的矢量是轴矢量，这都是实验的结果，并不是先验的。

### 3.7 从高斯定理看电场线的性质

电场线可以把电场的分布形象地描绘出来。下面介绍一些静电场中电场线的性质，这对我们直观地或定性地分析某些问题很有帮助。不过在空间连续分布的电场，不能用一根根离散的电场线来准确地描述，确切的理解需要借助于高斯定理。下面我们叙述电场线的各种性质时，都用高斯定理给予准确的说明。

（1）*电场线疏的地方场强小，密的地方场强大。*

描述连续分布的电场，比电场线更确切的概念是电场管。由一束电场线围成的管状区域，叫做*电场管*（见图 1-42）。由于电场线总平行于电场管的侧壁，因而没有电通量穿过侧壁。取电场管的任意两个截面 $\Delta S_1$ 和 $\Delta S_2$，它们与电场管的侧壁组成一个闭合的高斯面。通过此高斯面的电通量为

$$\Phi_E = E_1\cos\theta_1\Delta S_1 + E_2\cos\theta_2\Delta S_2,$$

式中 $E_1$ 和 $E_2$ 分别是 $\Delta S_1$ 和 $\Delta S_2$ 上场强的数值，$\theta_1$ 和 $\theta_2$ 分别是场强与高斯面外法线 $\boldsymbol{n}_1$ 和 $\boldsymbol{n}_2$ 之间的夹角。

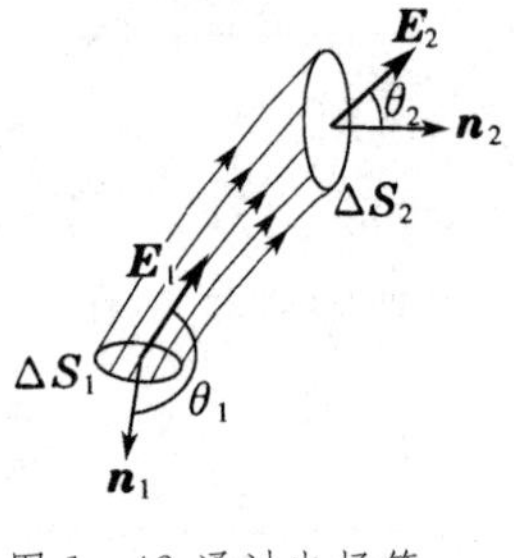

图 1-42 通过电场管各截面的电通量相等

设这段电场管内没有电荷，则根据高斯定理

$$\Phi_E = E_1\cos\theta_1\Delta S_1 + E_2\cos\theta_2\Delta S_2 = 0,$$

或

$$-\frac{E_1\cos\theta_1}{E_2\cos\theta_2} = \frac{\Delta S_2}{\Delta S_1}.$$

现取 $\Delta S_1$ 和 $\Delta S_2$ 都与它们所在处的场强垂直，则 $\theta_1 = \pi$，$\theta_2 = 0$，$\cos\theta_1 = -1$，$\cos\theta_2 = 1$，上式化为

$$\frac{E_1}{E_2} = \frac{\Delta S_2}{\Delta S_1},$$

亦即沿电场管场强的变化反比于它的垂直截面积。这样，在电场管膨胀的地方（即电场线变得稀疏的地方）场比较弱，在电场管收缩的地方（即电场线变得密集的地方）场比较强。因而由电场线的分布图，我们可以定性地看出沿电场线场强大小的变化情况。

[1] 参见《新概念物理教程·力学》（第三版）附录 B.6。

(2) 电场线起于正电荷或无穷远，止于负电荷或无穷远。

如果我们作小闭合面分别将电场线的起点或终点包围起来，则必然有电通量从前者穿出(即$\Phi_E>0$，见图1-43a)，从后者穿入(即$\Phi_E<0$，见图1-43b)。而根据高斯定理可知，在前者之内必有正电荷，后者之内必有负电荷。这就是说，电场线不会在没有电荷的地方中断。于是，高斯定理可理解为：从每个正电荷$q$发出含通量$q/\varepsilon_0$的电场管，有含通量$q/\varepsilon_0$的电场管终止于负电荷$-q$；或者用比较通俗的说法，从每个正电荷$q$发出$q$根电场线，有$q$根电场线终止于负电荷$-q$. 如果在带电体系中有等量的正、负电荷，电场线就从正电荷出发到负电荷终止；若正电荷多于负电荷(或根本没有负电荷)，则从正电荷发出的多余的电场线只能延伸到无穷远；反之，若负电荷多于正电荷(或根本没有正电荷)，则终止于负电荷上多余的电场线只能来自无穷远。

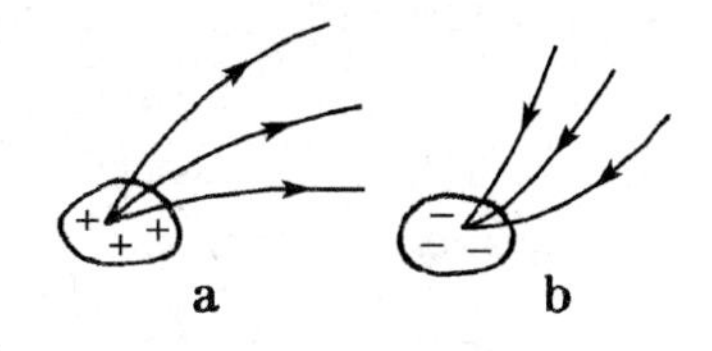

图 1-43 电场线的起点和终点

电场线在空间各点的切线为该点场强的方向，所以两根电场线是不会相交的，否则在交点场强就有两个不同的方向。这是不可能的，除非该点场强为0。应当说明，图1-13b中的中点并不是电场线的交点，而是场强$\boldsymbol{E}=0$的点。

## §4. 电势及其梯度

### 4.1 静电场力所作的功与路径无关

现在我们首先从库仑定律和场强叠加原理出发，证明静电场力所作的功与路径无关。这是静电场的一个很重要的基本性质。

证明分两个步骤，第一步先证明在单个点电荷产生的电场中，电场力的功与路径无关；第二步再证明对任何带电体系产生的电场来说，也有相同的结论。

(1) 单个点电荷产生的电场

单个点电荷产生的电场，是有心力场。所谓有心力场就是在空间里存在一个中心$O$，物体(质点)$P$在任何位置上所受的力$\boldsymbol{F}$都与$\overrightarrow{OP}$方向相同(排斥力)，或相反(吸引力)，其大小是距离$r=|OP|$的单值函数。显然点电荷产生的库仑场是有心力场。不难证明，所有的有心力场所作的功都与路径无关。在《新概念物理教程·力学》(第三版)第三章2.1节给出了证明。为了读者的方便，我们把该处的证明转录过来。

如图1-44所示，设想把质点沿任意路径$L$从点$P$搬运到点$Q$，计算有心力$\boldsymbol{F}(r)$所作的功。由于力的大小和方向沿路径$L$逐点变化，我们将$L$分割成许多小线元。考虑其中任一线元$\mathrm{d}\boldsymbol{l}$，在其上的元功为

$$\mathrm{d}A=\boldsymbol{F}\cdot\mathrm{d}\boldsymbol{l}=F\cos\theta\,\mathrm{d}l.$$

沿整个路径$L$从$P$到$Q$的总功为

$$A_{PQ}=\int_{P\atop(L)}^{Q}F(r)\cos\theta\,\mathrm{d}l,$$

考虑路径$L$上任一线元$\mathrm{d}\boldsymbol{l}$，令其起点和终点分别为$K$和$M$. 从力心$O$作直线过$P$和$K$. 以$O$为圆心过$K$、$M$、$Q$诸点作圆弧，交$OP$或其延线于$K'$、$M'$、$Q'$，

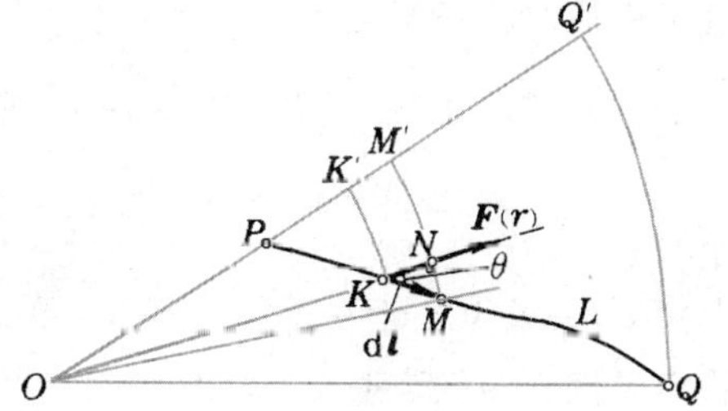

图 1-44 库仑力作功与路径无关

过 $M$ 的圆弧交 $OK$ 或其延线于 $N$. 为了讨论起来方便，设有心力 $\boldsymbol{F}$ 为排斥力（只要在相应的地方稍事修改，就可适用于吸引力情形）。因在 $K$ 点有心力 $\boldsymbol{F}$ 的方向平行于 $OK$，故上式中 $\theta = \angle NKM$，$\cos\theta \mathrm{d}l = |KM|\cos\theta = |KN| = |K'M'| = \mathrm{d}r$，即移动线元 $\mathrm{d}l$ 时半径 $r$ 的增加。这样一来，上式化为

$$A_{PQ} = \int_{r_P}^{r_Q} F(r)\mathrm{d}r, \tag{1.26}$$

此式只与两端点到力心的距离 $r_P$ 和 $r_Q$ 有关，与路径 $L$ 无关。

在电场力对试探电荷 $q_0$ 作功情形里，$\boldsymbol{F}(r) = q_0\boldsymbol{E}(r)$，

$$A_{PQ} = q_0 \int_{P\,(L)}^{Q} \boldsymbol{E}\cdot\mathrm{d}\boldsymbol{l} = q_0 \int_{r_P}^{r_Q} E(r)\mathrm{d}r \tag{1.27}$$

与路径 $L$ 无关。

在这里我们提请读者注意：证明点电荷的电场所作的功与路径无关，只用到库仑力是有心力的性质，与 $F(r)$ 的具体形式（譬如与 $r$ 的平方成反比）无关。

（2）任何带电体系产生的电场

在一般情况下，电场并非由单个点电荷产生，但是我们总可以把产生电场的带电体划分为许多带电元，每一带电元可以看作一个点电荷，这样就可把任何带电体系视为点电荷组。总场强 $\boldsymbol{E}$ 是各点电荷 $q_1, q_2, \cdots, q_k$ 单独产生的场强 $\boldsymbol{E}_1, \boldsymbol{E}_2, \cdots, \boldsymbol{E}_k$ 的矢量和：

$$\boldsymbol{E} = \boldsymbol{E}_1 + \boldsymbol{E}_2 + \cdots + \boldsymbol{E}_k.$$

从而当试探电荷 $q_0$ 由 $P$ 点沿任意路径 $L$ 到达 $O$ 点时，电场力 $\boldsymbol{F} = q_0\boldsymbol{E}$ 所作的功为

$$\begin{aligned} A_{PQ} &= q_0 \int_{P\,(L)}^{Q} \boldsymbol{E}\cdot\mathrm{d}\boldsymbol{l} = q_0 \int_{P\,(L)}^{Q} (\boldsymbol{E}_1 + \boldsymbol{E}_2 + \cdots + \boldsymbol{E}_k)\cdot\mathrm{d}\boldsymbol{l} \\ &= q_0 \int_{P\,(L)}^{Q} \boldsymbol{E}_1\cdot\mathrm{d}\boldsymbol{l} + q_0 \int_{P\,(L)}^{Q} \boldsymbol{E}_2\cdot\mathrm{d}\boldsymbol{l} + \cdots + q_0 \int_{P\,(L)}^{Q} \boldsymbol{E}_k\cdot\mathrm{d}\boldsymbol{l}. \end{aligned}$$

由于上式右方的每一项都与路径无关，所以总电场力的功 $A_{PQ}$ 也与路径无关。

这样，我们得出结论：试探电荷在任何静电场中移动时，电场力所作的功只与这试探电荷电量的大小及其起点、终点的位置有关，与路径无关。

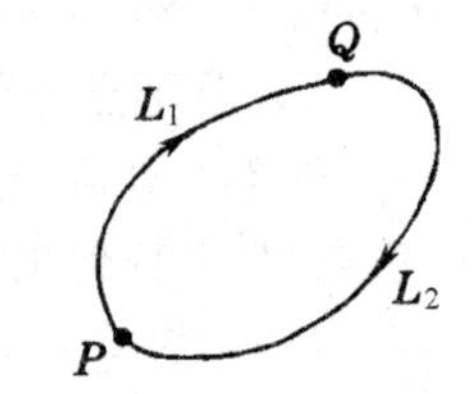


图 1-45 静电场的环路定理

静电场力作功与路径无关这一结论，还可以表述成另一种等价的形式。如图 1-45 所示，在静电场中取一任意闭合环路 $L$，考虑场强 $\boldsymbol{E}$ 沿此闭合环路的线积分 $\Gamma_E = \oint \boldsymbol{E}\cdot\mathrm{d}\boldsymbol{l}$（$\Gamma_E$ 称为环量）。先在 $L$ 上取任意两点 $P$、$Q$，它们把 $L$ 分成 $L_1$ 和 $L_2$ 两段。因此

$$\oint \boldsymbol{E}\cdot\mathrm{d}\boldsymbol{l} = \int_{P\,(L_1)}^{Q} \boldsymbol{E}\cdot\mathrm{d}\boldsymbol{l} + \int_{Q\,(L_2)}^{P} \boldsymbol{E}\cdot\mathrm{d}\boldsymbol{l} = \int_{P\,(L_1)}^{Q} \boldsymbol{E}\cdot\mathrm{d}\boldsymbol{l} - \int_{P\,(L_2)}^{Q} \boldsymbol{E}\cdot\mathrm{d}\boldsymbol{l}.$$

由于作功与路径无关，

$$\int_{P\,(L_1)}^{Q} \boldsymbol{E}\cdot\mathrm{d}\boldsymbol{l} = \int_{P\,(L_2)}^{Q} \boldsymbol{E}\cdot\mathrm{d}\boldsymbol{l} \quad \text{或} \quad \int_{P\,(L_1)}^{Q} \boldsymbol{E}\cdot\mathrm{d}\boldsymbol{l} - \int_{P\,(L_2)}^{Q} \boldsymbol{E}\cdot\mathrm{d}\boldsymbol{l} = 0,$$

故

$$\oint \boldsymbol{E}\cdot\mathrm{d}\boldsymbol{l} = 0. \tag{1.28}$$

上式表示，静电场中场强沿任意闭合环路的线积分，即环量恒等于 0。这定理没有通用的名称，我们且把它叫做静电场的环路定理，它和"静电场力作功与路径无关"的说法完全等价。

### 4.2 电势与电势差

任何作功与路径无关的力场，叫做保守力场或势场，在这类场中可以引进"势能"的概念。在力学中，引力场作功与路径无关，所以引力场是个保守力场，我们可以引进"引力势能"的概念。静电场也是保守力场，从而我们可引进"电势"和"电势能"的概念。

设想在电场中把一个试探电荷 $q_0$ 从 $P$ 点移至 $Q$ 点，它的电势能的减少 $W_{PQ}$ 定义为在此过程中静电场力对它作的功 $A_{PQ}$，即

$$W_{PQ}=A_{PQ}=q_0\int_P^Q \boldsymbol{E}\cdot \mathrm{d}\boldsymbol{l}. \tag{1.29}$$

这里无需指明路径，因为积分与路径无关。

$W_{PQ}$ 也可定义为把 $q_0$ 从 $Q$ 点移到 $P$ 点的过程中抵抗静电场力的功 $A'_{QP}$. 在物理学中，所谓"抵抗"某力 $\boldsymbol{F}$ 作功，就是指一个与 $\boldsymbol{F}$ 大小相等、方向相反的力 $\boldsymbol{F}'$ 所作的功。因电场力 $\boldsymbol{F}=q_0\boldsymbol{E}$，故 $\boldsymbol{F}'=-\boldsymbol{F}=-q_0\boldsymbol{E}$.[1]按照定义，

$$W_{PQ}=A'_{QP}=\int_Q^P \boldsymbol{F}'\cdot \mathrm{d}\boldsymbol{l}=-q_0\int_Q^P \boldsymbol{E}\cdot \mathrm{d}\boldsymbol{l}. \tag{1.29'}$$

不难看出，(1.29) 式和(1.29′) 式完全等价：

$$-q_0\int_Q^P \boldsymbol{E}\cdot \mathrm{d}\boldsymbol{l}=q_0\int_P^Q \boldsymbol{E}\cdot \mathrm{d}\boldsymbol{l}.$$

(1.29) 式表明，$W_{PQ}$ 与试探电荷的电量 $q_0$ 成正比。换句话说，比值 $W_{PQ}/q_0$ 与试探电荷无关，它反映了电场本身在 $P$、$Q$ 两点的性质。这个量定义为电场中 $P$、$Q$ 两点间的**电势差**，或称**电势降落**、**电压**。用 $U_{PQ}$ 来表示，则

$$U_{PQ}=\frac{W_{PQ}}{q_0}=\frac{A_{PQ}}{q_0}=\int_P^Q \boldsymbol{E}\cdot \mathrm{d}\boldsymbol{l}, \tag{1.30}$$

用文字来表述，就是 $P$、$Q$ 两点间的电势差定义为从 $P$ 到 $Q$ **移动单位正电荷时电场力所作的功，或者说，单位正电荷的电势能差**(图 1-46)。

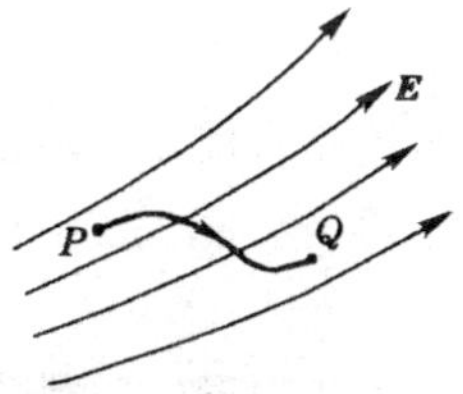

图 1-46 电势能差与电势差的定义

上面介绍的是电场中两点之间的电势差，如果要问空间某一点的电势数值为多少，则需选定参考点。令参考点的电势为 0，则其他各点与此参考点之间的电势差定义为该点的电势值。在理论计算中，如果带电体系局限在有限大小的空间里，通常选择无穷远点为电势的参考位置。这样一来，空间任一点 $P$ 的电势 $U(P)$ 就等于电势差 $U_{P\infty}$，即

$$U(P)=U_{P\infty}=\frac{A_{P\infty}}{q_0}=\int_P^\infty \boldsymbol{E}\cdot \mathrm{d}\boldsymbol{l}. \tag{1.31}$$

由于电场力作功与路径无关，对于空间任意两点 $P$ 和 $Q$，我们有

$$\int_P^Q \boldsymbol{E}\cdot \mathrm{d}\boldsymbol{l}=\int_P^\infty \boldsymbol{E}\cdot \mathrm{d}\boldsymbol{l}+\int_\infty^Q \boldsymbol{E}\cdot \mathrm{d}\boldsymbol{l}=\int_P^\infty \boldsymbol{E}\cdot \mathrm{d}\boldsymbol{l}-\int_Q^\infty \boldsymbol{E}\cdot \mathrm{d}\boldsymbol{l}.$$

即

$$U_{PQ}=U(P)-U(Q), \tag{1.32}$$

亦即 $P$、$Q$ 两点间的电势差 $U_{PQ}$ 等于 $P$ 点的电势 $U(P)$ 减去 $Q$ 点的电势 $U(Q)$.

---

[1] 应注意，在这里"抵抗"一词只具有形式上的意义，实际上是否真有一个与 $\boldsymbol{F}$ 对抗的力，以及 $\boldsymbol{F}$ 和 $\boldsymbol{F}'$ 哪个作正功、哪个作负功，都是无关紧要的。只要在物体从 $P$ 到 $Q$ 移动的过程中力 $\boldsymbol{F}$ 作了功 $A_{PQ}$，我们就可以说抵抗 $\boldsymbol{F}$ 作了功 $A'_{PQ}=-A_{PQ}$；在从 $Q$ 到 $P$ 的移动过程中 $\boldsymbol{F}$ 作了功 $A_{QP}$，我们就可以说抵抗 $\boldsymbol{F}$ 作了功 $A'_{QP}=-A_{QP}$(它又等于 $A_{PQ}$)。所有这些都不过是相互等价的不同说法而已。

在实际工作中常常以大地或电器外壳的电势为0。改变参考点，各点电势的数值将随之而变，但两点之间的电势差与参考点的选择无关。

从定义式可以看出，电势差和电势的单位应是J/C，这个单位有个专门名称，叫做伏特，简称伏，用V表示：

$$1\ \mathrm{V}=\frac{1\ \mathrm{J}}{1\ \mathrm{C}}.$$

从(1.30)式还可看出，电场强度的单位应是电势差的单位除以长度的单位，即V/m，这与前面给出的N/C是一样的。

**例题**10 一示波管阳极A和阴极K间的电压是3 000 V(即从阳极A到阴极K电势降低3 000 V)，求从阴极发射出的电子到达阳极时的速度。设电子从阴极出发时的初速为0。

**解：** 电子带电 $-e=1.60\times10^{-19}$ C，所以它沿电势升高的方向加速运动，即从阴极K出发到阳极A. 静电力是保守力，按能量守恒定律电子获得的动能为

$$\frac{1}{2}m_{\mathrm{e}}v^{2}=-eU_{\mathrm{KA}}=4.80\times10^{-16}\ \mathrm{J}.$$

又，电子质量 $m_{\mathrm{e}}=9.11\times10^{-31}$ kg，所以电子到达阳极时的速率为

$$v=\sqrt{\frac{-2eU_{\mathrm{KA}}}{m_{\mathrm{e}}}}=\sqrt{\frac{2\times4.80\times10^{-16}\ \mathrm{J}}{9.11\times10^{-31}\ \mathrm{kg}}}=3.25\times10^{7}\ \mathrm{m/s}.$$ ▌

由以上例题可见，和所有利用能量方法处理问题时一样，知道了电压，可以不去追究电场如何分布，以及电子沿怎样的轨迹运动等具体问题，就可求得它的动能和速率。

$e=1.60\times10^{-19}$ C是微观粒子带电的基本单位。任何一个带有 $+e$ 或 $-e$ 的粒子，只要飞越一个电势差为1V的区间，电场力就对它作功 $1.60\times10^{-19}\ \mathrm{C}\times1\ \mathrm{V}=1.60\times10^{-19}$ J，从而粒子本身就获得这么多能量(动能)。在近代物理学中为了方便，就把这么多的能量叫做一个电子伏(eV)，而不再换算成J. 应当注意，电子伏不是电势差的单位，而是能量的单位，即

$$1\ \mathrm{eV}=1.60\times10^{-19}\ \mathrm{J}.$$

在近代物理中微观粒子的能量往往很高，常用千电子伏 keV($=10^{3}$ eV)、兆电子伏 MeV($=10^{6}$ eV)、吉电子伏 GeV($=10^{9}$ eV)、太电子伏 TeV($=10^{12}$ eV) 等。

**例题**11 求单个点电荷 $q$ 产生的电场中各点的电势。

**解：** 利用公式(1.30)进行计算。因为电场力的功与路径无关，计算公式中的积分时，我们就选取一条便于计算的路径，即沿径矢的直线(见图1-47)，于是有

$$U(P)=\int_{P}^{\infty}\boldsymbol{E}\cdot\mathrm{d}\boldsymbol{l}=\int_{r_P}^{\infty}E\,\mathrm{d}r=\frac{q}{4\pi\varepsilon_0}\int_{P}^{\infty}\frac{\mathrm{d}r}{r^{2}}=\frac{1}{4\pi\varepsilon_0}\frac{q}{r_P},$$

其中 $r_P$ 表示 $P$ 点到点电荷 $q$ 的距离。由于 $P$ 点是任意的，$r_P$ 的下标可以略去，于是，我们得到点电荷 $q$ 产生的电场中电势的分布公式：

$$U=\frac{1}{4\pi\varepsilon_0}\frac{q}{r}.\tag{1.33}$$ ▌

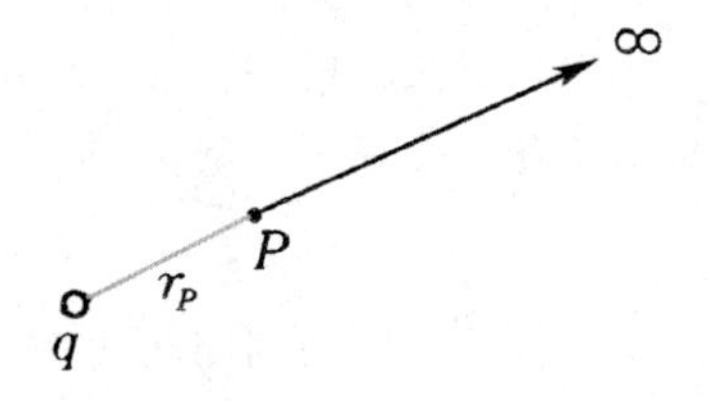


图1-47 例题11—— 求单个点电荷 $q$ 产生的电势分布

**例题**12 求均匀带电球壳产生的电场中电势的分布，设球壳带电总量为 $Q$，半径为 $R$.

**解：** 在例题6中我们已求得带电球壳的场强分布为

$$E=\begin{cases}\dfrac{1}{4\pi\varepsilon_0}\dfrac{Q}{r^{2}}, & (r>R)\\ 0, & (r<R)\end{cases}$$

方向沿径矢。因此计算电势时我们仍和点电荷的情形一样，沿着径矢积分。

在球壳外($r>R$),结果与点电荷情形一样,

$$U(P)=\int_P^{\infty}\boldsymbol{E}\cdot\mathrm{d}\boldsymbol{l}=\frac{1}{4\pi\varepsilon_0}\frac{Q}{r_P}.$$

若 $P$ 点在球壳内($r<R$),积分要分两段(见图 1-48a),一段 $P$ 到球壳表面($r=R$ 处),在这段里 $E=0$;另一段由 $r=R$ 处到 $\infty$,只有这段对积分有贡献。于是

$$U(P)=\int_R^{\infty}\boldsymbol{E}\cdot\mathrm{d}\boldsymbol{l}=\frac{1}{4\pi\varepsilon_0}\frac{Q}{R}.$$

概括起来,我们有

$$U=\begin{cases}\dfrac{1}{4\pi\varepsilon_0}\dfrac{Q}{r}, & (r>R)\\[2ex] \dfrac{1}{4\pi\varepsilon_0}\dfrac{Q}{R}, & (r<R)\end{cases}\tag{1.34}$$

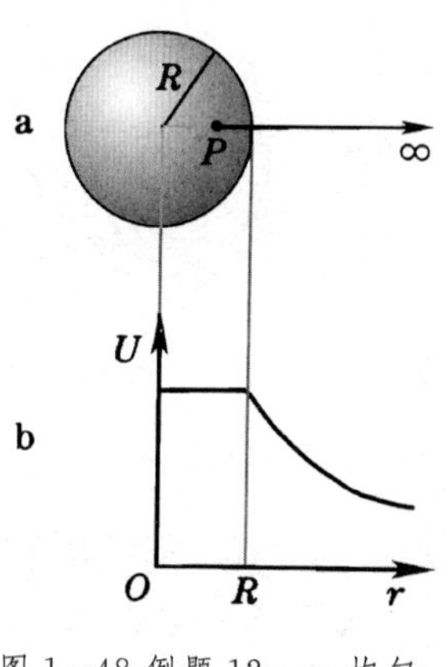

图 1-48 例题 12——均匀带电球壳的电势分布

即在球壳外的电势分布与点电荷情形一样,在球壳内电势到处与球壳表面的值一样,是个常量。电势 $U$ 随 $r$ 的变化情况示于图 1-48b。可以看出,在球壳表面,$U$ 与 $E$ 不同,它的数值没有跃变。▌

### 4.3 电势叠加原理

任意带电体系都可看成点电荷组,它们在空间产生的电势分布亦可用叠加原理求得(图 1-49)。与场强叠加不同,电势叠加是标量叠加:

$$\begin{aligned}U(P)&=\int_P^{\infty}\boldsymbol{E}\cdot\mathrm{d}\boldsymbol{l}\\&=\int_P^{\infty}(\boldsymbol{E}_1+\boldsymbol{E}_2+\cdots+\boldsymbol{E}_k)\cdot\mathrm{d}\boldsymbol{l}\\&=\int_P^{\infty}\boldsymbol{E}_1\cdot\mathrm{d}\boldsymbol{l}+\int_P^{\infty}\boldsymbol{E}_2\cdot\mathrm{d}\boldsymbol{l}+\cdots+\int_P^{\infty}\boldsymbol{E}_k\cdot\mathrm{d}\boldsymbol{l}\\&=U_1(P)+U_2(P)+\cdots+U_k(P).\end{aligned}\tag{1.35}$$

图 1-49 电势的叠加

式中

$$U_i(P)=\int_P^{\infty}\boldsymbol{E}_i\cdot\mathrm{d}\boldsymbol{l}=\frac{1}{4\pi\varepsilon_0}\frac{q_i}{r_i}$$

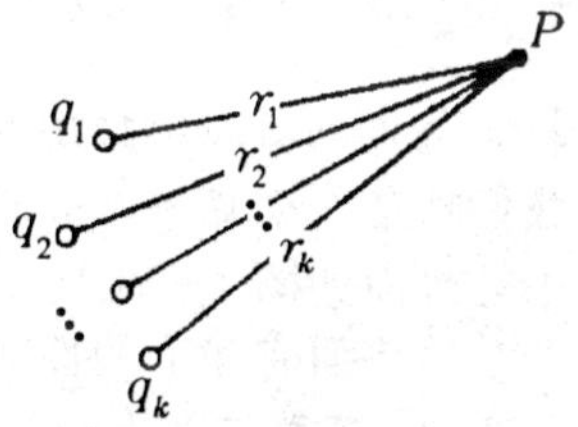

是点电荷 $q_i(i=1,2,\cdots,k)$ 单独存在时 $P$ 点的电势。下面一个例题用电势叠加原理求电偶极子的电势分布。

**例题 13** 求距电偶极子相当远的地方任一点的电势。已知电偶极子中两电荷 $\pm q$ 之间的距离为 $l$.

**解:** 设场点 $P$ 到 $\pm q$ 的距离为 $r_+$ 和 $r_-$(图 1-50),则 $\pm q$ 单独存在时 $P$ 点的电势分别为

$$U_+=\frac{1}{4\pi\varepsilon_0}\frac{q}{r_+},\quad U_-=\frac{1}{4\pi\varepsilon_0}\frac{(-q)}{r_-}.$$

根据电势叠加原理

$$U=U_++U_-=\frac{q}{4\pi\varepsilon_0}\left(\frac{1}{r_+}-\frac{1}{r_-}\right).$$

下面进行近似计算。设 $P$ 点到电偶极子中点 $O$ 的距离为 $r$,$PO$ 联线与偶极矩方向的夹角为 $\theta$,通过 $\pm q$ 作 $PO$ 联线的垂线,令垂足为 $C$、$D$. 由于 $r\gg l$,忽略 $l/r$ 的高级无穷小量,两垂线都可近似地看作以 $P$ 为中心的圆弧,所以 $PC\approx r_+$,$PD\approx r_-$. 故而

$$CO\approx OD\approx\frac{l}{2}\cos\theta,$$

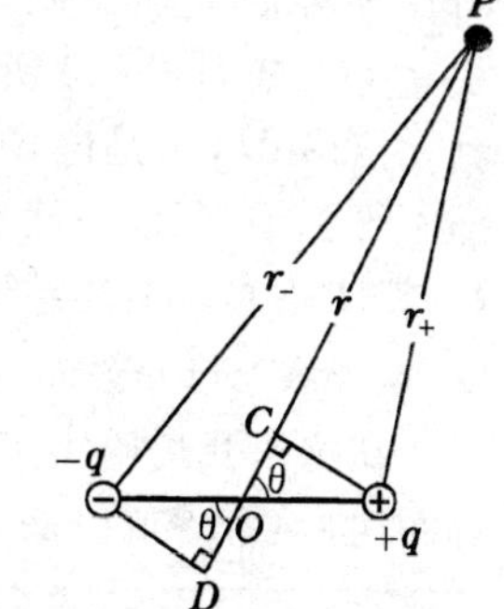

图 1-50 例题 13——求电偶极子的电势分布

于是
$$r_+ \approx r - \frac{l}{2}\cos\theta, \quad r_- \approx r + \frac{l}{2}\cos\theta.$$
代入 $U$ 的表达式后，得
$$U = \frac{q}{4\pi\varepsilon_0}\left(\frac{1}{r - \frac{l}{2}\cos\theta} - \frac{1}{r + \frac{l}{2}\cos\theta}\right) = \frac{q}{4\pi\varepsilon_0}\frac{\left(r + \frac{l}{2}\cos\theta\right) - \left(r - \frac{l}{2}\cos\theta\right)}{\left(r - \frac{l}{2}\cos\theta\right)\left(r + \frac{l}{2}\cos\theta\right)}$$
即
$$U = \frac{q}{4\pi\varepsilon_0}\frac{l\cos\theta}{r^2 - \left(\frac{l}{2}\cos\theta\right)^2}. \tag{1.36}$$
忽略 $l$ 的平方项，即得
$$U \approx \frac{1}{4\pi\varepsilon_0}\frac{ql\cos\theta}{r^2} = \frac{1}{4\pi\varepsilon_0}\frac{p\cos\theta}{r^2},$$
或
$$U = \frac{1}{4\pi\varepsilon_0}\frac{\boldsymbol{p}\cdot\hat{\boldsymbol{r}}}{r^2}. \tag{1.37}$$
这里用到 $\boldsymbol{p} = q\boldsymbol{l}$ 的关系。▍

我们再一次看到，电偶极子在远处的性质是由它的偶极矩 $\boldsymbol{p}$ 来表征的。

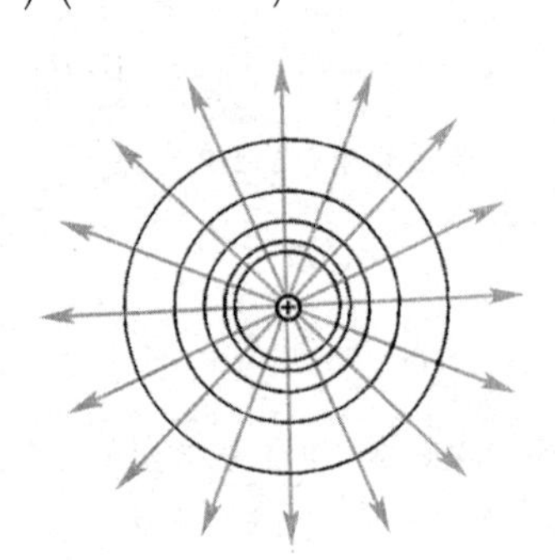

图 1-51 点电荷的等势面

### 4.4 等势面

一般说来，静电场中的电势值是逐点变化的，但总有一些点的电势值彼此相同，这些点往往处于一定的曲面（或平面）上。例如点电荷 $q$ 产生的电场中电势 $U = \frac{1}{4\pi\varepsilon_0}\frac{q}{r}$ 只与距离 $r$ 有关，这就是说，距 $r$ 等远的各点电势值彼此相等。这些点处在以 $q$ 为中心的球面上。我们把这些电势相等的点所组成的面叫做等势面。所以点电荷的电场中等势面如图 1-51 所示，是一系列以 $q$ 为中心的同心球面。

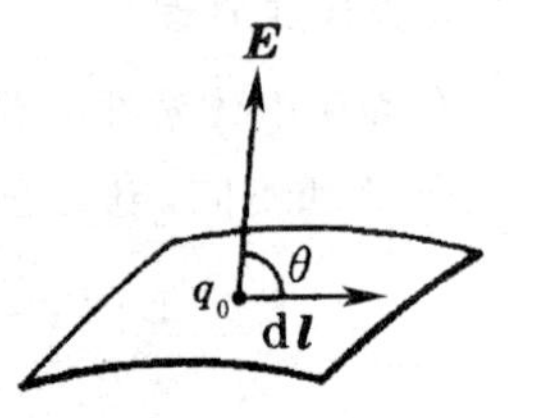


图 1—52 场强与等势面垂直

等势面有如下的性质：

(1) 等势面与电场线处处正交

在点电荷的特例里我们看到，二者是处处正交的。可以论证，在普遍的情况下这个结论也成立。证明如下：首先，当电荷沿等势面移动时，电场力不会作功，这是因为 $A_{PQ} = q_0[U(P) - U(Q)]$，而在等势面上任意两点间电势差 $U(P) - U(Q) = 0$，所以 $A_{PQ} = 0$. 如图 1-52 所示，设一试探电荷 $q_0$ 沿等势面作一任意元位移 d$\boldsymbol{l}$，于是电场力作功 $q_0 E\,\mathrm{d}l\cos\theta = 0$，但 $q_0$、$E\mathrm{d}l$ 都不等于零，所以必然有 $\cos\theta = 0$，即 $\theta = \pi/2$. 这就是说，场强 $\boldsymbol{E}$ 与 d$\boldsymbol{l}$ 垂直。上述结论适用于电场中任何地方，所以电场强度（电场线）与等势面就必须处处正交。

在这里我们给出了另外一些带电体系的等势面和电场线分布图 1-53，[1]可以清楚地看到，其中的等势面与电场线都处

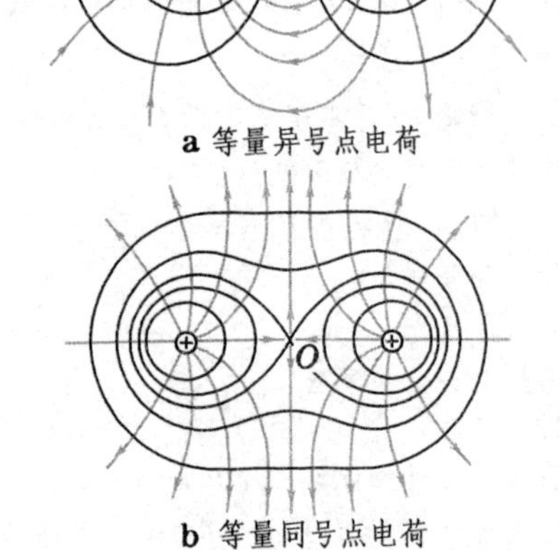


a 等量异号点电荷

b 等量同号点电荷

图 1-53 两个点电荷的等势面和电场线

[1] 注意图 1-53b 中的 $O$ 点，前已指出，它不是电场线的交点，而是场强的零点。实际上，$O$ 点倒是等势面（实线）的交点。在该点沿水平方向看电势处于极小，沿竖直方向看电势处于极大，这样的点叫做鞍点。在鞍点处场强总是等于 0 的。

处正交。

(2) 等势面较密集的地方场强大，较稀疏的地方场强小

根据等势面的分布图，我们不仅可以知道场强的方向，还可判断它的大小。如图1-54所示，取一对电势分别为$U$和$U+\Delta U$的邻近等势面，作一条电场线与两等势面分别交于$P$、$Q$，因为两个面十分接近，$PQ$可看成两等势面间的垂直距离$\Delta n$.由于$\Delta n$很小，根据(1.30)式有

$$\Delta U=\left|\int_P^Q \boldsymbol{E}\cdot \mathrm{d}\boldsymbol{l}\right|\approx E\Delta n,$$

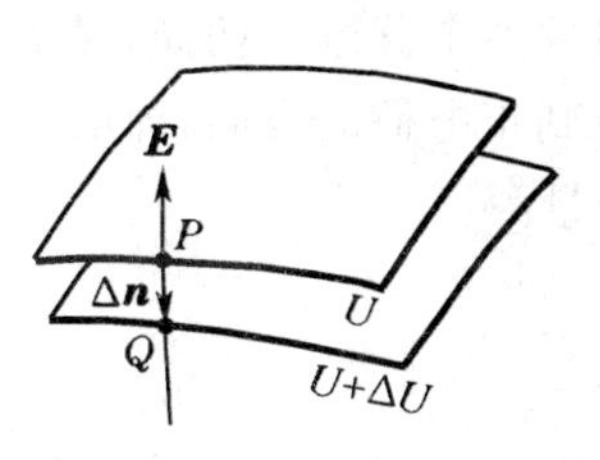

图1-54 等势面的间隔$\Delta n$与场强

或

$$E\approx\left|\frac{\Delta U}{\Delta n}\right|,$$

取$\Delta n\to 0$的极限，得

$$E=\left|\lim_{\Delta n\to 0}\frac{\Delta U}{\Delta n}\right|. \tag{1.38}$$

(1.38)式表明，在同一对邻近的等势面间，$\Delta n$小的地方$E$大，$\Delta n$大的地方$E$小。如果我们在作等势面图时，取所有各等势面间的电势间隔$\Delta U$都一样，则上述结论还可用于其他各对等势面之间。由此可见，通过等势面的疏密，可以反映出场强的大小来。

### 4.5 电势的梯度

任何空间坐标的标量函数，叫做标量场。电势$U$是个标量，它在空间每点有一定的数值，所以电势是个标量场。

“梯度”一词，通常指一个物理量的空间变化率。用数学语言来说，就是物理量对空间坐标的微商。在三维空间里，一个标量场沿不同方向的变化率不同。我们在一对彼此很靠近的等势面之间取一任意方向的线段$PQ$，设其长度为$\Delta l$(图1-55)，则$U$沿此方向的微商为

$$\frac{\partial U}{\partial l}=\lim_{\Delta l\to 0}\frac{\Delta U}{\Delta l}, \tag{1.39}$$

$\frac{\partial U}{\partial l}$叫做$U$沿$\overrightarrow{PQ}=\Delta\boldsymbol{l}$的方向微商，这是一种偏微商。

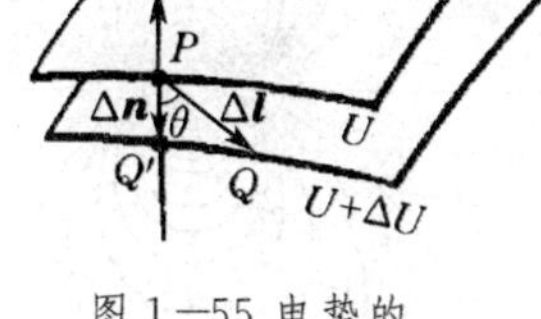

图1—55 电势的方向微商和梯度

在等势面间取垂直位移矢量$\overrightarrow{PQ'}=\Delta\boldsymbol{n}$，它指向沿电势增加的方向，沿此方向的微商为

$$\frac{\partial U}{\partial n}=\lim_{\Delta n\to 0}\frac{\Delta U}{\Delta n}. \tag{1.40}$$

我们来看$\frac{\partial U}{\partial l}$和$\frac{\partial U}{\partial n}$两个沿不同方向的微商之间的关系。设$\Delta\boldsymbol{l}$和$\Delta\boldsymbol{n}$之间的夹角为$\theta$，则$\Delta n=\Delta l\cos\theta$. 从(1.39)式和(1.40)式可以看出

$$\frac{\partial U}{\partial l}\frac{1}{\cos\theta}=\frac{\partial U}{\partial n},\quad 或\quad \frac{\partial U}{\partial l}=\frac{\partial U}{\partial n}\cos\theta.$$

上式表明

$$\frac{\partial U}{\partial l}\leqslant\frac{\partial U}{\partial n}.$$

亦即，$U$沿$\Delta\boldsymbol{n}$方向的微商最大，其余方向的微商等于它乘以$\cos\theta$. 这正是一个矢量的投影和它的绝对值的关系。所以我们可以定义一个矢量，它沿着$\Delta\boldsymbol{n}$方向，大小等于$\frac{\partial U}{\partial n}$。这个矢量叫做$U$的梯度，用$\mathrm{grad}U$或$\nabla U$来表示。沿其余方向的微商$\frac{\partial U}{\partial l}$是梯度矢量$\nabla U$在该方向上的投影。

前面的(1.38)式表明，场强$\boldsymbol{E}$的大小为

$$E=\left|\lim_{\Delta n\to 0}\frac{\Delta U}{\Delta n}\right|=\left|\frac{\partial U}{\partial n}\right|,$$

$\boldsymbol{E}$ 总是指向电势减少的方向，即 $\boldsymbol{E}$ 与 $\Delta\boldsymbol{n}$ 方向相反，故 $\boldsymbol{E}$ 应等于电势梯度的负值：

$$\boldsymbol{E}=-\nabla U, \tag{1.41}$$

它在任意方向 $\Delta\boldsymbol{l}$ 上的投影 $E_l$ 为

$$E_l=-\frac{\partial U}{\partial l}. \tag{1.42}$$

利用这些结果，可以从已知的电势分布求场强。

在具体问题中，我们需要根据对称性选取适当的坐标系来求出矢量的各个分量。例如，对于电偶极子，因它具有轴对称性，最方便的办法是以它自身的轴(从负电荷到正电荷的方向，即电偶极矩 $\boldsymbol{p}$ 的方向)为轴取球坐标$(r,\theta,\varphi)$。在球坐标系中，场强的各个分量为

$$\begin{cases}E_r=-\dfrac{\partial U}{\partial r},\\ E_\theta=-\dfrac{1}{r}\dfrac{\partial U}{\partial\theta},\\ E_\varphi=-\dfrac{1}{r\sin\theta}\dfrac{\partial U}{\partial\varphi}.\end{cases} \tag{1.43}$$

以上各式的由来，详见附录 B(B.10) 式。

**例题** 14 利用例题 13 的结果求电偶极子的场强分布。

**解：** 例题 13 的结果为

$$U=\frac{1}{4\pi\varepsilon_0}\frac{p\cos\theta}{r^2},$$

这公式实际上采用的是球坐标系，其极轴沿电偶极矩 $\boldsymbol{p}$，原点 $O$ 位于电偶极子的中心(图 1-56)。由于轴对称性，$U$ 与方位角 $\varphi$ 无关。根据(1.43)式，$\boldsymbol{E}$ 的三个分量为

$$\begin{cases}E_r=-\dfrac{\partial U}{\partial r}=\dfrac{1}{4\pi\varepsilon_0}\dfrac{2p\cos\theta}{r^3},\\ E_\theta=-\dfrac{1}{r}\dfrac{\partial U}{\partial\theta}=\dfrac{1}{4\pi\varepsilon_0}\dfrac{p\sin\theta}{r^3},\\ E_\varphi=-\dfrac{1}{r\sin\theta}\dfrac{\partial U}{\partial\varphi}=0.\end{cases}$$

在偶极子的延长线上 $\theta=0$ 或 $\pi$，$E_\theta=0$，从而

$$E=E_r=\frac{1}{4\pi\varepsilon_0}\frac{2p}{r^3};$$

在中垂面上 $\theta=\pi/2$，$E_r=0$，

$$E=E_\theta=\frac{1}{4\pi\varepsilon_0}\frac{p}{r^3}.$$

这结果与例题 13 中用场强叠加法求得的结果一致(图 1-57)。▎

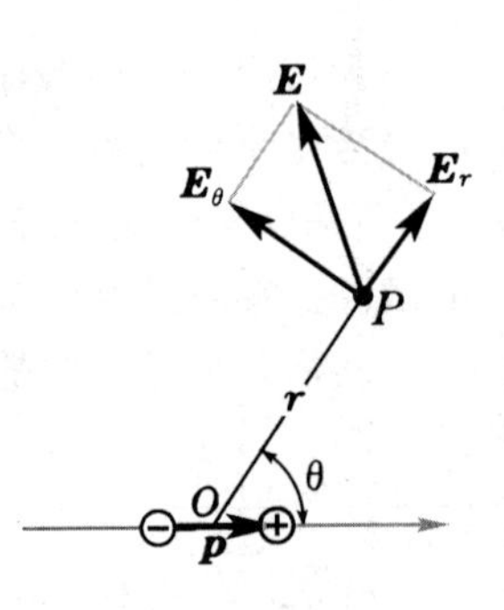

图 1-56 例题 14——电偶极子的电势

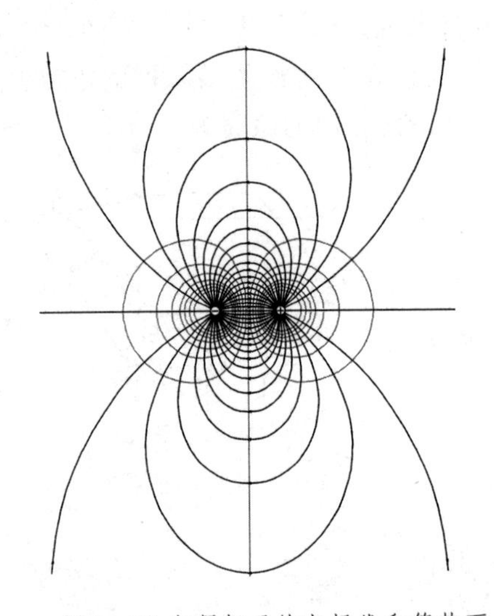
图 1-57 电偶极子的电场线和等势面

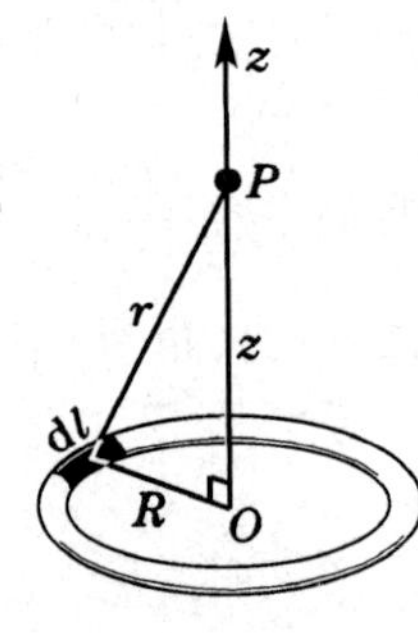

图 1—58 例题 15——求均匀带电圆环产生的电势与场强

从上面的例题中我们看到，由于电势是标量，用叠加原理来计算比计算场强矢量简便得多。所以，我们往往先求出电势，然后利用方向微商或梯度的方法求场强。这从一个方面体现了引进电势这个标量的优越性。再看一个例子。

**例题** 15　求均匀带电圆形细环轴线上的电势和场强分布。设环的半径为 $R$，电荷线密度为 $\eta_e$(图1-58)。

**解：**　(i) 电势分布

取轴线为 $z$ 轴，圆心 $O$ 为原点，在轴上取任一场点 $P$，其坐标为 $z$，它到圆环上每一线段 $\mathrm{d}l$ 的距离为

$$r = \sqrt{R^2+z^2},$$

$r$ 在整个圆周上是常量。按照电势叠加原理，整个圆环在 $P$ 点产生的电势为各线元 $\mathrm{d}l$ 产生电势的标量叠加：

$$U(z) = \frac{1}{4\pi\varepsilon_0}\int_0^{2\pi R}\frac{\eta_e\,\mathrm{d}l}{r} = \frac{\eta_e}{4\pi\varepsilon_0 r}\int_0^{2\pi R}\mathrm{d}l = \frac{\eta_e R}{2\varepsilon_0 r} = \frac{\eta_e R}{2\varepsilon_0\sqrt{R^2+z^2}}.$$

(ii) 场强分布

轴线上场强的投影为

$$E_z = -\frac{\partial U}{\partial z} = \frac{\eta_e z R}{2\varepsilon_0(R^2+z^2)^{3/2}}.$$

从对称性可以看出，场强矢量的方向就沿轴线，而它的大小 $E = |E_z|$. 轴线以外的场强则有多个分量。▎

### 4.6 电偶极层

设想一厚度 $l$ 均匀的曲面薄壳，两面带有符号相反的面电荷 $\pm\sigma_e$. 我们称这样的带电体系为电偶极层。如图 1-59 所示，令电偶极层带负、正电荷的两面分别为 $S$ 和 $S'$，$\mathrm{d}S$ 和 $\mathrm{d}S'$ 是它们相应的一对面元，从场点 $P$ 到它们的距离分别是 $r$ 和 $r'$. 则按电势叠加原理，$P$ 点的电势为

$$U(P)=\frac{1}{4\pi\varepsilon_0}\int_{(S')}\frac{\sigma_e\,\mathrm{d}S'}{r'}+\frac{1}{4\pi\varepsilon_0}\int_{(S)}\frac{(-\sigma_e)\mathrm{d}S}{r}=\frac{1}{4\pi\varepsilon_0}\int_{(S)}\sigma_e\left(\frac{1}{r'}-\frac{1}{r}\right)\mathrm{d}S. \qquad (1.44)$$

令径矢 $\boldsymbol{r}$ 与面元 $\mathrm{d}S$ 法线 $\boldsymbol{n}$ 之间的夹角为 $\theta$，则 $r'\approx r+l\cos\theta$，于是

$$\frac{1}{r'} = \frac{1}{r+l\cos\theta} = \frac{1}{r\left(1+\dfrac{l\cos\theta}{r}\right)} \approx \frac{1}{r}\left(1-\frac{l\cos\theta}{r}\right) = \frac{1}{r} - \frac{l\cos\theta}{r^2},$$

$$\frac{1}{r'} - \frac{1}{r} = -\frac{l\cos\theta}{r^2},$$

因而

$$U(P) = -\frac{1}{4\pi\varepsilon_0}\int_{(S)}\frac{\sigma_e l\cos\theta\,\mathrm{d}S}{r^2}. \qquad (1.45)$$

式中 $\cos\theta\mathrm{d}S$ 是面元 $\mathrm{d}S$ 在垂直于径矢 $\boldsymbol{r}$ 方向的投影。

(1.45) 式中 $\cos\theta\mathrm{d}S$ 是面元 $\mathrm{d}S$ 在垂直于径矢 $\boldsymbol{r}$ 方向的投影，故 $\dfrac{\cos\theta\mathrm{d}S}{r^2} = \mathrm{d}\Omega$ 是面元 $\mathrm{d}S$ 对场点 $P$ 所张的立体角。令

$$\tau_e \equiv \sigma_e l, \qquad (1.46)$$

$\tau_e$ 代表单位面积上的电偶极矩，可称为电偶极层的强度。

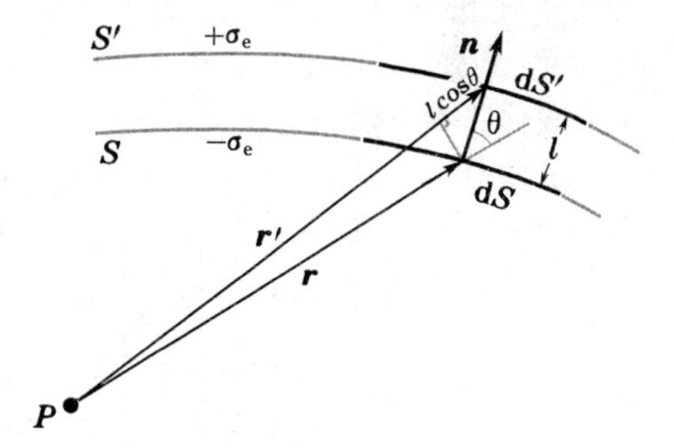

图 1—59 电偶极层

对于均匀电偶极层 $\tau_e$ 是常量，可从积分号内提出。于是(1.45) 式化为

$$U(P) =-\frac{\tau_e}{4\pi\varepsilon_0}\int_{(S)}\mathrm{d}\Omega =-\frac{\tau_e}{4\pi\varepsilon_0}\Omega, \qquad (1.47)$$

式中 $\Omega$ 是曲面 $S$ 对场点 $P$ 所张的立体角。由此电场强度为

$$\boldsymbol{E} -- \nabla U(P) - \frac{\tau_e}{4\pi\varepsilon_0}\nabla\Omega. \qquad (1.48)$$

上面我们得到一个非常有趣的结果，即电偶极层的电势和场强只与它对场点所张的立体角这一几何性质有关。几何上决定，电偶极层两侧立体角有一 $4\pi$ 的跃变。这是因为场点在电偶极层

负电荷一侧时 $\theta<\pi/2$，$\cos\theta>0$，立体角为正；在正电荷一侧时 $\theta>\pi/2$，$\cos\theta<0$，立体角为负。考虑偶极层两侧一对十分靠近的点 $P_+$ 和 $P_-$，令偶极层对它们所张的立体角分别为 $\Omega_+$ 和 $\Omega_-$. 由图 1—60 可见，当 $P_+$ 和 $P_-$ 趋于偶极层表面时，$\Omega_+$ 和 $\Omega_-$ 的绝对值之和趋于 $4\pi$. 因 $\Omega_+<0$，$\Omega_->0$，它们之差

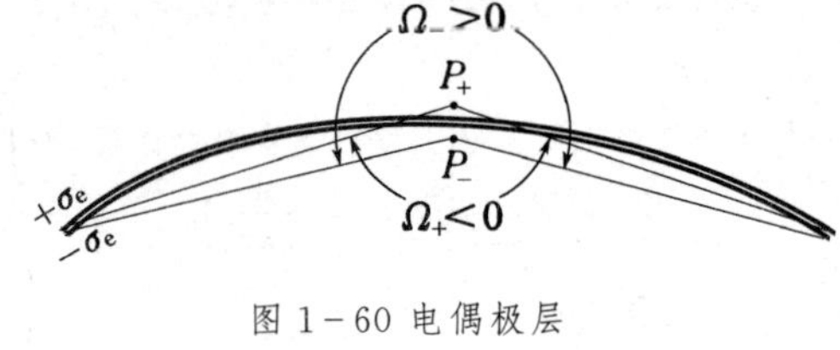

图 1－60 电偶极层两侧的立体角与电势跃变

$$\Omega_- - \Omega_+ = |\Omega_-| + |\Omega_+| = 4\pi. \tag{1.49}$$

从而电偶极层两侧有 $\tau_e/\varepsilon_0$ 的电势跃变：

$$U(P_+)-U(P_-) = -\frac{\tau_e}{4\pi\varepsilon_0}(\Omega_+-\Omega_-) = \frac{\tau_e}{4\pi\varepsilon_0}\times 4\pi = \frac{\tau_e}{\varepsilon_0}. \tag{1.50}$$

以上结论将在第二章 3.2 节里用得着。

## §5. 静电场中的导体

### 5.1 导体的平衡条件

当一带电体系中的电荷静止不动，从而电场分布不随时间变化时，我们说该带电体系达到了静电平衡。导体的特点是其体内存在着自由电荷，它们在电场的作用下可以移动，从而改变电荷分布；反过来，电荷分布的改变又会影响到电场分布，由此可见，有导体存在时，电荷的分布和电场的分布相互影响、相互制约，并不是电荷和电场的任何一种分布都可能是静电平衡分布。必须满足一定的条件，导体才能达到静电平衡分布。均匀导体的静电平衡条件就是其体内场强处处为 0。所谓“均匀”，指其质料均匀、温度均匀。

这个平衡条件可论证如下：如果导体内的电场 $\boldsymbol{E}$ 不处处为 0，则在 $\boldsymbol{E}$ 不为 0 的地方自由电荷将会移动，亦即导体没有达到静电平衡。换句话说，当导体达到静电平衡时，其内部场强必定处处为 0。[1]上面的论述未涉及导体从非平衡态趋于平衡态的过程。这样的过程通常都很复杂。下面我们只举个例子定性地说明一下。

如图 1－61a 所示，把一个不带电的导体放在电场 $\boldsymbol{E}_0$ 中。在导体所占据的那部分空间里本来

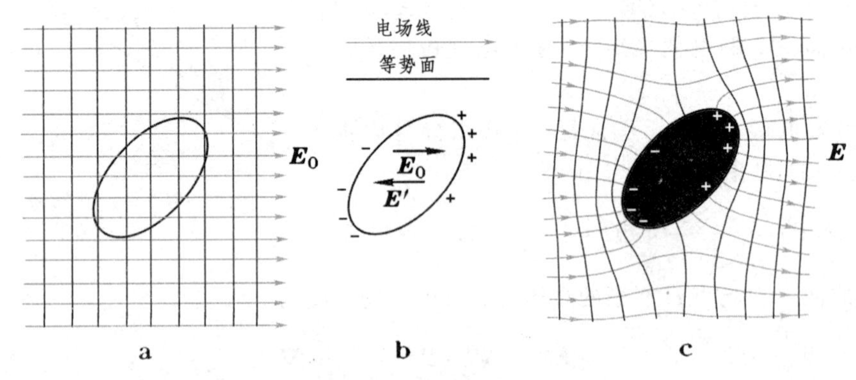

图 1－61 导体的静电平衡

[1] 这里只证明了上述平衡条件是必要的，关于它同时也是充分条件的证明，需用到静电场边值问题的唯一性定理(参见 §7)。

是有电场的，各处电势不相等。在电场的作用下导体中的自由电荷将发生移动，结果使导体的一端带上正电，另一端带上负电，这就是我们熟悉的静电感应现象。然而，这样的过程会不会持续进行下去呢？不会的。因为当导体两端积累了正、负电荷之后，它们就产生一个附加电场 $\boldsymbol{E}'$，$\boldsymbol{E}'$ 与 $\boldsymbol{E}_0$ 叠加的结果，使导体内、外的电场都发生重新分布。在导体内部 $\boldsymbol{E}'$ 的方向是与外加电场 $\boldsymbol{E}_0$ 相反的（图 1-61b）。当导体两端的正、负电荷积累到一定程度时，$\boldsymbol{E}'$ 的数值就会大到足以把 $\boldsymbol{E}_0$ 完全抵消。此时导体内部的总电场 $\boldsymbol{E}=\boldsymbol{E}_0+\boldsymbol{E}'$ 处处为 0，自由电荷便不再移动，导体两端正、负电荷不再增加，于是达到了静电平衡。很显然，如果导体内的总电场 $\boldsymbol{E}$ 不处处为 0，那么在 $\boldsymbol{E}$ 不为 0 的地方自由电荷仍将继续移动，直到 $\boldsymbol{E}$ 处处为 0 时为止。

从上述导体静电平衡条件出发，还可直接导出以下几点推论：

（1）导体是个等势体，导体表面是个等势面。

因导体内任意两点 $P$、$Q$ 之间的电势差为 $U_{PQ}=\int_Q^P \boldsymbol{E}\cdot \mathrm{d}\boldsymbol{l}$，若 $\boldsymbol{E}$ 处处为 0，则导体内部所有各点的电势相等，从而其表面是个等势面。

（2）导体以外靠近其表面地方的场强处处与表面垂直。

因为电场线处处与等势面正交，所以导体外的场强必与它的表面垂直。

我们知道，静电场的分布是遵从一定规律（高斯定理和环路定理）的，因此空间各点的场强和电势必定存在着内在联系。在静电场中引入导体后，附近空间里原来的电场线和等势面就会发生畸变和调整，以保证新形成的电场线和等势面与导体的表面成为一个等势面。图 1-61c 反映了上述例子中达到静电平衡后电场线和等势面重新分布的情况。在图 1-62 中我们再给出几幅实测的等势面和相应的电场线分布图，其中黑线是等势面，灰线是电场线，图中 a 是一个孤立的带电导体球，这里等势面为一系列与导体表面同心的球面，而导体表面本身也是一个等势面；图中 b 是一对带等量异号电荷的导体球，由于它们的相互影响，两球周围的等势面都不是同心球面了，但是每个导体球的表面仍旧是一个等势面；图中 c 是一端较尖的带电导体，图中 d 是一个静电计的金属杆连同指针和它的金属外壳，其空间等势面的分布如图所示。上述几幅实测图表明，各种形状导体的表面，全都是等势面。

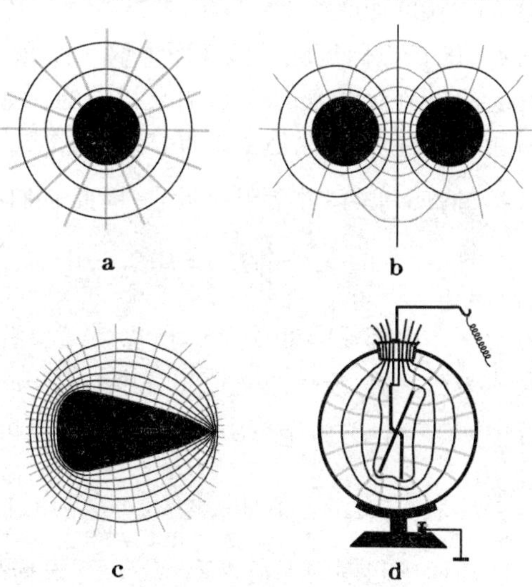

图 1-62 导体对等势面的控制作用

§7 中给出的静电边值问题的唯一性定理表明，当带电体系中各个导体的形状、大小、相对位置和电势或带电量确定了之后，它们上面的电荷分布以及空间各点的电场分布都会唯一地确定下来。因此可以说，导体对电场的分布能够起到调整和控制作用。

* * * * *

下面就本节处理问题的理论方法简单作些说明。我们在本章前四节中所述的方法，基本上都是在给定电荷分布的前提下求场强或电势分布的。引入导体后，由于电荷和电场的分布相互影响、相互制约，它们最后达到的平衡分布都是不能预先判知的，因而前面的方法对于许多实际需要往往不能适用。本节处理问题的办法不是去分析电场、电荷在相互作用下怎样达到平衡分布的复杂过程，而是假定这种平衡分布已经达到，以上述平衡条件为出发点，结合静电场的普遍规律（如高斯定理，环路定理等）去进一步分析问题。

### 5.2 导体上的电荷分布

（1）体内无电荷

在达到静电平衡时，导体内部处处没有未抵消的净电荷（即电荷体密度 $\rho_e=0$），电荷只分布在导体的表面。

证明这个结论需要用高斯定理。假定静电平衡已经达到，而导体内部某处却有未抵消的净电荷 $q$，则可取一个完全在导体内部的闭合高斯面 $S$ 将它包围起来（图 1-63），根据高斯定理，通过 $S$ 的电通量为 $q/\varepsilon_0$，是一个非零值。这就是说，在 $S$ 面上至少有些点的场强 $E$ 不等于 0。由于 $S$ 面上所有的点都处于导体内部，以上推论与静电平衡条件矛盾。故导体内部有未抵消净电荷的假定不成立。所以根据平衡条件的要求，在达到平衡状态后，导体内部必定处处没有未抵消的净电荷，电荷只能分布在导体的表面上。

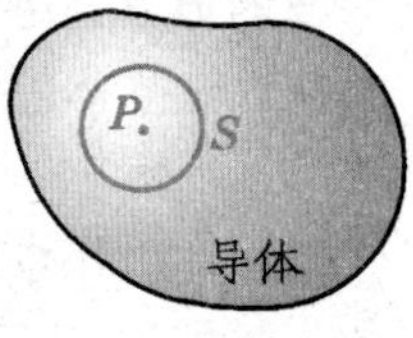

图 1-63 证明导体内部无电荷

（2）电荷面密度与场强的关系

在静电平衡状态下，导体表面之外附近空间的场强 $E$ 与该处导体表面的电荷面密度 $\sigma_e$ 有如下关系：

$$E=\frac{\sigma_e}{\varepsilon_0}, \tag{1.51}$$

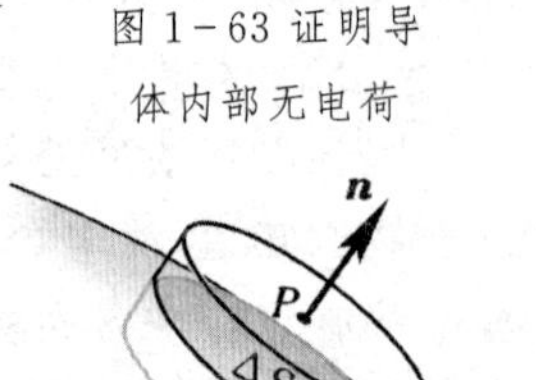

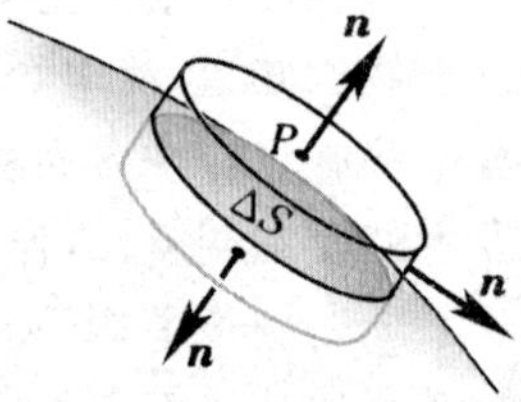

图 1-64 推导导体表面场强与面密度的关系

（1.51）式可证明如下：如图 1-64 所示，$P$ 点是导体表面之外附近空间的点，在 $P$ 点附近的导体表面上取一面元 $\Delta S$.这面元取得充分小，使得其上的电荷面密度 $\sigma_e$ 可认为是均匀的。如图 1-64 所示作扁圆柱形高斯面，使圆柱侧面与 $\Delta S$ 垂直，圆柱的上底通过 $P$，下底在导体内部，两底都与 $\Delta S$ 平行，并无限靠近它，因此它们的面积都是 $\Delta S$，通过高斯面的电通量为

$$\Phi_E=\oint\!\!\!\oint_{(S)} E\cos\theta\,\mathrm{d}S=\iint_{(上底)} E\cos\theta\,\mathrm{d}S+\iint_{(下底)} E\cos\theta\,\mathrm{d}S+\iint_{(圆柱侧面)} E\cos\theta\,\mathrm{d}S.$$

由于导体内部场强处处为 0，所以第二项沿下底的积分为 0。另外，由于导体表面附近的场强与导体表面垂直，所以第三项积分中 $\cos\theta=\cos\pi/2=0$，从而这项积分也是 0。在第一项沿上底的积分中 $\cos\theta=1$，又由于 $\Delta S$ 很小，其上场强可认为都与 $P$ 点的场强 $E$ 相等，所以有

$$\Phi_E=\oint\!\!\!\oint_{(上底)} E\cos\theta\,\mathrm{d}S=E\Delta S.$$

在高斯面内包围的电荷为 $\sigma_e\Delta S/\varepsilon_0$，根据高斯定理，$E\Delta S=\sigma_e\Delta S/\varepsilon_0$，消去 $\Delta S$ 后即得到（1.51）式。由这公式看出：导体表面电荷密度大的地方场强大；面电荷密度小的地方场强小。

（3）表面曲率的影响 尖端放电

（1.51）式只给出导体表面上每一点的电荷面密度和附近场强之间的对应关系，它并不能告诉我们在导体表面上电荷究竟怎样分布。定量地研究这个问题是比较复杂的，这不仅与这个导体的形状有关，还和它附近有什么样的其他带电体有关。但是对于孤立的带电导体来说，电荷的分布有如下定性的规律。大致说来，在一个孤立导体上电荷面密度的大小与表面的曲率有关。导体表面凸出而尖锐的地方（曲率较大），电荷就比较密集，即电荷面密度 $\sigma_e$ 较大；表面较平坦的

地方（曲率较小），$\sigma_e$ 较小；表面凹进去的地方（曲率为负），$\sigma_e$ 更小。但应注意，孤立导体表面的电荷面密度 $\sigma_e$ 与曲率之间并不存在单一的函数关系。

以上规律可利用图 1－65a 所示的实验演示出来。带电导体 A 表面 $P$ 点尖锐，而 $Q$ 点凹进去。以带有绝缘柄的金属球 B 接触尖端 $P$ 后，再与验电器 C 接触，则金箔张开较显著。用手接触小球 B 和验电器 C 以除去其上的电荷后，与导体 $B$ 的凹进处 $Q$ 附近接触，再接触验电器 C，这时，发现验电器 C 几乎不张开。这表明 $Q$ 处电荷比 $P$ 处少得多。

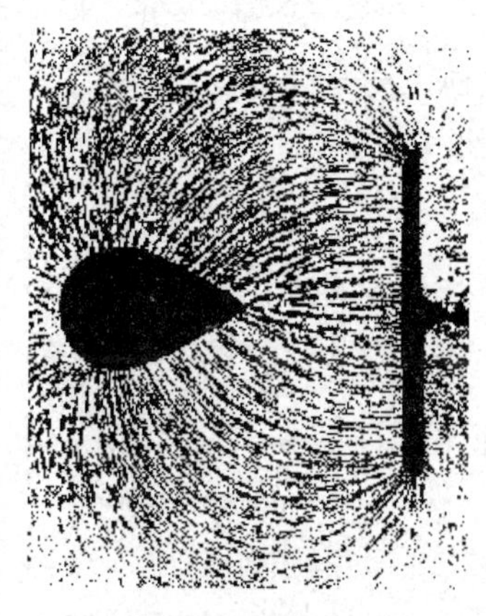

图 1－66 尖端附近电场线的实验显示

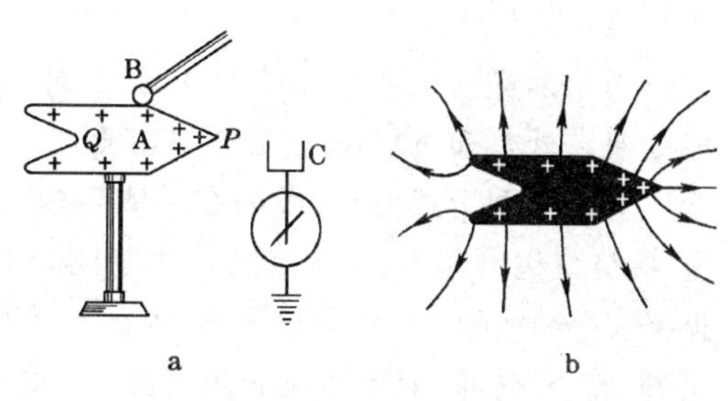


图 1－65 导体表面曲率对电荷分布的影响

（1.51）式表明，导体附近的场强 $E$ 与电荷面密度 $\sigma_e$ 成正比，所以孤立导体表面附近的场强分布也有同样的规律，即尖端的附近场强大，平坦的地方次之，凹进的地方最弱（参见图 1－65b 和图 1－66 中电场线的疏密程度）。❶

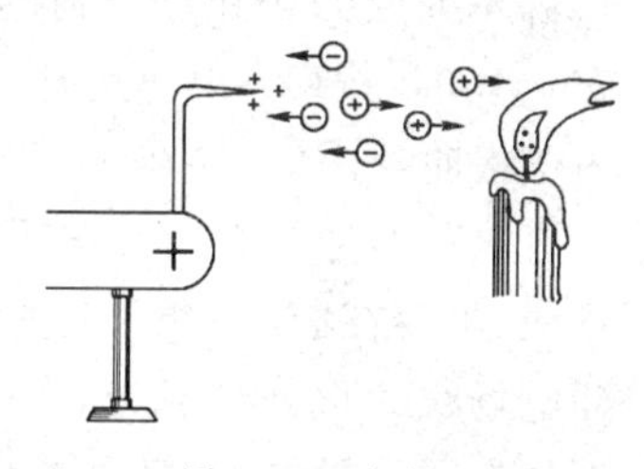

图 1－67 电风

导体尖端附近的电场特别强，它会导致一个重要的后果，就是尖端放电。如图 1－67 所示，在一个导体尖端附近放一根点燃的蜡烛。当我们不断地给导体充电时，火焰就好像被风吹动一样朝背离尖端的方向偏斜。这就是尖端放电引起的后果。因为在尖端附近强电场的作用下，空气中残留的离子会发生激烈的运动。在激烈运动的过程中它们和空气分子相碰时，会使空气分子电离，从而产生大量新的离子，这就使空气变得易于导电。与尖端上电荷异号的离子受到吸引而趋向尖端，最后与尖端上的电荷中和。与尖端上电荷同号的离子受到排斥而飞向远方，蜡烛火焰的偏斜就是受到这种离子流形成的“电风”吹动的结果。上述实验中，不断地给导体充电，就是为了防止尖端上的电荷因不断与异号的离子中和而逐渐消失，使得“电风”持续一段时间，便于观察。尖端放电时，在它周围往往隐隐地笼罩着一层光晕，叫做*电晕*，在黑暗中看得特别明显，在夜间高压输电线附近往往会看到这种现象。由于输电线附近的离子与空气分子碰撞时会使分子处于激发状态，从而产生光辐射，形成电晕。

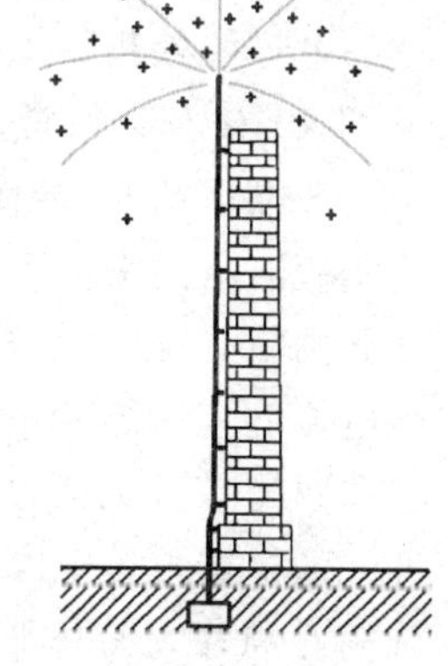

图 1－68 避雷针

高压输电线附近的电晕放电浪费了很多电能，把电能消耗在气体分子的电离和发光过程中，这是应尽量避免的，为此高压输电线表面应做得极光滑，其半径也不能过小。此外一些高压设备的电极常常做成光滑的球面也是为了避免因尖端放电而把电荷漏掉，以维持高电压。

尖端放电也有可以利用的一方面。最典型的例子就是避雷针。当带电的云层接近地表面时，由于静电感应使地上物体带异号电荷，这些电荷比较集中地分布在突出

---

❶ $\sigma_e$ 的分布与导体表面形状的关系可定性地作如下解释：任何形状的带电导体在远方看来都像个点电荷，它的等势面是球面。另一方面，导体表面都是等势面。当一个个等势面从导体表面向远方过渡时，就会如图 1－62c 所示那样，在导体凸出部分附近的等势面间隔小，从而场强 $E$ 大，$\sigma_e=\varepsilon_0 E$ 也大。

的物体(如高大的建筑物、烟囱、大树)上。当电荷积累到一定程度,就会在云层和这些物体之间发生强大的火花放电。这就是雷击现象。为了避免雷击,如图1-68所示,可在建筑物上安装尖端导体(避雷针),用粗铜缆将避雷针通地,通地的一端埋在几尺深的潮湿泥土里或接到埋在地下的金属板(或金属管)上,以保持避雷针与大地电接触良好。当带电的云层接近时,放电就通过避雷针和通地粗铜导体这条最易于导电的通路局部持续不断地进行,以免损坏建筑物。

### 5.3 导体壳(腔内无带电体情形)

(1) 基本性质

当导体壳内没有其他带电体时,在静电平衡下,(i) 导体壳的内表面上处处没有电荷,电荷只能分布在外表面上;(ii) 空腔内没有电场,或者说,空腔内的电势处处相等。

为了证明上述结论,我们在导体壳内、外表面之间取一闭合曲面 $S$,将空腔包围起来(图1-69)。由于闭合面 $S$ 完全处于导体内部,根据平衡条件,其上场强处处为0,因此没有电通量穿过它。按照高斯定理,在 $S$ 内部(即导体壳的内表面上)电荷的代数和为0。

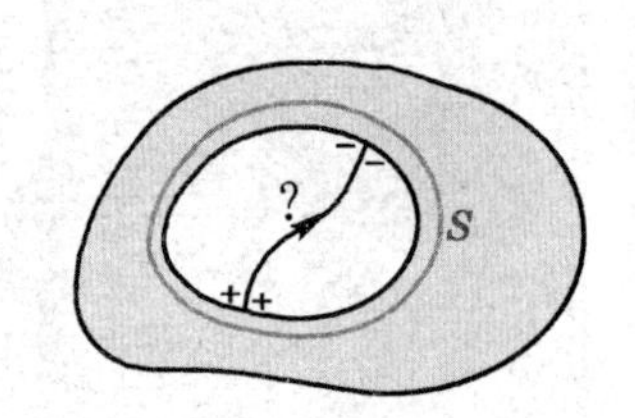


图1-69 证明导体空腔的性质

我们还需进一步证明,在导体壳的内表面上不仅电荷的代数和为0,而且各处的电荷面密度 $\sigma_e$ 也为0。利用反证法,假定内表面上 $\sigma_e$ 并不处处为0,由于电荷的代数和为0,必然有些地方 $\sigma_e>0$,有些地方 $\sigma_e<0$。按(1.51)式,$\sigma_e>0$ 的地方 $E_n>0$,$\sigma_e<0$ 的地方 $E_n<0$(这里法向矢量 $\boldsymbol{n}$ 是由导体壳内壁指向腔内的)。在3.7节里我们曾经论证,电场线只能从正电荷出发,到负电荷终止,不能在没有电荷的地方中断。按照我们的前提,空腔中没有电荷,所以从内表面 $\sigma_e>0$ 的地方发出的电场线,不会在腔内中断,只能终止在表面上某个 $\sigma_e<0$ 的地方。如果存在这样一根电场线,电场沿此电场线的积分必不为0。也就是说,这电场线的两个端点之间有电势差。但这根电场线的两端都在同一导体上,静电平衡要求这两点的电势相等。因此上述结论与平衡条件相违背。由此可见,达到静电平衡时,导体壳内表面上 $\sigma_e$ 必须处处为0。

下面证明腔内没有电场。由于内表面附近 $E_n=\sigma_e/\varepsilon_0=0$,且电场线既不可能起、止于内表面,又不可能在腔内有端点或形成闭合线,所以腔内不可能有电场线和电场。没有电场就没有电势差,故腔内空间各点的电势处处相等。

(2) 法拉第圆筒

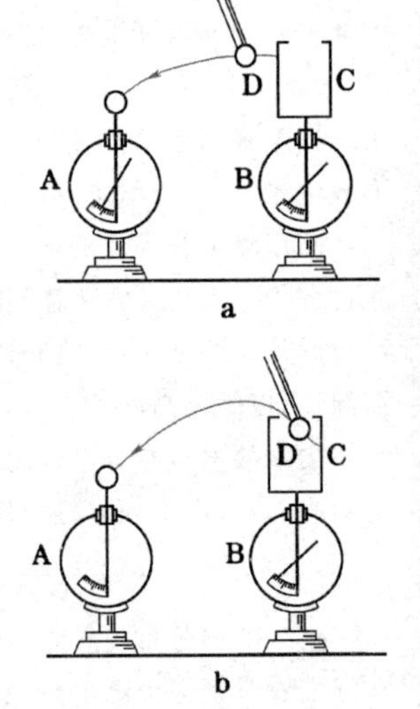


图1-70 导体壳内壁无电荷的演示

静电平衡时,导体壳内表面没有电荷的结论可以通过图1-70所示的实验演示出来。图中A、B是两个验电器,把一个差不多封闭的空心金属圆筒C(圆筒内无其他带电体)固定在一个验电器B上。给圆筒和验电器B以一定的电荷,则金箔张开。取一个装有绝缘柄的小球D,使它和圆筒C外表面接触后再碰验电器A(图1-70a),则A上金属箔张开。如果重复若干次,我们就能使金属箔A张开的角度很显著,这证明圆筒C的外表面是带了电的。如果把小球D插入圆筒上的小孔使之和圆筒的内表面相接触后,再用验电器A检查(图1-70b),则发现A的金属箔总不张开。这表明圆筒C的内表面不带电。这就从实验上证实了上述结论。这个实验称为法拉第圆筒实验,实验中的圆筒C称为法拉第圆筒。

根据静电平衡下导体壳的内表面处处没有电荷的性质，将带电导体与导体壳内表面接触时，带电导体的表面成为导体壳内表面的一部分，带电导体上的电荷一定会全部转移到导体壳的外表面上去。因此，这是从一个带电导体上吸取全部电荷的有效办法。测量电量时，要在静电计上安装法拉第圆筒，并将带电体接触圆筒的内表面，就是这个道理。

(3) 库仑平方反比律的精确验证

电荷只分布在导体外表面上的结论，是建立在高斯定理的基础上的，而高斯定理又是由库仑平方反比律推导出来的。相反，如果点电荷之间的相互作用力偏离了平方反比律，即

$$F \propto \frac{1}{r^{2\pm\delta}}.$$

其中 $\delta \neq 0$，称作平方反比律的指数偏差，则高斯定理不成立，从而导体上的电荷也不完全分布在外表面上。用实验方法来研究导体内部是否确实没有电荷，可以比库仑扭秤实验远为精确地验证平方反比律。

这类实验首先是卡文迪许在库仑于 1785 年建立平方反比律之前若干年(1773 年)完成的。他的装置如图 1-71 所示，金属球 1 由绝缘支柱 2 支持。绝缘的金属球壳 3 套在金属球 1 的外边，它由两个半球组成，在其中之一的上面有一小孔。一段导线 4 由绝缘丝线 5 悬挂，可探进小孔将球 1 与球壳 3 联接起来。这样，球 1 的表面就成为球壳 3 内表面的一部分。实验时，先使联接在一起的球 1 和壳 3 带电。然后将导线抽出，将全壳的两半分开并移去，再用静电计检验球 1 上的电荷。反复实验结果表明球 1 上总没有电荷。由于电荷之间的相互作用力的规律是具有原则意义的重大问题，后来许多人重复并改进了上述实验。目前在实验仪器灵敏度所允许的范围内可以肯定，与平方指数的偏差 $\delta$ 即使有，也不会超过 $2.7\times10^{-16}$. 这样，平方反比律便得到了十分精确的实验验证。

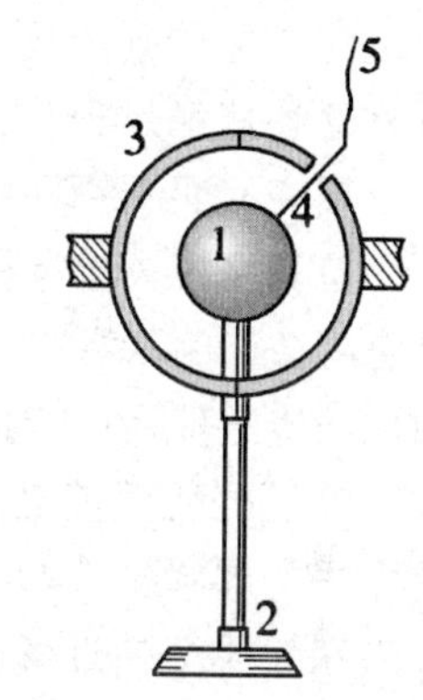


图 1-71 库仑平方反比律的精确实验验证
1— 内金属球；2— 绝缘支柱；3— 金属球壳；4— 导线；5— 绝缘丝线。

夫兰克林(B.Franklin) 似乎是注意到绝缘金属桶的内表面不存在电荷的第一个人。他在 1755 年就曾写信给朋友叙述了他的发现，但他没有看出问题的本质。大约 10 年后，夫兰克林的发现才引起了他的朋友普里斯特利(J.Priestley) 的注意。1767 年(大约在库仑扭秤实验之前 20 年) 普里斯特利核实过夫兰克林的实验，并在与万有引力对比时受到了启发，领悟到上述事实乃是力的平方反比律的必然结果。可见上述关于平方反比律的间接实验证明，不仅比扭秤法这一直接实验证明更为精确，而且时间还要早得多。

1773 年，卡文迪许(H.H.Cavendish) 利用类似于图 1-71 所示的仪器证明，力的平方反比律的指数偏差 $\delta$ 不会超过 0.02。可惜他的实验结果未发表，所以当时几乎没有人知道。后来麦克斯韦重新做了卡文迪许的实验，实验的准确度更高，把指数偏差 $\delta$ 的上限定为 1/21600，达到 $5\times10^{-5}$ 的数量级。在麦克斯韦之后，20 世纪不断有人继续做实验，直至 1971 年，实验结果提高了 11 个数量级，把 $\delta$ 的上限缩小到 $(2.7\pm3.1)\times10^{-16}$ (详见表 1-1)。

**表 1-1 库仑平方反比律的精确实验验证**

| 年代 | 实验者 | $\delta$ 上限 |
|---|---|---|
| 1772 | Cavandish | $2\times10^{-2}$ |
| 1879 | Maxwell | $5\times10^{-5}$ |
| 1936 | Plimpton & Lawton | $2\times10^{-9}$ |
| 1968 | Cochran & Franken | $9.2\times10^{-12}$ |
| 1970 | Bartlett 等 | $1.3\times10^{-13}$ |
| 1971 | Williams 等 | $(2.7\pm3.1)\times10^{-16}$ |

根据近代量子场论，严格的平方反比律与光子的静质量严格为 0 是联系在一起的。如果光子的静质量不为 0，光在真空中传播时也会有色散。可见，库仑的平方反比律和物理学中很多极为重要的基本问题有关。可以预期，用实验一步步更精确验证它的工作，将会不断有人做下去。

(4) 范德格拉夫起电机

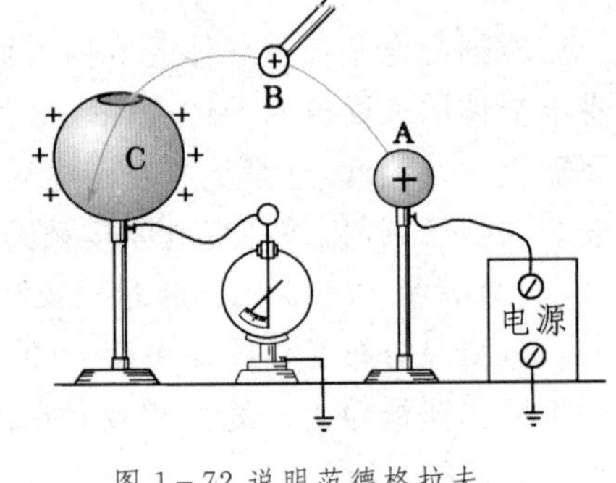

图 1-72 说明范德格拉夫起电机原理的演示

利用导体壳的性质可将电荷不断地由电势较低的导体一次次地传递给另一电势较高的导体，使后者电势不断升高。如图 1-72 所示，绝缘金属球 A 与电池的正极相联，电池负极接地，从而球 A 与地之间保持一定的电势差。我们用一个带有绝缘柄的金属小球 B 与球 A 接触后又与一个具有小孔的金属球壳 C 的内壁接触。这时小球 B 上原来带的电荷全部传到金属壳 C 的外表面上去。一次又一次地重复这种接触过程，电荷就可一次又一次地从小球 B 传递到金属壳 C 的外壁上去。

范德格拉夫起电机就是利用这种原理作成的。图 1-73 是它的结构的示意图。大金属壳 1 由绝缘支柱 2 支持着。3 是橡胶布做成的传送带，由一对转轮 4 带动。传送带由联接电源一端的尖端导体 5 喷射电荷而带电。在尖端 5 的对面，传送带背后的接地导体板 6 的作用是加强由尖端 5 向传送带的电荷喷射。当带电传送带经过另一尖端导体 7 的近旁时，尖端导体 7 便将电荷传送给与它相接的导体球壳 1。这些电荷将全部分布到金属壳的外表面上去，使它相对于地的电势不断地提高。图 1-74 是范德格拉夫起电机外貌的照片。

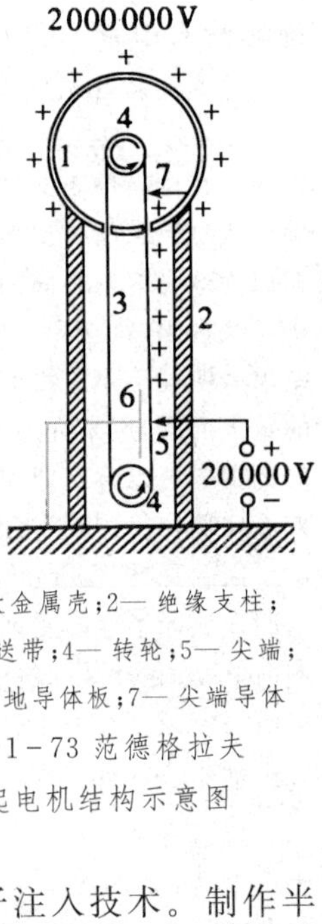

2000000 V

20000 V

1— 大金属壳；2— 绝缘支柱；3— 传送带；4— 转轮；5— 尖端；6— 接地导体板；7— 尖端导体

图 1-73 范德格拉夫起电机结构示意图

图 1-74 范德格拉夫起电机

范德格拉夫起电机主要用于加速带电粒子。将离子源放在金属壳内，由于金属壳相对于外界具有高电势差，因此将离子引出球壳后进入加速管时，它就像位置很高的小球在重力场中下降时获得很大动能一样，在电场力的作用下将获得很大的动能。这种高速带电粒子可供原子核反应实验之用。

另外，近年来在晶体管和集成电路等半导体器件的制造工艺中新发展了一种离子注入技术。制作半导体器件时，需要在半导体晶片中掺入某些杂质元素(如硼或磷)的离子，过去全靠扩散的办法来完成。离子注入技术是利用加速器使离子经过电场加速后形成高速离子束，然后用这离子来轰击半导体晶片而注入其中，达到一定的掺杂要求。这种离子注入法比传统的扩散法优越之处在于掺杂的条件易于控制。在离子注入技术所需的离子能量范围内(例如速度在 $10^6$ m/s 的数量级)，用范德格拉夫起电机来加速离子是比较便当的。

### 5.4 导体壳(腔内有带电体情形)

(1) 基本性质

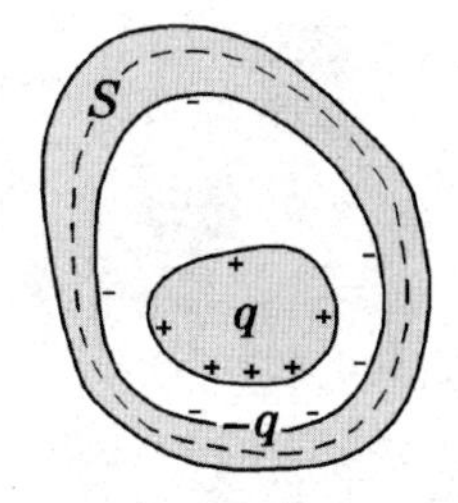

图 1-75 导体壳内有带电体时的性质

当导体壳腔内有其他带电体时，在静电平衡状态下，导体壳的内表面所带的电荷与腔内电荷的代数和为 0。例如腔内有一物体带电 $q$，则导体壳的内表面带电 $-q$. 证明：如图 1-75，在导体壳内、外表面之间作一高斯面 $S$（图中虚线），由于高斯面处在导体内部，在静电平衡时场强处处为 0，所以通过 $S$ 的电通量为 0。根据高斯定理，$S$ 内 $\sum q=0$. 所以如果导体壳内有一带电体 $q$，则内表面必带电 $-q$.

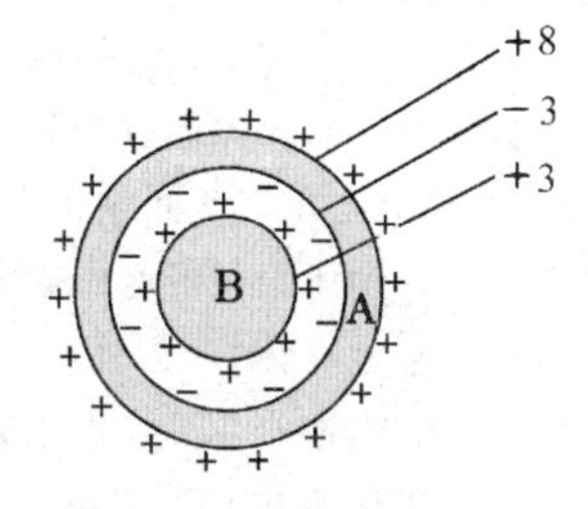

图 1-76 例题 16——同心的导体球壳各表面上电荷的分布

**例题** 16　如图 1-76 所示，金属球 B 被一同心的金属球 A 所包围，分别给 A、B 两导体以电量 $+5\mu C$ 和 $+3\mu C$，问 A 球壳的外表面带电多少？

**解：** 我们设想先不给 A 球壳电荷，则由于它的内表面必定要出现 $-3\mu C$ 的电量，根据电荷守恒，在它的外表面必然出现 $+3\mu C$ 的电量。这实际上是一种静电感应现象，由于内球 B 带正电而把 $-3\mu C$ 的电量吸引到 A 球壳的内表面，多余的 $+3\mu C$ 的电量被排斥到外表面。当我们再给球壳 A 以 $+5\mu C$ 的电量时，它将分布在外表面，使外表面共获得 $+8\mu C$ 的电量。▌

（2）静电屏蔽

如前所述，在静电平衡状态下，腔内无其他带电体的导体壳和实心导体一样，内部没有电场。只要达到了静电平衡状态，不管导体壳本身带电或是导体处于外界电场中，这一结论总是对的。这样，导体壳的表面就“保护”了它所包围的区域，使之不受导体壳外表面上的电荷或外界电场的影响，这个现象称为静电屏蔽（图 1-77）。

图 1-77 静电屏蔽的实验显示

静电屏蔽现象在实际中有重要的应用。例如为了使一些精密的电磁测量仪器不受外界电场的干扰，通常在仪器外面加上金属罩。实际上金属外壳不一定严格封闭，甚至用金属网作成的外罩就能起到相当好的屏蔽作用。

工作中有时要使一个带电体不影响外界，例如对屋内的高压设备就要求这样。这时可以把这带电体放在接地的金属壳或金属网内。下面通过图 1-78 来说明其原理。为了叙述方便，我们假定带电体带正电。有了金属外壳之后，其内表面出现等量的负电荷。由内部带电体出发的电场线就会全部终止在外壳内表面等量的负电荷上，使电场线不能穿过导体壳。这样就把内部带电体对外界的影响全部隔绝了。说得确切一点，应是外壳内表面的负电荷在导体壳外产生了一个电场，它和内部带电体在导体壳外产生的电场处处抵消。然而，如果外壳不接地，在它的外表面还有等量的感应电荷，它的电场将对外界产生影响（见图 1-78a）。如果把外壳接地，则由于内部带电体的存在而在外表面产生的感应电荷将流入地下（图 1-78b），这样，内部带电体对外界的影响就全部消除了。

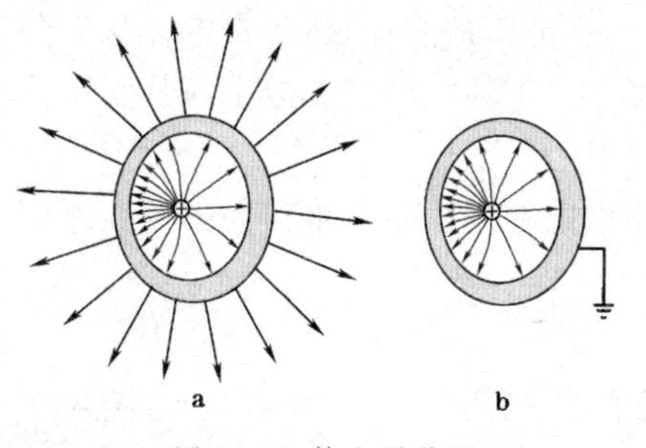

图 1-78 静电屏蔽原理

要较透彻地理解"静电屏蔽"问题,需要用到静电学边值问题的唯一性定理。这问题我们将在7.5节中讨论。

(3) 等电势高压带电作业 大家都知道,接触高压电是很危险的。怎样才能在不停电的条件下检修和维护高压线呢?原来对人体造成威胁的并不是电势高,而是电势梯度大。进行等电势高压带电作业的人员全身穿戴金属丝网制成的衣、帽、手套和鞋子。这种保护服叫做金属均压服。穿上均压服后,作业人员就可以用绝缘软梯和通过瓷瓶串逐渐进入强电场区。当手与高压电线直接接触时,在手套与电线之间发生火花放电之后,人和高压线就等电势了,从而可以进行操作。均压服在带电作业中有以下作用:一是屏蔽和均压作用。均压服相当于一个空腔导体,对人体起到电屏蔽作用,它能减弱达到人体的电场。二是分流作用。当作业人员经过电势不同的区域时,要承受一个幅值较大的脉冲电流。由于均压服与人体相比电阻很小,可以对此电流进行分流,使绝大部分电流流经均压服。这样就保证了作业的安全。

图 1-79 高压带电检修

## §6. 静电能

### 6.1 点电荷之间的相互作用能

移动一个带电体系中的电荷,就需要抵抗电荷之间的静电力作一定的功 $\delta A'$,[1]从而带电体系的静电势能(简称静电能)将改变 $\delta W_e$,二者的关系是

$$\delta A' = \delta W_e, \tag{1.52}$$

这里 $\delta A'$ 和 $\delta W_e$ 都是可正可负的。例如把同号电荷移近时,$\delta A'>0$,$\delta W_e>0$,即静电能增加;把异号电荷移近时,$\delta A'<0$,$\delta W_e<0$,即静电能减少。

上面说的只是静电能的变化,静电能本身的数值是相对的。要谈一个带电体系所包含的全部静电能有多少,必须说明相对于何种状态而言。我们设想,带电体系中的电荷可以无限分割为许多小部分,这些部分最初都分散在彼此相距很远(无限远)的位置上。通常规定,处在这种状态下带电体的静电能为0. 现有的带电体系的静电能 $W_e$ 是相对于这种初始状态而言的。亦即,$W_e$ 等于把各部分电荷从无限分散的状态聚集成现有带电体系时抵抗静电力所作的全部功 $A'$.

设带电体系由若干个带电体组成,带电体系的总静电能 $W_e$ 由各带电体之间的相互作用能 $W_{互}$ 和每个带电体的自能 $W_{自}$ 组成,把每个带电体看作一个不可分割的整体,将各带电体从无限远移到现在位置所作的功,等于它们之间的相互作用能;把每个带电体上的各部分电荷从无限分散的状态聚集起来时所作的功,等于这个带电体的自能。

由点电荷组成的带电体系叫做点电荷组。本小节只讨论点电荷组中各点电荷间的相互作用能,有关自能的问题将在以后讨论。

(1) 两个点电荷的情形

设我们的带电体系由两个点电荷 $q_1$ 与 $q_2$ 组成,它们之间的距离是 $r_{12}$(图 1-80)。在计算功 $A'$ 时,可以有各种不同的方式,例如首先把 $q_1$

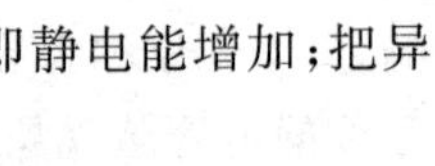

图 1-80 两点电荷间的相互作用能

[1] 沿用第一章2.6节的符号,用 $A$ 代表静电力所作的功,$A'$ 代表抵抗静电力所作的功,

$$A_{PQ} = -A'_{PQ} = A'_{QP}.$$

放置到它应在的位置 $P_1$ 固定下来，然后再把 $q_2$ 从无穷远处搬来，放到与 $q_1$ 相距 $r_{12}$ 远的地方 $P_2$. 也可以反过来，先固定 $q_2$，再搬运 $q_1$. 无论怎样，计算的结果应当相同。

现在我们采用上述第一种方式。在搬运 $q_1$ 时体系中还没有其他电荷和电场，因而不需要作功。搬运 $q_2$ 时，它已经处在 $q_1$ 的电场 $\boldsymbol{E}_1$ 中，因而需抵抗电场力 $\boldsymbol{F}_{12}=q_2\boldsymbol{E}_1$ 作功：

$$A'=-\int_{\infty}^{P_2}\boldsymbol{F}_{12}\cdot \mathrm{d}\boldsymbol{l}=-q_2\int_{\infty}^{P_2}\boldsymbol{E}_1\cdot \mathrm{d}\boldsymbol{l}=q_2U_{12},$$

其中

$$U_{12}=U_1(P_2)=-\int_{\infty}^{P_2}\boldsymbol{E}_1\cdot \mathrm{d}\boldsymbol{l}=\frac{1}{4\pi\varepsilon_0}\frac{q_1}{r_{12}},$$

它是 $q_1$ 在 $P_2$ 点产生的电势（以无穷远为电势零点）。

同样可以证明，以第二种方式搬运，需要作的功为

$$A'=q_1U_{21},$$

其中

$$U_{21}=U_2(P_1)=-\int_{\infty}^{P_1}\boldsymbol{E}_2\cdot \mathrm{d}\boldsymbol{l}=\frac{1}{4\pi\varepsilon_0}\frac{q_2}{r_{12}},$$

它是 $q_2$ 在 $P_1$ 点产生的电势。

可见，两种计算方式所得结果一致：

$$A'=q_2U_{12}=q_1U_{21}=\frac{1}{4\pi\varepsilon_0}\frac{q_1q_2}{r_{12}}.$$

如上所述，这个 $A'$ 就等于 $q_1$、$q_2$ 之间的相互作用能 $W_{互}$，把它写成对于 $q_1$、$q_2$ 对称的形式，则有

$$W_{互}=\frac{1}{2}(q_2U_{12}+q_1U_{21})=\frac{1}{4\pi\varepsilon_0}\frac{q_1q_2}{r_{12}}. \tag{1.53}$$

(2) 多个点电荷的情形

现把上述结果推广到多个点电荷的情形。设点电荷有 $n$ 个。我们设想，把这 $n$ 个点电荷 $q_1,q_2,\cdots,q_n$ 依次由无限远的地方搬运到它们应在的位置 $P_1,P_2,\cdots,P_n$ 上去。根据场强或电势叠加原理不难看出，搬运各电荷的功分别是

$$\begin{cases}A'_1=0,\\ A'_2=q_2U_{12},\\ A'_3=q_3(U_{13}+U_{23}),\\ \cdots\cdots\cdots\cdots\\ A'_n=q_n(U_{1n}+U_{2n}+\cdots+q_nU_{n-1,n}).\end{cases}$$

用通式来表达，则有

$$A'_i=q_i\sum_{j=1}^{i-1}U_{ji},\ (i=1,2,\cdots,n)$$

其中

$$U_{ji}=U_j(P_i)=-\int_{\infty}^{P_i}\boldsymbol{E}_j\cdot \mathrm{d}\boldsymbol{l}=\frac{1}{4\pi\varepsilon_0}\frac{q_j}{r_{ij}}$$

代表第 $j$ 个电荷在第 $i$ 个电荷所在位置 $P_i$ 处产生的电势。因此建立这带电体系的总功应为

$$\begin{aligned}A'&=A'_1+A'_2+\cdots+A'_n=\sum_{i=1}^{n}A'_i\\&=\sum_{i=1}^{n}q_i\sum_{j=1}^{i-1}U_{ji}=\frac{1}{4\pi\varepsilon_0}\sum_{i=1}^{n}\sum_{j=1}^{i-1}\frac{q_iq_j}{r_{ij}},\end{aligned} \tag{1.54}$$

可以证明，建立多个点电荷组成的体系时，总功 $A'$ 也是与搬运电荷的顺序无关的。为此只需证明 $A'$ 的表达式可以写成对电荷标号 $i$、$j$ 完全对称的形式。由于

$$q_iU_{ji}=q_jU_{ij}=\frac{1}{4\pi\varepsilon_0}\frac{q_iq_j}{r_{ij}},$$

而且其中距离 $r_{ij}$ 显然等于 $r_{ji}$，故(1.54)式中的 $q_iU_{ji}$ 可用 $\frac{1}{2}(q_iU_{ji}+q_jU_{ij})$ 代替，因而 $A'$ 可改写成

$$A'=\frac{1}{2}\sum_{i=1}^{n}q_i\Big(\sum_{\substack{j=1\\(j\neq i)}}^{n}U_{ji}\Big)=\frac{1}{8\pi\varepsilon_0}\sum_{i=1}^{n}\sum_{\substack{j=1\\(j\neq i)}}^{n}\frac{q_iq_j}{r_{ij}},\tag{1.55}$$

这公式显然已是对标号 $i$、$j$ 对称的了。

$A'$ 的表达式还可进一步改写成另外的形式。用 $U_i=U(P_i)$ 代表(1.55)式中括号内各项之和：

$$U_i=U(P_i)=\sum_{\substack{j=1\\(j\neq i)}}^{n}U_{ji}=\sum_{\substack{j=1\\(j\neq i)}}^{n}U_j(P_i)=\frac{1}{4\pi\varepsilon_0}\sum_{\substack{j=1\\(j\neq i)}}^{n}\frac{q_j}{r_{ij}},$$

它的物理意义是除 $q_i$ 外其余各点电荷在 $q_i$ 的位置 $P_i$ 上产生的电势。因此 $A'$ 又可写成

$$A'=\frac{1}{2}\sum_{i=1}^{n}q_iU_i,\tag{1.56}$$

从这个式子可更加明显地看出，$A'$ 是与电荷标号 $i$、$j$ 的顺序无关的。

点电荷组的静电相互作用能 $W_互$ 就等于上述功 $A'$，按照(1.54)、(1.55)、(1.56)各式，$W_互$ 也可表示成几种不同的形式：

$$W_互=\frac{1}{4\pi\varepsilon_0}\sum_{i=1}^{n}\sum_{j=1}^{i-1}\frac{q_iq_j}{r_{ij}},\tag{1.57}$$

$$W_互=\frac{1}{8\pi\varepsilon_0}\sum_{i=1}^{n}\sum_{\substack{j=1\\(j\neq i)}}^{n}\frac{q_iq_j}{r_{ij}},\tag{1.58}$$

$$W_互=\frac{1}{2}\sum_{i=1}^{n}q_iU_i.\tag{1.59}$$

(1.57)式告诉我们：若从 $n$ 个点电荷中不重复地选出各种可能的配对 $q_iq_j$ 来，则总静电相互作用能 $W_互$ 是所有这些配对能量 $\frac{1}{4\pi\varepsilon_0}\frac{q_iq_j}{r_{ij}}$ 之和。用(1.58)式来计算 $W_互$，相当于先选出某个特定的点电荷 $q_i$，求它与所有其余各点电荷之间相互作用能之和，尔后再对 $j$ 求和。这样一来，每对电荷之间的能量被重复地考虑了两次，故结果应除以 2。在下面的两个例题里分别用这两种方法来计算 $W_互$。

**例题** 17　如图 1-81，在一边长为 $b$ 的立方体每个顶点上放一个点电荷 $-e$，中心放一个点电荷 $+2e$。求此带电体系的相互作用能。

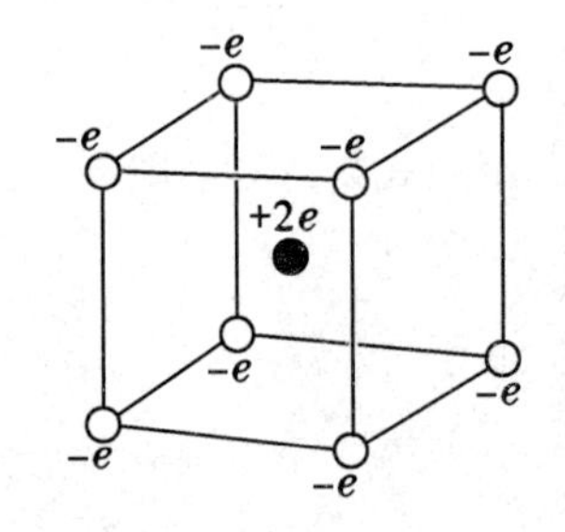

图 1-81 例题 17——求点电荷组的相互作用能

**解**：相邻顶点之间的距离是 $b$，故 12 对相邻负电荷之间的相互作用能是 $\frac{12e^2}{4\pi\varepsilon_0 b}$；面对角线长度为 $\sqrt{2}\,b$，故六个面上 12 对面对角顶点负电荷之间的相互作用能是 $\frac{12e^2}{4\pi\varepsilon_0\sqrt{2}\,b}$；体对角线的长度是 $\sqrt{3}\,b$，故四对体对角顶点负电荷之间的相互作用能是 $\frac{4e^2}{4\pi\varepsilon_0\sqrt{3}\,b}$；立方体中心到每个顶点的距离是 $\sqrt{3}\,b/2$，故中心正电荷与八个顶点负电荷之间的相互作用能是 $\frac{8(-2e^2)}{4\pi\varepsilon_0(\sqrt{3}\,b/2)}$。因此这个点电荷组的总相互作用能为

$$W_互=\frac{1}{4\pi\varepsilon_0}\left(\frac{12e^2}{b}+\frac{12e^2}{\sqrt{2}\,b}+\frac{4e^2}{\sqrt{3}\,b}-\frac{32e^2}{\sqrt{3}\,b}\right)=\frac{4.32e^2}{4\pi\varepsilon_0 b}=\frac{0.344e^2}{\pi\varepsilon_0 b}.\ \blacksquare$$

**例题** 18　氯化钠晶体是一种离子晶体，它由正离子 $Na^+$ 和负离子 $Cl^-$ 组成，它们分别带电 $\pm e$($e$ 为元电荷)。离子实际上不是点电荷，而近似于一个带电球体，其中 $Cl^-$ 的半径比 $Na^+$ 大(图 1-82a)。但是在计算离子

间的相互作用能时，可把它们看成是电荷集中在球心的点电荷(图 1－82b)。在氯化钠晶体中正、负离子相间地排列成整齐的立方点阵。设相邻正、负离子之间的最近距离为 $a$，晶体中每种离子的总数为 $N$，求晶体的静电相互作用能。

**解**：一个宏观晶体中包含的原子或离子数目非常巨大(至少达 $N\sim10^{20}$ 的数量级)，要想从中找出所有的配对来是不可能的。下面我们采用一种简化的计算方法，即先计算单个离子与它所有近邻离子之间的相互作用能，然后乘以离子总数并除以2。图 1-82b 的立方体中心是正离子，它与其他离子之间的相互作用能是

$$w_{互}^{+}=\frac{1}{4\pi\varepsilon_0}\left(-\frac{6e^2}{a}+\frac{12e^2}{\sqrt{2}a}-\frac{8e^2}{\sqrt{3}a}+\cdots\right),$$

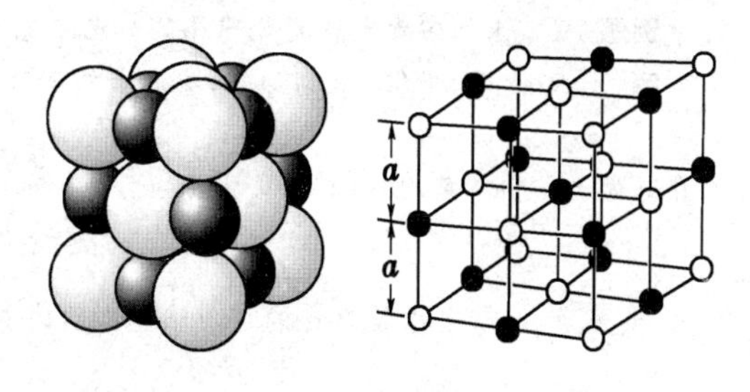

a 白球代表 $Cl^-$，黑球代表 $Na^+$　b 把离子看成点电荷

图 1－82 例题 18—— 氯化钠晶体

第一项来自六个最近的负离子，它们到中心的距离都是 $a$；第二项来自 12 个最近的正离子，它们到中心的距离都是 $\sqrt{2}a$；第三项来自图 1－82b 中大立方体八个顶点上的负离子，它们到中心的距离都是 $\sqrt{3}a$. 式中“…”代表图中未画出的那些更远离子的贡献。这几乎是一个无穷级数。不过愈远的离子对 $w_{互}^{+}$ 的贡献愈小，且各项正、负相间，可以证明这级数是收敛的。数值计算的结果为

$$w_{互}^{+}=\frac{0.8738e^2}{4\pi\varepsilon_0 a}.$$

不难看出，单个负离子与所有其他离子的相互作用能 $w_{互}^{-}$ 等于 $w_{互}^{+}$，所以晶体的总相互作用能是

$$W_{互}=\frac{1}{2}N(w_{互}^{+}+w_{互}^{-})=Nw_{互}^{+}=-\frac{0.8738Ne^2}{4\pi\varepsilon_0 a},$$

$W_{互}<0$ 表明，组成晶格点阵时，抵抗静电力作负功，或者说静电力作了正功。相反，若想把晶体点阵完全拆散，需要抵抗静电力作数量与上式相等的正功。故 $|W_{互}|$ 是晶体的静电结合能。▌

上述计算方法的不严格之处是它不适用于那些靠近晶体边界面的离子，因为在这些离子的另一侧没有那样多的“邻居”。不过对于一个宏观晶体来说，这种离子的数目占整个离子总数 $N$ 的很小一部分，这种误差是完全可以忽略不计的。

上述结果与晶体结合能的实际测量值相比，约大 10%。误差的来源主要是把离子看成了点电荷，和未计及量子交换效应。考虑了这些效应的修正之后，理论和实测值就符合得相当好了。

### 6.2 电荷连续分布情形的静电能

把 $W_{互}$ 写成(1.59)式的形式，便于我们推广到电荷连续分布情形。以体电荷分布为例，我们把连续的带电体分割成许多体积元 $\Delta V_i$，设电荷体密度为 $\rho_e$，则每块体积元内的电量为 $\Delta q_i=\rho_e\Delta V_i$，按照(1.59)式，有

$$W_e=\frac{1}{2}\sum_i\rho_e\Delta V_i U_i,$$

取 $\Delta V_i\to0$ 的极限，上式过渡到体积分：

$$W_e=\frac{1}{2}\iiint\rho_e U\,\mathrm{d}V.\tag{1.60}$$

应注意，写出上述积分，就意味着带电体内的电荷已被无限分割，因而我们得到的已不仅是相互作用能 $W_{互}$，而是包括自能在内的总静电能 $W_e$ 了。

同理，对于线电荷分布，有

$$W_e=\frac{1}{2}\int\eta_e U\,\mathrm{d}l,\tag{1.61}$$

对于面电荷分布，有

$$W_e=\frac{1}{2}\iint\sigma_e U\,\mathrm{d}S,\tag{1.62}$$

式中 $\mathrm{d}l$ 和 $\mathrm{d}S$ 分别是带电的线元和面元，$\eta_e$ 和 $\sigma_e$ 分别是电荷线密度和电荷面密度。上面三式的积分范围遍及所有存在电荷的地方。如果只有一个带电体，(1.60)、(1.61)、(1.62) 各式给出的就是它的自能。

**例题** 19 求均匀带电球壳和球体的静电自能，设球的半径为 $R$，带电总量为 $q$.

**解：** 按照 §4 例题 13 的计算，球面上的电势为

$$U=\frac{1}{4\pi\varepsilon_0}\frac{q}{R},$$

它在球面上是个常量，故(1.62) 式化为

$$W_{自}=\frac{1}{2}U\oiint_{(球面)}\sigma_e\mathrm{d}S=\frac{q^2}{8\pi\varepsilon_0 R}. \tag{1.63}$$

半径为 $R$、带电总量为 $q$ 的均匀球体内部的电势为

$$U=\frac{q}{4\pi\varepsilon_0 R}\left[1+\frac{1}{2}\left(1-\frac{r^2}{R^2}\right)\right],$$

于是静电自能为

$$W_{自}=\frac{1}{2}\iiint_{(球体)}\rho_e U\mathrm{d}V=\frac{3q^2}{20\pi\varepsilon_0 R}. \tag{1.64}$$ ▌

在例题 19 中若令 $R\to 0$，则带电球缩成点电荷。从(1.63) 式、(1.64) 式可以看出，点电荷的自能为∞。一个电子的(惯性) 质量 $m$ 与它的静电自能有一定联系。如果把电子看成一个点电荷，它将具有无穷大的自能，这在理论上造成所谓“发散困难”，如果把电子看成有一定半径 $r_c$ 的带电球，则它的自能与电荷分布情况有关。例如把电子设想成表面带电的，则自能等于 $e^2/8\pi\varepsilon_0 r_c$[见(1.63) 式]；若把电子设想成体内均匀带电的，则自能等于 $3e^2/20\pi\varepsilon_0 r_c$[见(1.64) 式]。即不同模型得到不同的结果，但它们的数量级一样，都是 $e^2/4\pi\varepsilon_0 r_c$ 乘以一个数量级为 1 的数值因子。根据相对论的质能关系，$W=mc^2$ ($c=3\times10^8$ m/s 为真空中光速)，假设 $W$ 全部来自静电自能 $W_{自}$，并取它的表达式为 $e^2/4\pi\varepsilon_0 r_c$，则可导出电子的半径 $r_c$：

$$r_c=\frac{e^2}{4\pi\varepsilon_0\ mc^2}\approx 2.8\times10^{-15}\ \mathrm{m}, \tag{1.65}$$

(1.65) 式所规定的 $r_c$ 称为电子的经典半径。

现代的粒子理论大多建筑在点模型上，通常采用点模型会导致上述发散困难；但不采用点模型，从相对论和量子理论考虑，又会出现其他一系列问题。这是现代粒子理论中广泛存在的一个基本矛盾。所以从经典理论导出的(1.65) 式决不真的代表电子的线度。但是，从另一个角度看，$r_c$ 却是一个由电子的一些基本常量($e$ 和 $m$) 组成的具有长度量纲的量，因而它在许多有电子参与的过程(如散射) 中起作用，它经常在一些理论(包括近代量子理论) 的公式中出现。

### 6.3 电荷在外电场中的能量

在有的场合里往往需要把带电体系中的某个电荷或电荷组(如偶极子) 分离出来，把它们作为试探电荷看待。带电体系的其余部分产生的电场，对试探电荷来说是“外电场”。在 3.6 节例题 9 中就是这样处理的。在那里电子被看作是试探电荷，电极 K、A 产生的电场对它来说是外电场。从阴极 K 到阳极 A 外电场所作的功 $A_{KA}=-eU_{KA}$ 就是电子在外电场中的电势能差 $W_{KA}$. 普遍地说，一个电荷 $q$ 在外电场中 $P$、$Q$ 两点间的电势能差为

$$W_{PQ}=A_{PQ}=qU_{PQ},$$

若取 $Q$ 为无穷远点，并令 $U(\infty)=0$，$W(\infty)=0$，则电荷 $q$ 在外电场中 $P$ 点的电势能为

$$W(P)=qU(P). \tag{1.66}$$

**例题** 20　求电偶极子 $\boldsymbol{p}_e=q\boldsymbol{l}$ 在均匀外电场 $\boldsymbol{E}$ 中的电势能(图 1-83)。

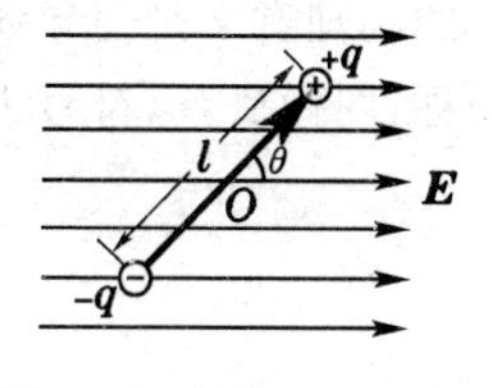

图 1-83 例题 20——电偶极子在均匀电场中的电势能

**解：**　按照(1.66)式,电偶极子中正、负电荷的电势能分别是

$$W_+=qU(P_+),\quad W_-=qU(P_-).$$

电偶极子在外电场中的电势能为

$$W=W_++W_-=q[U(P_+)-U(P_-)]$$
$$=-q\int_{P_-}^{P_+}E\cos\theta\,\mathrm{d}l=-qlE\cos\theta=-p_eE\cos\theta,$$

式中 $\theta$ 是 $\boldsymbol{p}_e$ 与 $\boldsymbol{E}$ 的夹角。写成矢量形式,则有

$$W_e=-\boldsymbol{p}_e\cdot\boldsymbol{E},\tag{1.67}$$

上式表明,当电偶极子的取向与外电场方向一致时,$W_e=-p_eE$,电势能最低;取向相反时,$W_e=+p_eE$,电势能最高。如果电偶极子可以绕中心 $O$ 自由转动,则它总趋于与外电场取一致方向的位置,这是一个稳定平衡的位置。▌

设处在一定位形的带电体系的电势能为 $W_e$,当它的位形发生微小变化(例如发生平移或转动)时,电势能将相应地改变 $\delta W_e$。另一方面,位形变化时电场力就作一定的功 $\delta A$. 假设在此过程中没有能量的耗散或补充,根据能量守恒定律,应有

$$\delta A=-\delta W_e,\tag{1.68}$$

即电场力的功等于电势能的减少。

**例题** 21　计算电偶极子在非均匀外电场中所受的力。

**解：**　设想偶极子有一微小位移 $\delta\boldsymbol{l}$,则电场力 $\boldsymbol{F}$ 作功

$$\delta\boldsymbol{A}=\boldsymbol{F}\cdot\delta\boldsymbol{l}=F_l\,\delta l,$$

式中 $F_l$ 是 $\boldsymbol{F}$ 在 $\delta\boldsymbol{l}$ 方向上的投影。代入(1.68)式,则有

$$F_l\,\delta l=-\delta W_e,$$

除以 $\delta l$,取 $\delta l\to0$ 的极限,得

$$F_l=-\frac{\partial W_e}{\partial l},$$

写成矢量式,则有

$$\boldsymbol{F}=-\boldsymbol{\nabla}W_e.\tag{1.69}$$

对于电偶极子,$W_e=-\boldsymbol{p}_e\cdot\boldsymbol{E}$,

$$\boldsymbol{F}=\boldsymbol{\nabla}(\boldsymbol{p}_e\cdot\boldsymbol{E}).\tag{1.70}$$

若电偶极矩 $\boldsymbol{p}_e$ 与电场 $\boldsymbol{E}$ 平行,则 $\boldsymbol{p}_e\cdot\boldsymbol{E}=p_eE$,偶极子受力的方向沿着 $p_eE$ 的梯度方向,亦即指向电场强度的绝对值 $E$ 较大的区域。▌

# §7. 电容和电容器

## 7.1 孤立导体的电容

所谓"孤立"导体,就是说在这导体的附近没有其他导体和带电体。

设想我们使一个孤立导体带电 $q$,它将具有一定的电势 $U$(图 1-84)。理论(参见思考题 1-54)和实验表明,随着 $q$ 的增加,$U$ 将按比例地增加(这一点可用唯一性定理来证明)。这样一个比例关系可以写成

$$\frac{q}{U}=C,\tag{1.71}$$

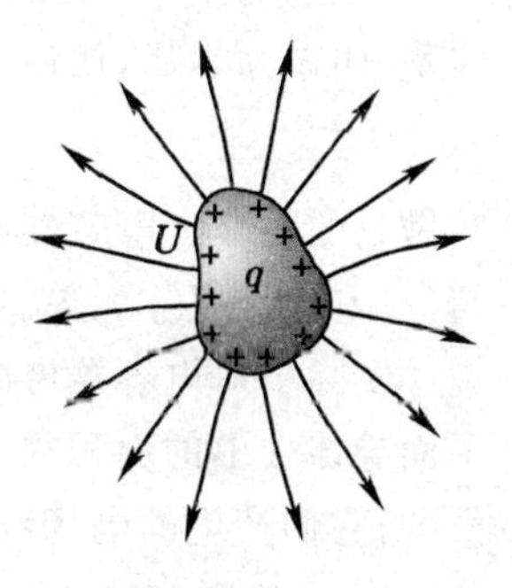

图 1-84 孤立导体的电容

式中 $C$ 与导体的尺寸和形状有关。它是一个与 $q$、$U$ 无关的常量，称之为该孤立导体的电容。它的物理意义是使导体每升高单位电势所需的电量。电容的单位应是 C/V，这个单位有个专门名称，叫做法拉，符号为 F：

$$\begin{cases}1\,\mathrm{F} = 1\,\mathrm{C/V}, \\ 1\,\mu\mathrm{F} = 10^{-6}\,\mathrm{F}, \\ 1\,\mathrm{pF} = 10^{-12}\,\mathrm{F}.\end{cases} \tag{1.72}$$

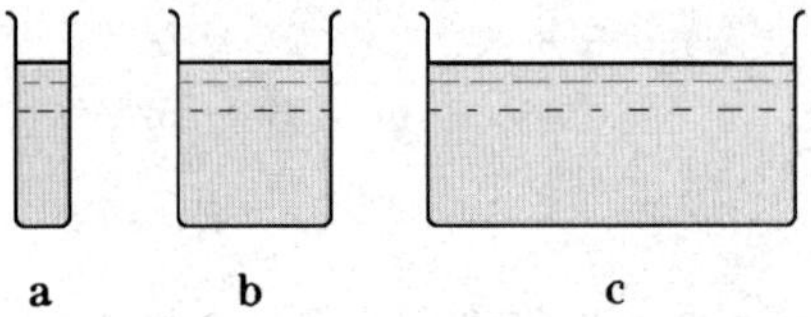

a b c

图 1-85 水容器的比喻

为了帮助读者了解电容的意义，可以打个比喻。图 1-85 表示许多盛水容器，当我们向各容器灌水时，容器内水面便升高。可以看出，对 a、b、c 三个图所画的容器来说，为使它们的水面都增加一个单位高度，需要灌入的水量是不同的。使容器中的水面每升一个单位高度所需灌入的水量是由容器本身的性质（即它的截面积）所决定的。导体的“电容”与此类似，若一个导体的电容比另一个大，就表示每当升高一个单位电势时，该导体上所需增加的电量比另一个多。

**例题** 22 求半径为 $R$ 的孤立导体球的电容。

**解：** 因
$$U = \frac{q}{4\pi\varepsilon_0 R},$$
故
$$C = \frac{q}{U} = 4\pi\varepsilon_0 R. \tag{1.73}$$ ▍

### 7.2 电容器及其电容

如果在一个导体 A 的近旁有其他导体，则这导体的电势 $U_A$ 不仅与它自己所带的电量 $q_A$ 的多少有关，还取决于其他导体的位置和形状。这是由于电荷 $q_A$ 使邻近导体的表面产生感应电荷，它们将影响着空间的电势分布和每个导体的电势。在这种情况下，我们不可能再用一个常量 $C=q_A/U_A$ 来反映 $U_A$ 和 $q_A$ 之间的依赖关系了。要想消除其他导体的影响，可采用静电屏蔽的办法。如图 1-86，用一个封闭的导体壳 B 把导体 A 包围起来，并将 B 接地（$U_B=0$）。这样一来，壳外的导体 C、D 等就不会影响 A 的电势了。这时若使导体 A 带电 $q_A$，导体壳 $B$ 带电 $-q_A$. 当 $q_A$ 增加时，$U_A$ 将按比例地增大，因而我们仍可定义它的电容为

$$C_{AB} = \frac{q_A}{U_A}, \tag{1.74}$$

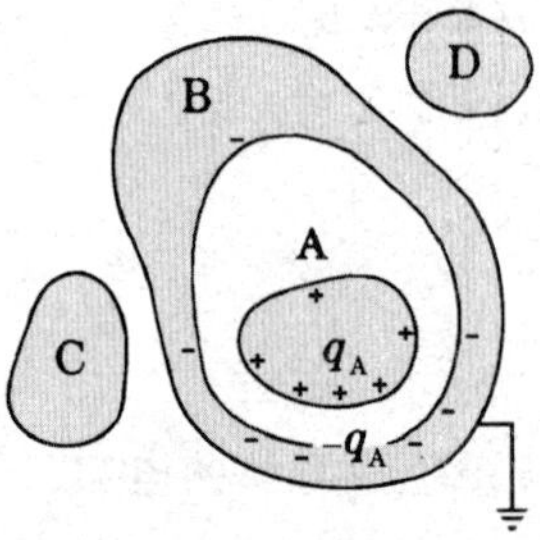

当然这时 $C_{AB}$ 与 A 和 B 都有关了。其实 B 也可不接地，如此则其电势 $U_B \neq 0$。虽然 $U_B$、$U_A$ 都与外界的导体有关，但电势差 $U_A-U_B$ 仍不受影响，且正比于 $q_A$，比值不变。这种由导体壳 B 和其腔内的 A 组成的导体系，叫做电容器，比值

$$C_{AB} = \frac{q_A}{U_A - U_B} \tag{1.75}$$

叫做它的电容。电容器的电容与两导体的尺寸、形状和相对位置有关，与 $q_A$ 和 $U_A-U_B$ 无关。组成电容器的两导体叫做电容器的极板。

D B A $q_A$ C $-q_A$

图 1-86 完全屏蔽的电容器不受外界干扰

实际中对电容器屏蔽性的要求并不像上面所述那样苛刻。如图 1-87 所示那样，一对平行平面导体 A、B 的面积很大，而且靠得很近，集中在两导体相对的表面上的那部分电荷将是等量异号的，它们产生的电场线集中在两表面之间狭窄的空间里。这时外界的干扰对 $q_A$ 与 $U_A-U_B$ 以及电容 $C$ 的影响实际上可忽略。我们也可把这种装置看成电容器（平行板电容器）。

**例题** 23　求平行板电容器的电容。

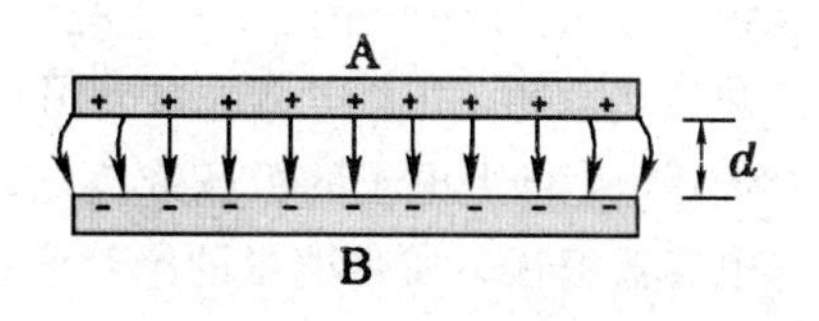

图 1-87 例题 23—— 平行板电容器

**解：**　平行板电容器由两块靠得很近的平行金属板组成。设它们的面积都是 $S$，内表面之间的距离是 $d$（图 1-87）。在极板面的线度远大于它们之间的距离（即 $S \gg d^2$）时，除边缘部分外，情况和两极板为无限大时差不多，即两极板内表面均匀带电，极板间的电场均匀。

设两极板 A、B 内表面带电所量分别为 $\pm q$，则电荷面密度分别为 $\pm\sigma_e = \pm q/S$．据(1.51)式，极板间场强为 $\boldsymbol{E} = \sigma_e/\varepsilon_0$．电势差为

$$U_{AB} = \int_A^B \boldsymbol{E}\cdot d\boldsymbol{l} = Ed = \frac{\sigma_e d}{\varepsilon_0} = \frac{qd}{\varepsilon_0 S}$$

从而按照电容的定义(1.75)式，有

$$C_{AB} = \frac{q}{U_{AB}} = \frac{\varepsilon_0 S}{d}.$$

作为普遍的平行板电容器的电容公式，略去下标 AB 不写，

$$C = \frac{\varepsilon_0 S}{d}. \tag{1.76}$$ ▌

**例题** 24　求同心球电容器的电容。

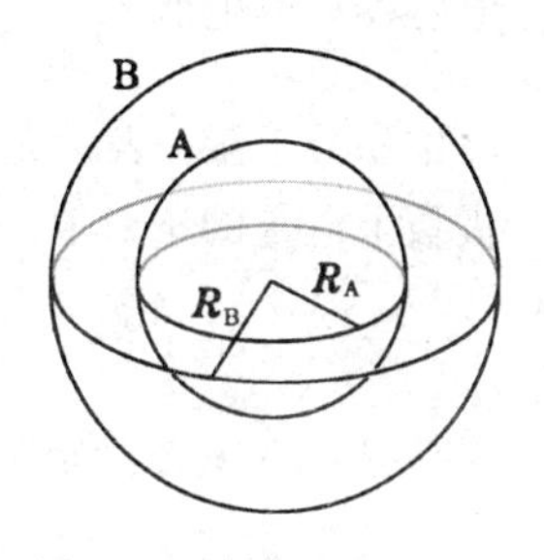

图 1—88 例题 24——同心球电容器

**解：**　如图 1-88 所示，电容器由两个同心球形导体 A、B 组成，设半径分别为 $R_A$ 和 $R_B$（$R_A < R_B$）。

设 A、B 分别带电荷 $\pm q$，利用高斯定理可知，两导体之间的电场强度 $E = \dfrac{1}{4\pi\varepsilon_0}\dfrac{q}{r^2}$，方向沿径矢。这时两球形电极 A、B 之间的电势差为

$$U_{AB} = \int_A^B \boldsymbol{E}\cdot dl = \int_{RA}^{RB} \frac{1}{4\pi\varepsilon_0}\frac{q}{r^2}dr = \frac{q}{4\pi\varepsilon_0}\left(\frac{1}{R_A} - \frac{1}{R_B}\right) = \frac{q}{4\pi\varepsilon_0}\frac{R_B - R_A}{R_A R_B}.$$

于是电容为

$$C = \frac{q}{U_{AB}} = \frac{4\pi\varepsilon_0 R_A R_B}{R_B - R_A}. \tag{1.77}$$ ▌

**例题** 25　求同轴圆柱形电容器的电容。

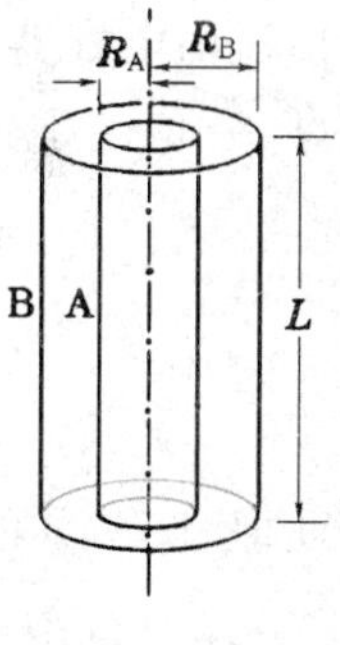

**解：**　如图 1-89 所示，电容器由两个同轴柱形导体 A、B 组成，设其半径分别为 $R_A$ 和 $R_B$（$R_A < R_B$），长度为 $L$．当 $L \gg R_B - R_A$ 时，两端的边缘效应可以忽略，计算场强分布时可以把圆柱体看成是无限长的。利用高斯定理可知，两导体之间的电场强度为 $E = \dfrac{\lambda}{2\pi\varepsilon_0 r}$，其中 $\lambda = q/L$ 是每个电极在单位长度内电荷的绝对值，场的方向在垂直于轴的平面内沿着辐向。两柱形电极 A、B 间的电势差为

$$U_{AB} = \int_A^B \boldsymbol{E}\cdot dl = \int_{RA}^{RB} \frac{1}{2\pi\varepsilon_0}\frac{\lambda}{r}dr = \frac{\lambda}{2\pi\varepsilon_0}\ln\frac{R_B}{R_A}.$$

在柱形电容器每个电极上的总电荷为 $q = \lambda L$，故同轴柱形电容器的电容公式为

$$C = \frac{q}{U_{AB}} = \frac{2\pi\varepsilon_0 L}{\ln(R_B/R_A)}. \tag{1.78}$$ ▌

图 1-89 例题 25——同轴柱形电容器

## 7.3 电容器储能(电能)

如果把一个已充电的电容器两极板用导线短路而放电，可见到放电的火花。利用放电火花的热能甚至可以熔焊金属，即所谓“电容焊”。放电火花的热能必然是由充了电的电容器中储存的电能转化而来。那么电容器储存的电能又是从哪里来的呢？下面我们将看到，在电容器充电的过程中电源必须作功，才能克服静电场力把电荷从一个极板搬运到另一个极板上。这能量以电势能的形式储存在电容器中，放电时就把这部分电能释放出来。设每一极板上所带电荷量的绝对值为 $Q$，两极板间的电压为 $U$，为了计算这电容器储存了多少电能，让我们来分析一下电容器的充电过

程。充电过程可用图 1-90 所示的图像来表示。电子从电容器一个极板被拉到电源，并从电源被推到另一极板上去。这时被拉出了电子的极板带正电，推上电子的极板带负电。如此逐渐进行下去，并设充电完毕时电容器极板上所带电量的绝对值达到 $Q$. 完成这个过程要靠电源作功，从而消耗了电源的能量，使之转化为电容器所储存的电能。设在充电过程中某一瞬间电容器极板上带电量为 $q$，电压为 $u$(注意与充电完毕时的电量和电压的最后值 $Q$ 和 $U$ 相区别)。这里电压 $u$ 是指正极板的电势 $u_+$ 与负极板电势 $u_-$ 之差。若在某一瞬间电源把 $-\mathrm{d}q$ 的电量从正极板搬运到负极板，从能量守恒的观点看来，这时电源作的功应等于电量 $-\mathrm{d}q$ 从正极板迁移到负极板后电势能的增加，即

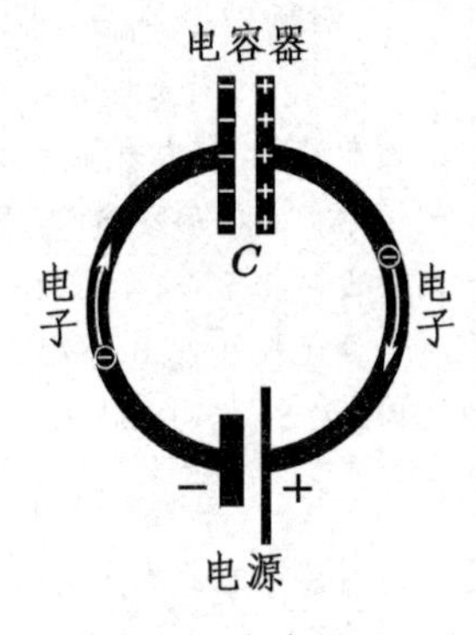


图 1-90 电容器充电时电源作功

$$(-\mathrm{d}q u_-)-(-\mathrm{d}q u_+) = \mathrm{d}q(u_+ - u_-) = u\,\mathrm{d}q.$$

继续充电则电源继续作功,此功不断地积累成电容器中的电能。所以在整个的充电过程中储存在电容器里的电能等于下列积分：

$$W_e = \int_0^Q u\,\mathrm{d}q,$$

其中积分下限 0 表示充电开始时电容器每一极板上的电量为 0,上限 $Q$ 表示充电结束时电容器每一极板上电量的绝对值。$u$ 与 $q$ 的关系是 $u = q/C$,代入上式,得

$$W_e = \int_0^Q \frac{q}{C}\mathrm{d}q = \frac{Q^2}{2C}.$$

这就是计算电容器储能的公式。利用 $Q= CU$ 则可写成

$$W_e = \frac{Q^2}{2C} = \frac{1}{2}CU^2 = \frac{1}{2}QU, \tag{1.79}$$

式中 $Q$ 和 $U$ 都是充电完毕时的最后值。此式最后一步的结果也可从 6.2 节的(1.62) 式导出。因电容器极板是导体,电荷分布在其表面,每一极板是等势体。设两个极板分别为 1 和 2, $Q_1 =-Q_2 =Q$，(1.62)式可写成

$$W_e = \frac{1}{2}\left[\oiint_{(S_1)}\sigma_e U\,\mathrm{d}S + \oiint_{(S_2)}\sigma_e U\,\mathrm{d}S\right] = \frac{1}{2}\left[U_1\oiint_{(S_1)}\sigma_e\,\mathrm{d}S + U_2\oiint_{(S_2)}\sigma_e\,\mathrm{d}S\right]$$

$$= \frac{1}{2}(Q_1U_1 + Q_2U_2) = \frac{1}{2}Q(U_1 - U_2), \tag{1.80}$$

此即(1.79)式的最后一种表达式。

在实际中通常充电后的电压都是给定的,这时用(1.79) 式中的第二种表达式，即 $W_e = \frac{1}{2}CU^2$ 来讨论储能问题较为方便。这公式表明，在一定的电压下电容 $C$ 大的电容器储能多。在这种意义上说,电容 $C$ 也是电容器储能本领大小的标志。对同一电容器来说,电压愈高储能愈多。

**例题** 26 某电容器的电容为 4 μF,充电到 600 V,求所储的电能。

**解**：

$$W_e = \frac{1}{2}CU^2 = \frac{1}{2}\times 4\times 10^{-6}\,\mathrm{F}\times(600\,\mathrm{V})^2 = 0.72\,\mathrm{J}.$$ ▌

一般电容器储能有限,但是若使电容器在短时间内放电,则可得到较大的功率,这在激光和受控热核反应中都有重要的应用。

(1.79) 式也适用于孤立导体。例如导体球的电容是 $C=4\pi\varepsilon_0 R$,则它带电 $Q$ 时的静电能为

$$W_e = \frac{1}{2}\frac{Q^2}{C} = \frac{Q^2}{8\pi\varepsilon_0 R},$$

式中 $U$ 是该导体（相对于无穷远或任何规定的参考点）的电势。

对于一组导体 $1,2,\cdots,n$，设它们所带的电量分别为 $Q_1, Q_2, \cdots, Q_n$，电势分别为 $U_1, U_2, \cdots, U_n$，由于电荷分布在各导体的表面 $S_i$ 上，

$$Q_i = \oiint_{(S_i)} \sigma_e \, dS, \quad (i = 1,2,\cdots,n)$$

利用(1.79)式的最后一种表达式可以写成

$$W_e = \frac{1}{2}\sum_{i=1}^{n} Q_i U_i = \frac{1}{2}\sum_{i=1}^{n} U_i \oiint_{(S_i)} \sigma_e \, dS. \tag{1.81}$$

## §8. 静电场边值问题的唯一性定理

静电场边值问题及其唯一性定理本是电动力学课的基本内容之一，定理的表述和证明都涉及较多的数学。由于唯一性定理的概念对于本课中许多问题（如静电屏蔽）的确切理解有很大帮助，本节中我们将给此定理一个物理上的论证，以期读者能从中有所收益。

### 8.1 问题的提出

5.1 节里已提到，实际中提出的静电学问题，大多不是已知电荷分布求电场分布，而是通过一定的电极来控制或实现某种电场分布。这里问题的出发点（已知的前提），除给定各带电导体的几何形状、相互位置外，往往是再给定下列条件之一：

(1) 每个导体的电势 $U_k$；

(2) 每个导体上的总电量 $Q_k$；

其中 $k = 1,2,\cdots$ 为导体的编号。寻求的答案则是在上述条件（称为边界条件）下电场的恒定分布。这类问题称为静电场的边值问题，它是静电学的典型问题。

这里不谈静电场边值问题如何解决，而我们要问：给定一组边界条件，空间能否存在不同的恒定电场分布？唯一性定理对此的回答是否定的，换句话说，定理宣称：边界条件可将空间里电场的恒定分布唯一地确定下来。

### 8.2 几个引理

在证明唯一性定理之前，先作些准备工作——证明几个引理。为简单起见，我们暂把研究的问题限定为一组导体，除此之外的空间里没有电荷。

(1) 引理一　在无电荷的空间里电势不可能有极大值和极小值。

用反证法。设电势 $U$ 在空间某点 $P$ 极大，则在 $P$ 点周围的所有邻近点上梯度 $\nabla U$ 必都指向 $P$ 点，即场强 $\boldsymbol{E} = -\nabla U$ 的方向都是背离 $P$ 点的（见图 1-91a）。这时若我们作一个很小的闭合面 $S$ 把 $P$ 点包围起来，穿过 $S$ 的电通量为

$$\Phi_E = \oint_{(S)} \boldsymbol{E} \cdot d\boldsymbol{S} > 0. \tag{1.82}$$

根据高斯定理，$S$ 面内必然包含正电荷。然而这违背了我们

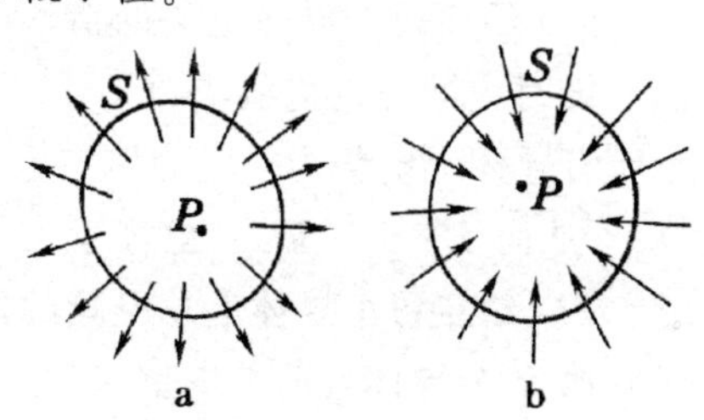


图 1-91 引理一的证明

的前提。因此,$U$ 不可能有极大值。

用同样的方法可以证明,$U$ 不可能有极小值(参见图1-91b)。

(2) 引理二　若所有导体的电势为 0,则导体以外空间的电势处处为 0。

因为电势在无电荷空间里的分布是连续变化的,若空间有电势大于 0(或小于 0) 的点,而边界上又处处等于 0,在空间必出现电势的极大(或极小) 值,这违背引理一。

不难看出,本引理可稍加推广:若在完全由导体所包围的空间里各导体的电势都相等(设为 $U_0$),则空间电势等于常量 $U_0$.

(3) 引理三　若所有导体都不带电,则各导体的电势都相等。

用反证法。设各导体电势不全相等,则其中必有一个电势最高的,设它是导体 1. 如图 1-92 所示,电场线只可能从导体 1 出发到达其余导体 2,3,…,而不可能反过来。于是我们就得到这样的结论:导体 1 的表面上任何地方都只能是电场线的起点,不可能是终点,即此导体表面只有正电荷而无负电荷,从而它带的总电量不可能为 0。这又违背了我们的前提。

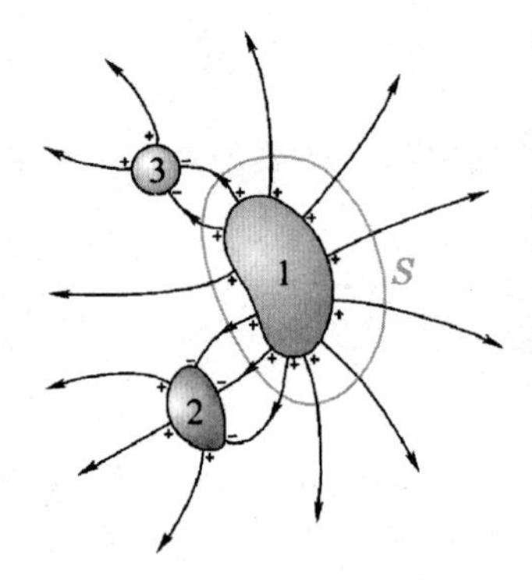

图 1-92 引理三的证明

将引理三与引理二结合起来,就可进一步推论出,在所有导体都不带电的情况下空间各处的电势也和导体一样,等于同一常量。

### 8.3 叠加原理

电场是服从叠加原理的,场强服从矢量叠加法则,电势服从代数叠加法则。由此我们可以得到如下的重要推论。在给定各带电导体的几何形状、相互位置后,赋予它们两组边界条件:

(1) 给定每个导体的电势为 $U_{\mathrm{I}k}$(或总电量为 $Q_{\mathrm{I}k}$);

(2) 给定每个导体的电势为 $U_{\mathrm{II}k}$(或总电量为 $Q_{\mathrm{II}k}$)。

设 $U_{\mathrm{I}}$、$U_{\mathrm{II}}$ 分别是满足边界条件(1)、(2) 的恒定电势分布,则它们的线性组合 $U=aU_{\mathrm{I}}+bU_{\mathrm{II}}$ 必定是满足下列边界条件的恒定分布:

(3) 给定每个导体的电势为 $U_k=aU_{\mathrm{I}k}+bU_{\mathrm{II}k}$(或总电荷 $Q_k=aQ_{\mathrm{I}k}+bQ_{\mathrm{II}k}$)。

从而所有上面的引理都对 $U$ 适用。

作为一个特例,取 $U_{\mathrm{I}k}=U_{\mathrm{II}k}$(或 $Q_{\mathrm{I}k}=Q_{\mathrm{II}k}$) 和 $a=1, b=-1$,则 $U=U_{\mathrm{I}}-U_{\mathrm{II}}$ 是满足下列边界条件的恒定分布:

(4) 给定每个导体的电势为 0(或总电量为 0)。

### 8.4 唯一性定理

(1) 给定每个导体电势的情形

设对应同一组边值 $U_k(k=1,2,\cdots)$ 有两种恒定的电势分布 $U_{\mathrm{I}}$ 和 $U_{\mathrm{II}}$,则 $U=U_{\mathrm{I}}-U_{\mathrm{II}}$ 相当于所有导体上电势为 0 时的恒定电势分布。根据引理二,空间电势 $U$ 恒等于 0,即 $U_{\mathrm{I}}$ 恒等于 $U_{\mathrm{II}}$,从而 $\boldsymbol{E}_{\mathrm{I}}=-\nabla U_{\mathrm{I}}$ 恒等于 $\boldsymbol{E}_{\mathrm{II}}=-\nabla U_{\mathrm{II}}$.

(2) 给定每个导体上总电量的情形

第 $k$ 个导体上的总电量

$$Q_k=\oint_{(S_k)}\sigma_e \mathrm{d}S=\varepsilon_0\oint_{(S_k)}E_n \mathrm{d}S=-\varepsilon_0\oint_{(S_k)}\frac{\partial U}{\partial n}\mathrm{d}S.$$

式中 $S_k$ 为导体 $k$ 的表面，$\sigma_e$ 代表表面电荷面密度，$n$ 代表法向。设对应同一组边值 $Q_k(k=1,2,\cdots)$ 有两种恒定电势分布 $U_{\text{I}}$ 和 $U_{\text{II}}$，即

$$-\varepsilon_0 \oint_{(S_k)} \frac{\partial U_{\text{I}}}{\partial n}\mathrm{d}S = -\varepsilon_0 \oint_{(S_k)} \frac{\partial U_{\text{II}}}{\partial n}\mathrm{d}S = Q_k,\ (k=1,2,\cdots)$$

令 $U=U_{\text{I}}-U_{\text{II}}$，则

$$-\varepsilon_0 \oint_{(S_k)} \frac{\partial U}{\partial n}\mathrm{d}S = 0,\ (k=1,2,\cdots)$$

即 $U$ 相当于所有导体都不带电时的恒定电势分布。根据引理三后面的推论，在空间

$$U=U_{\text{I}}-U_{\text{II}}=\text{常量} \quad \text{或} \quad U_{\text{I}}=U_{\text{II}}+\text{常量},$$

此常量不影响其梯度：

$$\nabla U_{\text{I}} = \nabla U_{\text{II}}.$$

即场强分布是完全一样的：

$$\boldsymbol{E}_{\text{I}} = \boldsymbol{E}_{\text{II}}.$$

电势中所差的常量与电势的参考点有关。只要各导体中有一个的电势确定了，其他导体以及空间的电势分布就可唯一地确定下来。

把上述证明推广到混合边界条件（即部分导体给定电势、部分给定总电量）的情形是不难的，这里从略。

### 8.5 静电屏蔽

现在我们用唯一性定理来解释 5.4 节中讲的静电屏蔽的原理。

取一任意形状的闭合金属壳，将它接地（见图 1-93）。现从外面移来若干正或负的带电体。若腔内无带电体，则其中 $\boldsymbol{E}=0$（图 1-93 a）。反之，将带电体放进腔内，而壳外无带电体，则外部空间 $\boldsymbol{E}=0$（图 1-93 b）。今设想将 a、b 两图合并在一起（图 1-93c），即壳外有与图 a 相同的带电体，腔内有与图 b 相同的带电体。现在我们要问：这时壳内、外电场的恒定分布是否仍分别与图 a、b 一样？

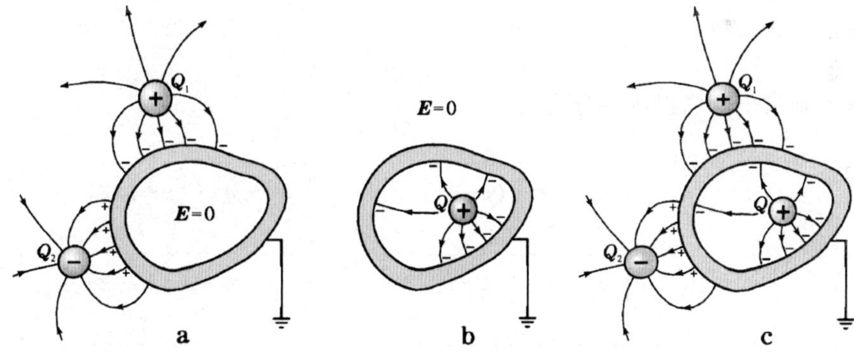


图 1-93 静电屏蔽

首先我们可以肯定，这是可能的。因为当外部电荷和电场分布如图 a 时，它在腔内不产生电场，从而腔内的带电体所处的环境和图 b 一样，故可产生与之相同的恒定分布。反之，当内部电荷和电场分布如图 b 时，它在壳外不产生电场，从而壳外带电体所处的环境和图 a 一样，故也可产生与之相同的恒定分布。以上的论述表明，壳内、外带电体同时存在时，若壳内、外的电荷和电场分别维持与 a、b 二图相同的分布，是可以达到静电平衡的。

这里遗留的问题是，壳内、外带电体在相互影响下是否会达成另一种与此不同的平衡分布？

唯一性定理告诉我们,这是不可能的。因为a、c两图中内部空间的边界条件相同(腔内表面电势为0,内部带电体上总电量 $Q$ 给定),从而不管外部是否有带电体,内部的恒定分布是唯一的。这便是壳对内部的静电屏蔽效应。同理,因c、b两图中外部空间的边界条件相同(壳外表面电势为0,外部带电体上总电量 $Q_1,Q_2,\cdots$ 给定,无穷远电势为0),从而不管内部是否有带电体,外部的恒定分布是唯一的。这便是壳对外部的静电屏蔽效应。

### 8.6 电像法

除解释静电屏蔽外,唯一性定理的另一重要应用是电像法。先看一个例子。

如图1-94a所示,在一接地的无穷大平面导体前有一点电荷 $q$,求空间的电场分布和导体表面上的电荷分布。

这个问题一时不好解决,我们先换个容易的来讨论。图1-94b所示的一对等量异号电荷 $\pm q$,其间的距离为 $l$. 以二者的中垂面为 $xy$ 面,联线为 $z$ 轴,取直角坐标。则电势的分布为

$$U=\frac{q}{4\pi\varepsilon_0}\left(\frac{1}{r_+}-\frac{1}{r_-}\right)=\frac{q}{4\pi\varepsilon_0}\left[\frac{1}{\sqrt{x^2+y^2+(z-l/2)^2}}-\frac{1}{\sqrt{x^2+y^2+(z+l/2)^2}}\right]. \tag{1.83}$$

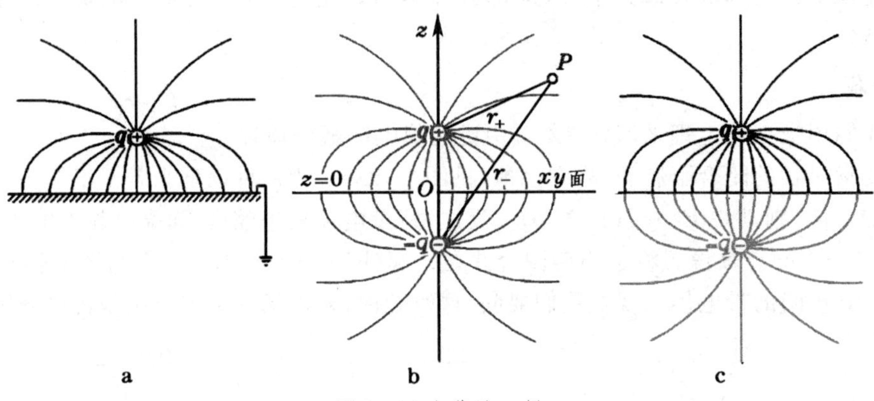


图1—94 电像法一例

从它的梯度不难求出电场强度各分量

$$\begin{cases}E_x=-\dfrac{\partial U}{\partial x}=\dfrac{qx}{4\pi\varepsilon_0}\left\{\dfrac{1}{\left[x^2+y^2+(z-l/2)^2\right]^{3/2}}-\dfrac{1}{\left[x^2+y^2+(z+l/2)^2\right]^{3/2}}\right\},\\ E_y=-\dfrac{\partial U}{\partial y}=\dfrac{qy}{4\pi\varepsilon_0}\left\{\dfrac{1}{\left[x^2+y^2+(z-l/2)^2\right]^{3/2}}-\dfrac{1}{\left[x^2+y^2+(z+l/2)^2\right]^{3/2}}\right\},\\ E_z=-\dfrac{\partial U}{\partial z}=\dfrac{q}{4\pi\varepsilon_0}\left\{\dfrac{z-l/2}{\left[x^2+y^2+(z-l/2)^2\right]^{3/2}}-\dfrac{z+l/2}{\left[x^2+y^2+(z+l/2)^2\right]^{3/2}}\right\}.\end{cases} \tag{1.84}$$

在这里两点电荷的中垂面($z=0$)是个 $U=0$ 的等势面。如果我们在此中垂面上放置一个接地的无穷大平面导体,此平面上电势将不改变。有了这一平面导体,上下两半空间就被它屏蔽了,这时如果我们把下边的负电荷移去,将不会影响上半空间的电场分布。

读者会发现,加了导体板,去掉负电荷,图1-94b的问题岂不变成图1-94a的问题了吗?的确如此。换句话说,图1-94b的问题在上半空间里的解就是图1-94a问题的解(见图1-94c)。这样一来,我们就轻而易举地把图1-94a所示的较难问题解决了。剩下的问题是求导体平面上的电荷面密度,它等于该处的场强乘以 $\varepsilon_0$:

$$\sigma_e=\varepsilon_0 E_n(z=0)=-\frac{ql}{4\pi\left[x^2+y^2+(l/2)^2\right]^{3/2}}. \tag{1.85}$$

面电荷分布曲线见图 1－95。

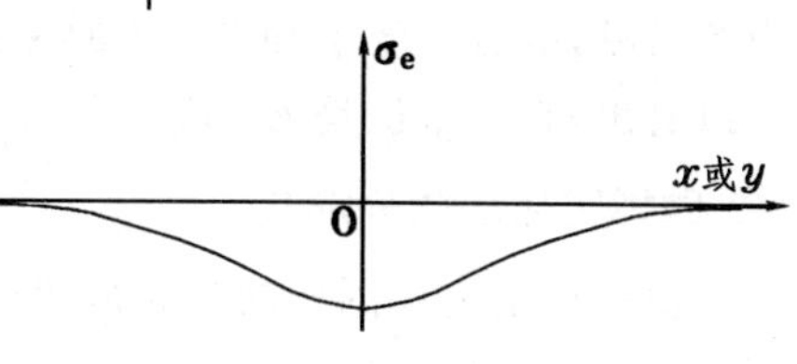

图 1－95 中垂面上的电荷分布

在上述问题中，从上半空间看来，平面导体板好像一面“镜子”，点电荷 $+q$ 在其中成了一个“虚像” $-q$. 这样的解法叫做电像法。电像法的理论根据实质上是唯一性定理。因为上半空间里的电场分布唯一地由其边界（中垂面）上电势的分布所决定，图 1－94a、b 两问题对于上半空间来说边界条件一样，所以解也相同。电像法是一种很有用的方法，以后我们会遇到更多的例子。

# §9. 恒定电流场

## 9.1 电流密度矢量

电荷的定向流动形成电流。在一定的电场中，正、负电荷总是沿着相反方向运动的，而正电荷沿某一方向运动和等量的负电荷反方向运动所产生的电磁效应大部分相同。[1]尽管在金属中电流是由带负电的电子流动形成的，习惯上把电流看成是正电荷流动形成的，并且规定正电荷流动的方向为电流的方向。这样，在导体中电流的方向总是沿着电场方向，从高电势处指向低电势处。单位时间内通过导体任一横截面的电量，叫做电流。电流是 MKSA 单位制中的四个基本量之一，它的单位是安培(A)，其定义将在第二章 1.4 介绍。电流是标量，它只能描述导体中电荷通过某一截面的整体特征。在实际中有时会遇到电流在大块导体中流动的情形，导体的不同部分电流的大小和方向都不一样，形成一定的电流分布。因此还必须引入能够细致描述电流分布的物理量 —— 电流密度。

电流密度是一个矢量，这矢量在导体中各点的方向代表该点电流的方向，其数值等于通过该点单位垂直截面的电流。设想在导体中某点取一个与电流方向垂直的截面元 $\mathrm{d}S$（图 1-96a），则通过 $\mathrm{d}S$ 的电流 $\mathrm{d}I$ 与该点电流密度 $j$ 的关系是

$$\mathrm{d}I=j\,\mathrm{d}S.$$

如果截面元 $\mathrm{d}\boldsymbol{S}$ 的法线 $\boldsymbol{n}$ 与电流方向成倾斜角 $\theta$（图 1－96b），则

$$\mathrm{d}I=j\,\mathrm{d}S\cos\theta, \tag{1.86}$$

或写成矢量形式，

$$\mathrm{d}I=\boldsymbol{j}\cdot\mathrm{d}\boldsymbol{S}. \tag{1.87}$$

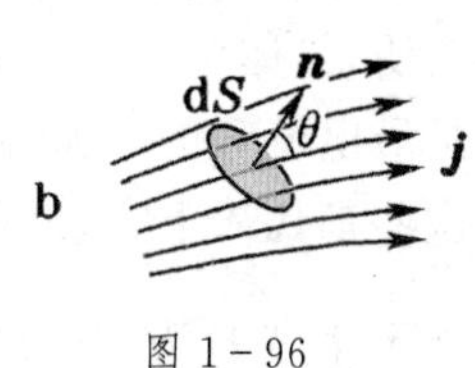

图 1－96 电流密度矢量

在大块导体中各点 $\boldsymbol{j}$ 有不同的数值和方向，这就构成一个矢量场，即电流场。像电场分布可以用电场线来形象地描绘一样，电流场也可以用电流线来描绘。所谓电流线，就是这样一些曲线，其上每点的切线方向都和该点的电流密度矢量方向一致。通过导体中任意截面 $S$ 的电流 $I$ 与电流密度矢量的关系为

---

[1] 霍耳效应是个例外，见第二章 6.6 节。

$$I = \iint_{(S)} \boldsymbol{j} \cdot \mathrm{d}\boldsymbol{S} = \iint_{(S)} j\,\mathrm{d}S\cos\theta. \tag{1.88}$$

由此可见,电流密度 $\boldsymbol{j}$ 和电流 $I$ 的关系,就是一个矢量场和它的通量的关系。从电流密度的定义可以看出,它的单位是 $\mathrm{A/m^2}$.

### 9.2 欧姆定律的微分形式

由一束电流线围成的管状区叫做电流管(见图 1-97)。仿照 4.7 节的办法,读者可以证明,在恒定条件下,通过同一电流管各截面的电流(即 $\boldsymbol{j}$ 的通量)都相等。通常的电路由导线联成,电流线沿着导线分布,导线本身就是一个电流管。在恒定电路中一段没有分支的电路里,通过各截面的电流必定相等。

恒定电路的基本定律是欧姆定律:通过一段导体的电流 $I$ 和导体两端的电压 $U$ 成正比,

$$I = \frac{U}{R}, \quad 或 \quad U = IR, \tag{1.89}$$

式中的比例系数 $R$ 为导体的电阻。电阻的倒数叫做电导,用 $G$ 表示,

$$G = \frac{1}{R}, \tag{1.90}$$

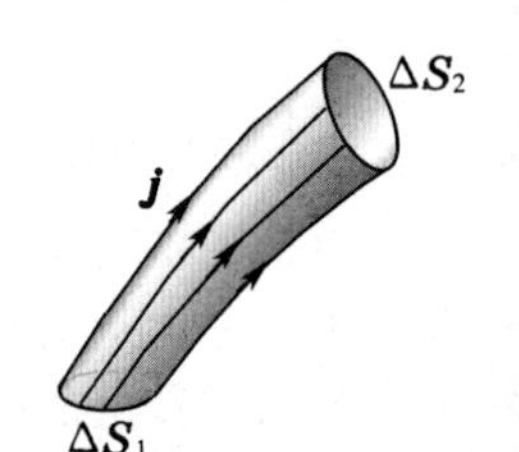

图 1-97 电流管

电阻的单位是欧姆(Ω),电导的单位叫做西门子(S),

$$1\,\mathrm{S} = 1\,\Omega^{-1}.$$

导体电阻的大小与导体的材料和几何形状有关。对于由一定材料制成的横截面均匀的导体,它的电阻 $R$ 与长度 $l$ 成正比,与横截面积 $S$ 成反比。写成等式,有

$$R = \rho\frac{l}{S}, \tag{1.91}$$

式中的比例系数 $\rho$ 是材料的电阻率。电阻率的倒数叫做电导率,用 $\sigma$ 表示,

$$\sigma = \frac{1}{\rho}. \tag{1.92}$$

电阻率的单位是 $\Omega\cdot\mathrm{m^2/m} = \Omega\cdot\mathrm{m}$, 电导率的单位是 $\mathrm{S/m}$.

设想在导体的电流场内取一小电流管(见图 1-98),设其长度为 $\Delta l$,垂直截面为 $\Delta S$,把欧姆定律用于这段电流管,则有

$$\Delta I = \frac{\Delta U}{R}. \tag{1.93}$$

式中 $\Delta I = j\Delta S$ 为管内的电流, $\Delta U$ 为沿这段电流管的电势降落。实验表明,导体中的场强方向与电流密度方向处处一致,所以场强的方向也是沿电流管的, 从而 $\Delta U = E\Delta l$,电流管内导体的电阻 $R = \Delta l/\sigma\Delta S$, 把这些都代入上式,即得

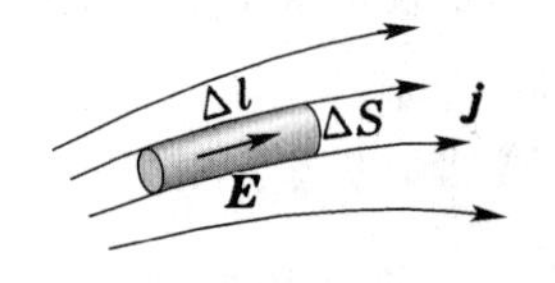

图 1—98 用小电流管推导欧姆定律的微分形式

$$j = \sigma E.$$

由于 $\boldsymbol{j}$ 和 $\boldsymbol{E}$ 方向一致, 上式可写成矢量形式:

$$\boldsymbol{j} = \sigma\boldsymbol{E}. \tag{1.94}$$

这公式叫做欧姆定律的微分形式。

### 9.3 电流的连续方程

电流场的一个重要的基本性质是它的连续方程,其实质是电荷守恒定律。

设想在导体内取任一闭合曲面 $S$,则根据电荷守恒定律,在某段时间里由此面流出的电量等于在这段时间里 $S$ 面内包含的电量的减少。像以前表述高斯定理那样,在 $S$ 面上处处取外法线,则在单位时间里由 $S$ 面流出的电量应等于 $\oiint_{(S)} \boldsymbol{j}\cdot \mathrm{d}\boldsymbol{S}$. 设时间 $\mathrm{d}t$ 里包含在 $S$ 面内的电量增量为 $\mathrm{d}q$,则在单位时间里 $S$ 面内的电量减少为 $-\dfrac{\mathrm{d}q}{\mathrm{d}t}$. 如上所述,二者数值相等,即

$$\oiint_{(S)} \boldsymbol{j}\cdot \mathrm{d}\boldsymbol{S} = -\frac{\mathrm{d}q}{\mathrm{d}t}, \tag{1.95}$$

式中负号表示"减少"。这便是**电流连续方程**(积分形式)。

恒定电流指电流场不随时间变化,这就要求电荷的分布不随时间变化,因而电荷产生的电场是恒定电场,即静电场。[1]否则电荷分布发生变化,必然引起电场发生变化,电流场就不可能维持恒定。因此,在恒定条件下,对于任意闭合曲面 $S$,面内的电量不随时间变化,即$\dfrac{\mathrm{d}q}{\mathrm{d}t}=0$,由(1.95)式得

$$\oiint_{(S)} \boldsymbol{j}\cdot \mathrm{d}\boldsymbol{S} = 0, \tag{1.96}$$

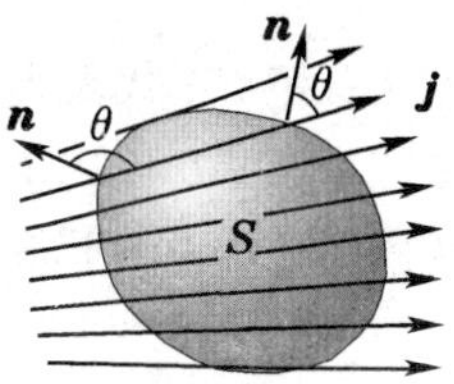

图 1-99 电流连续原理

此式叫做**电流的恒定条件**。它表明,通过 $S$ 面一侧流入的电量等于从另一侧流出的电量(图 1-99),也就是说,电流线连续地穿过闭合曲面所包围的体积。因此恒定电流的电流线不可能在任何地方中断,它们永远是闭合曲线。

### 9.4 两种导体分界面上的边界条件

在不同导电率的大块导体相连的情况下,我们需要考虑两种导体的分界面上的边界条件。主要的边界条件有两条:一是电流密度 $\boldsymbol{j}$ 的法向分量连续,一是电场强度 $\boldsymbol{E}$ 的切向分量连续。

(1) *$\boldsymbol{j}$ 法向分量的连续性*

如图 1-100,在两种导体的分界面上取一面元 $\Delta S$,在 $\Delta S$ 上作一扁盒状的闭合面,它的两底分别位于界面两侧不同的导体中,并与界面平行,且无限靠近它。围绕 $\Delta S$ 的边缘用一与 $\Delta S$ 垂直的窄带把两底面之间的缝隙封闭起来,构成闭合面的侧面。取界面的单位法向矢量为 $\boldsymbol{n}$,它的指向是由导体 1 到导体 2 的(见图 1-100)。设在 $\Delta S$ 两侧不同导体中的电流密度分别为 $\boldsymbol{j}_1$ 和 $\boldsymbol{j}_2$(它们一般是不相等的),则通过闭合面的电流为

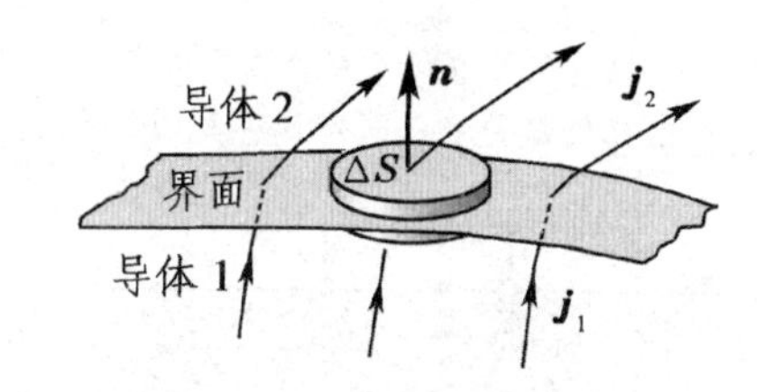

图 1-100 $\boldsymbol{j}$ 法向分量的连续性

$$\oiint \boldsymbol{j}\cdot \mathrm{d}\boldsymbol{S} = \iint_{(底面1)} \boldsymbol{j}\cdot \mathrm{d}\boldsymbol{S} + \iint_{(底面2)} \boldsymbol{j}\cdot \mathrm{d}\boldsymbol{S} + \iint_{(侧面)} \boldsymbol{j}\cdot \mathrm{d}\boldsymbol{S},$$

式中右端前两项分别等于 $-\boldsymbol{j}_1\cdot\boldsymbol{n}\,\Delta S$ 和 $\boldsymbol{j}_2\cdot\boldsymbol{n}\,\Delta S$(对于闭合面来说,$\boldsymbol{n}$ 是底面 1 的内法线,故第一项出现负号);因侧面积趋于 0,第三项为 0。所以按照电流的连续方程

$$\oiint \boldsymbol{j}\cdot \mathrm{d}\boldsymbol{S} = (\boldsymbol{j}_2-\boldsymbol{j}_1)\cdot\boldsymbol{n}\,\Delta S = 0,$$

[1] 这里虽有电荷流动,但净电荷的宏观分布是不随时间改变的,它们产生的恒定电场与静电场服从同样的基本规律,如高斯定理、环路定理等。但 §5 中所讲导体在静电场中的平衡条件,以及由它引出的某些推论将不适用。

于是得到：

$$(\boldsymbol{j}_2-\boldsymbol{j}_1)\cdot\boldsymbol{n}=0, \quad 或 \quad j_{2\mathrm{n}}=j_{1\mathrm{n}}, \tag{1.97}$$

其中 $j_{1\mathrm{n}}=\boldsymbol{j}_1\cdot\boldsymbol{n}$、$j_{2\mathrm{n}}=\boldsymbol{j}_2\cdot\boldsymbol{n}$ 分别代表 $\boldsymbol{j}_1$ 和 $\boldsymbol{j}_2$ 的法向分量。这就是导体分界面上的第一个边界条件，它表明在边界面两侧电流密度的法向分量是连续的。

(2)$\boldsymbol{E}$ 切向分量的连续性

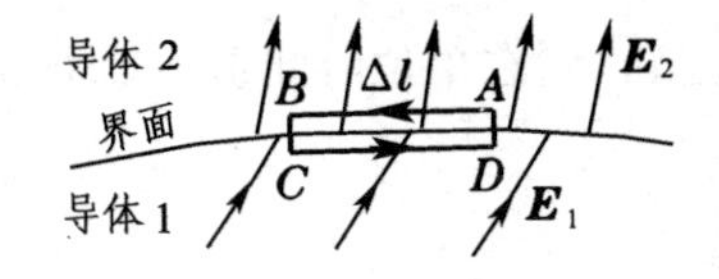

图 1－101 $\boldsymbol{E}$ 切向分量的连续性

如图 1－101 所示，在两种导体的分界面上取一矩形闭合环路 $ABCDA$，其中 $AB$ 和 $CD$ 两边长 $\Delta l$，它们与界面平行，且无限靠近它；$BC$ 和 $DA$ 两边与界面垂直。设界面两侧不同导体中的电场强度分别为 $\boldsymbol{E}_1$ 和 $\boldsymbol{E}_2$（它们一般是不相等的），则 $\boldsymbol{E}$ 沿此闭合环路的线积分为

$$\oint \boldsymbol{E}\cdot\mathrm{d}\boldsymbol{l}=\int_A^B \boldsymbol{E}\cdot\mathrm{d}\boldsymbol{l}+\int_B^C \boldsymbol{E}\cdot\mathrm{d}\boldsymbol{l}+\int_C^D \boldsymbol{E}\cdot\mathrm{d}\boldsymbol{l}+\int_D^A \boldsymbol{E}\cdot\mathrm{d}\boldsymbol{l},$$

令 $\boldsymbol{E}_{1t}$ 和 $\boldsymbol{E}_{2t}$ 代表 $\boldsymbol{E}_1$ 和 $\boldsymbol{E}_2$ 的切向分量，则沿 $AB$ 段和 $CD$ 段的积分分别为 $-E_{2\mathrm{t}}\Delta l$ 和 $E_{1\mathrm{t}}\Delta l$（负号是因为在 $AB$ 段内 $\boldsymbol{E}$ 的切向分量与 $\Delta l$ 方向相反）。此外因 $BC$ 和 $DA$ 的长度趋于 0（高级无穷小），两段积分为 0。于是按照静电场的环路定理

$$\oint \boldsymbol{E}\cdot\mathrm{d}\boldsymbol{l}=(E_{1\mathrm{t}}-E_{2\mathrm{t}})\Delta l=0.$$

故

$$E_{1\mathrm{t}}-E_{2\mathrm{t}}=0, \quad 或 \quad E_{1\mathrm{t}}=E_{2\mathrm{t}}. \tag{1.98}$$

上式表明矢量差 $\boldsymbol{E}_2-\boldsymbol{E}_1$ 是沿法线方向的，故又可写成

$$(\boldsymbol{E}_2-\boldsymbol{E}_1)\times\boldsymbol{n}=0. \tag{1.99}$$

这就是导体分界面上的第二个边界条件，它表明在边界面两侧电场强度的切向分量是连续的。

**例题** 27　大地可看成均匀的导电介质，其电阻率为 $\rho$. 用一半径为 $a$ 的球形电极与大地表面相接，半个球体埋在地面下（见图 1－102），电极本身的电阻可以忽略。试证明此电极的接地电阻为

$$R=\frac{\rho}{2\pi a}.$$

图 1－102 例题 27
——大地导电

**解：** 如果球形电极 1 整个埋在无穷大的大地导电介质 2 中，根据球对称性，电场线和电流线都是沿径向对称分布的。这时在球形电极表面满足的边界条件为

$$E_{1\mathrm{t}}=E_{2\mathrm{t}}=0, \tag{a}$$

$$j_{1\mathrm{n}}=j_{2\mathrm{n}}. \tag{b}$$

现设想将上半空间里的大地排除，换为绝缘的空气，下半空间大地里的电流是否仍沿径向对称分布？空气里电流密度 $\boldsymbol{j}_3=0$，故在大地表面处电流密度的法向分量

$$j_{2\mathrm{n}}=j_{3\mathrm{n}}=0, \tag{c}$$

亦即，大地中沿径向对称分布的电流可以满足此边界条件。按照唯一性定理，下半空间大地里的电流沿径向对称分布是唯一可能的分布。

知道电流沿径向对称分布之后，大地的电阻即可按下式计算：

$$R=\int_a^\infty \rho\frac{\mathrm{d}r}{2\pi r^2}=\frac{\rho}{2\pi a}. ▌$$

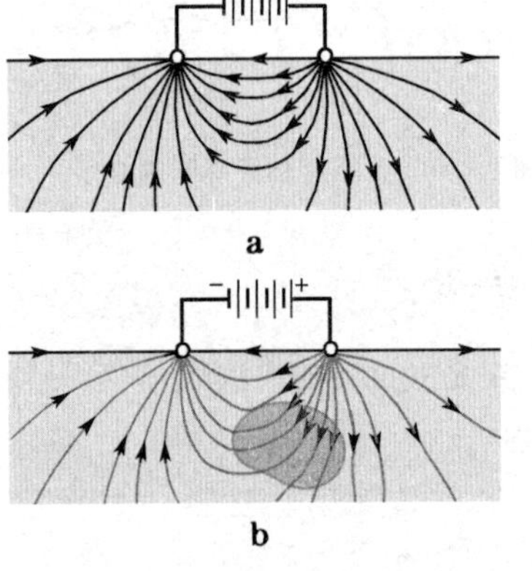

图 1—103 地球物理勘探原理

如果在大地表面设置一对正电极，均匀大地将使电场和电流呈偶极分布（图 1－103a）。若地下存在矿体，它具有与周围介质不同的导电率，则偶极电场和电流分布产生畸变（图 1－103b），根据电场和电流场分布的变化推测出地下导电物质的分布，这就是地球物理探矿的基本原理。

### 9.5 电流线在导体界面上的折射

由于上述两个边界条件，设电流线、电场线与界面法线的夹角分别为 $\theta_1$ 和 $\theta_2$（见图 1-104），则

$$\left.\begin{aligned} j_{1n} = j\cos\theta_1, \quad j_{2n} = j\cos\theta_2; \\ \boldsymbol{E}_{1t} = \boldsymbol{E}\sin\theta_1, \quad \boldsymbol{E}_{2t} = \boldsymbol{E}\sin\theta_2. \end{aligned}\right\} \tag{1.100}$$

按边界条件(1.97) 式和(1.98) 式，

$$j_{1n} = j_{2n}, \quad E_{1t} = E_{2t}.$$

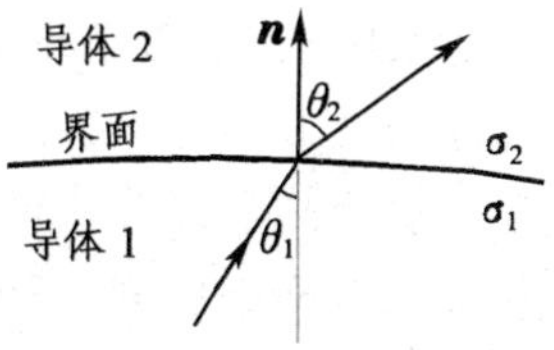

两式相除得

$$\frac{\boldsymbol{E}_{1t}}{j_{1n}} = \frac{\boldsymbol{E}_{2t}}{j_{2n}}. \tag{1.101}$$

图 1-104 电流线在边界面上的“折射”

将(1.100) 式代入(1.101) 式，得

$$\frac{\boldsymbol{E}_1}{j_1}\tan\theta_1 = \frac{\boldsymbol{E}_2}{j_2}\tan\theta_2.$$

设两种导体的电导率分别为 $\sigma_1$ 和 $\sigma_2$，则按欧姆定律的微分形式，有

$$j_1 = \sigma_1\boldsymbol{E}_1, \quad j_2 = \sigma_2\boldsymbol{E}_2. \tag{1.102}$$

于是

$$\frac{\tan\theta_1}{\sigma_1} = \frac{\tan\theta_2}{\sigma_2}, \quad 或 \quad \frac{\tan\theta_1}{\tan\theta_2} = \frac{\sigma_1}{\sigma_2}. \tag{1.103}$$

即导体界面两侧电流线与法线夹角的正切之比等于两侧电导率之比。

如果导体 1 为不良导体或绝缘体，导体 2 为良导体，即 $\sigma_1 \ll \sigma_2$，则 $\tan\theta_1 \ll \tan\theta_2$，$\theta_1 \approx 0$，$\theta_2 \approx 90°$（见图 1-105），这时在不良导体一侧电流线和电场线几乎与界面垂直，而在良导体一侧电流线和电场线几乎与界面平行，从而电流线非常密集。这样，高导电率的物质就把电流集中到自己的内部。

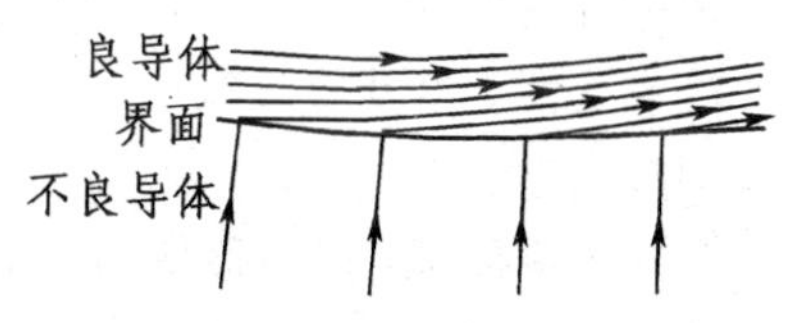


图 1-105 电流线向高电导率物质内密集

在介质 1 为绝缘体的情况下，$\sigma_1 = 0$，$\theta_1 = 0$，$\theta_2 \approx 90°$，即导体内电场线和电流线平行于表面，导体外电场线与表面几乎垂直。

### 9.6 非静电力与电动势

只有在闭合回路中才能存在恒定电流，在有电阻的回路中维持恒定电流，不能只靠静电力，因为静电场的一个重要性质是

$$\oint \boldsymbol{E}\cdot \mathrm{d}\boldsymbol{l} = 0,$$

即电场力沿闭合回路移动电荷所作的功为 0，或者说，若电场力将电荷从一点移到另一点作正功，电势能减小，则从后一位置回到原来的位置电场力必作负功，电势能增加。除非由超导体构成，电场力在导体内移动电荷所作的功里必有一部分转化为电阻上消耗的焦耳热，这就不可能使电荷再返回到电势能较高的原来位置，即电流不可能是闭合的。电流不闭合将引起电荷在某些地方堆积，其后果是引起电场重新分布，从而破坏了恒定条件。所以，除了在超导体中，要维持恒定电流，必须有非静电力。非静电力作功，将其他形式的能量补充给电路，使电荷能够逆着电场力的方向运动，返回电势能较高的原来位置，以维持电流的闭合性。

我们用 $\boldsymbol{K}$ 表示作用在单位正电荷上的非静电力。在由于各能够形成恒定电流的闭合回路 $L$ 里，非静电力沿 $L$ 移动电荷必定作功，即

$$\oint_{(L)} \boldsymbol{K}\cdot \mathrm{d}\boldsymbol{l} \neq 0,$$

我们定义非静电力的上述环路积分为该闭合回路里的电动势，并记作 $\mathscr{E}$：

$$\mathscr{E} \equiv \oint_{(L)} \boldsymbol{K} \cdot \mathrm{d}\boldsymbol{l}. \tag{1.104}$$

可以看出，电动势的量纲与电压是一样的，它的单位也一样，在国际单位制(SI)中都是V(伏特)。

实际上，电动势的概念不限于闭合电路，它所驱动的电流也不一定是恒定的。甚至于在没有导体的地方，我们也可以用此式来定义一个电动势。

供非静电力的装置称为电源。我们用 $\boldsymbol{K}$ 表示作用在单位正电荷上的非静电力。在电源的外部只有静电场 $\boldsymbol{E}$；在电源的内部，除了有静电场 $\boldsymbol{E}$ 外，还有非静电力 $\boldsymbol{K}$，$\boldsymbol{K}$ 的方向与 $\boldsymbol{E}$ 的方向相反。

图 1-106 是电源的一般原理图。电源都有两个电极，电势高的叫做正极，电势低的叫做负极。非静电力由负极指向正极。当电源的两电极被导体从外面联通后，在静电力的推动下形成由正极到负极的电流。在电源内部，非静电力的作用使电流从内部由负极回到正极，使电荷的流动形成闭合的循环。

电源的电动势 $\mathscr{E}$ 是把单位正电荷从负极通过电源内部移到正极时，非静电力所作的功。用公式来表示，则有

$$\mathscr{E} = \int_{-\,(\text{电源内})}^{+} \boldsymbol{K} \cdot \mathrm{d}\boldsymbol{l}. \tag{1.105}$$

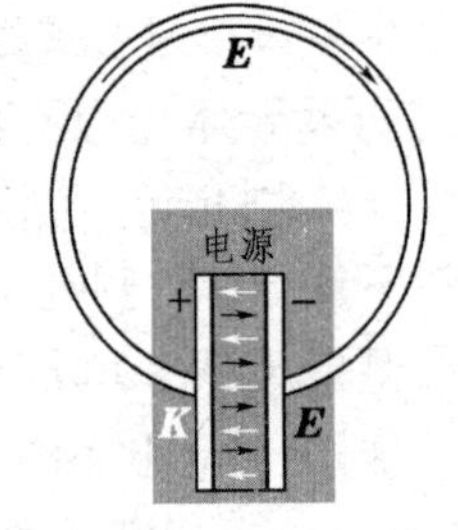

图 1-106 电源的电动势

一个电源的电动势具有一定的数值，它与外电路的性质以及是否接通都没有关系，电动势反映电源中非静电力作功的本领，是表征电源本身的特征量。

在电源内部，既有静电力，也有非静电力，欧姆定律的微分形式可以写成：

$$\boldsymbol{j} = \sigma(\boldsymbol{E} + \boldsymbol{K}). \tag{1.106}$$

### 9.7 恒定电场对电流分布的调节作用

上面我们详细地分析了非静电力、电动势在恒定电路中的作用，下面我们进一步讨论静电场在恒定电路中的作用。为此，先说明在恒定情况下决定电场的电荷是如何分布的。

在没有非静电力的地方，根据恒定条件(1.96)式和欧姆定律的微分形式(1.94)式可得

$$\oiint_{(S)} \boldsymbol{j} \cdot \mathrm{d}\boldsymbol{S} = \oiint_{(S)} \sigma \boldsymbol{E} \cdot \mathrm{d}\boldsymbol{S} = 0. \tag{1.107}$$

如果导体的导电性是均匀的，即 $\sigma$ 是常量，它就可以从积分号内提出来，并且由于 $\sigma \neq 0$，我们有

$$\oiint_{(S)} \boldsymbol{E} \cdot \mathrm{d}\boldsymbol{S} = 0. \tag{1.108}$$

由于闭合面 $S$ 可以任意取，上式对于任一 $S$ 面都成立，由高斯定理可知，这时任一闭合面 $S$ 内 $q=0$。显然，这一结果不适用于非均匀导体内部，或不同电导率的导体分界面上，因为这时 $\sigma$ 不是常量，不能从积分号内把它提出来。所以，在恒定电流的条件下，均匀导体内部没有净电荷，电荷只能分布在导体的非均匀处，或分界面上。恒定情况下的电场正是来自这些电荷。此外，在恒定情况下，电流线必须与导体表面平行，否则在电流线指向导体表面的地方将有电荷的继续积累，从而破坏恒定条件。

在恒定情况下，电场起着重要作用。一方面，它和非静电力合在一起保证了电流的闭合

性。由于电场既存在于电源内部，也存在于外电路，在电源内部，电场的方向和非静电力的方向相反，非静电力将正电荷由电源的负极移到正极，其电势能升高；在外电路中，正电荷在电场力作用下，由正极回到负极，其电势能降低，从而电流形成闭合循环。从能量转化的角度来看，在电源内部，非静电的能量转化为静电势能；在外电路中，电势能转化为电阻所消耗的热能。由此可以看出，在把电源内部的非静电能转运到负载的过程中，静电场起着重要的作用。

另一方面，在外电路中，电场决定了电流的分布。欧姆定律的微分形式已经清楚地说明了这一点，下面我们通过分析电流达到恒定的过程来更具体都认识它。当电源两端断开时，由于电源内部的非静电力作用，两极上积累的电荷在空间建立起电场，如图 1-107a 所示。我们用灰线表示等势面与纸面的交线，用带箭头的黑线表示电场线。由图可以看出，两电极附近的等势面比较密集，相应地这里的电场线也比较稠密，电场较强。现以一均匀导线联通两电极(见图 1-107b)。在开始接通的瞬间，设想电荷还未移动，电场线仍然维持原来的分布。这一分布在导体内既不与导线平行，沿导线长度方向也没有大小均匀的电势梯度。一方面，在横向电场的作用下，电荷在导线两侧积累，其结果是产生反方向的横向电场将原来的横向电场抵消，最后达到没有横向电场的状态，导线内电场线终于与导线平行。另一方面，沿纵向电势梯度大的地方电流大，电势梯度小的地方电流小，其结果是在电流大小不同的线段相衔接的的地方有电荷积累，这些电荷所产生的电场在大电流段与之方向相反，在小电流段与之方向相同，最后达到沿纵向电流大小相等的恒定状态。

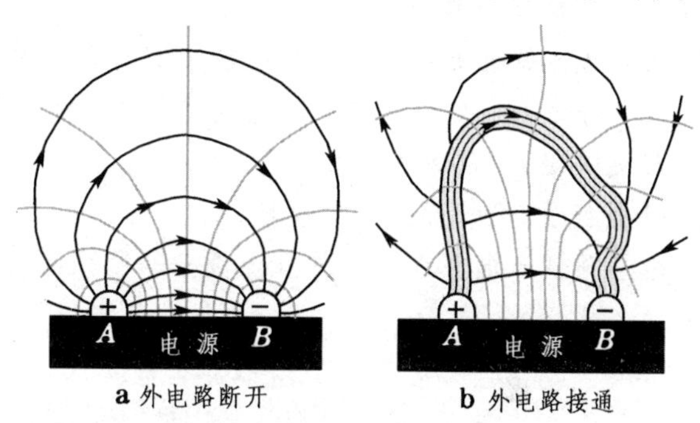


图 1-107 电荷分布和静电场在恒定电路中的作用

实际上，从接通电池两极到电路达到恒定状态所需的时间是极短的。此外，实际发生的过程远比上面描述的要复杂得多，当我们将导线移近而还未接通之前，电荷与电场的重新分布的过程就已经开始。但是无论如何，导体中的电流是由电场决定的，而此电场又是由分布于导体表面以及导体内部不均匀处的电荷所产生的。

## 本章提要

电磁学内容可归结为“场”和“路”，前者更基本。本章首次接触“场”，是学好电磁学的关键。

“场”有空间分布，描述和计算“场”时需要取适当坐标系。

1.静电场的基本规律

(1) 电荷守恒

(2) 库仑定律：两静止点电荷之间的相互作用力

$$F=\frac{1}{4\pi\varepsilon_0}\frac{q_1q_2}{r^2},\quad \text{方向沿联线}$$

(3) 场强叠加原理

2.从库仑定律可导出静电场的两条基本定理：

$$\begin{cases} \text{高斯定理} \quad \oiint \boldsymbol{E}\cdot \mathrm{d}\boldsymbol{S} = \dfrac{1}{\varepsilon_0}\sum q, \\ \text{环路定理} \quad \oint \boldsymbol{E}\cdot \mathrm{d}\boldsymbol{l} = 0. \end{cases}$$

后者是引进"电势"概念的前提。两定理各反映静电场的一个侧面，结合起来全面反映了静电场的性质。

3.描述静电场的两个物理量：

(1) **电场强度 $\boldsymbol{E}$**：电场作用在单位正电荷上的力。

(2) **电势 $U$**：搬运单位正电荷抵抗电场力所作的功等于电势的增加。

$\boldsymbol{E}$ 是矢量，服从矢量叠加原理；

$U$ 是标量，服从标量叠加原理。

4.电场强度和电势之间的关系是微分和积分的关系：

$$\begin{cases} U(P) = \displaystyle\int_P^{\infty} \boldsymbol{E}\cdot \mathrm{d}\boldsymbol{l}, \\ E_l = -\dfrac{\partial U}{\partial l}, \quad \boldsymbol{E} = -\nabla U. \end{cases}$$

已知其中之一的分布，即可求另一的分布。

场强和电势的分布都可用叠加法求得。

由于电势是标量，容易叠加。可先求出电势，然后通过梯度运算求出场强。

对于具有某些类型对称性的带电体，场强可利用高斯定理先求得，然后通过线积分运算求出电势。

5.一些重要电场分布实例：

(1) 点电荷：$E \propto 1/r^2$，径向；$U \propto 1/r$.

(2) 无限长均匀带电直线：$E \propto 1/r$，$\Delta U \propto \Delta \ln r$（$r$— 横向距离）。

(3) 无穷大均匀带电平面：$E(=\sigma_e/2\varepsilon_0)$ 与距离无关，$\Delta U$ 正比于距离差。

(4) 均匀带电球壳：内部 $E=0$，$U=$ 常量；
外部电场与位于球心的点电荷电场分布无异。

(5) 均匀带电球体：内部 $E \propto r$，$\Delta U \propto r^2$ 之差；
外部电场与位于球心的点电荷电场分布无异。

(6) 均匀带电圆筒：内部 $E=0$，$U=$ 常量；
外部电场与位于轴线的线电荷电场分布无异。

(7) 均匀带电圆柱：内部 $E \propto r$，$\Delta U \propto r^2$ 之差（$r$— 横向距离）；
外部电场与位于轴线的线电荷电场分布无异。

(8) 电偶极子：$U \propto p\cos\theta/r^2$，$\boldsymbol{E} \propto -\nabla(\boldsymbol{p}\cdot\hat{\boldsymbol{r}}/r^2) \propto 1/r^3$，
（$\boldsymbol{p} = q\boldsymbol{l}$—— 电偶极矩）。

(9) 电偶极层：$U \propto -\Omega$，$\boldsymbol{E} \propto \nabla\Omega$ （$\Omega$—— 偶极层对场点所张立体角）。

6.偶极子受力

(1) 在均匀外场中所受力矩：$\boldsymbol{L} = \boldsymbol{p}\times\boldsymbol{E}$,

(2) 在非均匀外场中所受力： $\boldsymbol{F}=\nabla(\boldsymbol{p}\cdot\boldsymbol{E})$.

7.导体的静电平衡条件：$\begin{cases}\text{内部 } \boldsymbol{E}=0,\ U=\text{常量；}\\ \text{表面为等势面，外部 } \boldsymbol{E} \text{ 沿法向。}\end{cases}$

按此由高斯定理推断：

(1) 导体内部无电荷，电荷只分布在导体表面，$\sigma_e=\varepsilon_0 E$.

(2) 导体壳：

$$\begin{cases}\text{若腔内无带电体，则}\begin{cases}\text{腔内 } \boldsymbol{E}=0,\ U=\text{常量；}\\ \text{壳内表面不带电。}\end{cases}\\ \text{若腔内有带电体，则壳内表面带电总量与腔内带电体带电总量等值异号。}\end{cases}$$

8.静电能

(1) 点电荷组的相互作用能

$$\begin{cases}W_{\text{互}}=\dfrac{1}{4\pi\varepsilon_0}\displaystyle\sum_{i=1}^{n}\sum_{j=1}^{i-1}\dfrac{q_i q_j}{r_{ij}},\\ W_{\text{互}}=\dfrac{1}{8\pi\varepsilon_0}\displaystyle\sum_{i=1}^{n}\sum_{\substack{j=1\\(j\neq i)}}^{n}\dfrac{q_i q_j}{r_{ij}},\\ W_{\text{互}}=\dfrac{1}{2}\displaystyle\sum_{i=1}^{n}q_i U_i.\end{cases}$$

(2) 电荷连续分布的静电能

$$\begin{cases}W_e=\dfrac{1}{2}\displaystyle\iiint\rho_e U\,\mathrm{d}V,\\ W_e=\dfrac{1}{2}\displaystyle\iint\sigma_e U\,\mathrm{d}S,\\ W_e=\dfrac{1}{2}\displaystyle\int\eta_e U\,\mathrm{d}l.\end{cases}$$

(3) 电荷在外场中的能量 $W(P)=qU(P)$

电偶极子在外电场中的电势能 $W_e=-\boldsymbol{p}_e\cdot\boldsymbol{E}$.

9.电容 $C\equiv\dfrac{q}{U}$.

孤立导体球 $C=4\pi\varepsilon_0 R$ （$R$—— 球的半径）；

电容器
$$\begin{cases}\text{平行板 } C=\dfrac{\varepsilon_0 S}{d}\ \ (S\text{—— 极板面积，}d\text{—— 极板间隔})；\\ \text{同心球 } C=\dfrac{4\pi\varepsilon_0 R_A R_B}{R_B-R_A}\ \ (R_A\text{、}R_B\text{—— 内外球半径})；\\ \text{同轴柱 } C=\dfrac{2\pi\varepsilon_0 L}{\ln(R_B/R_A)},\ \ (R_A\text{、}R_B\text{—— 内外筒半径，}L\text{—— 长度})。\end{cases}$$

电容器储能： $W_e=\dfrac{Q^2}{2C}=\dfrac{1}{2}CU^2=\dfrac{1}{2}QU$.

10.静电边值问题的唯一性定理

表述：给定各带电导体的几何形状、相互位置和下列条件之一：

$\begin{cases}\text{(1) 每个导体的电势 } U_k\text{；}\\ \text{(2) 每个导体上的总电量 } Q_k\text{；}\end{cases}$ 其中 $k=1,2,\cdots$ 为导体的编号。

空间里电场的恒定分布被唯一地确定。

应用：静电屏蔽——接地闭合空腔导体把空间分成互不影响的两部分，导体空腔以外空间的场强仅由外部的电荷分布决定，不受内部电荷变化的影响。导体空腔以内空间的场强仅由内部的电荷分布决定，不受外部电荷变化的影响。

电像法

11. 恒定电流场

电流连续方程 $\oiint_{(S)} \boldsymbol{j}\cdot\mathrm{d}\boldsymbol{S}=-\frac{\mathrm{d}q}{\mathrm{d}t}$. 恒定条件 $\oiint_{(S)} \boldsymbol{j}\cdot\mathrm{d}\boldsymbol{S}=0$.

欧姆定律微分形式 $\boldsymbol{j}=\sigma(\boldsymbol{E}+\boldsymbol{K})$.

回路电动势 $\mathscr{E}\equiv\oint_{(L)}\boldsymbol{K}\cdot\mathrm{d}\boldsymbol{l}$. 电源电动势 $\mathscr{E}=\int_{-\,(电源内)}^{+}\boldsymbol{K}\cdot\mathrm{d}\boldsymbol{l}$.

边界条件：

法向边界条件 $j_{2n}=j_{1n}$， 切向边界条件 $E_{1t}=E_{2t}$.

电流线在边界上的折射 $\frac{\tan\theta_1}{\tan\theta_2}=\frac{\sigma_1}{\sigma_2}$.

## 思考题

**1-1.** 给你两个金属球，装在可以搬动的绝缘支架上。试指出使这两个球带等量异号电荷的方法。你可以用丝绸摩擦过的玻璃棒，但不使它和两球接触。你所用的方法是否要求两球的大小相等？

**1-2.** 带电棒吸引干燥软木屑，木屑接触棒以后往往又剧烈地跳离此棒。试解释之。

**1-3.** 用手握铜棒与丝绸摩擦，铜棒不能带电。戴上橡皮手套，握着铜棒和丝绸摩擦，铜棒就会带电。为什么两种情况有不同的结果？

**1-4.** 在地球表面上通常有一竖直方向的电场，电子在此电场中受到一个向上的力，电场强度的方向朝上还是朝下？

**1-5.** 在一个带正电的大导体附近 $P$ 点放置一个试探点电荷 $q_0$（$q_0>0$），实际上测得它受力 $F$. 若考虑到电荷量 $q_0$ 不足够小，则 $F/q_0$ 比 $P$ 点的场强 $E$ 大还是小？若大导体球带负电，情况如何？

**1-6.** 一般地说电场线代表点电荷在电场中的运动轨迹吗？为什么？

**1-7.** 在空间里的电场线为什么不相交？

**1-8.** 一点电荷 $q$ 放在球形高斯面的中心处，试问在下列情况下，穿过这高斯面的电通量是否改变？

(1) 如果第二个点电荷放在高斯球面外附近；

(2) 如果第二个点电荷放在高斯球面内；

(3) 如果将原来的点电荷移离了高斯球面的球心，但仍在高斯球面内。

**1-9.** (1) 如果上题中高斯球面被一个体积减小一半的立方体表面所代替，而点电荷在立方体的中心，则穿过该高斯面的电通量如何变化？

(2) 通过这立方体六个表面之一的电通量是多少？

**1-10.** 如本题图所示，在一个绝缘不带电的导体球的周围作一同心高斯面 $S$. 试定性地回答，在我们将一正点电荷 $q$ 移至导体表面的过程中，

(1) $A$ 点的场强大小和方向怎样变化？

(2) $B$ 点的场强大小和方向怎样变化？

(3) 通过 $S$ 面的电通量怎样变化？

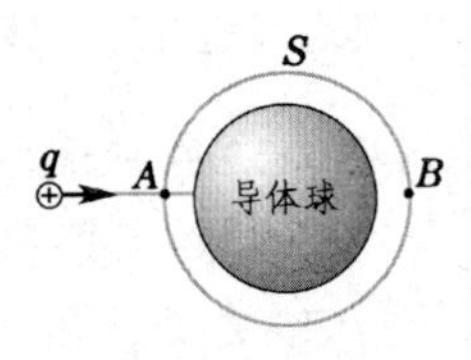

思考题 1-10

**1-11**. 有一个球形的橡皮气球，电荷均匀分布在表面上。在此气球被吹大的过程中，下列各处的场强怎样变化？

(1) 始终在气球内部的点；

(2) 始终在气球外部的点；

(3) 被气球表面掠过的点。

**1-12**. 3.6 节例题 9 中的高斯面为什么取成图 1-40b 所示形状？ 具体地说，

(1) 为什么柱体的两底要对于带电面对称？不对称行不行？

(2) 柱体底面是否需要是圆的？面积取多大合适？

(3) 为了求距带电平面为 $x$ 处的场强，柱面应取多长？

**1-13**. 求一对带等量异号或等量同号的无限大平行平面板之间的场强时，能否只取一个高斯面？

**1-14**. (1) 在本题图 a 所示情形里，把一个正电荷从 $P$ 移动到 $Q$，电场力的功 $A_{PQ}$ 是正还是负？它的电势能是增加还是减少？ $P$、$Q$ 两点的电势哪里高？

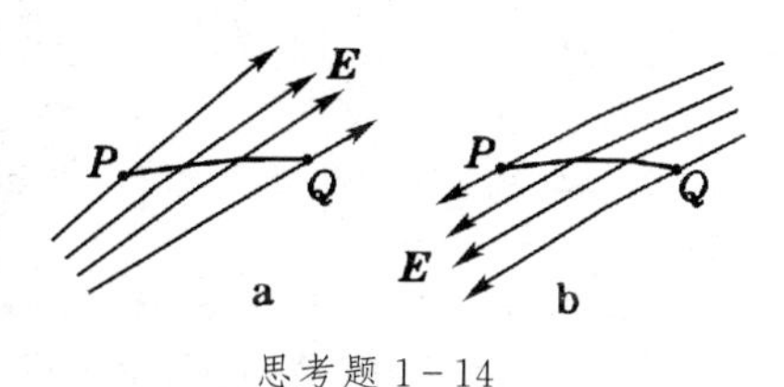


思考题 1-14

(2) 若移动的是负电荷，情况怎样？

(3) 若电场线的方向如图 b 所示，情况怎样？

**1-15**. 电场中两点电势的高低是否与试探电荷的正负有关，电势能的高低呢？ 沿着电场线移动负试探电荷时，电势是升高还是降低？ 它的电势能增加还是减少？

**1-16**. 说明电场中各处的电势永远逆着电场线方向升高。

**1-17**. (1) 将初速度为零的电子放在电场中时，在电场力作用下，这电子是向电场中高电势处跑还是向低电势处跑？ 为什么？

(2) 说明无论对正负电荷来说，仅在电场力作用下移动时，电荷总是从它的电势能高的地方移向电势能低的地方去。

**1-18**. 我们可否规定地球的电势为 +100 V，而不规定它为零？ 这样规定后，对测量电势、电势差的数值有什么影响？

**1-19**. 若甲乙两导体都带负电，但甲导体比乙导体电势高，当用细导线把二者连接起来后，试分析电荷流动情况。

**1-20**. 在技术工作中有时把整机机壳作为电势零点。若机壳未接地，能不能说因为机壳电势为零，人站在地上就可以任意接触机壳？若机壳接地则如何？

**1-21**. (1) 场强大的地方，是否电势就高？电势高的地方是否场强大？

(2) 带正电的物体的电势是否一定是正的？电势等于零的物体是否一定不带电？

(3) 场强为零的地方，电势是否一定为零？电势为零的地方，场强是否一定为零？

(4) 场强大小相等的地方电势是否相等？等势面上场强的大小是否一定相等？

以上各问题分别举例说明之。

**1-22**. 两个不同电势的等势面是否可以相交？同一等势面是否可与自身相交？

**1-23**. 已知一高斯面上场强处处为零，在它所包围的空间内任一点都没有电荷吗？

**1-24**. 试想在图 1-61b 中的导体单独产生的电场 $\boldsymbol{E}'$ 的电场线是什么样子(包括导体内和导体外的空间)。如果撤去外电场 $\boldsymbol{E}_0$，$\boldsymbol{E}'$ 的电场线还会维持这个样子吗？

**1-25**. 本章例题 9 中曾给出无限大带电面两侧的场强 $E=\frac{\sigma_e}{2\varepsilon_0}$，这个公式对于靠近有限大小带电面的地方也应适用。这就是说，根据这个结果，导体表面元 $\Delta S$ 上的电荷在紧靠它的地方产生的场强也应是 $\frac{\sigma_e}{2\varepsilon_0}$，它比(1.51)式的场强小一半。这是为什么？

**1-26**. 根据(1.51) 式,若一带电导体表面上某点附近电荷面密度为 $\sigma_e$,这时该点外侧附近场强为 $E=\frac{\sigma_e}{\varepsilon_0}$. 如果将另一带电体移近,该点场强是否改变? 公式 $E=\frac{\sigma_e}{\varepsilon_0}$ 是否仍成立?

**1-27**. 把一个带电物体移近一个导体壳,带电体单独在导体空腔内产生的电场是否等于零? 静电屏蔽效应是怎样体现的?

**1-28**. 万有引力和静电力都服从平方反比律,都存在高斯定理。有人幻想把引力场屏蔽起来,这能否作到? 在这方面引力和静电力有什么重要差别?

**1-29**. (1) 将一个带正电的导体 A 移近一个不带电的绝缘导体 B 时,导体的电势升高还是降低? 为什么?

(2) 试论证:导体 B 上每种符号感应电荷的数量不多于 A 上的电量。

**1-30**. 将一个带正电的导体 A 移近一个接地的导体 B 时,导体 B 是否维持零电势? 其上是否带电?

**1-31**. 一封闭的金属壳内有一个带有电量 $q$ 的金属物体,试证明:要想使这金属物体的电势与金属壳的电势相等,唯一的办法是使 $q=0$. 这个结论与金属壳是否带电有没有关系?

**1-32**. 有若干个互相绝缘的不带电导体 A,B,C,…,它们的电势都是零。如果把其中任一个 A 带上正电,证明:

(1) 所有这些导体的电势都高于零;

(2) 其它导体的电势都低于 A 的电势。

**1-33**. 两导体上分别带有电量 $-q$ 和 $2q$,都放在同一个封闭的金属壳内。试证明:电荷为 $2q$ 的导体的电势高于金属壳的电势。

**1-34**. 一封闭导体壳 C 内有一些带电体,所带电量分别为 $q_1,q_2,\cdots$,C 外也有一些带电体,所带电量分别为 $Q_1,Q_2,\cdots$。问:

(1) $q_1,q_2,\cdots$ 的数值对 C 外的电场强度和电势有无影响?

(2) 当 $q_1,q_2,\cdots$ 的数值不变时,它们在壳内的分布情况对 C 外的电场强度和电势影响如何?

(3) $Q_1,Q_2,\cdots$ 的数值对 C 内的电场强度和电势有无影响?

(4) 当 $Q_1,Q_2,\cdots$ 的数值不变时,它们在壳外的分布情况对 C 内的电场强度和电势影响如何?

**1-35**. 若在上题中 C 接地,情况如何?

**1-36**. (1) 一个孤立导体球带电 $Q$,其表面场强沿什么方向? $Q$ 在其表面上的分布是否均匀? 其表面是否等电势? 导体内任意一点 $P$ 的场强是多少? 为什么?

(2) 当我们把另一带电体移近这个导体球时,球表面场强沿什么方向? 其上电荷分布是否均匀? 其表面是否等电势? 电势有没有变化? 导体内任一点 $P$ 的场强有无变化? 为什么?

**1-37**. (1)在两个同心导体球 B、C 的内球上带电 $Q$,$Q$ 在其表面上的分布是否均匀?

(2)当我们从外边把另一带电体 A 移近这一对同心球时,内球 C 上的电荷分布是否均匀? 为什么?

**1-38**. 两个同心球状导体,内球带电 $Q$,外球不带电,试问:

(1) 外球内表面电量 $Q_1=$? 外球外表面电量 $Q_2=$?

(2) 球外 $P$ 点总场强是多少?

(3) $Q_2$ 在 $P$ 点产生的场强是多少? $Q$ 是否在 $P$ 点产生场? $Q_1$ 是否在 $P$ 点产生场? 如果外面球壳接地,情况有何变化?

**1-39**. 在上题中当外球接地时,从远处移来一个带负电的物体,内、外两球的电势增高还是降低? 两球间的电场分布有无变化?

**1-40**. 在上题中若外球不接地,从远处移来一个带负电的物体,内、外两球的电势增高还是降低? 两球间的电场和电势有无变化? 两球间的电势差有无变化?

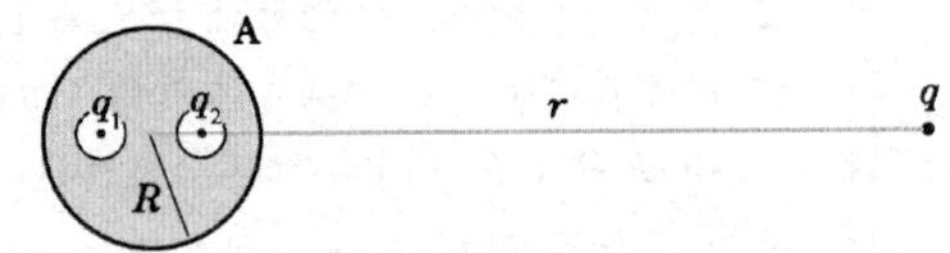

思考题 1-41

**1-41**. 如本题图所示,在金属球 A 内有两个球形空腔。此金属球整体上不带电。在两空腔中心各放置一点电荷 $q_1$ 和 $q_2$. 此外在金属球 $A$ 之外远处放置一点电荷 $q$($q$ 至 A 的中心距离 $r\gg$ 球 A 的半径 $R$)。作用在 A、$q_1$、$q_2$、$q$ 四物体上的静电力各为多少？

**1-42.** 在上题中取消 $r \gg R$ 的条件，并设两空腔中心的间距为 $a$，试写出：(1) $q$ 给 $q_1$ 的力；(2) $q_2$ 给 $q$ 的力；(3) $q_1$ 给A的力；(4)A给 $q_2$ 的力；(5) $q_1$ 受到的合力。

**1-43.** 如本题图，

(1) 若将一个带正电的金属小球移近一个绝缘的不带电导体时(图 a)，小球受到吸引力还是排斥力？

(2) 若小球带负电(图 b)，情况将如何？

(3) 若当小球在导体近旁(但未接触)时，将导体远端接地(图 c)，情况如何？

(4) 若将导体近端接地(图 d)，情况如何？

(5) 若导体在未接地前与小球接触一下(图 e)，将发生什么情况？

(6) 若将导体接地，小球与导体接触一下后(图 f)，将发生什么情况？

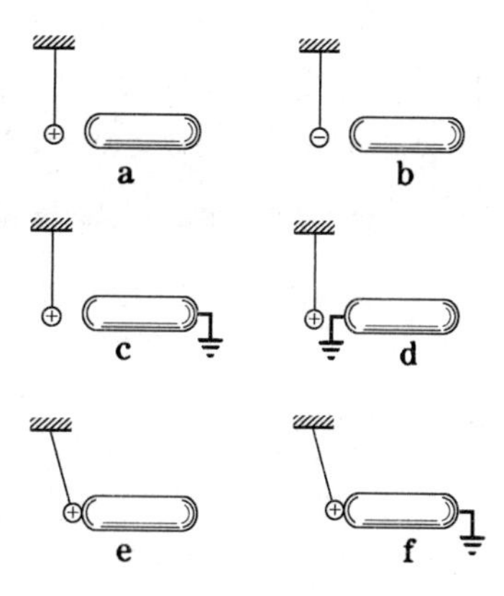


思考题 1-43

**1-44.** 如本题图，

(1) 将一个带正电的金属小球 B 放在一个开有小孔的绝缘金属壳内，但不与之接触。将另一带正电的试探电荷A移近时(图a)，A将受到吸引力还是排斥力？若将小球 B 从壳内移去后(图 b)，A 将受到什么力？

(2) 若使小球B与金属壳内部接触(图c)，A受什么力？这时再将小球 B 从壳内移去(图 d)，情况如何？

(3) 如情形(1)，使小球不与壳接触，但金属壳接地(图 e)，A将受什么力？将接地线拆掉后，又将小球 B 从壳内移去(图 f)，情况如何？

(4) 如情形(3)，但先将小球从壳内移去后再拆接地线，情况与(3) 相比有何不同？

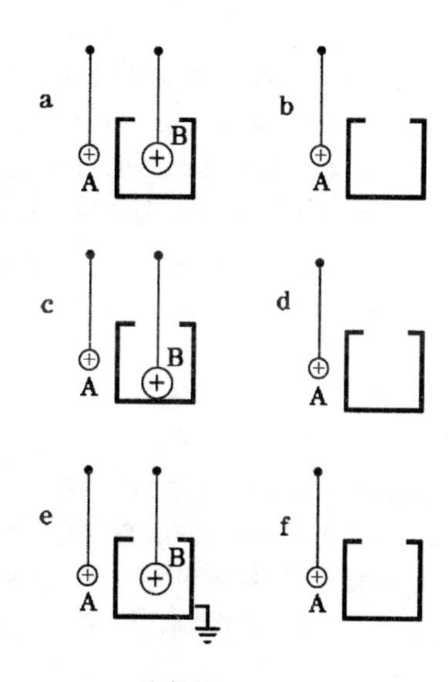


思考题 1-44

**1-45.** 在一个孤立导体球壳的中心放一个点电荷，球壳内、外表面上的电荷分布是否均匀？如果点电荷偏离球心，情况如何？

**1-46.** 两导体球 A、B 相距很远(因此它们都可看成是孤立的)，其中 A 原来带电，B 不带电。现用一根细长导线将两球联接。电荷将按怎样的比例在两球上分配。

**1-47.** 用一个带电的小球与一个不带电的绝缘大金属球接触，小球上的电荷会全部传到大球上去吗？为什么？

**1-48.** 将一个带电导体接地后，其上是否还会有电荷？为什么？分别就此导体附近有无其它带电体的不同情况讨论之。

**1-49.** 本题图中所示是用静电计测量电容器两极板间电压的装置。试说明，为什么电容器上电压大时，静电计的指针偏转也大？

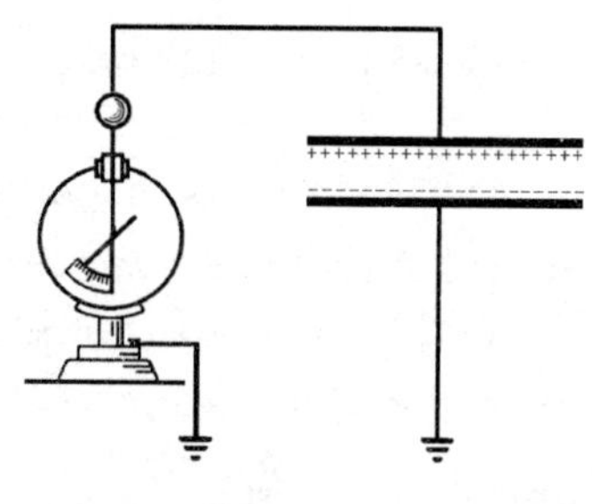

思考题 1-49

**1-50.** 将一个接地的导体B移近一个带正电的孤立导体A时，A的电势升高还是降低？

**1-51.** 两绝缘导体 A、B 分别带等量异号电荷。现将第三个不带电的导体 C 插入 A、B 之间(不与它们接触)，$U_{AB}$ 增大还是减少？

【提示：第 1-50、1-51 两题可从能量来考虑。】

**1-52.** 为什么在点电荷组相互作用能的公式

$$W_e = \frac{1}{2}\sum_{i=1}^{n} q_i U_i$$

中有 1/2 因子，而在电荷在外电场中的电势能公式

$$W(P) = qU(P)$$

中没有这个因子？

**1-53**. 在偶极子的势能公式

$$W=-\boldsymbol{p}\cdot\boldsymbol{E}$$

中是否包含偶极子的正、负电荷之间的相互作用能？

**1-54**. 试用唯一性定理论证电容器中的电量 $q$ 与电压 $U$ 成正比。

**1-55**. 一平行板电容器两极板的面积都是 $S$，相距为 $d$，电容便为 $C=\dfrac{\varepsilon_0 S}{d}$. 当在两板上加电压 $U$ 时，略去边缘效应，两板间的电场强度为 $E=U/d$. 其中一板所带电量为 $Q=CU$，故它所受的力为

$$F=QE=CU\left(\frac{U}{d}\right)=CU^2/d.$$

这个结果对不对？为什么？

## 习 题

**1-1**. 氢原子由一个质子(即氢原子核)和一个电子组成。根据经典模型，在正常状态下，电子绕核作圆周运动，轨道半径是 $5.29\times10^{-11}$ m. 已知质子质量 $m_{\text{p}}=1.67\times10^{-27}$ kg，电子质量 $m_{\text{e}}=9.11\times10^{-31}$ kg，电荷分别为 $\pm e=\pm1.60\times10^{-19}$ C，万有引力常量 $G=6.67\times10^{-11}\,\text{N}\cdot\text{m}^2/\text{kg}^2$. (1) 求电子所受质子的库仑力和引力；(2) 库仑力是万有引力的多少倍？(3) 求电子的速度。

**1-2**. 卢瑟福实验证明：当两个原子核之间的距离小到 $10^{-15}$ m 时，它们之间的排斥力仍遵守库仑定律。金的原子核中有 79 个质子，氦的原子核(即 α 粒子)中有 2 个质子。已知每个质子带电 $e=1.60\times10^{-19}$ C，α 粒子的质量为 $6.68\times10^{-27}$ kg. 当 α 粒子与金核相距为 $6.9\times10^{-15}$ m 时(设这时它们都仍可当作点电荷)，求 (1) α 粒子所受的力；(2) α 粒子的加速度。

**1-3**. 铁原子核里两质子相距 $4.0\times10^{-15}$ m，每个质子带电 $e=1.60\times10^{-19}$ C，(1) 求它们之间的库仑力；(2) 比较这力与每个质子所受重力的大小。

**1-4**. 两小球质量都是 $m$，都用长为 $l$ 的细线挂在同一点；若它们带上相同的电量，平衡时两线夹角为 $2\theta$(见本题图)。设小球的半径都可略去不计，求每个小球上的电量。

习题 1-4

**1-5**. 电子所带的电荷量(元电荷 $e$)最先是由密立根通过油滴实验测出的。密立根设计的实验装置如本题图所示。一个很小的带电油滴在电场 $\boldsymbol{E}$ 内。调节 $\boldsymbol{E}$，使作用在油滴上的电场力与油滴所受的重力平衡，如果油滴的半径为 $1.64\times10^{-4}$ cm，在平衡时，$E=1.92\times10^5$ N/C. 求油滴上的电荷(已知油的密度为 $0.851\,\text{g/cm}^3$)。

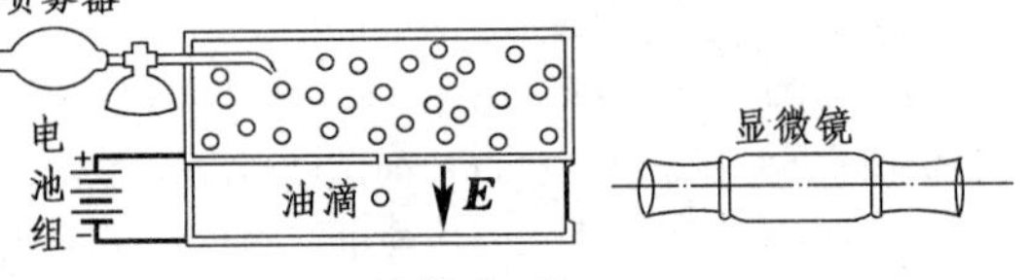

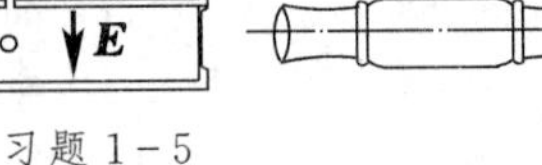


习题 1-5

**1-6**. 在早期(1911 年)的一连串实验中，密立根在不同时刻观察单个油滴上呈现的电荷，其测量结果(绝对值)如下：

$6.568\times10^{-19}$ C　$13.13\times10^{-19}$ C　$19.71\times10^{-19}$ C

$8.204\times10^{-19}$ C　$16.48\times10^{-19}$ C　$22.89\times10^{-19}$ C

$11.50\times10^{-19}$ C　$18.08\times10^{-19}$ C　$26.13\times10^{-19}$ C

根据这些数据，可以推得元电荷 $e$ 的数值为多少？

**1-7**. 根据经典理论，在正常状态下，氢原子中电子绕核作圆周运动，其轨道半径为 $5.29\times10^{-11}$ m. 已知质子电荷为 $e=1.60\times10^{-19}$ C，求电子所在处原子核(即质子)的电场强度。

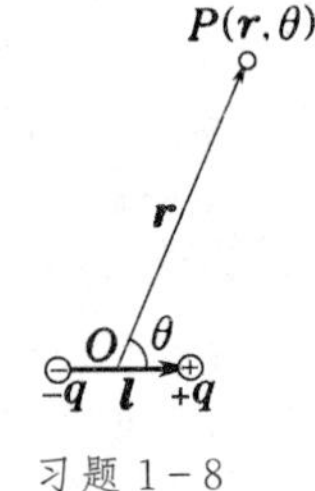


习题 1-8

**1-8**. 如本题图，一电偶极子的电偶极矩 $\boldsymbol{p}=q\boldsymbol{l}$，$P$ 点至偶极子中心 $O$ 的距离为 $r$，$\boldsymbol{r}$ 与 $\boldsymbol{l}$ 的夹角为 $\theta$. 设 $r\gg l$，求 $P$ 点的电场强度 $\boldsymbol{E}$ 在 $\boldsymbol{r}=\overrightarrow{OP}$ 方向的分量 $E_r$ 和垂直于 $\boldsymbol{r}$ 方向上的分量 $E_\theta$.

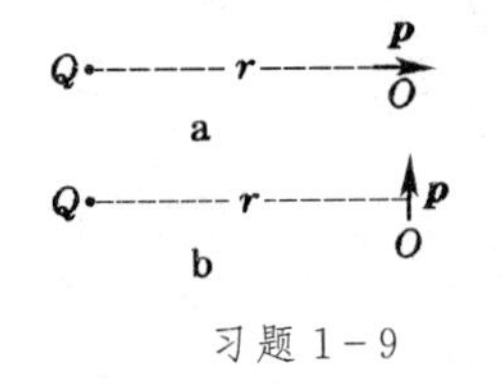


习题 1-9

**1-9**. 把电偶极矩为 $\boldsymbol{p}=q\boldsymbol{l}$ 的电偶极子放在点电荷 $Q$ 的电场内，$\boldsymbol{p}$ 的中心 $O$ 到 $Q$ 的距离为 $r(r\gg l)$。分别求 (1) $\boldsymbol{p}\,/\!/\,\overrightarrow{QO}$(本题图 a) 和 (2) $\boldsymbol{p}\perp\overrightarrow{QO}$(图 b) 时偶极子所受的

力 $\boldsymbol{F}$ 和力矩 $\boldsymbol{L}$.

**1-10**. 本题图中所示是一种电四极子，它由两个相同的电偶极子 $\boldsymbol{p}=q\boldsymbol{l}$ 组成，这两个偶极子在一直线上，但方向相反，它们的负电荷重合在一起。试证明：在它们的延长线上离中心（即负电荷）为 $r(r\gg l)$ 处，

66

(1) 场强为　$E=\dfrac{3Q}{4\pi\varepsilon_0 r^4}$；

(2) 电势为　$U(r)=\dfrac{Q}{4\pi\varepsilon_0 r^3}$；

式中 $Q=2ql^2$ 叫做它的电四极矩。

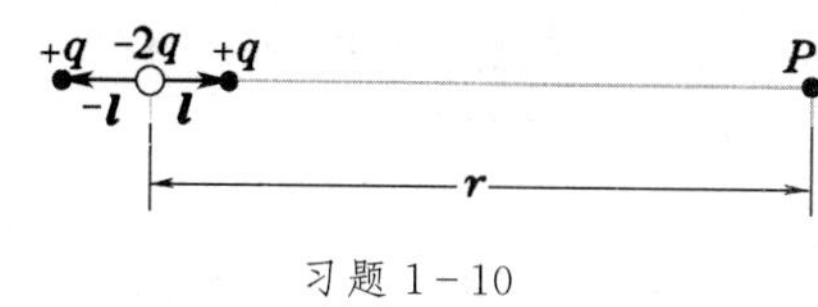


习题 1-10

**1-11**. 本题图中所示是另一种电四极子，设 $q$ 和 $l$ 都已知，图中 $P$ 点到电四极子中心 $O$ 的距离为 $x(x\gg l)$，$\overrightarrow{OP}$ 与正方形的一对边平行，求 $P$ 点的电场强度 $\boldsymbol{E}$.

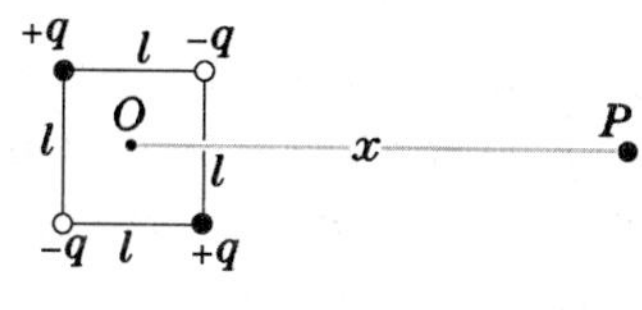


习题 1-11

**1-12**. 两条平行的无限长直均匀带电线，相距为 $a$，电荷线密度分别为 $\pm\eta_e$.（1）求这两线构成的平面上任一点（设这点到其中一线的垂直距离为 $x$）的场强；（2）求每线单位长度上所受的相互吸引力。

**1-13**. 均匀电场与半径为 $a$ 的半球面的轴线平行，试用面积分计算通过此半球面的电通量。

**1-14**. 根据量子理论，氢原子中心是个带正电 $e$ 的原子核（可看成点电荷），外面是带负电的电子云。在正常状态（核外电子处在 s 态）下，电子云的电荷密度分布球对称：

$$\rho_e=-\frac{e}{\pi a_B{}^3}e^{-2r/a_B},$$

式中 $a_B$ 为一常量（它相当于经典原子模型中电子圆形轨道的半径，称为玻尔半径）。求原子内的电场分布。

**1-15**. 实验表明：在靠近地面处有相当强的电场，$\boldsymbol{E}$ 垂直于地面向下，大小约为 100 V/m；在离地面 1.5 km 高的地方，$\boldsymbol{E}$ 也是垂直于地面向下的，大小约为 25 V/m.

(1) 试计算从地面到此高度大气中电荷的平均体密度；

(2) 如果地球上的电荷全部均匀分布在表面，求地面上的电荷面密度。

**1-16**. 半径为 $R$ 的无穷长直圆筒面上均匀带电，沿轴线的电荷线密度为 $\lambda$. 求场强分布，并画出 $E-r$ 曲线。

**1-17**. 两无限大的平行平面均匀带电，电荷面密度分别为 $\pm\sigma_e$，求各区域的场强分布。

**1-18**. 两无限大的平行平面均匀带电，电荷面密度都是 $\sigma_e$，求各处的场强分布。

**1-19**. 三个无限大的平行平面都均匀带电，电荷面密度分别为 $\sigma_{e1}$、$\sigma_{e2}$、$\sigma_{e3}$. 求下列情况各处的场强：

(1) $\sigma_{e1}=\sigma_{e2}=\sigma_{e3}=\sigma_e$；

(2) $\sigma_{e1}=\sigma_{e3}=\sigma_e$；$\sigma_{e2}=-\sigma_e$；

(3) $\sigma_{e1}=\sigma_{e3}=-\sigma_e$；$\sigma_{e2}=\sigma_e$；

(4) $\sigma_{e1}=\sigma_e$，$\sigma_{e2}=\sigma_{e3}=-\sigma_e$.

**1-20**. 一厚度为 $d$ 的无限大平板，平板体内均匀带电，电荷体密度为 $\rho_0$. 求板内、外场强的分布。

**1-21**. 在夏季雷雨中，通常一次闪电里两点间的电势差约为 100 MV，通过的电量约为 30 C. 问一次闪电消耗的能量是多少？如果用这些能量来烧水，能把多少水从 0°C 加热到 100°C？

**1-22**. 已知空气的击穿场强为 $2\times10^6$ V/m，测得某次闪电的火花长 100 m，求发生这次闪电时两端的电势差。

**1-23**. 求一对等量同号点电荷联线中点的场强和电势，设电荷都是 $q$，两者之间距离为 $2l$.

**1-24**. 求一对等量异号点电荷联线中点的场强和电势，设电荷分别为 $\pm q$，两者之间距离为 $2l$.

**1-25**. 如本题图，一半径为 $R$ 的均匀带电圆环，电荷总量为 $q(q>0)$.（1）求轴线上离环中心 $O$ 为 $x$ 处的场强 $\boldsymbol{E}$；（2）画出 $E-x$ 曲线；（3）轴线上什么地方场强最大？其值多少？（4）求轴线上电势 $U(x)$ 的分布；（5）画出 $U-x$ 曲线；（6）轴线上什么地方场电势最高？其值多少？

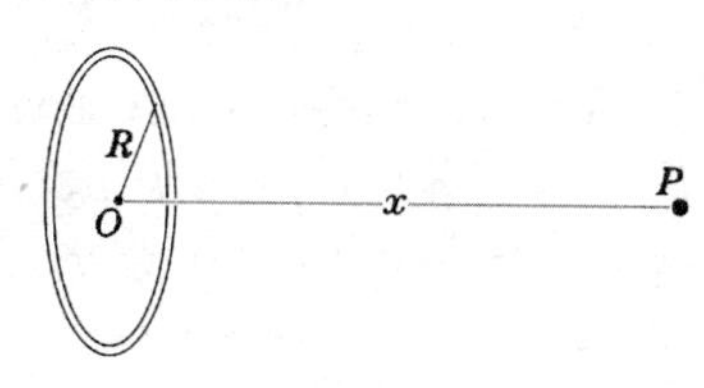


习题 1-25

**1-26**. 半径为 $R$ 的圆面均匀带电，电荷面密度为 $\sigma_e$.

(1) 求轴线上离圆心的坐标为 $x$ 处的场强；

(2) 在保持 $\sigma_e$ 不变的情况下，当 $R\to 0$ 和 $R\to\infty$ 时结果各如何？

(3) 在保持总电荷 $Q=\pi R^2\sigma_e$ 不变的情况下，当 $R\to 0$ 和 $R\to\infty$ 时结果各如何？

(4) 求轴线上电势 $U(x)$ 的分布，并画出 $U-x$ 曲线。

**1-27**. 如本题图，一示波管偏转电极长度 $l=1.5\,\text{cm}$，两极间电压 120 V，间隔 $d=1.0\,\text{cm}$，一个电子以初速 $v_0=2.6\times 10^7\,\text{m/s}$ 沿管轴注入。已知电子质量 $m=9.1\times10^{-31}\,\text{kg}$，电荷为 $-e=-1.6\times10^{-19}\,\text{C}$.

(1) 求电子经过电极后所发生的偏转 $y$；

(2) 若可以认为一出偏转电极的区域后，电场立即为 0. 设偏转电极的边缘到荧光屏的距离 $D=10\,\text{cm}$，求电子打在荧光屏上产生的光点偏离中心 $O$ 的距离 $y'$.

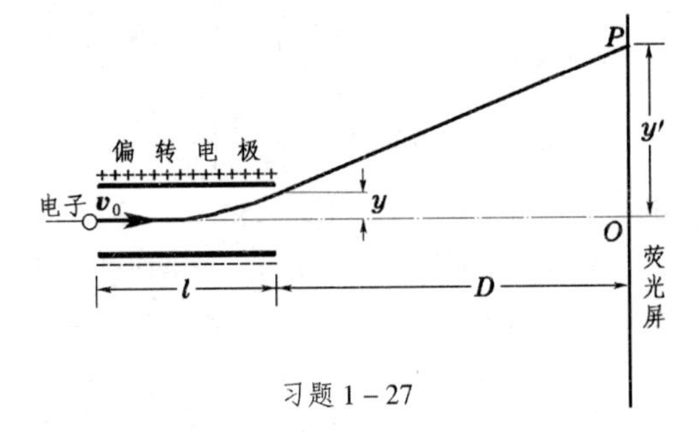

习题 1-27

**1-28**. 有两个异号点电荷 $ne$ 和 $-e(n>1)$，相距为 $a$.

(1) 证明电势为零的等电势面是一个球面。

(2) 证明球心在这两个点电荷的延长线上，且在 $-e$ 点电荷的外边。

(3) 这球的半径为多少？

**1-29**. (1) 金原子核可当作均匀带电球，其半径约为 $6.9\times10^{-15}\,\text{m}$，电荷为 $Ze=79\times1.60\times10^{-19}\,\text{C}=1.26\times10^{-17}\,\text{C}$. 求它表面上的电势。

(2) 一质子(电荷为 $e=1.60\times10^{-19}\,\text{C}$，质量为 $1.67\times10^{-27}\,\text{kg}$) 以 $1.2\times10^7\,\text{m/s}$ 的初速从很远的地方射向金原子核，求它能达到金原子核的最近距离。

(3) $\alpha$ 粒子的电荷为 $2e$，质量为 $6.7\times10^{-27}\,\text{kg}$，以 $1.6\times10^7\,\text{m/s}$ 的初速度从很远的地方射向金原子核，求它能达到金原子核的最近距离。

**1-30**. 在氢原子中，正常状态下电子到质子的距离为 $5.29\times10^{-11}\,\text{m}$，已知氢原子核(质子)和电子带电各为 $\pm e(e=1.60\times10^{-19}\,\text{C})$。把氢原子中的电子从正常状态下拉开到无穷远处所需的能量，叫做氢原子的电离能。求此电离能是多少 eV？

**1-31**. 轻原子核(如氢及其同位素氘、氚的原子核)结合成为较重原子核的过程，叫做核聚变。核聚变过程可以释放出大量能量。例如，四个氢原子核(质子)结合成一个氦原子核($\alpha$ 粒子)时，可释放出 28 MeV 的能量。这类核聚变就是太阳发光、发热的能量来源。如果我们能在地球上实现核聚变，就可以得到非常丰富的能源。实现核聚变的困难在于原子核都带正电，互相排斥，在一般情况下不能互相靠近而发生结合。只有在温度非常高时，热运动的速度非常大，才能冲破库仑排斥力的壁垒，碰到一起发生结合，这叫做热核反应。根据统计物理学，绝对温度为 $T$ 时，粒子的平均平动动能为

$$\overline{\frac{1}{2}mv^2}=\frac{3}{2}kT,$$

式中 $k=1.38\times10^{-23}\,\text{J/K}$ 叫做玻耳兹曼常量。已知质子质量 $m_p=1.67\times10^{-27}\,\text{kg}$，电荷 $e=1.6\times10^{-19}\,\text{C}$，半径的数量级为 $10^{-15}\,\text{m}$. 试计算：

(1) 一个质子以怎样的动能(以 eV 表示)才能从很远的地方达到与另一个质子接触的距离？

(2) 平均热运动动能达到此数值时，温度(以 K 表示)需高到多少？

**1-32**. 在热力学温度为 $T$ 时，微观粒子热运动能量具有 $kT$ 的数量级(玻耳兹曼常量 $k=1.38\times10^{-23}\,\text{J/K}$)。有时人们把能量 $kT$ 折合成 eV，就说温度 $T$ 为若干 eV. 问：

(1) $T=1\,\text{eV}$ 相当于多少 K？

(2) $T=50\,\text{keV}$ 相当于多少 K？

(3) 室温($T\approx300\,\text{K}$) 相当于多少 eV？

**1－33**. 如本题图所示，两条均匀带电的无限长平行直线（与图纸垂直），电荷线密度分别为 $\pm\eta_e$，相距为 $2a$，

（1）求空间任一点 $P(x,y)$ 处的电势。

（2）证明在电势为 $U$ 的等势面是半径为 $r=\dfrac{2ka}{k^2-1}$ 的圆筒面，筒的轴线与两直线共面，位置在 $x=\dfrac{k^2+1}{k^2-1}a$ 处，其中 $k=\exp(2\pi\varepsilon_0 U/\eta_e)$。

（3）$U=0$ 的等势面是什么形状？

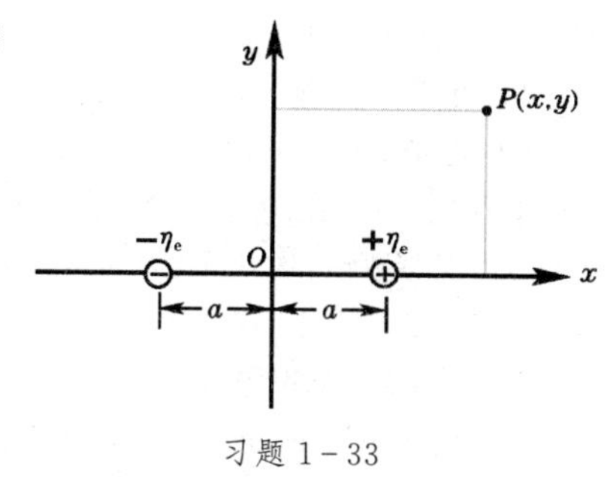


习题 1－33

**1－34**. 电视显像管的第二和第三阳极是两个直径相同的同轴金属圆筒。两电极间的电场即为显像管中的主聚焦电场。本题图中所示为主聚焦电场中的等势面，数字表示电势值（单位为 V）。试用直尺量出管轴上各等势面间的距离，并求出相应的电场强度。

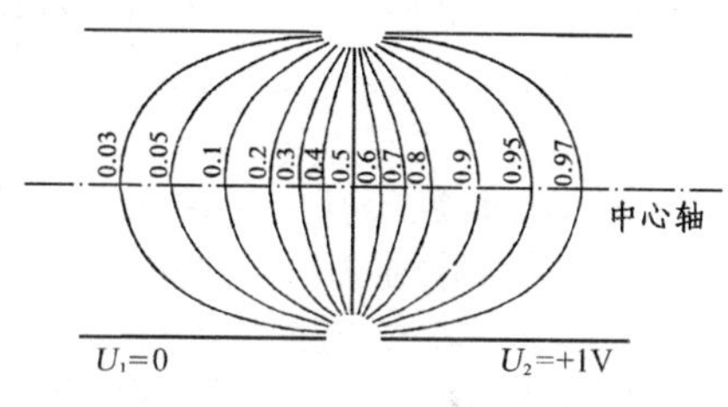


习题 1－34

**1－35**. 带电粒子经过加速电压加速后，速度增大。已知电子质量 $m=9.11\times10^{-31}\,\mathrm{kg}$，电荷绝对值 $e=1.60\times10^{-19}\,\mathrm{C}$.

（1）设电子质量与速度无关，把静止电子加速到光速 $c=3\times10^8\,\mathrm{m/s}$ 要多高的电压 $\Delta U$？

（2）对于高速运动的物体来说，上面的算法不对，因为根据相对论，物体的动能不是 $\dfrac{1}{2}mv^2$，而是

$$mc^2\left(\frac{1}{\sqrt{1-\dfrac{v^2}{c^2}}}-1\right)$$

按照这公式，静止电子经过上述电压 $\Delta U$ 加速后，速度 $v$ 是多少？它是光速 $c$ 的百分之几？

（3）按照相对论，要把带电粒子从静止加速到光速，需要多高的电压？这可能吗？

**1－36**. 如本题图所示，在半径为 $R_1$ 和 $R_2$ 的两个同心球面上，分别均匀地分布着电荷 $Q_1$ 和 $Q_2$.

（1）求 Ⅰ、Ⅱ、Ⅲ 三个区域内的场强分布。

（2）若 $Q_1=-Q_2$，情况如何？画出此情形的下 $E-r$ 曲线。

（3）按情形(2) 求 Ⅰ、Ⅱ、Ⅲ 三个区域内的电势分布，并画出 $U-r$ 曲线。

习题 1－36

**1－37**. 一对无限长的共轴直圆筒，半径分别为 $R_1$ 和 $R_2$，筒面上都均匀带电。沿轴线单位长度的电量分别为 $\lambda_1$ 和 $\lambda_2$.

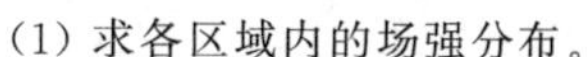

（1）求各区域内的场强分布。

（2）若 $\lambda_1=-\lambda_2$，情况如何？画出此情形的 $E-r$ 曲线。

（3）按情形(2) 求两筒间的电势差和电势分布。

**1－38**. 半径为 $R$ 的无限长直圆柱体内均匀带电，电荷的体密度为 $\rho_e$.

（1）求场强分布，并画出 $E-r$ 曲线。

（2）以轴线为电势零点求电势分布。

**1－39**. 设气体放电形成的等离子体圆柱内的体电荷分布可用下式表示：

$$\rho_e(r)=\frac{\rho_0}{\left[1+\left(\dfrac{r}{a}\right)^2\right]^2},$$

式中 $r$ 是到轴线的距离，$\rho_0$ 是轴线上的 $\rho_e$ 值，$a$ 是个常量（它是 $\rho_e$ 减少到 $\rho_0/4$ 处的半径）。

（1）求场强分布。

（2）以轴线为电势零点求电势分布。

**1－40**. 一电子二极管由半径 $r=0.50\,\mathrm{mm}$ 的圆柱形阴极 K 和套在阴极外同轴圆筒形的阳极 A 构成，阳极的半

径 $R=0.45\,\text{cm}$. 阳极电势比阴极高 300 V. 设电子从阴极发射出来时速度很小，可忽略不计。求：

(1) 电子从 K 向 A 走过 2.0 mm 时的速度。

(2) 电子到达 A 时的速度。

**1-41**. 如本题图所示，一对均匀、等量异号的平行带电平面。若其间距离 $d$ 远小于带电平面的线度时，这对带电面可看成是无限大的。这样的模型可叫做电偶极层。求场强和电势沿垂直两平面的方向 $x$ 的分布，并画出 $E-x$ 和 $U-x$ 曲线（取离两平面等距的 $O$ 点为参考点，令该处电势为零）。

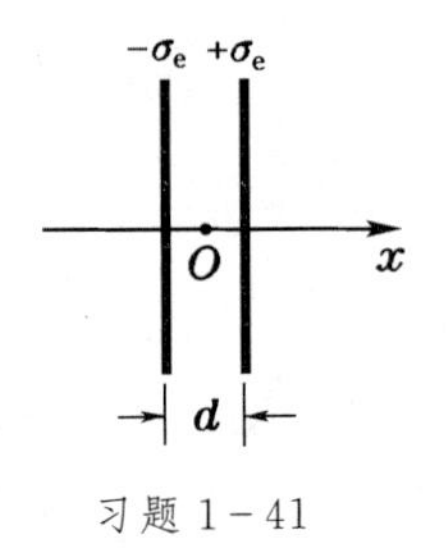


习题 1-41

**1-42**. 在半导体 PN 结附近总是堆积着正、负电荷，在 N 区内有正电荷，P 区内有负电荷，两区电荷的代数和为零。我们把 PN 结看成是一对带正、负电荷的无限大平板，它们相互接触（见本题图）。取坐标 $x$ 的原点在 P、N 区的交界面上，N 区的范围是 $-x_N \leqslant x \leqslant 0$，P 区的范围是 $0 \leqslant x \leqslant x_P$. 设两区内电荷体分布都是均匀的：

$$\begin{cases} \text{N 区：} & \rho_e(x) = n_N e, \\ \text{P 区：} & \rho_e(x) = -n_P e. \end{cases}$$

（突变结模型）

这里 $n_N$、$n_P$ 是常量，且 $n_N x_N = n_P x_P$（两区电荷数量相等）。试证明：

(1) 电场的分布为

$$\begin{cases} \text{N 区：} & E(x) = \dfrac{n_N e}{\varepsilon_0}(x_N + x), \\ \text{P 区：} & E(x) = \dfrac{n_P e}{\varepsilon_0}(x_P - x). \end{cases}$$

并画出 $\rho_e(x)$ 和 $E(x)$ 随 $x$ 变化的曲线来。

(2) PN 结内的电势分布为

$$\begin{cases} \text{N 区：} & U(x) = -\dfrac{n_N e}{\varepsilon_0}\left(x_N x + \dfrac{1}{2}x^2\right), \\ \text{P 区：} & U(x) = -\dfrac{n_P e}{\varepsilon_0}\left(x_P x - \dfrac{1}{2}x^2\right). \end{cases}$$

这公式是以何处为电势零点的？ PN 结两侧的电势差多少？

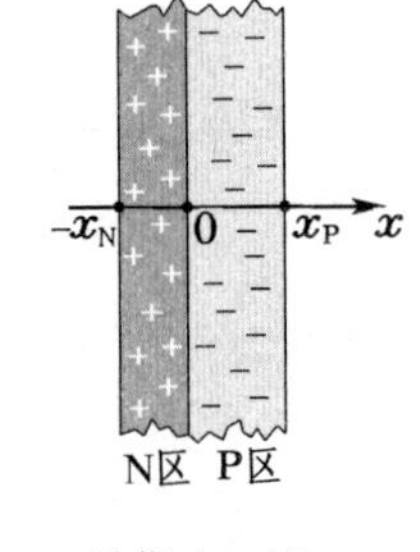


习题 1—42

**1-43**. 如果在上题中电荷的体分布为

$$\begin{cases} \text{PN 外：} & \rho(x) = 0, \\ -x_N \leqslant x \leqslant x_P\text{：} & \rho(x) = -eax. \end{cases}$$

（线性缓变结模型）

这里 $a$ 是常量，$x_N = x_P$（为什么？），统一用 $x_m/2$ 表示。试证明：

(1) 电场的分布为

$$E(x) = \frac{ae}{8\varepsilon_0}(x_m{}^2 - 4x^2),$$

并画出 $\rho_e(x)$ 和 $E(x)$ 随 $x$ 变化的曲线来。

(2) PN 结内的电势分布为

$$U(x) = \frac{ae}{2\varepsilon_0}\left(\frac{x^3}{3} - \frac{x_m{}^2 x}{4}\right),$$

这公式是以何处为电势零点的？ PN 结两侧的电势差多少？

**1-44**. 证明：在真空静电场中凡是电场线都是平行直线的地方，电场强度的大小必定处处相等；或者换句话说，凡是电场强度的方向处处相同的地方，电场强度的大小必定处处相等。

【提示：利用高斯定理和作功与路径无关的性质，分别证明沿同一电场线和沿同一等势面上两点的场强相等。】

**1-45**. 如本题图所示，一平行板电容器充电后，A、B 两极板上电荷的面密度分别为 $\sigma_e$ 和 $-\sigma_e$. 设 $P$ 为两板间任一点，略去边缘效应（即可把两板当作无限大），

(1) 求 A 板上的电荷在 $P$ 点产生的电场强度 $\boldsymbol{E}_A$；

(2) 求 B 板上的电荷在 $P$ 点产生的电场强度 $\boldsymbol{E}_B$；

(3) 求 A、B 两板上的电荷在 $P$ 点产生的电场强度 $\boldsymbol{E}$；

(4) 若把 B 板拿走，A 板上电荷如何分布？ A 板上的电荷在 $P$ 点产生的电场强度为多少？

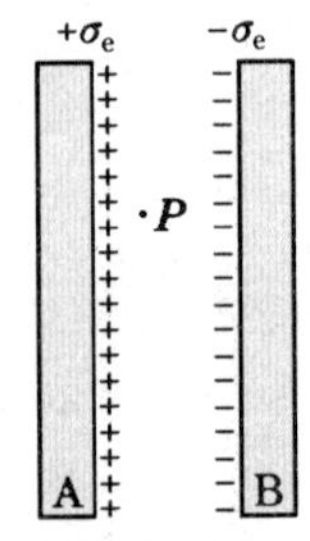


习题 1-45

**1-46**. 对于两个无限大的平行平面带电导体板来说，

(1) 证明：相向的两面（本题图中 2 和 3）上，电荷面密度总是大小相等而符号相反；

(2) 证明：相背的两面（本题图中 1 和 4）上，电荷面密度总是大小相等而符号相同；

(3) 若左导体板带电 $+3\mu C/m^2$，右导体板带电 $+7\mu C/m^2$，求四个表面上的电荷。

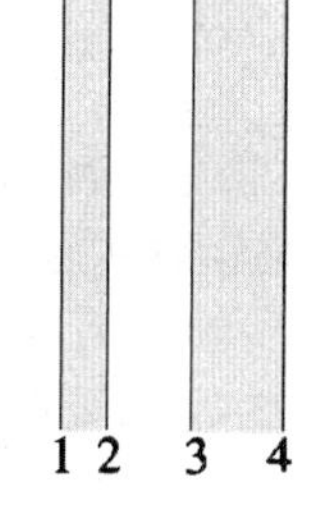

习题 1-46

**1-47**. 两平行金属板分别带有等量的正负电荷。两板的电势差为 120 V，两板的面积都是 $3.6\ cm^2$，两板相距 1.6 mm. 略去边缘效应，求两板间的电场强度和各板上所带的电量。

**1-48**. 两块带有等量异号电荷的金属板 a 和 b，相距 5.0 mm，两板的面积都是 $150\ cm^2$，电量的数值都是 $2.66\times10^{-8}$ C，a 板带正电并接地（见本题图）。以地的电势为零，并略去边缘效应，问：

(1) b 板的电势是多少？

(2) a、b 间离 a 板 1.0 mm 处的电势是多少？

**1-49**. 三平行金属板 A、B 和 C，面积都是 $200\ cm^2$，AB 相距 4.0 mm，AC 相距 2.0 mm，BC 两板都接地（见本题图）。如果使 A 板带正电 $3.0\times10^{-7}$ C，在略去边缘效应时，问 B 板和 C 板上感应电荷各是多少？以地的电势为零，问 A 板的电势是多少？

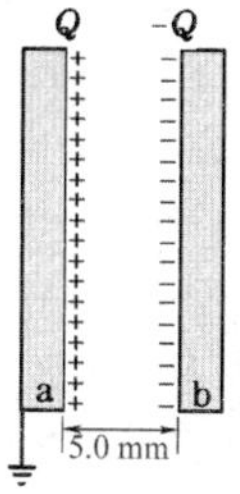

习题 1-48 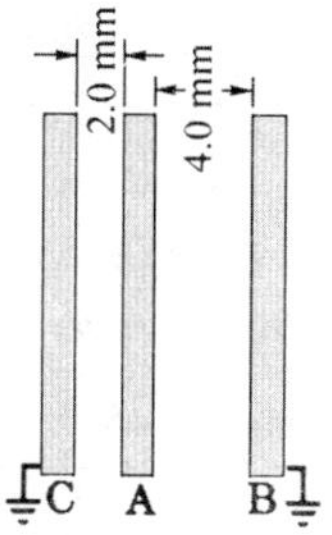　习题 1-49

**1-50**. 点电荷 $q$ 处在导体球壳的中心，壳的内外半径分别为 $R_1$ 和 $R_2$（见本题图）。求场强和电势的分布，并画出 $E-r$ 和 $U-r$ 曲线。

**1-51**. 在上题中，若 $q=4.0\times10^{-10}$ C，$R_1=2.0$ cm，$R_2=3.0$ cm.

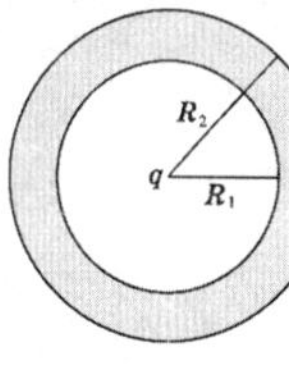

(1) 求导体球壳的电势；

(2) 求离球心 $r=1.0$ cm 处的电势；

(3) 把点电荷移开球心 1.0 cm，求导体球壳的电势。

习题 1-50

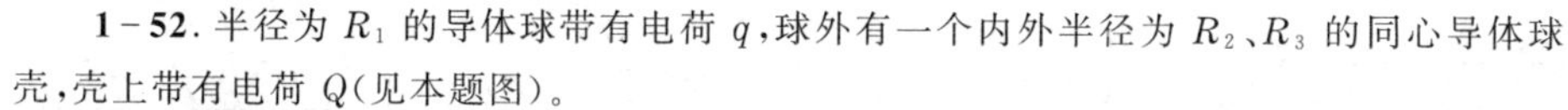
**1-52**. 半径为 $R_1$ 的导体球带有电荷 $q$，球外有一个内外半径为 $R_2$、$R_3$ 的同心导体球壳，壳上带有电荷 $Q$（见本题图）。

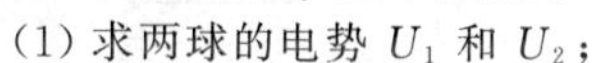
(1) 求两球的电势 $U_1$ 和 $U_2$；

(2) 求两球的电势差 $\Delta U$；

(3) 以导线把球和壳联接在一起后，$U_1$、$U_2$ 和 $\Delta U$ 分别是多少？

(4) 在情形(1)、(2) 中，若外球接地，$U_1$、$U_2$ 和 $\Delta U$ 为多少？

(5) 设外球离地面很远，若内球接地，情况如何？

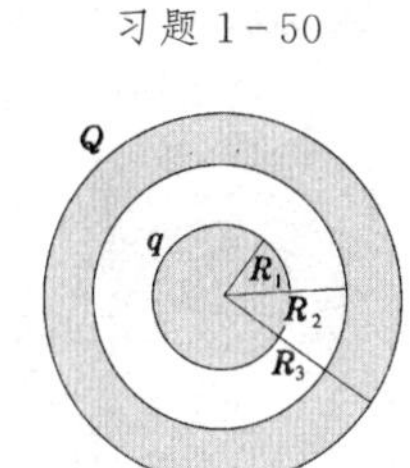

习题 1-52

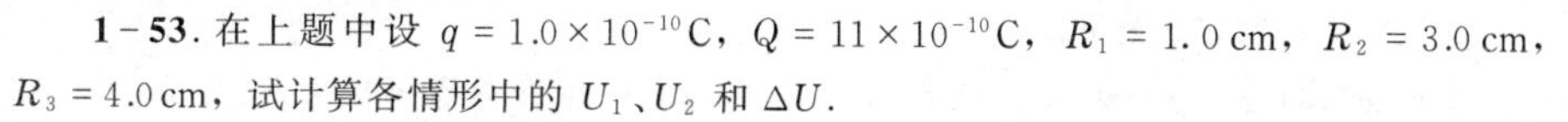
**1-53**. 在上题中设 $q=1.0\times10^{-10}$ C，$Q=11\times10^{-10}$ C，$R_1=1.0$ cm，$R_2=3.0$ cm，$R_3=4.0$ cm，试计算各情形中的 $U_1$、$U_2$ 和 $\Delta U$.

**1-54**. 假设范德格拉夫起电机的球壳与传送带上喷射电荷的尖针之间的电势差为 $3.0\times10^6$ V，如果传送带迁移电荷到球壳上的速率为 $3.0\times10^{-3}$ C/s，则在仅考虑电力的情况下，必须用多大的功率来开动传送带？

**1-55**. 范德格拉夫起电机的球壳直径为 1.0 m，空气的击穿场强为 30 kV/cm（即球表面的场强超过此值，电荷就会从空气中漏掉）。这起电机最多能达到多高的电势？

**1-56**. 地球的半径为 6370 km，把地球当作真空中的导体球，求它的电容。

**1-57**. 如本题图所示，平行板电容器两极板的面积都是 $S$，相距为 $d$，其间有一厚为 $t$ 的金属片。略去边缘效应。

(1) 求电容 $C$；

(2) 金属片离极板的远近有无影响？

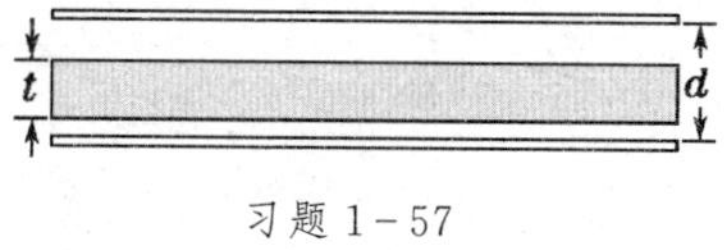

习题 1-57

**1-58**. 如本题图所示，一电容器两极板都是边长为 $a$ 的正方形金属平板，两板不严格平行，其间有一夹角 $\theta$. 证明：当 $\theta \ll d/a$ 时，略去边缘效应，它的电容为

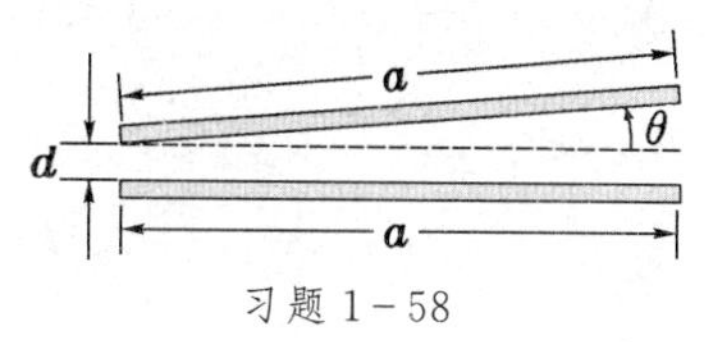

习题 1-58

$$C = \varepsilon_0 \frac{a^2}{d}\left(1-\frac{a\theta}{2d}\right).$$

**1-59**. 半径都是 $a$ 的两根平行长直导线相距为 $d(d \gg a)$，求单位长度的电容。

**1-60**. 证明：同轴圆柱形电容器两极的半径相差很小（即 $R_B - R_A \ll R_A$）时，它的电容公式(1.78)趋于平行板电容公式(1.76)。

**1-61**. 证明：同心球形电容器两极的半径相差很小（即 $R_B - R_A \ll R_A$）时，它的电容公式(1.77)趋于平行板电容公式(1.76)。

**1-62**. 一球形电容器内外两壳的半径分别为 $R_1$ 和 $R_4$，今在两壳之间放一个内外半径分别为 $R_2$ 和 $R_3$ 的同心导体球壳（见本题图）。

(1) 给内壳($R_1$)以电量 $Q$，求 $R_1$ 和 $R_4$ 两壳的电势差；

(2) 求以 $R_1$ 和 $R_4$ 为两极的电容。

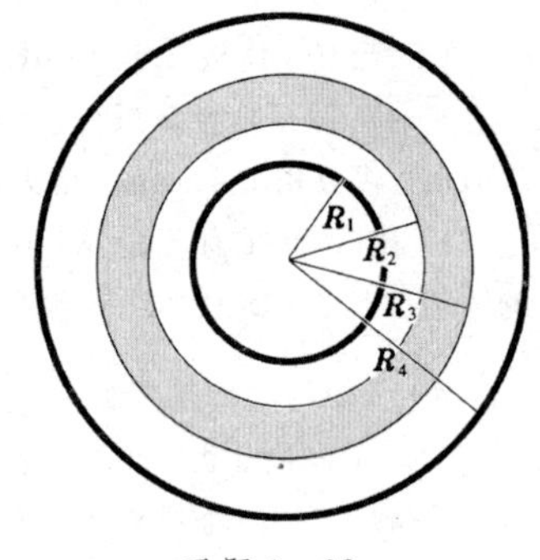

习题 1-62

**1-63**. 半径为 2.0 cm 的导体球外套有一个与它同心的导体球壳，壳的内外半径分别为 4.0 cm 和 5.0 cm，球与壳间是空气。壳外也是空气，当内球的电量为 $3.0\times10^{-8}$ C 时，

(1) 这个系统储藏了多少电能？

(2) 如果用导线把壳与球联在一起，结果如何？

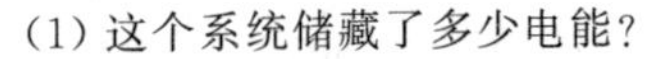

**1-64**. 激光闪光灯的电源线路如本题图所示，由电容器 $C$ 储存的能量，通过闪光灯线路放电，给闪光提供能量。电容 $C=6000\,\mu$F，火花间隙击穿电压为 2000 V，问 $C$ 在一次放电过程中，能放出多少能量？

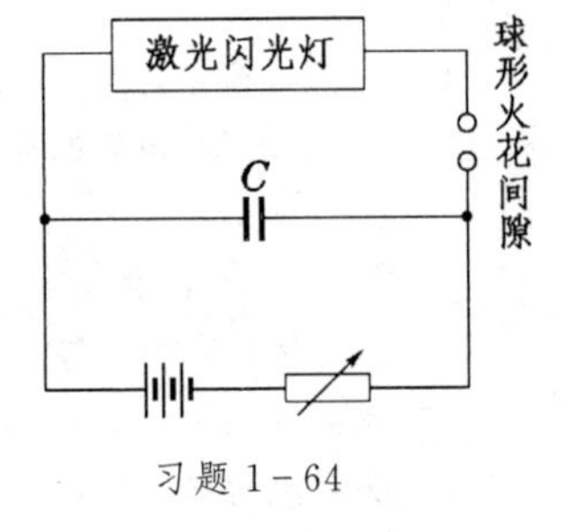

习题 1-64

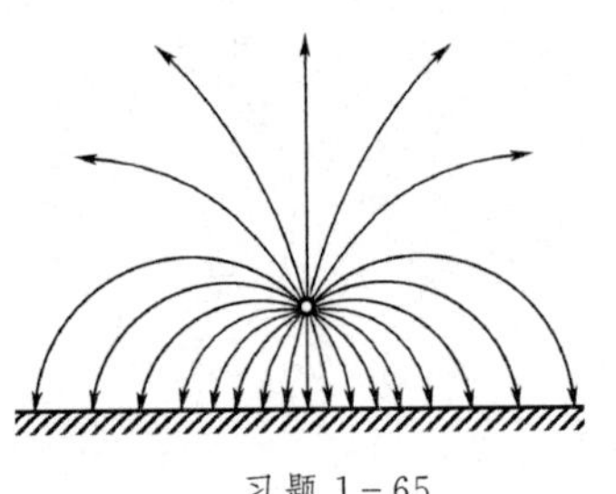
习题 1-65

**1-65**. 地面可看成是无穷大的导体平面，一均匀带电无限长直导线平行地面放置（垂直于本题图图面），求空间的电场强度、电势分布和地表面上的电荷分布。

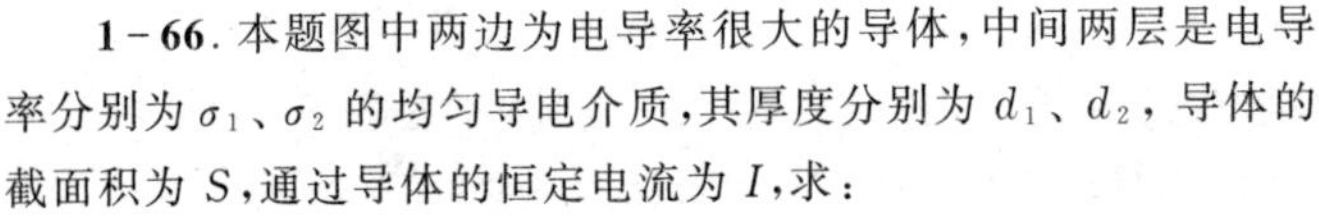

**1-66**. 本题图中两边为电导率很大的导体，中间两层是电导率分别为 $\sigma_1$、$\sigma_2$ 的均匀导电介质，其厚度分别为 $d_1$、$d_2$，导体的截面积为 $S$，通过导体的恒定电流为 $I$，求：

(1) 两层导电介质中的场强 $E_1$ 和 $E_2$；

(2) 电势差 $U_{AB}$ 和 $U_{BC}$.

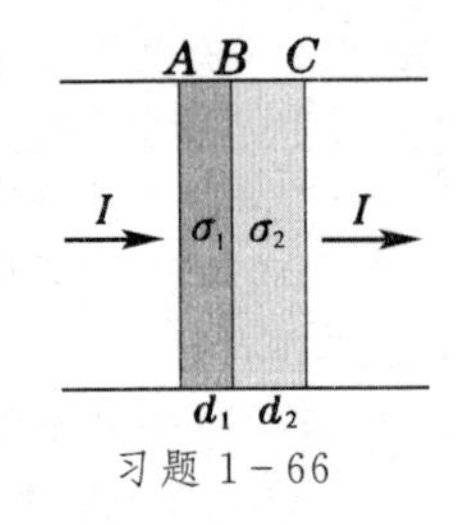

习题 1-66

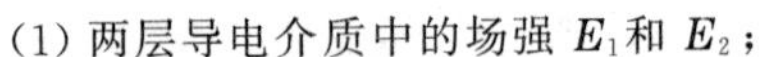

**1-67**. 同轴电缆内、外半径分别为 $a$ 和 $b$，其间电介质有漏电阻，电导率为 $\sigma$，如本题图所示。求长度为 $l$ 的一段电缆内的漏阻。

习题 1-67

# 第二章 恒磁场

## §1. 磁的基本现象和基本规律

### 1.1 磁的库仑定律

电与磁经常联系在一起并互相转化，所以凡是用到电的地方，几乎都有磁的过程参与其中。在现代技术、科学研究和日常生活里，大至发电机、电动机、变压器等电力装置，小到电报电话、收音机和各种电子设备、计算机，无不与磁现象有关。今后几章将讨论磁现象的规律以及它和电现象之间的关系。本章只讨论不随时间变化的恒定情形，下一章再涉及变化过程中电与磁之间相互转化的问题。

在磁学的领域内，我们的祖先作出了很大的贡献。远在春秋战国时期，随着冶铁业的发展和铁器的应用，对天然磁石（磁铁矿）已有了一些认识。这个时期的一些著作，如《管子·地数篇》，《山海经·北山经》（相传是夏禹所作，据考证是战国时期的作品），《鬼谷子》，《吕氏春秋·精通》中都有关于磁石的描述和记载。我国古代"磁石"写作"慈石"，意思是"石铁之母也。以有慈石，故能引其子"（东汉高诱的慈石注）。我国河北省的磁县（古时称慈州和磁州），就是因为附近盛产天然磁石而得名。汉朝以后有更多的著作记载磁石吸铁现象，东汉的王充在《论衡》中所描述的"司南勺"（图 2-1）已被公认为最早的磁性指南器具。指南针是我国古代的伟大发明之一，对世界文明的发展有重大的影响。11 世纪北宋的沈括在《梦溪笔谈》中第一次明确地记载了指南针。[1]沈括还记载了以天然强磁体摩擦进行人工磁化制作指南针的方法，北宋时还有利用地磁场磁化方法的记载，西方在 200 多年后才有类似的记载。此外，沈括还是世界上最早发现地磁偏角的人，他的发现比欧洲早 400 年。12 世纪初我国已有关于指南针用于航海的明确记载。

图 2-1 司南勺

现在知道，人们最早发现的天然磁铁矿矿石的化学成分是四氧化三铁（$Fe_3O_4$）。近代制造人工磁铁是把铁磁物质放在通有电流的线圈中去磁化，使之变成暂时的或永久的磁铁。

为进一步了解磁现象，下面我们较详细地分析一下磁铁的性质。如果将条形磁铁投入铁屑中，再取出时可以发现，靠近两端的地方吸引的铁屑特别多，即磁性特别强（图 2-2），这磁性特别强的区域称为磁极，中部没有磁性的区域称为中性区。

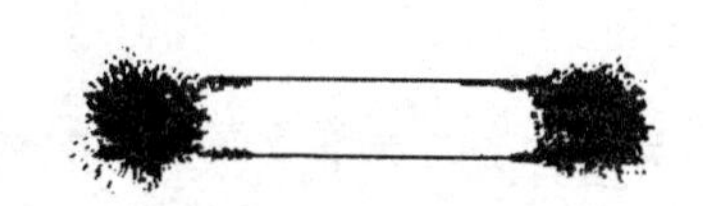

图 2-2 磁极

图 2-3 指南针

如果将条形磁铁或狭长磁针的中心支撑或悬挂起来，使它能够在水平面内自由转动（图 2-3），则两磁极总是分别指向南北方向的。[2]因此我们称指北的一端为北极（通常用 N 表示），指南的一端为南极（用 S 表示）。

---

[1] 沈括在他的《梦溪笔谈》中写道："方家以磁石磨针锋，则能指南，然常微偏东，不全南也。"

[2] 磁极所指的方向与地理上严格的南北方向稍有偏离（偏离的角度称为磁偏角），这种偏离因地区不同而稍有差异。

如果将一根磁铁悬挂起来使它能够自由转动，并用另一磁铁去接近它（图 2-4），则同号的磁极互相排斥，异号的磁极互相吸引。由此可以推想，地球本身是一个大磁体，它的 N 极位于地理南极的附近，S 极位于地理北极附近。以上所述便是指南针（罗盘）的工作原理，我国古代这个重大发明至今在航海、地形测绘等方面仍有着广泛的应用。

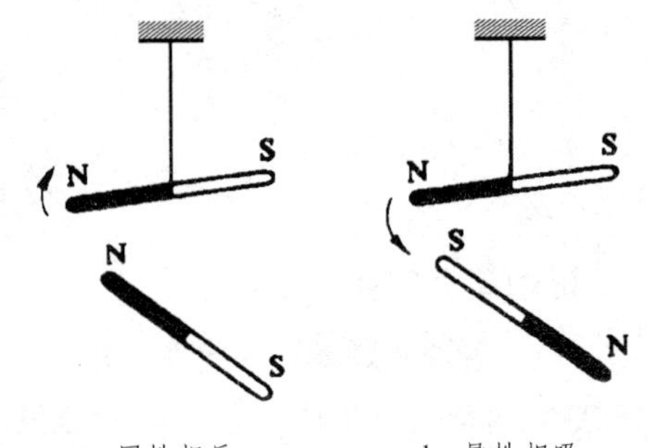

a 同性相斥　　b. 异性相吸

图 2-4 磁极的相互作用

库仑在得到点电荷之间的相互作用力服从平方反比关系之后，直觉地感到磁极之间的相互作用力服从类似的关系。与电偶极子类比，一个小磁针可看成是一个“磁偶极子”，在它的两端各带有正、负“磁荷”（设 N 极带正磁荷 $+q_m$，S 极带负磁荷 $-q_m$）。库仑用精心设计的实验证明，点磁荷 1、2 之间也服从类似点电荷之间的库仑定律（1.3）式：

$$F = \frac{1}{4\pi\mu_0}\frac{q_{m1}q_{m2}}{r^2}, \tag{2.1}$$

这里 $\mu_0$ 与 $\varepsilon_0$ 对应，是另一基本物理常量，它叫做真空磁导率，其数值规定为 $4\pi\times10^{-7}$，单位见下文（1.4 节）。（2.1）式称为磁的库仑定律。有了这条基本定律，第一章中为静电场引进的各物理量的概念导出的各种规律和公式，都可平行地移植过来。例如，与（1.4）式对应地，我们引进磁场强度 $\boldsymbol{H}$ 的概念：

$$\boldsymbol{H} = \frac{\boldsymbol{F}}{q_{m0}}, \tag{2.2}$$

这里 $\boldsymbol{F}$ 是试探点磁荷 $q_{m0}$ 所受的力。与（1.28）式对应，对于磁荷产生的磁场强度 $\boldsymbol{H}$ 也有

$$\oint \boldsymbol{H}\cdot d\boldsymbol{l} = 0, \tag{2.3}$$

从而我们可以引进磁势 $U_m$ 的概念，磁场强度是它的负梯度：

$$\boldsymbol{H} = -\nabla U_m. \tag{2.4}$$

与（1.37）式对应地，磁偶极子的磁势为

$$U_m = \frac{1}{4\pi\mu_0}\frac{\boldsymbol{p}_m\cdot\hat{\boldsymbol{r}}}{r^2}, \tag{2.5}$$

式中 $\boldsymbol{p}_m = q_m\boldsymbol{l}$ 为磁偶极矩。与（1.48）式对应，对于磁偶极层，我们有

$$\boldsymbol{H} = \frac{\tau_m}{4\pi\mu_0}\nabla\Omega, \tag{2.6}$$

式中 $\tau_m$ 代表单位面积上的磁偶极矩，可称为磁偶极层的强度，$\Omega$ 为磁偶极层对场点 $P$ 所张的立体角。与（1.13）式对应，磁偶极子在外磁场中所受力矩为

$$\boldsymbol{L} = \boldsymbol{p}_m\times\boldsymbol{H}. \tag{2.7}$$

**例题 1**　求磁偶极子产生的磁场强度 $\boldsymbol{H}$（图 2-5）。

**解：**　取直角坐标系的 $x$ 轴沿磁偶极矩 $\boldsymbol{p}_m$ 的方向，原点在其上，按（2.5）式，其磁势为

$$U_m = \frac{p_m}{4\pi\mu_0}\frac{x}{(x^2+y^2+z^2)^{3/2}},$$

磁场强度各分量为

$$\begin{cases} H_x = -\dfrac{\partial U_m}{\partial x} = \dfrac{p_m}{4\pi\mu_0}\dfrac{2x^2-y^2-z^2}{(x^2+y^2+z^2)^{5/2}}, \\ H_y = -\dfrac{\partial U_m}{\partial y} = \dfrac{p_m}{4\pi\mu_0}\dfrac{3xy}{(x^2+y^2+z^2)^{5/2}}, \\ H_z = -\dfrac{\partial U_m}{\partial z} = \dfrac{p_m}{4\pi\mu_0}\dfrac{3xz}{(x^2+y^2+z^2)^{5/2}}. \end{cases}$$ ▌

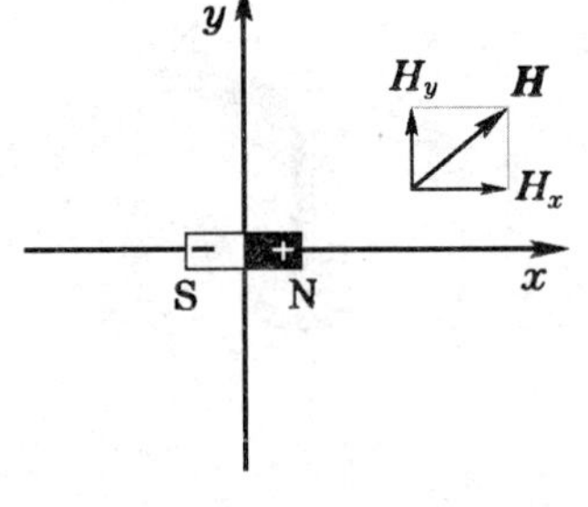

图 2-5 例题 1—— 磁偶极子的磁场强度

### 1.2 电流的磁效应

在历史上很长一段时期里，磁学和电学的研究一直彼此独立地发展着，人们曾认为磁与电是两类截然分开的现象。直至 19 世纪初，一系列重要的发现才打破了这个界限，使人们开始认识到电与磁之间有着不可分割的联系。

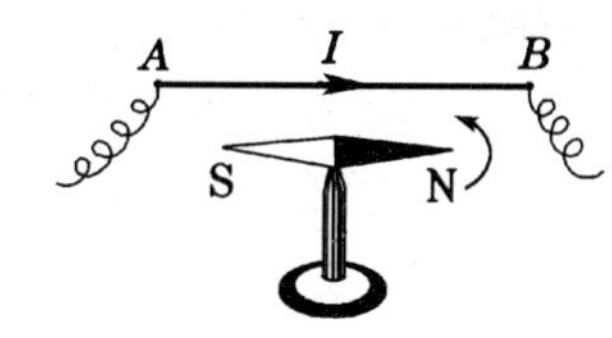

图 2-6 奥斯特实验

1819—1820 年间，丹麦科学家奥斯特发表了自己多年研究的成果，这便是历史上著名的奥斯特实验。他的实验可概括叙述如下。如图 2-6 所示，导线 $AB$ 沿南北方向放置，下面有一可在水平面内自由转动的磁针。当导线中没有电流通过时，磁针在地球磁场的作用下沿南北取向。但当导线中通过电流时，磁针就会发生偏转。如图所示，当电流的方向是从 $A$ 到 $B$ 时，则从上向下看去，磁针的偏转是沿逆时针方向的；当电流反向时，磁针的偏转方向也倒转过来。

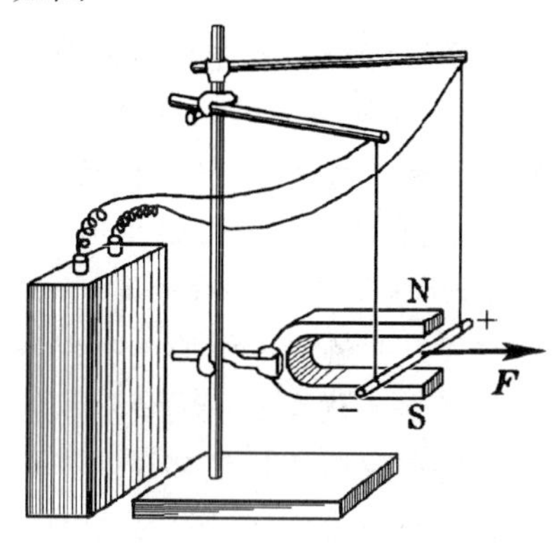

图 2-7 磁铁对电流作用的演示

奥斯特实验表明，电流可以对磁铁施加作用力。反过来，磁铁是否也会给电流施加作用力呢？图 2-7 所示的实验回答了这个问题。

把一段水平的直导线悬挂在马蹄形磁铁两极间。通电流后，导线就会移动。这表明，磁铁可以对载流导线施加作用力。此外，电流和电流之间也有相互作用力。例如把两根细直导线平行地悬挂起来，当电流通过导线时，便可发现它们之间有相互作用。当电流的方向相同时，它们相互吸引（图 2-8a），当电流的方向相反时，它们互相排斥（图 2-8b）。

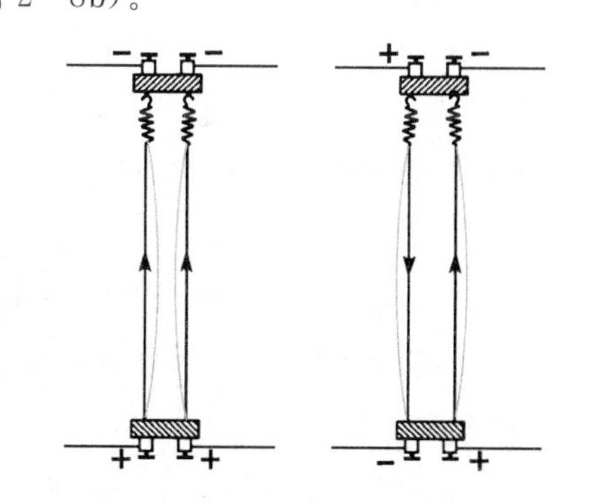

图 2-8 平行电流之间相互作用的演示

下面一个实验表明，一个载流线圈的行为很像一块磁铁。如图 2-9 所示，将一个螺线管通过一对浸在小水银杯 A、B 中的支点悬挂起来，这样，我们既可通过支柱将电流通入螺线管，螺线管又可在水平面内自由偏转。接通电流后，用一根磁棒的某个极分别去接近螺线管的两端。我们会发现，螺线管一端受到吸引，另一端受到排斥，如果把磁棒的极性换一下，则螺线管原来受吸引的一端变为受排斥，原来受排斥的一端变为受吸引。这表明：螺线管本身就像一条磁棒那样，一端相当于 N 极，另一端相当于 S 极。螺线管的极性和电流方向的关系，可用图 2-10 所示的右手定则来描述：用右手握住螺线管，弯屈的四指沿电流回绕方向，将拇指伸直，这时拇指便指向螺线管的 N 极。

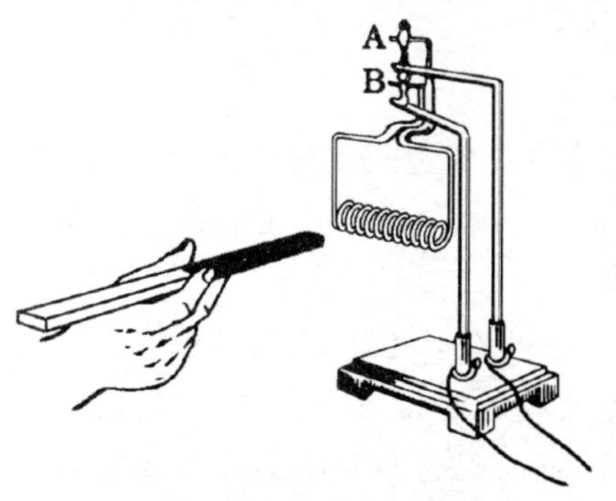

图 2-9 螺线管与磁铁相互作用时显示出 N、S 极

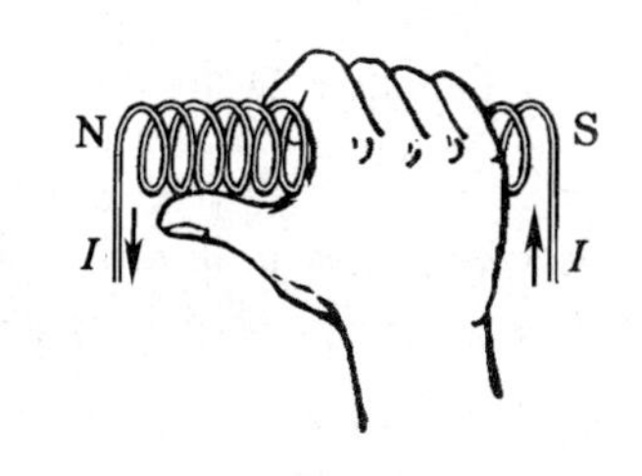

图 2-10 确定载流螺线管极性的右手定则

如第一章所述，静止电荷之间的相互作用力是通过电场来传递的，即每当电荷出现时，就在它周围的空间里产生一个电场；而电场的基本性质是它对于任何置于其中的其他电荷施加作用力。这就是说，电的作用是“近距”的。磁极或电流之间的相互作用也是这样，不过它通过另外一种场 —— *磁场*来传递。磁极或电流在自己周围的空间里产生一个磁场，而磁场的基本性质之一是它对于任何置于其中的其他磁极或电流施加作用力。用磁场的观点，我们就可以把上述关于磁铁和磁铁，磁铁和电流，以及电流和电流之间相互作用的各个实验统一起来了，所有这些相互作用都是通过同一种场 —— 磁场来传递的。以上所述可以概括成这样一个图式：

磁铁 ⇔ ⇔ 磁铁
磁 场
电流 ⇔ ⇔ 电流

螺线管和磁棒之间的相似性，启发我们提出这样的问题：磁铁和电流是否在本源上是一致的？ 19 世纪杰出的法国科学家安培提出了这样一个假说：组成磁铁的最小单元（磁分子）就是环形电流。若这样一些分子环流定向地排列起来，在宏观上就会显示出 N、S 极来（图 2-11），这就是*安培分子环流假说*。在那个时代人们还不了解原子的结构，因此不能解释物质内部的分子环流是怎样形成的。现在我们清楚地知道，原子是由带正电的原子核和绕核旋转的负电子组成的。电子不仅绕核旋转，而且还有自旋。原子、分子等微观粒子内电子的这些运动形成了“分子环流”，这便是物质磁性的基本来源。

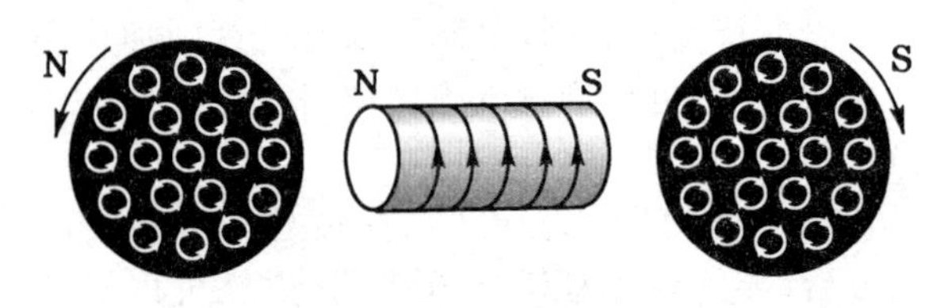

图 2-11 安培分子环流假说

这样看起来，无论导线中的电流（传导电流）还是磁铁，它们的本源都是一个，即电荷的运动，也就是说，上面讲到的各个实验中出现的现象都可归结为*运动着的电荷（即电流）之间的相互作用*，这种相互作用是通过磁场来传递的。用图式来表示，则有

电流 ⇔ 磁 场 ⇔ 电流

应该注意到电荷之间的磁相互作用与库仑作用不同。无论电荷静止还是运动，它们之间都存在着库仑相互作用，但是只有运动着的电荷之间才存在着磁相互作用。

### 1.3 安培定律

现在我们来研究电流与电流之间磁相互作用的规律。正像点电荷之间相互作用的库仑定律是静电场的基本规律一样，电流之间的相互作用规律是恒磁场的基本规律。这个规律是安培通过几个精心设计的实验于 1820 年得到的，现称之为安培定律。

恒定电流只能存在于闭合回路中，而闭合回路的形状和大小可以千变万化；两载流闭合回路之间的相互作用又与它们的形状、大小和相互位置有关，这就使问题变得很复杂。不过，在研究两个有一定形状和大小的带电体之间的静电相互作用时，我们可以把它们分割为许多无穷小的带电元，把每个带电元看作点电荷。只要研究清楚任意一对点电荷之间相互作用的规律之后，我们就可通过矢量叠加，把整个带电体受的力计算出来。仿照此法，我们也可设想把相互作用着的两个载流回路分割为许多无穷小的线元，称为*电流元*（图 2-12），只要知道了任意一对电流元之间相互作用的基本规律，整个闭合回路受的力便可通过矢量叠加计算出来。但是电流元和点电荷不同，在实验中无法实现一个孤立的恒定电流元，从而无法直接用实验来确定它们的相互作用。电流元之间的相互作用规律只能间接地从闭合载流回路的实验中倒推出来，因此这里还需借助一些数学工具对实验结果进行理论分析和概括。此处不详细叙述这个复杂的论证过程❶而直接给出结论。

(1)$\mathrm{d}\boldsymbol{F}_{12}$ 为电流元1给电流元2的力，$I_1$ 和 $I_2$ 分别为它们的电流，$\mathrm{d}l_1$ 和 $\mathrm{d}l_2$ 分别为两线元的长度，$r_{12}$ 为两电流元之间的距离(见图2-12)，则 $\mathrm{d}\boldsymbol{F}_{12}$ 的大小 $\mathrm{d}F_{12}$ 满足下列比式：

$$\mathrm{d}F_{12} \propto \frac{I_1\mathrm{d}l_1\ I_2\mathrm{d}l_2}{r_{12}^2}, \tag{2.8}$$

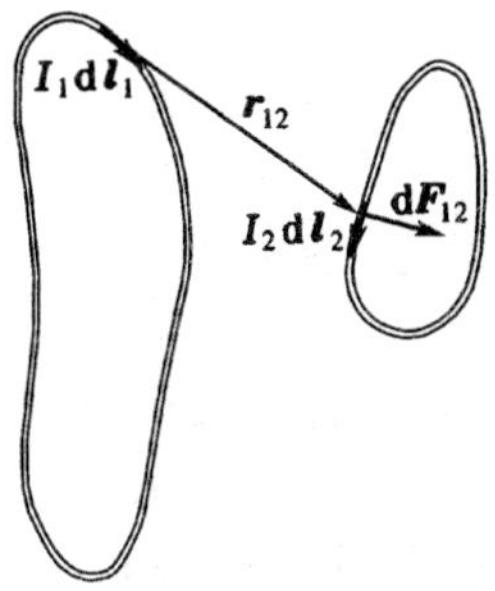

(2)$\mathrm{d}\boldsymbol{F}_{12}$ 的大小还与两电流元的取向有关。为了叙述方便，令 $\boldsymbol{r}_{12}$ 代表从电流元1到电流元2的径矢，电流元的线元也用矢量 $\mathrm{d}\boldsymbol{l}_1$ 和 $\mathrm{d}\boldsymbol{l}_2$ 来表示，它们指向各自的电流方向(见图2-12)。由于两电流元空间关系较复杂，下面分两步来说明。

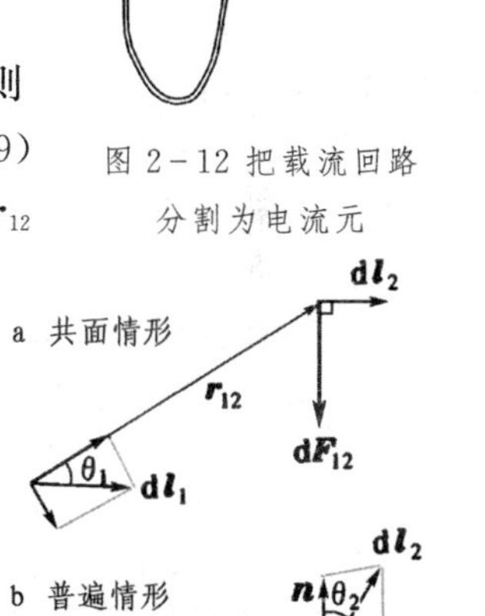

图2-12 把载流回路分割为电流元

图2—13 安培定律

先看两电流元共面情形。如图2-13a，设 $\mathrm{d}\boldsymbol{l}_1$ 和 $\boldsymbol{r}_{12}$ 成夹角 $\theta_1$，则

$$\mathrm{d}F_{12} \propto \sin\theta_1, \tag{2.9}$$

这表明：当 $\mathrm{d}\boldsymbol{l}_1 \parallel \boldsymbol{r}_{12}$ 时，$\theta_1=0$，电流元1对电流元2无作用；当 $\mathrm{d}\boldsymbol{l}_1 \perp \boldsymbol{r}_{12}$ 时，$\theta_1=\pi/2$，作用力最大。

在普遍情形里，$\mathrm{d}\boldsymbol{l}_2$ 不在 $\mathrm{d}\boldsymbol{l}_1$ 和 $\boldsymbol{r}_{12}$ 组成的平面 $\Pi$ 内(见图2-13b)。令 $\mathrm{d}\boldsymbol{l}_2$ 与 $\Pi$ 平面的法线 $\boldsymbol{n}$ 成夹角 $\theta_2$，则

$$\mathrm{d}F_{12} \propto \sin\theta_2, \tag{2.10}$$

这表明：当 $\mathrm{d}\boldsymbol{l}_2$ 与 $\Pi$ 平面垂直时，$\theta_2=0$，电流元1对它无作用；当 $\mathrm{d}\boldsymbol{l}_2$ 在 $\Pi$ 平面内时，$\theta_2=\pi/2$，作用力最大。

将(2.8)、(2.9)、(2.10)诸式归纳起来，则有

$$\mathrm{d}F_{12} \propto \frac{I_1\mathrm{d}l_1\sin\theta_1\ I_2\mathrm{d}l_2\sin\theta_2}{r_{12}^2},$$

或写成等式

$$\mathrm{d}F_{12} = k\frac{I_1\mathrm{d}l_1\sin\theta_1 I_2\mathrm{d}l_2\sin\theta_2}{r_{12}^2}, \tag{2.11}$$

式中的比例系数 $k$ 与单位的选择有关。

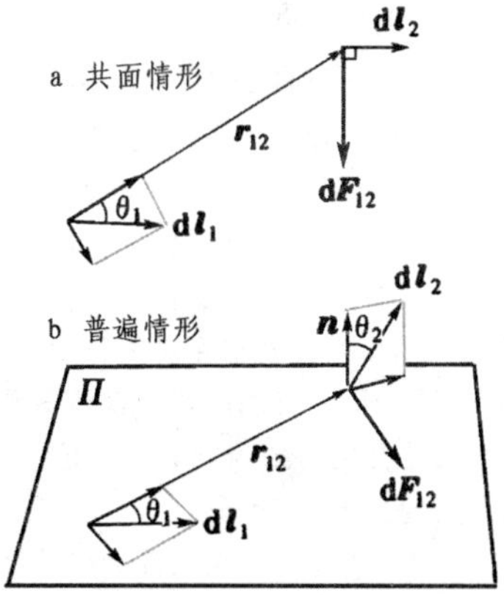

(3)$\mathrm{d}\boldsymbol{F}_{12}$ 的方向在 $\mathrm{d}l_1$ 和 $\boldsymbol{r}_{12}$ 组成的 $\Pi$ 平面内，并与 $\mathrm{d}\boldsymbol{l}_2$ 垂直(见图2—13)。这里还必须说明 $\mathrm{d}\boldsymbol{F}_{12}$ 的指向问题。为此可将(2.11)式写成如下矢量式：

$$\mathrm{d}\boldsymbol{F}_{12} = k\frac{I_1I_2\mathrm{d}\boldsymbol{l}_2\times(\mathrm{d}\boldsymbol{l}_1\times\hat{\boldsymbol{r}}_{12})}{r_{12}^2}, \tag{2.12}$$

式中 $\hat{\boldsymbol{r}}_{12}$ 为沿 $\boldsymbol{r}_{12}$ 方向的单位矢量。(2.12)式中矢积 $\mathrm{d}\boldsymbol{l}_1\times\hat{\boldsymbol{r}}_{12}$ 的大小为 $|\mathrm{d}\boldsymbol{l}_1|\cdot|\hat{\boldsymbol{r}}_{12}|\sin\theta_1$，按照矢积的右手定则，它的方向沿着图2-13b所示的法线 $\boldsymbol{n}$. $\mathrm{d}\boldsymbol{l}_2$ 再与矢积 $\mathrm{d}\boldsymbol{l}_1\times\hat{\boldsymbol{r}}_{12}$ 叉乘，所得矢量的大小为 $|\mathrm{d}\boldsymbol{l}_2|\cdot|\mathrm{d}\boldsymbol{l}_1\times\hat{\boldsymbol{r}}_{12}|\sin\theta_2$，这就是(2.11)式分子上出现的因子。双重矢积 $\mathrm{d}\boldsymbol{l}_2\times(\mathrm{d}\boldsymbol{l}_1\times\hat{\boldsymbol{r}}_{12})$ 的方向即为 $\mathrm{d}\boldsymbol{F}_{12}$ 的方向，我们已按矢积的右手定则标在图2-13b中。

---

❶ 参阅本节后面的小字。

矢量式(2.12)全面地反映了电流元1给电流元2的作用力,它就是安培定律完整的表达式。将(2.12)式中的下标1和2对调,即可得电流元2给电流元1作用力 $\mathrm{d}\boldsymbol{F}_{21}$ 的表达式。

**例题2**　求一对平行电流元之间的相互作用力,二者都与联线垂直(图2-14a)。

**解:**　计算电流元1给电流元2的作用力 $\mathrm{d}\boldsymbol{F}_{12}$ 时,式中 $\theta_1=\pi/2$, $\theta_2=\pi/2$, $\mathrm{d}\boldsymbol{l}_1\times\hat{\boldsymbol{r}}_{12}$ 垂直纸面向里, $\mathrm{d}\boldsymbol{l}_2\times(\mathrm{d}\boldsymbol{l}_1\times\hat{\boldsymbol{r}}_{12})$ 沿联线,且与 $\boldsymbol{r}_{12}$ 之方向相反,即电流元1给电流元2以吸引力,其大小为

$$\mathrm{d}F_{12}=k\frac{I_1\mathrm{d}l_1I_2\mathrm{d}l_2}{r_{12}^2}. \tag{2.13}$$

同理可以得到电流元2给电流元1的作用力 $\mathrm{d}\boldsymbol{F}_{21}$,我们发现这时 $\mathrm{d}\boldsymbol{F}_{21}=-\mathrm{d}\boldsymbol{F}_{12}$. ▌

**例题3**　求一对垂直电流元间的相互作用力,其中电流元1沿联线,电流元2垂直于联线(图2-14b)。

**解:**　计算电流元1给电流元2的作用力 $\mathrm{d}\boldsymbol{F}_{12}$ 时,式中 $\theta_1=0$, $\theta_2=0$,故得 $\mathrm{d}\boldsymbol{F}_{12}=0$。但是读者可以验证,电流元2给电流元1的力 $\mathrm{d}\boldsymbol{F}_{21}\neq0$,其方向如图2-14b所示。▌

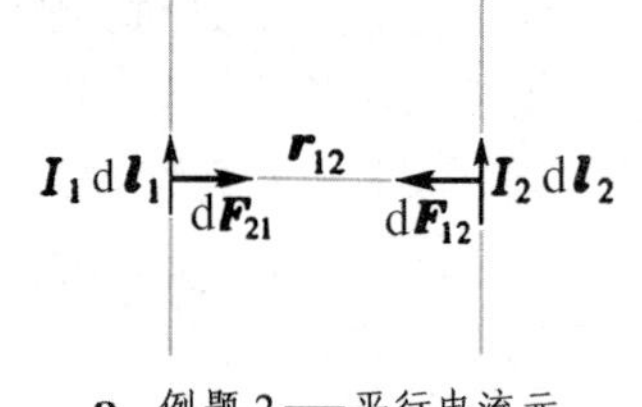


a 例题2——平行电流元

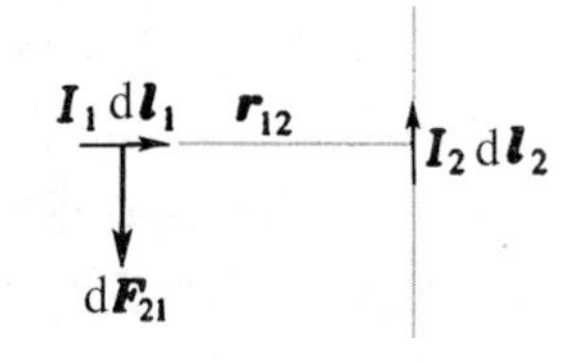


b 例题3——垂直电流元

图2-14 电流元的相互作用

以上例题表明,由(2.12)式确定的电流元之间的相互作用力不一定满足牛顿第三定律。但是实际中不存在孤立的恒定电流元,它们总是闭合回路的一部分。可以证明:若将(2.12)式沿闭合回路积分,得到的合成作用力总是与反作用力大小相等、方向相反的(参看思考题2-3)。

安培定律是在1820年底建立的。在这一年内关于电流的磁效应有一系列重大发现:

7月丹麦物理学家奥斯特发表了他的著名实验;

9月11日阿拉戈在法国科学院介绍了这一成果,安培从这实验得到很大的启发;

9月18日安培在法国科学院报告了他关于平行载流导线之间相互作用的研究;

10月30日法国科学家毕奥和萨伐尔发表了载流长直导线对磁极作用反比于距离 $r$ 的实验结果,不久经数学家拉普拉斯的参与,得到下面那个以他们的名字命名的公式(2.19);

12月4日安培得到他的电流元相互作用公式。

安培得到电流元相互作用公式基于四个有名的实验和一个假设。这四个实验采用的都是示零法,设计思想十分精巧,堪称物理学史上不朽的杰作。

安培用硬导线做成如图2-15a所示形状的线圈,这线圈由两个形状和大小相同、但电流方向相反的平面回路固联在一起,整个有如一个刚体。线圈的端点 $A$、$B$ 通过水银槽和固定支架相联,这样,这线圈既可通入电流,又可自由转动。这种装置叫无定向秤,它在均匀磁场(如地磁场)中不受力和力矩,可以随遇平衡,但对于非均匀磁场将会作出反应。

(1) 实验一　用如图2-15b所示的对折导线,在其两段导线中通入大小相等的反平行电流。把它移近无定向秤附近的不同部位,在接通或切断电流的瞬间,观察无定向秤的反应,以检验它是否会对无定向秤产生作用力。实验的结果是否定的,这表明:当电

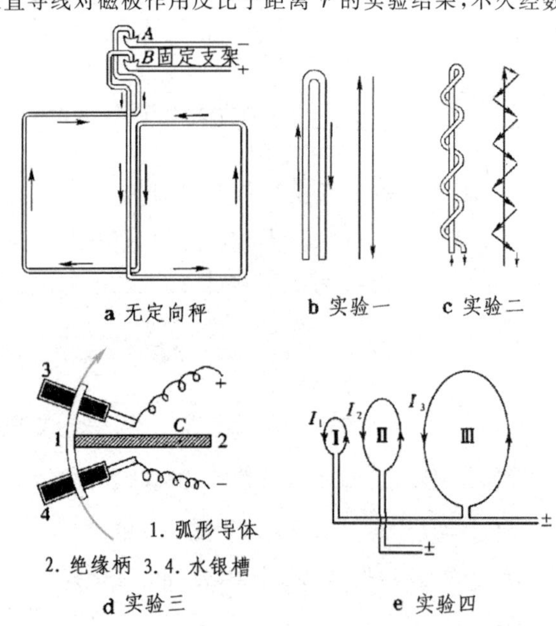


图2-15 安培的四个实验

流反向时，它产生的作用力也反向。

（2）实验二　把图 2-15b 中载有反向电流的一段换成绕另一段的螺旋线（见图 2-15c），实验结果同前，即它也对无定向秤不产生作用。这表明：电流元具有矢量的性质，即许多电流元的合作用是单个电流元产生作用的矢量叠加（参见 2-15b、c 里附的矢量图）。

（3）实验三　如图 2-15d 所示，将一圆弧形导体架在水银槽上。导体与一绝缘柄固联，柄架在圆心 $C$ 处的支点上。这样，既可给弧形导体通电，而弧形导体又可绕圆心转动，从而构成一个只能沿长度方向移动，但不能作横向位移的电流元。安培用这样一个装置检验各种载流线圈对它产生的作用力，结果发现都不能使这弧形导体运动。这表明：作用在电流元上的力是与它垂直的。

（4）实验四　如图 2-15e 所示，Ⅰ、Ⅱ、Ⅲ 是三个几何形状相似的线圈，它们线度之比是 $1/n:1:n$，Ⅰ 与 Ⅱ 之间距离和 Ⅱ 与 Ⅲ 之间距离之比是 $1:n$. Ⅰ 和 Ⅲ 两线圈固定并串联在一起，通入相同电流 $I_1$. 线圈 Ⅱ 可以活动，通入另一电流 $I_2$. 安培用这样的装置检验 Ⅰ、Ⅲ 两线圈是否对线圈有合作用。实验的结果是否定的。这表明 Ⅲ 给 Ⅱ 的作用力与 Ⅰ 给 Ⅱ 的作用力大小相等、方向相反。由此推论出：所有几何线度（电流元长度、相互距离）增加同一倍数时，作用力的大小不变。

安培在以上四个实验的基础上又作了如下一个假设：两个电流元之间相互作用力沿它们的联线。由此可推导出下列电流元之间相互作用力的公式：[1]

$$\mathrm{d}\boldsymbol{F}_{12}=-kI_1I_2\,\boldsymbol{r}_{12}\left[\frac{2}{r_{12}^3}(\mathrm{d}\boldsymbol{l}_1\cdot\mathrm{d}\boldsymbol{l}_2)-\frac{3}{r_{12}^5}(\mathrm{d}\boldsymbol{l}_1\cdot\boldsymbol{r}_{12})(\mathrm{d}\boldsymbol{l}_2\cdot\boldsymbol{r}_{12})\right].\tag{2.14}$$

不难验证，此式符合上述全部实验的结论和上述假设，并且将下标 1、2 对换后立刻得到 $\mathrm{d}\boldsymbol{F}_{21}=-\mathrm{d}\boldsymbol{F}_{12}$.

（2.14）式是安培最初发表的公式。可以看出，这并不是我们现引用的公式（2.12）。读者可以验证，（2.12）式也符合上述全部实验的结论，只是一般不满足安培的上述假设，以及 $\mathrm{d}\boldsymbol{F}_{21}\neq-\mathrm{d}\boldsymbol{F}_{12}$（见上述例题 3）。但是可以证明，（2.12）、（2.14）两式对闭合回路的积分总是一致的。由于恒定条件下不存在孤立的电流元，恒定电流只能存在于闭合回路中，（2.12）式、（2.14）式中哪一个正确是无法用实验直接验证的。在恒定条件下这种差别并不重要，然而在非恒定情形下可以有孤立的电流元，例如单个的运动电荷就是，它们的相互作用力可直接用实验来确定。这类实验结果与（2.12）式符合。

牛顿第三定律宣称：（1）作用力和反作用力大小相等，方向相反；（2）作用力和反作用力在相互作用物体的联线上。第（1）条是动量守恒的要求，第（2）条是角动量守恒的要求。[2]怎样理解电流元之间的相互作用力违反牛顿第三定律呢？原来牛顿第三定律只适用于质点间的接触作用，动量守恒定律和角动量守恒定律才是物理学中更普遍的定律，它对任何封闭的物体系普遍成立。问题在于电磁场本身也是物质，它也具有一定的动量和角动量（参看第六章 4.3 节），在恒定状态下电磁场的动量和角动量是不变的，在非恒定情形下电磁场的动量和角动量将随时间变化。运动电荷之间的电磁相互作用不满足牛顿第三定律，这表明它们的动量之和与角动量之和不守恒。但它们不是封闭系，这时每个运动电荷与电磁场之间还要交换动量和角动量。电荷动量和角动量的增减，正好由电磁场动量和角动量的改变予以补偿，运动电荷与电磁场一起的总动量和总角动量是守恒的。

### 1.4 电流单位——安培

国际上现行的电磁学单位制是 MKSA 制，其中除长度、质量、时间外第四个基本量是电流，其单位定为安培（用 A 表示）。“安培”这个基本单位的定义和绝对测量，正是以安培定律（2.12）式为依据的。在该式中力的单位为 $\mathrm{N=kg\cdot m/s^2}$，长度的单位为 m. 现将比例系数 $k$ 写成 $\mu_0/4\pi$ 的形式，并取 $\mu_0$ 数值为 $4\pi\times10^{-7}$，这样确定下来的电流单位即为安培，记作 A.我们可以用平行电流元为例加以具体说明。对于平行电流元，（2.12）式化为（2.13）式，采用上述比例系数，则有

---

[1] 进一步可参阅：赵凯华《安培定律是如何建立起来的？》，见《物理教学》（双月刊），第一期，1980 年。

[2] 参见《新概念物理教程·力学》（第三版）第二章 §2 和第四章 §1。

$$\mathrm{d}F_{12}=\frac{\mu_0}{4\pi}\frac{I_1\mathrm{d}l_1I_2\mathrm{d}l_2}{r_{12}^2},\qquad(2.15)$$

令 $I_1=I_2=I$(譬如将两电路串联起来),则有

$$I^2=\frac{4\pi r_{12}^2\mathrm{d}F_{12}}{\mu_0\,\mathrm{d}l_1\,\mathrm{d}l_2}=10^7\frac{r_{12}^2\mathrm{d}F_{12}}{\mathrm{d}l_1\,\mathrm{d}l_2}.$$

上式表明,如果当 $r_{12}^2/\mathrm{d}l_1\mathrm{d}l_2=C(C\gg 1)$ 时,若测得的相互作用力 $\mathrm{d}F_{12}=(10^{-7}/C)\mathrm{N}$ 的话,则每根导线中的电流 $I$ 定义为 1A.[1]

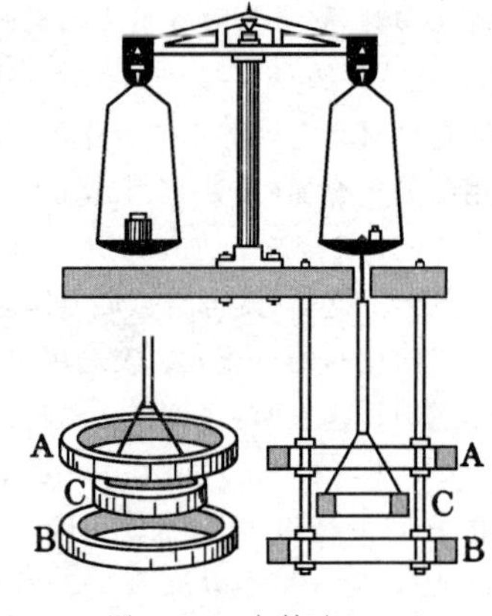

图 2-16 安培秤

实际中根据上述定义来测量时,当然不能用两个电流元,而是用闭合电路。载流回路之间相互作用力的表达式可从(2.12)式导出,回路的形状采用一对平行的固定圆线圈 A、B 和一个动线圈 C,它们之间的作用力用图 2-16 所示的天平来测量。这种用来测量载流导线受磁场作用力的天平叫做安培秤。

有了电流的单位 A 之后,可以反过来定比例系数的量纲。从(2.15)式可以看出,$\mu_0$ 的量纲为

$$[\mu_0]=\frac{[F]}{[I]^2}=[F]\mathrm{I}^{-2},$$

它的单位应为 $\mathrm{N/A^2}$,即

$$\mu_0=4\pi\times10^{-7}\ \mathrm{N/A^2}.\qquad(2.16)$$

以上是早年安培的基准,近年来所有基本物理量单位的基准都改为自然基准。安培已改由元电荷 $e$ 来定义。详见书末附录 E。

## §2. 磁感应强度 毕奥—萨伐尔定律

### 2.1 磁感应强度矢量 $\boldsymbol{B}$

为了定量地描述电场的分布,我们曾引入电场强度矢量 $\boldsymbol{E}$ 的概念。同样,为了定量地描述磁场的分布,我们也需引入一个矢量。历史上从磁荷间的相互作用先已定义了一个磁场强度矢量 $\boldsymbol{H}$ 的概念(见 1.1 节),现在我们从电流间的相互作用重新定义一个描述磁场的矢量 —— 磁感应强度矢量 $\boldsymbol{B}$. 在 MKSA 单位制下真空中二者的关系将选定为[见下文 5.5 节(2.69) 式]

$$\boldsymbol{B}=\mu_0\boldsymbol{H}.$$

作为借鉴,我们回顾一下引入电场强度矢量 $\boldsymbol{E}$ 的做法。当时的出发点是库仑定律:

$$\boldsymbol{F}_{12}=\frac{1}{4\pi\varepsilon_0}\frac{q_1\,q_2}{r_{12}^2}\hat{\boldsymbol{r}}_{12},$$

式中 $\boldsymbol{F}_{12}$ 为点电荷 $q_1$ 给点电荷 $q_2$ 的力,$\boldsymbol{r}_{12}$ 为从电荷 1 到电荷 2 的矢量,$\hat{\boldsymbol{r}}_{12}$ 是沿此方向的单位矢量。把 $q_2$ 看成试探电荷,将上式拆成两部分:

$$\boldsymbol{F}_{12}=q_2\boldsymbol{E},\quad 或\quad \boldsymbol{E}=\frac{\boldsymbol{F}_{12}}{q_2}$$

和

$$\boldsymbol{E}=\frac{1}{4\pi\varepsilon_0}\frac{q_1}{r_{12}^2}\hat{\boldsymbol{r}}_{12},$$

前式就是电场强度 $\boldsymbol{E}$ 的定义,后者是点电荷 $q_1$ 在 $q_2$ 所在位置产生的电场强度公式。

---

[1] 由于教学上的考虑,此处的定义与国际计量委员会颁发的正式文件在形式上略有不同,但两者是等效的。详见 5.2 节。

在磁场的情形里，与静电库仑定律相当的基本规律是安培定律。在MKSA单位制中，安培定律(2.12)式应写成

$$\mathrm{d}\boldsymbol{F}_{12}=\frac{\mu_0}{4\pi}\frac{I_2\mathrm{d}\boldsymbol{l}_2\times(I_1\mathrm{d}\boldsymbol{l}_1\times\hat{\boldsymbol{r}}_{12})}{r_{12}^2},\tag{2.17}$$

仿照电场情形，也将上式拆成两部分：

$$\mathrm{d}\boldsymbol{F}_{12}=I_2\mathrm{d}\boldsymbol{l}_2\times\mathrm{d}\boldsymbol{B},\tag{2.18}$$

$$\mathrm{d}\boldsymbol{B}=\frac{\mu_0}{4\pi}\frac{I_1\mathrm{d}\boldsymbol{l}_1\times\hat{\boldsymbol{r}}_{12}}{r_{12}^2},\tag{2.19}$$

$\mathrm{d}\boldsymbol{l}_1$ 本是某个闭合回路 $L_1$ 的一部分，整个回路 $L_1$ 对试探电流元 $I_2\mathrm{d}\boldsymbol{l}_2$ 的作用力 $\mathrm{d}\boldsymbol{F}_2$ 应是上式对 $\mathrm{d}\boldsymbol{l}_1$ 的积分：

$$\mathrm{d}\boldsymbol{F}_2=\frac{\mu_0}{4\pi}\oint_{(L_1)}\frac{I_2\mathrm{d}\boldsymbol{l}_2\times(I_1\mathrm{d}\boldsymbol{l}_1\times\hat{\boldsymbol{r}}_{12})}{r_{12}^2}=\frac{\mu_0}{4\pi}I_2\mathrm{d}\boldsymbol{l}_2\times\oint_{(L_1)}\frac{I_1\mathrm{d}\boldsymbol{l}_1\times\hat{\boldsymbol{r}}_{12}}{r_{12}^2},\tag{2.20}$$

上式中后面一步的推导用到矢量矢积的分配律。我们也可将(2.20)式拆成两部分：

$$\mathrm{d}\boldsymbol{F}_2=I_2\mathrm{d}\boldsymbol{l}_2\times\boldsymbol{B},\tag{2.21}$$

$$\boldsymbol{B}=\frac{\mu_0}{4\pi}\oint_{(L_1)}\frac{I_1\mathrm{d}\boldsymbol{l}_1\times\hat{\boldsymbol{r}}_{12}}{r_{12}^2},\tag{2.22}$$

式中的 $\boldsymbol{B}$ 叫做**磁感应强度矢量**，(2.21)式是它的定义式，(2.22)式是闭合回路 $L_1$ 在电流元 $I_2\mathrm{d}\boldsymbol{l}_2$ 所在位置产生的磁感应强度的公式。下面我们分别对这两个公式作进一步的说明。

先看 $\boldsymbol{B}$ 的定义式。在这里我们把电流元 $I_2\mathrm{d}\boldsymbol{l}_2$ 看成试探电流元，用它所受的力 $\mathrm{d}\boldsymbol{F}_2$ 来描述磁场的强度。若只讨论力的数值，(2.21)式给出

$$\mathrm{d}F_2=I_2\mathrm{d}l_2B\sin\theta,\tag{2.23}$$

其中 $\theta$ 为 $\boldsymbol{B}$ 矢量与 $I_2\mathrm{d}\boldsymbol{l}_2$ 电流元之间的夹角，当 $\theta=0$ 或 $\pi$ 时，$\sin\theta=0$，$\mathrm{d}F_2=0$；$\theta=\pi/2$ 时，$\sin\theta=1$，$\mathrm{d}F_2$ 最大。这就是说，当我们把试探电流元放在磁场中某处时，它受到的力与试探电流元的取向有关。在某个特殊方向以及与之相反的方向上，受力为0。将试探电流元转90°，受的力达到最大。我们定义空间这一点的磁感应强度的大小为

$$B=\frac{(\mathrm{d}F_2)_{\max}}{I_2\mathrm{d}l_2}.\tag{2.24}$$

这时，$\boldsymbol{B}$ 矢量的方向沿试探电流元不受力时的取向。要注意的是这里 $\boldsymbol{B}$ 还可能有两个彼此相反的指向，不过它可由矢积公式(2.21)按右手定则唯一地确定。[1]一经把(2.20)式拆成(2.21)式和(2.22)式，(2.21)式中的 $\boldsymbol{B}$ 和 $\mathrm{d}\boldsymbol{F}_2$ 就可以有更广的含义了，即此处 $\boldsymbol{B}$ 的场源可不再限于某个载流回路 $L_1$，它可以是任何产生磁场的场源(如磁铁等)。

按照上述定义，$\boldsymbol{B}$ 的单位为N/A·m. 这个单位有个专门名称，叫**特斯拉**，用T表示。

$$1\,\mathrm{T}=1\,\mathrm{N/A\cdot m}.$$

目前在实际中不少人还习惯用另一单位 —— **高斯**，用Gs表示。两个单位的换算关系是

$$1\,\mathrm{T}=10^4\,\mathrm{Gs},\quad 或\quad 1\,\mathrm{Gs}=10^{-4}\,\mathrm{T}.$$

“高斯”这个单位不属于MKSA单位制，它属于高斯单位制。关于单位制问题将在第六章里详细讨论。

---

[1] 实际上这样规定的 $\boldsymbol{B}$ 的方向也就是磁铁N极的受力方向，或者说一个小磁针在磁场中处于平衡位置时N极所指的方向。此外，这个规定还导致磁极受的力与 $B$ 成正比。今后我们将要论证这一点(见第四章)。

### 2.2 毕奥—萨伐尔定律

现在我们来看电流产生磁场的公式(2.19) 和(2.22)。在该式中 $I_1\mathrm{d}\boldsymbol{l}_1$ 是任意一个闭合载流回路 $L_1$ 中的一个任意电流元，2 代表任意场点，略去下标 1、2 不写，则有

$$\mathrm{d}\boldsymbol{B}=\frac{\mu_0}{4\pi}\frac{I\mathrm{d}\boldsymbol{l}\times\hat{\boldsymbol{r}}}{r^2},\tag{2.25}$$

$$\boldsymbol{B}=\oint_{(L)}\mathrm{d}\boldsymbol{B}=\frac{\mu_0}{4\pi}\oint_{(L)}\frac{I\mathrm{d}\boldsymbol{l}\times\hat{\boldsymbol{r}}}{r^2}.\tag{2.26}$$

它把任何闭合回路产生的磁感应强度 $\boldsymbol{B}$ 看成是各个电流元 $I\mathrm{d}\boldsymbol{l}$ 产生的元磁感应强度 $\mathrm{d}\boldsymbol{B}$ 的矢量叠加。用此公式计算各种回路产生的磁场分布，正是下节要讨论的内容。(2.25) 式或(2.26) 式称为毕奥－萨伐尔定律。

(2.25) 式和(2.26) 式在各种书刊上名称很不统一。有的叫它毕奥－萨伐尔定律，有的叫它毕奥－萨伐尔－拉普拉斯定律，甚至有的书上叫它安培定律或拉普拉斯定律。其实历史上，最初(1820 年) 毕奥和萨伐尔两人用实验方法证明：很长的直导线周围的磁场与距离成反比[这是(2.26) 式的一个推论，见下节]。尔后，拉普拉斯进一步从数学上证明，任何闭合载流回路产生的磁场可看成是由电流元的作用叠加起来的。他从毕奥、萨伐尔的实验结果倒推出上述电流元产生元磁感应强度 $\mathrm{d}\boldsymbol{B}$ 的公式(2.25)。如前所述，(2.25) 式也可从安培定律(2.17) 式中分解出来。总之，(2.25) 式和(2.26) 式是经过许多科学家的努力得到的。本书采用比较通用的名称，即毕奥－萨伐尔定律。

正像电场的分布可借助于电场线来描述一样，磁场的分布也可用磁感应线来描述。*磁感应线*（$\boldsymbol{B}$ 线）是一些有方向的曲线，其上每点的切线方向与该点的磁感应强度矢量的方向一致。实验上显示磁感应线要比显示电场线容易得多，只要把一块玻璃板(或硬纸板) 水平放置在有磁场的空间里，上面撒上铁屑，轻轻地敲动玻璃板，铁屑就会沿磁感应线排列起来。图 2-17 上半部分的两个图，就是用这种方法显示出来的磁感应线分布图，其中图 2－17a 是一根条形磁棒近旁的磁感应线，图 2－17b 是螺线管内、外的磁感应线。从磁感应线的方向规定可知，磁棒的磁感应线是从 N 极出发走向 S 极的；螺线管在外部空间产生的磁感应线与磁棒的磁感应线十分相似，它从螺线管的一端(称作等效 N 级) 出发走向另一端(称作等效 S 极)，但在内部却是从 S 极走向 N 极的(详见第四章)。

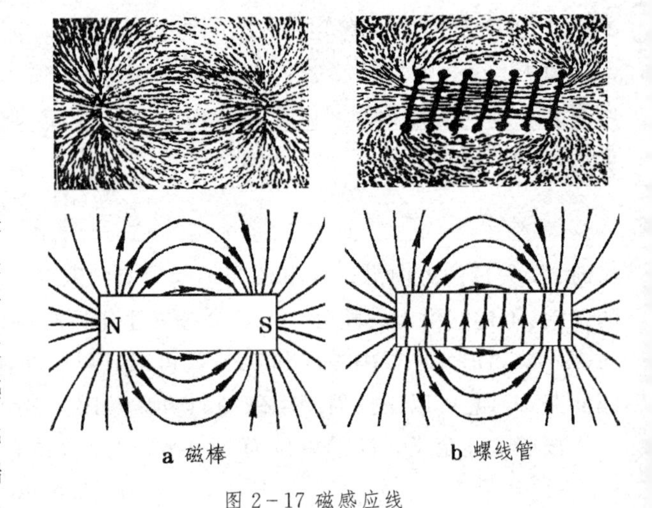

**a** 磁棒　　**b** 螺线管

图 2－17 磁感应线

### 2.3 载流直导线的磁场

考虑一段直导线旁任意一点 $P$ 的磁感应强度(见图 2－18)。根据毕奥－萨伐尔定律可以看出，任意电流元 $I\mathrm{d}\boldsymbol{l}$ 产生的元磁场 $\mathrm{d}\boldsymbol{B}$ 的方向都一致(在 $P$ 点垂直于纸面向内)。因此在求总磁感应强度 $\boldsymbol{B}$ 的大小时，只需求 $\mathrm{d}B$ 的代数和。对于有限的一段导线 $A_1A_2$ 来说

$$B = \int_{A_1}^{A_2} \mathrm{d}B = \frac{\mu_0}{4\pi}\int_{A_1}^{A_2} \frac{I\,\mathrm{d}l\sin\theta}{r^2}.$$

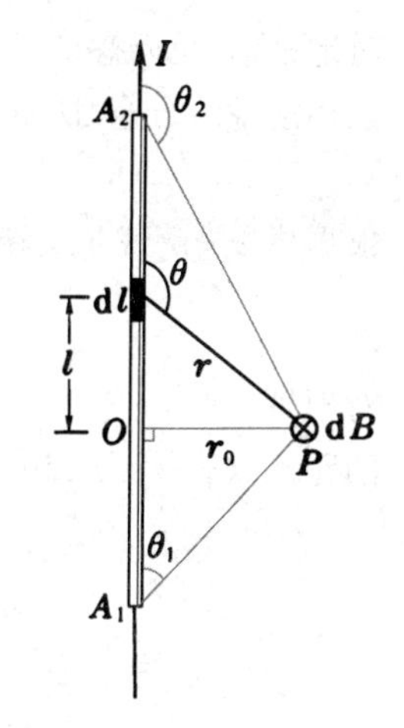

图 2-18 求载流直导线的磁场

从场点 $P$ 作直导线的垂线 $PO$,设它的长度为 $r_0$,以垂足 $O$ 为原点,设电流元 d$l$ 到 $O$ 的距离为 $l$,由图 2-18 可以看出:

$$l = r\cos(\pi-\theta) = -r\cos\theta,$$

$$r_0 = r\sin(\pi-\theta) = r\sin\theta.$$

由此消去 $r$,得 $l=-r_0\cot\theta$,取微分:

$$\mathrm{d}l = \frac{r_0\,\mathrm{d}\theta}{\sin^2\theta}.$$

将上面的积分变量 $l$ 换为 $\theta$ 后得到

$$B = \frac{\mu_0}{4\pi}\int_{\theta_1}^{\theta_2} \frac{I\sin\theta\,\mathrm{d}\theta}{r_0} = \frac{\mu_0 I}{4\pi r_0}(\cos\theta_1-\cos\theta_2), \tag{2.27}$$

式中 $\theta_1$、$\theta_2$ 分别为 $\theta$ 角在 $A_1$、$A_2$ 两端的数值。

若导线为无限长,$\theta_1=0$,$\theta_2=\pi$,则

$$B = \frac{\mu_0 I}{2\pi r_0}. \tag{2.28}$$

以上结果表明,在载流无限长直导线周围的磁感应强度 $\boldsymbol{B}$ 的大小与距离 $r_0$ 的一次方成反比。

我们在实际中遇到的当然不可能真正是无限长的直导线。然而若在闭合回路中有一段长度为 $l$ 的直导线,在其附近 $r_0 \ll l$ 的范围内(2.28)式近似成立。

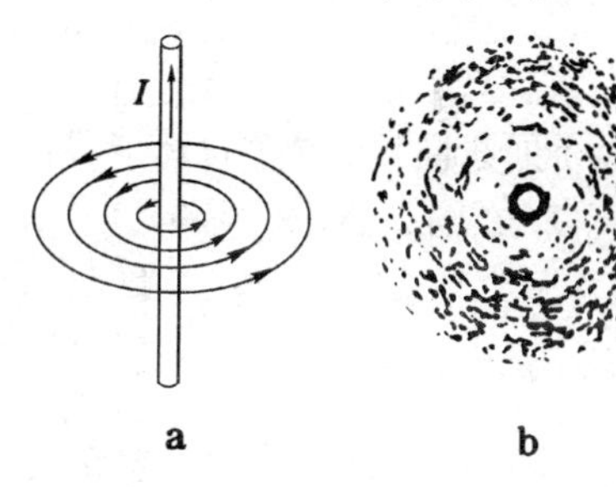

图 2-19 长直导线的磁感应线

长直导线周围的磁感应线是垂直于导线的平面内的同心圆(见图 2-19a)。若在此平面内放一块玻璃板,上面撒上铁屑,即可将磁感应线显示出来(图 2-19b)。

如图 2-20 所示,在竖直的长导线上挂一水平的有孔圆盘,沿盘的某一直径对称地放置一对固定磁棒。[1]当直导线中通入电流时,若它产生的 $B$ 与 $r_0$ 成反比,则每根磁棒的两极受力 $F$ 也与 $r_0$ 成反比,从而磁棒两端受到的两个力矩 $F_1 r_{10}$ 和 $F_2 r_{20}$ 大小相等、方向相反,圆盘可以维持平衡;否则圆盘就会扭转。毕奥和萨伐尔两人最初就是用这种装置精确地观察到圆盘维持平衡,从而证明了直导线周围 $B \propto \dfrac{1}{r_0}$.

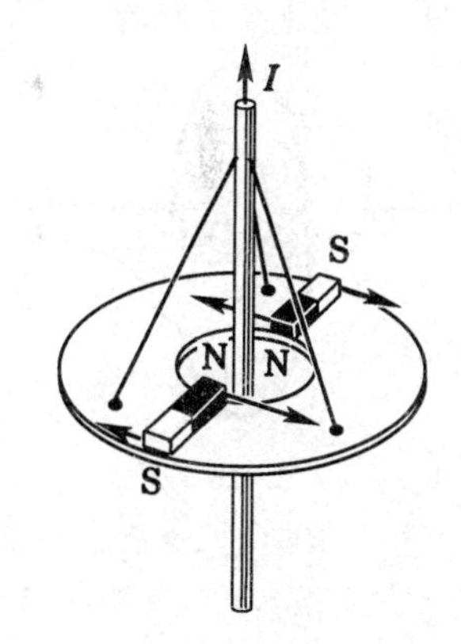

图 2-20 毕奥-萨伐尔实验

### 2.4 载流圆线圈轴线上的磁场

设圆线圈的中心为 $O$,半径为 $R$,其上任意点 $A$ 处的电流元在对称轴线上一点 $P$ 产生元磁场 d$\boldsymbol{B}$,它位于 $POA$ 平面内且与 $PA$ 联线垂直,因此 d$\boldsymbol{B}$ 与轴线 $OP$ 的夹角 $\alpha=\angle PAO$(见图 2-21)。由于轴对称性,在通过 $A$ 点的直径的另一端 $A'$ 点处的电流元产生的元磁场 d$\boldsymbol{B}'$ 与 d$\boldsymbol{B}$ 对称,合成后垂直于轴线方向的分量相互抵消,因此我们只需计算沿轴线方向的磁场分量。对于整个圆周来说也是一样,由于每个直径两端的电流元产生的元磁场在垂直轴线方向一对

[1] 放两条对称的磁棒,主要是为了重力平衡,此外也可以使灵敏度比一条磁棒时提高一倍。

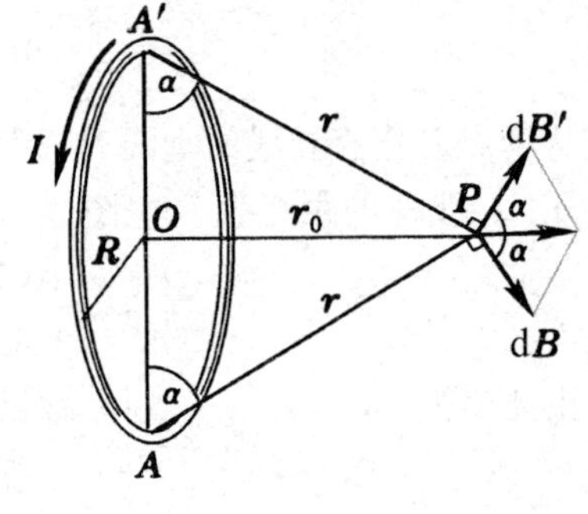

图 2-21 求圆线圈轴线上的磁场

对地抵消,总磁感应强度 **B** 将沿轴线方向,它的大小等于各元磁场沿轴线分量 $\mathrm{d}B\cos\theta$ 的代数和,即

$$B=\oint \mathrm{d}B\cos\alpha.$$

根据毕奥-萨伐尔定律,

$$\mathrm{d}B=\frac{\mu_0}{4\pi}\frac{I\mathrm{d}l}{r^2}\sin\theta,$$

对于轴上的场点 $P$, $\theta=\pi/2$, $\sin\theta=1$. 令 $r_0$ 为场点 $P$ 到圆心的距离,则 $r_0=r\sin\alpha$,故

$$\mathrm{d}B=\frac{\mu_0}{4\pi}\frac{I\mathrm{d}l}{r_0^2}\sin^2\alpha,$$

$$B=\oint \mathrm{d}B\cos\alpha=\frac{\mu_0}{4\pi}\frac{I}{r_0^2}\sin^2\alpha\cos\alpha\oint \mathrm{d}l,$$

因

$$\cos\alpha=\frac{R}{\sqrt{R^2+r_0^2}},\quad \sin\alpha=\frac{r_0}{\sqrt{R^2+r_0^2}},\quad \oint \mathrm{d}l=2\pi R,$$

故

$$B=\frac{\mu_0}{4\pi}\frac{2\pi R^2 I}{(R^2+r_0^2)^{3/2}}=\frac{\mu_0 R^2 I}{2(R^2+r_0^2)^{3/2}}. \tag{2.29}$$

下面我们考虑两个特殊情形:

(1) 在圆心处, $r_0=0$,

$$B=\frac{\mu_0 I}{2R}; \tag{2.30}$$

(2) 当 $r_0\gg R$ 时,

$$B=\frac{\mu_0 R^2 I}{2r_0^3}. \tag{2.31}$$

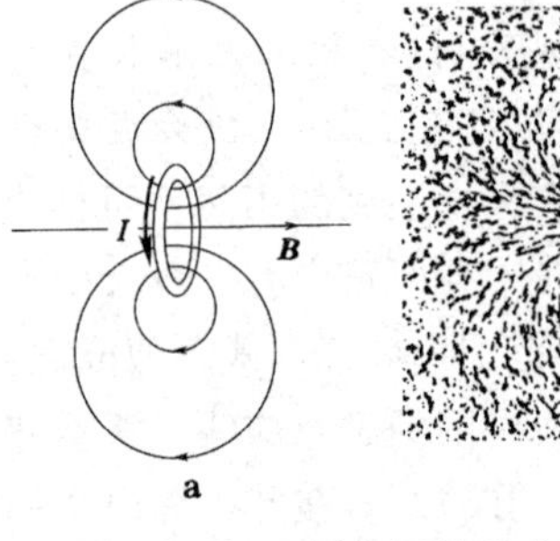

图 2-22 圆线圈的磁感应线

我们只计算了轴线上的磁场分布,轴线以外磁场的计算比较复杂,此处从略。但为了给读者一个较全面的印象,图 2-22 显示了通过圆线圈轴线的平面上磁感应线的分布图。可以看出,磁感应线是一些套连在圆电流环上的闭合曲线。此外,为了便于记忆,图 2-23 中还给出另一个右手定则,用它可以判断载流线圈的磁感应线方向。这右手定则是:用右手弯屈的四指代表圆线圈中电流的方向,则伸直的拇指将沿着轴线上 **B** 的方向。

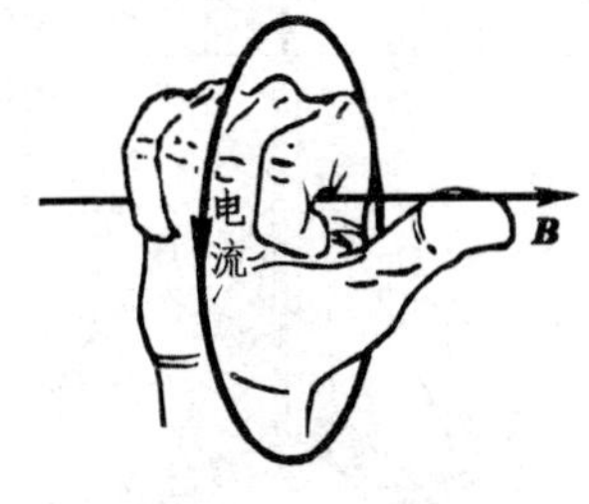

图 2-23 右手定则

**例题 4** 如图 2-24 所示,一对相同的圆形线圈,彼此平行且共轴。设两线圈内的电流都是 $I$,且回绕方向一致,线圈的半径为 $R$,二者的间距为 $a$,(1) 求轴线上的磁场分布;(2) $a$ 多大时距两线圈等远的中点 $O$ 处附近的磁场最均匀?

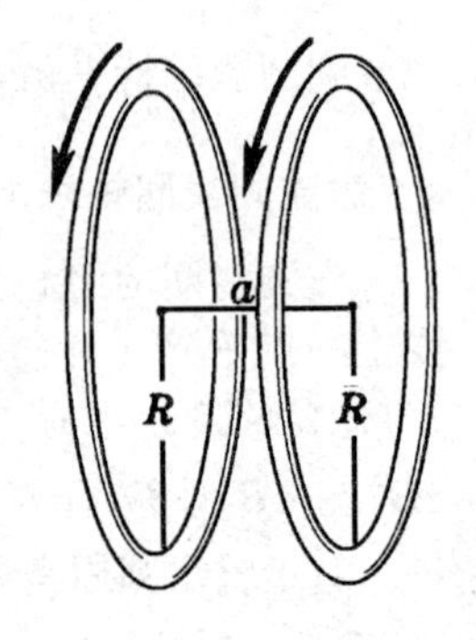

图 2-24 例题 4
—— 亥姆霍兹线圈

**解:** 如图 2-25a 所示,取 $O$ 点为坐标原点,场点 $P$ 沿轴线的坐标为 $x$,则 $P$ 点到两线圈中心 $O_1$、$O_2$ 的距离分别为 $x-a/2$ 和 $x+a/2$(这距离从每个线圈中心算起,向右为正,向左为负)。图中的虚线是按照公式(2.29)计算出来的每个圆线圈产生的磁场 $B_1$ 和 $B_2$ 沿轴线的分布曲线,实线代表二者的叠加,即 $B=B_1+B_2$ 的曲线(因为 $B_1$ 和 $B_2$ 方向一致,可以代数叠加)。由于对称性,合成磁场 $B$ 的曲线在 $O$ 点的切线一定是水平的,即在 $x=0$ 处 $\mathrm{d}B/\mathrm{d}x=0$,或者说,$B$ 在 $x=0$ 处有极值。当 $O_1O_2$ 之间的距离 $a$ 较大时,两线圈在中点 $O$ 产生的磁场都已比较弱,故 $B$ 在 $O$ 点有极小值,即在 $x=0$ 处 $\mathrm{d}^2B/\mathrm{d}x^2>0$(图 2-25a)。当 $O_1O_2$ 之间的距离 $a$ 较小时,两线圈在中点 $O$ 产生的磁场都还比较强,故

$B$ 在 $O$ 点有极大值，即在 $x=0$ 处 $\mathrm{d}^2B/\mathrm{d}x^2<0$（图 2-25c）。因此可以想见，只要距离 $a$ 选取得合适，可以使 $x=0$ 处 $\mathrm{d}^2B/\mathrm{d}x^2=0$，这时在 $O$ 点附近的磁场是相当均匀的（图 2-25b）。所以对于不同的 $a$ 来说，使 $O$ 点附近磁场最均匀的条件是

$$\text{在 } x=0 \text{ 处} \qquad \frac{\mathrm{d}^2B}{\mathrm{d}x^2}=0.$$

这条件可利用泰勒级数来说明。❶

下面我们就来着手计算。

按照(2.29)式，令其中 $r_0=x\pm a/2$，即得两线圈在轴线上产生的磁感应强度的大小 $B_1$ 和 $B_2$ 分别为

$$B_1=\frac{\mu_0}{4\pi}\frac{2\pi R^2I}{\left[R^2+\left(x+\frac{a}{2}\right)^2\right]^{3/2}},\quad B_2=\frac{\mu_0}{4\pi}\frac{2\pi R^2I}{\left[R^2+\left(x-\frac{a}{2}\right)^2\right]^{3/2}}.$$

由于 $\boldsymbol{B}_1$ 和 $\boldsymbol{B}_2$ 的方向一致，总磁感应强度 $\boldsymbol{B}$ 的大小为

$$B=B_1+B_2=\frac{\mu_0R^2I}{2}\left\{\frac{1}{\left[R^2+\left(x+\frac{a}{2}\right)^2\right]^{3/2}}+\frac{1}{\left[R^2+\left(x-\frac{a}{2}\right)^2\right]^{3/2}}\right\}.$$

它的一阶、二阶导数分别为

$$\frac{\mathrm{d}B}{\mathrm{d}x}=-\frac{3\mu_0R^2I}{2}\left\{\frac{x+\frac{a}{2}}{\left[R^2+\left(x+\frac{a}{2}\right)^2\right]^{5/2}}+\frac{x-\frac{a}{2}}{\left[R^2+\left(x-\frac{a}{2}\right)^2\right]^{5/2}}\right\},$$

$$\frac{\mathrm{d}^2B}{\mathrm{d}x^2}=\frac{3\mu_0R^2I}{2}\left\{\frac{4\left(x+\frac{a}{2}\right)^2-R^2}{\left[R^2+\left(x+\frac{a}{2}\right)^2\right]^{7/2}}+\frac{4\left(x-\frac{a}{2}\right)^2-R^2}{\left[R^2+\left(x-\frac{a}{2}\right)^2\right]^{7/2}}\right\}.$$

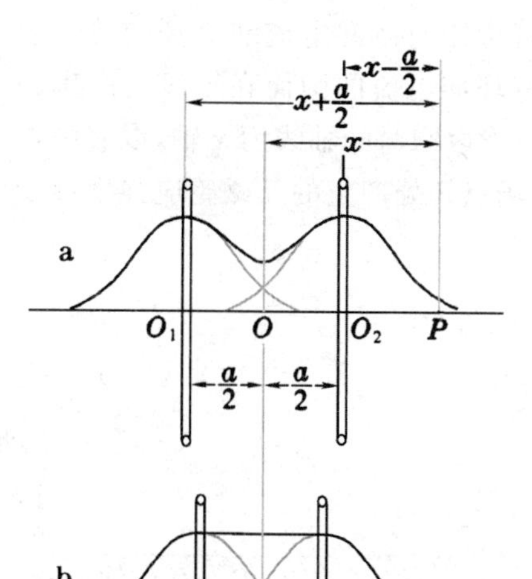


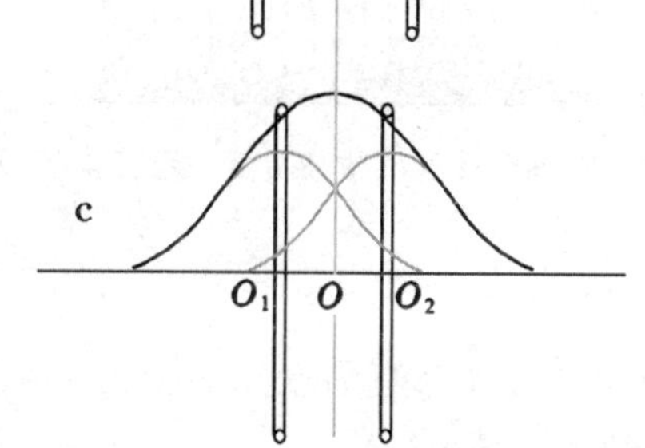


图 2-25 轴线上磁场分布与两线圈距离的关系

令 $x=0$ 处的 $\frac{\mathrm{d}^2B}{\mathrm{d}x^2}=0$，即得 $O$ 点附近磁场最均匀的条件为

$$a=R,$$

即两线圈的间距等于它们的半径。▌

这种间距等于半径的一对共轴圆线圈，叫做亥姆霍兹线圈。在生产和科学研究中往往需要把样品放在均匀磁场中进行测试，当所需的磁场不太强时，使用亥姆霍兹线圈是比较方便的。

## 2.5 载有环向电流的圆筒在轴线上产生的磁场

绕在圆柱面上的螺线形线圈（图 2-26a）叫做螺线管。如果绕螺线管的导线很细，而且是一匝挨着一匝密绕的，我们可以把它看成是一个导体圆筒，电流连续地沿环向分布（图 2-26b）。当

---

❶ 令 $B(x)$ 代表总磁感应强度，将它围绕 $x=0$ 点作泰勒展开：

$$B(x)=B(0)+x\left(\frac{\mathrm{d}B}{\mathrm{d}x}\right)_{x=0}+\frac{x^2}{2!}\left(\frac{\mathrm{d}^2B}{\mathrm{d}x^2}\right)_{x=0}+\frac{x^3}{3!}\left(\frac{\mathrm{d}^3B}{\mathrm{d}x^3}\right)_{x=0}+\frac{x^4}{4!}\left(\frac{\mathrm{d}^4B}{\mathrm{d}x^4}\right)_{x=0}+\cdots,$$

由于 $B(x)=B(-x)$，即 $B$ 是 $x$ 的偶函数，故奇次项的系数 $\left(\frac{\mathrm{d}B}{\mathrm{d}x}\right)_{x=0}$、$\left(\frac{\mathrm{d}^3B}{\mathrm{d}x^3}\right)_{x=0}$ 都等于 0。若 $\left(\frac{\mathrm{d}^2B}{\mathrm{d}x^2}\right)_{x=0}=0$，则

$$B(x)=B(0)+O(x^4)$$

式中 $O(x^4)$ 代表 $x$ 的四次方以及更高幂次的小量，所以 $B(x)$ 将在相当大的 $x$ 范围内均匀。

然严格说来二者是有区别的，在圆筒模型里我们忽略了螺线管中匝与匝间电流和磁场的波纹起伏，以及边绕边进时电流的纵向分量。下面我们计算这个载有环向电流的圆筒在轴线上产生的磁场分布。设其半径为 $R$，总长度为 $L$，单位长度内的电流为 $\iota$.[1]取圆筒的轴线为 $x$ 轴，取其中点 $O$ 为原点（图 2-27），则在长度 $\mathrm{d}l$ 内共有电流 $\iota\mathrm{d}l$，所有 $\mathrm{d}l$ 在场点 $P$ 处产生的元磁感应强度都沿轴线方向，其大小都可利用（2.29）式来计算：

$$\mathrm{d}B=\frac{\mu_0}{2}\frac{R^2\iota}{}\frac{1}{[R^2+(x-l)^2]^{3/2}}\mathrm{d}l,$$

其中 $x$ 是场点 $P$ 的坐标。整个螺线管在 $P$ 点产生的总磁场为

$$B=\frac{\mu_0 R^2\iota}{2}\int_{-L/2}^{L/2}\frac{\mathrm{d}l}{[R^2+(x-l)^2]^{3/2}}.$$

令

$$r=\sqrt{R^2+(x-l)^2}=\frac{R}{\sin\beta},$$

$$x-l=r\cos\beta,$$

$\beta$ 角的几何意义见图 2-27。由此二式得

$$\frac{x-l}{R}=\cot\beta,$$

取微分得

$$\frac{\mathrm{d}l}{R}=\frac{\mathrm{d}\beta}{\sin^2\beta}.$$

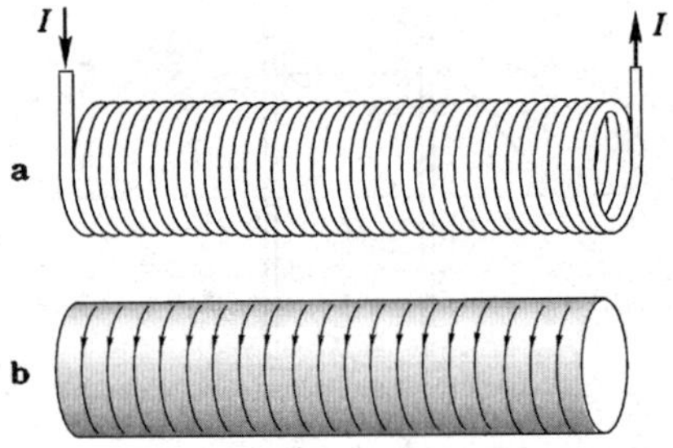

图 2-26 螺线管和它的环向电流圆筒模型

把上面的积分变量 $l$ 换为 $\beta$，则有

$$B=\frac{\mu_0\iota}{2}\int_{\beta_1}^{\beta_2}\sin\beta\,\mathrm{d}\beta=\frac{\mu_0\iota}{2}(\cos\beta_1-\cos\beta_2).\tag{2.32}$$

式中 $\beta_1$、$\beta_2$ 分别是 $\beta$ 角在圆筒两端，即 $l=\pm L/2$ 处的数值。由图上可以看出，$\cos\beta_1$、$\cos\beta_2$ 与场点坐标 $x$ 的关系是

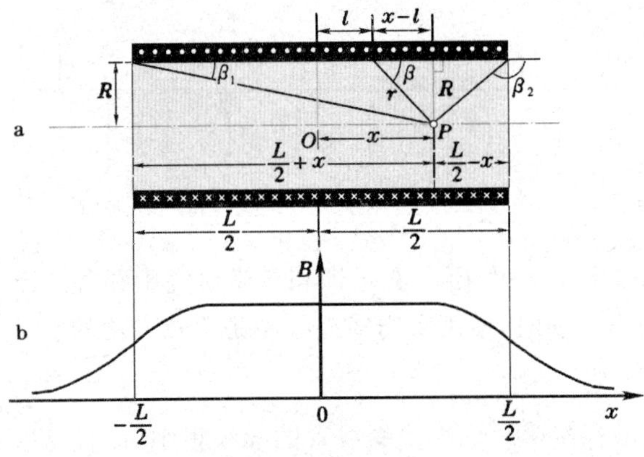


图 2—27 环向电流圆筒轴线上的磁场

$$\begin{cases}\cos\beta_1=\dfrac{x+L/2}{\sqrt{R^2+(x+L/2)^2}},\\[2ex]\cos\beta_2=\dfrac{x-L/2}{\sqrt{R^2+(x-L/2)^2}}.\end{cases}$$

将上式代入（2.32）式，即得轴线上任一点 $P$ 的磁感应强度。$B$ 随 $x$ 变化的关系见图 2-27 中的曲线，由这曲线可以看出，当 $L\gg R$ 时，在其中很大一个范围内磁场近于均匀，只在端点附近 $B$ 值才显著下降。下面我们考虑两个特殊情形：

（1）无限长圆筒

$L\to\infty$，$\beta_1=0$，$\beta_2=\pi$，因而

$$B=\mu_0\iota,\tag{2.33}$$

即 $B$ 的大小与场点的坐标 $x$ 无关。这表明在无限长环向电流圆筒轴线上的磁场是均匀的。其实这结论不仅适用于轴线上，在整个圆筒内部的空间里磁场都是均匀的（见 3.4 节例题 6），其磁感应强度的大小均为 $\mu_0\iota$，方向与轴线平行。

---

[1] $\iota$ 为希腊字母，读 jiota 约塔).

(2) 在半无限长圆筒的一端

$\beta_1=0$，$\beta_2=\pi/2$，或 $\beta_1=\pi/2$，$\beta_2=\pi$，无论哪种情形都有

$$B=\frac{\mu_0\iota}{2},\tag{2.34}$$

即在半无限长圆筒端点轴上的磁感应强度比中间减少了一半。这结果是可以理解的，因为我们可以设想将一个无限长圆筒从任何地方截成两半，这两半在这里产生的磁场方向相同。并且根据对称性，它们对总磁感应强度 $\mu_0\iota$ 的贡献应该是一样的，即每一半单独的贡献是 $\mu_0\iota/2$.

对于有限长圆筒来说，只要 $L\gg R$，上述(2.33) 式和(2.34) 式也近似地适用。

现在我们回到螺线管问题上来。设它单位长度内的匝数为 $n$，每匝的电流为 $I$，则与它相当的环向电流圆筒中 $\iota=nI$. 作这样的代换后，以上各式都对密绕螺线管适用。例如，对于无限长的螺线管，我们有

$$B=\mu_0 nI,\tag{2.35}$$

对于无限长螺线管的一端，我们有

$$B=\frac{\mu_0 nI}{2}.\tag{2.36}$$

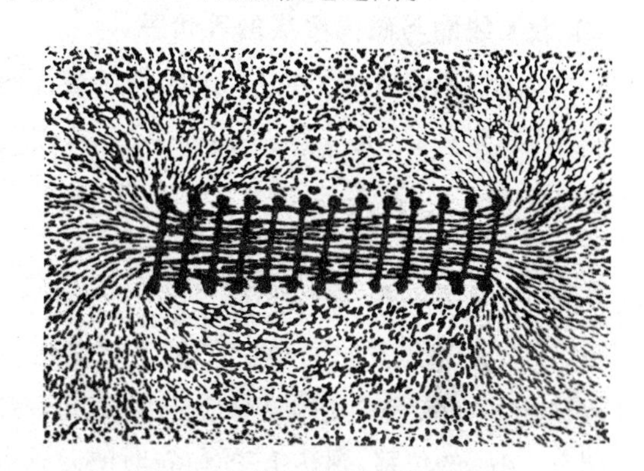

图 2-28 螺线管的磁感应线

为了得到一个螺线管的磁场在空间分布的全貌，我们给出它在整个空间产生的磁感应线分布图(图2-28)。应当指出的是，除了端点附近，在一个长螺线管外部的空间里，磁感应线很稀疏，这表示磁场在那里是很弱的。在 $L\to\infty$ 的极限情形下，整个外部空间的磁感应强度等于 0(注意：这里忽略了螺线管中电流微小的纵向分量)。因此，无限长的密绕载流螺线管是这样一种理想的装置，它产生一个匀强磁场，并把它全部限制在自己的内部。

**例题 5** 一多层密绕螺线管的内半径为 $R_1$，外半径为 $R_2$，长 $L=2l$(见图 2-29，图中打叉的区域表示绕组)。设总匝数为 $N$，导线中通过的电流为 $I$，求这螺线管中心 $O$ 点的磁感应强度。

**解：** 取螺线管中一厚为 $\mathrm{d}r$ 的绕线薄层(图 2-29 中阴影区)，据(2.32) 式，由于对中心点 $O$ 有 $\beta_2=\pi-\beta_1$，故 $\cos\beta_1-\cos\beta_2=2\cos\beta_1$，这 $\mathrm{d}r$ 薄层在 $O$ 点产生的磁感应强度 $\mathrm{d}B$ 为

$$\mathrm{d}B=\frac{\mu_0}{2}\cdot j\cdot 2\cos\beta_1\,\mathrm{d}r,$$

其中 $j=\dfrac{NI}{2l(R_2-R_1)}$，其物理意义相当于把电流看成连续分布时的电流密度，$j\mathrm{d}r$ 相当于公式(2.32) 中的 $\iota$. 因为

$$\cos\beta_1=\frac{l}{\sqrt{l^2+r^2}},$$

代入上式得：

$$\mathrm{d}B=\frac{\mu_0}{2}\cdot j\cdot\frac{2l}{\sqrt{l^2+r^2}}\mathrm{d}r,$$

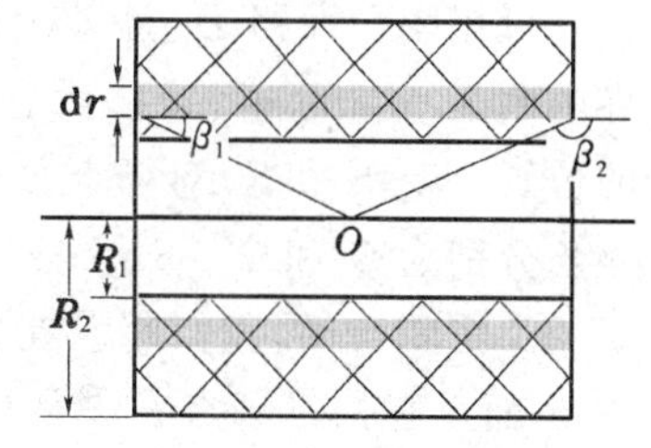


图 2-29 例题 5—— 求多层螺线管的磁场

对 $r$ 积分即得 $O$ 点的磁场：

$$B_0=\mu_0 jl\int_{R_1}^{R_2}\frac{\mathrm{d}r}{\sqrt{l^2+r^2}}=\mu_0 jl\ln\frac{R_2+\sqrt{R_2^2+l^2}}{R_1+\sqrt{R_1^2+l^2}}.\tag{2.37}$$ ▌

在实际应用中这公式常写为

$$B_0=\mu_0 jR_1\gamma\ln\frac{\alpha+\sqrt{\alpha^2+\gamma^2}}{1+\sqrt{1+\gamma^2}},\tag{2.38}$$

其中 $\gamma=l/R_1$、$\alpha=R_2/R_1$ 分别是螺线管的约化半长度和约化外半径（即以内半径 $R_1$ 为长度单位）。在一些有关磁场设计的专门参考书中多列有函数 $\gamma\ln\frac{\alpha+\sqrt{\alpha^2+\gamma^2}}{1+\sqrt{1+\gamma^2}}$ 的数值表供查阅。

## § 3. 安培环路定理

### 3.1 载流线圈与磁偶极层的等价性

如图2-30所示，考虑一个闭合的载流线圈 $L_1$，按毕奥-萨伐尔定律，它在坐标为 $\boldsymbol{r}_2$ 的场点 $P$ 产生的磁感应强度为

$$\boldsymbol{B}(\boldsymbol{r}_2)=\frac{\mu_0 I}{4\pi}\oint_{(L_1)}\frac{\mathrm{d}\boldsymbol{l}_1\times\hat{\boldsymbol{r}}_{12}}{r_{12}^2}. \tag{2.39}$$

这里 $\boldsymbol{r}_{12}=\boldsymbol{r}_2-\boldsymbol{r}_1$ 为从源点到场点的径矢，$r_{12}$ 为它的大小，$\hat{\boldsymbol{r}}_{12}$ 为沿其方向的单位矢量。[1]设想场点 $P$ 有一微小位移 $\mathrm{d}\boldsymbol{l}_2$，在该点看到的磁感应强度相当于它本身不动而线圈有 $-\mathrm{d}\boldsymbol{l}_2$ 的位移，到达 $L_1'$ 的位置时的磁感应强度。上式点乘以 $-\mathrm{d}\boldsymbol{l}_2$，并利用矢量公式(A.10) 对被积函数加以改写：

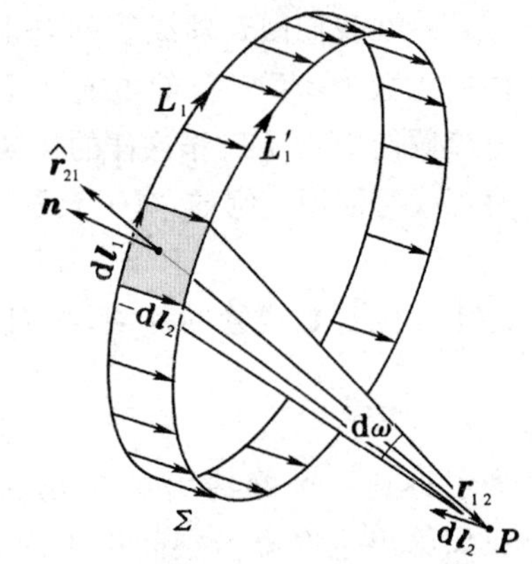

图 2—30 载流线圈平移扫过的立体角

$$-\boldsymbol{B}(\boldsymbol{r}_2)\cdot\mathrm{d}\boldsymbol{l}_2=-\frac{\mu_0 I}{4\pi}\oint_{(L_1)}\frac{\mathrm{d}\boldsymbol{l}_2\cdot(\mathrm{d}\boldsymbol{l}_1\times\hat{\boldsymbol{r}}_{12})}{r_{12}^2}=\frac{\mu_0 I}{4\pi}\oint_{(L_1)}\frac{(-\mathrm{d}\boldsymbol{l}_2\times\mathrm{d}\boldsymbol{l}_1)\cdot\hat{\boldsymbol{r}}_{12}}{r_{12}^2}. \tag{2.40}$$

如图阴影区所示，上式中矢量 $-\mathrm{d}\boldsymbol{l}_2\times\mathrm{d}\boldsymbol{l}_1$ 的大小是线元 $\mathrm{d}\boldsymbol{l}_1$ 在位移 $-\mathrm{d}\boldsymbol{l}_2$ 中扫过的面积，方向沿此面元的法向 $\boldsymbol{n}$，点乘 $\hat{\boldsymbol{r}}_{12}/r_{12}^2=-\hat{\boldsymbol{r}}_{21}/r_{21}^2$ 得此面元对场点 $P$ 所张立体角 $\mathrm{d}\omega$ 的负值，积分后得整个线圈 $L_1$ 在位移 $-\mathrm{d}\boldsymbol{l}_2$ 中扫过的环带面 $\Sigma$ 对场点 $P$ 所张的立体角 $\omega$ 的负值。从而

$$-\boldsymbol{B}(\boldsymbol{r}_2)\cdot\mathrm{d}\boldsymbol{l}_2=-\frac{\mu_0 I}{4\pi}\oint_{(L_1)}\frac{(-\mathrm{d}\boldsymbol{l}_2\times\mathrm{d}\boldsymbol{l}_1)\cdot\hat{\boldsymbol{r}}_{21}}{r_{21}^2}=-\frac{\mu_0 I}{4\pi}\oint_{(L_1)}\mathrm{d}\omega=-\frac{\mu_0 I}{4\pi}\omega. \tag{2.41}$$

设想闭合回路 $L_1$ 被某个以它为边界的曲面 $S$ 蒙起来，位移后它到达 $S'$. 的位置。令 $S$ 和 $S'$ 对场点 $P$ 所张的立体角分别为 $\Omega$ 和 $\Omega'$. $S$、$S'$ 和环带面 $\Sigma$ 组成一个闭合面，我们假设在位移过程中 $S$ 面没有扫过场点 $P$，[2]从而 $P$ 点留在此闭合面的外边。因此上述闭合面对 $P$ 点所张的立体角为 0（见图 2-31）：

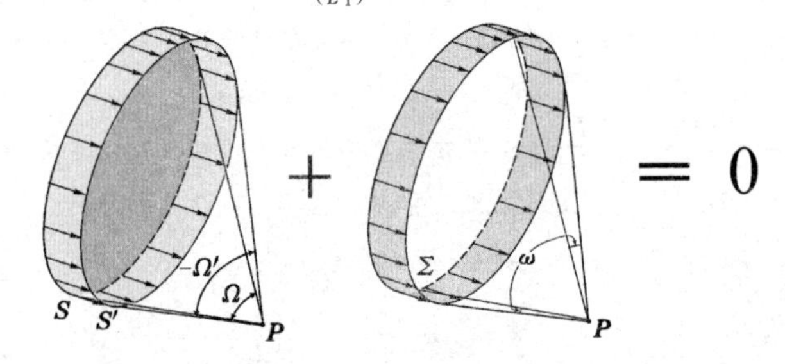

图 2-31 闭合面对场点 $P$ 所张的立体角为 0

$$\Omega-\Omega'+\omega=0, \qquad 或 \qquad \omega=\Omega'-\Omega.$$

这里 $\Omega'-\Omega$ 是因线圈 $L_1$ 作平移 $-\mathrm{d}\boldsymbol{l}_2$ 引起立体角的变化，也可以是场点 $P$ 作平移 $\mathrm{d}\boldsymbol{l}_2$ 引起立体

---

[1] 在(2.39) 式的积分里源点的径矢 $\boldsymbol{r}_1$ 沿 $L_1$ 变化，场点 $\boldsymbol{r}_2$ 不变，作环路积分后只与 $\boldsymbol{r}_2$ 有关，$\boldsymbol{B}$ 是 $r_2$ 的函数。

[2] 由于 $S$ 面可以任意弯曲，对于给定的 $P$ 点，我们总可以做到这一点。

角的变化。若作后一种理解，我们可以把立体角 $\Omega$ 看成是场点坐标 $\boldsymbol{r}_2$ 的函数，作泰勒展开：

$$\Omega' \approx \Omega + \mathrm{d}\boldsymbol{l}_2 \cdot \nabla\Omega.$$

于是

$$-\boldsymbol{B}\cdot\mathrm{d}\boldsymbol{l}_2 = -\frac{\mu_0 I}{4\pi}\mathrm{d}\boldsymbol{l}_2\cdot\nabla\Omega,$$

因 $\mathrm{d}\boldsymbol{l}_2$ 是任意的，可以消去：

$$\boldsymbol{B} = \frac{\mu_0 I}{4\pi}\nabla\Omega. \tag{2.42}$$

我们看到了，此式与1.1节给出的磁偶极层的磁场公式(2.6)非常相似，表明载流线圈与磁偶极层具有等价性。我们将在下面(5.5节)回到这个问题上来。

### 3.2 安培环路定理的表述和证明

磁感应线是套连在闭合载流回路上的闭合线。若取磁感应强度沿磁感应线的环路积分，则因 $\boldsymbol{B}$ 与 $\mathrm{d}\boldsymbol{l}$ 的夹角 $\theta=0$，$\cos\theta=1$，故在每条线上 $\boldsymbol{B}\cdot\mathrm{d}\boldsymbol{l}=|\boldsymbol{B}|\cdot|\mathrm{d}\boldsymbol{l}|>0$，从而

$$\oint \boldsymbol{B}\cdot\mathrm{d}\boldsymbol{l} \neq 0.$$

安培环路定理就是反映磁感应线这一特点的。

安培环路定理表述如下：*磁感应强度沿任何闭合环路 $L$ 的线积分，等于穿过这环路所有电流的代数和的 $\mu_0$ 倍*。用公式来表示，则有

$$\oint_{(L)} \boldsymbol{B}\cdot\mathrm{d}\boldsymbol{l} = \mu_0 \sum_{(L内)} I. \tag{2.43}$$

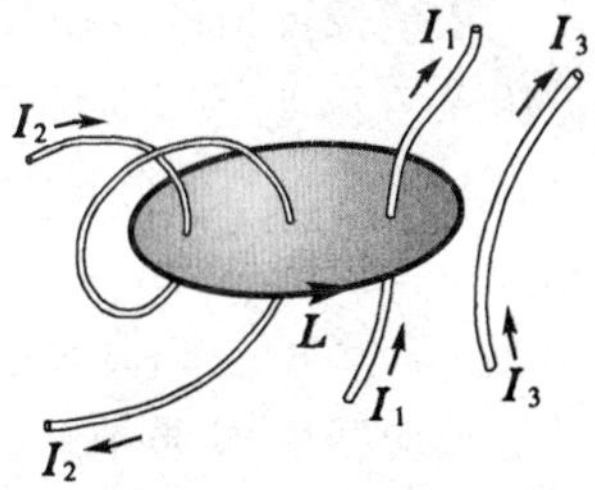

其中电流 $I$ 的正负规定如下：当穿过回路 $L$ 的电流方向与回路 $L$ 的环绕方向服从右手定则时，$I>0$，反之，$I<0$。如果电流 $I$ 不穿过回路 $L$，则它对上式右端无贡献。例如在图 2-32 所示的情形里，$\sum\limits_{(L内)} I = I_1 - 2I_2$. 今后为了叙述方便，我们把(2.43)式中的闭合积分回路 $L$ 称为“安培环路”。

图 2-32 穿过回路 $L$ 电流的正负

安培环路定理可从毕奥-萨伐尔定律出发来证明。为简单起见，我们只考虑单一载流回路。推广到含多个载流回路的情形，只需运用叠加原理。上面已从毕奥-萨伐尔定律证明，闭合载流线圈产生的磁场正比于线圈回路对场点所张立体角的梯度：

$$\boldsymbol{B} = \frac{\mu_0 I}{4\pi}\nabla\Omega.$$

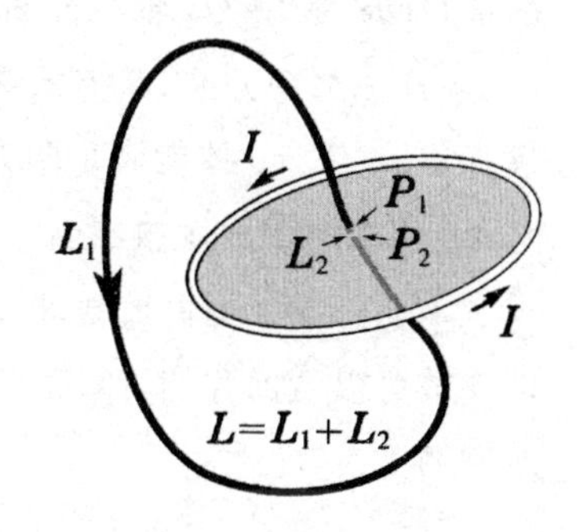


图 2-33 安培环路定理的证明

首先看安培环路 $L$ 与载流回路套连情形。如图 2-33 所示，设想以载流回路为边界蒙上一个任意曲面 $S$，$L$ 必穿过它。为了简单，我们设 $L$ 沿正向穿过 $S$ 一次(推广到反向或多次穿过 $S$ 的情形，是不难的)。在 $L$ 穿过 $S$ 的附近两侧各取一个非常靠近的点 $P_1$ 和 $P_2$，把 $L$ 分割成从 $P_1$ 到 $P_2$ 和从 $P_2$ 到 $P_1$ 两段，前者 $L_1$ 绕到边界之外，后者 $L_2$ 穿过 $S$. 取沿 $L$ 路径磁感应强度的积分：

$$\oint_{(L)} \boldsymbol{B}\cdot\mathrm{d}\boldsymbol{l} = \underset{(L_1)}{\int_{P_1}^{P_2}} \boldsymbol{B}\cdot\mathrm{d}\boldsymbol{l} + \underset{(L_2)}{\int_{P_2}^{P_1}} \boldsymbol{B}\cdot\mathrm{d}\boldsymbol{l}.$$

第一章 4.6 节已证明，当 $P_1$ 和 $P_2$ 从两侧无限趋近 $S$ 面时，立体角之差趋近于 $4\pi$，从而

$$\int_{P_1 \atop (L_1)}^{P_2} \boldsymbol{B}\cdot \mathrm{d}\boldsymbol{l} = \frac{\mu_0 I}{4\pi}\int_{P_1 \atop (L_1)}^{P_2} \nabla\Omega\cdot \mathrm{d}\boldsymbol{l} = \frac{\mu_0 I}{4\pi}(\Omega_2-\Omega_1) = \frac{\mu_0 I}{4\pi}\times 4\pi = \mu_0 I.$$

由于 $L_2$ 穿过 $S$ 时 $\boldsymbol{B}$ 是连续且有限的，当 $P_1$ 和 $P_2$ 无限趋近时，沿 $L_2$ 的积分趋于 0：

$$\int_{P_2 \atop (L_2)}^{P_1} \boldsymbol{B}\cdot \mathrm{d}\boldsymbol{l} = 0.$$

于是我们得到

$$\oint_{(L)} \boldsymbol{B}\cdot \mathrm{d}\boldsymbol{l} = \mu_0 I.$$

如果安培环路 $L$ 不与载流回路套连，则环绕它一周立体角 $\Omega$ 回到原值，积分为 0。

至此我们对于一个载流回路证明了安培环路定理。在此基础上运用叠加原理，即可解决多个载流回路（或同一载流回路多次穿过积分环路）的情形。

最后我们再强调一下安培环路定理表达式中各物理量的含义。(2.43) 式右端的 $\sum\limits_{(L内)} I$ 中只包括穿过闭合回路之内的电流，但左端的 $\boldsymbol{B}$ 却代表空间所有电流产生的磁场强度的矢量和，其中也包括那些不穿过 $L$ 的电流产生的磁场，只不过后者的场沿闭合环路积分后的总效果等于 0。

### 3.3 磁感应强度 B 是轴矢量

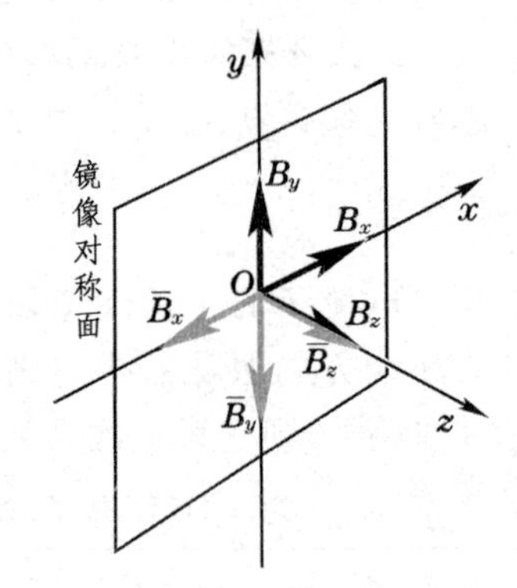


图 2-34 磁感应强度必与镜像对称面垂直

从镜像反射的变换规律看，矢量分为极矢量和轴矢量两种（详见附录 A 第 4 节），前者与镜面平行的分量不变，垂直的分量反向；后者与镜面垂直的分量不变，平行的分量反向。两个极矢量叉乘得轴矢量。径矢、线元、速度、力、电场强度、电偶极矩等是极矢量。按毕奥－萨伐尔定律，磁感应强度是电流元和径矢的叉乘，是轴矢量。从磁感应强度 $\boldsymbol{B}$ 是轴矢量可引出一个重要的推论，即镜面对称的载流系统在镜面处产生的磁感应强度必与该面垂直。此结论可按对称性原理论证如下。如图 2-34 所示，在镜面上任一点 $O$ 取直角坐标系 $Oxyz$，其中 $Oz$ 轴与镜面垂直。执行镜像反射变换：$\overline{B}_x=-B_x$，$\overline{B}_y=-B_y$. 另一方面，载流系统的镜面对称性要求 $\overline{B}_x=B_x$，$\overline{B}_y=B_y$. 只有 $B_x=B_y=0$ 才能满足两方面的要求，亦即，只有 $B_z$ 分量可能不等于 0。

### 3.4 安培环路定理应用举例

正如高斯定理可以帮助我们计算某些具有一定对称性的带电体的电场分布一样，安培环路定理也可以帮助我们计算某些具有一定对称性的载流导线的磁场分布，下面我们就举几个这方面的例子。

**例题 6** 求圆截面的无限长载流直导线的磁场分布，设导线的半径为 $R$，电流 $I$ 均匀地通过横截面。

**解：** 如图 2-35a 所示，取通过轴线的任意方位的平面 $\Pi$ 为镜面，载流导线对它们都是镜像对称的。根据上节的论述，作为轴矢量的磁感应强度 $\boldsymbol{B}$ 处处与它垂直。所以磁感应线是一些与导线同轴的圆圈。取柱坐标系 $(\rho,\varphi,z)$。由于导线无限长，它具有沿 $z$ 方向的平移不变性，磁感应强度只与场点到轴线的垂直距离 $\rho$ 有关。因此在每条圆形磁感应线上 $\boldsymbol{B}$ 的大小 $B$ 是常量。取半径为 $r$ 的磁感应线为安培环路，我们有

$$\oint \boldsymbol{B}\cdot \mathrm{d}\boldsymbol{l} = \oint B\cos 0^\circ \mathrm{d}l = 2\pi RB.$$

根据安培环路定理，这积分应等于通过环路的电流 $I'$ 的 $\mu_0$ 倍，即

$$2\pi rB=\mu_0 I',$$

$$B=\frac{\mu_0 I'}{2\pi r}. \tag{2.44}$$

$I'$ 等于多少？ 需要分两种情况来讨论。

(1) 当 $r>R$ 时，全部电流 $I$ 通过安培环路，$I'=I$，于是

$$B=\frac{\mu_0 I}{2\pi r}.$$

上式表明，从导线外部看来，磁场分布与全部电流集中在轴线上无异，$B$ 与 $r$ 成反比。

(2) 当 $r<R$ 时，导线中电流只有一部分通过安培环路。因为导线中的电流密度为 $j=\dfrac{I}{\pi R^2}$，安培环路包围的面积为 $\pi r^2$，故通过安培环路的电流为 $I'=j\pi r^2=Ir^2/R^2$，代入(2.44)式，得

$$B=\frac{\mu_0 Ir}{2\pi R^2}.$$

上式表明，在导线内部，$B$ 与 $r$ 成正比。将上述情况归纳起来，我们有

$$B=\begin{cases}\dfrac{\mu_0 I}{2\pi r} & (r>R),\\[2ex] \dfrac{\mu_0 Ir}{2\pi R^2} & (r<R).\end{cases} \tag{2.45}$$

沿径矢磁感应强度 $B$ 的分布示于图 2－35b。可以看出，导线表面处 $B$ 的数值最大。▌

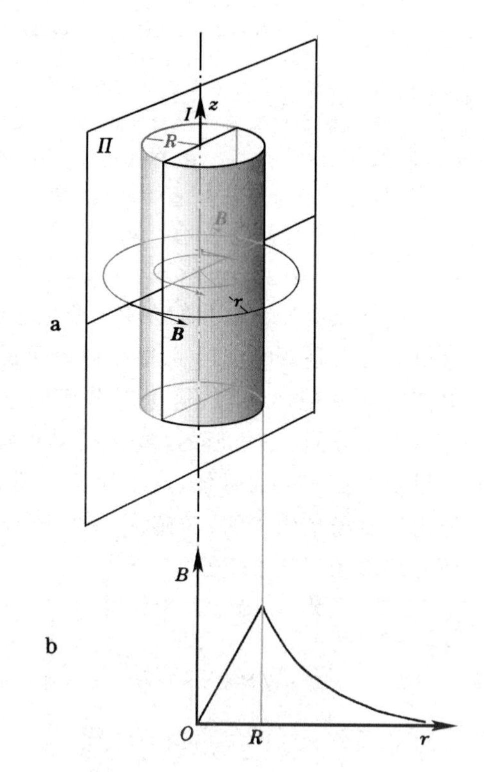


图 2－35 例题 6—— 无限长圆截面直导线的磁场分布

在 2.5 节我们讨论了载环向电流的导体圆筒（或者说，密绕螺线管）在轴线上产生的磁场分布，现在我们利用安培环路定理再对此问题作进一步的分析。

**例题 7** 求无限长环向电流筒（或者说，无限长密绕螺线管）产生的磁场分布。

**解：** 设环向电流沿长筒方向的分布是均匀的，则无限长环向电流筒对它的任何横截面 $\Pi$ 都是镜像对称的。所以根据上节的论述，作为轴矢量的磁感应强度 $\boldsymbol{B}$ 处处与它垂直（见图 2－36），即所有磁感应线都是与轴线平行的直线。

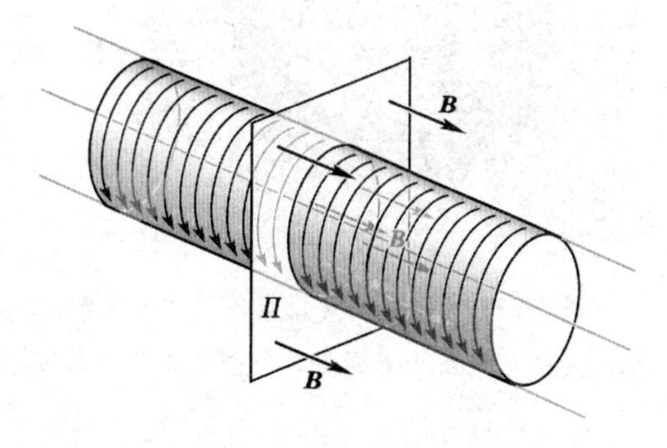


图 2－36 例题 7—— 无限长环向电流筒的磁场分布(1)

在筒外离轴无限远处的磁感应强度为 0。❶为了求某个场点 $P$ 处磁感应强度 $B(P)$，可取矩形安培环路 $L$ 如图 2－37a、b 所示：其一对短边长 $\Delta l$ 与磁感应线平行，一边通过 $P$ 点，一边在无穷远；另两边与之垂直。除了通过 $P$ 点的一边外，在其余三边上的积分得 0，故

$$\oint_{(L)}\boldsymbol{B}\cdot \mathrm{d}\boldsymbol{l}=B(P)\Delta l.$$

令通过此安培环路的电流为 $\Delta I'$，则按安培环路定理，

❶ 这一点可利用电流环与磁壳等价来论证。每个环形电流相当于一个磁偶极层，环向电流筒就相当于许多磁偶极层叠放在一起，组成一个磁棒。如果这个磁棒无限长，则它的两极到轴外无穷远点的距离为无穷大。按照磁荷的库仑定律，在那里的磁场趋于 0。

$$\oint_{(L)} \boldsymbol{B}\cdot d\boldsymbol{l} = B(P)\Delta l = \mu_0 \Delta I'.$$

至于说 $\Delta I'$ 等于多少？需要区分两种情况：

(1) $P$ 在环向电流筒外，$\Delta I'=0$，故

$$B(P)=0. \tag{2.46}$$

(2) $P$ 在环向电流筒内，$\Delta I'=\iota\Delta l$，故

$$B(P)=\mu_0\iota, \tag{2.47}$$

式中 $\iota$ 为单位筒长里的电流（对于密绕螺线管，$\iota=nI$）。▌

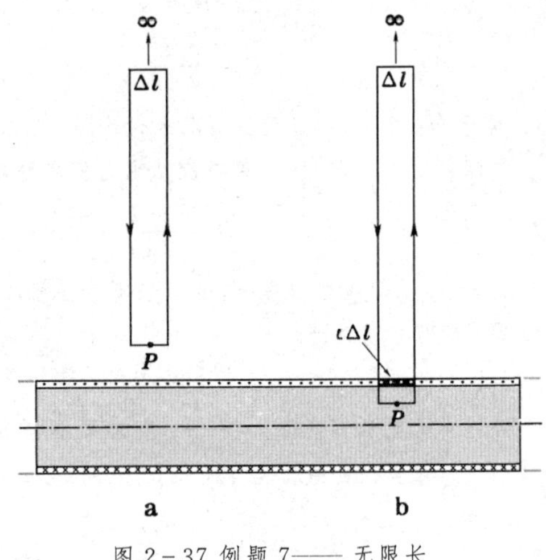


图 2-37 例题 7—— 无限长环向电流筒的磁场分布(2)

类似以上的结果我们在 2.5 节里已经得到过，不过这里有几点是新的：(1) 那里只讨论了圆形截面的环向电流筒或密绕螺线管，这里对截面的形状没有限制。它可以是方的、三角形的，或任何异形截面。(2) 那里只讨论了轴线上的磁场，这里讨论了所有地方，从而知道内部磁场是均匀的，磁感应强度 $B$ 到处都等于 $\mu_0\iota$，而外部磁场到处等于 0。

**例题 8**　绕在环面上的螺线形线圈（图 2-38）叫做螺绕环。设环的总匝数为 $N$，通过的电流为 $I$. 求磁场分布。

**解：**　类似于螺线管，我们也可以将密绕的螺绕环看成是在环面上角向连续均匀分布的电流。这种电流分布与例题 6 一样，具有轴对称性和对于任何通过轴线的平面 $\Pi$ 的镜像对称性，从而用同样的方法可以论证，磁感应线都是与环共轴的圆圈。在环面内部沿半径为 $R$ 的磁感应线积分，由安培环路定理得

$$\oint \boldsymbol{B}\cdot d\boldsymbol{l} = \mu_0 NI,$$

于是

$$B=\frac{\mu_0 NI}{2\pi R}. \tag{2.48}$$

在环面外 $B$ 恒等于 0。若环很细，环面内部各处 $R$ 的差别不大，上式中的 $N/2\pi R$ 可理解为圆周上单位长度内的匝数 $n$，上式化为

$$B=\mu_0 nI, \tag{2.49}$$

它就变得与无限长螺线管内的磁场公式（2.47）形式上一样了。图 2-39 显示出了螺绕环的磁感应线。▌

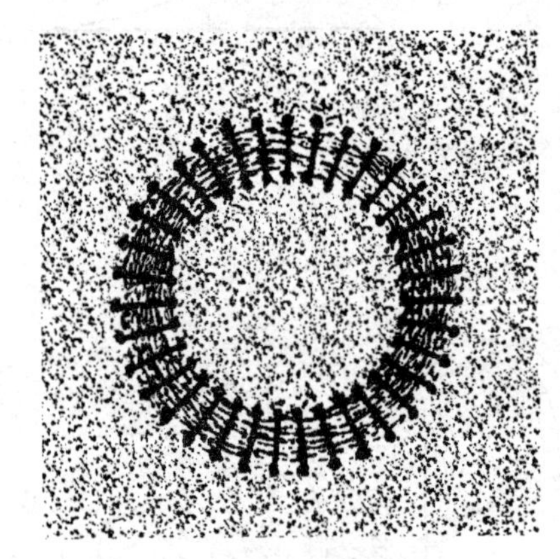

图 2-39 螺绕环磁感应线的显示

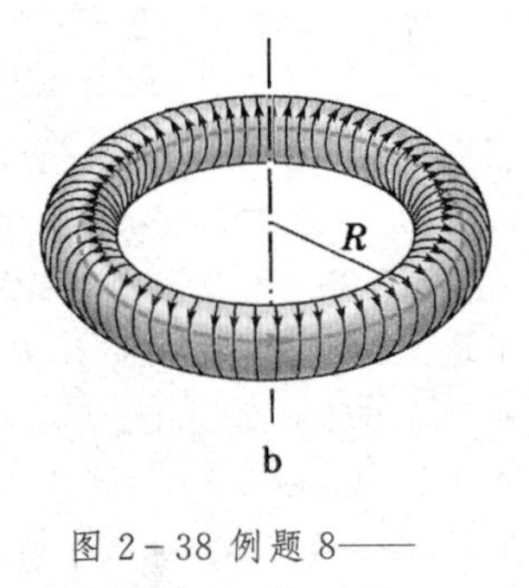


图 2-38 例题 8——螺绕环的磁场分布

一种叫托卡马克的大型磁约束热核聚变装置，其螺线管的截面是豆形的（见图 2-40）。上面的推演中并没有限定螺线管的截面为圆形，所得结论适用于任何异型截面。

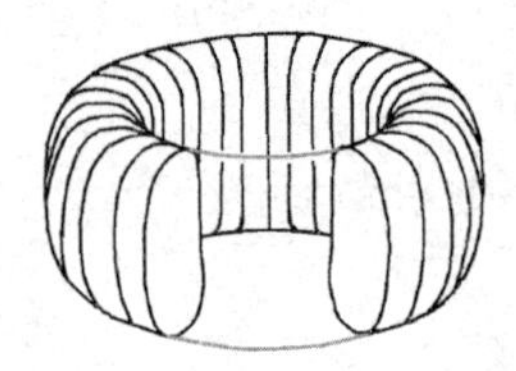

图 2-40 托卡马克中豆形截面的螺线管

# §4. 磁场的“高斯定理” 磁矢势

## 4.1 磁场的“高斯定理”

仿照第一章中引入电通量的办法,我们规定通过一个曲面 $S$ 的磁感应通量(简称磁通量)为

$$\Phi_B = \iint\limits_{(S)} B\cos\theta\,\mathrm{d}S = \oiint\limits_{(S)} \boldsymbol{B}\cdot\mathrm{d}\boldsymbol{S}, \tag{2.50}$$

式中 $\theta$ 为磁感应强度 $\boldsymbol{B}$ 与面元 $\mathrm{d}\boldsymbol{S}$ 的法线矢量 $\boldsymbol{n}$ 之间的夹角,$\mathrm{d}\boldsymbol{S}=\boldsymbol{n}\,\mathrm{d}S$ 为面元矢量。根据(2.50)式,在 MKSA 单位制中磁感应通量的单位是 $\mathrm{T\cdot m^2}$,这个单位叫做韦伯,记作 Wb,即

$$1\,\mathrm{Wb} = 1\,\mathrm{T}\times 1\,\mathrm{m}^2 \quad 或 \quad 1\,\mathrm{T} = \frac{1\,\mathrm{Wb}}{1\,\mathrm{m}^2}.$$

反过来,我们也可把磁感应强度的大小 $B$ 看成是通过单位面积的磁通量,即磁通密度。所以在 MKSA 单位制中,磁感应强度 $B$ 的单位常写成 $\mathrm{Wb/m^2}$.

正如电场线的疏密反映了电场强度的大小一样,磁感应线的疏密也反映了磁感应强度的大小,即磁感应线密集的地方磁感应强度 $B$ 大,磁感应线稀疏的地方磁感应强度 $B$ 小。

现在我们来看磁感应通量所服从的物理规律。

由于载流导线产生的磁感应线是无始无终的闭合线,可以想象,从一个闭合曲面 $S$ 的某处穿进的磁感应线必定要从另一处穿出(参看图 2-41),所以通过任意闭合曲面 $S$ 的磁通量恒等于 0,即

$$\oiint\limits_{(S)} B\cos\theta\,\mathrm{d}S = \oiint\limits_{(S)} \boldsymbol{B}\cdot\mathrm{d}\boldsymbol{S} = 0. \tag{2.51}$$

在一般书籍中,这定理并没有很通用的名称。我们姑且把这个结论叫做磁场的“高斯定理”。

我们知道,静电学中高斯定理是可以从库仑定律出发加以严格证明的,上述磁场的“高斯定理”(2.51)式也可以从毕奥-萨伐尔定理出发加以严格的证明。为此我们先证明(2.51)式对单个电流元成立。我们知道,按照毕奥-萨伐尔定律(2.19)式,单个电流元 $I\,\mathrm{d}\boldsymbol{l}$ 产生的磁感应线是以 $\mathrm{d}\boldsymbol{l}$ 方向为轴线的圆(参见图 2-41),在圆周上元磁场的数值处处相等:

$$\mathrm{d}B = \frac{\mu_0}{4\pi}\frac{I\,\mathrm{d}l\sin\theta}{r^2}.$$

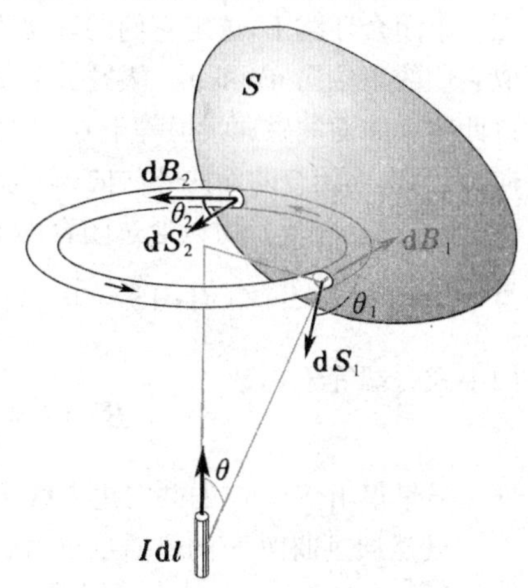

图 2-41 磁场“高斯定理”的证明

现如图 2-41 所示,取一任意闭合曲面 $S$. 显然,每根圆形的闭合磁感应线或者不与 $S$ 相交,或者穿过它两次(更普遍些,应该说是偶数次),一次穿入,一次穿出。与 $S$ 不相交的磁感应线对磁通量无贡献,下面只考虑贯穿 $S$ 的磁感应线。在穿入处取一面元 $\mathrm{d}\boldsymbol{S}_1$,通过其边缘各点的磁感应线围成一环状磁感应管,此管在 $S$ 面上的另一处截出另一面元 $\mathrm{d}\boldsymbol{S}_2$,管内磁感应线由此穿出,电流元 $I\,\mathrm{d}\boldsymbol{l}$ 产生的磁场通过两面元的磁感应通量分别为

$$\begin{cases} \mathrm{d}\Phi_{B1} = \dfrac{\mu_0}{4\pi}\dfrac{I\,\mathrm{d}l\sin\theta}{r^2}\mathrm{d}S_1\cos\theta_1 = \dfrac{\mu_0}{4\pi}\dfrac{I\,\mathrm{d}l\sin\theta}{r^2}\mathrm{d}S_1^*, \\ \mathrm{d}\Phi_{B2} = \dfrac{\mu_0}{4\pi}\dfrac{I\,\mathrm{d}l\sin\theta}{r^2}\mathrm{d}S_2\cos\theta_2 = \dfrac{\mu_0}{4\pi}\dfrac{I\,\mathrm{d}l\sin\theta}{r^2}\mathrm{d}S_2^*, \end{cases}$$

式中 $\theta$ 是 $\mathrm{d}\boldsymbol{l}$ 与径矢 $\boldsymbol{r}$ 间的夹角，$\theta_1$、$\theta_2$ 分别是 $\mathrm{d}\boldsymbol{S}_1$ 和 $\mathrm{d}\boldsymbol{S}_2$（即曲面 $S$ 的外法线）与磁感应线切线间的夹角。这里 $\theta_1>\pi/2$，$\cos\theta_1<0$；$\theta_2<\pi/2$，$\cos\theta_2>0$. 此外 $\mathrm{d}S_1^*=\mathrm{d}S_1|\cos\theta_1|$，$\mathrm{d}S_2^*=\mathrm{d}S_2|\cos\theta_2|$，它们是 1、2 两处磁感应管正截面的面积。由于磁感应管呈严格的圆环状，其正截面处处相等：$\mathrm{d}S_1^*=\mathrm{d}S_2^*$，从而 $\mathrm{d}\Phi_{B1}=-\mathrm{d}\Phi_{B2}$，即 $\mathrm{d}\Phi_{B1}+\mathrm{d}\Phi_{B2}=0$.

显然，对应于 $S$ 上每个磁感应线穿入的面元 $\mathrm{d}S_1$，都有一个相应的面元 $\mathrm{d}S_2$，磁感应线从该处穿出，两处磁通量的代数和为 0。于是，我们证明了，对于单个电流元(2.51) 式成立。

任意载流回路产生的总磁场 $\boldsymbol{B}$ 是各电流元产生的元磁场 $\mathrm{d}\boldsymbol{B}$ 的矢量和，从而通过某一面元 $\mathrm{d}\boldsymbol{S}$ 的总磁通量 $\Phi_B$ 将是各电流元产生元磁通量 $\mathrm{d}\Phi_B$ 的代数和。[1]至此，磁场的“高斯定理”得到了完全的证明。

任意载流回路产生的磁感应管，一般说来其截面是不均匀的。磁场的“高斯定理”(2.51) 式意味着，由一端进入一段磁感应管的通量在数值上等于由另一端穿出的通量。由此可见，当磁感应管的截面不均匀时，我们就可以断定，磁感应管膨大的地方，磁场必定较弱；磁感应管收缩的地方，磁场必定较强。例如在一个有限长的螺线管两端磁感应线趋于分散，那里的磁场就比中间弱。反之，当我们看到沿某一直线上磁感应强度数值不变时，就可以断定在该直线附近的磁感应管的截面必定均匀，从而可知，在此直线附近的磁感应线也是平行于轴的直线。

### 4.2 磁矢势

上面只是运用磁场的“高斯定理”(2.51) 式来分析磁场分布的一个例子，这个定理更根本的意义在于它使我们有可能引入另一个矢量—— 磁矢势的概念。磁场中磁矢势与静电场中电势概念上是相当的，不过前者是矢量，后者是标量。

磁场的“高斯定理”表明：通过一个曲面的磁通量仅由此曲面的边界线所决定。如图 2－42 所示，在一个闭合环路 $L$，选定它们的环绕方向。在 $L$ 上任意作两个不同的曲面 $S_1$ 和 $S_2$，按右手螺旋定则取它们的正法向 $\boldsymbol{n}_1$ 和 $\boldsymbol{n}_2$. 从另一个角度看，$S_1$ 和 $S_2$ 组成一个闭合曲面 $S$，根据磁场的“高斯定理”，通过此闭合曲面的磁通量恒等于 0。用公式来表达时应注意法线的方向，因为作为闭合曲面的外法向，必与 $S_1$、$S_2$ 原来所取的正法向之一（譬如说 $S_2$）相反。所以通过闭合面 $S$ 的磁通量是通过 $S_1$、$S_2$ 磁通量之差：

$$\oint\!\!\!\oint_{(S)}\boldsymbol{B}\cdot\mathrm{d}\boldsymbol{S}=\iint_{(S_1)}\boldsymbol{B}\cdot\mathrm{d}\boldsymbol{S}-\iint_{(S_2)}\boldsymbol{B}\cdot\mathrm{d}\boldsymbol{S},$$

因上式右端等于 0，故

$$\iint_{(S_1)}\boldsymbol{B}\cdot\mathrm{d}\boldsymbol{S}=\iint_{(S_2)}\boldsymbol{B}\cdot\mathrm{d}\boldsymbol{S},$$

即磁通量仅由 $S_1$、$S_2$ 的共同边界线 $L$ 所决定。

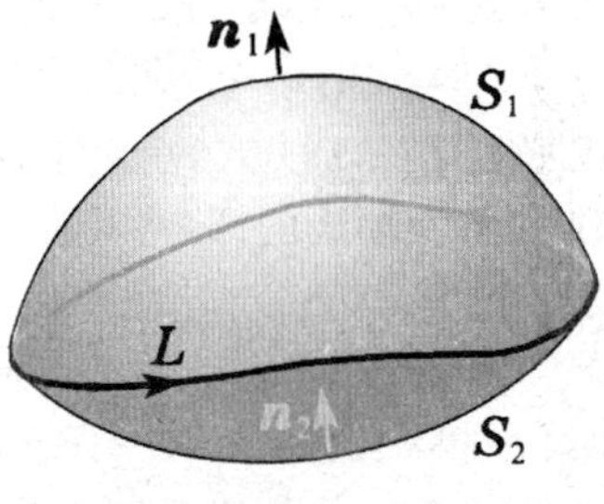

图 2－42 磁通量仅由曲面的边界线所决定

既然通过曲面 $S$ 的磁通量仅由它的边界线 $L$ 所决定，我们就可能找到一个矢量 $\boldsymbol{A}$，它沿 $L$ 作线积分等于通过 $S$ 的磁通量：

$$\oint_{(L)}\boldsymbol{A}\cdot\mathrm{d}\boldsymbol{l}=\iint_{(S)}\boldsymbol{B}\cdot\mathrm{d}\boldsymbol{S}. \tag{2.52}$$

数学上可以证明，这样的矢量 $\boldsymbol{A}$ 的确是存在的。对于磁感应强度 $\boldsymbol{B}$，这个矢量 $\boldsymbol{A}$ 叫做磁矢势。矢量 $\boldsymbol{A}$ 是与矢量 $\boldsymbol{B}$ 联系在一起的，磁矢势 $\boldsymbol{A}$ 也是一个矢量场。

[1] 这样的推理，我们在第一章 §4 证明电场的高斯定理时已用过，这里不细说了。感到不清楚的读者可翻阅一下该处。

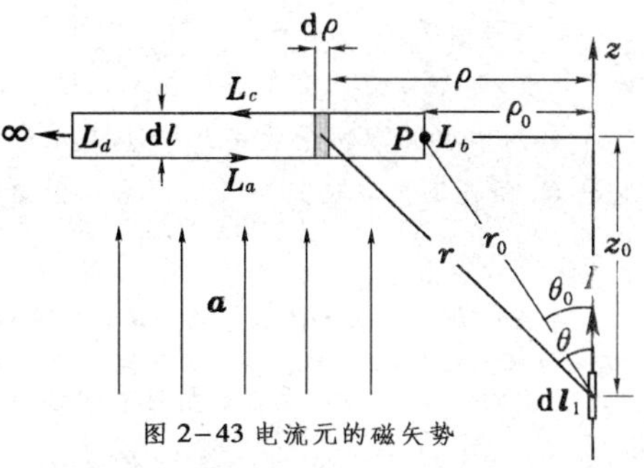

图 2-43 电流元的磁矢势

现在我们设法来找电流产生的磁场中磁矢势的表达式。为此,从电流元作起。我们先假设磁矢势 $\boldsymbol{a}$ 与电流元平行。以电流元 $I\mathrm{d}l_1$ 为轴取柱坐标,矢量 $\boldsymbol{a}$ 只有 $z$ 分量 $a_z$. 取一狭长矩形闭合环路 $L=L_a+L_b+L_c+L_d$,如图 2-43 所示,一对长边 $L_a$ 和 $L_c$ 沿辐向,一对短边 $L_b$ 和 $L_d$ 与电流元平行,其中 $L_b$ 通过场点 $P$,$L_d$ 趋向无穷远。沿此回路取磁矢势 $\boldsymbol{a}$ 的环量。因磁矢势与 $L_a$ 和 $L_c$ 垂直,这两边上的积分对环量无贡献。我们取无穷远处的磁矢势为 0,❶ $L_d$ 边上的积分对环量也无贡献。唯一有贡献的是 $L_b$ 边上的积分。我们把它的边长取成无穷小量 $\mathrm{d}l$,于是有

$$\oint_{(L)}\boldsymbol{a}\cdot\mathrm{d}\boldsymbol{l}=\int_{(L_a)}\boldsymbol{a}\cdot\mathrm{d}\boldsymbol{l}+\int_{(L_b)}\boldsymbol{a}\cdot\mathrm{d}\boldsymbol{l}+\int_{(L_c)}\boldsymbol{a}\cdot\mathrm{d}\boldsymbol{l}+\int_{(L_d)}\boldsymbol{a}\cdot\mathrm{d}\boldsymbol{l}=\int_{(L_b)}\boldsymbol{a}\cdot\mathrm{d}\boldsymbol{l}=a_z(P)\mathrm{d}l. \quad (2.53)$$

下面我们来计算通过 $L$ 的磁通量。以电流元 $I\mathrm{d}l_1$ 为原点取柱坐标 $(\rho,\varphi,z)$,我们所考虑的特殊场点 $P$ 和回路 $L$ 在 $\varphi=0$ 平面内,$P$ 点的坐标为 $(\rho_0,0,z_0)$,回路 $L$ 所包围的范围内场点的 $z$ 坐标近似等于 $z_0$. 按毕奥-萨伐尔定律(2.19)式,电流元 $I\mathrm{d}l_1$ 在那里产生的元磁场的大小为

$$\mathrm{d}B=\frac{\mu_0}{4\pi}\frac{I\mathrm{d}l_1\sin\theta}{r^2},$$

通过 $L$ 的磁感应通量为

$$\mathrm{d}\Phi_B=\frac{\mu_0 I\mathrm{d}l_1\mathrm{d}l}{4\pi}\int_{\rho_0}^{\infty}\frac{\sin\theta\,\mathrm{d}\rho}{r^2},$$

式中 $r=z_0/\cos\theta$, $\rho=z_0\tan\theta$, $\mathrm{d}\rho=z_0\mathrm{d}\theta/\cos^2\theta$,于是

$$\mathrm{d}\Phi_B=\frac{\mu_0 I\mathrm{d}l_1\mathrm{d}l}{4\pi z_0}\int_{\theta_0}^{\pi/2}\sin\theta\,\mathrm{d}\theta=\frac{\mu_0 I\mathrm{d}l_1\mathrm{d}l}{4\pi z_0}\cos\theta_0=\frac{\mu_0 I\mathrm{d}l_1\mathrm{d}l}{4\pi r_0}, \quad (2.54)$$

式中 $r_0$ 是 $P$ 点到电流元的距离。按(2.52)式,(2.53)、(2.54)两式应相等,由此得

$$a_z(P)=\frac{\mu_0 I\mathrm{d}l_1}{4\pi r_0}.$$

因矢量 $\boldsymbol{a}(P)$ 与 $\mathrm{d}\boldsymbol{l}$ 方向相同,上式可写作矢量式:

$$\boldsymbol{a}(P)=\frac{\mu_0 I\mathrm{d}\boldsymbol{l}_1}{4\pi r_0}. \quad (2.55)$$

这样,我们就找到了电流元所产生磁场中磁矢势的一个表达式。

对于任意闭合载流回路 $L_1$,我们只需将上式对此回路积分:

$$\boldsymbol{A}(P)=\frac{\mu_0 I}{4\pi}\oint_{(L_1)}\frac{\mathrm{d}\boldsymbol{l}_1}{r}, \quad (2.56)$$

在上式中 $r_0$ 成为变量,我们把它的下标 0 去掉了。这样,我们就找到了任意载流回路所产生磁场中磁矢势的一个表达式。我们说“一个”,是想说磁矢势的表达式不唯一。这个问题我们将在以后适当的地方论述。

**例题 9** 一对平行无限长直导线,其中载有等量反向电流 $I$,求磁矢势。

**解:** 分两步走,先求一根导线的磁矢势,再把两根导线的磁矢势叠加起来。

(1) 一根无限长载流直导线的磁矢势

---

❶ 与电势相似,其零点可以选择。

假设磁矢势 $\boldsymbol{A}$ 与电流元平行。如图 2-44a 所示，以载流导线为轴取柱坐标，矢量 $\boldsymbol{A}$ 只有 $z$ 分量 $A_z$. 由于导线无限长，即沿 $z$ 方向有平移对称性，$A_z$ 与 $z$ 无关。由于轴对称性，$A_z$ 与 $\varphi$ 无关。所以 $A_z$ 只是 $\rho$ 的函数：$A_z=A_z(\rho)$. 在场内取两个场点 $P$ 和 $Q$，取矩形闭合环路 $L=L_a+L_b+L_c+L_d$，边 $L_a$ 和 $L_c$ 沿辐向，$L_b$ 通过 $P$，$L_d$ 通过 $Q$. 沿此回路取磁矢势 $\boldsymbol{A}$ 的环量。因磁矢势与 $L_a$ 和 $L_c$ 垂直，这两边上的积分对环量无贡献。设 $L_b$ 和 $L_d$ 的边长为 $l$，则有

$$\oint_{(L)}\boldsymbol{A}\cdot\mathrm{d}\boldsymbol{l}=\int_{(La)}\boldsymbol{A}\cdot\mathrm{d}\boldsymbol{l}+\int_{(Lb)}\boldsymbol{A}\cdot\mathrm{d}\boldsymbol{l}+\int_{(Lc)}\boldsymbol{A}\cdot\mathrm{d}\boldsymbol{l}+\int_{(Ld)}\boldsymbol{A}\cdot\mathrm{d}\boldsymbol{l}=\int_{(Lb)}\boldsymbol{A}\cdot\mathrm{d}\boldsymbol{l}+\int_{(Ld)}\boldsymbol{A}\cdot\mathrm{d}\boldsymbol{l}=[A_z(\rho_P)-A_z(\rho_Q)]\ l. \quad \text{(a)}$$

另一方面，按(2.28)式，无限长载流直导线产生的磁场为

$$B=\frac{\mu_0 I}{2\pi\rho},$$

通过 $L$ 的磁感应通量为

$$\Phi_B=l\int_{\rho P}^{\rho Q}B\,\mathrm{d}\rho=\frac{\mu_0 I l}{2\pi}\int_{\rho P}^{\rho Q}\frac{\mathrm{d}\rho}{\rho}=\frac{\mu_0 I l}{2\pi}\ln\frac{\rho_Q}{\rho_P}. \quad \text{(b)}$$

(a)、(b)两式应相等给出

$$A_z(P)-A_z(Q)=\frac{\mu_0 I}{2\pi}\ln\frac{\rho_Q}{\rho_P}. \quad (2.57)$$

(2) 两根无限长载流直导线磁矢势的叠加

在 $\rho$ 上加上标 + 或 -，如 $\rho_P^+$、$\rho_P^-$、$\rho_Q^+$、$\rho_Q^-$ 分别表示场点 $P$、$Q$ 到载正、负向电流导线的垂直距离。如图 2-44b 所示，把 $Q$ 点取在两导线的中垂面上，从而 $\rho_Q^+=\rho_Q^-$. 利用上面得到的结果(2.57)式，正、负电流的磁矢势分别为

$$\begin{cases}A_z^+(P)-A_z^+(Q)=\dfrac{\mu_0 I}{2\pi}\ln\dfrac{\rho_Q^+}{\rho_P^+},\\[2ex] A_z^-(P)-A_z^-(Q)=-\dfrac{\mu_0 I}{2\pi}\ln\dfrac{\rho_Q^-}{\rho_P^-};\end{cases} \quad (2.58)$$

总的磁矢势为

$$\begin{aligned}A_z(P)-A_z(Q)&=[A_z^+(P)-A_z^+(Q)]+[A_z^-(P)-A_z^-(Q)]\\&=\frac{\mu_0 I}{2\pi}\left(\ln\frac{\rho_Q^+}{\rho_P^+}-\ln\frac{\rho_Q^-}{\rho_P^-}\right)=\frac{\mu_0 I}{2\pi}\ln\frac{\rho_P^-}{\rho_P^+}.\end{aligned}$$

取 $Q$ 点为磁矢势的零点，即 $A_z(Q)=0$，并略去 $\rho_P^+$、$\rho_P^-$ 的下标 $P$，上标 ± 改为下标，则有

$$A_z=\frac{\mu_0 I}{2\pi}\ln\frac{\rho_-}{\rho_+}. \quad (2.59)$$ ▌

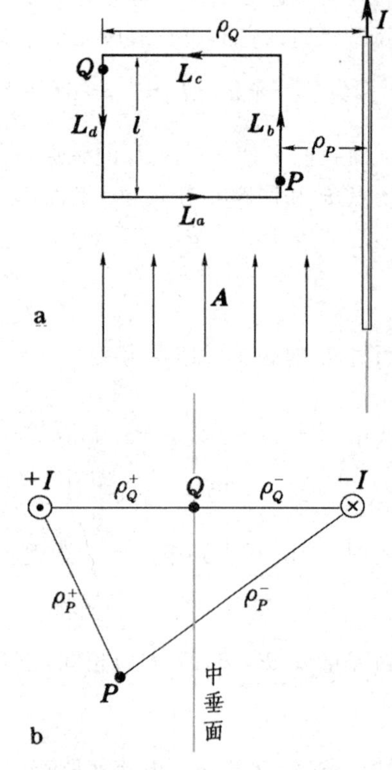


图 2-44 例题 9——一对反平行无限长载流直导线的磁矢势

(2.57)式表明，对于单根无限长载流导线，磁矢势的零点 $Q$ 既不能取在无穷远($\rho_Q=\infty$，$\ln\rho_Q\to+\infty$)，也不能取在导线上($\rho_Q=0$，$\ln\rho_Q\to-\infty$)。(2.59)式表明，对于一双无限长反向载流导线，磁矢势的零点既可取在中垂面上的任何地方，也可取在无穷远。[1]

**例题** 10 一无限长圆柱形导体，半径为 $R$，载有在截面上均匀分布的电流 $I$，求磁矢势。

**解：** 例题 6 的结果告诉我们，无限长圆柱形载流导体在外部产生的磁场分布与电流集中在轴线上的情况无异，故例题 9 的结果(2.57)式在这里也适用。取 $Q$ 点在柱体表面，该式给出

$$A_z(r)-A_z(R)=-\frac{\mu_0 I}{2\pi}\ln\frac{r}{R}\quad (r>R). \quad \text{(a)}$$

---

[1] 在静电学里也有类似的情况。对于单根无限长带电直线，电势 $U$ 的零点既不能取在无穷远，也不能取在带电直线上。对于一双无限长带异号电荷平行直线，电势 $U$ 的零点既可取在中垂面上的任何地方，也可取在无穷远。

对于柱体内的场点 $P$,可把磁矢势的零点取在轴线上,即 $A_z(\rho=0)=0$。如图 2-45 取矩形回路 $L$,按(2.45)式计算通过它的磁通量:

$$\Phi_B = l\int_r^0 B\mathrm{d}r = \frac{\mu_0 Il}{2\pi R^2}\int_r^0 r\mathrm{d}r = -\frac{\mu_0 Ir^2 l}{4\pi R^2}.$$

由此得出磁矢势

$$A_z(r) - A_z(0) = A_z(r) = -\frac{\mu_0 Ir^2}{4\pi R^2} \quad (r<R). \tag{b}$$

从而在柱体表面上

$$A_z(R) = -\frac{\mu_0 I}{4\pi},$$

代入(a)式,得

$$A_z(r) = -\frac{\mu_0 I}{2\pi}\left(\ln\frac{r}{R}+\frac{1}{2}\right) \quad (r>R). \tag{a$'$}$$

将(a′)、(b)两式归纳起来,最后得到

$$A_z(r) = \begin{cases} -\dfrac{\mu_0 Ir^2}{4\pi R^2} & (r<R), \\ -\dfrac{\mu_0 I}{2\pi}\left(\ln\dfrac{r}{R}+\dfrac{1}{2}\right) & (r>R). \end{cases} \tag{2.60}$$ ▌

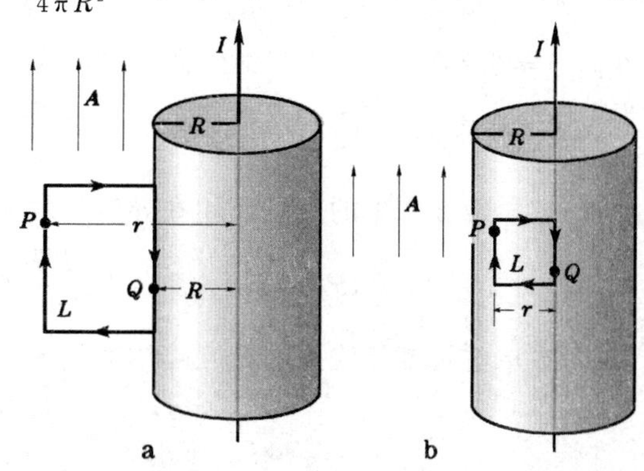

图 2-45 例题 10—— 无限长圆柱载流导体的磁矢势

**例题 11** 无限长密绕螺线管半径为 $R$,单位长度内的匝数为 $n$,单匝电流为 $I$,求磁矢势。

**解:** 取柱坐标沿螺线管的轴线。设磁矢势与电流一样,只有 $\varphi$ 分量 $A_\varphi$. 由于平移对称性和轴对称性,$A_\varphi$ 不依赖于 $z$ 和 $\varphi$,它只是 $\rho$ 的函数:$A_\varphi=A_\varphi(\rho)$。取轴上 $A_\varphi(0)=0$,如图 2-46 所示,通过场点 $P$ 作共轴圆形回路 $L$. 按照例题 7 的结果,若 $P$ 在螺线管内,通过回路 $L$ 的磁通量 $\Phi_B=\pi r^2\mu_0 nI$,其中 $r=\rho_P$;若 $P$ 在螺线管外,无论多远,$\Phi_B=\pi R^2\mu_0 nI$. 另一方面,磁矢势环路积分都是 $2\pi r A_\varphi(r)$,故有

$$A_\varphi = \begin{cases} \dfrac{\mu_0 nIr}{2} & (r<R), \\ \dfrac{\mu_0 nIR^2}{2r} & (r>R). \end{cases} \tag{2.61}$$ ▌

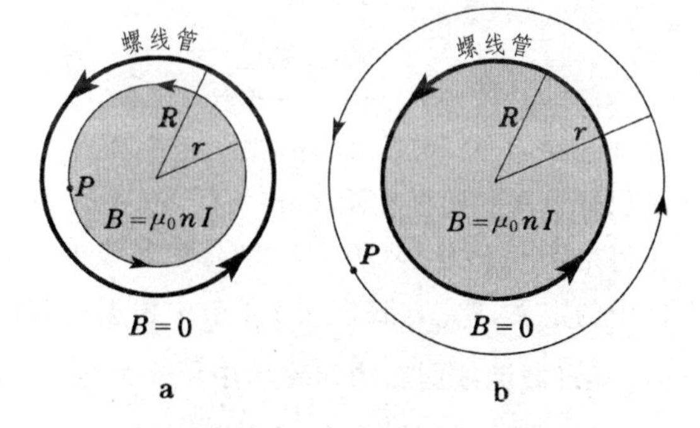

图 2-46 例题 11—— 无限长螺线管的磁矢势

上面几个例题都是从磁感应强度的分布求磁矢势分布的。当然我们也可以从电流的分布直接求磁矢势的分布,这要用到(2.56)式。不过磁矢势和磁感应强度同样是矢量,它的叠加计算起来不比用毕奥-萨伐尔定律计算磁感应强度容易,并不像计算电势那样简单。然而磁矢势有较深的物理意义,它对理论上说明一些问题很有帮助。这些我们将会在第三章里谈到。

# §5. 磁场对载流导线的作用

## 5.1 安培力

在 §2 中我们把安培定律(2.20)式拆成两部分,得到(2.21)和(2.22)两式,其中(2.22)式是毕奥-萨伐尔定律,它是电流产生磁场的基本规律,我们已在 §2 里详细讨论过了。现在来看(2.21)式。略去下标 2,得

$$\mathrm{d}\boldsymbol{F} = I\mathrm{d}\boldsymbol{l}\times\boldsymbol{B}. \tag{2.62}$$

它既是一个电流元 $I\mathrm{d}\boldsymbol{l}$ 在外磁场 $\boldsymbol{B}$ 中受力的基本规律,又是定义磁感应强度 $\boldsymbol{B}$ 的依据。这个力有时叫做安培力,有人把(2.62)式叫做安培公式。利用安培公式(2.62)可以计算各种形状的载流回路在外磁场中所受的力和力矩。下面介绍一些比较重要的例子。

### 5.2 平行无限长直导线间的相互作用

设两导线间的垂直距离为 $a$，其中电流分别为 $I_1$ 和 $I_2$（图 2-47），根据（2.28）式，导线 1 在导线 2 处产生的磁感应强度为

$$B_1=\frac{\mu_0 I_1}{2\pi a}.$$

方向与导线2垂直。根据（2.62）式，导线2的一段 $\mathrm{d}\boldsymbol{l}_2$ 受到的力的大小为

$$\mathrm{d}F_{12}=I_2\mathrm{d}l_2B_1=\frac{\mu_0 I_1 I_2}{2\pi a}\mathrm{d}l_2,$$

反过来，导线 2 产生的磁场作用在导线 1 的一段 $\mathrm{d}\boldsymbol{l}_1$ 上力的大小为

$$\mathrm{d}F_{21}=I_1\mathrm{d}l_1B_2=\frac{\mu_0 I_1 I_2}{2\pi a}\mathrm{d}l_1,$$

因此，在单位长度导线上的相互作用力的大小是

$$f=\frac{\mathrm{d}F_{12}}{\mathrm{d}l_2}=\frac{\mathrm{d}F_{21}}{\mathrm{d}l_1}=\frac{\mu_0 I_1 I_2}{2\pi a}. \qquad (2.63)$$

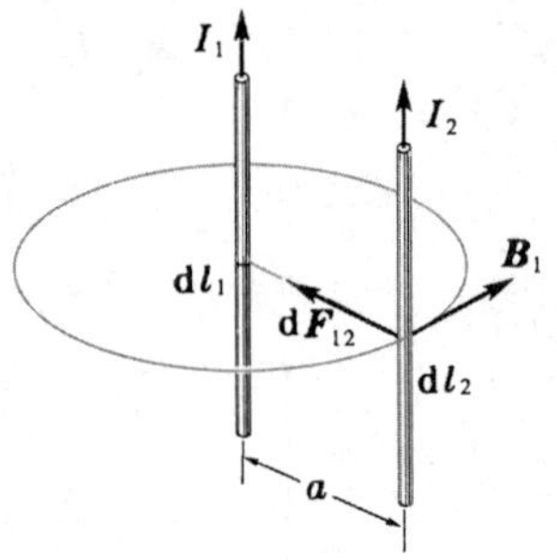

图 2-47 平行直导线间的相互作用

请读者验证一下，当两导线中的电流沿同方向时，则其间磁相互作用是吸引力；电流沿反方向时，是排斥力（参看 §1 图 2-8 中描述的演示实验）。

如果两导线中的电流相等，$I_1=I_2=I$，则

$$f=\frac{\mu_0 I^2}{2\pi a}, \quad 或 \quad I=\sqrt{\frac{2\pi a f}{\mu_0}}=\sqrt{\frac{af}{2\times10^{-7}\mathrm{N\cdot A^{-2}}}}.$$

取 $a=1\,\mathrm{m}$，$f=2\times10^{-7}\mathrm{N/m}$，则 $I=1\,\mathrm{A}$（安培）。所以电流的单位"安培"也可定义为"在真空中，截面积可忽略的两根相距 1 m 的无限长平行圆直导线内通以等量恒定电流时，若导线间相互作用在每米长度上为 $2\times10^{-7}\mathrm{N}$，则每根导线中的电流为 1A。"这正是国际计量委员会颁发的正式文件中的定义，[1]它与我们在 1.4 节中根据电流元相互作用所给的定义完全等效。

### 5.3 矩形载流线圈在均匀磁场中所受力矩

今后为了叙述方便，我们用右旋单位法线矢量 $\boldsymbol{n}$ 来描述一个载流线圈在空间的取向。矢量 $\boldsymbol{n}$ 的指向规定如下：如图 2-48 所示，将右手四指弯屈，用以代表线圈中电流的回绕方向，伸直的拇指即代表线圈平面的法线矢量 $\boldsymbol{n}$ 的指向。这样一来，只用一个矢量 $\boldsymbol{n}$ 既可表示出线圈平面在空间的取向，又可表示出其中电流的回绕方向。

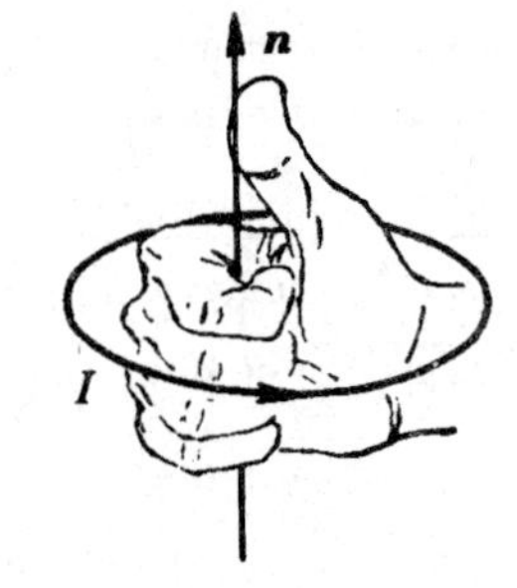

图 2-48 规定线圈法线方向的右手定则

首先我们考虑矩形线圈的情形。如图 2-49，矩形线圈 $ABCD$ 的边长为 $a$ 和 $b$，它可绕垂直于磁感应强度 $\boldsymbol{B}$ 的中心轴 $OO'$ 自由转动。设线圈 $ABCD$ 的右旋法线矢量 $\boldsymbol{n}$ 与磁感应强度 $\boldsymbol{B}$ 间的夹角为 $\theta$，图 2-50 为它的投影图。由图可以看出，根据（2.62）式，$AB$ 和 $CD$ 两边受的力大小相等，即

$$F_{AB}=IaB\sin\left(\frac{\pi}{2}-\theta\right)=IaB\sin\left(\frac{\pi}{2}+\theta\right)=F_{CD},$$

---

[1] 引自国家技术监督局批准，1993年12月27日发布，1994年7月1日实施的中华人民共和国国家标准《国际单位制及其应用（SI units and recommendations for the use of their multiples and of certain other units）》。

方向相反，此外它们的作用线都是 $OO'$.[1]如果线圈是刚体的话，这一对力不产生任何效果。$BC$ 和 $DA$ 两边都与 $\boldsymbol{B}$ 垂直，它们受的力大小也相等，即 $F_{BC}=F_{DA}=IbB$，方向也相反，但不作用在同一直线上（这一点可从投影图 2-50 更明显地看出来），因此这两个力的合力为 0，但组成一个绕 $OO'$ 轴的力偶矩，这一力偶矩使线圈的法线方向 $\boldsymbol{n}$ 向 $\boldsymbol{B}$ 的方向旋转。力偶矩两力的力臂都是 $\frac{a}{2}\sin\theta$，力矩的方向是一致的，因而力偶矩 $\boldsymbol{L}$ 的大小

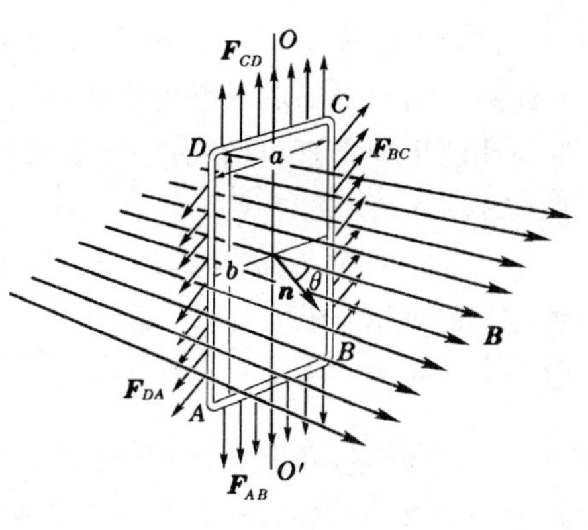

图 2-49 矩形线圈在均匀磁场中所受的力矩

$$L=F_{BC}\cdot\frac{a}{2}\sin\theta+F_{DA}\cdot\frac{a}{2}\sin\theta=IabB\sin\theta,$$

即
$$L=ISB\sin\theta,$$

式中 $S=ab$ 代表矩形线圈的面积。考虑到力偶矩 $L$ 的方向，它可以通过下列矢量积来表示：

$$\boldsymbol{L}=IS(\boldsymbol{n}\times\boldsymbol{B}). \qquad (2.64)$$

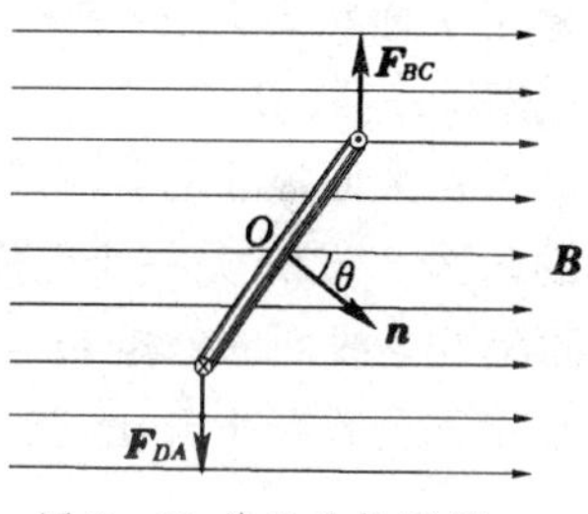

图 2-50 前图的投影图

顺便提起，上面计算的是一个载流线圈在均匀磁场中所受力矩。若磁场不均匀，则除了力矩之外载流线圈还会受到一个不等于 0 的合力。这样的例子参见本章的思考题 2-16 和某些习题。

### 5.4 载流线圈的磁矩

(2.64) 式虽是从矩形线圈的特例推导出来的，其实它适用于任意形状的平面线圈。为了证明这个结论，我们只需用垂直于转轴 $OO'$ 的一系列平行线将这个线圈分割成许多小窄条（图 2-51），根据(2.61) 式，磁场对电流元 $Id\boldsymbol{l}_1$、$Id\boldsymbol{l}_2$ 的作用力大小分别是

$$dF_1=Idl_1B\sin\theta_1,$$
$$dF_2=Idl_2B\sin\theta_2.$$

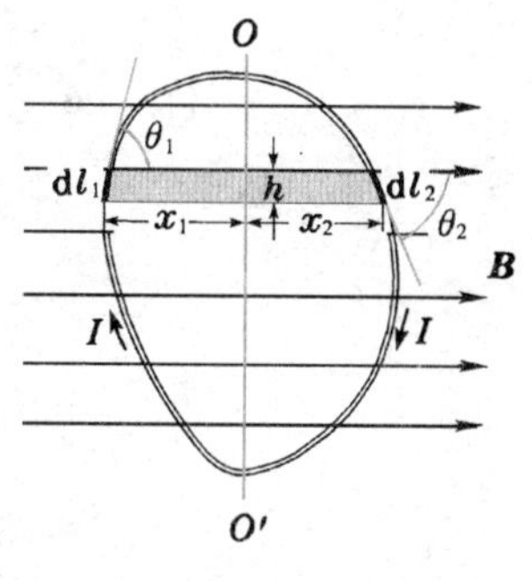

图 2-51 任意形状平面线圈在均匀磁场中所受的力矩

式中 $\theta_1$、$\theta_2$ 分别为 $Id\boldsymbol{l}_1$ 和 $Id\boldsymbol{l}_2$ 与 $\boldsymbol{B}$ 之间的夹角。由图 2-51 可以看出

$$dl_1\sin\theta_1=dl_2\sin\theta_2=dh,$$

所以
$$dF_1=dF_2=IBdh,$$

两者数值相等但方向相反，因此它们的合力是 0，但有一力矩

$$dL=IBdh(x_1+x_2)=IBdS,$$

其中 $x_1$、$x_2$ 各为 $d\boldsymbol{l}_1$ 和 $d\boldsymbol{l}_2$ 到转轴 $OO'$ 的距离，而 $dS=dh(x_1+x_2)$ 是图中阴影部分的面积。可以把整个回路分成一对对与 $d\boldsymbol{l}_1$、$d\boldsymbol{l}_2$ 相似的电流元，作用在整个回路上的总力矩等于各力矩元 $dL$ 之和：

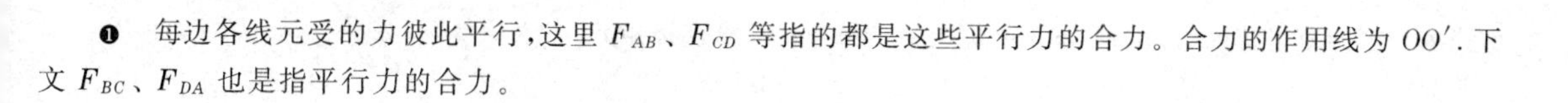

$$L=\sum dL=\sum BdS=IBS,$$

其中 $S$ 是整个回路所包围的面积。

---

[1] 每边各线元受的力彼此平行，这里 $F_{AB}$、$F_{CD}$ 等指的都是这些平行力的合力。合力的作用线为 $OO'$. 下文 $F_{BC}$、$F_{DA}$ 也是指平行力的合力。

读者可以证明，对于线圈平面与磁场垂直的情况，整个线圈所受的合力和合力矩都为 0。对于线圈平面与磁场成任意角度的情况，可将 $\boldsymbol{B}$ 分解为两个分量，一分量与线圈平面平行，另一分量与线圈平面垂直，只有前一分量使线圈受到磁场的力矩。不难证明这力矩仍是(2.64) 式，即 $\boldsymbol{L}=IS(\boldsymbol{n}\times\boldsymbol{B})$。

(2.64) 式中 $IS\boldsymbol{n}$ 是描述一个任意形状的载流平面线圈本身性质的矢量，称为这个线圈的磁矩，用 $\boldsymbol{m}$ 表示：❶

$$\boldsymbol{m} = IS\boldsymbol{n}. \tag{2.65}$$

用线圈的磁矩来表示，(2.64) 式可写为

$$\boldsymbol{L} = \boldsymbol{m}\times\boldsymbol{B}. \tag{2.66}$$

综上所述，我们看到，任意形状的载流平面线圈作为整体，在均匀外磁场中不受力，但受到一个力矩，这力矩总是力图使这线圈的磁矩 $\boldsymbol{m}$（或者说它的右旋法向矢量 $\boldsymbol{n}$）转到磁感应强度矢量 $\boldsymbol{B}$ 的方向。当 $\boldsymbol{m}$ 与 $\boldsymbol{B}$ 的夹角 $\theta=\pi/2$ 时，力矩的数值最大（这时力矩 $L=mB=ISB$）；当 $\theta=0$ 或 $\pi$ 时，力矩 $L$ 都等于 0。但当 $\theta=0$ 时线圈处于稳定平衡状态；$\theta=\pi$ 时线圈处于非稳定平衡状态，这时它稍一偏转，磁场的力矩就会使它继续偏转，直到 $\boldsymbol{m}$ 转向 $\boldsymbol{B}$ 的方向为止（见图 2-52a）。

从上面描述的载流线圈在磁场中所受力矩的特点很容易看出，它和一个电偶极子是很相似的。图 2-52b 是一个电偶极子在均匀外电场 $\boldsymbol{E}$ 中受到力矩的情形。对比一下图 2-52a 和 b 便可看出，线圈的磁矩 $\boldsymbol{m}=IS\boldsymbol{n}$ 与电偶极子的偶极矩 $\boldsymbol{p}=q\boldsymbol{l}$ 在同样取向下受到力矩的情形相同。如果把公式拿来对比，就更说明问题了。第一章 2.6 节给出了电偶极子所受力矩的公式(1.13)：

$$\boldsymbol{L} = \boldsymbol{p}\times\boldsymbol{E}.$$

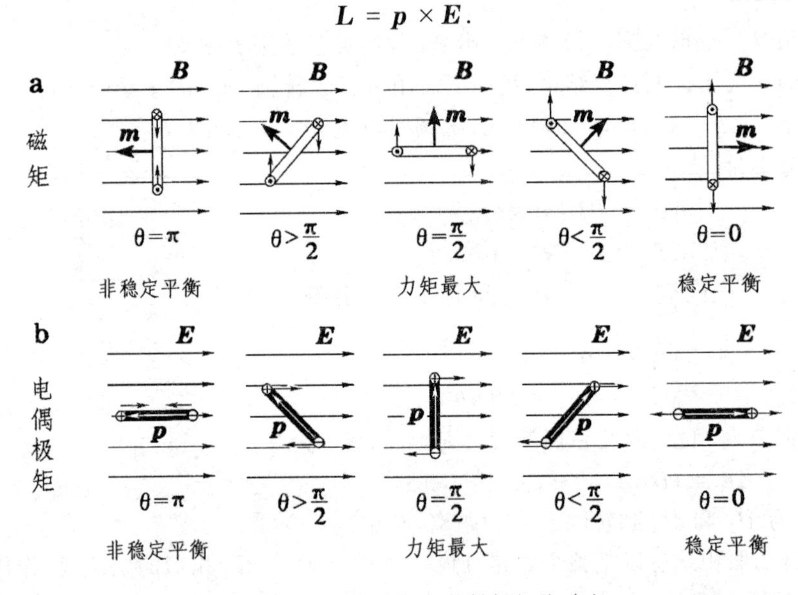


图 2—52 线圈的磁矩和电偶极矩的对比

把 $\boldsymbol{E}$ 换为 $\boldsymbol{B}$，$\boldsymbol{p}$ 换为 $\boldsymbol{m}$，正好就是(2.66) 式。以上的对比表明，一个载流线圈的磁矩 $\boldsymbol{m}$，是和电偶极子的偶极矩 $\boldsymbol{p}$ 相对应的概念。$\boldsymbol{p}$ 的大小只与 $q$ 和 $l$ 的乘积有关，是描述电偶极子本身性质的

---

❶ 第四章里将说明，在 MKSA 单位制中，磁矩 $\boldsymbol{m}$ 与磁偶极矩 $\boldsymbol{p}_{\mathrm{m}}$ 的关系为

$$\boldsymbol{p}_{\mathrm{m}} = \mu_0\,\boldsymbol{m}.$$

特征量；$\boldsymbol{m}$ 的大小则只与 $I$ 和 $S$ 的乘积有关，是描述载流线圈本身性质的特征量。二者有很大的相似性。在第四章中我们还将对这种相似作进一步的讨论。

### 5.5 磁偶极子与载流线圈的等价性

在 1.1 节给出了磁壳产生磁场的公式(2.6)：

$$\boldsymbol{H}=\frac{\tau_{\mathrm{m}}}{4\pi\mu_0}\boldsymbol{\nabla}\Omega,$$

和磁偶极子在外磁场中所受力矩的公式(2.7)：

$$\boldsymbol{L}=\boldsymbol{p}_{\mathrm{m}}\times\boldsymbol{H}.$$

这里 $\tau_{\mathrm{m}}$ 是磁壳内单位面积内的磁偶极矩：

$$\tau_{\mathrm{m}}=\frac{\Delta p_{\mathrm{m}}}{\Delta S}. \tag{2.67}$$

另一方面，在 3.1 节中我们又导出了电流环产生磁场的公式(2.42)：

$$\boldsymbol{B}=\frac{\mu_0 I}{4\pi}\boldsymbol{\nabla}\Omega$$

和电流环在外磁场中所受力矩的公式(2.66)：

$$\boldsymbol{L}=\boldsymbol{m}\times\boldsymbol{B}.$$

式中 $\boldsymbol{m}$ 是电流环的磁矩，其定义由(2.65)式给出：

$$\boldsymbol{m}=IS\boldsymbol{n}$$

或者说，电流 $I$ 是单位面积内的磁矩：

$$I=\frac{\Delta m}{\Delta S}. \tag{2.68}$$

在这里磁偶极层和电流环的相似性是明显的。要做到二者完全等价，只需令

$$\boldsymbol{B}=\mu_0\boldsymbol{H}, \tag{2.69}$$

和

$$\boldsymbol{p}_{\mathrm{m}}=\mu_0\boldsymbol{m}. \tag{2.70}$$

### 5.6 直流电动机基本原理

直流电动机就是通常所说的“直流马达”，是一种使用直流电源的动力装置。

直流电动机是根据上述通电线圈在磁场中受到力矩的原理制成的。图 2－53 所示是一个最

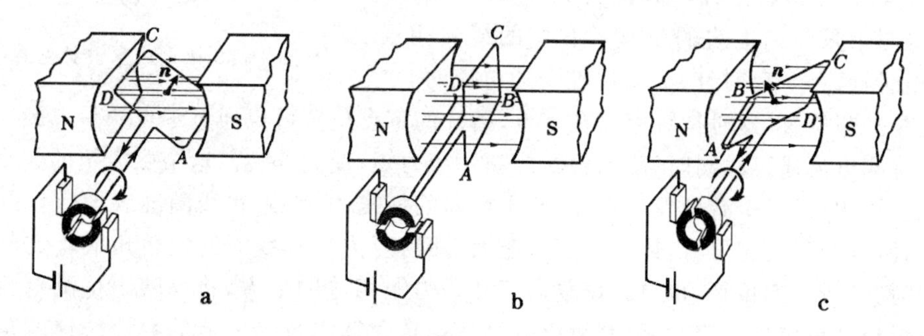


图 2－53 直流电动机原理图

简单的单匝线圈的电动机模型，其中磁场是由一对磁极提供的。由于当线圈转到其右旋法线与磁场方向一致的时候就不再受到力矩，这时若要使它继续受到力矩，必须将其中电流的方向反过来，为此在线圈的两端上接有换向器。换向器是一对相互绝缘的半圆形截片，它们通过固定的电刷与直流电源相接。有了换向器之后，通电线圈便可连续不停地朝一个方向旋转。可以看到，当

线圈处在图 2-53a 所示的位置时，电流是沿 $AB$ 方向通过的，这时磁场给它的力矩使它沿箭头所示的方向旋转。当线圈处在图 2-53b 所示的位置时，同时换向器两截片的间隙也正好转到电刷的位置，因而此时线圈中无电流，这个位置叫做电机的死点。但是由于惯性，线圈将冲过死点继续旋转。如图 2-53c 所示，经过死点后，线圈中电流反向，即沿 $DCBA$ 方向流动，这时它所受的力矩将使它沿原方向继续旋转。由于换向器的作用使线圈中的电流每转半圈改变一次方向，就可使线圈不停地朝着一个方向旋转起来。

单匝线圈所组成的直流电动机虽然能够按一定方向旋转，但力矩太小，不能承担什么负荷。而且由于在转动过程中线圈受的力矩时大时小，转速也很不稳定，因此单匝线圈的电机实用价值不大。目前常用的实际直流电动机中转动的部分（转子）是嵌在铁芯槽里的多匝线圈组成的鼓形电枢（见图 2-54），它们的换向器截片的数目也相应地较多。有关实际直流电动机结构的详细情况，这里不再多介绍。读者需要进一步了解，可参看有关电工方面的书籍。

图 2-54 电枢

直流电动机最突出的优点是通过改变电源电压很容易调节它的转速，而交流电动机的调速就不大容易。因此，凡是要调速的设备，一般都采用直流电动机。例如无轨电车和电气机车就是用直流电动机来开动的。

### 5.7 电流计线圈所受磁偏转力矩

常用的安培计和伏特计大多是由磁电式电流计改装成的。磁电式电流计也是利用永久磁铁对通电线圈的作用原理制成的，它的内部结构如图 2-55 所示。在马蹄形永久磁铁的两个磁极的中间有一圆柱形的软铁芯，用来增强磁极和软铁之间空隙中的磁场，并使磁感应线均匀地沿着径向分布（图 2-56）。在空隙间装有用漆包细铜线绕制的线圈，它连接在转轴上，可以绕轴转动，待测的电流就从其中通过。转轴上附着指针，轴的上、下两端各连有一盘游丝（图中只画出上边的游丝），它们的绕向相反（一个顺时针，一个反时针）。所以在未通电流时，线圈静止在平衡位置，这时指针应停在零点，指针的零点位置可以通过零点调整螺旋来调节。

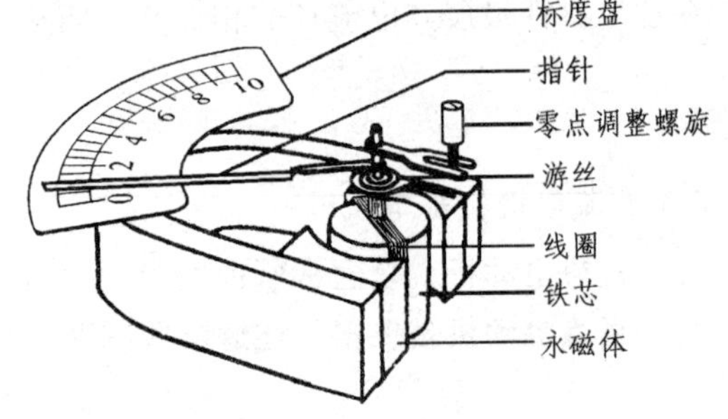


图 2-55 磁电式电流计结构图

当有待测电流通过线圈时，磁场就给线圈一个力矩，使它偏转。这个磁力矩的大小和待测电流成正比。线圈偏转时，游丝发生形变，产生反向的恢复力矩，阻止线圈继续偏转。线圈偏转的角度越大，游丝的形变越厉害，恢复力矩就越大，即恢复力矩和线圈的偏转角成正比。所以线圈平衡时，其指针所处的位置，也就是恢复力矩和磁力矩相等的地方，将反映出待测电流的大小。经过标准电流计量仪器标定之后，就可以直接从偏转角读出待测电流的数值。这就是磁电式电流计的简要工作原理。

现在我们具体地计算一下线圈受到的磁偏转力矩和偏转角。和 5.3 节中均匀磁场情形的主要区别在于磁场沿径向，这样一来，无论电流计线圈偏转到什么位置，它遇到的磁感应线总在线圈本身的平面内，从而竖直两边受到的力 $\boldsymbol{F}$ 永远和线圈平面垂直（图 2-56），所以这时两力各自的力臂永远是 $a/2$，故磁偏转力矩为

$$L_{磁} = NIabB = NISB, \tag{2.71}$$

式中 $a$、$b$ 是矩形线圈的边长，$S=ab$ 为它的面积。

在实际使用电流计时，希望它的刻度尽可能是线性的，即电流计的偏转角和待测的电流 $I$ 成正比。下面我们来证明，有了(2.71) 式给出的 $L_{磁} \propto I$ 的关系，就可保证电流计的刻度是线性的。

线性线圈偏转后，游丝产生一个弹性恢复力矩 $L_{弹}$，它的方向与 $L_{磁}$ 相反，大小正比于偏转角 $\theta$：

$$L_{弹} = -D\theta,$$

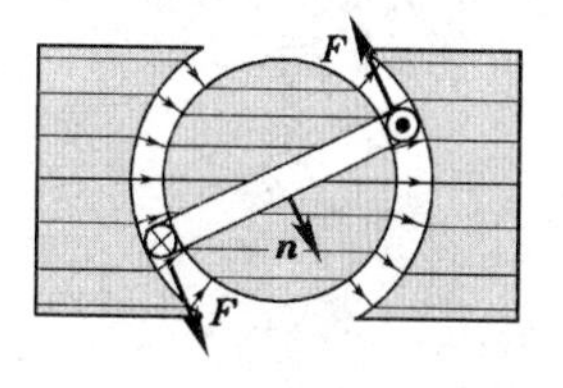

图 2-56 电流计中的径向磁场与线圈

$D$ 称为扭转常量。达到平衡时，

$$L_{弹} + L_{磁} = 0,$$

或

$$D\theta_0 = NISB,$$

即平衡偏转角 $\theta_0$（即电流计的读数）正比于 $I$：

$$\theta_0 = \frac{NISB}{D} \propto I.$$

即刻度盘是线性的。假如间隙中的磁场不沿辐向，则 $L_{磁}$ 中还有因子 $\sin\theta$，我们将得不到这种线性关系。

## §6. 带电粒子在磁场中的运动

上节讨论了导线中传导电流受磁场的作用力，本节将讨论单个点电荷（如微观带电粒子）运动时所受的磁场作用力。并在此基础上进一步研究它们在磁场中运动的情况。这个问题在近代物理学的许多方面有着重大的意义，读者从后文的例子、思考题及习题中就可以体会到一些。

### 6.1 洛伦兹力

图 2-57 是一个阴极射线管。阴极射线管是一个真空放电管，在它两个电极之间加上高电压时，就会从它的阴极发射出电子束来。这样的电子束即所谓阴极射线。电子束本身是不能用肉眼观察到的，为此在管中附有荧光屏，电子束打在荧光屏上将发出荧光，这样我们就可以看到电子的径迹。没有磁场时，电子束由阴极发出后沿直线前进。如果在阴极射线管旁放一根磁棒，电子束就会偏转。这表明电子束受到了磁场的作用力。图 2-57 是将磁铁的 N 极垂直地靠近阴极射线管一侧的情形，这时磁场是沿水平方向向内的。从电子束偏转的方向可以看出，它受到的力是向下的。如图 2-58 所示，电子的速度 $\boldsymbol{v}$、磁感应强度 $\boldsymbol{B}$ 和电子所受的力 $\boldsymbol{F}$ 三个矢量彼此垂直。如果我们将磁棒在水平面内偏转一个角度，使 $\boldsymbol{B}$ 不再垂直于 $\boldsymbol{v}$，则电子束的偏转将会变小。

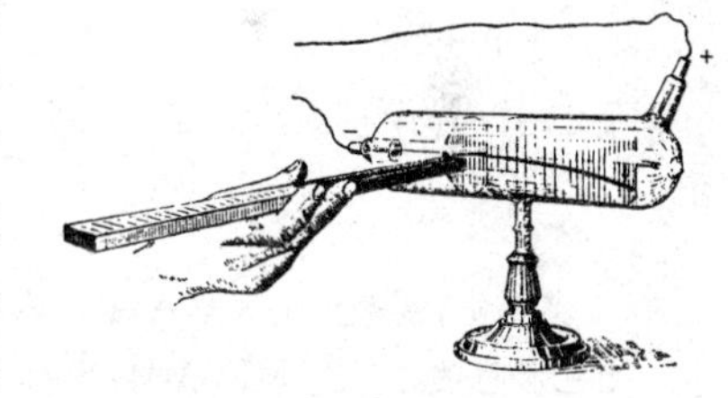

图 2-57 磁场使阴极射线偏转的演示

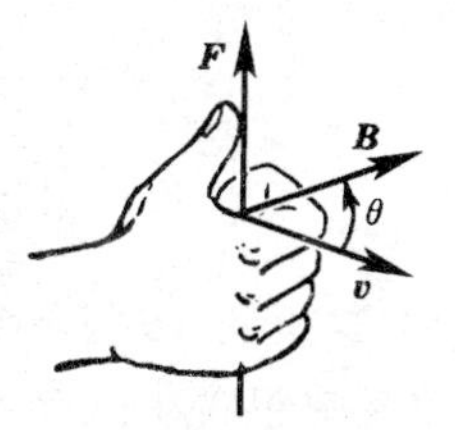

图 2-58 洛伦兹力的方向

实验证明，运动带电粒子在磁场中受的力 $\boldsymbol{F}$ 与粒子的电荷 $q$、速度 $\boldsymbol{v}$ 和磁感应强度 $\boldsymbol{B}$ 之间有如下关系：

$$\boldsymbol{F} = q\boldsymbol{v}\times\boldsymbol{B}. \tag{2.72}$$

按照矢量叉乘的定义，上式表明，$\boldsymbol{F}$ 的大小为

$$F = |q|vB\sin\theta, \tag{2.73}$$

$\theta$ 为 $\boldsymbol{v}$ 与 $\boldsymbol{B}$ 之间的夹角；$\boldsymbol{F}$ 的方向与 $\boldsymbol{v}$ 和 $\boldsymbol{B}$ 构成的平面垂直(图 2-58)。(2.72) 式还表明，带电粒子受力 $\boldsymbol{F}$ 的方向，与它的电荷 $q$ 的正负有关。图 2-58 中所示是正电荷受力的方向，若是负电

荷,则受力与此方向相反。(2.72)式给出的这个运动电荷在磁场中受的力 $\boldsymbol{F}$,叫做洛伦兹力。读者可根据(2.72)式来验证一下,上述实验里电子束的偏转方向确应如图 2-57 所示(应注意,电子是带负电的,磁铁的 N 极发出磁感应线)。

应当指出,由于洛伦兹力的方向总与带电粒子速度的方向垂直,洛伦兹力永远不对粒子作功。它只改变粒子运动的方向,而不改变它的速率和动能。

**例题** 12　指出图 2-59 所示各情形里带电粒子受力的方向,图中"×"代表垂直纸面向里的磁场,"•"代表垂直纸面向外的磁场。

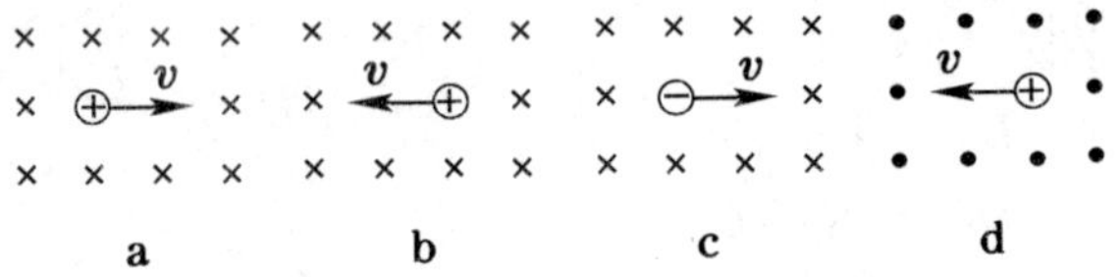

a　b　c　d

图 2-59 例题 12—— 判断洛伦兹力的方向

**答:**　a 向上,b 向下,c 向下,d 向上。▌

**例题** 13　图 2-60 为一滤速器的原理图。K 为电子枪,由枪中沿 KA 方向射出的电子速率大小不一。当电子通过方向相互垂直的均匀电场和磁场后,只有一定速率的电子能够沿直线前进通过小孔 S. 设产生均匀电场的平行板间的电压为 300 V,间距 5 cm,垂直纸面的均匀磁场的磁感应强度为 600 Gs. 问:(*a*) 磁场的指向应该向里还是向外?(*b*) 速率为多大的电子才能通过小孔 *S*?

**解:**　(*a*) 平行板产生的电场强度 $\boldsymbol{E}$ 方向向下,使带负电的电子受到的力 $\boldsymbol{F}_E = -e\boldsymbol{E}$ 方向向上。如果没有磁场,电子束将向上偏转。为了使电子能够穿过小孔 S,所加的磁场施于电子束的洛伦兹力必须是向下的,这就要求 $\boldsymbol{B}$ 的方向向里。

(*b*) 电子受到的洛伦兹力为

$$\boldsymbol{F}_B = -e(\boldsymbol{v} \times \boldsymbol{B}).$$

它的大小 $F_B = evB$ 与电子的速率 $v$ 有关。只有那些速率的大小刚好使得 $F_B$ 与电场力 $F_E$ 抵消的电子,可以沿直线 KA 通过小孔 S,也就是说,能通过小孔 S 的电子的速率 $v$ 应满足下式:

$$F_B = F_E, \quad 即 \quad evB = eE.$$

由此解得

$$v = \frac{E}{B}.$$

因为 $E = U/d$($U$ 和 $d$ 分别为平行板间的电压和距离),故

$$v = \frac{U}{Bd}.$$

图 2—60 例题 13——滤速器

上式表明,能通过滤速器的粒子的速率与它的电荷及质量无关。

上式所用的单位是 MKSA 制,由此我们必须把已知量换算成 MKSA 单位后再代入。已知 $U = 300\,\text{V}$, $B = 600\,\text{Gs} = 0.06\,\text{T}$, $d = 5\,\text{cm} = 0.05\,\text{m}$,代入上式,即得

$$v = \frac{300}{0.06 \times 0.05}\,\text{m/s} = 10^5\,\text{m/s}.$$

即只有速率为 $10^5\,\text{m/s}$ 的电子可以通过小孔 S. ▌

### 6.2 洛伦兹力与安培力的关系

比较一下洛伦兹力公式(2.72)和安培力公式(2.62),可以看出二者很相似。这里的 $q\boldsymbol{v}$ 与电流 $I\mathrm{d}\boldsymbol{l}$ 相当。这并不是偶然的,因为运动电荷就是一个瞬时的电流元。载流导线中包含了大量自由电子,下面我们来证明,导线受的安培力就是作用在各自由电子上洛伦兹力的宏观表现。

如图 2-61 所示,考虑一段长度为 $\Delta l$ 的金属导线,它放置在垂直纸面向内的磁场中(在图中"×"表示磁感应线方向)。设导线中通有电流 $I$,其方向向上。

从微观的角度看,电流是由导体中的自由电子向下作定向运动形成的。设自由电子的定向运动速度为 $\boldsymbol{u}$,导体单位体积内的自由电子数(叫做自由电子数密度)为 $n$,每个电子所带的电量

为 $-e(e=1.60\times10^{-19}\mathrm{C})$。按照定义,电流是单位时间内通过导线截面的电量。现在我们看看,在时间间隔 $\Delta t$ 内通过导线某一截面 $S$ 的电量有多少。因为在时间 $\Delta t$ 内每个电子由于定向运动而向下移动了距离 $u\Delta t$. 我们可以在截面 $S$ 之上相距 $u\Delta t$ 的地方取另一截面 $S'$. 在这两个截面之间是一段体积 $\Delta V=Su\Delta t$ 的柱体(这里 $S$ 又代表截面的面积)。不难看出,凡是处在这个柱体内的电子,在时间间隔 $\Delta t$ 后都将通过截面 $S$;凡是位于这个柱体之外的电子,在时间间隔 $\Delta t$ 内都不会通过 $S$. 所以在时间间隔 $\Delta t$ 内通过 $S$ 的电子数等于这个柱体内的全部自由电子数,它应是

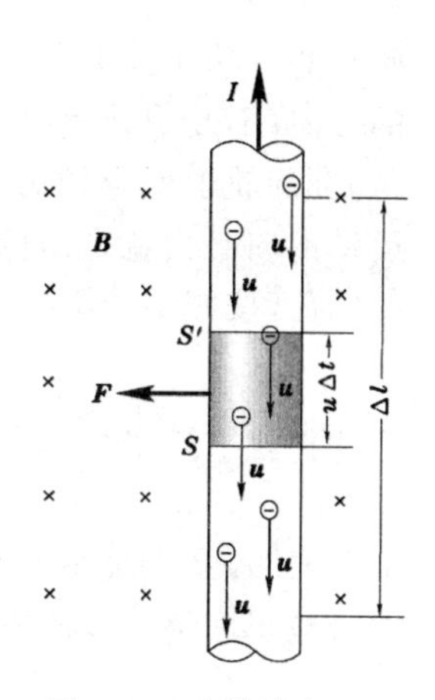

图 2-61 洛伦兹力与安培力的关系

$$n\Delta V=nSu\Delta t,$$

而在时间间隔 $\Delta t$ 内通过 $S$ 的电量 $\Delta q$ 应等于上述这个数目再乘以每个电子的电量 $e$(这里只考虑数值,暂不管它的正负),即

$$\Delta q=en\Delta V=enSu\Delta t,$$

于是电流

$$I=\frac{\Delta q}{\Delta t}=enSu. \tag{2.74}$$

由于这里电子的定向速度 $\boldsymbol{u}$ 与磁感应强度 $\boldsymbol{B}$ 垂直,$\sin\theta=1$,每个电子由于定向运动受到的洛伦兹力为

$$F=euB.$$

虽然这个力作用在金属内的自由电子上,但是自由电子不会越出金属导线,它所获得的冲量最终都会传递给金属的晶格骨架。[1]宏观上看起来是金属导线本身受到这个力。整个长度为 $\Delta l$ 的这段导线的体积为 $S\Delta l$,其中包含自由电子的总数为 $nS\Delta l$,每个电子受力 $F=euB$,所以这段导线最终受到的总力为

$$F_{总}=nS\Delta lF=nS\Delta leuB=B(enSu)\Delta l.$$

根据(2.74)式,上面括弧中的量刚好是宏观的电流 $I$,故最后得到力的大小为

$$F_{总}=BI\Delta l.$$

这正好与安培力的公式符合。请读者自己验证一下,力的方向也是符合的。

应当指出,导体内的自由电子除定向运动之外,还有无规的热运动。由于热运动速度 $\boldsymbol{v}$ 朝各方向的概率相等,在任何一个宏观体积内平均说来,各自由电子热运动速度的矢量和 $\sum\boldsymbol{v}$ 为0。而洛伦兹力与 $\boldsymbol{v}$ 和 $\boldsymbol{B}$ 都垂直,由热运动引起的洛伦兹力朝各方向的概率也是相等的,传递给晶格骨架后叠加起来,其宏观效果也等于0。对于宏观的安培力 $\boldsymbol{F}_{总}$ 来说,电子的热运动没有贡献,所以在上述初步的讨论中我们可以不考虑它。

### 6.3 带电粒子在均匀磁场中的运动

我们分两种情形来讨论带电粒子在均匀磁场中的运动。

(1) 粒子的初速 $\boldsymbol{v}$ 垂直于 $\boldsymbol{B}$

由于洛伦兹力 $\boldsymbol{F}$ 永远在垂直于磁感应强度 $\boldsymbol{B}$ 的平面内,而粒子的初速 $\boldsymbol{v}$ 也在这平面内,因

---

[1] 冲量传递的机制可以有多种,但在最终达到恒定状态时,导体内将建起一个横向的霍耳电场(见6.6节),其作用是加在自由电子一个与洛伦兹力 $\boldsymbol{F}$ 大小相等、方向相反的力 $\boldsymbol{F}'$,使之相对于晶格不再有横向的宏观运动。由于晶格骨架带的电与电子数量相等、正负号相反,它在此电场中将受到一个与 $\boldsymbol{F}'$ 大小相等、方向相反的力,此力正好与加在电子上的洛伦兹力 $\boldsymbol{F}$ 大小相等、方向相同。

此它的运动轨迹不会越出这个平面。由于洛伦兹力永远垂直于粒子的速度,它只改变粒子运动的方向,不改变其速率 $v$,因此粒子在上述平面内作匀速圆周运动(图 2-62)。设粒子的质量为 $m$,圆周轨道的半径为 $R$,则粒子作圆周运动时的向心加速度为 $a=v^2/R$. 这里维持粒子作圆周运动的向心力就是洛伦兹力,因 $\boldsymbol{v}$ 与 $\boldsymbol{B}$ 垂直,$\sin\theta=1$,洛伦兹力的大小为 $F=qvB$,其中 $q$ 为粒子的电荷,按照牛顿第二定律 $F=ma$,有

$$qvB=\frac{mv^2}{R},$$

由此得轨道的半径为

$$R=\frac{mv}{qB},\tag{2.75}$$

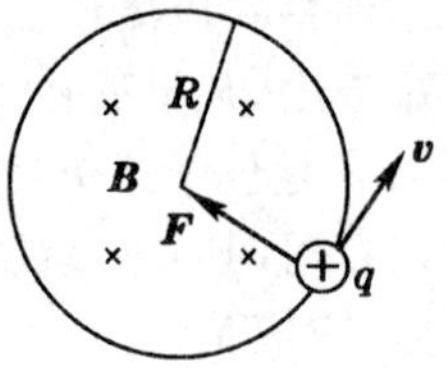

上式表明,$R$ 与 $v$ 成正比,与 $B$ 成反比。

图 2-62 带电粒子在磁场中的回旋运动

粒子回绕一周所需的时间(即周期)为

$$T=\frac{2\pi R}{v}=\frac{2\pi m}{qB},\tag{2.76}$$

而单位时间里所绕的圈数(即频率)为

$$\nu=\frac{1}{T}=\frac{qB}{2\pi m},\tag{2.77}$$

$\nu$ 叫做带电粒子在磁场中的回旋共振频率。上式表明,回旋共振频率与粒子的速率和回旋半径(又称拉莫尔半径)无关。这一结论很重要,它是下面即将介绍的磁聚焦和回旋加速器的基本理论依据。

(2) 普遍情形

在普遍的情形下,$\boldsymbol{v}$ 与 $\boldsymbol{B}$ 成任意夹角 $\theta$. 这时我们可以把 $\boldsymbol{v}$ 分解为 $v_{/\!/}=v\cos\theta$ 和 $v_{\perp}=v\sin\theta$ 两个分量,它们分别平行和垂直于 $\boldsymbol{B}$. 若只有 $v_{/\!/}$ 分量,磁场对粒子没有作用力,粒子将沿 $\boldsymbol{B}$ 的方向(或其反方向)作匀速直线运动。当两个分量同时存在时,粒子的轨迹将成为一条螺旋线(图 2-63),其螺距 $h$(即粒子每回转一周时前进的距离)为

$$h=v_{/\!/}T=\frac{2\pi mv_{/\!/}}{qB}\tag{2.78}$$

它与 $v_{\perp}$ 分量无关。

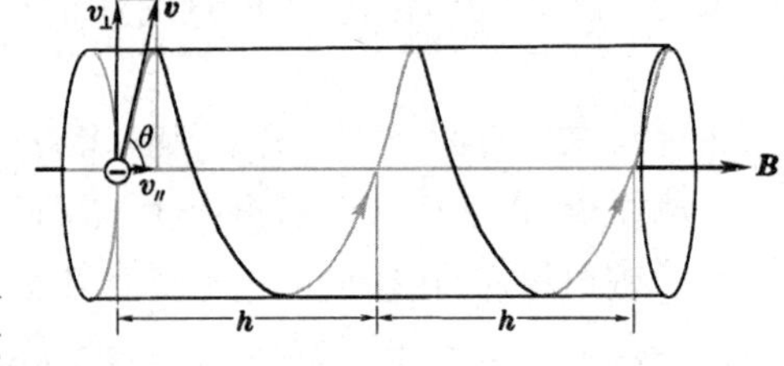

图 2-63 带电粒子在磁场中的螺旋运动

上述结果是一种最简单的磁聚焦原理。我们设想从磁场某点 $A$ 发射出一束很窄的带电粒子流的速率 $v$ 差不多相等,且与磁感应强度 $\boldsymbol{B}$ 的夹角 $\theta$ 都很小(图 2-63),则

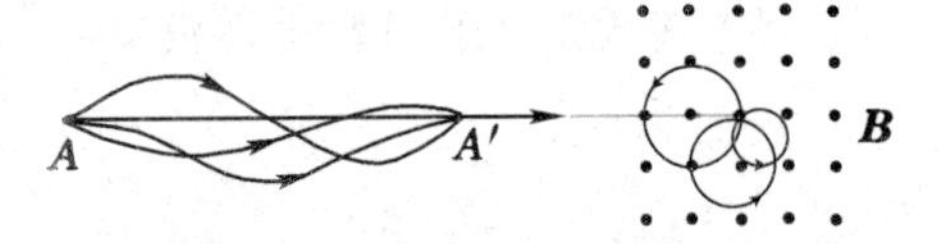

图 2-64 均匀磁场的磁聚焦

$$v_{/\!/}=v\cos\theta\approx v,$$
$$v_{\perp}=v\sin\theta\approx v\theta.$$

由于速度的垂直分量 $v_{\perp}$ 不同,在磁场的作用下,各粒子将沿不同半径的螺旋线前进。但由于它们速度的平行分量 $v_{/\!/}$ 近似相等,经过距离 $h=\dfrac{2\pi mv_{/\!/}}{qB}\approx\dfrac{2\pi mv}{qB}$ 后它们又重新会聚在 $A'$ 点(图 2-64)。这与光束经透镜后聚焦的现象有些类似,所以叫做磁聚焦现象。

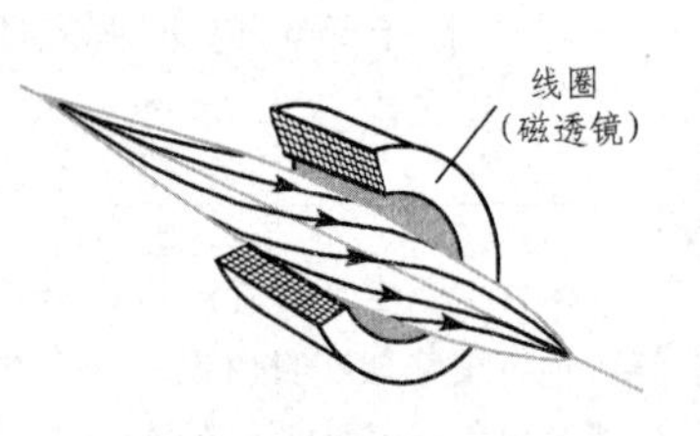

图 2-65 磁透镜

上面所讲的是均匀磁场中的磁聚焦现象,它要靠长螺线管来实现。然而实际上用得更多的是短线圈产生的非均匀磁场的聚

焦作用(图 2-65),这里线圈的作用与光学中的透镜相似,故称为*磁透镜*。磁聚焦的原理在许多电真空器件(特别是电子显微镜)中的应用很广泛。

### 6.4 荷质比的测定

利用电子(或其他带电粒子)在磁场中偏转的特性,可以测定出它们的电荷与质量之比,即所谓*荷质比*。荷质比是带电微观粒子的基本参量之一。测定荷质比的方法很多,这里只介绍最典型的两种。

(1) *汤姆孙测电子荷质比的方法*(1897 年)

汤姆孙的仪器见图 2-66,玻璃管内抽成真空,在阳极 A 与阴极 K 之间维持数千伏特的电压,靠管内残存气体的离子在阴极引起的二次发射[1]产生电子流。阳极 A 和第二个金属屏 A′ 的中央各有一个小孔,K、A 之间被加速了的电子流,只有很窄一束能够通过这两个孔。如果没有玻璃管中部的那些装置,狭窄的电子束将依惯性前进,直射在玻璃管另一端的荧光屏 S 的中央,形成一个光点 $O$. 玻璃管中部 C、D 为电容器的两极板,在其间可产生一竖直方向的电场。在图中圆形阴影区域里,可由管外的电磁铁产生一方向垂直于纸面的磁场。如果只有磁场,譬如说其方向是垂直图纸向里的,电子流将向下偏转;如果只有向下的电场,电子流将向上偏转。适当地调节电场与磁场的强度,可使它们作用在电子上的力达到平衡,即

$$eE = evB, \quad 或 \quad v = \frac{E}{B}.$$

由这时 $E$ 和 $B$ 的数值可以测出电子流的速率 $v$.

然后,将电场切断,电子束在磁场区内将沿圆弧运动,此圆弧的半径按照(2.75) 式应为

$$R = \frac{mv}{eB}.$$

因而电子的荷质比为

$$\frac{e}{m} = \frac{v}{RB} = \frac{E}{RB^2}.$$

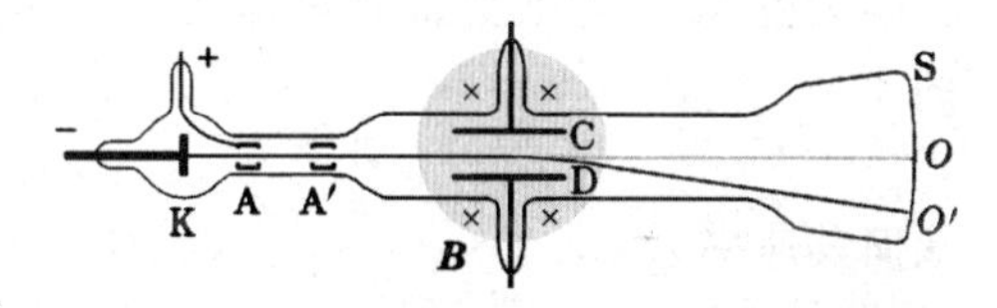

图 2-66 汤姆孙法测荷质比

离开磁场区后,电子束将依惯性继续前进,射在荧光屏上的 $O'$ 点。半径 $R$ 可以从荧光屏上光点移动的距离 $OO'$ 和仪器中的一些几何参量确定下来(关于这个问题我们不去详细讨论了)。知道 $R$ 以后,根据上式即可求出电子的荷质比 $e/m$.

汤姆孙的原始装置后来经过许多次改进,测量的准确度不断提高,在电子的速率远小于光速 $c$($c = 3\times10^8$ m/s) 的情形下,测得的结果为

$$\frac{e}{m} = 1.759\times10^{11}\,\mathrm{C/kg}.$$

在做这个实验之前,人们尚不知道阴极射线中带电粒子的本性。虽然在汤姆孙实验中只测出这种离子的荷质比,而不是电荷 $e$ 和质量 $m$ 本身,在一定意义下仍可以说这是历史上第一次发现电子。单独测出电子电荷的任务是 12 年后密立根用油滴实验完成的(参看第一章习题 1-5)。

19 世纪末人们就已发现放射性物质发出的 β 射线也是一种带负电的粒子流。不同物质发出的 β 射线的粒子具有不同的速率,一般说来速率都十分巨大(接近光速 $c$),实验表明,β 粒子的荷

[1] 电子或离子等带电粒子,以相当大的速度轰击物体的表面,使表面内的电子获得足够大的能量,从而逸出物体的表面。这种现象称为二次发射。

质比与其速率有关，速率越大，荷质比越小(参看表 2-1 中左边两栏)。这些结果是与相对论符合的。相对论认为，任何物体的质量 $m$ 与速率 $v$ 有如下关系：[1]

$$m=\frac{m_0}{\sqrt{1-\frac{v^2}{c^2}}}, \tag{2.79}$$

**表 2—1 电子荷质比与速度的关系**

| $\frac{v}{c}$ | $\frac{e}{m}/(10^{11}\,\mathrm{C/kg})$ | $\frac{e}{m_0}/(10^{11}\,\mathrm{C/kg})$ |
|---|---|---|
| 0.3173 | 1.661 | 1.752 |
| 0.3787 | 1.630 | 1.760 |
| 0.4281 | 1.590 | 1.760 |
| 0.5154 | 1.511 | 1.763 |
| 0.6870 | 1.283 | 1.767 |

式中 $m_0$ 为 $v=0$ 时的质量，称为静质量。当 $v \ll c$ 时，$m$ 与 $m_0$ 的差别不大；只有当 $v/c$ 接近于 1 时 $m$ 才显著地增加。所以按照相对论，同一种粒子的 $e/m$ 不是常量，为常量的是 $e/m_0$，它与 $e/m$ 的关系是

$$\frac{e}{m_0}=\frac{e}{m}\frac{1}{\sqrt{1-\frac{v^2}{c^2}}}.$$

表 2-1 第三栏中给出了由 β 粒子的 $e/m$ 实验数据推算出来的 $e/m_0$ 值，可以看出它确实接近常量。这就是说，测定 β 粒子荷质比的实验很好地符合相对论中关于质量随速率改变的关系式(2.79)。此外，由上表还可以看出，β 粒子的静荷质比 $e/m_0$ 与阴极射线的荷质比一样。这表明，β 射线和阴极射线一样，它们都是电子流，只不过 β 射线中的电子比阴极射线中的电子具有大得多的速率。

(2) 磁聚焦法

图 2-67 所示为用磁聚焦法测荷质比装置的一种。在抽空的玻璃管中装有热阴极 K 和有小孔的阳极 A. 在 A、K 之间加电压 $\Delta U$ 时，由阳极小孔射出的电子的动能为

$$\frac{1}{2}mv^2=e\Delta U,$$

从而其速率为

$$v=\sqrt{\frac{2e\Delta U}{m}}.$$

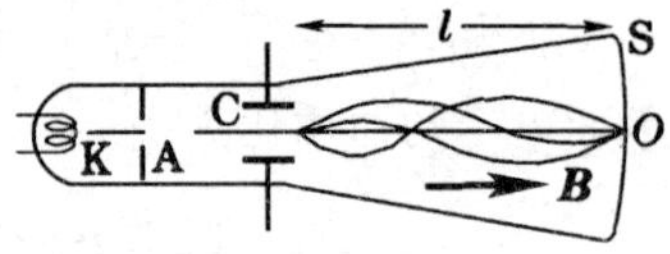

图 2-67 磁聚焦法测荷质比

在电容器 C 上加一不大的横向交变电场，使不同时刻通过这里的电子发生不同程度的偏转。在电容器 C 和荧光屏 S 之间加一均匀纵向磁场，如上所述，电子从 C 出来后将沿螺旋线运动，到达距离 $h=\frac{2\pi mv}{eB}$ 的地方聚焦。适当地调节磁感应强度 $B$ 的大小，可使电子流的焦点刚好落在荧光屏 S 上(这时荧光屏上的光点的锐度最大)。在此情况下，$h$ 就等于 C 到 S 间的距离 $l$，于是从上述 $h$ 与 $v$ 的二表达式中消去 $v$ 即得

$$\frac{e}{m}=\frac{8\pi^2\Delta U}{l^2B^2}.$$

上式右端各量都可以测出，由此即可确定 $e/m$.

### 6.5 回旋加速器的基本原理

回旋加速器的结构虽然很复杂，但其基本原理就是利用上面提到的那个回旋共振频率与速率无关的性质。

回旋加速器的核心部分为 D 形盒，它的形状有如扁圆的金属盒沿直径剖开的两半，每半个都

[1] 参见《新概念物理教程 · 力学》(第三版) 第八章 3.1 节。

像字母“D”的形状，因而得名（见图2-68）。两D形盒之间留有窄缝，中心附近放置离子源（如质子、氘核或α粒子源等）。在两D形盒间接上交流电源（其频率的数量级为$10^6$Hz），于是在缝隙里形成一个交变电场。由于电屏蔽效应，在每个D形盒的内部电场很弱。D形盒装在一个大的真空容器里，整个装置放在巨大的电磁铁两极之间的强大磁场中，这磁场的方向垂直于D形盒的底面。

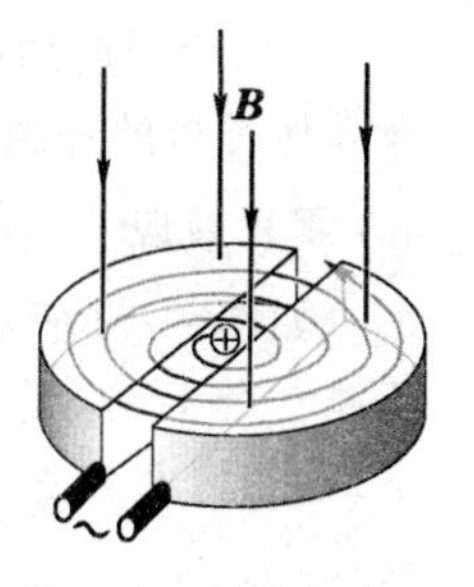

图2—68 回旋加速器的D形盒

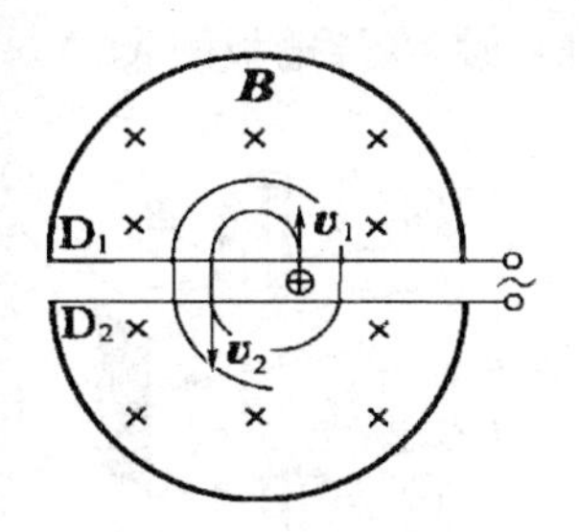

图2-69 回旋加速器原理

现在我们来考虑离子运动的情况（见图2-69）。设想正当$D_2$的电势高的时候，一个带正电的离子从离子源发出，它在缝隙中被加速，以速率$v_1$进入$D_1$内部的无电场区。在这里离子在磁场的作用下绕过回旋半径为$R_1=\dfrac{mv_1}{qB}$的半个圆周而回至缝隙。如果在此期间缝隙间的电场恰好反向，粒子通过缝隙时又被加速，以较大的速率$v_2$进入$D_2$内部的无电场区，在其中绕过回旋半径为$R_2=\dfrac{mv_2}{qB}$的半个圆周后再次回到缝隙。虽然$R_2>R_1$，但绕过半个圆周所用的时间都是一样的，它们都等于(2.76)式中给出的回旋共振周期之半，即$\dfrac{T}{2}=\dfrac{\pi m}{qB}$. 所以尽管粒子的速率与回旋半径一次比一次增大，只要缝隙中的交变电场以不变的回旋共振周期$T=\dfrac{2\pi m}{qB}$往复变化，便可保证离子每次经过缝隙时受到的电场力都是使它加速的。这样，不断被加速的离子将沿着螺线轨道逐渐趋于D形盒的边缘，在这里达到预期的速率后，用特殊的装置将它们引出。

设D形盒的半径为$R$，则根据(2.75)式离子在回旋加速器中获得的最终速率$v_{\max}=BRq/m$，它受到磁感应强度$B$和D形盒半径$R$的限制。要使离子获得较高的能量，就需要加大加速器电磁铁的重量和D形盒的直径。10MeV以上的回旋加速器中$B$的数量级为$10^4$Gs=1T，D形盒的直径在1m以上。图2-70为α粒子回旋加速器外貌。

图2-70 α粒子回旋加速器

由于相对论效应，当粒子的速率太大时，$q/m$不再是常量，从而回旋共振周期$T$将随粒子速率的增长而增长，如果加于D形盒两极的交变电场频率不变的话，粒子由于每次“迟到”一点而不能保证经过缝隙时总被加速，上述回旋加速器的基本原理就不适用了。对于同样的动能，质量越小的粒子速度越大，相对论效应也越显著。例如2MeV的电子的质量约为其静质量的5倍，但2MeV的氘核的质量只比其静质量大0.01%。因此回旋加速器更适合于加速较重的粒子。即使对于这些较重的粒子，也因受到相对论效应的影响（例如100MeV的氘核质量已超过其静质量的 5%），用回旋加速器来加速所获得的能量同样不能无限制地提高，这时必须另寻其他途径，选择其他类型的加速器了。

### 6.6 霍耳效应

如图 2-71 所示，将一导电板放在垂直于它的磁场中。当有电流通过它时，在导电板的 A、A′ 两侧会产生一个电势差 $U_{AA'}$. 这现象叫做霍耳效应。实验表明，在磁场不太强时，电势差 $U_{AA'}$ 与电流 $I$ 和磁感应强度 $B$ 成正比，与板的厚度 $d$ 成反比。即

$$U_{AA'} = K\frac{IB}{d}, \tag{2.80}$$

式中的比例系数 $K$ 叫做霍耳系数。

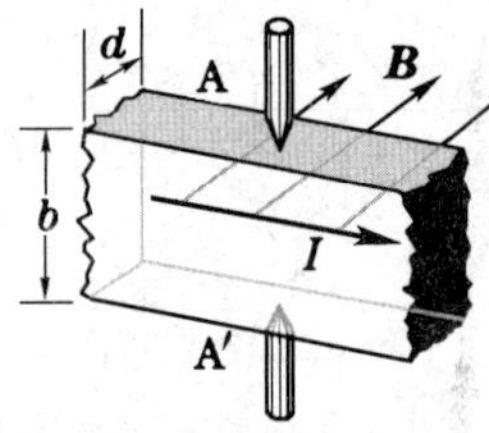

图 2-71 霍耳效应

霍耳效应可用洛伦兹力来说明。因为磁场使导体内移动的电荷（载流子）发生偏转，结果在 A、A′ 两侧分别聚集了正、负电荷，形成电势差。

设导电板内载流子的平均定向速率为 $u$，它在磁场中受到的洛伦兹力为 $quB$. 当 A、A′ 之间形成电势差后，载流子还受到一个相反的力 $qE = \frac{qU_{AA'}}{b}$（$E$ 为电场强度，$b$ 为导电板的宽度，见图2-71），最后达到恒定状态时，两个力平衡，

$$quB = q\frac{U_{AA'}}{b},$$

此外，设载流子的浓度为 $n$，则电流 $I$ 与 $u$ 的关系为

$$I = bdnqu, \quad \text{或} \quad u = \frac{I}{bdnq},$$

于是

$$U_{AA'} = \frac{1}{nq}\frac{IB}{d}.$$

将此式与(2.80) 式比较一下，即可知道霍耳系数为

$$K = \frac{1}{nq}. \tag{2.81}$$

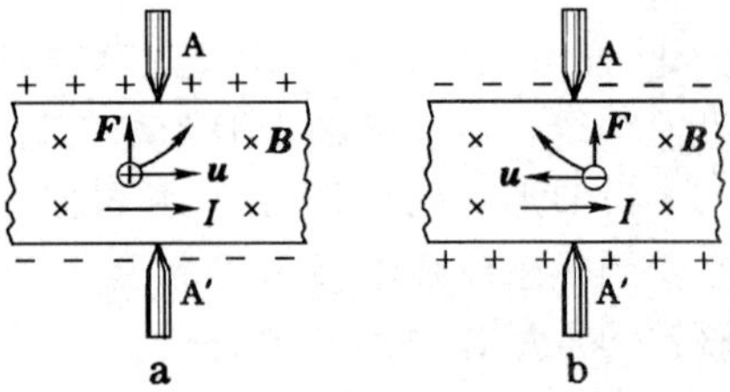

图 2-72 霍耳效应与载流子电荷正负的关系

上式表明，$K$ 与载流子的浓度有关，因此通过霍耳系数的测量，可以确定导体内载流子的浓度 $n$. 半导体内载流子的浓度远比金属中的载流子浓度小，所以半导体的霍耳系数比金属的大得多。而且半导体内载流子的浓度受温度、杂质以及其他因素的影响很大，因此霍耳效应为研究半导体载流子浓度的变化提供了重要的方法。

不难看出，AA′ 两侧的电势差 $U_{AA'}$ 与载流子电荷的正负号有关。如图 2-72a 所示，若 $q>0$，载流子的定向速度 $u$ 的方向与电流方向一致，洛伦兹力 $\boldsymbol{F}$ 使它向上(即朝 A 侧) 偏转，结果 $U_{AA'}>0$；反之，如图 2-72b 所示，若 $q<0$，载流子定向速度 $u$ 的方向与电流的方向相反，洛伦兹力 $\boldsymbol{F}$ 也使它向上(也朝 A 侧) 偏转，结果 $U_{AA'}<0$。半导体有电子型(N 型) 和空穴型(P 型) 两种，前者的载流子为电子，带负电；后者的载流子为"空穴"，相当于带正电的粒子。所以根据霍耳系数的正负号还可以判断半导体的导电类型。[1]

此外，近年来霍耳效应已在科学技术的许多其他领域(如测量技术、电子技术、自动化技术

[1] 虽然空穴型半导体的导电归根结底还是由于电子的运动，但是能带论指出，当看成电子导电时，电子的有效质量是负的；或者引入"空穴" 概念，看成空穴导电，空穴带正电、其有效质量是正的。它们在磁场中产生的霍耳效应相同，与电子型半导体情形相反。参见《新概念物理教程 · 力学》(第三版) 第三章 4.4 节。

等）中开始得到应用。霍耳元件的主要用途有以下几方面：(1) 测量磁场；(2) 测量直流或交流电路中的电流和功率；(3) 转换信号，如把直流电流转换成交流电流并对它进行调制，放大直流或交流信号等；(4) 对各种物理量（应先设法转换成电流信号）进行四则或乘方、开方运算。霍耳元件具有结构简单而牢靠、使用方便、成本低廉等优点，所以它在实际中将得到越来越普遍的应用。下面我们着重介绍一个用霍耳元件测磁场的例子。

用霍耳元件测量磁场的原理如下：探测棒中装有霍耳片，测量时探测棒插入待测磁场中。使强度已知的电流 $I$ 通过霍耳片，由电子管毫伏计读出霍耳电势差 $U_{AA'}$，就可根据已知的霍耳系数 $K$ 和(2.80)式确定磁感应强度 $B$ 的大小。在成套的仪器中，电子管毫伏计是按磁感应强度标度的。所以测量时可以直接读数。用霍耳元件测磁场的方法非常简便，缺点是半导体霍耳元件的温度系数一般都较大，不经温度校准误差较大。

### 6.7 等离子体的磁约束

处在高度电离状态的气体，由于强大的库仑吸引力，其中正离子和负离子形成的空间电荷密度大体相等，使整个气体呈电中性。1929 年朗缪尔（I.Langmuir）给它取了个名字，叫 plasma，中文译作*等离子体*。[1]最初等离子体是在放电管中研究的，其实它广泛存在于自然界中。火焰、雷电、核武器爆炸中都会形成等离子体。地球大气上层也是等离子体。在地球以外的宇宙中，等离子体更是物质存在的主要形式。按质量计算，宇宙中至少 90% 以上的物质处在等离子体状态，即等离子态。太阳和所有的恒星都是大等离子体球。

热核反应是指以下类型的原子核反应：[2]

$$\mathrm{D} + \mathrm{D} \rightarrow {}^{3}\mathrm{He} + \mathrm{n} + 3.27\,\mathrm{MeV}\ \text{能量},$$
$$\mathrm{T} + \mathrm{D} \rightarrow {}^{4}\mathrm{He} + \mathrm{n} + 17.58\,\mathrm{MeV}\ \text{能量},$$
$$\cdots\cdots$$

D（氘或重氢）和 T（氚）都是氢的同位素，$^3$He 和 $^4$He 是氦的两种同位素，n 代表中子。以上核反应的特点是较轻的原子核聚合成较重的原子核，并释放出大量的核能，故称*聚变反应*。这类反应需要在很高的温度下（$10^7$ 以上）才能有效地进行，所以又叫*热核反应*。现已查明，太阳中巨大的辐射能主要来源于热核反应。人工热核反应早已实现，这就是氢弹。所谓受控热核实验，就是把热核反应的进行控制起来，以便和平利用它所释放出来的巨大能量。

在热核反应的高温下，物质处于等离子态。实现热核反应的人工控制，最大的困难在于把一定密度的等离子体加热到如此高温，并约束足够长的时间。等离子体的磁约束和惯性约束是实现受控热核反应的两条主要途径，下面我们简单地介绍一下等离子体磁约束的原理。

如 6.3 节所述，带电粒子在磁场中沿螺旋线运动。(2.75) 式表明，回旋半径 $R$ 与磁感应强度 $B$ 成反比，磁场越强，半径越小。这样一来，在很强的磁场中，每个带电粒子的活动便被约束在一根磁感应线附近的很小范围内（图 2－73）。也就是说，带电粒子回旋轨道的中心（叫做*引导中心*）只能沿磁感应线作纵向移动，而不能横越它。只有当粒子发生碰撞时，引导中心才能由一根磁感应线跳到另一根磁感应线上。等离子体是由带电粒子组成的，正是由于上述原因，强磁场可以使带电粒子的横向输运过程（如扩

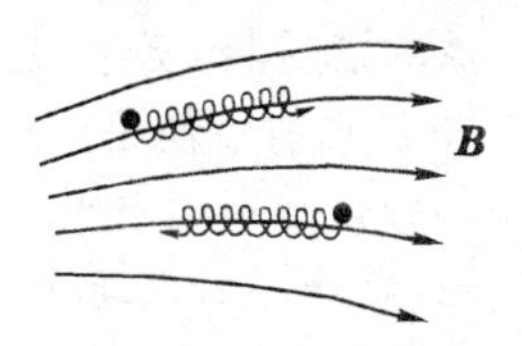

图 2－73 带电粒子被约束在磁感应线上

---

[1] plasma 一词原在生物学中指血液的液体部分，即血浆。“等离子体”在台湾称“电浆”。

[2] 参见《新概念物理教程 · 量子物理》（第三版）第五章 §5。

散、热导）受到很大的限制。

受控热核反应中，不仅要求引导中心受到横向约束，还希望有纵向约束。下述磁镜装置便能限制引导中心的纵向移动。当一个带电粒子作圆周运动时，它等效于一个小线圈。设它的带电量为 $q$，回旋频率为 $\nu$，回旋半径为 $R$，则等效线圈中的电流 $I=q\nu$，面积 $S=\pi R^2$，从而磁矩 $M=IS=\pi q\nu R^2$. 对于在磁场中的回旋运动，由(2.77)式和(2.75)式可知，$\nu=\dfrac{qB}{2\pi m}$，$R=\dfrac{mv_\perp}{qB}$，于是该粒子的磁矩为

$$M=\frac{\frac{1}{2}mv_\perp^2}{B}=\frac{\text{横向动能}}{B}. \tag{2.82}$$

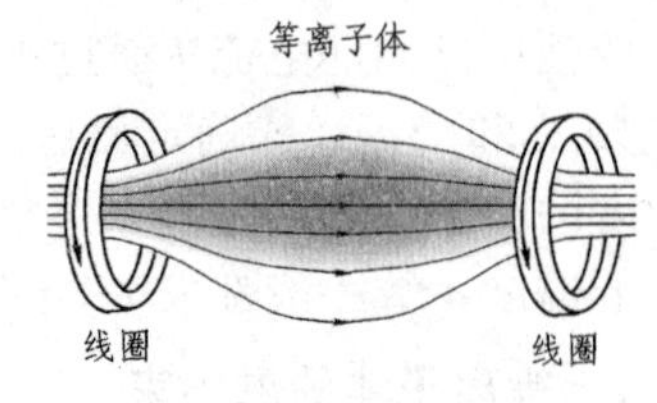

图 2-74 磁镜

理论上可以证明，在梯度不是太大的非均匀磁场中，带电粒子的磁矩 $M$ 是个不变量。亦即，当带电粒子由较弱的磁场区进入较强的磁场区时（$B$ 增加），它的横向动能 $mv_\perp^2/2$ 也要按比例增加。然而由于洛伦兹力是不作功的，带电粒子的总动能 $mv^2/2=m(v_\perp^2+v_{/\!/}^2)/2$ 也不变。这样一来，纵向动能 $mv_{/\!/}^2/2$ 和纵向速度 $v_{/\!/}$ 就要减小。若某个地区磁场变得足够强，$v_{/\!/}$ 还有可能变为0。这时引导中心沿磁感应线的运动被抑止，而后沿反方向运动。[1]带电粒子的这种运动方式就像光线遇镜面发生反射一样。所以通常把这样一种由弱到强的磁场位形，叫做*磁镜*。图2-74所示便是一种磁镜装置。用两个电流方向相同的线圈产生一个中央弱两端强的磁场位形，对于其中的带电粒子来说，相当于两端各有一面磁镜。那些纵向速度 $v_{/\!/}$ 不太大的带电粒子将在两磁镜之间来回反射，不能逃脱。如前所述，带电粒子的横向运动可被磁场抑制，纵向运动又被磁镜所反射。所以这样的磁场位形就像牢笼一样，把带电粒子或等离子体约束在其中。磁镜装置有个缺点，即总有一部分纵向速度较大的粒子会从两端逃掉，采用图2-75所示的环形磁场结构，可以避免这个缺点。目前主要的受控热核装置（如托卡马克、仿星器）中，都采用闭合环形结构。

图 2-75 环形磁约束结构

上述磁镜结构不仅在约束实验室等离子体方面有重要意义，它还存在于宇宙空间中。例如地球磁场中间弱、两极强，是一个天然的磁镜捕集器。1958年人造地球卫星的探测发现，在距地面几千公里和两万公里的高空，分别存在内、外两个环绕地球的辐射带，现称之为范艾仑辐射带（参见图2-76）。辐射带便是由地磁场所俘获的带电粒子（绝大部分是质子和电子）组成的。高空核爆炸的实验表明，爆炸后射入地磁场的电子造成的人工辐射带，可持续几天到几个星期。

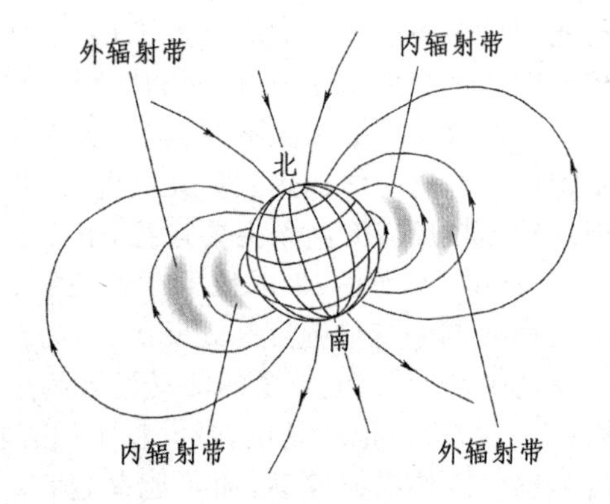

图 2-76 范艾仑辐射带

[1] 带电粒子在磁场中的回旋运动等效于一个小线圈，它们在磁镜中受到的反射，读者也可利用本章中的思考题2—16作定性的分析。

## 本章提要

有关物质之间的磁相互作用，本有磁荷和电流两种观点。本章先并行陈述，然后说明它们的等价性。本章未涉及磁介质，讨论只是初步的。有关此问题更深入的讨论，将在第四章内进行。

1.恒磁场的基本规律

(1) 磁的库仑定律（磁荷观点）：两点磁荷之间的相互作用力

$$\boldsymbol{F}=\frac{1}{4\pi\mu_0}\frac{q_{m1}q_{m2}}{r^2},\quad \text{方向沿联线。}$$

(2) 安培定律（电流观点）：两电流元之间的相互作用力

$$\mathrm{d}\boldsymbol{F}_{12}=\frac{\mu_0}{4\pi}\frac{I_1I_2\mathrm{d}\boldsymbol{l}_2\times(\mathrm{d}\boldsymbol{l}_1\times\hat{\boldsymbol{r}}_{12})}{r_{12}^2},$$

不一定大小相等、方向相反，也不一定沿联线。

2.安培定律

安培定律拆成
$$\begin{cases}\text{安培力 } \mathrm{d}\boldsymbol{F}_{12}=I_2\mathrm{d}\boldsymbol{l}_2\times\mathrm{d}\boldsymbol{B},\\ \text{毕奥-萨伐尔定律 } \mathrm{d}\boldsymbol{B}=\dfrac{\mu_0}{4\pi}\dfrac{I_1\mathrm{d}\boldsymbol{l}_1\times\hat{\boldsymbol{r}}_{12}}{r_{12}^2};\end{cases}$$

由毕奥-萨伐尔定律导出
$$\begin{cases}\text{安培环路定理 } \oint_{(L)}\boldsymbol{B}\cdot\mathrm{d}\boldsymbol{l}=\mu_0\sum_{(L\text{内})}I,\\ \text{磁场的“高斯定理” } \oiint_{(S)}\boldsymbol{B}\cdot\mathrm{d}\boldsymbol{S}=0.\end{cases}$$

3.描述磁场的物理量

(1)
$$\begin{cases}\text{磁场强度 } \boldsymbol{H}\text{（磁荷观点）：作用在单位正磁荷上的力。}\\ \text{磁感应强度 } \boldsymbol{B}\text{（电流观点）：} B=\dfrac{(\mathrm{d}F_2)_{\max}}{I_2\mathrm{d}l_2},\ \text{沿试探电流元不受力的指向。}\end{cases}$$

(2) 磁矢势 $\boldsymbol{A}$： 定义 $\oint_{(L)}\boldsymbol{A}\cdot\mathrm{d}\boldsymbol{l}=\iint_{(S)}\boldsymbol{B}\cdot\mathrm{d}\boldsymbol{S}$ 或 $\nabla\times\boldsymbol{A}=\boldsymbol{B}$,

由毕奥-萨伐尔公式可得磁矢势的一个表达式 $\boldsymbol{A}(P)=\dfrac{\mu_0 I}{4\pi}\oint_{(L_1)}\dfrac{\mathrm{d}\boldsymbol{l}_1}{r}$,

磁矢势具有电磁动量的含义（见第三章 §3）。

4.一些重要磁场分布实例

(1) 无限长直细导线：$B\propto 1/r$，环向右旋；$\Delta A\propto\Delta\ln r$，纵向。

（$r$—— 横向距离）

(2) 无限长载流圆柱：内部 $B\propto r$，环向右旋；$A\propto r^2$，纵向。

（$r$—— 横向距离）

外部磁场与位于轴线的线电流磁场无异。

(3) 圆线圈轴线上磁场分布：$B\propto 1/(R^2+z^2)^{3/2}$，轴向。

（$R$—— 线圈半径，$z$—— 轴向距离）

(4) 螺线管：内部 $B=\mu_0 nI$，轴向，均匀；$A\propto r$，环向。

（$n$—— 单位长度内匝数，$r$—— 横向距离）

外部 $B=0$，$A\propto 1/r$.

(5) 螺绕环：内部 $B=\dfrac{\mu_0 NI}{2\pi R}$，角向。 （$N$—— 总匝数，$R$—— 环半径）

外部 $B=0$.

5.磁场对导线的作用 —— 安培力 $\mathrm{d}\boldsymbol{F}=I\mathrm{d}\boldsymbol{l}\times\boldsymbol{B}$.

(1) 平行无限长直导线间的相互作用 $f=\dfrac{\mathrm{d}F_{12}}{\mathrm{d}l_2}=\dfrac{\mathrm{d}F_{21}}{\mathrm{d}l_1}=\dfrac{\mu_0 I_1 I_2}{2\pi a}$.

(2) 线圈在均匀磁场中受的力矩 $\boldsymbol{L}=\boldsymbol{m}\times\boldsymbol{B}$.

($\boldsymbol{m}=IS\boldsymbol{n}$—— 线圈的磁矩)

应用:直流电动机
磁电式电流计

6.带电粒子在磁场中受力 —— 洛伦兹力 $\boldsymbol{F}=q\boldsymbol{v}\times\boldsymbol{B}$.

带电粒子在均匀磁场中的运动。

(1) $\boldsymbol{v}\perp\boldsymbol{B}$ 情形 —— 圆周运动:拉莫尔半径 $R=\dfrac{mv}{qB}$,

周期 $T=\dfrac{2\pi R}{v}=\dfrac{2\pi m}{qB}$, 频率 $\nu=\dfrac{1}{T}=\dfrac{qB}{2\pi m}$(与粒子速率无关)。

(2) 普遍情形 —— 螺旋线。

将粒子速度相对于磁场分解为 $v_\perp$、$v_\parallel$ 分量,

螺距 $h=v_\parallel T=\dfrac{2\pi m v_\parallel}{qB}$,与 $v_\perp$ 分量无关。

应用:磁聚焦
荷质比测定
回旋加速器
等离子体磁约束
由径迹测带电粒子电荷、能量等(云室、气泡室、乳胶)
带电粒子滤速器
质谱仪
磁控管
…………

7.霍耳效应 —— 电流通过与磁场垂直的导体时产生横向电压(霍耳电压)。

$$U_{AA'}=K\frac{IB}{d},\ \text{其中霍耳系数}\ K=\frac{1}{nq}.$$

($d$—— 霍耳片厚度,$n$—— 载流子浓度,$q$—— 载流子电荷)

应用:测磁场,测半导体载流子种类和浓度

8.磁荷和电流观点的统一

| | 磁偶极层 | 电流环 |
|---|---|---|
| 产生的磁场 | $\boldsymbol{H}=\dfrac{\tau_m}{4\pi\mu_0}\nabla\Omega$, $\tau_m=\dfrac{\Delta p_m}{\Delta S}$ | $\boldsymbol{B}=\dfrac{\mu_0 I}{4\pi}\nabla\Omega$, $I=\dfrac{\Delta m}{\Delta S}$ |
| 在磁场中受的力矩 | $\boldsymbol{L}=\boldsymbol{p}_m\times\boldsymbol{H}$ | $\boldsymbol{L}=\boldsymbol{m}\times\boldsymbol{B}$ |
| 等价性 | $\boldsymbol{B}=\mu_0\boldsymbol{H}$, $\boldsymbol{p}_m=\mu_0\boldsymbol{m}$ | |

## 思考题

**2-1**. 地磁场的主要分量是从南到北的，还是从北到南的？

**2-2**. 如本题图取直角坐标系，电流元 $I_1 \mathrm{d}\boldsymbol{l}_1$ 放在 $x$ 轴上指向原点 $O$，电流元 $I_2 \mathrm{d}\boldsymbol{l}_2$ 放在原点 $O$ 处指向 $z$ 轴。试根据安培定律(2.12)式或(2.17)式来回答，在下列各情形里电流元 1 给电流元 2 的力 $\mathrm{d}\boldsymbol{F}_{12}$，以及电流元 2 给电流元 1 的力 $\mathrm{d}\boldsymbol{F}_{21}$，大小和方向各有什么变化？

(1) 电流元 2 在 $zx$ 平面内转过角度 $\theta$；

(2) 电流元 2 在 $yz$ 平面内转过角度 $\theta$；

(3) 电流元 1 在 $xy$ 平面内转过角度 $\theta$；

(4) 电流元 1 在 $zx$ 平面内转过角度 $\theta$.

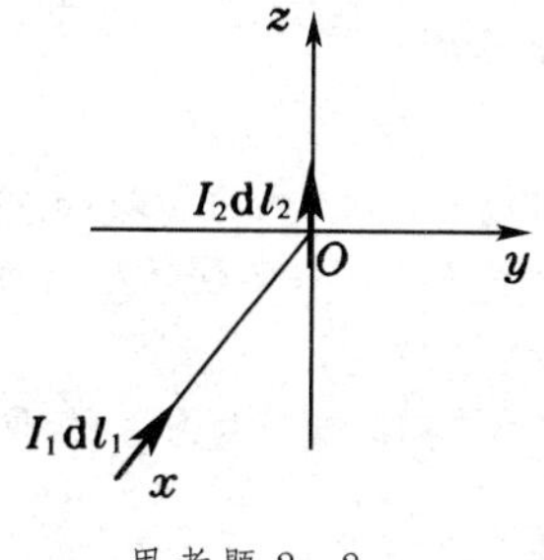

思考题 2-2

**2-3**. 根据安培定律(2.17)式，任意两个闭合载流回路 $L_1$ 和 $L_2$ 之间的相互作用力为

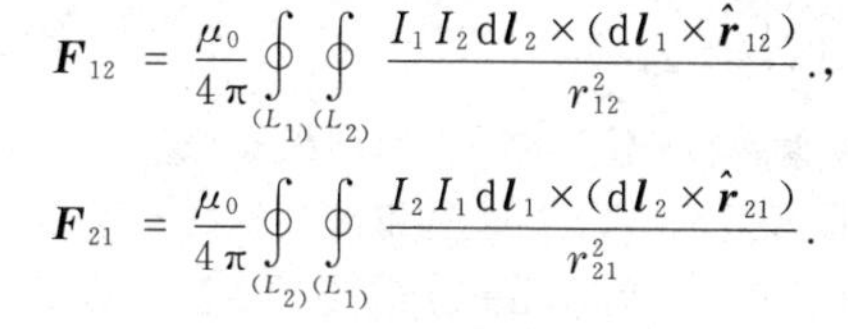

$$\boldsymbol{F}_{12} = \frac{\mu_0}{4\pi}\oint_{(L_1)}\oint_{(L_2)} \frac{I_1 I_2 \mathrm{d}\boldsymbol{l}_2 \times (\mathrm{d}\boldsymbol{l}_1 \times \hat{\boldsymbol{r}}_{12})}{r_{12}^2},$$

$$\boldsymbol{F}_{21} = \frac{\mu_0}{4\pi}\oint_{(L_2)}\oint_{(L_1)} \frac{I_2 I_1 \mathrm{d}\boldsymbol{l}_1 \times (\mathrm{d}\boldsymbol{l}_2 \times \hat{\boldsymbol{r}}_{21})}{r_{21}^2}.$$

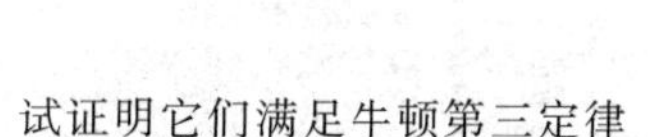

试证明它们满足牛顿第三定律

$$\boldsymbol{F}_{21} = -\boldsymbol{F}_{12}.$$

【提示：对于任意三个矢量 $\boldsymbol{A}$、$\boldsymbol{B}$、$\boldsymbol{C}$ 组成的双重矢积 $\boldsymbol{A}\times(\boldsymbol{B}\times\boldsymbol{C})$ 有一个很有用的恒等式：

$$\boldsymbol{A}\times(\boldsymbol{B}\times\boldsymbol{C}) = (\boldsymbol{A}\cdot\boldsymbol{C})\boldsymbol{B} - (\boldsymbol{A}\cdot\boldsymbol{B})\boldsymbol{C},$$

利用此式把上述两式展开，并注意到对任意闭合回路 $L$ 有

$$\oint_{(L)} \frac{\hat{\boldsymbol{r}}\cdot\mathrm{d}\boldsymbol{l}}{r^2} = 0.$$

即可证明。】

**2-4**. 试探电流元 $I\mathrm{d}\boldsymbol{l}$ 在磁场中某处沿直角坐标系的 $x$ 轴方向放置时不受力，把这电流元转到 $+y$ 轴方向时受到的力沿 $-z$ 轴方向，此处的磁感应场强度 $\boldsymbol{B}$ 指向何方？

**2-5**. 试根据毕奥-萨伐尔定律证明：一对镜像对称的电流元在对称面上产生的合磁场下必与此面垂直。

**2-6**. (1) 在没有电流的空间区域里，如果磁感应线是平行直线，磁感应强度的大小 $B$ 在沿磁感应线和垂直它的方向上是否可能变化(即磁场是否一定是均匀的)？

(2) 若存在电流，上述结论是否还对？

**2-7**. 根据安培环路定理，沿围绕载流导线一周的环路积分为

$$\oint \boldsymbol{B}\cdot\mathrm{d}\boldsymbol{l} = \mu_0 I.$$

现利用圆形载流线圈轴线上的磁场公式(2.29)

$$B = \frac{\mu_0}{4\pi}\frac{2\pi R^2 I}{(R^2+z^2)^{3/2}}$$

$z$ 是轴线上一点到圆心的距离，验算一下沿轴线的积分

$$\int_{-\infty}^{\infty} \boldsymbol{B}\cdot\mathrm{d}\boldsymbol{l} = \int_{-\infty}^{\infty} B\,\mathrm{d}z = \mu_0 I.$$

为什么这积分路线虽未环绕电流一周，但与闭合环路积分的结果一样？

**2-8**. 利用(2.35)式和安培环路定理，证明无限长螺线管外部磁场处处为 0.这个结论成立的近似条件是什么？仅仅“密绕”的条件够不够？

**2-9**. 在一个可视为无穷长密绕的载流螺线管外面环绕一周(见本题图)，环路积分 $\oint \boldsymbol{B}\cdot\mathrm{d}\boldsymbol{l}$ 等于多少？

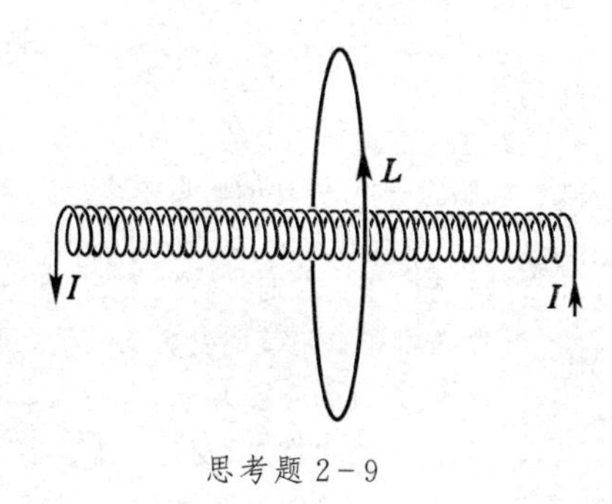

思考题 2-9

**2-10.** 本题图中的载流导线与纸面垂直，确定 a 和 b 中电流的方向，以及 c 和 d 中导线受力的方向。

**2-11.** 指出本题图中各情形里带电粒子受力方向。

**2-12.** 如本题图，在阴极射线管上平行管轴放置一根载流直导线，电流方向如图所示，射线朝什么方向偏转？ 电流反向后情况怎样？

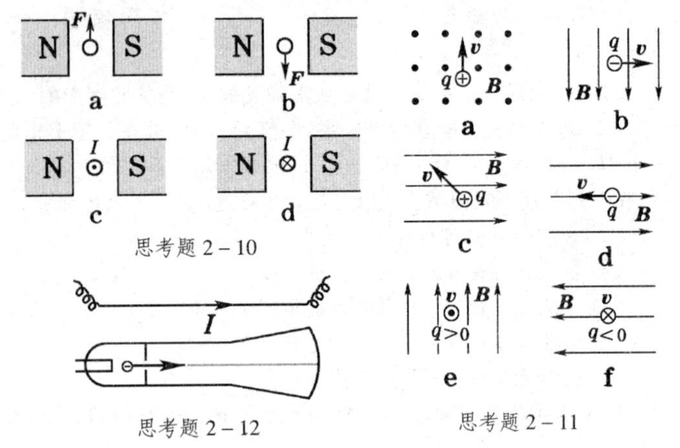


思考题 2-10

思考题 2-12

思考题 2-11

**2-13.** 如本题图所示，两个电子同时由电子枪射出，它们的初速与匀磁场垂直，速率分别是 $v$ 和 $2v$. 经磁场偏转后，哪个电子先回到出发点？

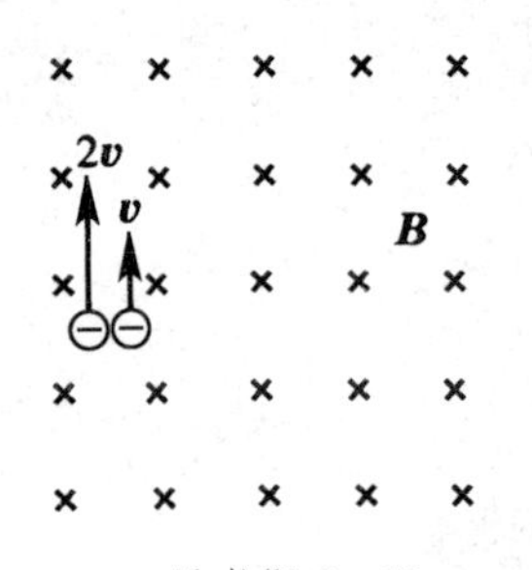


思考题 2-13

**2-14.** 云室是借助于过饱和水蒸气在离子上凝结，来显示通过它的带电粒子径迹的装置。这里有一张云室中拍摄的照片。云室中加了垂直纸面向里的磁场，图中 $a$、$b$、$c$、$d$、$e$ 是从 $O$ 点出发的一些正电子或负电子的径迹。

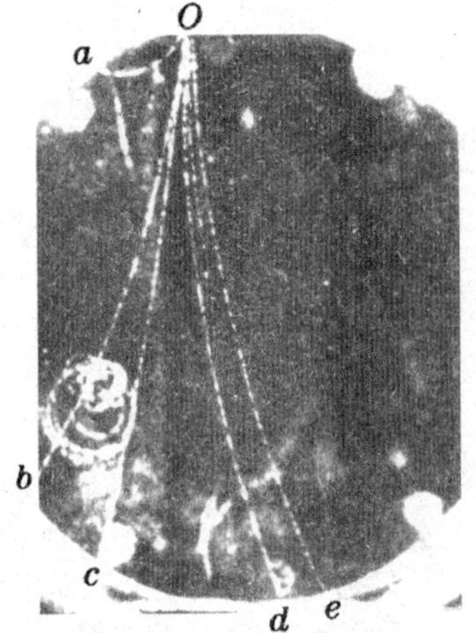


思考题 2-14

(1) 哪些径迹属于正电子的，哪些属于负电子的？

(2) $a$、$b$、$c$ 三条径迹中哪个粒子的能量（速率）最大，哪个最小？

**2-15.** 本题图是磁流体发电机的示意图。将气体加热到很高温度（譬如 2500K 以上）使之电离（这样一种高度电离的气体叫做等离子体），并让它通过平行板电极 1、2 之间，在这里有一垂直于纸面向里的磁场 $\boldsymbol{B}$，试说明这时两电极间会产生一个大小为 $vBd$ 的电压（$v$ 为气体流速，$d$ 为电极间距）。哪个电极是正极？

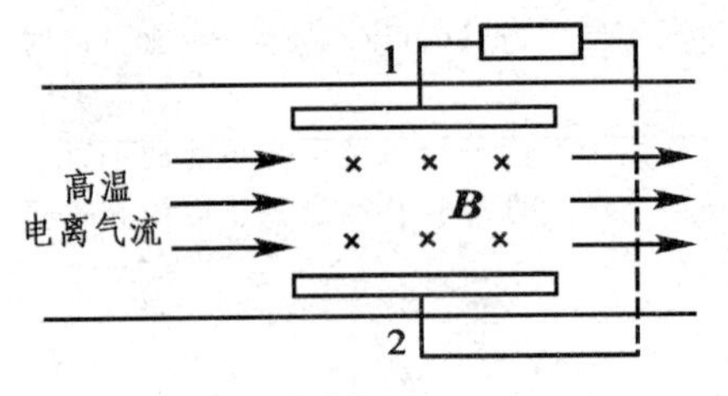


思考题 2-15

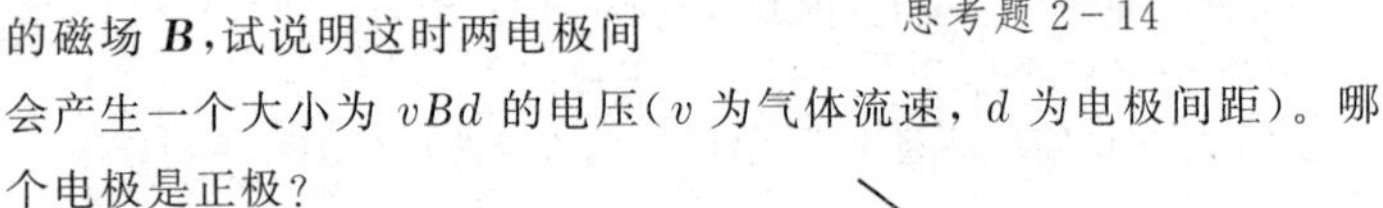

**2-16.** 有一非均匀磁场呈轴对称分布，磁感应线由左至右逐渐收缩（见本题图）。将一圆形载流线圈共轴地放置其中，线圈的磁矩与磁场方向相反，试定性分析此线圈受力的方向。

思考题 2-16

**2-17.** 试用上题定性地说明磁镜两端对作回旋运动的带电粒子能起反射作用。

**2-18.** 设氢原子中的电子沿半径为 $r$ 的圆轨道绕原子核运动。若把氢原子放在磁感应强度为 $\boldsymbol{B}$ 的磁场中，使电子的轨道平面与 $\boldsymbol{B}$ 垂直，假定 $r$ 不因 $\boldsymbol{B}$ 而改变，则当观测者顺着 $\boldsymbol{B}$ 的方向看时，

(1) 若电子沿顺时针方向旋转，问电子的角频率（或角速率）是增大还是减小？

(2) 若电子是沿反时针方向旋转，问电子的角频率是增大还是减小？

**2-19.** 设电子质量为 $m$，电荷为 $e$，以角速度 $\omega$ 绕带正电的质子作圆周运动。当加上外磁场 $\boldsymbol{B}$ 而 $\boldsymbol{B}$ 的方向与电子轨道平面垂直时，设电子轨道半径不变而角速度变为 $\omega'$，证明：电子角速度的变化近似等于

$$\Delta\omega = \omega' - \omega = \pm \frac{1}{2}\frac{e}{m}B.$$

## 习　题

**2-1**. 如本题图所示,一条无穷长直导线在一处弯折成 1/4 圆弧,圆弧的半径为 $R$,圆心在 $O$,直线的延长线都通过圆心。已知导线中的电流为 $I$,求 $O$ 点的磁感应强度。

**2-2**. 如本题图所示,两条无穷长的平行直导线相距为 $2a$,分别载有方向相同的电流 $I_1$ 和 $I_2$. 空间任一点 $P$ 到 $I_1$ 的垂直距离为 $x_1$,到 $I_2$ 的垂直距离为 $x_2$,求 $P$ 点的磁感应强度 $\boldsymbol{B}$.

**2-3**. 如本题图所示,两条无穷长的平行直导线相距为 $2a$,载有大小相等而方向相反的电流 $I$. 空间任一点 $P$ 到两导线的垂直距离分别为 $x_1$ 和 $x_2$,求 $P$ 点的磁感应强度 $\boldsymbol{B}$.

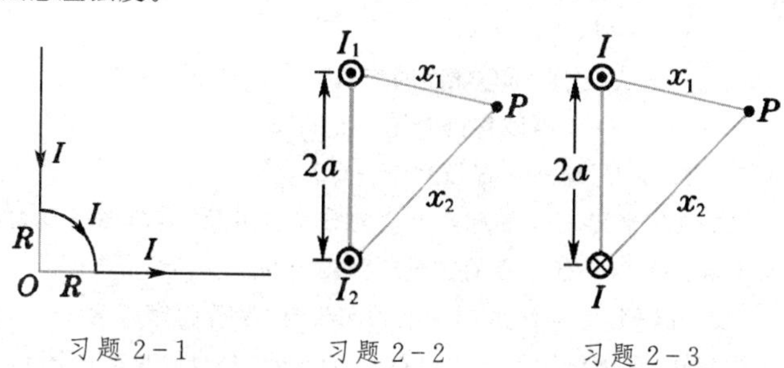


习题 2-1　　习题 2-2　　习题 2-3

**2-4**. 如本题图,两条无限长直载流导线垂直而不相交,其间最近距离为 $d=2.0\,\mathrm{cm}$,电流分别为 $I_1=4.0\,\mathrm{A}$ 和 $I_2=6.0\,\mathrm{A}$. $P$ 点到两导线的距离都是 $d$,求 $P$ 点的磁感应强度 $\boldsymbol{B}$.

**2-5**. 载流等边三角形线圈边长为 $2a$,电流为 $I$.

(1) 求轴线上距中心为 $r_0$ 处的磁感应强度。

(2) 证明:当 $r_0 \gg a$ 时轴线上磁感应强度具有如下形式:

$$B=\frac{\mu_0 m}{2\pi r_0^3},$$

式中 $m=IS$ 为三角形线圈的磁矩。

**2-6**. 电流均匀地流过宽为 $2a$ 的无穷长平面导体薄板。电流大小为 $I$,通过板的中线并与板面垂直的平面上有一点 $P$,$P$ 到板的垂直距离为 $x$(见本题图),设板厚可略去不计,

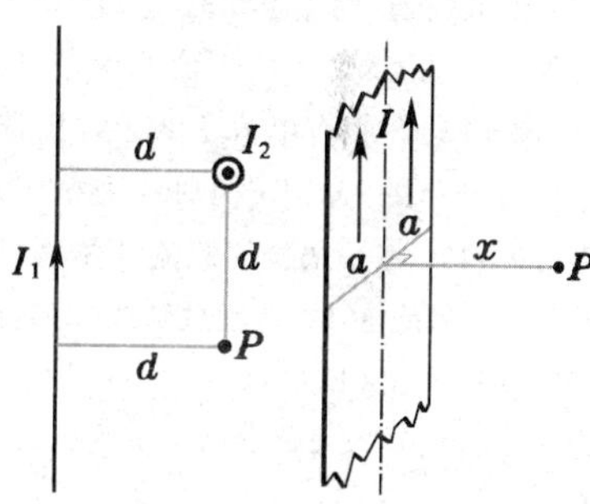


习题 2-4　　习题 2-6

(1) 求 $P$ 点的磁感应强度 $\boldsymbol{B}$.

(2) 当 $a\to\infty$,但 $\iota=I/2a$(单位宽度上的电流,叫做面电流密度)为一常量时 $P$ 点的磁感应强度。

**2-7**. 如本题图,两无穷大平行平面上都有均匀分布的面电流,面电流密度(见上题)分别为 $\iota_1$ 和 $\iota_2$,两电流平行。求:

(1) 两面之间的磁感应强度;

(2) 两面之外空间的磁感应强度;

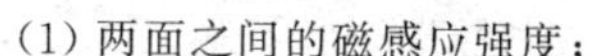

(3) $\iota_1=\iota_2=\iota$ 时结果如何?

(4) 在情形(3)中电流反平行,情形如何?

(5) 在情形(3)中电流方向垂直,情形如何?

习题 2-7

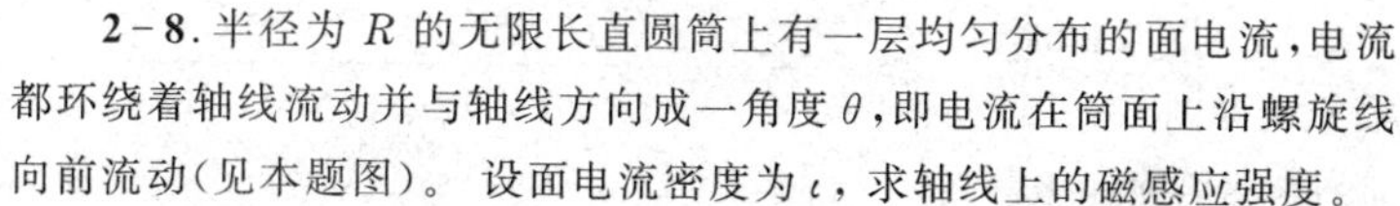

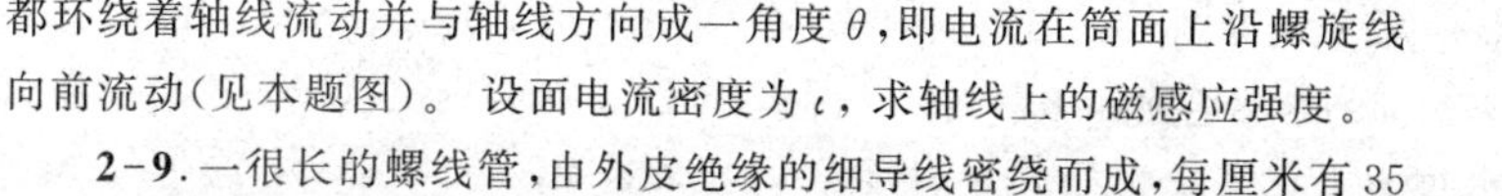

**2-8**. 半径为 $R$ 的无限长直圆筒上有一层均匀分布的面电流,电流都环绕着轴线流动并与轴线方向成一角度 $\theta$,即电流在筒面上沿螺旋线向前流动(见本题图)。设面电流密度为 $\iota$,求轴线上的磁感应强度。

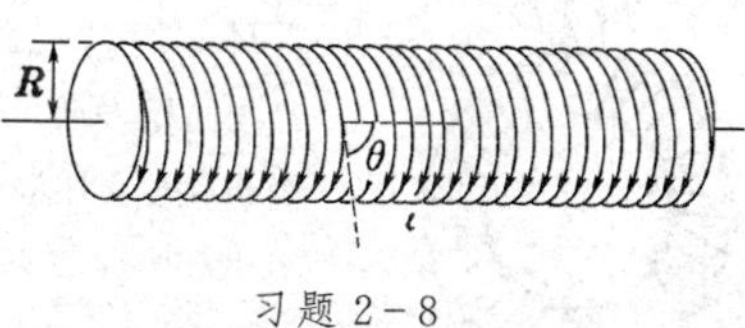


习题 2-8

**2-9**. 一很长的螺线管,由外皮绝缘的细导线密绕而成,每厘米有 35 匝。当导线中通过的电流为 2.0 A 时,求这螺线管轴线上中心和端点的磁感强应强度。

**2-10**. 一螺线管长 1.0 m,平均直径为 3.0 cm,它有五层绕组,每层有 850 匝,通过电流 5.0 A,中心的磁感应强度是多少 Gs?

**2-11**. 用直径 0.163 cm 的铜线绕在 6.0 cm 直径的圆筒上,做成一个单层螺线管。管长 30 cm,每厘米绕 5 匝。

铜线在 75°C 时每米电阻为 0.010 Ω(假设通电后导线将达此温度)。将此螺线管接在 2.0 V 的蓄电池上，其中磁感应强度和功率消耗各多少？

**2-12**.球形线圈由表面绝缘的细导线在半径为 $R$ 的球面上密绕而成，线圈的中心都在同一直径上，沿这直径单位长度内的匝数为 $n$，并且各处的 $n$ 都相同，通过线圈的电流为 $I$. 设该直径上一点 $P$ 到球心的距离为 $x$，求下列各处的磁感应强度 $B$：

(1) $x=0$(球心)；

(2) $x=R$(该直径与球面的交点)；

(3) $x<R$(球内该直径上任一点)；

(4) $x>R$(球外该直径上任一点)。

**2-13**.半径为 $R$ 的球面上均匀分布着电荷，电荷面密度为 $\sigma_e$. 当这球面以角速度 $\omega$ 绕它的直径旋转时，求转轴上球内和球外任一点的磁感应强度分布。

**2-14**.半径为 $R$ 的圆片上均匀带电，电荷面密度为 $\sigma_e$. 令该片以匀角速度 $\omega$ 绕它的轴旋转，求轴线上距圆片中心 $O$ 为 $x$ 处的磁场(见本题图)。

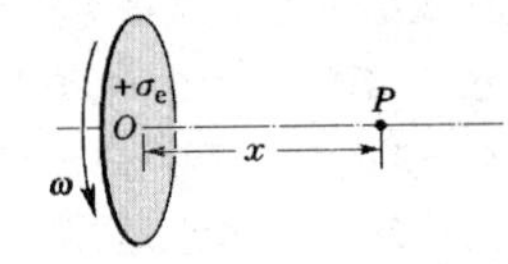

习题 2-14

**2-15**.氢原子处在正常状态(基态)时，它的电子可看作是在半径为 $a_B=0.53\times10^{-8}$ cm 的轨道(叫做玻尔轨道)上作匀速圆周运动，速率为 $v=2.2\times10^8$ cm/s. 已知电子电荷的大小为 $e=1.6\times10^{-19}$ C，求电子的这种运动在轨道中心产生的磁感应强度 $B$ 的值。

**2-16**.一载有电流 $I$ 的无穷长直空心圆筒，半径为 $R$(筒壁厚度可以忽略)，电流沿它的轴线方向流动，并且是均匀分布的，分别求离轴线为 $r<R$ 和 $r>R$ 处的磁场。

**2-17**.有一很长的载流导体直圆管，内半径为 $a$，外半径为 $b$，电流为 $I$，电流沿轴线方向流动，并且均匀分布在管壁的横截面上(见本题图)。空间某一点到管轴的垂直距离为 $r$，求：(1) $r<a$，(2) $a<r<b$，(3) $r>b$ 等处的磁感应强度。

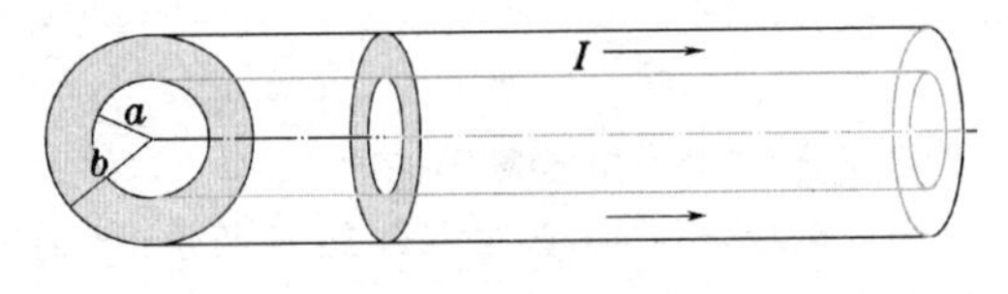

习题 2-17

**2-18**.一很长的导体直圆管，管厚为 5.0 mm，外直径为 50 mm，载有 50 A 的直流电，电流沿轴向流动，并且均匀分布在管的横截面上。求下列几处磁感应强度的大小 $B$：

(1) 管外靠近外壁；

(2) 管内靠近内壁；

(3) 内外壁之间的中点。

**2-19**.电缆由一导体圆柱和一同轴的导体圆筒构成。使用时，电流 $I$ 从一导体流去，从另一导体流回，电流都均匀分布在横截面上。设圆柱的半径为 $r_1$，圆筒的内外半径分别为 $r_2$ 和 $r_3$(见本题图)，$r$ 为到轴线的垂直距离，求 $r$ 从 0 到 $\infty$ 的范围内各处的磁感应强度 $B$.

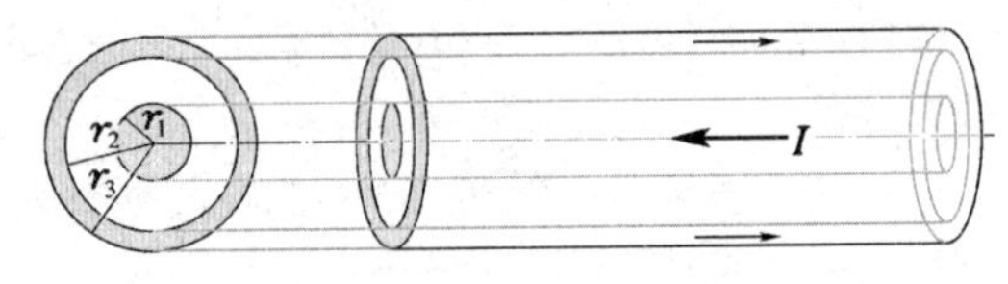

习题 2-19

**2-20**.一对同轴无穷长直的空心导体圆筒，内、外筒半径分别为 $R_1$ 和 $R_2$(筒壁厚度可以忽略)。电流 $I$ 沿内筒流去，沿外筒流回(见本题图)，

(1) 计算两筒间的磁感应强度 $B$；

(2) 通过长度为 $L$ 的一段截面(图中阴影区)的磁通量 $\Phi_B$；

(3) 计算磁矢势 $A$ 在两筒间的分布。

习题 2-20

**2-21**.矩形截面的螺绕环，尺寸见本题图，

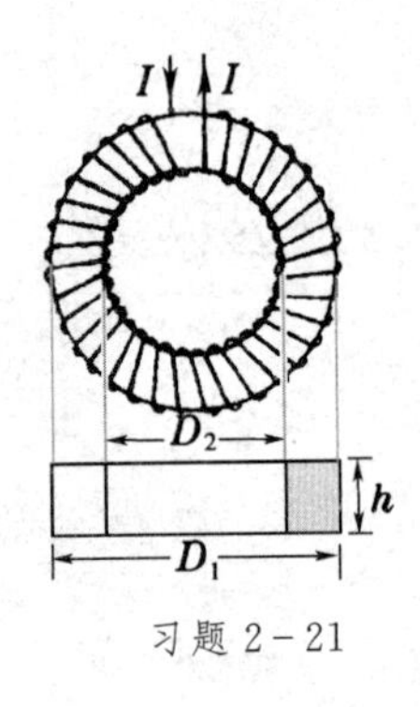

习题 2-21

(1) 求环内磁感应强度的分布；

(2) 证明通过螺绕环截面(图中阴影区)的磁通量为

$$\Phi_B = \frac{\mu_0 NIh}{2\pi}\ln\frac{D_1}{D_2},$$

其中 $N$ 为螺绕环总匝数，$I$ 为其中电流的大小。

**2-22.** 用安培环路定理重新计算习题 2-6(2) 中无限大均匀载流平面外的磁感应强度。

**2-23.** 如本题图所示，有一根长为 $l$ 的直导线，质量为 $m$，用细绳子平挂在外磁场 $\boldsymbol{B}$ 中，导线中通有电流 $I$，$I$ 的方向与 $\boldsymbol{B}$ 垂直。

(1) 求绳子张力为 0 时的电流 $I$. 当 $l=50\,\text{cm}$，$m=10\,\text{g}$，$B=1.0\,\text{T}$ 时，$I=?$

(2) 在什么条件下导线会向上运动？

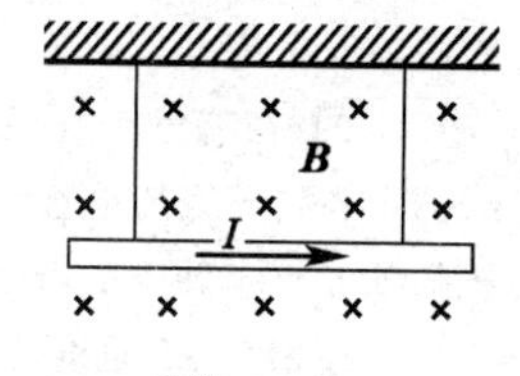


习题 2-23

**2-24.** 横截面积 $S=2.0\,\text{mm}^2$ 的铜线弯成如本题图中所示形状，其中 $OA$ 和 $DO'$ 段固定在水平方向不动，$ABCD$ 段是边长为 $a$ 的正方形的三边，可以绕 $OO'$ 转动；整个导线放在均匀磁场 $\boldsymbol{B}$ 中，$\boldsymbol{B}$ 的方向竖直向上。已知铜的密度 $\rho=8.9\,\text{g/cm}^3$，当这铜线中的 $I=10\,\text{A}$ 时，在平衡情况下，$AB$ 段和 $CD$ 段与竖直方向的夹角 $\alpha=15°$，求磁感应强度 $\boldsymbol{B}$ 的大小。

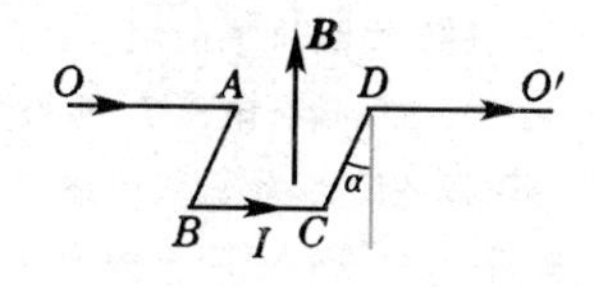


习题 2-24

**2-25.** 一段导线弯成如本题图中所示的形状，它的质量为 $m$，上面水平一段的长度为 $l$，处在均匀磁场中，磁感应强度为 $\boldsymbol{B}$，$\boldsymbol{B}$ 与导线垂直；导线下面两端分别插在两个浅水银槽里，两槽水银与一带开关 K 的外电源联接。当 K 一接通，导线便从水银槽里跳起来。

(1) 设跳起来的高度为 $h$，求通过导线的电量 $q$；

(2) 当 $m=10\,\text{g}$，$l=20\,\text{cm}$，$h=3.0\,\text{m}$，$B=0.10\,\text{T}$ 时，求 $q$ 的量值。

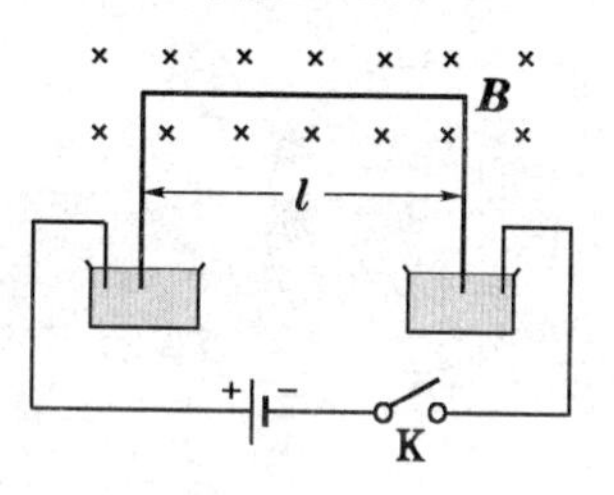


习题 2-25

**2-26.** 安培秤如本题图所示，它的一臂下面挂有一个矩形线圈，圈共有 $N$ 匝，线圈的下部悬挂在均匀磁场线 $\boldsymbol{B}$ 内，下边一段长为 $l$，它与 $\boldsymbol{B}$ 垂直。当线圈的导线中通有电流 $I$ 时，调节砝码使两臂达到平衡；然后使电流反向，这时需要在一臂上加质量为 $m$ 的砝码，才能使两臂再达到平衡。

(1) 求磁感应强度 $\boldsymbol{B}$ 的大小 $B$；

(2) 当 $N=9$，$l=10.0\,\text{cm}$，$I=0.100\,\text{A}$，$m=8.78\,\text{g}$ 时，设 $g=9.80\,\text{m/s}^2$，$B=?$

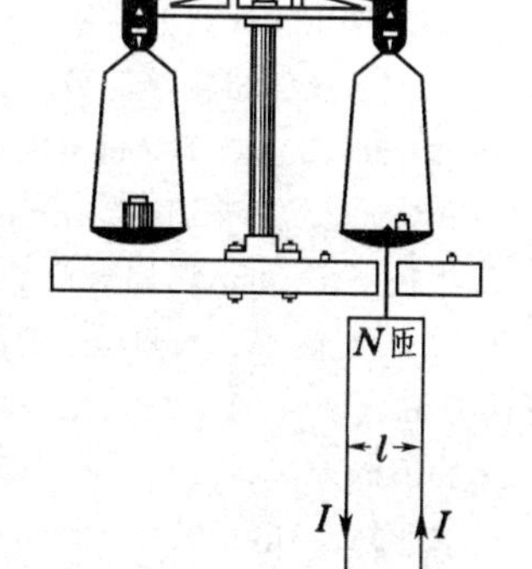


习题 2-26

**2-27.** 一矩形载流线圈由 20 匝互相绝缘的细导线绕成，矩形边长为 10.0 cm 和 5.0 cm，导线中的电流为 0.10 A，这线圈可以绕它的一边 $OO'$ 转动（见本题图）。当加上 $B=0.50\,\text{T}$ 的均匀外磁场、$\boldsymbol{B}$ 与线圈平面成 30° 角时，求这线圈受到的力矩。

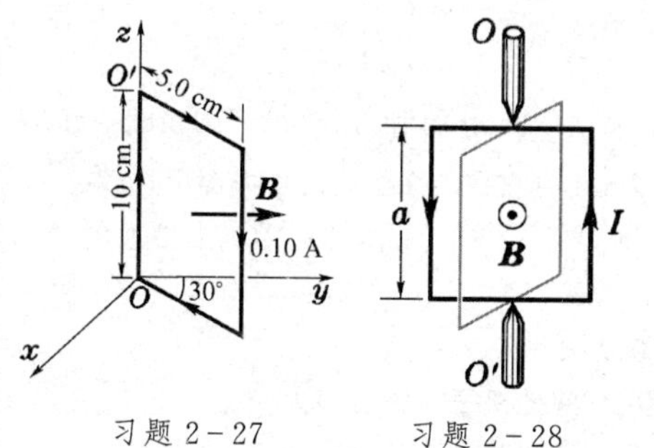


习题 2-27　　习题 2-28

**2-28.** 一边长为 $a$ 的正方形线圈载有电流 $I$，处在均匀外磁场 $\boldsymbol{B}$ 中，$\boldsymbol{B}$ 沿水平方向，线圈可以绕通过中心的竖直轴 $OO'$ 转动（见本题图），转动惯量为 $J$. 求线圈在平衡位置附近作微小摆动的周期 $T$.

**2-29.** 一螺线管长 30 cm，横截面的直径为 15 mm，由表面绝缘的细导线密绕而成，每厘米绕有 100 匝。当导线中通有 2.0 A 的电流后，把这螺线管放到 $B=4.0\,\text{T}$ 的均匀磁场中，求：

(1) 螺线管的磁矩；

(2) 螺线管所受力矩的最大值。

**2-30.** 两条很长的平行输电线相距 20 mm，都载有 100 A 的电流，分别求电流方向相同和相反时，其中两段

1 m 长 的输电线之间的相互作用力。

**2-31**. 发电厂的汇流条是两条 3 m 长的平行铜棒，相距 50 cm；当向外输电时，每条棒中的电流都是 10000 A. 作为近似，把两棒当作无穷长的细线，试计算它们之间的相互作用力。

**2-32**. 载有电流 $I_1$ 的长直导线旁边有一正方形线圈，边长为 $2a$，载有电流 $I_2$，线圈中心到导线的垂直距离为 $b$，电流方向如本题图所示。线圈可以绕平行于导线的轴 $O_1O_2$ 转动。求：

(1) 线圈在 $\theta$ 角度位置时所受的合力 $\boldsymbol{F}$ 和合力矩 $\boldsymbol{L}$；

(2) 线圈平衡时 $\theta$ 的值；

(3) 线圈从平衡位置转到 $\theta=\pi/2$ 时，$I_1$ 作用在线圈上的力作了多少功？

习题 2-32

**2-33**. 载有电流 $I_1$ 的长直导线旁边有一平面圆形线圈，线圈半径为 $r$，中心到直导线的距离为 $l$，线圈载有电流 $I_2$，线圈和直导线在同一平面内(见本题图)。求 $I_1$ 作用在圆形线圈上的力。

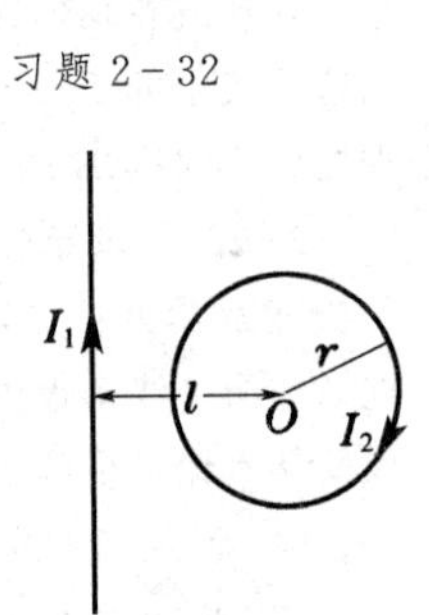


习题 2-33

**2-34**. 试证明电子绕原子核沿圆形轨道运动时磁矩与角动量大小之比为

$$\gamma=\frac{-e}{2m}\text{（经典回旋磁比率）},$$

式中 $-e$ 和 $m$ 是电子的电荷与质量，负号表示磁矩与角动量的方向相反，如图。(它们各沿什么方向？)

【提示：计算磁矩时可把在圆周上运动的电子看成是电流环。】

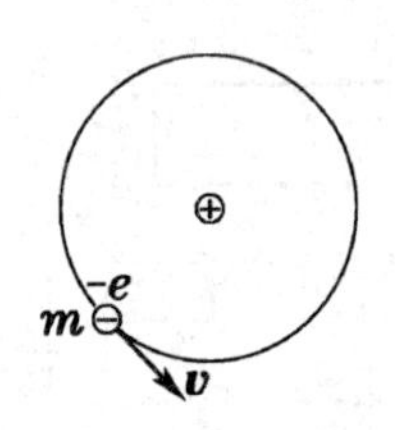


习题 2-34

**2-35**. 一电磁式电流计线圈长 $a=2.0$ cm，宽 $b=1.0$ cm，$N=250$ 匝，磁极间隙内的磁感应强度 $B=2000$ Gs. 当通入电流 $I=0.10$ mA 时，偏转角 $\theta=30^\circ$，求：

(1) 作用在线圈上的磁偏转力矩 $L_{磁}$；

(2) 游丝的扭转常量 $D$.

**2-36**. 带电粒子穿过过饱和蒸汽时，在它走过的路径上，过饱和蒸汽便凝结成小液滴，从而使得它运动的轨迹(径迹)显示出来，这就是云室的原理。今在云室中有 $B=10000$ Gs 的 均匀磁场，观测到一个质子的径迹是圆弧，半径 $r=20$ cm，已知这粒子的电荷为$1.6\times10^{-19}$ C，质量为 $1.67\times10^{-27}$ kg，求它的动能。

**2-37**. 测得一太阳黑子的磁场为 $\boldsymbol{B}=4000$ **Gs**，问其中电子以(1)$5.0\times10^7$ **cm/s**，(2)$5.0\times10^8$ **cm/s** 的速度垂直于 $\boldsymbol{B}$ 运动时，受到的洛伦兹力各有多大？ 回旋半径各有多大？ 已知电子电荷的大小为 $1.6\times10^{-19}$ C，质量为 $9.1\times10^{-31}$ kg.

**2-38**. 一电子以 $v=3.0\times10^7$ m/s 的速率射入匀强磁场 $\boldsymbol{B}$ 内，它的速度与 $\boldsymbol{B}$ 垂直，$B=10$ T. 已知电子电荷 $-e=-1.6\times10^{-19}$ C，质量 $m=9.1\times10^{-31}$ kg，求这电子所受的洛伦兹力，并与它在地面所受的重力加以比较。

**2-39**. 已知质子质量 $m=1.67\times10^{-27}$ kg，电荷 $e=1.6\times10^{-19}$ C，地球半径 6370 km，地球赤道上地面的磁场 $B=0.32$ Gs.

(1) 要使质子绕赤道表面作圆周运动，其动量 $p$ 和能量 $E$ 应有多大？

(2) 若要使质子以速率 $v=1.0\times10^7$ m/s 环绕赤道表面作圆周运动，问地磁场应该有多大？

【提示：相对论中粒子的动量 $\boldsymbol{p}$ 和能量 $E$ 的公式如下：

$$\boldsymbol{p}=m\boldsymbol{v},$$

$$E=mc^2=c\sqrt{p^2+m_0^2c^2},$$

$m$ 和 $m_0$ 的关系见(2.79)式。】

**2-40**. 在一个显像管里，电子沿水平方向从南到北运动，动能是 $1.2\times10^4$ eV. 该处地球磁场在竖直方向上的分量向下，$\boldsymbol{B}$ 的大小是 0.55 Gs. 已知电子电荷 $-e=-1.6\times10^{-19}$ C，质量 $m=9.1\times10^{-31}$ kg.

(1) 电子受地磁的影响往哪个方向偏转？

(2) 电子的加速度有多大？

(3) 电子在显像管内走 20 cm 时，偏转有多大？

(4) 地磁对看电视有没有影响？

**2-41**. 如本题图所示，一质量为 $m$ 的粒子带有电量 $q$，以速度 $v$ 射入磁感应强度为 $\boldsymbol{B}$ 的均匀磁场，$\boldsymbol{v}$ 与 $\boldsymbol{B}$ 垂直；粒子从磁场出来后继续前进。已知磁场区域在 $\boldsymbol{v}$ 方向（即 $x$ 方向）上的宽度为 $l$，当粒子从磁场出来后在 $x$ 方向前进的距离为 $L-l/2$ 时，求它的偏转 $y$.

习题 2-41

**2-42**. 一氘核在 $B=1.5\,\mathrm{T}$ 的均匀磁场中运动，轨迹是半径为 40 cm 的圆周。已知氘核的质量为 $3.34\times10^{-27}\,\mathrm{kg}$，电荷为 $1.6\times10^{-19}\,\mathrm{C}$.

(1) 求氘核的速度和走半圈所需的时间；

(2) 需要多高的电压才能把氘核从静止加速到这个速度？

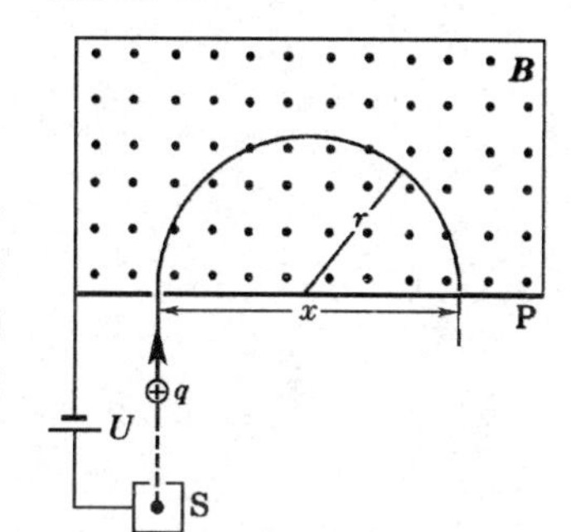

习题 2-43

**2-43**. 一种质谱仪的构造原理如本题图所示，离子源 S 产生质量为 $m$、电荷为 $q$ 的离子，离子产生出来时速度很小，可以看作是静止的；离子产生出来后经过电压 $U$ 加速，进入磁感应强度为 $\boldsymbol{B}$ 的均匀磁场，沿着半圆周运动而达到记录它的照相底片 P 上，测得它在 P 上的位置到入口处的距离为 $x$. 证明这离子的质量为

$$m=\frac{qB^2}{8U}x^2.$$

**2-44**. 如上题，用钠离子做实验，得到数据如下：加速电压 $U=705\,\mathrm{V}$，磁感应强度 $B=3\,580\,\mathrm{Gs}$，$x=10\,\mathrm{cm}$. 求钠离子的荷质比 $q/m$.

**2-45**. 一回旋加速器 D 形电极周围的最大半径 $R=60\,\mathrm{cm}$，用它来加速质量为 $1.67\times10^{-27}\,\mathrm{kg}$、电荷为 $1.6\times10^{-19}\,\mathrm{C}$ 的质子，要把质子从静止加速到 4.0 MeV 的能量。

(1) 求所需的磁感应强度 $B$；

(2) 设两 D 形电极间的距离为 1.0 cm，电压为 $2.0\times10^4\,\mathrm{V}$，其间电场是均匀的，求加速到上述能量所需的时间。

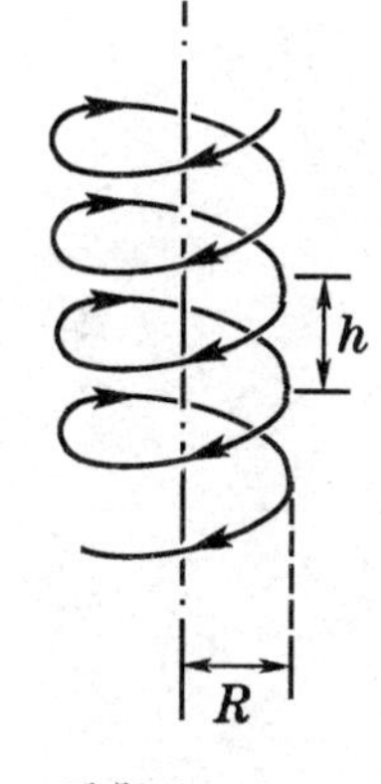

习题 2-46

**2-46**. 一电子在 $B=20\,\mathrm{Gs}$ 的磁场里沿半径 $R=20\,\mathrm{cm}$ 的螺旋线运动。螺距 $h=5.0\,\mathrm{cm}$，如本题图。已知电子的荷质比 $e/m=1.76\times10^{11}\,\mathrm{C/kg}$. 求这电子的速度。

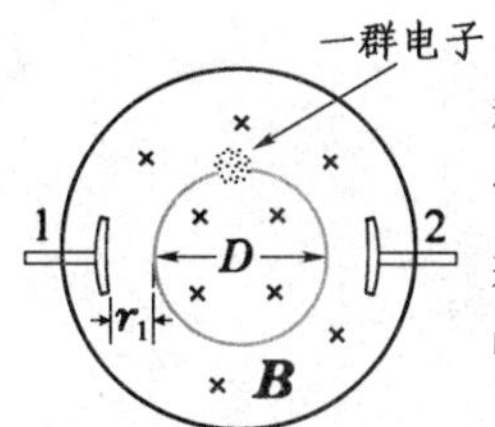

习题 2-47

**2-47**. 本题图是微波技术中用的一种磁控管的示意图。一群电子在垂直于磁场 $B$ 的平面内作圆周运动。在运行过程中它们时而接近电极 1，时而接近电极 2，从而使两电极间的电势差作周期性变化。试证明电压变化的频率为 $eB/2\pi m$，电压的幅度为

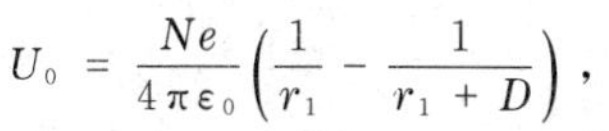

$$U_0=\frac{Ne}{4\pi\varepsilon_0}\left(\frac{1}{r_1}-\frac{1}{r_1+D}\right),$$

式中 $e$ 是电子电荷的绝对值，$m$ 是电子的质量，$D$ 是圆形轨道的直径，$r_1$ 是电子群最靠近某一电极时的距离，$N$ 是这群电子的数目。

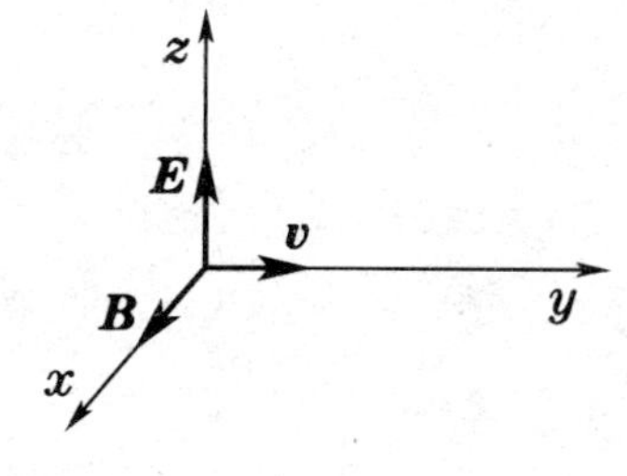

习题 2-48

**2-48**. 在空间有互相垂直的均匀电场 $\boldsymbol{E}$ 和均匀磁场 $\boldsymbol{B}$，$\boldsymbol{B}$ 沿 $x$ 方向，$\boldsymbol{E}$ 沿 $z$ 方向，一电子开始时以速度 $\boldsymbol{v}$ 沿 $y$ 方向前进（见本题图），问电子运动的轨迹如何？

**2-49**. 一铜片厚为 $d=1.0\,\mathrm{mm}$，放在 $B=1.5\,\mathrm{T}$ 的磁场中，磁场方

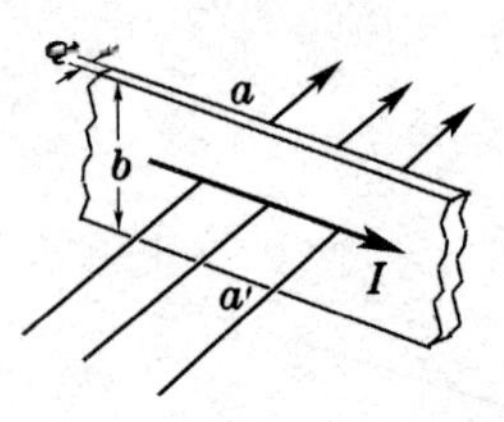

习题 2-49

向与铜片表面垂直(见本题图)。已知铜片里每立方厘米有 $8.4\times10^{22}$ 个自由电子,每个电子电荷的大小为 $e=1.6\times10^{-19}$ C,当铜片中有 $I=200$ A 的电流时,

(1) 求铜片两边的电势差 $U_{aa'}$;

(2) 铜片宽度 $b$ 对 $U_{aa'}$ 有无影响? 为什么?

**2-50**. 一块半导体样品的体积为 $a\times b\times c$,如本题图所示,沿 $x$ 方向有电流 $I$,在 $z$ 轴方向加有均匀磁场 $\boldsymbol{B}$. 实验数据为 $a=0.10$ cm, $b=0.35$ cm, $c=1.0$ cm, $I=1.0$ mA, $B=3000$ Gs,片两侧的电势差 $U_{AA'}=6.55$ mV.

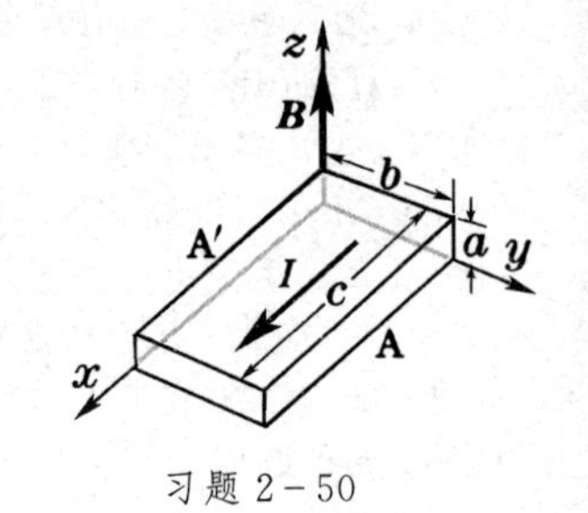

习题 2-50

(1) 问这半导体是正电荷导电(P 型)还是负电荷导电(N 型)?

(2) 求载流子浓度(数密度,即单位体积内参加导电的带电粒子数)。

# 第三章 电磁感应 电磁场的相对论变换

电磁感应现象是电磁学中最重大的发现之一，它揭示了电与磁相互联系和转化的重要方面。电磁感应的发现在科学上和技术上都具有划时代的意义，它不仅丰富了人类对于电磁现象本质的认识，推动了电磁学理论的发展，而且在实践上开拓了广泛应用的前途。在电工技术中，运用电磁感应原理制造的发电机、感应电动机和变压器等电器设备为充分而方便地利用自然界的能源提供了条件；在电子技术中，广泛地采用了电感元件来控制电压或电流的分配、发射、接收和传输电磁信号；在电磁测量中，除了许多重要电磁量的测量直接应用电磁感应原理外，一些非电磁量也可转换成电磁量来测量，从而发展了多种自动化仪表。

本章在介绍电磁感应现象的基础上，逐步深入地讨论电磁感应的规律，以及有关的问题。本章还从电磁感应现象引出了电场和磁场在不同参考系之间的变换问题，即电磁学的相对论原理。

## §1. 电磁感应定律

1820 年，奥斯特的发现第一次揭示了电流能够产生磁，从而开辟了一个全新的研究领域。当时不少物理学家想到：既然电能够产生磁，磁是否也能产生电？ 然而他们或者是因为固守着恒定的磁能够产生电的成见，或者是因为工作不够细致，实验都失败了。法拉第开始也是这样想的，实验没有成功。但他善于抓住新事物的苗头，坚信磁能够产生电，并以他精湛的实验技巧和敏锐地捕捉现象的能力，经过十年不懈的努力，终于在 1831 年 8 月 29 日第一次观察到电流变化时产生的感应现象。紧接着，他做了一系列实验，用来判明产生感应电流的条件和决定感应电流的因素，揭示了感应现象的奥秘。虽然他没有用数学公式将他的研究成果表达出来（电磁感应定律的数学公式是 1845 年诺埃曼给出的），但是，由于他对电磁感应现象的丰富研究，这一发现的荣誉归功于他是当之无愧的。

法拉第是一个非常善于深入思考的人，他对电学的研究有着多方面的贡献，但他并不局限于就事论事的研究，而是根据自己的研究深入挖掘现象背后的本质，从而形成了他特有的场的观念，向当时居统治地位的“超距作用”观念发起挑战，并最终为电磁现象的统一理论准备了条件。他用描述磁极之间和带电体之间相互作用的“力线”来表达他的场观念。这些力线在空间是一些曲线，而不是联接磁极和联接带电体的直线，因此，他指出磁的或电的相互作用就不会是超距作用观点所想象的那种直接作用。他研究了在带电体之间插入电介质对带电体之间电力强度的影响，认为这种影响表明电力的作用不可能是超越空间的直接作用；同样的效应在磁现象中也发生。他根据电磁感应现象指出，仅有导线的运动不足以产生电流，磁铁周围必定存在某种“状态”，导线就是在其区域内运动才产生感应电流。此外，他对磁光效应（偏振光振动面的磁致旋转）的研究，使他相信光和电磁现象有某种联系。他甚至猜测磁效应的传播速度可能与光的传播速度有相同的量级。这些思想构成了他的场观念的基础。虽然法拉第的场观念带有机械论的性质，某些具体的观点也有不适之处。但是，他的新颖的场观念强烈地吸引着年轻的麦克斯韦致力于将法拉第的观念写成便于数学处理的形式，并终于导致麦克斯韦方程组的建立。

### 1.1 电磁感应现象

下面结合几个演示实验来说明：什么是电磁感应现象？ 产生电磁感应现象的条件是什么？

（1）实验一

如图 3-1 所示，把线圈 A 的两端接在电流计上。在这个回路中没接电源，所以电流计的指针并不偏转。

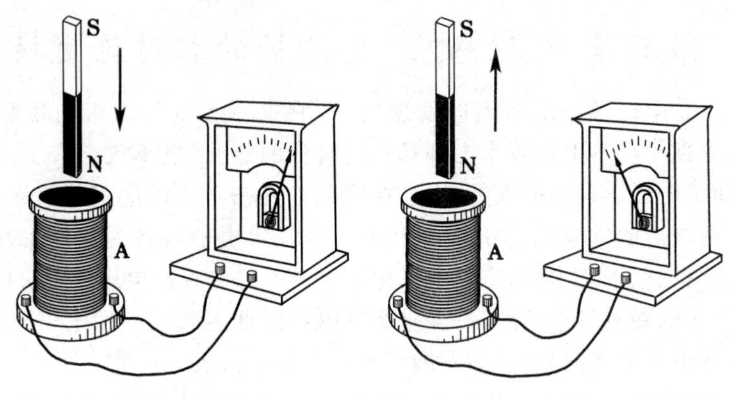


a 插入磁棒　　　　b 拔出磁棒

图 3-1 电磁感应现象的演示之一——插入或拔出磁棒

现在把一根磁棒插入线圈，在插入的过程中，电流计的指针发生偏转，这表明线圈中产生了电流（图 3-1a）。这种电流叫做感应电流。当磁棒插在线圈内不动时，电流计的指针就不再偏转，这时线圈中没有感应电流。再把磁棒从线圈内拔出，在拔出的过程中，电流计指针又发生偏转，偏转的方向与插入磁棒时相反，这表明感应电流的方向与前面相反（图 3-1b）。

在实验中，磁棒插入或拔出的速度愈快，电流计指针偏转的角度就越大，也就是说感应电流越大。

如果保持磁棒静止，使线圈相对磁棒运动，那么可以观察到同样的现象。

在上一章中曾经说过，一个通电线圈和一根磁棒相当。那么，使通电线圈和另一个线圈作相对运动，是否也会产生感应电流呢？ 这需要通过实验来检验。

（2）实验二

如图 3-2 所示，取另一个线圈 A′ 与直流电源相连。用这个通电线圈 A′ 代替磁棒重复上面的实验，可以观察到同样的现象。也就是说，在通电线圈 A′ 和线圈 A 相对运动的过程中，线圈 A 中产生感应电流；相对运动的速度越快，感应电流越大；相对运动的方向不同（插入或拔出）感应电流的方向也不同。

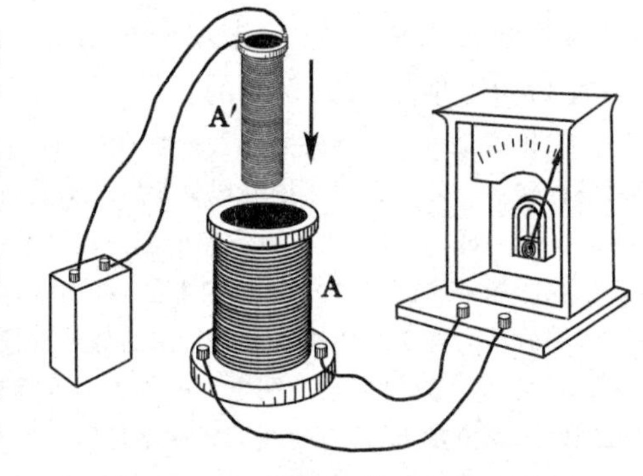


图 3-2 电磁感应现象的演示之二——插入或拔出载流线圈

现在对上面两个实验做一些分析。当磁棒或通电线圈 A′ 和线圈 A 作相对运动时，磁棒或通电线圈 A′ 与线圈 A 之间的距离发生了变化；同时，它们在线圈 A 处激发的磁场也发生了变化。这样，自然会产生一个问题：感应电流的起因究竟是由于磁棒或通电线圈 A′ 这个实物和线圈 A 的相对运动，还是由于线圈 A 处磁场的变化呢？ 让我们观察下面的实验。

（3）实验三

如图 3-3 所示，把线圈 A′ 跟开关 K 和直流电源串联起来，再把 $A'$ 插在线圈 A 内。接通开关 K，在接通的瞬间，可以看到电流计的指针偏转一下，以后又回到零点。再把开关 K 断开，在断开的瞬间，电流计的指针朝反方向偏转一下，然后回到零点。

这表明在线圈 A′ 通电或断电的瞬间，线圈 A 中产生感应电流。如果用一个可变电阻代替开关 K，那么当调节可变电阻来改变线圈 A′ 中电流的时候，同样可看到电流计的指针发生偏转，即线圈 $A$ 中产生感应电流。调节可变电阻的动作越快，线圈 A 中的感应电流就越大。

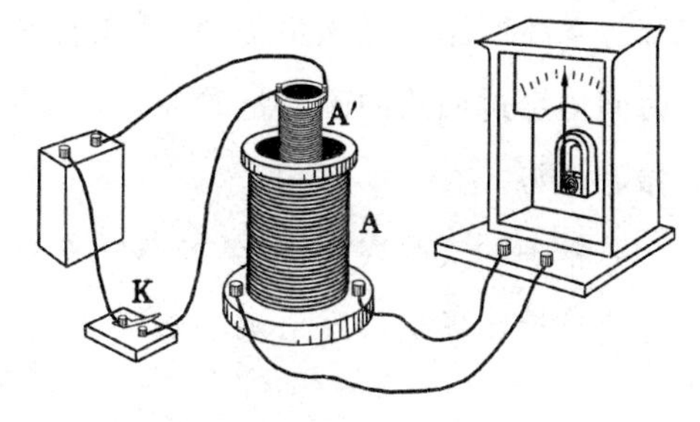

图 3-3 电磁感应现象的演示之三——接通或断开初级线圈的电流

在这个实验里，线圈 A′ 和线圈 A 之间并没有相对运动。这个实验和前两个实验的共同点是，在实验中线圈 A 所在处的磁场都发生了变化。在前两个实验中，是通过相对运动使线圈 A 处的磁场发生变化的；在这个实验中，是通过调节线圈 A′ 中的电流（即激发磁场的电流）使线圈 A 处的磁场发生变化的。因此，综合这三个实验就可以认识到：不管用什么方法，只要使线圈 A 处的磁场发生变化，线圈 A 中就会产生感应电流。

这样的认识是否完全了呢？我们再观察一个实验。

（4）实验四

如图 3-4 所示，把接有电流计的导体线框 $ABCD$ 放在均匀的恒磁场中，使线框平面跟磁场方向垂直。线框的 $CD$ 边可以沿着 $AD$ 和 $BC$ 边滑动并保持接触。实验表明，当使 $CD$ 边朝某一方向（如朝右）滑动时，电流计的指针发生偏转，即在线框 $ABCD$ 中产生感应电流。$CD$ 边滑动得愈快，电流计指针偏转的角度越大，即感应电流越大。当 $CD$ 边朝反方向（如朝左）滑动时，感应电流的方向相反。

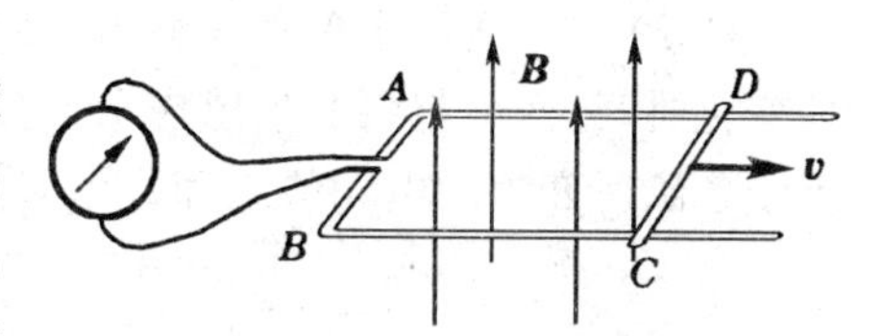

图 3-4 电磁感应现象的演示之四——导线作切割磁感应线的运动

在这个实验里，磁场是恒定的，所以当 $CD$ 边滑动时，线框所在处的磁场并没有变化。$CD$ 边的移动只是使线框的面积发生变化，结果，同样产生了感应电流。由此可见，把感应电流的起因只归结成磁场变化的认识，是不够完全的。

从直接引起的效果来看，磁场的变化和线框面积的变化有一个共同点，这就是它们都使得穿过线圈或线框的磁感应强度的通量，即磁通量 $\Phi_B$ 发生了变化。

概括以上四个实验中共同点，我们可以得到结论：当穿过闭合回路（如线圈 A 和电流计组成的回路，线框 $ABCD$ 等）的磁通量发生变化时，回路中就产生感应电流。这也就是产生感应电流的条件。

在上面描述的电磁感应现象里，感应电流的大小是随回路里电阻的大小而变的，但电磁感应所产生电动势的大小则与回路中的电阻无关。这种由于磁通量变化而引起的电动势，叫做**感应电动势**。感应电动势比感应电流更能反映电磁感应现象的本质。以后我们还将看到，即使回路不闭合，也会发生电磁感应现象，这时并没有感应电流，而感应电动势依然存在，它将反映在回路的端电压上。总之，确切地讲，对于电磁感应现象应这样来理解：**当穿过回路的磁通量发生变化时，回路中就产生感应电动势。**

### 1.2 法拉第定律

在 1.1 节内所述的实验中我们已经看到，穿过导线回路的磁通量变化得越快，感应电动势越大。此外，在不同的条件下，感应电动势的方向亦不同。为了表述电磁感应的规律，设在时刻 $t_1$

穿过导线回路的磁通量是 $\Phi_1$，❶在时刻 $t_2$ 穿过导线回路的磁通量是 $\Phi_2$，那么，在 $dt=t_2-t_1$ 这段时间内穿过回路的磁通量的变化是 $d\Phi=\Phi_2-\Phi_1$，则磁通量的变化率 $\frac{d\Phi}{dt}$ 反映了磁通量变化的快慢和趋势。

精确的实验表明，导体回路中感应电动势 $\mathscr{E}$ 的大小与穿过回路磁通量的变化率 $\frac{d\Phi}{dt}$ 成正比。这个结论叫做法拉第电磁感应定律。用公式来表示就是

$$\mathscr{E}\propto\frac{d\Phi}{dt},\quad 或 \quad \mathscr{E}=-k\frac{d\Phi}{dt}. \tag{3.1}$$

式中 $k$ 是比例常量，它的数值取决于式中各量的单位。如果 $d\Phi$ 的单位用 Wb，时间单位用 s，$\mathscr{E}$ 的单位用 V，则 $k=1$，❷

$$\mathscr{E}=-\frac{d\Phi}{dt}. \tag{3.2}$$

式中的负号代表感应电动势方向，这个问题我们将在下面讨论。在有些场合我们不着重研究方向问题时，这个负号也可不写。

(3.2) 式只适用于单匝导线组成的回路。如果回路不是单匝线框而是多匝线圈，那么当磁通量变化时，每匝中都将产生感应电动势。由于匝与匝之间是互相串联的，整个线圈的总电动势就等于各匝所产生的电动势之和。令 $\Phi_1,\Phi_2,\cdots,\Phi_N$ 分别是通过各匝线圈的磁通量，则

$$\mathscr{E}=-\frac{d\Phi_1}{dt}-\frac{d\Phi_2}{dt}-\cdots-\frac{d\Phi_N}{dt}=-\frac{d(\Phi_1+\Phi_2+\cdots+\Phi_N)}{dt}=-\frac{d\Psi}{dt}. \tag{3.3}$$

式中 $\Psi=\Phi_1+\Phi_2+\cdots+\Phi_N$ 叫做磁通匝链数或全磁通。如果穿过每匝线圈的磁通量相同，均为 $\Phi$，则 $\Psi=N\Phi$，

$$\mathscr{E}=-\frac{d\Psi}{dt}=-N\frac{d\Phi}{dt}. \tag{3.4}$$

**例题 1** 如图 3-5 所示，磁感应强度为 $B=1000\,\text{Gs}$ 的均匀磁场垂直纸面向里，一矩形导体线框 $ABCD$ 平放在纸面内，线框的 $CD$ 边可以沿着 $AD$ 和 $BC$ 边滑动。设 $CD$ 边的长度为 $l=10\,\text{cm}$，向右滑动的速度为 $v=1.0\,\text{m/s}$. 求线框中感应电动势的大小。

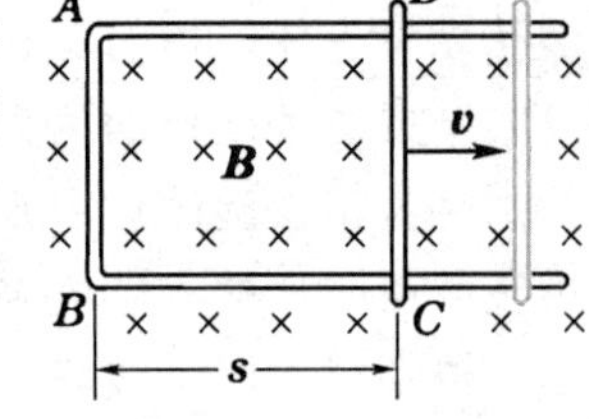


图 3—5 例题 1—— 一边可滑动的矩形线框

**解：** 设 $BC$ 之间的距离为 $s$，则通过线框 $ABCD$ 的磁通量为

$$\Phi=Bls.$$

代入(3.2)式，并 $\frac{ds}{dt}=v$，得

$$\mathscr{E}=\frac{d\Phi}{dt}=Bl\frac{ds}{dt}=Blv.$$

代入 $B=1000\,\text{Gs}=0.10\,\text{Wb/m}^2$，$l=10\,\text{cm}=0.1\,\text{m}$，$v=1.0\,\text{m/s}$，得

$$\mathscr{E}=0.10\,\text{T}\times0.10\,\text{m}\times1.0\,\text{m/s}=1.0\times10^{-2}\,\text{V}.$$ ▌

**例题 2** 把磁棒的一极用 1.5 s 的时间由线圈的顶部一直插到底部。在这段时间内穿过每一匝线圈的磁通量改变了 $5.0\times10^{-5}\,\text{Wb}$，线圈的匝数为 60，求线圈中感应电动势的大小。若闭合回路的总电阻为 800 Ω，求感应电流的大小。

**解：** 已知 $\Delta t=1.5\,\text{s}$，$\Delta\Phi=5.0\times10^{-5}\,\text{Wb}$，$N=60$，$R=800\,\Omega$. 代入(3.4) 式即得

$$\mathscr{E}=N\frac{\Delta\Phi}{\Delta t}=60\times\frac{5.0\times10^{-5}\,\text{Wb}}{1.5\,\text{s}}=2.0\times10^{-3}\,\text{V}.$$

---

❶ 为了符号的简化，本章以及后文凡不致引起误会的地方，我们均略去 $\Phi_B$ 的下标 $B$.

❷ 其实，在国际单位制(SI) 中，正是选定 $k=1$ 从而导出磁通量的单位 Wb(韦伯) 的，详见第七章。当一个线圈中在 1 s 内产生的感应电动势为 1 V 时，磁通量的变化正好为 1 Wb.

由闭合电路的欧姆定律可知感应电流 $I$ 为

$$I=\frac{\mathscr{E}}{R}=\frac{2.0\times10^{-3}\,\mathrm{V}}{800\,\Omega}=2.5\times10^{-6}\,\mathrm{A}.$$ ▌

感应电动势的方向问题[1]是法拉第电磁感应定律的重要组成部分。在每个具体场合里，我们可以根据实验记下感应电动势的方向。然而为了把各种场合中感应电动势的方向用一个统一的公式表示出来，就得先规定一些正负号法则。电动势和磁通量都是标量（代数量），它们的方向（更确切地说，应是它们的正负）都是相对于某一标定方向而言的。为了描述电动势的方向，先得标定回路的绕行方向。有了它，电动势取正值表示其方向与此标定方向一致；取负值表示其方向与此标定方向相反。磁通量 $\Phi$ 是磁感应强度矢量 $\boldsymbol{B}$ 沿着以此回路为边界的曲面的积分，$\Phi$ 的正负有赖于此曲面法线矢量 $\boldsymbol{n}$ 方向的选择。选定 $\boldsymbol{n}$ 的方向之后，若 $\boldsymbol{B}$ 与 $\boldsymbol{n}$ 的夹角为锐角，则 $\Phi$ 取正值；若 $\boldsymbol{B}$ 与 $\boldsymbol{n}$ 的夹角为钝角，则 $\Phi$ 取负值。有了 $\Phi$ 的正负，其变化率 $\frac{\mathrm{d}\Phi}{\mathrm{d}t}$ 的正负也就有了确定的意义。设在时间间隔 $\mathrm{d}t$ 内 $\Phi$ 的增量为

$$\mathrm{d}\Phi=\Phi(t+\mathrm{d}t)-\Phi(t),$$

若正的 $\Phi$ 随时间增大，或负的 $\Phi$ 的绝对值随时间减小，则 $\mathrm{d}\Phi>0$，$\frac{\mathrm{d}\Phi}{\mathrm{d}t}>0$；反之，若正的 $\Phi$ 随时间减小或负的 $\Phi$ 的绝对值随时间增大，则 $\mathrm{d}\Phi<0$，$\frac{\mathrm{d}\Phi}{\mathrm{d}t}<0$.

图 3-6 右手定则

至此，我们按照两个标定方向，即回路的绕行方向和曲面的法线方向，赋予了两个代数量——电动势 $\mathscr{E}$ 和磁通量 $\Phi$（从而它的变化率 $\frac{\mathrm{d}\Phi}{\mathrm{d}t}$）正负的含义。但这里每个标定方向本来都有正、反两种可能的选择。按照通常的习惯，我们规定如下右手定则：如图 3-6 所示，将右手四指弯曲，用以代表选定的回路绕行方向，则伸直的拇指指向法线 $\boldsymbol{n}$ 的方向。有此规定之后，两个标定方向就统一起来了。明确了上述所有规定，我们就有可能把感应电动势的方向用统一的数学公式表示出来，这就是上面的(3.2)式和(3.4)式。两式归纳了大量实验的结果，用一个负号表达了 $\mathscr{E}$ 和 $\frac{\mathrm{d}\Phi}{\mathrm{d}t}$ 之间方向的关系。两式表明：*在任何情况下，而且无论回路的绕行方向怎样选择，感应电动势 $\mathscr{E}$ 的正负总是与磁通量变化率 $\frac{\mathrm{d}\Phi}{\mathrm{d}t}$ 的正负相反。*

图 3-7 给出四个线圈中磁通量变化的情形，在这四种情形里，我们都选定回路的绕行方向如图中灰线箭头所示，从而按照右手定则，它的法线 $\boldsymbol{n}$ 是向上的。在图 3-7a 的情形里，对于选定的绕行方向和法线方向，$\Phi$ 是正的，当 $\Phi$ 增大时，$\frac{\mathrm{d}\Phi}{\mathrm{d}t}>0$，按照(3.2)式，电动势是负的，即电动势的实际方向与标定绕行方向相反；在图 3-7b 中，对于选定的绕行方向和法线方向，$\Phi$ 是负的，$\Phi$ 的绝对值增大，则 $\frac{\mathrm{d}\Phi}{\mathrm{d}t}<0$，按照(3.2)式，电动势是正的，即电动势的方向与标定绕行方向相同。其他情形中，读者可以按照上述正负号的规定自行练习。

---

[1] 感应电动势是标量，这里更确切地说应该是非静电力 $\boldsymbol{K}$ 的方向。

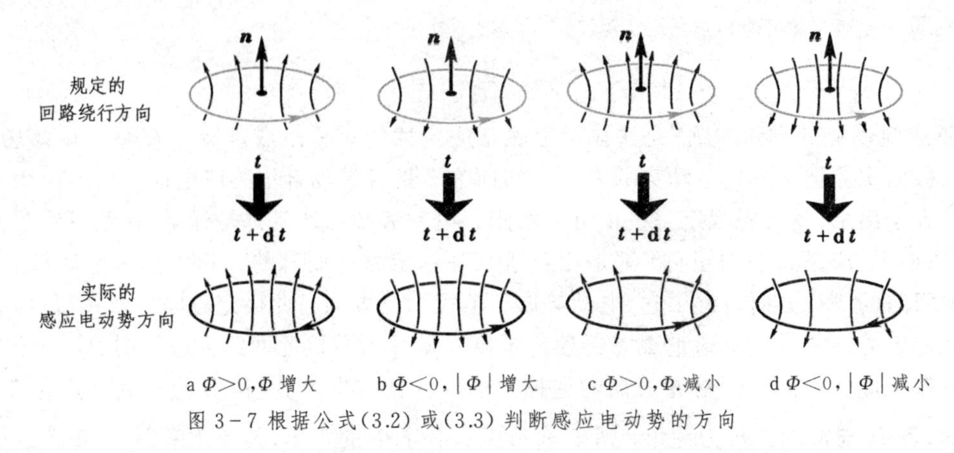


图 3-7 根据公式(3.2)或(3.3)判断感应电动势的方向

在例题 1 中,根据(3.2)式可以判断电动势的方向在纸面内是逆时针方向的。

### 1.3 楞次定律

1834 年楞次提出了另一种直接判断感应电流方向的方法,从而根据感应电流的方向可以说明感应电动势方向。我们回顾一下,把磁棒的 N 极插入线圈和从线圈中拔出的实验,并将实验中感应电流的方向示于图 3-8 中,如图 3-8a 所示把 N 极插入线圈的情形里,磁棒的磁感应线方向朝下,可以看出磁棒插入过程中穿过线圈的向下的磁通量增加。根据右手定则可知,这时感应电流所激发的磁场方向朝上,其作用相当于阻碍线圈中磁通量的增加。如图3-8b 所示把 N 极拔出的情形里,穿过线圈向下的磁通量减少,而这时感应电流所激发的磁场方向朝下,其作用相当于阻碍磁通量的减少。具体分析其他的电磁感应实验,也可以发现同样的规律。因此,可以得到结论:闭合回路中感应电流的方向,总是使得它所激发的磁场来阻碍引起感应电的磁通量的变化(增加或减少)。这个结论叫做楞次定律。

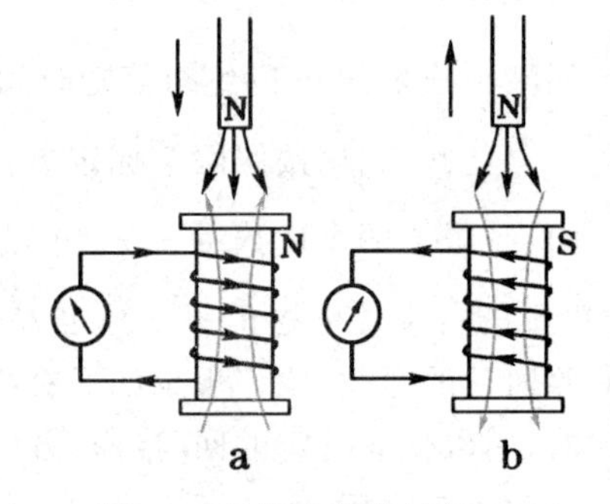


图 3-8 用楞次定律判断感应电流的方向

用楞次定律来判断感应电流的方向,可按照下面的步骤:首先判明穿过闭合回路的磁通量沿什么方向,发生什么变化(增加还是减少);然后根据楞次定律来确定感应电流所激发的磁场沿何方向(与原来的磁场反向还是同向);最后根据右手定则从感应电流产生的磁场方向确定感应电流的方向。考虑例题 1 的情形,当 $CD$ 边向右滑动时,穿过线框向纸面里的磁通量跟着增加,按照楞次定律,感应电流所激发的磁场要阻碍这种增加,因而其方向垂直纸面朝外,根据右手定则可知,感应电流在线框中沿逆时针方向。可见,运用楞次定律判断感应电流的方向与用法拉第定律所得结果是一致的。其他情形,读者可自行练习。

我们还可以从另一个角度来理解上述实验结果。当把磁棒的 N 极插入线圈时,线圈因有感应电流流过时也相当于一根磁棒,如图 3—8a 所示,线圈的 N 极出现在上端,与磁棒的 N 极相对,两者互相排斥,其效果是反抗磁棒的插入。同样,当把磁棒的 N 极从线圈内拔出时,如图 3—8b 所示,线圈的 S 极出现在上端,它和磁棒的 N 极互相吸引,其效果是阻碍磁棒的拔出,这个例子和其他类似的例子都表明,楞次定律还可以表述为:感应电流的效果总是反抗引起感应电流的原因。

这里所说的“效果”，既可理解为感应电流所激发的磁场，也可理解为因感应电流出现而引起的机械作用；这里所说的“原因”，既可指磁通量的变化，也可指引起磁通量变化的相对运动或回路的形变。

值得指出，在某些问题中并不要求具体确定感应电流的方向，而只需要定性判明感应电流所引起的机械效果，这时用楞次定律的后一种表述来分析问题更为方便。下面我们将会看到这样的例子。

感应电流取楞次定律所述的方向并不奇怪，它是能量守恒定律的必然结果。我们知道，感应电流在闭合回路中流动时将释放焦耳热。根据能量守恒定律，能量不可能无中生有，这部分热只可能从其他形式的能量转化而来。在上述例子里，按照楞次定律，把磁棒插入线圈或从线圈内拔出时，都必须克服斥力或引力作机械功，实际上，正是这部分机械功转化成感应电流所释放的焦耳热。设想感应电流的效果不是反抗引起感应电流的原因，那么在上述例子里，将磁棒插入或拔出的过程中，既对外作功，又释放焦耳热，这显然是违反能量守恒定律的。因此，感应电流只有按照楞次定律所规定的方向流动，才能符合能量守恒定律。

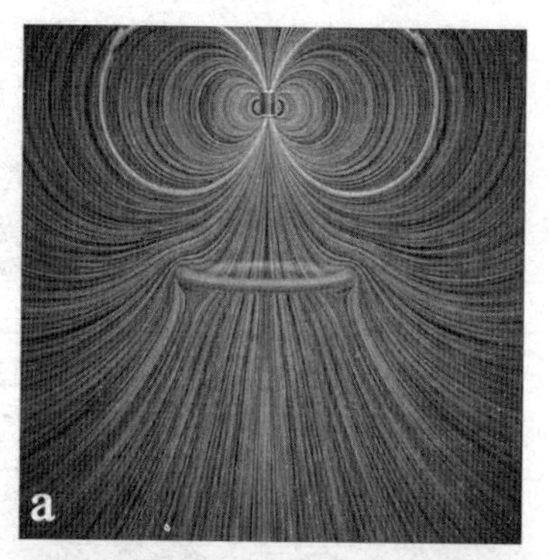


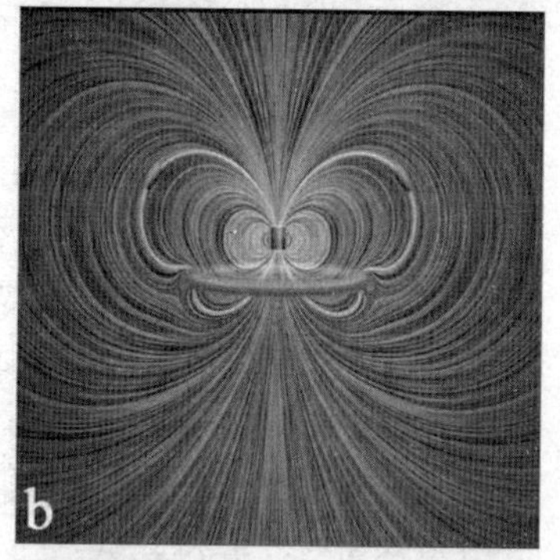

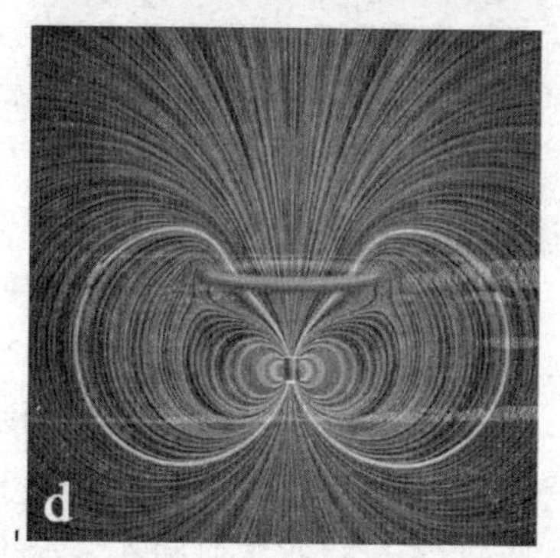


图 3—9　磁铁下落穿过线圈时磁力线的变化(计算机模拟)

“场”的概念据信是法拉第最先创立的，他用“力线”(“电力线”和“磁力线”)来描绘电磁相互作用，率先突破了当时占统治地位的“超距作用”观点。图 3—9 是一个磁铁下落穿过一个线圈的过程中周围空间里磁力线的变化图(计算机模拟)。由图可以看出，磁力线就像橡皮筋那样，被拉伸时纵向产生张力，被挤压时横向产生压力。在磁铁落入线圈前，磁力线侧向受到挤压，其作用是向上排挤磁铁，阻碍它下落(见图 3—9a,b)。在磁铁穿过线圈后，磁力线纵向受到拉伸，其作用是向上牵扯磁铁，仍是阻碍它下落(见图 3—9c,d)。这是符合楞次定律的。磁力线的分布与变化把电磁相互作用的特点形象地描绘出了。

### 1.4 涡电流和电磁阻尼

在许多电磁设备中常常有大块的金属存在(如发电机和变压器中的铁芯)，当这些金属块处在变化的磁场中或相对于磁场运动时，在它们的内部也会产生感应电流。例如，如图 3—10 所示，在圆柱形的铁芯上绕有线圈，当线圈中通上交变电流时，铁芯就处在交变磁场中。铁芯可看作是由一系列半径逐渐变化的圆柱状薄壳组成，每层薄壳自成一个闭合回路。在交变磁场中，通过这些薄壳的磁通量都在不断地变化，所以沿着一层层的壳壁产生感应电流。从铁芯的上端俯视，电流的流线呈闭合的涡旋状，因

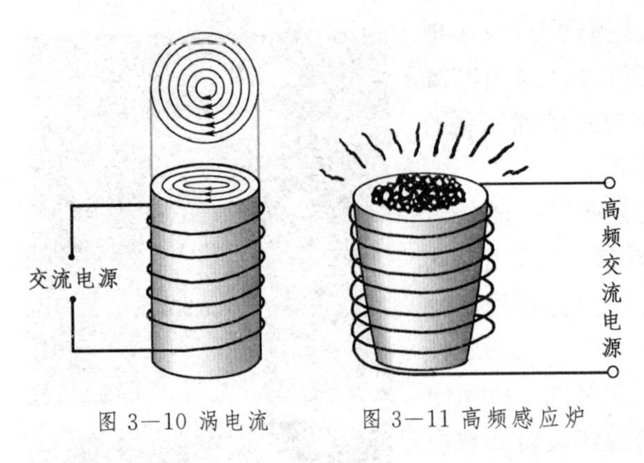

图 3—10 涡电流　　图 3—11 高频感应炉

而这种感应电流叫做涡电流，简称为涡流。由于大块金属的电阻很小，因此涡流可达非常大的强度。

强大的涡流在金属内流动时，会释放出大量的焦耳热。工业上利用这种热效应，制成高频感应电炉来冶炼金属。高频感应电炉的结构原理见图 3—11。在坩埚的外缘绕有线圈，当线圈同大功率高频交变电源接通时，高频交变电流在线圈内激发很强的高频交变磁场，这时放在坩埚内被冶炼的金属因电磁感应而产生涡流，释放出大量的焦耳热，结果使自身熔化。这种加热和冶炼方法的独特优点是无接触加热。把金属和坩埚等放在真空室加热，可以使金属不受玷污，并且不致在高温下氧化；此外，由于它是在金属内部各处同时加热，而不是使热量从外面传递进去，因此加热的效率高，速度快。高频感应电炉已广泛用于冶炼特种钢、难熔或较活泼的金属，以及提纯半导体材料等工艺中。

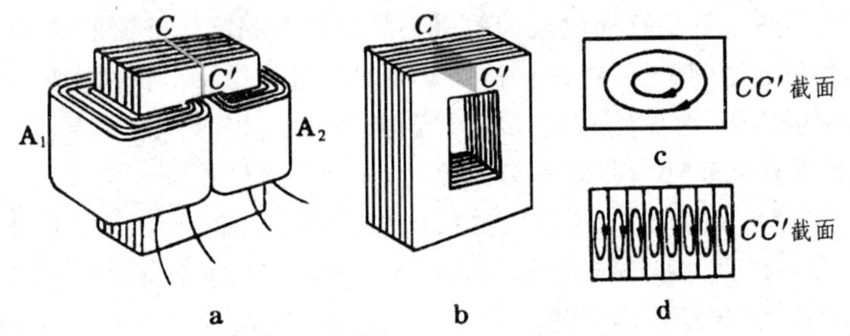

图 3—12 变压器铁芯中的涡流损耗及改善措施

涡流所产生的热在某些问题中非常有害。在电机和变压器中，为了增大磁感应强度，都采用了铁芯，当电机或变压器的线圈中通过交变电流时，铁芯中将产生很大的涡流，白白损耗了大量的能量（叫做铁芯的涡流损耗），甚至发热量可能大到烧毁这些设备。为了减小涡流及其损失，通常采用叠合起来的硅钢片代替整块铁芯，并使硅钢片平面与磁感应线平行。我们以变压器的铁芯为例来说明。图 3—12a 所示为变压器，图 3—12b 为它中间的矩形铁芯，铁芯的两边绕有多匝的原线圈（或称初级绕组）$A_1$ 和副线圈（或称次级绕组）$A_2$，电流通过线圈所产生的磁感应线主要集中在铁芯中。磁通量的变化除了在原、副线圈内产生感应电动势之外，也将在铁芯的每个横截面（例如 $CC'$ 截面）内产生循环的涡电流。若铁芯是整块的，如图 3-12c 所示，对于涡流来说电阻很小，因涡流而损耗的焦耳热就很多；若铁芯用硅钢片制作，并且硅钢片平面与磁感应线平行，如图 3-12d 所示，一方面由于硅钢片本身的电阻率较大，另一方面各片之间涂有绝缘漆或附有天然的绝缘氧化层，把涡流限制在各薄片内，使涡流大为减小，从而减少了电能的损耗。

涡流除了热效应外，它所产生的机械效应在实际中有很广的应用，可用作电磁阻尼。为了说明电磁阻尼的原理，如图 3 - 13 所示，把铜（或铝）片悬挂在电磁铁的两极间，形成一个摆。在电磁铁线圈未通电时，铜片可以自由摆动，要经过较长时间才会停下来。一旦当电磁铁被励磁之后，由于穿过运动导体的磁通量发生变化，铜片内将产生感应电流。根据楞次定律，感应电流的效果总是反抗引起感应电流的原因的，因此，铜片摆锤的摆动便受阻力而迅速停止。在许多电磁仪表中，为了使测量时指针的摆动能够迅速稳定

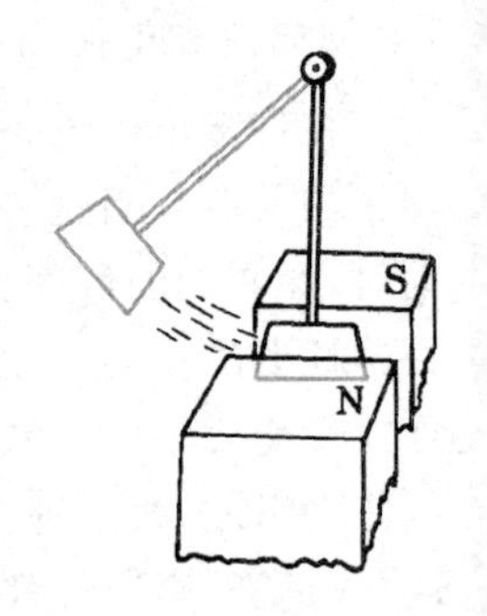

图 3 - 13 电磁阻尼的演示

图 3-14 电磁驱动的演示

下来，就是采用了类似的电磁阻尼。电气火车中所用的电磁制动器也是根据同样的道理制成的。

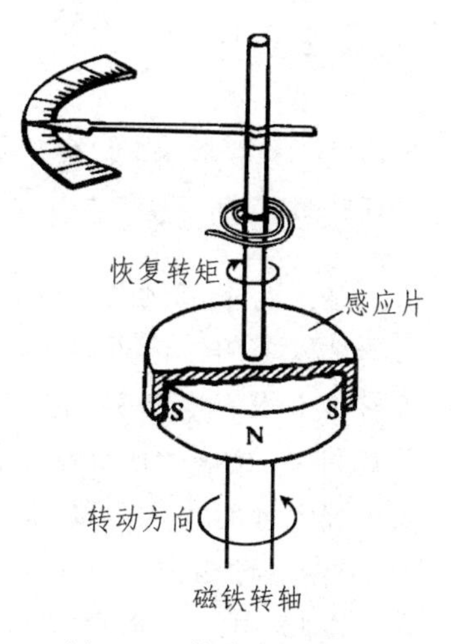

图 3-15 转速表原理

涡流的电磁阻尼作用是一种阻碍相对运动的作用。如图 3-14 所示，若使一金属圆盘紧靠磁铁的两极而不接触，令磁铁旋转起来，在圆盘中产生的涡流将阻碍它与磁铁的相对运动，因而使得圆盘跟随磁铁运动起来。在这里，涡流的机械效应表现为*电磁驱动*。这种驱动作用是因感应现象产生的，因此，圆盘的转速总小于磁铁的转速，或者说两者的转动是异步的。感应式异步电动机就是根据这个道理运转的，该问题我们在第五章 12.5 节进一步讨论。电磁驱动作用可用来制成磁性式转速表测量转速，其主要结构如图 3-15 所示。在测量转速时，将转速表的磁铁转轴连于机器转轴，磁铁随机轴旋转，由此在感应片中产生涡流，并使之受到与磁铁旋转方向相同的转矩。指针在此转矩和游丝的恢复力矩的共同作用下偏转而达到平衡。磁铁转速越大，指针偏转的角度也越大。经校准标定后，便可由指针偏转的角度来显示机轴的转速。

## §2. 动生电动势和感生电动势

为了对电磁感应现象有进一步的了解，下面我们按照磁通量变化原因的不同，分为两种情况具体讨论。一种是在恒磁场中运动着的导体内产生感应电动势，另一种是导体不动，因磁场的变化产生感应电动势，前者叫做*动生电动势*，后者叫做*感生电动势*。

### 2.1 动生电动势

动生电动势可以看成是上一章讲过的洛伦兹力所引起的。

我们分析上节例题 1 的情况。如图 3-16 所示，当导体以速度 $\boldsymbol{v}$ 向右运动时，导体内的自由电子也以速度 $\boldsymbol{v}$ 跟随它向右运动。按照洛伦兹力公式，自由电子受到的洛伦兹力为

$$\boldsymbol{F} = -e(\boldsymbol{v}\times\boldsymbol{B}),$$

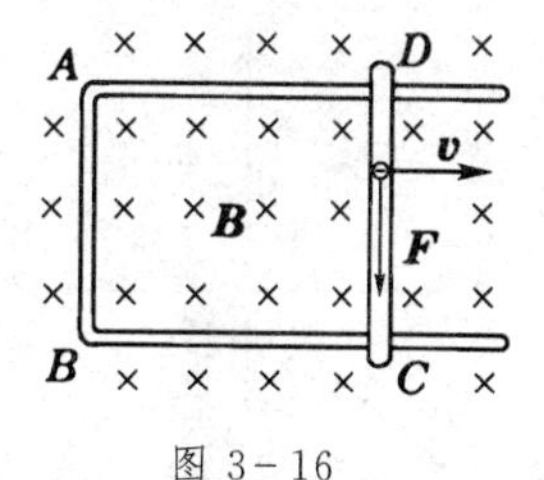

图 3-16
动生电动势与洛伦兹力

式中 $-e$ 为电子所带的电量，$\boldsymbol{F}$ 的方向如图所示，由 $D$ 指向 $C$. 在洛伦兹力的推动下，自由电子将沿着 $DCBA$ 方向运动，即电流是沿着 $ABCD$ 向的。如果没有固定的导体框与导体 $CD$ 相接触，洛伦兹力将使自由电子向 $C$ 聚集，使 $C$ 端带负电，而 $D$ 端带正电；也就是说，把运动的这一段导体看成电源时，$C$ 端为负极，$D$ 端为正极。作用在电子上的洛伦兹力是一种非静电性的力。电动势是反映电源性能的物理量，它衡量电源内部非静电力 $\boldsymbol{K}$ 的大小。 对于电源，电动势 $\mathscr{E}$ 定义为单位正电荷从负极通过电源内部移到正极的过程中，非静电力所作的功。在这里 $CD$ 段导线是电源，非静电力就是作用在单位正电荷上的洛伦兹力：

$$\boldsymbol{K} = \frac{\boldsymbol{F}}{-e} = \boldsymbol{v}\times\boldsymbol{B}. \tag{3.5}$$

于是电动势为

$$\mathscr{E}=\int_C^D \boldsymbol{K}\cdot \mathrm{d}\boldsymbol{l}=\int_C^D(\boldsymbol{v}\times\boldsymbol{B})\cdot \mathrm{d}\boldsymbol{l}. \tag{3.6}$$

在图 3-16 情形，由于 $\boldsymbol{v}\perp\boldsymbol{B}$，而且单位正电荷受力的方向，即 $(\boldsymbol{v}\times\boldsymbol{B})$ 的方向与 $\mathrm{d}\boldsymbol{l}$ 方向一致，上式积分化为

$$\mathscr{E}=\int_C^D vB\,\mathrm{d}l.$$

这一结果与上节例题 1 通过回路磁通量变化所计算的结果相同。

从以上的讨论可以看出，动生电动势只可能存在于运动的这一段导体上，而不动的那一段导体上没有电动势，它只是提供电流可运行的通路，如果仅仅有一段导线在磁场中运动，而没有回路，在这一段导线上虽然没有感应电流，但仍可能有动生电动势。至于运动导线在什么情况下才有动生电动势，这要看导线在磁场中是如何运动的。例如导线顺着磁场方向运动，根据洛伦兹力来判断，则不会有动生电动势；若导线横切磁场方向运动，则有动生电动势。因此，有时形象地说成“导线切割磁感应线时产生动生电动势”。

上面讨论的只是特殊情况（直导线，均匀磁场，导线垂直磁场平移），对于普遍情况，在磁场内安放一个任意形状的导线线圈 $L$，线圈可以是闭合的，也可以是不闭合的。当这线圈在运动或发生形变时，这一线圈中的任意一小段 $\mathrm{d}\boldsymbol{l}$ 都可能有一速度 $\boldsymbol{v}$. 一般说来，不同 $\mathrm{d}\boldsymbol{l}$ 段的速度 $\boldsymbol{v}$ 不同，这时在整个线圈中产生的动生电动势为

$$\mathscr{E}=\oint_{(L)}(\boldsymbol{v}\times\boldsymbol{B})\cdot \mathrm{d}\boldsymbol{l}. \tag{3.7}$$

上式提供了另外一种计算感应电动势的方法。

**例题** 3　长度为 $L$ 的一根铜棒，其一端在均匀磁场中以角速度 $\omega$ 旋转，角速度的方向与磁场平行，如图 3-17 所示。求这根铜棒两端的电势差 $U_{BA}$. 设磁场的方向垂直纸面向外。

**解：** 铜棒旋转时切割磁感应线，故棒两端之间有感应电动势。由于棒上每一小段 $\mathrm{d}\boldsymbol{l}$ 的速度不同，计算感应电动势应运用(3.7) 式。设 $\mathrm{d}\boldsymbol{l}$ 处的速度为 $v=\omega l$，这一小段上产生的感应电动势为

$$\mathrm{d}\mathscr{E}=(\boldsymbol{v}\times\boldsymbol{B})\cdot \mathrm{d}\boldsymbol{l}=vB\,\mathrm{d}l=B\omega l\,\mathrm{d}l,$$

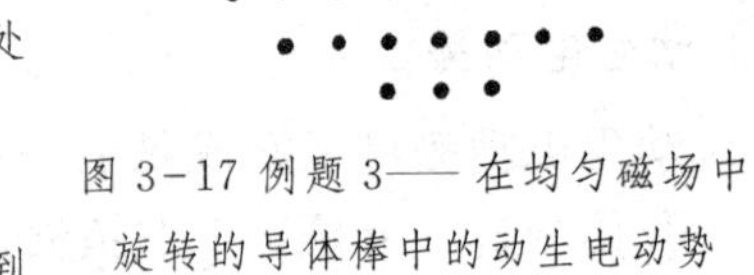


图 3-17 例题 3—— 在均匀磁场中旋转的导体棒中的动生电动势

整个铜棒上产生的电动势是上式从 0 到 $L$ 的积分：

$$\mathscr{E}=\int \mathrm{d}\mathscr{E}=\int_0^L B\omega l\,\mathrm{d}l=\frac{1}{2}B\omega l^2\Big|_0^L=\frac{1}{2}B\omega L^2.$$

这里电动势（非静电力）的方向是由 $B$ 到 $A$ 的，非静电力的作用是使得在棒的 $B$ 端积累负电荷，$A$ 端积累正电荷。因此，$B$ 端的电势比 $A$ 端的电势低，两者相差 $\mathscr{E}$. 所以

$$U_{BA}=U(B)-U(A)=-\mathscr{E}=-\frac{1}{2}B\omega L^2. \blacksquare$$

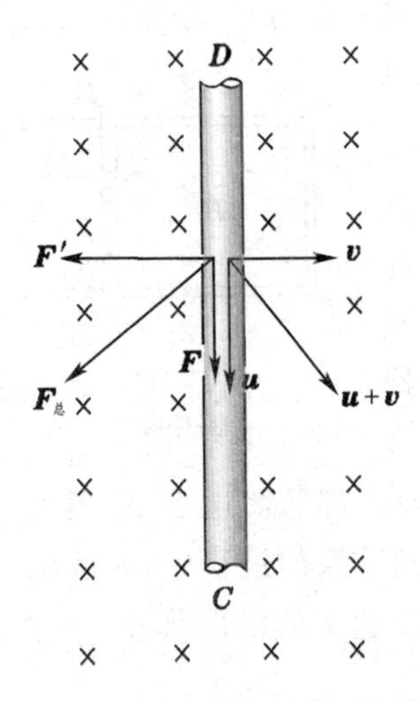


图 3-18 洛伦兹力不作功

也许会产生这样的问题：由于 $\boldsymbol{F}\perp\boldsymbol{v}$，洛伦兹力永远对电荷不作功，而这里又说动生电动势是由洛伦兹力作功引起的，两者岂不矛盾？其实并不矛盾，我们这里的讨论只计及洛伦兹力的一部分。全面考虑的话，在运动导体中的电子不但具有导体本身的速度 $\boldsymbol{v}$，而且还有相对导体的定向运动速度 $\boldsymbol{u}$，如图 3-18 所示，正是由于电子的后一运动构成了感应电流。因此，电子所受的总的洛伦兹力为

$$\boldsymbol{F}_{总}=-e(\boldsymbol{u}+\boldsymbol{v})\times\boldsymbol{B}.$$

它与合成速度 $(\boldsymbol{u}+\boldsymbol{v})$ 垂直（见图 3-18），总的说来洛伦兹力不对电子作功。然而 $\boldsymbol{F}$ 的一个分量

$$\boldsymbol{F}=-e(\boldsymbol{v}\times\boldsymbol{B}),$$

却对电子作正功，形成动生电动势；而另一个分量

$$\boldsymbol{F}'=-e(\boldsymbol{u}\times\boldsymbol{B}),$$

它的方向沿 $-\boldsymbol{v}$，它是阻碍导体运动的，从而作负功。可以证明两个分量所作的功的代数和等于 0。因此，洛伦兹力的作用并不提供能量，而只是传递能量，即外力克服洛伦兹力的一个分量 $\boldsymbol{F}'$ 所作的功通过另一分量 $\boldsymbol{F}$ 转化为感应电流的能量。

## 2.2 交流发电机原理

交流发电机是根据电磁感应原理制成的，它是动生电动势的典型例子。图 3-19 是最简单的交流发电机的示意图，用它可以说明一般交流发电机的基本原理。图中 $ABCD$ 是一个单匝线圈，它可以绕固定的转轴在磁极 N、S 所激发的均匀磁场（磁场方向由 N 指向 S）中转动。为了避免线圈的两根引线在转动过程中扭绞起来，线圈的两端分别接在两个与线圈一起转动的铜环上，铜环通过两个带有弹性的金属触头与外电路接通。当线圈在原动机（如汽轮机、水轮机等供给线圈转动所需的机械能的装置）的带动下，在均匀磁场中匀速转动时，线圈的 $AB$ 边和 $CD$ 边切割磁感应线，在线圈中就产生感应电动势。如果外电路是闭合的，则在线圈和外电路组成的闭合回路中就出现感应电流。

在线圈转动的过程中，感应电动势的大小和方向都在不断变化，读者可设想线圈在不同位置来进行分析。下面我们运用（3.7）式计算感应电动势。设线圈的 $AB$ 和 $CD$ 边长为 $l$，$BC$ 和 $DA$ 边长为 $s$，线圈的面积 $S=ls$. 考虑某一瞬时线圈处在如图 3-19b 所示的位置，线圈平面的法线方向与竖直方向之间的夹角为 $\theta$. 由（3.7）式，在 $AB$ 边中产生的感应电动势为

$$\mathscr{E}_{AB}=\int_A^B(\boldsymbol{v}\times\boldsymbol{B})\cdot\mathrm{d}\boldsymbol{l}=\int_A^B vB\sin\left(\frac{\pi}{2}+\theta\right)\mathrm{d}l=vBl\cos\theta.$$

同理，在 $CD$ 边中产生的感应电动势为

$$\mathscr{E}_{CD}=\int_C^D(\boldsymbol{v}\times\boldsymbol{B})\cdot\mathrm{d}\boldsymbol{l}=\int_C^D vB\sin\left(\frac{\pi}{2}-\theta\right)\mathrm{d}l=vBl\cos\theta.$$

由于在线圈回路中这两个电动势方向相同，整个回路中的感应电动势为

$$\mathscr{E}=\mathscr{E}_{AB}+\mathscr{E}_{CD}=2vBl\cos\theta.$$

设线圈旋转的角速度为 $\omega$，并取线圈平面刚巧处于水平位置时作为计时的零点，则上式中的 $v$ 和 $\theta$ 分别为

$$v=\frac{s}{2}\cdot\omega,\quad \theta=\omega t,$$

代入上式得

$$\mathscr{E}=2\cdot\frac{s}{2}\cdot\omega\cdot B\cdot l\cdot\cos\omega t=\omega BS\cos\omega t,\tag{3.8}$$

式中 $B$ 为磁极间的磁感应强度。

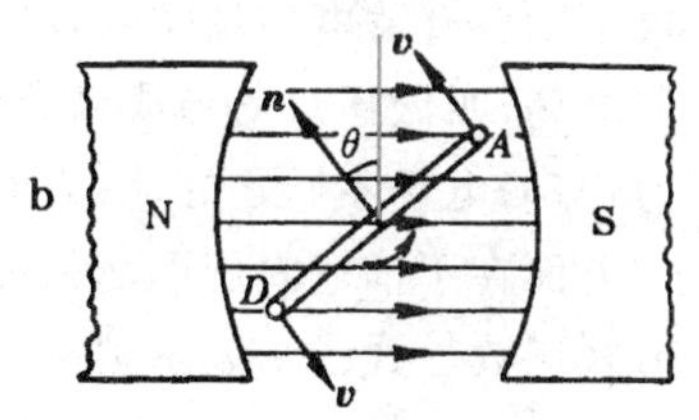


图 3-19 交流发电机原理

这一结果也可以从穿过线圈磁通量的变化考虑，用（3.2）式来计算。当线圈处于图 3-19b 的位置时，通过线圈的磁通量为

$$\Phi=BS\cos\left(\theta+\frac{\pi}{2}\right)=-BS\sin\omega t.$$

由（3.2）式得

$$\mathscr{E}=-\frac{\mathrm{d}\Phi}{\mathrm{d}t}=\omega BS\cos\omega t.\tag{3.9}$$

两种方法计算结果相同。

从计算的结果看出，感应电动势随时间变化的曲线是余弦曲线，这种电动势叫做简谐交变电动势，简称简谐交流电。交变电动势的大小和方向都在不断地变化，当线圈转过一周时，电动势的大小和方向又恢复到以前那样，也就是电动势作了一次完全变化。电动势作一次完全变化所需的时间，叫做交流电的周期；1 s内电动势所作完全变化的次数，叫做交流电的频率。我国和其他一些国家，工业上和日常生活所用的交流电的频率是每秒 50 周。

当线圈中形成感应电流时，它在磁场中要受到安培力的作用，其方向阻碍线圈运动。因此，为了继续发电，原动机保持线圈转动必须克服阻力的力矩作功。可见，发电机的功能就是利用电磁感应现象，将机械能转化为电能。实际的发电机构造都比较复杂。线圈的匝数很多，它们嵌在硅钢片制成的铁芯上，组成电枢；磁场是用电磁铁激发的，磁极一般也不止一对。大型发电机产生的电压较高，电流也很大，若仍采用转动电枢式，用集流环和电刷将电流输出则很困难，所以一般采用转动磁极式，电枢不动，磁体转动。

### 2.3 感生电动势 涡旋电场

导体在磁场中运动产生动生电动势，其非静电力是洛伦兹力；在磁场变化产生感生电动势的情形里，非静电力又是什么呢？ 实验表明，感生电动势完全与导体的种类和性质无关。这说明感生电动势是由变化的磁场本身引起的。我们考虑一个固定的回路 $L$，$S$ 为以 $L$ 为边界的曲面。当通过它的外磁场发生变化时，在其中产生感生电动势 $\mathscr{E}$. 将(3.2) 式用于此情形，并用(2.52) 式将它改写一下：

$$\mathscr{E}=-\frac{\mathrm{d}\Phi}{\mathrm{d}t}=-\frac{\mathrm{d}}{\mathrm{d}t}\iint_{(S)}\boldsymbol{B}\cdot\mathrm{d}\boldsymbol{S}=-\frac{\mathrm{d}}{\mathrm{d}t}\oint_{(L)}\boldsymbol{A}\cdot\mathrm{d}\boldsymbol{l}=-\oint_{(L)}\frac{\partial\boldsymbol{A}}{\partial t}\cdot\mathrm{d}\boldsymbol{l},\tag{3.10}$$

在上式中由于回路 $L$ 固定，其中磁通的变化完全是由磁感应强度 $\boldsymbol{B}$ 的变化，或者说磁矢势 $\boldsymbol{A}$ 的变化引起的，所以我们可以把对 $t$ 求导和在回路上积分运算的顺序颠倒过来。(3.10) 式明显给出，产生感生电动势的非静电力 $\boldsymbol{K}$ 等于

$$\boldsymbol{K}=-\frac{\partial\boldsymbol{A}}{\partial t}.\tag{3.11}$$

这个 $\boldsymbol{K}$ 代表一种什么力？ 麦克斯韦分析了一些电磁感应现象之后，敏锐地感觉到感生电动势现象预示着有关电磁场的新效应。他相信，即使不存在导体回路，变化的磁场在其周围也会激发一种电场，叫做*感应电场*或*涡旋电场*，记作 $\boldsymbol{E}_{旋}$。 这种电场与静电场的共同点就是对电荷有作用力；与静电场不同之处，一方面在于这种涡旋电场不是由电荷激发，而是由变化的磁场所激发；另一方面在于描述涡旋电场的电场线是闭合的，从而它不是保守场(或叫势场，参见附录B中的B.6节)，用数学式子来表示则有

$$\mathscr{E}=\oint_{(L)}\boldsymbol{E}_{旋}\cdot\mathrm{d}\boldsymbol{l}=-\frac{\mathrm{d}\Phi}{\mathrm{d}t}.\tag{3.12}$$

上述非静电力 $\boldsymbol{K}$ 正是这一涡旋电场 $\boldsymbol{E}_{旋}$，即

$$\boldsymbol{E}_{旋}=-\frac{\partial\boldsymbol{A}}{\partial t}.\tag{3.13}$$

涡旋电场的存在已为许多实验所证实，下面将要介绍的研究核反应所用的电子感应加速器就是例证。

在一般的情形下，空间的总电场 $\boldsymbol{E}$ 是静电场 $\boldsymbol{E}_{势}$ (它是一个保守场或势场) 和涡旋电场 $\boldsymbol{E}_{旋}$ 的叠加，即

$$\boldsymbol{E}=\boldsymbol{E}_{势}+\boldsymbol{E}_{旋},$$

其中势场可以写成电势 $U$ 的负梯度：

$$\boldsymbol{E}_{势} = -\nabla U,$$

于是总电场为

$$\boldsymbol{E} = -\nabla U - \frac{\partial \boldsymbol{A}}{\partial t}. \tag{3.14}$$

最后应当指出，前面我们把感应电动势分成动生电动势和感生电动势，这种分法在一定程度上只有相对的意义。例如图 3-8 所示的情形，如果在线圈为静止的参考系内观察，磁棒的运动引起空间的磁场发生变化，线圈内的电动势是感生的；但如果我们在随磁棒一起运动的参考系内观察，则磁棒是静止的，空间磁场也未发生变化，而线圈在运动，因而线圈内的电动势是动生的。所以，由于运动是相对的，就发生了这样的情况，同一感应电动势在某一参考系内看是感生的，在另一参考系内看则是动生的。然而我们也必须看到，参考系的变换只能在一定程度上消除动生和感生的界限；在普遍情形下不可能通过参考系的变换，把感生电动势完全归结为动生电动势，反之亦然。

### 2.4 电子感应加速器

上面提到，即使没有导体存在，变化的磁场也在空间激发涡旋状的感应电场。电子感应加速器便应用了这个原理。电子加速器是加速电子的装置，它的主要部分如图 3-20 所示。划斜线区域为电磁铁的两极，在其间隙中安放一个环形真空室。电磁铁用频率约每秒数十周的强大交变电流来励磁，使两极间的磁感应强度 $B$ 往复变化，从而在环形室内感应出很强的涡旋电场。用电子枪将电子注入环形室，它们在涡旋电场的作用下被加速，同时在磁场里受到洛伦兹力的作用，沿圆形轨道运动。

在励磁电流交变的一个周期中，只有 1/4 区间能用于加速电子。下面我们分析一下这个问题。如图 3-21 所示，把磁场变化的一个周期分成四个阶段，在这四个阶段中磁场 $B$ 的方向和变化趋势各不相同，因而引起的涡旋电场的方向也不相同。可以看出，在电子枪如图 3-20 所示的情况下，为使电子得到加速，涡旋电场应是顺时针方向，即磁场的第一个或第四个 1/4 周期可以用来加速电子；其次，为使电子不断加速，必须维持电子沿圆形轨道运动，电子受磁场的洛伦兹力应指向圆心。可以看出，只有第一或第二个 1/4 周期的区间才能做到。统观考虑，只有在磁场变化的第一个 1/4 周期的区间内，电子才能在涡旋电场的作用下不断加速。因此，连续将电子注入，在每第一个 1/4 周期末，利用特殊的装置将电子束引离轨道射在靶上，即可进行试验。

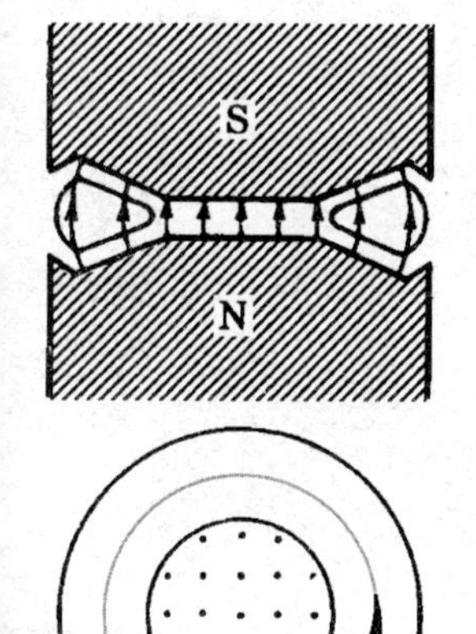


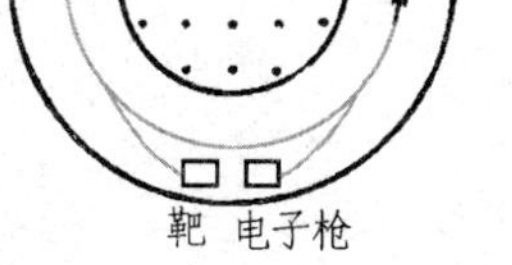


图 3-20 电子感应加速器

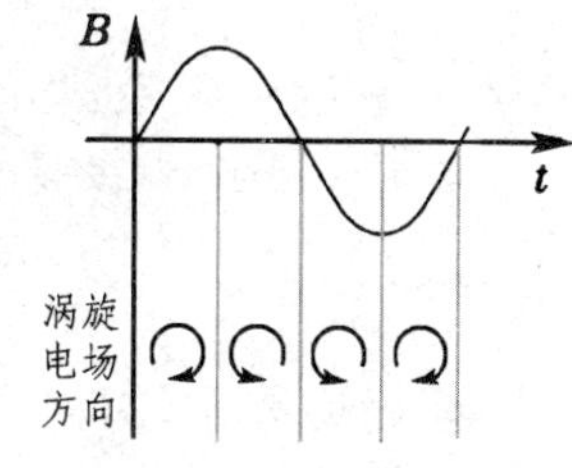


图 3-21 感应加速器中磁场变化处于不同相位时涡旋电场的方向

电子感应加速器的另一个基本问题是如何使电子维持在恒定半径 $R$ 的圆形轨道上加速，这对磁场的径向分布有一定的要求。设电子轨道处的磁场为 $B(R)$，电子作圆形轨道运动时所受的向心力为洛伦兹力，因此，

$$evB(R) = \frac{mv^2}{R},$$

得

$$mv = ReB(R). \tag{3.15}$$

(3.15) 式表明,只要电子动量随磁感应强度成比例地增加,就可以维持电子在一定的轨道上运动。这个条件是怎样实现的呢?为此,再分析一下电子的加速过程。由(3.12) 式,感应电场为 $E_{旋}=-\dfrac{1}{2\pi R}\dfrac{\mathrm{d}\Phi}{\mathrm{d}t}$,根据牛顿第二定律

$$\frac{\mathrm{d}(mv)}{\mathrm{d}t}=-eE_{旋}=\frac{e}{2\pi R}\frac{\mathrm{d}\Phi}{\mathrm{d}t}, \tag{3.16}$$

则

$$\mathrm{d}(mv)=\frac{e}{2\pi R}\mathrm{d}\Phi.$$

设加速过程的开始时,$\Phi=0$,电子的速率 $v=0$,上式的积分为

$$mv=\frac{e}{2\pi R}\Phi=\frac{e}{2\pi R}\cdot\pi R^2\overline{B}, \tag{3.17}$$

式中 $\overline{B}$ 为电子运动轨道内的平均磁感应强度。比较(3.15) 式和(3.17) 式,得

$$B(R)=\frac{1}{2}\overline{B}. \tag{3.18}$$

这就是维持电子在恒定圆形轨道上运动的条件。这个条件表明,轨道上的磁感应强度值等于轨道内磁感应强度的平均值的一半时,电子能在稳定的圆形轨道上被加速。

电子感应加速器加速电子不受相对论效应的限制,但却受到电子因加速运动而辐射能量的限制。一般小型电子感应加速器只可将电子加速到数百 keV,大的可达数百 MeV,它们的体积和重量有很大的差别。100 MeV 的电子感应加速器中电磁铁的重量达 100 t 以上,励磁电流的功率近 500 kW,环形室的直径约 1.5 m,在被加速的过程中电子经过的路程超过 1000 km.

电子感应加速器主要用于核物理研究,用被加速的电子束(人工的β射线)轰击各种靶时,将发出穿透力很强的电磁辐射(人工 γ 射线)。近来还采用不大的电子感应加速器来产生硬 X 射线,供工业上探伤或医学上治疗癌症之用。

## § 3. 磁矢势与磁场中带电粒子的动量

### 3.1 磁场中带电粒子的“势动量”

在静电场中,一个电荷 $q$ 在电场中的电势能为 $qU$,动能为$\frac{1}{2}mv^2$,它的总能量 $W$ 是守恒的:

$$W=\frac{1}{2}mv^2+qU=常量。 \tag{3.19}$$

电势 $U$ 的物理意义是“单位正电荷的电势能”。那么,磁矢势 $\boldsymbol{A}$ 有何物理意义?

先看一个特例,就是上面所讲的电子感应加速器。利用(3.13) 式我们把(3.16) 式改写一下,

$$\frac{\mathrm{d}(mv)}{\mathrm{d}t}=qE_{旋}=-q\frac{\mathrm{d}A}{\mathrm{d}t},\quad 或\quad \frac{\mathrm{d}(mv)}{\mathrm{d}t}+q\frac{\mathrm{d}A}{\mathrm{d}t}=0,$$

在这里磁场是沿 $z$ 方向呈轴对称分布,磁矢势可取在与电子速度相同的 $\varphi$ 方向上。[1]上式对 $t$ 积分,得

$$p\equiv mv+qA=常量。 \tag{3.20}$$

此式与(3.19) 式有些相似,这里 $mv$ 与动能项$\frac{1}{2}mv^2$ 相当,是带电粒子的动力动量(kinetic momentum)。$qA$ 与$qU$ 项相当,后者是粒子在电场中的电势能,“势(potential)”具有“潜在”的

[1] 一般说来$\partial A/\partial t$ 和 $\mathrm{d}A/\mathrm{d}t$ 是不同的,上式中我们没有去区分它们,因为这里二者恰好是一样的。详见 3.2 节。

意思,"势能"的本意是"潜在的能量"。与此类比,我们可以认为 $qA$ 是带电粒子在磁场中"潜在的动量",或*磁势动量*。不过这个名称在文献中并不怎么通行,但我们这样来理解 $A$ 的物理意义是不错的。(3.20) 式表明,在上述例子中运动带电粒子的动力动量和磁势动量之和 $p$(在分析力学中称为"正则动量")是守恒的。

### 3.2 磁场中带电粒子的动量守恒定律❶

上面我们只是通过一个特例讨论了带电粒子在磁场中动量守恒的问题,一些地方的论述是不严格的。现在我们详细研究一下这个问题。考虑一个带电 $q$ 的粒子在电场$\boldsymbol{E}$和磁场$\boldsymbol{B}$中的运动。电场 $\boldsymbol{E}$ 与磁矢势$\boldsymbol{A}$ 的关系如(3.13) 式:

$$\boldsymbol{E}_{\text{旋}}=-\frac{\partial \boldsymbol{A}}{\partial t}.$$

至于磁场 $\boldsymbol{B}$ 与磁矢势$\boldsymbol{A}$ 的关系,在第二章中给的是积分形式(2.52) 式,与之对应的微分形式应是

$$\boldsymbol{B}=\nabla\times\boldsymbol{A} \tag{3.21}$$

[见附录B(B.40)式。] 上节说 $q\boldsymbol{A}$ 是带电粒子的"势动量",其中 $\boldsymbol{A}=\boldsymbol{A}(\boldsymbol{r},t)$ 是带电粒子所在 $\boldsymbol{r}$ 处的磁矢势。 随着时间 $t$ 的推移,$\boldsymbol{A}$ 的变化有两部分。第一部分

$$\Delta^{(1)}\boldsymbol{A}=\frac{\partial \boldsymbol{A}(\boldsymbol{r},t)}{\partial t}\Delta t$$

是 $\boldsymbol{A}$ 本身随时间的变化。 因为粒子在运动,

$$\boldsymbol{r}=\boldsymbol{r}(t)=x(t)\boldsymbol{i}+y(t)\boldsymbol{j}+z(t)\boldsymbol{k},$$

$\boldsymbol{A}$ 的变化的第二部分为

$$\begin{aligned}\Delta^{(2)}\boldsymbol{A}&=\frac{\partial \boldsymbol{A}(x,y,z,t)}{\partial x}\frac{\partial x}{\partial t}\Delta t+\frac{\partial \boldsymbol{A}(x,y,z,t)}{\partial y}\frac{\partial y}{\partial t}\Delta t+\frac{\partial \boldsymbol{A}(x,y,z,t)}{\partial z}\frac{\partial z}{\partial t}\Delta t\\&=\frac{\partial \boldsymbol{A}}{\partial x}v_x\,\Delta t+\frac{\partial \boldsymbol{A}}{\partial y}v_y\,\Delta t+\frac{\partial \boldsymbol{A}}{\partial z}v_z\,\Delta t=(\boldsymbol{v}\cdot\nabla)\boldsymbol{A}\,\Delta t,\end{aligned}$$

它来源于粒子的移动,在粒子到达的新位置上 $\boldsymbol{A}$ 有不同的值。在 $\Delta t$ 时间间隔内$\boldsymbol{A}$ 的全部变化为

$$\Delta\boldsymbol{A}=\Delta^{(1)}\boldsymbol{A}+\Delta^{(2)}\boldsymbol{A},$$

它对时间的全微商为

$$\frac{\mathrm{d}\boldsymbol{A}}{\mathrm{d}t}=\lim_{\Delta t\to 0}\frac{\Delta\boldsymbol{A}}{\Delta t}=\frac{\partial \boldsymbol{A}}{\partial t}+(\boldsymbol{v}\cdot\nabla)\boldsymbol{A}, \tag{3.22}$$

只有沿粒子的轨道 $\boldsymbol{A}$ 的数值不变时,才有

$$\frac{\mathrm{d}\boldsymbol{A}}{\mathrm{d}t}=\frac{\partial \boldsymbol{A}}{\partial t},$$

上节所讨论的正好属于这种情况。

现在回到带电粒子在电磁场中运动的问题。它所受到的洛伦兹力应包含电场力:

$$\boldsymbol{F}=q(\boldsymbol{E}+\boldsymbol{v}\times\boldsymbol{B}), \tag{3.23}$$

将(3.14) 式和(3.21) 式代入其中,有

$$\boldsymbol{F}=-q\left[\nabla U+\frac{\partial \boldsymbol{A}}{\partial t}-\boldsymbol{v}\times(\nabla\times\boldsymbol{A})\right]. \tag{3.24}$$

下面我们要用到附录B中的一个矢量微商公式,(B.28) 式。取该式中的矢量 $\boldsymbol{A}$ 为粒子速度 $\boldsymbol{v}$,该式中的矢量 $\boldsymbol{B}$ 为磁矢势 $\boldsymbol{A}$,并注意到 $\boldsymbol{v}$ 不是分布在空间的场,对它的空间微分全都为 0,于是得到

---

❶ Konopisnik, E.J., *Am.J.Phys.*, **46**(1978), 499; 中译文:《大学物理》, 1985 年第 2 期, 14 页。

$$\boldsymbol{v}\times(\nabla\times\boldsymbol{A})=\nabla(\boldsymbol{v}\cdot\boldsymbol{A})-(\boldsymbol{v}\cdot\nabla)\boldsymbol{A}.$$

将上式代入(3.24)式，有

$$\boldsymbol{F}=-q\left[\nabla U+\frac{\partial\boldsymbol{A}}{\partial t}+(\boldsymbol{v}\cdot\nabla)\boldsymbol{A}-\nabla(\boldsymbol{v}\cdot\boldsymbol{A})\right]$$

$$=-q\left[\nabla U+\frac{\mathrm{d}\boldsymbol{A}}{\mathrm{d}t}-\nabla(\boldsymbol{v}\cdot\boldsymbol{A})\right]=-q\frac{\mathrm{d}\boldsymbol{A}}{\mathrm{d}t}-q\nabla(U-\boldsymbol{v}\cdot\boldsymbol{A}).\tag{3.25}$$

按牛顿第二定律，粒子(动力)动量的时间变化率应等于洛伦兹力，即

$$\frac{\mathrm{d}(m\boldsymbol{v})}{\mathrm{d}t}=\boldsymbol{F}=-q\frac{\mathrm{d}\boldsymbol{A}}{\mathrm{d}t}-q\nabla(U-\boldsymbol{v}\cdot\boldsymbol{A}),$$

移项后，得

$$\frac{\mathrm{d}}{\mathrm{d}t}(m\boldsymbol{v}+q\boldsymbol{A})=-q\nabla(U-\boldsymbol{v}\cdot\boldsymbol{A}),\tag{3.26}$$

式中 $m\boldsymbol{v}$ 是粒子的动力动量，$q\boldsymbol{A}$ 是磁势动量，二者之和

$$\boldsymbol{p}\equiv m\boldsymbol{v}+q\boldsymbol{A}\tag{3.27}$$

在分析力学中称为正则动量(canonical momentum)或共轭动量(conjugate momentum)。(3.26)式右端的 $U-\boldsymbol{v}\cdot\boldsymbol{A}$ 可看作带电粒子在电、磁场中的一种“广义势”。(3.26)式表明，在广义势的梯度等于0的情况下，粒子的正则动量守恒：

$$\boldsymbol{p}=m\boldsymbol{v}+q\boldsymbol{A}=\text{常量}。\tag{3.28}$$

这便是带电粒子在电、磁场中运动时的动量守恒定律。如果广义势只有沿某个方向的梯度等于0，则正则动量沿该方向的分量守恒。

**例题 4**　如图 3-22a 所示平面磁控管由一对平行平面电极组成，在其间除电场 $\boldsymbol{E}$ 外，另加一个与之正交的磁场 $\boldsymbol{B}$，电场和磁场都是均匀的。电子自阴极 K 由静止状态出发，在电、磁场中运动，达到阳极 A，形成电流。对于给定的电压 $U_0$，磁场有个临界值 $B_c$，当 $B$ 超过 $B_c$ 时，电子将达不到阳极，电流戛然中止(见图3-22b)。求临界磁场 $B_c$.

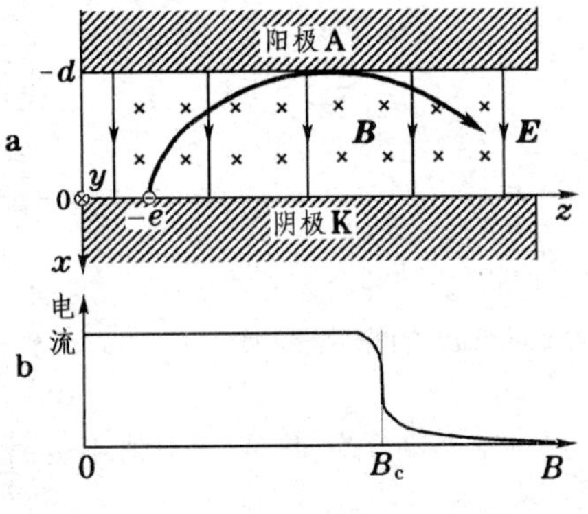


图 3-22 例题 4—— 磁控管的临界磁场

**解**：如图 3-22a 所示，设电场 $\boldsymbol{E}$ 沿 $x$ 方向，磁场 $\boldsymbol{B}$ 沿 $y$ 方向。可以证明，电子在正交电、磁场中运动的轨迹为在 $xz$ 平面内的摆线(参见下文例题 6)。这里我们且不论它的具体轨迹，用能量守恒定律和动量守恒定律来解决问题。

对于沿 $x$ 方向的匀强电场 $\boldsymbol{E}$，电势可写作 $U=-Ex$. 对于沿 $y$ 方向的匀强磁场 $\boldsymbol{B}$，磁矢势可取在 $xz$ 平面内任何方向，为了下面讨论问题的方便，我们把 $\boldsymbol{A}$ 取在 $z$ 方向，$A=A_z=-Bx$. 这样一来，广义势 $U-\boldsymbol{v}\cdot\boldsymbol{A}=-Ex+v_zBx=-(E-v_zB)x$，它在 $z$ 方向的梯度等于0，所以电子正则动量的 $z$ 分量守恒：

$$p_z=mv_z+qA_z=mv_z-qBx=\text{常量}\ C.$$

取坐标原点于阴极表面，在那里 $x=0$，$v_z=0$，因而常量 $C=0$.

设两电极的间隔为 $d$，故在阳极表面 $x=-d$. 当 $B=B_c$ 时，到达阳极表面的电子，速度已没有 $x$ 分量，其速度沿 $z$ 方向，即 $v_z=v$. 由于磁场的洛伦兹力不作功，按能量守恒定律，我们有

$$\frac{1}{2}mv_z^2=eU_0,\quad\text{即}\quad v_z=\sqrt{\frac{2eU}{m}}.$$

所以 $B=B_c$ 时在阳极表面

$$mv_z-qBx=m\sqrt{\frac{2eU_0}{m}}-(-e)B_c(-d)=0,$$

从而

$$B_c=\frac{1}{d}\sqrt{\frac{2mU_0}{e}}.\quad\blacksquare$$

由于磁控管的临界磁场与电子的荷质比 $e/m$ 有关，它提供了一种测量荷质比的方法。

### 3.3 电流元相互作用何时服从牛顿第三定律？

我们曾在第二章 1.3 节内指出：按安培定律，两电流元之间的磁相互作用一般不服从牛顿第三定律，或者说，它们动量之和不守恒。那里还指出：必须把电磁场的动量考虑进去，系统的总动量才守恒。现在我们有了磁势动量的概念，可以进一步深入讨论这个问题了。一个以速度 $\boldsymbol{v}$ 运动的电荷 $q$ 相当于一个电流元 $I\mathrm{d}\boldsymbol{l}=q\boldsymbol{v}$. 我们用两个运动的带电粒子（见图 3-23）代替电流元来讨论它们之间的磁相互作用。应当承认，运动电荷与闭合回路里的电流元还是有区别的。区别主要有两点：① 带电粒子之间有库仑作用，而回路里的电流元基本上是电中性的；② 运动带电粒子产生的磁场随时间变化，从而会激发涡旋电场，而载有恒定电流的闭合回路产生的磁场是恒定的。所以下面我们考虑运动电荷的相互作用时，从头起就略去电场（包括库仑场 $-\nabla U$ 和涡旋场 $-\partial\boldsymbol{A}/\partial t$），只考虑磁相互作用，而且磁感应强度 $\boldsymbol{B}$ 和磁矢势 $\boldsymbol{A}$ 分别从第二章里的电流元公式（2.25）、（2.55）改写过来：[1]

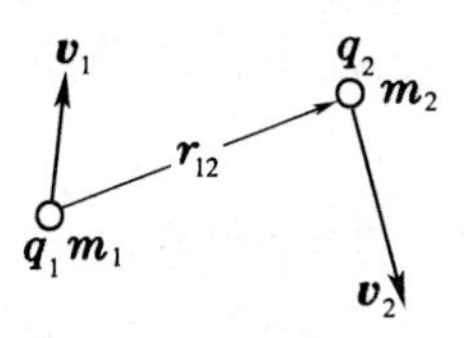


图 3-23 两个在相互磁作用下运动的带电粒子

$$\begin{cases} \boldsymbol{B}=\dfrac{\mu_0}{4\pi}\dfrac{q\boldsymbol{v}\times\boldsymbol{r}}{r^3}, & (3.29)\\[2ex] \boldsymbol{A}=\dfrac{\mu_0}{4\pi}\dfrac{q\boldsymbol{v}}{r}, & (3.30)\end{cases}$$

1、2 两粒子动力动量的变化率为

$$\begin{cases} \dfrac{\mathrm{d}(m_1\boldsymbol{v}_1)}{\mathrm{d}t}=q_1\boldsymbol{v}_1\times\boldsymbol{B}_2(\boldsymbol{r}_1),\\[2ex] \dfrac{\mathrm{d}(m_2\boldsymbol{v}_2)}{\mathrm{d}t}=q_2\boldsymbol{v}_2\times\boldsymbol{B}_1(\boldsymbol{r}_2),\end{cases}\tag{3.31}$$

式中 $\boldsymbol{B}_2(\boldsymbol{r}_1)$ 是粒子 2 在粒子 1 所在处 $\boldsymbol{r}_1$ 产生的磁感应强度，$\boldsymbol{B}_1(\boldsymbol{r}_2)$ 是粒子 1 在粒子 2 所在处 $\boldsymbol{r}_2$ 产生的磁感应强度，即

$$\begin{cases} \boldsymbol{B}_1(\boldsymbol{r}_2)=\dfrac{\mu_0}{4\pi}\dfrac{q_1\boldsymbol{v}_1\times\boldsymbol{r}_{12}}{{r_{12}}^3},\\[2ex] \boldsymbol{B}_2(\boldsymbol{r}_1)=\dfrac{\mu_0}{4\pi}\dfrac{q_2\boldsymbol{v}_2\times\boldsymbol{r}_{21}}{{r_{21}}^3},\end{cases}\tag{3.32}$$

式中 $r_{12}=|\boldsymbol{r}_{12}|=|\boldsymbol{r}_{21}|=r_{21}$，$\boldsymbol{r}_{12}=\boldsymbol{r}_2-\boldsymbol{r}_1=-\boldsymbol{r}_{21}$.

先考虑粒子 1 对粒子 2 的作用。

$$q_2\boldsymbol{v}_2\times\boldsymbol{B}_1(\boldsymbol{r}_2)=\frac{\mu_0 q_2 q_1}{4\pi}\frac{\boldsymbol{v}_2\times(\boldsymbol{v}_1\times\boldsymbol{r}_{12})}{{r_{12}}^3}=\frac{\mu_0 q_2 q_1}{4\pi}\frac{(\boldsymbol{v}_2\cdot\boldsymbol{r}_{12})\boldsymbol{v}_1-(\boldsymbol{v}_2\cdot\boldsymbol{v}_1)\boldsymbol{r}_{12}}{{r_{12}}^3}.$$

代入（3.31）式得

$$\frac{\mathrm{d}(m_2\boldsymbol{v}_2)}{\mathrm{d}t}=\frac{\mu_0 q_2 q_1}{4\pi}\frac{(\boldsymbol{v}_2\cdot\boldsymbol{r}_{12})\boldsymbol{v}_1-(\boldsymbol{v}_2\cdot\boldsymbol{v}_1)\boldsymbol{r}_{12}}{{r_{12}}^3}.\tag{3.33}$$

另一方面，粒子 2 的磁势动量为

$$q_2\boldsymbol{A}_1(\boldsymbol{r}_2)=\frac{\mu_0 q_2 q_1}{4\pi}\frac{\boldsymbol{v}_1}{r_{12}}=\frac{\mu_0 q_2 q_1}{4\pi}\frac{\boldsymbol{v}_1}{\sqrt{(x_2-x_1)^2+(y_2-y_1)^2+(z_2-z_1)^2}},\tag{3.34}$$

它的变化是由粒子 2 的移动引起的，故

$$\begin{aligned}\frac{\mathrm{d}[q_2\boldsymbol{A}_1(\boldsymbol{r}_2)]}{\mathrm{d}t}&=\left(\frac{\mathrm{d}x_2}{\mathrm{d}t}\frac{\partial}{\partial x_2}+\frac{\mathrm{d}y_2}{\mathrm{d}t}\frac{\partial}{\partial y_2}+\frac{\mathrm{d}z_2}{\mathrm{d}t}\frac{\partial}{\partial z_2}\right)q_2\boldsymbol{A}_1(\boldsymbol{r}_2)\\&=\left(v_{2x}\frac{\partial}{\partial x_2}+v_{2y}\frac{\partial}{\partial y_2}+v_{2z}\frac{\partial}{\partial z_2}\right)q_2\boldsymbol{A}_1(\boldsymbol{r}_2)\end{aligned}$$

将（3.34）式代入后，得

$$\begin{aligned}\frac{\mathrm{d}[q_2\boldsymbol{A}_1(\boldsymbol{r}_2)]}{\mathrm{d}t}&=-\frac{\mu_0 q_2 q_1}{4\pi}\frac{[v_{2x}(x_2-x_1)+v_{2y}(y_2-y_1)+v_{2z}(z_2-z_1)]\boldsymbol{v}_1}{[(x_2-x_1)^2+(y_2-y_1)^2+(z_2-z_1)^2]^{3/2}}\\&=-\frac{\mu_0 q_2 q_1}{4\pi}\frac{(\boldsymbol{v}_2\cdot\boldsymbol{r}_{12})\boldsymbol{v}_1}{{r_{12}}^3},\end{aligned}\tag{3.35}$$

（3.33）式与（3.35）式相加，得

---

[1] 严格地说，这是恒定磁场的磁矢势公式，对带电粒子速度 $v\ll c$ 时近似适用。

$$\frac{\mathrm{d}}{\mathrm{d}t}[m_2\boldsymbol{v}_2+q_2\boldsymbol{A}_1(\boldsymbol{r}_2)]=-\frac{\mu_0 q_2 q_1}{4\pi}\frac{(\boldsymbol{v}_2\cdot\boldsymbol{v}_1)\boldsymbol{r}_{12}}{r_{12}^{\ 3}}.\tag{3.36}$$

同理,从粒子 2 对粒子 1 的作用我们得到

$$\frac{\mathrm{d}}{\mathrm{d}t}[m_1\boldsymbol{v}_1+q_1\boldsymbol{A}_2(\boldsymbol{r}_1)]=-\frac{\mu_0 q_1 q_2}{4\pi}\frac{(\boldsymbol{v}_1\cdot\boldsymbol{v}_2)\boldsymbol{r}_{21}}{r_{21}^{\ 3}}.\tag{3.37}$$

(3.36) 和(3.37) 两式相加,因 $\boldsymbol{r}_{21}=-\boldsymbol{r}_{12}$,得

$$\frac{\mathrm{d}}{\mathrm{d}t}[m_1\boldsymbol{v}_1+q_1\boldsymbol{A}_2(\boldsymbol{r}_1)+m_2\boldsymbol{v}_2+q_2\boldsymbol{A}_1(\boldsymbol{r}_2)]=0,\tag{3.38}$$

即两粒子的总正则动量

$$m_1\boldsymbol{v}_1+q_1\boldsymbol{A}_2(\boldsymbol{r}_1)+m_1\boldsymbol{v}_1+q_2\boldsymbol{A}_1(\boldsymbol{r}_2)=\text{常量}。\tag{3.39}$$

这就是我们在第二章里谈到的结论。

现在我们回过来看两电流元动量守恒,即牛顿第三定律仍成立的条件。由(3.38) 式可以看出,此条件应为

$$\frac{\mathrm{d}}{\mathrm{d}t}[q_1\boldsymbol{A}_2(\boldsymbol{r}_1)+q_1\boldsymbol{A}_2(\boldsymbol{r}_1)]=0,\tag{3.40}$$

从(3.35) 式知

$$\frac{\mathrm{d}}{\mathrm{d}t}[q_1\boldsymbol{A}_2(\boldsymbol{r}_1)+q_1\boldsymbol{A}_2(\boldsymbol{r}_1)]=-\frac{\mu_0 q_1 q_2}{4\pi}\frac{(\boldsymbol{v}_1\cdot\boldsymbol{r}_{21})\boldsymbol{v}_2+(\boldsymbol{v}_2\cdot\boldsymbol{r}_{12})\boldsymbol{v}_1}{r_{12}^{\ 3}}$$

$$=\frac{\mu_0 q_1 q_2}{4\pi}\frac{(\boldsymbol{v}_1\cdot\boldsymbol{r}_{12})\boldsymbol{v}_2-(\boldsymbol{v}_2\cdot\boldsymbol{r}_{12})\boldsymbol{v}_1}{r_{12}^{\ 3}}=\frac{\mu_0 q_1 q_2}{4\pi}\frac{\boldsymbol{r}_{12}\times(\boldsymbol{v}_1\times\boldsymbol{v}_2)}{r_{12}^{\ 3}}.$$

由此得到一个充分条件为

$$\boldsymbol{r}_{12}\times(\boldsymbol{v}_1\times\boldsymbol{v}_2)=0.\tag{3.41}$$

满足上式的有两个明显的特例:① $\boldsymbol{v}_1 /\!/ \boldsymbol{v}_2$,② $\boldsymbol{r}_{12} /\!/ \boldsymbol{v}_1\times\boldsymbol{v}_2$. 图 3-24a、b所示分别是第二章里例题 2 和 3 的情形,图 a 满足条件①,故牛顿第三定律成立;图 b 中 $\boldsymbol{v}_1\perp\boldsymbol{v}_2$,$\boldsymbol{r}_{12}\perp\boldsymbol{v}_1\times\boldsymbol{v}_2$,①、② 两条件皆不满足,在此情形下牛顿第三定律不成立。

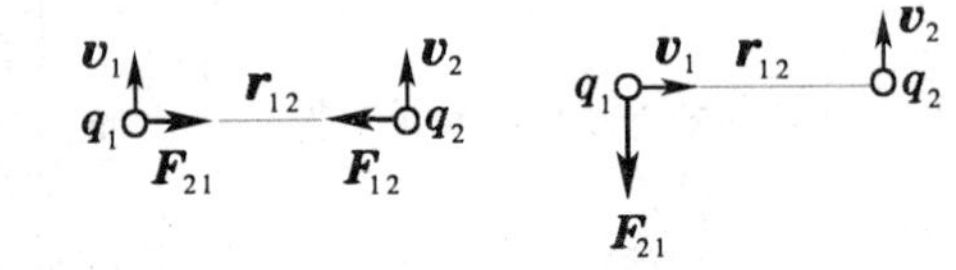


a 平行运动　　b 垂直运动

图 3—24 运动电荷之间的磁相互作用

## 3.4 磁矢势 $\boldsymbol{A}$ 和磁感应强度 $\boldsymbol{B}$ 哪个更基本?

在第二章 4.2 节里所给的磁矢势 $\boldsymbol{A}$ 的定义式(2.52)

$$\oint_{(L)}\boldsymbol{A}\cdot\mathrm{d}\boldsymbol{l}=\iint_{(S)}\boldsymbol{B}\cdot\mathrm{d}\boldsymbol{S}.\tag{3.42}$$

并不能把它唯一地确定下来。我们可以给它加上任意标量函数 $\chi(\boldsymbol{r})$ 的梯度:

$$\boldsymbol{A}'(\boldsymbol{r})=\boldsymbol{A}(\boldsymbol{r})+\nabla\chi(\boldsymbol{r}),\tag{3.43}$$

可以证明梯度的环路积分恒等于0[可利用附录B中的(B.33)式],$\boldsymbol{A}'$ 同样满足定义式(3.42)。(3.43)式给出的变换,叫做磁矢势的*规范变换*。在磁矢势的规范变换下电磁场的方程是不变的。

3.2节的几个例子里得到的"正则动量=动力动量+磁势动量"守恒的结论,推导过程中都曾选取了特殊的磁矢势表达式。我们不禁要问:正则动量守恒的结论普遍成立吗? 它在规范变换下不变吗? 这是有条件的。

经典电磁学认为:磁感应强度 $\boldsymbol{B}$ 可直接测量,是基本量;磁矢势 $\boldsymbol{A}$ 在规范变换允许的条件下不唯一,它不给出直接的观测效应,所以是辅助量。然而量子力学打破了这种观点,突出的例子是所谓 AB 效应。

设想有一理想的无限长螺线管,其中有沿轴向的均匀磁场 $\boldsymbol{B}$,外部磁场严格为0。按第二章例题10的计算,此螺线管的内外都有磁矢势 $\boldsymbol{A}$,方向沿环向,从轴线向外看,磁矢势 $A_\varphi$ 的大小在螺线管内部正比于 $r$ 递增,外部反比于 $r$ 递减。亦即,磁矢势的分布远超出了存在磁感应强度的范围。一个在螺线管外的电子能够感受到其中磁场的存在吗? 如果螺线管内的磁场有变化,外部的磁矢势也变化,它的负变化率就是涡旋电场,电子是会感受到的。若磁场保持严格恒定呢? 虽然我们可以说,这时磁场也赋予电子一定的磁势动量,但没有可观测的效果。以上是经典电磁学的看法。

在量子力学中任何微观粒子都具有波粒二象性,在 $\boldsymbol{B}=0$ 但 $\boldsymbol{A}\neq 0$,虽然粒子不受力,但它的波函数的相位将受到 $\boldsymbol{A}$ 的影响。1959 年阿哈罗诺夫(Y.Aharonov)和玻姆(D.Bohm)指出,如图 3-25 所示,让电子束分两股从不同侧绕过载流螺线管后重新会合,相遇处将

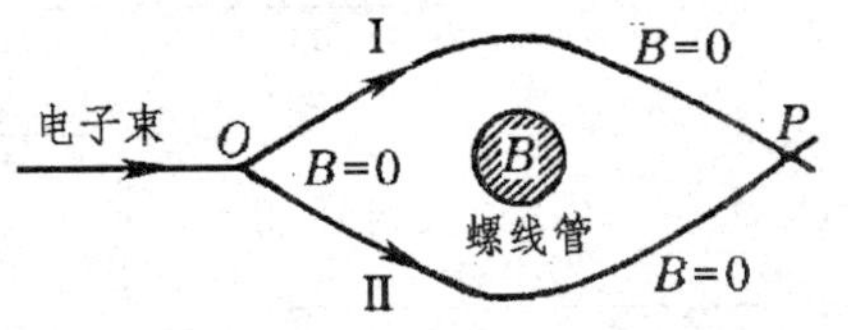


图 3-25 AB 效应

因波函数的相位差而发生干涉。这预言经许多人的努力，于20世纪80年代为实验严格证实。这就是著名的AB效应。AB效应表明，在 $\boldsymbol{B}=0$ 的地方，$\boldsymbol{A}$ 也能单独产生可观测的物理效应。[1]

# §4. 电磁场的相对论变换

## 4.1 问题的提出

在第一章我们讨论了静止电荷产生的静电场；在第二章我们又讨论了恒定电流产生的恒磁场。电流是电荷的流动，静止或运动都是相对于一定的参考系而言的。因此我们很自然地会想到，若在一个参考系K中观察电荷是静止的，在相对于K系作匀速运动的参考系K′中观察，则同时存在电场和磁场；与此相应地，在K系中两个静止电荷之间仅存在静电作用力，而在K′系中这两个电荷之间除了电的相互作用之外，还存在磁的相互作用。§2里我们把电磁感应电动势分为动生的和感生的两种，只有相对的意义。如图3-26所示为一个磁铁和一个线圈。在图a所示的情形里，磁铁静止，线圈以速度 $\boldsymbol{V}$ 运动，于是因它切割磁感应线而在其中产生动生电动势，此电动势是由磁场产生的洛伦兹力引起的。在图b所示的情形里，线圈静止，磁铁以速度 $-\boldsymbol{V}$ 运动，于是线圈中因磁通量变化而产生感生电动势，此电动势是由涡旋电场引起的。显然，a、b两情形也是同一物理过程在不同参考系中的观察的结果，然而得到了不同的描述。爱因斯坦在他1905年创立狭义相对论的那篇著名论文《论动体的电动力学》里，一开头就举了这个例子。他认为物理学中同一物理过程因相对不同参考系而得到的不同描述这种不对称性不应该是现象所固有的。爱因斯坦的这一思想导致他将相对性原理提升为物理学的基本原理之一(爱因斯坦用的词是"公设")，在相对性原理和光速不变原理的基础上他演绎了狭义相对论。

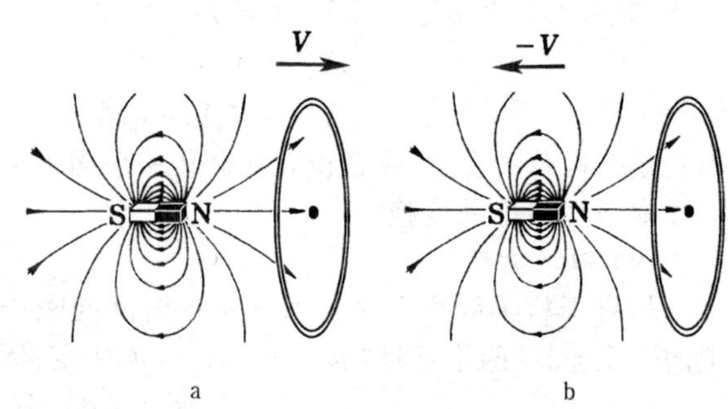

图3-26 磁铁与线圈相对运动时的电磁感应现象

物理现象不应随参考系而异。我们不禁要问：不同的参考系中观察到的电磁规律相互之间有什么关系？在不同参考系中观察到的电场和磁场之间有什么关系？在电磁学里，无论速度多么低，伽利略变换都不适用，这些问题的解决要靠相对论。我们假定，读者对相对论力学已有初步了解，下面我们先列出相对论力学的若干结论，[2]作为后面讨论不同惯性系之间电磁场变换的出发点。

## 4.2 相对论力学的若干结论

(1) 洛伦兹变换

令K和K′是两个惯性系，取直角坐标系 $Oxyz$ 和 $O'x'y'z'$，相应坐标轴平行(图3-27)。K′系相对于$K$系以速度V沿x方向作匀速运动。在t=t′=0时刻原点 $O$、$O'$ 重合。如果把时间写成虚变量 $w=\mathrm{i}ct$($\mathrm{i}=\sqrt{-1}$)，以$(x,y,z,w)$为闵可夫斯

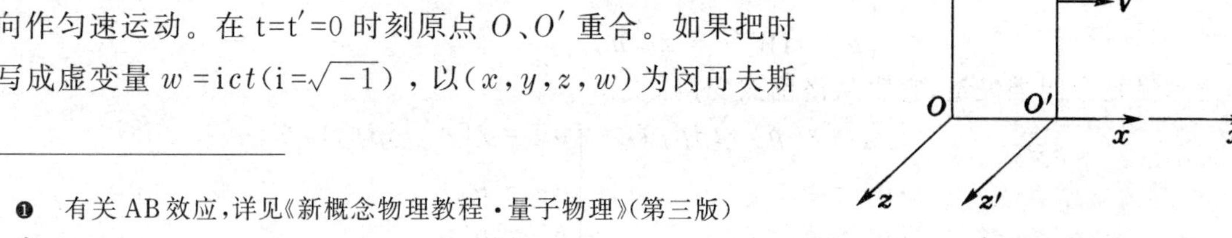

图3-27 $K$、$K'$两惯性系之间的变换

[1] 有关AB效应，详见《新概念物理教程·量子物理》(第三版)第三章§8。

[2] 参见《新概念物理教程·力学》(第三版)第八章。

基空间中的四维矢量,洛伦兹变换为

$$\begin{cases}x' = \gamma(x+\mathrm{i}\beta w),\\ y' = y,\\ z' = z,\\ w' = \gamma(w-\mathrm{i}\beta x).\end{cases}\quad \begin{cases}x = \gamma(x'-\mathrm{i}\beta w'),\\ y = y',\\ z = z',\\ w = \gamma(w'+\mathrm{i}\beta x').\end{cases}\tag{3.44}$$

式中 $\beta = V/c$, $\gamma = 1/\sqrt{1-\beta^2}$.洛伦兹变换是复四维闵可夫斯基空间里的正交变换，它刻画了闵可夫斯基空间的一种转动。

如果$(A_x, A_y, A_z, A_t)$与$(x, y, z, w)$一样地服从洛伦兹变换：

$$\begin{cases}A_x' = \gamma(A_x+\mathrm{i}\beta A_t),\\ A_y' = A_y,\\ A_z' = A_z,\\ A_t' = \gamma(A_t-\mathrm{i}\beta A_x).\end{cases}\quad \begin{cases}A_x = \gamma(A_x'-\mathrm{i}\beta A_t'),\\ A_y = A_y',\\ A_z = A_z',\\ A_t = \gamma(A_t'+\mathrm{i}\beta A_x').\end{cases}\tag{3.45}$$

则它是个四维矢量。 或者说，要定义一个闵可夫斯基空间里的四维矢量,它必须与$(x, y, z, w)$一样地服从洛伦兹变换。

(2) 四维速度

相对于粒子静止的时钟所显示的时间间隔 $\mathrm{d}\tau = \mathrm{d}t/\gamma$ 称为它的固有时,固有时是洛伦兹变换中的不变量。 四维速度$(u_x, u_y, u_z, u_t)$定义为

$$\begin{cases}u_x = \dfrac{\mathrm{d}x}{\mathrm{d}\tau} = \dfrac{\mathrm{d}x}{\mathrm{d}t}\dfrac{\mathrm{d}t}{\mathrm{d}\tau} = v_x\dfrac{\mathrm{d}t}{\mathrm{d}\tau} = \gamma v_x,\\ u_y = \dfrac{\mathrm{d}y}{\mathrm{d}\tau} = \dfrac{\mathrm{d}y}{\mathrm{d}t}\dfrac{\mathrm{d}t}{\mathrm{d}\tau} = v_y\dfrac{\mathrm{d}t}{\mathrm{d}\tau} = \gamma v_y,\\ u_z = \dfrac{\mathrm{d}z}{\mathrm{d}\tau} = \dfrac{\mathrm{d}z}{\mathrm{d}t}\dfrac{\mathrm{d}t}{\mathrm{d}\tau} = v_z\dfrac{\mathrm{d}t}{\mathrm{d}\tau} = \gamma v_z,\\ u_t = \dfrac{\mathrm{d}w}{\mathrm{d}\tau} = \dfrac{\mathrm{d}w}{\mathrm{d}t}\dfrac{\mathrm{d}t}{\mathrm{d}\tau} = \mathrm{i}c\dfrac{\mathrm{d}t}{\mathrm{d}\tau} = \mathrm{i}c\gamma.\end{cases}\tag{3.46}$$

四维速度是个四维矢量,它服从洛伦兹变换：

$$\begin{cases}u_x' = \gamma(u_x+\mathrm{i}\beta u_t),\\ u_y' = u_y,\\ u_z' = u_z,\\ u_t' = \gamma(u_t-\mathrm{i}\beta u_x).\end{cases}\quad \begin{cases}u_x = \gamma(u_x'-\mathrm{i}\beta u_t'),\\ u_y = u_y',\\ u_z = u_z',\\ u_t = \gamma(u_t'+\mathrm{i}\beta u_x').\end{cases}\tag{3.47}$$

(3) 四维动量

四维动量是由三维动量 $\boldsymbol{p}=(p_x, p_y, p_z)$ 和能量 $W$ 组成的四维矢量：

$$\begin{cases}p_x = m_0 u_x,\\ p_y = m_0 u_y,\\ p_z = m_0 u_z,\\ p_t = \mathrm{i}W/c = m_0 u_t.\end{cases}\quad (m_0\text{ 为静质量})$$

四维动量是个四维矢量,它服从洛伦兹变换：

$$\begin{cases}p_x' = \gamma(p_x+\mathrm{i}\beta p_t),\\ p_y' = p_y,\\ p_z' = p_z,\\ p_t' = \gamma(p_t-\mathrm{i}\beta p_x).\end{cases}\quad \begin{cases}p_x = \gamma(p_x'-\mathrm{i}\beta p_t'),\\ p_y = p_y',\\ p_z = p_z',\\ p_t = \gamma(p_t'+\mathrm{i}\beta p_x').\end{cases}\tag{3.48}$$

### 4.3 电磁规律的协变性与电荷的不变性

相对论以前的物理学家认为不同惯性系之间的时空坐标变换是伽里略变换，力学基本规律遵从相对性原理，即不同惯性系中力学基本规律的形式是相同的，从而不可能通过力学实验确定惯性系本身的运动状态。那时认为电磁学的基本规律不遵从相对性原理，电磁学的基本规律仅对于某个特殊的惯性系才严格成立，对于其他参考系会表现出一定的偏离，这个特殊的参考系称为绝对(静止)参考系或"以太系"。他们相信通过电磁学实验能够确定这个绝对参考系。于是通过电磁学实验或光学实验寻找绝对参考系成为当时一些物理学家热衷的课题。

在 19 世纪末 20 世纪初，这样的实验有几个，其中一个是 1902—1903 年间特鲁顿(F.T. Trouton)和诺伯(M.R.Noble)的实验。考虑一对正负电荷相对于地球参考系 K′ 静止，如图 3-28b 所示由于地球的自转和绕太阳的公转以及太阳的运动，地球肯定不可能是绝对参考系，设其相对于绝对参考系 K 以速度 $v$ 平行 $x$ 轴运动。如图 3-28a 所示，在绝对参考系 K 中，这对电荷是运动的，它们之间除了电力作用 $F_e$ 之外，还有磁力作用 $F_m$. 磁力对这对电荷组成的系统产生力偶，使它们的联线朝与 $\boldsymbol{v}$ 垂直的方向旋转。对这一磁力偶的测定，可以确定地球相对绝对参考系的速度，从而找出绝对参考系来。特鲁顿和诺伯采用一个充电的平行板电容器来代替这对电荷，用细磷铜悬丝将充了电的电容器悬挂起来，精心地观察悬挂电容的转动效应。然而精密的实验中丝毫没有观察到转动效应的存在，它说明绝对参考系是不存在的。在地球参考系中同样可以运用电磁规律，在地球参考系中不存在使两个静止的电荷转动的"力偶"。这表明，相对性原理对电磁现象同样成立，即电磁学基本规律的数学形式在一切惯性系中均相同。

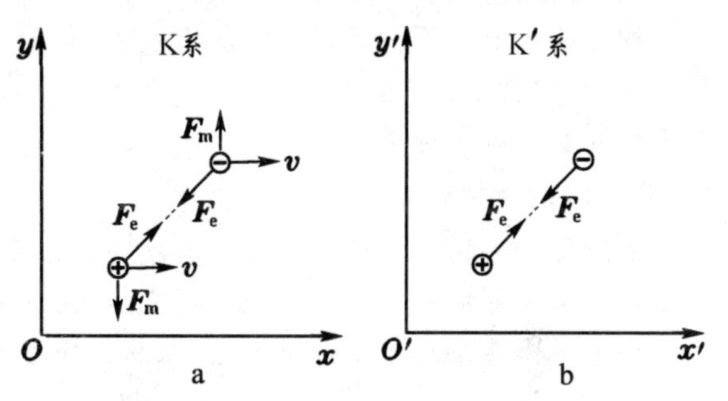

图 3-28 一对正负电荷的相互作用力

按照狭义相对论，不同惯性系之间的时空坐标变换是洛伦兹变换，相对性原理要求从一个惯性系变换到另一个惯性系时基本物理规律的形式保持不变，此称为基本物理规律的洛伦兹协变性。这里所说的电磁学的基本规律是指麦克斯韦方程组(见第六章)和洛伦兹力公式。第二章里的洛伦兹力公式(2.72)中只有磁场，不可能具有协变性，普遍的洛伦兹力公式是(3.23)式，应包括电场力：

$$\boldsymbol{F} = q(\boldsymbol{E} + \boldsymbol{v} \times \boldsymbol{B}).$$

这里的 $\boldsymbol{E}$ 既包括库仑场，也包括涡旋场。

在参考系变换时，物理量一般是要变化的，规律的协变性要求规律中的物理量协同变换，而保持规律的形式不变。在电磁学中的一个基本问题是，当参考系变换时，物体所带的电量是否会变化？这个问题只能由实验来回答。

有许多事实表明，一个系统中的总电量不因带电体的运动而改变。例如，实验测定速度为 $v$ 的带电粒子的荷质比符合下述公式：

$$\frac{q}{m} = \frac{q}{m_0}\sqrt{1 - \frac{v^2}{c^2}},$$

而质量随速度变化的相对论公式是

$$m = \frac{m_0}{\sqrt{1 - v^2/c^2}},$$

比较这两个公式，暗示着带电体的电量 $q$ 不随运动速度改变。又如质子所带的正电量与电子所带的负电量非常精确地相等。对于任何一个中性原子，原子核中的质子数与核外的电子数相等，因此未电离的原子和分子内的正电荷与负电荷数量相等，从而中性原子或分子所带电量非常精确地为 0。在这一点上，20 世纪 60 年代报导的实验结果的精确度已达 $10^{-19}$ 乃至 $10^{-21}$ 以上。[1] 我们知道，原子中的电子和质子是处在不同的运动状态下的。例如氢分子内的电子速率有 $(0.01\sim0.02)c$ 的数量级，铯原子内 K 壳层电子的速率至少有 $0.4c$ 的数量级，而原子核内的质子和中子的速率具有 $(0.2\sim0.3)c$ 的数量级。这样的运动并未使原子和分子的电中性产生可观测的偏离。这表明，电量不受运动影响，电量是不随参考系的变换而变的。再例如任何物体在加热和冷却时，电子的速度比带正电荷的原子核的速度更容易受到影响。虽然每个电子的速度可能变化不大，但是，物体中电子的数量极大，如果运动确实对电量有影响的话，它可以在物体上获得可观察的电量。然而事实上，中性物体在任何温度下总是保持宏观上的电中性，实验中从来没有观察到仅仅通过加热或冷却的方式在物体上获得电量的事实。

物体所带电量不受运动影响的事实表明，对于不同参考系的观察者来说，物体所带的电量都是一样的，也就是说，电量对于从一个参考系到另一个参考系的变换来说是个不变量，即电荷对洛伦兹变换来说是标量。

### 4.4 电磁场的变换公式

电磁场的变换公式可以有多种方法导出，我们现在根据洛伦兹力公式的协变性以及电荷的不变性导出不同惯性系之间的电磁场变换公式。

在力学里四维动量是四维矢量，服从洛伦兹变换，但它对时间 $t$ 的导数：

$$\begin{cases}\dfrac{\mathrm{d}p_x}{\mathrm{d}t}=f_x,\\ \dfrac{\mathrm{d}p_y}{\mathrm{d}t}=f_y,\\ \dfrac{\mathrm{d}p_z}{\mathrm{d}t}=f_z,\\ \dfrac{\mathrm{d}p_t}{\mathrm{d}t}=\dfrac{\mathrm{i}}{c}\dfrac{\mathrm{d}W}{\mathrm{d}t}=\dfrac{\mathrm{i}}{c}P.\end{cases}$$

即由力的三个分量$(f_x, f_y, f_z)$和功率 $P$ 的组合并不构成四维矢量。如果把 $\mathrm{d}t$ 换成固有时间隔 $\mathrm{d}\tau$，或者说，在上述四个量上乘以 $\mathrm{d}t/\mathrm{d}\tau=\gamma$：

$$\begin{cases}F_x=f_x\dfrac{\mathrm{d}t}{\mathrm{d}\tau}=\gamma f_x,\\ F_y=f_y\dfrac{\mathrm{d}t}{\mathrm{d}\tau}=\gamma f_y,\\ F_z=f_z\dfrac{\mathrm{d}t}{\mathrm{d}\tau}=\gamma f_z,\\ F_t=\dfrac{\mathrm{i}}{c}P\dfrac{\mathrm{d}t}{\mathrm{d}\tau}=\dfrac{\mathrm{i}}{c}\gamma P.\end{cases}$$

就变成四维矢量了，它应服从洛伦兹变换：

$$\begin{cases}F'_x=\gamma(F_x+\mathrm{i}\beta F_t),\\ F'_y=F_y,\\ F'_z=F_z,\\ F'_t=\gamma(F_t-\mathrm{i}\beta F_x).\end{cases}\qquad \begin{cases}F_x=\gamma(F'_x-\mathrm{i}\beta F'_t),\\ F_y=F'_y,\\ F_z=F'_z,\\ F_t=\gamma(F'_t+\mathrm{i}\beta F'_x).\end{cases}\tag{3.49}$$

---

[1] 参见 J.D.Jackson，Classical Electrodynamics，2nd Ed.，John Wiley & Sons，Inc.，p.548；中译本：J.D.杰克逊著，朱培豫译.经典电动力学.北京：人民教育出版社，1980，下册 95－96.

在电磁学里电荷 $q$ 受洛伦兹力和功率的公式为

$$\begin{cases} f_x = q(E_x + v_y B_z - v_z B_y), \\ f_y = q(E_y + v_z B_x - v_x B_z), \\ f_z = q(E_z + v_x B_y - v_y B_x), \\ \dfrac{\mathrm{i}}{c}P = \dfrac{\mathrm{i}q}{c}(v_x E_x + v_y E_y + v_z E_z). \end{cases} \tag{3.50}$$

乘以 $\mathrm{d}t/\mathrm{d}\tau$，得

$$\begin{cases} F_x = q\left(\dfrac{-\mathrm{i}}{c}u_t E_x + u_y B_z - u_z B_y\right), \\ F_y = q\left(\dfrac{-\mathrm{i}}{c}u_t E_y + u_z B_x - u_x B_z\right), \\ F_z = q\left(\dfrac{-\mathrm{i}}{c}u_t E_z + u_x B_y - u_y B_x\right), \\ F_t = \dfrac{\mathrm{i}q}{c}(u_x E_x + u_y E_y + u_z E_z). \end{cases} \tag{3.51}$$

洛伦兹力公式的洛伦兹协变性要求，从惯性系 K 变到惯性系 K′，上式具有的形式应为

$$\begin{cases} F'_x = q\left(\dfrac{-\mathrm{i}}{c}u'_t E'_x + u'_y B'_z - u'_z B'_y\right), \\ F'_y = q\left(\dfrac{-\mathrm{i}}{c}u'_t E'_y + u'_z B'_x - u'_x B'_z\right), \\ F'_z = q\left(\dfrac{-\mathrm{i}}{c}u'_t E'_z + u'_x B'_y - u'_y B'_x\right), \\ F'_t = \dfrac{\mathrm{i}q}{c}(u'_x E'_x + u'_y E'_y + u'_z E'_z). \end{cases} \tag{3.52}$$

注意，由于 $q = q'$，上式里不去区分它们。

相对论力学要求：在不同惯性系之间转换时，上式中 $(F_x, F_y, F_z, F_t) \to (F'_x, F'_y, F'_z, F'_t)$ 和 $(u_x, u_y, u_z, u_t) \to (u'_x, u'_y, u'_z, u'_t)$ 服从洛伦兹变换(3.49)式和(3.47)式，以此为出发点，我们看电场强度 $(E_x, E_y, E_z)$ 和磁感应强度 $(B_x, B_y, B_z)$ 应服从怎样的变换关系。

利用 K 系到 K′ 系的洛伦兹变换，

$$F'_x = \gamma(F_x + \mathrm{i}\beta F_t) = \gamma\left[\begin{array}{l} q\left(\dfrac{-\mathrm{i}}{c}u_t E_x + u_y B_z - u_z B_y\right) \\ +\mathrm{i}\beta\dfrac{\mathrm{i}q}{c}\left(u_x E_x + u_y E_y + u_z E_z\right) \end{array}\right].$$

把上式中的 $u_x, u_y, u_z, u_t$ 作洛伦兹逆变换，得

$$\begin{aligned} F'_x &= \gamma\left\{\begin{array}{l} q\left[\dfrac{-\mathrm{i}\gamma}{c}(u'_t + \mathrm{i}\beta u'_x)E_x + u'_y B_z - u'_z B_y\right] \\ +\mathrm{i}\beta\dfrac{\mathrm{i}q}{c}[\gamma(u'_x - \mathrm{i}\beta u'_t)E_x + u'_y E_y + u'_z E_z] \end{array}\right\} \\ &= \frac{-\mathrm{i}q\gamma^2}{c}(1-\beta^2)E_x u'_t - q\gamma\left(B_y + \frac{\beta}{c}E_z\right)u'_z + q\gamma\left(B_z - \frac{\beta}{c}E_y\right)u'_y. \end{aligned} \tag{3.53}$$

由于以上各式对任意速度成立，令(3.52)式里的第一式与(3.53)式中含 $u'_y$、$u'_z$、$u'_t$ 各项的系数分别相等，我们得到

$$B'_z = \gamma\left(B_z - \frac{\beta}{c}E_y\right),$$

$$B'_y = \gamma\left(B_y + \frac{\beta}{c}E_z\right),$$

$$E'_x = E_x.$$

将上述推导运用到 $F'_y$、$F'_z$ 等其他分量,我们可以得到电磁场其余分量的变换式。这些工作留给读者自己去练习,下面我们径直给出最后的结果。

$$\begin{cases}E'_x=E_x,\\E'_y=\gamma(E_y-VB_z),\\E'_z=\gamma(E_z+VB_y).\end{cases}\quad\begin{cases}B'_x=B_x,\\B'_y=\gamma\left(B_y+\dfrac{V}{c^2}E_z\right),\\B'_z=\gamma\left(B_z-\dfrac{V}{c^2}E_y\right).\end{cases}\tag{3.54}$$

式中 $\gamma=1/\sqrt{1-\beta^2}$,$\beta=V/c$,$V$ 是 K′ 系相对于 K 系的速度。上式的逆变换为

$$\begin{cases}E_x=E'_x,\\E_y=\gamma(E'_y+VB'_z),\\E_z=\gamma(E'_z-VB'_y).\end{cases}\quad\begin{cases}B_x=B'_x,\\B_y=\gamma\left(B'_y-\dfrac{V}{c^2}E'_z\right),\\B_z=\gamma\left(B'_z+\dfrac{V}{c^2}E'_y\right).\end{cases}\tag{3.55}$$

**例题 5** 从电磁场参考系变换的角度,分析并比较图 3-29 所示的磁铁与线圈相对运动时产生的电磁感应现象。在该图中磁铁沿圆形线圈的轴线放置,它们的相对运动也在此方向上。

**解:** (a)K 系(图 3-29a):磁铁静止,线圈以速度 $\boldsymbol{V}$ 沿 $x$ 方向运动。

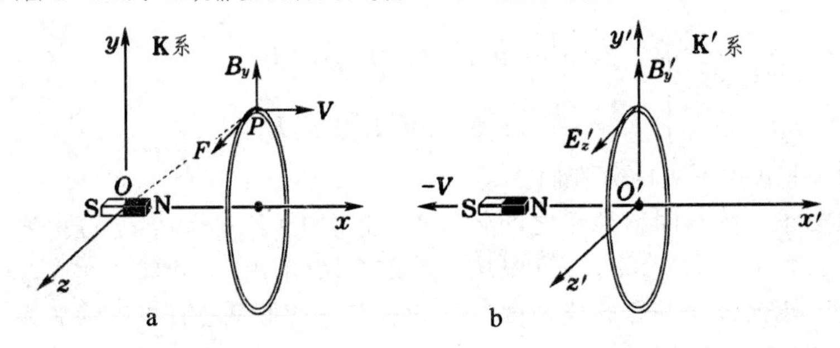


图 3-29 例题 5—— 磁铁与线圈电磁感应现象的相对论分析

在此参考系中看,线圈因切割磁感应线而在其中产生动生电动势,此电动势是由洛伦兹力引起的。现计算磁铁在线圈中某点 $P$ 产生的磁感应强度。为了方便,将 $P$ 点取在 $y$ 轴上,圆周上其他点的情况可由轴对称性推得。由于切割磁感应线的速度 $\boldsymbol{V}$ 沿 $x$ 方向,只有磁感应强度的 $y$ 分量 $B_y$ 对洛伦兹力有贡献。将坐标原点取在磁铁中心,把它看成磁偶极子,按照第二章例题 1 的结果,它在 $P(x,y)$ 点产生的磁场强度的 $y$ 分量为

$$H_y=\frac{1}{4\pi\mu_0}\frac{3p_m xy}{(x^2+y^2)^{5/2}},\qquad B_y=\mu_0H_y=\frac{1}{4\pi}\frac{3p_m xy}{(x^2+y^2)^{5/2}}.$$

在 $P$ 点对单位正电荷产生的洛伦兹力为

$$K=F/(-e)=VB_y.$$

$K$ 沿 $z$ 方向,即线圈在该点的切线方向。由于轴对称性,在线圈圆周上每点的 $K$ 大小一样,方向都沿该点的切线,所以电动势就等于 $K$ 乘以圆周长 $2\pi R$:

$$\mathscr{E}=2\pi RK=2\pi RVB_y.\tag{a}$$

(b)K′ 系(图 3-29b):线圈静止。K′ 系相对于 K 系以速度 $\boldsymbol{V}$ 沿 $x$ 方向运动。

在此参考系中看,线圈在变化的磁场中产生感生电动势,此电动势是由涡旋电场 $\boldsymbol{E}'$ 引起的。现通过参考系变换计算线圈中 $P$ 点的涡旋电场。因 $P$ 点取在 $y$ 轴上,在圆周上此点的切线沿 $z$ 方向,只有涡旋电场的 $z$ 分量 $E'_z$ 对感生电动势有贡献。利用(3.54)式,取其中 $E_z=0$(在磁铁静止的 K 系里没有电场),

$$E'_z=\gamma VB_y,$$

$E'_z$ 就是产生感生电动势的非静电力 $K$. 由于轴对称性，在线圈圆周上每点的 $K$ 大小相等，方向都沿该点的切线，所以电动势就等于 $K$ 乘以圆周长 $2\pi R$：

$$\mathscr{E} = 2\pi RK = 2\pi R\gamma VB_y. \tag{b}$$

(a)、(b) 两式差了一个因子 $\gamma = 1/\sqrt{1-(V/c)^2}$，这是因为(a) 式中计算的不是线圈固有参考系里的洛伦兹力，如果变换到固有参考系，还需乘上一个因子 $\mathrm{d}t/\mathrm{d}\tau = \gamma$. 这样一来，结果就和(b) 式一样了。▌

**例题 6** 如图 3-30 所示，均匀电场 $\boldsymbol{E}$ 沿 $+y$ 方向，均匀磁场 $\boldsymbol{B}$ 沿 $+z$ 方向 ($E \ll cB$)，带电粒子在其中沿什么形状的轨迹运动？已知粒子的初速度 $v_0$(a) 等于 0，(b) 沿 $+x$ 方向，(c) 沿 $-x$ 方向 (设 $v_0 < E/B$)。

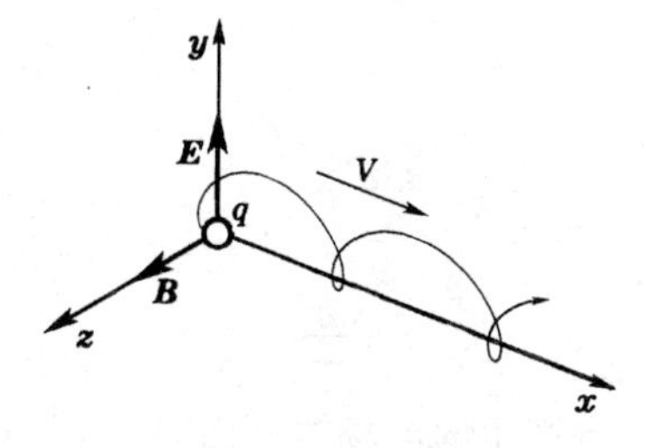


图 3-30 例题 6—— 正交电磁场中带电粒子的运动

**解：** 令本题的参考系为 K，取 K′ 系相对于 K 系以速度 $V$ 沿 $x$ 方向运动。在 K 系中 $E_x = E_z = 0$，$E_y = E$；$B_x = B_y = 0$，$B_z = B$. 利用电磁场的变换公式(3.55)，在 K′ 系中电磁场的分量为

$$\begin{cases} E'_x = E'_z = 0,\ E'_y = \gamma(E - VB); \\ B'_x = B'_y = 0,\ B'_z = -\gamma(B - VE/c^2). \end{cases}$$

式中 $\gamma = 1/\sqrt{1-V^2/c^2}$. 取 $V = E/B (\ll c)$，则 $\gamma \approx 1$，$E'_y = 0$，$VE/c^2 \ll B$，$B'_z \approx B$. 亦即，在 K′ 系中只有沿 $z'$ 方向的均匀磁场 $B$，没有电场。若带电粒子没有 $z'$ 分量的初速度，它将在 $x'y'$ 平面内作匀速圆周运动。变换到 K 系，粒子的运动是圆周运动与沿 $x$ 方向的平动的合成，其轨迹如图 3-30 所示，这样的曲线数学中叫做**摆线**(cycloid)。

设粒子带正电，它在 $x'y'$ 面内作逆时针圆周运动，其速度分量的表达式可写为

$$\begin{cases} v'_x = v\sin(-\omega t' + \varphi), \\ v'_y = -v\cos(-\omega t' + \varphi), \end{cases}$$

其中 $\omega = qB/m$，$v$ 和 $\varphi$ 取决于初始条件。因 $V \ll c$，变回 K 系时，时间和速度的变换可近似用伽利略变换，即 $t = t'$，

$$\begin{cases} v_x = v'_x + V = v\sin(-\omega t + \varphi) + V, \\ v_y = v'_y = -v\cos(-\omega t + \varphi). \end{cases}$$

现在考虑初始条件：

(a) $t = 0$ 时 $v_x = v\sin\varphi + V = 0$，$v_y = -v\cos\varphi = 0$，由此得 $\varphi = -\pi/2$，$v = V$，这时圆周的半径 $R_0 = mV/qB$，粒子的轨迹是普通的摆线，它相当于滚动的轮子边缘上一点的轨迹(见图 3-31a)。

a 摆 线

b 内摆线

c 外摆线

图 3-31 正交电磁场中粒子运动的轨迹

(b) $t = 0$ 时 $v_x = v\sin\varphi + V = v_0$，$v_y = -v\cos\varphi = 0$，由此得 $\varphi = -\pi/2$，$v = V - v_0 < V$，圆周的半径 $R = m(V - v_0)/qB < R_0$，粒子的轨迹是内摆线(hypocycloid)，它相当于滚动的轮子边缘内一点的轨迹(见图 3-31b)。

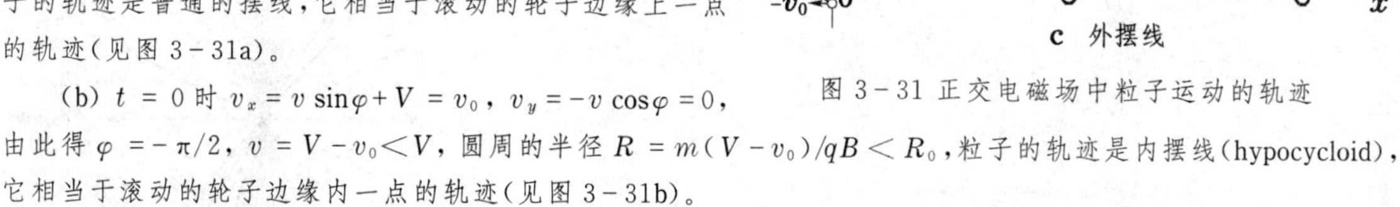

(c) $t = 0$ 时 $v_x = v\sin\varphi + V = -v_0$，$v_y = -v\cos\varphi = 0$，由此得 $\varphi = -\pi/2$，$v = V + v_0 > V$，圆周的半径 $R = m(V + v_0)/qB > R_0$，粒子的轨迹是外摆线(epicycloid)，它相当于滚动的轮子边缘外一点的轨迹(见图 3-31c)。▌

从上题我们看到，无论在垂直于磁场平面内的初始速度方向如何，加了正交电场后，在磁场中圆周运动的中心(叫做“引导中心”)都沿 $\boldsymbol{E} \times \boldsymbol{B}$ 方向漂移，漂移的速度为 $V = E/B$.

从上题我们还看到，在速度远小于光速的情况下，力学量的洛伦兹变换可用伽利略变换代替，但无论速度多么小，电磁场的变换必须用相对论变换。

### 4.5 运动点电荷的电场

下面，我们根据电磁场的变换公式导出作匀速运动的点电荷产生的电场，考查它与静电场有

什么异同。

如图 3-32b 所示，考虑一个电量为 $q$ 的点电荷静止地置于参考系 K′ 的坐标原点。它所产生的电场是静电场，遵从库仑定律

$$\boldsymbol{E}'=\frac{1}{4\pi\varepsilon_0}\frac{q\hat{\boldsymbol{r}}'}{r'^2},$$

其分量为

$$\begin{cases}E'_x=\dfrac{1}{4\pi\varepsilon_0}\dfrac{qx'}{r'^3},\\ E'_y=\dfrac{1}{4\pi\varepsilon_0}\dfrac{qy'}{r'^3},\\ E'_z=\dfrac{1}{4\pi\varepsilon_0}\dfrac{qz'}{r'^3}.\end{cases}\tag{3.56}$$

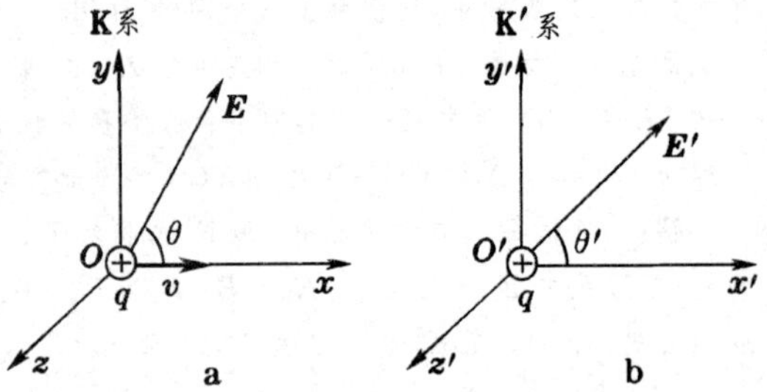

式中 $r'=\sqrt{x'^2+y'^2+z'^2}$. 静止点电荷在空间任意点产生的电场方向沿径矢，且场强的大小呈球对称分布。K′ 系中不存在磁场，即


图 3-32 不同参考系中点电荷的电场

$$B'_x=B'_y=B'_z=0.\tag{3.57}$$

现在设参考系 K′ 相对于 K 系沿 $x$ 的正向以速度 $v$ 运动。在 K 系看来，点电荷以速度 $v$ 沿 $x$ 的正向运动，如图 3-32a 所示。在 K 系中的电场 $\boldsymbol{E}$ 就是待求的运动电荷的电场。

根据电磁场变换公式(3.55) 式，得

$$E_x=E'_x,\quad E_y=\gamma E'_y,\quad E_z=\gamma E'_z.\tag{3.58}$$

代入(3.56) 式，利用(3.44) 式把场分量用 K 系中的时空坐标表示出来，

$$\begin{cases}E_x=\dfrac{1}{4\pi\varepsilon_0}\dfrac{qx'}{r'^3}=\dfrac{1}{4\pi\varepsilon_0}\dfrac{q\gamma(x-vt)}{[\gamma^2(x-vt)^2+y^2+z^2]^{3/2}},\\ E_y=\dfrac{1}{4\pi\varepsilon_0}\dfrac{\gamma qy'}{r'^3}=\dfrac{1}{4\pi\varepsilon_0}\dfrac{q\gamma y}{[\gamma^2(x-vt)^2+y^2+z^2]^{3/2}},\\ E_z=\dfrac{1}{4\pi\varepsilon_0}\dfrac{\gamma qz'}{r'^3}=\dfrac{1}{4\pi\varepsilon_0}\dfrac{q\gamma z}{[\gamma^2(x-vt)^2+y^2+z^2]^{3/2}}.\end{cases}\tag{3.59}$$

可以看出，在 K 系看来，随着电荷的运动，空间的电场是随时间变化的。考虑 $t=0$ 时刻，电荷的位置恰好在 K 系的坐标原点，空间的电场为

$$\begin{cases}E_x=\dfrac{1}{4\pi\varepsilon_0}\dfrac{q\gamma x}{(\gamma^2x^2+y^2+z^2)^{3/2}},\\ E_y=\dfrac{1}{4\pi\varepsilon_0}\dfrac{q\gamma y}{(\gamma^2x^2+y^2+z^2)^{3/2}},\\ E_z=\dfrac{1}{4\pi\varepsilon_0}\dfrac{q\gamma z}{(\gamma^2x^2+y^2+z^2)^{3/2}}.\end{cases}\tag{3.60}$$

图 3-33 运动电荷的电场线分布

可以看出

$$E_x:E_y:E_z=x:y:z,$$

这就告诉我们，电场强度 $\boldsymbol{E}$ 与坐标轴之间的夹角等于径矢与坐标轴之间的夹角，即电场强度 $\boldsymbol{E}$ 的方向沿着以点电荷的瞬时位

置为起点的径矢方向。❶

为了确定场强大小的分布，让我们先计算 $E^2$：

$$E^2=E_x^2+E_y^2+E_z^2=\frac{1}{(4\pi\varepsilon_0)^2}\frac{q^2\gamma^2(x^2+y^2+z^2)}{(\gamma^2x^2+y^2+z^2)^3}=\frac{1}{(4\pi\varepsilon_0)^2}\frac{q^2(1-\beta^2)^2}{(x^2+y^2+z^2)\left[1-\frac{\beta^2(y^2+z^2)}{x^2+y^2+z^2}\right]^3},$$

所以

$$E=\frac{1}{4\pi\varepsilon_0}\cdot\frac{q}{r^2}\cdot\frac{1-\beta^2}{(1-\beta^2\sin^2\theta)^{3/2}},\tag{3.61}$$

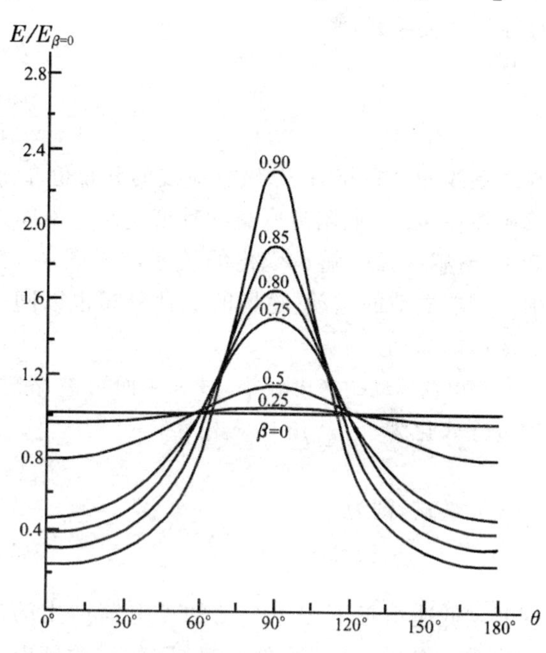

图 3—34 运动电荷的电场强度与 $\theta$、$\beta$ 的关系

式中 $r=\sqrt{x^2+y^2+z^2}$，$\beta=v/c$，$\theta$ 为径矢与速度 $\boldsymbol{v}$ 之间的夹角。此结果表明，场强的大小除了与 $r$ 的平方成反比，还依赖于径矢与运动方向之间的夹角 $\theta$ 以及电荷的运动速率 $v$. 场强的大小不是各向均匀的，而是在 $yz$ 平面附近电场线较为密集，图 3-33 中画出在 $xy$ 平面内的电场线分布。不同速度下，电场强度的大小随 $\theta$ 变化的情形示于图 3-34 中。随着电荷的运动，电场的这种分布以同一速度向前运动。当电荷的速度较小，$\beta\ll 1$ 而可忽略时，电场近似为库仑场，即它对于点电荷呈近似球对称分布，电场缓慢地以速度 $v$ 沿 $x$ 方向移动。电荷的速度越大，电场线在 $yz$ 平面附近密集的程度越高。在 $\beta\approx 1$，$\gamma\gg 1$ 的极端相对论性情形下，极强的电场局限在 $yz$ 平面内，运动电荷携带着这样的电场高速运动。

### 4.6 运动点电荷的磁场

根据电磁场变换公式(3.55)式，可得点电荷匀速运动情形下空间的磁感应强度为

$$\begin{cases}B_x=0,\\ B_y=-\gamma\dfrac{v}{c^2}E'_z=-\dfrac{v}{c^2}E_z,\\ B_z=\gamma\dfrac{v}{c^2}E'_y=\dfrac{v}{c^2}E_y.\end{cases}$$

写成矢量式，则为

$$\boldsymbol{B}=\frac{1}{c^2}\,\boldsymbol{v}\times\boldsymbol{E}.\tag{3.62}$$

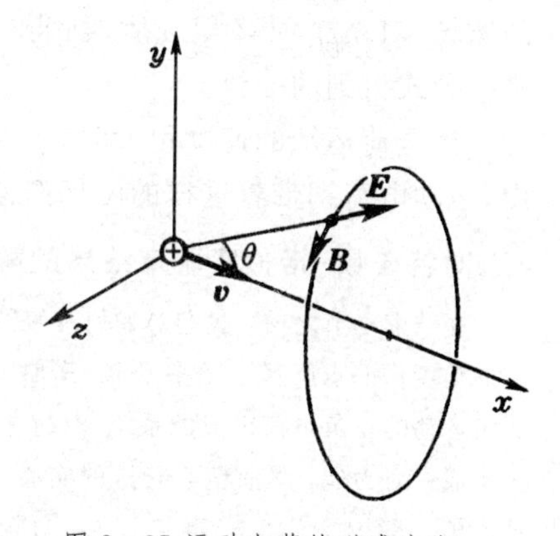

图 3-35 运动电荷的磁感应线

(3.62)式告诉我们，在点电荷匀速运动情形下，空间的磁场也是随时间变化的，它总垂直于 $\boldsymbol{v}$ 与 $\boldsymbol{E}$ 所决定的平面。磁感

❶ 这里应该注意，(3.60)式只是把 $t=0$ 时刻空间的电场与该时刻电荷的位置联系起来，并不意味着 $t=0$ 时刻的电场是由该时刻处于坐标原点的电荷“产生”的。否则的话，则是一种瞬时的超距作用观点，而超距作用观点与相对论是根本不相容的，因为相对论认为任何物理作用的传播速度不可能超过真空中的光速。

应线是一些以电荷运动轨迹为轴的同心圆，如图 3-35 所示。

当 $t=0$ 时刻点电荷恰处于 K 系的坐标原点时，磁感应强应的大小为

$$B=\frac{1}{4\pi\varepsilon_0 c^2}\frac{qv(1-\beta^2)\sin\theta}{r^2(1-\beta^2\sin^2\theta)^{3/2}}.$$

电场与磁场是相互联系的，真空介电常数 $\varepsilon_0$ 与真空磁导率 $\mu_0$ 有一定关系。可以证明，二者之间存在下列关系式：[1]

$$\varepsilon_0\mu_0=\frac{1}{c^2}. \tag{3.63}$$

于是

$$B=\frac{\mu_0}{4\pi}\frac{qv(1-\beta^2)\sin\theta}{r^2(1-\beta^2\sin^2\theta)^{3/2}}. \tag{3.64}$$

与电场线的分布相对应，磁感应线的分布也在 $yz$ 平面附近较为密集。电荷的运动速度越大，磁感应线在 $yz$ 平面附近密集的程度越高。不同速度下，磁感应强度随 $\theta$ 变化的关系示于图 3-36 中。随着电荷的运动，磁场的这种分布也以同一速度向前运动。

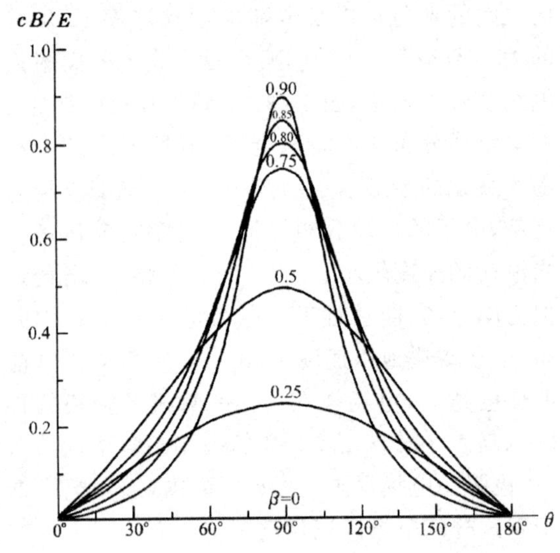


图 3-36 运动电荷的磁感应强度与 $\theta$、$\beta$ 的关系

当电荷运动的速度较小，$\beta\ll 1$ 而可忽略时，(3.64) 式化为

$$B=\frac{\mu_0}{4\pi}\frac{qv\sin\theta}{r^2}.$$

写成矢量式，则为

$$\boldsymbol{B}=\frac{\mu_0}{4\pi}\frac{q\boldsymbol{v}\times\hat{\boldsymbol{r}}}{r^2}. \tag{3.65}$$

这就是低速情形下匀速运动的点电荷产生的磁场公式。作 $q\boldsymbol{v}\to I\mathrm{d}\boldsymbol{l}$ 的代换，它就过渡到电流元产生的磁场公式(2.26)。因此，毕奥-萨伐尔公式是低速下的近似公式。不过如果求闭合回路的磁场，对整个回路积分后，所得的结果与从严格的公式得到的一致。

当电荷运动的速度很大时，$\beta\approx 1$，$\gamma\gg 1$，属极端相对论情形，极强的磁场局限在 $yz$ 平面内，运动电荷携带着这样的磁场高速运动。

### 4.7 对特鲁顿—诺伯实验零结果的解释

在结束本节之前，我们对如何理解特鲁顿-诺伯实验的零结果，从相对论的角度作一点解释。在特鲁顿-诺伯实验中，如图 3-37 所示，在 K 系中一对运动的正负电荷组成的系统，电荷之间的电磁相互作用 $\boldsymbol{F}=\boldsymbol{F}_e+\boldsymbol{F}_m$ 确实构成一对力偶，然而精心安排的实验，结果却丝毫没有显示出系统的转动迹象。这是为什么？事实上在特鲁顿-诺伯实验中并非孤立地只有一对正负电荷，为了保持正负电荷之间的距离不变，且能维持系统以恒定的速 $\boldsymbol{v}$ 平动，在充电电容器的极板之间联有弹性绝缘杆，在正负电荷静止的 K′ 系中，电荷之间的静电力由绝缘杆给出的弹性机械力所平衡。这一弹

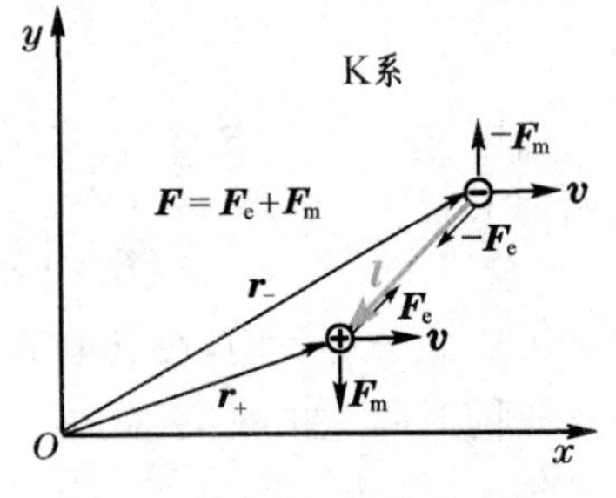


图 3-37 特鲁顿-诺伯实验中的力矩和角动量

[1] 参见第六章 2.2、2.3 和 7.3 节。

性机械力与静电力按相同的方式参与参考系之间的变换，因此变换到K系中两者都形成力偶：静电力变换出电磁力偶，机械力变换出弹性力偶。于是在K系中，由于电磁力引起的力偶严格地被机械力偶所平衡，结果在K系中同样不存在使系统转动的力矩。

这一弹性力偶的反作用施加在弹性杆上，为什么不使弹性杆转动？这要用相对论来解释。[1] 作用在弹性杆与正电荷相联一端的力 $\boldsymbol{F}$ 与速度 $\boldsymbol{v}$ 之间的夹角小于 $\pi/2$，该力对杆作正功，功率为 $\boldsymbol{F}\cdot\boldsymbol{v}$；作用在弹性杆与负电荷相联一端的力 $-\boldsymbol{F}$ 与速度 $\boldsymbol{v}$ 之间的夹角大于 $\pi/2$，该力对杆作负功，功率为 $-\boldsymbol{F}\cdot\boldsymbol{v}$. 这表明，单位时间内有 $\boldsymbol{F}\cdot\boldsymbol{v}$ 的能量自正电荷端输入 有相同数量的能量自负电荷端输出。因此沿着弹性杆有从正端到负端能量的持续流动，能流密度为

$$\boldsymbol{S}=-\frac{\boldsymbol{F}\cdot\boldsymbol{v}}{A}\hat{\boldsymbol{l}},$$

式中 $A$ 为杆的横截面积，$\boldsymbol{l}$ 为从负电荷引向正电荷的位矢，$\hat{\boldsymbol{l}}$ 为其单位矢量。按照相对论理论，在杆内存在动量密度

$$\boldsymbol{g}=\frac{\boldsymbol{S}}{c^2}=-\frac{\boldsymbol{F}\cdot\boldsymbol{v}}{c^2A}\hat{\boldsymbol{l}},$$

总动量为

$$\boldsymbol{G}=\boldsymbol{g}Al=\frac{\boldsymbol{S}}{c^2}=-\frac{\boldsymbol{F}\cdot\boldsymbol{v}}{c^2}\boldsymbol{l},$$

从而对坐标原点 $O$ 具有角动量

$$\boldsymbol{J}=\boldsymbol{r}\times\boldsymbol{G}=\boldsymbol{r}\times\frac{\boldsymbol{S}}{c^2}=-\frac{\boldsymbol{F}\cdot\boldsymbol{v}}{c^2}(\boldsymbol{r}\times\boldsymbol{l}),$$

其变化率为

$$\frac{\mathrm{d}\boldsymbol{J}}{\mathrm{d}t}=-\frac{\boldsymbol{F}\cdot\boldsymbol{v}}{c^2}\left(\frac{\mathrm{d}\boldsymbol{r}}{\mathrm{d}t}\times\boldsymbol{l}\right)=-\frac{\boldsymbol{F}\cdot\boldsymbol{v}}{c^2}(\boldsymbol{v}\times\boldsymbol{l}). \tag{3.66}$$

所以这杆虽未转动，却有一个不持续变化的角动量！这是一种相对论效应，在牛顿力学里从来未曾有过。

现在再来看看，这角动量的变化率是否等于弹性杆所受的力矩？杆在正端受力 $\boldsymbol{F}$，负端受力 $-\boldsymbol{F}$，它所受的力矩为

$$\boldsymbol{M}=(\boldsymbol{r}_+-\boldsymbol{r}_-)\times\boldsymbol{F}=\boldsymbol{l}\times\boldsymbol{F}. \tag{3.67}$$

这里 $\boldsymbol{F}=\boldsymbol{F}_e+\boldsymbol{F}_m$，而

$$\boldsymbol{F}_e=-\frac{1}{4\pi\varepsilon_0}\frac{q^2}{l^3}\boldsymbol{l}\,/\!/\,\boldsymbol{l},\quad(\boldsymbol{l}\times\boldsymbol{F}_e=0)$$

$$\boldsymbol{F}_m=q\boldsymbol{v}\times\left[\frac{\mu_0}{4\pi}\frac{(-q)\boldsymbol{v}\times\boldsymbol{l}}{l^3}\right]=-\frac{\mu_0}{4\pi}\frac{q}{l^3}\boldsymbol{v}\times(\boldsymbol{v}\times\boldsymbol{l})\perp\boldsymbol{v},\quad(\boldsymbol{F}_m\cdot\boldsymbol{v}=0)$$

故按(3.66)式

$$\frac{\mathrm{d}\boldsymbol{J}}{\mathrm{d}t}=-\frac{\boldsymbol{F}\cdot\boldsymbol{v}}{c^2}(\boldsymbol{v}\times\boldsymbol{l})=-\frac{\boldsymbol{F}_e\cdot\boldsymbol{v}}{c^2}(\boldsymbol{v}\times\boldsymbol{l})=\frac{q^2}{4\pi\varepsilon_0c^2l^3}(\boldsymbol{l}\cdot\boldsymbol{v})(\boldsymbol{v}\times\boldsymbol{l}). \tag{3.68}$$

按(3.66)式则有

$$\begin{aligned}\boldsymbol{M}&=\boldsymbol{l}\times\boldsymbol{F}=\boldsymbol{l}\times\boldsymbol{F}_m=-\frac{\mu_0}{4\pi}\frac{q}{l^3}\boldsymbol{l}\times[\boldsymbol{v}\times(\boldsymbol{v}\times\boldsymbol{l})]\\&=-\frac{\mu_0}{4\pi}\frac{q}{l^3}\left\{\boldsymbol{v}[\boldsymbol{l}\cdot(\boldsymbol{v}\times\boldsymbol{l})]-(\boldsymbol{v}\times\boldsymbol{l})(\boldsymbol{l}\cdot\boldsymbol{v})\right\}=\frac{\mu_0}{4\pi}\frac{q}{l^3}(\boldsymbol{v}\times\boldsymbol{l})(\boldsymbol{l}\cdot\boldsymbol{v}).\end{aligned} \tag{3.69}$$

比较(3.68)、(3.69)两式可见角动量定理成立：

$$\boldsymbol{M}=\frac{\mathrm{d}\boldsymbol{J}}{\mathrm{d}t}.$$

如果在特鲁顿-诺伯实验中正负电荷间没有弹性杆支撑，它们会不会相对转动？在相对论中加速度的方向并不总与力的方向一致。用加速度的相对论变换可以证明，它们的加速度是沿杆的方向的(见习题 3-24)，亦即两电荷仍没有转动。

## § 5. 互感和自感

### 5.1 互感系数

如图 3-38 所示，当线圈 1 中的电流变化时所激发的变化磁场，会在它邻近的另一线圈 2 中

---

[1] 参见 R.Becker, *Electromagnetic Fields and Interactions*, 2nd Ed., vol. I, Dover Publications, New York, 1964. § 91.

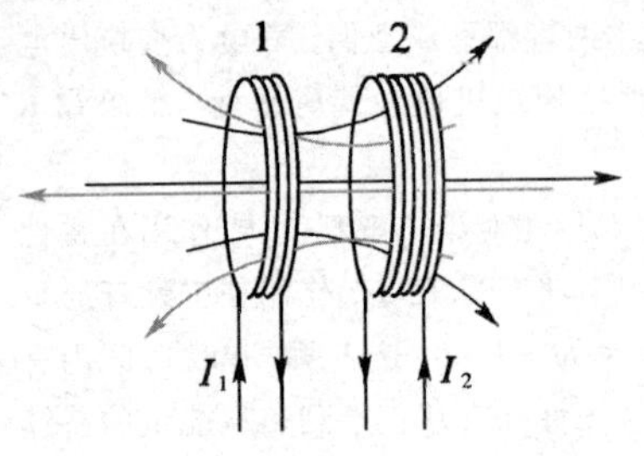


图 3-38 两线圈之间的互感

产生感应电动势；同样，线圈 2 中的电流变化时，也会在线圈 1 中产生感应电动势。这种现象称为**互感现象**，所产生的感应电动势称为**互感电动势**。显然，一个线圈中的互感电动势不仅与另一线圈中电流变化率有关，而且也与两个线圈的结构以及它们之间的相对位置有关。设线圈 1 所激发的磁场通过线圈 2 的磁通匝链数为 $\Psi_{12}$，按照毕奥-萨伐尔定律，$\Psi_{12}$ 与线圈 1 中的电流 $I_1$ 成正比，

$$\Psi_{12}=M_{12}I_1, \tag{3.70}$$

同理，设线圈 2 激发的磁场通过线圈 1 的磁通匝链数为 $\Psi_{21}$，则有

$$\Psi_{21}=M_{21}I_2, \tag{3.71}$$

(3.70) 式和(3.71) 式中的 $M_{12}$ 和 $M_{21}$ 是比例系数，它们由线圈的几何形状、大小、匝数以及线圈之间的相对位置所决定，而与线圈中的电流无关。[1]

当线圈 1 中的电流 $I_1$ 改变时，通过线圈 2 的磁通匝链数将发生变化。按照法拉第定律，在线圈 2 中产生的感应电动势为

$$\mathscr{E}_2=-\frac{\mathrm{d}\Psi_{12}}{\mathrm{d}t}=-M_{12}\frac{\mathrm{d}I_1}{\mathrm{d}t}, \tag{3.72}$$

同理，线圈 2 中的电流 $I_2$ 改变时，在线圈 1 中产生的感应电动势为

$$\mathscr{E}_1=-\frac{\mathrm{d}\Psi_{21}}{\mathrm{d}t}=-M_{21}\frac{\mathrm{d}I_2}{\mathrm{d}t}, \tag{3.73}$$

由此两式可以看出，比例系数 $M_{12}$ 和 $M_{21}$ 越大，则互感电动势越大，互感现象越强。$M_{12}$ 和 $M_{21}$ 称为**互感系数**，简称**互感**。

可以证明，$M_{12}$ 和 $M_{21}$ 是相等的，[2]即

$$M_{12}=M_{21}=\frac{\mu_0}{4\pi}\oint_{(L_1)}\oint_{(L_2)}\frac{\mathrm{d}\boldsymbol{l}_1\cdot\mathrm{d}\boldsymbol{l}_2}{r_{12}}=M, \tag{3.74}$$

从而我们可以不再区分它是哪一个线圈对哪一个线圈的互感系数。

上面的(3.70) 式和(3.71) 式，或者(3.72) 式和(3.73) 式给出互感的两种定义。由(3.72) 式和(3.73) 式定义，两个线圈的互感 $M$，在数值上等于当其中一个线圈中电流变化率为 1 单位时，

---

[1] 这是指不存在铁磁质的情形。若存在铁磁质，比例系数 $M_{12}$ 和 $M_{21}$ 可能与线圈中的电流有关，详见第四章。

[2] 以单匝线圈为例，线圈 1 所激发的磁场通过线圈 2 的磁通量为

$$\Phi_{12}=\oint_{(L_2)}\boldsymbol{A}_1\cdot\mathrm{d}\boldsymbol{l}_2,$$

按(2.56)式

$$\boldsymbol{A}_1=\frac{\mu_0 I_1}{4\pi}\oint_{(L_1)}\frac{\mathrm{d}\boldsymbol{l}_1}{r_{12}},$$

代入上式，得

$$\Phi_{12}=\frac{\mu_0 I_1}{4\pi}\oint_{(L_1)}\oint_{(L_2)}\frac{\mathrm{d}\boldsymbol{l}_1\cdot\mathrm{d}\boldsymbol{l}_2}{r_{12}},$$

于是互感系数

$$M_{12}=\frac{\Phi_{12}}{I_1}=\frac{\mu_0}{4\pi}\oint_{(L_1)}\oint_{(L_2)}\frac{\mathrm{d}\boldsymbol{l}_1\cdot\mathrm{d}\boldsymbol{l}_2}{r_{12}},$$

同理可得 $M_{21}$ 的表达式，它相当于上式右端表达式下标 1、2 对调。上式对下标 1、2 是对称的，故 $M_{21}=M_{12}$.

在另一个线圈中产生的感应电动势。由(3.70)式和(3.71)式定义,两个线圈的互感 $M$,在数值上等于其中一个线圈中的单位电流产生的磁场通过另一个线圈的磁通匝链数。

互感的单位由互感的两种定义规定。在 MKSA 单位制中,互感的单位是 H(亨利)。由(3.70)式或(3.71)式:

$$1\,\mathrm{H}=\frac{1\,\mathrm{Wb}}{1\,\mathrm{A}},$$

按(3.72)式或(3.73)式则有

$$1\,\mathrm{H}=\frac{1\,\mathrm{V}\cdot 1\,\mathrm{s}}{1\,\mathrm{A}},$$

不难验证,两者是一致的。互感的单位有时也用 mH(毫亨)和 $\mu$H(微亨),$1\,\mathrm{mH}=10^{-3}\,\mathrm{H}$,$1\,\mu\mathrm{H}=10^{-6}\,\mathrm{H}$.

**例题 7** 如图 3-39 所示,一长螺线管,其长度 $l=1.0\,\mathrm{m}$,截面积 $S=10\,\mathrm{cm}^2$,匝数 $N_1=1000$,在其中段密绕一个匝数 $N_2=20$ 的短线圈,计算这两个线圈的互感。如果线圈 1 内电流的变化率为 10A/s,则线圈 2 内的感应电动势为多少?

**解:** 设线圈 1 中的电流为 $I_1$,它在线圈的中段产生的磁感应强度为

$$B=\mu_0\frac{N_1 I_1}{l}.$$

通过线圈 2 的磁通匝链数为

$$\Psi_{12}=N_2 BS=\mu_0\frac{N_1 N_2 S}{l}I_1.$$

由(3.70)式得两线圈的互感系数为

$$M=\frac{\Psi_{12}}{I_1}=\mu_0\frac{N_1 N_2 S}{l}.$$

代入数值得

$$M=\frac{4\pi\times10^{-7}\times1000\times20\times10^{-3}}{1.0}\,\mathrm{H}=25\times10^{-6}\,\mathrm{H}=25\,\mu\mathrm{H}.$$

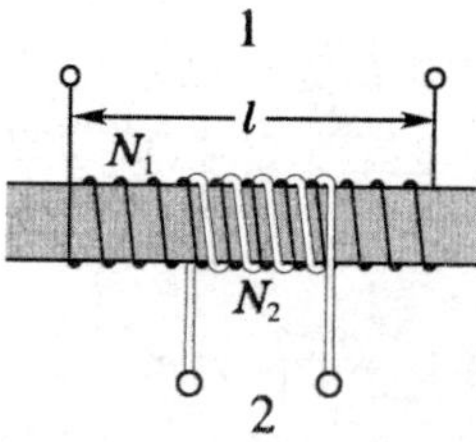

图 3-39 例题 7——长螺线管在短螺线管中产生的互感电动势

当线圈 1 中电流的变化率 $\frac{\mathrm{d}I_1}{\mathrm{d}t}=10\,\mathrm{A/s}$ 时,线圈 2 中的感应电动势为

$$\mathscr{E}=-M\frac{\mathrm{d}I_1}{\mathrm{d}t}=-25\times10^{-6}\,\mathrm{H}\times10\,\mathrm{A/s}=-250\,\mu\mathrm{V}.$$ ▌

互感系数的计算一般都比较复杂,实际中常常采用实验的方法来测定。

互感在电工、无线电技术中应用得很广泛,通过互感线圈能够使能量或信号由一个线圈方便地传递到另一个线圈。电工、无线电技术中使用的各种变压器(电力变压器、中周变压器、输出、输入变压器等等)都是互感器件。

在某些问题中互感常常是有害的,例如,有线电话往往会由于两路电话之间的互感而引起串音,无线电设备中也往往会由于导线间或器件间的互感而妨害正常工作,在这种情况下就需要设法避免互感的干扰。

### 5.2 自感系数

当一线圈中的电流变化时,它所激发的磁场通过线圈自身的磁通量(或磁通匝链数)也在变化,使线圈自身产生感应电动势。这种因线圈中电流变化而在线圈自身所引起的感应现象叫做自感现象,所产生的电动势叫做自感电动势。

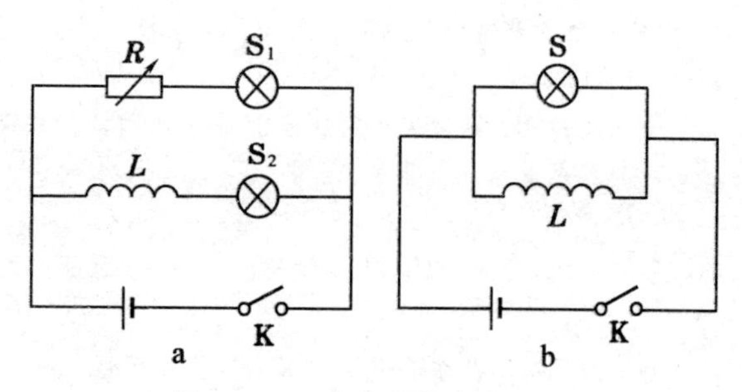

图 3-40 自感现象的演示

自感现象可以通过下述实验来观察。如

图 3-40a 所示的电路中，$S_1$ 和 $S_2$ 是两个相同的灯泡，$L$ 是一个线圈，实验前调节电阻器 $R$ 使它的电阻等于线圈的内阻。当接通开关 K 的瞬间，观察到灯泡 $S_1$ 比 $S_2$ 先亮，过一段时间后两个灯泡才达到同样的亮度。这个实验现象可以解释如下：当接通开关 K 时，电路中的电流由 0 开始增加，在 $S_2$ 支路中，电流的变化使线圈中产生自感电动势，按照楞次定律，自感电动势阻碍电流增加，因此在 $S_2$ 支路中电流的增大要比没有自感线圈的 $S_1$ 支路来得缓慢些。于是灯泡 $S_2$ 也比 $S_1$ 亮得迟缓些。在如图 3-40b 所示的电路中可以观察切断电路时的自感现象。当迅速地把开关 K 断开时，可以看到灯泡并不立即熄灭。这是因为当切断电源时，在线圈中产生感应电动势。这时，虽然电源已切断，但线圈 $L$ 和灯泡 S 组成了闭合回路，感应电动势在这个回路中引起感应电流。为了让演示效果突出，取线圈的内阻比灯泡 S 的电阻小得多，以便使断开之前线圈中原有电流较大，从而使 K 断开的瞬间通过 S 放电的电流较大，结果 S 熄灭前会突然闪亮一下。

下面我们讨论自感现象的规律。我们知道，线圈中的电流所激发的磁感应强度与电流成正比，因此通过线圈的磁通匝链数也正比于线圈中的电流，即

$$\Psi = LI, \tag{3.75}$$

式中 $L$ 为比例系数，与线圈中电流无关，[1]仅由线圈的大小、几何形状以及匝数决定。当线圈中的电流改变时，$\Psi$ 也随之改变，按照法拉第定律，线圈中产生的自感电动势为

$$\mathscr{E} = -L\frac{\mathrm{d}I}{\mathrm{d}t}. \tag{3.76}$$

由此式可以看出，对于相同的电流变化率，比例系数 $L$ 愈大的线圈所产生的自感电动势越大，即自感作用越强。比例系数 $L$ 称为**自感系数**，简称**自感**。分别与(3.75)式和(3.76)式对应，也有自感的两种定义。据(3.75)式，自感在数值上等于线圈中电流为 1 单位时通过线圈自身的磁通匝链数；或者，根据(3.76)式，自感在数值上等于线圈中电流变化率为 1 单位时，在这线圈中产生的感应电动势。

自感系数的单位与互感系数的单位相同，在 MKSA 单位制中也是 H 或 mH、μH 等。当线圈中电流为 1 A，通过线圈自身的磁通匝链数为 1 Wb 时，线圈的自感为 1 H；或者当线圈内电流的变化率为 1 A/s，而在线圈自身引起的感应电动势为 1 V 时，线圈的自感为 1 H.

自感系数的计算方法一般也比较复杂，实际中常常采用实验的方法来测定，简单的情形可以根据毕奥-萨伐尔定律和(3.75)式来计算。

**例题 8** 设有一单层密绕螺线管，长 $l = 50\,\mathrm{cm}$，截面积 $S = 10\,\mathrm{cm}^2$，绕组的总匝数为 $N = 3000$，试求其自感系数。

**解：** 此螺线管的长宽比足够大，在计算中可以把管内的磁场看作是均匀的。当螺线管中通有电流 $I$ 时，管内的磁感应强度为

$$B = \mu_0 nI.$$

式中 $n = N/l$ 是单位长度内的匝数。因此，通过每一匝的磁通量都等于

$$\Phi = BS = \mu_0 nIS.$$

通过螺线管的磁通匝链数为

$$\Psi = N\Phi = \mu_0 nNIS = \mu_0 n^2 lSI = \mu_0 n^2 VI,$$

式中 $V = lS$ 是螺线管的体积。由(3.76)式得

$$L = \frac{\Psi}{I} = \mu_0 n^2 V. \tag{3.77}$$

由此式可以看出，螺线管自感系数 $L$ 正比于它的体积和单位长度内匝数的平方 $n^2$.

将题给的数值代入上式，则得

$$L = \mu_0 n^2 V = \mu_0 N^2 \frac{S}{l} = 12.57\times10^{-7}\times(3000)^2\times\frac{10\times10^{-4}}{0.5}\mathrm{H} = 2.3\times10^{-2}\mathrm{H} = 23\,\mathrm{mH}.$$ ▌

[1] 这是指不存在铁磁质的情形。若存在磁介质，比例系数 $L$ 可能与线圈中的电流有关，详见第四章。

例题 8 计算的结果对于实际的螺线管是近似的，实际测得的自感系数比上述计算结果要小些。这是因为在计算中我们假定整个螺线管中磁场均匀，都等于 $\mu_0 nI$，但在有限长的螺线管中实际上存在着端点效应，两端的磁场只及中间部分磁场的一半，所以实际磁通匝链数要相应地小些。对于较细的螺绕环，由于端点效应可忽略，因此(3.77) 式要精确得多，式中 $n$ 仍是单位长度内的匝数，$V$ 是螺绕环的体积。

**例题 9** 设传输线由两个共轴长圆筒组成，半径分别为 $R_1$、$R_2$，如图 3-41 所示。电流由内筒的一端流入，由外筒的另一端流回。求此传输线一段长度为 $l$ 的自感系数。

**解：** 设电流为 $I$，用安培环路定理不难求出，两筒之间的磁感应强度为

$$B = \frac{\mu_0 I}{2\pi r}.$$

为了计算此传输线长度为 $l$ 的自感系数，只需计算通过图中面积 $ABCD$ 的磁通量 $\Phi$，结果为

$$\Phi = \int B\,\mathrm{d}S = \int_{R1}^{R2} Bl\,\mathrm{d}r = \frac{\mu_0}{2\pi} Il \int_{R1}^{R2} \frac{\mathrm{d}r}{r} = \frac{\mu_0}{2\pi} Il \ln\frac{R_2}{R_1}.$$

因此，其自感系数为

$$L = \frac{\Phi}{I} = \frac{\mu_0}{2\pi} l \ln\frac{R_2}{R_1}. \tag{3.78}$$

此结果可用于同轴电缆。❶ ▌

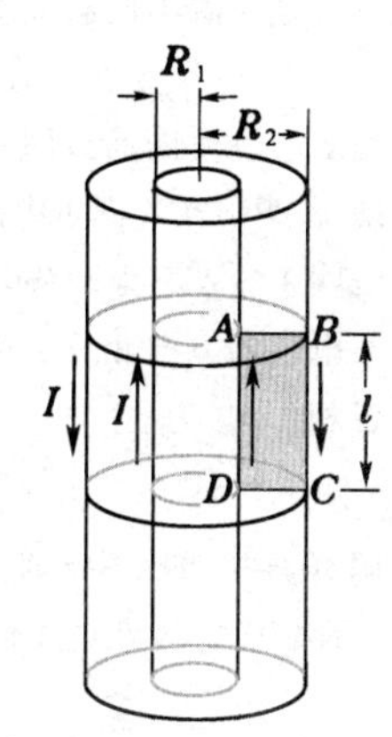

图 3-41 例题 9——同轴线的自感

自感现象在电子、无线电技术中应用也很广泛，利用线圈具有阻碍电流变化的特性，可以稳定电路里的电流；无线电设备中常以它和电容器的组合构成谐振电路或滤波器等。下面在第五章的交流电路部分以及后继课程中还要详细讨论。

在某些情况下发生的自感现象是非常有害的，例如具有大自感线圈的电路断开时，由于电路中的电流变化很快，在电路中会产生很大的自感电动势，以致击穿线圈本身的绝缘保护，或者在电闸断开的间隙中产生强烈的电弧，可能烧坏电闸开关。这些问题在实际中需要设法避免。

两个线圈之间的互感系数与其各自的自感系数有一定的联系。当两个线圈中每一个线圈所产生的磁通量对于每一匝来说都相等，并且全部穿过另一个线圈的每一匝，这种情形叫做*无漏磁*。将两个线圈密排并缠在一起就能做到这一点。在这种情形，互感系数与各自的自感系数之间的关系比较简单。设线圈 1 的匝数为 $N_1$，所产生的磁通量为 $\Phi_1$，线圈 2 的匝数为 $N_2$，所产生的磁通量为 $\Phi_2$。根据(3.70) 式、(3.71) 式和(3.75) 式，

$$M = \frac{N_1\Phi_{21}}{I_2} = \frac{N_2\Phi_{12}}{I_1}, \qquad L_1 = \frac{N_1\Phi_1}{I_1}, \qquad L_2 = \frac{N_2\Phi_2}{I_2}.$$

由于无漏磁，

$$\Phi_{12} = \Phi_1, \qquad \Phi_{21} = \Phi_2,$$

因此

$$M = \frac{N_2\Phi_1}{I_1} \quad 及 \quad M = \frac{N_1\Phi_2}{I_2}.$$

将两式相乘，再将各因子重新排列，得

$$M^2 = \frac{N_2\Phi_1}{I_1} \times \frac{N_1\Phi_2}{I_2} = L_1 L_2.$$

则

$$M = \sqrt{L_1 L_2}. \tag{3.79}$$

在有漏磁情况下，$M$ 要比 $\sqrt{L_1 L_2}$ 小。

---

❶ 同轴电缆是用于高频或超高频技术的传输线，其中心是实心导体圆柱。由于通过的电流的频率较高，趋肤效应(见第六章 5.2 节) 显著，电流实际上沿表面进行，故计算时可用导体圆筒代替圆柱。

### 5.3 两个线圈串联的自感系数

将两个线圈串联起来看作一个线圈,它有一定的总自感。在一般的情形下,总自感的数值并不等于两个线圈各自自感的和,还必须注意到两个线圈之间的互感。如图 3-42a,考虑两个线圈,设线圈 1 的自感为 $L_1$,线圈 2 的自感为 $L_2$,两个线圈的互感为 $M$. 用不同的联接方式把线圈串联起来将有不同的总自感。

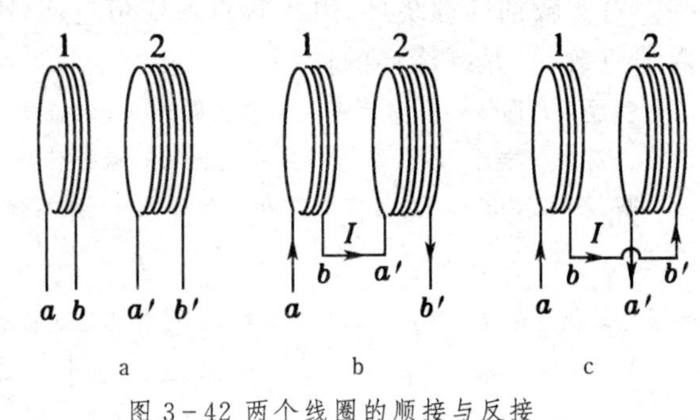


图 3-42 两个线圈的顺接与反接

图 3-42b 表示的是顺接情形,两线圈首尾 $a'$、$b$ 相联。设线圈通以图示的电流 $I$,并且使电流随时间增加,❶则在线圈 1 中产生自感电动势 $\mathscr{E}_1$ 和线圈 2 对线圈 1 的互感电动势 $\mathscr{E}_{21}$. 这两个电动势方向相同,并与电流的方向相反。因此在线圈 1 中的电动势是两者相加的,为

$$\mathscr{E}_1+\mathscr{E}_{21}=-\left(L_1\frac{\mathrm{d}I}{\mathrm{d}t}+M\frac{\mathrm{d}I}{\mathrm{d}t}\right),$$

同样,在线圈 2 中产生自感电动势 $\mathscr{E}_2$ 和线圈 1 对线圈 2 的互感电动势 $\mathscr{E}_{21}$. 这两个电动势方向相同,并与电流的方向相反。因此在线圈 2 中的电动势为

$$\mathscr{E}_2+\mathscr{E}_{12}=-\left(L_2\frac{\mathrm{d}I}{\mathrm{d}t}+M\frac{\mathrm{d}I}{\mathrm{d}t}\right).$$

由于 $\mathscr{E}_1+\mathscr{E}_{21}$ 和 $\mathscr{E}_2+\mathscr{E}_{12}$ 的方向相同,因此在串联线圈中的总感应电动势为

$$\mathscr{E}=\mathscr{E}_1+\mathscr{E}_{21}+\mathscr{E}_2+\mathscr{E}_{12}=-\left(L_1\frac{\mathrm{d}I}{\mathrm{d}t}+L_2\frac{\mathrm{d}I}{\mathrm{d}t}+2M\frac{\mathrm{d}I}{\mathrm{d}t}\right). \tag{3.80}$$

(3.71) 式表明,顺接串联线圈的总自感为

$$L=L_1+L_2+2M. \tag{3.81}$$

图 3-42c 表示反接情形,两线圈尾尾 $b$、$b'$ 相联。当线圈通以图示的电流并且使电流随时间增加,则在线圈 1 中产生的互感电动势 $\mathscr{E}_{21}$ 与自感电动势 $\mathscr{E}_1$ 方向相反,在线圈 2 中产生的互感电动势 $\mathscr{E}_{12}$ 与自感电动势 $\mathscr{E}_2$ 的方向相反。因此,总的感应电动势为

$$\mathscr{E}=\mathscr{E}_1-\mathscr{E}_{21}+\mathscr{E}_2-\mathscr{E}_{12}=-\left(L_1\frac{\mathrm{d}I}{\mathrm{d}t}+L_2\frac{\mathrm{d}I}{\mathrm{d}t}-2M\frac{\mathrm{d}I}{\mathrm{d}t}\right). \tag{3.82}$$

(3.82) 式表明,反接串联线圈的总自感为

$$L=L_1+L_2-2M. \tag{3.83}$$

考虑两个特殊情形。第一,当两个线圈制作或放置使得它们各自产生的磁通量不穿过另一线圈,则两个线圈的互感系数为零。这时串联线圈的自感系数就是两个线圈自感系数之和。

第二,当两无漏磁的线圈顺接时总自感为

$$L=L_1+L_2+2\sqrt{L_1L_2}; \tag{3.84}$$

当它们反接时,总自感为

$$L=L_1+L_2-2\sqrt{L_1L_2}. \tag{3.85}$$

### 5.4 自感磁能和互感磁能

在第一章 §7 中我们曾经讲过,电容器充电后储存一定的能量。当电容器两极板之间电压为 $U$ 时,电容器所储的电能为

$$W_\mathrm{e}=\frac{1}{2}CU^2.$$

$C$ 为电容器的电容。现在我们将指出,一个通电的线圈也会储存一定的能量,其所储的磁能可以通过电流建立过程中抵抗感应电动势作功来计算。

先考虑一个线圈的情形。当线圈与电源接通时,由于自感现象,电路中的电流 $i(t)$ 并不立

---

❶ 推导(3.80)、(3.81)、(3.82)、(3.83) 等式时,假设电流 $I$ 在增加,这是一种分析手段。由于自感系数和互感系数与电流无关,这些公式并不依赖于这个假设,而是普遍成立的。

刻由 0 变到稳定值 $I$,而要经过一段时间。在这段时间内电路中的电流在增大,因而有反方向的自感电动势存在,外电源的电动势 $\mathscr{E}$ 不仅要供给电路中产生焦耳热的能量,而且还要反抗自感电动势 $\mathscr{E}_L$ 作功。下面我们计算在电路中建立电流 $I$ 的过程中,电源的电动势所作的这部分额外的功。在时间 $\mathrm{d}t$ 内,电源的电动势反抗自感电动势所作的功为

$$\mathrm{d}A=-\mathscr{E}_L\, i\,\mathrm{d}t,$$

式中 $i=i(t)$ 为电流的瞬时值,而 $\mathscr{E}_L$ 为

$$\mathscr{E}_L=-L\frac{\mathrm{d}I}{\mathrm{d}t},$$

因而

$$\mathrm{d}A=Li\,\mathrm{d}i.$$

在建立电流的整个过程中,电源的电动势反抗自感电动势所作的功为

$$A=\int\mathrm{d}A=\int_0^I Li\,\mathrm{d}i=\frac{1}{2}LI^2.$$

这部分功以能量的形式储存在线圈内。当切断电源时电流由稳定值 $I$ 减少到 0,线圈中产生与电流方向相同的自感电动势。线圈中原已储存起来的能量通过自感电动势作功全部释放出来。自感电动势在电流减少的整个过程中所作的功是

$$A'=\int\mathscr{E}_L\, i\,\mathrm{d}t=-\int_I^0 Li\,\mathrm{d}i=\frac{1}{2}LI^2.$$

这就表明自感线圈能够储能,在一个自感系数为 $L$ 的线圈中建立强度为 $I$ 的电流,线圈中所储存的能量是

$$W_L=\frac{1}{2}LI^2,\tag{3.86}$$

放电时这部分能量又全部释放出来。这能量称为*自感磁能*。自感磁能的公式与电容器的电能公式在形式上很相似。

下面我们用类似的方法计算互感磁能。若有两个相邻的线圈 1 和 2,在其中分别有电流 $I_1$ 和 $I_2$. 在建立电流的过程中,电源的电动势除了供给线圈中产生焦耳热的能量和抵抗自感电动势作功外,还要抵抗互感电动势作功。在两个线圈建立电流的过程中,抵抗互感电动势所作的总功为

$$\begin{aligned}A&=A_1+A_2=-\int_0^\infty\mathscr{E}_{21}\, i_1\,\mathrm{d}t-\int_0^\infty\mathscr{E}_{12}\, i_2\,\mathrm{d}t\\&=\int_0^\infty\left(M_{21}i_1\frac{\mathrm{d}i_2}{\mathrm{d}t}+M_{12}i_2\frac{\mathrm{d}i_1}{\mathrm{d}t}\right)\mathrm{d}t=M_{12}\int_0^\infty\frac{\mathrm{d}(i_1i_2)}{\mathrm{d}t}\mathrm{d}t\\&=M_{12}\int_0^{I_1I_2}\mathrm{d}(i_1i_2)=M_{12}I_1I_2.\quad(\text{注意: }M_{21}=M_{12})\end{aligned}$$

和自感情形一样,两个线圈中电源抵抗互感电动势所作的这部分额外的功,也以磁能的形式储存起来。一旦电流中止,这部分磁能便通过互感电动势作功全部释放出来。由此可见,当两个线圈中各建立了电流 $I_1$ 和 $I_2$ 后,除了每个线圈里各储有自感磁能 $W_1=\frac{1}{2}L_1I_1{}^2$ 和 $W_2=\frac{1}{2}L_2I_2{}^2$ 外,在它们之间还储有另一部分磁能

$$W_{12}=M_{12}I_1I_2.\tag{3.87}$$

$W_{12}$ 称为线圈 1、2 的*互感磁能*。

应该注意,自感磁能不可能是负的,但互感磁能则不一定,它可能为正,也可能为负。综上所述,两个相邻的载流线圈所储存总磁能为

$$W_{\mathrm{m}}=W_1+W_2+W_{12}=\frac{1}{2}L_1I_1{}^2+\frac{1}{2}L_2I_2{}^2+M_{12}I_1I_2.\tag{3.88}$$

如果写成对称形式，则有

$$W_m = \frac{1}{2}L_1 I_1^2 + \frac{1}{2}L_2 I_2^2 + \frac{1}{2}M_{12} I_1 I_2 + \frac{1}{2}M_{21} I_2 I_1 . \tag{3.89}$$

我们不难将上式推广到 $k$ 个线圈的普遍情形，

$$W_m = \frac{1}{2}\sum_{i=1}^{k} L_i I_i^2 + \frac{1}{2}\sum_{\substack{i=1\\(i\neq j)}}^{k} M_{ij} I_i I_j . \tag{3.90}$$

式中 $L_i$ 为第 $i$ 个线圈的自感系数，$M_{ij}$ 是线圈 $i$、$j$ 之间的互感系数。

## 本章提要

1.电磁感应

(1) 法拉第电磁感应定律 $\mathscr{E}=-\dfrac{\mathrm{d}\Phi}{\mathrm{d}t}$（$\Phi$—— 通过线圈的磁通量），

对于多匝回路　$\mathscr{E}=-\dfrac{\mathrm{d}\Psi}{\mathrm{d}t}$ $\left(\Psi=\sum_i \Phi_i\text{—— 磁通匝链数}\right)$。

(2) 楞次定律：

闭合回路中感应电流的方向，总是使得它所激发的磁场来阻碍引起感应电流的磁通量的变化。感应电流的效果总是反抗引起感应电流的原因。

(3) 微分形式：麦克斯韦涡旋电场假设　$\boldsymbol{E}_{旋}=-\dfrac{\partial \boldsymbol{A}}{\partial t}$.

2.电动势　$\mathscr{E}\equiv\oint_{(L)}\boldsymbol{K}\cdot\mathrm{d}\boldsymbol{l}$　（$\boldsymbol{K}$—— 非静电力）。

电磁感应电动势 $\begin{cases}\text{动生电动势：} K=\boldsymbol{v}\times\boldsymbol{B};\\ \text{感生电动势：} K=\boldsymbol{E}_{旋}.\end{cases}$

3.电磁感应的应用

发电

电子感应加速器

涡流加热

电磁阻尼

电磁驱动

…………

4.互感和自感

(1) 互感系数　$M_{12}=\dfrac{\Psi_{12}}{I_1}$，　$M_{21}=\dfrac{\Psi_{21}}{I_2}$.　($M_{12}=M_{21}$)

互感电动势　$\mathscr{E}_2=-M_{12}\dfrac{\mathrm{d}I_1}{\mathrm{d}t}$，　$\mathscr{E}_1=-M_{21}\dfrac{\mathrm{d}I_2}{\mathrm{d}t}$.

(2) 自感系数　$L=\dfrac{\Psi}{I}$.

自感电动势　$\mathscr{E}=-L\dfrac{\mathrm{d}I}{\mathrm{d}t}$.

(3) 两线圈串联的自感系数 $\begin{cases}\text{顺接}\ L=L_1+L_2+2\sqrt{L_1L_2},\\ \text{反接}\ L=L_1+L_2-2\sqrt{L_1L_2}.\end{cases}$（无漏磁）

(4) 磁能 $\begin{cases}\text{自感磁能}\quad W_L=\dfrac{1}{2}LI^2,\\ \text{互感磁能}\quad W_{12}=M_{12}I_1I_2=M_{21}I_2I_1.\end{cases}$

5.磁场中带电粒子的动量

正则动量 $\boldsymbol{p}=m\boldsymbol{v}+q\boldsymbol{A}$ （$m\boldsymbol{v}$—— 动力动量，$q\boldsymbol{A}$—— 磁势动量）。

广义势 $U-\boldsymbol{v}\cdot\boldsymbol{A}$；

$$\frac{\mathrm{d}}{\mathrm{d}t}(m\boldsymbol{v}+q\boldsymbol{A})=-q\,\nabla(U-\boldsymbol{v}\cdot\boldsymbol{A}).$$

6.相对论电磁学电磁场量的洛伦兹变换式

$$\begin{cases}E'_x=E_x,\\ E'_y=\gamma(E_y-VB_z),\\ E'_z=\gamma(E_z+VB_y).\end{cases}\qquad \begin{cases}B'_x=B_x,\\ B'_y=\gamma\left(B_y+\dfrac{V}{c^2}E_z\right),\\ B'_z=\gamma\left(B_z-\dfrac{V}{c^2}E_y\right).\end{cases}$$

逆变换 $$\begin{cases}E_x=E'_x,\\ E_y=\gamma(E'_y+VB'_z),\\ E_z=\gamma(E'_z-VB'_y).\end{cases}\qquad \begin{cases}B_x=B'_x,\\ B_y=\gamma\left(B'_y-\dfrac{V}{c^2}E'_z\right),\\ B_z=\gamma\left(B'_z+\dfrac{V}{c^2}E'_y\right).\end{cases}$$

K′系相对于K系的速度 $V$ 沿 $x$ 方向，$\gamma=1/\sqrt{1-\beta^2}$，$\beta=V/c$.

7.运动点电荷（运动沿 $x$ 方向）

(1) 电场

$$\begin{cases}E_x=\dfrac{1}{4\pi\varepsilon_0}\dfrac{q\gamma x}{(\gamma^2x^2+y^2+z^2)^{3/2}},\\ E_y=\dfrac{1}{4\pi\varepsilon_0}\dfrac{q\gamma y}{(\gamma^2x^2+y^2+z^2)^{3/2}},\\ E_z=\dfrac{1}{4\pi\varepsilon_0}\dfrac{q\gamma z}{(\gamma^2x^2+y^2+z^2)^{3/2}}.\end{cases}$$

$$E=\frac{1}{4\pi\varepsilon_0}\cdot\frac{q}{r^2}\cdot\frac{1-\beta^2}{(1-\beta^2\sin^2\theta)^{3/2}}.$$

(2) 磁场 $\boldsymbol{B}=\dfrac{1}{c^2}\boldsymbol{v}\times\boldsymbol{E}$， $B=\dfrac{\mu_0}{4\pi}\dfrac{qv(1-\beta^2)\sin\theta}{r^2(1-\beta^2\sin^2\theta)^{3/2}}$.

## 思考题

**3-1**. 一导体圆线圈在均匀磁场中运动，在下列各种情况下哪些会产生感应电流？为什么？

(1) 线圈沿磁场方向平移；

(2) 线圈沿垂直磁场方向平移；

(3) 线圈以自身的直径为轴转动，轴与磁场方向平行；

(4) 线圈以自身的直径为轴转动，轴与磁场方向垂直。

思考题 3-2

**3-2**. 感应电动势的大小由什么因素决定？如本题图，一个矩形线圈在均匀磁场中以匀角速 $\omega$ 旋转，试比较当它转到位置 a 和 b 时感应电动势的大小。

**3-3**. 怎样判断感应电动势的方向？

(1) 判断上题图中感应电动势的方向。

(2) 在本题图所示的变压器（一种有铁芯的互感装置）中，当原线圈的电流减少时，判断副线圈中的感应电动势的方向。

**3-4**. 在本题图中，下列各情况里是否有电流通过电阻器 $R$？ 如果有，电流的方向如何？

(1) 开关 K 接通的瞬时；

(2) 开关 K 接通一些时间之后；

(3) 开关 K 断开的瞬间。

当开关 K 保持接通时，线圈的哪端起磁北极的作用？

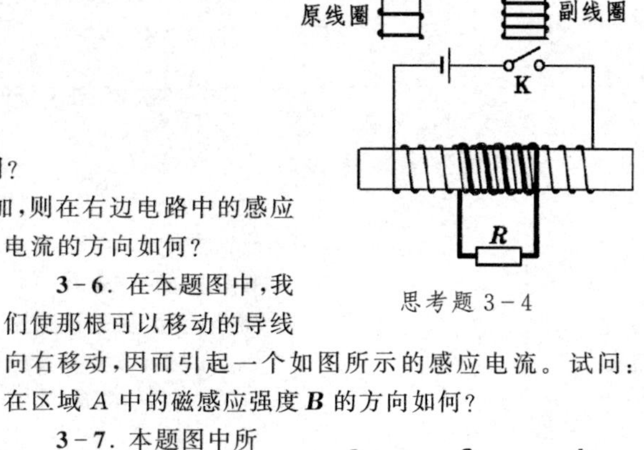


思考题 3-4

**3-5**. 如果我们使本题图左边电路中的电阻 $R$ 增加，则在右边电路中的感应电流的方向如何？

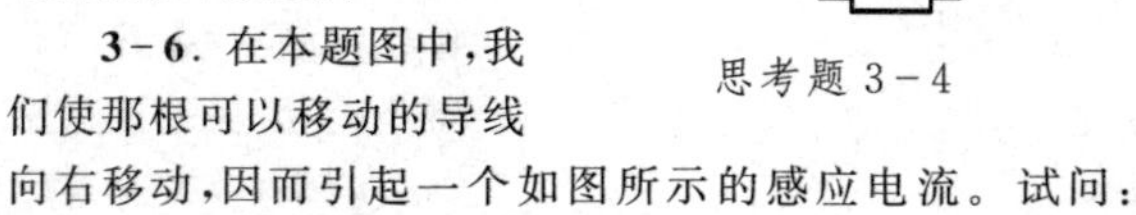

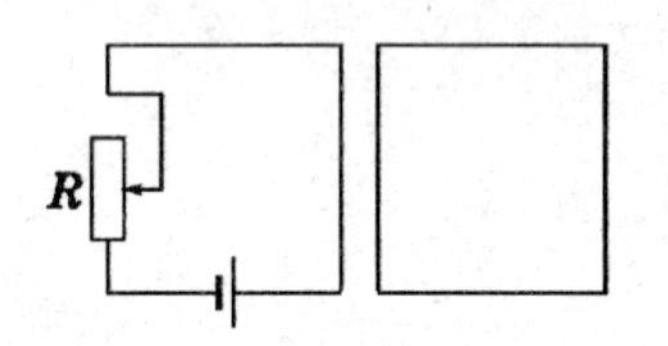


思考题 3-5

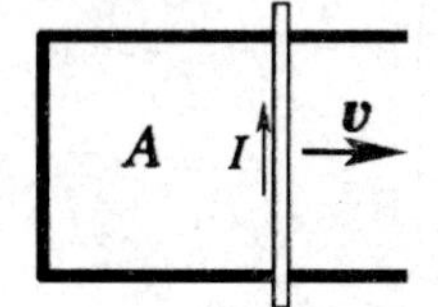


思考题 3-6

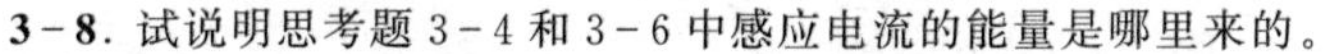

**3-6**. 在本题图中，我们使那根可以移动的导线向右移动，因而引起一个如图所示的感应电流。试问：在区域 $A$ 中的磁感应强度 $\boldsymbol{B}$ 的方向如何？

**3-7**. 本题图中所示为一观察电磁感应现象的装置。左边 a 为闭合导体圆环，右边 b 为有缺口的导体圆环，两环用细杆联接支在 $O$ 点，可绕 $O$ 在水平面内自由转动。用足够强的磁铁的任何一极插入圆环。当插入环 a 时，可观察到环向后退；插入环 b 时，环不动。试解释所观察到的现象。当用 S 极插入环 a 时，环中的感应电流方向如何？

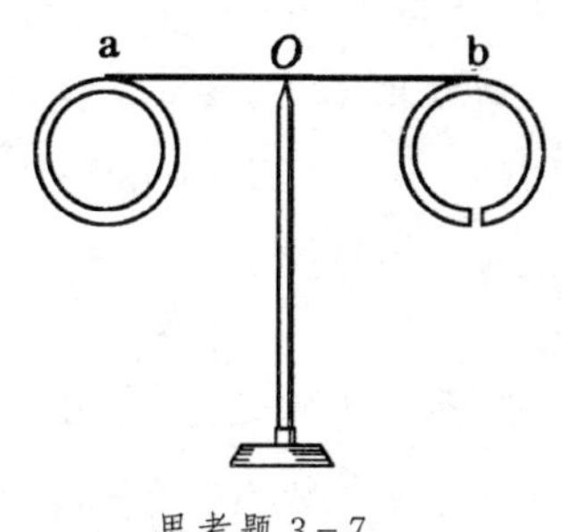


思考题 3-7

**3-8**. 试说明思考题 3-4 和 3-6 中感应电流的能量是哪里来的。

**3-9**. 一块金属在均匀磁场中平移，金属中是否会有涡流？

**3-10**. 一块金属在均匀磁场中旋转，金属中是否会有涡流？

**3-11**. 一段直导线在均匀磁场中作如本题图所示的四种运动。在哪种情况下导线中有感应电动势？为什么？感应电动势的方向是怎样的？

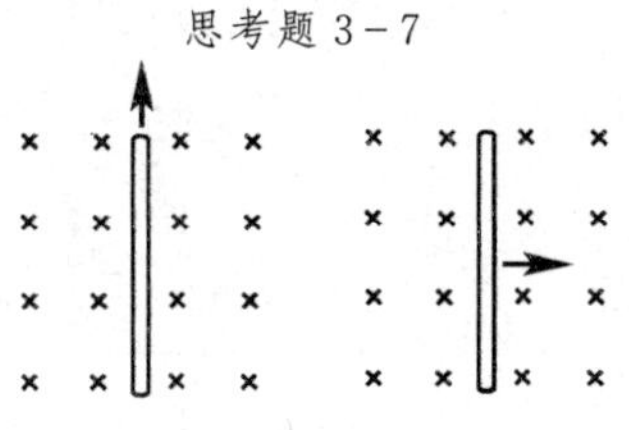

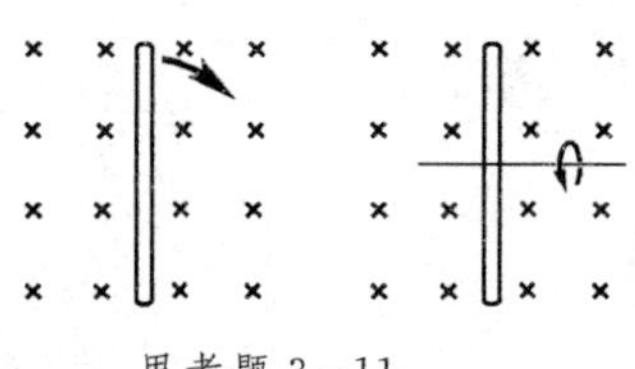

思考题 3-11

**3-12**. 在电子感应加速器中，电子加速所得到的能量是哪里来的？ 试定性解释之。

**3-13**. 运动电荷周围电场的环路积分是否为 0？ 试从电场线图 3-32 分析之。

**3-14**. 如何绕制才能使两个线圈之间的互感最大？

**3-15**. 有两个相隔距离不太远的线圈，如何放置可使其互感系数为零？

**3-16**. 三个线圈中心在一条直线上，相隔的距离都不太远，如何放置可使它们两两之间的互感系数为零？

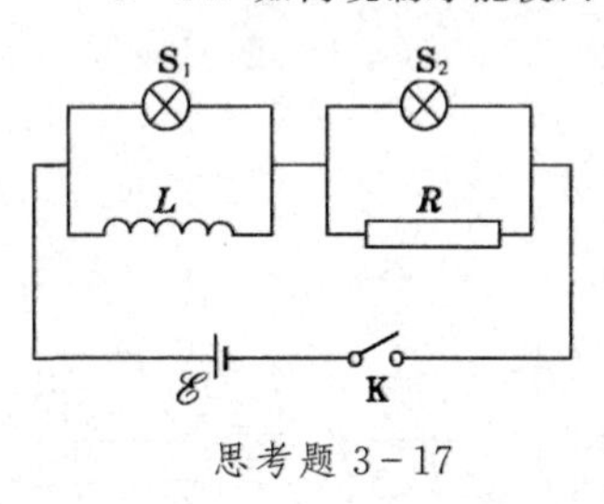


思考题 3-17

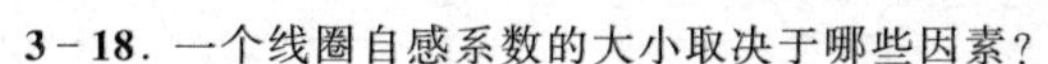

**3-17**. 在如本题图所示的电路中，$S_1$、$S_2$ 是两个相同的小灯泡，$L$ 是一个自感系数相当大的线圈，其电阻数值上与电阻 $R$ 相同。由于存在自感现象，试推想开关 K 接通和断开时，灯泡 $S_1$、$S_2$ 先后亮暗的顺序如何？

**3-18**. 一个线圈自感系数的大小取决于哪些因素？

**3-19**. 用金属丝绕制的标准电阻要求是无自感的，怎样绘制自感系数为零的线圈？

## 习　题

**3-1.** 一横截面积为 $S=20\,\mathrm{cm}^2$ 的空心螺绕环，每厘米长度上绕有50匝，环外绕有5匝的副线圆，副线圈与电流计串联，构成一个电阻为 $R=2.0\,\Omega$ 的闭合回路。今使螺绕环中的电流每秒减少20 A，求副线圈中的感应电动势 $\mathscr{E}$ 和感应电流。

**3-2.** 一正方形线圈每边长100 mm，在地磁场中转动，每秒转30圈，转轴通过中心并与一边平行，且与地磁场 $\boldsymbol{B}$ 垂直。

(1) 线圈法线与地磁场 $\boldsymbol{B}$ 的夹角为什么值时，线圈中产生的感应电动势最大？

(2) 设地磁场的 $B=0.55\,\mathrm{Gs}$，这时要在线圈中最大产生10 mV的感应电动势，求线圈的匝数 $N$.

**3-3.** 如本题图所示，一很长的直导线有交变电流 $i(t)=I_0\sin\omega t$，它旁边有一长方形线圈 $ABCD$，长为 $l$，宽为 $(b-a)$，线圈和导线在同一平面内。求：

(1) 穿过回路 $ABCD$ 的磁通量 $\Phi$；

(2) 回路 $ABCD$ 中的感应电动势 $\mathscr{E}$.

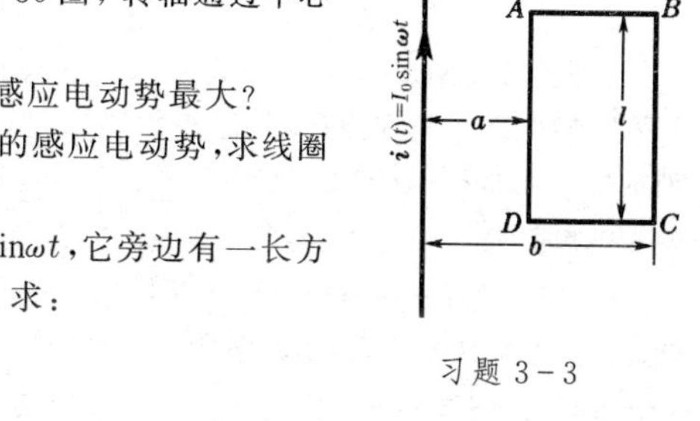


习题 3-3

**3-4.** 一长直导线载有5.0 A的直流电流，旁边有一个与它共面的矩形线圈，长 $l=20\,\mathrm{cm}$，如本题图所示，$a=10\,\mathrm{cm}$，$b=20\,\mathrm{cm}$；线圈共有 $N=1000$ 匝，以 $v=3.0\,\mathrm{m/s}$ 的速度离开直导线。求图示位置的感应电动势的大小和方向。

**3-5.** 如本题图，电流为 $I$ 的长直导线附近有正方形线圈绕中心轴 $\overline{OO'}$ 以匀角速度 $\omega$ 旋转，求线圈中的感应电动势。已知正方形边长为 $2a$，$\overline{OO'}$ 轴与长导线平行，相距为 $b$.

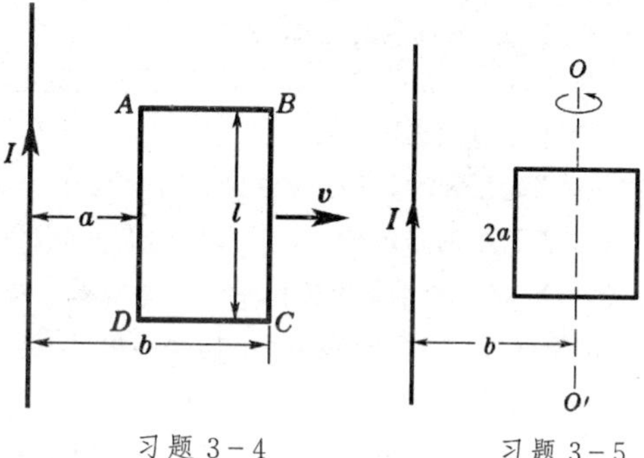


习题 3-4　　习题 3-5

**3-6.** 本题图中导体棒 $AB$ 与金属轨道 $CA$ 和 $DB$ 接触，整个线框放在 $B=0.50\,\mathrm{T}$ 的均匀磁场中，磁场方向与图画垂直。

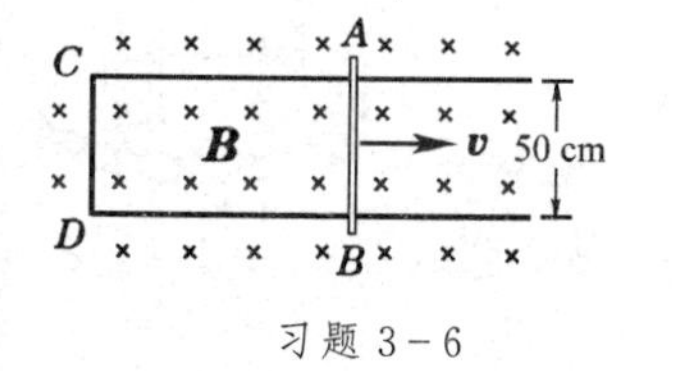


习题 3-6

(1) 若导体棒以4.0 m/s的速度向右运动，求棒内感应电动势的大小和方向；

(2) 若导体棒运动到某一位置时，电路的电阻为 $0.20\,\Omega$，求此时棒所受的力。摩擦力可不计。

(3) 比较外力作功的功率和电路中所消耗的热功率。

**3-7.** 闭合线圈共有 $N$ 匝，电阻为 $R$. 证明：当通过这线圈的磁通量改变 $\Delta\Phi$ 时，线圈内流过的电量为

$$\Delta q=\frac{N\Delta\Phi}{R}.$$

**3-8.** 本题图所示为测量螺线管中磁场的一种装置。把一个很小的测量线圈放在待测处，这线圈与测量电量的冲击电流计G串联。冲击电流计是一种可测量迁移过它的电量的仪器。当用反向开关K使螺线管的电流反向时，测量线圈中就产生感应电动势，从而产生电量 $\Delta q$ 的迁移；由G测出 $\Delta q$ 就可以算出测量线圈所在处的 $B$. 已知测量线圈有2000匝，它的直径为2.5 cm，它和G串联回路的电阻为 $1000\,\Omega$，在K反向时测得 $\Delta q=2.5\times10^{-7}\,\mathrm{C}$. 求被测处的磁感应强度。

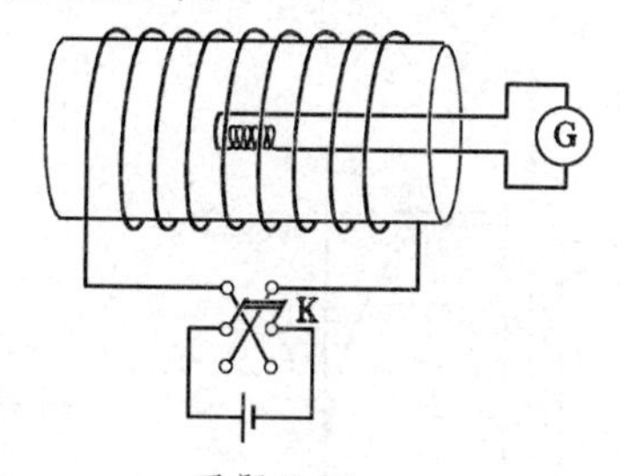


习题 3-8

**3-9.** 如本题图所示，线圈 $abcd$ 放在 $B=6.0\times10^3\,\mathrm{Gs}$ 的均匀磁场中，磁场方向与线圈平面法线的夹角 $\alpha=60°$，$ab$ 长1.0 m，可左右运动。今使 $ab$ 以 $v=5.0\,\mathrm{m/s}$ 的速度向右运动，求感应电动势的大小及感应电流的方向。

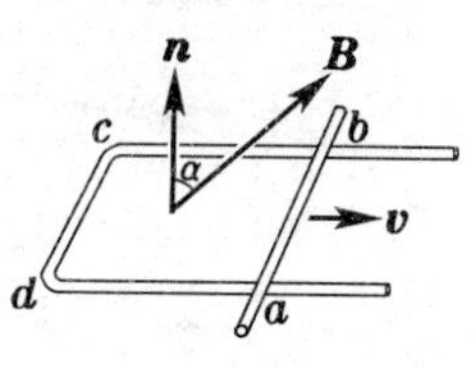


习题 3-9

**3-10.** 两段导线 $ab=bc=10\,\mathrm{cm}$，在 $b$ 处相接而成30°角。若使导线在匀强磁场中以速率 $v=1.5\,\mathrm{m/s}$ 运动，方向如本题图所示，磁场方向垂直图面向内，$B=2.5\times10^2\,\mathrm{Gs}$，问 $ac$ 间的电势差是多少？哪一端的电势高？

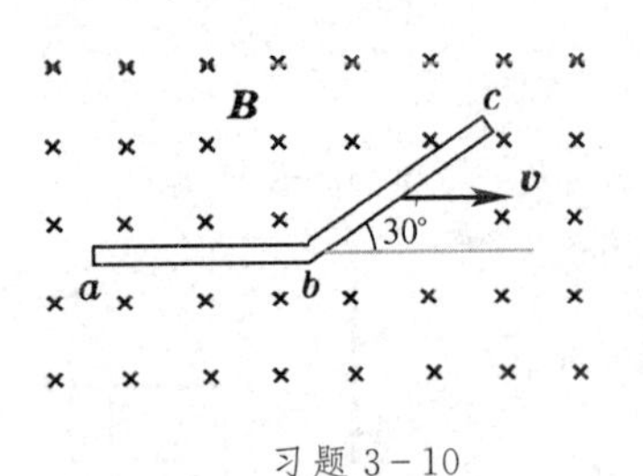

习题 3-10

**3-11**. 如本题图,金属棒 $ab$ 以 $v=2.0\,\mathrm{m/s}$ 的速率平行于一长直导线运动,此导线内有电流 $I=40\,\mathrm{A}$. 求棒中感应电动势的大小。哪一端的电势高?

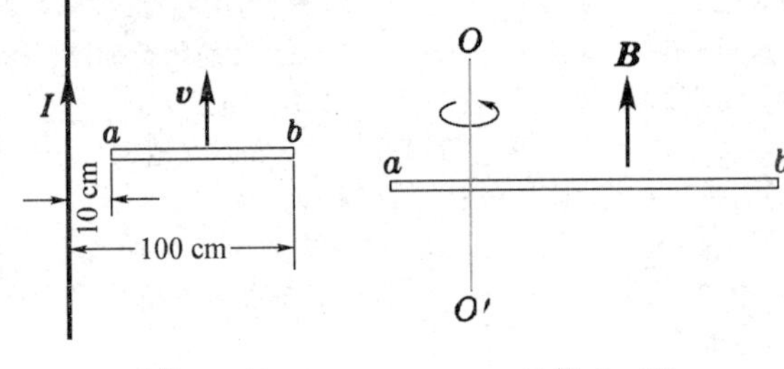

习题 3-11　　习题 3-12

**3-12**. 如本题图,一金属棒长为 0.50 m 水平放置,以长度的 1/5 处为轴,在水平面内旋转,每秒转两转。已知该处地磁场在竖直方向上的分量 $B_{\perp}=0.50\,\mathrm{Gs}$,求 $a$、$b$ 两端的电势差。

**3-13**. 只有一根辐条的轮子在均匀外磁场 $\boldsymbol{B}$ 中转动,轮轴与 $\boldsymbol{B}$ 平行,如本题图所示。轮子和辐条都是导体,辐条长为 $R$,轮子每秒转 $N$ 圈。两根导线 $a$ 和 $b$ 通过各自的刷子分别与轮轴和轮边接触。

(1) 求 $a$、$b$ 间的感应电动势 $\mathscr{E}$;

(2) 若在 $a$、$b$ 间接一个电阻,使辐条中的电流为 $I$,问 $I$ 的方向如何?

(3) 求这时磁场作用在辐条上的力矩的大小和方向;

(4) 当轮反转时,$I$ 是否也会反向?

(5) 若轮子的辐条是对称的两根或更多根,结果如何?

习题 3-13

**3-14**. 法拉第圆盘发电机是一个在磁场中转动的导体圆盘。设圆盘的半径为 $R$,它的轴线与均匀外磁场 $\boldsymbol{B}$ 平行,它以角速度 $\omega$ 绕轴线转动,如本题图所示。

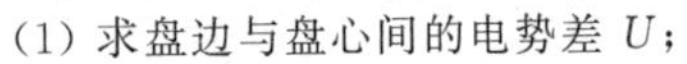

(1) 求盘边与盘心间的电势差 $U$;

(2) 当 $R=15\,\mathrm{cm}$, $B=0.60\,\mathrm{T}$,转速为每秒 30 圈时,$U$ 等于多少?

(3) 盘边与盘心哪处电势高?当盘反转时,它们电势的高低是否也会反过来?

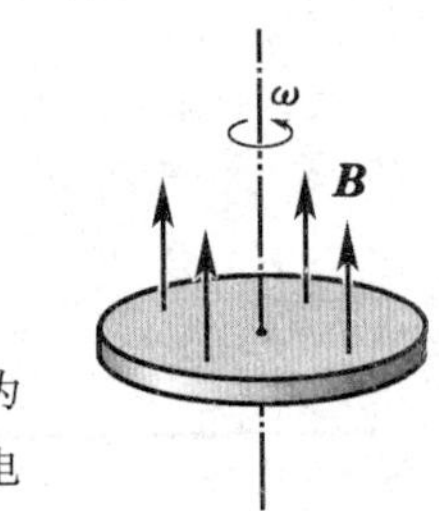

习题 3-14

**3-15**. 已知在电子感应加速器中,电子加速的时间是 4.2 ms,电子轨道内最大磁通量为 1.8 Wb,试求电子沿轨道绕行一周平均获得的能量。若电子最终获得的能量为 100 MeV,电子绕了多少周?若轨道半径为 84 cm,电子绕行的路程有多少?

**3-16**. 如本题图所示,一对同轴圆柱形导体,半径分别为 $a$ 和 $b$,内柱载有沿柱轴 $z$ 方向的电流 $I$,电流沿外柱流回。

(1) 求两柱之间区域内的磁矢势表达式;

(2) 一电子从内柱以速率 $v_0$ 垂直于柱轴出发,这电子能达到外柱的最小 $v_0$ 值为多少?

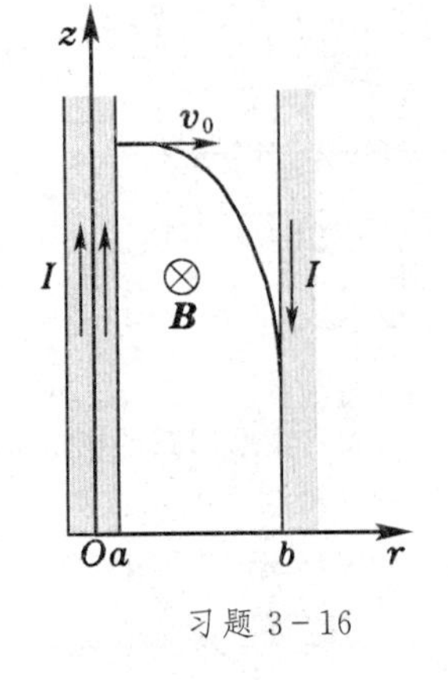

习题 3-16

**3-17**. 柱形磁控管如本题图所示,设内、外柱半径分别为 $a$ 和 $b$. 两极间加电压 $U_0$,处于轴向匀强磁场 $B$ 中。电子以可忽略的初速从阴极 K 出发,它一方面在径向电场的作用下加速,同时在磁场的作用下偏转,电子将沿心脏线轨迹运动。当磁场超过某临界值 $B_c$ 时,电子不能达到阳极 A. 因 $B_c$ 与荷质比 $e/m$ 有关,1921 年 A.W.Hull 首先用此法测量了电子的荷质比。试证明电子的荷质比与临界磁场的关系为

$$\frac{e}{m}=\frac{8U_0}{b^2B_c^{\ 2}}\frac{1}{\left(1-\dfrac{a^2}{b^2}\right)^2}.$$

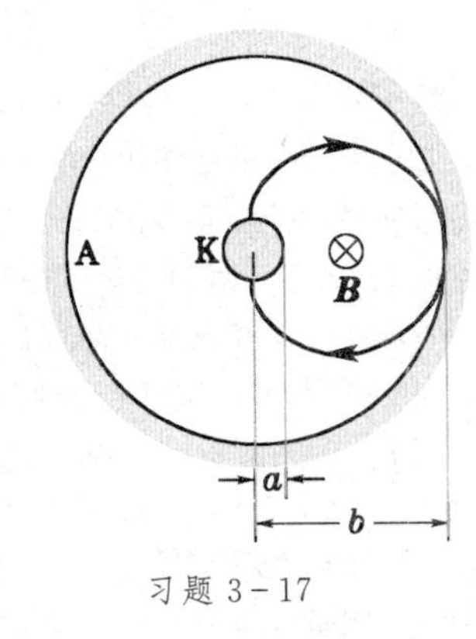

习题 3-17

**3-18**. 证明 $E^2-c^2B^2$ 和 $\boldsymbol{B}\cdot\boldsymbol{E}$ 是洛伦兹变换下的不变量。由此可以推论：

(1) 如果在一个参考系中 $E>cB$，则在任意其他参照系中也有 $E>cB$；

(2) 如果在一个参考系中 $\boldsymbol{E}$ 和 $\boldsymbol{B}$ 正交，则在任意其他参考系中，它们也正交；

(3) 如果在一个参考系中 $\boldsymbol{E}$ 和 $\boldsymbol{B}$ 之间的夹角为锐角(或钝角)，则在任意其他参考系中，它们之间的夹角也是锐角(或钝角)。

**3-19**. 在某一参考系K中有电场和磁场分别为 $\boldsymbol{E}$ 和 $\boldsymbol{B}$，它们满足什么条件时，可以找到另外的参考系K′，使得 (1) $\boldsymbol{E}'$ 和 $\boldsymbol{B}'$ 垂直；(2) $\boldsymbol{B}'=0$；(3) $\boldsymbol{E}'=0$.

**3-20**. 已知在K′系中一根无限长直带正电的细棒静止，且沿 $x'$ 轴放置。其电荷线密度 $\eta'_e$ 均匀。设K′系相对于K系以速度 $v$ 沿 $x$ 轴正向运动。

(1) 求在K系中空间的电场；

(2) 求在K系中空间的磁场；

(3) 在K系中看来，运动的带电细棒相当于无限长直电流，它所产生的磁场服从毕奥-萨伐尔定律，由此证明 $\varepsilon_0\mu_0=1/c^2$.

**3-21**. 在无限大带正电的平面为静止的参考系中，观测到该平面的电荷面密度为 $\sigma'_e$，当此带电平面平行于 $xz$ 平面，且以速度 $v$ 沿 $x$ 轴方向匀速运动时，求空间的电场和磁场。

**3-22**. 在一个充电电容器为静止的参考系中观测到电容器极板上电荷面密度分别为 $+\sigma'_e$ 和 $-\sigma'_e$. 设此电容器极板平行于 $xz$ 平面，且以速度 $\boldsymbol{v}$ 沿 $x$ 轴方向匀速运动，求空间的电场和磁场。

**3-23**. 两个正的点电荷 $q$，相距为 $r$，并排平行运动，速度为 $\boldsymbol{v}$，求它们之间的相互作用力。这力是排斥力还是吸引力？

**3-24**. 如本题图所示，一对正负电荷以速度 $\boldsymbol{v}$ 沿 $x$ 方向运动。试论证这对电荷的相互作用力虽不沿联线，但两个电荷的加速度却沿它们之间的联线。

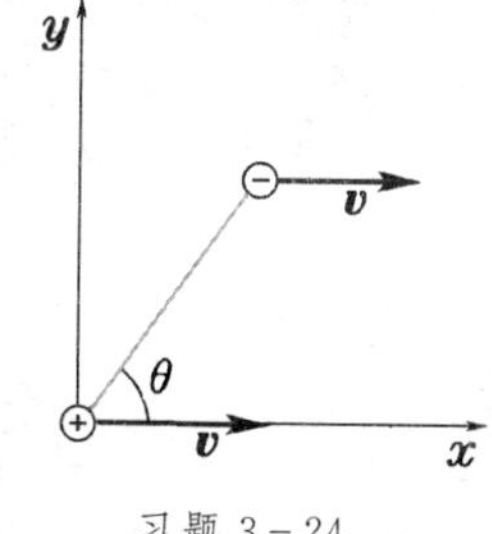

习题 3-24

**3-25**. 一螺绕环横截面的半径为 $a$，中心环线的半径为 $R$，$R\gg a$，其上由表面绝缘的导线均匀地密绕两个线圈，一个 $N_1$ 匝，另一个 $N_2$ 匝，求两线圈的互感 $M$.

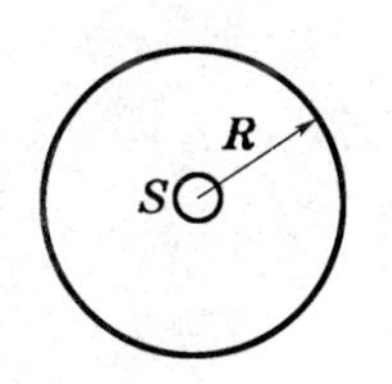

习题 3-26

**3-26**. 一圆形线圈由 50 匝表面绝缘的细导线绕成，圆面积为 $S=4.0\,\mathrm{cm}^2$. 放在另一个半径 $R=20\,\mathrm{cm}$ 的大圆形线圈中心，两者同轴，如本题图所示，大圆形线圈由 100 匝表面绝缘的导线绕成。

(1) 求这两线圈的互感 $M$；

(2) 当大圆形导线中的电流每秒减小 50 A 时，求小线圈中的感应电动势 $\mathscr{E}$ .

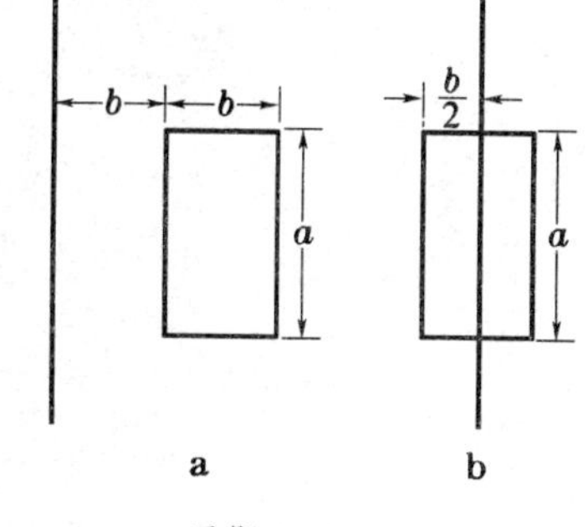

习题 3-27

**3-27**. 如本题图，一矩形线圈长 $a=20\,\mathrm{cm}$，宽 $b=10\,\mathrm{cm}$，由 100 匝表面绝缘的导线绕成，放在一很长的直导线旁边并与之共面，这长直导线是一个闭合回路的一部分，其他部分离线圈都很远，影响可略去不计。求图中 a 和 b 两种情况下，线圈与长直导线之间的互感。

**3-28**. 如本题图，两长螺线管同轴，半径分别为 $R_1$ 和 $R_2$ $(R_1>R_2)$，长度为 $l$ $(l\gg R_1$ 和 $R_2)$，匝数分别为 $N_1$ 和 $N_2$. 求互感系数 $M_{12}$ 和 $M_{21}$，由此验证 $M_{12}=M_{21}$.

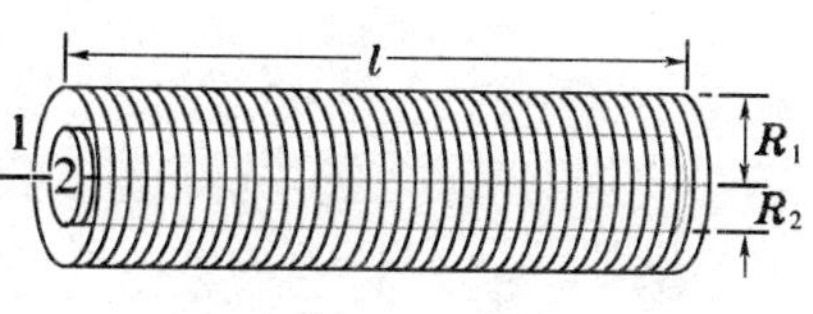

习题 3-28

**3-29**. 在长 60 cm、直径 5.0 cm 的空心纸筒上绕多少匝导线，才能得到自感为 $6.0\times10^{-3}\,\mathrm{H}$ 的线圈？

**3-30**. 矩形截面螺绕环的尺寸如本题图，总匝数为 $N$.

(1) 求它的自感系数；

(2) 当 $N=1000$ 匝，$D_1=20\,\mathrm{cm}$，$D_2=10\,\mathrm{cm}$，$h=1.0\,\mathrm{cm}$ 时，自感为多少？

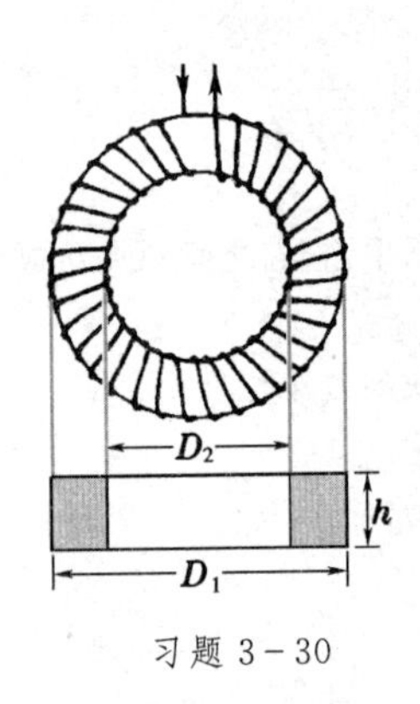

习题 3-30

**3-31**. 两根平行导线，横截面的半径都是 $a$，中心相距为 $d$，载有大小相等而方向相反的电流。设 $d \gg a$，且两导线内部的磁通量都可略去不计。证明：这样一对导线长为 $l$ 的一段的自感为

$$L = \frac{\mu_0 l}{\pi} \ln \frac{d}{a}.$$

**3-32**. 在一纸筒上密绕有两个相同的线圈 $ab$ 和 $a'b'$，每个线圈的自感都是 0.050 H，如本题图所示。求：

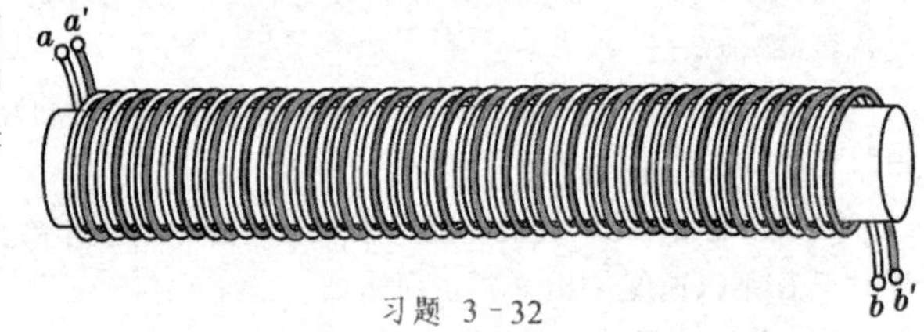

习题 3-32

(1) $a$ 和 $a'$ 相接时，$b$ 和 $b'$ 间的自感；

(2) $a'$ 和 $b$ 相接时，$a$ 和 $b'$ 间的自感。

**3-33**. 两线圈的自感分别为 $L_1 = 5.0\,\mathrm{mH}$，$L_2 = 3.0\,\mathrm{mH}$，当它们顺接串联时，总自感为 $L = 11.0\,\mathrm{mH}$.

(1) 求它们之间的互感；

(2) 设这两线圈的形状和位置都不改变，只把它们反接串联，求它们反接后的总自感。

**3-34**. 两线圈顺接后总自感为 1.00 H，在它们的形状和位置都不变的情况下，反接后的总自感为 0.40 H. 求它们之间的互感。

**3-35**. 两根足够长的平行导线间的距离为 20 cm，在导线中保持一大小为 20 A 而方向相反的恒定电流。

(1) 求两导线间每单位长度的自感系数，设导线的半径为 1.0 mm；

(2) 若将导线分开到相距 40 cm，求磁场对导线单位长度所作的功；

(3) 位移时，单位长度的磁能改变了多少？ 是增加还是减少？ 说明能量的来源。

# 第四章 电磁介质

## §1. 电介质

### 1.1 电介质的极化

电介质(dielectrics)就是绝缘介质,它们是不导电的。在第一章 §5 里我们讨论了静电场中导体的性质,看到了导体与电场相互作用有如下特点:电场可以改变导体上的电荷分布,产生感应电荷;反过来,导体上的电荷又改变着电场的分布。即导体上的电荷和空间里的电场相互影响、相互制约,最后达到怎样的平衡分布,由二者共同决定。本节将讨论电介质与静电场的相互作用,其特点有些方面与导体有相似之处,但也有重要差别。

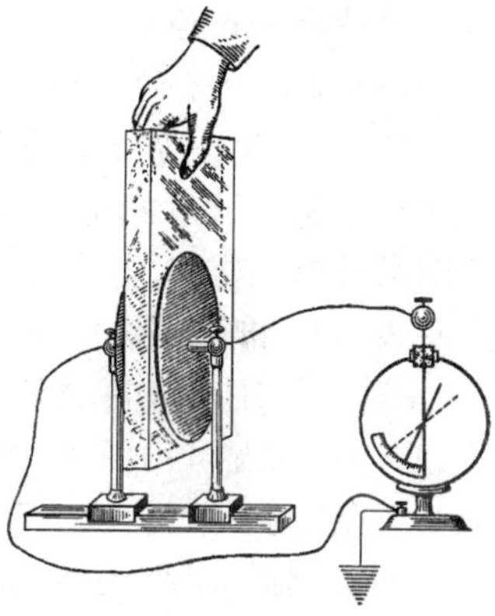

下面先介绍一个演示实验。如图 4-1 所示,将平行板电容器两极板接在静电计上端和地线之间,然后充上电。这时我们将观察到静电计指针有一定的偏角(见图中指针虚线位置)。第一章的思考题1-49 指出,静电计指针偏转角的大小反映了电容器两极板间电势差的大小。撤掉充电电源后,把一块玻璃板插入电容器两极板之间。这时我们会发现静电计指针的偏转角减小(见图中指针实线位置)。这表明,电容器极板间的电势差减小了。由于电源已撤除,电容极板是绝缘的,其上电荷量 $Q$ 不变,故电势差 $U$ 的减小意味着电容 $C=Q/U$ 增大,即插入电介质板可起到增大电容的作用。

图 4-1 电介质增大电容的演示

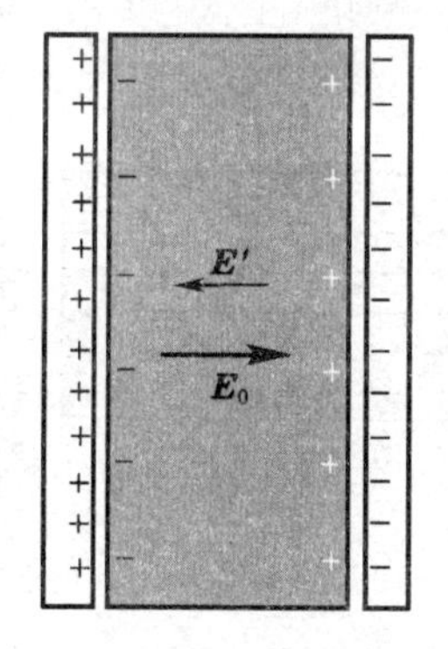


图 4-2 导体和电介质使电容增大的原理

如果用导体板代替玻璃板插入电容器(当然,不得使导体板与电容器极板接触),我们可以观察到类似现象,但导体板增大电容的效果比玻璃板强得多。关于插入导体板使电容增大的定量计算,可参考第一章习题 1-57。定性地说,这时使电容增大的原因就是因为插入导体板之后两极板间的电势差下降了。导体板在电场 $\boldsymbol{E}_0$ 的作用下产生了感应电荷,感应电荷在导体板内部产生的电场 $\boldsymbol{E}'$ 总与 $\boldsymbol{E}_0$ 的方向相反(图 4-2),将它全部抵消。在电容器极板上电量不变的情形下,两极板间场强的任何削弱,都会导致电势差的下降。

电介质使电容增大的原因也可作类似的解释。可以设想,把电介质插入电场中后,由于同号电荷相斥,异号电荷相吸的结果,介质表面上也会出现类似图4-2所示的正负电荷。我们把这种现象叫做电介质的*极化*(polarization),它表面上出现的这种电荷叫做*极化电荷*。电介质上的极化电荷与导体上的感应电荷一样,起着减弱电场、增大电容的作用。不同的是,导体上出现感应电荷,是其中自由电荷重新分布的结果;而电介质上出现极化电荷,是其中束缚电荷的微小移动造成的宏观效果。由于束缚电荷的活动不能超出原子的范围,因此电介质上的极化电荷比导体上的感应电荷在数量上要少得多。极化电荷在电介质内产生的电场 $\boldsymbol{E}'$ 不能把外场 $\boldsymbol{E}_0$ 全部抵消,只能使总场有所削弱。综上所述,导体板引起电容增大的原因在于自由电荷的重新分布;电介质引起电容增大的原因在于束缚电荷的极化。因此,我们有必要进一步讨论电介质极化的物理机制。

### 1.2 极化的微观机制

前已指出，任何物质的分子或原子（以下统称分子）都是由带负电的电子和带正电的原子核组成的，整个分子中电荷的代数和为0。正、负电荷在分子中都不是集中于一点的。但在离开分子的距离比分子的线度大得多的地方，分子中全部负电荷对于这些地方的影响将和一个单独的负点电荷等效。这个等效负点电荷的位置称为这个分子的负电荷"重心"，例如一个电子绕核作匀速圆周运动时，它的"重心"就在圆心；同样，每个分子的正电荷也有一个正电荷"重心"。电介质可以分成两类，在一类电介质中，当外电场不存在时，电介质分子的正、负电荷"重心"是重合的，这类分子叫做*无极分子*；在另一类电介质中，即使当外电场不存在时，电介质分子的正、负电荷"重心"也不重合，这样，虽然分子中正、负电量的代数和仍然是0，但等量的正负电荷"重心"互相错开，形成一定的电偶极矩，叫做分子的*固有电矩*，这类分子称为*极性分子*。下面我们分别就这两种情况来讨论。

(1) 无极分子的位移极化

$H_2$、$N_2$、$CCl_4$ 等分子是无极分子，在没有外电场时整个分子没有电矩。加了外电场后，在场力作用下每一分子的正、负电荷"重心"错开了，形成了一个电偶极子（图4-3a），分子电偶极矩的方向沿外电场方向，这种在外电场作用下产生的电偶极矩称为*感生电矩*。以后我们在图中用小箭头表示分子电偶极子，其始端为负电荷，末端为正电荷。

对于一块电介质整体来说，由于其中每一分子形成了电偶极子，它们的情况可用图4-3b表示。各个偶极子沿外电场方向排列成一条条"链子"，链上相邻的偶极子间正、负电荷互相靠近，因而对于均匀电介质来说，其内部各处仍是电中性的；但在和外电场垂直的两个端面上就不然了，一端出现负电荷，另一端出现正电荷，这就是极化电荷。极化电荷与导体中的自由电荷不同，它们不能离开电介质而转移到其他带电体上，也不能在电介质内部自由运动。在外电场的作用下电介质出现极化电荷的现象，就是电介质的极化。由于电子的质量比原子核小得多，所以在外场作用下主要是电子位移，因而上面讲的无极分子的极化机制常称为*电子位移极化*。

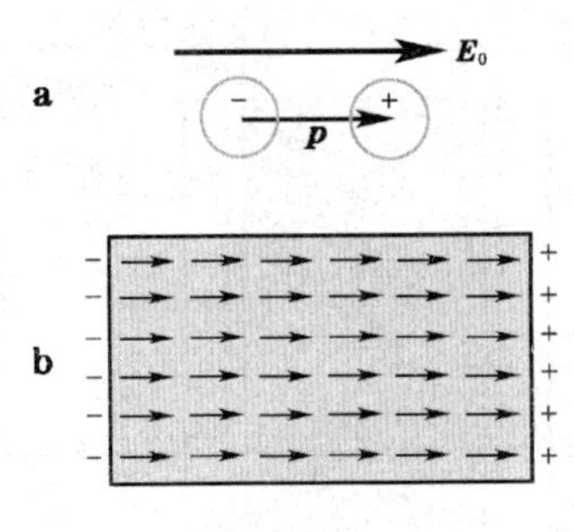

图4-3 电子位移极化

(2) 极性分子的取向极化

水分子是极性分子的重要例子（图4-4a）。在没有外电场时，虽然每一分子具有固有电矩，但由于分子的不规则热运动，在任何一块电介质中，所有分子的固有电矩的矢量和平均说来互相抵消，即电矩的矢量和 $\sum \boldsymbol{p}_{分子}$ 为0，宏观上不产生电场。现在加上外电场 $\boldsymbol{E}_0$，则每个分子电矩都受到力矩作用（图4-4b），使分子电矩方向转向外电场方向，于是 $\sum \boldsymbol{p}_{分子}$ 不是0了，但由于分子热运动的缘故，这种转向并不完全，即所有分子偶极子不是很整齐地依照外电场方向排列起来。当然，外电场越强，分子偶极子排列得越整齐。对于整个电介质来说，不管排列的整齐程度怎样，在垂直于电场方向的两端面上多少也产生一些极化电荷。如图4-4c所示，在外电场作用下，由于绝大多数分子电矩的方向都不同程度地指向右方，所以图中左端便出现了未

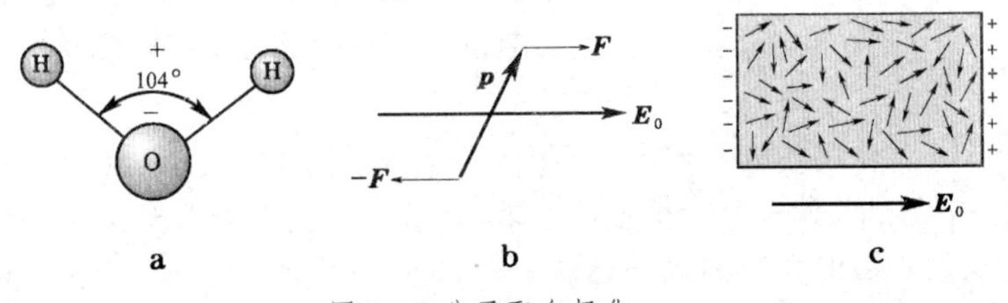

图4-4 分子取向极化

被抵消的负束缚电荷，右端出现正的束缚电荷。这种极化机制称为取向极化。

应当指出，电子位移极化效应在任何电介质中都存在，而分子取向极化只是由极性分子构成的电介质所独有的。但是，在极性分子构成的电介质中，取向极化的效应比位移极化强得多(约大一个数量极)，因而其中取向极化是主要的。在无极分子构成的电介质中，位移极化则是唯一的极化机制。但在很高频率的电场作用下，由于分子的惯性较大，取向极化跟不上外电场的变化，所以这时无论哪种电介质只剩下电子位移极化机制仍起作用，因为其中只有惯性很小的电子，才能紧跟高频电场的变化而产生位移极化。

### 1.3 极化强度矢量 $\boldsymbol{P}$

(1) 定义

从上面关于电介质极化机制的说明中我们看到，当电介质处于极化状态时，电介质的任一宏观小体积元 $\Delta V$ 内分子的电矩矢量之和不互相抵消，即 $\sum \boldsymbol{p}_{分子} \neq 0$(对 $\Delta V$ 内各分子求和)，而当介质没有被极化时，则 $\sum \boldsymbol{p}_{分子}$ 将等于 0。因此，为了定量地描述电介质内各处极化的情况，我们引入这样一个矢量 $\boldsymbol{P}$，它等于单位体积内的电矩矢量和，即

$$\boldsymbol{P}=\frac{\sum \boldsymbol{p}_{分子}}{\Delta V}, \tag{4.1}$$

$\boldsymbol{P}$ 称为电极化强度矢量，它是量度电介质极化状态(包含极化的程度和极化的方向)的物理量，它的单位是 $C/m^2$.

如果在电介质中各点的极化强度矢量大小和方向都相同，我们称该极化是均匀的，否则极化是不均匀的。

(2) 极化电荷的分布与极化强度矢量的关系

如前所述，当电介质处于极化状态时，一方面在它体内出现未抵消的电偶极矩，这一点是通过极化强度矢量 $\boldsymbol{P}$ 来描述的；另一方面，在电介质的某些部位将出现未抵消的束缚电荷，即极化电荷。可以证明，对于均匀的电介质，极化电荷集中在它的表面上。[1]电介质极化产生的一切宏观效果都是通过极化电荷来体现的。下面我们就来研究极化电荷和极化强度这两者之间的关系。

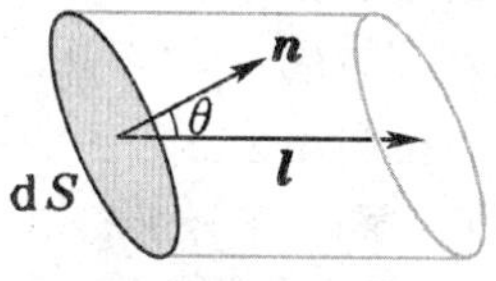

为了便于说明问题，我们以位移极化为模型，设想介质极化时，每个分子中的正电“重心”相对负电“重心”有个位移 $\boldsymbol{l}$，[2]用 $q$ 代表分子中正、负电荷的数量，则分子电矩 $\boldsymbol{p}_{分子}=q\boldsymbol{l}$. 设单位体积内有 $n$ 个分子，则按照定义，极化强度矢量 $\boldsymbol{P}=n\boldsymbol{p}_{分子}=nq\boldsymbol{l}$.

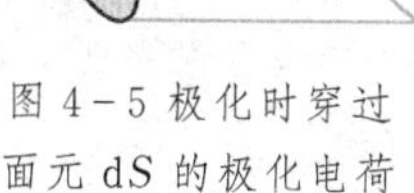


图 4-5 极化时穿过面元 dS 的极化电荷

如图 4-5，在极化了的电介质内取一个面元矢量 $d\boldsymbol{S}=\boldsymbol{n}\,dS$，其中 $\boldsymbol{n}$ 为单位法向矢量。现考虑因极化而穿过此面元的极化电荷。穿过 $dS$ 的电荷所占据的体积是以 $dS$ 为底、长度为 $l$ 的一个斜柱体(见图 4-5)。设 $\boldsymbol{l}$ 与 $\boldsymbol{n}$ 的夹角为 $\theta$，则此柱体的高为 $l\cos\theta$，体积为 $l\,dS\cos\theta$.

因为单位体积内正极化电荷的数量为 $nq$，故在此柱体内极化电荷总量为

---

[1] 注意：这里说均匀电介质，是指它的物理性能(即极化率或介电常量，见后面 1.5 和 1.6 节)均匀，并不要求均匀极化。此结论的证明见 1.6 节末小字部分。

[2] 更符合实际的情况是负电“重心”相对于正电“重心”有位移 $-\boldsymbol{l}$，不过这没关系，宏观效果是一样的。此外，从宏观统计平均来看，取向极化也与上述图像等效。

$$nql\,dS\cos\theta = nq\,dS\,\boldsymbol{l}\cdot\boldsymbol{n} = \boldsymbol{P}\cdot d\boldsymbol{S},$$

这也就是由于极化而穿过 $dS$ 的束缚电荷。

现在我们取一任意闭合面 $S$，令 $\boldsymbol{n}$ 为它的外法向矢量，$d\boldsymbol{S}=\boldsymbol{n}dS$，则 $\boldsymbol{P}$ 通过整个闭合面 $S$ 的通量 $\oiint \boldsymbol{P}\cdot d\boldsymbol{S}$ 应等于因极化而穿出此面的束缚电荷总量。根据电荷守恒定律，这等于 $S$ 面内净余的极化电荷 $\sum q'$ 的负值，即

$$\oiint_{(S)} \boldsymbol{P}\cdot d\boldsymbol{S} = -\sum_{(S内)} q'. \tag{4.2}$$

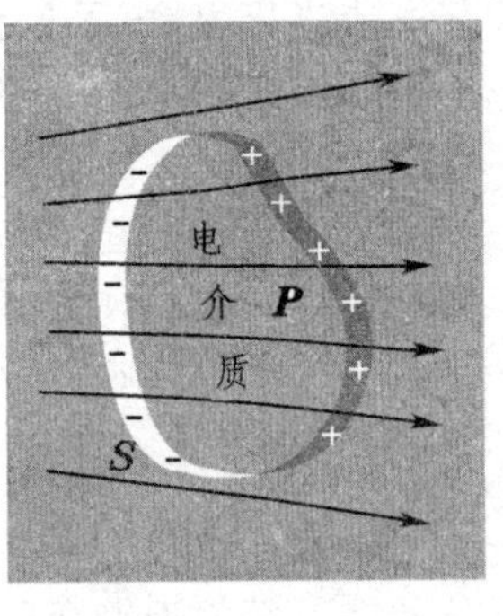

图 4-6 因极化而通过闭合面的束缚电荷

这公式表达了极化强度矢量 $\boldsymbol{P}$ 与极化电荷分布的一个普遍关系。

若把闭合面 $S$ 的面元 $dS$ 取在电介质体内，由于当前面的束缚电荷移出时后面还有束缚电荷补充进来（见图 4-6），可以证明，如果介质是均匀的，其体内不会出现净余的束缚电荷，即极化电荷体密度 $\rho_e'=0$。对于非均匀电介质，体内是可能有极化电荷的。下面我们只考虑均匀电介质的情形。

在电介质的表面上，$\theta$ 为锐角的地方将出现一层正极化电荷（图 4-7a），$\theta$ 为钝角的地方则出现一层负极化电荷（图 4-7b）。表面电荷层的厚度是 $|l\cos\theta|$，故面元 $dS$ 上极化电荷为

$$dq' = nql\cos\theta\,dS = P\cos\theta\,dS,$$

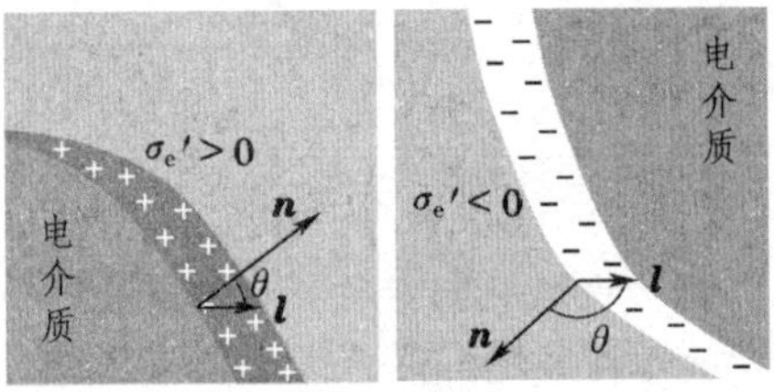

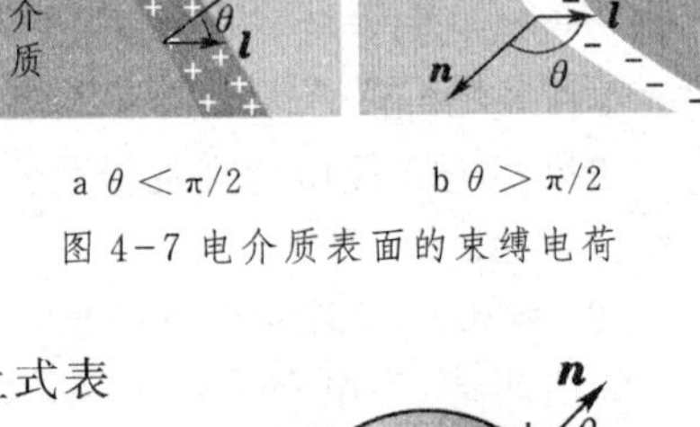

a $\theta < \pi/2$　　b $\theta > \pi/2$

图 4-7 电介质表面的束缚电荷

从而极化电荷面密度为

$$\sigma_e' = \frac{dq'}{dS} = P\cos\theta = \boldsymbol{P}\cdot\boldsymbol{n} = P_n, \tag{4.3}$$

这里 $\boldsymbol{P}\cdot\boldsymbol{n} = P\cos\theta = P_n$ 是 $\boldsymbol{P}$ 沿介质表面外法向的投影。上式表明，$\theta$ 为锐角的地方，$P_n>0$，$\sigma_e'>0$；$\theta$ 为钝角的地方，$P_n<0$，$\sigma_e'<0$。这与前面的分析结论一致。（4.3）式是介质表面极化电荷面密度分布与极化强度矢量间的一个重要公式。

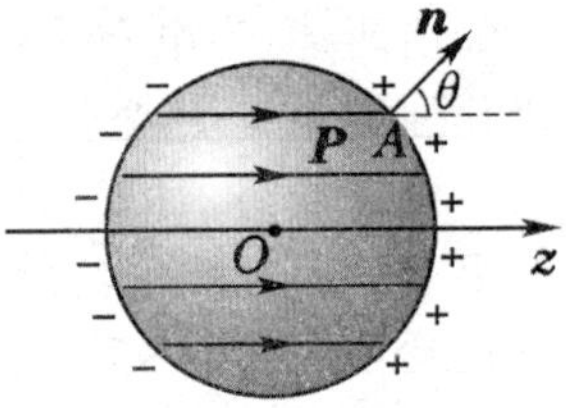

图 4-8 例题 1—— 均匀极化电介质球上的表面极化电荷

**例题 1**　求一均匀极化的电介质球表面上极化电荷的分布，已知极化强度为 $\boldsymbol{P}$（图 4-8）。

**解：**　取原点在球心 $O$、极轴与 $\boldsymbol{P}$ 平行的球坐标系。由于轴对称性，表面上任一点 $A$ 的极化电荷面密度 $\sigma_e'$ 只与 $\theta$ 角有关，它是 $A$ 点外法线 $\boldsymbol{n}$ 与 $\boldsymbol{P}$ 的夹角，故

$$\sigma_e' = P\cos\theta.$$

这公式表明，在右半球上 $\sigma_e'$ 为正，左半球上 $\sigma_e'$ 为负；在两半球的分界线（赤道线）上 $\theta=\pi/2$，$\sigma_e'=0$；在两极处 $\theta=0$ 和 $\pi$，$|\sigma_e'|$ 最大。▌

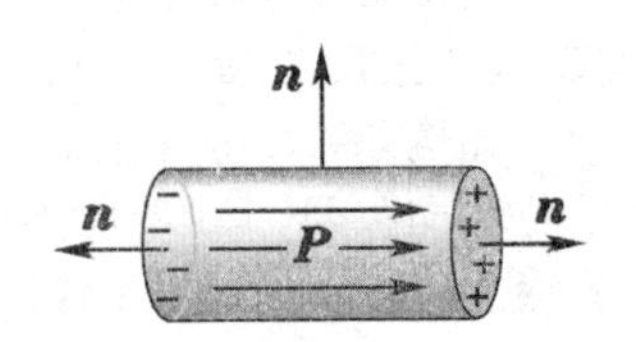

图 4-9 例题 2—— 沿轴均匀极化的电介质棒上的表面极化电荷

**例题 2**　求沿轴均匀极化的电介质圆棒上的极化电荷分布，已知极化强度为 $\boldsymbol{P}$（图 4-9）。

**解：**　在右端面上 $\theta=0$，$\sigma_e'=P$；在左端面上 $\theta=\pi$，$\sigma_e'=-P$；在侧面上 $\theta=\pi/2$，$\sigma_e'=0$。故正、负电荷分别集中在两端面上。▌

### 1.4 退极化场

如前所述，电介质极化时出现极化电荷。这些极化电荷和自由电荷一样，在周围空间（无论介质内部或外部）产生附加的电场 $\boldsymbol{E}'$. 因此根据场强叠加原理，在

有电介质存在时，空间任意一点的场强 $\boldsymbol{E}$ 是外电场 $\boldsymbol{E}_0$ 和极化电荷的电场 $\boldsymbol{E}'$ 的矢量和：

$$\boldsymbol{E}=\boldsymbol{E}_0+\boldsymbol{E}'. \tag{4.4}$$

一般说来，$\boldsymbol{E}'$ 的大小和方向都是逐点变化的。例如，我们把一个均匀的电介质球放在均匀外场中极化（图 4－10a），介质球上的正、负极化电荷将如前面例题 1 中给出的那样，分别分布在两个半球面上。它们产生的附加电场 $\boldsymbol{E}'$ 的电场线示于图 4－10b，它是一个不均匀的电场。$\boldsymbol{E}'$ 与均匀外电场 $\boldsymbol{E}_0$ 叠加后，得到的总电场示于图 4－10c，它也是不均匀的。在介质球外部，有的地方 $\boldsymbol{E}'$ 与 $\boldsymbol{E}_0$ 方向一致（如图中左、右两端），这里总电场 $\boldsymbol{E}$ 增强了；有的地方 $\boldsymbol{E}'$ 与 $\boldsymbol{E}_0$ 方向相反（如图中上、下两方），这里总电场 $\boldsymbol{E}$ 减弱了；一般情况是 $\boldsymbol{E}'$ 与 $\boldsymbol{E}_0$ 成一定夹角，总电场 $\boldsymbol{E}$ 的方向逐点不同。然而，在电介质内部情况是比较简单的，即 $\boldsymbol{E}'$ 处处和外电场 $\boldsymbol{E}_0$ 的方向相反，❶其结果是使总电场 $\boldsymbol{E}$ 比原来的 $\boldsymbol{E}_0$ 减弱。要知道，最终决定介质极化程度的不是原来的外场 $\boldsymbol{E}_0$，而是电介质内实际的电场 $\boldsymbol{E}$. $\boldsymbol{E}$ 减弱了，极化强度 $\boldsymbol{P}$ 也将减弱。所以极化电荷在介质内部的附加场 $\boldsymbol{E}'$ 总是起着减弱极化的作用，故叫做退极化场。退极化场的大小与电介质的几何形状有着密切的关系，请看下面几个例子。

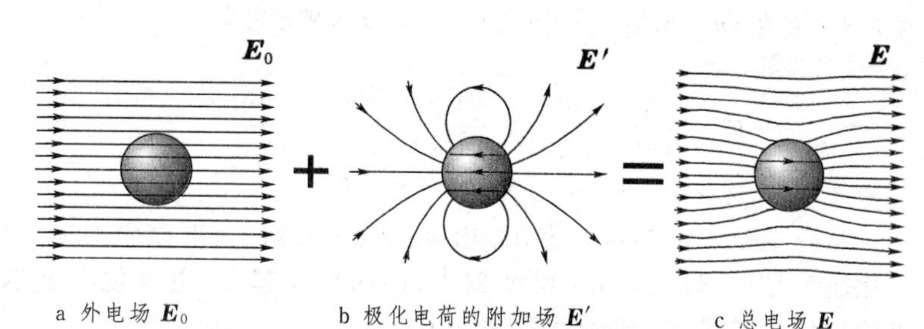


a 外电场 $\boldsymbol{E}_0$　　b 极化电荷的附加场 $\boldsymbol{E}'$　　c 总电场 $\boldsymbol{E}$

图 4-10 均匀介质球在均匀外场中的极化

**例题 3**　求插在平行板电容器中的电介质板内的退极化场，已知极化强度为 $\boldsymbol{P}$（图 4－11）。

**解：**　电介质板表面的极化电荷密度为 $\pm\sigma_e'=\pm P$［见(4.3)式，其中 $\theta=0$ 和 $\pi$］。由于这些等量异号的极化电荷均匀地分布在一对平行平面上，它们在电介质内产生的附加场为

$$E'=\frac{\sigma_e'}{\varepsilon_0}=\frac{P}{\varepsilon_0},$$

$\boldsymbol{E}'$ 的方向与原外场 $\boldsymbol{E}_0$ 相反。▌

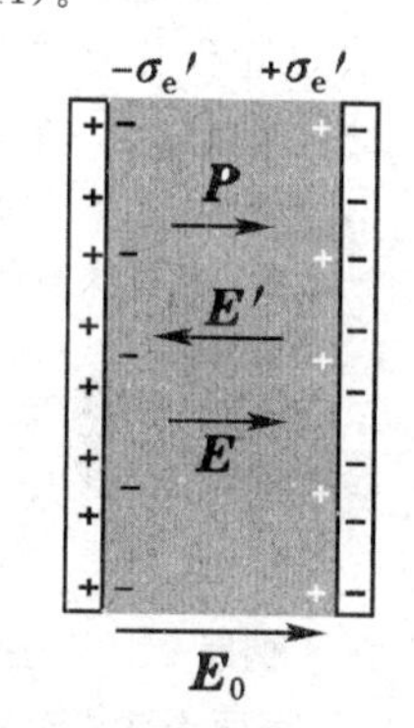


图 4－11 例题 3——平行板电介质中的退极化场

**例题 4**　求均匀极化的电介质球的退极化场，设极化强度为 $\boldsymbol{P}$（图 4－12）。

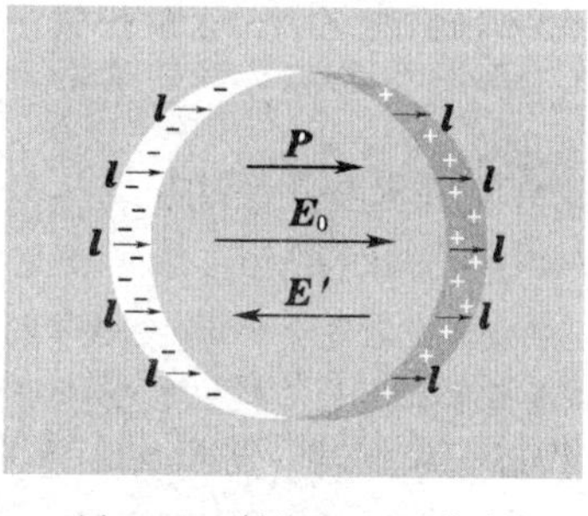

图 4－12 例题 4——均匀极化电介质球中心的退极化场

**解：**　我们把电介质球看成均匀带等量异号电荷的球体重叠在一起，它的极化看成两球体沿极化方向有一微小相对位移。设两球体的电荷体密度分别为 $\pm\rho_e$，相对位移为 $\boldsymbol{l}$，则极化强度 $\boldsymbol{P}=\rho_e\boldsymbol{l}$. 两球在球内产生的电场强度分别为［参见第一章(1.23)式，其中 $Q=4\pi R^3\rho_e/3$，$R$ 为球的半径。］

$$\boldsymbol{E}_{\pm}=\pm\frac{\rho_e}{3\varepsilon_0}\boldsymbol{r}$$

总场强，即电介质内的退极化场为

$$\begin{aligned}\boldsymbol{E}'(r)&=\boldsymbol{E}_+(\boldsymbol{r}-\boldsymbol{l}/2)+\boldsymbol{E}_-(\boldsymbol{r}+\boldsymbol{l}/2)\\&=\frac{\rho_e}{3\varepsilon_0}[(\boldsymbol{r}-\boldsymbol{l}/2)-(\boldsymbol{r}+\boldsymbol{l}/2)]=-\frac{\rho_e\boldsymbol{l}}{3\varepsilon_0}=-\frac{\boldsymbol{P}}{3\varepsilon_0}.\end{aligned}$$

上式表明，均匀极化球体内的退极化场也是均匀的，其大小为平板电介质的 1/3. ▌

**例题 5**　求沿轴均匀极化的电介质细棒中点的退极化场，已知细棒的截面积为 $S$，长度为 $l$，极化强度为

❶ 任意几何形状的均匀电介质在均匀外场中极化时，其体内的 $\boldsymbol{E}'$ 只是大体上与 $\boldsymbol{E}_0$ 方向相反。对于球和椭球等几种特殊的几何形状，体内的 $\boldsymbol{E}'$ 是均匀的，它严格地与 $\boldsymbol{E}_0$ 方向相反。

$P$(图 4-13)。

**解：** 极化电荷集中在两端面上，由于端面积 $S$ 很小，它们可以看成是电量为 $\pm q'=\sigma_e' S= \pm PS$ 的点电荷。按照库仑定律，极化电荷在中心产生的退极化场为

$$E' = \frac{1}{4\pi\varepsilon_0}\frac{q'}{(l/2)^2} - \frac{1}{4\pi\varepsilon_0}\frac{(-q')}{(l/2)^2} = \frac{2PS}{\pi\varepsilon_0 l^2},$$

当 $S \ll l^2$ 时，这退极化场是可以忽略不计的。▎

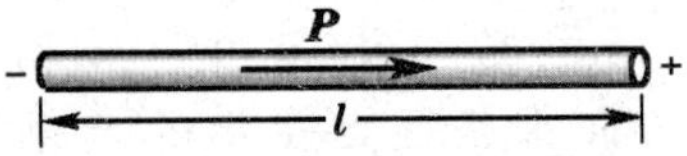

图 4-13 例题 5——沿轴均匀极化电介质细棒中点的退极化场

从以上三个例题可以看出，相对于极化方向，当电介质的纵向尺度越大、横向尺度越小时，退极化场就越弱；反之，纵向尺度越小、横向尺度越大，退极化场就越强。平行板电容器中电介质里的退极化场最强，其数值为 $E'=P/\varepsilon_0$.

### 1.5 极化率

在 1.3 节和 1.4 节里我们都假定极化强度 $\boldsymbol{P}$ 已给定，然后由它求出极化电荷的分布和退极化场。但是实际上电介质中任一点的极化强度 $\boldsymbol{P}$ 是由总场 $\boldsymbol{E}$ 决定的。对于不同的物质，$\boldsymbol{P}$ 与 $\boldsymbol{E}$ 的关系（极化规律）是不同的，这要由实验来确定。实验表明，对于大多数常见的各向同性线性电介质，$\boldsymbol{P}$ 与 $\varepsilon_0\boldsymbol{E}$ 方向相同，且数量上成简单的正比关系，因此可以写成

$$\boldsymbol{P} = \chi_e \varepsilon_0 \boldsymbol{E}, \tag{4.5}$$

比例常数 $\chi_e$ 叫做极化率，它与场强 $\boldsymbol{E}$ 无关，与电介质的种类有关，是介质材料的属性。

如前所述，在外电场 $\boldsymbol{E}_0$ 作用下，电介质发生极化。极化强度 $\boldsymbol{P}$ 和电介质的形状决定了极化电荷面密度 $\sigma_e'$，而 $\sigma_e'$ 决定退极化场 $\boldsymbol{E}'$，$\boldsymbol{E}'$ 又影响电介质内的总电场 $\boldsymbol{E}=\boldsymbol{E}_0+\boldsymbol{E}'$，最后，总场 $\boldsymbol{E}$ 又决定着极化强度 $\boldsymbol{P}$. 由此可见，$\boldsymbol{P}$、$\sigma_e'$、$\boldsymbol{E}'$ 和 $\boldsymbol{E}$ 这些量是彼此依赖、相互制约的。为了计算它们之中的任何一个，都需要把 1.3、1.4、1.5 各节所述的关系联系起来，综合考虑。

**例题 6** 求例题 4 中介电球内的场强。

**解：** 按该题结果和(4.5)式，球内的场强

$$\boldsymbol{E} = \boldsymbol{E}_0 + \boldsymbol{E}' = \boldsymbol{E}_0 - \frac{\boldsymbol{P}}{3\varepsilon_0} = \boldsymbol{E}_0 - \frac{\chi_e \boldsymbol{E}}{3},$$

由此解出

$$\boldsymbol{E} = \frac{\boldsymbol{E}_0}{1+\frac{\chi_e}{3}}. \quad ▎$$

**例题 7** 平行板电容器充满了极化率为 $\chi_e$ 的均匀电介质。已知充电后金属极板上的自由电荷面密度为 $\pm\sigma_{e0}$，求电介质表面的极化电荷面密度 $\sigma_e'$，电介质内的极化强度 $\boldsymbol{P}$ 和电场 $\boldsymbol{E}$，以及电容器的电容 $C$ 与没有电介质时的电容 $C_0$ 之比。

**解：** $\sigma_e'$ 与 $P$ 的关系为 $\sigma_e'=P$，退极化场 $E'=\sigma_e'/\varepsilon_0=P/\varepsilon_0$，而 $P=\chi_e\varepsilon_0 E$，这里 $E=E_0-E'$，其中 $E_0=\sigma_{e0}/\varepsilon_0$ 是自由电荷的电场，即外电场。由于 $\boldsymbol{E}'$ 与 $\boldsymbol{E}_0$ 方向相反，故两者应相减。把所有上述关系联系起来，则有

$$E = E_0 - E' = E_0 - \frac{P}{\varepsilon_0} = E_0 - \frac{\chi_e\varepsilon_0 E}{\varepsilon_0} = E_0 - \chi_e E,$$

故

$$E = \frac{E_0}{1+\chi_e} = \frac{\sigma_{e0}}{(1+\chi_e)\varepsilon_0}, \qquad \sigma_e' = P = \chi_e\varepsilon_0 E = \frac{\chi_e\sigma_{e0}}{1+\chi_e}.$$

上面的结果表明，插入电介质后电场为真空时电场的 $\frac{1}{1+\chi_e}$ 倍，亦即在 $\sigma_{e0}$ 给定时电压 $U=Ed$（$d$ 为极板间隔）减小到 $\frac{1}{1+\chi_e}$ 倍。故插入电介质后的电容为[1]

---

[1] 电容定义中的电荷 $q$ 总指极板上的自由电荷 $q_0$.

$$C=\frac{q_0}{U}=\frac{\sigma_{e0}S}{Ed}=\frac{(1+\chi_e)\varepsilon_0 S}{d}=(1+\chi_e)C_0.$$

其中 $S$ 为极板面积，$C_0=\varepsilon_0 S/d$ 为无介电体时的电容。上式表明，电介质使电容增大到原有的 $1+\chi_e$ 倍。▌

## 1.6 电位移矢量 $\boldsymbol{D}$ 有电介质时的高斯定理 介电常量

从前面几节的讨论中我们看到，静电场中电介质的性质和导体有一定相似之处，这就是说电荷与电场的平衡分布是相互决定的。然而电介质的性质比导体还要复杂。因为在电介质里极化电荷的出现并不能把体内的电场完全抵消，因而在计算和讨论问题时，电介质内部需要由两个物理量 $\boldsymbol{E}$ 和 $\boldsymbol{P}$ 来描述。1.5 节所用的方法计算起来较繁，最麻烦的问题是极化强度和极化电荷的分布由于互相牵扯而事先不能知道。如果能制订一套方法，使这些量从头起就不出现，将会有助于计算的简化。为此我们引入一个新物理量 —— 电位移矢量。

高斯定理是建立在库仑定律的基础上的，在有电介质存在时，它也成立，只不过计算总电场的电通量时，应计及高斯面内所包含的自由电荷 $q_0$ 和极化电荷 $q'$：

$$\oint\!\!\!\oint_{(S)}\boldsymbol{E}\cdot\mathrm{d}\boldsymbol{S}=\frac{1}{\varepsilon_0}\sum_{(S内)}(q_0+q'),\tag{4.6}$$

此外在 1.3 节里我们推导过下列公式[(4.2) 式]：

$$\oint\!\!\!\oint_{(S)}\boldsymbol{P}\cdot\mathrm{d}\boldsymbol{S}=-\sum_{(S内)}q'.\tag{4.7}$$

将前式乘以 $\varepsilon_0$，与后式相加，可以消去极化电荷 $\sum\limits_{(S内)}q'$，

$$\oint\!\!\!\oint_{(S)}(\varepsilon_0\boldsymbol{E}+\boldsymbol{P})\cdot\mathrm{d}\boldsymbol{S}=\sum_{(S内)}q_0.$$

现引进一个辅助性的物理量 $\boldsymbol{D}$，它的定义为

$$\boldsymbol{D}=\varepsilon_0\boldsymbol{E}+\boldsymbol{P},\tag{4.8}$$

$\boldsymbol{D}$ 叫做电位移矢量，或电感应强度矢量。上面的公式可用 $\boldsymbol{D}$ 改写作

$$\oint\!\!\!\oint_{(S)}\boldsymbol{D}\cdot\mathrm{d}\boldsymbol{S}=\sum_{(S内)}q_0.\tag{4.9}$$

(4.9) 式比原来的(4.6) 式优越的地方在于其中不包含极化电荷。❶此外，对于各向同性电介质，由于 $\boldsymbol{P}=\chi_e\varepsilon_0\boldsymbol{E}$，代入(4.8) 式得

$$\boldsymbol{D}=(1+\chi_e)\varepsilon_0\boldsymbol{E}=\varepsilon\varepsilon_0\boldsymbol{E},\tag{4.10}$$

上式表明，若 $\boldsymbol{P}$ 与 $\varepsilon_0\boldsymbol{E}$ 成比例，则 $\boldsymbol{D}$ 也与 $\varepsilon_0\boldsymbol{E}$ 成比例，其中比例系数

$$\varepsilon=1+\chi_e\tag{4.11}$$

叫做电介质的介电常量，更确切地应称为相对介电常量。❷

(4.9) 式和(4.10) 式使电介质中电场的计算大为简化。在有一定对称性的情况下，我们可以

---

❶ 这并不表示 $\boldsymbol{D}$ 本身与极化电荷无关，请参看本节下面的小字部分。

❷ 在国际单位制中把这里的 $\varepsilon$ 写成 $\varepsilon_r$，而把这里的 $\varepsilon\varepsilon_0$ 写成 $\varepsilon$（它等于 $\varepsilon_r\varepsilon_0$）。前者叫做相对介电常量，它是个无量纲的量；后者叫做绝对介电常量，它是一个与 $\varepsilon_0$ 有相同量纲的量。在真空中相对介电常量 $\varepsilon_r=1$，绝对介电常量为 $\varepsilon_0$，所以通常把这个在库仑定律中引入的有量纲的系数 $\varepsilon_0$ 叫做真空介电常量，为了便于和另一种较常用的电磁学单位制 —— 高斯单位制对比，我们采用相对介电常量的表示法，并且为了书写方便，把下标 r 省略。不少书籍和文献中也采用我们这种写法。

利用高斯定理(4.9)式先把 $\boldsymbol{D}$ 求出,这里无需知道极化电荷有多少;然后利用(4.10)式求出电场 $\boldsymbol{E}$.

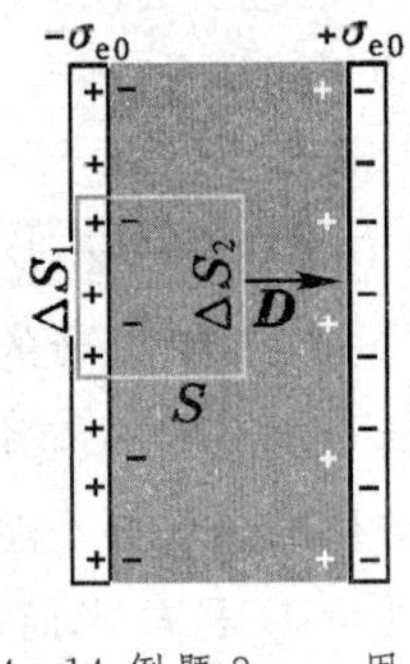


图 4-14 例题 8——用 $\boldsymbol{D}$ 的高斯定理求平行板电容器中的场强

**例题 8**　利用电位移矢量的概念重解例题 7。

**解:**　如图 4-14 所示,作柱形高斯面 $S$,它的一个底 $\Delta S_1$ 在一个金属极板体内,另一个底 $\Delta S_2$ 在电介质中,侧面与电场线平行。在金属内 $\boldsymbol{E}=0$,$\boldsymbol{D}=0$,故 $\Delta S_1$ 上无通量;侧面上也无通量;唯一有通量的是 $\Delta S_2$ 处。此外,包围在此高斯面内的自由电荷有 $\Delta q_0=\sigma_{e0}\Delta S_1$(它在左边金属极板内侧的表面上,面积 $\Delta S_1=\Delta S_2$),故按照高斯定理(4.9)式,我们有

$$\oint\!\!\!\oint_{(S2)}\boldsymbol{D}\cdot\mathrm{d}\boldsymbol{S}=D\Delta S_2=\sigma_{e0}\,\Delta S_1,$$

亦即

$$D=\sigma_{e0}=\varepsilon_0 E_0,$$

其中 $\boldsymbol{E}_0$ 是自由电荷的场(外电场)。利用(4.10)式得

$$E=\frac{D}{\varepsilon\varepsilon_0}=\frac{E_0}{\varepsilon}=\frac{E_0}{1+\chi_e},$$

它与例题 7 的结果一致,但计算过程简单多了。▌

**例题 9**　在整个空间里充满介电常量为 $\varepsilon$ 的电介质,其中有一点电荷 $q_0$,求场强分布。

**解:**　以 $q_0$ 为中心取任意半径 $r$ 作球形高斯面 $S$(图 4-15),则

$$\oint\!\!\!\oint_{(S)}\boldsymbol{D}\cdot\mathrm{d}\boldsymbol{S}=4\pi r^2 D=q_0,$$

故

$$D=\frac{q_0}{4\pi r^2},\qquad E=\frac{D}{\varepsilon\varepsilon_0}=\frac{1}{4\pi\varepsilon\varepsilon_0}\frac{q_0}{r^2}.$$

不难看出,它是真空中点电荷场强 $E_0=q_0/4\pi\varepsilon_0 r^2$ 的 $1/\varepsilon$ 倍。场强减小的原因是中心点电荷 $q_0$ 被一层正负号与之相反的极化电荷包围了(见图 4-15),它的场把点电荷 $q_0$ 的场抵消了一部分。通常把这效应说成极化电荷对 $q_0$ 起了一定的屏蔽作用。▌

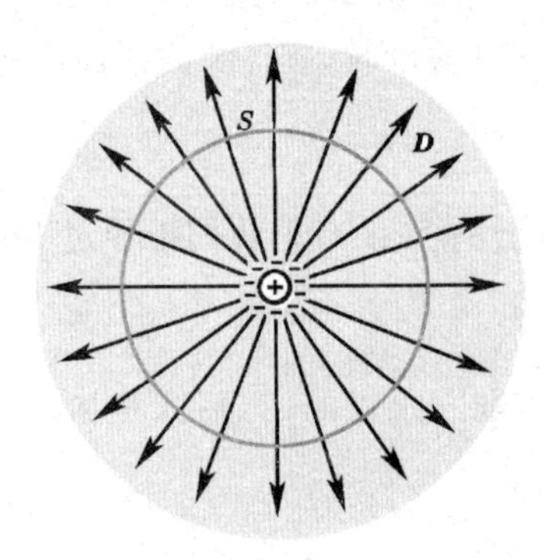


图 4-15 例题 9——均匀无限电介质中点电荷的场强

以上两例题的结果都表明,$\boldsymbol{D}=\varepsilon_0\boldsymbol{E}_0$,$\boldsymbol{E}=\boldsymbol{E}_0/\varepsilon$. 然而这是有条件的。可以证明,❶当均匀电介质充满电场所在空间,或均匀电介质表面是等势面时,$\boldsymbol{D}=\varepsilon_0\boldsymbol{E}_0$,$\boldsymbol{E}=\boldsymbol{E}_0/\varepsilon$. 从而当电容器中充满均匀电介质后,其电容 $C$ 为真空电容 $C_0$ 的 $\varepsilon$ 倍:

$$C=\varepsilon C_0. \tag{4.12}$$

所以介电常量 $\varepsilon$ 也叫电容率。

设无电介质时的场强为 $\boldsymbol{E}_0$,它只是自由电荷产生的场强,故有

$$\oint\!\!\!\oint\boldsymbol{E}_0\cdot\mathrm{d}\boldsymbol{S}=\frac{1}{\varepsilon_0}\sum q_0\quad 或\quad \oint\!\!\!\oint\varepsilon_0\boldsymbol{E}_0\cdot\mathrm{d}\boldsymbol{S}=\sum q_0,$$

另一方面,在引入电介质后 $\boldsymbol{D}$ 所满足的高斯定理为

$$\oint\!\!\!\oint\boldsymbol{D}\cdot\mathrm{d}\boldsymbol{S}=\sum q_0,$$

比较两式,似乎应有 $\boldsymbol{D}=\varepsilon_0\boldsymbol{E}_0$,即 $\boldsymbol{D}$ 与极化电荷无关。我们在例题 7 和例题 8 中确实看到这种情况。是否可以认为电位移矢量 $\boldsymbol{D}$ 就是 $\boldsymbol{E}_0$ 的 $\varepsilon_0$ 倍呢?否!$\boldsymbol{D}=\varepsilon_0\boldsymbol{E}_0$ 这个关系式是有条件的。可以证明,这条件是均匀电介质充满存在电场的全部空间(上述两例题满足此条件),或者放宽一些,均匀电介质的表面为等势面(在本章的习题中将看到这种情形)。满足这些条件时,$\boldsymbol{D}=\varepsilon_0\boldsymbol{E}_0$,$\boldsymbol{E}$ 为 $\boldsymbol{E}_0$ 的 $1/\varepsilon$ 倍。若上述条件不满足,一般说来 $\boldsymbol{D}\neq\varepsilon_0\boldsymbol{E}_0$,$\boldsymbol{E}\neq\boldsymbol{E}_0/\varepsilon$. 这样的例子是不难举出来的。例如 1.4 节的例题 5 中得到沿轴均匀极化介质细棒中点的退极化场为 $\boldsymbol{E}'\approx 0$,从而 $\boldsymbol{E}\approx\boldsymbol{E}_0$,$\boldsymbol{D}=\varepsilon\varepsilon_0\boldsymbol{E}\approx\varepsilon\varepsilon_0\,\boldsymbol{E}_0$.

---

❶ 证明需要用到静电边值问题的唯一性定理,参见 6.3 节。

为什么 $\boldsymbol{D}$ 和 $\varepsilon_0\boldsymbol{E}_0$ 两个矢量满足同一形式的高斯定理，但在普遍情况下它们又不相等呢？这是因为高斯定理只反映矢量场的一个侧面，单靠它不能把矢量场的分布完全确定下来。反映矢量场另一个侧面的是环路定理，对于真空中的场强 $\boldsymbol{E}_0$，

$$\oint \boldsymbol{E}_0 \cdot \mathrm{d}\boldsymbol{l} = 0,$$

但在普遍情况下，电位移矢量 $\boldsymbol{D}$ 的环路积分 $\oint \boldsymbol{D}\cdot\mathrm{d}\boldsymbol{l}\neq 0$。此外，在电介质中 $\boldsymbol{D}=\varepsilon\varepsilon_0\boldsymbol{E}$ 正比于 $\boldsymbol{E}$，但 $\boldsymbol{E}_0$ 不一定正比于 $\boldsymbol{E}$. 可见，$\boldsymbol{D}$ 和 $\varepsilon_0\boldsymbol{E}$ 本质上是不同的，在普遍的情况下不能互相代替。

在 1.3 节中曾提到，均匀电介质的内部无极化电荷，因此极化电荷只能分布在均匀介电体的表面或两种电介质的界面上。这个结论可用 $\boldsymbol{D}$ 的高斯定理(4.9)式来证明。设电介质内无自由电荷 $q_0$，在均匀电介质内部取一任意高斯面 $S$，则有

$$\oint\!\!\!\oint_{(S)} \boldsymbol{D}\cdot\mathrm{d}\boldsymbol{S} = 0,$$

因为 $\boldsymbol{P}=\chi_e\varepsilon_0\boldsymbol{E}$，$\boldsymbol{E}=\boldsymbol{D}/\varepsilon\varepsilon_0$，故 $\boldsymbol{P}=\chi_e\boldsymbol{D}/\varepsilon$，其中 $\chi_e/\varepsilon$ 是常量，故按照(4.2)式，任何 $S$ 内包围的极化电荷为

$$q' = -\oint\!\!\!\oint_{(S)} \boldsymbol{P}\cdot\mathrm{d}\boldsymbol{S} = -\oint\!\!\!\oint_{(S)} \frac{\chi_e}{\varepsilon}\boldsymbol{D}\cdot\mathrm{d}\boldsymbol{S} = -\frac{\chi_e}{\varepsilon}\oint\!\!\!\oint_{(S)} \boldsymbol{D}\cdot\mathrm{d}\boldsymbol{S} = 0.$$

亦即只要均匀电介质内无自由电荷，其中必定也没有极化电荷。

# §2. 磁介质(一)—— 分子电流观点

## 2.1 磁介质的磁化

在第二章里讨论载流线圈产生磁场和第三章里讨论变化的磁场产生感应电动势的时候，我们都假定导体以外是真空，或者不存在磁性物质(磁介质)。然而在实际中大多数情况下电感器件(如镇流器、变压器、电动机和发电机)的线圈中都有铁芯。那么，铁芯在这里起什么作用呢？为了说明这个问题，我们看一个演示实验。

图 4-16 就是上一章里讲过的那个有关电磁感应现象的演示实验，当初级线圈 A′ 的电路中开关 K 接通或断开时，就在次级线圈 A 中产生一定的感应电流。不过这里我们在线圈中加一软铁芯。重复上述实验就会发现，次级线圈中的感应电流大大增强了。我们知道，感应电流的强度是与磁通量的时间变化率成正比的。上述实验表明，铁芯可以使线圈中的磁通量大大增加。

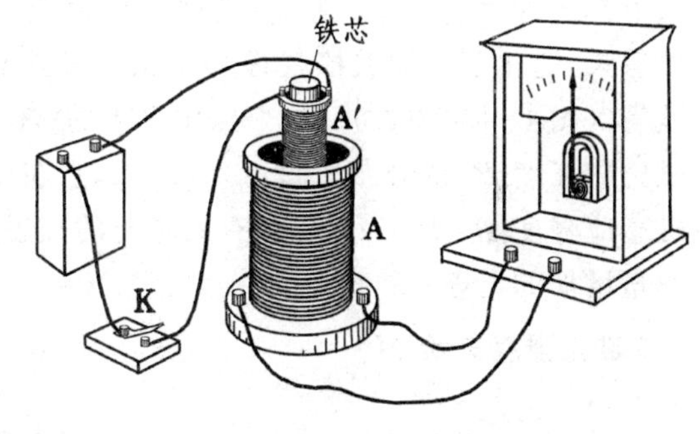

图 4-16 铁芯对电磁感应产生影响的演示

有关磁介质(铁芯)磁化的理论，有两种不同的观点 —— 分子电流观点和磁荷观点。两种观点假设的微观模型不同，从而赋予磁感应强度 $\boldsymbol{B}$ 和磁场强度 $\boldsymbol{H}$ 的物理意义也不同，但是最后得到的宏观规律的表达式完全一样，因而计算的结果也完全一样。在这种意义下两种观点是等效的。本节介绍分子电流观点，下节介绍磁荷观点，并讨论两种观点的等效性问题。

分子电流观点即安培的分子环流假说(参见第二章 1.2 节)。现在我们按照这个观点来说明，为什么铁芯能够使线圈中的磁通量增加。

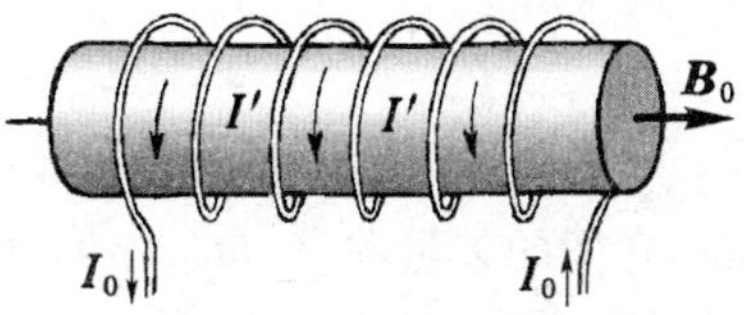

如图 4-17 所示，我们考虑一段插在线圈内的软铁棒。按

图 4-17 磁介质棒在外磁场中的磁化

照安培分子环流的观点，棒内每个磁分子[1]相当于一个环形电流。在没有外磁场的作用下，各分子环流的取向是杂乱无章的(图4-18a)，它们的磁矩相互抵消。宏观看起来，软铁棒不显示磁性。我们说，这时它处于未磁化状态。当线圈中通入电流后，它产生一个外磁场 $\boldsymbol{B}_0$(这个由外加电流产生，并与之成正比的磁场，又叫做*磁化场*，产生磁化场的外加电流，叫做*励磁电流*)。在磁化场的力矩作用下，各分子环流的磁矩在一定程度上沿着场的方向排列起来(图 4-18b)。我们说，这时软铁棒被磁化了，图 4-18b 的右方是磁化了的软铁棒的横截面图。由图可以看出，当均匀介质均匀磁化时，由于分子环流的回绕方向一致，在介质内部任何两个分子环流中相邻的那一对电流元方向总是彼此相反的，它们的效果相互抵消。只有在横截面边缘上各段电流元未被抵消，宏观看起来，这横截面内所有分子环流的总体与沿截面边缘的一个大环形电流等效(图 4-18c 右方)。由于在各个截面的边缘上都出现了这类环形电流(宏观上称它为*磁化电流*)，整体看来，磁化了的软铁棒就像一个由磁化电流组成的“螺线管”(图 4-18c 左方)。这个磁化电流的“螺线管”产生的磁感应强度 $\boldsymbol{B}'$ 的分布如图 4-19 所示，它在棒的内部的方向与磁化场 $\boldsymbol{B}_0$ 一致，因而在棒内的总磁感应强度 $\boldsymbol{B}=\boldsymbol{B}_0+\boldsymbol{B}'$ 比没有铁芯时的磁感应强度 $\boldsymbol{B}_0$ 大了。这就是为什么铁芯能够使磁感应通量增加的道理。

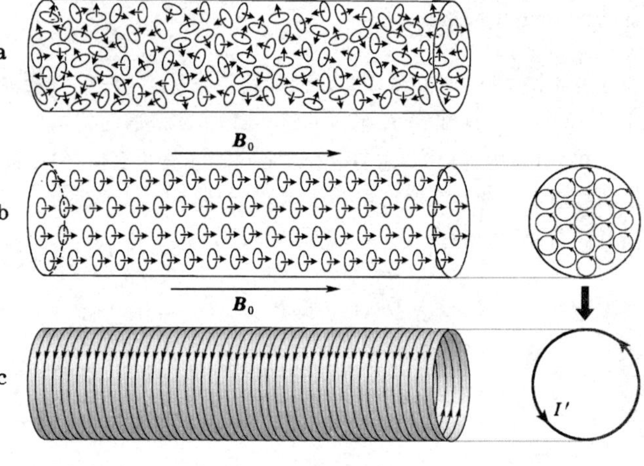


图 4-18 磁化的微观机制与宏观效果(分子电流观点)

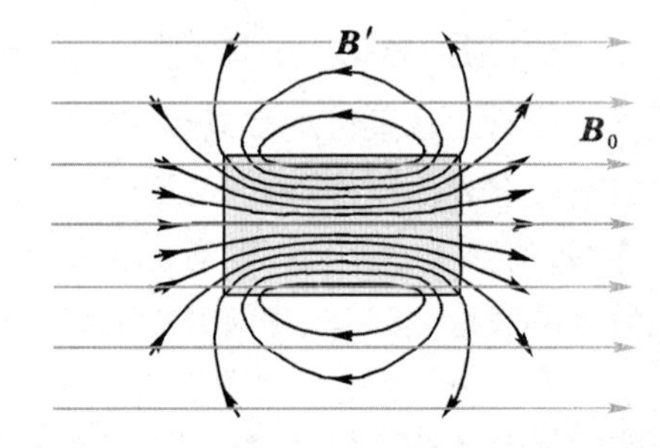


图 4-19 束缚电流产生的附加磁场

### 2.2 磁化强度矢量 M

(1) 定义

为了描述磁介质的磁化状态(磁化的方向和磁化的程度)，通常引入*磁化强度矢量*的概念，它定义为*单位体积内分子磁矩的矢量和*。如果我们在磁介质内取一个宏观体积元 $\Delta V$，在这个体积元内包含了大量的磁分子。用 $\sum \boldsymbol{m}_{分子}$ 代表这个体积元内所有分子磁矩的矢量和，用 $\boldsymbol{M}$ 代表磁化强度矢量，则上述定义可表达成下列公式：

$$\boldsymbol{M}=\frac{\sum \boldsymbol{m}_{分子}}{\Delta V}. \tag{4.13}$$

拿上述软铁棒的例子来说，当它处于未磁化状态的时候，各个分子磁矩 $\boldsymbol{m}_{分子}$ 取向杂乱无章，它们的矢量和 $\sum \boldsymbol{m}_{分子}=0$，从而棒内的磁化强度 $\boldsymbol{M}=0$。在有磁化场的情况下，棒内的分子磁

[1] 这里“磁分子”泛指磁介质中的微观基本单元。

矩在一定程度上沿着 $\boldsymbol{B}_0$ 的方向排列起来，这时各分子磁矩 $\boldsymbol{m}_{分子}$ 的矢量和将不等于0，且合成矢量具有 $\boldsymbol{B}_0$ 的方向，从而磁化强度矢量 $\boldsymbol{M}$ 就是一个沿 $\boldsymbol{B}_0$ 方向的矢量。分子磁矩 $\boldsymbol{m}_{分子}$ 定向排列的程度越高，它们的矢量和的数值越大，从而磁化强度矢量 $\boldsymbol{M}$ 的数值就越大。由此可见，由(4.13)式定义的磁化强度矢量 $\boldsymbol{M}$ 确是一个能够反映出介质磁化状态的物理量。

(2) 磁化电流的分布与磁化强度的关系

正如电介质中极化强度矢量 $\boldsymbol{P}$ 与极化电荷之间有一定关系一样，磁介质中磁化强度矢量 $\boldsymbol{M}$ 与磁化电流之间也有一定的关系。下面我们来推导这类关系。

为了便于说明问题，我们把每个宏观体积元内的分子看成完全一样的电流环，即环具有同样的面积 $a$ 和取向(可用矢量面元 $\boldsymbol{a}$ 代表)，环内具有同样的电流 $I$，从而具有相同的磁矩 $\boldsymbol{m}_{分子}=I\boldsymbol{a}$. 这就是说，我们用平均分子磁矩代替每个分子的真实磁矩。于是介质中的磁化强度为

$$\boldsymbol{M} = nI\boldsymbol{a}. \tag{4.14}$$

式中 $n$ 为单位体积内的分子环流数。

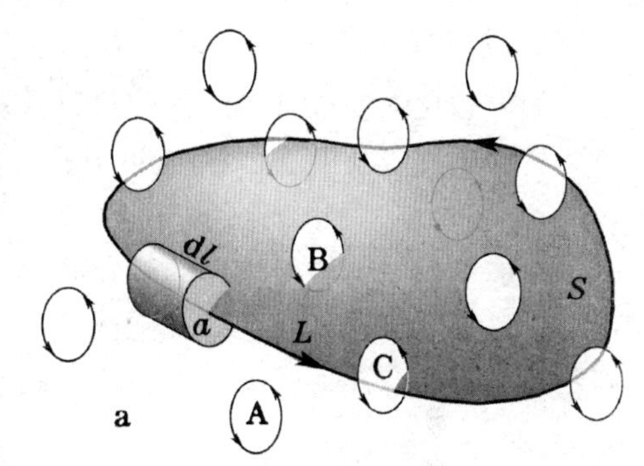


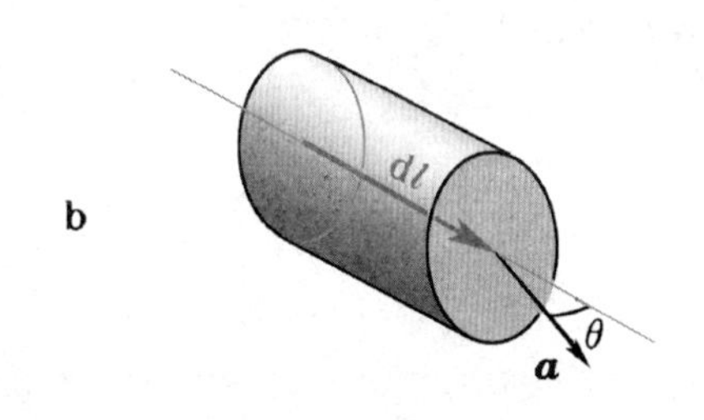


图 4-20 磁化强度与磁化电流的关系

如图4-20a所示，设想我们在磁介质中划出任意一宏观的面 $S$ 来考察有无分子电流通过它。令 $S$ 的周界线为 $L$. 介质中的分子环流可分为三类：第一类不与 $S$ 相交(如图中的A)，第二类整个为 $S$ 所切割，即与 $S$ 两次相交(如图中的B)，第三类被 $L$ 穿过，与 $S$ 相交一次(如图中的C)。前两类对通过 $S$ 面的总电流没有贡献，我们只需考虑第三类，即为 $L$ 所穿过的分子环流。

首先我们在周界线 $L$ 上取任一线元 $\mathrm{d}\boldsymbol{l}$，考虑它穿过分子环流的情况。为此以 $\mathrm{d}\boldsymbol{l}$ 为轴线，$\boldsymbol{a}$ 为底面作一柱体，其体积为 $a\,\mathrm{d}l\cos\theta$($\theta$ 为 $\boldsymbol{a}$ 与 $\mathrm{d}\boldsymbol{l}$ 之间的夹角，见图4-20b)。凡中心在此柱体内的分子环流都为 $\mathrm{d}\boldsymbol{l}$ 所穿过。这样的分子环流共有 $na\,\mathrm{d}l\cos\theta$ 个，每个分子环流贡献一个通过 $S$ 面的电流 $I$，故为线元 $\mathrm{d}\boldsymbol{l}$ 穿过的所有分子环流总共贡献电流为 $nIa\,\mathrm{d}l\cos\theta=nI\boldsymbol{a}\cdot\mathrm{d}\boldsymbol{l}=n\boldsymbol{m}_{分子}\cdot\mathrm{d}\boldsymbol{l}=\boldsymbol{M}\cdot\mathrm{d}\boldsymbol{l}$. [1]最后，沿闭合回路对 $\mathrm{d}\boldsymbol{l}$ 积分，即得通过以 $L$ 为边界的面 $S$ 的全部分子电流的代数和 $\sum I'$：

$$\oint_{(L)} \boldsymbol{M}\cdot\mathrm{d}\boldsymbol{l} = \sum_{(L内)} I'. \tag{4.15}$$

这便是与电介质公式(4.2)对应的磁介质公式，它是反映磁介质中磁化电流 $I'$ 的分布与磁化强度之间联系的普遍公式。

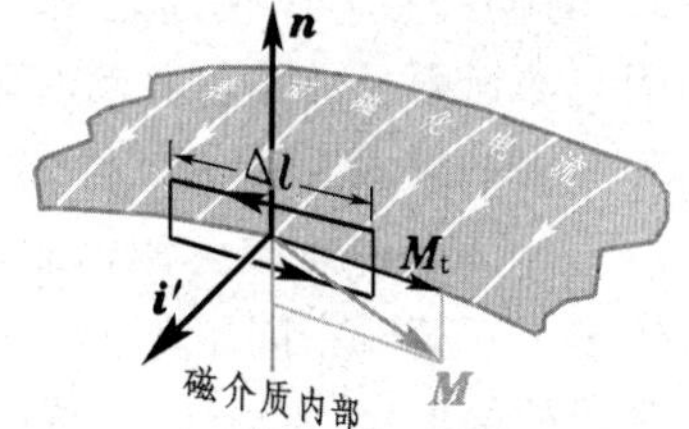


图 4-21 磁化强度与表面磁化电流的关系

为了得到磁化强度与介质表面磁化电流的关系，只需将(4.15)式运用于图4-21所示的矩形回路上。此回路的一对边与介质表面平行，且垂直于磁化电流线，其长度为 $\Delta l$，另一对边与表面垂直，其长度远小于 $\Delta l$. 设介质表面单位长度上的磁化电流为 $i'$($i'$ 叫做面磁化电流密度)，

[1] $L$ 的回绕方向决定了通过 $S$ 的电流的正负含义，这里 $\cos\theta$ 也是可正可负的。不难看出，电流的正负和 $\cos\theta$ 的正负是一致的。

则穿过矩形回路的磁化电流为 $I'=i'\Delta l$. 另一方面，$\boldsymbol{M}$ 的积分只在介质表面内的一边上不为 0，其贡献为 $M_t\Delta l$（$M_t$ 为 $\boldsymbol{M}$ 的切向分量），从而根据（4.15）式，我们有 $M_t\Delta l=i'\Delta l$，即

$$M_t=i'.$$

若考虑到方向，可写成下列矢量式：

$$\boldsymbol{i}'=\boldsymbol{M}\times\boldsymbol{n}. \tag{4.16}$$

式中 $\boldsymbol{n}$ 是磁介质表面的外法向单位矢量。（4.16）式表明，只有介质表面附近 $\boldsymbol{M}$ 有切向分量的地方 $\boldsymbol{i}'\neq 0$，$\boldsymbol{M}$ 的法向分量与 $\boldsymbol{i}'$ 无联系。（4.16）式是与电介质的（4.3）式对应的磁介质公式，它是反映磁介质表面磁化电流密度与磁化强度之间的重要关系式。

### 2.3 磁介质内的磁感应强度矢量 B

如果磁化强度 $\boldsymbol{M}$ 已知，我们可以计算出它产生的附加磁感应强度 $\boldsymbol{B}'$ 来。然后将它叠加在磁化场的磁感应强度 $\boldsymbol{B}_0$ 上，就可得到有磁介质时的磁感应强度 $\boldsymbol{B}$：

$$\boldsymbol{B}=\boldsymbol{B}_0+\boldsymbol{B}'. \tag{4.17}$$

考虑一根沿轴均匀磁化的磁介质圆棒。如前所述，磁化的宏观效果相当于在介质棒侧面出现环形磁化电流，单位长度内的电流 $i'=M$. 这磁化电流沿环向均匀分布在圆柱面上，我们可以利用第二章的（2.33）式来计算它产生的磁场。$i'$ 相当于该式中的 $\iota$，该式中的 $B$ 相当于这里的 $B'$，于是

$$B'=\frac{\mu_0 i'}{2}(\cos\beta_1-\cos\beta_2)=\frac{\mu_0 M}{2}(\cos\beta_1-\cos\beta_2). \tag{4.18}$$

在轴线中点上

$$\cos\beta_1=-\cos\beta_2=\frac{l}{\sqrt{d^2+l^2}}=\frac{l/d}{\sqrt{1^2+(l/d)^2}},$$

式中 $d$ 为圆棒的直径，$l$ 为棒的长度。故

$$B'=\mu_0 M(l/d)[1+(l/d)]^{-1/2}. \tag{4.19}$$

对于无穷长的棒，$l\to\infty$，$l/d\to\infty$，

$$\boldsymbol{B}=\mu_0\boldsymbol{M},\quad \boldsymbol{B}=\boldsymbol{B}_0+\boldsymbol{B}'=\boldsymbol{B}_0+\mu_0\boldsymbol{M}. \tag{4.20}$$

对于很薄的磁介质片，$l/d\approx 0$，

$$\boldsymbol{B}\approx 0,\quad \boldsymbol{B}=\boldsymbol{B}_0+\boldsymbol{B}'\approx\boldsymbol{B}_0. \tag{4.21}$$

介于上述两极端之间的情形，$\boldsymbol{B}'$ 的数值介于（4.20）式和（4.21）式所给的数值之间。总之，随着棒的缩短，$\boldsymbol{B}'$ 减小。由于 $\boldsymbol{B}'$ 和 $\boldsymbol{B}_0$ 方向一致，$\boldsymbol{B}$ 也随之减小。这一结论可作如下直观的理解：因为从无限长的棒过渡到有限长的棒，相当于把无限长棒的两头各截去一段（见图 4－22 中的 2、3），从而在磁化电流附加场的表达式（4.20）中应减去截掉的两段上的磁化电流的贡献，所以 $\boldsymbol{B}'$ 应小于 $\mu_0\boldsymbol{M}$. 中间留下的一段棒 1 越短，就相当于截掉的两段 2、3 越长，应从（4.20）式中减去的一项就越大，所以 $\boldsymbol{B}'$ 就越小。

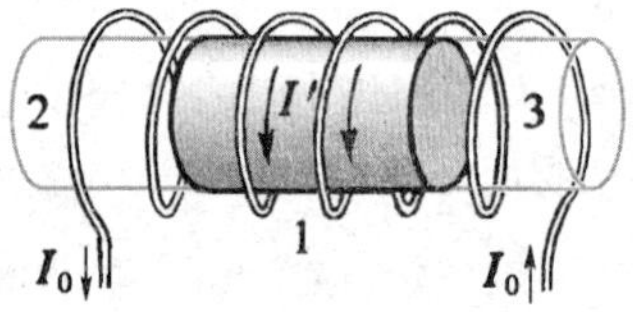

图 4－22 有限长磁介质圆棒

无限长介质棒的公式（4.20）对闭合介质环（图 4－23a）的内部也适用。上面对有限长介质棒的定性讨论则适用于有缺口的介质环（图 4－23b）。从闭合环上截掉一个缺口，$\boldsymbol{B}'$ 便小于闭合时的值 $\mu_0\boldsymbol{M}$；缺口越大，$\boldsymbol{B}'$ 就越小。

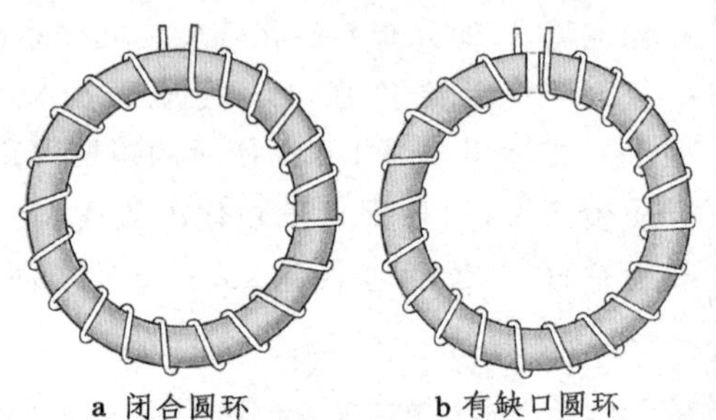

a 闭合圆环　　b 有缺口圆环

图 4－23 圆环形磁芯

### 2.4 磁场强度矢量 $\boldsymbol{H}$　有磁介质时的安培环路定理

§1中讲有电介质时的高斯定理时,曾引入一个辅助矢量 —— 电位移矢量 $\boldsymbol{D}=\varepsilon_0\boldsymbol{E}+\boldsymbol{P}$,并把电通量的高斯定理

$$\oint\!\!\!\oint_{(S)}\boldsymbol{E}\cdot d\boldsymbol{S}=\frac{1}{\varepsilon_0}\sum_{(S内)}(q_0+q')$$

代换为电位移通量的高斯定理

$$\oint\!\!\!\oint_{(S)}\boldsymbol{D}\cdot d\boldsymbol{S}=\sum_{(S内)}q_0,$$

式中 $\sum\limits_{(S内)}q_0$ 和 $\sum\limits_{(S内)}q'$ 分别是高斯面 $S$ 内的自由电荷和极化电荷的总和。这样做的好处是从高斯定理的表达式中消去 $q'$,这对于解决有电介质时的电场分布问题带来很大的方便。

在磁介质中也有相应的情况。这时安培环路定理为

$$\oint_{(L)}\boldsymbol{B}\cdot d\boldsymbol{l}=\mu_0\left[\sum_{(L内)}I_0+\sum_{(L内)}I'\right].\tag{4.22}$$

式中 $\sum\limits_{(L内)}I_0$ 和 $\sum\limits_{(L内)}I'$ 分别是穿过安培环路 $L$ 的传导电流和磁化电流的总和。是否也可引进另一辅助矢量,使得安培环路定理的表达式中不出现 $I'$ 呢? 这是可以的,将(4.22)式除以 $\mu_0$,再减去(4.15)式,就可消去 $\sum I'$:

$$\frac{1}{\mu_0}\oint_{(L)}\boldsymbol{B}\cdot d\boldsymbol{l}-\oint_{(L)}\boldsymbol{M}\cdot d\boldsymbol{l}=\sum_{(L内)}I_0,$$

引入辅助矢量*磁场强度矢量* $\boldsymbol{H}$,它的定义是

$$\boldsymbol{H}=\frac{\boldsymbol{B}}{\mu_0}-\boldsymbol{M},\tag{4.23}$$

即得 $\boldsymbol{H}$ 矢量所满足的安培环路定理:

$$\oint_{(L)}\boldsymbol{H}\cdot d\boldsymbol{l}=\sum_{(L内)}I_0.\tag{4.24}$$

在真空中 $\boldsymbol{M}=0$,

$$\boldsymbol{H}=\frac{\boldsymbol{B}}{\mu_0},\quad 或\quad \boldsymbol{B}=\mu_0\boldsymbol{H}.\tag{4.25}$$

将(4.24)式乘以 $\mu_0$,并把 $\mu_0\boldsymbol{H}$ 换为 $\boldsymbol{B}$,它就化为第二章 §3 中的安培环路定理式(2.43)。所以(4.24)式是安培环路定理的普遍形式。

由(4.24)式可以看出,磁场强度 $\boldsymbol{H}$ 的单位应为 A/m。另一种常用单位叫奥斯特,用 Oe 表示,二者的换算关系是:

$$1\,\mathrm{A/m}=4\pi\times10^{-3}\,\mathrm{Oe},\qquad 1\,\mathrm{Oe}=\frac{10^3}{4\pi}\mathrm{A/m}.$$

**例题** 10　用安培环路定理(4.24)式计算充满磁介质的螺绕环(图4-23a)内的磁感应强度 $B$,已知磁化场的磁感应强度为 $B_0$,介质的磁化强度为 $M$.

**解:**　设螺绕环的平均半径为 $R$,总匝数为 $N$. 正像第二章3.4节中讨论空心螺绕环时一样,取与环同心的圆形回路 $L$(参看图2-38),传导电流 $I_0$ 共穿过此回路 $N$ 次。利用(4.24)式可得

$$\oint_{(L)}\boldsymbol{H}\cdot d\boldsymbol{l}=2\pi RH=\sum_{(L内)}I_0=NI_0$$

即

$$H=\frac{N}{2\pi R}I_0=nI_0.$$

式中 $n=N/2\pi R$ 代表环上单位长度内的匝数。

我们知道,磁化场的磁感应强度 $B_0$ 就是空心螺绕环的磁感应强度:

$$B_0=n\mu_0I_0,$$

故

$$B_0=\mu_0H,\quad 或\quad H=\frac{B_0}{\mu_0}.$$

根据(4.23)式,磁介质环内的磁感强度为

$$B=\mu_0(H+M)=B_0+\mu_0 M. \blacksquare$$

于是我们得到与上面(4.20)式相同的结果,不过这里避免了磁化电流的计算。

## §3. 磁介质(二)——磁荷观点

我们在第二章一开头就讲到,从历史发展来看,磁的理论起初是建立在磁的库仑定律的基础上的。它与电的库仑定律平行,把磁极看成磁荷积聚的地方,把小磁针看成磁偶极子,它具有一定的磁偶极矩 $\boldsymbol{p}_{\mathrm{m}}$. 后来才建立起分子电流的理论,在这里小磁针等价于小螺线管,线圈等价于磁偶极层,电流环有一定的磁矩 $\boldsymbol{m}$. 前者称为磁荷观点,后者称为分子电流观点。沿着这两个方向各发展出一套磁介质的理论,它们互相等价。虽然分子电流理论较符合磁介质微观本质的现代认识,在教学中普遍遵循。但磁荷理论发展在先,与电介质理论完全平行,便于理解和计算,在磁学的实用中仍多采用,所以我们还是要花一定篇幅来介绍它,并讨论它与分子电流理论的等价性。

### 3.1 磁介质的磁化　磁极化强度矢量 $\boldsymbol{J}$

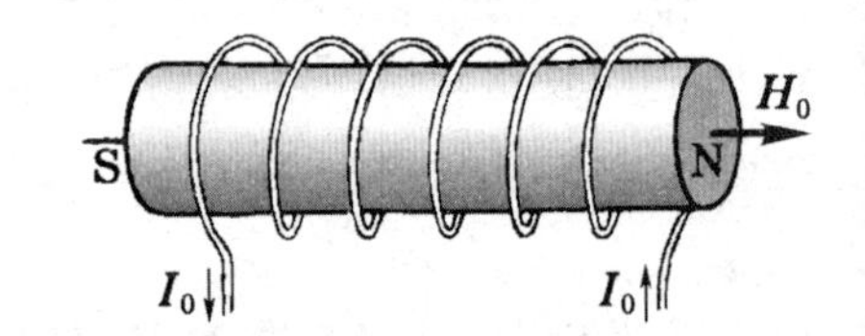


图 4-24 铁芯在外磁场中的磁化

如图 4-24 所示,将一个没有磁化的铁芯插在线圈中,当线圈里通入直流电时,铁芯将显出磁性,在其两端出现了 N、S 极。我们说,这时铁芯被磁化了。

从磁荷观点看来,磁介质的最小单元是(分子)磁偶极子。然而在介质未磁化时,各个磁偶极分子的取向是杂乱无章的(图 4-25a),它们的磁偶极矩 $\boldsymbol{p}_{\mathrm{m分子}}$ 的作用相互抵消,宏观看起来,磁棒不显示磁性,即它处于未磁化的状态。当线圈中通入电流后,它产生一个磁场 $\boldsymbol{H}_0$,叫做磁化场。磁化场 $\boldsymbol{H}_0$ 将对每个磁偶极分子产生一个力矩,使它们的磁偶极矩 $\boldsymbol{p}_{\mathrm{m分子}}$ 转向磁场的方向。这样一来,在磁化场的力矩作用下,各磁偶极分子在一定程度上沿着磁场的方向排列起来(图 4-25b)。由图可以看出,由于磁偶极分子的整齐排列,在介质内部 N、S 极(+、- 极)首尾衔接,相互抵消,其宏观的效果是在整个磁棒的两个端面上分别出现 N、S 极或者说 +、- 磁荷(见图 4-25c)。这样,介质就被磁化了。

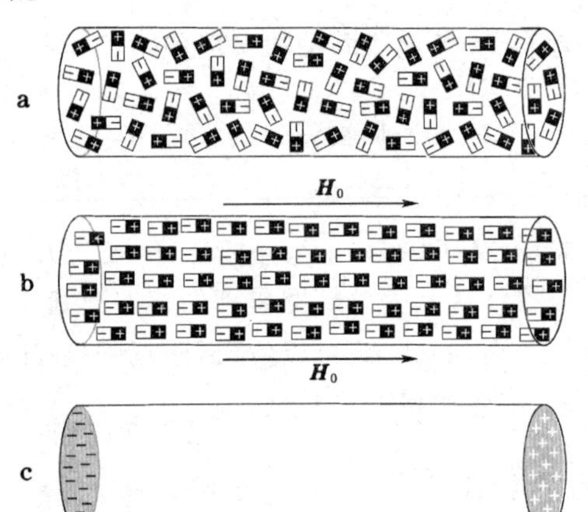


图 4-25 磁化的微观机制与宏观效果(磁荷观点)

为了描述磁介质的磁化状态(磁化的方向和磁化程度的大小),通常引入磁极化强度矢量的概念,它定义为单位体积内分子磁偶极矩的矢量和。如果我们在磁介质内取一个宏观体积元 $\Delta V$,在这个体积元内包含了大量的磁偶极分子。用 $\sum \boldsymbol{p}_{\mathrm{m分子}}$ 代表这个体积元内所有分子磁偶极矩的矢量和,用 $\boldsymbol{J}$ 代表磁极化强度矢量,则上述定义可表达成下列公式:

$$\boldsymbol{J}=\frac{\sum \boldsymbol{p}_{\mathrm{m分子}}}{\Delta V}. \tag{4.26}$$

以上述磁棒为例。当它处于未磁化的状态时,各个分子磁偶极矩 $\boldsymbol{p}_{\mathrm{m分子}}$ 的取向杂乱无章,它们的

矢量和$\sum \boldsymbol{p}_{\text{m分子}}=0$,从而棒内的磁极化强度$\boldsymbol{J}=0$. 在有磁化场$\boldsymbol{H}_0$的情况下,棒内的分子磁偶极矩在一定程度上沿着$\boldsymbol{H}_0$的方向排列起来,这时各分子磁偶极矩$\boldsymbol{p}_{\text{m分子}}$的矢量和将不等于0,且合成矢量$\sum \boldsymbol{p}_{\text{m分子}}$具有$\boldsymbol{H}_0$的方向,从而磁极化强度矢量$\boldsymbol{J}$就是一个沿$\boldsymbol{H}_0$方向的矢量。分子磁偶极矩$\boldsymbol{p}_{\text{m分子}}$定向排列的程度越高,它们的矢量和的数值越大,从而磁极化矢量强度$\boldsymbol{J}$的数值就越大。由此可见,由(4.26)式定义的磁极化强度矢量$\boldsymbol{J}$确实是一个能够反映出介质磁化状态(包括其方向和程度大小)的物理量。

### 3.2 磁荷分布与磁极化强度矢量 J 的关系

显然,磁极化强度$\boldsymbol{J}$与电介质中的极化强度$\boldsymbol{P}$对应,(4.26)式与(4.1)式对应。用1.3节中同样的方法可以得到与(4.2)式、(4.3)式对应的公式:

$$\oiint_{(S)} \boldsymbol{J}\cdot \mathrm{d}\boldsymbol{S}=-\sum_{(S内)} q_{\mathrm{m}}. \tag{4.27}$$

$$\sigma_{\mathrm{m}}=\frac{\mathrm{d}q_{\mathrm{m}}}{\mathrm{d}S}=J\cos\theta=\boldsymbol{J}\cdot\boldsymbol{n}=J_{\mathrm{n}}, \tag{4.28}$$

其中$S$是个任意的闭合面,$\sum\limits_{(S内)} q_{\mathrm{m}}$为包含在$S$内磁荷的代数和,$\sigma_{\mathrm{m}}$为磁介质表面上磁荷的面密度,$\boldsymbol{n}$是磁介质表面的单位外法向矢量,$\theta$是$\boldsymbol{J}$与$\boldsymbol{n}$之间的夹角,$J_{\mathrm{n}}$是$\boldsymbol{J}$在$\boldsymbol{n}$上的投影。有了这些磁极化强度与磁荷间的普遍关系式,1.3节中各例题的结果都可搬用过来了。例如在一个均匀磁化的介质球表面磁荷的分布为

$$\sigma_{\mathrm{m}}=J\cos\theta, \tag{4.29}$$

其中$\theta$为球面外法线$\boldsymbol{n}$与$\boldsymbol{J}$之间的夹角(见图4-26)。

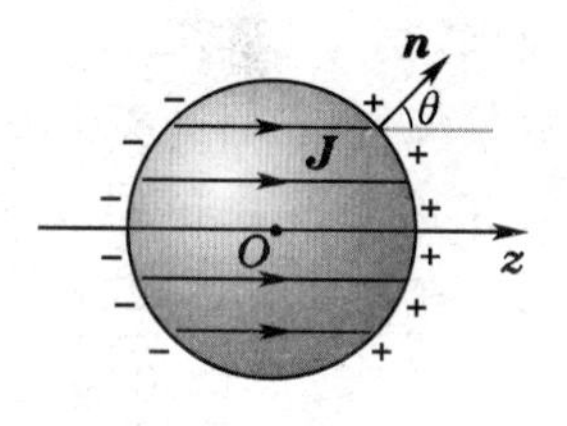

图4-26 均匀磁化介质球上的磁荷分布

### 3.3 退磁场与退磁因子

(1) *退磁场*

如前所述,当介质棒在磁化场$\boldsymbol{H}_0$中被磁化后,在其两端出现N、S磁极,或者说端面上出现正负磁荷。那么,这反过来对磁场产生什么影响呢?如图4-27所示,它们将在介质内外产生一个附加磁场$\boldsymbol{H}'$,从而空间各处的总磁场强度$\boldsymbol{H}$是磁化场$\boldsymbol{H}_0$和介质棒端面上的磁荷产生的附加场$\boldsymbol{H}'$的矢量叠加,即

$$\boldsymbol{H}=\boldsymbol{H}_0+\boldsymbol{H}'. \tag{4.30}$$

附加场$\boldsymbol{H}'$的方向和大小各处不同。有了附加场$\boldsymbol{H}'$之后,介质的磁极化强度$\boldsymbol{J}$不再取决于磁化场$\boldsymbol{H}_0$,而是取决于介质内的总磁场$\boldsymbol{H}$了。现在让我们来专门研究一下介质棒内部的附加场$\boldsymbol{H}'$和总磁场$\boldsymbol{H}$的特点。

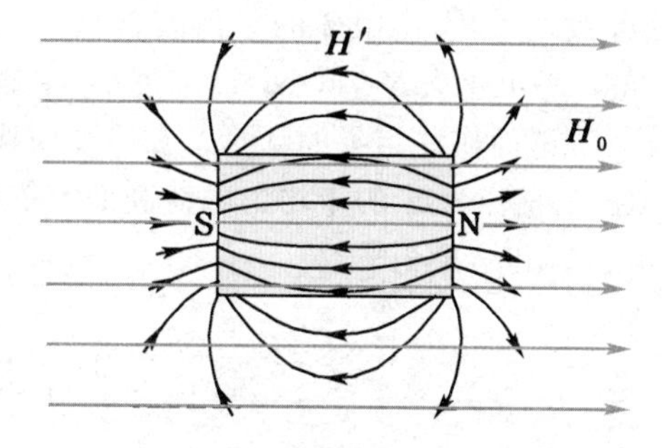

图4-27 磁荷产生的附加磁场

如图4-27所示,设磁化场$\boldsymbol{H}_0$的方向是自左向右的,磁极化强度$\boldsymbol{J}$也沿着这个方向,因而这时介质棒的右端是N极(即带正磁荷),左端是S极(即带负磁荷)。根据磁的库仑定律不难看出,正负磁荷在两端面之间产生的附加磁场$\boldsymbol{H}'$的方向是自右向左的,即它的方向与$\boldsymbol{J}$和$\boldsymbol{H}_0$相反。这样一来,介质内部的总磁场强度$\boldsymbol{H}=\boldsymbol{H}_0+\boldsymbol{H}'$的数值实际上是二者相减,即

$$H = H_0 - H',$$

因而 $H < H_0$，即磁场减弱了。所以通常把介质内部的这个与外磁场方向相反的附加场 $\boldsymbol{H}'$ 叫退磁场。

如果退磁场 $\boldsymbol{H}'$ 大了，就需加大外磁场 $\boldsymbol{H}_0$，才能在介质内产生同样大小的总磁场 $\boldsymbol{H}$ 和磁极化强度 $\boldsymbol{J}$. 这就是说，退磁场越大，介质越不容易磁化，退磁场总是不利于磁化的。为了更好地使介质磁化，我们就要研究什么因素影响着退磁场的大小。

(2) 退磁因子

如图 4-28 所示，试比较几根磁棒，有的细而长（$l/d$ 大），有的短而粗（$l/d$ 小）；将它们磁化到同样大小的 $J$，从而端面上有同样的磁荷面密度 $\pm\sigma_m$. 现在考虑介质棒内中点附近的退磁场 $\boldsymbol{H}'$. 显然，在细而长的磁棒里，由于端面积较小，总磁荷 $\pm q_m(=\pm\sigma_m S)$ 数量较少，它们又离中点较远，从而在该处产生的退磁场 $\boldsymbol{H}'$ 较弱。在短而粗的磁棒里，由于端面积较大，总磁荷 $\pm q_m$ 数量较多，它们又离中点较近，从而在该处产生的退磁场 $\boldsymbol{H}'$ 较强。由此可见，退磁场一方面与端面上的磁荷面密度 $\sigma_m$ 成正比，而 $\sigma_m=J$，即 $H'$ 与 $J$ 成正比；另一方面，在 $J$ 给定后，与棒的几何因素 $l/d$ 有密切关系。因此我们可以写成

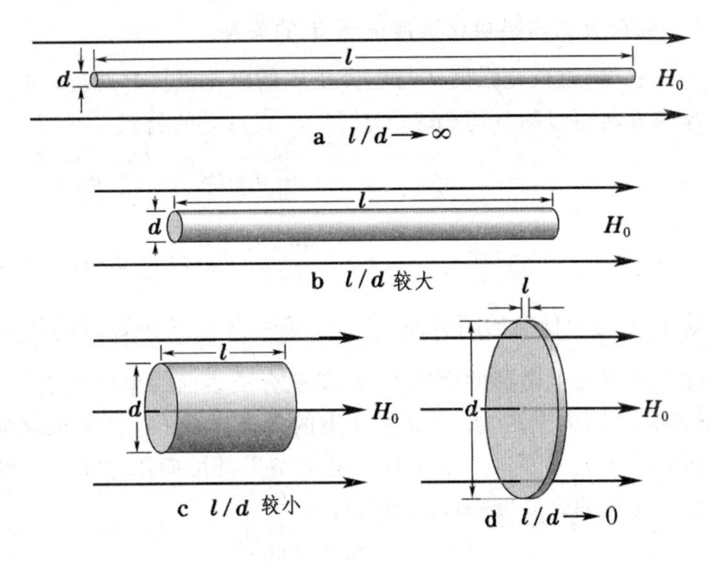


图 4-28 退磁因子

$$H' = N_D J/\mu_0, \tag{4.31}$$

这里我们除以 $\mu_0$，好处是 $J/\mu_0$ 与 $H'$ 具有相同的量纲和单位，从而(4.31)式比例系数 $N_D$ 是一个纯数，它的大小由棒的几何因素 $l/d$ 决定。$N_D$ 叫做介质棒的退磁因子。根据上面的分析可知，$l/d$ 越大 $N_D$ 越小，$l/d$ 越小 $N_D$ 越大，即 $N_D$ 是随 $l/d$ 的增大而单调下降的。

下面作些定量的计算。在磁介质棒的端面上磁荷面密度 $\pm\sigma_m=\pm J$，它们相当于一对彼此相距 $l$、直径为 $d$ 的带均匀磁荷圆面。依据磁的库仑定律和叠加原理可算得它们在中心产生的退磁场，其结果为[1]

$$H' = \frac{\sigma_m}{\mu_0}\{1-(l/d)[1+(l/d)^2]^{-1/2}\}$$

$$= \frac{J}{\mu_0}\{1-(l/d)[1+(l/d)^2]^{-1/2}\}. \tag{4.32}$$

由此可见，退磁因子为

$$N_D = 1-(l/d)[1+(l/d)^2]^{-1/2}, \tag{4.33}$$

对于无限长磁棒，$l\to\infty$，$l/d\to\infty$，

[1] 这里略去了具体的推导过程。其实该式可借用静电学的结果导出，请参考第一章习题 1-26 中一个均匀带电圆面轴线上的电场公式。这里只需把 $\sigma_e$ 换为 $\sigma_m$，$\varepsilon_0$ 换为 $\mu_0$，$E$ 换为 $H'$，并乘以 2(因有两个圆面)。

$$N_D \approx 0, \quad H' \approx 0; \tag{4.34}$$

对于很薄的磁介质片，$l/d \to 0$，

$$N_D \approx 1, \quad H' \approx \frac{J}{\mu_0}. \tag{4.35}$$

在一般情形下 $l/d$ 介于 $\infty$ 和 0 之间,退磁因子介于 0 和 1 之间。

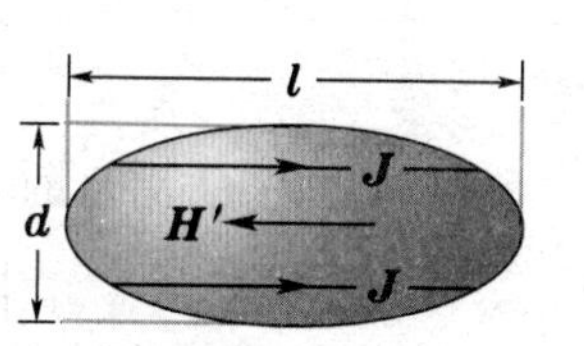


图 4-29 磁化的磁介质旋转椭球体

为了便于实际应用,表 4-1 给出不同 $l/d$ 比值时退磁因子的数值。但应指出,表中的数值并不是根据上面公式计算的,而是对旋转椭球体计算出来的,其中 $l$ 和 $d$ 相当于椭球体的纵向和横向主轴的长度(见图 4-29)。所以要用椭球体而不用圆柱体来计算退磁因子,是因为严格说来,只有在均匀磁化的情形下退磁因子才有意义。理论上可以证明,[1]只有椭球形的磁介质才能在均匀外磁场中均匀磁化,而有限长的圆柱形磁介质在均匀外磁场中的磁化也是不均匀的。

**表 4-1 退磁因子**

| $l/d$ | $N_D$ | $l/d$ | $N_D$ |
|---|---|---|---|
| 0.0 | 1.000000 | 3.0 | 0.108709 |
| 0.2 | 0.750484 | 5.0 | 0.055821 |
| 0.4 | 0.588154 | 10.0 | 0.020286 |
| 0.6 | 0.475826 | 20.0 | 0.006749 |
| 0.8 | 0.394440 | 50.0 | 0.001443 |
| 1.0 | 0.333333 | 100.0 | 0.000430 |
| 1.5 | 0.232981 | 1000.0 | 0.000007 |
| 2.0 | 0.173564 | $\infty$ | 0.000000 |

上面我们看到，磁因子最小的情形是无限长的细棒($l/d \to \infty$, $N_D = 0$)，这时退磁场 $H'=0$,棒最容易磁化。 然而实际中并没有无限长的磁棒,但是我们可以把磁芯做成闭合环状，上面绕上线圈加以磁化。这时螺绕环中的磁化场 $H_0$ 是沿圆周方向的,磁场线是圆形闭合线,它们处处都不会遇到与之垂直的端面,从而任何地方也不出现磁荷,因而 $H'=0$. 所以闭合磁芯的退磁因子 $N_D=0$,最容易磁化。

### 3.4 安培环路定理 高斯定理

按磁荷观点,总磁场 $\boldsymbol{H}$ 由 $\boldsymbol{H}_0$、$\boldsymbol{H}'$ 两部分组成,下面分别讨论一下它们服从的基本规律。

首先,磁化场 $\boldsymbol{H}_0$ 是由电流产生的,它应由毕奥-萨伐尔公式决定[见第二章(2.22) 式]:[2]

$$\boldsymbol{H}_0 = \frac{1}{4\pi}\oint_{(L_1)} \frac{I_1 \mathrm{d}\boldsymbol{l}_1 \times \hat{\boldsymbol{r}}_{12}}{r_{12}^2}, \tag{4.36}$$

按照第二章同样的推理,$\boldsymbol{H}_0$ 满足的安培环路定理和高斯定理分别为

$$\oint_{(L)} \boldsymbol{H}_0 \cdot \mathrm{d}\boldsymbol{l} = \sum_{(L内)} I_0, \tag{4.37}$$

$$\oiint_{(S)} \boldsymbol{H}_0 \cdot \mathrm{d}\boldsymbol{S} = 0. \tag{4.38}$$

式中 $I_0$ 是传导电流。$\boldsymbol{H}'$是磁荷产生的,它服从库仑定律,按照第一章静电学同样的推理,它满足的环路定理和高斯定理分别为

$$\oint \boldsymbol{H}' \cdot \mathrm{d}\boldsymbol{l} = 0, \tag{4.39}$$

---

[1] J.A.Stratton, *Electromagnetic Theory*, McGraw-Hill Book Company, New York and London, 1941, Chap.III, Sec.3.27.

[2] 按照磁荷观点,磁场强度定义为单位正磁荷所受的力。 用试探磁荷去探测电流产生磁场的规律,得到的也应是毕奥—萨伐尔公式,与第二章(2.22) 式不同的是该式应除以 $\mu_0$, 把 $\boldsymbol{B}$ 写为 $\boldsymbol{H}$.

$$\oiint_{(S)} \boldsymbol{H}'\cdot \mathrm{d}\boldsymbol{S} = \frac{1}{\mu_0}\sum_{(S内)} q_{\mathrm{m}}. \tag{4.40}$$

所以总磁场 $\boldsymbol{H}$ 满足的安培环路定理和高斯定理分别为

$$\oint_{(L)} \boldsymbol{H}\cdot \mathrm{d}\boldsymbol{l} = \oint_{(L)} (\boldsymbol{H}_0 + \boldsymbol{H}')\cdot \mathrm{d}\boldsymbol{l} = \sum_{(L内)} I_0 + 0 = \sum_{(L内)} I_0,$$

即

$$\oint_{(L)} \boldsymbol{H}\cdot \mathrm{d}\boldsymbol{l} = \sum_{(L内)} I_0, \tag{4.41}$$

$$\oiint_{(S)} \boldsymbol{H}\cdot \mathrm{d}\boldsymbol{S} = \oiint_{(S)} (\boldsymbol{H}_0 + \boldsymbol{H}')\cdot \mathrm{d}\boldsymbol{S} = 0 + \frac{1}{\mu_0}\sum_{(S内)} q_{\mathrm{m}} = \frac{1}{\mu_0}\sum_{(S内)} q_{\mathrm{m}}. \tag{4.42}$$

### 3.5 磁感应强度矢量 $\boldsymbol{B}$

在 1.6 节里我们曾引入一个辅助矢量 $\boldsymbol{D} = \varepsilon_0 \boldsymbol{E} + \boldsymbol{P}$(电位移矢量或电感应矢量),用它可以把高斯定理改写成与极化电荷 $q'$ 无关的形式[(4.9) 式]:

$$\oiint_{(S)} \boldsymbol{D}\cdot \mathrm{d}\boldsymbol{S} = \sum_{(S内)} q_0,$$

在磁场的情形里我们同样可引入一个辅助矢量,用它把高斯定理(4. 42)式改写成与磁荷无关的形式。为此我们引用(4. 27)式:

$$\oiint_{(S)} \boldsymbol{J}\cdot \mathrm{d}\boldsymbol{S} = -\sum_{(S内)} q_{\mathrm{m}},$$

将(4. 42)式乘以 $\mu_0$ 并与此式相加,即可消去 $\sum q_{\mathrm{m}}$:

$$\oiint_{(S)} (\mu_0 \boldsymbol{H} + \boldsymbol{J})\cdot \mathrm{d}\boldsymbol{S} = 0, \tag{4.43}$$

仿照电介质中引入 $\boldsymbol{D}$ 矢量的办法,我们引入一个辅助性的物理量 $\boldsymbol{B}$,它的定义为[1]

$$\boldsymbol{B} \equiv \mu_0 \boldsymbol{H} + \boldsymbol{J}, \tag{4.44}$$

这个 $\boldsymbol{B}$ 叫做*磁感应强度矢量*。在真空中 $\boldsymbol{J} = 0$,

$$\boldsymbol{B} = \mu_0 \boldsymbol{H}, \tag{4.45}$$

利用 $\boldsymbol{B}$ 的定义,上面的(4.43) 式可写作

$$\oiint_{(S)} \boldsymbol{B}\cdot \mathrm{d}\boldsymbol{S} = 0, \tag{4.46}$$

这便是与电介质的(4.9) 式对应的公式。此式右端为 0,是因为没有“自由磁荷”,所有磁荷都是“束缚”的。

这样, 我们就从磁荷观点得到有关磁场的两个普遍公式: $\boldsymbol{H}$ 矢量的安培环路定理(4.41) 式和 $\boldsymbol{B}$ 矢量的高斯定理(4.46) 式。 它们分别可看成是(2.43) 式和(2.51) 式在有磁介质情形下的推广。

### 3.6 磁化率和磁导率

仿照极化强度 $\boldsymbol{P}$ 与电场强度 $\boldsymbol{E}$ 的关系式(4.5),

$$\boldsymbol{P} = \chi_{\mathrm{e}} \varepsilon_0 \boldsymbol{E},$$

我们引入磁极化强度 $\boldsymbol{J}$ 与磁场强度 $\boldsymbol{H}$ 的关系:

$$\boldsymbol{J} = \chi_{\mathrm{m}} \mu_0 \boldsymbol{H}. \tag{4.47}$$

---

[1] 请注意,在此之前,我们还没有用磁荷观点来定义 $\boldsymbol{B}$, 第二章是按分子电流观点引入的 $\boldsymbol{B}$.

式中 $\chi_m$ 叫做磁化率。于是按(4.44)式，有

$$\boldsymbol{B}=(1+\chi_m)\mu_0\boldsymbol{H}=\mu\mu_0\boldsymbol{H}, \tag{4.48}$$

式中

$$\mu\equiv 1+\chi_m \tag{4.49}$$

称为磁导率，[1]它是与电介质中的介电常量 ε 对应的量。

**例题** 11　求绕在磁导率为 $\mu$ 的闭合磁环上的螺绕环与同样匝数和尺寸的空心螺绕环自感之比。

**解：** 在例题 10 已解得，无论有无磁介质，磁场强度皆为

$$H=nI_0,$$

其中 $n=\dfrac{N}{2\pi R}$ 是环上单位长度内的匝数，$I_0$ 为线圈内的传导电流。按照(4.48)式磁环内

$$B=\mu\mu_0H=\mu\mu_0nI_0,$$

在空心线圈内

$$B_0=\mu_0H=\mu_0nI_0,$$

即

$$\frac{B}{B_0}=\mu.$$

在线圈尺寸、匝数和励磁电流都相同的条件下，磁通匝链数之比为

$$\frac{\Psi}{\Psi_0}=\mu,$$

从而自感之比为

$$\frac{L}{L_0}=\mu. \tag{4.50}$$ ▌

由上述例题我们看到，在线圈内充满了均匀磁介质后，自感增大到原来的 $\mu$ 倍，这一点和电介质使电容增加 ε 倍的性质很相似。

# §4. 磁介质两种观点的等效性

## 4.1 电流环与磁偶极子的等效性

(1) 产生磁场的等效性

在第二章 3.1 节里我们曾得到过一个小线圈产生的磁感应强度公式(2.42)：

$$\boldsymbol{B}=\frac{\mu_0 I}{4\pi}\nabla\Omega.$$

与第一章得到的电偶极子产生电场的公式(1.48)对应，我们在第二章 1.1 节中给过一个磁偶极子产生磁场的公式(2.6)：

$$\boldsymbol{H}=\frac{\tau_m}{4\pi\mu_0}\nabla\Omega,$$

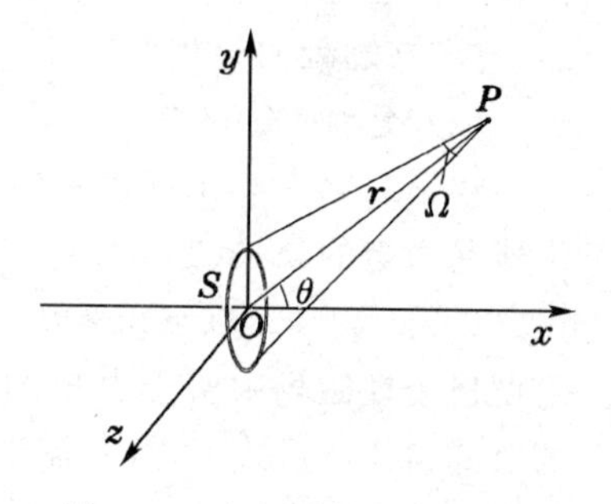

图 4-30 小线圈产生的磁场

式中 $\tau_m=p_m/S$ 为单位面积上的磁偶极矩，而(2.42)式中的电流 $I=m/S$ 可理解为“单位面积上的磁矩”。所以只要作如下代换，两公式就等同了：

---

[1] 在国际单位制中把这里的 $\mu$ 写成 $\mu_r$，而把这里的 $\mu\mu_0$ 写成 $\mu$(它等于 $\mu_r\mu_0$)。前者叫做相对磁导率，它是个无量纲的量；后者叫做绝对磁导率，它是一个与 $\mu_0$ 有相同量纲的量。在真空中相对磁导率 $\mu_r=1$，绝对磁导率为 $\mu_0$，所以通常把这个在毕奥-萨伐尔定律中引入的有量纲的系数 $\mu_0$ 叫做真空磁导率。为了便于和另一种较常用的电磁学单位制——高斯单位制对比，我们采用相对介电常量的表示法，并且为了书写方便，把下标 r 省略。不少书籍和文献中也采用我们这种写法。

$$\boldsymbol{B}=\mu_0\boldsymbol{H},\tag{4.51}$$

$$\boldsymbol{p}_{\mathrm{m}}=\mu_0\boldsymbol{m}.\tag{4.52}$$

在第二章1.1节的例题1里我们曾计算过磁偶极子产生的磁场：

$$\begin{cases}H_x=\dfrac{p_{\mathrm{m}}}{4\pi\mu_0}\dfrac{2x^2-y^2-z^2}{(x^2+y^2+z^2)^{5/2}},\\ H_y=\dfrac{p_{\mathrm{m}}}{4\pi\mu_0}\dfrac{3xy}{(x^2+y^2+z^2)^{5/2}},\\ H_z=\dfrac{p_{\mathrm{m}}}{4\pi\mu_0}\dfrac{3xz}{(x^2+y^2+z^2)^{5/2}}.\end{cases}\tag{4.53}$$

此式适用于场点的距离 $r$ 远大于偶极子尺度 $l$ 的远处。现在我们利用(2.42)式计算一下小线圈在远处产生的磁场。如图4-30所示，取线圈中心为原点 $O$，线圈的轴为 $x$ 轴，场点 $P$ 到 $O$ 的距离为 $r=\sqrt{x^2+y^2+z^2}$，$OP$ 联线与 $x$ 轴的夹角为 $\theta$，$\cos\theta=x/r=x/\sqrt{x^2+y^2+z^2}$. 小线圈对 $P$ 点所张的立体角为

$$\Omega=\frac{S\cos\theta}{r^2}=\frac{Sx}{(x^2+y^2+z^2)^{3/2}}.$$

按(2.42)式，磁感应强度的三个分量为

$$\begin{cases}B_x=-\dfrac{\mu_0 I}{4\pi}\dfrac{\partial\Omega}{\partial x}=-\dfrac{\mu_0 I}{4\pi}\dfrac{2x^2-y^2-z^2}{(x^2+y^2+z^2)^{5/2}},\\ B_y=-\dfrac{\mu_0 I}{4\pi}\dfrac{\partial\Omega}{\partial y}=-\dfrac{\mu_0 I}{4\pi}\dfrac{3xy}{(x^2+y^2+z^2)^{5/2}},\\ B_z=-\dfrac{\mu_0 I}{4\pi}\dfrac{\partial\Omega}{\partial z}=-\dfrac{\mu_0 I}{4\pi}\dfrac{3xz}{(x^2+y^2+z^2)^{5/2}}.\end{cases}\tag{4.54}$$

我们看到，作(4.51)式、(4.52)式的代换，(4.53)式、(4.54)式是一样的。图4-31a、b分别给出磁偶极子产生的磁场线和小线圈产生的磁感应线，它们在远处的很相似。

(2) 受力的等效性

在第二章5.4节中我们导出小线圈在磁场中所受力矩的公式(2.66)：

$$\boldsymbol{L}=\boldsymbol{m}\times\boldsymbol{B}.$$

磁偶极子在磁场中所受力矩的公式和电偶极子的公式(1.13)形式一样，只需把该式中的电偶极矩 $\boldsymbol{p}$ 换为磁偶极矩 $\boldsymbol{p}_{\mathrm{m}}$，电场强度 $\boldsymbol{E}$ 换为磁场强度 $\boldsymbol{H}$：

$$\boldsymbol{L}=\boldsymbol{p}_{\mathrm{m}}\times\boldsymbol{H}.\tag{4.55}$$

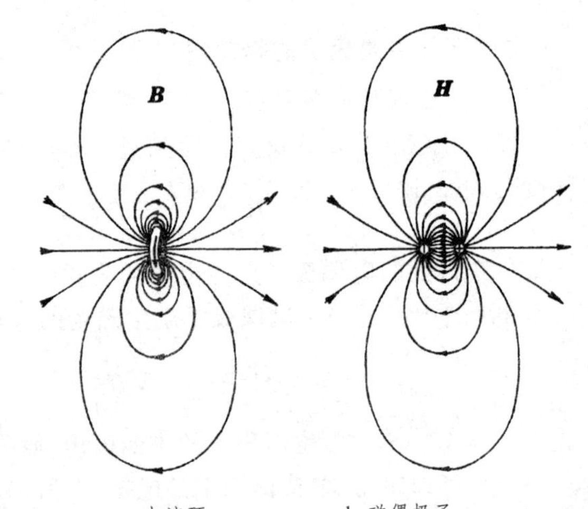

图4-31 线圈与磁偶极子对比图

我们再次看到，作(4.51)式、(4.52)式的代换，(2.66)、(4.55)两式是一样的。在第二章里我们还给出一张线圈与电偶极子所受力矩的对比图——图2-52，现在我们把其中的电偶极子换成磁偶极子，复制在这里(图4-32)，两者的等价性就表现得更直观了。

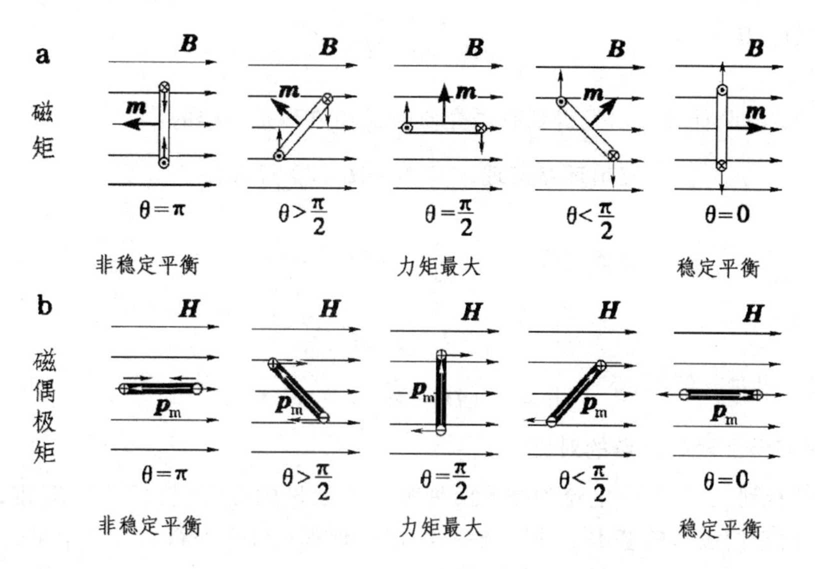


图 4-32 线圈与磁偶极子所受力矩的对比图

## 4.2 基本规律的等效性

(1) 分子电流观点

上面我们比较了小线圈(也可以说是电流环)和磁偶极子，所有的公式都假定周围是真空。现在看有磁介质的情况。2.4 节给出了有磁介质时的安培环路定理(4.24)式：

$$\oint_{(L)} \boldsymbol{H}\cdot \mathrm{d}\boldsymbol{l} = \sum_{(L内)} I_0 .$$

其右端只包含传导电流 $I_0$，不包含磁化电流 $I'$. 这里磁场强度 $\boldsymbol{H}$ 按(4.23)式定义：

$$\boldsymbol{H} = \frac{\boldsymbol{B}}{\mu_0} - \boldsymbol{M}.$$

在讲分子电流观点的 2.4 节里有个公式没有提到，那就是磁的“高斯定理”(2.51)式：

$$\oiint_{(S)} \boldsymbol{B}\cdot \mathrm{d}\boldsymbol{S} = 0.$$

这公式原本是第二章在没有磁介质时由毕奥-萨伐尔定律导出的，按分子电流观点，有了磁介质，无非在传导电流之外增添了磁化电流，而毕奥-萨伐尔定律适用于任何电流。所以上式不仅适用于传导电流 $I_0$ 产生的磁场 $\boldsymbol{B}_0$，也适用于磁化电流 $I'$ 产生的磁场 $\boldsymbol{B}'$：

$$\oiint_{(S)} \boldsymbol{B}_0\cdot \mathrm{d}\boldsymbol{S} = 0, \qquad \oiint_{(S)} \boldsymbol{B}'\cdot \mathrm{d}\boldsymbol{S} = 0.$$

两者叠加起来，显然仍成立。

(2) 磁荷观点

我们在讲磁荷观点的 3.4 节导出了有磁介质存在时的安培环路定理(4.41)式：

$$\oint_{(L)} \boldsymbol{H}\cdot \mathrm{d}\boldsymbol{l} = \sum_{(L内)} I_0 ,$$

和磁的“高斯定理”(4.46)式：

$$\oiint_{(S)} \boldsymbol{B}\cdot \mathrm{d}\boldsymbol{S} = 0,$$

这里磁感应强度 $\boldsymbol{B}$ 由(4.44) 式定义： $\boldsymbol{B} \equiv \mu_0 \boldsymbol{H} + \boldsymbol{J}$.

(3) 对比

我们看到，由两种观点出发得到有磁介质时的场方程是一样的：

$$\text{安培环路定理} \quad \oint_{(L)} \boldsymbol{H} \cdot \mathrm{d}\boldsymbol{l} = \sum_{(L内)} I_0, \tag{4.56}$$

$$\text{高斯定理} \quad \oiint_{(S)} \boldsymbol{B} \cdot \mathrm{d}\boldsymbol{S} = 0. \tag{4.57}$$

只要承认

$$\boldsymbol{J} = \mu_0 \boldsymbol{M}, \tag{4.58}$$

$\boldsymbol{B}$ 和 $\boldsymbol{H}$ 的关系也是一样的：

$$\boldsymbol{B} = \mu_0 (\boldsymbol{H} + \boldsymbol{M}) = \mu_0 \boldsymbol{H} + \boldsymbol{J}. \tag{4.59}$$

### 4.3 磁介质棒问题上两种观点的对比

上面我们看到，虽然分子电流和磁荷两种观点所假设的微观模型不同，$\boldsymbol{B}$ 和 $\boldsymbol{H}$ 的定义和物理意义不同，但它们服从的基本定理完全一样，用两种观点计算所得的具体结果也应相同。我们以沿轴磁化的磁介质圆棒为例来进一步说明。

2.3 节按分子电流观点计算的结果为[参见(4.19) 式]：

$$B' = \mu_0 M (l/d)[1+(l/d)]^{-1/2},$$

从而

$$B = B_0 + B' = B_0 + \mu_0 M (l/d)[1+(l/d)]^{-1/2}, \tag{4.60}$$

$$H = \frac{B}{\mu_0} - M = \frac{B_0}{\mu_0} - M\left\{1-(l/d)[1+(l/d)]^{-1/2}\right\}. \tag{4.61}$$

3.3 节里按磁荷观点计算的结果为[参见(4.32) 式]：

$$H' = \frac{J}{\mu_0}\left\{1-(l/d)[1+(l/d)^2]^{-1/2}\right\},$$

从而

$$H = H_0 - H' = H_0 - \frac{J}{\mu_0}\left\{1-(l/d)[1+(l/d)^2]^{-1/2}\right\}, \tag{4.62}$$

$$B = \mu_0 H + J = \mu_0 H_0 + J(l/d)[1+(l/d)^2]^{-1/2}. \tag{4.63}$$

只要注意到 $\boldsymbol{B}_0 = \mu_0 \boldsymbol{H}_0$，$\boldsymbol{J} = \mu_0 \boldsymbol{M}$，即可看出两种观点计算出的结果完全一致。

在分子电流理论中没有“退磁场”的概念，它只有分子电流产生的附加场 $\boldsymbol{B}'$ 的概念。从以上结果可以看出，磁荷观点中的退磁场 $\boldsymbol{H}'$ 与分子电流观点中 $\boldsymbol{B}'$ 的关系是

$$\boldsymbol{H}' = \boldsymbol{M} - \boldsymbol{B}'/\mu_0, \tag{4.64}$$

其中 $\boldsymbol{B}'$ 的方向与外磁场一致，随 $l/d$ 的减小由 $\mu_0 M$ 减到 0；$\boldsymbol{H}'$ 的方向与外磁场相反，随 $l/d$ 的减小由 0 增加到 $J/\mu_0$(图 4-33)。(4.64) 式可以看作是分子电流观点中“退磁场”的定义，但它的物理意义并没有像在磁荷观点中那样直观。

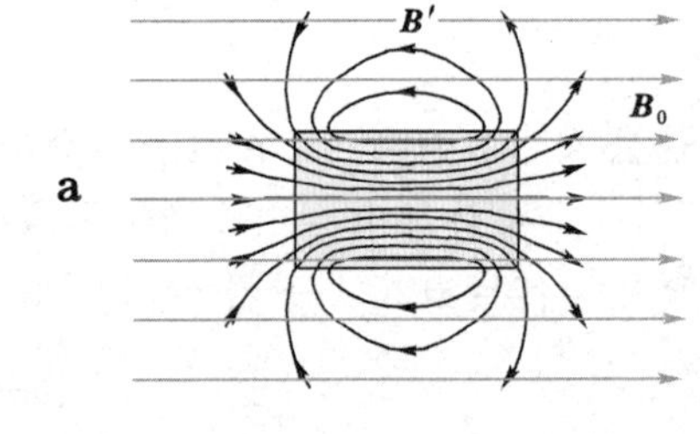


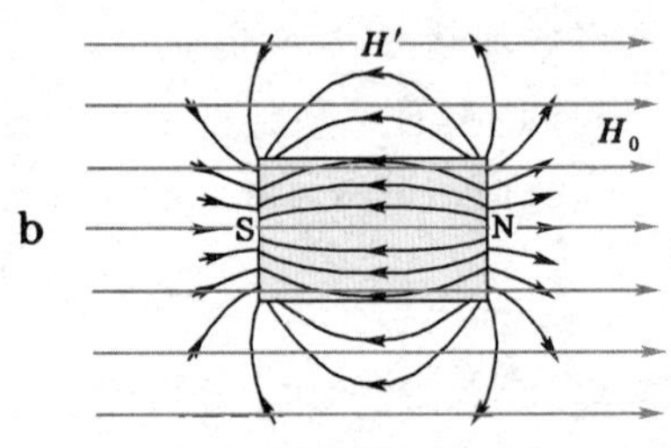


图 4—33 $B'$ 和 $H'$ 的对比

### 4.4 小结

现在把磁介质两种观点的等效性总结成表 4-2，并把电介质的对应关系也列在旁边，作为参考。

两种观点出发点不同，但殊途而同归。下面作个对比：

(1) 从现代关于原子结构的认识看来，原子的磁矩主要是由两部分组成的，一是电子绕原子核运动造成的(所谓轨道磁矩)，一是与电子自旋相联系的(所谓自旋磁矩)。总的说来，分子电流的观点更符合实际。磁荷观点是历史上最初建立起来的磁介质理论，它不太符合磁介质的微观本质。

(2) 从计算方法上看，磁荷观点简便得多。特别是它与静电场的规律一一对应，有关静电场的概念、定理、讨论方法以及计算结果，差不多都可以直接借用过来。所以至今在一定的实际领域中计算介质中的磁场时，或定性地讨论 $\boldsymbol{H}$ 矢量的分布时，仍较多地采用磁荷观点。作为一种有效的工具，磁荷观点至今没有丧失其实用价值。即使采用分子电流观点，在解决具体问题时，也常仅借用虚构的"磁荷"概念作等效的运算。

(3) 在磁荷观点中磁场强度 $\boldsymbol{H}$(包括退磁场 $\boldsymbol{H}'$) 的物理意义比较清楚，而磁感应强度 $\boldsymbol{B}$ 是作为辅助矢量引入的，它的物理意义却不那么直观。与此相反，在分子电流观点中磁感应强度 $\boldsymbol{B}$ 的物理意义比较清楚，而磁场强度 $\boldsymbol{H}$ 是一个辅助矢量，其物理意义不直观。

总之，在处理实际问题时，有的场合用这种观点，有的场合用那种观点。不过应注意，采用某种观点分析磁介质问题时，要把这种观点贯彻到底，而不要把两种观点混淆起来。例如当我们讨论一根沿轴磁化的介质棒时，在假定了它的端面在出现了正、负"磁荷"的同时，切不可再认为它的侧面还有磁化电流，否则算出的结果就错了。

**表 4-2 磁介质两种观点以及与电介质的对比**

| 物理量和规律 | 分子电流观点 | 磁荷观点 | 电介质 |
|---|---|---|---|
| 微观模型 | 分子环流 | 磁偶极子 | 电偶极子 |
| 描述磁(极)化状态的量 | 磁化强度矢量 $\boldsymbol{M}$ $\left(定义\ \boldsymbol{M}=\dfrac{\sum \boldsymbol{m}_{分子}}{\Delta V}\right)$ | 磁极化强度矢量 $\boldsymbol{J}$ $\left(定义\ \boldsymbol{J}=\dfrac{\sum \boldsymbol{p}_{m分子}}{\Delta V}\right)$ | 极化强度矢量 $\boldsymbol{P}$ $\left(定义\ \boldsymbol{P}=\dfrac{\sum \boldsymbol{p}_{分子}}{\Delta V}\right)$ |
| 磁(极)化的宏观效果 | 与 $\boldsymbol{M}$ 平行的界面上出现磁化电流 | 与 $\boldsymbol{J}$ 垂直的界面上出现磁荷 | 与 $\boldsymbol{P}$ 垂直的界面上出现极化电荷 |
| 描述磁(电)场的基本矢量 | 磁感应强度 $\boldsymbol{B}$ (用电流元受力来定义) | 磁场强度 $\boldsymbol{H}$ (用点磁荷受力来定义) | 电场强度 $\boldsymbol{E}$ (用点电荷受力来定义) |
| 介质对磁(电)场的影响 | 磁化电流产生附加场 $\boldsymbol{B}'$ $\boldsymbol{B}=\boldsymbol{B}_0+\boldsymbol{B}'$ | 磁荷产生附加场 $\boldsymbol{H}'$ $\boldsymbol{H}=\boldsymbol{H}_0+\boldsymbol{H}'$ | 极化电荷产生附加场 $\boldsymbol{E}'$ $\boldsymbol{E}=\boldsymbol{E}_0+\boldsymbol{E}'$ |
| 辅助矢量 | 磁场强度 $\boldsymbol{H}$ $\left(定义\ \boldsymbol{H}=\dfrac{\boldsymbol{B}}{\mu_0}-\boldsymbol{M}\right)$ | 磁感应强度 $\boldsymbol{B}$ (定义 $\boldsymbol{B}=\mu_0\boldsymbol{H}+\boldsymbol{J}$) | 电位移 $\boldsymbol{D}$ (定义 $\boldsymbol{D}=\varepsilon_0\boldsymbol{E}+\boldsymbol{P}$) |
| 高斯定理 | $\oiint_{(S)}\boldsymbol{B}\cdot d\boldsymbol{S}=0$ | | $\oiint_{(S)}\boldsymbol{D}\cdot d\boldsymbol{S}=\sum_{(S内)}q_0$ |
| 环路定理 | $\oint_{(L)}\boldsymbol{H}\cdot d\boldsymbol{l}=\sum_{(L内)}I_0$ | | $\oint_{(L)}\boldsymbol{E}\cdot d\boldsymbol{l}=0$ |
| 计算结果 | 相同 | | —— |

## §5. 磁介质的磁化规律和机理 铁电体

### 5.1 磁介质的分类

在电介质里，$\chi_e>0$，$\varepsilon>1$，而且对于大多数电介质来说，$\chi_e$ 和 $\varepsilon$ 都是与场强无关的常量，$\varepsilon$ 的数量级一般不太大(通常在 10 以内)，虽然也有少数例外。但磁介质的情况要复杂得多，且不同类型的磁介质的情况很不一样。磁介质大体可以分为顺磁质、抗磁质和铁磁质三类。对于顺磁质，$\chi_m>0$，$\mu>1$；对于抗磁质，$\chi_m<0$，$\mu<1$.

以上两类磁介质的磁性都很弱，它们的 $|\chi_m|\ll 1$，$\mu\approx 1$，而且都是与 $H$ 无关的常量。铁磁质的情况很复杂，一般说来 $M$ 和 $H$ 不成比例，甚至没有单值关系，即 $M$ 的值不能由 $H$ 的值唯一确定，它还与磁化的历史有关(详见 5.3 节)。在 $M$ 与 $H$ 呈非线性关系的情况下，我们还可按照(4.47) 式和(4.48) 式来定义 $\chi_m$ 和 $\mu$，不过此时它们不是常量，而是 $H$ 的函数，即 $\chi_m=\chi_m(H)$，$\mu=\mu(H)$. 铁磁质的 $\chi_m(H)$ 和 $\mu(H)$ 一般都很大，其量级为 $10^2\sim10^3$，甚至 $10^6$ 以上，所以铁磁质属于强磁性介质。当 $M$ 和 $H$ 无单值关系时，(4.47) 式和(4.48) 式已失去意义，在这种情况下人们通常不再引用 $\chi_m$ 和 $\mu$ 的概念。

### 5.2 顺磁质和抗磁质

如前所述，顺磁质的 $\chi_m>0$，抗磁质的 $\chi_m<0$。前者表示 $M$ 与 $H$ 方向一致，后者表示 $M$ 与 $H$ 方向相反。表 4－3 给出一些顺磁质和抗磁质的 $\chi_m$ 值。可以看出，其绝对值的量级通常在 $10^{-6}\sim10^{-5}$。

**表 4－3 顺磁质和抗磁质的磁化率**

| 顺 磁 质 | $\chi_m$(18°C) | 抗 磁 质 | $\chi_m$(18°C) |
|---|---|---|---|
| 锰 | $12.4\times10^{-5}$ | 铋 | $-1.70\times10^{-5}$ |
| 铬 | $4.5\times10^{-5}$ | 铜 | $-0.108\times10^{-5}$ |
| 铝 | $0.82\times10^{-5}$ | 银 | $0.25\times10^{-5}$ |
| 空气(大气压下，20°C) | $30.36\times10^{-5}$ | 氢(20°C) | $-2.47\times10^{-5}$ |

现在我们简单介绍一下物质的顺磁性和抗磁性的微观机制。为此我们先看一下分子磁矩 $\boldsymbol{m}_{分子}$ 的来源。近代科学实践证明：电子在原子或分子中的运动包括轨道运动和自旋两部分，绕原子核轨道旋转运动的电子相当于一个电流环，从而有一定的磁矩，称为轨道磁矩。与电子自旋运动相联系的还有一定的自旋磁矩。由于电子带负电，其磁矩 $\boldsymbol{m}$ 和角速度 $\boldsymbol{\omega}$ 的方向总是相反的(参看图 4－34)。$\boldsymbol{m}$ 与 $\boldsymbol{\omega}$ 的关系可如下求得：设电子以半径 $r$、角速度 $\omega$ 作圆周运动，则它每经过时间 $T=2\pi/\omega$ 绕行一周。若把它看成一个环行电流，则电流 $I=e/T=-e\omega/2\pi$，$S=\pi r^2$，于是

$$\boldsymbol{m}=IS\boldsymbol{n}=-\frac{er^2}{2}\boldsymbol{\omega}. \tag{4.65}$$

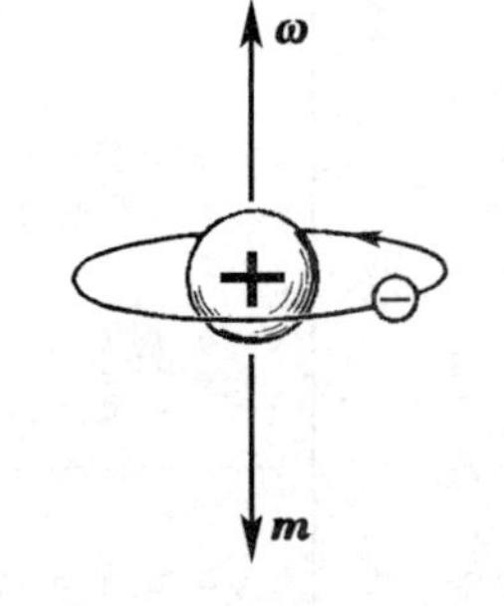


图 4－34 电子的磁矩与角动量方向相反

在原子或分子内一般不止有一个电子，整个分子的磁矩 $\boldsymbol{m}_{分子}$ 是其中各个电子轨道磁矩和自旋磁矩的矢量和(忽略原子核磁矩)。4.1 节中曾介绍过，电介质的分子可分为极性分子和无极分子两大类，前者有固有电偶极矩，后者没有固有电偶极矩。磁介质的分子也可分为两大类：一类分子中各电子磁矩不完全抵消，因而整个分子具有一定的固有磁矩；另一类分子中各电子的磁矩互相抵消，因而整个分子不具有固有磁矩。

在顺磁性物质中，分子具有固有磁矩。无外磁场时，由于热运动，各分子磁矩的取向无规，在每个宏观体积元内合成的磁矩为0，介质处于未磁化状态。在外磁场中每个分子磁矩受到一个力矩，其方向力图使分子磁矩转到外磁场方向上去。各分子磁矩在一定程度上沿外场排列起来，这便是顺磁效应的来源。热运动是对磁矩的排列起干扰作用的，所以温度越高，顺磁效应越弱，即 $\chi_m$ 随温度的升高而减小。

下面考虑抗磁效应。如图 4-35 所示，设一个电子以角速度 $\omega_0$、半径 $r$ 绕原子核作圆周运动。令 $Z$ 代表原子序数，则原子核带电 $Ze$，电子带电 $-e$，故电子所受的库仑力为 $F=\dfrac{Ze^2}{4\pi\varepsilon_0 r^2}$，而向心加速度为 $a=\omega_0^2 r$. 根据牛顿第二定律 $F=ma$ 有

$$\frac{Ze^2}{4\pi\varepsilon_0 r^2}=m\omega_0^2 r, \tag{4.66}$$

式中 $m$ 为电子质量，由上式解得

$$\omega_0=\left(\frac{Ze^2}{4\pi\varepsilon_0 m r^3}\right)^{1/2}. \tag{4.67}$$

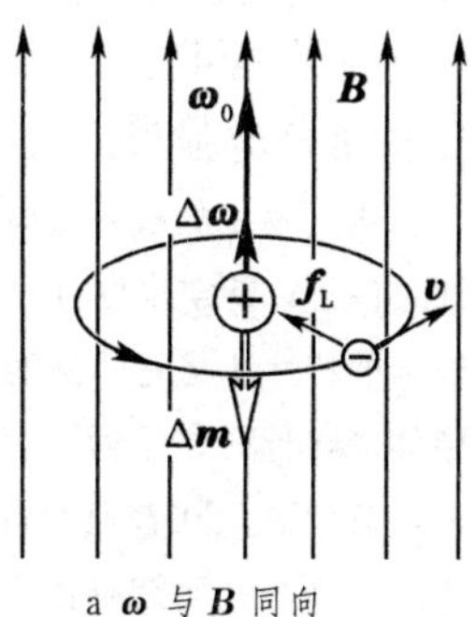

a ω 与 B 同向

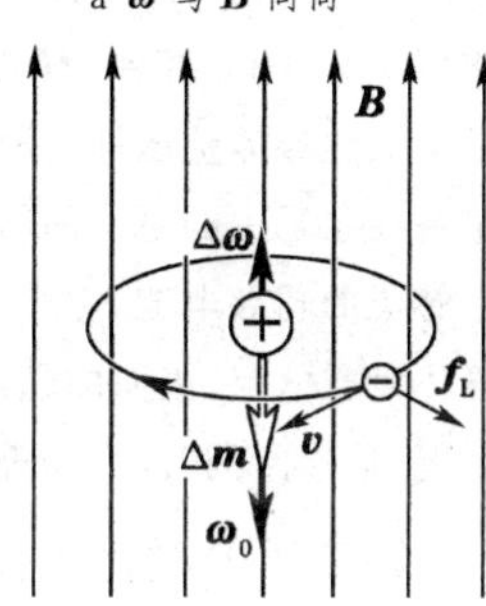

b ω 与 B 反向

图 4-35 抗磁效应

在加上外磁场 $\boldsymbol{B}$ 以后，电子将受到洛伦兹力 $\boldsymbol{F}_L=-e\boldsymbol{v}\times\boldsymbol{B}$，这里 $\boldsymbol{v}$ 是电子的线速度。为简单起见，设电子轨道平面与外磁场垂直。首先考虑 $\boldsymbol{\omega}$ 与 $\boldsymbol{B}$ 同向的情形（图 4-35a），这里洛伦兹力是指向中心的。假设轨道的半径不变，[1]则角速度将增加到 $\boldsymbol{\omega}=\boldsymbol{\omega}_0+\Delta\boldsymbol{\omega}$，这时 $\boldsymbol{\omega}$ 满足的运动方程为

$$\frac{Ze^2}{4\pi\varepsilon_0 r^2}+e\omega rB=m\omega^2 r \tag{4.68}$$

（左端第二项为洛伦兹力，其中 $\omega r=v$，$\omega rB=|\boldsymbol{v}\times\boldsymbol{B}|$）。当 $B$ 不太大时 $\left(B\ll\dfrac{m\omega_0}{e}\right)$，$\Delta\omega\ll\omega_0$，$\omega^2\approx\omega_0^2+2\omega_0\Delta\omega$，上式化为

$$\frac{Ze^2}{4\pi\varepsilon_0 r^2}+e\omega_0 rB+e\Delta\omega rB=m\omega_0^2 r+2m\omega_0\Delta\omega r,$$

根据(4.66)式，两端第一项相消，左端第三项可忽略，由此解得

$$\Delta\omega=\frac{eB}{2m}. \tag{4.69}$$

其次，考虑 $\boldsymbol{\omega}$ 与 $\boldsymbol{B}$ 反向的情形（图 4-35b），这里洛伦兹力是背离中心的。在轨道的半径 $r$ 不变的条件下角速度将减少，即 $\boldsymbol{\omega}=\boldsymbol{\omega}_0-\Delta\boldsymbol{\omega}$. 用同样方法可以证明，这时 $\Delta\boldsymbol{\omega}$ 也由上式表达。综合以上两种情况可以看出，$\Delta\boldsymbol{\omega}$ 的方向总与外磁场 $\boldsymbol{B}$ 相同。按照(4.65)式，电子角速度 $\boldsymbol{\omega}$ 的改变将引起磁矩 $\boldsymbol{m}$ 的改变，原有磁矩 $\boldsymbol{m}_0$ 和磁矩的改变量 $\Delta\boldsymbol{m}$ 分别为

$$\boldsymbol{m}_0=-\frac{er^2}{2}\boldsymbol{\omega}_0, \tag{4.70}$$

$$\Delta\boldsymbol{m}=-\frac{er^2}{2}\Delta\boldsymbol{\omega}=-\frac{e^2r^2}{4m}\boldsymbol{B}. \tag{4.71}$$

以上虽然只讨论了 $\boldsymbol{\omega}_0 /\!/ \pm\boldsymbol{B}$ 的情形，理论上可以证明，当 $\boldsymbol{\omega}_0$ 与 $\boldsymbol{B}$ 成任何角度时，$\Delta\boldsymbol{\omega}$ 总与 $\boldsymbol{B}$

[1] 按照经典理论，这一假设只近似成立，但它与量子理论的定态概念相符。

的方向一致，从而感生的附加磁矩 $\Delta\boldsymbol{m}$ 总与$\boldsymbol{B}$的方向相反。在抗磁性物质中，每个分子在整体上无固有磁矩，这是因为其中各个电子原有的磁矩 $\boldsymbol{m}_0$ 方向不同，相互抵消了。在加了外磁场后，每个电子的感生磁矩 $\Delta\boldsymbol{m}$ 却都与外磁场方向相反，从而整个分子内将产生与外磁场方向相反的感生磁矩。这便是抗磁效应的来源。

应当指出，上述抗磁效应在具有固有磁矩的顺磁质分子中同样存在，只不过它们的顺磁效应比抗磁效应强得多，抗磁性被掩盖了。

讲到物质的抗磁效应，顺便提一下超导体的一个特性。超导体的基本特性之一是在特定温度 $T_c$（称为转变温度）以下电阻完全消失，但是超导体最根本的特性还是它的磁学性质——完全抗磁性。如图4-36所示，将一块超导体放在外磁场中时，其体内的磁感应强度 $B$ 永远等于0。这种现象叫做迈斯纳效应。在普通的抗磁体内，由于 $\boldsymbol{M}$ 与 $\boldsymbol{H}$ 方向相反，$\boldsymbol{B}=\mu_0(\boldsymbol{H}+\boldsymbol{M})$ 要减小一些。而超导体内的 $B$ 完全减小到0的事实表明，它好像是一个磁化率 $\chi_m=-1$，$\boldsymbol{M}=-\boldsymbol{H}$ 的抗磁体，这样的抗磁体可以叫做完全抗磁体。但是造成超导体抗磁性的原因和普通的抗磁体不同，其中的感应电流不是由束缚在原子中的电子的轨道运动形成的，而是其表面的超导电流。在增加外磁场的过程中，在超导体的表面产生感应的超导电流，它产生的附加磁感应强度将体内的磁感应强度完全抵消。当外磁场达到稳定值后，因为超导体没有电阻，表面的超导电流将一直持续下去。这就是超导体的完全抗磁性的来源。有关迈斯纳效应的详细情况，请参阅《新概念物理教程·量子物理》（第三版）第三章 §6.

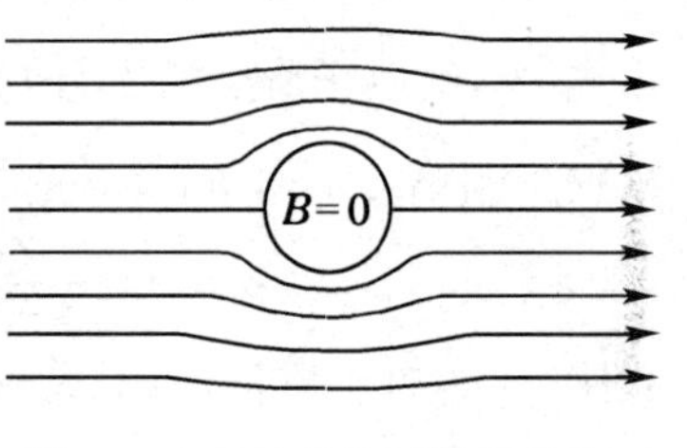

图 4-36 超导体的迈斯纳效应

### 5.3 铁磁质的磁化规律

在各种磁介质中最重要的是以铁为代表的一类磁性很强的物质，它们叫做铁磁质。在纯化学元素中，除铁之外，还有过渡族中的其他元素（钴、镍）和某些稀土族元素（如钆、镝、钬）具有铁磁性。然而常用的铁磁质多数是铁和其他金属或非金属组成的合金，以及某些包含铁的氧化物（铁氧体）。

现介绍铁磁质的磁化规律，即研究 $M$ 和 $H$ 或 $B$ 和 $H$ 之间的依赖关系。这种关系通常是在没有退磁场的闭合铁芯螺绕环中测的。如图 4-37 所示，把待测的磁性材料做成闭合环状，上面均匀地绕满导线，这样就形成一个为铁芯所充满的螺绕环。我们知道，在这样一个螺绕环中的磁场强度 $H$ 是和磁化场的磁场强度 $H_0$ 一样的，而 $H_0=nI_0$ 可以由螺绕环的匝数和其中的电流 $I_0$ 算出来，从而也就知道了 $H$. ❶至于磁感应强度 $B$，则可用一个次级线圈来测量。当初级线圈（即螺绕环）中的电流反向时，在次级线圈中将产生一个感应电动势，由此我们测出磁感应强度的变化来，此磁感应强度的变化等于 $2B$. 知道了 $B$ 和 $H$，根据公式 $B=\mu_0(H+M)$ 即可算出磁化强度 $M$，即

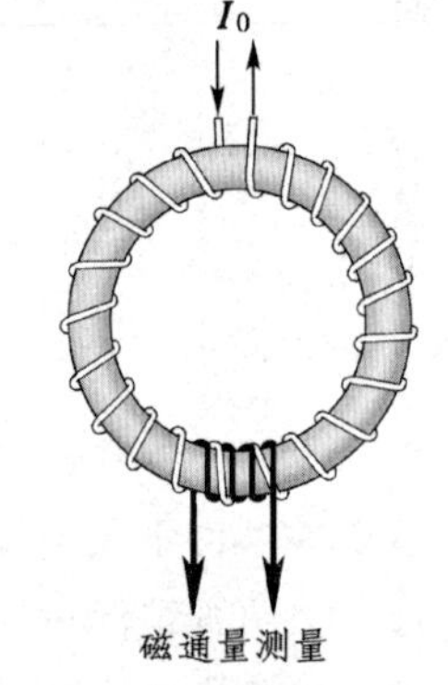

图 4-37 研究铁磁材料磁化规律的方法

$$M=\frac{B}{\mu_0}-H.$$

---

❶ 实际中有的磁性材料不适于加工成环状，因而在测试它们的磁化规律时必须把退磁场 $H'$ 计算出来，然后从磁化场强度 $H_0=nI_0$ 中减去退磁场 $H'$，才是样品中的磁场强度 $H$.

(1) 起始磁化曲线

实验结果表明,铁磁质的磁化规律具有以下的共同特点。假设磁介质环在磁化场 $H_0=0$(即 $H=0$)的时候处于未磁化状态($M=0$),在 $M-H$ 曲线(图 4-38a)上这状态相当于坐标原点 0. 在逐渐增加磁化场 $H_0$ 的过程中,$M$ 随之增加。开始 $M$ 增加得较缓慢($M-H$ 曲线的 $OA$ 段),然后经过一段急剧增加的过程($AB$ 段),又缓慢下来($BC$ 段)。再继续增大磁化场时,$M$ 几乎不再变了($CS$ 段)。我们说,这时介质的磁化已趋近饱和。饱和时的磁化强度称为饱和磁化强度,通常用 $M_S$ 表示。从未磁化到饱和磁化的这段磁化曲线 $OS$,叫做铁磁质的起始磁化曲线。

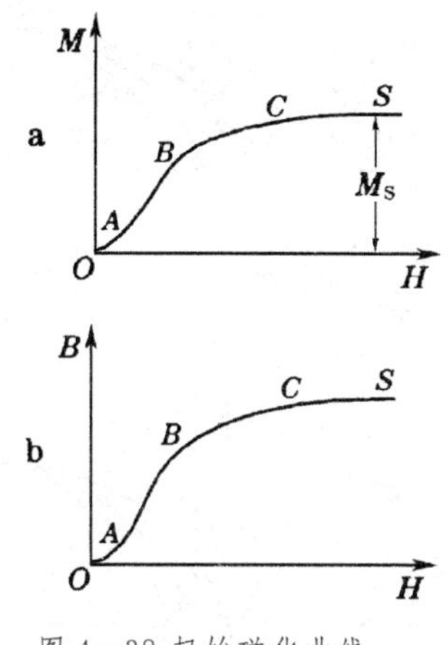

图 4-38 起始磁化曲线

铁磁质的磁化特性还经常用 $B-H$ 曲线来表示。由于在铁磁质中 $M$ 的数值比 $H$ 大得多($10^2\sim10^6$ 倍),所以 $B=\mu_0(H+M)\approx\mu_0 M$,因而 $B-H$ 曲线的外貌和 $M-H$ 曲线差不多(图 4-38b)。

从 $M-H$ 和 $B-H$ 曲线上任何一点联到原点 $O$ 的直线的斜率分别代表该磁化状态下的磁化率 $\chi_m$ 和磁导率 $\mu\mu_0=(1+\chi_m)\mu_0$. 由于磁化曲线不是线性的,当 $H$ 的数值由 0 开始增加时,$\chi_m$ 与 $\mu$ 的数值分别由某一数值 $(\chi_m)_{起始}$ 与 $\mu_{起始}=1+(\chi_m)_{起始}$ 开始增加[$(\chi_m)_{起始}$ 和 $\mu_{起始}$ 分别是 $M-H$ 和 $B-H$ 曲线在原点 $O$ 处切线的斜率],然后接近某一最大值 $(\chi_m)_{最大}$ 和 $\mu_{最大}=1+(\chi_m)_{最大}$. 当 $H$ 再增加时,由于磁化接近饱和,$\chi_m$ 和 $\mu$ 的数值都急剧减少。$\mu$ 随 $H$ 变化的曲线示于图 4-39。$(\chi_m)_{起始}$ 和 $\mu_{起始}$ 分别叫做起始磁化率和起始(相对)磁导率,$(\chi_m)_{最大}$ 和 $\mu_{最大}$ 分别叫做最大磁化率和最大(相对)磁导率。由于 $\mu$ 与 $H$ 有关,有铁磁物质的线圈的自感和互感都与 $H$ 有关,或者说它们都与励磁电流 $I$ 有关。

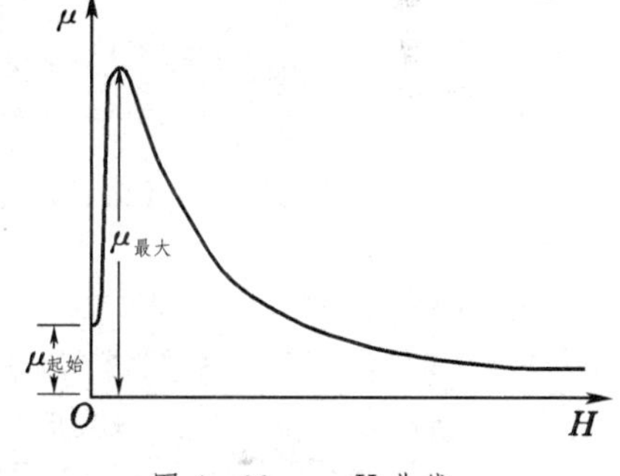

图 4-39 $\mu-H$ 曲线

饱和磁化强度 $M_S$、起始磁导率 $\mu_{起始}$ 和最大磁导率 $\mu_{最大}$ 这三个概念在实际问题中经常引用,它们是标志软磁材料性能好坏的基本量,这个问题我们将在下面介绍软磁材料时讨论。

(2) 磁滞回线

当铁磁质的磁化达到饱和之后,如果将磁化场去掉($H_0=H=0$),介质的磁化状态并不恢复到原来的起点 $O$,而是保留一定的磁性,此过程反映在图 4-40a、b 中的 $SR$ 段。这时的磁化强度 $M$ 和磁感应强度 $B$ 叫做剩余磁化强度和剩余磁感应强度(图中的 $OR$),通常分别用 $M_R$ 和 $B_R$ 代表它们($B_R=\mu_0 M_R$)。若要使介质的磁化强度或磁感应强度减到 0,必须矫往过正,加一相反方向的磁化场($H_0=H<0$)。只有当反方向的磁化场大到一定程度时,介质才完全退磁(即达到 $M=0$ 或 $B=0$ 的状态)。使介质完全退磁所需要的反向磁化场的大小,叫做这种铁磁质的矫顽力(图中的 $OC$),通常用 $H_C$ 表示。[1]从具有剩磁的状态到完全退磁的状态这一段曲线 $RC$,叫做退磁曲线。

---

[1] 严格地说,使 $M=0$ 和使 $B=0$ 所需的矫顽力并不完全一样,所以有时要区分 $M$ 矫顽力 ${}_MH_C$ 和 $B$ 矫顽力 ${}_BH_C$. 在矫顽力不大时,二者的差别可以不考虑。

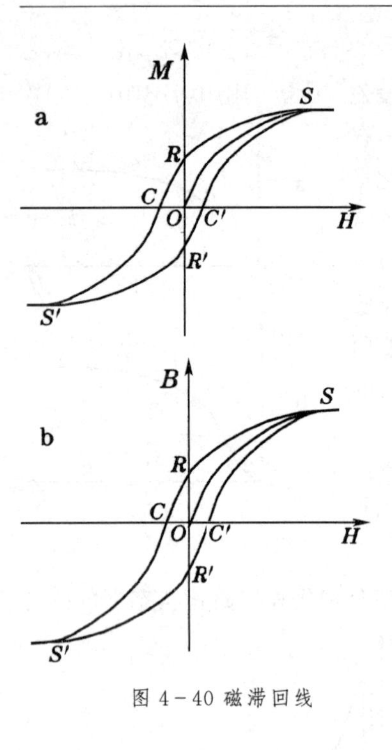


图 4-40　磁滞回线

介质退磁后，如果反方向的磁化场的数值继续增大时，介质将沿相反的方向磁化（$M<0$），直到饱和（曲线的 $CS'$ 段）。一般说来，反向的饱和磁化强度的数值与正向磁化时一样。此后若使反方向的磁化场数值减少到 0，然后又沿正方向增加，介质的磁化状态将沿 $S'R'C'S$ 回到正向饱和磁化状态 $S$. 曲线 $S'R'C'S$ 和 $SRCS'$ 对于坐标点 $O$ 是对称的。由此我们看到，当磁化场在正负两个方向上往复变化时，介质的磁化过程经历着一个循环的过程。闭合曲线 $SRCS'R'C'S$ 叫做铁磁质的*磁滞回线*。上面描述的现象叫做*磁滞现象*。由于铁磁质中存在着磁滞现象，使它的磁化规律更加复杂了。铁磁质的 $M$、$B$ 和 $H$ 的依赖关系不仅不是线性的，而且也不是单值的。这就是说，给定一个 $H$ 的值，不能唯一地确定介质的 $M$ 和 $B$，例如 $H$ 由正值减少到 0 时，$M=M_R$、$B=B_R$，$H$ 由负值减少到 0 时，$M=-M_R$、$B=-B_R$. 所以对于同一个 $H$ 值，$M$ 和 $B$ 的数值等于多少与介质经历怎样的磁化过程达到这个状态有关，或者说，$M$ 和 $B$ 的数值除了与 $H$ 的数值有关外，还取决于这介质的磁化历史。

实际上铁磁质磁化的规律远比上面描述的要复杂得多。上述磁滞回线只是外场的幅值足够大时形成的最大磁滞回线。如果外场在上述循环过程的中途，变化方向突然改变，例如在图 4-41 中当介质的磁化状态到达 $P$ 点时，负方向的外场由增加改为减小，这时介质的磁化状态并不沿原路折回，而是沿着一条新的曲线 $PQ$ 移动。当介质的磁化状态到达 $Q$ 点后，若外场的变化方向又改变，介质的磁化状态也不沿原来途径返回 $P$ 点，而是在 $PQ$ 之间形成一个小的磁滞回线。如果外场的数值在这小范围内往复变化（即在一定的直流偏场上叠加一个小的交流信号），介质的磁化状态便沿着这小磁滞回线循环。类似这样的小磁滞回线到处都可以产生。

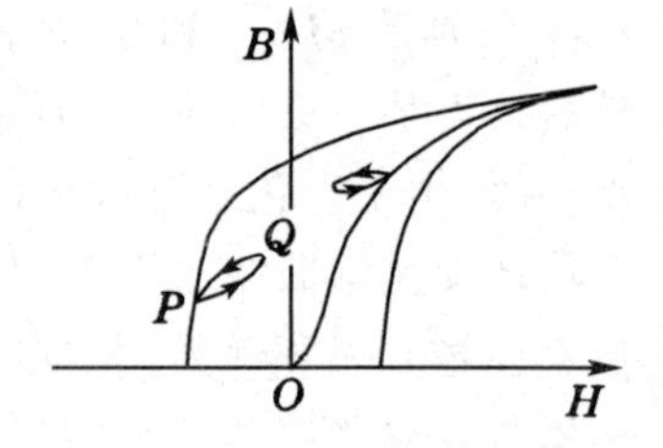


图 4-41　局部的小磁滞回线

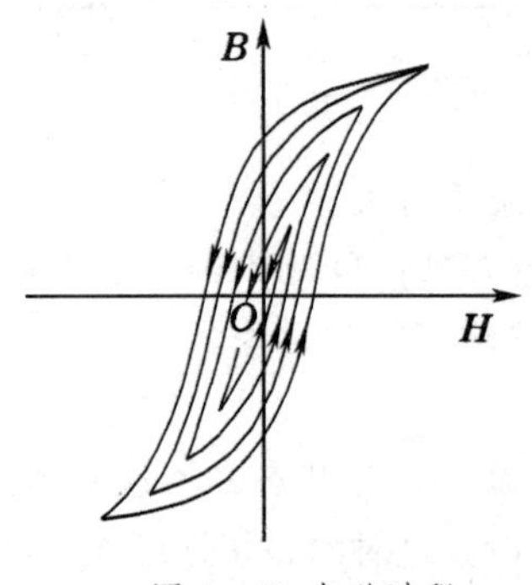


图 4-42　去磁过程

当我们研究一个磁性材料的起始磁化特性时，需要首先使之去磁，亦即令其磁化状态回到 $B-H$ 图中的原点 $O$. 为此我们必须使外场在正负值之间反复变化，同时使它的幅值逐渐减小，最后到 0。这样才能使介质的磁化状态沿着一次比一次小的磁滞回线回复到未磁化状态 $O$ 点（图 4-42）。实际的做法，可以先把样品放在交流磁场中，然后抽出。

### 5.4 磁滞损耗

下面我们要证明，$B-H$ 图中磁滞回线所包围的"面积"代表在一个反复磁化的循环过程中单位体积的铁芯内损耗的能量。

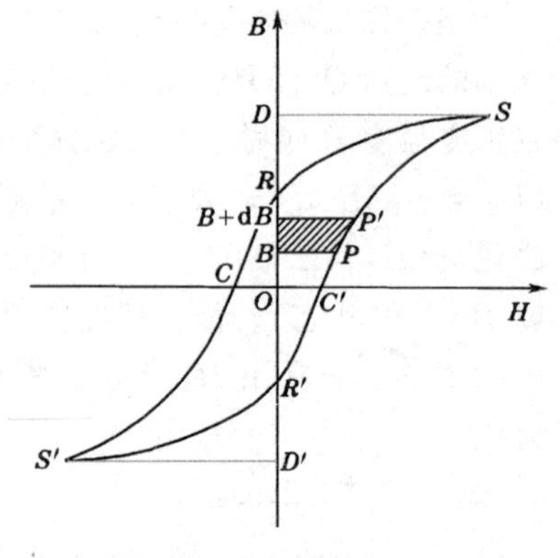


图 4-43　磁滞损耗

设介质起初处于某一磁化状态 $P$（图 4-43），这里 $H>0$，

$B>0$. 当 $H$ 增加时,在时间 $\mathrm{d}t$ 内磁化状态由 $P$ 点达到 $P'$ 点, $B$ 的值增加到 $B+\mathrm{d}B$. 由于 $B$ 的变化,在线圈中产生一个感应电动势

$$\mathscr{E}=-\frac{\mathrm{d}\Psi}{\mathrm{d}t},$$

其中 $\Psi=NSB$ 是线圈中的磁通匝链数,$N$ 是线圈的总匝数,$S$ 是截面积。在此过程中电源抵抗感应电动势作的功为

$$\mathrm{d}A=-I_0\mathscr{E}\mathrm{d}t=I_0\frac{\mathrm{d}\Psi}{\mathrm{d}t}\mathrm{d}t=I_0\mathrm{d}\Psi.$$

在有闭合铁芯的螺绕环中 $H=nI_0$, $n=N/l$ 为线圈单位长度内的匝数,$l$ 为螺绕环的周长,而 $\mathrm{d}\Psi=NS\mathrm{d}B$,所以

$$\mathrm{d}A=\frac{H}{N/l}\cdot NS\mathrm{d}B=SlH\mathrm{d}B.$$

上式中 $Sl=V$ 是铁芯的体积,所以对于单位体积的铁芯来说,电源需要抵抗感应电动势所作的功为

$$\mathrm{d}a=\frac{\mathrm{d}A}{V}=H\mathrm{d}B.$$

由此可见,$\mathrm{d}a$ 的数值等于图 4-43 中 $PP'$ 段曲线左边画了斜线部分的“面积”。

当铁芯的磁化状态沿着磁滞回线经历着一个循环过程时,对于单位体积的铁芯来说,电源需要抵抗感应电动势作的总功 $a$ 应等于上式沿循环过程的积分。沿 $R'C'S$ 段积分时, $H>0$, $\mathrm{d}B>0$,积分的结果等于图中 $R'C'SD$ 这块“面积”;沿 $SP$ 段积分时, $H>0$, $\mathrm{d}B<0$,积分的结果等于图中 $SRD$“面积”的负值;二者的代数和正好是 $R'C'SR$ 的“面积”。沿 $RCS'$ 和 $S'R'$ 两段积分的情况也类似,它们的代数和等于 $RCS'R'$ 的“面积”。总起来说,沿着整个磁滞回线 $R'C'SRCS'R'$ 循环一周,积分的结果刚好是它所包围的“面积”。所以对单位体积的铁芯反复磁化一周电源作的功为

$$a=\oint_{(\text{磁滞回线})}\mathrm{d}a=\oint_{(\text{磁滞回线})}H\mathrm{d}B=\text{磁滞回线所包围的“面积”}。$$

在交流电路的电感元件中,磁化场的方向反复变化着,由于铁芯的磁滞效应,每变化一周,电源就得额外地作上述那样多的功,所传递的能量最终将以热的形式耗散掉。这部分因磁滞现象而消耗的能量,叫做*磁滞损耗*。在交流电器件中磁滞损耗是十分有害的,必须尽量使之减小。

### 5.5 铁磁质的分类

从铁磁质的性能和使用方面来说,它主要按矫顽力的大小分为软磁材料和硬磁材料两大类。矫顽力很小的[$H_C\approx1\,\mathrm{A/m}(10^{-2}\,\mathrm{Oe})$]叫做*软磁材料*;矫顽力大的[$H_C\approx10^4\sim10^6\,\mathrm{A/m}(10^2\sim10^4\,\mathrm{Oe})$]叫做*硬磁材料*。

(1) 软磁材料

矫顽力小,就意味着磁滞回线狭长(图 4-44),它所包围的“面积”小,从而在交变磁场中的磁滞损耗小。所以软磁材料适用于交变磁场中。无论电子设备中的各种电感元件,或变压器、镇流器、电动机和发电机中的铁芯,都需要用软磁材料来做。此外,继电器、电磁铁的铁芯也需要用软磁材料来做,以便在电流切断后没有剩磁。

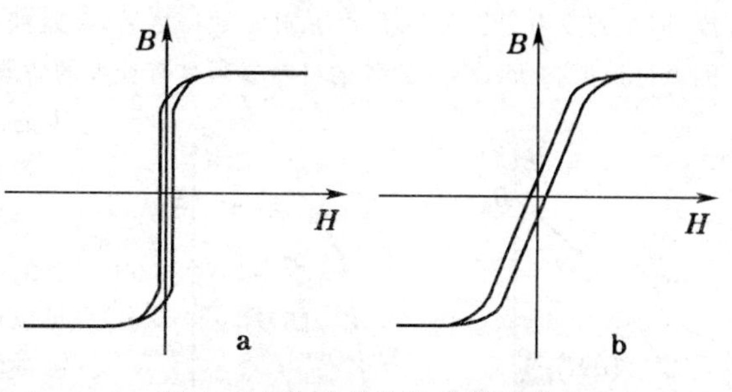

图 4-44 软磁材料的磁滞回线

既然铁芯的作用是增大线圈中的磁通量,这就要求磁性材料具有很高的磁导率 $\mu$. 这里要分两种情形来讨论:一种是用于各种电子电信设备中的软磁材料,这里的电流很小(所谓弱电的情形),铁芯的工作状态处于起始的一段磁化曲线上,因此要求材料的起始磁导率 $\mu_{\text{起始}}$ 高;另一种是用于电动机、发电机、电力变压器等电力设备中的软磁材料,这里电流很大(所谓强电的情形),铁芯的工作状态接近于饱和,因此要求材料的最大磁导率 $\mu_{\text{最大}}$ 高,而且饱和磁化强度 $M_S$ 大。

此外，材料的电阻率 $\rho$ 影响着涡流损耗的大小。电阻率越高，涡流损耗越小。特别是用于高频波段的磁芯，对其电阻率的要求是比较高的。铁氧体是铁和其他一种或多种金属（如锌、锰、铜、镍、钡等）的复合氧化物。由于它是非金属磁性材料，其电阻率比金属磁性材料高得多，在高频和微波波段中，铁氧体是重要的磁性材料。

**表 4-4 典型软磁材料的性能**

| 材　料 | 成 分(%) | $\mu_{起始}$ | $\mu_{最大}$ | $H_C$/(A/m)<br>(Oe) | $M_S$/T<br>(Gs) | 电阻率<br>$\rho/10^4\,\Omega\cdot m$ | 居里点<br>/°C |
|---|---|---|---|---|---|---|---|
| 纯 铁 | 0.05 杂质 | 10 000 | 200 000 | 4.0<br>(0.05) | 2.15<br>(21500) | 10 | 770 |
| 硅 钢<br>(热 轧) | 4 Si，<br>余为 Fe | 450 | 8 000 | 4.8<br>(0.6) | 1.97<br>(19 700) | 60 | 690 |
| 硅 钢<br>(冷轧<br>晶粒取向) | 3.3 Si，<br>余为 Fe | 600 | 10 000 | 16<br>(0.2) | 2.0<br>(20 000) | 50 | 700 |
| 45 坡莫<br>合金 | 45 Ni，<br>余为 Fe | 2 500 | 25 000 | 24<br>(0.3) | 1.6<br>(16 000) | 50 | 440 |
| 78 坡莫<br>合金 | 78.5 Ni，<br>余为 Fe | 8 000 | 100 000 | 4.0<br>(0.05) | 1.0<br>(10 000) | 16 | 580 |
| 超坡莫<br>合金 | 79 Ni，5 Mo，<br>余为 Fe | 10 000<br>～ 12 000 | 1 000 000<br>～1 500 000 | 0.32<br>(0.004) | 0.8<br>(8 000) | 60 | 400 |
| 铁氧体 | —— | $10^3$ ～$10^4$ | —— | 10 ～ 1<br>(0.1～0.01) | 0.5<br>(5 000) | $10^4$ ～$10^3$ | 100<br>～ 600 |

（2）硬磁材料（永磁体）

永磁体是在外加的磁化场去掉后仍保留一定的（最好是较强的）剩余磁化强度 $M_R$（或剩余磁感应强度 $B_R$）的物体。制造许多电器设备（如各种电表、扬声器、微音器、拾音器、耳机、电话机、录音机等）都需要永磁体。永磁体的作用是在它的缺口中产生一个恒磁场（例如电流计中就是利用永久磁铁在气隙中产生一个恒磁场来使线圈偏转的，见图 4-45）。在一切有缺口的磁路中两个磁极表面都要在磁铁的内部产生一个与磁化方向相反的退磁场。这样一来，即使在闭合磁路的情况下材料具有较高的剩余磁化强度，但是若没有足够大的矫顽力，开了缺口之后，在磁铁本身退磁场的作用下也会使剩余的磁性退掉。所以做永磁铁的材料必须具有较大的矫顽力 $H_C$. 前已说明，具有较大矫顽力的磁性材料叫硬磁材料，所以，只有硬磁材料才适合作永磁体。

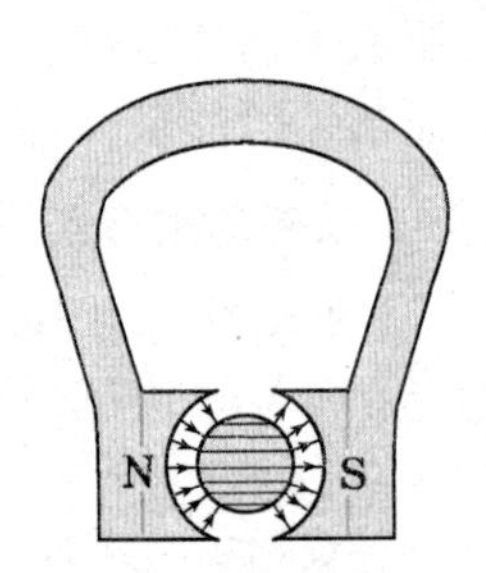

图 4—45 电流计中的永磁体

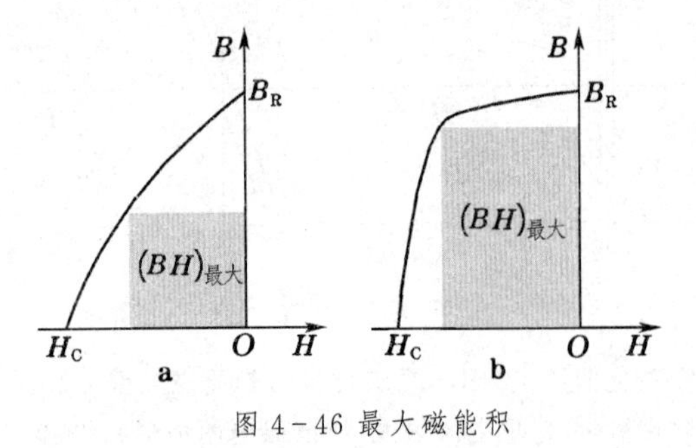

图 4-46 最大磁能积

标志硬磁材料性能好坏的指标首先是 $H_C$ 和 $B_R$，此外还有最大磁能积，即磁铁内部 $B$ 和 $H$ 乘积的最大值 $(BH)_{最大}$。可以证明，当气隙中的磁场强度和气隙的体积给定之后，所需磁铁的体积与磁能积 $BH$ 成反比（参看下面 6.5 节例题 14）。所以 $(BH)_{最大}$ 大，就可以使磁铁本身的体积缩小，这不仅可以节省磁性材料，而且对器件的小型化有着特殊的重要意义。在 $B_R$ 和 $H_C$ 的数值给定后，磁滞回线在第二象限中的那段退磁曲线越接近于矩形，$(BH)_{最大}$ 就越大。例如图 4-46b 的 $(BH)_{最大}$ 就比图 4-46a 中的大。钕铁硼合金是近年来最好的永磁材料，其最大磁能积的理论极限值可达 $4.63\times10^5$ T·A/m，实际中已做出 $4.5\times10^5$ T·A/m 以上的材料。

**表 4－5 典型硬磁材料的性能**

| 材　料 | 成 分 (%) | $H_C$/(A/m) (Oe) | $B_R$/T (Gs) | $(BH)_{最大}$/(T·A/m) ($10^6$ Gs·Oe) |
|---|---|---|---|---|
| 碳　钢 | 0.9C，1Mn，余为 Fe | $4.0\times10^3$ (50) | 1.00 (10000) | $1.6\times10^3$ (0.20) |
| 吕臬古 5 (晶粒取向) | 8Al，14Ni，24Co，3Cu，余为 Fe | $52.5\times10^3$ (660) | 1.37 (13700) | $6.0\times10^4$ (7.5) |
| 吕臬古 8 (晶粒取向) | 7Al，15Ni，35Co，4Cu，5Ti，余为 Fe | $113\times10^3$ (1420) | 1.15 (11500) | $9.14\times10^4$ (11.5) |
| 钡铁氧体 (晶粒取向) | $BaO\cdot6Fe_2O_3$ | $144\times10^3$ (1800) | 0.45 (4500) | $3.6\times10^4$ (4.5) |
| 钐钴合金 | $SmCo_5$ | $851\times10^3$ (10700) | 1.07(10700) | $2.28\times10^5$ (28.6) |
| 钐钴合金 | $Sm_2(Co,Cu,Fe,Zr)_{17}$ | $786\times10^3$ (10000) | 1.13 ($11.3\times10^3$) | $2.6\times10^5$ (3) |
| 钕铁硼合金 | $Nd_{15}B_8Fe_{77}$ | $880.1\times10^3$ ($11.6\times10^3$) | 1.23 ($12.3\times10^3$) | $2.90\times10^5$ (36.4) |
| 钕铁硼合金 | | | | $3.5\times10^5$ (44) |

除了通常的软磁材料和硬磁材料外，近代科学技术中还按各种不同的特殊用途，需要不同的特殊性能的磁性材料。这些特殊的磁性材料有的获得了自己特殊的名称。例如，在现代信息技术中，广泛利用磁性材料来进行信息的转换、记录、存储和处理。用于随机存取信息的存储器中，需要一种磁滞回线接近矩形的磁性材料，称为*矩磁材料*；又例如，现代雷达、导航、卫星通信和电子对抗等方面应用的微波技术中，需要非互易性的隔离器来抑制反射波，这就要用到所谓*旋磁材料*；在超声波技术中则需要性能很好的*磁致伸缩材料*，等等。

## 5.6 铁磁质的微观结构和磁化机理

近代科学实践证明，铁磁质的磁性主要来源于电子自旋磁矩。在没有外磁场的条件下铁磁质中电子自旋磁矩可以在小范围内“自发地”排列起来，形成一个个小的“自发磁化区”。这种自发磁化区叫做*磁畴*。至于电子自旋磁矩为什么会形成自发磁化区，早年是用“分子场”理论来解释的。按照这种理论，在铁磁物质中存在某种内部磁场，即分子场，在它的作用下电子自旋磁矩定向地排列起来。分子场的理论是一种唯象理论，并不能解释形成磁畴的微观本质。自从量子力学建立以后，才真正有了自发磁化的微观理论。按照量子力学理论，电子之间存在着一种“交换作用”，它使电子自旋在平行排列时能量更低。交换作用是一种纯量子效应，在经典理论中没有与它对应的观念。，

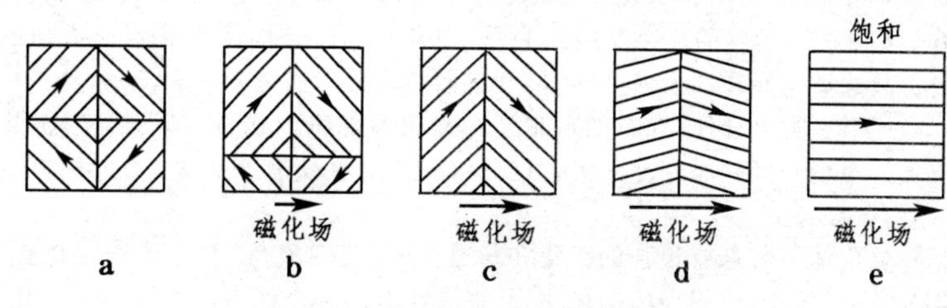


图 4－47 技术磁化机制示意图

通常在未磁化的铁磁质中，各磁畴内的自发磁化方向不同，在宏观上不显示出磁性来(图 4－47a)。在加外磁场后将显示出宏观的磁性，这过程通常称为技术磁化。当外加的磁化场不断加大时，起初磁化方向与磁化场方向接

近的那些磁畴扩大自己的疆界,把邻近那些磁化方向与磁化场方向相反的磁畴领域并吞过来一些(图 4-47a～c),继而磁畴的磁化方向在不同程度上转向磁化场的方向(图 4-47*d*),介质就显示出宏观的磁性来。当所有的磁畴都按磁化场的方向排列好,介质的磁化就达到饱和(图 4-47*e*)。由此可见,饱和磁化强度 $M_S$ 就等于每个磁畴中原有的磁化强度。由于在每个磁畴中元磁矩已完全排列起来,所以它的磁化强度是非常大的。这就是为什么铁磁质的磁性比顺磁质强得多的原因。介质里的掺杂和内应力在磁化场去掉后阻碍着磁畴恢复到原来的退磁状态,这是造成磁滞现象的主要原因。

图 4-48 磁畴的照片

磁畴的形状和大小,在各种材料中很不相同。其几何线度可以从 μm 量级到 mm 量级,形状并不像示意图 4-47 中那样规则简单。磁畴结构可用多种方法观察到。粉纹法是将样品表面抛光后撒上铁粉,使磁畴边界显现出来的;磁光法是利用偏振光的克尔效应来观察磁畴的。图 4-48 是磁畴的照片,照片中各磁畴的磁化方向用箭头标出。

铁磁质磁畴中磁化方向的改变会引起介质中晶格间距的改变,从而伴随着磁化过程,铁磁体会发生长度和体积的改变,这种现象叫做*磁致伸缩*。对于多数铁磁质来说,磁致伸缩的长度形变很小,只有 $10^{-5}$ 的数量级(某些材料在低温下的磁致伸缩形变可大到百分之几十),磁致伸缩可用于微小机械振动的检测和超声波换能器。

铁磁性是与磁畴结构分不开的。当铁磁体受到强烈的震动,或在高温下由于剧烈热运动的影响,磁畴便会瓦解,这时与磁畴联系的一系列铁磁性质(如高磁导率、磁滞、磁致伸缩等)全部消失。对于任何铁磁物质都有这样一个临界温度,高过这个温度铁磁性就消失,变为顺磁性。这个临界温度叫做铁磁质的*居里点*(一些磁性材料的居里点参见表 4-4 的最后一栏)。

以铁磁性为代表的强磁性的特点,是以自旋交换作用为基础形成磁有序的磁畴。然而具有这种特点的磁性不仅有铁磁性,还有反铁磁性、亚铁磁性等不同的类型。如图 4-49 所示,自旋交换作用不仅可以驱使原子的自旋磁矩平行排列,也可以驱使它们反平行排列。如图 4-49a 那样,自旋平行排列的情形,是铁磁性。自旋反平行排列可以有两种情况,即相邻原子的磁矩相等(图 4-49b) 和不等(图 4-49c)。前者物质内磁矩在整体上完全抵消,这种情况叫*反铁磁性*;后者磁矩未完全抵消,这种情况叫*亚铁磁性*。我们知道,过渡族元素铁、钴、镍属铁磁质,它们的二价氧化物(FeO,CoO,NiO) 属反铁磁质,三价氧化物(如磁铁矿 $Fe_3O_4$) 属亚铁磁质。

a 铁磁性　　b 反铁磁性　　c 亚铁磁性

图 4-49 各种基于自旋交换作用的强磁性

## 5.7 铁电体　压电效应及其逆效应

我们在 1.1 节中说,通常电介质的极化规律多是简单的线性关系,但也有例外。有一些特殊的电介质,如酒石酸钾钠($NaKC_4H_4O_6\cdot 4H_2O$),钛酸钡($BaTiO_3$)等,极化强度 $\boldsymbol{P}$ 与场强 $\varepsilon_0\boldsymbol{E}$ 的关系有如图 4-50 所示的复杂非线性关系,并具有和铁磁体的磁滞效应类似的*电滞效应*。故这类电介质称为*铁电体*,尽管它们的成分与铁毫无关系。

还有一类电介质(如石蜡),它们在极化后能将极化"冻结"起来,极化强度并不随外电场的撤除而完全消失。这与永磁体的性质有些类似,它们叫做*永电体*或*驻极体*(electret)。

铁电体一般都有很强的极化和*压电效应*,其现象是:当晶体发生机械形变时,例如压缩、伸长,它们会产生极化,从而在相对的两个面上产生异号的极化电荷(图 4-51)。以石英、电气石、酒石酸钾钠(又称洛瑟尔盐)、钛酸钡等为代表。

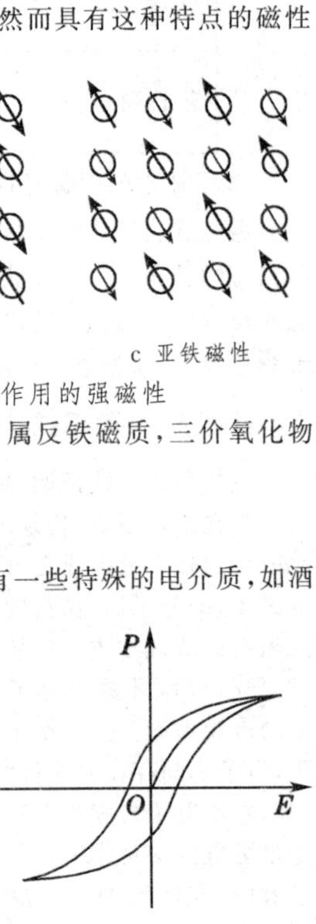

图 4-50 铁电体的极化规律

在 $9.8\times10^3\ \mathrm{N/cm^2}$ 的压强下石英晶体的相对两面上能够固极化而产生约 0.5 V 的电势差,酒石酸钾钠晶体的压电效应更为显著。

压电现象还有逆效应，当在晶体上加电场时，晶体会发生机械形变（伸长或缩短，见图 4－52）。压电效应及其逆效应已被广泛地应用于近代技术中。利用压电效应的例子有：

（1）晶体振荡器：由于压电晶体的机械振动可以变为电振动，用压电晶体代替普通振荡回路做成的电振荡器称为晶体振荡器。晶体振荡器突出的优点是其频率的高度稳定，在无线电技术中可用来稳定高频发生器中电频率。利用这种振荡器制造的石英钟，每昼夜的误差不超过 $2\times10^{-5}$ s.

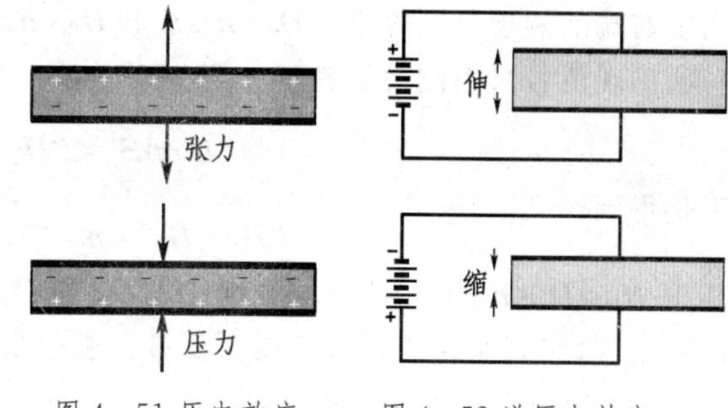


图 4－51 压电效应　　图 4－52 逆压电效应

（2）压电晶体应用于扩音器、电唱头等电声器件中，把机械振动（声波）变为电振动。

（3）利用压电现象，可测量各种各样情况下的压力、振动，以至加速度。

利用逆压电效应的例子有：

（1）电话耳机中利用压电晶体的逆压电效应把电的振荡还原为晶体的机械振动。晶体再把这种振动传给一块金属薄片，发出声音。

（2）超声波是频率比耳朵能听到的声波频率高得多的声波（大于20000 Hz）。利用逆压电效应可以产生超声波。将压电晶片放在平行板电极之间，在电极间加上频率与晶体片的固有振动频率相同的交变电压，晶片就产生强烈的振动而发射出超声波来。

# §6. 电磁介质界面上的边界条件　磁路定理

## 6.1 两种电介质或磁介质分界面上的边界条件

先看两种不同电介质的界面。在本章 §1 里我们曾导出了电位移矢量的高斯定理(4.9)式：

$$\oiint_{(S)} \boldsymbol{D}\cdot \mathrm{d}\boldsymbol{S}=\sum_{(S内)} q_0 .$$

一般在不同电介质的界面上没有自由电荷 $q_0$，于是在界面附近我们有

$$\oiint_{(S)} \boldsymbol{D}\cdot \mathrm{d}\boldsymbol{S}=0. \tag{4.72}$$

此外，对于电场强度我们仍有环路定理

$$\oint \boldsymbol{E}\cdot \mathrm{d}\boldsymbol{l}=0. \tag{4.73}$$

在第一章 9.4 节里我们曾推导过两种导体分界面上 $\boldsymbol{j}$ 和 $\boldsymbol{E}$ 的边界条件，这里用同样的方法可以导出两种电介质分界面上 $\boldsymbol{D}$ 和 $\boldsymbol{E}$ 的边界条件。

（1）$\boldsymbol{D}$ 法向分量的连续性

如图 4－53 所示，在两种导体的分界面上取一面元 $\Delta S$，在 $\Delta S$ 上作一扁盒状的闭合面，它的两底分别位于界面两侧不同的导体中，并与界面平行，且无限靠近它。围绕 $\Delta S$ 的边缘用一与 $\Delta S$ 垂直的窄带把两底面之间的缝隙封闭起来，构成闭合面的侧面。取界面的单位法向矢量为 $\boldsymbol{n}$，它的指向是由介质 1 到介质 2 的（见图 4－53）。设在 $\Delta S$ 两侧不同导体中的电位移分别为 $\boldsymbol{D}_1$ 和 $\boldsymbol{D}_2$（它们一般是不相等的），则通过闭合面的电位移通量为

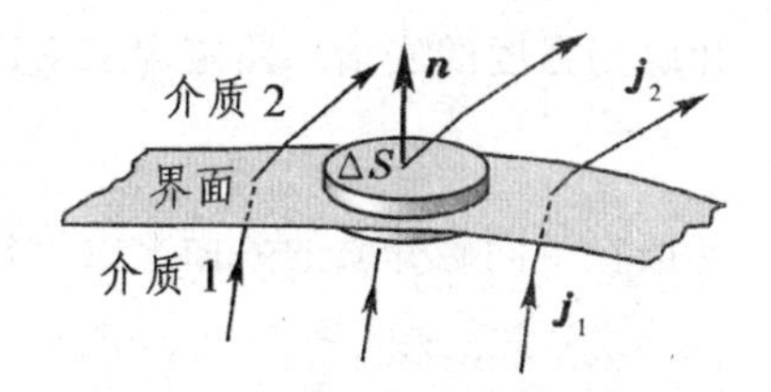


图 4－53 法向分量的连续性

$$\oiint \boldsymbol{D}\cdot \mathrm{d}\boldsymbol{S}=\iint_{(底面1)} \boldsymbol{D}\cdot \mathrm{d}\boldsymbol{S}+\iint_{(底面2)} \boldsymbol{D}\cdot \mathrm{d}\boldsymbol{S}+\iint_{(侧面)} \boldsymbol{D}\cdot \mathrm{d}\boldsymbol{S},$$

式中右端前两项分别等于 $-\boldsymbol{D}_1\cdot\boldsymbol{n}\Delta S$ 和 $\boldsymbol{D}_2\cdot\boldsymbol{n}\Delta S$（对于闭合面来说，$\boldsymbol{n}$ 是底面 1 的内法线，故第一项出现负号）；因侧面积趋于 0，第三项为 0。所以按照(4.72)式

$$\oiint \boldsymbol{D}\cdot\mathrm{d}\boldsymbol{S}=(\boldsymbol{D}_2-\boldsymbol{D}_1)\cdot\boldsymbol{n}\,\Delta S=0,$$

于是得到：

$$(\boldsymbol{D}_2-\boldsymbol{D}_1)\cdot\boldsymbol{n}=0,\quad 或\quad D_{2n}=D_{1n}, \tag{4.74}$$

其中 $D_{1n}=\boldsymbol{D}_1\cdot\boldsymbol{n}$、$D_{2n}=\boldsymbol{D}_2\cdot\boldsymbol{n}$ 分别代表 $\boldsymbol{D}_1$ 和 $\boldsymbol{D}_2$ 的法向分量。这就是电介质分界面上的第一个边界条件，它表明在边界面两侧电位移矢量的法向分量是连续的。

(2) 切向分量的连续性

如图 4-54 所示，在两种介质的分界面上取一矩形闭合环路 $ABCDA$，其中 $AB$ 和 $CD$ 两边长 $\Delta l$，它们与界面平行，且无限靠近它；$BC$ 和 $DA$ 两边与界面垂直。设界面两侧不同介质中的电场强度分别为 $\boldsymbol{E}_1$ 和 $\boldsymbol{E}_2$（它们一般是不相等的），则 $\boldsymbol{E}$ 沿此闭合环路的线积分为

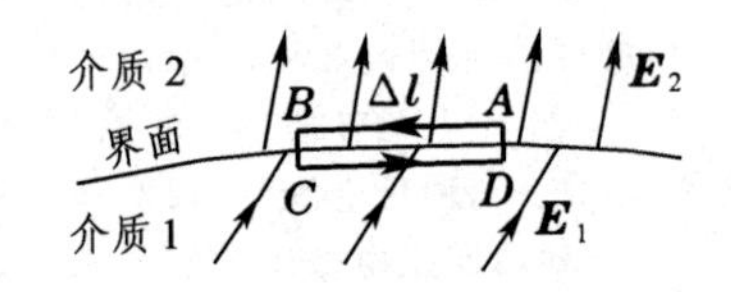

图 4-54 切向分量的连续性

$$\oint \boldsymbol{E}\cdot\mathrm{d}\boldsymbol{l}=\int_A^B\boldsymbol{E}\cdot\mathrm{d}\boldsymbol{l}+\int_B^C\boldsymbol{E}\cdot\mathrm{d}\boldsymbol{l}+\int_C^D\boldsymbol{E}\cdot\mathrm{d}\boldsymbol{l}+\int_D^A\boldsymbol{E}\cdot\mathrm{d}\boldsymbol{l},$$

令 $E_{1t}$ 和 $E_{2t}$ 代表 $\boldsymbol{E}_1$ 和 $\boldsymbol{E}_2$ 的切向分量，则沿 $AB$ 段和 $CD$ 段的积分分别为 $-E_{2t}\Delta l$ 和 $E_{1t}\Delta l$（负号是因为在 $AB$ 段内 $\boldsymbol{E}$ 的切向分量与 $\Delta\boldsymbol{l}$ 方向相反）。此外因 $BC$ 和 $DA$ 的长度趋于 0（高级无穷小），两段积分为 0。于是按照静电场的环路定理

$$\oint \boldsymbol{E}\cdot\mathrm{d}\boldsymbol{l}=(E_{1t}-E_{2t})\Delta l=0.$$

故

$$E_{1t}-E_{2t}=0,\quad 或\quad E_{1t}=E_{2t}. \tag{4.75}$$

上式表明矢量差 $\boldsymbol{E}_2-\boldsymbol{E}_1$ 是沿法线方向的，故又可写成

$$(\boldsymbol{E}_2-\boldsymbol{E}_1)\times\boldsymbol{n}=0. \tag{4.76}$$

这就是电介质分界面上的第二个边界条件，它表明在边界面两侧电场强度的切向分量是连续的。

归纳起来，在两种电介质的界面两侧：

(1) 电位移矢量 $\boldsymbol{D}$ 的法向分量连续；

(2) 电场强度矢量 $\boldsymbol{E}$ 的切向分量连续。

再看两种不同磁介质的界面。在本章 §2 和 §3 里我们分别用分子环流观点和磁荷观点共同导出了磁感应矢量的高斯定理[见 §4(4.57) 式]：

$$\oiint_{(S)} \boldsymbol{B}\cdot\mathrm{d}\boldsymbol{S}=0, \tag{4.77}$$

和磁场强度的安培环路定理(4.56) 式：

$$\oint_{(L)}\boldsymbol{H}\cdot\mathrm{d}\boldsymbol{l}=\sum_{(L内)}I_0,$$

一般在不同磁介质的界面上没有传导电流 $I_0$，于是在界面附近我们有

$$\oint_{(L)}\boldsymbol{H}\cdot\mathrm{d}\boldsymbol{l}=0. \tag{4.78}$$

不难看出，只需把(4.72)式中的 $\boldsymbol{D}$ 换成 $\boldsymbol{B}$，它就变成了(4.77)式，把(4.73)式中的 $\boldsymbol{E}$ 换成 $\boldsymbol{H}$，它就变成了(4.78)式。所以用同样的方法，我们可以导出两种磁介质界面上的边界条件：

$$(\boldsymbol{B}_2-\boldsymbol{B}_1)\cdot\boldsymbol{n}=0,\quad 或\quad B_{2n}=B_{1n}. \tag{4.79}$$

$$(\boldsymbol{H}_2-\boldsymbol{H}_1)\times\boldsymbol{n}=0,\quad 或\quad H_{1t}=H_{2t}. \tag{4.80}$$

即在两种磁介质的界面两侧：

(1) 磁感应强度矢量 $\boldsymbol{B}$ 的法向分量连续；

(2) 磁场强度矢量 $\boldsymbol{H}$ 的切向分量连续。

### 6.2 有介质情形的边值问题的唯一性定理

我们曾在第一章 §8 讨论过有导体时静电场边值问题的唯一性定理，那里未涉及电介质的问题。其实当有电介质存在时，在上节给出的边界条件下，仍有相应的唯一性定理成立。此外，对于磁场的边值问题，也有相应的唯一性定理。下面我们仅以有电介质时的边值问题为例，介绍一下有介质情形的唯一性定理。

如果除导体外所有空间皆为同一种均匀的电介质所充满，唯一性定理的证明与第一章 §8 所述没有什么差别。下面我们考虑电介质分区均匀的情况（见图 4－55）。导体上的边界条件依旧是第一章8.1节的(1)、(2)两条或它们的混合，新的问题出现在不同介质的界面上。在第一章 §8 里证唯一性定理时靠的是两条：除导体外空间里电势分布连续，且无极值。现在我们面临的介质界面是介电常量 $\varepsilon$ 的间断面，在其上一般存在极化电荷。上述两条电势的性质还有保证吗？

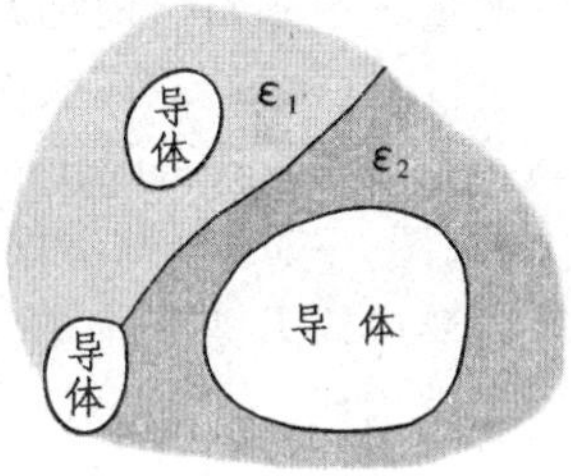

如上节所述，在介质界面上的边界条件是场强 $\boldsymbol{E}$ 的切向分量连续，电位移 $\boldsymbol{D}$ 的法向分量连续。用电势的语言来表达，就是通过界面时 $U$ 连续，以及两侧

$$\varepsilon_1 \frac{\partial U_1}{\partial n} = \varepsilon_2 \frac{\partial U_2}{\partial n}.$$

由于介电常量 $\varepsilon_1$ 和 $\varepsilon_2$ 总是正的，上式表明，界面两侧的电场如果有法向分量，则它们的方向一致，亦即界面上的电势不是极值。

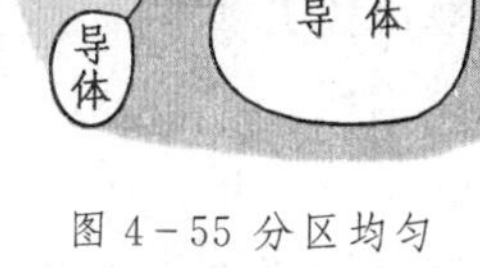


图 4－55 分区均匀电介质中的导体组

有了电势连续和无极值这两条，第一章 §8 证唯一性定理所用的方法基本上有效（只是 8.2 节中的引理三需改用电位移线来证）。

### 6.3 电场线和磁感应线在界面上的折射

设电场线与界面法线的夹角分别为 $\theta_1$ 和 $\theta_2$（见图 4－56），由于上述边界条件，有

$$\left.\begin{aligned} D_{1\mathrm{n}} &= j\cos\theta_1, \quad D_{2\mathrm{n}} = j\cos\theta_2; \\ E_{1t} &= E\sin\theta_1, \quad E_{2\mathrm{t}} = E\sin\theta_2. \end{aligned}\right\} \tag{4.81}$$

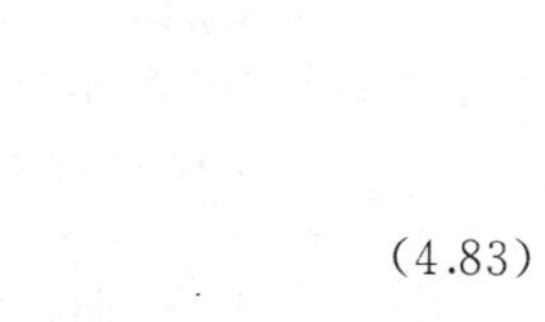

按边界条件(4.74)式和(4.75)式，

$$D_{1\mathrm{n}} = D_{2\mathrm{n}}, \quad E_{1\mathrm{t}} = E_{2\mathrm{t}}.$$

两式相除得

$$\frac{E_{1t}}{D_{1\mathrm{n}}} = \frac{E_{2\mathrm{t}}}{D_{2\mathrm{n}}}. \tag{4.82}$$

图 4－56 电场线在边界面上的“折射”

将(4.81)式代入(4.82)式，得

$$\frac{E_1}{D_1}\tan\theta_1 = \frac{E_2}{D_2}\tan\theta_2.$$

在电介质中

$$D_1 = \varepsilon_0\varepsilon_1 E_1, \quad D_2 = \varepsilon_0\varepsilon_2 E_2. \tag{4.83}$$

于是

$$\frac{\tan\theta_1}{\varepsilon_1} = \frac{\tan\theta_2}{\varepsilon_2}, \quad 或 \quad \frac{\tan\theta_1}{\tan\theta_2} = \frac{\varepsilon_1}{\varepsilon_2}. \tag{4.84}$$

即电介质界面两侧电场线与法线夹角的正切之比等于两侧介电常量之比。

在磁介质问题中与(4.83)式对应的是

$$B_1 = \mu_0\mu_1 H_1, \quad B_2 = \mu_0\mu_2 H_2. \tag{4.85}$$

用同样方法可以论证：
$$\frac{\tan\theta_1}{\mu_1} = \frac{\tan\theta_2}{\mu_2}, \quad 或 \quad \frac{\tan\theta_1}{\tan\theta_2} = \frac{\mu_1}{\mu_2}. \tag{4.86}$$

即磁介质界面两侧磁感应线与法线夹角的正切之比等于两侧磁导率之比。

如果磁介质1为弱磁性物质(顺磁质或抗磁质)，$\mu_1 \approx 1$，而磁介质2为铁磁质，$\mu_2$ 在 $10^2 \sim 10^6$，$\mu_1 \ll \mu_2$，则 $\tan\theta_1 \ll \tan\theta_2$，$\theta_1 \approx 0$，$\theta_2 \approx 90°$(见图4-57)，这时在弱磁性物质一侧磁感应线和磁场线几乎与界面垂直，而在铁磁质一侧磁感应线和磁场线几乎与界面平行，从而磁感应线非常密集。就这样，高导磁率的物质把磁通量集中到自己内部。

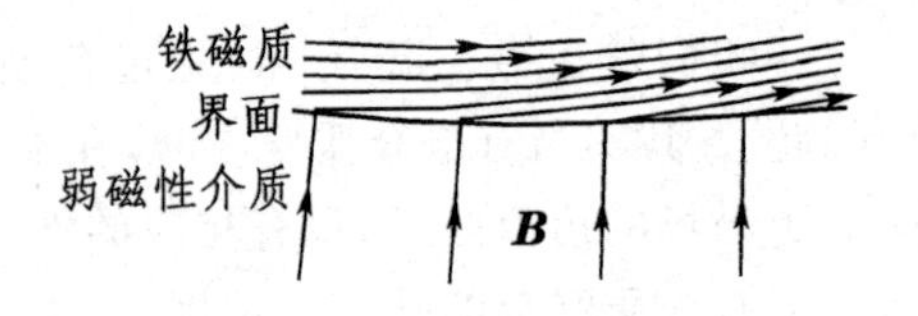

图4-57 磁感应线向高磁导率物质内密集

6.4 **磁路定理**

由于铁磁材料的磁导率 $\mu$ 很大，铁芯有使磁感应通量集中到自己内部的作用。如图4-58a所示，一个没有铁芯的载流线圈产生的磁感应线是弥散在整个空间的；若把同样的线圈绕在一个闭合的铁芯上时(图4-58b)，则不仅磁通量的数值大大增加，而且磁感应线几乎是沿着铁芯的。换句话说，铁芯的边界就构成一个磁感应管，它把绝大部分磁通量集中到这个管子里。这一点和一个电路很相似：如果在电源的两极间没有接导线，周围中有不良的导电介质，两极产生的电场线是弥散在整个空间的(图4-59a)；接上一根闭合的导线时(图4-59b)，则不仅电流的数值大大增加，而且电流线几乎是沿着导线内部流动的。换句话说，导线的边界就构成一个电流管，它把绝大部分电流集中到这管子里。通常把导线构成的电流管叫做电路，与此类比，铁芯构成的磁感应管也可以叫做*磁路*。

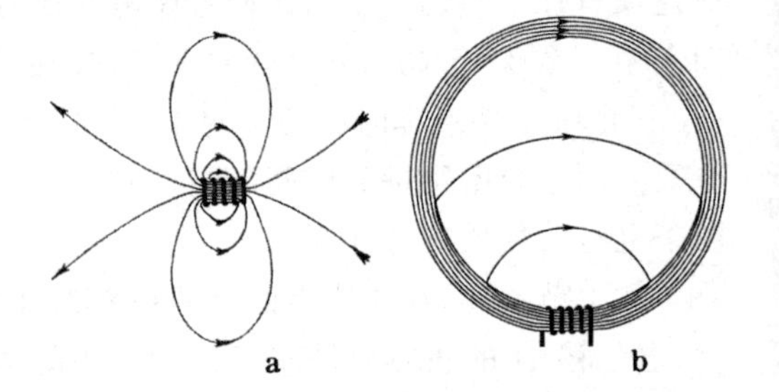

图4-58 由铁芯和励磁线圈组成的磁路

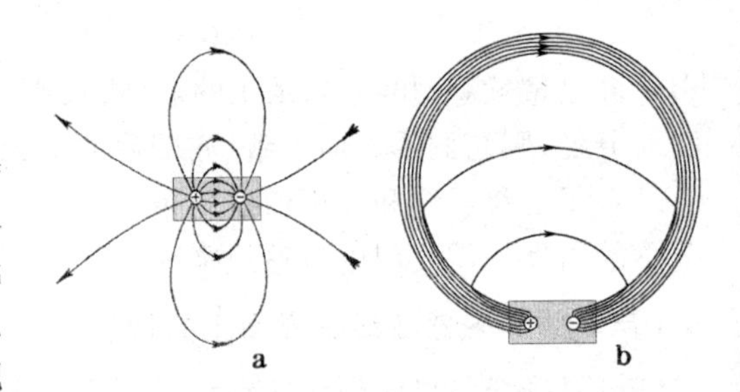

图4-59 由导线和电源组成的电路

磁路与电路之间的相似性，为我们提供了一个分析和计算磁场分布的有力工具——磁路定理。从基本原理来说，磁路定理不外是磁场的“高斯定理”和安培环路定理的具体应用，不过我们把它写成尽量与电路定理相似的形式，从而有关电路的一些概念和分析问题的方法都可借用过来。

在恒定电路中，不管导线各段的粗细或电阻怎样不同，通过各截面的电流 $I$ 都是一样的。在铁芯里，由于磁场的“高斯定理”，通过铁芯各个截面的磁通量 $\Phi_B$ 也相同。[1]

对于一个闭合电路来说，电源的电动势等于各段导线上的电势降落之和：

$$\mathscr{E} = \sum_i IR_i = I\sum_i R_i = I\sum_i \frac{l_i}{\sigma_i S_i},$$

---

[1] 由于铁芯的磁导率不等于无穷大，它只近似地是一个磁感应管，实际上会有一小部分磁感应通量要从它的侧表面漏出去(漏磁通)，所以上述说法是近似的。

式中 $R_i$、$\sigma_i$、$l_i$、$S_i$ 分别是第 $i$ 段导线的电阻、电导率、长度和截面积，对于磁路来说，我们有安培环路定理：

$$NI_0 = \oint_{(L)} \boldsymbol{H}\cdot \mathrm{d}\boldsymbol{l} = \sum_i H_i l_i = \sum_i \frac{B_i l_i}{\mu_0\mu_i} = \sum_i \frac{\Phi_{Bi} l_i}{\mu_0\mu_i S_i},$$

式中 $N$ 和 $I_0$ 分别是产生磁化场的线圈匝数和传导电流，$H_i$、$B_i$、$\mu_i$、$l_i$、$S_i$ 分别是第 $i$ 段均匀磁路中的磁场强度、磁感应强度、(相对)磁导率、长度和截面积，闭合积分回路 $L$ 是沿着磁路选取的。因为通过各段磁路的磁通量 $\Phi_{Bi}=B_iS_i$ 都一样，我们统一用 $\Phi_B$ 代表，并从求和号中提出来。于是上式写成

$$NI_0 = \sum_i H_i l_i = \Phi_B \sum_i \frac{l_i}{\mu_0\mu_i S_i}. \tag{4.87}$$

将上式与电路公式对比一下，即可看出表 4-6 中各物理量是一一对应的。因此我们可以把磁路中有关的各物理量用对应的符号和名称来表示，即

**表 4—6 磁路与电路的对比**

| 电路 | 电动势 $\mathscr{E}$ | 电流 $I$ | 电导率 $\sigma_i$ | 电阻 $R_i=\dfrac{l_i}{\sigma_i S_i}$ | 电势降落 $IR_i$ |
|---|---|---|---|---|---|
| 磁路 | 磁通势 $\mathscr{E}_\mathrm{m}=NI_0$ | 磁通量 $\Phi_B$ | 磁导率 $\mu_i\mu_0$ | 磁阻 $R_{\mathrm{m}i}=\dfrac{l_i}{\mu_i\mu_0 S_i}$ | 磁势降落 $H_i l_i=\Phi_B\dfrac{l_i}{\mu_i\mu_0 S_i}$ |

$$\left.\begin{aligned}&\text{磁通势 } \mathscr{E}_\mathrm{m}=NI_0\text{（电工中叫做磁动势）},\\&\text{磁阻 } R_{\mathrm{m}i}=\frac{l_i}{\mu_i\mu_0 S_i},\\&\text{磁位降落 } H_i l_i=\Phi_B R_{\mathrm{m}i}.\end{aligned}\right\} \tag{4.88}$$

这样一来，磁路的公式(4.87)就可写成与电路公式更加相似的形式：

$$\mathscr{E}_\mathrm{m} = \sum_i H_i l_i = \Phi_B \sum_i R_{\mathrm{m}i}. \tag{4.89}$$

(4.89)式叫做磁路定理，它可用文字表述为：闭合磁路的磁通势等于各段磁路上磁势降落之和。

**例题 12** 图 4-60a 和 b 分别是一个 U 形电磁铁的外貌和磁路图，它的尺寸如下：磁极截面积 $S_1=0.01\,\mathrm{m}^2$，长度 $l_1=0.6\,\mathrm{m}$，$\mu_1=6000$，轭铁截面积 $S_2=0.02\,\mathrm{m}^2$，长度 $l_2=1.40\,\mathrm{m}$，$\mu_2=700$；气隙长度 $l_3$ 在 0～0.05 m 范围内可调。如果线圈匝数 $N=5000$，电流 $I_0$ 最大为 4A，问 $l_3=0.05\,\mathrm{m}$ 和 0.01 m 时最大磁场强度 $H$ 值各多少？

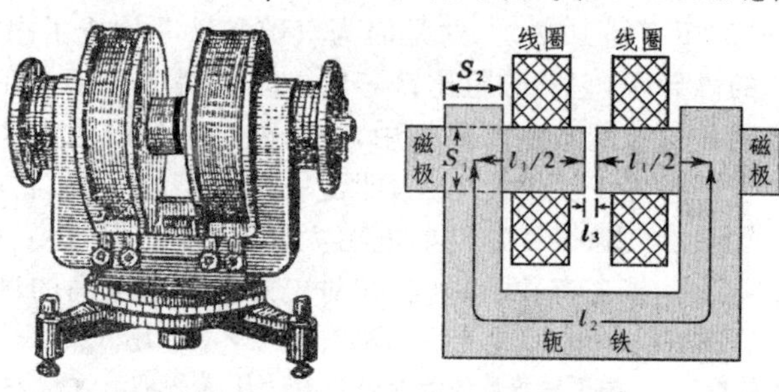

图 4-60 例题 12——电磁铁的设计

**解：** 根据磁路定理

$$\Phi_B = \frac{NI_0}{\dfrac{l_1}{\mu_1\mu_0 S_1}+\dfrac{l_2}{\mu_2\mu_0 S_2}+\dfrac{l_3}{\mu_0 S_3}}.$$

在气隙中 $\Phi_B=\mu_0 HS_3$，故

$$H = \frac{NI_0/S_3}{\dfrac{l_1}{\mu_1 S_1}+\dfrac{l_2}{\mu_2 S_2}+\dfrac{l_3}{S_3}}.$$

忽略漏磁效应，取 $S_3\approx S_1=0.01\,\mathrm{m}^2$，将所给数据代入上式，得到

$l_3 = 0.05\,\mathrm{m}$ 时 $H = 3.92\times10^5\,\mathrm{A/m} = 4.9\times10^3\,\mathrm{Oe}$；

$l_3 = 0.01\,\mathrm{m}$ 时 $H = 1.8\times10^6\,\mathrm{A/m} = 2.3\times10^4\,\mathrm{Oe}$. ▌

由于未考虑漏磁问题，上面所得结果比实际偏大一些。但对于粗略的设计来说，以上数据可供参考。

**例题** 13 例题11证明，闭合磁芯的螺绕环自感系数 $L$ 比空心时的 $L_0$ 大 $\mu$ 倍。由于种种原因，实际电感器件中的磁芯不都是闭合的。这时的自感系数 $L$ 与空心线圈自感系数 $L_0$ 之比，称为器件的有效磁导率 $\mu_{有效}$。如图4-61所示，磁环开有气隙。设磁芯材料的磁导率为 $\mu$，其长度为 $l_1$，气隙的长度为 $l_2$，求有效磁导率。

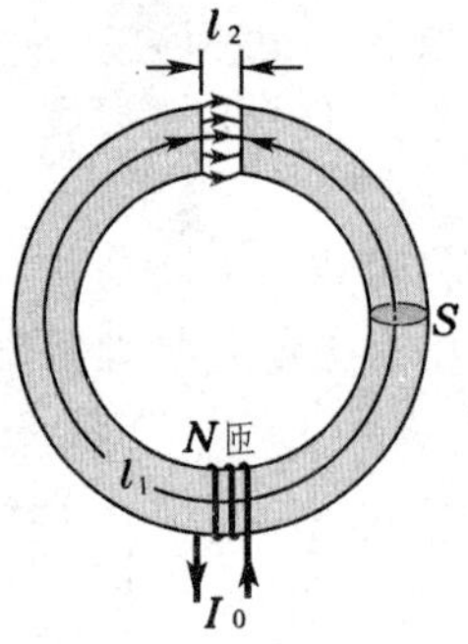

**解：** 设空心线圈的磁阻为 $R_{m0}$、加入铁芯后的磁阻为 $R_m$，二者的磁通势一样，都是 $\mathscr{E}_m = NI_0$，因此它们之中的磁通量分别为

$$\Phi_{B0} = \frac{\mathscr{E}_m}{R_{m0}} = \frac{NI_0}{R_{m0}},$$

和

$$\Phi_B = \frac{\mathscr{E}_m}{R_m} = \frac{NI_0}{R_m}.$$

而 $\Phi_{B0} = B_0 S$，$\Phi_B = BS$，其中 $S$ 为磁路的横截面积，$B_0 = \mu_0 H_0$ 为空心线圈内的磁感应强度，$B$ 为有铁芯的器件内的磁感应强度，故

$$\mu_{有效} = \frac{B}{\mu_0 H_0} = \frac{B}{B_0} = \frac{\Phi_B}{\Phi_{B0}} = \frac{R_{m0}}{R_m}.$$

下面分别计算 $R_m$ 和 $R_{m0}$：

$$R_m = \frac{l_1}{\mu\mu_0 S} + \frac{l_2}{\mu_0 S},$$

[实际上在气隙处磁感应管稍有膨胀（漏磁效应），它的截面积稍大，在气隙长度很小时，漏磁效应可以忽略，所以在上式两项中的截面积都取成 $S$.] 对于空心线圈来说

$$R_{m0} = \frac{l}{\mu_0 S},$$

其中 $l = l_1 + l_2$. 于是带气隙的电感器件的有效磁导率为

$$\mu_{有效} = \frac{R_{m0}}{R_m} = \frac{l/(\mu_0 S)}{\dfrac{l_1}{\mu\mu_0 S} + \dfrac{l_2}{\mu_0 S}} = \frac{\mu l}{l_1 + \mu l_2} = \frac{\mu l}{(l - l_2) + \mu l_2},$$

最后我们得到

$$\mu_{有效} = \frac{\mu}{1 + \dfrac{l_2}{l}(\mu - 1)}. \blacksquare$$

图4-61 例题13——器件的有效磁导率与材料磁导率的关系

下面举几个数值的例子。设 $l = 10\,\text{cm}$，$l_2 = 1\,\text{mm}$，$\mu = 1000$，由上式可以算出 $\mu_{有效} = 1000/11 = 91$. 若 $\mu = 10000$，则有 $\mu_{有效} = 10000/101 = 99$. 由这个例子可以看出，虽然气隙的长度只有磁路总长度的 1/100，$\mu_{有效}$ 仍比 $\mu$ 下降很多（0.1～0.01），而且即使材料磁导率增大10倍，$\mu_{有效}$ 也不会增大很多（增加还不到10%）。这是因为气隙和铁芯构成了串联磁路，由于气隙的磁导率（$\mu \approx 1$）远小于铁芯的磁导率，它的磁阻比铁芯的磁阻大得多。正如在串联电路中高电阻起主要作用一样，这里高磁阻的气隙起着主要的作用，整个磁路中的磁通量 $\Phi_B$ 受着它的限制。铁芯的磁阻再小，情况也改变不了多少。由此可见，即使一个很小的气隙，它对电感器件的影响也是很大的。

虽然气隙会使器件的电感大幅度下降，但气隙往往会对器件的温度稳定性和 $Q$ 值（见第五章 §10）带来有益的影响，在对电感量要求不高的场合下，有时故意要在铁芯上开一个小气隙。

**例题** 14 如5.5节所述，永磁体是用来在气隙中提供一个磁场的。试证明：当气隙中的磁场强度和气隙的体积给定后，所需磁铁的体积与磁能积 $BH$ 成反比。

**解：** 令 $H$、$B$、[1] $l$、$S$、$V = lS$ 和 $H'$、$B'$、$l'$、$S'$、$V' = l'S'$ 分别代表磁体和气隙的磁场强度、磁感应强度、长度、截面积和体积（图4-62）。（由于气隙中有漏磁，其有效截面积 $S'$ 大于磁体的截面积 $S$.）由于这里没有

---

[1] 由于磁体内磁场不是均匀的，这里的 $H$ 应理解为沿长度 $l$ 的平均值，$B$ 则是磁体内 $l$ 中点处截面上的平均值。

磁化电流，故

$$Hl + H'l' = 0, \quad 或 \quad H'l' = -Hl,$$

又因磁通量的连续性，

$$\Phi_B = BS = B'S', \quad 即 \quad \mu_0 H'S' = BS,$$

两式相乘，得

$$\mu_0 (H')^2 l'S' = -BHlS,$$

即

$$\mu_0 (H')^2 V' = -BHV,$$

上式表明，在 $H'$、$V'$ 给定后，所需磁体的体积 $V$ 与磁能积 $BH$ 成反比。（式中出现负号，是因为在磁体内的退磁场方向与 $B$ 相反，$BH$ 乘积是负值，$-BH$ 才是正的。）▌

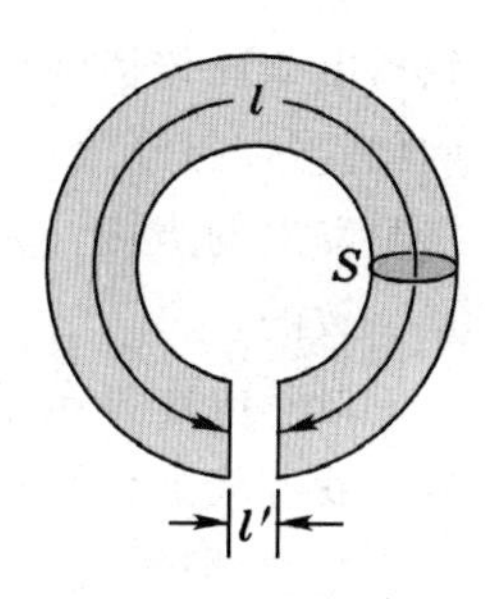


图 4-62 例题 14——磁能积的意义

以上讨论的都是串联磁路。并联磁路的问题请参考思考题 4-11，在那里我们将看到，并联磁路也具有和并联电路类似的性质，例如两磁阻的并联公式为

$$\frac{1}{R_m} = \frac{1}{R_{m1}} + \frac{1}{R_{m2}}. \tag{4.90}$$

### 6.5 磁屏蔽

在实际工作中（例如做精密的磁场测量实验时）往往需要把一部分空间屏蔽起来，免受外界磁场的干扰。上述铁芯具有把磁感应线集中到内部的性质，提供了制造磁屏蔽的可能性。磁屏蔽的原理可借助并联磁路的概念来说明。如图 4-63 所示，将一个铁壳放在外磁场中，则铁壳的壁与空腔中的空气可以看成是并联的磁路，由于空气的磁导率 $\mu$ 接近于 1，而铁壳的磁导率至少有几千，所以空腔的磁阻比铁壳壁的磁阻大得多。这样一来，外磁场的磁感应通量中绝大部分将沿着铁壳壁内“通过”，进入空腔内部的磁通量是很少的。这就可以达到磁屏蔽的目的。

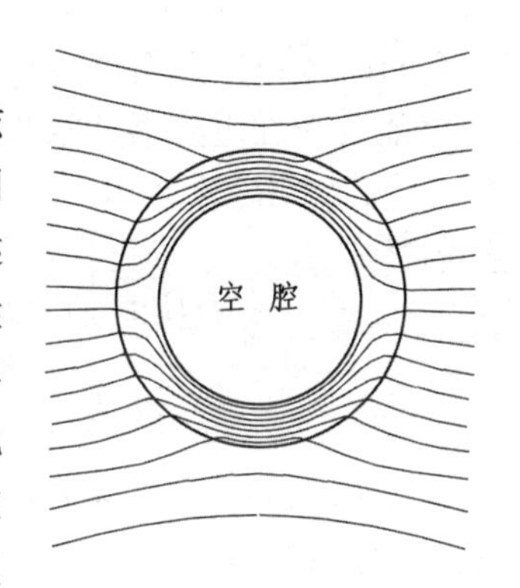


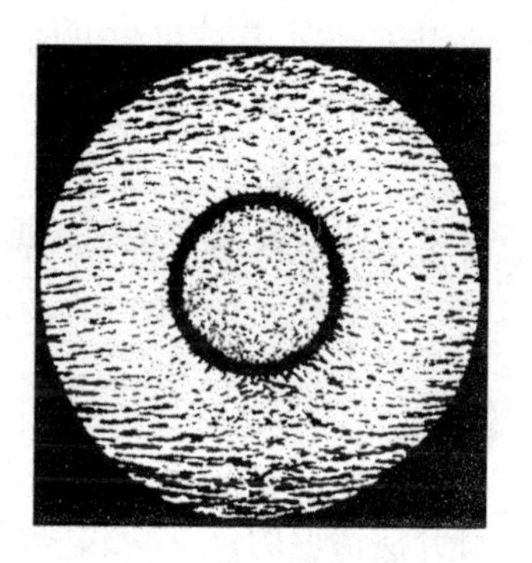

图 4-63 磁屏蔽

用铁壳做的磁屏蔽没有用金属导体壳做的静电屏蔽的效果那样好。为了达到更好的磁屏蔽效果，可以采用多层铁壳的办法，把漏进空腔里的残余磁通量一次次地屏蔽掉。

## §7. 电磁场能

在第一章 §6 所给的电能和第三章 5.4 节所给的磁能公式都是与电荷或电流联系在一起的，这容易给人一个印象，似乎电磁能集中在电荷或电流上，其实电磁能分布在电磁场中。本节就来讨论这个问题。

### 7.1 电场的能量和能量密度

对于电容器来说，似乎静电能集中在极板表面。但是静电能是与电场的存在相联系的，而电场弥散在一定的空间里。能否认为，静电能分布在电场中呢？这个问题需要用实验来回答。然而在恒定状态下这样的实验是不可能的。因为在恒定状态下，电荷和电场总是同时存在、相伴而生的，使我们无法分辨电能是与电荷相联系，还是与电场相联系。以后（第六章）我们会看到，随着时间迅速变化的电场和磁场将以一定的速度在空间传播，形成电磁波。在电磁波中电场可以脱离电荷而传播到很远的地方。电磁波携带能量，已是近代无线电技术中人所共知的事实了。例如，当你打开收音机的时候，由电磁波带来的能量就从天线输入，经过电子线路的作用，转化为喇叭发出的声能。大量事实证明，电能是定域在电场中的。这种看法也是与电的“近距作用”观点一致的。

既然电能分布于电场中，最好能将电能的公式通过描述电场的特征量 —— 场强 $\boldsymbol{E}$ 表示出来。我们将通过平行板电容器的特例来说明这一点。

电容器的储能公式为

$$W_{\mathrm{e}}=\frac{1}{2}Q_0U$$

[见(1.59)式]。上式中 $Q_0$ 为极板上的自由电荷，它与电位移的关系是 $Q_0=\sigma_{e0}S=DS$（$S$ 是极板面积）；$U$ 是电压，它与场强的关系是 $U=Ed$（$d$ 是极板间距）。代入上式，得

$$W_{\mathrm{e}}=\frac{1}{2}DESd=\frac{1}{2}DEV,$$

式中 $V=Sd$ 是极板间电场所占空间的体积。上面虽然只作了数学上的代换，但物理意义却变得更鲜明了。$W_{\mathrm{e}}$ 正比于 $V$ 表明，电能分布在电容器两极板间的电场中，在单位体积内有电能

$$w_{\mathrm{e}}=W_{\mathrm{e}}/V,$$

这个量叫做电能密度。根据上式，[1]

$$w_{\mathrm{e}}=\frac{1}{2}DE=\frac{1}{2}\varepsilon\varepsilon_0E^2. \tag{4.91}$$

在真空中 $\varepsilon=1$，则

$$w_{\mathrm{e}}=\frac{1}{2}\varepsilon_0E^2. \tag{4.92}$$

两式表明，电场中的电能密度正比于场强的平方。无介质情形的(4.92)式纯粹是指电场的能量，有介质情形的(4.91)式中还包含了介质的极化能。

这里场能密度的表达式(4.91)和(4.92)虽然是通过平行板电容器中均匀电场的特例推导出来的，但它们却是普遍成立的（普遍的推导需用到矢量分析的工具，此处从略）。当电场不均匀时，总电能 $W_{\mathrm{e}}$ 应是电能密度 $w_{\mathrm{e}}$ 的体积分：

$$W_{\mathrm{e}}=\iiint w_{\mathrm{e}}\,\mathrm{d}V=\iiint\frac{DE}{2}\mathrm{d}V=\iiint\frac{\varepsilon\varepsilon_0E^2}{2}\mathrm{d}V. \tag{4.93}$$

在真空中上式化为

$$W_{\mathrm{e}}=\iiint\frac{\varepsilon_0E^2}{2}\mathrm{d}V. \tag{4.94}$$

(4.93)式和(4.94)式中的积分遍及存在电场的空间，适用于任何静电场能的计算。

**例题 15** 计算均匀带电导体球的静电能，设球的半径为 $R$，带电总量为 $q$，球外真空。

**解：** 在导体球上电荷均匀分布在表面，球内场强为 0，球外的场强分布为

$$E=\frac{q}{4\pi\varepsilon_0r^2},$$

半径从 $r$ 到 $r+\mathrm{d}r$ 之间球壳的体积为 $4\pi r^2\mathrm{d}r$，故

$$W_{\mathrm{e}}=\iiint\frac{\varepsilon_0E^2}{2}\mathrm{d}V=\frac{\varepsilon_0}{2}\int_R^{\infty}\left(\frac{q}{4\pi\varepsilon_0r^2}\right)^2 4\pi r^2\mathrm{d}r=\frac{q^2}{8\pi\varepsilon_0}\int_R^{\infty}\frac{\mathrm{d}r}{r^2}=\frac{q^2}{8\pi\varepsilon_0R}.$$ ▍

---

[1] 在 $\boldsymbol{D}$ 和 $\boldsymbol{E}$ 方向不同的情况下（例如在铁电体、永电体或各向异性电介质内的情形），此式应作

$$w_{\mathrm{e}}=\frac{1}{2}\boldsymbol{D}\cdot\boldsymbol{E} \tag{4.91′}$$

$\boldsymbol{D}\mathbin{/\!/}\boldsymbol{E}$ 时，此式化为(4.91)式。

**例题** 16　计算均匀带电球体的静电能，设球的半径为 $R$，带电总量为 $q$，球外真空。

**解：**　均匀带电球体产生的场强分布已于第一章的例题 7 中用高斯定理求出，其结果为

$$E=\begin{cases}\dfrac{qr}{4\pi\varepsilon_0 R^3} & (r<R),\\[2ex] \dfrac{q}{4\pi\varepsilon_0 r^2} & (r>R).\end{cases}$$

故静电能为

$$W_e=\iiint\frac{\varepsilon_0 E^2}{2}\mathrm{d}V=\frac{\varepsilon_0}{2}\int_0^R\left(\frac{qr}{4\pi\varepsilon_0 R^3}\right)^2 4\pi r^2\mathrm{d}r+\frac{\varepsilon_0}{2}\int_R^\infty\left(\frac{q}{4\pi\varepsilon_0 r^2}\right)^2 4\pi r^2\mathrm{d}r$$

$$=\frac{q^2}{8\pi\varepsilon_0 R^6}\int_0^R r^4\mathrm{d}r+\frac{q^2}{8\pi\varepsilon_0}\int_R^\infty\frac{\mathrm{d}r}{r^2}=\frac{q^2}{40\pi\varepsilon_0 R}+\frac{q^2}{8\pi\varepsilon_0 R}=\frac{3q^2}{20\pi\varepsilon_0 R}.\ \blacksquare$$

以上两题的结果分别与第一章 6.2 节中的(1.63) 式、(1.64) 式相符。由此可见，带电体系的静电势能和场能是一回事，我们可用两种方法之中的任何一个计算它。

### 7.2 磁场的能量和能量密度

上面指出，按照电场的近距作用观点，电能定域在电场中。因此利用电容器储存电能的公式导出了电场的能量密度公式

$$w_e=\frac{1}{2}\boldsymbol{D}\cdot\boldsymbol{E}.$$

在这公式中电能直接与描述电场的矢量 $\boldsymbol{E}$ 和 $\boldsymbol{D}$ 联系起来。与此对应，按照磁场的近距作用观点，磁能定域在磁场中，因此我们也应该能够从电感储能公式

$$W_m=\frac{1}{2}LI^2$$

导出磁场的能量密度公式来。

为了计算简便，我们通过螺绕环的特例导出磁场的能量密度公式。螺绕环的自感系数为

$$L=\mu\mu_0 n^2 V$$

[参看第三章(3.77) 式，该式适用于空心螺绕环，如果其中有闭合磁芯，则按(4.50) 式，$L$ 增大 $\mu$ 倍]。这线圈的自感磁能为

$$W_m=\frac{1}{2}LI^2=\frac{1}{2}\mu\mu_0 n^2 I^2 V.$$

因 $H=nI$，$B=\mu\mu_0 H=\mu\mu_0 nI$，所以

$$W_m=\frac{1}{2}BHV=\frac{1}{2}\boldsymbol{B}\cdot\boldsymbol{H}V.$$

我们知道，在螺绕环的情形里，磁场完全局限在它的内部，上式中的 $V$ 就是它的体积。上式表明，磁能 $W_m$ 的数量与磁场所占的体积 $V$ 成正比，因而单位体积内的磁能，即磁能密度为

$$w_m=W_m/V=\frac{1}{2}\boldsymbol{B}\cdot\boldsymbol{H}. \tag{4.95}$$

在螺绕环的特例中，$B$ 和 $H$ 的数值是均匀的，总磁能 $W_m$ 就等于磁能密度 $w_m$ 乘上体积 $V$. 在磁场不均匀的普遍情况下，可以证明上述磁能密度公式仍旧成立，不过总磁能 $W_m$ 应等于 $w_m$ 对磁场占有的全部空间积分：

$$W_m=\iiint w_m\,\mathrm{d}V=\frac{1}{2}\iiint\boldsymbol{B}\cdot\boldsymbol{H}\,\mathrm{d}V \tag{4.96}$$

这样一来，磁场的能量和它的密度就完全与描述磁场的矢量 $\boldsymbol{B}$ 和 $\boldsymbol{H}$ 联系起来了。

下面我们考虑两个线圈情形的磁场能量公式。

设线圈 1、2 中的电流分别为 $I_1$ 和 $I_2$，它们各自产生的磁场强度和磁感应强度为 $\boldsymbol{H}_1$、$\boldsymbol{H}_2$ 和 $\boldsymbol{B}_1$、$\boldsymbol{B}_2$，则总磁场强度和磁感应强度分别是

$$\boldsymbol{H}=\boldsymbol{H}_1+\boldsymbol{H}_2,$$
$$\boldsymbol{B}=\boldsymbol{B}_1+\boldsymbol{B}_2,$$

从而总磁能为

$$\begin{aligned}W_{\mathrm{m}}&=\frac{1}{2}\iiint\boldsymbol{B}\cdot\boldsymbol{H}\,\mathrm{d}V=\frac{1}{2}\iiint(\boldsymbol{B}_1+\boldsymbol{B}_2)\cdot(\boldsymbol{H}_1+\boldsymbol{H}_2)\,\mathrm{d}V\\&=\frac{\mu\mu_0}{2}\iiint(\boldsymbol{H}_1+\boldsymbol{H}_2)\cdot(\boldsymbol{H}_1+\boldsymbol{H}_2)\,\mathrm{d}V\\&=\frac{\mu\mu_0}{2}\iiint(H_1{}^2+H_2{}^2+2\boldsymbol{H}_1\cdot\boldsymbol{H}_2)\,\mathrm{d}V.\end{aligned}\tag{4.97}$$

这公式本身的形式表明，系统的总磁能 $W_{\mathrm{m}}$ 只与最后达到的状态有关，而与建立电流的过程无关。

此外还可看出，(4.97) 式中第一、第二两项，即 $\frac{1}{2}\iiint\mu\mu_0H_1^2\mathrm{d}V$ 和 $\frac{1}{2}\iiint\mu\mu_0H_2^2\mathrm{d}V$ 分别为 1、2 两线圈的自感磁能，第三项，即 $\iiint\mu\mu_0\boldsymbol{H}_1\cdot\boldsymbol{H}_2\mathrm{d}V$ 为互感磁能。因此自感磁能总是正的，而互感磁能密度在 $\boldsymbol{H}_1$、$\boldsymbol{H}_2$ 成锐角的地方为正，成钝角的地方为负。上面我们从螺绕环的自感磁能公式导出磁能密度公式(4.95)，然后推广到普遍的磁能公式(4.96) 和(4.97)。利用它们可以反过来求任何电流回路的自感系数 $L$(或互感系数 $M$)，第三章 §5 例题 9 已算过同轴线的自感系数，下面就以此题为例，重新用磁能的方法再做一遍。

**例题** 17　求无限长同轴线单位长度内的自感系数(图 4-64)，已知内、外半径分别是 $R_1$ 和 $R_2(R_2>R_1)$，其间介质的磁导率为 $\mu$，电流分布在两导体表面。

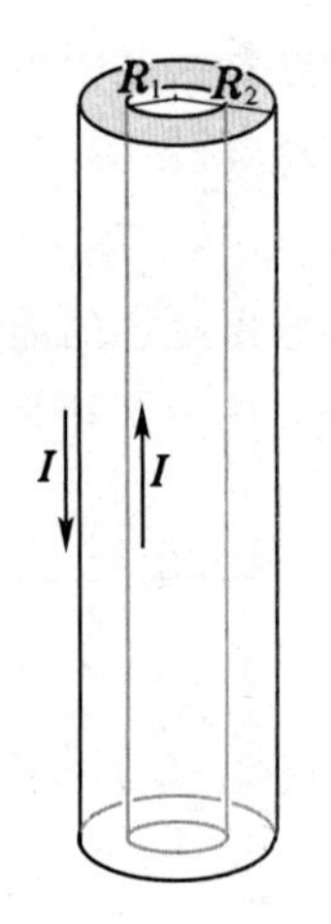


图 4-64 例题 17——用磁场能量公式计算同轴电缆的自感

**解：** 利用安培环路定理不难求出，磁场只存在于两导体之间。在这里

$$\left.\begin{aligned}H&=\frac{I}{2\pi r},\\B&=\mu\mu_0H=\frac{\mu\mu_0I}{2\pi r},\end{aligned}\right\}\quad(R_1<r<R_2)$$

从而磁能密度为

$$w_{\mathrm{m}}=\frac{1}{2}BH=\frac{\mu\mu_0I^2}{8\pi^2r^2}.$$

在长度为 $l$ 的一段同轴线内的总磁能为

$$W_{\mathrm{m}}=\int_{R_1}^{R_2}w_{\mathrm{m}}\cdot2\pi lr\,\mathrm{d}r=\int_{R_1}^{R_2}\frac{\mu\mu_0I^2}{8\pi^2r^2}\cdot2\pi lr\,\mathrm{d}r=\frac{\mu\mu_0I^2l}{4\pi}\int_{R_1}^{R_2}\frac{\mathrm{d}r}{r}=\frac{\mu\mu_0I^2l}{4\pi}\ln\frac{R_2}{R_1}.$$

另一方面，根据自感磁能公式

$$W_{\mathrm{m}}=\frac{1}{2}LI^2,$$

将两式比较一下，即得到这段长度为 $l$ 的自感系数为

$$L=\frac{\mu\mu_0l}{2\pi}\ln\frac{R_2}{R_1},$$

从而同轴线单位长度的自感系数为

$$L^*=\frac{L}{l}=\frac{\mu\mu_0}{2\pi}\ln\frac{R_2}{R_1}.$$

在上述结果中令 $\mu=1$，即得第三章 §5 例题 9 的结果(3.78)式。▌

**例题** 18　若上题中电流在内柱横截面上均匀分布，结果有何变化？

**解：** 这时两导体间的磁场分布不变，但内导体中有下列磁场：

$$H=\frac{rI}{2\pi R_1^2},\quad B=\mu'\mu_0H,$$

故磁能密度为

$$w_{\mathrm{m}}'=\frac{\mu'\mu_0r^2I^2}{8\pi R_1^4},$$

式中 $\mu'$ 是导体的相对磁导率。总磁能中因而增加一项：

$$\Delta W_{\mathrm{m}}=\int_0^{R_1}w_{\mathrm{m}}'\cdot2\pi lr\,\mathrm{d}r=\int_0^{R_1}\frac{\mu'\mu_0r^2I^2}{8\pi^2R_1{}^4}\cdot2\pi lr\,\mathrm{d}r=\frac{\mu'\mu_0I^2l}{16\pi},$$

自感系数中增加一项：

$$\Delta L = \frac{2\Delta W_m}{I^2} = \frac{\mu'\mu_0 l}{8\pi}.$$

单位长度的自感系数增加：

$$\Delta L^* = \frac{\mu'\mu_0}{8\pi}.$$ ▌

例题 18 的结果在第三章 §5 中未曾得到过，实际上在那里也不可能得到，因为该处所给的自感（或互感）系数定义只适用于没有横截面积的线电流或面电流。如果载流导体有一定的横截面积，如何计算磁通匝链数的问题将变得不明确。所以磁能公式不仅为自感（互感）系数提供另一种计算方法，对于有限横截面积的导体来说，它还为自感（互感）系数提供了基本的定义。

有横截面积的导体回路的自感系数通常有三种不同的定义（或者说三种计算方法），其一就是上面所述的磁能法，另外两种都是从磁通与电流不完全链结的概念出发，对磁通匝链数作某种有权重的平均。

(1) 磁能法，即通过下式计算自感系数 $L$：

$$\frac{1}{2}LI^2 = \frac{1}{2}\iiint \boldsymbol{B}\cdot\boldsymbol{H}\,\mathrm{d}V, \quad (4.98)$$

积分遍及有磁场的空间。

(2) 平均磁链法一，$L=\Psi/I$，其中：

$$\Psi = \frac{1}{I}\iint i\,\mathrm{d}\Phi, \quad (4.99)$$

$\mathrm{d}\Phi$ 是某个元磁力管 $L$ 内的磁通（图 4－65a），$i$ 为与此磁力管相链结（即穿过 $L$ 所围阴影面积）的电流（因元磁力管无限细，可不必计较曲面边缘的确切位置）。积分遍及所有磁力管的横截面。

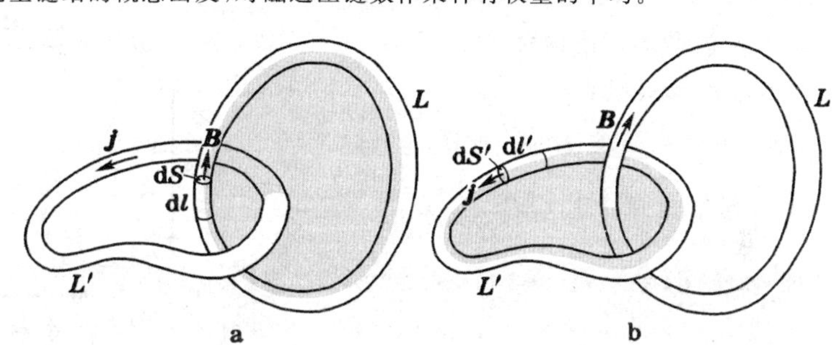


图 4－65 横截面积导体回路自感磁链的计算

(3) 平均磁链法二，$L=\Psi/I$，其中：

$$\Psi = \frac{1}{I}\iint \Phi\,\mathrm{d}i, \quad (4.100)$$

$\mathrm{d}i$ 是某个元电流管 $L'$ 内的电流（图 4－65b），$\Phi$ 为与此电流管相链结（即穿过 $L'$ 所围阴影面积）的磁通。积分遍及所有电流管的横截面。

以上三定义都不难推广到互感系数。定义(1) 为许多书籍广泛采用，可认为是最基本的；定义(2) 常见于电工学书籍中；定义(3) 也有人采用。可以证明，三种定义是完全等价的。❶

## 本章提要

1. 电介质的极化：

(1) 各物理量之间的关系

(2) 辅助场矢量：电位移 $\boldsymbol{D}=\varepsilon_0\boldsymbol{E}+\boldsymbol{P}$，

高斯定理 $\oiint_{(S)} \boldsymbol{E}\cdot\mathrm{d}\boldsymbol{S}=\frac{1}{\varepsilon_0}\sum_{(S内)}(q_0+q')$

➡ $\oiint_{(S)} \boldsymbol{D}\cdot\mathrm{d}\boldsymbol{S}=\sum_{(S内)} q_0$（不含极化电荷）。

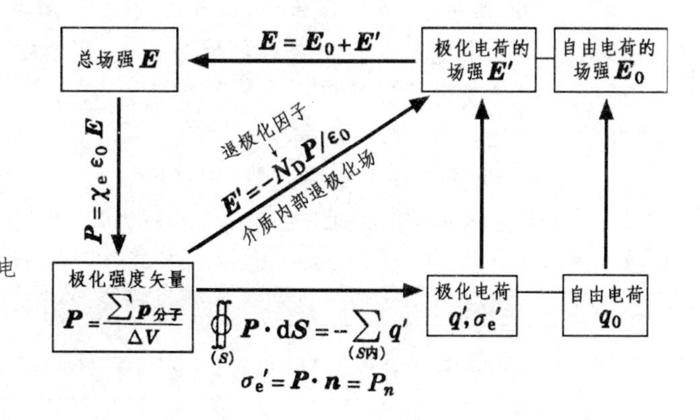


---

❶ 参阅：赵凯华，也谈“三维导体”的自感系数，《大学物理》第 3 期，1985 年。

2.磁介质的磁化(磁荷观点)

(1) 各物理量之间的关系

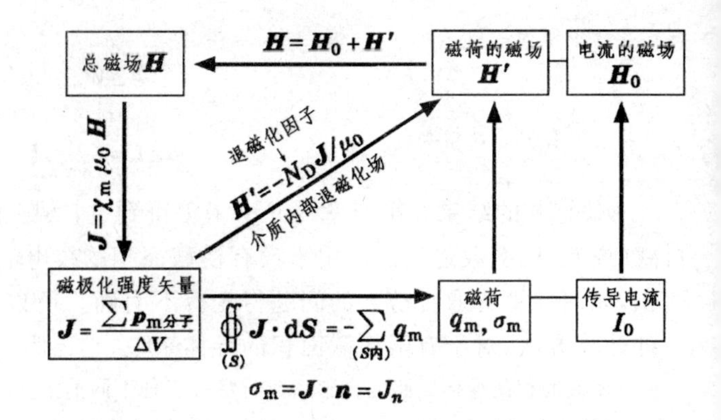


(2) 辅助场矢量:

磁感应强度 $\boldsymbol{B}=\mu_0\boldsymbol{H}+\boldsymbol{J}$,

高斯定理 $\oint_{(S)}\boldsymbol{H}\cdot d\boldsymbol{S}=\frac{1}{\mu_0}\sum_{(S内)}q_m$

➡ $\oint_{(S)}\boldsymbol{B}\cdot d\boldsymbol{S}=0$ (不含磁荷)。

3.磁介质的磁化(分子电流观点)

(1) 各物理量之间的关系

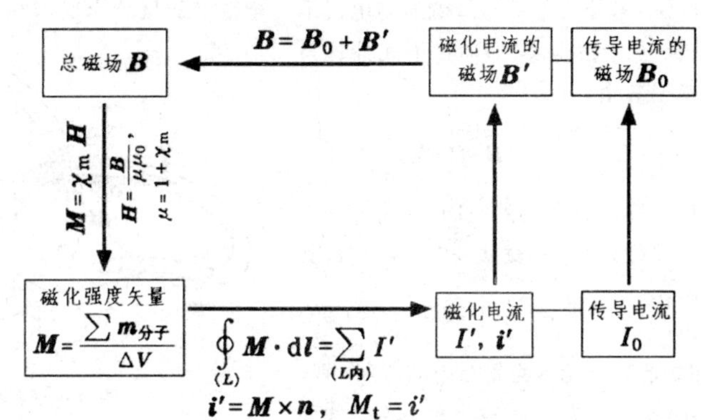


(2) 辅助场矢量:

磁感应强度 $\boldsymbol{H}=\frac{\boldsymbol{B}}{\mu_0}-\boldsymbol{M}$,

安培环路定理 $\oint_{(L)}\boldsymbol{B}\cdot d\boldsymbol{l}=\mu_0\sum_{(L内)}(I_0+I')$

➡ $\oint_{(L)}\boldsymbol{H}\cdot d\boldsymbol{l}=\sum_{(L内)}I_0$(不含磁化电流)。

4.磁介质两种观点的等效性(见表4-2)。

5.电介质极化机理

(1) 无极分子:电子位移极化;

(2) 极性分子:分子取向极化。

6.磁介质磁化机理

(1) 抗磁质:分子无固有磁矩,洛伦兹力产生感生磁矩。

(2) 顺磁质:分子有固有磁矩,取向磁化。

(3) 铁磁质:自旋交换作用,形成磁畴,自发磁化。

7.铁磁质的磁化

(1) 起始磁化曲线经线性阶段达到饱和:

起始磁导率,最大磁导率,饱和磁化强度 $\boldsymbol{M}_S$;

(2) 退磁曲线由饱和退到剩余磁化状态 —— 剩余磁化强度 $\boldsymbol{M}_R$;

(3) 反向磁场使磁化强度降为0 —— 矫顽力 $\boldsymbol{H}_C$;

(4) 磁滞回线:“面积”= 磁滞损耗。

铁磁质 {软磁材料:磁导率高,损耗小;<br>硬磁材料:剩余磁化强度大,矫顽力大,最大磁能积大。

8.边界条件

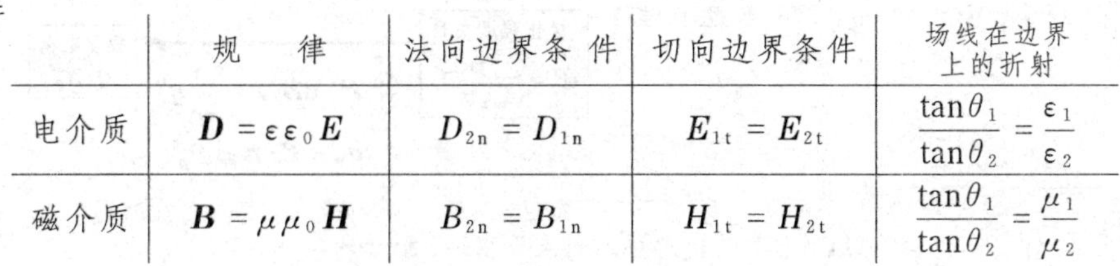

| | 规　律 | 法向边界条件 | 切向边界条件 | 场线在边界上的折射 |
|---|---|---|---|---|
| 电介质 | $\boldsymbol{D}=\varepsilon\varepsilon_0\boldsymbol{E}$ | $D_{2n}=D_{1n}$ | $E_{1t}=E_{2t}$ | $\frac{\tan\theta_1}{\tan\theta_2}=\frac{\varepsilon_1}{\varepsilon_2}$ |
| 磁介质 | $\boldsymbol{B}=\mu\mu_0\boldsymbol{H}$ | $B_{2n}=B_{1n}$ | $H_{1t}=H_{2t}$ | $\frac{\tan\theta_1}{\tan\theta_2}=\frac{\mu_1}{\mu_2}$ |

9.磁路定理

$$\mathscr{E}_{\mathrm{m}}=\sum_{i} H_{i} R_{\mathrm{m}i}.$$

$\left(\mathscr{E}_{\mathrm{m}}=NI_0\text{——磁通势}，\quad H_i l_i=\Phi_B \dfrac{l_i}{\mu_i\mu_0 S_i}\text{——磁势降落}，\quad R_{\mathrm{m}i}=\dfrac{l_i}{\mu_i\mu_0 S_i}\text{——磁阻}\right)$

10.电磁场能

(1) 电场能量密度 $\qquad w_{\mathrm{e}}=\dfrac{1}{2}\boldsymbol{D}\cdot\boldsymbol{E}.$

(2) 磁场能量密度 $\qquad w_{\mathrm{m}}=\dfrac{1}{2}\boldsymbol{B}\cdot\boldsymbol{H}.$

## 思考题

**4-1.** (1) 将平行板电容器两极板接在电源上以维持其间电压不变。用介电常量为 $\varepsilon$ 的均匀电介质将它充满，极板上的电荷量为原来的几倍？ 电场为原来的几倍？

(2) 若充电后拆掉电源，然后再加入电介质，情况如何？

**4-2.** 如本题图所示，平行板电容器的极板面积为 $S$，间距为 $d$.试问：

(1) 将电容器接在电源上，插入厚度为 $d/2$ 的均匀电介质板(图 a)，介质内、外电场之比为多少？ 它们和未插入介质之前电场之比为多少？

(2) 在问题(1) 中，若充电后拆去电源，再插入电介质板，情况如何？

(3) 将电容器接在电源上，插入面积为 $S/2$ 的均匀电介质板(图 b)，介质内、外电场之比为多少？ 它们和未插入介质之前电场之比为多少？

(4) 在问题(3) 中，若充电后拆去电源，再插入电介质板，情况如何？

(5) 图 a、b 中电容器的电容各为真空时的几倍？

在以上各问中都设电介质的介电常量为 $\varepsilon$.

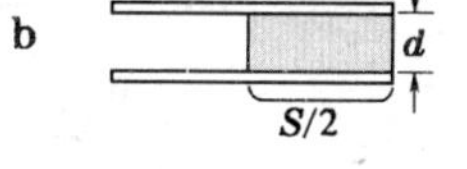


思考题 4-2

**4-3.** 平行板电容器两板上自由电荷面密度分别为 $+\sigma_{e0}$、$-\sigma_{e0}$. 今在其中放一半径为 $r$、高度为 $h$ 的圆柱形介质(介电常量为 $\varepsilon$)，其轴与板面垂直。求在下列两种情况下圆柱介质中点的场强 $\boldsymbol{E}$ 和电位移矢量 $\boldsymbol{D}$，

(1) 细长圆柱，$h\gg r$；

(2) 扁平圆柱，$h\ll r$.

**4-4.** 在均匀极化的电介质中挖去一半径为 $r$ 高度为 $h$ 的圆柱形空穴，其轴平行于极化强度矢量 $\boldsymbol{P}$.求下列两情形下空穴中点 $A$ 处的场强 $\boldsymbol{E}$ 和电位移矢量 $\boldsymbol{D}$ 与介质中量 $\boldsymbol{E}$、$\boldsymbol{D}$ 的关系。

(1) 细长空穴，$h\gg r$(本题图 a)；

(2) 扁平空穴，$h\ll r$(本题图 b).

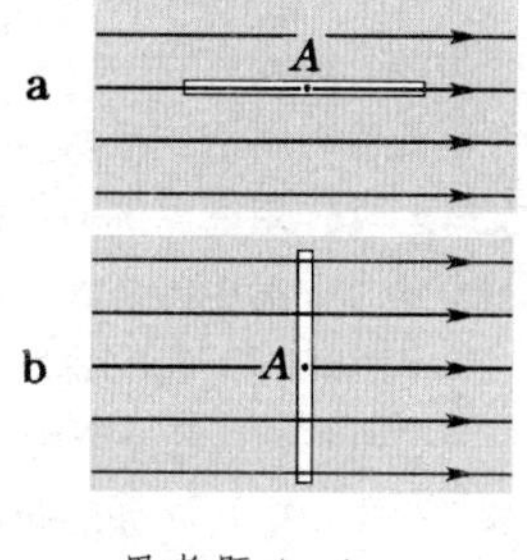


思考题 4-4

**4-5.** 在均匀磁化的无限大磁介质中挖去一半径为 $r$，高度为 $h$ 的圆柱形空穴，其轴平行于磁化强度矢量 $\boldsymbol{M}$.试证明：

(1) 对于细长空穴($h\gg r$)，空穴中点的 $\boldsymbol{H}$ 与磁介质中的 $\boldsymbol{H}$ 相等；

(2) 对于扁平空穴($h\ll r$)，空穴中点的 $\boldsymbol{B}$ 与磁介质中的 $\boldsymbol{B}$ 相等。

**4-6.** 本题图所示是一根沿轴向均匀磁化的细长永磁棒，磁化强度为 $M$，试分别用分子电流与磁荷两种观点求图中标出各点的 $B$ 和 $H$.

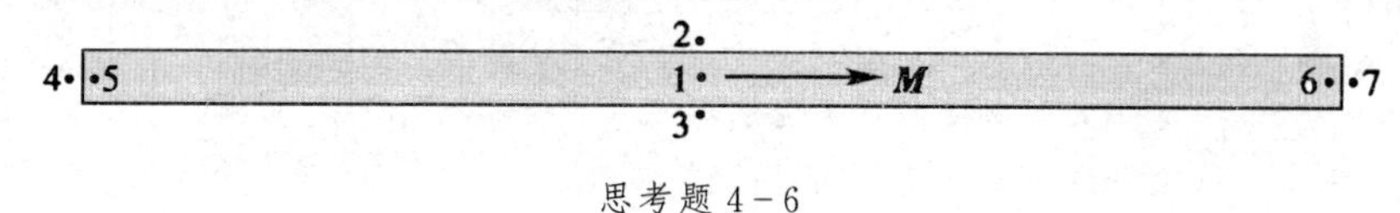


思考题 4-6

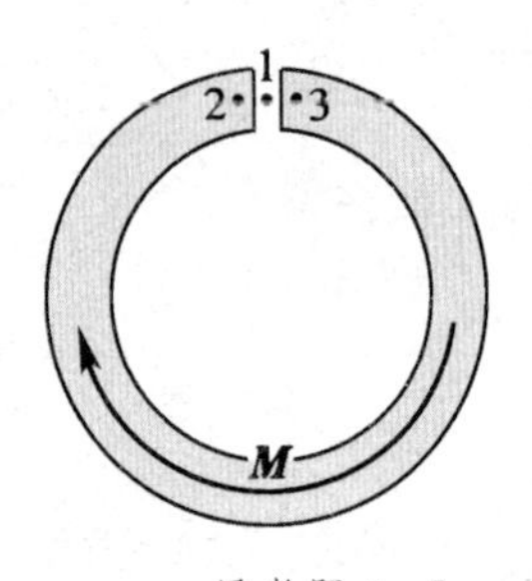

思考题 4-7

**4-7**. 本题图所示是一个带有很窄缝隙的永磁环，磁化强度为 $M$，试分别用分子电流与磁荷两种观点求图中标出各点的 $B$ 和 $H$.

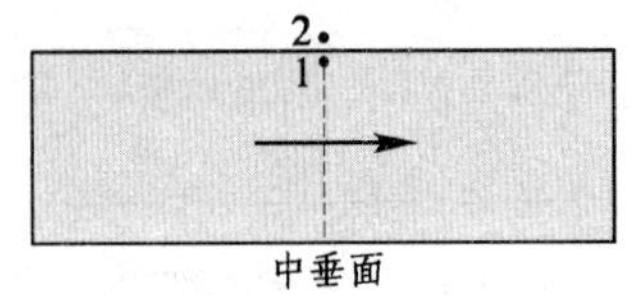

思考题 4-8

**4-8**. 试证明任何长度的沿轴向磁化的磁棒中垂面上侧表面内外两点 1、2(见本题图)的磁场强度 $H$ 相等(这提供了一种测量磁棒内部磁场强度 $H$ 的方法)。这两点的磁感应强度相等吗？ 为什么？

**4-9**. 试证明：从一均匀磁化球体外部空间的磁场分布看，它就好像全部磁偶极矩集中于球心上的一个磁偶极子一样。

**4-10**. 证明在真空中 1 Gs 的磁感应强度相当于 1 Oe 的磁场强度。

**4-11**. 证明两磁路并联时的磁阻服从下列公式：

$$\frac{1}{R_{\mathrm{m}}}=\frac{1}{R_{\mathrm{m1}}}+\frac{1}{R_{\mathrm{m2}}}.$$

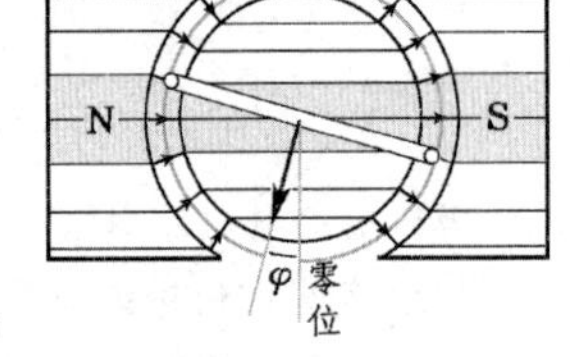

思考题 4-12

**4-12**. (1) 借助磁路的概念定性地解释一下，为什么电流计中永磁铁两极间加了软铁芯之后，磁感应线会向铁芯内集中？(参看本题图。)

(2) 在本题图中设电流计永磁铁和软铁芯之间气隙内线圈竖边所在位置(图中灰线圆弧上)的磁感应强度数值为 $B$，电流计线圈的面积为 $S$，匝数为 $N$，偏转角为 $\varphi$，试证明通过线圈的磁通匝链数 $\Psi=NBS\varphi$.

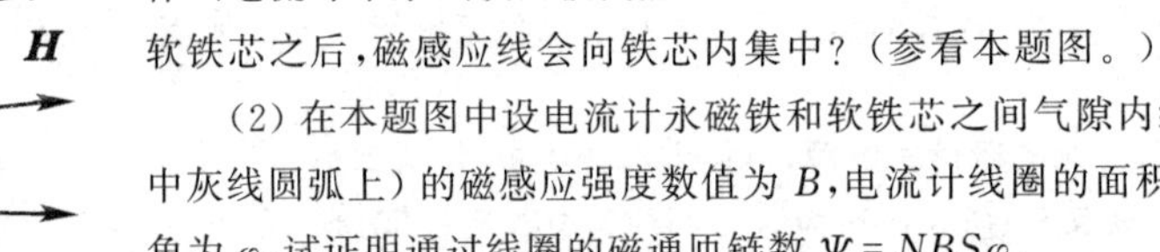

思考题 4-13

**4-13**. 一种磁势计的结构如本题图所示，它是均匀密绕在一条非磁性材料做的软带 $L$ 上的线圈，两端接在冲击电流计上。把它放在某磁场中，突然把产生磁场的电流切断，使 $\boldsymbol{H}$ 变到 0，若此时测得在冲击电流计中迁移的电量为 $q$，试证明：原来磁场中从 $a$ 沿软带 $L$ 到 $b$ 的磁势降落为

$$\int_{a \atop (L)}^{b}\boldsymbol{H}\cdot \mathrm{d}\boldsymbol{l}=\frac{Rq}{\mu_0 Sn},$$

其中 $S$ 为软带截面积，$n$ 为单位长度上线圈的匝数，$R$ 为电路的总电阻(包括线圈的电阻和冲击电流计线圈中的电阻)。

**4-14**. 仿照第一章6.3节例题21电偶极子在非均匀电场中受力的公式(1.70)导出磁偶极子在非均匀磁场中受力的公式：

$$\boldsymbol{F}=\nabla(\boldsymbol{p}_{\mathrm{m}}\cdot\boldsymbol{H})$$

并由此得出结论：若 $\boldsymbol{p}_{\mathrm{m}}$ 与 $\boldsymbol{H}$ 平行，力指向磁场强的地方；若与 $\boldsymbol{H}$ 反平行(如抗磁质的分子那样)，情况如何？

**4-15**. 用电源将平行板电容器充电后断开，然后插入一块电介质板。在此过程中电介质板受到什么样的力？此力作正功还是负功？电容器储能增加还是减少？

**4-16**. 在上题中如果充电后不断开电源，情况怎样？ 能量是否守恒？

**4-17**. 将一个空心螺线管接到恒定电源上通电，然后插入一根软铁棒。在此过程中软铁棒受到什么样的力？此力作正功还是负功？ 螺线管储能增加还是减少？

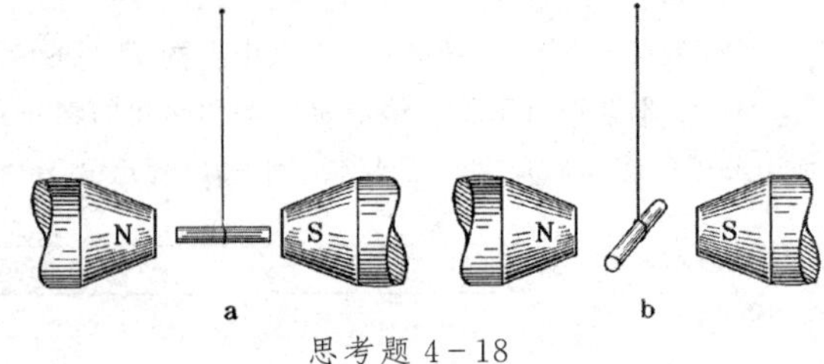

思考题 4-18

**4-18**. 将一根顺磁棒或一根抗磁棒悬挂在电磁铁的磁极之间，它们会有什么不同的表现？你能判断本题图 a 和 b 中哪个是顺磁棒，哪个是抗磁棒吗？

思考题 4-19

**4-19**. 本题图所示为火焰在一对磁极之间显示的行为。试解

释之。

**4-20**. 如本题图所示，将液态氧倒向一对磁极之间的空隙中，一部分液体凝滞在其中不流下来，试解释此现象。

思考题 4-20

## 习　题

**4-1**. 面积为 $1.0\,m^2$ 的两平行金属板，带有等量异号电荷 $\pm 30\,\mu C$，其间充满了介电常量 $\varepsilon = 2.0$ 的均匀电介质。略去边缘效应，求介质内的电场强度和介质表面上的极化电荷面密度 $\sigma_e'$.

**4-2**. 平行板电容器（极板面积为 $S$，间距为 $d$）中间有两层厚度各为 $d_1$ 和 $d_2$（$d_1+d_2=d$）、介电常量各为 $\varepsilon_1$ 和 $\varepsilon_2$ 的电介质层（见本题图）。试求：

（1）电容 $C$；

（2）当金属板上电荷面密度为 $\pm\sigma_{e0}$ 时，两层介质的分界面上的极化电荷面密度 $\sigma_e'$；

（3）极板间电势差 $U$；

（4）两层介质中的电位移 $D$.

习题 4-2

**4-3**. 一平行板电容器两极板的面积都是 $2.0\,m^2$，相距为 $5.0\,mm$，两板间加上 $10000\,V$ 电压后，移去电源，再在其间充满两层介质，一层厚 $2.0\,mm$、$\varepsilon_1=5.0$，另一层厚 $3.0\,mm$、$\varepsilon_2=2.0$. 略去边缘效应，求：

（1）各介质中的电极化强度 $P$；

（2）电容器靠近电介质 2 的极板为负极板，将它接地，两介质接触面上的电势是多少？

**4-4**. 平行板电容器两极板相距 $3.0\,cm$，其间放有一层 $\varepsilon=2.0$ 的电介质，位置和厚度如本题图所示。已知极板上电荷面密度为 $\sigma_{e0} = 8.9\times10^{-11}\,C/m^2$，略去边缘效应，求：

（1）极板间各处的 $P$、$E$ 和 $D$；

（2）极板间各处的电势（设正极板处 $U_0=0$）；

（3）画 $E-x$、$D-x$、$U-x$ 曲线；

（4）已知极板面积为 $0.11\,m^2$，求电容 $C$，并与不加电介质时的电容 $C_0$ 比较。

习题 4-4

**4-5**. 平行板电容器的极板面积为 $S$，间距为 $d$，其间充满电介质，介质的介电常量是变化的，在一极板处为 $\varepsilon_1$，在另一极板处为 $\varepsilon_2$，其他处的介电常量与到 $\varepsilon_1$ 处的距离成线性关系，略去边缘效应。

（1）求这电容器的 $C$；

（2）当两极板上的电荷分别为 $Q$ 和 $-Q$ 时，求介质内的极化电荷体密度 $\rho_e'$ 和表面上的极化电荷面密度 $\sigma_e'$.

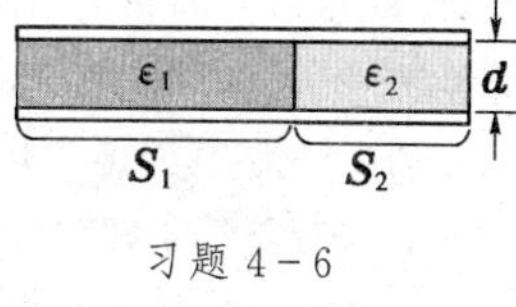
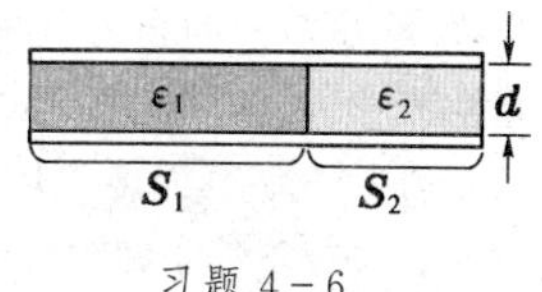
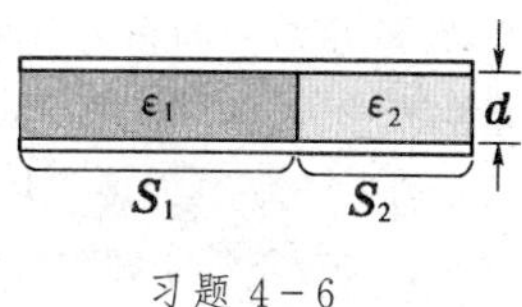


习题 4-6

**4-6**. 一平行板电容器两极板相距为 $d$，其间充满了两部分介质，介电常量为 $\varepsilon_1$ 的介质所占的面积为 $S_1$，介电常量为 $\varepsilon_2$ 的介质所占的面积为 $S_2$（见本题图）。略去边缘效应，求电容 $C$.

**4-7**. 如本题图所示，一平行板电容器两极板的面积都是 $S$，相距为 $d$，今在其间平行地插入厚度为 $t$、介电常量为 $\varepsilon$ 的均匀电介质，其面积为 $S/2$，设两板分别带电荷 $Q$ 和 $-Q$，略去边缘效应，求

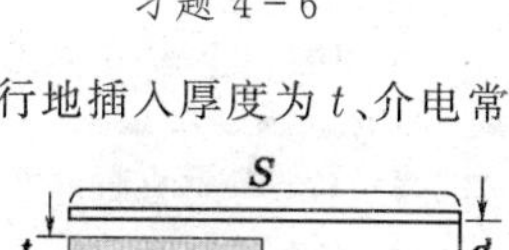


习题 4-7

（1）两板电势差 $U$；

（2）电容 $C$；

（3）介质的极化电荷面密度 $\sigma_e'$.

**4-8**. 同心球电容器内外半径分别为 $R_1$ 和 $R_2$，两球间充满介电常量为 $\varepsilon$ 的均匀电介质，内球的电荷量为 $Q$，求：

(1) 电容器内各处的电场强度 $E$ 的分布和电势差 $U$；

(2) 介质表面的极化电荷面密度 $\sigma_e'$；

(3) 电容 $C$.（它是真空时电容 $C_0$ 的多少倍？）

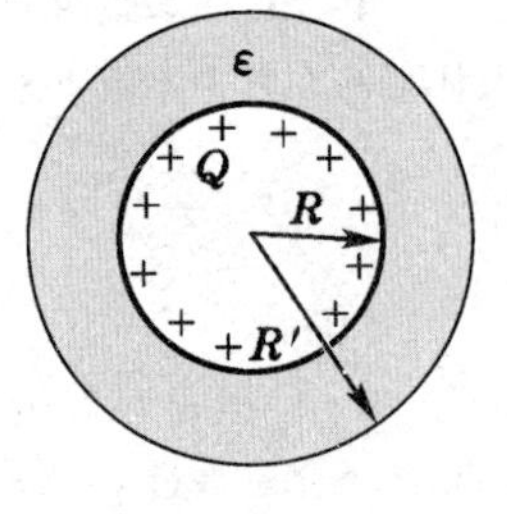

习题 4-9

**4-9**. 在半径为 $R$ 的金属球之外有一层半径为 $R'$ 的均匀电介质层（见本题图）。设电介质的介电常量为 $\varepsilon$，金属球带电荷量为 $Q$，求：

(1) 介质层内、外的场强分布；

(2) 介质层内、外的电势分布；

(3) 金属球的电势。

**4-10**. 一半径为 $R$ 的导体球带电荷 $Q$，处在介电常量为 $\varepsilon$ 的无限大均匀电介质中。求：

(1) 介质中的电场强度 $E$、电位移 $D$ 和极化强度 $P$ 的分布；

(2) 极化电荷的面密度 $\sigma_e'$.

**4-11**. 半径为 $R$、介电常量为 $\varepsilon$ 的均匀介质球中心放有点电荷 $Q$，球外是空气。

(1) 求球内外的电场强度 $E$ 和电势 $U$ 的分布；

(2) 如果要使球外的电场强度为 0 且球内的电场强度不变，求球面上的电荷面密度。

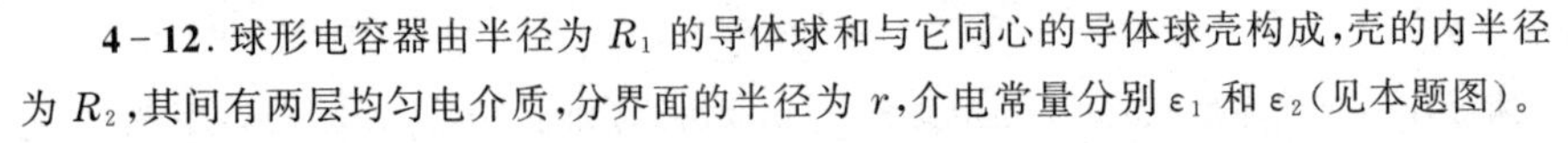

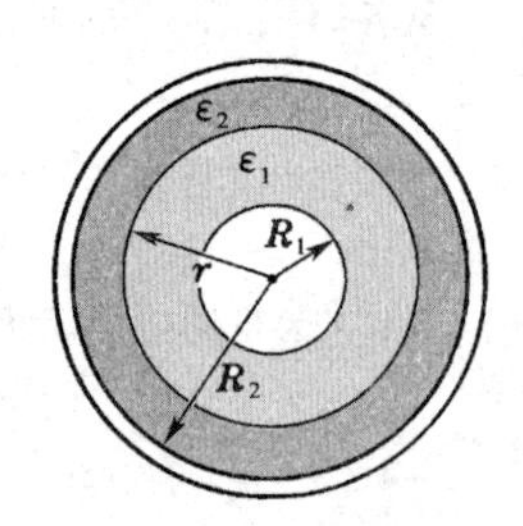

习题 4-12

**4-12**. 球形电容器由半径为 $R_1$ 的导体球和与它同心的导体球壳构成，壳的内半径为 $R_2$，其间有两层均匀电介质，分界面的半径为 $r$，介电常量分别 $\varepsilon_1$ 和 $\varepsilon_2$（见本题图）。

(1) 求电容 $C$；

(2) 当内球带电 $-Q$ 时，求各介质表面上极化电荷面密度 $\sigma_e'$.

**4-13**. 球形电容器由半径为 $R_1$ 的导体球和与它同心的导体球壳构成，壳的半径为 $R_2$，其间一半充满介电常量为 $\varepsilon$ 的均匀介质（见本题图）。求电容 $C$.

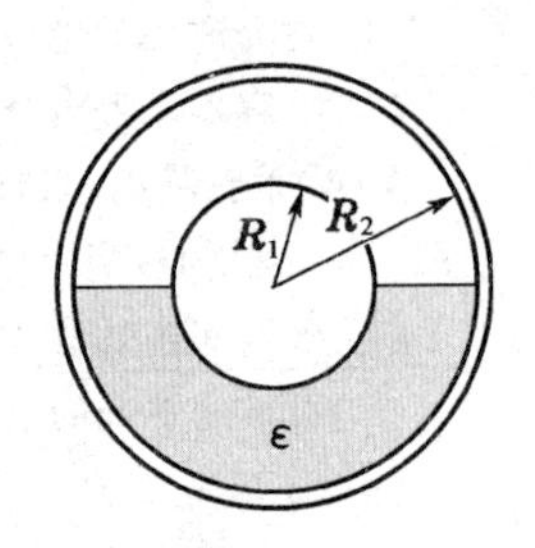

习题 4-13

**4-14**. 圆柱形电容器是由半径为 $R_1$ 的导线和与它同轴的导体圆筒构成的，圆筒的内半径为 $R_2$，其间充满了介电常量为 $\varepsilon$ 的介质（见本题图）。设沿轴线单位长度上导线的电荷线密度为 $\lambda$，圆筒的电荷线密度为 $-\lambda$，略去边缘效应，求：

(1) 两极的电势差 $U$；

(2) 介质中的电场强度 $E$、电位移 $D$、极化强度 $P$；

(3) 介质表面的极化电荷面密度 $\sigma_e'$；

(4) 电容 $C$.（它是真空时电容 $C_0$ 的多少倍？）

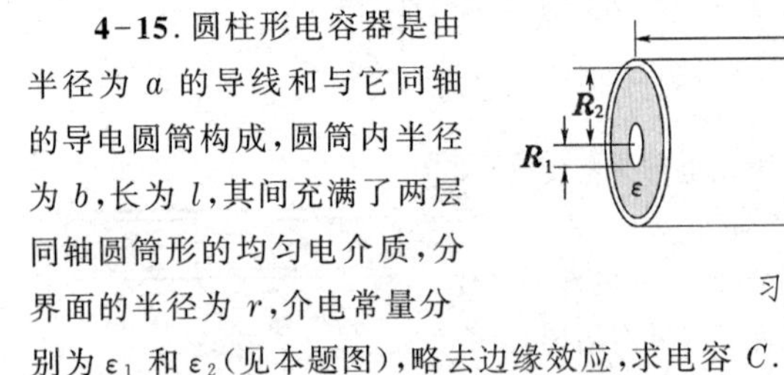

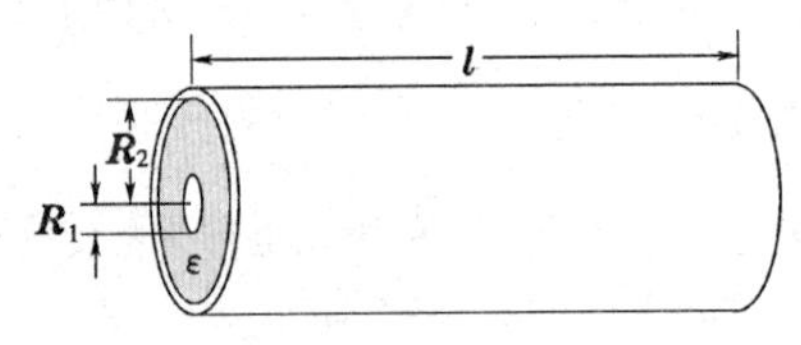

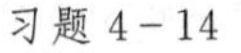
习题 4-14

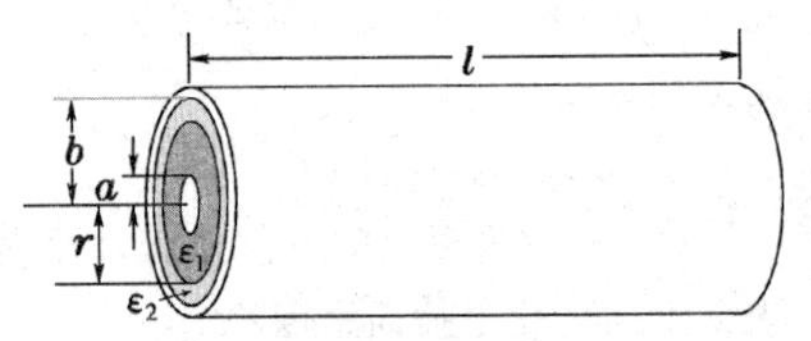

习题 4-15

**4-15**. 圆柱形电容器是由半径为 $a$ 的导线和与它同轴的导电圆筒构成，圆筒内半径为 $b$，长为 $l$，其间充满了两层同轴圆筒形的均匀电介质，分界面的半径为 $r$，介电常量分别为 $\varepsilon_1$ 和 $\varepsilon_2$（见本题图），略去边缘效应，求电容 $C$.

**4-16**. 一长直导线半径为 1.5 cm，外面套有内半径为 3.0 cm 的导体圆筒，两者共轴。当两者电势差为 5000 V 时，何处电场强度最大？ 其值是多少？ 与其间介质有无关系？

**4-17**. 求垂直轴线均匀极化的无限长圆柱形电介质轴线上的退极化场，已知极化强度为 $P$.

**4-18**. 在介电常量为 $\varepsilon$ 的无限大均匀电介质中存在均匀电场 $\boldsymbol{E}_0$. 今设想以其中某点 $O$ 为中心作一球面，把介质分为内、外两部分。求球面外全部电荷在 $O$ 点产生的场强 $\boldsymbol{E}$.（$\boldsymbol{E}$ 比 $\boldsymbol{E}_0$ 大还是小？）

**4-19**. 在介电常量为 $\varepsilon$ 的无限大均匀电介质中存在均匀电场 $\boldsymbol{E}_0$. 今设想在其中作一轴线与 $\boldsymbol{E}_0$ 垂直的无限长圆柱面，把介质分为内、外两部分。求柱面外全部电荷在柱轴上产生的场强 $\boldsymbol{E}$.（如果真把圆柱面内部的介质挖去，本题的结论还适用吗？）

**4-20**. 空气的介电强度（击穿场强）为 $3.0\times10^6\,V/m$，铜的密度为 $8.9\,g/cm^3$，铜的原子量为 $63.75\,g/mol$，阿伏伽德罗常量 $N_A=6.022\times10^{23}\,mol^{-1}$，金属铜里每个铜原子有一个自由电子，每个电子的电量为 $1.60\times10^{-19}\,C$.

(1) 问半径为 1.0 cm 的铜球在空气中最多能带多少电量？

(2) 这铜球所带电量达到最多时，求它所缺少或多出的电子数与自由电子总数之比；

(3) 因导体带电时电荷都在外表面上，当铜球所带电压达到最多时，求它所缺少或多出的电子数与表面一层铜原子所具有的自由电子数之比。

【提示：可认为表面层的厚度为 $n^{-1/3}$，$n$ 为原子数密度。】

**4-21**. 空气的介电强度为 30 kV/cm，今有一平行板电容器，两极板相距 0.50 cm，板间是空气，问它能耐多高的电压。

**4-22**. 一圆柱形电容器，由直径为 5.0 cm 的直圆筒和与它共轴的直导线构成，导线的直径为 5.0 mm，筒与导线间是空气，已知空气的击穿场强为 30 000 V/cm，问这电容器能耐多高的电压？

**4-23**. 两共轴的导体圆筒，内筒外半径为 $R_1$，外筒内半径为 $R_2(R_2<2R_1)$，其间有两层均匀介质，分界面的半径为 $r$，内层介电常量为 $\varepsilon_1$，外层介电常量为 $\varepsilon_2=\varepsilon_1/2$，两介质的介电强度都是 $E_{max}$.

(1) 当电压升高时，哪层介质先击穿？

(2) 证明：两筒最大的电势差为

$$U_{max}=\frac{E_{max}r}{2}\ln\frac{R_2{}^2}{rR_1}.$$

**4-24**. 设一同轴电缆里面导体的半径是 $R_1$，外面的半径是 $R_3$，两导体间充满了两层均匀电介质，它们的分界面的半径是 $R_2$，设内外两层电介质的介电常量分别为 $\varepsilon_1$ 和 $\varepsilon_2$（横截面见本题图），它们的介电强度分别为 $E_1$ 和 $E_2$，证明：当两极（即两导体）间的电压逐渐升高时，在

$$\varepsilon_1E_1R_1>\varepsilon_2E_2R_2$$

的条件下，首先被击穿的是外层电介质。

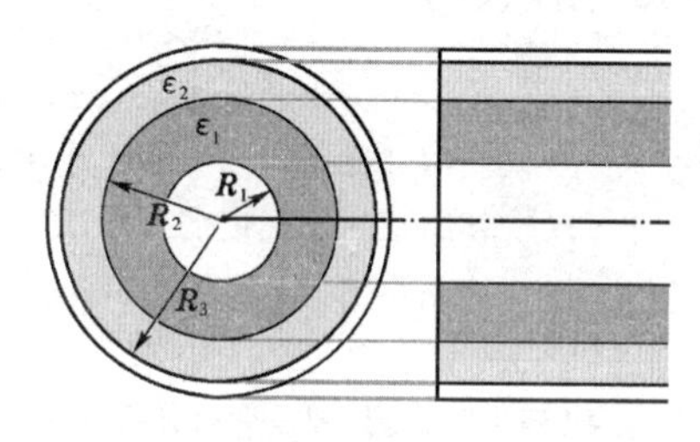

习题 4-24

**4-25**. 一均匀磁化的磁棒，直径为 25 mm，长为 75 mm，磁矩为 $12000\,A\cdot m^2$，求棒侧表面上的磁化面电流密度。

**4-26**. 一均匀磁化磁棒，体积为 $0.01\,m^3$，磁矩为 $500\,A\cdot m^2$，棒内的磁感应强度 $B=5.0\,Gs$，

(1) 求磁场强度为多少 Oe；

(2) 按照磁荷观点，磁棒端面上磁荷密度和磁极化强度为多少？

**4-27**. 一长螺线管长为 $l$，由表面绝缘的导线密绕而成，共绕有 $N$ 匝，导线中通有电流 $I$. 一同样长的铁磁棒，横截面也和上述螺线管相同，棒是均匀磁化的，磁化强度为 $\boldsymbol{M}$，且 $M=NI/l$. 在同一坐标纸上分别以该螺线管和铁磁棒的轴线为横坐标 $x$，以它们轴线上的 $B$、$\mu_0M$ 和 $\mu_0H$ 为纵坐标，画出包括螺线管和铁磁棒在内两倍长度区间的 $B-x$、$\mu_0M-x$ 和 $\mu_0H-x$ 曲线。

**4-28**. 一圆柱形永磁铁，直径 10 mm，长 100 mm，均匀磁化后磁极化强度 $J=1.20\,Wb/m^2$，求：

(1) 它两端的磁荷密度；

(2) 它的磁矩；

(3) 其中心的磁场强度 $H$ 和磁感应强度 $B$.

此外，$\boldsymbol{H}$ 和 $\boldsymbol{B}$ 的方向关系若何？

**4-29**. (1) 一圆磁片半径为 $R$，厚为 $l$，片的两面均匀分布着磁荷，面密度分别为 $\sigma_m$ 和 $-\sigma_m$（见本题图）。求轴线上离圆心为 $x$ 处的磁场强度 $H$.

(2) 此磁片的磁偶极矩 $p_m$ 和磁矩 $m$ 为多少？

(3) 试证明，当 $l\ll R$（磁片很薄）时，磁片外轴线上的磁场分布与一个磁矩和半径相同的电流环所产生的磁场一样。

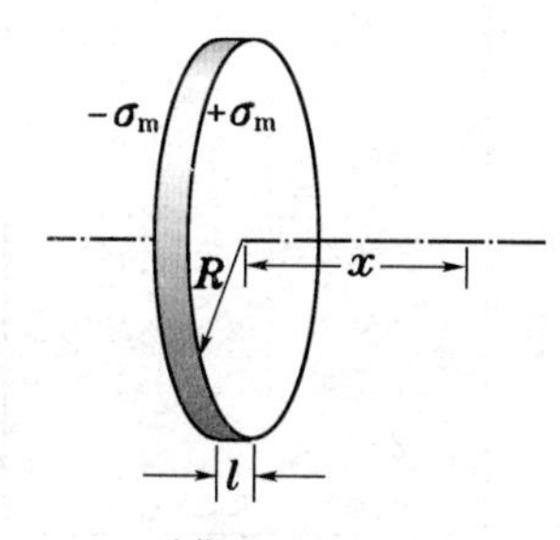

习题 4-29

**4-30**. 地磁场可以近似地看做是位于地心的一个磁偶极子产生的，在地磁纬度45°处，地磁的水平分量平均为0.23 Oe，地球的平均半径为6 370 km，求上述磁偶极子的磁矩。

**4-31**. 地磁场可以近似地看作位于地心的一个磁偶极子产生的。证明：磁倾角(地磁场的方向与当地水平面之间的夹角)$i$与地磁纬度$\varphi$的关系为(见本题图)

$$\tan i = 2\tan\varphi.$$

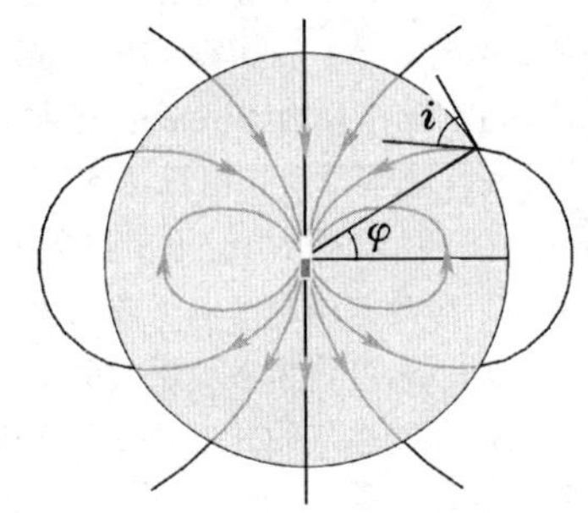


习题 4-31

**4-32**. 根据测量得出，地球的磁矩为$8.4\times10^{22}$ A·m².

(1) 如果在地磁赤道上套一个铜环，在铜环中通以电流$I$，使它的磁矩等于地球的磁矩，求$I$的值(已知地球半径为6 370 km)；

(2) 如果这电流的磁矩正好与地磁矩的方向相反，这样能不能抵消地球表面的磁场？

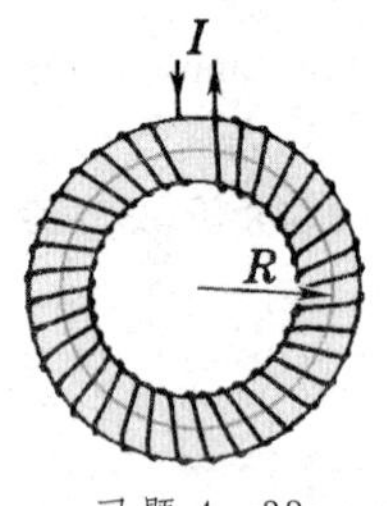


习题 4-33

**4-33**. 一环形铁芯横截面的直径为4.0 mm，环的平均半径$R=15$ mm，环上密绕着200匝线圈(见本题图)，当线圈导线通有25 mA的电流时，铁芯的磁导率$\mu=300$，求通过铁芯横截面的磁通量$\Phi$.

**4-34**. 一铁环中心线的周长为30 cm，横截面积为1.0 cm²，在环上紧密地绕有300匝表面绝缘的导线，当导线中通有电流32 mA时，通过环的横截面的磁通量为$2.0\times10^{-6}$ Wb，求：

(1) 铁环内部磁感应强度的大小$B$；

(2) 铁环内部磁场强度的大小$H$；

(3) 铁的磁化率$\chi_m$和磁导率$\mu$；

(4) 铁环磁化强度的大小$M$.

**4-35**. 一无穷长圆柱形直导线外包一层磁导率为$\mu$的圆筒形磁介质，导线半径为$R_1$，磁介质的外半径为$R_2$(见本题图)，导线内有电流$I$通过。

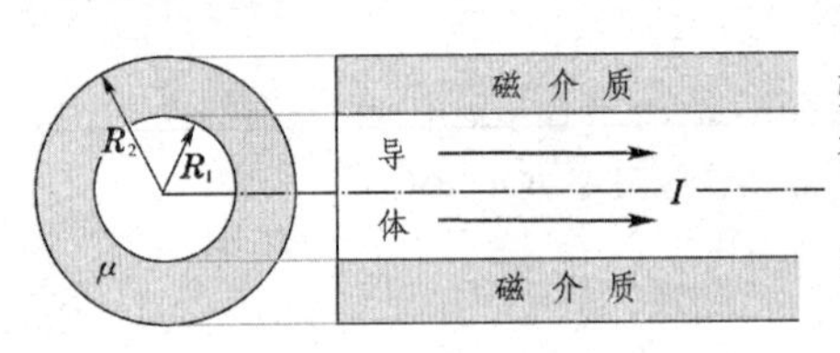


习题 4-35

(1) 求介质内、外的磁场强度和磁感应强度的分布，并画$H$-$r$和$B$-$r$曲线；

(2) 介质内、外表面的磁化面电流密度$i'$；

(3) 从磁荷观点看，磁介质表面有无磁荷？

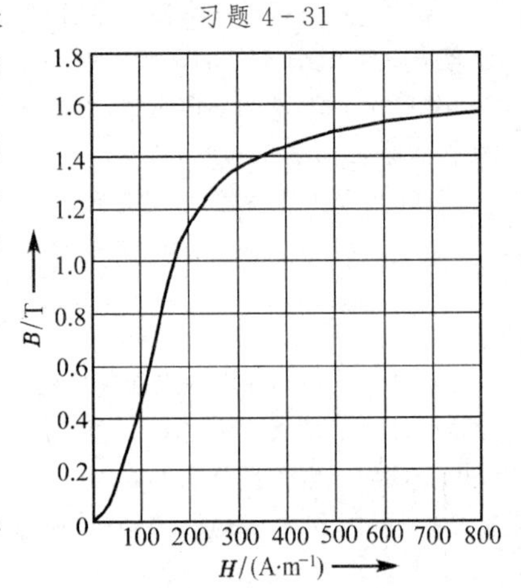


习题 4-36

**4-36**. 本题图是某种铁磁材料的起始磁化曲线，试根据这曲线求出最大磁导率$\mu_{最大}$，并绘制相应的$\mu$-$H$曲线。

**4-37**. 下表中列出某种磁性材料的$H$和$B$的实验数据，

| $H$/(A/m) | $B$/(Wb/m²) |
|---|---|
| 0 | 0 |
| 33 | 0.2 |
| 50 | 0.4 |
| 61 | 0.6 |
| 72 | 0.8 |
| 93 | 1.0 |
| 155 | 1.2 |
| 290 | 1.4 |
| 600 | 1.6 |

(1) 画出此材料的起始磁化曲线；

(2) 求表中所列各点处材料的磁导率$\mu$；

(3) 求最大磁导率$\mu_{最大}$。

**4-38**. 中心线周长为20cm、截面积为4 cm²的闭合环形磁芯，其材料的磁化曲线如本题图所示。

(1) 若需要在该磁芯中产生磁感强度为0.1、0.6、1.2、1.8 Wb/m²的磁场时，绕组的安匝数$NI$要多大？

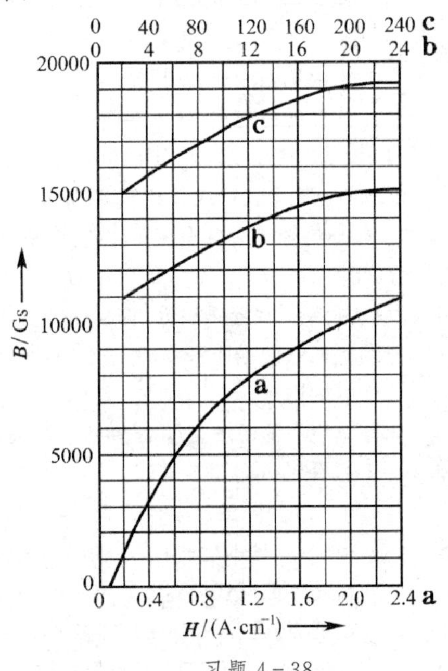


习题 4-38

(2) 若绕组的匝数 $N=1000$，上述各种情况下通过绕组的电流 $I$ 应多大？

(3) 若固定绕组中的电流，使它恒为 $I=0.1\,\text{A}$，绕组的匝数各为多少？

(4) 求上述各工作状态下材料的磁导率 $\mu$.

**4-39**. 矩磁材料具有矩形磁滞回线（见本题图 a），反向场一超过矫顽力，磁化方向就立即反转。矩磁材料的用途是制作电子计算机中存储元件的环形磁芯。图 b 所示为一种这样的磁芯，其外直径为 0.8 mm，内直径为 0.5 mm，高为 0.3 mm，这类磁芯由矩磁铁氧体材料制成。若磁芯原来已被磁化，其方向如图所示。现需使磁芯中自内到外的磁化方向全部翻转，导线中脉冲电流 $i$ 的峰值至少需多大？ 设磁芯矩磁材料的矫顽力 $H_C=2\,\text{Oe}$.

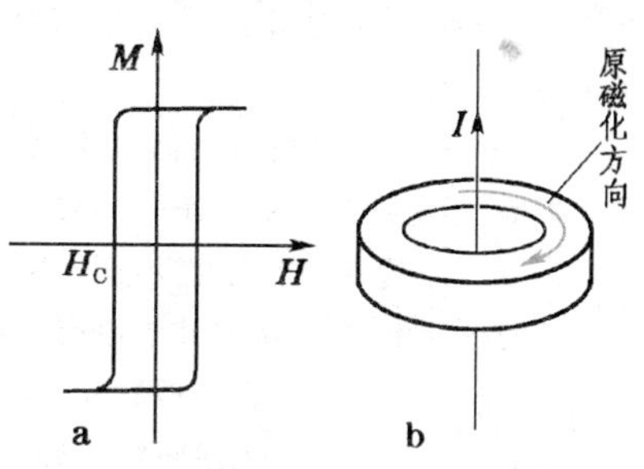


习题 4-39

**4-40**. 在空气（$\mu=1$）和软铁（$\mu=7000$）的交界面上，软铁内的磁感强度 $B$ 与交界面法线的夹角为 85°，求空气中磁感强度与交界面法线的夹角。

**4-41**. 一铁芯螺绕环由表面绝缘的导线在铁环上密绕而成，环的中心线长 500 mm，横截面积为 1000 mm²。现在要在环内产生 $B=1.0\,\text{T}$ 的磁感应强度，由铁的 $B-H$ 曲线得这时铁的 $\mu=796$，求所需的安匝数 $NI$. 如果铁环上有一个 2.0 mm 宽的空气间隙，所需的安匝数 $NI$ 又为多少？

**4-42**. 一铁环中心线的半径 $R=200\,\text{mm}$，横截面积为 150 mm²，在它上面绕有表面绝缘的导线 $N$ 匝，导线中通有电流 $I$，环上有一个 1.0 mm 宽的空气隙。现在要在空气隙内产生 $B=0.50\,\text{T}$ 的磁感应强度，由铁的 $B-H$ 曲线得这时铁的 $\mu=250$，求所需的安匝数 $NI$.

**4-43**. 一铁环中心线的直径 $D=40\,\text{cm}$，环上均匀地绕有一层表面绝缘的导线，导线中通有一定电流。若在这环上锯一个宽为 1.0 mm 的空气隙，则通过环的横截面的磁通量为 $3.0\times10^{-4}\,\text{Wb}$；若空气隙的宽度为 2.0 mm，则通过环的横截面的磁通量为 $2.5\times10^{-4}\,\text{Wb}$，忽略漏磁不计，求这铁环的磁导率。

**4-44**. 一铁环中心线的半径 $R=20\,\text{cm}$，横截面是边长为 4.0 cm 的正方形。环上绕有 500 匝表面绝缘的导线。导线中载有电流 1.0 A，这时铁的磁导率 $\mu=400$.

(1) 求通过环的横截面的磁通量；

(2) 如果在这环上锯开一个宽为 1.0 mm 的空气隙，求这时通过环的横截面的磁通量的减少。

**4-45**. 一个利用空气间隙获得强磁场的电磁铁如本题图所示，铁芯中心线的长度 $l_1=500\,\text{mm}$，空气隙长度 $l_2=20\,\text{mm}$，铁芯是磁导率 $\mu=5000$ 的硅钢。要在空气隙中得到 $B=3000\,\text{Gs}$ 的磁场，求绕在铁芯上的线圈的安匝数 $NI$.

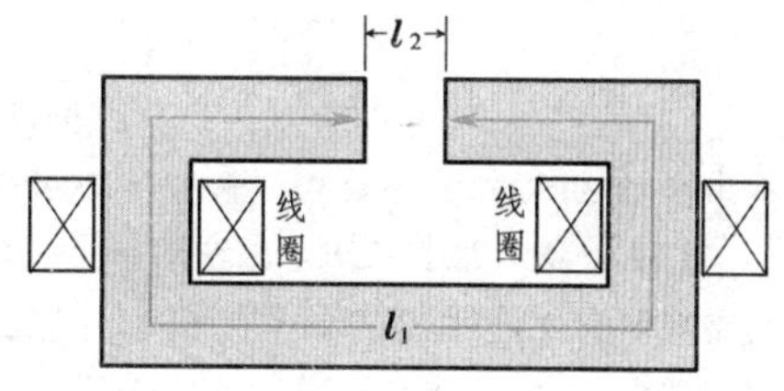


习题 4-45

**4-46**. 某电钟里有一铁芯线圈，已知铁芯磁路长 14.4 cm，空气隙宽 2.0 mm，铁芯横截面积为 0.60 cm²，铁芯的磁导率 $\mu=1600$. 现在要使通过空气隙的磁通量为 $4.8\times10^{-6}\,\text{Wb}$，求线圈电流的安匝数 $NI$. 若线圈两端电压为 220 V，线圈消耗的功率为 2.0 W，求线圈的匝数 $N$.

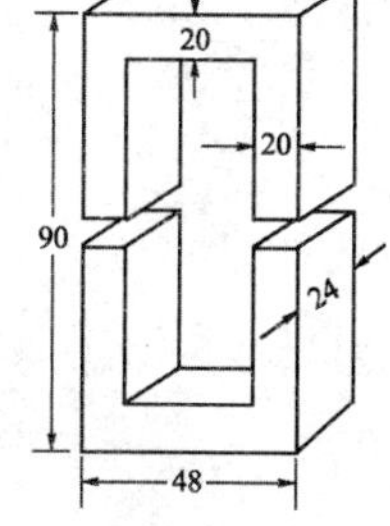


习题 4-47

**4-47**. 本题图是某日光灯所用镇流器铁芯尺寸（单位为 mm），材料的磁化曲线见习题 4-38 附图。 在铁芯上共绕 $N=1280$ 匝线圈，现要求线圈中通过电流 $I=0.41\,\text{A}$ 时铁芯中的磁通量 $\Phi=5.8\times10^{-4}\,\text{Wb}$，

(1) 求此时气隙中的磁感应强度和磁场强度；

(2) 求铁芯中的磁感应强度 $B$ 和磁场强度 $H$；

(3) 应留多大的气隙才能满足上述要求？

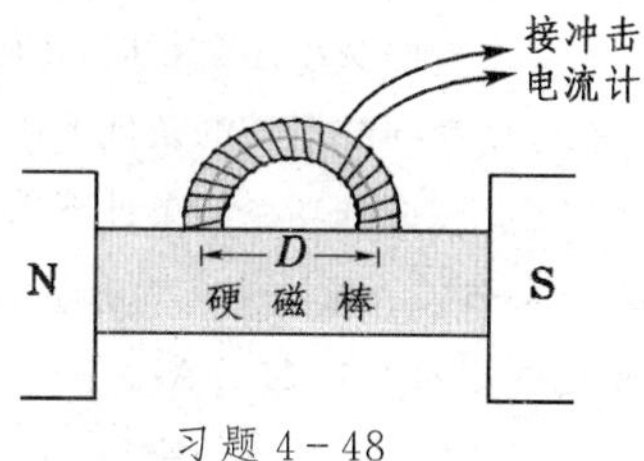


习题 4-48

**4-48**. 为了测量某一硬磁材料的磁棒的磁滞回线，需要测量其中磁场强度 $H$ 的变化。为此将磁棒夹在电磁铁的两极之间，用平均直径为 $D$ 的半圆形有机玻璃为芯做一磁势计，放在硬磁棒侧面

上(见本题图)。

(1) 磁势计测得的磁势降落与磁棒内的磁场强度 $H$ 有什么关系?

JP + 1 (2) 先增加电磁铁绕组中的电流 $I$ 使硬磁棒的磁化达到饱和,然后将励磁电流突然切断,由冲击电流计测得迁移的电量 $q=25\,\mu\mathrm{C}$,已知半圆磁势计的平均直径 $D=1.6\,\mathrm{cm}$,横截面积 $S=0.16\,\mathrm{cm}^2$,磁势计线圈共有 3 725 匝,电路的总电阻 $R=4\,100\,\Omega$,求硬磁棒中的磁场强度 $H$ 的改变量。(切断励磁电流后,硬磁棒内的磁场强度是否为 0? 为什么?)

**4-49**. 电视显像管的磁偏转线圈套在管颈上,在管颈中间产生一个均匀磁场。磁偏转线圈的结构如本题图 a 所示,用磁性材料做一个空心磁环,把线缠绕在上面,$A$、$A'$ 处绕得较稀,$B$、$B'$ 处绕得较密,而且 $ABA'$ 与 $AB'A'$ 两半边绕的方向相反(图 a 中只画了一个象限内的绕组)。于是磁感应线就会形成如图 b 的均匀分布。设磁芯的磁导率很大,从而其中磁阻可以忽略。试证明,为了在管颈中得到均匀磁场,磁环单位长度上线圈的匝数应服从下列规律:

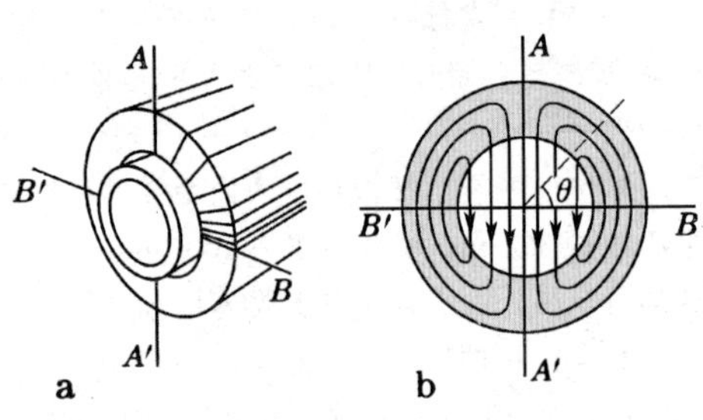

习题 4-49

$$n(\theta)\propto\cos\theta.$$

其中 $\theta$ 是从 $B$ 点算起的方位角。

**4-50**. (1) 证明电磁铁吸引衔铁的起重力 $F$(见本题图) 为

$$F=\frac{SB^2}{2\mu_0},$$

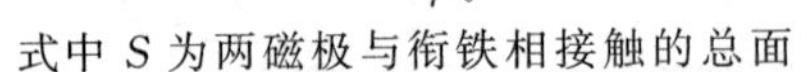

式中 $S$ 为两磁极与衔铁相接触的总面积,$B$ 为电磁铁内的磁感应强度(设磁铁内的 $H\ll M$)。

(2) 起重力与磁极、衔铁间的距离 $x$ 有无关系?

【提示:先假设衔铁与磁极之间有长度为 $x$ 的小气隙,则磁极和衔铁的表面带有正、负号相反的磁荷,起重力,即它们之间的吸引力为

$$F=\frac{1}{2}S\sigma_{\mathrm{m}}H,$$

式中 $H$ 为气隙中的磁场强度(为什么有因子 1/2? )。进一步用磁铁内部的 $B$ 将 $\sigma_{\mathrm{m}}$、$H$ 表示出来,即可得到上述公式。令 $x\to0$,可以计算衔铁与磁极直接接触时的相互作用力,即最大的起重力。】

习题 4-50

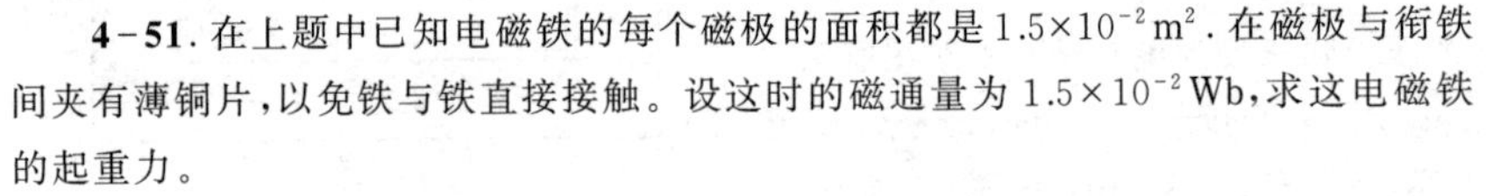

**4-51**. 在上题中已知电磁铁的每个磁极的面积都是 $1.5\times10^{-2}\,\mathrm{m}^2$. 在磁极与衔铁间夹有薄铜片,以免铁与铁直接接触。设这时的磁通量为 $1.5\times10^{-2}\,\mathrm{Wb}$,求这电磁铁的起重力。

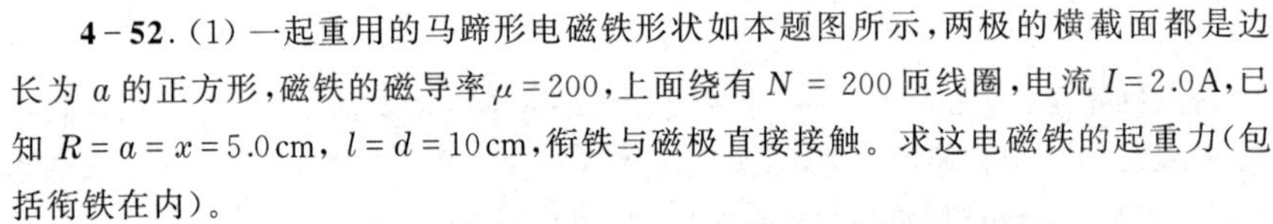

**4-52**. (1) 一起重用的马蹄形电磁铁形状如本题图所示,两极的横截面都是边长为 $a$ 的正方形,磁铁的磁导率 $\mu=200$,上面绕有 $N=200$ 匝线圈,电流 $I=2.0\,\mathrm{A}$,已知 $R=a=x=5.0\,\mathrm{cm}$,$l=d=10\,\mathrm{cm}$,衔铁与磁极直接接触。求这电磁铁的起重力(包括衔铁在内)。

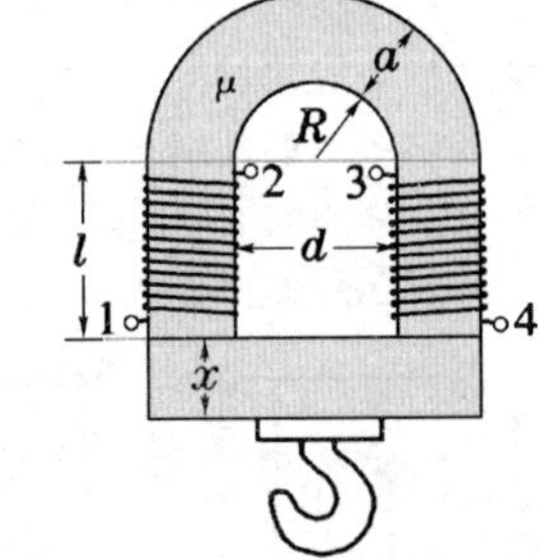

习题 4-52

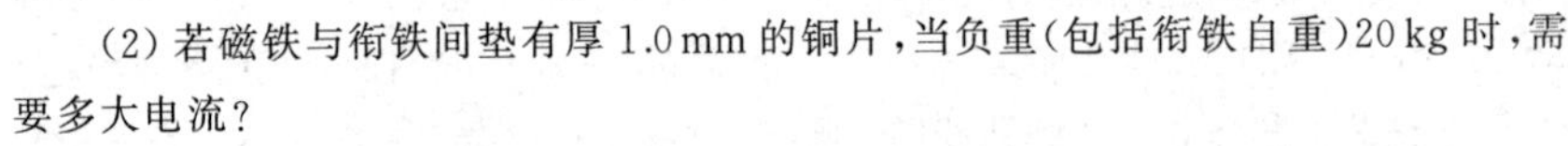

(2) 若磁铁与衔铁间垫有厚 1.0 mm 的铜片,当负重(包括衔铁自重)20 kg 时,需要多大电流?

**4-53**. (1) 在上题中两绕组串联和并联时,1、2、3、4 各接头该如何联接?

(2) 若两绕组完全相同,在同样电压的条件下,哪种联接方法使电磁铁的起重力较大? 大几倍?

(3) 在同样电流的条件下比较,结论如何?

(4) 在同样功率的条件下比较,结论如何?

**4-54**. 一磁铁棒长 5.0 cm,横截面积为 $1.0\,\mathrm{cm}^2$,设棒内所有铁原子的磁矩都沿棒长方向整齐排列,每个铁原子的磁矩为 $1.8\times10^{-23}\,\mathrm{A\cdot m^2}$.

(1) 求这磁铁棒的磁矩 $m$ 和磁偶极矩 $p_{\mathrm{m}}$;

(2) 当这磁铁棒在 $B=1.5\,\mathrm{Gs}$ 的外磁场中并与之垂直时，$\boldsymbol{B}$ 使它转动的力矩有多大？

**4-55**. 一磁针的磁矩为 $20\,\mathrm{A\cdot m^2}$，处在 $B=5.0\times10^{-2}\,\mathrm{Gs}$ 的均匀外磁场中。求 $B$ 作用在这磁针上的力矩的最大值。

**4-56**. 一小磁针的磁矩为 $\boldsymbol{m}$，处在磁场强度为 $\boldsymbol{H}$ 的均匀外磁场中，这磁针可以绕它的中心转动，转动惯量为 $J$.它在平衡位置附近作小振动时，求振动的周期和频率。

**4-57**. 两磁偶极排列在同一条直线上，它们的磁偶极矩分别为 $\boldsymbol{p}_{\mathrm{m1}}$ 和 $\boldsymbol{p}_{\mathrm{m2}}$，中心的距离为 $r$，它们各自的长度都比 $r$ 小很多。

(1) 证明：它们之间相互作用力是大小 $F=\dfrac{3p_{\mathrm{m1}}p_{\mathrm{m2}}}{2\pi\mu_0r^4}$；

(2) 在什么情况下它们互相吸引？在什么情况下互相排斥？

**4-58**. 一抗磁质小球的质量为 $0.10\,\mathrm{g}$，密度 $\rho=9.8\,\mathrm{g/cm^3}$，磁化率 $\chi_{\mathrm{m}}=-1.82\times10^{-4}$，放在一个半径 $R=10\,\mathrm{cm}$ 的圆线圈的轴线上距圆心 $l=10\,\mathrm{cm}$ 处(见本题图)，线圈中载有电流 $I=1.0\,\mathrm{mA}$. 求电流作用在这抗磁质小球上的力的大小和方向。

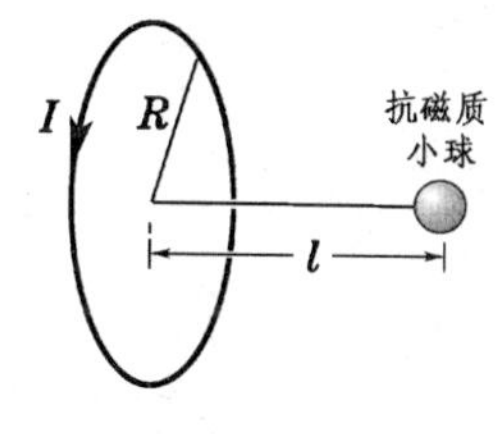

习题 4-58

**4-59**. 一平行板电容器极板面积为 $S$，间距为 $d$，电荷为 $\pm Q$.将一块厚度为 $d$、介电常量为 $\varepsilon$ 的均匀电介质板插入极板间空隙。计算：

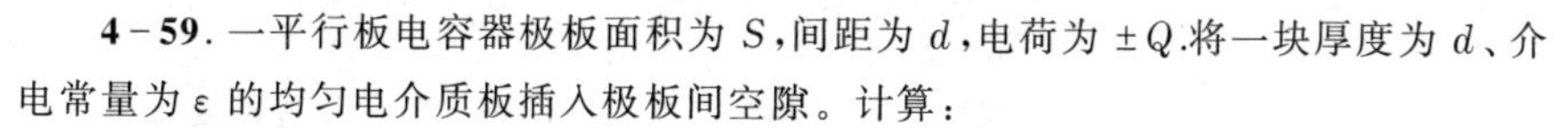

(1) 静电能的改变；

(2) 电场力对介质板作的功。

**4-60**. 一平行板电容器极板面积为 $S$，间距为 $d$，接在电源上以维持其电压为 $U$. 将一块厚度为 $d$、介电常量为 $\varepsilon$ 的均匀电介质板插入极板间空隙。计算：

(1) 静电能的改变；

(2) 电源所作的功；

(3) 电场对介质板作的功。

**4-61**. 一平行板电容器极板是边长为 $a$ 的正方形，间距为 $d$，电荷 $\pm Q$.把一块厚度为 $d$、介电常量为 $\varepsilon$ 的电介质板插入一半，它受力多少？ 什么方向？

**4-62**. 两个相同的平行板电容器，它们的极板都是圆形的，半径为 $10\,\mathrm{cm}$，极板间隔 $1.0\,\mathrm{mm}$.两电容器中一个两板间是空气，另一个两板间是 $\varepsilon=26$ 的酒精。把这两个电容器并联后充电到 $120\,\mathrm{V}$，求它们所蓄的总电能；再断开电源，把它们带异号电荷的两极分别联在一起，求这时两者所蓄的总电能。少的能量哪里去了？

**4-63**. 球形电容器的内外半径分别为 $R_1$ 和 $R_2$，电势差为 $U$.

(1) 求电容器所储的静电能；

(2) 求电场的能量，比较两个结果。

**4-64**. 半径为 $a$ 的导体圆柱外面套有一半径为 $b$ 的同轴导体圆筒，长度都是 $l$，其间充满介电常量为 $\varepsilon$ 的均匀介质。圆柱带电为 $Q$，圆筒带电为 $-Q$，略去边缘效应。

(1) 整个介质内的电场总能量 $W_{\mathrm{e}}$ 是多少？

(2) 证明：$W_{\mathrm{e}}=\dfrac{1}{2}\dfrac{Q^2}{C}$，式中 $C$ 是圆柱和圆筒间的电容。

**4-65**. 圆柱电容器由一长直导线和套在它外面的共轴导体圆筒构成。设导线的半径为 $a$，圆筒的内半径为 $b$. 证明：这电容器所储藏的能量有一半是在半径 $r=\sqrt{ab}$ 的圆柱体内。

**4-66**. 目前在实验室里产生 $E=10^5\,\mathrm{V/m}$ 的电场和 $B=10^4\,\mathrm{Gs}$ 的磁场是不难做到的。今在边长为 $10\,\mathrm{cm}$ 的立方体空间里产生上述两种均匀场，问所需的能量各为多少？

**4-67**. 利用高磁导率的铁磁体，在实验室产生 $B=5000\,\mathrm{Gs}$ 的磁场并不困难。

(1) 求这磁场的能量密度 $w_{\mathrm{m}}$；

(2) 要想产生能量密度等于这个值的电场，问电场强度 $E$ 的值应为多少？ 这在实验中容易做到吗？

**4-68**. 一同轴线由很长的直导线和套在它外面的同轴圆筒构成，导线的半径为 $a$，圆筒的内半径为 $b$，外半径为 $c$，电流 $I$ 沿圆筒流去，沿导线流回；在它们的横截面上电流都是均匀分布的。

(1) 求下列四处每米长度内所储磁能 $W_m$ 的表达式：导线内，导线和圆筒之间，圆筒内，圆筒外；

(2) 当 $a = 1.0\,\mathrm{mm}$，$b = 4.0\,\mathrm{mm}$，$c = 5.0\,\mathrm{mm}$，$I = 10\,\mathrm{A}$ 时，每米长度的同轴线中储存磁能多少？

**4-69**. 试验算一下，用 7.2 节所述两种平均磁链法计算例题 18 的结果，都与磁能法一致。

# 第五章 电 路

电路是电磁学的一个组成部分,包括恒定电路和交流电路。它主要讨论由电源和负载元件(恒定电路中的电阻,交流电路中除电阻外还有电容和电感)组成的电路的导电规律和一些特性。电路在能量传输、机电运行、自动控制,以及各种测量中有着广泛的应用。

从理论上说,电路规律是电磁场规律在电路问题上的具体应用。本书在第一章 §9 中讲过一些从电磁场的角度来理解电路,这为读者较深刻地认识电路问题作了准备。

交流电路与恒定电路不同,其中存在时间变化的因素。非恒电路与周围电磁场的变化密不可分,从而它的问题比恒定电路问题要复杂得多。但在随时间变化不太快的情况下,电路可看成“准恒的”,即它保留了恒定电路的许多重要特征。有关准恒电路的概念及其条件,我们将在第六章 §6 中讨论,本章假定准恒条件是满足的。

## §1. 恒定电路中的电源

### 1.1 电源的电动势、内阻和路端电压

在第一章 §9 中已谈到,要产生恒定电流,必须有电源。电源的主要特征是它具有一定的电动势,其次它的内部具有或大或小的电阻(内阻)。

把电源接到电路里,在一般情况下就会有电流 $I$ 通过。❶通过电源的电流方向有两种可能性:从负极到正极,或从正极到负极。例如当我们把一个负载电阻 $R$ 接到电源的两极上构成闭合回路时(见图 5-1a),通过电源内部的电流 $I$ 是从负极到正极的;当我们把另一个电动势 $\mathscr{E}'$ 较大的电源接到电动势 $\mathscr{E}$ 较小的电源上,正极接正极,负极接负极(见图 5-1b),通过后一电源内部的电流 $I$ 是从它的正极到负极的。前一情形叫做电源*放电*,后一情形叫做电源*充电*。以上只是两个最简单的例子。在复杂电路中某个电源究竟是在充电还是放电,往往难以一望而知。这类问题如何解决,将在本章 §3 中加以讨论,此处仅仅指出,两种情形都是可能的。

如果于一段导体 $AB$ 内的电场 $\boldsymbol{E}$ 由 $A$ 指向 $B$,其间的电势差为

$$U_{AB}=\int_A^B \boldsymbol{E}\cdot \mathrm{d}\boldsymbol{l},$$

通过此导体的电流 $I$ 将从 $A$ 流向 $B$.按欧姆定律,$U_{AB}$ 与 $I$ 成正比,它们的比值定义为这段导体的电阻 $R$:

$$\frac{U_{AB}}{I}=\frac{\int_A^B \boldsymbol{E}\cdot \mathrm{d}\boldsymbol{l}}{I}=R, \tag{5.1}$$

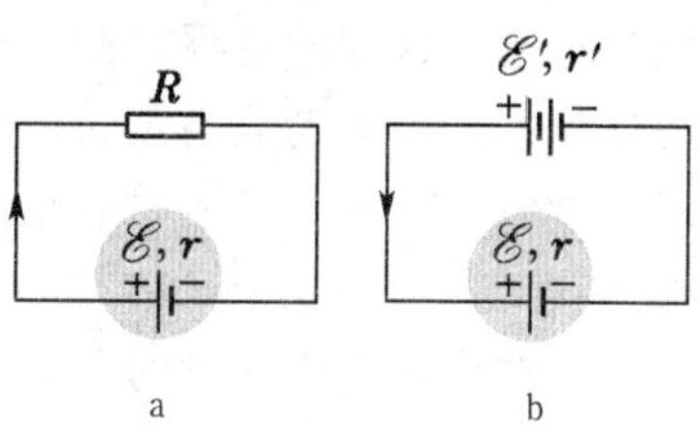

图 5-1 通过电源内部的电流方向

在电源内部,作用在单位正电荷上的力是静电力 $\boldsymbol{E}$ 与非静电力 $\boldsymbol{K}$ 的合力。$\boldsymbol{K}$ 总是从负极指向正极、$\boldsymbol{E}$ 总是从正极指向负极的。对于放电情形 $\boldsymbol{E}$ 在数值上小于 $\boldsymbol{K}$,电流按 $\boldsymbol{K}$ 的方向流动,从负极流到正极(图 5-1a)。这时(5.1)式中的 $U_{AB}=\int_A^B \boldsymbol{E}\cdot \mathrm{d}\boldsymbol{l}$ 应为下列积分所代替:

$$\underset{(\text{电源内})}{\int_-^+}(\boldsymbol{K}+\boldsymbol{E})\cdot \mathrm{d}\boldsymbol{l}=\mathscr{E}+U_{-+}=\mathscr{E}-U_{+-},$$

---

❶ 有个别的例外,如平衡的补偿电路,参看 3.1 节。

它与电流的比值定义为电源的内阻 $r$：

$$\frac{\int_{-\,(\text{电源内})}^{+}(\boldsymbol{K}+\boldsymbol{E})\cdot \mathrm{d}\boldsymbol{l}}{I}=\frac{\mathscr{E}-U_{+-}}{I}=r,$$

于是

$$\mathscr{E}-U_{+-}=Ir,$$

即

$$U_{+-}=\mathscr{E}-Ir.$$

对于充电情形 $\boldsymbol{E}$ 在数值上大于 $\boldsymbol{K}$，电流按 $\boldsymbol{E}$ 的方向流动，从正极流到负极（图 5-1b）。这时（5.1）式中的 $U_{AB}=\int_{A}^{B}\boldsymbol{E}\cdot \mathrm{d}\boldsymbol{l}$ 应为下列积分所代替：

$$\int_{+\,(\text{电源内})}^{-}(\boldsymbol{K}+\boldsymbol{E})\cdot \mathrm{d}\boldsymbol{l}=-\mathscr{E}+U_{+-},$$

此时它与电流的比值为电源的内阻 $r$：

$$\frac{\int_{+\,(\text{电源内})}^{-}(\boldsymbol{K}+\boldsymbol{E})\cdot \mathrm{d}\boldsymbol{l}}{I}=\frac{-\mathscr{E}+U_{+-}}{I}=r,$$

于是

$$-\mathscr{E}+U_{+-}=Ir,$$

即

$$U_{+-}=\mathscr{E}+Ir.$$

归纳起来，我们有

$$\begin{cases}\text{放电}\quad U=U_{+}-U_{-}=\mathscr{E}-Ir, & (5.2)\\ \text{充电}\quad U=U_{+}-U_{-}=\mathscr{E}+Ir, & (5.3)\end{cases}$$

$Ir$ 称为电源内阻上的电势降。（5.2）式表明，放电时路端电压小于电动势；（5.3）式表明，充电时路端电压大于电动势；电动势与路端电压之差等于内阻电势降。当 $I=0$ 时（外电路断开或电势得到补偿，见 3.1 节），内阻电势降为 0，$U=\mathscr{E}$.

如果电源内阻 $r=0$，则无论有无电流或电流沿什么方向，路端电压 $U$ 总等于电动势 $\mathscr{E}$，这时电压恒定。这样的电源叫做理想电压源。从（5.2）式和（5.3）式可以看出，一个有内阻的实际电源等效于一个电动势为 $\mathscr{E}$ 的理想电源和一个阻值等于其内阻 $r$ 的电阻串联，如图 5-2 所示。不难看出，无论放电还是充电，图中等效电路的路端电压 $U_{AB}=U(A)-U(B)$ 都与（5.2）式和（5.3）式中的 $U=U_{+}-U_{-}$ 符合。

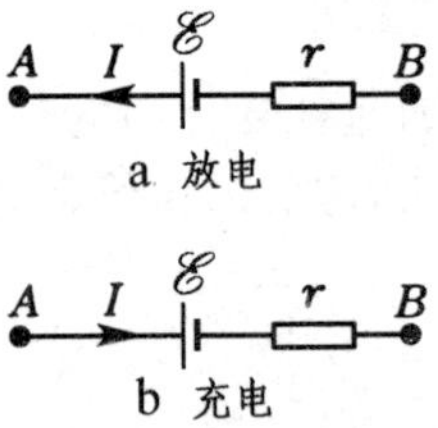

a 放电

b 充电

图 5-2 实际电源的等效电路

在单位时间里移过的电荷为 $\Delta q/\Delta t=I$，将（5.2）式和（5.3）式乘以 $I$，则得功率的转化公式：

$$\begin{cases}\text{放电}\quad UI=\mathscr{E}I-I^{2}r, & (5.4)\\ \text{充电}\quad UI=\mathscr{E}I+I^{2}r, & (5.5)\end{cases}$$

两式中各项的物理意义如下：在放电情形里 $\mathscr{E}I$ 是电源中非静电力提供的功率，它是靠消耗电源中非静电能得到的；$UI$ 是电源向外电路输出的功率。在充电情形里 $UI$ 是外电路输给电源的功率，$\mathscr{E}I$ 是抵抗电源中非静力的功率，它转化为非静电能而储存于电源中。$I^{2}r$ 是内阻上消耗的热功率。所以放电时能量的转换过程是电源中的非静电能一部分输出到外电路中，一部分消耗在内阻上转化为焦耳热；充电时能量的转换过程是外电路输入电源的能量一部分转化为非静电能由电源储存起来，一部分消耗在内阻上转化为焦耳热。

**例题 1** 用 20A 的电流给一铅蓄电池充电时，测得它的路端电压为 2.30V；用 12A 放电时，其路端电压为 1.98V，求蓄电池的电动势和内阻。

**解：** 充电时的路端电压为

$$U_1 = \mathscr{E} + I_1 r,$$

放电时的路端电压为

$$U_2 = \mathscr{E} - I_2 r,$$

将以上两式联立，解得

$$r = \frac{U_1 - U_2}{I_1 + I_2} = \frac{(2.30 - 1.98)\mathrm{V}}{(20 + 12)\mathrm{A}} = 0.01\,\Omega.$$

$$\mathscr{E} = U_1 - I_1 r = 2.30\,\mathrm{V} - 20\,\mathrm{A}\times 0.01\,\Omega = 2.10\,\mathrm{V}. ▌$$

## 1.2 化学电源

电源的种类很多，不同类型的电源中，形成非静电力的机制不同。在化学电源（如干电池、蓄电池）中，非静电力是溶液中离子与极板的化学亲和力；在温差电源中，非静电力是与温度梯度和电子浓度梯度相联系的扩散作用引起的；在普通的发电机中，非静电力是电磁感应引起的，等等。下面我们先介绍一种原理最简单的典型化学电池——丹聂耳电池（Daniell cell）。下一小节我们再介绍实际中有许多应用的温差电源。

丹聂耳电池结构如图 5-3a 所示，铜极和锌极分别浸在硫酸铜溶液和硫酸锌溶液中。两种溶液盛在同一个容器里，中间用多孔的素瓷板隔开。这样，两种溶液不容易掺混，而带电的离子 $Cu^{2+}$、$Zn^{2+}$ 和 $SO_4^{2-}$ 却能自由通过。

$Zn^{2+}$ 离子和 $Cu^{2+}$ 离子在极板和溶液之间受到的化学亲和作用是相反的。① 化学亲和作用使 Zn 极板上的原子溶解到溶液中去，成为正离子 $Zn^{2+}$，把负电荷留在 Zn 极板上。于是在带负电的极板和附近含过多正离子的溶液之间形成一个电偶极层，层内的电场的作用是使溶液中的离子淀积到极板上去的。最后化学亲和力与电场力持平，离子溶解与淀积两个相反过程达到动态平衡。此时在 Zn 极板和溶液之间形成一定的电势跃变 $U_{CB} = U_C - U_B$，如图5-3b 右边所示，溶液的电势高于 Zn 板。② 化学亲和作用使溶液中正离子 $Cu^{2+}$ 淀积到 Cu 极板上，使它带正电。于是在极板和附近因含过少正离子从而带负电的溶液之间形成一个电偶极层，层内的电场的作用是使极板上的原子溶解到溶液中去的。最后化学亲和力与电场力持平，离子淀积与溶解两个相反过程达到动态平衡。此时在 Cu 极板和溶液之间形成一定的电势跃变 $U_{AD} = U_A - U_D$，如图 5-3b 左边所示，Cu 板的电势高于溶液。

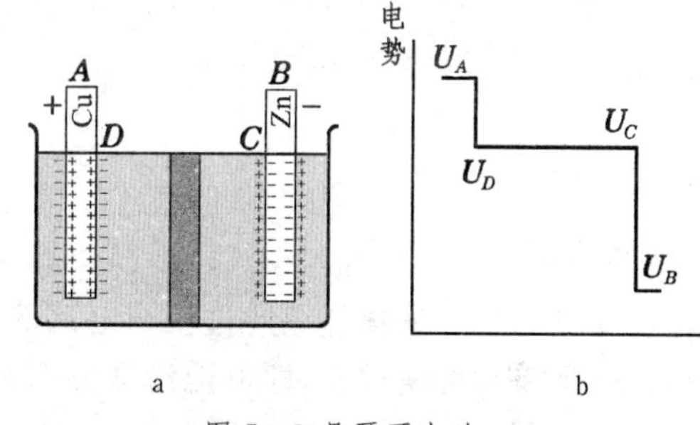

图 5-3 丹聂耳电池

丹聂耳电池中两极与溶液之间的上述化学亲和作用就是非静电力的来源。将单位正电荷从负极移到正极时，非静电力需抵抗静电场力作功，这就是电动势，它等于两电偶极层处电势跃变之和：

$$\mathscr{E} = U_{AD} + U_{CB}$$

当外电路未接通时，没有电流通过电池，溶液内各处电势相等，只有在溶液和两电极的接触面上才有电势跃变。此时电池内部各处电势的变化情况如图 5-3b 所示。电池的端电压为

$$U_{AB} = U_{AD} + U_{CB} = \mathscr{E},$$

当把电池的两极用导体连接起来时（图5-4a），Zn 极上的负电子在电场力的作用下通过导

体流到 Cu 极上去与正电荷中和。这时由于 Zn 极上的负电子减少，其表面的电偶极层的电场减弱，与非静电力失去平衡。于是非静电力使 $Zn^{2+}$ 离子持续溶解，不断恢复新的动态平衡，使 Zn 极表面的电势跃变保持在原来的水平。同样，Cu 极所带的正电荷因与 Zn 极流来的负电子中和而减少，原来的平衡状态遭到破坏。但非静电力使 $Cu^{2+}$ 离子持续淀积，不断恢复新的动态平衡，使 Cu 极表面的电势跃变也保持在原来的水平。由于 $Zn^{2+}$ 不断地溶解和 $Cu^{2+}$ 不断地沉积，使溶液中的正离子在 Zn 极附近增多，Cu 极附近减少，它们在溶液内形成一定的电势差 $U_{CD}=U_C-U_D$，它等于溶液电阻 $r$ 上的电势降落 $Ir$. 这时电池内部各处电势的变化如图 5-4b 所示，路端电压为

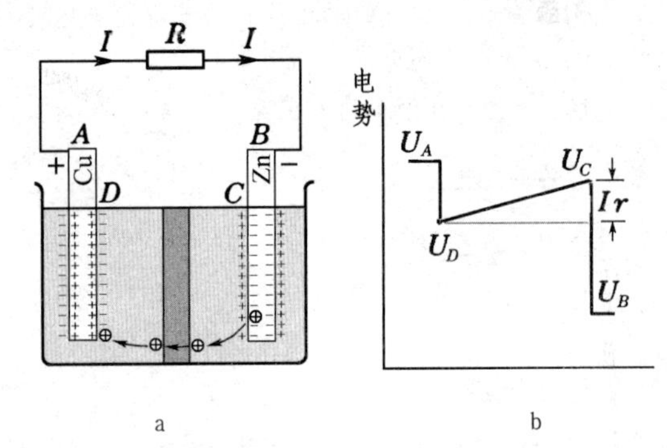

图 5-4 电池放电情形

$$U_{AB}=U_{AD}+U_{CB}-U_{CD}=\mathscr{E}-Ir,$$

这就是(5.2)式。

电池充电情形如图 5-5 所示，情况与放电时相反，这里就不赘述了。这时电池内部各处电势的变化如图 5-5b 所示，路端电压为

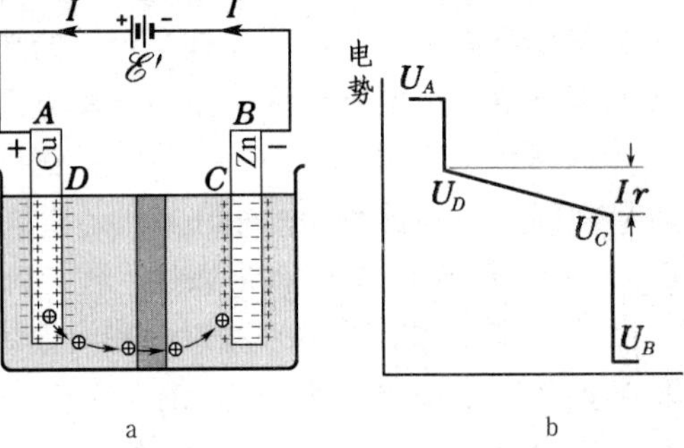

图 5-5 电池充电情形

$$U_{AB}=U_{AD}+U_{CB}+U_{CD}=\mathscr{E}+Ir,$$

这就是(5.3)式。

### 1.3 温差电

电流通过导体产生焦耳热的过程与电流的方向无关，它是一个不可逆过程。然而在一定条件下可以产生一种可逆过程，即电流沿某方向时导体放热，反方向时吸热。从能量转化的角度来看，前者电能转化为热能，后者热能转化为电能。这与电池的充电、放电过程中电能与化学能之间的可逆转化相似。上述现象表明，导体内可以存在与热电转化有关的*热电动势*。下面先看构成热电动势的两种效应。

(1)*汤姆孙效应*

将金属棒的两端维持在不等的温度 $T_1$ 和 $T_2$ 上，并通一定电流，则在此棒中除了产生和电阻有关的焦耳热外，还要吸收或释放一定的热量。这种效应称为*汤姆孙效应*(W.Thomson，1856)，吸收或释放的热量称为*汤姆孙热*。金属棒是吸热还是放热，与电流的方向有关(见图 5-6)。如果除去焦耳热与热传导等不可逆效应，电流反向时，汤姆孙效应是可逆的。

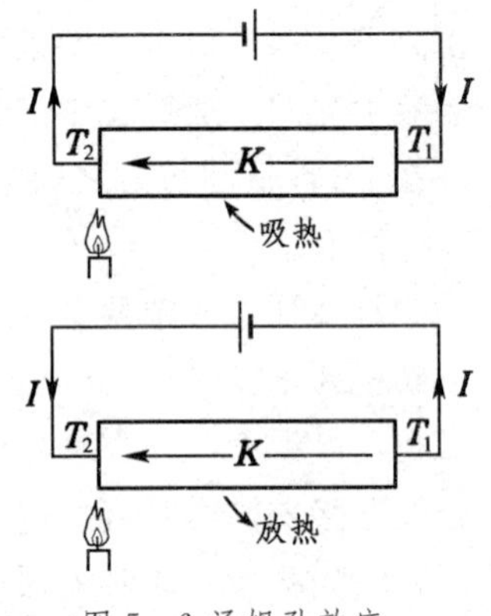

图 5-6 汤姆孙效应

汤姆孙效应可这样理解：金属中的自由电子好像气体一样，当温度不均匀时会产生热扩散。热扩散作用等效于一种非静电力，它在棒内形成一定的电动势(称为*汤姆孙电动势*)。外加电流通过金属棒时，若其方向与非静电力一致，则相当于电池放电，自由电子将不

断从外界吸热，热能转化为电能。若电流方向与非静电力相反，则相当于电池充电，电能转化为热能，向外释放出来。

实验表明，在汤姆孙效应中，作用在单位正电荷上等效非静电力 $\boldsymbol{K}$ 的大小正比于温度梯度：

$$K=\sigma(T)\frac{\mathrm{d}T}{\mathrm{d}l}, \tag{5.6}$$

式中比例系数 $\sigma(T)$ 称为*汤姆孙系数*，与金属材料及温度有关。整个棒内的汤姆孙电动势为

$$\mathscr{E}(T_1,T_2)=\int_1^2 \boldsymbol{K}\cdot\mathrm{d}\boldsymbol{l}=\int_1^2\sigma(T)\frac{\mathrm{d}T}{\mathrm{d}l}\mathrm{d}l,$$

即

$$\mathscr{E}(T_1,T_2)=\int_{T_1}^{T_2}\sigma(T)\mathrm{d}T. \tag{5.7}$$

汤姆孙电动势很小，例如在室温下，铋的汤姆孙系数的数量级为 $10^{-5}$ V/K.

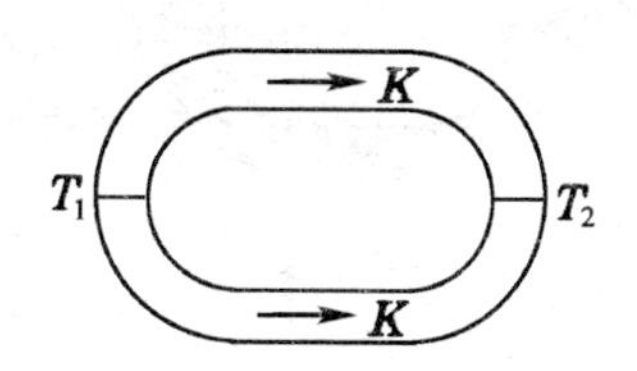

图 5-7 同种金属构成的闭合回路中汤姆孙电动势为 0

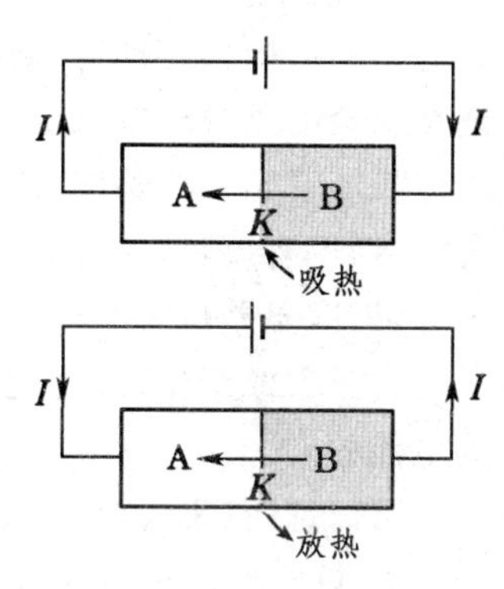

图 5-8 佩尔捷效应

对于同一种金属，汤姆孙电动势只与两端的温度有关。若将同种金属做成的两棒如图 5-7 那样联成闭合回路，两棒中的汤姆孙电动势的大小相等，相互抵消，不能形成恒定电流。若采用两种不同金属的棒相联接，两个汤姆孙电动势不相等，闭路中可以有电动势。然而这时在两种金属的联接处将产生下面要讲的另一种电动势，整个闭路的电动势将在后面一并考虑。

(2)佩尔捷效应

当外加电流通过两种不同金属 A 和 B 间的接触面时，也会有吸热或放热的现象发生。这效应称为*佩尔捷效应*(J.C.A.Peltier，1834)，吸收或释放的热量称为*佩尔捷热*。与汤姆孙效应一样，除去焦耳热与热传导等不可逆效应，当电流反向时，佩尔捷效应也是可逆的(见图 5-8)。

佩尔捷效应可解释为因不同金属材料中自由电子的数密度 $n_{\mathrm{A}}$、$n_{\mathrm{B}}$ 不同引起的。由于数密度不同，两种金属接触时，自由电子将发生扩散。这种扩散作用也等效于一种非静电力，在接触面上形成一定的电动势(称为*佩尔捷电动势*)。与汤姆孙效应类似，吸收和释放佩尔捷热的过程，分别与电池的放电和充电过程相当。佩尔捷电动势除了与相互接触的金属材料有关外，还与温度有关。我们用 $\varPi_{\mathrm{AB}}(T)$ 代表金属 A、B 在温度 $T$ 接触时的佩尔捷电动势。佩尔捷电动势也不大，其数量级一般在 $10^{-3}\sim10^{-2}$ V 之间。

在单一温度下只依靠佩尔捷电动势也不能在闭合回路中建立恒定电流。例如用 A、B、C、D 四种金属联接成如图 5-9 所示的闭合回路，在同一温度 $T$ 下回路中的总佩尔捷电动势为

$$\varPi_{\mathrm{AB}}(T)+\varPi_{\mathrm{BC}}(T)+\varPi_{\mathrm{CD}}(T)+\varPi_{\mathrm{DA}}(T)=\varPi_{\mathrm{AD}}(T)+\varPi_{\mathrm{DA}}(T)=0,$$

因为对于任意两种金属，

$$\varPi_{\mathrm{DA}}(T)=-\varPi_{\mathrm{AD}}(T). \tag{5.8}$$

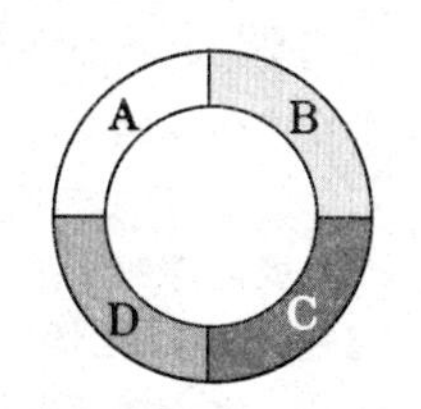

图 5-9 单一温度下不同金属构成的闭合回路中佩尔捷电动势为 0

(3)温差电效应

要在金属导线联成的闭合回路中得到恒定电流，必须在电路中同时存在温度梯度和电子数密度梯度。为此，我们将两种金属 A、B 做成的导线串接起来，并使它们的两个接触点的温度分别为 $T_1$ 和 $T_2$(图 5-10)。这时，

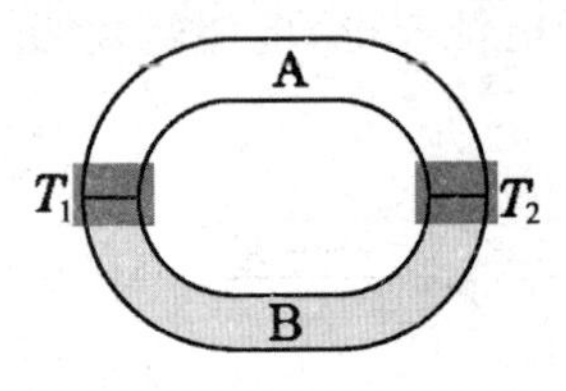

图 5-10 温差电动势

在两根导线中有汤姆孙电动势

$$\mathscr{E}_{\mathrm{A}}(T_1,T_2)=\int_{T_1}^{T_2}\sigma_{\mathrm{A}}(T)\mathrm{d}T$$

和
$$\mathscr{E}_{\mathrm{B}}(T_1,T_2)=\int_{T_2}^{T_1}\sigma_{\mathrm{B}}(T)\mathrm{d}T,$$

在两个接触点有佩尔捷电动势 $\Pi_{\mathrm{AB}}(T_1)$ 和 $\Pi_{\mathrm{BA}}(T_2)$，在整个闭合回路中的电动势为

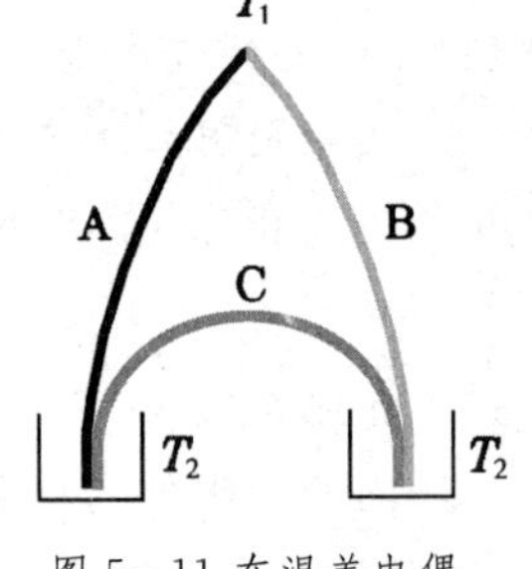

图 5-11 在温差电偶中插入第三种金属

$$\mathscr{E}_{\mathrm{A}}(T_1,T_2)=\Pi_{\mathrm{AB}}(T_1)+\Pi_{\mathrm{BA}}(T_2)+\int_{T_1}^{T_2}\sigma_{\mathrm{A}}(T)\mathrm{d}T+\int_{T_2}^{T_1}\sigma_{\mathrm{B}}(T)\mathrm{d}T,\quad(5.9)$$

这电动势称为泽贝克电动势(T.J.Seebeck,1821)，或温差电动势。温差电动势是由汤姆孙电动势和佩尔捷电动势组成的，在它们的联合作用下，才能在闭合电路中形成恒定电流。

从能量转换的角度看，在闭合回路中有温差电流时，电路上既有吸热，也有放热，二者之差便是维持恒定电流所需电能的来源。由此可见，温差电流的形成不仅符合热力学第一定律，而且也不违反热力学第二定律，因为这里不是从单一热源吸热使之全部转化为电能的。

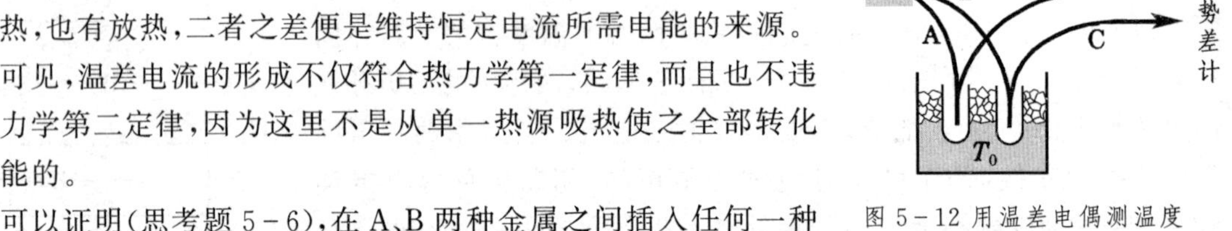

图 5-12 用温差电偶测温度

可以证明(思考题 5-6)，在 A、B 两种金属之间插入任何一种金属 C，只要维持它和 A、B 的联接点温度 $T_2$ 相同(图 5-11)，这闭合回路中的温差电动势总是和只由 A、B 两种金属组成的温差电偶中的温差电动势一样。温差电偶的这一性质在实际应用中是很重要的。

温差电偶的重要应用是测量温度，其原理如图 5-12 所示，将构成温差电偶的两种金属用 A、B 的一个接头放在待测的温度 $T$ 中，A、B 的另一端点都放在温度 $T_0$ 为已知的恒温物质(如冰水或大气)中。用两根同样材料 C 的导线(为什么？)将 A、B 在恒温槽中的一端联到电势差计(见 4.1 节)的补偿电路中去，测量它的温差电动势。根据事先校准的曲线或数据，便可知待测温度 $T$.

用温差电偶测量温度的优点很多，例如：

① 测量范围很广，可以在 -200～2000°C 的范围内使用。测量炼钢炉中的高温，或液态空气的低温，都可使用温差电偶。

② 灵敏度和准确度很高(误差可达 $10^{-3}$ °C 以下)，特别是铂和铑的合金做成的温差电偶稳定性很高，常用来作为标准温度计。

③ 由于受热面积和热容量都可以做得很小，用温差电偶能够测量很小范围内的温度或微小的热量。研究金相变化、化学反应以及小生物体温的变化时可以采用它。这个优点更是一般水银温度计所不及的。还有一种真空热电偶是装置在真空管内的温差电偶。在一个接触点上焊有涂了炭黑的金属片，以便有效地吸收外来的光或辐射的能量。真空的绝热作用则可提高电偶的灵敏度。这是一种测量光通量或辐射通量十分灵敏的器件。

**表 5-1 温差电动势**

| 热接头的温度/°C | 温差电动势/mV | | |
|---|---|---|---|
| | 钨-钛电偶 | 铂-铂铑合金电偶(10%铑) | 铜-康铜电偶(40%镍) |
| 0 | 0.00 | 0.00 | 0.00 |
| 1 | | 0.00 | 0.50 |
| 100 | 0.35 | 0.64 | 4.30 |
| 200 | 1.05 | 1.42 | 9.30 |
| 300 | 2.06 | 2.29 | 14.90 |
| 400 | 3.31 | | |
| 500 | 4.75 | 4.17 | |
| 800 | | 7.31 | |
| 1000 | 9.5 | 9.56 | |
| 1250 | 12.3 | | |
| 1500 | 15.9 | 15.45 | |
| 1700 | | 17.81 | |
| 1750 | 19.1 | | |
| 2000 | 23.7 | | |

在实际中常用的温差电偶有下面几种。在测300°C以下的温度时用铜－康铜温差电偶；测高达1100°C的温度用镍铬和镍镁合金组成的温差电偶；测更高的温度通常用铂－铂铑合金（10% 或 13% 铑两种）的温差电偶，它可适用于 −200°C至1700°C；如果温度高达2000°C，即可用钨－钛电偶。下面我们将几种温差电偶在冷接头的温度为0°C时温差电动势的数值列表如表5－1所示。

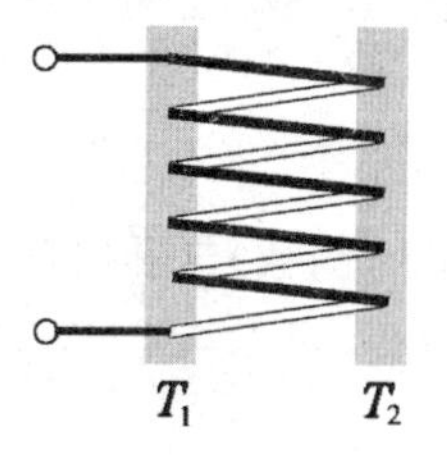

图5－13 温差电堆

由表5－1可以看出，一般金属温差电偶的电动势很小，只有mV量级。两种金属组成的温差电偶中的温差电动势一样。温差电偶的这一性质在实际应用中是很重要的。为了增强温差电效应，有时把温差电偶串联起来，如图5－13所示，做成所谓温差电堆。某些半导体的温差电效应较强，能量转换的效率也较高，这种半导体的温差电堆有时被用来作电源。

利用半导体具有较强的佩尔捷效应，加外接电源使电流反向，结果在低温触点吸热，而在高温触点放热，从而可制成半导体制冷机。与机械压缩制冷相比较，半导体制冷无机械运动部件，直接利用电能实现热量的转移，具有结构简单、寿命长、工作可靠、反应快、易控制、可小型化、无噪声振动和无空气污染等一系列优点。

# §2. 各种导体的导电机制

## 2.1 金属导电的经典电子论

金属导电的宏观规律是由它的微观导电机制所决定的。下面，我们根据简单的经典理论说明为什么金属导电遵从欧姆定律，并把电导率和微观量的平均值联系起来。

首先定性地描述一下金属导电的微观图像。

当导体内没有电场时，从微观角度上看，导体内的自由电荷并不是静止不动的。以金属为例，金属的自由电子好像气体中的分子一样，总是在不停地作无规热运动。电子的热运动是杂乱无章的，在没有外电场或其他原因（如电子数密度或温度的梯度）的情况下，它们朝任何一方向运动的概率都一样。如图5－14所示，设想在金属内部任意作一横截面，则在任意一段时间内平均说来，由两边穿过截面的电子数相等。因此，从宏观角度上看，自由电子的无规热运动没有集体定向的效果，因此并不形成电流。

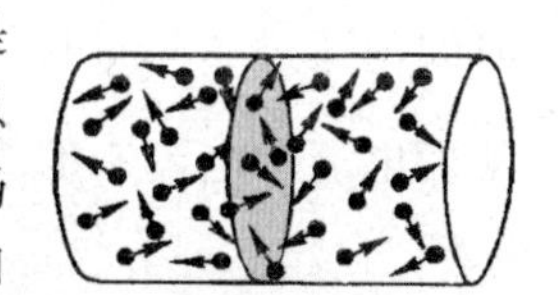
图5－14 电子的热运动不形成宏观电流

自由电子在作热运动的同时，还不时地与晶体点阵上的原子实碰撞，所以每个自由电子的轨迹如图5－15中的黑线所示，是一条迂回曲折的折线。

如果在金属导体中加了电场，每个自由电子的轨迹将如图5－15中的灰线所示，逆着电场方向发生“漂移”。这时可以认为自由电子的总速度是由它的热运动速度和因电场产生的附加定向速度两部分组成，前者的矢量平均为0，后者的平均叫做漂移速度，下面用 $u$ 来表示它。正是这种宏观上的漂移运动形成了宏观电流。

自由电子在电场中获得的加速度为

$$\boldsymbol{a}=-\frac{e}{m}\boldsymbol{E}.$$

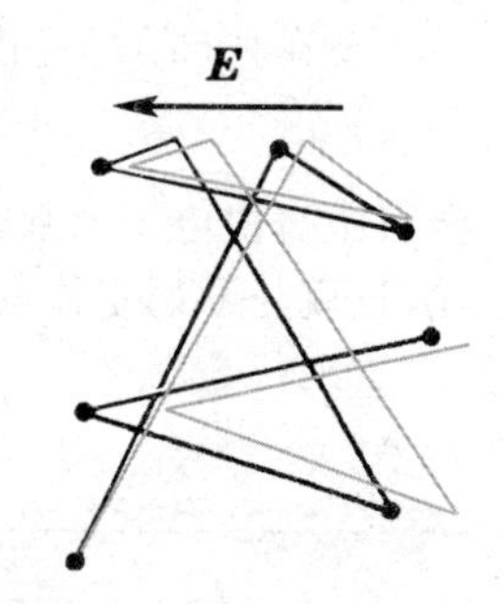

图5－15 电子在电场作用下产生漂移运动

由于与晶体点阵的碰撞，自由电子定向速度的增加受到了限制；电子与晶体点阵碰撞后沿什么方向散射具有很大的偶然性。我们可以假设，电子碰撞后散射的速度沿各方向的概率相等，即这时电子完全丧失了定向运动的特征，其定向速度 $\boldsymbol{u}_0 = 0$. 此后电子在电场力的作用下从零开始作匀加速运动，到下次碰撞之前，它获得的定向速度为

$$\boldsymbol{u}_1 = \boldsymbol{a}\bar{\tau} = -\frac{e}{m}\boldsymbol{E}\bar{\tau},$$

式中 $\bar{\tau}$ 为电子在两次碰撞之间的平均自由飞行时间。在一个平均自由程内电子的漂移速度等于自由程起点的初速 $\boldsymbol{u}_0$ 和终点的末速 $\boldsymbol{u}_1$ 的平均，即

$$\boldsymbol{u} = \frac{\boldsymbol{u}_0 + \boldsymbol{u}_1}{2} = \frac{1}{2}\left(0 - \frac{e}{m}\boldsymbol{E}\bar{\tau}\right) = -\frac{e}{2m}\boldsymbol{E}\bar{\tau}.$$

与气体分子运动论中一样，电子的平均自由飞行时间 $\bar{\tau}$（即平均碰撞频率 $\bar{\nu}$ 的倒数）与平均自由程 $\bar{\lambda}$ 和平均热运动速率 $\bar{v}$ 有如下关系：

$$\bar{\tau} = \frac{1}{\bar{\nu}} = \frac{\bar{\lambda}}{\bar{v}},$$

所以

$$\boldsymbol{u} = -\frac{e}{2m}\frac{\bar{\lambda}}{\bar{v}}\boldsymbol{E}.❶ \tag{5.10}$$

因为 $e, m, \bar{\lambda}, \bar{v}$ 都与电场强度无关，故上式证明了自由电子的漂移速度 $\boldsymbol{u}$ 与 $-\boldsymbol{E}$ 成正比。负号表明，$\boldsymbol{u}$ 与 $\boldsymbol{E}$ 的方向相反，这是由于电子带负电的缘故。

下面我们设法将电流密度 $\boldsymbol{j}$ 和自由电子的数密度 $n$（单位体积内的自由电子数）、漂移速度 $\boldsymbol{u}$ 联系起来。为此我们在金属中取一垂直于电流线的面元 $\Delta S$. 从宏观平均效果来看，我们可以认为所有自由电子以同一速度 $\boldsymbol{u}$ 运动。在时间 $\Delta t$ 内电子移过的距离为 $u\Delta t$. 以 $\Delta S$ 为底，$u\Delta t$ 为高作一柱体（图 5-16），则此柱体内的全部自由电子将在 $\Delta t$ 时间间隔内通过 $\Delta S$. 因柱体的体积为 $u\Delta t\Delta S$，故柱体内共有 $nu\Delta t\Delta S$ 个自由电子。每个电子带电量的绝对值为 $e$，所以在 $\Delta t$ 时间内通过 $\Delta S$ 的电量为

$$\Delta q = neu\,\Delta t\,\Delta S,$$

从而电流和电流密度的数值为

$$\Delta I = \frac{\Delta q}{\Delta t} = neu\,\Delta S,$$

$$j = \frac{\Delta I}{\Delta S} = neu.$$

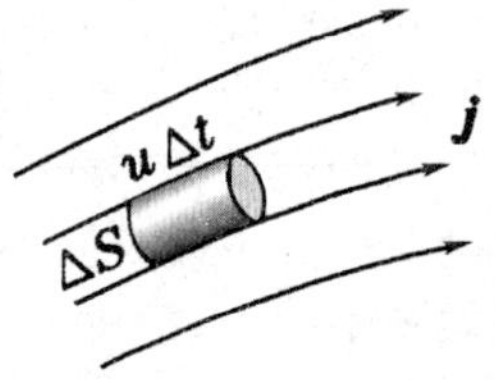

图 5-16 推导 $\boldsymbol{j}$ 和 $n$、$\boldsymbol{u}$ 的关系

电流密度矢量 $\boldsymbol{j}$ 的方向是以正电荷的运动方向为准的，电子带负电，故 $\boldsymbol{j}$ 与它的漂移速度 $\boldsymbol{u}$ 方向相反。把上式写成矢量式，则有

$$\boldsymbol{j} = -ne\boldsymbol{u}. \tag{5.11}$$

这便是我们想得到的 $\boldsymbol{j}$ 与 $n$、$\boldsymbol{u}$ 之间的关系。

现在把(5.10)式代入(5.11)式，得

$$\boldsymbol{j} = \frac{ne^2}{2m}\frac{\bar{\lambda}}{\bar{v}}\boldsymbol{E}. \tag{5.12}$$

金属中自由电子的数密度 $n$ 是常量，与 $\boldsymbol{E}$ 无关，因此，金属导体内的电流密度 $\boldsymbol{j}$ 与场强 $\boldsymbol{E}$ 成正比，这就是欧姆定律的微分形式。与宏观规律 $\boldsymbol{j} = \sigma\boldsymbol{E}$ 比较一下即可看出，电导率

$$\sigma = \frac{ne^2\bar{\lambda}}{2m\bar{v}}. \tag{5.13}$$

---

❶ 上面的推导包含一个假设，即所有电子在两次撞碰间都用同样的时间 $\bar{\tau}$ 飞行了同样的距离 $\bar{\lambda}$，即自由程的取值严格划一而无分散。这样的图像过于简化了。如果认为电子的自由程有一定分布，(5.10)式中将有不同的数值系数，但不影响数量级。例如，当自由电子的自由程取值满足泊松分布时，(5.10)式右端分母中的因子 2 将消失。参见杨再石，《大学物理》第 8 期，1983 年。

这样,我们就用经典的电子理论解释了欧姆定律,并导出了电导率$\sigma$与微观量平均值之间的关系(5.13)式。从(5.13)式还可以看出$\sigma$与温度的关系,因为$\bar{\lambda}$与温度无关,$\bar{v}$与$\sqrt{T}$成正比($T$是热力学温度),所以$\sigma \propto 1/\sqrt{T}$,从而电阻率$\rho \propto \sqrt{T}$,这就说明了为什么随着温度的升高,金属的电导率减小,电阻率增加。不过应当指出,从经典电子论导出的结果只能定性地说明金属导电的规律,由(5.13)式计算出的电导率的具体数值与实际相差甚远。此外$\sigma$或$\rho$与温度的关系也不对。实际上对于大多数金属来说,$\rho$近似地与$T$(而不是$\sqrt{T}$)成正比。这些困难需要用量子理论来解决。在《新概念物理教程·量子物理》(第三版)第三章里(5.4节)对这个问题有个交代,在量子理论中(5.13)式还是有用的,不过对其中的物理量需要重新解释,才能得到正确的结果。

下面我们再定性地解释一下电流的热效应。在金属导体里,自由电子在电场力的推动下作定向运动形成电流。在这个过程中,电场力对自由电子作功,使电子的定向运动动能增大。同时,自由电子又不断地和晶体点阵上的原子实碰撞,在碰撞时把定向运动能量传递给原子实,使它的热振动加剧,因而导体的温度就升高了。

综上所述,从金属经典理论来看,"电阻"所反映的是自由电子与晶体点阵上的原子实碰撞造成对电子定向运动的破坏作用,这也是电阻元件中产生焦耳热的原因。

最后,为了使读者有个数量级的概念,我们举一个数字例子。

**例题2** 设铜导线中有电流密度为$2.4\,\mathrm{A/mm^2}$的电流,铜的自由电子数密度$n = 8.4\times10^{28}\,\mathrm{m^{-3}}$,求自由电子的漂移速率。

**解:**

$$j = 2.4\,\mathrm{A/mm^2} = 2.4\times10^{6}\,\mathrm{A/m^2}$$

$$u = \frac{j}{ne} = \frac{2.4\times10^{6}\,/\mathrm{m^2}}{8.4\times10^{28}\,\mathrm{m^{-3}}\times1.6\times10^{-19}\,\mathrm{C}} = 1.8\times10^{-4}\,\mathrm{m/s}.$$ ▌

金属中自由电子的平均热运动速率有$10^{5}\,\mathrm{m/s}$的量级,可见自由电子作定向运动的漂移速率远远小于平均热运动速率。

也许会有读者产生这样的疑问:电子定向速率如此之小,为什么平常我们都说"电"的传播速度是非常快的?例如在很远的地方把开关接通,电灯就会立即亮起来。如果按例题中的速率$u$来计算,似乎要等很久电灯才会亮起来。这问题应这样来理解:此处起作用的速度并非电子的漂移速度,[1]而是电场的传播速度,它的数量级极大,约为$3\times10^{8}\,\mathrm{m/s}$. 金属导线中各处都有自由电子,只是由于未接通开关时导线处于静电平衡状态,导体内无电场,自由电子没有定向运动,从而导线中也无电流。但是开关一旦连通,电场就会把场源变化的信息很快地传播出去,迅速达到重新分布,电路各处的导线里很快建立了电场,推动当地的自由电子作定向运动,形成电流。如果认为,当开关接通后电子才从电源出发,等到它们到达负载后,那里才有电流,这完全是一种误解。

### 2.2 线性与非线性导电规律

以电压$U$为横坐标、电流$I$为纵坐标画出的曲线,叫做一个导体的伏安特性曲线。欧姆定律成立时,$U=IR$,伏安特性是一条通过原点的直线(图5-17),其斜率等于电阻$R$的倒数,它是一个与电压、电流无关的常量。具有这种性质的电学元件叫做线性元件,其电阻叫做线性电阻或欧姆电阻。

---

[1] 按照量子理论,金属导电时自由电子的漂移速度要比上述经典理论的预言大得很多,但仍比电磁波速小得多。参见《新概念物理教程·量子物理》(第三版)第三章5.4节。

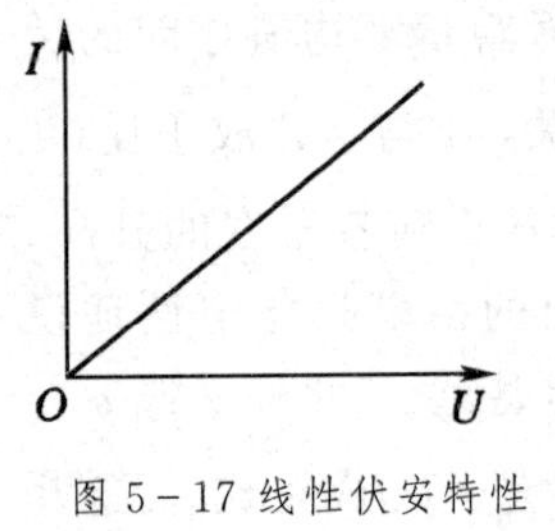

图 5-17 线性伏安特性

实验证明，欧姆定律不仅适用于金属导体，而且对电解液（酸、碱、盐的水溶液）也适用。对于一些半导体器件（如晶体管）或气态导体（如日光灯管中的汞蒸气），欧姆定律不成立，其伏安特性不是直线，而是不同形状的曲线。这种元件叫做非线性元件。图 5-18 所示为一些非线性元件的伏安特性曲线。对于非线性元件，欧姆定律虽不适用，但仍可定义其电阻为

$$R(U) \equiv \frac{U}{I}, \quad (5.14)$$

只不过它不再是常量，而是与元件上的电压或电流（即工作条件）有关的变量。半导体器件的导电机制涉及量子的概念，请读者参阅《新概念物理教程·量子物理》（第三版）第三章 §4。下面我们对气体导电的机制作些定性的介绍。

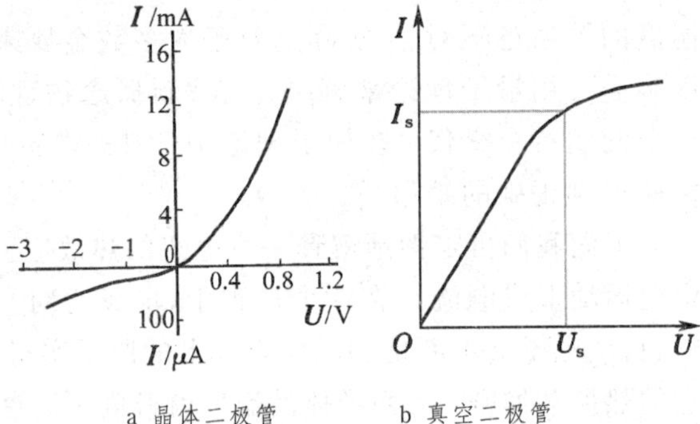

a 晶体二极管　　b 真空二极管

图 5-18 非线性伏安特性

## 2.3 气体导电

在通常情况下气体中的自由电荷极少，是良好的绝缘体。但是由于某些原因气体中的分子发生了电离，它便可以导电，这现象称为气体导电或气体放电。气体导电可分为被激导电和自激导电。

(1)被激导电

研究气体导电伏安特性的实验装置如图 5-19 所示。为了使阴极 K 与阳极 A 之间的气体能够导电，可用某种外加的手段使之电离。例如用紫外线、X 射线或各种放射性射线照射，或者用火焰将气体加热，都可使气体电离。这些能使气体发生电离的物质统称电离剂。

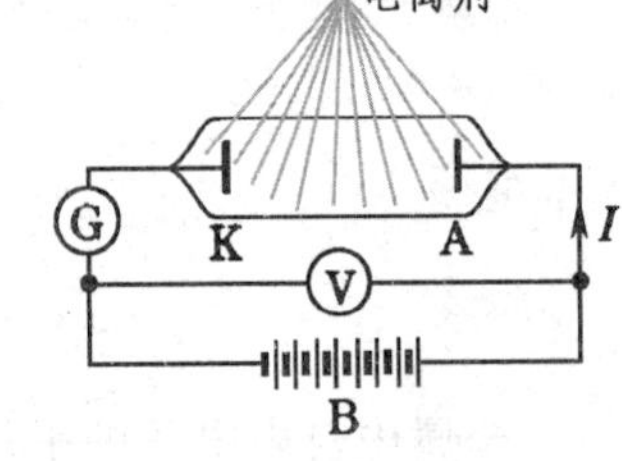

图 5-19 气体被激导电实验装置

用实验方法得到的气体导电伏安特性曲线示于图5-20。我们看到，当电压 $U$ 很小时（曲线的 $OA$ 段），$I$ 与 $U$ 成正比（即服从欧姆定律）。当 $U$ 增大到一定程度时，电流会达到饱和（曲线的 $BC$ 段）。

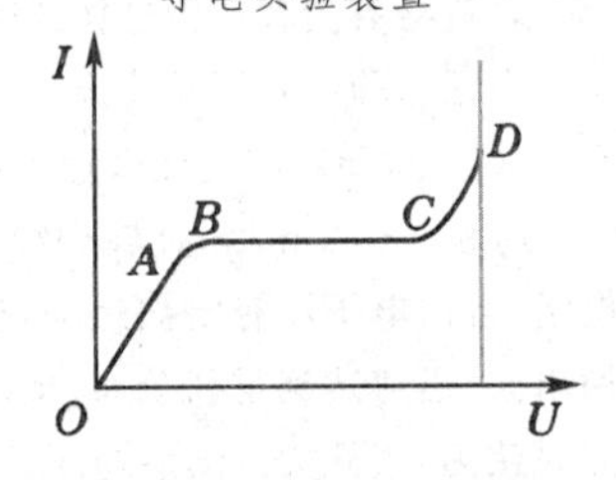

图 5-20 气体导电的伏安特性曲线

气体伏安特性曲线的上述特征可简单地解释如下。在 2.1 节中我们讲过金属中的电流密度公式

$$\boldsymbol{j} = -ne\boldsymbol{u},$$

其中电子的漂移速度 $\boldsymbol{u}$ 与场强 $-\boldsymbol{E}$ 成正比，而金属中的电子数密度 $n$ 与场强无关，从而 $\boldsymbol{j}$ 与 $\boldsymbol{E}$ 成正比，即金属导电服从欧姆定律。在气体中的自由电荷是正负离子，设它们的数密度和漂移速度分别为 $n_+$、$n_-$和 $\boldsymbol{u}_+$、$\boldsymbol{u}_-$，所带电量分别为 $\pm e$，则可以证明，气体中的电流密度为

$$\boldsymbol{j} = n_+ e\boldsymbol{u}_+ - n_- e\boldsymbol{u}_- \quad (5.15)$$

（参看习题 5-3）。在气体中 $\boldsymbol{u}_+$和 $\boldsymbol{u}_-$也和场强 $\boldsymbol{E}$ 成正比，但是离子数密度 $n_+$、$n_-$却受着多种因素的影响：① 在电离剂的作用下，气体中不断产生正负电子对（电离过程）；② 正负离子对相遇时重新结合为中性分子（复合过程）；③ 在外电场的作用下离子迁移到电极上，在那里与电极

上的异号电荷中和。在这三个因素中，第一个是使 $n_{+}$、$n_{-}$增加的因素，后两个是使 $n_{+}$、$n_{-}$减少的因素。前两种过程与场强 $\boldsymbol{E}$ 无关，只有第三种过程随场强的增大而加强。当外场很小时，$n_{+}$、$n_{-}$的多少主要由电离和复合两个过程的速度所决定，因此它们的数值与 $\boldsymbol{E}$ 无关，从而气体中的电流密度 $\boldsymbol{j}$ 仍和金属中一样与 $\boldsymbol{E}$ 成正比，这就是为什么起始伏安特性一般服从欧姆定律的原因。当外场较大时，离子被电场驱到电极上去中和的过程逐渐起作用，所以随着场强 $\boldsymbol{E}$ 的增大，$n_{+}$、$n_{-}$将减少，这就说明了伏安特性曲线中 $AB$ 段偏离欧姆定律而向下弯曲的原因。当电场再增到足够大时，离子的定向速度很大，它们在气体内部来不及复合，就被 $\boldsymbol{E}$ 驱到电极上，上述第二个因素几乎不再起作用，这时单位时间内到达两极的离子数就是单位时间内气体中因电离剂的作用而产生的全部离子数。电场再增大，电流也不可能增加了，于是伏安特性达到饱和。由此可见，饱和电流 $I$ 的大小反映了电离剂的强度。

在上述导电过程中，如果我们把电离剂撤除，气体中的离子将很快地消失，电流也就中止了。亦即导电过程必须靠电离剂来维持，故称为气体的被激导电。

(2)自持导电

当图 5-19 中 A、K 两极间的电压增加到某一数值 $U_{C}$ 后，气体中的电流突然急剧增加(伏安曲线图 5-20 的

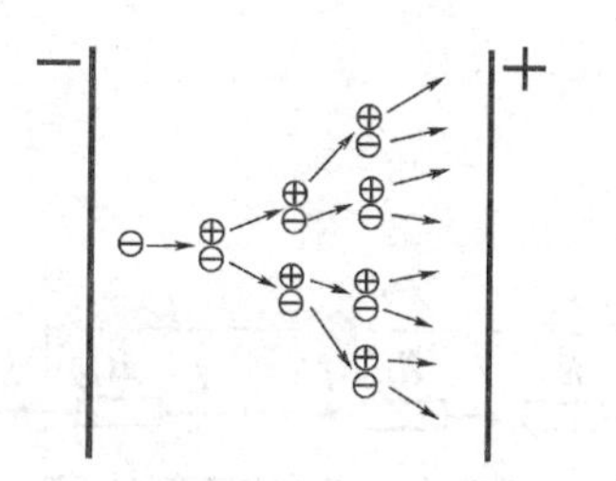

图 5-21 簇射

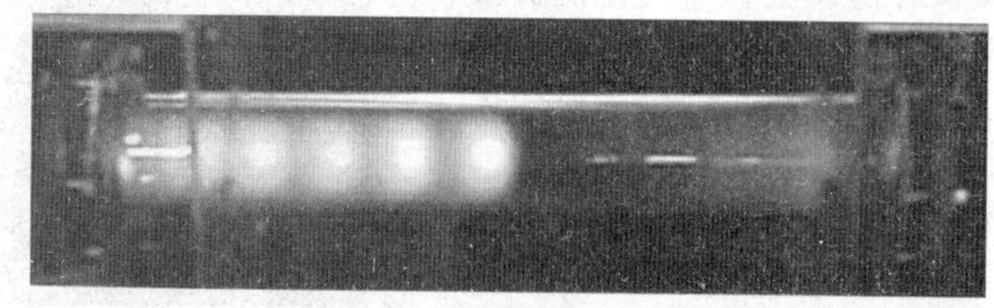

a 辉光放电

b 电弧

c 电晕

d 火花放电

图 5-22 各种形式的自持导电

CD 段）。这时即使撤去电离剂，导电过程仍能维持。这种情形称为气体的自持导电。在气体自持导电的同时往往有声、光等现象伴随发生。当气体由被激导电过渡到自持导电时，我们说气体被击穿（或点燃）。使气体击穿（或点燃）的电压 $U_C$ 称为击穿电压。

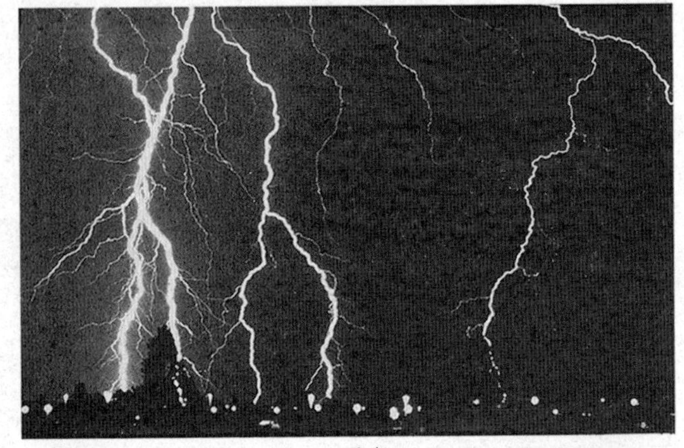

a 雷电

b 极光

图 5-23 大气里的放电

自持导电时，虽然电离剂已撤除，仍有相当多的带电粒子参与导电过程，其来源有以下几种途径：正负离子在电场中已获得相当大的动能，致使它们的各种碰撞过程足以产生新的离子。这里主要的过程首先是电子与中性分子的碰撞。由于气体中电子的自由程较长，受场力作功而获得的动能较大，当它们与中性分子碰撞时使后者电离。这样的过程链锁式地发展下去，形成簇射（见图 5-21）。其次，获得较大动能的正离子轰击阴极，产生了二次电子发射，这种过程也往往起着重要作用。此外，当气体中电流密度很大时，还会使阴极温度升高而产生热电子发射。因此，气体中的正负离子和电子的数目急剧增长，气体导电便过渡到自持的阶段。

自持导电因条件不同，采取辉光放电、弧光放电、火花放电、电晕放电等不同的形式（图 5-22）。雷电是大气里云层之间的火花放电（图 5-23a），极光（aurora）是由太阳辐射的带电粒子沿地磁场线沉降到极地上空引起的电晕放电（图 5-23b）。

## §3. 恒定电路计算

### 3.1 电阻的串联和并联

（1）串联电路

把多个电阻一个接着一个地联接起来，使电流只有一条通路。这样的联接方式叫做串联（图 5-24）。串联电路的特点可归纳为以下几点。

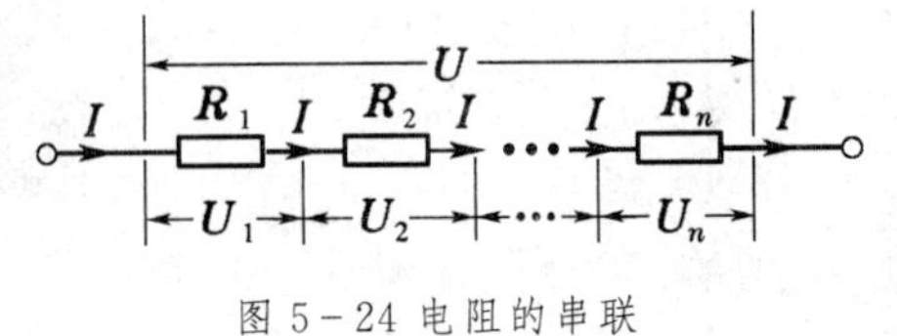


图 5-24 电阻的串联

① 通过各电阻元件的电流 $I$ 相同；

② 两端的总电压等于各个电阻两端电压之和：

$$U = U_1 + U_2 + \cdots + U_n; \tag{5.16}$$

③ 电压的分配与电阻成正比：

$$U_i \propto R_i \quad (i = 1,2,\cdots,n); \tag{5.17}$$

④ 等效电阻等于各电阻之和：

$$R = R_1 + R_2 + \cdots + R_n; \tag{5.18}$$

⑤ 功率分配与电阻成正比：

$$P_i = I^2 R_i \propto R_i \quad (i = 1,2,\cdots,n). \tag{5.19}$$

(2)并联电路

把多个电阻并排地联接起来,使电路有两个公共联接点和多条通路。这样的联接方式叫做并联(图 5-25)。并联电路的特点可归纳为以下几点。

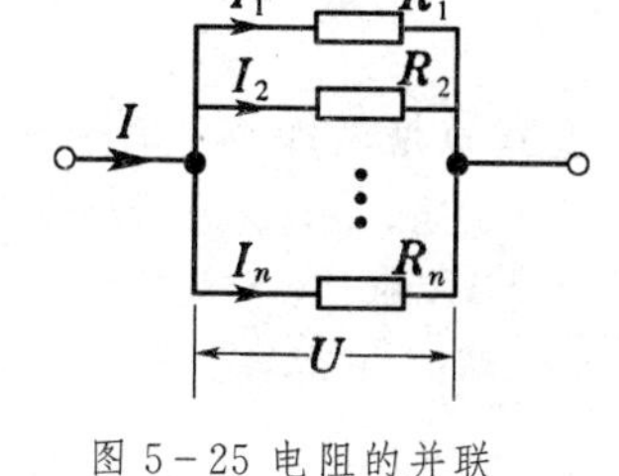


图 5-25 电阻的并联

① 各电阻元件两端有相同的电压 $U$；

② 总电流等于通过各个支路电流之和：

$$I = I_1 + I_2 + \cdots + I_n; \tag{5.20}$$

③ 电流的分配与电阻成反比：

$$I_i \propto \frac{1}{R_i} \quad (i = 1,2,\cdots,n); \tag{5.21}$$

④ 等效电阻的倒数等于各电阻倒数之和：

$$\frac{1}{R} = \frac{1}{R_1} + \frac{1}{R_2} + \cdots + \frac{1}{R_n}; \tag{5.22}$$

⑤ 功率分配与电阻成反比：

$$P_i = \frac{U^2}{R_i} \propto \frac{1}{R_i} \quad (i = 1,2,\cdots,n). \tag{5.23}$$

许多电路可以看成是一些电阻的串联、并联,以及又串又并的混联。这些电路的计算比较简单,都是可以用上述串联和并联的电路原理来分析和计算的。这些简单电路在实际中已有广泛的应用,例如在电学实验和电磁测量中常常使用的制流和分压电路,以及将电流计改装成伏特计或安培计的扩程电路等,这些在中学物理课中已有很好的训练。下面另举两个例子。

### 3.2 简单电路举例

(1)平衡电桥

电桥或称桥式电路,其主要用途是较为精确地测量电阻。最简单的直流电桥如图 5-26 所示,把四个电阻 $R_1$、$R_2$、$R_3$ 和 $R_4$ 联成四边形 $ABCD$,每一边叫做电桥的一个臂。在四边形的一对对角 $A$ 和 $C$ 之间接上直流电源 $\mathscr{E}$,在另一对对角 $B$ 和 $D$ 之间联接检流计 G.所谓“桥”,指的就是对角线 $BD$,它的作用是把 $B$ 和 $D$ 两个端点联接起来,直接比较这两点的电势。当 $B$、$D$ 两点的电势相等时,我们说电桥达到了平衡。反之,则电桥不平衡。检流计 G 就是为检查电桥是否平衡用的。当电桥平衡时,$U_{BD}=0$,没有电流通过 G.

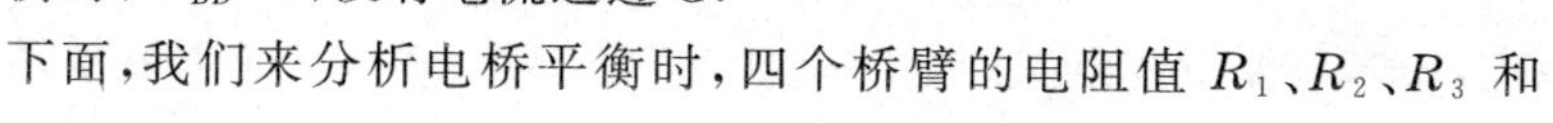

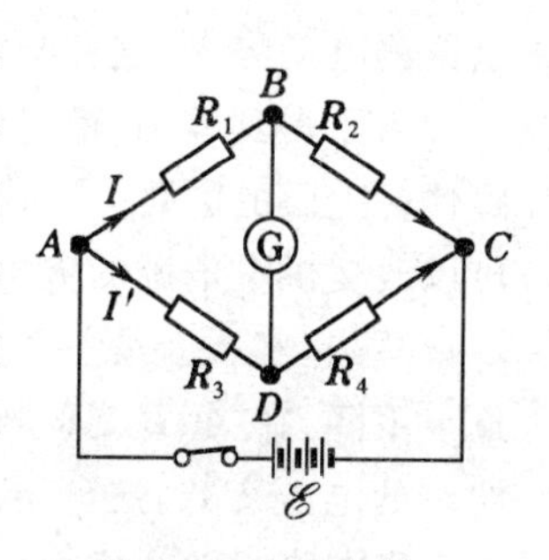


图 5-26 直流电桥

下面,我们来分析电桥平衡时,四个桥臂的电阻值 $R_1$、$R_2$、$R_3$ 和

$R_4$ 应满足什么关系。平衡时 $B$、$D$ 两点的电势相等，所以

$$U_{AB}=U_{AD},\quad U_{BC}=U_{DC}.$$

这时，通过检流计的电流 $I_G=0$，故通过 $AB$ 和 $BC$ 两臂的电流相等，设为 $I$；通过 $AD$ 和 $DC$ 两臂的电流也相等，设为 $I'$.根据欧姆定律，$U_{AB}=IR_1$，$U_{AD}=I'R_3$，$U_{BC}=IR_2$，$U_{DC}=I'R_4$.代入上列二式，可以得

$$IR_1=I'R_3,\quad IR_2=I'R_4.$$

以上两式相除，最后得到

$$\frac{R_1}{R_2}=\frac{R_3}{R_4},\tag{5.24}$$

上式就是电桥的平衡条件。平衡电桥就是利用此式来测量电阻的。

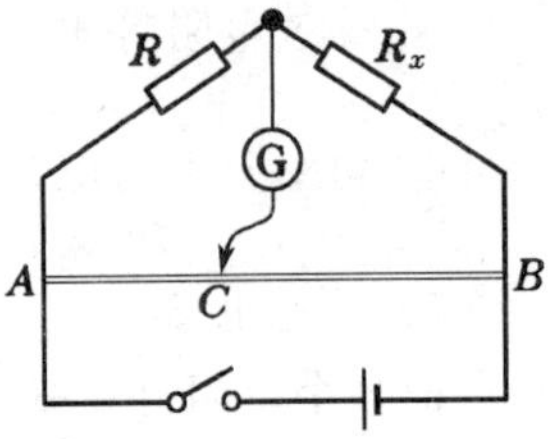

图 5-27 例题 3—— 滑线电桥

**例题** 3　在图 5-27 所示的电桥中，$R_x$ 是待测电阻，$R=40\,\Omega$，$AB$ 是一段均匀的滑线电阻。当滑动头 $C$ 在 $AB$ 的 2/5 位置上时，检流计的指针不偏转，求 $R_x$.

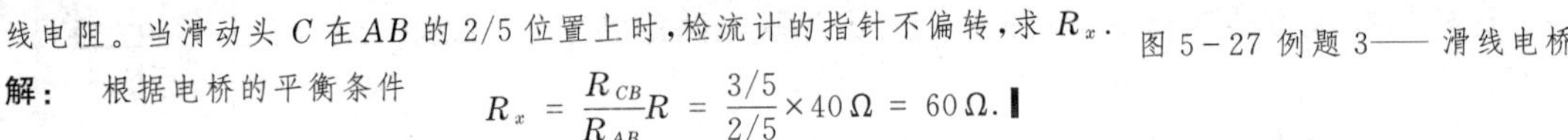

**解：**　根据电桥的平衡条件

$$R_x=\frac{R_{CB}}{R_{AB}}R=\frac{3/5}{2/5}\times40\,\Omega=60\,\Omega.$$ ▌

(2)电势差计

电势差计是用来准确测量电源电动势的仪器，也可以用它准确地测量电压、电流和电阻。

用电势差计如何测量电压、电流和电阻，请读者自己思考。用电势差计测量时，首先要接入标准电池，调节制流电阻 $R$，使工作电流 $I$ 准确地达到标准值。这一步叫做电势差计的校准。为了测量得准确，测量过程中还要不时地进行校准。

粗略地测量电源的电动势，可以用伏特计。然而测量出来的其实是端电压，并不是电动势。因为任何电源都或多或少有一定的内阻 $r$，因而只要有电流 $I$ 经过它，内阻上就有电势降落 $Ir$，这时它的路端电压就不等于它的电动势 $\mathscr{E}$.要想准确地测一个电源的电动势，必须在没有任何电流通过该电源的情况下测定它的路端电压。解决这个问题的一个办法是利用补偿法。补偿法的原理如下。

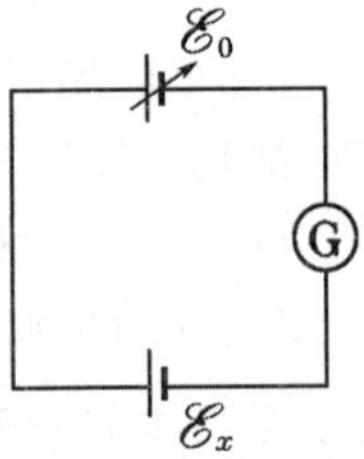

要测定一个电源的电动势，原则上可以采用图 5-28 所示的电路。其中 $\mathscr{E}_x$ 是待测电源，$\mathscr{E}_0$ 是可以调节电动势大小的电源，两个电源通过检流计 G 反接在一起。当调节电动势 $\mathscr{E}_0$ 的大小，使检流计的指针不偏转(即电路中没有电流)时，两个电源的电动势大小相等，互相补偿，即

$$\mathscr{E}_x=\mathscr{E}_0.$$

这时，我们说电路达到平衡。知道了平衡状态下 $\mathscr{E}_0$ 的大小，就可以由上式确定待测电动势 $\mathscr{E}_x$.这种测定电源电动势的方法叫做补偿法。

图 5-28 补偿原理

为了得到准确、稳定、便于调节的 $\mathscr{E}_0$，实际中采用图 5-29 所示的电路代替上面的电路。在这个电路里，供电电源 $\mathscr{E}$、制流电阻 $R$(调节 $R$ 可以改变供电电源的输出电流)和滑线电阻 $AB$ 所组成的回路，叫做辅助回路，它实质上是一个分压器。电流流过滑线电阻时，电势从 $A$ 到 $B$ 逐点下降，在 $A$、$B$ 之间拨动滑动接触头 $C$，就可以改变 $A$、$C$ 一段电阻两端的电压 $U_{AC}$，这电压 $U_{AC}$ 就是用来代替可调电动势 $\mathscr{E}_0$ 的。$A\mathscr{E}_x$G$C$ 一段支路叫做补偿回路，它和图 5-28 中 $\mathscr{E}_x$ 和 G 所组成的一段电路相当。由前面所说的补偿原理可知，只要滑线电阻两端的总电压 $U_{AB}>\mathscr{E}_x$，就一定能找到滑动接触

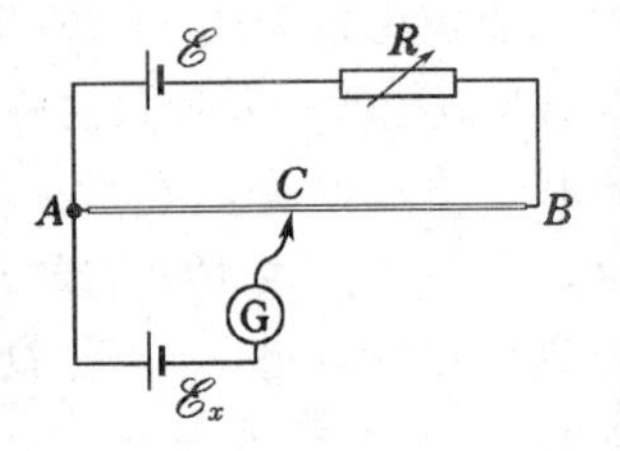

图 5-29 滑线电势差计

头 $C$ 的一个位置，使检流计 G 指针不偏转，亦即使补偿回路达到平衡。这时，

$$\mathscr{E}_x = U_{AC} = IR_{AC}, \tag{5.25}$$

式中 $R_{AC}$ 表示 $AC$ 一段电阻的阻值，$I$ 表示流过滑线电阻 $AB$ 的电流，通常叫做辅助回路的工作电流。当 $R_{AC}$ 和 $I$ 为已知时，根据(5.25)式可以求得待测电动势 $\mathscr{E}_x$，电势差计就是根据上述补偿原理来测定电动势的。

### 3.3 基尔霍夫定律

上面我们只解决了串联、并联和串并混联电路的计算问题，实际中遇到的电路有时要复杂得多。一个复杂电路是多个电源和多个电阻的复杂联接，且不能归结为上述简单电路。

在直流电路中除了电源以外，只有电阻元件。我们把电源和(或)电阻串联而成的通路叫做*支路*，在支路中电流处处相等。三条或更多条支路的联接点叫做*节点*或*分支点*(图 5-30a)。几条支路构成的闭合通路叫做*回路*(图 5-30b)。在复杂电路中，各支路的联接形成多个节点和多个回路。例如，电桥电路中有六条支路、四个节点和七个回路，电势差计中有三条支路、二个节点和三个回路。

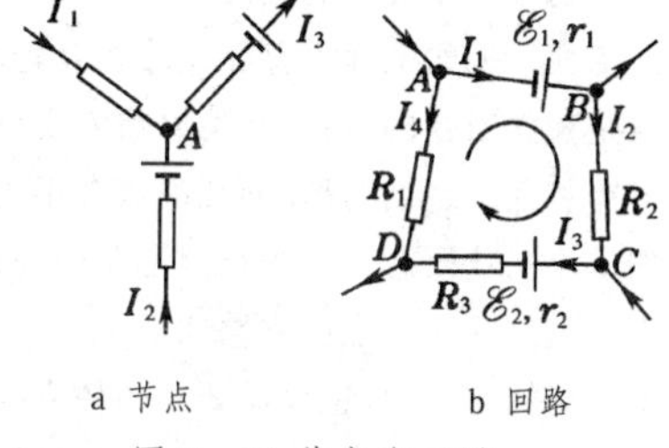


图 5-30 节点和回路

处理电路的典型问题，是在给定电源电动势、内阻和电阻的条件下，计算出每一支路的电流；有时已知某些支路中的电流，要求出某些电阻或电动势。这不过是上述已知条件和待解的未知数之间的某种调换而已。计算电路的一般方法是靠基尔霍夫方程组。基尔霍夫方程组分为第一方程组和第二方程组两组。

(1)*基尔霍夫第一方程组*

基尔霍夫第一方程组又称*节点电流方程组*，它的理论基础是恒定条件。作一闭合曲面包围电路的节点，根据恒定条件(1.96)式，从节点流出的电流为0。按规定：流向节点的电流前面写负号，从节点流出的电流前面写正号，则*从节点的各支路电流的代数和为0*。由此所列的方程称为基尔霍夫第一方程。例如，对于如图 5-30a 所示的节点 $A$，可写出方程

$$-I_1 - I_2 + I_3 = 0.$$

显然，对电路中的每一个节点都可按同样方法写出一个方程式。容易证明，对于共有 $n$ 个节点的完整电路所写出的 $n$ 个方程式中有 $n-1$ 个是彼此独立的，余下的一个方程式可由这 $n-1$ 个方程式组合得到。这 $n-1$ 个独立的方程式组成一个方程组，叫做*基尔霍夫第一方程组*。

(2)*基尔霍夫第二方程组*

基尔霍夫第二方程组又称*回路电压方程组*。它的基础是恒定电场的环路定理 $\oint \boldsymbol{E} \cdot d\boldsymbol{l} = 0$. 根据环路定理，沿回路环绕一周回到出发点，电势数值不变。绕行时，沿途电势经历从低到高和从高到低的过程，统称电势降落。若规定电势从高到低的电势降落为正，电势从低到高的电势降落为负，则*沿回路环绕一周，电势降落的代数和为0*。具体确定电阻(包括内阻)上电势降落的正负号要看绕行方向与电流方向的关系：*沿电流方向看去，电势降落为正，逆电流方向看去为负*；确定(理想)电源上电势降落的正负号要看绕行方向与电源极性的关系：*从正极到负极看去电势降落为正，从负极到正极看去为负*。由此所列出的方程称为*基尔霍夫第二方程*。例如，对于如图5-30b 所示的回路 $ABCDA$，顺时针环绕一周，可写出方程

$$-\mathscr{E}_1+I_1r_1+I_2R_2+\mathscr{E}_2+I_3(r_2+R_3)-I_4R_1=0,$$

在这里当遇到有内阻的电源时，我们已按照1.1节图5-2的等效电路把它们看成理想电压源和内阻的串联。

显然，对于每一个回路都可按照同样方式写出一个方程式。应该注意，并非按所有的回路写出的方程式都是独立的。例如，图5-31中的电路有三个回路 $ABCA$，$AEDCA$ 和 $AEDCBA$. 由这三个回路写出的三个方程中只有两个是独立的，另一个其实是前两个方程的叠加，因此我们说这个电路只有两个独立回路。

对于一个复杂的电路，如何确定其独立回路的数目呢？如果整个电路可以化为平面电路，即所有的节点和支路都在一平面上而不存在支路相互跨越的情形，则情况比较简单，我们可以把电路看成一张网格，其中网孔的数目就是独立回路的数目；其他回路必定可以看成这些独立回路的某种叠加。如果整个电路不能化为平面电路而存在支路相互跨越的情形，网孔的概念不再适用。我们应在树图的基础上建立独立回路的判据。"树"的概念是图论中的一个拓扑概念。一个任意电路的树图是指将电路的全部节点都用支路连接起来而不形成任何回路的树枝状图形。这些连接节点的支路叫做树枝。由于连接第一、第二两个节点时需要一条树支，以后每连接一个新的节点需要一条树支，而且也仅需要一条树支，否则将形成回路，因此，$n$ 个节点的电路的树图共有 $n-1$ 条树支。这样，每再连接一条新的支路（叫做连支）就形成一个独立回路，也就是说，连支的数目等于独立回路的数目。显然，连支数等于支路总数减树支数。故对于一个有 $n$ 个节点 $p$ 条支路的电路，共有 $p-(n-1)=p-n+1$ 个独立回路，可列出 $p-n+1$ 个独立的回路方程，它们构成基尔霍夫第二方程组。于是，对于 $n$ 个节点 $p$ 条支路的复杂电路共有 $p$ 个未知的电流。根据基尔霍夫第一方程组可列出 $n-1$ 个独立的方程；根据基尔霍夫第二方程组可列出 $p-n+1$ 个独立的方程，总共可列出的独立方程数为两者的和 $(n-1)+(p-n+1)=p$. 可见未知电流的数目与独立方程式的数目相等，因此方程组可解，而且解是唯一的。所以，基尔霍夫方程组原则上可解决任何直流电路问题。

### 3.4 复杂电路举例

下面通过两个例题示范一下运用基尔霍夫方程组解题的步骤。在解决实际问题时，针对各种具体情况，还有许多办法可以使解题步骤简化。

**例题4** 已知图5-31所示的电路中，电动势 $\mathscr{E}_1=3.0\,\text{V}$，$\mathscr{E}_2=1.0\,\text{V}$，内阻 $r_1=0.5\,\Omega$，$r_2=1.0\,\Omega$，电阻 $R_1=10.0\,\Omega$，$R_2=5.0\,\Omega$，$R_3=4.5\,\Omega$，$R_4=19.0\,\Omega$，求电路中电流的分布。

**解：** (i)标定各段电路中各支路电流的方向如图5-31。在一个复杂的电路中，电流的方向往往不能预先判断，暂且随意假定。

(ii)设未知变量 $I_1$、$I_2$ 等。为了使未知变量的数目尽量减少，应充分利用基尔霍夫第一方程组。例如在图5-31中已设 $ABC$ 支路的电流为 $I_2$，$AEDC$ 支路的电流为 $I_1$，在 $CA$ 支路最好不再设一个变量 $I_3$，而根据基尔霍夫第一方程 $-I_1-I_2+I_3=0$ 直接设它为 $I_1+I_2$，这样便将三个未知数减少到两个。

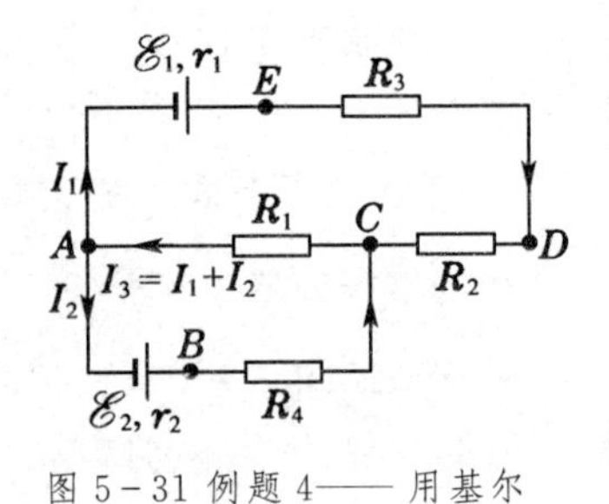


图5-31 例题4——用基尔霍夫方程组解复杂电路问题

(iii)选择独立回路，写出相应的基尔霍夫第二方程组。

譬如对于回路 $ABCDEA$，我们有

$$-\mathscr{E}_2+I_2r_2+I_2R_4-I_1R_2-I_1R_3+\mathscr{E}_1-I_1r_1=0,$$

对于回路 $AEDCA$，我们有

$$-\mathscr{E}_1+I_1r_1+I_1R_3+I_1R_2+(I_1+I_2)R_1=0.$$

由于只有两个未知变量，列出上面两个方程就够了。实际上我们也列不出第三个独立的方程来，如果再对回路 $ABCA$ 写出一个方程，它对于上面已有的两个方程来说不是独立的。

(iv)将上列方程组经过整理后，得到

$$-I_1(R_2+R_3+r_1)+I_2(r_2+R_4)=\mathscr{E}_2-\mathscr{E}_1,$$

$$_1(r_1+R_3+R_2)+(I_1+I_2)R_1=\mathscr{E}_1.$$

将题目中给出的参量数值代入，从这个联立方程组即可解得

$$I_1=160\,\text{mA},\quad I_2=-20\,\text{mA}.$$

从得到的结果看到，$I_1>0$，$I_2<0$. 这表明最初随意假定的电流方向中，$I_1$ 的方向是正确的，$I_2$ 的实际方向与图中所标的相反。▍

**例题 5**　图 5-32 是一个非平衡电桥电路，其中 G 为检流计（内阻为 $R_G$），求通过检流计的电流 $I_G$ 与各臂阻值 $R_1$、$R_2$、$R_3$、$R_4$ 的关系（电源内阻可忽略，$\mathscr{E}$ 为已知）。

**解：**　标定各支路电流的方向如图，这里有 $I_G$、$I_1$、$I_2$ 三个未知变量，我们相应地列出三个方程来：

$$\begin{cases}\text{回路 } ABDA, & I_1R_1+I_GR_G-I_2R_2=0,\\ \text{回路 } BCDB, & (I_1-I_G)R_3-(I_2+I_G)R_4-I_GR_G=0,\\ \text{回路 } ABCEFA, & I_1R_1+(I_1-I_G)R_3-\mathscr{E}=0.\end{cases}$$

整理后得到

$$\begin{cases}I_1R_1-I_2R_2+I_GR_G=0,\\ I_1R_3-I_2R_4-I_G(R_3+R_4+R_G)=0,\\ I_1(R_1+R_3)-I_GR_3=\mathscr{E}.\end{cases}$$

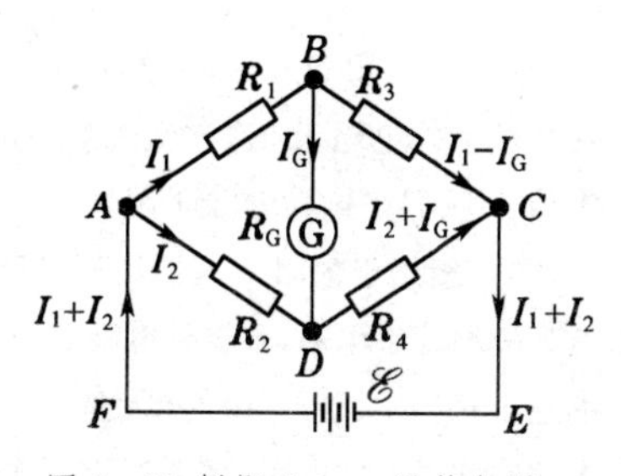


图 5-32 例题 5——用基尔霍夫方程组解非平衡电桥问题

这联立方程组可用行列式解出：

$$I_G=\frac{\Delta_G}{\Delta},\tag{5.26}$$

其中

$$\Delta=\begin{vmatrix}R_1 & -R_2 & R_G\\ R_3 & -R_4 & -(R_3+R_4+R_G)\\ R_1+R_3 & 0 & -R_3\end{vmatrix}$$

$$=R_1R_2R_3+R_2R_3R_4+R_3R_4R_1+R_4R_1R_2+R_G(R_1+R_3)(R_2+R_4),\tag{5.27}$$

$$\Delta_G=\begin{vmatrix}R_1 & -R_2 & 0\\ R_3 & -R_4 & 0\\ R_1+R_3 & 0 & \mathscr{E}\end{vmatrix}=-(R_1R_4-R_2R_3)\mathscr{E}.\tag{5.28}$$ ▍

从(5.26)式、(5.27)式和(5.28)式可以看出，当 $R_1R_4=R_2R_3$ 时，$I_G=0$，这就是我们在 3.2 节中得到的电桥平衡条件。实际上那里只证明了它是必要条件，这里才证明了它是充分条件。所以它是电桥平衡的充要条件。

非平衡电桥在实际中有许多应用。例如用电阻温度计测量温度时，一般采用非平衡电桥。图 5-33 是用电阻温度计测量某一容器内温度的示意图。图中 $R_x$ 是用金属材料或半导体材料制成的热敏电阻，这种电阻的特点是电阻值随温度的变化非常灵敏。$R_x$ 接在电桥的一臂，作为感温元件插入容器内。在不同的温度下，电桥产生不同程度的不平衡，根据检流计 G（或其他测量仪表）读数的大小就可换算出容器内的温度来。

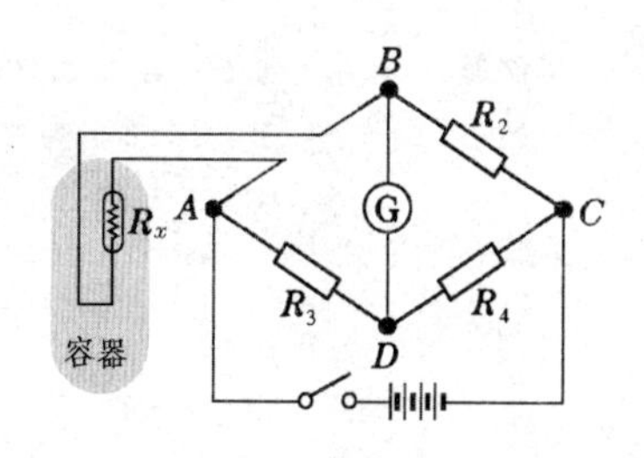


图 5-33 用非平衡电桥测温度

非平衡电桥还常用到自动控制系统。自动化的生产和实验中常需要对某些条件和因素进行自动控制，利用一些转换元件（如压力传感器等）可以将这些条件和因素转换成电阻值，当条件和因素变化时，就引起相应的电阻变化，从而通过非平衡电桥引起桥路中 $I_G$ 的变化，将此 $I_G$ 放大并用以操纵控制机构，就能控制生产和实验中的某些条件。

### 3.5 电压源与电流源 等效电源定理

解决复杂电路计算的基本公式是基尔霍夫方程组，原则上可以用它来计算任何复杂电路中每一支路中的电流。但计算有时较为冗繁。可是实际的电路计算中常常并不需要计算每一支路的电流，而只需计算某一支路的电流，或某部分电路的等效电阻等。在解决这样的问题中，可运用一些由基尔霍夫方程组导出的定理。这些定理抓住了电路的某些特点，物理图像鲜明，从而可以简化计算。下面我们不加证明地引述等效电源定理，它在电路计算中最为有用。

(1)电压源与电流源

在 1.2 节中曾提到，一个实际电源可以看成是电动势为 $\mathscr{E}$、内阻为 0 的理想电压源与电阻 $r$ 的串联。当电源两端接上外电阻 $R$ 时，它上边就有电流和电压。在理想情况下，$r=0$，不管外电阻如何，电源提供的电压总是恒定值 $\mathscr{E}$，我们把这种电源叫做恒压源，这就是前面说的理想电压源。在非理想情况下，$r\neq0$，这样的电源叫做电压源，它相当于内阻 $r$ 与恒压源串联，如图 5-34a 所示.我们也可以设想有另一种理想电源，不管外电阻如何变化，它总是提供不变的电流 $I_0$，$I_0$ 的地位相当于恒压源中的电动势。这种理想的电源叫做恒流源。一个电池串联很大的电阻，就近似于一个恒流源，因为它对外电阻所提供的电流基本上由电动势和所串联的大电阻决定，几乎与外电阻无关；在电子学中常用到的晶体管或五极电子管是恒流源的例子，其输出电流在相当宽的范围内几乎不随外部负载电阻变化。在非理想情况下，这样的电源叫电流源，它相当于一定的内阻 $r_0$ 与恒流源并联，如图 5-34b。

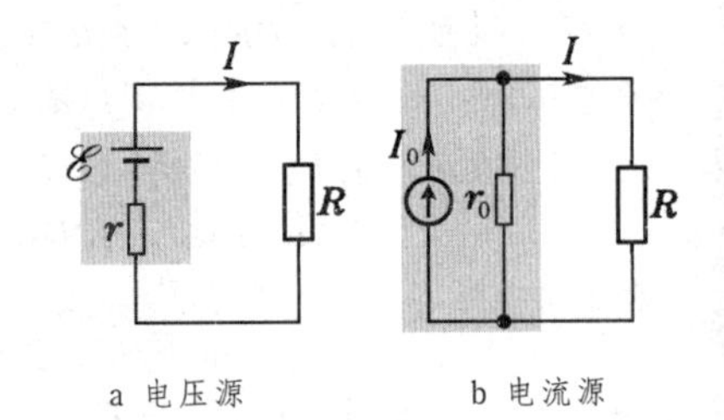


a 电压源　　b 电流源

图 5-34 电压源与电流源等效

实际的电源既可以看成是电压源，也可以看成是电流源，也就是说电压源与电流源之间存在某种等效关系。所谓等效，就是对于同样的外电路来说，它们所产生的电压和电流都相同。

在图 5-34a 中的电压源提供的电流为

$$I=\frac{\mathscr{E}}{R+r}=\frac{\mathscr{E}}{r}\frac{r}{R+r}, \tag{5.29}$$

在图 5-34b 中的电流源提供的电流为

$$I=I_0\frac{r_0}{R+r_0}. \tag{5.30}$$

由这两个式子可以看出，当

$$I_0=\frac{\mathscr{E}}{r},\quad r_0=r, \tag{5.31}$$

即电流源的 $I_0$ 等于电压源的短路电流和电流源的内阻等于电压源的内阻时，两电源等效。

从下述例题可以看到，利用电压源与电流源之间的等效性可使某些电路计算简化。

**例题 6** 利用电压源与电流源之间的等效计算例题 4 中通过 $R_1$ 的电流。

**解：** 我们将 $R_2$、$R_3$ 归并到第一个电源的内阻中，将 $R_4$ 归并到第二个电源的内阻中，于是两个电压源为

$$\mathscr{E}_1=3.0\,\mathrm{V},\quad r_1{}'=r_1+R_2+R_3=10\,\Omega;$$

$$\mathscr{E}_2=1.0\,\mathrm{V},\quad r_2{}'=r_2+R_4=20\,\Omega.$$

与它们等效的电流源为

$$I_{01}=\frac{\mathscr{E}_1}{r_1{}'}=0.30\mathrm{A},\quad r_{01}=10\,\Omega;$$

$$I_{02}=\frac{\mathscr{E}_2}{r_2{}'}=0.05\mathrm{A},\quad r_{02}=20\,\Omega.$$

经等效代换后，这两个电流源并联，相当于一个具有下列参量的电流源：

$$I_0=I_{01}+I_{02}=0.35\,\mathrm{A},$$

$$r_0=\frac{r_{01}r_{02}}{r_{01}+r_{02}}=6.7\,\Omega.$$

于是在图 5-31 中通过 $R_1$ 的电流为

$$I=I_0\frac{r_0}{R_1+r_0}=0.14\,\mathrm{A}=140\,\mathrm{mA}.$$

结果与前相同。▌

(2)等效电压源定理

等效电压源定理又叫戴维南(Thévenin)定理。它可表述为两端有源网络[1]可等效于一个电压源,其电动势等于网络的开路端电压,内阻等于从网络两端看除源(将电动势短路)网络的电阻。

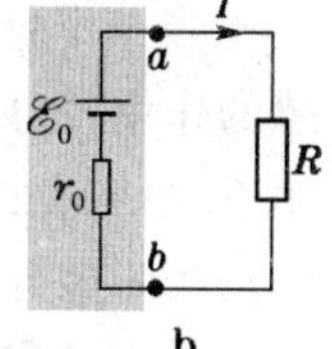


图 5-35 等效电压源定理

现举例说明。考虑一个两端有源网络A与一个电阻 $R$ 串联(图5-35a),为求电流 $I$,根据等效电压源定理,网络A可等效为一个电压源(图5-35b)。于是

$$I = \frac{\mathscr{E}_0}{R + r_0}, \tag{5.32}$$

式中 $\mathscr{E}_0$ 是等效电源的电动势,它等于网络 $a$、$b$ 两点开路时的端电压; $r_0$ 是等效电源的内阻,它等于从 $a$、$b$ 看网络中除去电动势的电阻。

利用电压源和电流源的等效条件,容易得到等效电流源定理,它又叫诺尔顿(Norton)定理。它可表述为两端有源网络可等效于一个电流源,电流源的 $I_0$ 等于网络两端短路时流经两端点的电流,内阻等于从网络两端看除源网络的电阻。

**例题** 7 用等效电压源定理求例题 4 中的电流 $I_2$.

**解:** 如图 5-36a 所示将阴影区内的两端网络等效于一个电压源(图 5-36b),其电动势和内阻分别为

$$\mathscr{E}_0 = \frac{R_1}{r_1 + R_1 + R_2 + R_3}\mathscr{E}_1 = 1.5\,\text{V},$$

$$r_0 = \frac{R_1(r_1 + R_2 + R_3)}{r_1 + R_1 + R_2 + R_3} = 5\,\Omega.$$

于是

$$I_2 = \frac{\mathscr{E}_0 - \mathscr{E}_2}{r_0 + r_2 + R_4} = 0.02\text{A},$$

结果与前相同。▌

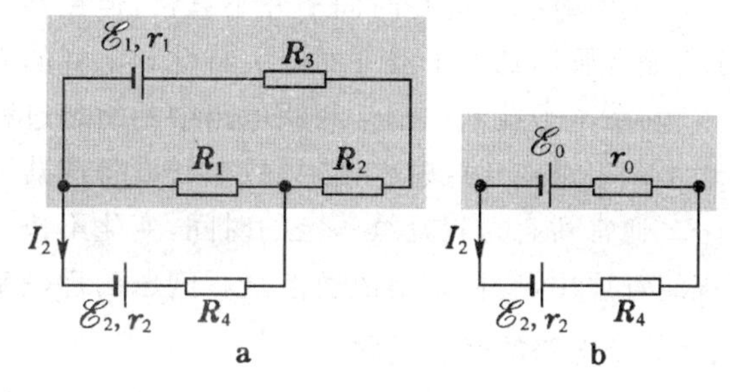


图 5-36 例题 7—— 用等效电压源定理重解例题 4

**例题** 8 用等效电流源定理计算例题 4 中的电流 $I_3$.

**解:** 根据等效电流源定理,电流源的 $I_0$ 等于将电路中 $AC$ 两点短路时流过的电流,如图 5-37a 所示。于是

$$I_0 = \frac{\mathscr{E}_1}{r_1 + R_3 + R_2} + \frac{\mathscr{E}_2}{r_2 + R_4} = 0.35\,\text{A}.$$

而电流源的内阻 $r_0$ 等于从 $AC$ 两端看除源网络的电阻,则

$$r_0 = \frac{(r_1 + R_3 + R_2)(r_2 + R_4)}{r_1 + R_3 + R_2 + r_2 + R_4} = 6.7\,\Omega.$$

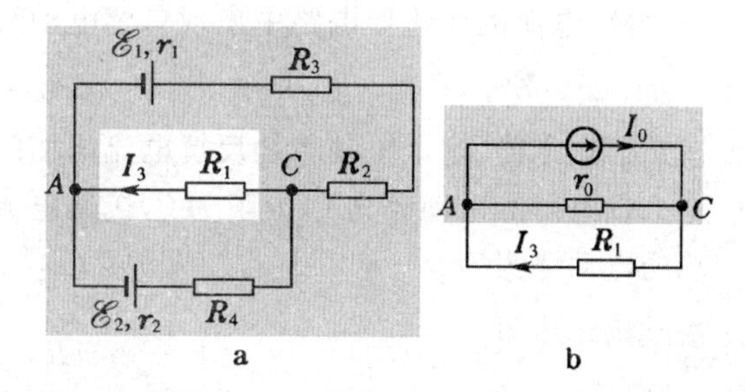


图 5-37 例题 8—— 用等效电流源定理重解例题 4

经如此等效代换后,由图5-37b容易看出,通过 $R_1$ 的电流为

$$I_3 = \frac{r_0}{r_0 + R_1}I_0 = 0.14\text{A},$$

结果与前相同。▌

等效电源定理在实际中很有用。例如电路设计时,在某一复杂电路的一条支路中,需要分析接入不同电阻时的电流,我们不必对接入不同电阻的各种情况作庞杂的计算,也不必对接入不同电阻的各种情况每次都作重新测量,而只需在电阻的接入端,对开路端电压和除源电路的电阻进行一次测量,或者对两端点的短路电流和除源电路的电阻进行一次测量,也可以对两端点的开路电压及其短路电流进行一次测量,然后根据等效电源定理,就可以简便地获得不同负载情况下输出信号的具体结果。

---

[1] "网络"是泛称电路或电路一部分的术语。含有电源的网络称为有源网络。仅有两条导线和其他网络相联的网络称为两端网络。

## §4. 暂态过程

当一个自感与电阻组成 $LR$ 电路，在 0 跃变到 $\mathscr{E}$ 或 $\mathscr{E}$ 跃变到 0 的阶跃电压的作用下，由于自感的作用，电路中的电流不会瞬间跃变；与此类似，电容和电阻组成的 $RC$ 电路在阶跃电压的作用下，电容上的电压也不会瞬间跃变。这种在阶跃电压作用下，从开始发生变化到逐渐趋于定态的过程叫做暂态过程。

暂态过程的产生可以看成是由于物质所具有的能量不能跃变。自然界任何物质在一定的恒定状态下都具有一定的能量，条件改变时能量随之改变，但是能量的积累或衰减需要一定的时间。电路中电感元件所储的磁能为 $\frac{1}{2}Li^2$，在跃变电压的作用下磁能不能跃变，因而电感里的电流 $i$ 不能跃变；电容元件所储的电能为 $\frac{1}{2}Cu^2$，在跃变电压的作用下电能不能跃变，因而电容上的电压 $u$ 不能跃变。

虽然暂态过程在时间上并不算长，但在不少实际工作中却颇为重要。例如在研究脉冲电路时，经常要遇到电子器件的开关特性和电容的充放电，它们就是在脉冲的跃变信号作用下的暂态过程；在电子技术中也常利用电路中的暂态过程来改善和产生特定的波形；此外电路中的暂态过程会产生过电压或过电流，导致电气设备或器件遭受损坏，这是必须要预防和消除的。

通常暂态过程延续一定的时间，变化不快，可以看成是准恒的，因此欧姆定律和基尔霍夫方程组都适用，它们是解决暂态过程问题的理论基础。本节将研究暂态过程的一些基本特性。

### 4.1 $LR$ 电路的暂态过程

如图 5-38 所示的电路，当开关拨向 1 时，一个从 0 到 $\mathscr{E}$ 的阶跃电压作用在 $LR$ 电路上，由于有自感，电流的变化使电路中出现自感电动势

$$\mathscr{E}_L = -L\frac{\mathrm{d}i}{\mathrm{d}t},$$

按照楞次定律，这个电动势是反抗电流增加的。

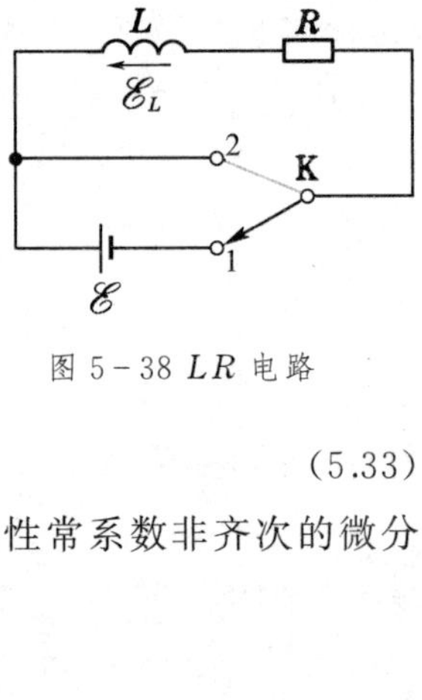

图 5-38 $LR$ 电路

设电源的电动势为 $\mathscr{E}$，内阻为 0，接通电源后，在任何瞬时电路中总的电动势为

$$\mathscr{E} + \mathscr{E}_L = \mathscr{E} - L\frac{\mathrm{d}i}{\mathrm{d}t},$$

按欧姆定律得

$$\mathscr{E} - L\frac{\mathrm{d}i}{\mathrm{d}t} = iR,$$

或

$$L\frac{\mathrm{d}i}{\mathrm{d}t} + iR = \mathscr{E}. \tag{5.33}$$

这就是电路中变化着的瞬时电流 $i$ 所满足的微分方程，它是一个一阶线性常系数非齐次的微分方程，可用分离变量法求解。将它写成

$$\frac{\mathrm{d}i}{i - \frac{\mathscr{E}}{R}} = -\frac{R}{L}\mathrm{d}t,$$

对上式两边积分，得

$$\ln\left(i - \frac{\mathscr{E}}{R}\right) = -\frac{R}{L}t + K,$$[1]

[1] 当 $i < \mathscr{E}/R$，这里出现负数的对数。为了避免出现这种情况，可将积分前的式子两端变号后再积分。不过从复变函数的角度看，这并不必要，因为负数的对数并不是没有意义的。因 $e^{i\pi} = -1$（见附录 D 中的 D.3 节），$\ln(-1) = i\pi$（$i = \sqrt{-1}$），对于任何负数 $x < 0$，有 $x = -|x|$，故 $\ln x = \ln|x| + \ln(-1) = \ln|x| + i\pi$. 故上面的运算完全可以形式地做下去，而不必管 $i - \mathscr{E}/R$ 是正是负。

或
$$i-\frac{\mathscr{E}}{R}=K_1\mathrm{e}^{-\frac{R}{L}t},\quad (K_1=\mathrm{e}^K) \tag{5.34}$$
式中 $K_1$ 为积分常量，需由初始条件 $t=0$ 时的电流值确定。我们选取接通电源的时刻作为计时的零点。从物理上来看，在未接通电源之前，电流中不存在电流；接通电源之后，电感线圈中的电流增加，随即产生反方向的感应电动势阻碍电流的增加。因此，在接通电源的开始，电流只能从 0 逐渐增加而不能跃变，将初始条件代入(5.34)式，得积分常量 $K_1=-\frac{\mathscr{E}}{R}$. 方程式(5.33)满足初始条件的解则为
$$i=\frac{\mathscr{E}}{R}(1-\mathrm{e}^{-\frac{R}{L}t}). \tag{5.35}$$

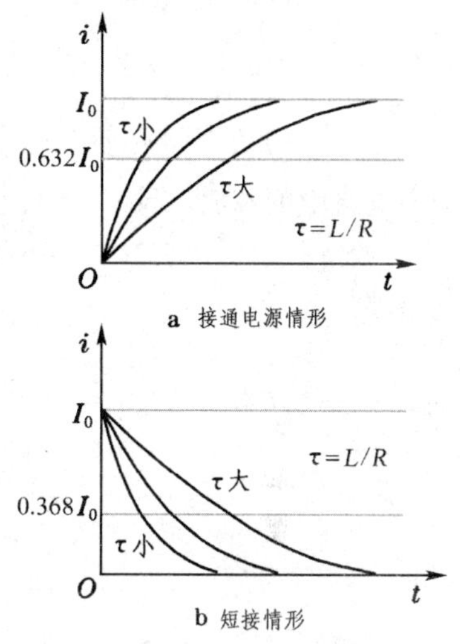

图 5-39 $LR$ 电路的暂态过程

如图 5-39a 所示，按照(5.35)式画出不同 $L/R$ 比值下电流 $i$ 随时间 $t$ 的变化曲线。可以看出，接通电源后，$i$ 是经过一指数增长过程逐渐达到恒定值 $I_0=\mathscr{E}/R$ 的。电路的 $L/R$ 比值不同，达到恒定值的过程持续的时间不同。比值 $L/R$ 具有时间的量纲，用 $\tau$ 表示，即 $\tau=L/R$. 由(5.35)式可以看出，当 $t=\tau$ 时
$$i(\tau)=I_0(1-\mathrm{e}^{-1})=0.63I_0,$$
也就是说，$\tau$ 等于电流从 0 增加到恒定值的 63% 所需的时间。当 $t=5\tau$ 时，由(5.35)式算出 $i=0.994I_0$，可以认为，经过 $5\tau$ 这段时间后，暂态过程已基本结束。由此可见，$\tau=L/R$ 是标志 $LR$ 电路中暂态过程持续时间长短的特征量，叫做 $LR$ 电路的时间常量。$L$ 越大，$R$ 越小，则时间常量越大，电流增长得越慢。

在图 5-38 中将开关 K 由 1 很快拨向 2，❶作用在 $LR$ 电路上的阶跃电压从 $\mathscr{E}$ 到 0，但电流的变化所产生的自感电动势使电流还将延续一段时间。这时按照欧姆定律，电流 $i$ 所满足的微分方程为
$$-L\frac{\mathrm{d}i}{\mathrm{d}t}=iR,\quad 或\quad L\frac{\mathrm{d}i}{\mathrm{d}t}+iR=0. \tag{5.36}$$
将(5.36)式改写成
$$\frac{\mathrm{d}i}{i}=-\frac{R}{L}\mathrm{d}t,$$
两边积分后可得
$$i=K_2\mathrm{e}^{-\frac{R}{L}t}, \tag{5.37}$$
式中的积分常量 $K_2$ 需由初始条件确定。在 K 拨向 2 之前，电路中的电流为 $i=\mathscr{E}/R$；将 K 由 1 很快拨向 2 时，电路中的外加电动势由 $\mathscr{E}$ 变为 0，电流的减小在线圈中产生的自感电动势将阻止电流减小。因此在 K 与 2 短接的开始，电流从 $i=\mathscr{E}/R$ 逐渐减小，即初始条件为 $t=0$ 时，$i_0=\mathscr{E}/R$. 将初始条件代入(5.37)式，得 $K_2=\mathscr{E}/R$. 于是，方程式(5.36)满足初始条件的解则为
$$i=\frac{\mathscr{E}}{R}\mathrm{e}^{-\frac{R}{L}t}, \tag{5.38}$$
(5.38)式表明，将电源撤去时，电流下降也按指数递减，递减快慢用同一时间常量 $\tau=L/R$ 来表征(参看图 5-39b)。

---

❶ 这里实际上应要求 K 与 1 断开的同时，与 2 接通，或者 K 先与 2 接通，随即与 1 断开。这在实际上是可以做到的。如果不是这样，而是像普通开关那样，K 先与 1 断开，然后再与 2 接通，则在“断开”与“接通”之间经历了一个复杂的过程，实验上观察到的就不是图 5-39b 所示的过程。下面 $LCR$ 的暂态过程中也有同样的问题。

总之，$LR$ 电路在阶跃电压的作用下，电流不能跃变，电流滞后一段时间才趋于恒定值，滞后的时间由时间常量 $\tau = L/R$ 标志。

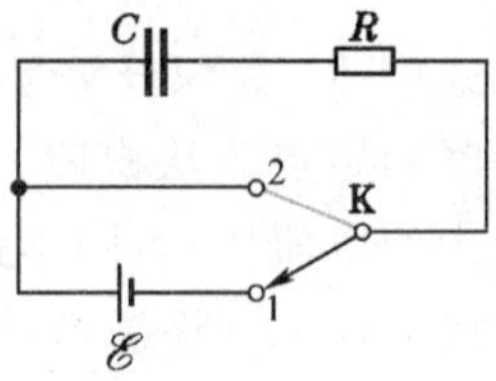

### 4.2 $RC$ 电路的暂态过程

$RC$ 电路的暂态过程也就是 $RC$ 电路的充放电过程。

在图 5-40 所示的电路中如将电键 K 接到位置 1，则电容器被充电，这时电源电动势 $\mathscr{E}$ 应为电容器 $C$ 两极板上电压与电阻 $R$ 上电势降落之和，即

图 5-40 $RC$ 电路

$$\mathscr{E} = \frac{q}{C} + iR, \tag{5.39}$$

$i$ 为电路中的瞬时电流。当把电键接到位置 2 时，电容器 $C$ 通过电阻 $R$ 放电。这时电路中未接电源，令上式中 $\mathscr{E} = 0$，则得放电时的方程为

$$\frac{q}{C} + iR = 0, \tag{5.40}$$

将 $i = \mathrm{d}q/\mathrm{d}t$ 代入(5.39)式和(5.40)式，得

$$R\frac{\mathrm{d}q}{\mathrm{d}t} + \frac{1}{C}q = \mathscr{E}, \tag{5.41}$$

和

$$R\frac{\mathrm{d}q}{\mathrm{d}t} + \frac{1}{C}q = 0, \tag{5.42}$$

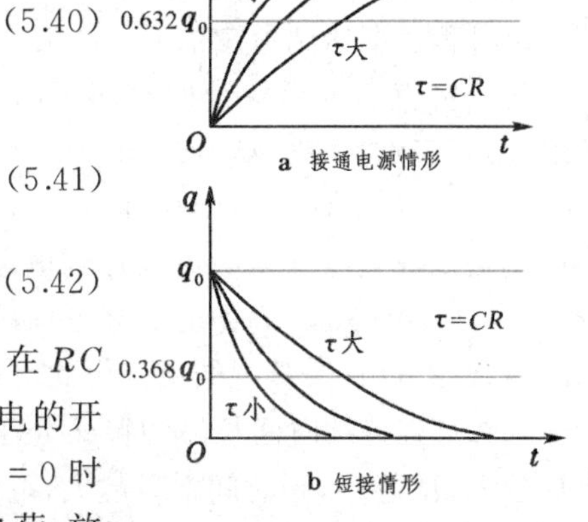


图 5-41 $RC$ 电路的暂态曲线

(5.41)式和(5.42)式都是电量 $q$ 的一阶常系数常微分方程。在 $RC$ 电路中电容器内的电量 $q$ 只能逐渐增减而不能跃变。在充电的开始电容器极板上没有电荷，因此，充电过程的初始条件为 $t = 0$ 时 $q_0 = 0$；在放电开始时，电容器极板上已经充有 $q_0 = C\mathscr{E}$ 的电荷，放电过程的初始条件为 $t = 0$ 时 $q_0 = C\mathscr{E}$. 采用与前相同的方法可求得(5.41)式和(5.42)式满足各自初始条件的解分别为

$$\begin{cases} \text{充电} \quad q = C\mathscr{E}\left(1 - \mathrm{e}^{-\frac{1}{RC}t}\right), & (5.43) \\ \text{放电} \quad q = C\mathscr{E}\mathrm{e}^{-\frac{1}{RC}t}. & (5.44) \end{cases}$$

图 5-41a、b 中分别画出充电和放电时电容器极板上电量 $q$ 随时间变化的曲线。可以看出，$RC$ 电路的充电和放电过程按指数规律变化，充放电过程的快慢由 $\tau = RC$ 的大小表示，$RC$ 越大，充电和放电过程越慢。 $\tau = RC$ 值称为 $RC$ 电路的时间常量。例如当 $R = 1\,\mathrm{k\Omega}$，$C = 1\,\mu\mathrm{F}$ 时，时间常量 $RC = 1\times10^3\times10^{-6}\,\Omega\cdot\mathrm{F} = 1\times10^{-3}\,\mathrm{s} = 1\,\mathrm{ms}$.

由于电容器上的电压为 $u_C = q/C$，因此，电容器上电压 $u_C$ 在充放电时的变化规律与 $q$ 一样不能跃变，只能逐渐变化。变化的快慢由时间常量 $RC$ 表示。充放电时的电流以及电阻上的电压降都可以根据以上结果进行讨论。

$RC$ 电路的暂态过程在电子学，特别是脉冲技术中有广泛的应用。

$LR$ 电路和 $RC$ 电路的暂态过程有一些共同特点，值得在这里小结一下。我们应该抓住暂态过程的起始状态、终态和中间过程三个环节。起始状态取决于初始条件，终态是恒定态，它们需要根据具体情况通过物理上的分析来确定；中间过程是负指数变化过程，变化的快慢由电路的参量所决定的时间常量 $\tau$ 表征。对于如图 5-38 和图 5-40 的电路接通电源和短路的三个环节总结如表 5-2。对于其他更复杂电路中的暂态过程，抓住上述三个环节，往往也能作出一些定性的结论。

表 5-2 $LR$ 电路和 $RC$ 电路暂态过程特点

| | | 初始条件($t=0$) | 终态($t\to\infty$) | 时间常量 $\tau$ |
|---|---|---|---|---|
| $LR$ 电路 | 接通电源 | $i_0=0$ | $i=\dfrac{\mathscr{E}}{R}$ | $\dfrac{L}{R}$ |
| | 短　路 | $i_0=\dfrac{\mathscr{E}}{R}$ | $i=0$ | $\dfrac{L}{R}$ |
| $RC$ 电路 | 接通电源 | $q_0=0$ 或 $U_0=0$ | $q=C\mathscr{E}$ 或 $U=\mathscr{E}$ | $RC$ |
| | 短　路 | $q_0=C\mathscr{E}$ 或 $U_0=\mathscr{E}$ | $q=0$ 或 $U=0$ | $RC$ |

## 4.3 微分电路和积分电路

作为 $RC$ 电路暂态过程的应用，我们介绍一下微分电路和积分电路。

(1)微分电路

在脉冲技术中常用尖脉冲作为触发信号。利用微分电路可以把矩形波变为尖脉冲。下面我们分析其变换原理。

$RC$ 微分电路如图 5-42 所示，若从输入端输入一个幅度为 $\mathscr{E}$、宽度为 $T_k$ 的矩形波 $u_入$，其波形见图 5-43a。首先要明确的是，这个电路的输出与输入电压的关系为：$u_入=u_C+u_出$，其中 $u_C$ 为电容上的端电压，$u_出$ 为电阻 $R$ 上的电压降。其次，电容的端电压不可能跃变，当 $u_入$ 从 0 阶跃到 $\mathscr{E}$ 时，$C$ 充电；而当 $u_入$ 从 $\mathscr{E}$ 阶跃到 0 时，$C$ 放电。$R$ 上的电压降，即输出电压也就随之变化。对于不同的时间常量 $\tau=RC$(例如 $\tau=2T_k$、$0.5T_k$、$0.1T_k$、$0.05T_k$)，$R$ 上将得到各种不同的输出波形，如图 5-43b、c、d、e 所示。

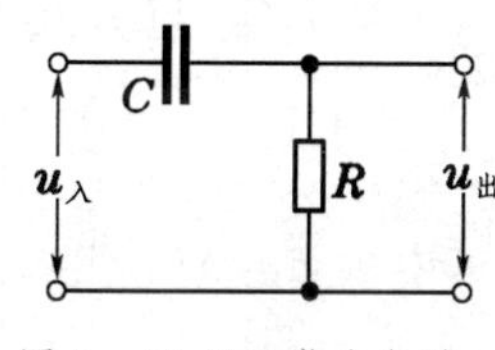


图 5-42 $RC$ 微分电路

当 $\tau=RC\gg T_k$(譬如 $\tau=10T_k$)时，相对 $T_k$ 而言，充放电过程进行得很慢，在 $T_k$ 时间内电容的端电压 $u_C$ 变化不大，从而输出与输入波形相似，也是矩形波，只是由于 $C$ 的充电使 $u_出$ 波形顶部后期略有下降。然而当 $\tau=RC\ll T_k$(譬如 $\tau=0.05T_k$)时，相对 $T_k$ 而言，充放电过程进行得很快，$u_C$ 很快达到定态值，从而也很快地使 $u_出=0$。但在 $u_入$ 向上跃变的瞬时，由于电容来不及充电，它两端的电压不能跃变，因此，此刻 $u_C=0$，从而 $u_出=u_入-u_C=\mathscr{E}$. 以后 $u_C$ 因电容充电而迅速上升到 $\mathscr{E}$，$u_出$ 很快下降到 0。所以这时 $u_出$ 形成一个宽度约为 $\tau$ 的正尖脉冲。同理，在 $u_入$ 从 $\mathscr{E}$ 跃变到 0 的瞬时，由于电容来不及放电，$u_C$ 仍旧为 $\mathscr{E}$，从而 $u_出=u_入-u_C=-\mathscr{E}$. 以后 $u_C$ 因电容放电迅速减小到 0. 而 $u_出$ 很快从 $-\mathscr{E}$ 上升到 0. 所以这时 $u_出$ 形成一个宽度约为 $\tau$ 的负尖脉冲。这样一来，输入的方脉冲变为输出的一系列正负尖脉冲。

我们看到，在 $\tau\ll T_k$ 的条件下，上述 $RC$ 电路输出的波形只反映出输入波形中的跃变部分，而输入信号中的不变部分没有输出。从数学上讲，可以证明 $u_出(t)$ 近似地正比于 $u_入(t)$ 对 $t$ 的微商。因为在 $RC$ 电路方程(5.39)式中 $\mathscr{E}=u_入(t)$，且由于 $\tau=RC$ 很小，即 $R$ 和 $C$ 小，右端第二项 $iR$ 相对第一项 $q/C$ 而言可以忽略，于是该方程化为

$$\frac{q}{C}=u_入(t),$$

但 $u_出(t)=iR$，而 $i=\mathrm{d}q/\mathrm{d}t$，故

$$u_出(t)\approx RC\frac{\mathrm{d}u_入}{\mathrm{d}t}. \tag{5.45}$$

这就表明输出电压与输入电压的微商近似地成正比。因此，在 $\tau\ll T_k$ 的条件下图 5-42 所示的 $RC$ 电路叫做微分电路。

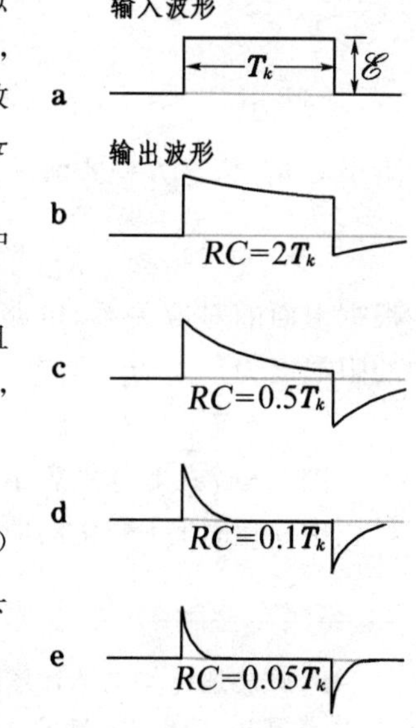


图 5-43 微分电路的输入和输出电压波形

(2)积分电路

在某些实际应用中，需要使输出的信号电压 $u_出(t)$ 正比于输入电压 $u_入(t)$ 对 $t$ 的积分，这时可采用图 5-44 中所示的 $RC$ 电路。设输入的信号为一个任意形

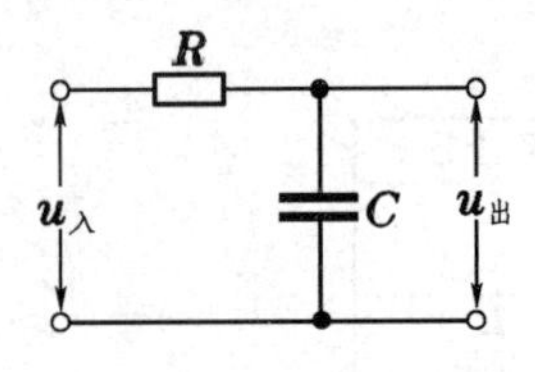


图 5-44 $RC$ 积分电路

状的脉冲(见图 5-45a),其维持时间为 $T_k$. 可以证明,当电路的时间常量 $\tau=RC\gg T_k$ 时,$u_出(t)$的波形如图 5-45b所示,在 $0\sim T_k$ 一段时间内它近似地正比于 $u_入(t)$对 $t$ 的积分。因为在这种情况下 $\tau=RC$ 很大,即 $R$ 和 $C$ 大,电路方程式(5.39) 中 $q/C$ 一项相对于 $iR$ 一项而言可以忽略,从而

$$iR\approx u_入(t).$$

但 $u_出(t)=q/C$,而 $q=\int_0^t i\,\mathrm{d}t$,故

$$u_出(t)\approx\frac{1}{RC}\int_0^t u_入(t)\mathrm{d}t. \tag{5.46}$$

因此,在 $\tau\gg T_k$ 的条件下图 5-44 所示的 $RC$ 电路叫做积分电路。[1]

a 输入波形

b 输出波形

图 5-45 积分电路的输入和输出电压波形

## 4.4 $LCR$ 电路的暂态过程

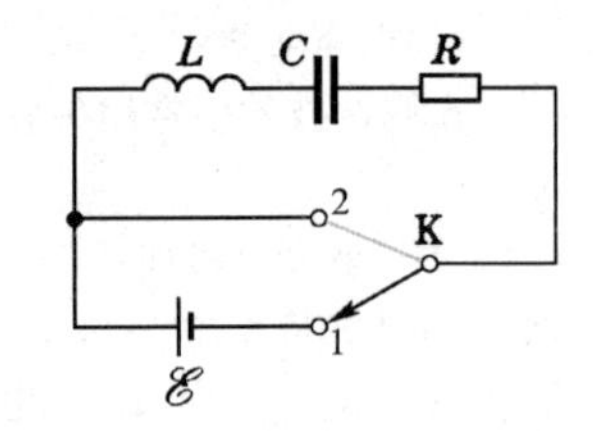


图 5-46 $LCR$ 电路

现在我们讨论 $LCR$ 电路的暂态过程。电路如图 5-46 所示,与上述 $RC$ 和 $LR$ 电路类似,这个电路的微分方程为

$$L\frac{\mathrm{d}i}{\mathrm{d}t}+iR+\frac{q}{C}=\begin{cases}\mathscr{E} & (\text{K 接于 1}),\\ 0 & (\text{K 接于 2}).\end{cases}$$

其中 $i=\mathrm{d}q/\mathrm{d}t$,代入上式,得

$$L\frac{\mathrm{d}^2q}{\mathrm{d}t^2}+R\frac{\mathrm{d}q}{\mathrm{d}t}+\frac{q}{C}=\begin{cases}\mathscr{E},\\ 0.\end{cases} \tag{5.47}$$

这是二阶线性常系数常微分方程,在附录C中专门介绍了这类方程式的解,这里我们就直接引用那里的结果。附录C中研究的方程是

$$a\frac{\mathrm{d}^2x}{\mathrm{d}t^2}+b\frac{\mathrm{d}x}{\mathrm{d}t}+cx=d,$$

与(5.47)式对比一下可以看出,两式中的变量和系数的对应关系是

$$x\leftrightarrow q,\quad t\leftrightarrow t,$$

$$a\leftrightarrow L,\quad b\leftrightarrow R,\quad c\leftrightarrow\frac{1}{C},\quad d\leftrightarrow\mathscr{E}.$$

附录C指出,这方程式解的形式取决于阻尼度

$$\lambda=\frac{b}{2}\frac{1}{\sqrt{ac}}.$$

根据上面的对应关系,电路方程(5.47)的阻尼度为

$$\lambda=\frac{R}{2}\sqrt{\frac{C}{L}}. \tag{5.48}$$

图 5-47a、b分别表示充电和放电过程中 $q$ 随时间 $t$ 变化的曲线。图中三

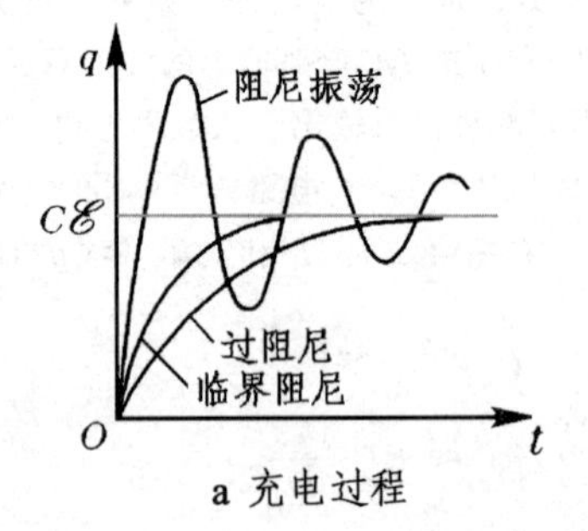


a 充电过程

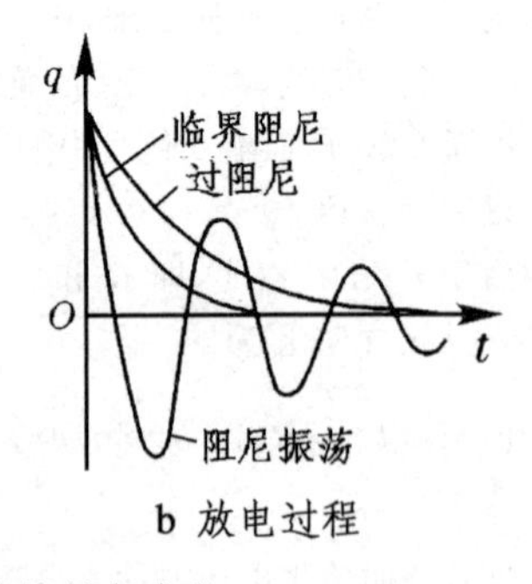


b 放电过程

图 5-47 $LCR$ 电路的暂态曲线

[1] 严格地说,在输入波形的末端,当 $u_入$ 下降到 $u_C$ 时,$u_入=u_C+iR$ 中已不能忽略 $u_C$. 因此,只有在 $t$ 小于 $T_k$ 的范围内,输出才反映输入的积分效果。 不过在 $RC\gg T_k$ 的条件下,输入电压的绝大部分都降在电阻上,电容上分得的电压 $u_C$ 非常小.只有在输入波形的末端极短的时间内(5.46)式才出现偏差。因此,在 $\tau\gg T_k$ 的条件下,在 $T_k$ 时间范围内,(5.46)式是实际情况的很好反映。

条曲线对应$\lambda>1$、$\lambda=1$和$\lambda<1$三种情形。这三种情形分别称为过阻尼、临界阻尼和阻尼振荡。下面我们着重从能量的角度定性讨论$LCR$电路放电过程的特点，说明过阻尼、临界阻尼和阻尼振荡的含义。

我们知道，电容和电感是储能元件，其中能量的转换是可逆的，而电阻是耗散性元件，其中电能单向地转化为热能。阻尼度$\lambda$与电阻成正比，$\lambda$的大小反映着电路中电磁能耗散的情况。首先我们看电路中$R=0$的情形，此时$\lambda=0$. 放电过程开始时，电容器中原来积累的电量减少，线圈中的电流增大，这时电容器中储存的静电能转化为电感元件中的磁能。当电容器中积累的电量释放完毕时，全部静电能转化为磁能，电路中的电流在自感电动势的推动下持续下去，使电容器反向充电，于是，磁能又转化为电能。如此的过程反复进行下去，形成等幅振荡。振荡的频率$\nu_0$和周期$T_0$分别为

$$\nu_0=\frac{1}{2\pi}\frac{1}{\sqrt{LC}},\quad T_0=2\pi\sqrt{LC},\tag{5.49}$$

$\nu_0$和$T_0$分别称为电路的自由振荡频率和自由振荡周期。

如果电路中的电阻不太大使得$\lambda<1$，每当电流通过电阻时，便消耗掉一部分能量，振荡的振幅逐渐衰减，这便是阻尼振荡情形，其振荡频率$\nu$和周期$T$分别为

$$\nu=\frac{1}{2\pi}\sqrt{\frac{1}{LC}-\frac{R^2}{4L^2}},\tag{5.50}$$

$$T=\frac{2\pi}{\sqrt{\frac{1}{LC}-\frac{R^2}{4L^2}}}.\tag{5.51}$$

当电阻增大时，振荡的周期增大，衰减的程度增加。

当电阻的数值达到一定的临界值，使得$\lambda=1$时，(5.51)式中周期$T$趋于无穷大，这表明衰减的过程不再具有周期性，这便是临界阻尼情形。

当电阻再大使得$\lambda>1$时，放电过程进行得更缓慢，这便是过阻尼情形。

# §5. 交流电概述

在一个电路里，如果电源的电动势$e(t)$随时间作周期性变化，则各段电路中的电压$u(t)$和电流$i(t)$都将随时间作周期性变化，这种电路叫做交流电路。

这里我们先用一节的篇幅概括地介绍一下交流电广泛的实际应用、各种交流电源和交流电形式的多样性等问题。这对交流电的全貌有个粗略的了解，对学习以后各节中的基本内容是大有好处的。

## 5.1 各种形式的交流电

交流电路广泛地应用于电力工程、无线电电子技术和电磁测量中。在电力系统中，从发电到输配电，都用的是交流电。这里的电源是交流发电机。在第三章2.2节中我们曾介绍过一个最简单的原理性交流发电机，它是靠线圈在磁场中转动而获得交变的感应电动势的。交流发电机产生的交变电动势随时间变化的关系如图5-48所示，基本上是正弦或余弦

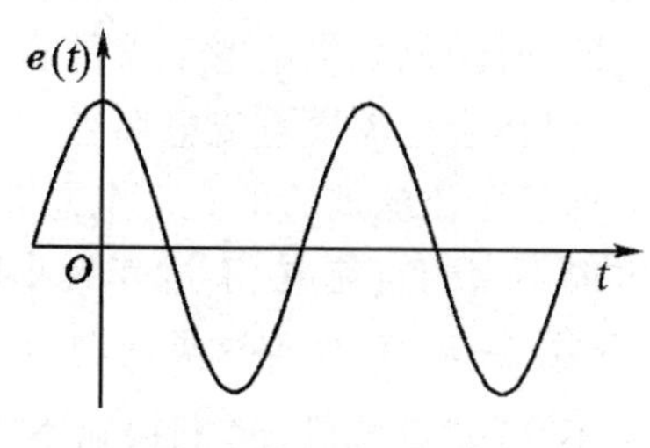

图5-48 简谐交流电

函数的波形,这样的交流电,叫做简谐交流电。

在无线电电子设备中的各种电信号,大多数也是交流电信号。这里电信号的来源是多种多样的。在收音机、电视机中,通过天线接收了从电台发射到空间的电磁波,形成整机的信号源。在许多电子测量仪器(如交流电桥、示波器、频率计、$Q$ 表等)中,交流电源来自各种信号发生器,这些信号发生器自身也是一些特殊的电子电路,靠它激发的自生振荡,为其他测量仪器提供交流电动势。在各种无线电电子设备中往往具有多级放大电路,这时除了整机的交流电源外,前一级放大器的输出是后一级的输入,对后一级电路来说,我们也可以把前一级作为信号源。

实际中不同场合应用的交流电随时间变化的波形是多种多样的。例如市电是 50 Hz 的简谐波(图5－49a),电子示波器用来扫描的信号是锯齿波(图5－49b),电子计算机中采用的信号是矩形脉冲(图5－49c),激光通信用来载波的是尖脉冲(图 5－49d),广播电台发射的信号在中波段是 535 kHz 至 1605 kHz 的调幅波(即振幅随时间变化的简谐波,见图 5－49e),而电视台和通信系统发射的信号兼有调幅波和调频波(即频率随时间变化的简谐波,见图 5－49f)。

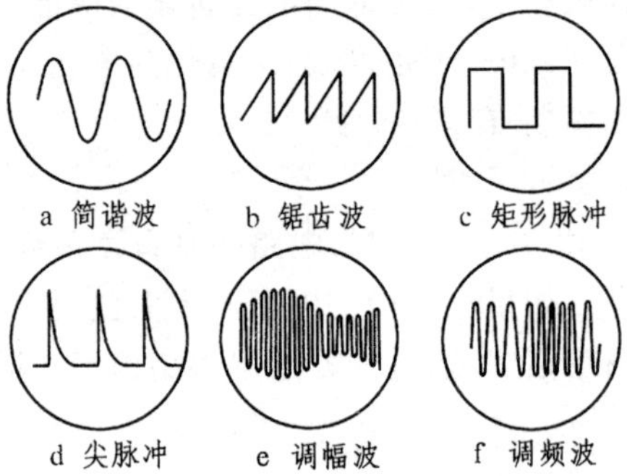

a 简谐波　b 锯齿波　c 矩形脉冲

d 尖脉冲　e 调幅波　f 调频波

图 5－49 各种波形的交流电

虽然交流电的波形多种多样,但其中最重要的是简谐交流电。这不仅因为简谐交流电最常见,而更根本的还有以下两点理由:

(1)任何非简谐式的交流电都可分解为一系列不同频率的简谐成分。

我们先看一个简单的例子。图 5－50a 和 b 分别是振幅为 $A$、$A/3$,频率为 $\nu$、$3\nu$ 的简谐函数的曲线。将两个波形叠加起来,就成为图 5－50c 所示的波形。不难看出,这波形已比较接近于一个矩形波了。如果我们在此基础上再叠加一系列振幅适当、频率为 $5\nu$, $7\nu$, … 的简谐波,结果将更好地趋于一个矩形波。以上情况也可以反过来说,一个矩形波可以分解成一系列频率为 $\nu$, $3\nu$, $5\nu$, $7\nu$, … 的简谐波。

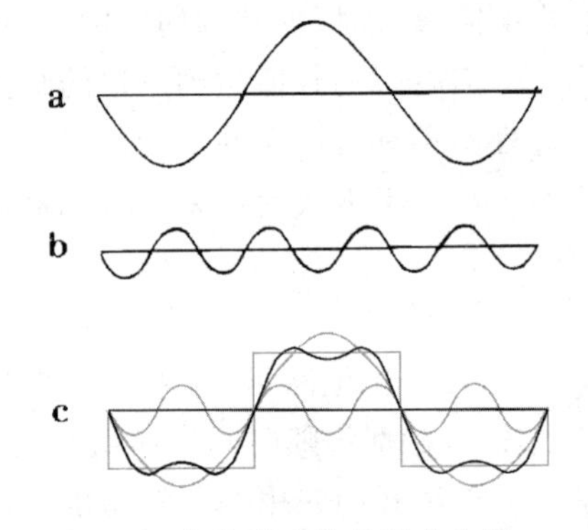


图 5－50 非简谐波的傅里叶分解

以上特例反映了一个普遍规律,即任何一个周期性的函数都可分解成一系列频率成整数倍的简谐函数(这在数学上叫傅里叶分解)。

在本章的例题、思考题中我们还常常要举交、直流电混合的例子,这一方面是因为在无线电电子电路中的实际情况如此,例如供给电子管的板极电压和栅偏压的是直流电,晶体管也需要直流电源来供电,但信号是交流电;另一方面经整流滤波后的直流电总带有"纹波",即它基本上是方向不变的直流电,不过其大小随时间有些小的起伏变化(见图 5－51)。处理这类问题时,我们也可以把它分解成大小不变的"直流成分"和振辐不大的"交流成分"。交流成分固然可以分解成一系列简谐波,就是直流成分也可看作是一种频率为 0 的特殊简谐波。

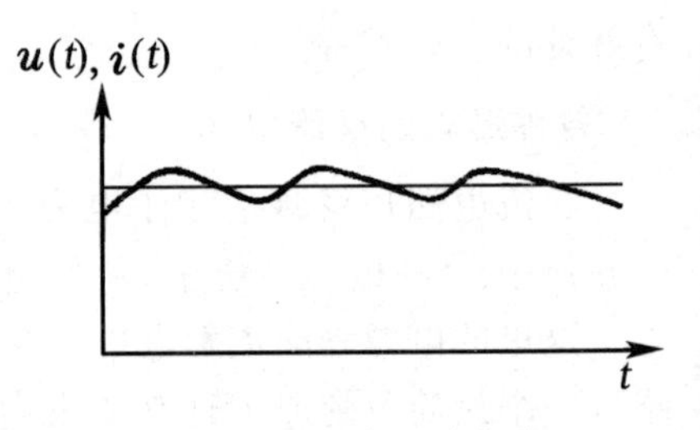


图 5－51 整流后出现的纹波

总之，一切非简谐式的变化量，都可分解成一系列不同频率的简谐成分的叠加。

(2)不同频率的简谐成分在线性电路中彼此独立、互不干扰。

在以下各节中我们将看到，由于同频率简谐函数叠加的结果仍是该频率的简谐函数，简谐函数的微商和积分也是同一频率的简谐函数。这样一来，在线性电路中简谐交流电的处理和运算特别简单。此外，不同频率的简谐交流电在线性电路中彼此独立，互不干扰。因而当有不同频率的简谐成分同时存在时，我们可以一个个地单独处理。

鉴于以上两点，在一切波形的交流电中简谐交流电是最基本的。本章以后各节只讨论简谐交流电，这是处理一切交流电问题的基础。

### 5.2 描述简谐交流电的特征量

与机械简谐振动一样，简谐交流电的任何变量[电动势 $e(t)$、电压 $u(t)$、电流 $i(t)$] 都可写成时间 $t$ 的正弦函数或余弦函数的形式。我们将采用余弦函数的形式：

$$\left.\begin{aligned}&\text{交变电动势} \quad e(t)=\mathscr{E}_0\cos(\omega t+\varphi_e),\\&\text{交变电压} \quad u(t)=U_0\cos(\omega t+\varphi_u),\\&\text{交变电流} \quad i(t)=I_0\cos(\omega t+\varphi_i).\end{aligned}\right\} \tag{5.52}$$

从这些表达式可以看出，描述任何一个简谐变量都需要三个特征量，即频率、峰值和相位。现分述如下。

(1)频率

(5.52)式中的 $\omega$ 是角频率，它与频率 $\nu$ 之间的关系是

$$\omega=2\pi\nu, \quad \nu=\frac{\omega}{2\pi}.$$

$\nu$ 的含义是单位时间内交流电作周期性变化的次数，它与周期 $T$ 的关系是

$$\nu=\frac{1}{T}, \quad T=\frac{1}{\nu}.$$

$\nu$ 频率的单位是 Hz(赫兹)。例如市电的频率为 50 Hz. 在无线电电子技术中遇到的交流电频率通常很高，频率的单位常用 kHz(千赫，$1\,\text{kHz}=10^3\,\text{Hz}$)和 MHz(兆赫，$1\,\text{MHz}=10^6\,\text{Hz}$)。

(2)峰值和有效值

与机械简谐振动的振幅相对应，每个交变简谐量都有自己的峰值，或称幅值。(5.52)式中的 $\mathscr{E}_0$、$U_0$ 和 $I_0$ 分别是电动势、电压、电流的峰值。它们的意义是瞬时值随时间变化的幅度。不过值得注意的是，几乎所有的交流电表都是按“有效值”来刻度的，通常说交流电压、电流的数值为多少伏、多少安，若不特别声明，也都指的是有效值。有效值是指这一交流电通过电阻时产生的焦耳热与数值多大的直流电相当。本章 §9 中将证明，简谐交流电的有效值等于峰值的 $1/\sqrt{2}$，即 70% 左右：

$$\text{有效值} \qquad U=\frac{U_0}{\sqrt{2}}, \quad I=\frac{I_0}{\sqrt{2}},$$

通常说市电的电压为 220 V，就是指它的有效值，其峰值为 $U_0=\sqrt{2}\times 220\,\text{V}=311\,\text{V}$。

(3)相位

(5.52)式中的 $\omega t+\varphi_e$、$\omega t+\varphi_u$、$\omega t+\varphi_i$ 等叫做相位，其中 $\varphi_e$、$\varphi_u$、$\varphi_i$ 等叫做初相位。如果两个简谐量之间有相位差，就表示它们变化的步调不一致。图 5-52 中给出了几组曲线，它们反映了两个简谐交流电压 $u_1(t)$、$u_2(t)$之间的相位差 $\Delta\varphi=\varphi_2-\varphi_1=0$、$\pi$、$\pi/2$、$-2\pi/3$ 的情形。作

为练习，请读者根据曲线来确定每个情形里 $u_1(t)$ 和 $u_2(t)$ 的初相位，并写出它们的函数表达式来（以灰线为时间坐标的原点）。

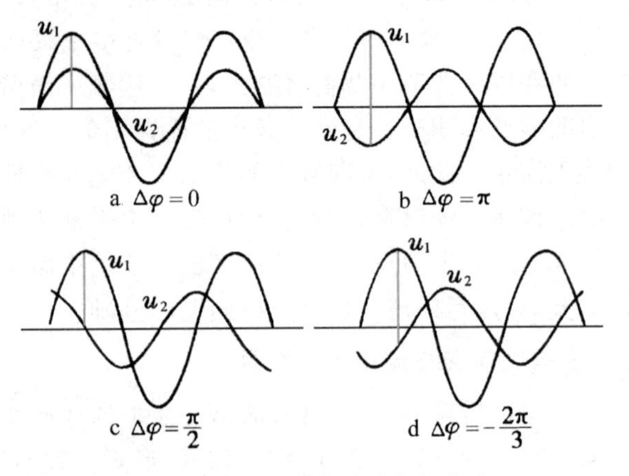


图 5-52 具有不同相位差的电压曲线

应当指出，以上三个特征量中，频率 $\nu$ 是由电源的频率所决定的。在一个电路里，交流电源具有怎样的频率，各部分的电压、电流就具有同一频率，所以在开始计算时，我们可以先不着重考虑它，只是在运算的结尾应当关心因频率不同而产生的后果。剩下的就是有效值和相位的问题了，它们是在任何交流电路计算必须兼顾的两个方面。其中有效值 $U$、$I$ 与直流电路里相应的量值地位相当，读者不会感到陌生，然而相位和相位差的概念却是直流电路中全然没有的，交流电路的复杂性和它的丰富多彩，多半表现在这里。读者学习交流电路问题时，从头起就应该特别注意相位和相位差这个因素的作用。

## §6. 交流电路中的元件

### 6.1 概述

交流电路所讨论的基本问题和直流电路一样，仍然是电路中同一元件上电压和电流的关系，以及电压、电流和功率在电路中的分配。比起直流电路，交流电路的复杂性主要表现在两方面。

(1)除电源外，在直流电路中只有电阻一种元件，而在交流电路中有电阻、电容和电感三种元件，它们的性能有明显的差别。下面即将看到，电容和电感元件处处表现出相反的性质，而电阻元件介于两者之间。正是性质上彼此不同的这三种元件，在交流电路中扮演了三个基本角色，互相制约又互相配合，组成了多种多样的交流电路，表现出比直流电路丰富得多的性能，适应于各方面的实际需要。

(2)在交流电路中，电压、电流之间的关系复杂了。如前所述，简谐电压、电流之间不仅有量值（峰值或有效值）大小的关系，还有相位关系（图 5-53）。在直流电路中，反映一个电阻元件两端电压 $U$ 和其中电流 $I$ 量值大小关系的是二者之比 $U/I$，即该元件的电阻值 $R$. 在交流电路中反映某一元件上电压 $u(t)$ 和其中电流 $i(t)$ 的关系，则需要有两个量，一是二者峰值之比（等于有效值之比），这叫做该元件的阻抗，用 $Z$ 表示：

$$Z=\frac{U_0}{I_0}=\frac{U}{I}, \tag{5.53}$$

另一是二者相位之差：

$$\varphi=\varphi_u-\varphi_i. \tag{5.54}$$

$Z$ 和 $\varphi$ 总起来代表着元件本身的特性。

图 5-53 阻抗与相位差

本节中我们先把电阻、电容、电感三种元件在交流电路中的作用讨论清楚，从下节起再去研究它们的组合问题。对于每种元件的特性和作用，我们都应注意 $Z$ 和 $\varphi$ 两方面，得到结果后还应注意频率对它们的影响。除了理论上的推导之外，我们还辅以图 5-54 所示的演示装置。在此装置中电源是音频信号发生器，它的频率可调节。频率的高低通过扬声器的音调来监听，电流的大小借助小灯泡的亮度来显示；对于电容、电感元件，电压电流间的相位差还可在双线示波器上观察。将开关 K 分别拨到三个支路上，即可逐个地研究每种元件的性能。

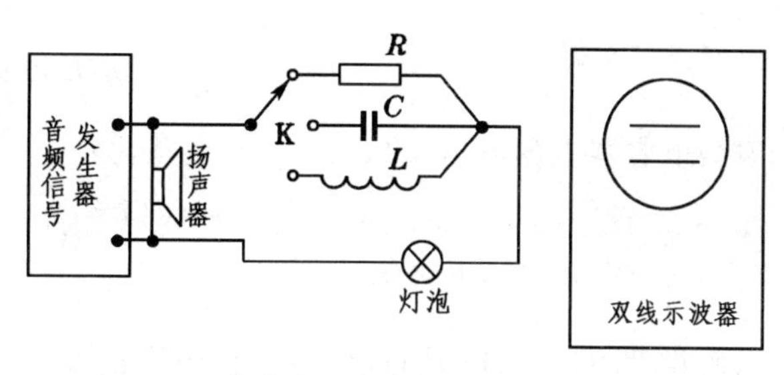


图 5-54 交流电路中各种元件性能的演示

## 6.2 交流电路中的电阻元件

欧姆定律仍适用于交流电路中的电阻元件，即瞬时电压和瞬时电流之间仍是一个简单的比例关系。设 $u(t)=U_0\cos\omega t$，则

$$i(t)=\frac{u(t)}{R}=\frac{U_0}{R}\cos\omega t=I_0\cos\omega t, \tag{5.55}$$

其中 $I_0=U_0/R$ 为电流的峰值。由此可见，对于电阻元件，其交流阻抗 $Z_R$ 就是它的电阻 $R$，电压、电流的相位一致，即

$$\begin{cases} Z=R, \\ \varphi=0 \end{cases} \tag{5.56}$$

（参见图 5-55）。

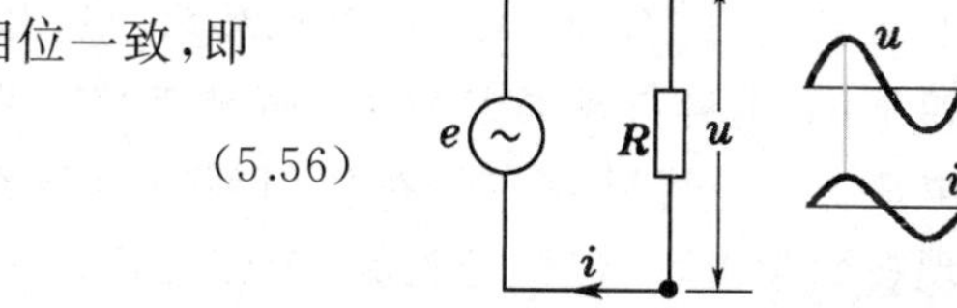


图 5-55 电阻元件

## 6.3 交流电路中的电容元件

我们知道，电容器具有“隔直流”的作用，恒定的直流电是不能通过电容器的。但是当图 5-54 所示的实验中交流电源加于电容元件上时，发现电路中的灯泡亮了，喇叭响了。在维持电压不变的条件下，频率越高，喇叭的音调越高，灯泡越亮。这表明，电容器可以通过交流电，而且频率越高，交流电越容易通过。

是电流通过了电容器的内部吗？ 不是的，电容器内部是绝缘介质，它阻挡任何电流直接通过。这里说的“通交流”是指联接到电容两端的电路中有电流。这里为什么会有电流呢？ 因为电容器在交变电动势 $e(t)$的作用下时而充电，时而放电。无论充电和放电，都有电流通过电路。这就是包含电容器的电路中有交变电流 $i(t)$的原因。从电容器外面来看，只要有 $i(t)$从一端流到一个极板，就有同样的电流 $i(t)$从另一极板流出。从电容器两头看，电流的连续性似乎仍旧保持着。所以通常形象地说，有交流电 $i(t)$“通过”了电容器。

下面我们来推导电容器上电压和电流的关系。首先讨论电路中的电流 $i(t)$和电容器极板上电量 $q(t)$的关系。如图 5-56 左方所示，当电路中有电流 $i(t)$时，在时间间隔 $\Delta t$ 内电容器极板上的电量将增加 $\Delta q=i(t)\Delta t$，取 $\Delta t\to 0$ 的极限，得

$$i(t)=\lim_{\Delta t\to 0}\frac{\Delta q}{\Delta t}=\frac{\mathrm{d}q}{\mathrm{d}t}, \tag{5.57}$$

即电流是电量 $q$ 对 $t$ 的微商。

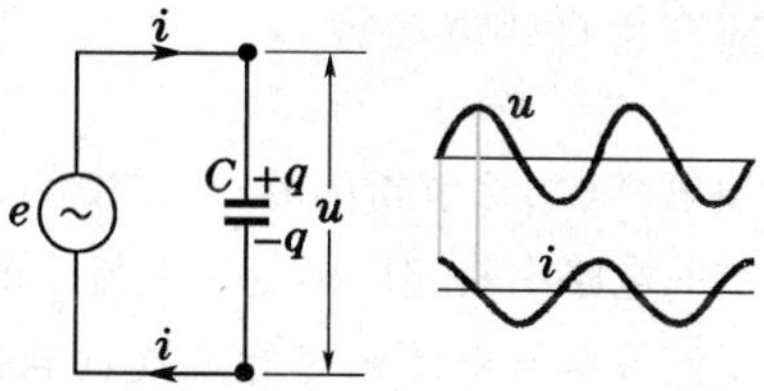

图 5-56 电容元件

设 $q(t)$、$i(t)$和 $u(t)$都随时间作简谐式变化，并选 $q(t)$的初相位为 0，

$$\begin{cases} q(t)=Q_0\cos\omega t, \\ i(t)=I_0\cos(\omega t+\varphi_i), \\ u(t)=U_0\cos(\omega t+\varphi_u). \end{cases} \tag{5.58}$$

由(5.57)式得
$$i(t)=\frac{\mathrm{d}q}{\mathrm{d}t}=-\omega Q_0\sin\omega t=\omega Q_0\cos(\omega t+\frac{\pi}{2}),$$
因为电容器上的电压 $u(t)$与 $q(t)$成正比：
$$u(t)=\frac{q}{C}=\frac{Q_0}{C}\cos\omega t.$$
与(5.58)式对比一下可知
$$I_0=\omega Q_0,\quad U_0=\frac{Q_0}{C},$$
由此得到电容元件的阻抗(容抗)和相位差为
$$\begin{cases} Z_C=\dfrac{U_0}{I_0}=\dfrac{1}{\omega C}, \\ \varphi=\varphi_u-\varphi_i=-\dfrac{\pi}{2}. \end{cases}\tag{5.59}$$
相应的波形图参见图 5-56 右方。

以上结果表明：① 容抗与频率成反比。这和上述演示实验的结果符合，频率越 高，容抗越小。通常说，电容具有高频短路、直流开路的性质，根据就在于此。 ② 电容上电压的相位落后于电流 $\pi/2$。其根源在于在任何瞬时电压都与电量成正比，而电流是电量的时间变化率。表现在数学上，一经微分运算，余弦变负正弦，就出现了电压比电流落后 $\pi/2$ 的相位。

**例题** 9　一个 25 $\mu$F 的电容元件，在 20 V、50 Hz 电源的作用下，电路中的电流为多少？将电源的频率改换为 500 Hz，并保持电压不变，电流变为多少？

**解：**
$$I=\frac{U}{Z_C}=2\pi\nu CU,$$
当 $U=20\,\mathrm{V}$，$\nu=50\mathrm{Hz}$ 时，
$$I=2\pi\times50\mathrm{Hz}\times(25\times10^{-6}\mathrm{F})\times20\,\mathrm{V}=0.175\,\mathrm{A}=157\,\mathrm{mA},$$
当 $\nu=500\,\mathrm{Hz}$ 时，
$$I=2\pi\times500\,\mathrm{Hz}\times(25\times10^{-6}\mathrm{F})\times20\,\mathrm{V}=1.57\,\mathrm{A}.$$
可见，同一电容元件，电压不变，频率高了，电流就随着增大。 ▎

### 6.4 交流电路中的电感元件

当图 5-54 所示的实验中交流电源加于电感元件上时，就会观察到与电容元件相反的现象，即在维持电压不变的条件下，灯泡的亮度随频率的增大而减弱。这表明：电感元件的阻抗随频率的增加而增加。

现在我们来推导电感元件中电压和电流的关系。当有交变电流通过电感时，就在线圈内部产生自感电动势
$$e_L=-L\frac{\mathrm{d}i}{\mathrm{d}t}.$$
如第三章 1.2 节指出的，上式中的 $e_L$ 和 $i$ 是对回路的同一标定方向而言的。例如在图 5-57 左方所示的电路中我们已标定了电流 $i$ 的方向为顺时针方向，即从 $A$ 到 $B$ 通过电感元件，则上式中 $e_L$ 取正值或负值也是相对此方向而言的。由于电感元件内存在着自感电动势 $e_L$，它本身就是一个交流电源，当 $e_L>0$ 时 $A$ 是这电源的负极，$B$ 是它的正极；反之，$e_L<0$ 时，电源的极性也跟着反过来。

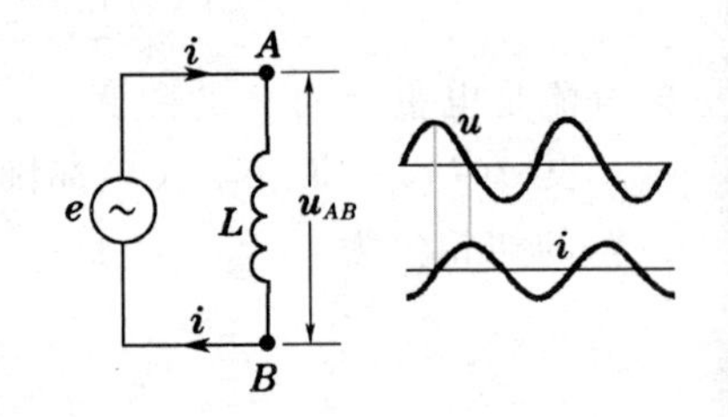

图 5-57 电感元件

现在我们来看电感元件上的电压 $u(t)$. 按照我们的习惯，所谓“电压”，一直指的是“电势降落”。与直流电路里一

样，在谈电势降落的正负之前，我们也得先选择回路的绕行方向。若我们选择回路的绕行方向和电流的方向一致，[1]即在图 5-57 左方的电路中也取为顺时针方向，则电感元件上的电势降落 $u(t)$ 应指的是 $u_{AB}=u(A)-u(B)$ 而不是 $u_{BA}=u(B)-u(A)$. 因此当 $e_L>0$ 时，$A$ 是负极，$B$ 是正极，$u=u_{AB}<0$；反之，当 $e_L<0$ 时，$A$ 是正极，$B$ 是负极，$u=u_{AB}>0$. 总之，在任何情况下 $u=u_{AB}$ 总与 $e_L$ 相差一个负号。在电感元件的内阻可忽略的情况下，我们有 $u=u_{AB}=-e_L$，即

$$u=L\frac{\mathrm{d}i}{\mathrm{d}t}. \tag{5.60}$$

仍设 $i(t)$、$u(t)$ 都随时间作简谐式变化，并选 $i(t)$ 的初相位 $\varphi_i=0$，则

$$i(t)=I_0\cos\omega t,\quad u(t)=U_0\cos(\omega t+\varphi_u). \tag{5.61}$$

由(5.60)式得

$$u(t)=L\frac{\mathrm{d}i}{\mathrm{d}t}=-\omega LI_0\sin\omega t=\omega LI_0\cos\left(\omega t+\frac{\pi}{2}\right),$$

与(5.61)式对比一下可知

$$U_0=\omega LI_0,\quad \varphi_u=\frac{\pi}{2}.$$

由此可见，电感元件的阻抗(感抗)和相位差为

$$\begin{cases} Z_L=\dfrac{U_0}{I_0}=\omega L, \\ \varphi=\varphi_u-\varphi_i=\dfrac{\pi}{2}. \end{cases} \tag{5.62}$$

相应的波形图参见图 5-57 右方。

从上述结果可清楚地看到电感元件和电容元件相反的性质：① 在阻抗的频率特性上，感抗随频率正比地增加。通常说，电感元件具有阻高频、通低频的性质，根据就在于此。电器设备中的扼流圈(镇流器)这类电感元件，就是利用这个性质来限制交流和稳定直流的。② 在相位关系上，电压比电流超前 $\pi/2$，这是由于电压正比于电流的时间变化率，表现在数学上，一经微分运算，余弦变负正弦，就出现了电压比电流超前 $\pi/2$ 的相位。

**例题 10** 在一个 0.1 H 的电感元件上加 20 V、50 Hz 的电源，电流为多少？电源频率改为 500 Hz 时，电流变为多少？

**解：**

$$I=\frac{U}{Z_L}=\frac{U}{2\pi\nu L},$$

当 $U=20\,\mathrm{V}$，$\nu=50\,\mathrm{Hz}$ 时，

$$I=\frac{20\,\mathrm{V}}{2\pi\times 50\,\mathrm{Hz}\times 0.1\,\mathrm{H}}=0.637\,\mathrm{A}=637\,\mathrm{mA},$$

当 $\nu=500\,\mathrm{Hz}$ 时，

$$I=\frac{20\,\mathrm{V}}{2\pi\times 500\,\mathrm{Hz}\times 0.1\,\mathrm{H}}=0.0637\,\mathrm{A}=63.7\,\mathrm{mA}.$$

可见，同一电感元件，电压不变，频率高了，电流随着减小。▌

## §7. 矢量图解法

上面分析了单个元件的作用，下面要讨论元件的组合。需要讨论的问题仍是电压和电流的关系，以及串联电路中各段的电压的关系和并联电路中各分支电流的关系，所有问题都包括各简谐量的峰值(有效值)和相位两个方面。从数学上说，解这类问题本来都像 §4 中那样要解微分

[1] 若对于 $u(t)$ 我们选择的回路绕行方向与电感中电流 $i(t)$ 的标定方向相反，则 $u=u_{AB}=e_L$，

$$u=-L\frac{\mathrm{d}i}{\mathrm{d}t}.$$

方程,但是对于简谐交流电,可以有两种简便的方法 —— 矢量图解法和复数法。本节讲矢量图解法,下节讲复数法。

### 7.1 简谐量合成的矢量图解法

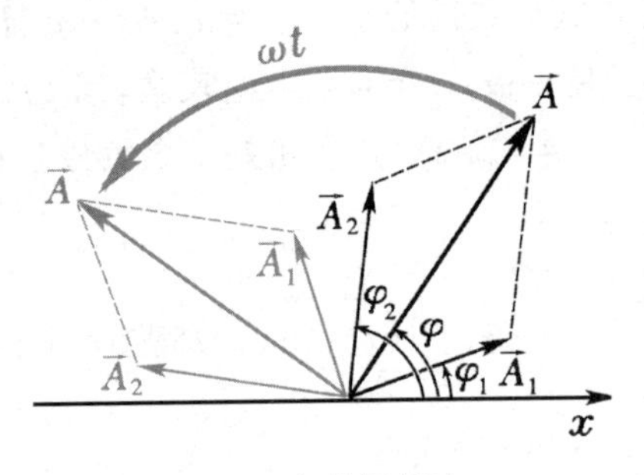

图 5-58 矢量图解法

在交流电路里我们经常遇到两个简谐量(譬如两个电压或两个电流)的合成问题。由于一个简谐量与一个旋转矢量对应:矢量的长度对应简谐量的幅值(也可以是有效值),矢量的旋转角速度对应简谐量的角频率,矢量与 $x$ 轴之间的夹角对应简谐量的相位,矢量在 $x$ 轴上的投影对应简谐量的瞬时值。所以两个旋转矢量的合矢量也与两个简谐量的合成对应。对于两个同频率的简谐量,与它们对应的旋转矢量角速度相同,其合成矢量也以同样的角速度旋转(图 5-58),故而合成的简谐量是一个具有相同角频率的简谐量。设两个简谐量为

$$x_1=A_1\cos(\omega t+\varphi_1),$$
$$x_2=A_2\cos(\omega t+\varphi_2),$$

对于它们的合成可以写

$$x=A\cos(\omega t+\varphi)=x_1+x_2=A_1\cos(\omega t+\varphi_1)+A_2\cos(\omega t+\varphi_2),$$

合成简谐量的幅值 $A$ 和初相位 $\varphi$ 可按矢量图解 5-58 中的几何关系写出:

$$\begin{cases} A^2=A_1{}^2+A_2{}^2+2A_1A_2\cos(\varphi_2-\varphi_1), & (5.63)\\ \tan\varphi=\dfrac{A_1\sin\varphi_1+A_2\sin\varphi_2}{A_1\cos\varphi_1+A_2\cos\varphi_2}. & (5.64)\end{cases}$$

这是两个同频简谐量合成的一般公式,对于两矢量垂直的情形,式子要简单得多。

### 7.2 串联电路

以电阻和电感串联为例,电路如图 5-59 所示。在串联电路中电流是共同的,可以设它的初相位为 0:$i(t)=I_0\cos\omega t$,它在矢量图解 5-60 中对应一个水平的矢量 $\vec{I}$. 按照上节的分析,电阻段上的电压 $u_R(t)$与 $i(t)$ 同相位,电感段上的电压 $u_L(t)$ 相位比 $i(t)$ 超前 $\pi/2$,故而在矢量图解中作代表 $u_R(t)$ 的矢量 $\vec{U}_R$ 与矢量 $\vec{I}$ 平行,作代表 $u_L(t)$ 的矢量 $\vec{U}_L$ 垂直矢量 $\vec{I}$ 向上,如图 5-60 所示。 作 $\vec{U}_R$ 与 $\vec{U}_L$ 的合矢量 $\vec{U}$. 按上节的分析,$U_R=RI$,$U_L=\omega LI$,由图可立即写出

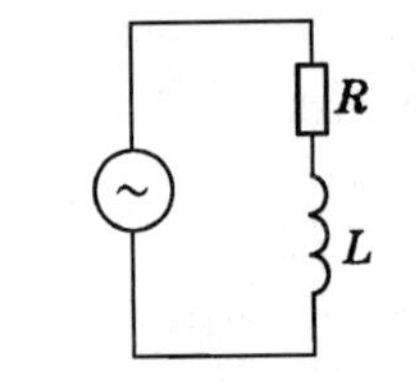

图 5-59 $RL$ 串联

$$\begin{cases} U=\sqrt{U_R{}^2+U_L{}^2}=I\sqrt{R^2+(\omega L)^2}, & (5.65)\\ \varphi=\arctan\dfrac{U_L}{U_R}=\arctan\dfrac{\omega L}{R}. & (5.66)\end{cases}$$

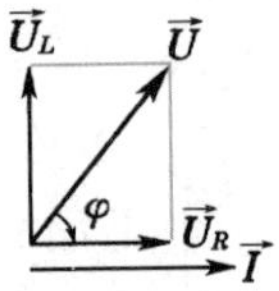

图 5-60 $RL$ 串联矢量图解

$\varphi$ 就是整个串联电路两端的电压超前电流的相位,串联电路的等效阻抗为

$$Z=\frac{U}{I}=\sqrt{R^2+(\omega L)^2}. \tag{5.67}$$

我们看到,与直流电路不同,由于有相位差,对于有效值来说,整个串联电路的电压并不等于各段电压之和,总阻抗也不等于各段阻抗之和。

### 7.3 并联电路

以电阻和电容并联为例，电路如图 5－61 所示。在并联电路中电压是共同的，可以设它的初相位为 0：$u(t)=U_0\cos\omega t$，它在矢量图解 5－62 中对应一个水平的矢量 $\vec{U}$. 按照上节的分析，电阻支路上的电流 $i_R(t)$ 与 $u(t)$ 同相位，电容支路上的电流 $i_C(t)$ 相位比 $u(t)$ 超前 $\pi/2$，故而在矢量图解中作代表 $i_R(t)$ 的矢量 $\vec{I_R}$ 与矢量 $\vec{U}$ 平行，作代表 $i_C(t)$ 的矢量 $\vec{I_C}$ 垂直矢量 $\vec{U}$ 向上，如图 5－62 所示。作 $\vec{I_R}$ 与 $\vec{I_C}$ 的合矢量 $\vec{I}$. 按上节的分析，$I_R=U/R$，$I_C=\omega C U$，由图可立即写出

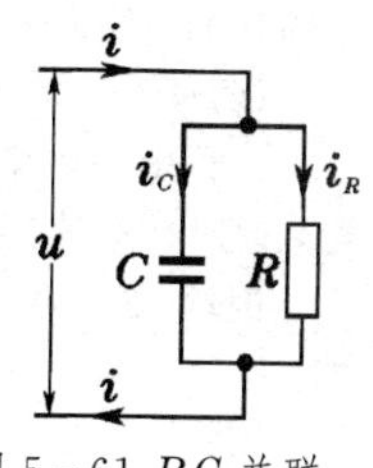

图 5－61 $RC$ 并联

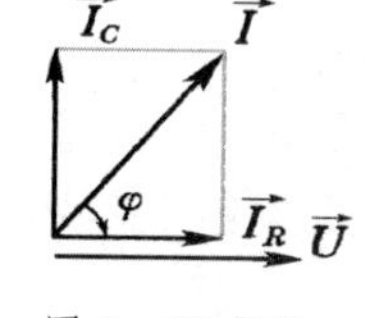

图 5－62 $RC$ 并联矢量图解

$$\begin{cases} I=\sqrt{I_R{}^2+I_C{}^2}=U\sqrt{\dfrac{1}{R^2}+(\omega C)^2}, & (5.68)\\ \varphi'=\arctan\dfrac{I_C}{I_R}=\arctan(\omega CR). & (5.69)\end{cases}$$

$\varphi'$ 是整个并联电路总电流超前电压的相位，而电压超前电流的相位 $\varphi=-\varphi'$。并联电路的等效阻抗为

$$Z=\frac{U}{I}=\frac{1}{\sqrt{\dfrac{1}{R^2}+(\omega C)^2}}. \tag{5.70}$$

我们看到，与直流电路不同，由于有相位差，对于有效值来说，并联电路的总电流并不等于各支路电流之和，总阻抗的倒数也不等于各段阻抗倒数之和。

### 7.4 串、并联电路的一些应用

下面我们来介绍一些交流串、并联电路的应用。

(1) *旁路电容*

在无线电电路的设计中，往往要求某一部位有一定的直流压降，但同时必须让交流畅通，又要使交流压降减得很小。通常在这种地方安置适当搭配的 $RC$ 并联电路。我们看一个例题。

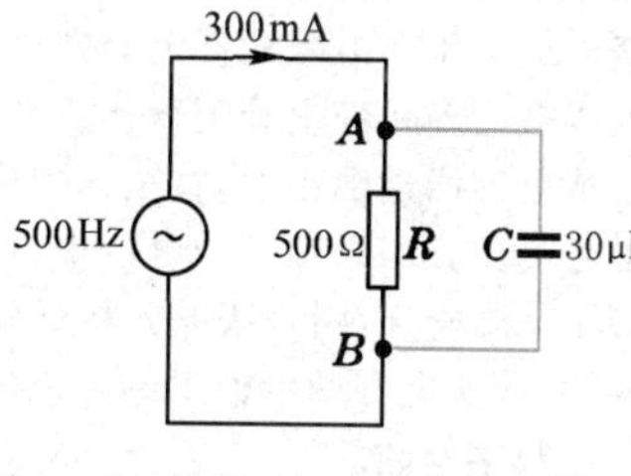

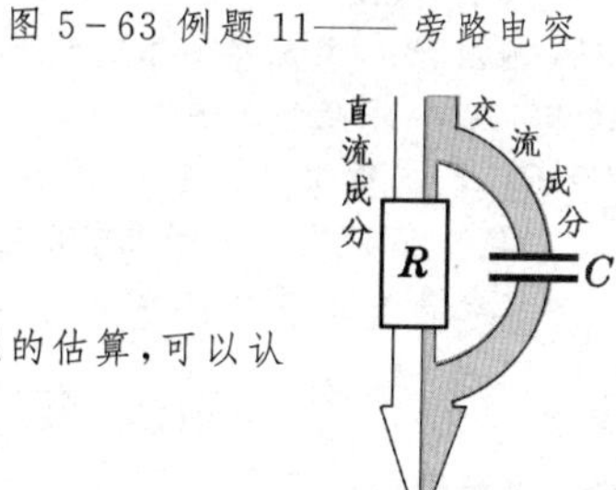

图 5－63 例题 11——旁路电容

**例题 11** 如图 5－63 所示，电源提供 500 Hz、3 mA 的电流，未接电容 $C$ 时电阻 $R=500\,\Omega$，两端的交流电压为多少？当并联一个 30 μF 的电容 $C$ 后，电阻 $R$ 两端的交流电压降为多少？

**解：** 没有电容时，电源提供的电流全部通过电阻 $R$，所以 $AB$ 两端的交流电压为

$$U_R=IR=3\times10^{-3}\,\text{A}\times500\,\Omega=1.5\,\text{V}.$$

接上电容后，电容的容抗为

$$Z_C=\frac{1}{2\pi\nu C}=\frac{1}{2\pi\times500\,\text{Hz}\times30\times10^{-6}\,\text{F}}\approx10\,\Omega,$$

所以两分支的交流电流之比为

$$\frac{I_C}{I_R}=\frac{Z_R}{Z_C}=\frac{500}{10}=50.$$

可见，绝大部分电流从电容支路旁路，通过电阻的还不到 1/50。作为一种近似的估算，可以认为

$$I_C\approx I=3\,\text{mA},$$

从而 $AB$ 两端的交流电压降为

$$U'=3\times10^{-3}\,\text{A}\times10\,\Omega=30\,\text{mV}.$$

它减到没有电容时的 1/50。▌

图 5－64 电容旁路作用示意图

由此可见，在 $RC$ 并联电路中电流的交流成分主要通过电容支路，而直流成分百分之百地通过电阻支路（见图 5－64）。这样一来，并联到 $R$ 旁边的电容 $C$ 就起到"交流旁路"或者说"高频短路的作用"。所以这个电容器通常叫做"旁路电容"。由于旁路电容的交流阻抗 $Z_C=1/\omega C$ 很小，在其两端的交流电压降很小，这就起到稳定电压的作用。在晶体管收音机的电路中，在提供直流偏压的分压电阻旁，或者为了稳定工作点

在附加的负反馈电阻旁经常需要这类旁路电容。

(2)$RC$ 相移电路

无线电技术中有时需要使电压、电流之间的相位差 $\varphi$ 改变一定的数值(其中一个典型的例子是相移式振荡器),这时往往采用 $RC$ 电路来实现。关于 $RC$ 电路的相移作用,我们也用一个数字例题来说明。

**例题** 12　在图 5-65a 中 300 Hz 的输入信号通过 $RC$ 串联电路,其中 $R=100\,\Omega$. 要求输出信号与输入信号间有 $\pi/4$ 的相位差,电容 $C$ 应取多大?

**解:**　输出电压为电容上的电压 $u_C(t)$,输入电压为串联电路两端的总电压 $u(t)$. 由矢量图 5-65b 立即可以看出,二者之间的相位差为

$$\Delta\varphi=-\arctan\frac{U_R}{U_C}=-\arctan\frac{R}{Z_C}=-\arctan(2\pi\nu CR),$$

于是

$$C=-\frac{1}{2\pi\nu R}\tan\Delta\varphi.$$

按题意,要求 $\Delta\varphi=-\pi/4$,则 $\tan\Delta\varphi=-1$,

$$C=\frac{1}{2\pi\nu R}$$

$$=\frac{1}{2\pi\times300\,\text{Hz}\times100\,\Omega}=5.3\,\mu\text{F}.$$ ▌

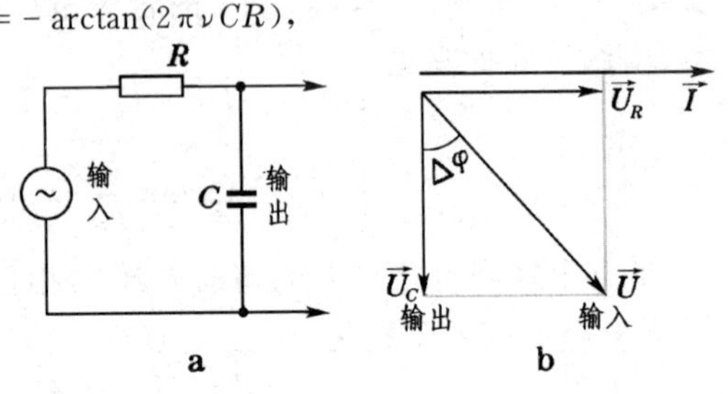


图 5-65 例题 12—— 单级 $RC$ 相移电路

以上例题是一个单级的 $RC$ 相移电路,实际中常用多级相移电路(参见例题 16)。

(3)低通和高通滤波电路

能够使某些频率的交流电信号顺利通过,而将另外一些频率的交流电信号阻挡住,具有这种功能的电路叫做滤波电路。能使低频信号顺利通过而将高频信号阻挡住的电路,叫做低通滤波电路;能使高频信号顺利通过而将低频信号阻挡住的电路,叫做高通滤波电路。在无线电、多路载波通信等技术领域中广泛地使用着各种类型的滤波电路。下面我们先比较详细地介绍一下 $RC$ 低通滤波电路。

我们知道,电阻元件的阻抗 $R$ 是与频率无关的,但电容元件的阻抗 $1/\omega C$ 与频率成反比。这种阻抗频率特性上的差异,正好利用来组成滤波电路。图 5-66a 所示的电路就是一个单级的 $RC$ 低通滤波电路,它实际上可以看成是 $RC$ 串联的分压电路。如前所述,两元件上电压之比正比于阻抗之比,即 $U_R:U_C=R:1/\omega C$. 如果输入的信号中包含高低几种频率的成分,则相对地说,高频信号的电压在电阻元件上分配得比较多,低频信号的电压在电容元件上分配得比较多,而我们的输出信号是从电容两端引出的,这里得到更多的是低频成分的信号电压。如果输入的电压中包包含直流成分($\omega=0$)和交流成分,则直流成分将百分之百地降落在电容两端,而从电容两端输出的交流成分将减少。下面看一个数字例题。

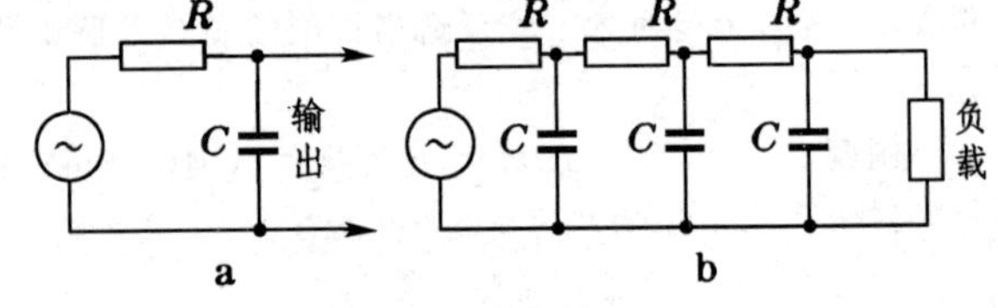


图 5-66 $RC$ 低通滤波电路

**例题** 13　直流器输出的电压中包含直流成分 240 V 和 100 Hz 的交流纹波 100 V. 将此电压输入图 5-66a 中的低通滤波电路,其中 $R=200\,\Omega$, $C=50\,\mu\text{F}$,求输出电压中的交、直流成分各多少。

**解:**　直流电压全部集中在电容器上,所以输出的直流电压为 240 V. 要计算交流输出,先计算容抗:

$$Z_C=\frac{1}{2\pi\nu C}=\frac{1}{2\pi\times100\,\text{Hz}\times50\times10^{-6}\,\text{F}}=32\,\Omega.$$

再计算总阻抗:

$$Z=\sqrt{R^2+Z_C{}^2}=\sqrt{200^2+32^2}\,\Omega\approx200\,\Omega.$$

所以电容两端的交流输出为

$$U_C=\frac{Z_C}{Z}U=\frac{32}{200}\times100\,\text{V}=16\,\text{V}.$$

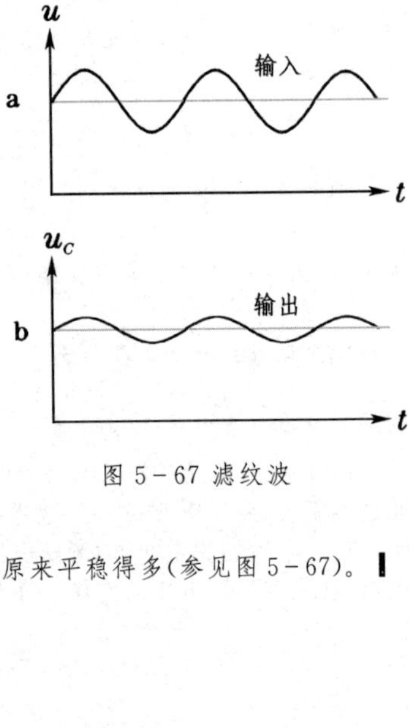

图 5-67 滤纹波

可见,输出信号中的交流成分显著降低,纹波的情况得到改善,输出电压变得比原来平稳得多(参见图 5-67)。 ▌

实际中为了进一步加强滤波的效果，往往采用多级的 $RC$ 滤波电路（见图 5-66b）。这种电路的作用可以看成多次的分压，也可以看成多次的分流。电压的分配是与阻抗成正比的，而电流的分配是与阻抗成反比的。每次分压的结果，低频成分的电压比较集中在电容元件上，低频成分的电流则比较集中在电阻元件的分支内。最后在输出端将获得较多的是低频成分的电压，流过负载电阻较多的是低频成分的电流。

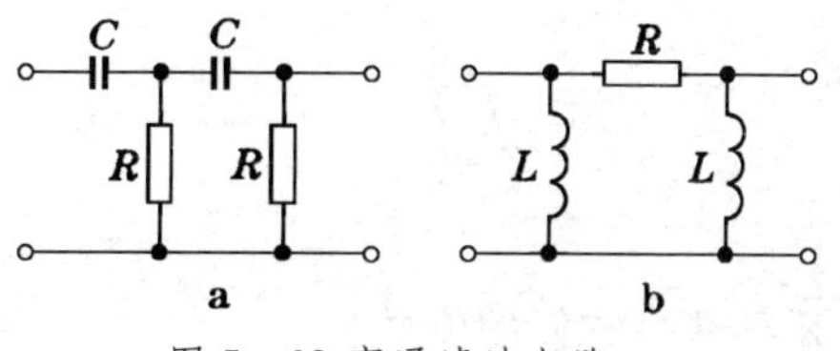


图 5-68 高通滤波电路

为了组成高通滤波电路，我们只需将图中的电阻和电容位置对调（见图 5-68a），或者利用电阻元件 $R$ 和电感元件 $L$ 之间频率特性的差别，组成如图 5-68b 所示的高通滤波电路，等等。这类电路为什么能起高通滤波作用，留给读者自己分析。

## §8. 复数解法

前节讲矢量图解法，本节将讲复数法。两种方法比较起来，矢量图解法比较直观，复数法较为抽象，但对解决复杂电路问题比较方便。有关复数的概念及其运算法则，请读者参阅附录 D。

### 8.1 复电压、复电流和复阻抗、复导纳的概念

复数法的基本原则是把所有的简谐量都用对应的复数来表示。交变电压 $u(t)$ 和交变电流 $i(t)$ 的对应关系为

$$\begin{cases} u(t)=U_0\cos(\omega t+\varphi_u) \ \leftrightarrow\ \widetilde{U}(t)=U_0\mathrm{e}^{\mathrm{i}(\omega t+\varphi_u)}=\widetilde{U}_0\mathrm{e}^{\mathrm{i}\omega t}; & (5.71)\\ i(t)=I_0\cos(\omega t+\varphi_i) \ \leftrightarrow\ \widetilde{I}(t)=I_0\mathrm{e}^{\mathrm{i}(\omega t+\varphi_i)}=\widetilde{I}_0\mathrm{e}^{\mathrm{i}\omega t}. & (5.72)\end{cases}$$

其中 $\mathrm{i}=\sqrt{-1}$，$\widetilde{U}(t)$ 称为复电压，$\widetilde{I}(t)$ 称为复电流，

$$\begin{cases} \widetilde{U}_0 = U_0\mathrm{e}^{\mathrm{i}\varphi_u} & (5.73)\\ \widetilde{I}_0 = I_0\mathrm{e}^{\mathrm{i}\varphi_i} & (5.74)\end{cases}$$

称为它们的复振幅。

我们还可以引入复阻抗 $\widetilde{Z}$ 的概念：

$$\widetilde{Z}=\frac{\widetilde{U}}{\widetilde{I}}=\frac{\widetilde{U}_0}{\widetilde{I}_0}=\frac{U_0}{I_0}\mathrm{e}^{\mathrm{i}(\varphi_u-\varphi_i)}, \tag{5.75}$$

它的模和辐角分别为

$$\begin{cases} Z=|\widetilde{Z}|=\dfrac{U_0}{I_0}, & (5.76)\\ \arg(\widetilde{Z})=\varphi=\varphi_u-\varphi_i. & (5.77)\end{cases}$$

同理，复导纳 $\widetilde{Y}$ 的概念为

$$\widetilde{Y}=\frac{\widetilde{I}}{\widetilde{U}}=\frac{\widetilde{I}_0}{\widetilde{U}_0}=\frac{I_0}{U_0}\mathrm{e}^{\mathrm{i}(\varphi_i-\varphi_u)}, \tag{5.78}$$

它的模和辐角分别为

$$\begin{cases} Y=|\widetilde{Y}|=\dfrac{I_0}{U_0}, & (5.79)\\ \arg(\widetilde{Y})=-\varphi=\varphi_i-\varphi_u. & (5.80)\end{cases}$$

复阻抗或复导纳完全概括了一段电路两个方面的基本性质——电压、电流的峰值（或有效值）的比值和相位差。

对于交流电路中的三种基本元件，$Z_R=R$，$Z_L=\omega L$，$Z_C=1/\omega C$；$\varphi_R=0$，$\varphi_L=\pi/2$，$\varphi_C=-\pi/2$，而 $\mathrm{e}^{\pm\mathrm{i}\pi/2}=\pm\mathrm{i}$. 故复阻抗为

$$\begin{cases}\widetilde{Z}_R = R, \\ \widetilde{Z}_L = \mathrm{i}\omega L, \\ \widetilde{Z} = \dfrac{-\mathrm{i}}{\omega C} = \dfrac{1}{\mathrm{i}\omega C}.\end{cases} \tag{5.81}$$

复导纳是它们的倒数：

$$\begin{cases}\widetilde{Y}_R = \dfrac{1}{R}, \\ \widetilde{Y}_L = \dfrac{1}{\mathrm{i}\omega L} = \dfrac{-\mathrm{i}}{\omega L}, \\ \widetilde{Y}_C = \mathrm{i}\omega C.\end{cases} \tag{5.82}$$

## 8.2 串、并联电路的复数解法

如图5-69所示，在串联电路里电流$\widetilde{I}$是共同的，各段电压叠加：$\widetilde{U}=\widetilde{U}_1+\widetilde{U}_2$. 所以总复阻抗也是各段叠加：

$$\widetilde{Z} = \frac{\widetilde{U}}{\widetilde{I}} = \frac{\widetilde{U}_1 + \widetilde{U}_2}{\widetilde{I}} = \frac{\widetilde{U}_1}{\widetilde{I}} + \frac{\widetilde{U}_2}{\widetilde{I}} = \widetilde{Z}_1 + \widetilde{Z}_2. \tag{5.83}$$

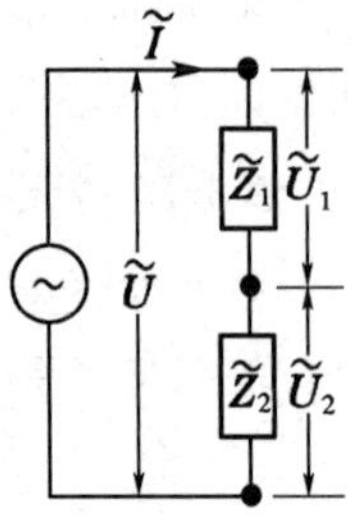

如图5-70所示，在并联电路里电压$\widetilde{U}$是共同的，各支路电流叠加：$\widetilde{I}=\widetilde{I}_1+\widetilde{I}_2$. 所以总复导纳也是各支路叠加：

$$\widetilde{Y} = \frac{\widetilde{I}}{\widetilde{U}} = \frac{\widetilde{I}_1 + \widetilde{I}_2}{\widetilde{U}} = \frac{\widetilde{I}_1}{\widetilde{U}} + \frac{\widetilde{I}_2}{\widetilde{U}} = \widetilde{Y}_1 + \widetilde{Y}_2. \tag{5.84}$$

复阻抗则倒数相加：

$$\frac{1}{\widetilde{Z}} = \frac{1}{\widetilde{Z}_1} + \frac{1}{\widetilde{Z}_2}. \tag{5.85}$$

图5-69 复阻抗的串联

我们看到，交流电路复阻抗的串、并联公式和直流电路电阻的串、并联公式在形式上完全一样，不过应当注意，复阻抗中有物理意义的是它的模和辐角，它们分别代表电路的阻抗和相位差。所以在进行复阻抗的运算之后，还要把它的模和辐角求出来，这是比直流电路复杂的地方。下面看两个例题。

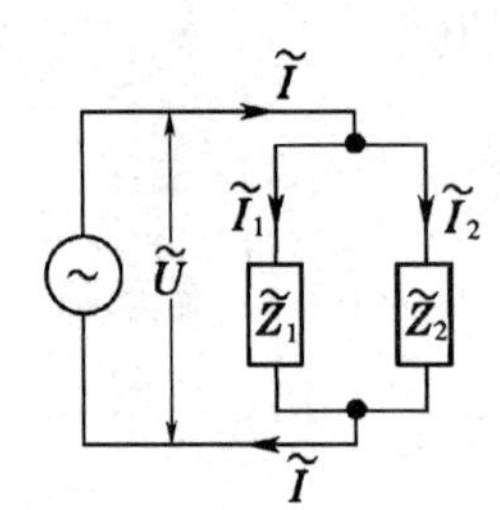

图5-70 复导纳的并联

**例题**14 用复数法解$RL$串联电路。

**解**：

$$\widetilde{Z} = \widetilde{Z}_R + \widetilde{Z}_L = R + \mathrm{i}\omega L.$$

故电路的总阻抗
$$Z = |\widetilde{Z}| = \sqrt{R^2 + (\omega L)^2},$$

相位差
$$\varphi = \arg(\widetilde{Z}) = \arctan\frac{\omega L}{R},$$

结果与7.2节中用矢量图解法得到的一样。▎

**例题**15 用复数法解$RC$并联电路。

**解**：

$$\widetilde{Y} = \widetilde{Y}_R + \widetilde{Y}_C = \frac{1}{R} + \mathrm{i}\omega C.$$

$$\widetilde{Z} = \frac{1}{\widetilde{Y}} = \frac{1}{\dfrac{1}{R} + \mathrm{i}\omega C}.$$

故电路的总阻抗
$$Z = |\widetilde{Z}| = \frac{1}{\sqrt{\dfrac{1}{R^2} + (\omega C)^2}},$$

相位差
$$\varphi = \arg(\widetilde{Z}) = -\arg(\widetilde{Y}) = -\arctan(\omega CR),$$

结果与7.3节中用矢量图解法得到的一样。▎

8.3 **交流电桥**

直流电桥是测量电阻的基本仪器之一，交流电桥是测量各种交流阻抗的基本仪器。此外交流电桥还可以测量频率、电容、电感、$Q$ 值等其他一些电路参量，它在交流测量方面的用途是很广泛的。

交流电桥的电路结构与直流电桥相似，只是它的四臂不一定是电阻，而可能是其他阻抗元件或它们的组合。此外，检验电桥是否平衡的示零器(图 5-71 中 N)可用检流计，也可用耳机或其他仪器。

用复阻抗来表达，交流电桥的平衡条件几乎与直流电桥形式完全一样：

$$\frac{\widetilde{Z}_1}{\widetilde{Z}_2}=\frac{\widetilde{Z}_3}{\widetilde{Z}_4},\quad \text{或} \quad \widetilde{Z}_1\widetilde{Z}_4=\widetilde{Z}_2\widetilde{Z}_3, \tag{5.86}$$

不过这是个复数等式，它实际上相当于两个实数等式。我们把四臂的阻抗写成如下形式：

$$\begin{cases}\widetilde{Z}_1=Z_1\mathrm{e}^{\mathrm{i}\varphi_1},\\ \widetilde{Z}_2=Z_2\mathrm{e}^{\mathrm{i}\varphi_2},\\ \widetilde{Z}_3=Z_3\mathrm{e}^{\mathrm{i}\varphi_3},\\ \widetilde{Z}_4=Z_4\mathrm{e}^{\mathrm{i}\varphi_4}.\end{cases} \tag{5.87}$$

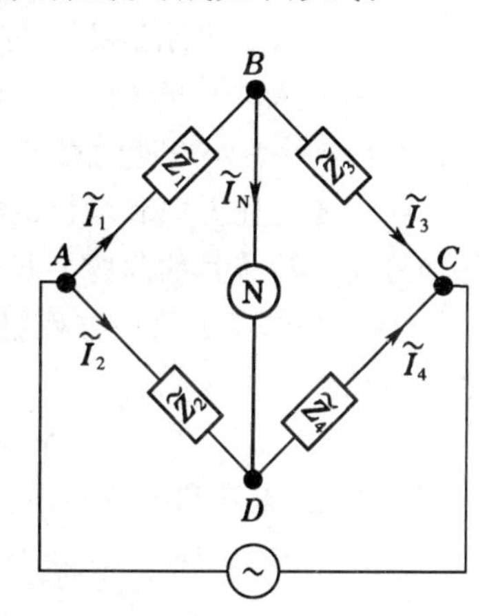

图 5-71 交流电桥原理

代入(5.86)式，复数等式要求两端的模和辐角分别相等，于是有

$$\begin{cases}Z_1Z_4=Z_2Z_3,\\ \varphi_1+\varphi_4=\varphi_2+\varphi_3.\end{cases} \tag{5.88}$$

这便是与(5.86)式相当的两个实数等式。我们也可以把(5.86)式两端的实部和虚部分开，令它们分别相等，则可得另外两个与它相当的实数等式。由于每个交流电桥实际上有两个平衡条件，电桥中需要有两个可调的参量；电桥调节到完全平衡后，可测得两个未知参量。

交流电桥的四臂阻抗必须按一定方式来配置，如果任意选用四个不同性质的阻抗来组成交流电桥，则不一定能调节到平衡。比如在图 5-71 中的 3、4 两臂采用纯电阻，则 $\varphi_3=\varphi_4=0$，这时(5.88)式要求 $\varphi_1$ 和 $\varphi_2$ 必须具有相同的符号，即相邻臂 $\widetilde{Z}_1$ 和 $\widetilde{Z}_2$ 必须同为电容性或同为电感性。若 2、3 两臂采用纯电阻，则 $\varphi_2=\varphi_3=0$，这时(5.88)式要求 $\varphi_1$ 和 $\varphi_4$ 符号相反，即相对臂 $\widetilde{Z}_1$ 和 $\widetilde{Z}_4$ 必须一个电感性、一个电容性。实用中，各臂采用不同性质的阻抗，可以组成多种形式的电桥线路，它们的特点和用途各有不同。有关交流电桥的实例，我们将在后面用到时再介绍。

8.4 **交流电路的基尔霍夫方程组及其复数形式**

对于较复杂的交流电路，仅靠串、并联公式是不够用的，需要用交流电路的普遍规律 —— 基尔霍夫方程组。

对于电压、电流的瞬时值来说，交流电路的基尔霍夫方程组和直流电路的差不多：

(1)对于电路的任意一个节点，瞬时电流的代数和为 0，即

$$\sum[\pm i(t)]=0; \tag{5.89}$$

(2)沿任意一个闭合回路，瞬时电压降的代数和为 0，即

$$\sum[\pm u(t)]=0; \tag{5.90}$$

但在各种元件上 $u(t)$的具体表达式不同。和直流电路的基尔霍夫定律一样,这里也存在正负号法则问题。由于交流电路本身的复杂性,这里的正负号法则也比直流电路情形稍为复杂。现将交流电路基尔霍夫定律的正负号法则叙述如下。

首先是各代数量取正值或负值的含义问题,这里需要选取几个标定方向:

① 在每段支路上标定电流 $i(t)$的方向, $i(t)>0$ 表示电流方向与标定方向一致; $i(t)<0$ 表示电流方向与标定方向相反。在标定电流方向的同时,如果遇到电容器,则把迎着电流的极板上的电荷标为 $+q(t)$,另一极板上的电荷标为 $-q(t)$(见图 5-72),则无论 $i(t)$是正是负,我们总有

$$i(t)=\frac{\mathrm{d}q(t)}{\mathrm{d}t}. \tag{5.91}$$

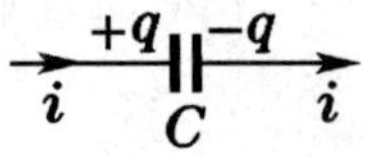

+q −q
i C i

图 5-72 电容器上标定 $i(t)$的方向与 $q(t)$的正负之间的关系

② 为每个闭合回路规定一个绕行方向, $u(t)>0$ 表示沿此方向看去电势下降; $u(t)<0$ 表示沿此方向看去电势升高。

③ 标定每个电源的极性,电动势 $e(t)>0$ 表示电源的极性与标定的一致; $e(t)<0$ 表示电源的极性与标定的相反。

在作了上述方向和极性的标定之后,进一步就是基尔霍夫定律(5.89)式和(5.90)式各项之前写加号还是写减号的问题。我们规定:

① 在基尔霍夫第一方程组(5.89)中,流向某个节点的电流之前写减号,从这节点流出的电流之前写加号。

② 在基尔霍夫第二方程组(5.90)中,若回路的绕行方向与某段电流的标定方向一致,则在此段落上电阻、电容和电感元件上 $u(t)$与 $i(t)$、$q(t)$的关系分别为

$$u_R(t)=i(t)R,\quad u_C(t)=\frac{q(t)}{C},\quad u_L(t)=L\,\frac{\mathrm{d}i(t)}{\mathrm{d}t}. \tag{5.92}$$

若回路的绕行方向与该段电流的标定方向相反,则上式差一个负号,

$$u_R(t)=-i(t)R,\quad u_C(t)=-\frac{q(t)}{C},\quad u_L(t)=-L\,\frac{\mathrm{d}i(t)}{\mathrm{d}t}. \tag{5.92$'$}$$

③ 在基尔霍夫第二方程组(5.90)中,若回路的绕行方向与某个(理想)电源标定的极性一致(即从负极到正极穿过它),则它的端电压 $u(t)=-e(t)$,否则 $u(t)=e(t)$.

对于只包含单一电源的单一回路,我们总可以使回路的绕行方向、电流的标定方向、电源的标定极性协调起来,从而使上述 ②、③ 两条永远取加号。但对于复杂电路,往往不能选择所有的方向和极性完全一致,这时在基尔霍夫第二方程组中就会出现减号。

将(5.91)式、(5.92) 式或(5.92′)式等代入(5.90)式,我们将得到一组微分方程,解起来是比较麻烦的,这里不准备多谈。但是对于简谐交流电路,我们可以用复数来表示。这样,基尔霍夫方程组就化成复数代数方程组了。

(1)基尔霍夫第一方程组

$$\sum(\pm\widetilde{I})=0, \tag{5.93}$$

(2)基尔霍夫第二方程组

$$\sum\widetilde{U}=\sum(\pm\widetilde{I}\widetilde{Z})+\sum(\pm\widetilde{\mathscr{E}})=0, \tag{5.94}$$

式中写加号或减号的法则同前,在各种元件上复阻抗 $\widetilde{Z}$ 的表达式见(5.81)式。运用上述基尔霍

夫方程组的复数形式，原则上可以解决所有不包括互感的简谐交流电路问题。[1]由于复数基尔霍夫方程组与直流电路的基尔霍夫方程组在形式上一样，从而解题的方法也基本上一样，一切在解直流电路问题时行之有效的方法都可搬用。但这里有个重要区别，就是在得到复数结果之后，我们还要计算它们的模和辐角，以便得到有物理意义的具体结论。

**例题** 16　计算图 5-73 所示电路中输出电压 $u'(t)$与输入电压 $u(t)$大小之比和相位差。

**解**：(i)设复电流变量$\widetilde{I}_1$、$\widetilde{I}_2$ 如图所示。考虑到基尔霍夫第一方程组，为使变量的数目减到最少，故中间分支中的电流直接写成$\widetilde{I}_1-\widetilde{I}_2$.

(ii)选择 1、2 两个回路，列出基尔霍夫第二方程组：

$$\begin{cases} \widetilde{I}_1 R + \dfrac{\widetilde{I}_1-\widetilde{I}_2}{\mathrm{i}\omega C} = \widetilde{U}, \\ \widetilde{I}_2\left(R + \dfrac{1}{\mathrm{i}\omega C}\right) - \dfrac{\widetilde{I}_1-\widetilde{I}_2}{\mathrm{i}\omega C} = 0. \end{cases}$$

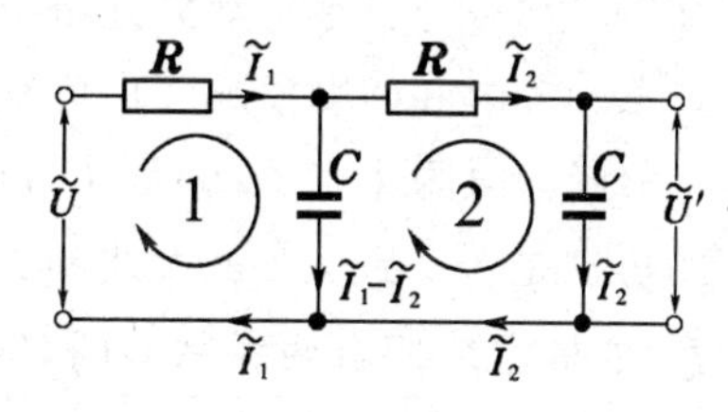


图 5-73 例题 16—— 二级 RC 滤波或相移电路

(iii)整理为联立方程组的标准形式：

$$\begin{cases} \left(R + \dfrac{1}{\mathrm{i}\omega C}\right)\widetilde{I}_1 - \dfrac{1}{\mathrm{i}\omega C}\widetilde{I} = \widetilde{U}_2, \\ -\dfrac{1}{\mathrm{i}\omega C}\widetilde{I}_1 + \left(R + \dfrac{2}{\mathrm{i}\omega C}\right)\widetilde{I}_2 = 0. \end{cases}$$

(iv)解出$\widetilde{I}_2$：

$$\widetilde{I}_2 = \frac{\widetilde{U}}{\mathrm{i}\omega C}\cdot\frac{1}{R^2 - \dfrac{1}{(\omega C)^2} + \dfrac{3R}{\mathrm{i}\omega C}},$$

(v)因为 $\widetilde{U}' = \widetilde{I}_2/\mathrm{i}\omega C$，所以

$$\frac{\widetilde{U}'}{\widetilde{U}} = \frac{1}{1-(\omega CR)^2+3\mathrm{i}\omega CR}.$$

由复数比 $\widetilde{U}'/\widetilde{U}$ 可同时得到$u'(t)$与 $u(t)$大小之比和相位差：

$$\begin{cases} \dfrac{U'}{U} = \left|\dfrac{\widetilde{U}'}{\widetilde{U}}\right| = \left|\dfrac{1}{1-(\omega CR)^2+3\mathrm{i}\omega CR}\right| = \dfrac{1}{\sqrt{(\omega CR)^4+7(\omega CR)^2+1}}, \\ \Delta\varphi = \varphi_{u'} - \varphi_u = \arg\left(\dfrac{\widetilde{U}'}{\widetilde{U}}\right) = -\arctan\left(\dfrac{3\omega CR}{1-(\omega CR)^2}\right). \end{cases}$$ ▌

上列结果表明，$\omega$ 越大，输出电压 $U'$ 与输入电压$U$ 之比越小。这个电路实际上是个典型的二级低通滤波电路，也是二级的 $RC$ 相移电路。

从 7.4 节的例题 12 中我们看到，在 $\omega CR=1$ 的条件下，相移量 $\Delta\varphi=-\pi/4$. 上面例题的结果表明，在同样条件下，

$$\Delta\varphi = -\arctan\left[\frac{3\omega CR}{1-(\omega CR)^2}\right] = -\arctan\infty = -\frac{\pi}{2},$$

即二级相移电路的相移量刚好比单级相移电路多一倍。

## 8.5 有互感的电路计算

当电路中线圈之间有互感时，列基尔霍夫方程组时还应考虑互感引起的电势降。因线圈的回绕方向不同和端点联接方式不同，电势降可能有不同的符号。现在讨论互感电压的正负号问题。

---

[1] 包括互感的交流电路问题，见下节。

当两个线圈中流入的电流$\widetilde{I}_1$、$\widetilde{I}_2$使得它们各自所产生的磁通量$\widetilde{\Phi}_1$、$\widetilde{\Phi}_2$方向相同时,两个线圈的电流流入端(或两个线圈的电流流出端)叫做同名端或称极性相同,用线圈旁的小圆点标记。如图5-74所示,不同的绕法,同名端是不同的。

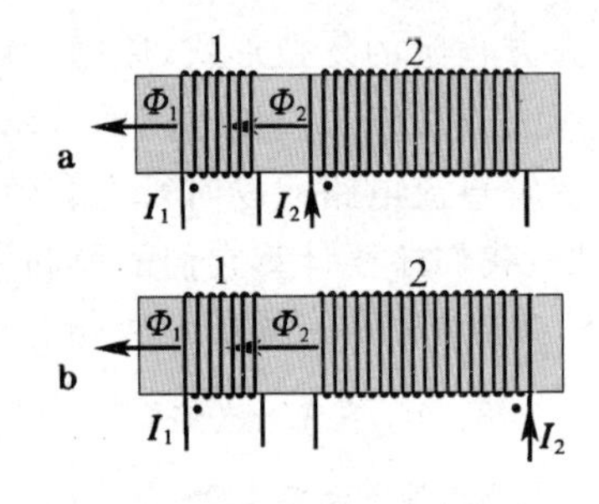

图5-74 互感线圈的两种绕法

当两线圈中电流由同名端流入,并且电流有相同的变化(都增加或都减少),则在每一个线圈中的互感电动势与自感电动势方向相同,互感电压与自感电压的方向也相同;而当两个线圈中电流由极性相反的两端(即异名端)流入,电流有相同的变化时,互感电动势与自感电动势方向相反,互感电压与自感电压的方向也相反,相差一个负号。所以互感电动势引起的电势降的正负号法则应规定:如8.3节所述,某个线圈1上由于自感$L_1$引起的电势降应写为$\widetilde{U}_{L_1}=\pm \mathrm{i}\omega L_1\widetilde{I}_1$,这里写加号还是减号要看我们所取的回路绕行方向与标定的$\widetilde{I}_1$的方向是否一致。另一个线圈2在线圈1中的互感引起的电势降应写成$\widetilde{U}_{21}=\pm \mathrm{i}\omega M_{21}\widetilde{I}_2$. 当$\widetilde{I}_1$、$\widetilde{I}_2$的标定方向自两线圈的同名端流入时,$\widetilde{U}_{21}$表达式中的所写的正负号与$\widetilde{U}_{L_1}$表达式相同;自两异名端流入时,则正负号相反。

有了以上关于互感电压正负号的规定,我们可以用基尔霍夫方程组计算有互感时的多支路交流电路问题了。

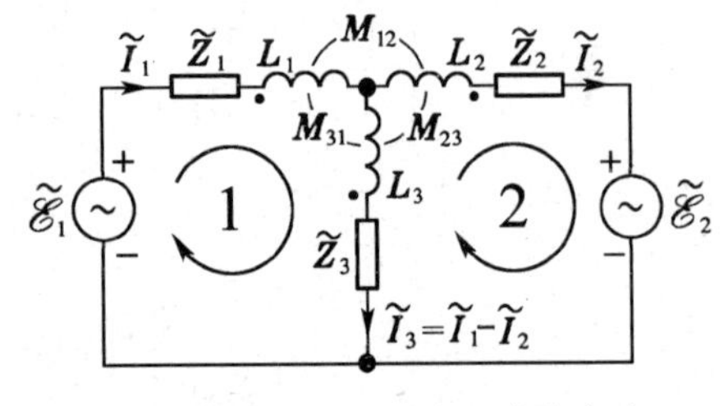

图5-75 例题17—— 有互感的电路

**例题** 17 列出图5-75所示的电路方程。❶

**解:** 根据基尔霍夫方程组,考虑到上述互感电压正负号的规定,对于回路1,

$$(\widetilde{Z}_1+\mathrm{i}\omega L_1)\widetilde{I}_1+(\widetilde{Z}_3+\mathrm{i}\omega L_3)\widetilde{I}_3-\mathrm{i}\omega M_{31}\widetilde{I}_3-\mathrm{i}\omega M_{13}\widetilde{I}_1-\mathrm{i}\omega M_{21}\widetilde{I}_2+\mathrm{i}\omega M_{23}\widetilde{I}_2-\widetilde{\mathscr{E}}_1=0,$$

对于回路2,

$$(\widetilde{Z}_2+\mathrm{i}\omega L_2)\widetilde{I}_1-(\widetilde{Z}_3+\mathrm{i}\omega L_3)\widetilde{I}_3-\mathrm{i}\omega M_{12}\widetilde{I}_1+\mathrm{i}\omega M_{13}\widetilde{I}_1+\mathrm{i}\omega M_{32}\widetilde{I}_3-\mathrm{i}\omega M_{23}\widetilde{I}_2+\widetilde{\mathscr{E}}_2=0,$$

其中 $\widetilde{I}_3=\widetilde{I}_1-\widetilde{I}_2$. ▌

## §9. 交流电功率

### 9.1 瞬时功率与平均功率 有效值和功率因数

交流电在某一元件或组合电路中消耗的功率与直流电路中一样,也等于电压乘电流,不过在交流电路中电压和电流都随时间变化,瞬时电压乘瞬时电流得到的是瞬时功率:

$$P(t)=u(t)i(t).$$

瞬时功率$P(t)$和$u(t)$、$i(t)$一样,都随时间变化。一般说来,$u(t)$和$i(t)$之间有相位差$\varphi$,设

$$\begin{cases} i(t)=I_0\cos\omega t, \\ u(t)=U_0\cos(\omega t+\varphi). \end{cases}$$

则

❶ 这电路包括两个电源,需标明它们的极性,在图5-75中我们用正负号来表示。$\widetilde{\mathscr{E}}_1$的极性与回路1的绕行方向一致,故方程式中它前面写减号;$\widetilde{\mathscr{E}}_2$的极性与回路2的绕行方向相反,故前面写加号。

$$P(t)=U_0I_0\cos(\omega t+\varphi)\cos\omega t=\frac{1}{2}U_0I_0\cos\varphi+\frac{1}{2}U_0I_0\cos(2\omega t+\varphi). \tag{5.95}$$

上式第一项是与时间无关常量项，第二项以二倍频率振荡（见图 5-76 到图 5-79）。通常有实际意义的不是瞬时功率，而是它在一个周期 $T$ 内对时间的平均值 $\overline{P}$（平均功率）。对于一个随时间变化的函数来说，它在某段时间里的平均值应等于该函数对时间积分后，除以时间间隔。从而平均功率应为

$$\overline{P}=\frac{1}{T}\int_0^T P(t)\mathrm{d}t. \tag{5.96}$$

将(5.95)式代入(5.96)式，积分后常量项不变；周期变化项正负相抵，平均为 0，故

$$\overline{P}=\frac{1}{2}U_0I_0\cos\varphi. \tag{5.97}$$

下面看三个纯元件的平均功率。

(1)纯电阻元件

这里 $\varphi=0$，$\cos\varphi=1$，故

$$\overline{P}=\frac{1}{2}U_0I_0=\frac{1}{2}I_0^2R. \tag{5.98}$$

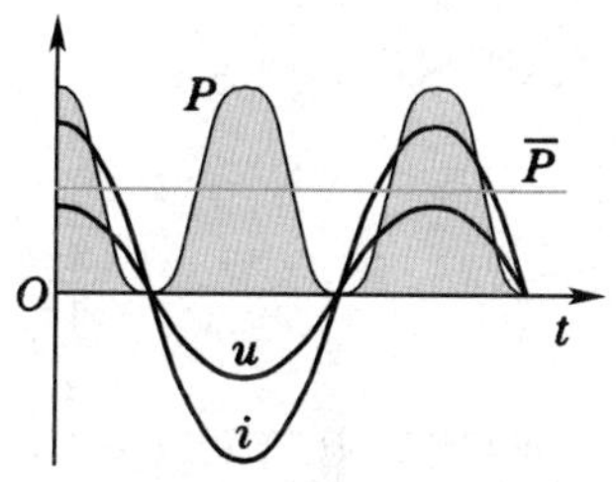

图 5-76 电阻元件上的功率

在电阻元件上的瞬时功率和平均功率示于图 5-76 中。电阻元件上瞬时功率总是正的，但时大时小，平均起来只有峰值时的一半。(5.98)式表明，电压和电流峰值分别为 $U_0$ 和 $I_0$ 的简谐交流电在纯电阻元件上为常量的焦耳热，与电压和电流分别为 $U=U_0/\sqrt{2}$ 和 $I_0/\sqrt{2}$ 的直流电相当。这便是前面我们经常引用的电压、电流“有效值”概念的由来。用有效值来表示：

$$\overline{P}=UI=I^2R. \tag{5.99}$$

(2)纯电容或电感元件

这里 $\varphi=\mp\pi/2$，$\cos\varphi=0$，故

$$\overline{P}=0. \tag{5.100}$$

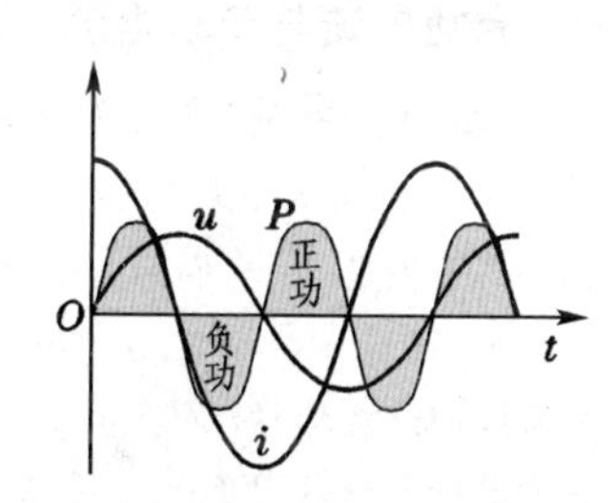

图 5-77 电容元件上的功率

在这两种元件上的瞬时功率和平均功率分别示于图 5-77 和图 5-78 中。这里瞬时功率时正时负，平均为 0。$P(t)>0$ 时能量输入该元件，分别以电能和磁能的形式储存在电容和电感元件中；$P(t)<0$ 时能量从该元件输出，分别把储存在电容和电感元件中的电能和磁能释放出来。$\overline{P}=0$ 表明，在纯电容和电感元件中能量的转化过程完全可逆。

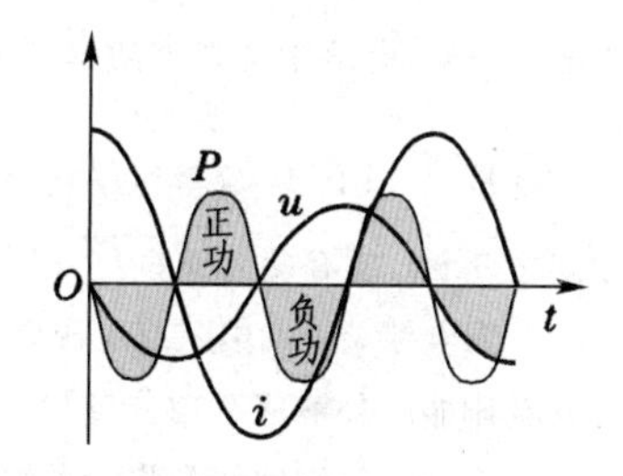

图 5-78 电感元件上的功率

(3)普遍情形

现在我们来考察普遍情形，即任意一个与外界有二联接点的电路（称为二端网络），它两端的电压与其中电流之间的相位差可以取 $\mp\pi/2$ 之间的任意值，从而 $\cos\varphi$ 介于 0 和 1 之间。用有效值来表示，(5.97)式可写成

$$\overline{P}=UI\cos\varphi. \tag{5.101}$$

从 $P(t)$ 的变化曲线图 5-79 可以看出，$P(t)$ 也是时正时负的，不过 $P(t)>0$ 的时间一般大于 $P(t)<0$ 的时间。这意味着输入到二端网络中的能量大于电路回授的能量，因而 $\overline{P}$ 大于 0，但小于 $UI$. 这

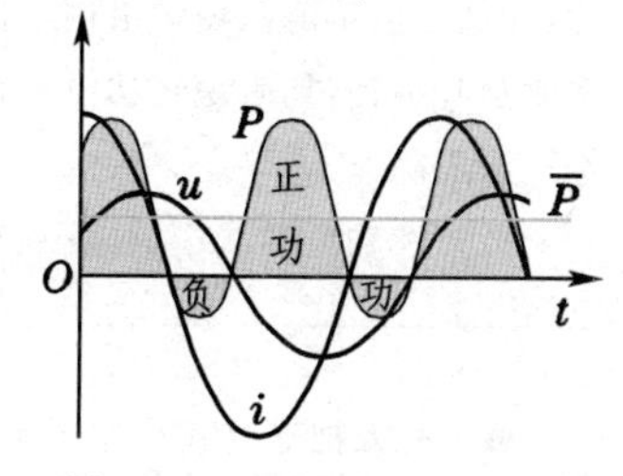

图 5-79 任意二端网络上的功率

里多了一个小于1的正因子 $\cos\varphi$，它叫做该二端网络的**功率因数**。下面将看到，功率因数是电力工程中很关心的一个问题。

简谐量的线性运算可用复数代替，而功率是两个简谐量的乘积，计算瞬时功率和平均功率不能简单地用两个复数的乘积来运算，所以在前面的推导中我们都采用了实数形式。但在得到平均功率的公式(5.101)后，我们发现它也可用如下的复数式表示：[1]

$$\overline{P}=\frac{1}{2}\mathrm{Re}(\widetilde{U}\widetilde{I^*})=\frac{1}{4}(\widetilde{U}\widetilde{I^*}+\widetilde{U}^*\widetilde{I}).\tag{5.102}$$

式中 Re 代表“实部”。为了证明这一点，我们只需将

$$\begin{cases}\widetilde{U}=U_0\mathrm{e}^{\mathrm{i}(\omega t+\varphi_u)}\\ \widetilde{I}=I_0\mathrm{e}^{\mathrm{i}(\omega t+\varphi_i)}\end{cases}$$

代入(5.102)式右端：

$$\begin{aligned}&\frac{1}{4}(\widetilde{U}\widetilde{I^*}+\widetilde{U}^*\widetilde{I})=\frac{1}{4}U_0I_0\left[\mathrm{e}^{\mathrm{i}(\omega t+\varphi_u)}\mathrm{e}^{-\mathrm{i}(\omega t+\varphi_i)}+\mathrm{e}^{-\mathrm{i}(\omega+\varphi_u)}\mathrm{e}^{\mathrm{i}(\omega t+\varphi_i)}\right]\\ &=\frac{1}{4}U_0I_0\left[\mathrm{e}^{\mathrm{i}(\varphi_u-\varphi_i)}+\mathrm{e}^{-\mathrm{i}(\varphi_u-\varphi_i)}\right]=\frac{1}{2}U_0I_0\cos(\varphi_u-\varphi_i)\\ &=\frac{1}{2}U_0I_0\cos\varphi=UI\cos\varphi.\end{aligned}$$

这里 $U=U_0/\sqrt{2}$，$I=I_0/\sqrt{2}$，$\varphi=\varphi_u-\varphi_i$，可见(5.102)式是和(5.101)式等价的。平均功率的复数式(5.102)是许多书籍和文献中经常使用的公式。

### 9.2 有功电流与无功电流 提高功率因数的第一种作用

当一个用电器中的电流与电压之间有相位差 $\varphi$ 时，我们可以作出它的电压、电流矢量图(图5-80)，其中电压矢量 $\overrightarrow{U}$ 与电流矢量 $\overrightarrow{I}$ 之间有夹角 $\varphi$. 我们可以将矢量 $\overrightarrow{I}$ 分解成 $\overrightarrow{I_{/\!/}}$ 和 $\overrightarrow{I_\perp}$ 两个分量，分别平行和垂直于矢量 $\overrightarrow{U}$，它们的大小分别为

$$I_{/\!/}=I\cos\varphi,\quad I_\perp=I\sin\varphi.\tag{5.103}$$

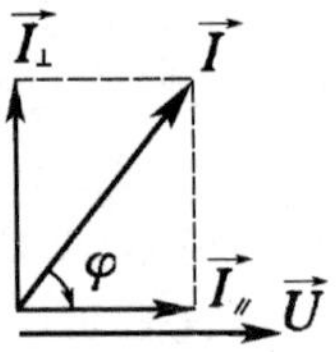

图 5-80 有功电流与无功电流

在实际中这意味着，简谐电流 $i(t)=I_0\cos(\omega t+\varphi)$ 可以看成是如下两个简谐电流的叠加：它们的峰值分别为 $I_0\cos\varphi$ 和 $I_0\sin\varphi$，与 $u(t)$ 间的相位差分别为0和 $\pm\pi/2$，即

$$i_{/\!/}(t)=I_0\cos\varphi\cos\omega t,\quad i_\perp(t)=I_0\sin\varphi\cos\left(\omega t\pm\frac{\pi}{2}\right).$$

这样一来，电路中的平均功率则可写成

$$\overline{P}=UI\cos\varphi=UI_{/\!/}.$$

也就是说，只有 $I_{/\!/}$ 分量对平均功率有贡献，$I_\perp$ 分量对平均功率的贡献为0。所以通常称 $\overrightarrow{I_{/\!/}}$ 即 $i_{/\!/}(t)$ 为电流的**有功分量**，或**有功电流**；$\overrightarrow{I_\perp}$ 即 $i_\perp(t)$ 为电流的**无功分量**，或**无功电流**。

输电导线中的电阻或电源内阻上产生的焦耳损耗与用电器中的总电流 $I$ 的平方成正比，如果用电器的 $\varphi\neq0$，总电流即可分解成有功分量和无功分量两部分。用电器的功率因数 $\cos\varphi$ 越大，则有功分量所占的比例就越大。输电线的作用就是将能量输送到用电器中去供它使用和消耗，因而只有总电流中的有功分量是有用的部分，无功分量把能量输送给用电器后又输送回来，完全是无益的循环。但是总电流中无论哪个分量在输电线中都有焦耳损耗，如果说有功电流在输电线中有一定的损耗是必不可免的话，无功电流在输电线中的损耗则应尽量设法消除。

此外在输电导线中的电阻和电源内阻上产生的电压降与用电器中的总电流 $I$ 成正比。为了保证用电器上

---

[1] 有人把这公式写作 $P=\mathrm{Re}(\widetilde{U}\widetilde{I^*})$，与我们的公式相差一个1/2因子。这是因为他们把 $\widetilde{U}$、$\widetilde{I}$ 的模取作有效值 $U$、$I$，我们这里 $\widetilde{U}$、$\widetilde{I}$ 的模是峰值 $U_0$、$I_0$.

有一定的电压，必须尽量减小输电导线和电源内阻上的电压损失，这也要求尽量减小电流的无功分量。

由此可见，电流的无功分量是电源和输电导线的一个有害无益的负担，应该设法尽量消除。消除的办法是提高用电器的功率因数以增加总电流中有功成分的比重。这是提高功率因数的第一个作用。

怎样提高功率因数呢？就拿日光灯来说吧，因为日光灯上总附有电感性元件——镇流器，[1]电压的相位超前电流，它的功率因数通常只有 0.4 左右。如果并联一个电容器（见图 5-81），就可在整个电路的阻抗中增加容抗的因素来抵消原有的感抗；使 $\varphi\to0$，$\cos\varphi\to1$。这样做并不是说通常日光灯和镇流器的电流中没有无功分量了，而是无功电流只在电感性和电容性的两个支路中循环，这就使外部输电线和电源中的电流没有无功分量，从而使它们之中的损耗大大减少。

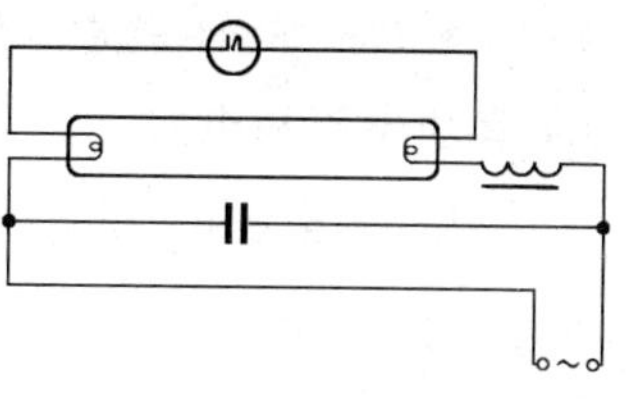

图 5-81 用电容器补偿日光灯的功率因数

## 9.3 视在功率和无功功率 提高功率因数的第二种作用

电器设备或电力系统的*视在功率*（或称*表观功率*）$S$ 定义为

$$S = UI. \tag{5.104}$$

任何电器设备（包括发电、输电和用电设备）都有一定的额定电压和额定电流。要提高它的额定电压，需要增加导线外绝缘层的厚度；要提高额定电流，则需加大导线的横截面积。总之，两者都要使设备的体积和重量加大，占用的电工材料增多。所以在电器设备的铭牌上标示的容量是以它的额定电压 $U$ 和额定电流 $I$ 的乘积，即它的额定视在功率来衡量的。例如一台发电机的额定电压为 10 kV，额定电流为 1500 A，则它的容量为

$$S = 10\,\text{kV}\times1500\,\text{A} = 15\,000\,\text{kV·A}.$$

但是这并不等于输送到电力系统中的实际功率 $\overline{P}$，后者还要乘上电力系统的功率因数，即

$$\overline{P} = S\cos\varphi. \tag{5.105}$$

所以 $S$ 一般大于 $\overline{P}$. 为了与实际功率相区别，视在功率的单位往往写成 kV·A（千伏安），而不用 kW（千瓦）。

**例题 18** 一台额定容量（即视在功率）为 15000 kV·A 的发电机对电力系统供电，若电力系统的功率因数为 0.6，它实际提供的功率为多少？ 若将功率因数提高到 0.8，它实际提供的功率比原来多多少？

**解：** (i) $\cos\varphi = 0.6$ 时，

$$\overline{P} = S\cos\varphi = 15\,000\,\text{kV·A}\times0.6 = 9\,000\,\text{kW};$$

(ii) $\cos\varphi = 0.8$ 时，

$$\overline{P}' = S\cos\varphi = 15\,000\,\text{kV·A}\times0.8 = 12\,000\,\text{kW};$$

(iii) $\overline{P}'-\overline{P} = 3\,000\,\text{kW}$. ▎

由此可见，同样容量的发电机，只要电力系统的功率因数由 0.6 提高到 0.8，就可使它的实际发电能力提高 3000 kW。所以，提高功率因数有利于充分发挥现有电器设备的潜力。这是提高功率因数的第二个作用。

上面我们从减少输电时的损耗和充分发挥电器设备的效用两方面讨论了提高功率因数的作用，这是电力工业发展中需要考虑的一个重要的实际问题。

最后再简单提一下，在电工学中，除实际功率 $\overline{P}$ 和视在功率 $S$ 外，还常常引用无功功率的概念。因为总电流 $I$ 可分解为有功电流 $I_{/\!/}$ 和无功电流 $I_\perp$，[2]它们的关系是

$$I_{/\!/} = I\cos\varphi,\quad I_\perp = I\sin\varphi,\quad I = \sqrt{I_{/\!/}^2+I_\perp^2},$$

两边乘以电压 $U$，则得相应的*有功功率*和*无功功率*概念：

$$\begin{cases} P_{\text{有功}} = UI_{/\!/} = S\cos\varphi = \overline{P}, \\ P_{\text{无功}} = UI_\perp = S\sin\varphi. \end{cases} \tag{5.106}$$

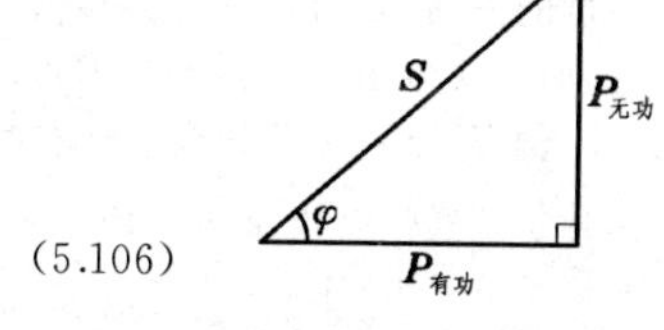


图 5-82 功率三角形

[1] 现在的日光灯上旧式的镇流器连同并联的电容器多为一电子电路所代替。

[2] 通常说"无功电流"，以及下文的"无功功率""Q 值""损耗角 δ"都不区分电感性和电容性，有关公式中可能出现负值时，应理解为绝对值。

从而

$$S=\sqrt{P_{有功}^{2}+P_{无功}^{2}}.\tag{5.107}$$

$S$、$P_{有功}$、$P_{无功}$ 和 $\varphi$ 之间的关系可用图 5-82 所示的直角三角形形象地表示出来，这三角形叫做功率三角形。无功功率 $P_{无功}$ 的单位通常也不用 W，而叫做 var(乏)，以示区别。

### 9.4 有功电阻和电抗

一个电路的复阻抗 $\widetilde{Z}=r+\mathrm{i}x$ 的实部 $r$ 叫做有功电阻，虚部 $x$ 叫做电抗。例如 $RC$ 串联电路的复阻抗为

$$\widetilde{Z}=R-\frac{\mathrm{i}}{\omega C},$$

有功电阻 $r$ 和电抗 $x$ 分别为

$$r=R,\quad x=-\frac{1}{\omega C}.$$

$RL$ 串联电路的复阻抗为

$$\widetilde{Z}=R+\mathrm{i}\omega L,$$

它的有功电阻和电抗分别为

$$r=R,\quad x=\omega L.$$

可以看出，电容性电路的电抗 $x<0$，电感性电路的电抗 $x>0$。一般说来，对于任何复杂的电路，负的电抗叫容抗，正的电抗叫感抗。

**例题** 19　计算 $RC$ 并联电路的有功电阻和电抗，并证明它的电抗是容抗。

**解：**

$$\widetilde{Z}=\frac{1}{\dfrac{1}{R}+\mathrm{i}\omega C}=\frac{R(1-\mathrm{i}\omega CR)}{1+(\omega CR)^{2}},$$

其实部，即有功电阻为

$$r=\frac{R}{1+(\omega CR)^{2}};$$

其虚部，即电抗为

$$x=\frac{-\omega CR}{1+(\omega CR)^{2}}<0,$$

故 $x$ 为容抗。▌

下面我们来看把复阻抗分成这样两部分的物理意义。因

$$\widetilde{Z}=Z\mathrm{e}^{\mathrm{i}\varphi}=Z\cos\varphi+\mathrm{i}Z\sin\varphi,$$

故

$$r=Z\cos\varphi,\quad x=Z\sin\varphi.$$

电路上的电压 $U=IZ$，故

$$\begin{cases}\text{视在功率}\quad S=I^{2}Z,\\ \text{有功功率}\quad P_{有功}=I^{2}r,\\ \text{无功功率}\quad P_{无功}=I^{2}x.\end{cases}\tag{5.108}$$

这就是说，如果我们不将电流 $I$ 分解成有功、无功两分量，而将阻抗 $Z$ 分解为 $r$、$x$ 两部分，则只有实部 $r$ 对实际功率有贡献，与虚部 $x$ 对应的则是无功功率。应当指出的是，电路中的有功电阻 $r$ 并不一定来自导线中的欧姆电阻，电容器或电感线圈中的介质损耗(如介电损耗、磁滞损耗、涡流损耗等)反映到电路中来，也相当于一个等效的有功电阻 $r$. 此外，电动机把电能转化为机械能，转子在定子中产生一个反电动势，从定子电路中看来，这也相当于一个有功电阻 $r$. 总之，有功电阻的实质是它反映了电路中有某种功率消耗。至于功率消耗的原因，以及能量的去向，是可以多种多样的。这一点和欧姆电阻有本质的区别。欧姆电阻上消耗的功率全部转化为焦耳热，而有功电阻上消耗的功率可以转化为热，也可以转化为其他形式的能量(如电动机中转化为机械功等)。

**例题** 20　为了测量一个有磁芯损失的电感元件的自感 $L$ 和有功电阻 $r$，设计测量电路如图 5-83a 所示，在此元件上串联一个电阻 $R=40\,\Omega$，测得 $R$ 上的电压 $U_1=50\,\mathrm{V}$，待测电感元件上的电压 $U_2=50\,\mathrm{V}$，总电压 $U=50\sqrt{3}\,\mathrm{V}$，已知频率 $\nu=300\,\mathrm{Hz}$，求 $L$ 和 $r$.

**解：**　本题将矢量图解法和复数法结合起来运算比较简便。如图 5-83b，以 $\vec{I}$ 为水平基准，作 $\vec{U}_1$ 平行于 $\vec{I}$，作 $\vec{U}_2$ 与 $\vec{I}$ 成一角度 $\varphi$，$\varphi$ 就是待测电感元件中电压、电流间的相位差。$\vec{U}$ 与 $\vec{U}_1$、$\vec{U}_2$ 组成一个三角形。利用余弦定理：

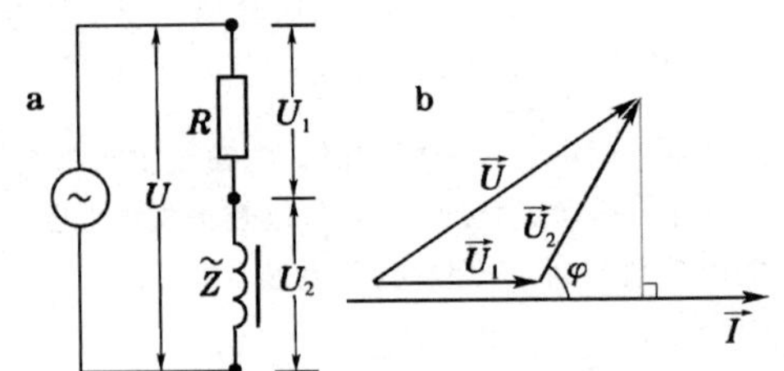


图 5-83 例题 20—— 求电感器件的电感和有功电阻

$$\cos\varphi = \frac{U^2 - U_1{}^2 - U_2{}^2}{2U_1U_2} = \frac{(50\sqrt{3})^2 - (50)^2 - (50)^2}{2\times(50)^2} = \frac{1}{2},$$

所以

$$\varphi = \frac{\pi}{3}.$$

设待测元件的阻抗为 $Z$,因

$$U_1 = IR,\quad U_2 = IZ,$$

故

$$Z = \frac{U_2}{U_1}R = 40\,\Omega.$$

设待测元件的复阻抗

$$\widetilde{Z} = r + \mathrm{i}x,$$

则

$$r = Z\cos\varphi = 20\,\Omega,\quad x = Z\sin\varphi = 20\sqrt{3}\,\Omega \approx 35\,\Omega.$$

因 $x = \omega L$,故

$$L = \frac{x}{\omega} = \frac{x}{2\pi\nu} = \frac{35\,\Omega}{2\pi\times 300\,\mathrm{Hz}} \approx 19\,\mathrm{mH}.$$ ▌

## 9.5 电导和电纳

复导纳 $\widetilde{Y}$ 和复阻抗一样,也可分成虚、实两部:

$$\widetilde{Y} = g - \mathrm{i}b, \tag{5.109}$$

实部 $g$ 叫做电导;虚部为 $-b$,$b$ 叫做电纳。例如在 $RC$ 并联电路中复导纳为

$$\widetilde{Y} = \frac{1}{R} + \mathrm{i}\omega C,$$

电导 $g$ 和电纳 $b$ 分别为

$$g = \frac{1}{R},\quad b = -\omega C;$$

在 $RL$ 并联电路中复导纳为

$$\widetilde{Y} = \frac{1}{R} - \frac{\mathrm{i}}{\omega L},$$

电导 $g$ 和电纳 $b$ 分别为

$$g = \frac{1}{R},\quad b = \frac{1}{\omega L}.$$

可见电容性电路的电纳是负的,电感性电路的电纳是正的。这一点和电抗一样。

把复导纳分成电导和电纳两部分,其物理意义也表现在功率问题上。因

$$\widetilde{Y} = Y\mathrm{e}^{-\mathrm{i}\varphi} = Y\cos\varphi - \mathrm{i}Y\sin\varphi,$$

故

$$g = Y\cos\varphi,\quad b = Y\sin\varphi.$$

电路中的电流 $I = UY$,故

$$\begin{cases} \text{视在功率} & S = UI = U^2Y, \\ \text{有功功率} & P_{\text{有功}} = UI\cos\varphi = U^2 g, \\ \text{无功功率} & P_{\text{无功}} = UI\sin\varphi = U^2 b. \end{cases} \tag{5.110}$$

即电导 $g$ 与有功功率相联系,电纳 $b$ 与无功功率相联系。

## 9.6 损耗角($\delta$)和耗散因数($\tan\delta$)

前面我们讨论过功率因数 $\cos\varphi$ 的意义。在电力工程中为了更有效地传输和使用有功功率,我们希望电路或用电器的功率因数越高越好,或者说希望电压和电流之间的相位差 $\varphi$ 越小越好。这只是事情的一个方面。在无线电电子技术中电抗元件(电容、电感)的重要应用之一是组成谐振电路(参看下面 §10)。在谐振电路中利用的是电抗元件储放能量的作用,在那里我们希望各种能量损耗(电路中的欧姆损耗和介质损耗)越小越好,即正好希望它们的无功功率越大越好。因此我们引入一个参量来标志电抗元件或电路的损耗的大小。

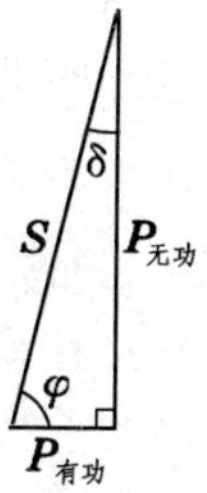

由功率三角形图 5-84 可以看出,

$$\tan\delta = \frac{P_{\text{有功}}}{P_{\text{无功}}} = \frac{r}{x} = \frac{b}{g}, \tag{5.111}$$

这里 $\delta$ 是电压和电流之间相位差的余角:

$$\delta = \frac{\pi}{2} - \varphi. \tag{5.112}$$

$\delta$ 和 $\tan\delta$ 愈大表示损耗愈大,所以人们把 $\delta$ 叫做损耗角,$\tan\delta$ 叫做耗散因数。



图 5-84 损耗角

### 9.7 实际电抗元件的两种等效电路

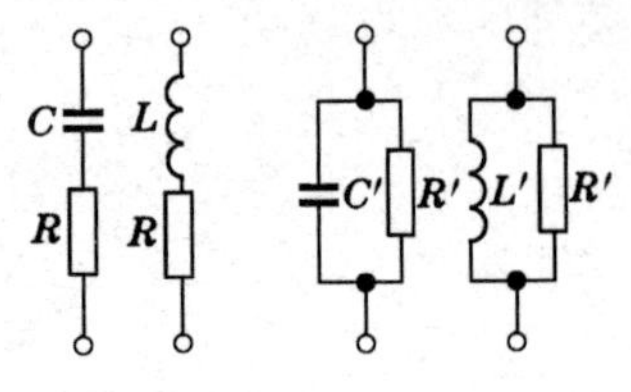


a 串联式　　b 并联式

图 5-85 实际电抗元件的两种等效电路

实际的电抗元件(譬如电感元件)往往带有一定的介质损耗,或者说它们的有功功率 $P_{有功} \neq 0$。对于这样的电抗元件,我们可以把它们看成如图 5-85a 所示的串联式等效电路,也可以把它们看成如图 5-85b 所示的并联式等效电路。两种等效电路彼此也是等效的,不过它们的参量之间有一定的对应关系。图 5-85a 中等效电路的复阻抗为

$$\widetilde{Z} = R + \mathrm{i}\omega L,$$

图 5-85b 中等效电路的复导纳为

$$\widetilde{Y} = \frac{1}{R'} - \frac{\mathrm{i}}{\omega L'},$$

如果它们是同一元件的等效电路,则 $\widetilde{Y} = 1/\widetilde{Z}$,由复数的运算可以得到

$$R' = \frac{R^2+(\omega L)^2}{R}, \quad \omega L' = \frac{R^2+(\omega L)^2}{\omega L}.$$

通常在损耗不大的情况下,$R \ll \omega L$,则有

$$R' \approx \frac{(\omega L)^2}{R}, \quad \omega L' \approx \omega L.$$

用串联式等效电路来计算耗散因数为

$$\tan\delta = \frac{r}{b} = \frac{R}{\omega L},$$

用并联式等效电路来计算耗散因数则为

$$\tan\delta = \frac{g}{b} = \frac{\omega L'}{R'},$$

两种算法的结果实际上是一致的。

**例题** 21　图 5-86 所示为麦克斯韦 $LC$ 电桥,其中第一臂接的是一个待测电感元件,图中画的是它的串联式等效电路,阻抗 $\widetilde{Z}_x = r_x + \mathrm{i}\omega L_x$.其他三臂的阻抗皆已知且可调。试从电桥的平衡条件导出待测元件的电感和耗散因数表达式。

**解:**　交流电桥的平衡条件为

$$\widetilde{Z}_1\widetilde{Z}_4 = \widetilde{Z}_2\widetilde{Z}_3,$$

其中　$\widetilde{Z}_1 = \widetilde{Z}_x$,　$\widetilde{Z}_2 = R_2$,　$\widetilde{Z}_3 = R_3$,

$$\widetilde{Z}_4 = \frac{1}{\frac{1}{R_4} + \mathrm{i}\omega C_4},$$

分别由平衡条件的实部相等和虚部相等,得

$$r_x = \frac{R_2 R_3}{R_4}, \quad L_x = C_4 R_2 R_3,$$

从而

$$\tan\delta = \frac{r_x}{\omega L_x} = \frac{1}{\omega C_4 R_4}$$ ▌

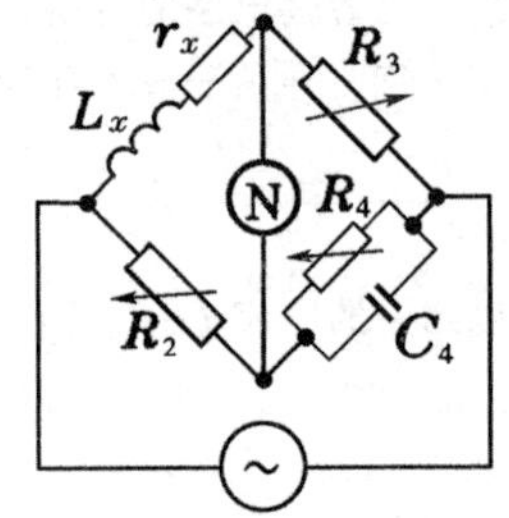


图 5-86 例题 21——麦克斯韦 $LC$ 电桥测耗散因数

## §10. 谐振电路

当电容 $C$、电感 $L$ 两类元件同时出现在一个电路中时,就会发生一种新现象——谐振,这种电路叫谐振电路。谐振电路在实际中有重要的应用。

### 10.1 串联谐振现象　谐振频率和相位差

图 5-87a 所示是一个 $LCR$ 串联谐振电路,将它接在频率可调的音频信号发生器上。若从低到高地改变音频信号发生器的频率 $\nu$,同时维持电压不变,就可看到,小灯的亮度开始由小变大,到了某

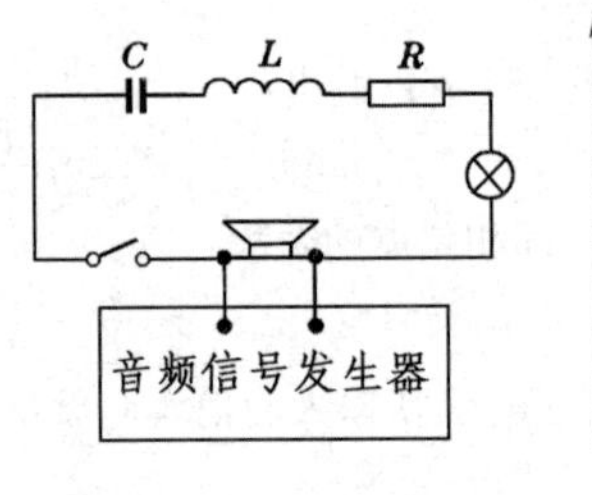


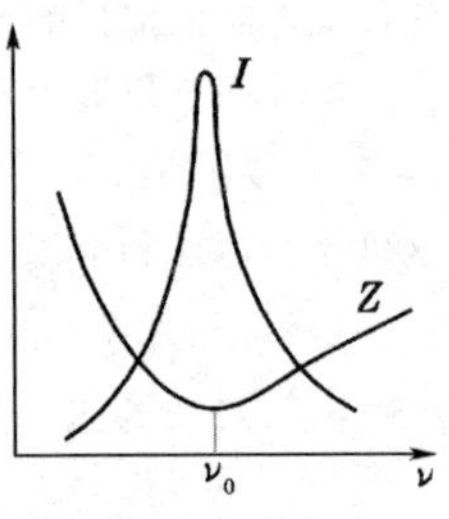


a 演示　　b 谐振曲线

图 5-87 串联谐振

个频率 $\nu_0$ 后发生转折，又由大变小。这表明，$LCR$ 电路中 $I$ 随着频率的变化，电流 $I$ 在 $\nu=\nu_0$ 处有极大值 $I_{max}$，或者说电路的总阻抗 $Z$ 在此时有个极小值 $Z_{min}$（参见图 5-87b）。这种现象叫做谐振，发生谐振的频率 $\nu_0$ 叫做谐振频率。

串联谐振电路的复阻抗为

$$\tilde{Z}=R+\mathrm{i}\left(\omega L-\frac{1}{\omega C}\right), \tag{5.113}$$

阻抗和相位差为

$$\begin{cases} Z=\dfrac{U}{I}=\sqrt{R^2+\left(\omega L-\dfrac{1}{\omega C}\right)^2}, & (5.114)\\ \varphi=\arctan\dfrac{U_L-U_C}{U_R}=\arctan\dfrac{\omega L-\dfrac{1}{\omega C}}{R}. & (5.115)\end{cases}$$

(5.114)式右端的根号内两项都不可能是负数，而第二项是可能等于 0 的，显然此时阻抗最小。所以谐振发生的条件为

$$\omega L-\frac{1}{\omega C}=0,\quad 或\quad \omega=\frac{1}{\sqrt{LC}}\equiv 谐振角频率\ \omega_0, \tag{5.116}$$

此时阻抗的极小值和电流的极大值为

$$Z_{min}=R,\quad 和\quad I_{max}=\frac{U}{R}, \tag{5.117}$$

同时相位为 0：

$$\varphi=0. \tag{5.118}$$

电抗也为 0：

$$x=\omega L-\frac{1}{\omega C}=0.$$

当 $\omega>\omega_0$ 时，$\varphi>0$，$x>0$，电路呈电感性；$\omega<\omega_0$ 时，$\varphi<0$，$x<0$，电路呈电容性；谐振时 $\omega=\omega_0$，$\varphi=0$，$x=0$，$Z=R$，电路呈纯电阻性（图 5-88）。

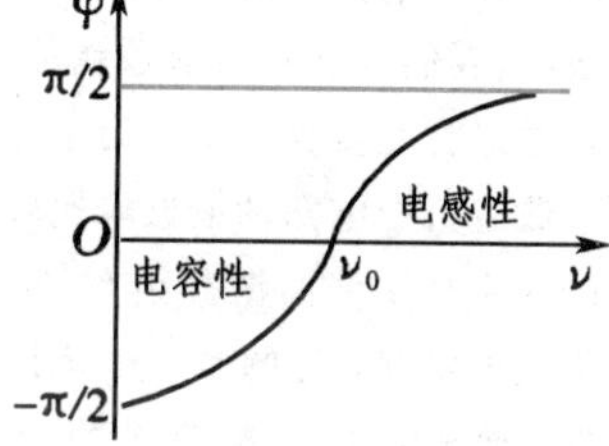


图 5-88 相位差随频率的变化

## 10.2 储能和耗能 $Q$ 值的第一种意义

在 $LCR$ 电路中，电阻是耗能元件，它把电磁能转化为热。在一个周期 $T$ 里电阻元件中损耗的能量为

$$W_R=I^2RT. \tag{5.119}$$

式中 $I$ 为有效值。

电容和电感是储能元件，在串联谐振电路里电容和电感元件中电磁能量为

$$W_{em}=\frac{1}{2}Li^2(t)+\frac{1}{2}Cu_C{}^2(t).$$

设 $i(t)=I_0\cos\omega t$，则

$$u_C(t)=\frac{I_0}{\omega C}\cos\left(\omega t-\frac{\pi}{2}\right)=\frac{I_0}{\omega C}\sin\omega t,$$

故

$$W_{em}=\frac{1}{2}I_0{}^2\left(L\cos^2\omega t+\frac{1}{\omega^2 C}\sin^2\omega t\right). \tag{5.120}$$

在谐振条件下 $1/\omega^2C=L$，从而

$$W_{em}=\frac{1}{2}LI_0{}^2(\cos^2\omega t+\sin^2\omega t)=\frac{1}{2}LI_0{}^2=LI^2. \tag{5.121}$$

上面的计算表明，电容和电感元件之中的一个吸收能量的时候另一个释放能量，反之亦然。电能和磁能在它们之间互相交换，互相转化。这部分能量 $W_{em}$ 的总量守恒，从不耗散。这部分能量是在谐振电路开始接通时经历的暂态过程中由外电路输入给它的。达到稳定的振荡状态以后，为了维持振荡，外电路只需不断地输入有功功率，以补偿上述 $W_R$ 的损失，但在谐振状态下无需再供给无功功率。$W_{em}$ 与 $W_R$ 之比反映了一个谐振电路储能的效率。一个谐振电路的品质因数（$Q$ 值）定义为

$$Q=2\pi\frac{W_{em}}{W_R}. \tag{5.122}$$

即 $Q$ 值等于谐振电路中储存的能量与每个周期内耗散的能量之比的 $2\pi$ 倍。$Q$ 值越高，就意味着相对于储存的能量来说所需付出的能量耗散越少，亦即谐振电路储能的效率越高。这是谐振电路的 $Q$ 值的第一种意义。它是

$Q$ 值最普遍的意义。(5.122)式这个定义不仅适用于谐振电路,也适用于一切谐振系统(机械的,电磁的,光学的,等等)。微波谐振腔和光学谐振腔中的 $Q$ 值主要指的是这种含义。激光中有所谓"调 $Q$"技术,正是在这种意义下使用"$Q$ 值"概念的。

将(5.119)式、(5.121)式代入(5.122)式,得

$$Q = \frac{\omega L}{R}. \tag{5.123}$$

式中 $\omega$ 应理解为谐振角频率 $\omega_0$. 实际上这里的 $R$ 往往不是有意接进去的电阻,而是电容和电感元件中的各种损耗(如电容器中的介电损耗,电感元件中磁芯的磁滞损耗、涡流损耗,以及线圈导线中的焦耳损耗等)引起的有功电阻 $r$.

### 10.3 频率的选择性 $Q$ 值的第二种意义

谐振电路在无线电技术中最重要的应用是选择信号。例如,各广播台以不同频率的电磁波向空间发射自己的信号,为什么把收音机的调谐旋钮放在一定的位置,我们只收到一个电台的播音呢? 这就是利用了谐振电路的选频特性。与旋钮相联的是谐振电路中的可变电容器,改变它的电容,就可改变电路的谐振频率。当电路的谐振频率与某个电台的发射频率一致时,我们收到它的信号就最强,其他发射频率与电路的谐振频率相差较远的电台就接收不到。为了使发射频率比较相近的电台不致"串台",就要求收音机中电路的谐振峰比较尖锐(参看图 5-89),这样,只要外加电动势的频率稍一偏离谐振频率,它的信号就大大减弱。所以通常说,谐振峰越尖锐的电路,它的频率选择性就越强。为了定量地说明频率选择性的好坏,通常引用"通频带宽度"的概念。因谐振曲线谐振峰的两侧是连续下降的,从而不好确切地说谐振峰的"宽度"多大。通常人为地规定,在谐振峰两边 $I$ 的值等于最大值 $I_{\max}$ 的 $1/\sqrt{2} \approx 70\%$ 处频率之间的宽度(见图 5-90)为频带宽度,它的大小等于其边缘频率 $\nu_1$、$\nu_2$ 之差 $\Delta\nu$:

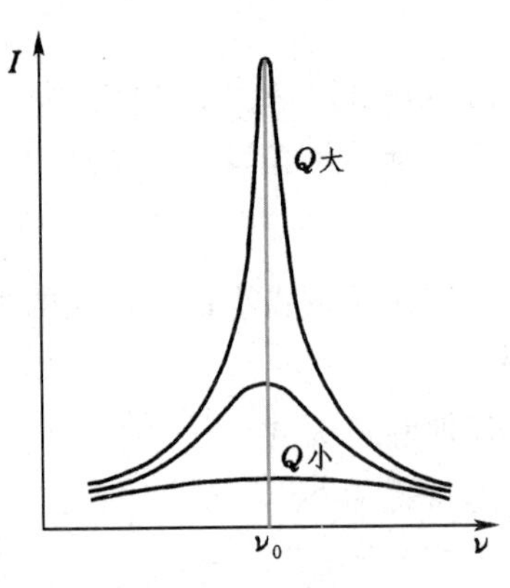

图 5-89 谐振峰的锐度与 $Q$ 值的关系

$$\Delta\nu = \nu_2 - \nu_1.$$

通频带宽度 $\Delta\nu$ 越小表明谐振峰越尖锐,电路的频率选择就越强。

电路选择性的好坏与什么因素有关呢? 下面我们进行一些具体的运算。

在给定的电压下,电流 $I$ 降到 $I_{\max}$ 的 $1/\sqrt{2}$,即阻抗 $Z$ 增大到 $Z_{\min}$ 的 $\sqrt{2}$ 倍,或者说 $Z^2$ 增大 2 倍。按(5.114)式,

$$Z^2 = R^2 + X^2, \quad 其中 \quad X = \omega L - \frac{1}{\omega C}. \tag{5.124}$$

令 $W = Z^2$,其中随 $\omega$ 变化的仅为 $X$ 部分,将 $W$ 按泰勒级数展开:

$$W(\omega_0 + \delta\omega) = W(\omega_0) + \left(\frac{dW}{d\omega}\right)_{\omega=\omega_0} \delta\omega + \frac{1}{2}\left(\frac{d^2 W}{d\omega^2}\right)_{\omega=\omega_0} (\delta\omega)^2 + \cdots, \tag{5.125}$$

其中 $\omega_0$ 是谐振频率,一级微商为

$$\frac{dW}{d\omega} = 2X\frac{dX}{d\omega},$$

二级微商为

$$\frac{d^2 W}{d\omega^2} = 2\left(\frac{dX}{d\omega}\right)^2 + X\frac{d^2 X}{d\omega^2},$$

其中

$$\frac{dX}{d\omega} = L + \frac{1}{\omega^2 C}.$$

在 $W$ 的极小值 $\omega = \omega_0$ 处,

$$W = R^2, \quad \frac{dW}{d\omega} = 0,$$

$$X = 0, \quad \frac{dX}{d\omega} = 2L,$$

$$\frac{d^2 W}{d\omega^2} = 2(2L)^2.$$

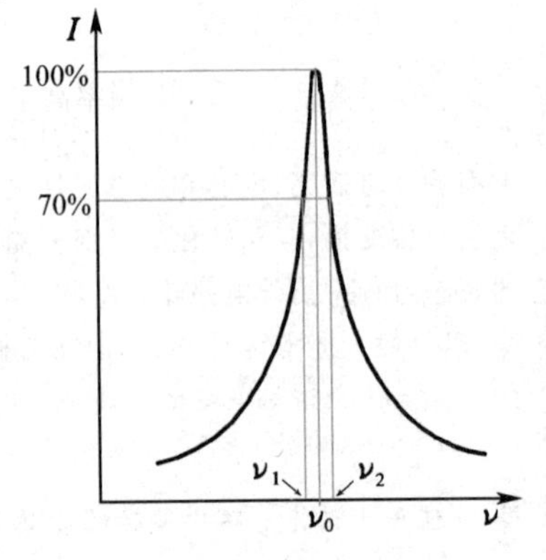

图 5—90 谐振曲线的带宽

取(5.125)式中的 $\delta\omega$ 为半宽，该处 $W$ 等于峰值的两倍，即 $2R^2$. (5.125)式化为

$$2R^2 = R^2 + (2L)^2(\delta\omega)^2,$$

由此得

$$(\delta\omega)^2 = \left(\frac{R}{2L}\right)^2 \quad 即 \quad \frac{2\delta\omega}{\omega_0} = \frac{R}{\omega_0 L} = \frac{1}{Q}.$$

全宽 $\Delta\omega = 2\delta\omega$，于是

$$\frac{\Delta\nu}{\nu_0} = \frac{\Delta\omega}{\omega_0} = \frac{1}{Q}. \tag{5.126}$$

即谐振电路的通频带宽度 $\Delta\nu$ 反比于谐振电路的 $Q$ 值。$Q$ 值越大(即损耗越小)，谐振电路的频率选择性越强。这就是 $Q$ 值的第二种意义。

## 10.4 电压的分配 Q 值的第三种意义

在串联谐振电路的电感和电容上的电压分别为 $U_L = \omega LI$ 和 $U_C = I/\omega C$，谐振时两者相等，而总电压 $U = RI$. 通常谐振电路中 $R$ 比起感抗或容抗来说是很小的，所以 $U_L$ 和 $U_C$ 比总电压 $U$ 大得多。谐振时电容或电感元件上的电压比总电压大多少倍？因为

$$\frac{U_C}{U} = \frac{U_L}{U} = \frac{\omega_0 L}{R} = Q. \tag{5.127}$$

即谐振时电容或电感元件上的电压是总电压的 $Q$ 倍。例如当一个谐振电路的 $Q$ 值等于 100 时，在电路两端只加 6V 的总电压，谐振时的电容或电感元件上的电压就达到 600V. 在实验操作中不注意这一点，就会有危险。以上是 $Q$ 值的第三种意义。

**例题 22** 如图 5-91 所示，将待测的磁性材料做成环状，绕上导线，同几乎无介电损耗的空气电容器串联，组成谐振电路。有磁芯的螺绕环的等效电路示于图右方阴影区内，它相当于纯自感 $L$ 与等效有功电阻 $r$ 串联。测量时将总电压 $U$ 固定在 10mV 上；选定 $\nu_0$，调节电容 $C$ 的大小，使电路达到谐振，将此时的 $\nu_0$、$C$、$U_C$ 数值记录下来。左表中是同一磁芯材料在不同谐振频率下的两组数据，试根据它们计算该电感线圈的 $Q$ 值、电感 $L$ 和磁芯损耗的等效电阻 $r$.

| $\nu_0$/kHz | $C$/pF | $U_C$/V |
|---|---|---|
| 500 | 446 | 1.02 |
| 700 | 220 | 0.80 |

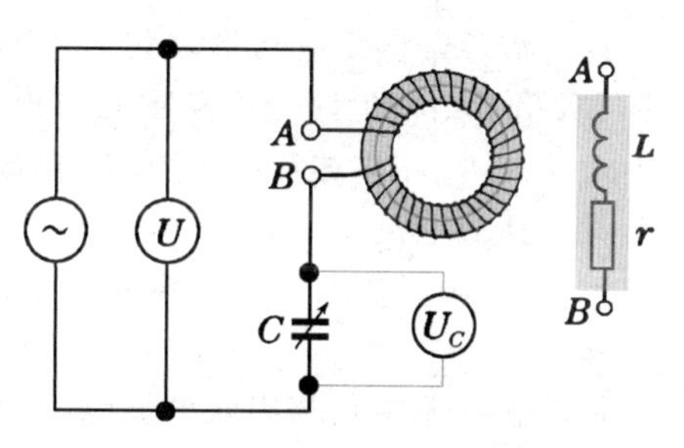


图 5-91 例题 22——Q 表的原理

**解：** 用表中第一组数据计算：

$$Q = \frac{U_C}{U} = \frac{1.02}{10\times10^{-3}} = 102.$$

$$Z_C = \frac{1}{2\pi\nu_0 C} = \frac{1}{2\pi\times500\times10^3\,\text{Hz}\times446\times10^{-12}\,\text{F}} = 714\,\Omega,$$

$$L = \frac{Z_C}{2\pi\nu_0} = \frac{714\,\Omega}{2\pi\times500\times10^3\,\text{Hz}} = 0.227\,\text{mH}.$$

$$r = \frac{Z_C}{Q} = \frac{714\,\Omega}{102} = 7.0\,\Omega.$$ ▌

用第二组数据来计算的任务，留给读者自己去完成。所得结果 $Q$ 值要小些，$r$ 要大些，这是因为频率高了，磁芯的涡流损耗要增加。

## 10.5 并联谐振电路

图 5-92a 所示的并联电路是并联谐振电路，它比串联谐振电路复杂些。它的等效阻抗 $Z$ 和相位差 $\varphi$ 分别为

$$Z = \sqrt{\frac{R^2 + (\omega L)^2}{(1-\omega^2 LC)^2 + (\omega CR)^2}}, \tag{5.128}$$

$$\varphi = \arctan\frac{\omega L - \omega C[R^2 + (\omega L)^2]}{R}. \tag{5.129}$$

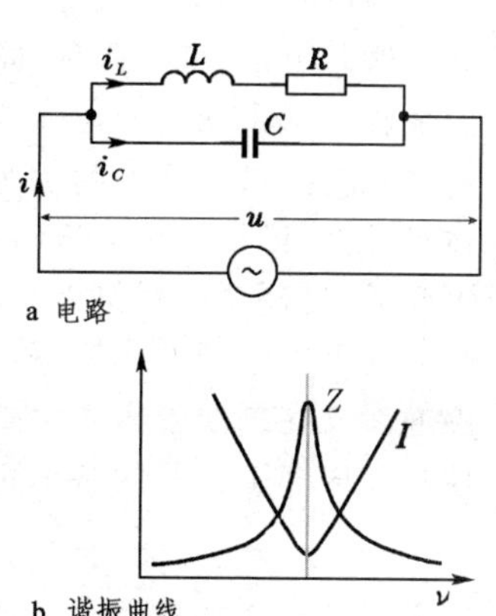


图 5-92 并联谐振

并联谐振电路的性质有些与串联谐振电路的差不多，有些则刚好

相反。这里我们简单地介绍一下并联谐振电路的性质。

(1)并联谐振电路的总电流 $I$ 和等效阻抗 $Z$ 的频率特性与串联谐振电路的相反。如图5-92b所示,在某一频率下,$I$ 有极小值,而 Z 有极大值。❶

(2)并联谐振电路相位 $\varphi$ 的频率特性与串联谐振电路的相反。低频时 $\varphi>0$,整个电路呈电感性;高频时 $\varphi<0$,整个电路呈电容性。在某一特定频率 $\nu_0=\omega_0/2\pi$ 下,$\varphi=0$,整个电路呈纯电阻性。通常说,这时电路达到谐振。按照(5.129)式,谐振条件为

$$\omega L-\omega C\left[R^2+(\omega L)^2\right]=0, \tag{5.130}$$

由此可解出谐振频率

$$\omega=\omega_0=\sqrt{\frac{1}{LC}-\left(\frac{R}{L}\right)^2}. \tag{5.131}$$

当 $R$ 可以忽略时(往往主要来自电感元件中的磁芯损耗),这公式和串联谐振频率的公式(5.116)一样。

(3)谐振时,两分支内的电流 $I_C$ 和 $I_L$ 几乎相等,相位几乎差 $\pi$,所以外电路中的总电流 $I$ 很小。这时 $I_C=QI$, $I_L=QI$. $Q$ 值的表达式仍为

$$Q=\frac{\omega L}{R}$$

上述电流分配的情况可形象化地理解成图 5-93 所示的图像。谐振时,在 $LR$ 和 $C$ 组成的闭合回路中有个很大的电流在其中循环,这循环就是由大小相等、相位相反的 $I_C$ 和 $I_L$ 构成的。在通到外部电源的电路里几乎没有什么电流。

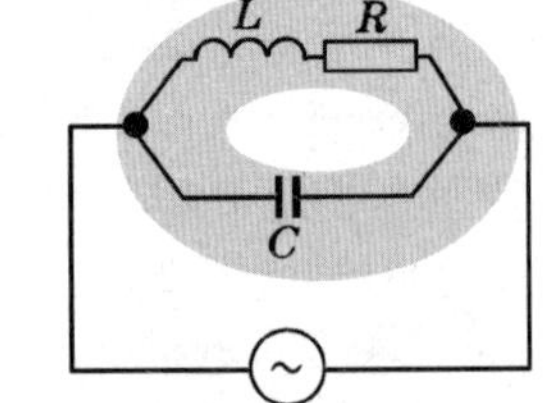

图 5-93 并联谐振中电流分配示意图

(4)并联谐振电路的频率选择性和 $Q$ 值的关系与串联谐振电路差不多。$Q$ 值越高,选择性就越强。

并联谐振电路和串联谐振电路一样,在无线电技术中有着广泛的应用,特别是在振荡器和滤波器里,并联谐振电路往往是其中主要的组成部分。

## §11. 变压器

### 11.1 理想变压器

变压器是以互感现象为基础的电磁装置,它的原理性结构如图 5-94 所示,是绕在同一铁芯上的两个线圈(或称绕组)。联接到电源上的称为原线圈(或初级线圈、初级绕组),联接到负载上的称为副线圈(或次级线圈、次级绕组),两个绕组的电路一般彼此不联通(自耦变压器例外),能量是靠铁芯中的互感磁通来传递的。

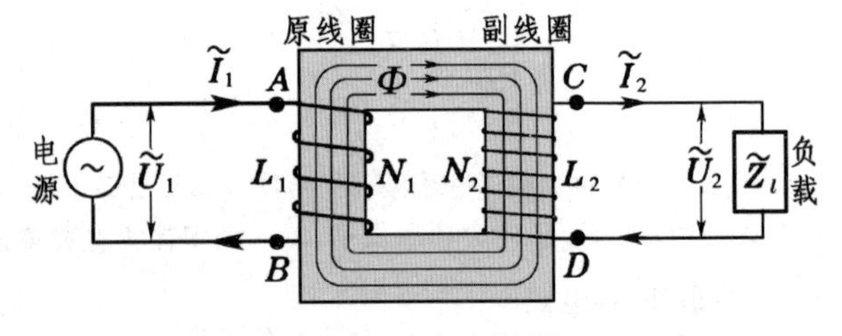

图 5-94 理想变压器

在交流电源的作用下,在原线圈内产生交变电流,从而在铁芯内激发交变的磁通量。交变的磁通量又在副线圈内产生感应电动势和感应电流,它反过来通过互感磁通又影响到原线圈。这便是变压器工作时的基本过程。

❶ 在并联谐振电路中使阻抗 $Z$ 极大的频率,并不严格地与谐振频率一致。

下面的推导中我们作如下几点假设：

(1)没有漏磁，即通过两绕组每匝的磁通量 $\Phi$ 都一样；

(2)两绕组中没有电阻，从而没有铜损(即忽略绕组导线中的焦耳损耗)；

(3)铁芯中没有铁损(即忽略铁芯中的磁滞损耗和涡流损耗)；

(4)原、副线圈的感抗趋于 $\infty$，从而空载电流(见下文)趋于 0.[1]

满足这些条件的变压器叫做理想变压器，它忽略了其中一些次要的因素，是实际变压器的抽象。因为在理想变压器中忽略了一切损耗，电能的转换效率是 100%(电路中小型变压器的实际转换效率高的约为 80%)。各种损耗引起的后果，是设计变压器(特别是大型电力变压器)时要考虑的问题，但对于无线电电路中的小型变压器，从使用的角度来看，理想变压器的原理在很多场合已够用了。下面我们主要介绍理想变压器的原理和性能，只在开始的时候和后文有的地方，我们把条件(4)去掉，以便考虑空载电流的影响。

### 11.2 电压变比公式

首先，为了确定正负号，先得规定原、副线圈的回绕方向。两线圈回绕方向的选择如图 5-94 中箭头所示。应注意到，这样的选择使得它们在磁芯内产生的磁通量方向是一致的，即都沿顺时针方向。[2]

设原、副线圈的匝数分别为 $N_1$、$N_2$，通过磁芯任意截面的磁通量为 $\widetilde{\Phi}$，则通过原副线圈的磁通匝链数分别为

$$\widetilde{\Psi}_1 = N_1\widetilde{\Phi}, \quad \widetilde{\Psi}_2 = N_2\widetilde{\Phi},$$

这里 $\widetilde{\Phi}$ 是自感磁通和互感磁通的总和，故

$$\widetilde{\Psi}_1 = N_1\widetilde{\Phi} = \widetilde{\Psi}_{11} + \widetilde{\Psi}_{21} = L_1\widetilde{I}_1 + M_{21}\widetilde{I}_2,$$

$$\widetilde{\Psi}_2 = N_2\widetilde{\Phi} = \widetilde{\Psi}_{22} + \widetilde{\Psi}_{12} = L_2\widetilde{I}_2 + M_{12}\widetilde{I}_1,$$

式中 $L_1$、$L_2$、$M_{12}$、$M_{21}$ 为原、副线圈的自感系数和互感系数 $\widetilde{I}_1$、$\widetilde{I}_2$ 分别为两线圈中的电流。$\widetilde{\Psi}_1$ 和 $\widetilde{\Psi}_2$ 在两线圈内产生的电动势分别为

$$\widetilde{\mathscr{E}}_{AB} = -\frac{d\widetilde{\Psi}_1}{dt} = -i\omega\widetilde{\Psi}_1 = -i\omega N_1\widetilde{\Phi} = -i\omega L_1\widetilde{I}_1 - i\omega M_{21}\widetilde{I}_2,$$

$$\widetilde{\mathscr{E}}_{DC} = -\frac{d\widetilde{\Psi}_2}{dt} = -i\omega\widetilde{\Psi}_2 = -i\omega N_2\widetilde{\Phi} = -i\omega L_2\widetilde{I}_2 - i\omega M_{12}\widetilde{I}_1.$$

因为我们已忽略了各种损耗，两线圈的阻抗都是纯电感性的，这里没有 $r$，故它们都可以看作没有内阻的电源，其端电压 $\widetilde{U}_{AB}$ 和 $\widetilde{U}_{DC}$ 分别等于内部电动势 $\widetilde{\mathscr{E}}_{AB}$ 和 $\widetilde{\mathscr{E}}_{DC}$ 的负值，即

$$\widetilde{U}_{AB} = -\widetilde{\mathscr{E}}_{AB}, \quad \widetilde{U}_{DC} = -\widetilde{\mathscr{E}}_{DC}.$$

我们定义变压器的输入和输出电压分别为

$$\widetilde{U}_1 = \widetilde{U}_{AB}, \quad \widetilde{U}_2 = \widetilde{U}_{CD} = -\widetilde{U}_{DC},$$

因此[3]

$$\widetilde{U}_1 = -\widetilde{\mathscr{E}}_{AB} = i\omega N_1\widetilde{\Phi} = i\omega L_1\widetilde{I}_1 + i\omega M_{21}\widetilde{I}_2, \tag{5.132}$$

---

[1] 实际上总有漏磁、铜损、铁损等非理想因素存在，忽略它们，就意味着它们引起的阻抗比起原、副线圈的感抗小得多。所以上述前三个条件包含了条件(4)，即变压器原、副线圈的感抗必须足够大。

[2] 如果用 8.5 节中引进的概念来说，就是 $A$、$D$ 为两线圈的同名端。

[3] (5.132)式和(5.133)式可以用 8.5 节讲的包括互感的基尔霍夫定律直接得到。

$$\widetilde{U}_2=\widetilde{\mathscr{E}}_{DC}=-\mathrm{i}\omega N_2\widetilde{\Phi}=-\mathrm{i}\omega L_2\widetilde{I}_2-\mathrm{i}\omega M_{12}\widetilde{I}_1. \tag{5.133}$$

(5.132)式的前半部表明，$\widetilde{\Phi}$ 完全由 $\widetilde{U}_1$ 所决定。以上两式相除，得

$$\frac{\widetilde{U}_1}{\widetilde{U}_2}=-\frac{N_1}{N_2}. \tag{5.134}$$

这便是理想变压器的电压变比公式，式中的负号表示 $\widetilde{U}_2$ 的相位与 $\widetilde{U}_1$ 差 $\pi$.

### 11.3 空载电流 电流变比公式

在推导电流变比公式之前，我们先看一个演示实验。如图 5－95 所示，在变压器原线圈的回路中串联一个灯泡 S(设其电阻与原线圈的感抗相比可忽略)，在副线圈的回路中把两个灯泡 $S_1$、$S_2$ 并联起来作为负载，每个灯泡有自己的开关 $K_1$ 和 $K_2$. 起初，我们先把 $K_1$ 和 $K_2$ 全都断开，这时副线圈中没有电流($\widetilde{I}_2=0$)，这种状况叫做空载。在空载的状态下接通原线圈，这时灯泡 S 微微发红，它表示原线圈中有一定的电流，但电流不大。然后，我们把 $K_1$ 接通，灯泡 $S_1$ 亮了。与此同时我们会发现，灯泡 S 变得比空载时亮一些。如果再把 $K_2$ 接通，使灯泡 $S_2$ 也亮起来，就会发现灯泡 S 变得更亮。

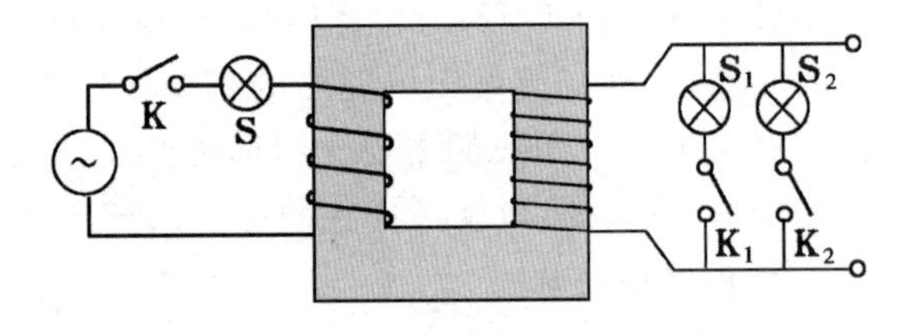

图 5－95 空载电流演示

上述实验表明，即使在空载的情况下，原线圈中也有一定的电流。这个电流叫做*空载电流*，我们用 $\widetilde{I}_0$ 代表它。令(5.132)式中的 $\widetilde{I}_2=0$，$\widetilde{I}_1=\widetilde{I}_0$，立即得到

$$\widetilde{I}_0=\frac{\widetilde{U}_1}{\mathrm{i}\omega L_1}=\frac{N_1\widetilde{\Phi}}{L_1}. \tag{5.135}$$

(5.135)式表明，空载电流 $\widetilde{I}_0$ 由输入电压 $\widetilde{U}_1$ 和原线圈的自感系数 $L_1$ 决定，它的作用是在磁芯内产生一定大小的磁通量 $\widetilde{\Phi}$，故 $\widetilde{I}_0$ 也叫做*励磁电流*。由于 $L_1$ 很大，所以 $\widetilde{I}_0$ 不大。

现在再看有负载电流($\widetilde{I}_2\neq 0$)的情形。在(5.132)式中用 $\mathrm{i}\omega L_1\widetilde{I}_0$ 代表左端的 $\widetilde{U}_1$，移项后得

$$\mathrm{i}\omega L_1(\widetilde{I}_1-\widetilde{I}_0)=-\mathrm{i}\omega M_{21}\widetilde{I}_2.$$

上式表明，这时 $\widetilde{I}_1\neq I_0$. 令 $\widetilde{I}_1'=\widetilde{I}_1-\widetilde{I}_0$ 代表由于存在负载电流 $\widetilde{I}_2$ 后原线圈中增加的电流，其作用是抵消 $\widetilde{I}_2$ 的磁通量。于是

$$\mathrm{i}\omega L_1\widetilde{I}_1'=-\mathrm{i}\omega M_{21}\widetilde{I}_2,$$

或

$$\frac{\widetilde{I}_1'}{\widetilde{I}_2}=-\frac{M_{21}}{L_1}. \tag{5.136}$$

这就是说，$\widetilde{I}_1'$ 是与 $\widetilde{I}_2$ 成正比的。上述实验中当 $S_1$ 和 $S_2$ 两灯泡都亮时(即 $\widetilde{I}_2$ 较大时)，灯泡 S 更亮(即 $\widetilde{I}_1=\widetilde{I}_0+\widetilde{I}_1'$ 变大)，就是这个道理。由于原线圈电流中的 $\widetilde{I}_1'$ 这部分电流与负载电流 $\widetilde{I}_2$ 成正比地同生同灭，所以有时人们叫它做负载电流“反射”到原线圈中的电流。由第三章 5.2 节末的讨论中可以看出，在无漏磁的条件下(理想变压器是符合这个条件的)，$L_1/M_{12}=N_1/N_2$. 又因 $M_{12}=M_{21}$，故 $M_{21}/L_1=M_{12}/L_1=N_2/N_1$，于是(5.136)式化为

$$\frac{\widetilde{I}_1'}{\widetilde{I}_2}=-\frac{N_2}{N_1}. \tag{5.137}$$

这就是反射电流与负载电流的变比公式，负号反映 $\widetilde{I}_1'$ 和 $\widetilde{I}_2$ 产生的磁通相反。通常在接近满载

(即$\widetilde{I}_2$接近额定电流)的情况下$\widetilde{I}_1'$比励磁电流$\widetilde{I}_0$大得多，$\widetilde{I}_1=\widetilde{I}_0+\widetilde{I}_1'\approx\widetilde{I}_1'$，这时(5.137)式也可近似写为

$$\frac{\widetilde{I}_1}{\widetilde{I}_2}\approx-\frac{N_2}{N_1}. \tag{5.138}$$

根据理想变压器的条件(4)，$L_1\to\infty$，按(5.135)式，$\widetilde{I}_0\to 0$，故$\widetilde{I}_1=\widetilde{I}_1'$，(5.138)式严格成立。所以(5.138)式叫做理想变压器的电流变比公式，(5.137)式或(5.138)式中的负号表示反射电流$\widetilde{I}_1'$或$\widetilde{I}_1$的相位与负载中电流的相位差为$\pi$.

由图5-94可以看到，$U_2=U_{CD}$既是副线圈上的端电压，又是负载阻抗$\widetilde{Z}_l$上的电压降，即

$$\widetilde{U}_2=\widetilde{I}_2\widetilde{Z}_l. \tag{5.139}$$

若负载阻抗$\widetilde{Z}_l$为纯电阻性的(即$\widetilde{Z}_l$为实数)，则$\widetilde{U}_1$的相位与$\widetilde{U}_2$一致，即在副线圈回路中$\widetilde{I}_2$是有功电流。另一方面理想变压器的电压和电流的变比公式表明，$\widetilde{U}_1$与$\widetilde{U}_2$、$\widetilde{I}_1$与$\widetilde{I}_2$之间的相位都差$\pi$，从而$\widetilde{I}_1$与$\widetilde{U}_1$的相位也是一致的，即在原线圈回路中的反射电流$\widetilde{I}_1$也是有功电流。从而在两个回路中的有功功率分别为

$$P_{有功1}=U_1I_1,\quad P_{有功2}=U_2I_2.$$

利用变比公式(5.134)、(5.138)立即可以证明

$$P_{有功1}=P_{有功2}. \tag{5.140}$$

这表明，当副线圈回路2中消耗了功率$P_{有功2}$的同时，从原线圈回路1看起来，其中也消耗了等量的功率$P_{有功1}$.实际上$P_{有功1}$并未真正消耗在回路1中，而是通过磁场的耦合传递到回路2中去了，回路2中消耗的功率$P_{有功2}$正来源于此。在理想变压器中假设没有损耗，所以能量可以从回路1全部传递到回路2中去。(5.140)式正反映了这一情况。

### 11.4 输入和输出等效电路

输入电压$\widetilde{U}_1$与反射电流$\widetilde{I}_1'$之比叫做反射阻抗或折合阻抗，用$\widetilde{Z}_l'$表示它，则有

$$\widetilde{Z}_l'=\frac{\widetilde{U}_1}{\widetilde{I}_1'}. \tag{5.141}$$

反射阻抗的物理意义如下：从变压器的输入端看过去，实际电路图5-96a中的阴影内那部分等效于图5-96b或c中阴影内的电路，其中b考虑了励磁电流，c中忽略了励磁电流。在忽略了励磁电流的情况下，等效电路就是一个阻抗为$\widetilde{Z}_l'$的负载直接联到电源两端，显然这时等效电路中的电流$\widetilde{I}_1$就等于实际电路a中的$\widetilde{I}_1'$；若考虑励磁电流，还需如电路b那样在等效电路中并联一个自感$L_1$，这时通过$L_1$的电流等于实际电路中的励磁电流$\widetilde{I}_0$，从而总电流等于$\widetilde{I}_1=\widetilde{I}_0+\widetilde{I}_1'$. 这样就使原线圈所在的电路大大简化了。

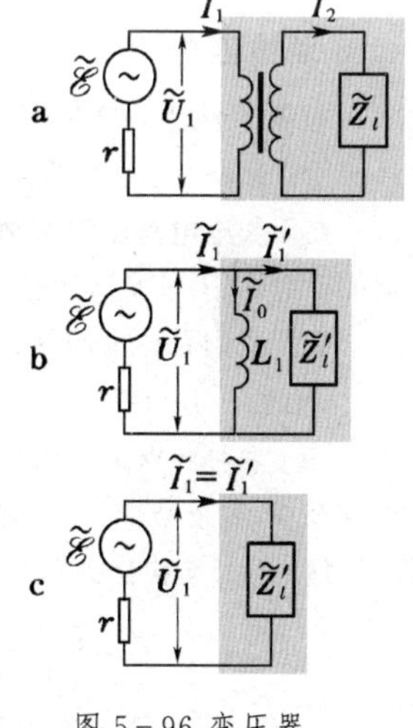


图5-96 变压器的输入等效电路

把变比公式(5.134)、(5.138)代入(5.141)式，并考虑到(5.139)式，立即得到

$$\widetilde{Z}_l'=\left(\frac{N_1}{N_2}\right)^2\frac{\widetilde{U}_2}{\widetilde{I}_2}=\left(\frac{N_1}{N_2}\right)^2\widetilde{Z}_l. \tag{5.142}$$

(5.142)式表明，反射阻抗$\widetilde{Z}_l'$的大小是负载阻抗$\widetilde{Z}_l$的$(N_1/N_2)^2$倍，或者说，负载阻抗“反射”到变压器的原线圈回路中去，要乘一个折合因子$(N_1/N_2)^2$. 从这种意义上说，变压器可起到变换阻抗的作用。

图 5-96b、c 是从变压器的输入端看过去的等效电路，所以叫做变压器的输入等效电路。我们也可以从变压器的输出端看回来，这样就会得到另一个等效电路——变压器的输出等效电路。图 5-97a 是实际电路图，从输出端看回来，图 5-97a 中阴影内的部分可用图 5-97b 中阴影内的等效电源来代替。设实际电源的电动势和内阻为 $\mathscr{E}$ 和 $r$，输出等效电路中等效电源的电动势和内阻为 $\mathscr{E}'$ 和 $r'$. $\mathscr{E}'$、$r'$ 和 $\mathscr{E}$、$r$ 的关系可推导如下。首先假设副线圈回路 2 是断开的（即 $\widetilde{Z}_l=\infty$，$\widetilde{I}_2=0$，$\widetilde{I}_1=\widetilde{I}_0$），这时从等效电路图图 5-97b 看来，$\widetilde{U}_2$ 应等于电动势 $\widetilde{\mathscr{E}}'$，而从实际的原线圈回路 1 看来，$\widetilde{U}_1=\widetilde{\mathscr{E}}-\widetilde{I}_0 r$，所以

$$\widetilde{\mathscr{E}}'=\widetilde{U}_2=-\frac{N_1}{N_2}\widetilde{U}_1=-\frac{N_1}{N_2}(\widetilde{\mathscr{E}}-\widetilde{I}_0 r). \tag{5.143}$$

在励磁电流 $\widetilde{I}_0$ 可忽略的情况下

$$\widetilde{\mathscr{E}}'\approx-\frac{N_1}{N_2}\widetilde{\mathscr{E}}. \tag{5.144}$$

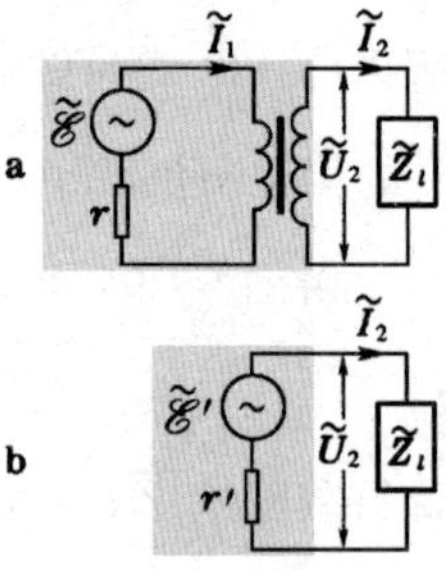

在有负载的情况下：

$$\widetilde{U}_2=\widetilde{\mathscr{E}}'-\widetilde{I}_2 r',\quad \widetilde{U}_1=\widetilde{\mathscr{E}}-\widetilde{I}_1 r=\widetilde{\mathscr{E}}-\widetilde{I}_0 r-\widetilde{I}_1' r.$$

利用电压变比公式(5.134)可得

$$\widetilde{\mathscr{E}}'-\widetilde{I}_2 r'=-\frac{N_1}{N_2}(\widetilde{\mathscr{E}}-\widetilde{I}_0 r-\widetilde{I}_1' r).$$

图 5-97 变压器的输出等效电路

利用(5.143)式，上式左端的 $\widetilde{\mathscr{E}}'$ 和右端的 $-\frac{N_1}{N_2}(\widetilde{\mathscr{E}}-\widetilde{I}_0 r)$ 刚好消掉，于是

$$-\widetilde{I}_2 r'=\frac{N_1}{N_2}\widetilde{I}_1' r,$$

再利用电流变比公式(5.137)得到

$$r'=\left(\frac{N_2}{N_1}\right)^2 r, \tag{5.145}$$

(5.144)式表明，电源电动势"反射"到变压器的副线圈回路中去，要乘一个折合因子 $-N_1/N_2$（负号表示相位相反），(5.145)式表明，内阻则需乘折合因子 $(N_2/N_1)^2$.

### 11.5 阻抗匹配

本章思考题 5-4 说明，当外电路的负载电阻 $R$ 与电源内阻 $r$ 相等时，输出到负载的功率最大。$R=r$ 的条件叫做匹配条件。

在无线电电路中常遇到这样的情况，负载的阻抗与电源的内阻很不匹配，这时可用变压器来耦合，通过变压器的反射作用，使负载阻抗和电源内阻匹配起来。

下面我们看一个例题。

**例题 23** 如图 5-98 所示，信号源电动势 $\mathscr{E}=6\text{V}$，内阻 $r=100\,\Omega$，扬声器的电阻 $R=8\,\Omega$，(i) 计算直接把扬声器接在信号源上时的输出功率。(ii) 若用 $N_1=300$ 匝、$N_2=100$ 匝的变压器耦合，输出功率为多少？

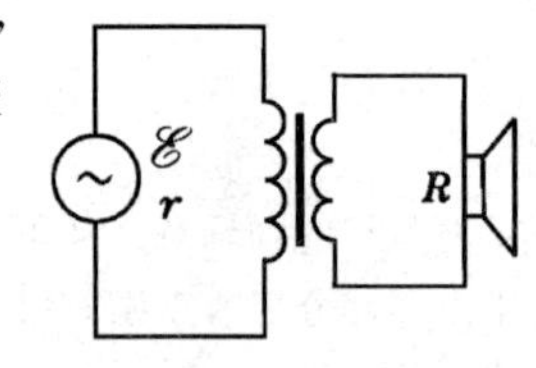

图 5-98 例题 23——扬声器通过输出变压器达到与电源匹配

**解：** (i)直接把扬声器接在信号源上时，输出功率为

$$\overline{P}=\left(\frac{\mathscr{E}}{R+r}\right)^2 R=\left(\frac{6\,\text{V}}{8\,\Omega+100\,\Omega}\right)^2\times 8\,\Omega=25\,\text{mW}.$$

(ii)通过变压器耦合时的输出功率可利用变压器的输入等效电路或输出等效电路来计算。

在输入等效电路中看来，扬声器的反射阻抗为

$$R'=\left(\frac{N_1}{N_2}\right)^2 R=\left(\frac{300}{100}\right)^2\times 8\,\Omega=72\,\Omega.$$

从而输出功率为

$$\overline{P}=\left(\frac{\mathscr{E}}{R'+r}\right)^2 R'=\left(\frac{6\text{V}}{72\,\Omega+100\,\Omega}\right)^2\times 72\,\Omega=88\,\text{mW}.$$

在输出等效电路中看来，等效信号源的电动势和内阻分别为

$$\mathscr{E}' = \frac{N_2}{N_1}\mathscr{E} = \frac{100}{300} \times 6\,\text{V} = 2\,\text{V},$$

$$r' = \left(\frac{N_2}{N_1}\right)^2 r = \left(\frac{100}{300}\right)^2 \times 100\,\Omega = 11.1\,\Omega,$$

从而输出功率为

$$\overline{P} = \left(\frac{\mathscr{E}'}{R + r'}\right)^2 R = \left(\frac{2\,\text{V}}{8\,\Omega + 11.1\,\Omega}\right)^2 \times 8\,\Omega = 88\,\text{mW}.$$

两种计算结果一致。▌

上面这个例题表明，原来扬声器的电阻与信号源内阻相差甚远，很不匹配，若直接接上，则输出功率较小。经变压器耦合，无论从输入等效电路还是从输出等效电路看来，负载阻抗与电源内阻都比较接近，输出功率就大多了。

### 11.6 变压器的用途

在电力工程和无线电技术中广泛地使用变压器，其主要用途就是变电压、变电流、变阻抗以及电路间的耦合。下面我们选择其中重要的作些简单介绍。

(1)电力变压器　在输电线中的焦耳损耗正比于电流的平方。远距离输电时，就需要用变压器升高电压以减小电流。发电机的输出电压一般是 6～10kV，通常根据输电距离的远近，用大型电力变压器将电压升高到 35kV、110kV、220kV 等高压。电流经高压线传送到企业用户时，再用降压变压器把电压降到几百 V，以保证用电的安全(图 5-99)。

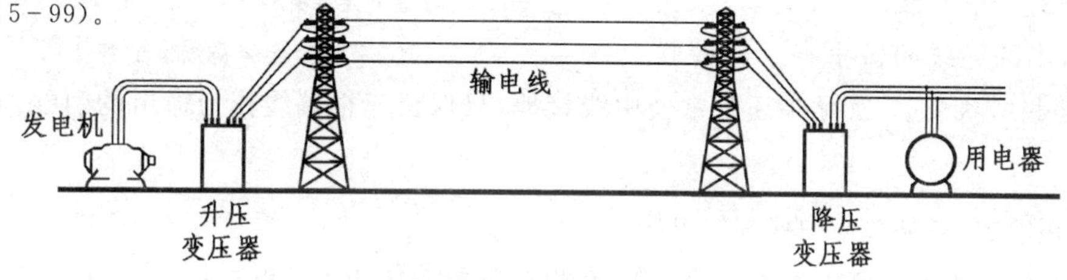


图 5-99 输电系统示意图

(2)电源变压器　各种电子设备各部位需要不同的电压，通常都用电源变压器将 220V 的市电变到各种需要的电压。

(3)耦合变压器　电子电路中常常使用各种耦合变压器来作级间耦合，收音机中的输入变压器、输出变压器、高频变压器、中周变压器，都属于这一类，它们的作用是多方面的，上面介绍的输出变压器在阻抗匹配方面的作用就是一例。

(4)调压变压器(自耦变压器)　实际中常常需要在一定范围内连续调节交流电压，这种用途的变压器叫做调压变压器。调压变压器通常做成自耦式的，其结构如图 5-100 所示，只有一个绕组，电源加在其中的一段上，负载通过滑动头接在另一段上。改变滑动头的位置，就可得到不同的电压输出。

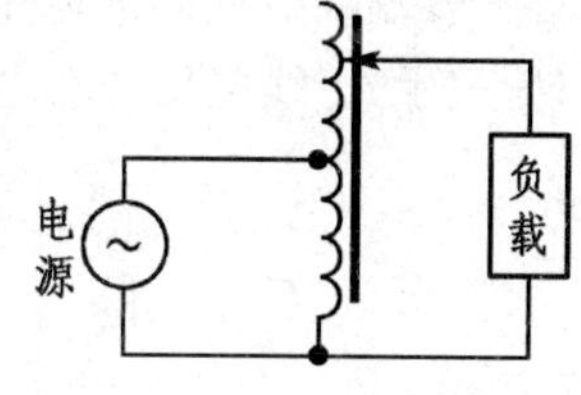


图 5-100 调压变压器

## §12. 三相交流电

### 12.1 什么是三相交流电？　相电压与线电压

在电力工程中广泛地使用三相交流电，其优越性将在本节后面提到。为了说明什么是三相交流电，我们先看看它是怎样产生的。

图 5-101a 是一个三相交流发电机的示意图，其中 $AX$、$BY$、$CZ$ 是三个在结构上完全相同的线圈，它们排列在圆周上的位置彼此差 $2\pi/3$(即 120°)的角度。当磁铁 NS 以匀角速 $\omega$ 旋转时，每个线圈内产生一个交变电动势，它们的幅值 $\mathscr{E}_0$(或有效值 $\mathscr{E} = \mathscr{E}_0/\sqrt{2}$)和角频率 $\omega$ 都相等，

但相位彼此差 $2\pi/3$,因此它们的瞬时值及其复数表示可分别写成

$$\begin{cases} e_{AX}(t)=\mathscr{E}_0\cos\omega t,\\ e_{BY}(t)=\mathscr{E}_0\cos(\omega t-2\pi/3),\\ e_{CZ}(t)=\mathscr{E}_0\cos(\omega t+2\pi/3); \end{cases} \qquad \begin{cases} \widetilde{\mathscr{E}}_{AX}=\mathscr{E}_0\mathrm{e}^{\mathrm{i}\omega t},\\ \widetilde{\mathscr{E}}_{BY}=\mathscr{E}_0\mathrm{e}^{\mathrm{i}(\omega t-2\pi/3)},\\ \widetilde{\mathscr{E}}_{CZ}=\mathscr{E}_0\mathrm{e}^{\mathrm{i}(\omega t+2\pi/3)}. \end{cases} \tag{5.146}$$

它们随时间变化的曲线参见图 5-101b。这种频率相同而相位彼此差 $2\pi/3$ 的三个交流电,叫做三相交流电,或简称三相电。产生三相电的每个线圈叫做一相。

三相电源本来具有 $A$、$X$、$B$、$Y$、$C$、$Z$ 六个接头,但在实际中总是如图 5-101a 所示那样,把 $X$、$Y$、$Z$ 三个接头短接在一起,引出一个公共接头 $O$. 这样一来,输出的引线共有四根:从 $A$、$B$、$C$ 引出的三根导线,叫做端线,从公共点 $O$ 引出的导线叫做中线。这种联接,叫做三相四线制。实际中还常常使中线接地,只保留三根端线作为输出的引线,这叫做三相三线制。

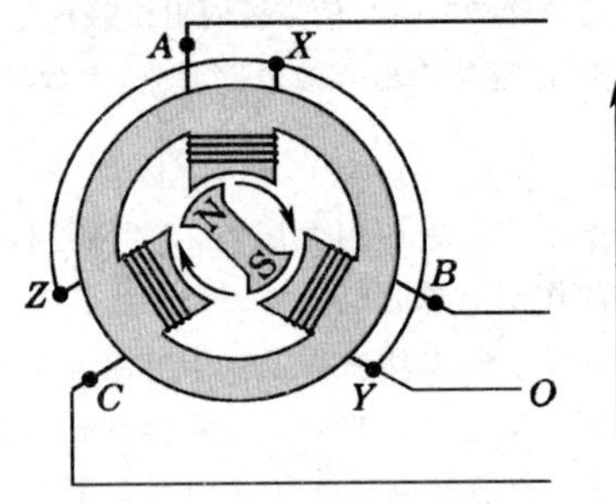

a 三相交流发电机示意图

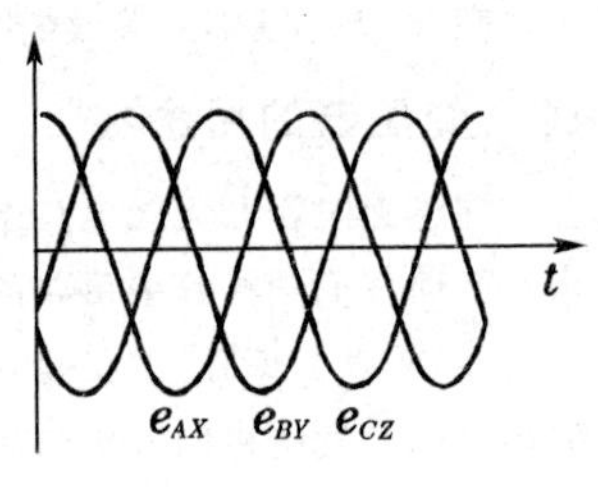

b 三相交流电波形曲线

图 5-101 三相交流电的产生

在三相电中,各端线与中线间的电压 $\widetilde{U}_{AO}$、$\widetilde{U}_{BO}$、$\widetilde{U}_{CO}$,即三相发电机各相的路端电压,叫做相电压。在发电机内阻可以忽略的情况下,相电压就等于各相中的电动势:$\widetilde{U}_{AO}=\widetilde{\mathscr{E}}_{AX}$、$\widetilde{U}_{BO}=\widetilde{\mathscr{E}}_{BY}$、$\widetilde{U}_{CO}=\widetilde{\mathscr{E}}_{CZ}$,因此它们的有效值相等(用 $U_\varphi$ 表示),相位彼此差 $2\pi/3$。

各端线彼此间的电压 $\widetilde{U}_{AB}$、$\widetilde{U}_{BC}$、$\widetilde{U}_{CA}$,叫做线电压,三个线电压的有效值也彼此相等(用 $U_l$ 表示)。线电压与相电压的关系为

$$\begin{cases} \widetilde{U}_{AB}=\widetilde{U}_{AO}-\widetilde{U}_{BO},\\ \widetilde{U}_{BC}=\widetilde{U}_{BO}-\widetilde{U}_{CO},\\ \widetilde{U}_{CA}=\widetilde{U}_{CO}-\widetilde{U}_{AO}. \end{cases}$$

它们的矢量图解如图 5-102 所示,$U_l$ 与 $U_\varphi$ 大小的关系是一个等边三角形边长与中心到顶点联线长度的关系,即

$$U_l=\sqrt{3}\,U_\varphi. \tag{5.147}$$

图 5-102 三相电压的矢量图

通常在车间或实验室中三相交流电源的线电压是 380 V,从而相电压是 $380\,\text{V}/\sqrt{3}=220\,\text{V}$(都指有效值)。

### 12.2 三相电路中负载的联接

在三相电路中,负载(用电器)的联接方式有两种。

(1)星形联接(Y 联接)

如图 5-103 所示,在三相四线制中每根端线与中线之间各接一负载,这样的联接方式叫做星形联接,或 Y 联接。设各相负载的阻抗为 $\widetilde{Z}_a$、$\widetilde{Z}_b$、$\widetilde{Z}_c$,各相内的电流为

$$\begin{cases}\widetilde{I}_a=\dfrac{\widetilde{U}_{ao}}{\widetilde{Z}_a},\\ \widetilde{I}_b=\dfrac{\widetilde{U}_{bo}}{\widetilde{Z}_b},\\ \widetilde{I}_c=\dfrac{\widetilde{U}_{co}}{\widetilde{Z}_c}.\end{cases}$$

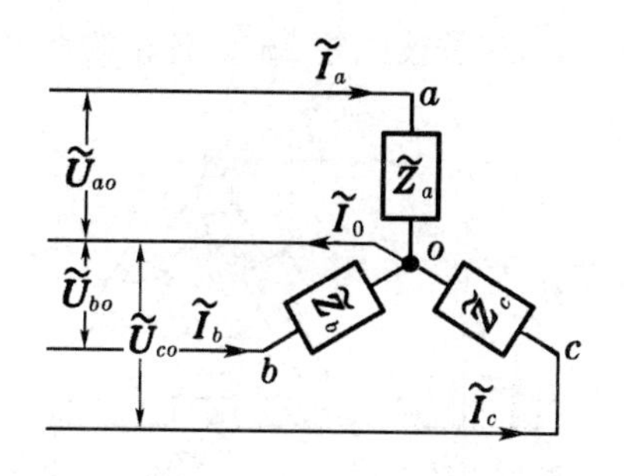

图 5-103 三相负载的星形联接

下面分对称负载和不对称负载两种情形来讨论。

在负载是对称的情况下(如三相电动机),$\widetilde{Z}_a=\widetilde{Z}_b=\widetilde{Z}_c$,各相电流的有效值相等($I_a=I_b=I_c\equiv I_\varphi$),相位彼此差 $2\pi/3$,因而这时中线电流 $\widetilde{I}_0=\widetilde{I}_a+\widetilde{I}_b+\widetilde{I}_c=0$. 在这种情况下，中线变成多余的了,可以将它省去,改为三相三线制。

在负载不对称的情况下,中线电流 $\widetilde{I}_0$ 将不等于 0。 然而平常在各相负载的差别不太大时,中线电流比端线电流小得多,所以中线可用较细的导线来做,但绝对不能取消或让它断开,否则各相电压失去平衡,会产生严重的后果(参见下面的例题)。

**例题** 24　如图 5-104 所示，星形负载的每一相都是并联的五盏相同的电灯,其中 $a$ 相点燃了三盏，$b$ 相点燃了两盏，$c$ 相一盏也没有点燃。求中线接通和断开两种情况下，$a$ 相和 $b$ 相的电压(已知电源的线电压为 380V)。

**解：** (i)中线接通的情形　这时各相负载的两端都与电源相联,相电压的大小与负载的阻抗无关，总等于电源的相电压，即 220V。

(ii)中线断开的情形　按题意,$c$ 相处于断开状态,于是整个电路变成 $a$ 相与 $b$ 相串联,接在 $a$、$b$ 两相的端线上其间电压 380V. 又因 $a$、$b$ 两相负载阻抗之比是 2:3,从而电压之比也是 2:3.设灯泡都是纯电阻,$a$、$b$ 两相电压叠加的总比例是 5,于是

$$U_{ao}=\frac{2}{5}\times 380\,\text{V}=152\,\text{V},$$

$$U_{bo}=\frac{3}{5}\times 380\,\text{V}=228\,\text{V}.$$

都严重地偏离了 220V. ▌

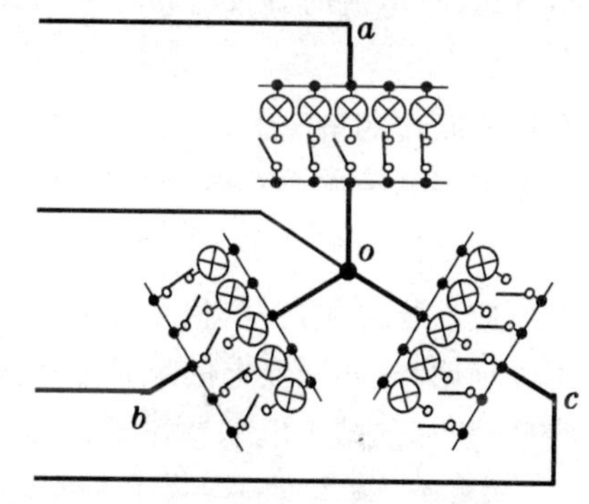

图 5-104 例题 24—— 三相不对称负载情形中线的作用

日常照明用的单相交流电源,就是三相供电系统中的一相。通常把三相电源的各个相按星形联接,分配给用电量大体相等的三组用户,所以每家用户的两根导线中,一根是端线(又叫火线),另一根是从中线引出的,中线通常接地,这引线叫做地线。由于同一时刻各组用户用电灯或其他电器的情况不可能完全一样,一般说来三个相的负载是不对称的。如果一旦中线断了,各相的电压就会像上面例题所示那样,随着负载阻抗的变动而漂浮不定。这样,有的用户的电灯因电压不足而黯然无光,有的用户却因电压超额而损害电器。由此可见,在负载不对称的情形下,星形联接的中线是断不得的。所以保险丝和开关显然不能装在中线上,而且还要用较坚韧的钢线来做中线,以免它自行断开而造成事故。

(2)三角形联接(Δ 联接)

如图 5-105 所示,将负载连接在两两端线之间,这样的联接方式叫做三角形联接,或 Δ 联接。在这种联接中,各相负载上的电压 $\widetilde{U}_{ab}$、$\widetilde{U}_{bc}$、$\widetilde{U}_{ca}$ 由电源的线电压来维持,所以它们的有效值都等于

$U_l$，相位彼此差 $2\pi/3$.各相的相电流和端线中的线电流分别为

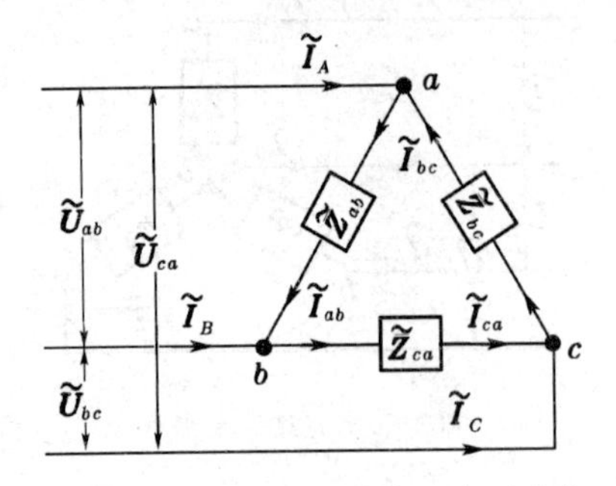


图 5-105 三相负载的三角形联接

$$\text{相电流}\begin{cases}\widetilde{I}_{ab}=\dfrac{\widetilde{U}_{ab}}{\widetilde{Z}_{ab}},\\ \widetilde{I}_{bc}=\dfrac{\widetilde{U}_{bc}}{\widetilde{Z}_{bc}},\\ \widetilde{I}_{ca}=\dfrac{\widetilde{U}_{ca}}{\widetilde{Z}_{ca}}.\end{cases}\qquad \text{线电流}\begin{cases}\widetilde{I}_{A}=\widetilde{I}_{ab}-\widetilde{I}_{ca},\\ \widetilde{I}_{B}=\widetilde{I}_{bc}-\widetilde{I}_{ab},\\ \widetilde{I}_{C}=\widetilde{I}_{ca}-\widetilde{I}_{bc}.\end{cases}$$

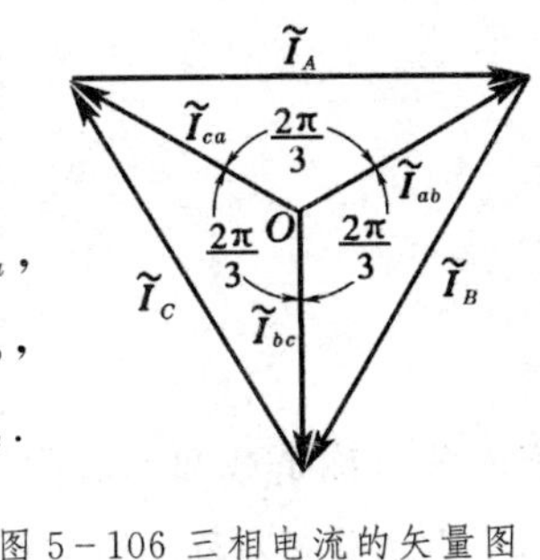


图 5-106 三相电流的矢量图

如果负载是对称的（$\widetilde{Z}_{ab}=\widetilde{Z}_{bc}=\widetilde{Z}_{ca}$），代表相电流的三个矢量的顶点也构成一个等边三角形（图 5-106），它的三边代表两两矢量之差，即线电流。所以线电流和相电流有效值的关系为

$$I_l=\sqrt{3}\,I_\varphi. \tag{5.148}$$

### 12.3 三相电功率

三相交流电的功率等于各相功率之和。在对称负载的情况下，用 $U_\varphi$、$I_\varphi$ 和 $\cos\varphi$ 代表每相的相电压、相电流的有效值和功率因数，则三相电路的平均功率为

$$\overline{P}=3\,U_\varphi I_\varphi\cos\varphi. \tag{5.149}$$

在星形联接的情况下，$U_\varphi=U_l/\sqrt{3}$，$I_\varphi=I_l$；在三角形联接的情况下，$I_\varphi=.\,I_l/\sqrt{3}$，$U_\varphi=U_l$.因而无论用哪种方式联接，平均功率都等于

$$\overline{P}=\sqrt{3}\,U_l\,I_l\cos\varphi. \tag{5.150}$$

应当指出的是，单相交流电的瞬时功率是随时间周期性变化的，但通过基本的三角函数运算可以证明，三相交流电的瞬时功率是不随时间变化的恒量。这是因为各相瞬时功率的高峰彼此错开，相加的结果填平补齐了。

**例题 25** 试证明：以同等的线电压传输同等的功率至同等的距离，要使线路中消耗同等的焦耳热，采用三相三线制比采用单相两相制，导线的金属用量要少。

**解：** 设线电压为 $U$，用单相两线制时每条导线的电阻为 $R_1$，电流为 $I_1$，用三相三线制时每条导线中的电阻为 $R_3$，电流为 $I_3$（即线电流 $I_l$）。于是用单相两线制和三相三线制传输的功率分别为

$$\overline{P}_1=UI_1\cos\varphi,\quad \overline{P}_3=\sqrt{3}\,UI_3\cos\varphi.$$

而线路中消耗的焦耳热分别为

$$\overline{P}_1'=2I_1^{\,2}R_1,\quad \overline{P}_3'=3I_3^{\,2}R_3.$$

依题意 $\overline{P}_1=\overline{P}_3$，$\overline{P}_1'=\overline{P}_3'$，于是

$$\frac{I_1}{I_3}=\sqrt{3},\quad \frac{R_1}{R_3}=\frac{3}{2}\left(\frac{I_3}{I_1}\right)^2=\frac{1}{2}.$$

设导线的电阻率为 $\rho$，长度都是 $l$，横截面积分别为 $S_1$ 和 $S_3$，则

$$R_1=\rho l/S_1,\quad R_3=\rho l/S_3.$$

设所有导线占用的金属总体积分别为 $V_1$ 和 $V_3$，则

$$V_1=2S_1l,\quad V_3=3S_3l.$$

$$\frac{V_3}{V_1}=\frac{3S_3}{2S_1}=\frac{3R_1}{2R_3}=\frac{3}{4}=75\%.\ \blacksquare$$

由此可见，以同等的线电压 $U$ 传输同等的功率至同等的距离，要使线路中消耗同等的焦耳热，采用三相三线制比采用单相两线制导线的金属耗费量可节约 25%，实际的输电网常常要把很大的

功率传输到数十或数百公里以外，由于采用三相三线制，可节省下来的金属材料是十分可观的。这便是三相电的优越性之一。

三相电的其他优越性还很多，其中之一是它能比较方便地产生一个旋转磁场，这是实际中应用最广泛的一种电动机——感应式电动机的基本组成部分。下面就来讨论这个问题。

### 12.4 三相电产生旋转磁场

三相交流电产生旋转磁场的原理性装置示于图 5-107，三个相同结构的绕组 $ax$、$by$、$cz$ 排列在圆周上的位置彼此差 $2\pi/3$ 的角度。把三相交流电通入三个绕组时，它们在中心点 $O$ 产生的磁感应强度矢量 $\boldsymbol{B}_1$、$\boldsymbol{B}_2$、$\boldsymbol{B}_3$ 的方向如图 5-107 所示，各自沿着每个绕组的轴线，而它们的数值是交变的。因为它们的幅值相同，相位彼此差 $2\pi/3$，所以它们的瞬时值可以表成

$$\begin{cases} ax\text{ 绕组：} & B_1=\mathscr{B}_0\cos\omega t, \\ by\text{ 绕组：} & B_2=\mathscr{B}_0\cos(\omega t-2\pi/3), \\ cz\text{ 绕组：} & B_3=\mathscr{E}_0\cos(\omega t+2\pi/3). \end{cases} \tag{5.151}$$

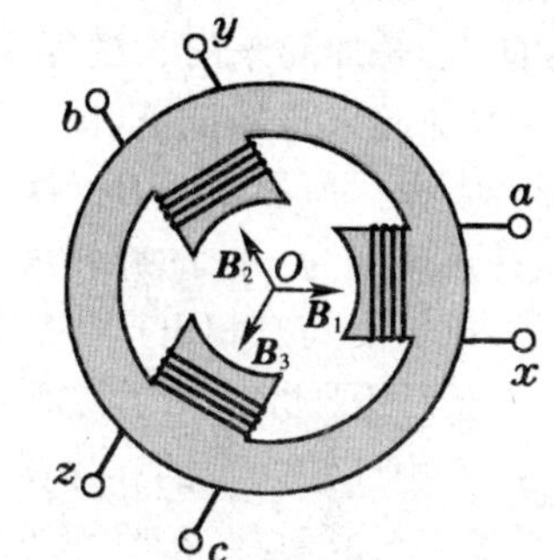

图 5-107 三相电产生旋转磁场

在任何时刻 $t$，$O$ 点的总磁感应强度矢量 $\boldsymbol{B}$ 就是这样三个磁感应强度的矢量和。这三个矢量既有相位差，又有方向差，叠加的结果什么样子，一时不容易看清楚。下面我们采取一个特殊的办法来分析。

设有一对矢量，长度皆为 1/2，分别以 $\pm\omega$ 的角速度反向旋转，如图 5-108 所示。$t=0$ 时它们处于同一方向，叠加起来，是一个沿此方向长度为 1 的矢量（图 5-108a）。随着时间的推移，两矢量对称地转到此方向的两侧，叠加起来，是一个沿此方向长度为 $\cos\omega t$ 的矢量（图 5-108 b，c，d，…）。亦即，合矢量是一个沿对称轴方向作简谐振动的矢量。反过来我们也可以说，一个简谐振动矢量可分解成两个反向旋转的矢量。

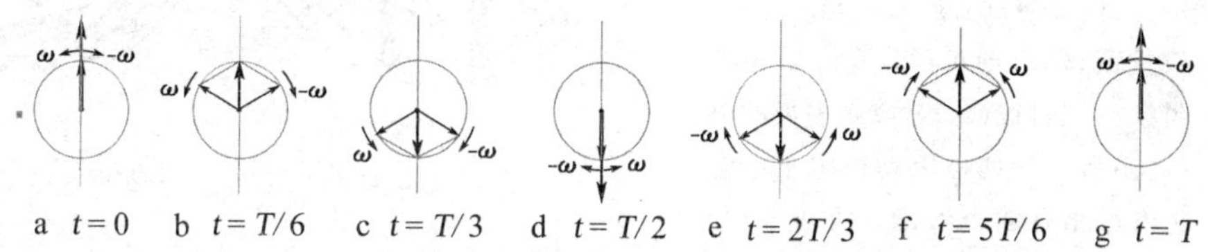

a $t=0$　b $t=T/6$　c $t=T/3$　d $t=T/2$　e $t=2T/3$　f $t=5T/6$　g $t=T$

图 5-108 一个简谐振动可分解成两个反向旋转的矢量

现在我们回过来看旋转磁场问题。上述 $\boldsymbol{B}_1$、$\boldsymbol{B}_2$、$\boldsymbol{B}_3$ 三个振荡磁感应强度矢量分别沿 $a$、$b$、$c$ 三相的方向，彼此在空间差 $2\pi/3$，它们的相位彼此也差 $2\pi/3$. 如图 5-109 所示，我们把它们中的每一个都分解为一对以角速度 $\pm\omega$ 反向旋转的矢量，它们的长度皆为 $B_0/2$。但要注意，图5-108

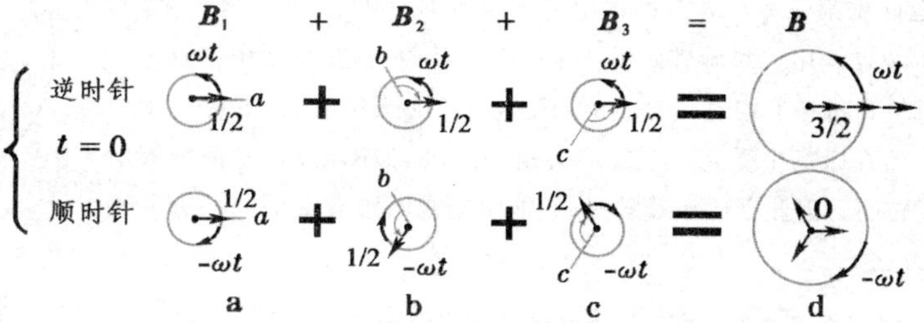

$\boldsymbol{B}_1$ + $\boldsymbol{B}_2$ + $\boldsymbol{B}_3$ = $\boldsymbol{B}$

逆时针 $t=0$ 顺时针

a　b　c　d

图 5-109 三个简谐振荡磁场合成旋转磁场

中的矢量初相位皆为0，而这里只有 $\boldsymbol{B}_1$ 的初相位为0，而 $\boldsymbol{B}_2$、$\boldsymbol{B}_3$ 的初相位不为0。初相位 $\varphi_0$ 为正，意味着 $t=0$ 时刻旋转矢量的方位相对旋转方向要超前角度 $\varphi_0$；初相位 $-\varphi_0$ 为负，意味着 $t=0$ 时刻旋转矢量的方位相对旋转方向要倒退角度 $\varphi_0$. 循此法则，由 $\boldsymbol{B}_1$ 分解出来的 $\pm\omega$ 两个旋转矢量在 $t=0$ 时刻都在 $a$ 相方向（图 a）。由 $\boldsymbol{B}_2$ 分解出来的 $+\omega$ 旋转矢量初相位为 $-2\pi/3$，$t=0$ 时刻它应处在由 $b$ 相方位逆着 $+\omega$ 退 $2\pi/3$ 角度的位置，即 $a$ 相的方向上（图 b 上部）；$-\omega$ 旋转矢量则应处在由 $b$ 相方位逆着 $-\omega$ 退 $2\pi/3$ 角度的位置，即 $c$ 相的方向上（图 b 下部）。同理，由 $\boldsymbol{B}_3$ 分解出来的 $+\omega$ 旋转矢量初相位为 $+2\pi/3$，$t=0$ 时刻它应处在由 $c$ 相方位沿着 $+\omega$ 进 $2\pi/3$ 角度的位置，即 $a$ 相的方向上（图 c 上部）；$-\omega$ 旋转矢量则应处在由 $c$ 相方位沿着 $-\omega$ 进 $2\pi/3$ 角度的位置，即 $b$ 相的方向上（图 c 下部）。总结起来，$t=0$ 时刻三个 $+\omega$ 旋转矢量都在 $a$ 相的方向上，叠加起来的长度等于 $3B_0/2$（图 d 上部）；三个 $-\omega$ 旋转矢量分别在 $a$、$c$、$b$ 三相的方向上，叠加起来全部抵消（图 d 下部）。在以后的时刻，两组旋转矢量的合矢量将分别以角速度 $\pm\omega$ 旋转下去。所以 $\boldsymbol{B}_1$、$\boldsymbol{B}_2$、$\boldsymbol{B}_3$ 三个矢量最终合成一个长度为 $3B_0/2$、具有角速度 $+\omega$ 的旋转矢量，没有角速度为 $-\omega$ 的旋转矢量。

以上便是三相电产生旋转磁场的基本原理。

最后还要指出，为了得到与上述旋转方向相反（即以角速度 $-\omega$ 旋转）的磁场，只需将 $ax$、$by$、$cz$ 三绕组中任意两个的相序颠倒过来（譬如将 $cz$ 接到第二相，$by$ 接到第三相）即可。

实际上在感应电动机内产生旋转磁场的三相绕组并不像图 5-107 所示那样，每相只有一个线圈绕在定子上凸起的极上，而是接近图 5-110a 所示那样，每相有一对线圈，嵌在定子槽中，在它们之中电流回绕方向一致，共同产生一个单相磁场。❶三相合起来，效果相当于一对旋转磁极 N、S，产生一个转速等于交流电角频率 $\omega$ 的旋转磁场，即磁场的转速为 $\omega/2\pi$(r/s)。我国采用 50 周制，所以这种电动机中磁场的转速是 50 r/s 或 3000 r/min。除了上述一对极（两极）电动机外，实际中还常常用两对极（四极）、三对极（六极）或更多极的电动机。图 5-110b 所示为四极电动机定子中绕组的排列。这里每相有四个线圈，两两平行，相邻线圈成 90° 角。三相合起来，效果相当于两对旋转磁极，产生的磁场的角速度是 $\omega/2$，即 1500 r/min；三对极（六极）电动机的定子中，每相有六个线圈，两两平行，相邻线圈成 60° 角，三相合起来，效果相当于三对磁极，产生的磁场角速度为 $\omega/3$，即 1000 r/min，等等。

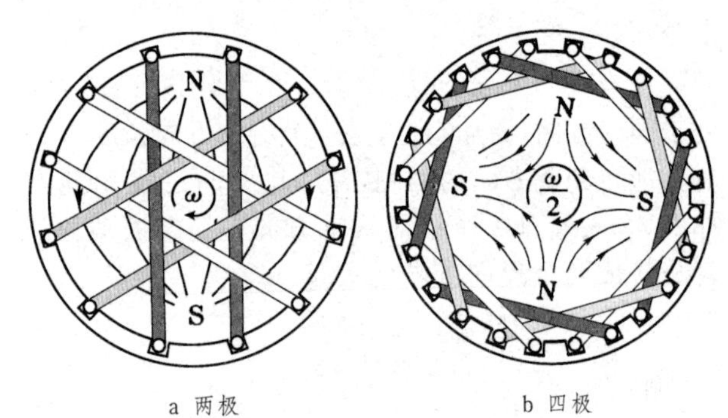


a 两极　　b 四极

图 5-110 电动机定子三相绕组示意图

## 12.5 三相感应电动机的运行原理、结构和使用

感应电动机的运行靠第三章 1.5 节讲的电磁驱动原理。我们把问题简化，看图 5-111 所示的演示装置。用一对旋转磁极产生一个旋转磁场，在磁场中放置一个矩形线圈。由于磁场与线圈有了相对运动，在线圈中会产生感应电流（方向见图中的 ⊙ 和 ⊗）。感应电流在磁场中受到一个安培力矩，其方向如图所示，是使线圈沿着磁场旋转的方向旋转的。因此当磁极旋转时，它能驱动线圈跟着它沿同一方向旋

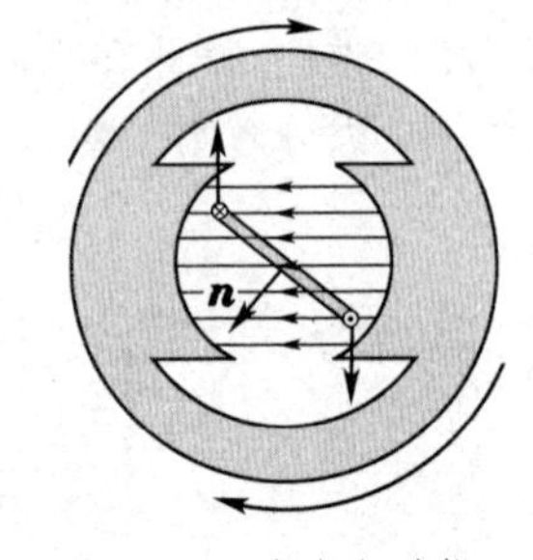


图 5-111 感应电动机运行原理演示

❶ 图 5-110 仍旧是个示意图，实际电动机绕组比图中所示还要复杂。读者如想进一步了解，可参考有关电工方面的书籍。

转。这就是电磁驱动原理。根据楞次定律,我们可以不必分析感应电流和安培力的方向,就可解释电磁驱动现象。因为这里产生感应电流的"原因"是磁场与线圈之间的相对运动,从而其"效果"将是减少这种相对运动,即线圈跟着磁场旋转。

感应电动机的原理与上述演示实验差不多,只是旋转磁场不是由旋转磁极而是由定子三相绕组产生的;此外,转子也不是一个简单的线圈,而是像图 5-112 所示那样一个嵌在硅钢片内的鼠笼式导体。

感应电动机又称异步电动机。因为电磁驱动力矩是靠转子与磁场间的转速差产生的,电机正常运转时转速约比磁场转速小百分之几。

实际三相感应电动机的结构示于图 5-112。定子由硅钢片冲成的有槽叠片组成,在槽内嵌置二个相互交错重叠的绕组。由一个导体环短接起来。单就转子中的导体来看,它很像一只圆筒形的笼子。 所以这种电动机又叫鼠笼式电动机。

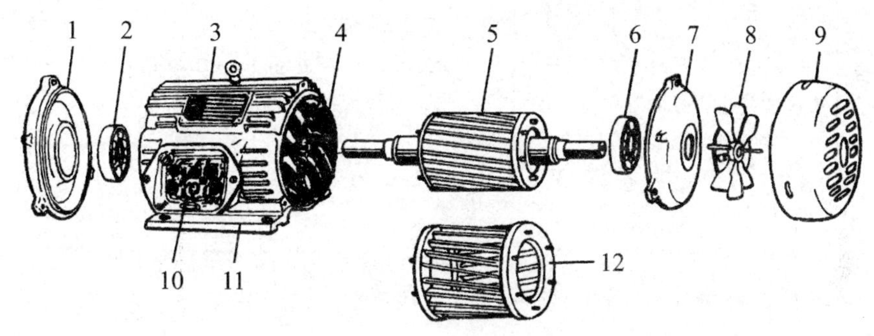


1-前端盖, 2-前轴承, 3-散热片, 4-定子, 5-转子, 6-后轴承, 7-后端盖, 8-风扇, 9-风罩, 10-接线盒, 11-机座, 12-鼠笼转子中的导体部分。

图 5-112 三相感应电动结构

下面我们简单地讲一下使用三相感应电动机时应注意的事项。

(1)感应电动机定子的三个绕组是对称的三相负载,它可以有 Y、Δ 两种接法。通常在电动机上有六个接头排成两行,它们和 $ax$、$by$、$cz$ 三个绕组的六个端点相联的次序如图 5-113 所示。如果按图 5-113a 那样,把三相交流电通进定子绕组时,在内部空间产生一个旋转磁场。转子也是由硅钢片冲成的有槽叠片组成,槽内嵌置导体棒,各棒两端都就是 Y 联接;按图 5-113b 那样,就是 Δ 联接。究竟应该采用怎样的联接,要根据电源的电压和铭牌的说明。很多电动机的铭牌上常常标明"电压 220/380 伏,接法 Δ/Y"。它的意思是说,如果三相电源的线电压是 220 V,则应采取 Δ 联接;线电压是 380V,则应采取 Y 联接。(为什么?)

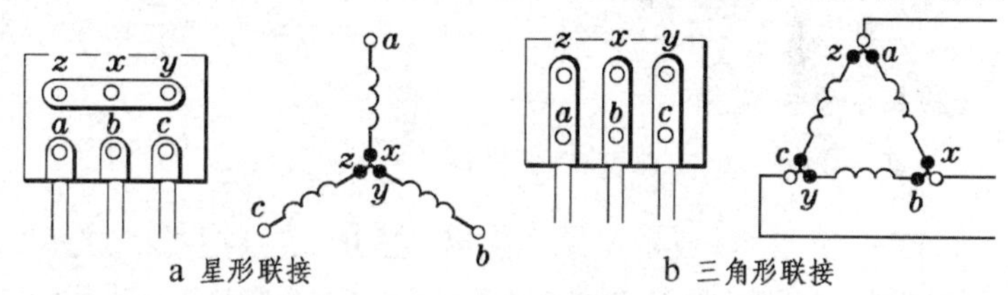


图 5-113 三相电动机的两种接法

(2)若需要电动机的旋转方向反过来,只需把联接电源的三条火线中任意两条的位置交换一下即可。如需要经常改变电动机的转向,则可如图 5-114 所示,在电源线上加一顺倒开关。

(3)电动机定子绕组本身的阻抗是很小的,只有当转子正常运转时,它在定子绕组内感生一个反电动势,才能使其中的电流在额定数值以下。在电动机起动时,或因发生某种故障而运转不正常时(例如三相电源中缺了一相,或电压不足,或三相绕组本身断了一相,或因负荷太大电动机带不动时),定子绕组中的电流比额定电流大很多倍。大型电动机起动时往往需要采取一些措施来减少起动电流。小型电动机通常直接起动,但闸刀开关的额定电流一定要比电动机正常运转时的额定电流大几倍(譬如 5 ～ 7 倍),才能确保安全。当我们发现电动机运转不正常时,必须立即拉闸,然后再检查和排除故障,否则就会把电动机的绕组烧毁。

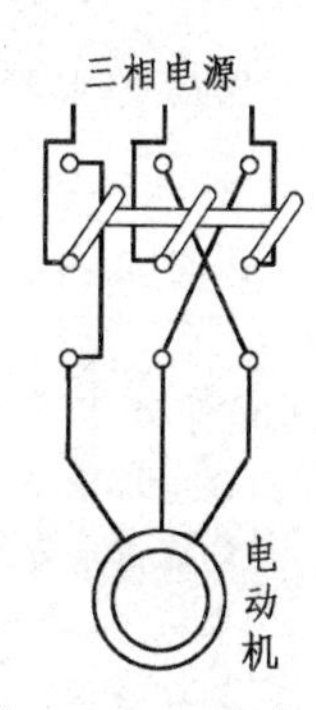


图 5-114 三相电动机的顺倒开关

## 本章提要

1.恒定电路组成

(1)电动势：把单位正电荷从负极通过电源内部移到正极时，非静电力所作的功。

$$\mathscr{E}=\int_{-\,(\text{电源内})}^{+}\boldsymbol{K}\cdot\mathrm{d}\boldsymbol{l}.$$

端电压 $\begin{cases}\text{放电}\quad U=U_{+}-U_{-}=\mathscr{E}-Ir,\\ \text{充电}\quad U=U_{+}-U_{-}=\mathscr{E}+Ir,\end{cases}$ $Ir$—— 电源内阻上的电势降。

化学电源(各种电池、蓄电池)：非静电力来自化学亲合力。

温差电：

- 汤姆孙效应：同一材料温度差，$\mathscr{E}(T_1,T_2)=\int_{T_1}^{T_2}\sigma(T)\mathrm{d}T.$
- 佩尔捷效应：两种材料A、B电子浓度差，$\Pi_{\mathrm{BA}}(T).$

泽贝克电动势

$$\mathscr{E}_{\mathrm{AB}}(T_1,T_2)=\Pi_{\mathrm{AB}}(T_1)+\Pi_{\mathrm{BA}}(T_2)+\int_{T_1}^{T_2}\sigma_{\mathrm{A}}(T)\mathrm{d}T+\int_{T_1}^{T_2}\sigma_{\mathrm{B}}(T)\mathrm{d}T.$$

应用：温差电偶(测温)，温差电堆(发电，制冷)。

(2)导电元件

线性元件：欧姆定律 $U=IR$，伏安特性为直线。 (机制：金属经典电子论)

非线性元件(半导体器件、气体)：伏安特性非直线。

气体导电：被激导电 $\xrightarrow{\text{击穿}}$ 自持导电。 (机制：受激电离 $\longrightarrow$ 自激电离)

2.恒定电路计算

(1)串联 $R=R_1+R_2+\cdots+R_n$，

电压和功率的分配与电阻成正比：$U_i\propto R_i$，$P_i=I^2R_i\propto R_i(i=1,2,\cdots,n)$；

并联 $$\frac{1}{R}=\frac{1}{R_1}+\frac{1}{R_2}+\cdots+\frac{1}{R_n}.$$

电流和功率的分配与电阻成反比：$I_i\propto\frac{1}{R_i}$，$P_i=\frac{U^2}{R_i}\propto\frac{1}{R_i}$ $(i=1,2,\cdots,n)$.

(2)基尔霍夫定律：

$$\begin{cases}\text{第一方程组(节点电流方程组)}\sum(\pm I)=0,\\ \text{第二方程组(回路电压方程组)}\sum U=\sum(\pm IR)+\sum(\pm\mathscr{E})=0.\end{cases}$$

正负号法则：事先标定每一支路的电流方向Ⅰ和每一闭合回路的绕行方向Ⅱ。

①$I$、$U$本身的正负：
- 与 Ⅰ 相同的 $I>0$，相反 $I<0$；
- 沿 Ⅱ 看去 $U>0$ 意味着电势下降，反之升高。

② 各项前的 ± 号：
- 第一方程组中，$I$ 流向某节点的项前面写 - 号，反之写 + 号；
- 第二方程组中：
  - Ⅰ 与 Ⅱ 一致 $IR$ 前写 + 号，否则写 - 号；
  - Ⅱ 由电源正到负极 $\mathscr{E}$ 前写 + 号，否则写 - 号。

(3)等效电源定理

① 电压源 = 无内阻 $\mathscr{E}$ 与内阻 $r$ 串联。

戴维南定理：两端有源网络等效于一个电压源，其 $\mathscr{E}$ 等于网络的开路端电压，$r$ 等于从网络两端看除源(将电动势短路)网络的电阻。

② 电流源 = 无内阻 $I_0$ 与内阻 $r_0$ 并联。

诺尔顿定理：两端有源网络可等效于一个电流源，其 $I_0$ 等于网络两端短路时流经两端点的电流，$r_0$ 等于从网络两端看除源网络的电阻。

3.暂态过程

(1)$LR$ 电路中 $I$ 不能跃变，$CR$ 电路中 $q$ 和 $U$ 不能跃变。

在电源突然接通或断开时 $I$ 或 $U$ 按指数 $e^{-t/\tau}$ 形式变化，

$$\text{时间常量 } \tau=\begin{cases}L/R & (LR\text{ 电路}),\\ CR & (RC\text{ 电路}).\end{cases}$$

应用：微分电路、积分电路。

(2)$LCR$ 电路：阻尼度 $\lambda=\dfrac{R}{2}\sqrt{\dfrac{C}{L}}\begin{cases}>1, & \text{过阻尼},\\ =1, & \text{临界阻尼},\\ <1, & \text{阻尼振荡}.\end{cases}$。

4.交流电路元件

| 元　件 | 阻抗 $Z$（频率响应） | 相位 $\varphi_u-\varphi_i$ | 复阻抗 | 复导纳 |
|---|---|---|---|---|
| 电阻 $R$ | $R$（与 $\omega$ 无关） | 0 | $R$ | $\dfrac{1}{R}$ |
| 电感 $L$ | $\omega L$ （$\propto\omega$） | $\dfrac{\pi}{2}$ | $\mathrm{i}\omega L$ | $-\dfrac{\mathrm{i}}{\omega L}$ |
| 电容 $C$ | $\dfrac{1}{\omega C}$ （$\propto\omega^{-1}$） | $-\dfrac{\pi}{2}$ | $\dfrac{-\mathrm{i}}{\omega C}=\dfrac{1}{\mathrm{i}\omega C}$ | $\mathrm{i}\omega C$ |

5.处理(简谐)交流电路的方法

(1)矢量图解法：用平面矢量代表简谐量(电动势、电压、电流)，

其长度代表简谐量的幅值(或有效值)，

与水平方向夹角代表简谐量的相位。

用矢量的叠加代替同频简谐量的叠加。

(2)复数解法：用复数代表简谐量

$$\begin{cases}u(t)=U_0\cos(\omega t+\varphi_u)\leftrightarrow \widetilde{U}(t)=U_0e^{\mathrm{i}(\omega t+\varphi_u)}=\widetilde{U_0}e^{\mathrm{i}\omega t};\\ i(t)=I_0\cos(\omega t+\varphi_i)\leftrightarrow \widetilde{I}(t)=I_0e^{\mathrm{i}(\omega t+\varphi_i)}=\widetilde{I}_0e^{\mathrm{i}\omega t}.\end{cases}$$

用复数运算代替简谐量的运算。

复阻抗　　$\widetilde{Z}=\dfrac{\widetilde{U}}{\widetilde{I}}=\dfrac{U_0}{I_0}e^{\mathrm{i}(\varphi_u-\varphi_i)}=r+\mathrm{i}x$，

$Z=|\widetilde{Z}|=\dfrac{U_0}{I_0}$，　$\arg(\widetilde{Z})=\varphi=\varphi_u-\varphi_i$.　$r$—— 有功电阻，　$x$—— 电抗。

复导纳　　$\widetilde{Y}=\dfrac{\widetilde{I}}{\widetilde{U}}=\dfrac{I_0}{U_0}e^{\mathrm{i}(\varphi_i-\varphi_u)}=g-\mathrm{i}b$，

$Y=|\widetilde{Y}|=\dfrac{I_0}{U_0}$，　$\arg(\widetilde{Y})=-\varphi=\varphi_i-\varphi_u$.　$g$—— 电导，　$b$—— 电纳。

6.(简谐)交流电路的计算

(1)串联　　$\widetilde{Z}=\widetilde{Z}_1+\widetilde{Z}_2+\cdots+\widetilde{Z}_n$，

电压的分配与阻抗成正比：$U_i\propto Z_i(i=1,2,\cdots,n)$.

并联　　$\dfrac{1}{\widetilde{Z}}=\dfrac{1}{\widetilde{Z}_1}+\dfrac{1}{\widetilde{Z}_2}+\cdots+\dfrac{1}{\widetilde{Z}_n}$，

电流的分配与阻抗成反比：$\widetilde{I}_i\propto\dfrac{1}{\widetilde{Z}_i}(i=1,2,\cdots,n)$.

(2)基尔霍夫定律

$$\begin{cases}\text{第一方程组(节点电流方程组)}\sum(\pm\widetilde{I})=0. \\ \text{第二方程组(回路电压方程组)}\sum\widetilde{U}=\sum(\pm\widetilde{I}\widetilde{Z})+\sum(\pm\widetilde{\mathscr{E}})=0,\end{cases}$$

各项前写 + 号还是写 − 号的法则与直流电路相同。

(3)互感电路

同名端：两线圈中的电流$\widetilde{I}_1$、$\widetilde{I}_2$使磁通量$\widetilde{\Phi}_1$、$\widetilde{\Phi}_2$方向相同时的流入端(或流出端)。

正负号法则：线圈2在线圈1中的互感电势降写作$\widetilde{U}_{21}=\pm \mathrm{i}\omega M_{21}\widetilde{I}_2$. 当$\widetilde{I}_1$、$\widetilde{I}_2$的标定方向自两线圈的同名端流入时，$\widetilde{U}_{21}$项的正负号与自感电势降相同；自两异名端流入时，则正负号相反。

7.交流电功率

(1)瞬时功率 $P(t)=UI\cos\varphi+UI\cos(2\omega t+\varphi)$,

$(U=U_0/\sqrt{2},\ I=I_0/\sqrt{2}$ —— 有效值)

$P(t)$以二倍频振荡，时正时负。$\begin{cases}P(t)>0\ \text{时能量输入该元件;} \\ P(t)<0\ \text{时能量从该元件输出。}\end{cases}$

平均功率 $\overline{P}=UI\cos\varphi$, $\cos\varphi$ —— 功率因数。

(2)有功功率 $P_{有功}(\mathrm{kW})=\overline{P}=UI_{/\!/}=I^2r=U^2g$,

$(I_{/\!/}=I\cos\varphi$ —— 有功电流)

无功功率 $P_{无功}(\mathrm{kvar})=UI_{\perp}=I^2x=U^2b$,

$(I_{\perp}=I\sin\varphi$ —— 无功电流)

视在功率 $S(\mathrm{kV\cdot A})=UI=I^2Z=U^2Y$,

功率三角形 $S^2=\sqrt{(P_{有功})^2+(P_{无功})^2}$.

材料的耗散因数 $\tan\delta=\dfrac{P_{有功}}{P_{无功}}$.

8.谐振电路

(1)串联谐振

$$Z=\frac{U}{I}=\sqrt{R^2+\left(\omega L-\frac{1}{\omega C}\right)^2},\quad \varphi=\arctan\frac{\omega L-\dfrac{1}{\omega C}}{R}.$$

谐振条件： $\varphi=0$, $\omega=\omega_0\equiv\dfrac{1}{\sqrt{LC}}$ —— 谐振角频率。

谐振时 $I$ 最大，$Z$ 最小。

(2)并联谐振

$$Z=\sqrt{\frac{R^2+(\omega L)^2}{(1-\omega^2LC)^2+(\omega CR)^2}},\quad \varphi=\arctan\frac{\omega L-\omega C[R^2+(\omega L)^2]}{2}.$$

谐振条件：$\varphi=0$, $\omega=\omega_0\equiv\sqrt{\dfrac{1}{LC}-\left(\dfrac{R}{L}\right)^2}$ —— 谐振角频率。

谐振时 $I$ 最小，$Z$ 最大。

(3)$Q$ 值

$$\begin{cases}\text{一周期里耗能 } W_R=I^2RT\text{，储能 } W_{em}=LI^2\text{，} Q=2\pi\dfrac{W_{em}}{W_R}=\dfrac{\omega_0 L}{R}. \\ \text{选择性：谐振峰功率半值全宽 } \dfrac{\Delta\omega}{\omega_0}=\dfrac{1}{Q}. \\ \text{串联谐振 } Q=\dfrac{U_C}{U}\text{，并联谐振 } Q=\dfrac{I_C}{I}.\end{cases}$$

9.理想变压器(无漏磁,无损耗,两绕组阻抗$\infty$)

(1)电压变比 $\dfrac{\widetilde{U}_1}{\widetilde{U}_2}=-\dfrac{N_1}{N_2}$,

(2)电流变比 $\dfrac{\widetilde{I}_1}{\widetilde{I}_2}\approx\dfrac{\widetilde{I}_1'}{\widetilde{I}_2}=-\dfrac{N_2}{N_1}$, $\widetilde{I}_1=\widetilde{I}_0+\widetilde{I}_1'$,

其中$\widetilde{I}_0$(空载电流,励磁电流)$=\dfrac{\widetilde{U}_1}{\mathrm{i}\omega L_1}$，$L_1\to\infty$ 时 $I_0\to 0$.

(3)输入等效电路：反射负载阻抗 $\widetilde{Z}_l'=\left(\dfrac{N_1}{N_2}\right)^2\widetilde{Z}_l$.

(4)输出等效电路：反射电源电动势 $\widetilde{\mathscr{E}}'\approx-\dfrac{N_1}{N_2}\widetilde{\mathscr{E}}$.

反射电源内阻 $r'=\left(\dfrac{N_2}{N_1}\right)^2 r$.

变压器的用途：输配电,仪器电源,耦合,阻抗匹配,调压,……。

10.三相电

$$\begin{cases}e_{AX}(t)=\mathscr{E}_0\cos\omega t, \\ e_{BY}(t)=\mathscr{E}_0\cos(\omega t-2\pi/3), \\ e_{CZ}(t)=\mathscr{E}_0\cos(\omega t+2\pi/3);\end{cases}\qquad\begin{cases}\widetilde{\mathscr{E}}_{AX}=\mathscr{E}_0 e^{\mathrm{i}\omega t}, \\ \widetilde{\mathscr{E}}_{BY}=\mathscr{E}_0 e^{\mathrm{i}(\omega t-2\pi/3)}, \\ \widetilde{\mathscr{E}}_{CZ}=\mathscr{E}_0 e^{\mathrm{i}(\omega t+2\pi/3)}.\end{cases}$$

(1)电源星形联接

三相发电机各相路端电压(相电压,有效值记作 $U_\varphi$)

$\widetilde{U}_{AO}=\widetilde{\mathscr{E}}_{AX}$、 $\widetilde{U}_{BO}=\widetilde{\mathscr{E}}_{BY}$、 $\widetilde{U}_{CO}=\widetilde{\mathscr{E}}_{CZ}$,

各端线间的电压(线电压,有效值记作 $U_l$)

$$\left.\begin{aligned}\widetilde{U}_{AB}&=\widetilde{U}_{AO}-\widetilde{U}_{BO}, \\ \widetilde{U}_{BC}&=\widetilde{U}_{BO}-\widetilde{U}_{CO}, \\ \widetilde{U}_{CA}&=\widetilde{U}_{CO}-\widetilde{U}_{AO}.\end{aligned}\right\}\quad U_l=\sqrt{3}\,U_\varphi.$$

(2)负载星形联接(Y 联接)：对称负载时 $U_l=\sqrt{3}\,U_\varphi$， $I_l=I_\varphi$.

(3)负载三角形联接(Δ 联接)：对称负载时 $U_l=U_\varphi$， $I_l=\sqrt{3}\,I_\varphi$.

(4)三相电功率：对于 Y、Δ 两种联接,都有

$$\overline{P}=3U_\varphi I_\varphi\cos\varphi=\sqrt{3}\,U_l I_l\cos\varphi.$$

三相电用途：输配电(节省金属材料),产生旋转磁场(驱动感应电动机)。

## 思考题

**5-1**.有两个相同的电源和两个相同的电阻如本题图a所示电路联接起来,电路中是否有电流？ $a$、$b$ 两点

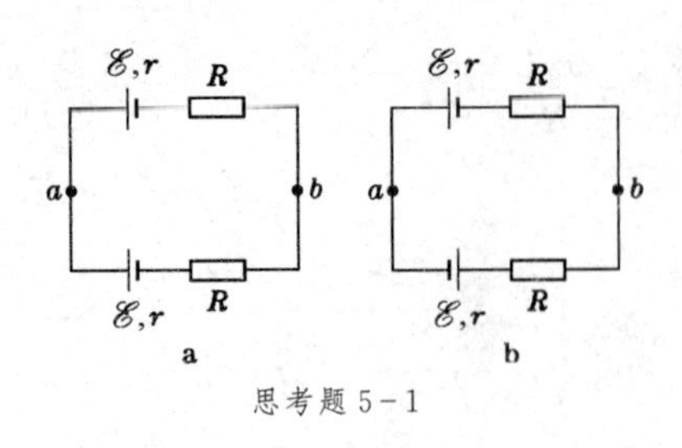

思考题 5-1

是否有电压？若将它们按图 b 所示电路联接起来，电路中是否有电流？$a$、$b$ 两点是否有电压？解释所有的结论。

**5-2**.当一盏 25W、110V 的电灯泡联接在一个电源上时，发出正常明亮的光。而一盏 500 W、110V 的电灯泡接在同一电源上时，只发出暗淡的光。这可能吗？说明原因。

**5-3**.在本题图中 $\mathscr{E}=6.0\mathrm{V}$，$r=2.0\,\Omega$，$R=10.0\,\Omega$.

(1)当开关 K 闭合时 $U_{AB}$、$U_{AC}$ 和 $U_{BC}$ 分别是多少？当 K 断开时，又各为多少？

(2)K 闭合时，电源的输出功率为多少？

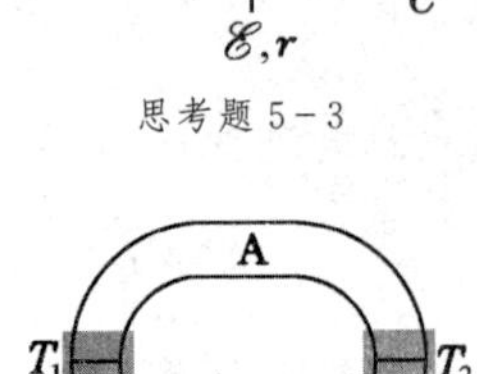

思考题 5-3

**5-4**.如上题图，对于给定的 $\mathscr{E}$ 和 $r$，外阻 $R$ 为多少时，电源输出到其中的功率最大？

**5-5**.如本题图所示的温差电偶中，$T_2>T_1$，试根据热力学第二定律分析一下，除了导体上产生的焦耳热外，在哪儿吸收热，在哪儿放出热？ 若 $n_A>n_B$，试分析电偶中温差电流的方向。

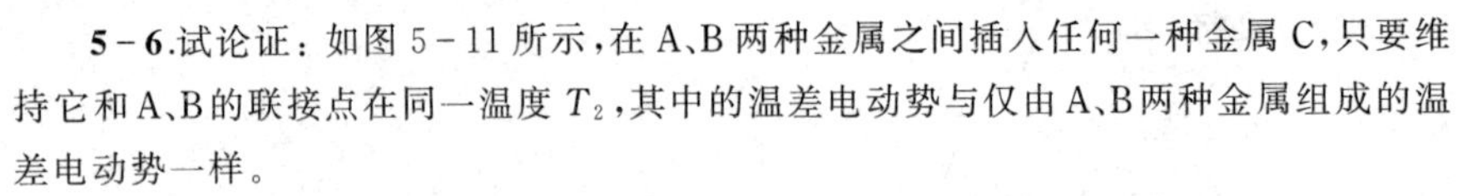

思考题 5-5

**5-6**.试论证：如图 5-11 所示，在 A、B 两种金属之间插入任何一种金属 C，只要维持它和 A、B 的联接点在同一温度 $T_2$，其中的温差电动势与仅由 A、B 两种金属组成的温差电动势一样。

**5-7**.实际的温差电偶测量电路如图 5-12 所示，右边两导线 C 接电势差计。电势差计中的导线和电阻可能由其他金属材料制成。试论证：只要接到电势差计的两根导线材料相同，并且电势差计中各接触点维持同一温度(例如室温)，则温差电偶整个回路中的温差电动势仅由金属 A、B 和 $T$、$T_0$ 决定。

**5-8**.试论证图 5-13 所示的温差电堆的电动势是各温差电偶的电动势之和。

**5-9**.将电压 $U$ 加在一根导线的两端，设导线截面的直径为 $d$，长度为 $l$. 试分别讨论下列情况对自由电子漂移速率的影响：(1)$U$ 增至 2 倍；(2)$d$ 增至 2 倍；(3)$l$ 增至 2 倍。

**5-10**.在真空中电子运动的轨迹并不总逆着电场线，为什么在金属导体内电流线总与电场线符合？

**5-11**.在两层楼道之间安装一盏电灯，试设计一个线路，使得在楼上和楼下都能开关这盏电灯。

【提示：开关是单刀双掷开关。】

思考题 5-12

**5-12**.本题图中 $R_0$ 为高电阻元件，$R$ 为可变电阻($R\ll R_0$)，试论证：当 $R$ 改变时，$BC$ 间的电压几乎与 $R$ 成正比。

**5-13**.试论证在本题图所示电路中，当数量级为几百 Ω 的负载电阻 $R$ 变化时，通过 $R_2$ 的电流 $I$ 以及负载两端的电压 $U_{ab}$ 几乎不变。

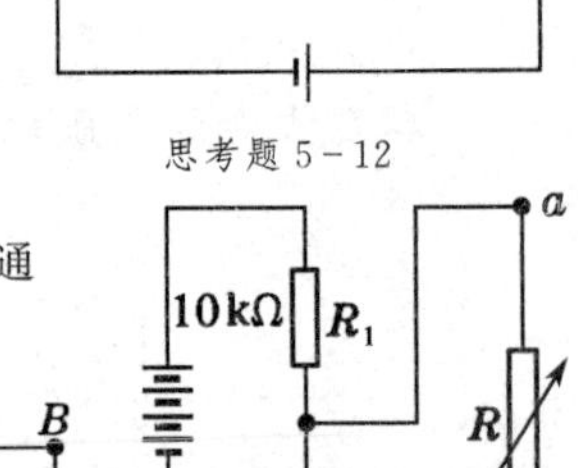

思考题 5-13

**5-14**.(1)如本题图中接触电阻不稳定使得 $AB$ 间的电压不稳定。为什么对于一定的电源电动势，在大电流的情况下这种不稳定性更为严重？

(2)由于电池电阻 $r$ 不稳定，也会使得 $AB$ 间的电压不稳定。如果这时我们并联一个相同的电池，是否能将情况改善？为什么？

思考题 5-14

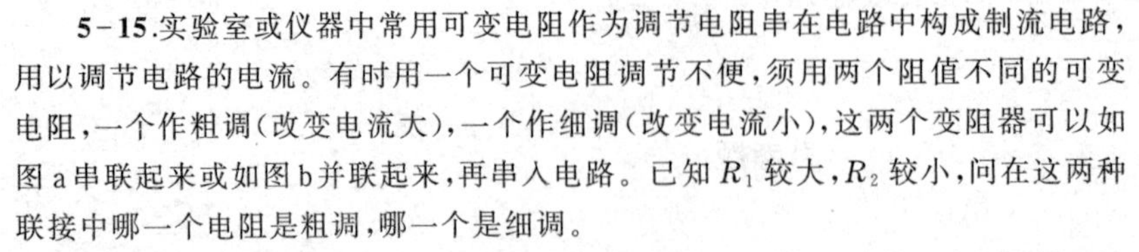

**5-15**.实验室或仪器中常用可变电阻作为调节电阻串在电路中构成制流电路，用以调节电路的电流。有时用一个可变电阻调节不便，须用两个阻值不同的可变电阻，一个作粗调(改变电流大)，一个作细调(改变电流小)，这两个变阻器可以如图 a 串联起来或如图 b 并联起来，再串入电路。已知 $R_1$ 较大，$R_2$ 较小，问在这两种联接中哪一个电阻是粗调，哪一个是细调。

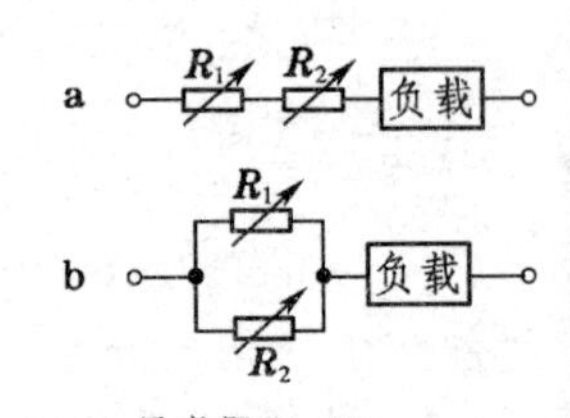

思考题 5-15

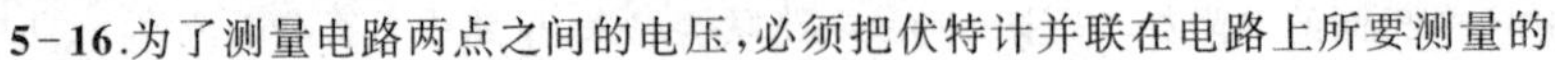

**5-16**.为了测量电路两点之间的电压，必须把伏特计并联在电路上所要测量的

两点，如本题图中所示。伏特计有内阻。问：

(1)将伏特计并入电路后，是否会改变原来电路中的电流和电压分配？

(2)这样读出的电压值是不是原来要测量的值？

(3)在什么条件下测量较为准确？

**5-17**.为了测量电路中的电流，必须把电路断开，将安培计接入，如本题图所示。安培计有一定的内阻。问：

(1)将安培计接入电路后，是否会改变原来电路中的电流？

(2)这样读出的电流数值是不是要测量的值？

(3)在什么条件下测量较为准确？

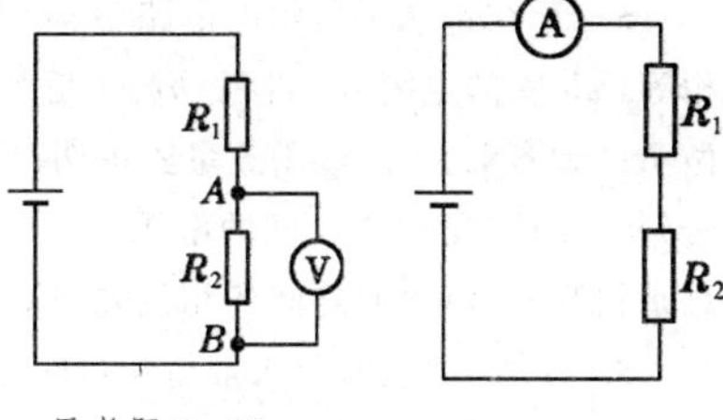

思考题 5-16　　思考题 5-17

**5-18**.考虑一个具体的电路，例如电桥电路，验算 $n$ 个节点列出的基尔霍夫第一方程组中只有 $n-1$ 个是独立的。

**5-19**.已知复杂电路中一段电路的几种情况如本题图所示，分别写出这段电路的 $U_{AB}=U_A-U_B$.

**5-20**.理想的电压源内阻是多大？ 理想的电流源内阻是多大？ 理想电压源和理想电流源可以等效吗？

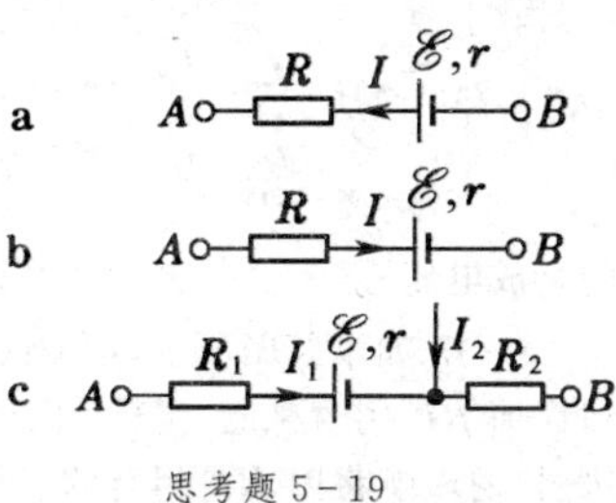

思考题 5-19

**5-21**.写出图 5-38 所示的 $LR$ 电路在接通电源和短路两种情形下电感以及电阻上的电势差 $u_L$ 和 $u_R$ 的表达式，并定性地绘出 $u_L$ 和 $u_R$ 的时间变化曲线。

**5-22**.写出图 5-40 所示的 $RC$ 电路在充电和放电两种情形下电路中的电流 $i$、电容以及电阻上的电势差 $u_C$ 和 $u_R$ 的表达式，并定性地绘出它们的时间变化曲线。

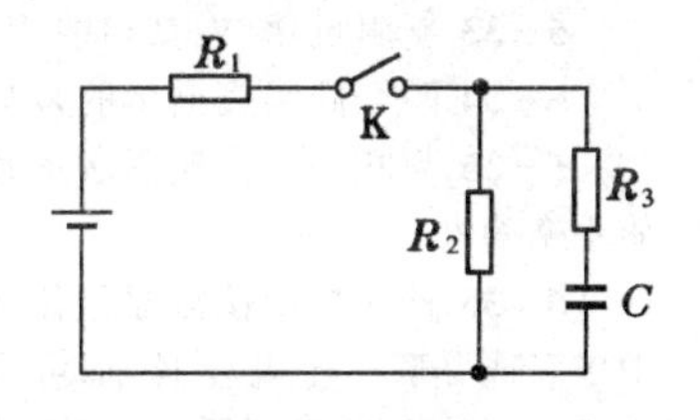

思考题 5-23

**5-23**.本题图所示电路中三个电阻相等，令 $i_1$、$i_2$ 和 $i_3$ 分别为 $R_1$、$R_2$、$R_3$ 中的电流，$u_1$、$u_2$、$u_3$ 与 $u_C$ 为该三个电阻与电容上的电势差。

(1)试定性地绘出开关 K 接通后上列各量随时间变化的曲线；

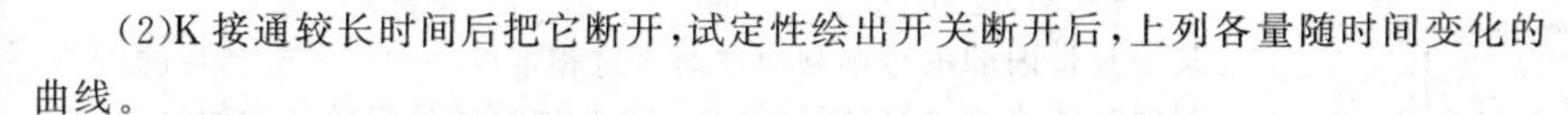

(2)K 接通较长时间后把它断开，试定性绘出开关断开后，上列各量随时间变化的曲线。

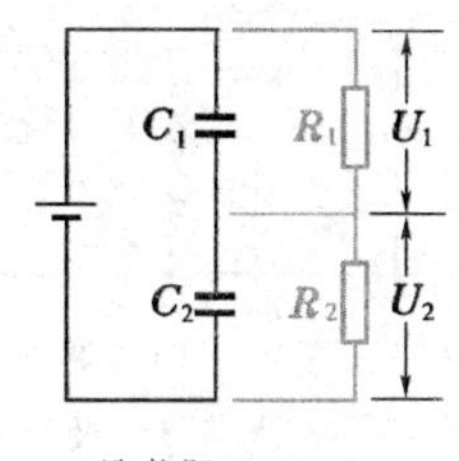

思考题 5-24

**5-24**.我们知道，两个理想电容器 $C_1$、$C_2$ 串联起来接在电源上，电压分配 $U_1:U_2=C_2:C_1$. 但实际电容都有一定的漏阻，漏阻相当于并联在理想电容器 $C_1$、$C_2$ 上的电阻 $R_1$、$R_2$(见本题图)，漏阻趋于无穷时，电容器趋于理想电容。将两个实际电容接在电源上，根据恒定条件，电压分配应为 $U_1:U_2=R_1:R_2$. 设 $C_1:C_2=R_1:R_2=1:2$。并设想 $R_1$ 和 $R_2$ 按此比例趋于无穷。问这时电压分配 $U_1:U_2=$？ 一种说法认为这时两电容都是理想的，故 $U_1:U_2=C_2:C_1=2:1$；另一种说法认为电压的分配只与 $R_1$ 和 $R_2$ 的比值有关，而这比值未变，故当 $R_1\to\infty$，$R_2\to\infty$ 时，电压分配仍为 $U_1:U_2=R_1:R_2=1:2$。两种说法有矛盾，问题出在？哪里？ 如果实际去测量的话，你将看到什么结果？

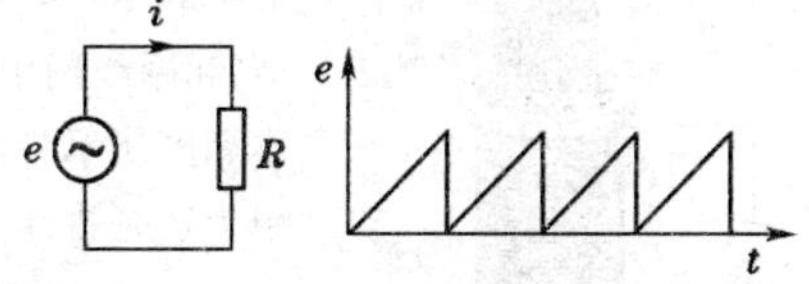

思考题 5-26

**5-25**.对于非简谐交流电，能否按 §6所讲的方式引入阻抗的概念？

**5-26**.如本题图，信号源为锯齿波发生器，电路中仅有电阻元件。已知电压峰值为 100 V，电阻值为 200 Ω，试画出电路中电流的波形图及其峰值。假如元件为电容元件或电感元件，能简单地定出电流的波形图吗？试考虑问题的困难在哪里？

**5-27**.电容和电感在直流电路中起什么作用？

**5-28**.作出本题图所示各电路的阻抗随频率变化的曲线(频率响应曲线)，并定性地分析一下，在高频($\omega\to\infty$)和低频($\omega\to 0$)的极限下频率响应的特点。

**5-29**.在本题图所示电路中，当 $R_1$ 或 $R_2$ 改变时，两分支中的电流之间的相位差是否改变?

**5-30**.在本题图所示的电路中 $aO$ 和 $Oc$ 间的电阻 $R$ 相等，$ab$ 间的电阻 $R'$ 可调，$bc$ 间是个电容(这电路叫做 $RC$ 相移电桥)。试用矢量图证明：当 $R'$ 的阻值由 0 变到 ∞ 的过程中，$aO$ 间的电压 $U_1$ 和 $bO$ 间的电压 $U_2$ 总是相等的，但它们之间的相位差由 0 变到 π.

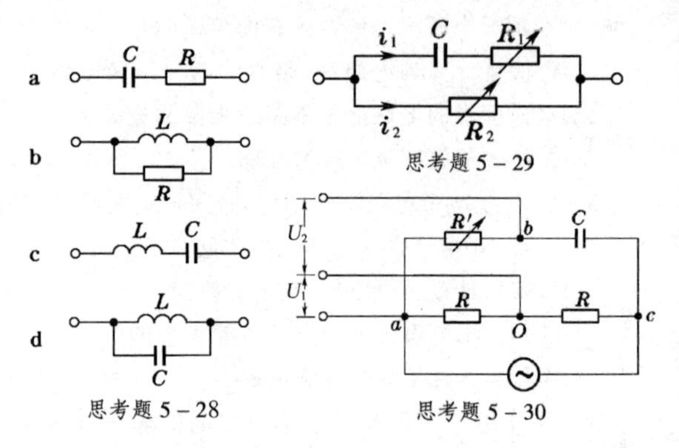

思考题 5-28　思考题 5-29　思考题 5-30

**5-31**.(1)试根据简谐量与矢量的对应关系，分别确定本题图 a、b 两种情况下三个同频简谐电压 $u_1(t)$、$u_2(t)$、$u_3(t)$之间的相位差，并写出相应的简谐表示式(各矢量的长度都等于 $U_0$)。

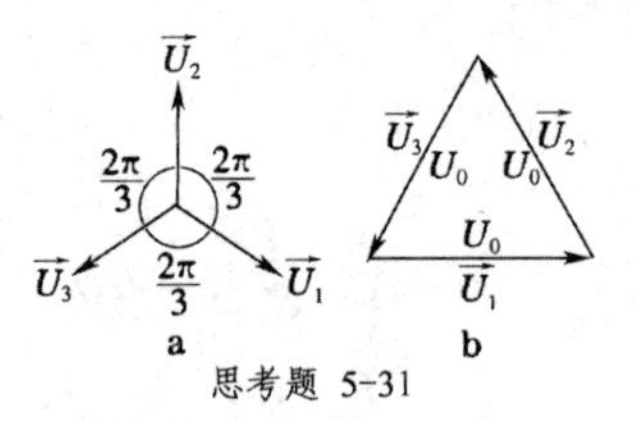

思考题 5-31

(2)试根据同频简谐量的叠加与矢量合成的对应关系，分别求出上述两种情况下的合成电压

$$u(t)=u_1(t)+u_2(t)+u_3(t).$$

**5-32**.如本题图所示，在无线电电路中为了消除前后两级 Ⅰ、Ⅱ 之间的互相关联，往往加 $RC$ 组合来起"退耦"作用。试分析，后一级 Ⅱ 的电压波动或电流波动对前一级 Ⅰ 的影响将因 $RC$ 组合的作用而大大削弱。

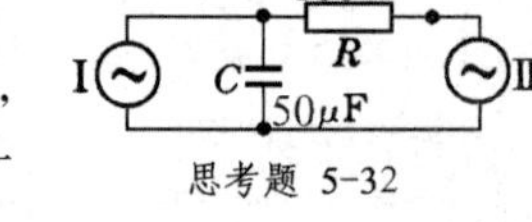

思考题 5-32

**5-33**.复阻抗 $\widetilde{Z}$(或复导纳 $\widetilde{Y}$)是否对应一个简谐量?

**5-34**.两个同频简谐量的乘积(例如功率)是否对应于两个复数的乘积?

**5-35**.判断一下本题图所示各交流电桥中。哪些是根本不能平衡的?

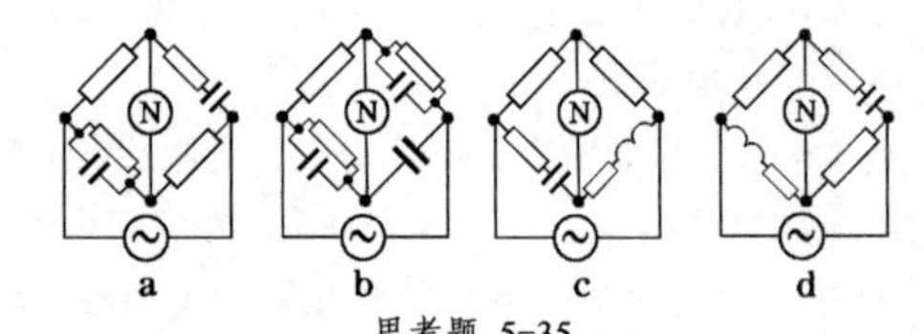

思考题 5-35

**5-36**.日光灯中镇流器起什么作用? 在一个电感性的电路中串联或并联一个电容器，都可提高其功率因数。为什么在日光灯电路中电容器必须并联而不能串联?

**5-37**.能够使某一频带内的信号顺利通过而将这频带以外的信号阻挡住的电路，叫做*带通滤波电路*；能够将某一频带内的信号阻挡住而使这频带以外的信号顺利通过的电路，叫做*带阻滤波电路*。试定性分析本题图中的两个滤波电路，哪一个属于带通，哪一个属于带阻?

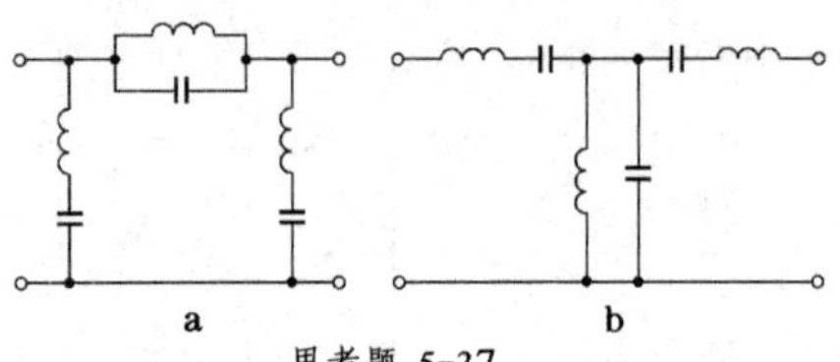

思考题 5-37

**5-38**.按照变压器的变比公式，只要 $N_2=N_1/2$，就可把 220V 的交流电压变为 110V，同时把电流增大一倍。那么匝数很少(譬如 $N_2=2$ 匝，$N_1=1$ 匝)为什么不行呢?

**5-39**.变压器中原线圈中的电流 $\widetilde{I}_1$(包括励磁电流)和副线圈中的电流 $\widetilde{I}_2$ 相位差在什么范围内? 若如本题图所示将两线圈绕在同一磁棒上，它们之间有吸引力还是排斥力?

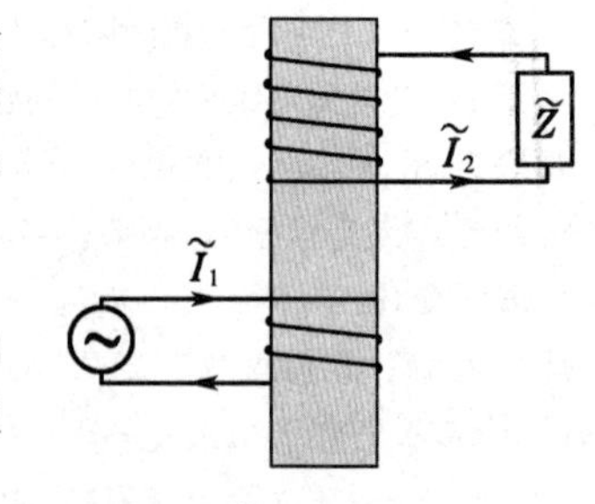

思考题 5-39

**5-40**.在竖立的铁芯上绕有线圈，在它上面套一个铝环，如本题图所示。当把线圈两端接到适当的交流电源上时，铝圈便立刻跳将起来。试说明这一现象。

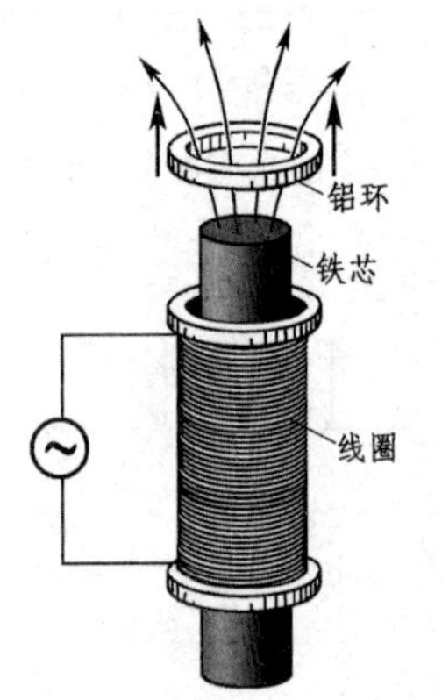

思考题 5-40

**5-41**.定性地解释一下，为什么铁芯中的涡流损耗反映在电路中相当于一个有功电阻 $r$，且铁芯的电阻率越小则 $r$ 越大。

【答：利用变压器输入等效电路的概念来说明：涡流的流管可看成是"变压器"的"副线圈"。它的电阻 $R$ 反射到"原线圈"中，相当于在原线圈的电感 $L$ 上并联一个折合电阻 $R'$，$R'$ 与 $R$ 成正比(本题图 a)。变换到串联式等效电路(本题图 b)，则有功电阻 $r=\dfrac{(\omega L)^2 R'}{(R')^2+(\omega L)^2}$. 当铁芯的电阻率较大，$R'\gg\omega L$ 时，$r\approx\dfrac{(\omega L)^2}{R'}\propto\dfrac{1}{R'}$.】

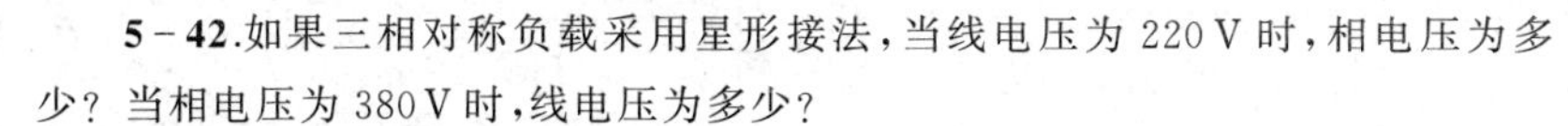

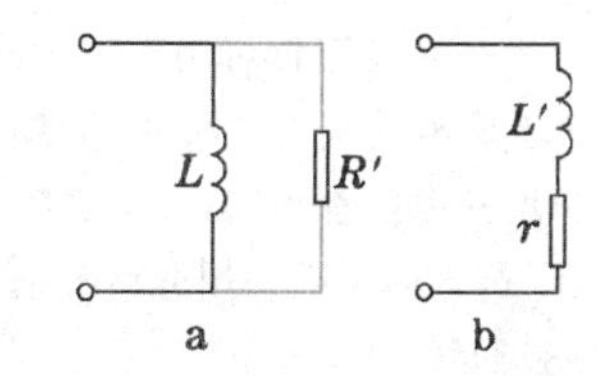

思考题 5-41

**5-42**.如果三相对称负载采用星形接法，当线电压为 220 V 时，相电压为多少？当相电压为 380 V 时，线电压为多少？

**5-43**.如果三相线电压为 380 V，对称负载采用星形接法，未接中线，此时若某一相负载突然断了，各相电压变为多少？

**5-44**.在三相电炉中有 12 根硅碳棒，若采用星形对称联接，每相 4 根，这时是否应接中线？ 若在中线和某一相火线上各接一个安培计，当中线上的安培计指零时，火线上的安培计读数是否可以代表另外两相里的电流？

**5-45**.为什么电动机起动时电流很大？ 为了避免起动电流太大，大功率的电动机有时采用 Y-Δ 起动法。如本题图所示的方式将三相绕组 $ax$、$by$、$cz$ 分别接在三相双掷开关上，向下合闸是 Y 联接，向上合闸是 Δ 联接。起动时先向下合闸，待电动机开始运转后将闸刀搬向上去。用这种 Y-Δ 起动法为什么可以减少起动电流？

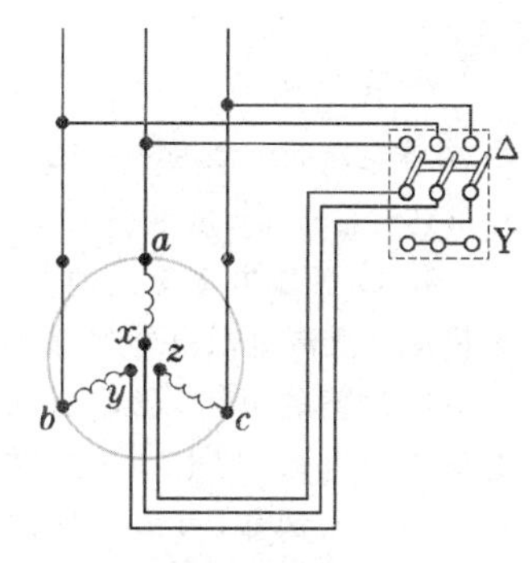

思考题 5-45

## 习　题

**5-1**.电动势为 12 V 的汽车电池的内阻为 0.05 Ω，问：

(1)它的短路电流多大？

(2)若启动电流为 100 A，则马达的内阻多大？

**5-2**.如本题图所示，在电动势为 $\mathscr{E}$、内阻为 $r$ 的电池上联接一个 $R_1=10.0\,\Omega$ 的电阻时，测出 $R_1$ 的端电压为 8.0V，若将 $R_1$ 换成 $R_2=5.0\,\Omega$ 的电阻时，其端电压为 6.0V. 求此电池的 $\mathscr{E}$ 和 $r$.

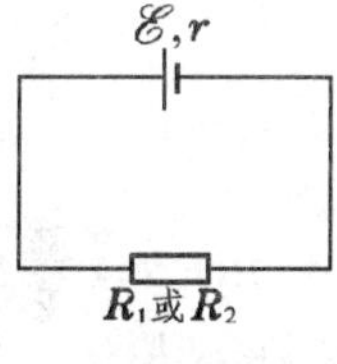

习题 5-2

**5-3**.试推导当气体中有正负两种离子参与导电时，电流密度的公式为

$$\boldsymbol{j}=n_+q_+\boldsymbol{u}_++n_-q_-\boldsymbol{u}_-,$$

式中 $n_+$、$q_+$、$\boldsymbol{u}_+$ 分别代表正离子的数密度、所带电量和漂移速度，$n_-$、$q_-$、$\boldsymbol{u}_-$ 分别代表负离子的相应量。

**5-4**.在地面附近的大气里，由于土壤的放射性和宇宙线的作用，平均每 $1\,\mathrm{cm}^3$ 的大气里约有 5 对离子。离子的漂移速度正比于场强，比例系数称为"迁移率"。已知大气中正离子的迁移率为 $1.37\times10^{-4}\,\mathrm{m^2/(s\cdot V)}$，负离子的迁移率为 $1.91\times10^{-4}\,\mathrm{m^2/(s\cdot V)}$，正负离子所带的电量数值都是 $1.60\times10^{-19}$ C. 求地面大气的电导率 $\sigma$.

**5-5**.空气中有一对平行放着的极板，相距 2.00 cm，面积都是 $300\,\mathrm{cm}^2$。在两板上加 150 V 的电压，这个值远小于使电流达到饱和所需的电压。今用 X 射线照射板间的空气，使其电离，于是两板间便有 4.00 μA 的电流通过。设正负离子的电量都是 $1.60\times10^{-19}$ C，已知其中正离子的迁移率为 $1.37\times10^{-4}\,\mathrm{m^2/(s\cdot V)}$，负离子的迁移率为 $1.91\times10^{-4}\,\mathrm{m^2/(s\cdot V)}$，求这时板间离子的浓度。

**5-6**.四个电阻均为 6.0 Ω 的灯泡，工作电压为 12 V，把它们并联起来接到一个电动势为 12 V、内阻为 0.20 Ω 的电源上。问：

(1)开一盏灯时，此灯两端的电压多大？

(2)四盏灯全开，灯两端的电压多大？

**5-7**.本题图中伏特计的内阻为 300 Ω，在开关 K 未合上时其电压读数为 1.49 V，开关合上时其读数为 1.46 V，求电源的电动势和内阻。

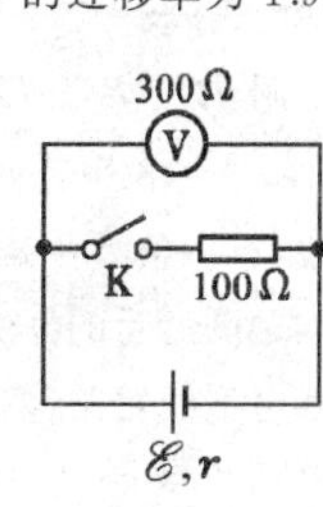

习题 5-7

**5-8**.变阻器可用作分压器,用法如本题图所示。 $U$是输入电压,$R$是变阻器的全电阻,$r$是负载电阻,$c$是$R$上的滑动接头。滑动$c$,就可以在负载上得到从0到$U$之间的任何电压$U_r$. 设$R$的长度$ab=l$,$R$上各处单位长度的电阻都相同,$a$、$c$之间的长度$ac=x$,求加到$r$上的电压$U_r$与$x$的关系。用方格纸画出当$r=0.1R$和$r=10R$时的$U_r-x$曲线。

**5-9**.在本题图所示的电路中,求:(1)$R_{CD}$;(2)$R_{BC}$;(3)$R_{AB}$.

**5-10**.判断一下,在本题图中所示各电路中哪些可以化为串、并联电路的组合,哪些不能。如果可以,就利用串、并联公式写出它们总的等效电阻。

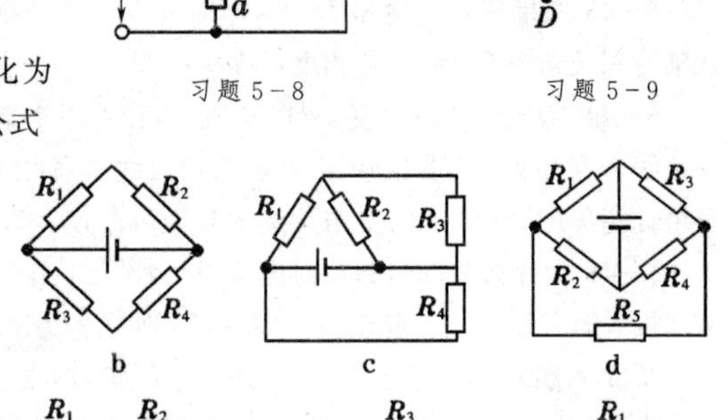

习题 5-8　　习题 5-9

习题 5-10

**5-11**.无轨电车速度的调节,是依靠在直流电动机的回路中串入不同数值的电阻,以改变通过电动机的电流,使电动机的转速发生变化。例如,可以在回路中串接四个电阻$R_1$、$R_2$、$R_3$和$R_4$,再利用一些开关$K_1$、$K_2$、$K_3$、$K_4$和$K_5$,使电阻分别串联或并联,以改变总电阻的数值,如本题图中所示。设$R_1=R_2=R_3=R_4=1.0\,\Omega$,求下列四种情况下的等效电阻$R_{ab}$:

(1) $K_1$、$K_5$合上,$K_2$、$K_3$、$K_4$断开;

(2) $K_2$、$K_3$、$K_5$合上,$K_1$、$K_4$断开;

(3) $K_1$、$K_3$、$K_4$合上,$K_2$、$K_5$断开;

(4) $K_1$、$K_2$、$K_3$、$K_4$合上,$K_5$断开。

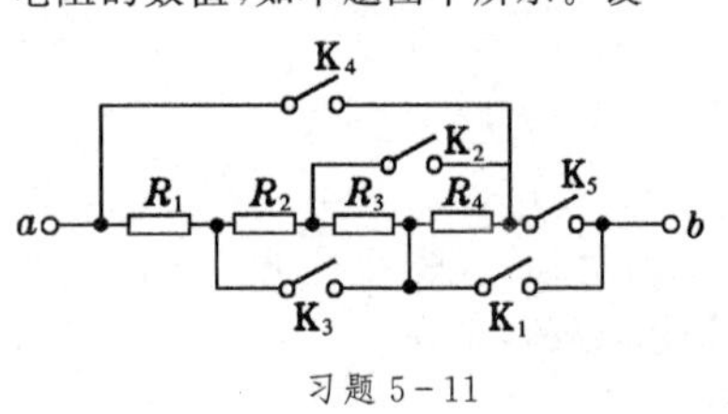

习题 5-11

**5-12**.本题图所示电路,$U=12$ V,$R_1=30\,\text{k}\Omega$,$R_2=6.0\,\text{k}\Omega$,$R_3=100\,\text{k}\Omega$,$R_4=10\,\text{k}\Omega$,$R_5=100\,\text{k}\Omega$,$R_6=1.0\,\text{k}\Omega$,$R_7=2.0\,\text{k}\Omega$,求电压$U_{ab}$、$U_{ac}$、$U_{ad}$.

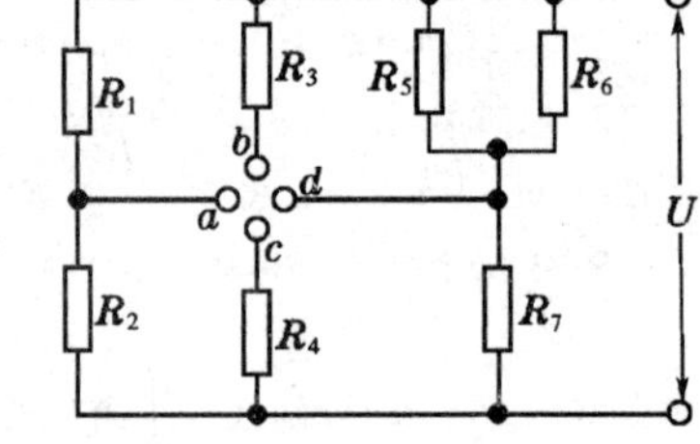

习题 5-12

**5-13**. MF-5型万用电表的电流挡为闭路抽头式的,如本题图所示。表头的内阻$R_G=2333\,\Omega$,满度电流$I_G=150\,\mu\text{A}$,将其改装为量程是500 μA、10mA、100mA. 试算出$R_1$、$R_2$、$R_3$的阻值,并标出三个接头的量程。

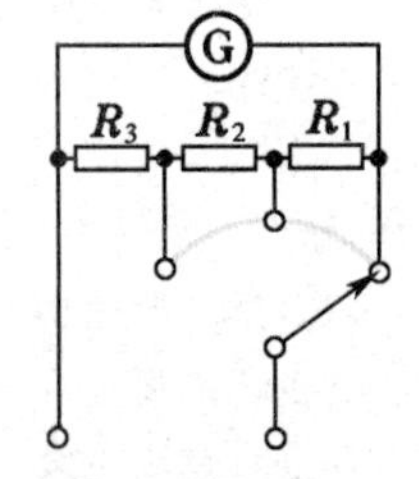

习题 5-13

**5-14**. MF-5型万用电表的电压挡如本题图所示,表头满度电流$I_G=0.50\text{mA}$,内阻$R_G=700\,\Omega$,改装为多量程伏特计的量程分别为$U_1=10\text{V}$,$U_2=50\text{V}$,$U_3=250\text{V}$,求各挡的降压电阻$R_1$、$R_2$、$R_3$. 若再增加两个量程$U_4=500\text{V}$,$U_5=1000\text{V}$,又该如何?

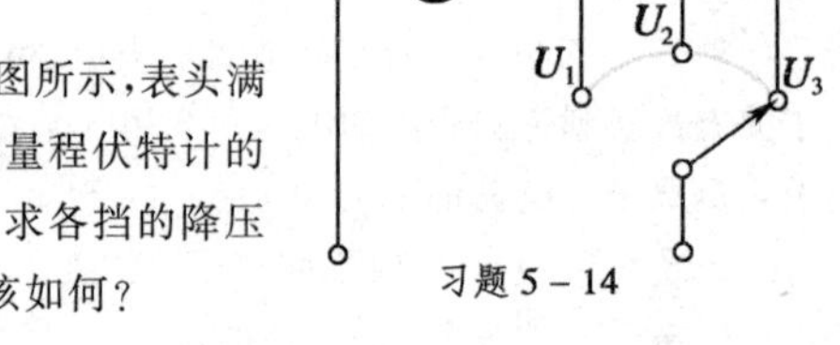

习题 5-14

**5-15**.甲乙两站相距50 km,其间有两条相同的电话线,有一条因在某处触地而发生故障,甲站的检修人员用本题图所示的办法找出触地到甲站的距离$x$,让乙站把两条电话线短路,调节$r$使通过检流计G的电流为0. 已知电话线每km长的电阻为6.0 Ω,测得$r=360\,\Omega$,求$x$.

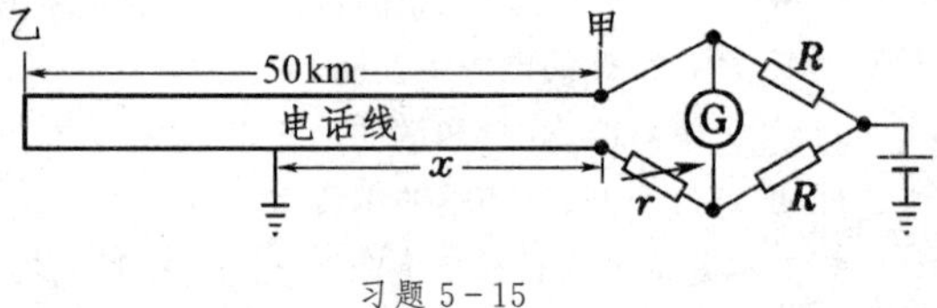


习题 5-15

**5-16**.为了找出电缆在某处由于损坏而通地的地方，也可以用本题图所示的装置。$AB$ 是一条长为 100 cm 的均匀电阻线，接触点 $S$ 可在它上面滑动。已知电缆长 7.8 km，设当 $S$ 滑到 $SB=41\,\text{cm}$ 时，通过电流计 G 的电流为 0。求电缆损坏处到 $B$ 的距离 $x$.

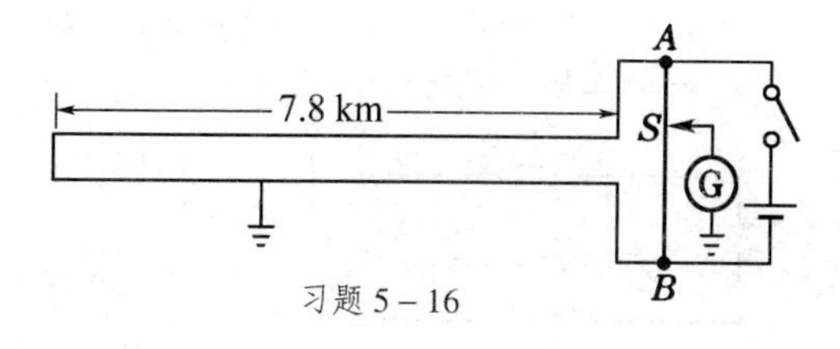

习题 5-16

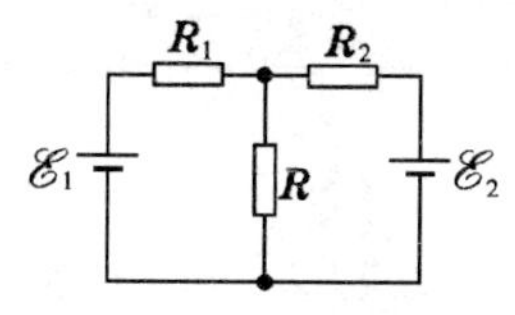

习题 5-17

**5-17**.电路如本题图，已知 $\mathscr{E}_1=1.5\,\text{V}$，$\mathscr{E}_2=1.0\,\text{V}$，$R_1=50\,\Omega$，$R_2=80\,\Omega$，$R=10\,\Omega$，电池的内阻都可忽略不计。求通过 $R$ 的电流。

**5-18**.电路如本题图，已知 $\mathscr{E}_1=12\,\text{V}$，$\mathscr{E}_2=9\,\text{V}$，$\mathscr{E}_3=8\,\text{V}$，$r_1=r_2=r_3=1\,\Omega$，$R_1=R_3=R_4=R_5=2\,\Omega$，$R_2=3\,\Omega$。求：(1)$a$、$b$ 断开时的 $U_{ab}$；

(2)$a$、$b$ 短路时通过 $\mathscr{E}_2$ 的电流的大小和方向。

**5-19**.电路如本题图，已知 $\mathscr{E}_1=1.0\,\text{V}$，$\mathscr{E}_2=2.0\,\text{V}$，$\mathscr{E}_3=3.0\,\text{V}$，$r_1=r_2=r_3=1.0\,\Omega$，$R_1=1.0\,\Omega$，$R_2=3.0\,\Omega$。求：

(1)通过 $\mathscr{E}_3$ 的电流；

(2)$R_2$ 消耗的功率；

(3)$\mathscr{E}_3$ 对外供给的功率。

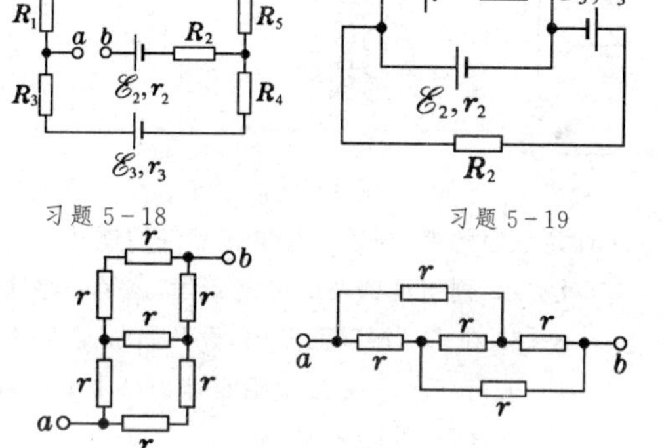
习题 5-18　　习题 5-19

**5-20** 分别求出本题图 a、b、c 中 $a$、$b$ 间的电阻。

习题 5-20

**5-21**.将本题图中的电压源变换成等效的电流源。

**5-22**.将本题图中的电流源转换成等效的电压源。

**5-23**.用等效电源定理解习题 5-18 中的(2)。

**5-24**.用等效电源定理求图 5-32 中电桥电路的 $I_G$.

**5-25**.求本题图中 $ab$ 支路中的电流。

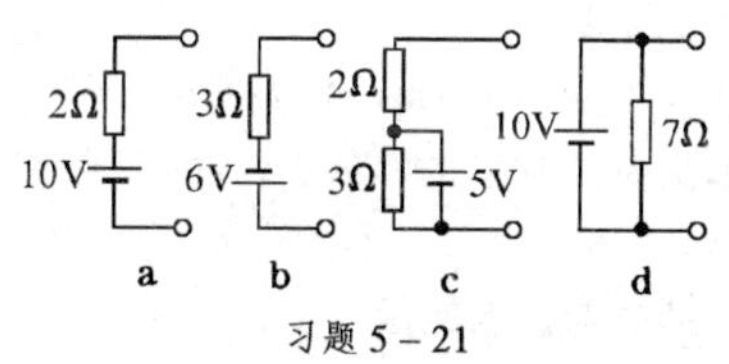
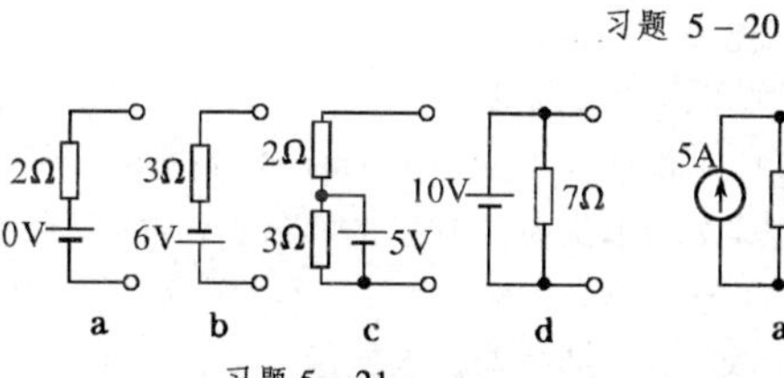

习题 5-21

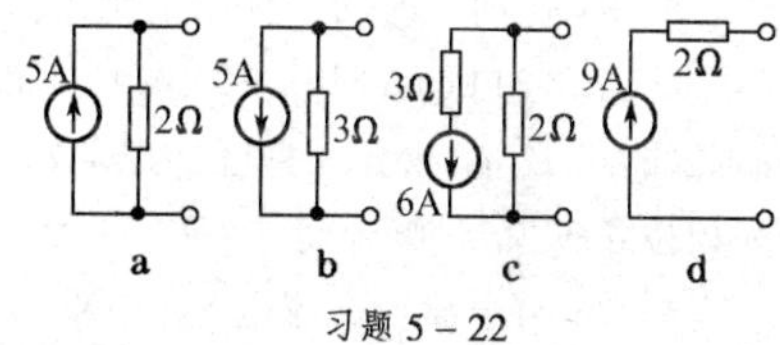

习题 5-22

**5-26**.证明 $L/R$ 和 $RC$ 具有时间的量纲，并且 $1\,\text{H}/1\,\Omega=1\,\text{s}$，$1\,\Omega\cdot1\,\text{F}=1\,\text{s}$.

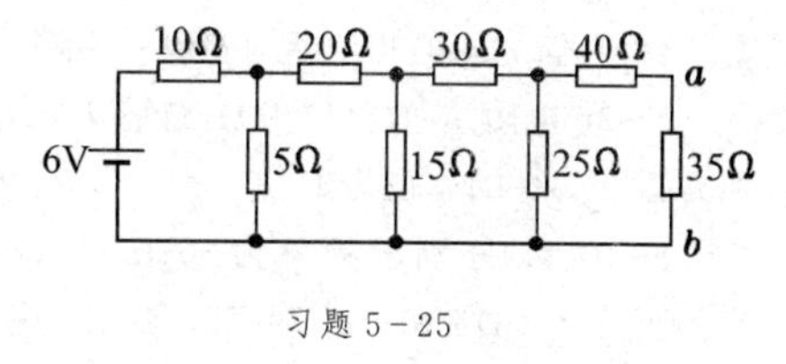

习题 5-25

**5-27**.一个自感为 0.50 mH、电阻为 0.01 Ω 的线圈联接到内阻可忽略、电动势为 12 V 的电源上。开关接通多长时间，电流达到终值的 90%？到此时线圈中储存了多少能量？电源消耗了多少能量？

**5-28**.一自感为 $L$、电阻为 $R$ 的线圈与一无自感的电阻 $R_0$ 串联地接于电源上，如本题图所示。

(1)求开关 $K_1$ 闭合 $t$ 时间后，线圈两端的电势差 $U_{bc}$；

(2)若 $\mathscr{E}=20\,\text{V}$，$R_0=50\,\Omega$，$R=150\,\Omega$，$L=5.0\,\text{H}$，求 $t=0.5\tau$ 时($\tau$ 为电路的时间常量)线圈两端的电势差 $U_{bc}$ 和 $U_{ab}$；

(3)待电路中电流达到稳定值，闭合开关 $K_2$，求闭合 0.01 s 后，通过 $K_2$ 中电流的大小和方向。

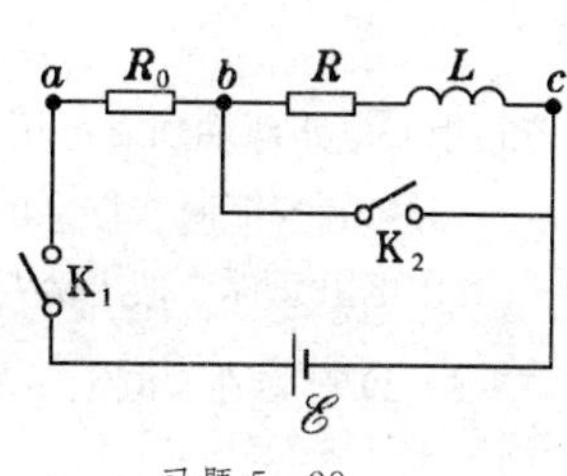

习题 5-28

**5-29**.一电路如本题图所示，$R_1$、$R_2$、$L$ 和 $\mathscr{E}$ 都已知，电源 $\mathscr{E}$ 和线圈 $L$ 的内

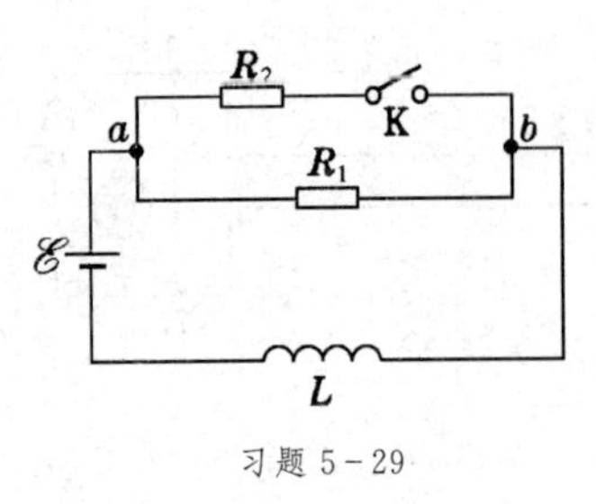


习题 5-29

阻都可略去不计。

(1)求 K 接通后，$a$、$b$ 间的电压与时间的关系；

(2)在电流达到最后稳定值的情况下，求 K 断开后 $a$、$b$ 间的电压与时间的关系。

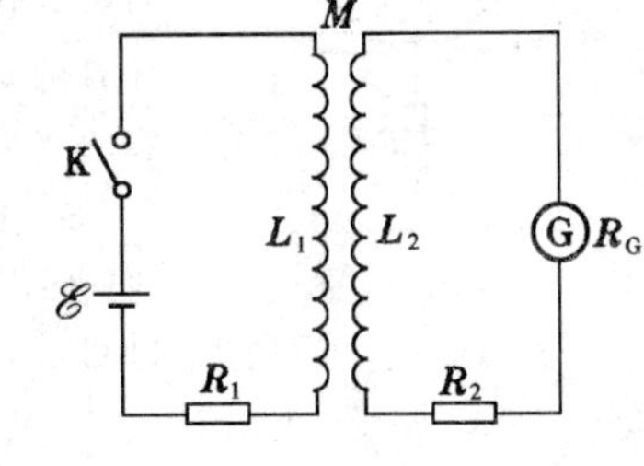


习题 5-30

**5-30**.两线圈之间的互感为 $M$，电阻分别为 $R_1$ 和 $R_2$，第一个线圈接在电动势为 $\mathscr{E}$ 的电源上，第二个线圈接在电阻为 $R_G$ 的电流计 G 上，如本题图所示。设开关 K 原先是接通的，第二个线圈内无电流，然后把 K 断开。

(1)求通过 G 的电量 $q$；

(2)$q$ 与两线圈的自感有什么关系？

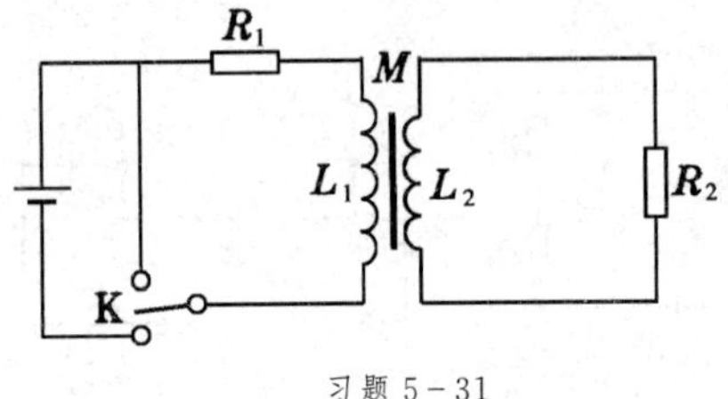


习题 5-31

**5-31**.本题图示为一对互感耦合的 $LR$ 电路。证明在无漏磁的条件下两回路充放电的时间常量都是

$$\tau=\frac{L_1}{R_1}+\frac{L_2}{R_2}.$$

由此定性地解释，为什么当电感元件的铁芯中若有涡流时，电路充放电的时间常量要增大？

【提示：列出两回路的电路方程，这是一组联立的一阶线性微分方程组，解此方程组即可求得。】

**5-32**.在 $LC$ 振荡回路中，设开始时 $C$ 上的电量为 $Q$，$L$ 中的电流为 0。

(1)求第一次达到 $L$ 中磁能等于 $C$ 中电能所需的时间 $t$；

(2)求这时 $C$ 上的电量 $q$.

**5-33**.两个 $C=2.0\,\mu\text{F}$ 的电容器已充有相同的电量，经过一线圈($L=1.0\,\text{mH}$、$R=50\,\Omega$)放电。问当这两个电容器(1)并联时，(2)串联时，能不能发生振荡。

**5-34**.在同一时间坐标轴上画出简谐交流电压

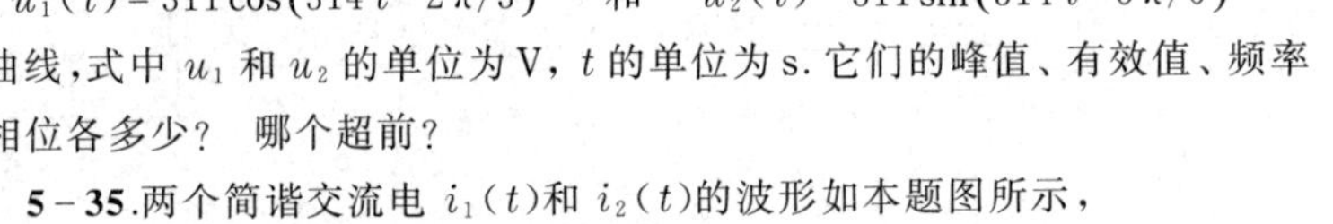

$u_1(t)=311\cos(314\,t-2\pi/3)$ 和 $u_2(t)=311\sin(314\,t-5\pi/6)$

的曲线，式中 $u_1$ 和 $u_2$ 的单位为 V，$t$ 的单位为 s. 它们的峰值、有效值、频率和相位各多少？ 哪个超前？

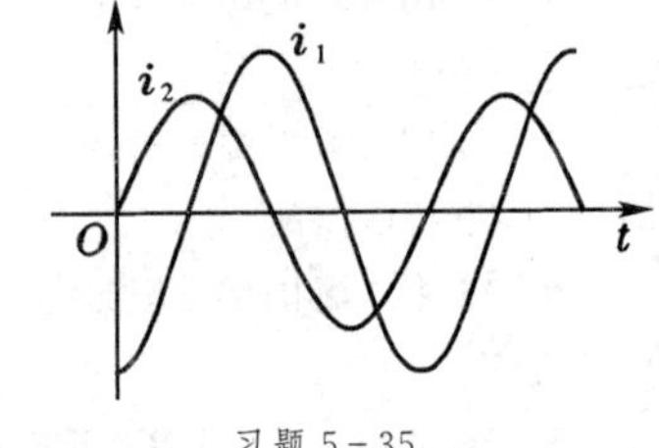


习题 5-35

**5-35**.两个简谐交流电 $i_1(t)$和 $i_2(t)$的波形如本题图所示，

(1)写出它们的三角函数(余弦)表达式，

(2)它们之间的相位差为多少？ 哪个超前？

**5-36**.电阻 $R$ 的单位为 Ω，自感 $L$ 的单位为 H，电容 $C$ 的单位为 F，频率 $\nu$ 的单位为 Hz，角频率 $\omega=2\pi\nu$. 证明 $\omega L$、$1/\omega C$ 的单位为 Ω.

**5-37**.(1)分别求频率为 50 Hz 和 500 Hz 时 10 H 电感的阻抗。(2)分别求频率为 50 Hz 和 500 Hz 时 10 μF 电容的阻抗。(3)在哪一个频率时，10 H 电感器的阻抗等于 10 μF 电容器的阻抗？

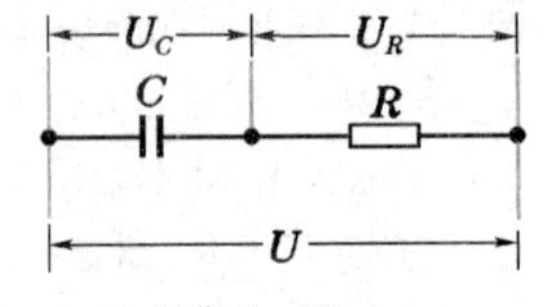


习题 5-38

**5-38**.已知在某频率下本题图中电容、电阻的阻抗数值之比为

$$Z_C:Z_R=3:4,$$

若在串联电路两端加总电压 $U=100\,\text{V}$，

(1)电容和电阻元件上的电压 $U_C$、$U_R$ 为多少？

(2)电阻元件中的电流与总电压之间有无相位差？

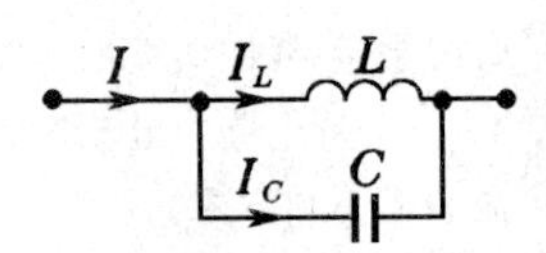


习题 5-39

**5-39**.已知在某频率下本题图中电感和电容元件阻抗数值之比为

$$Z_L:Z_C=2:1,$$

总电流 $I=1\,\text{mA}$，问通过 $L$ 和 $C$ 的电流 $I_L$、$I_C$ 各多少？

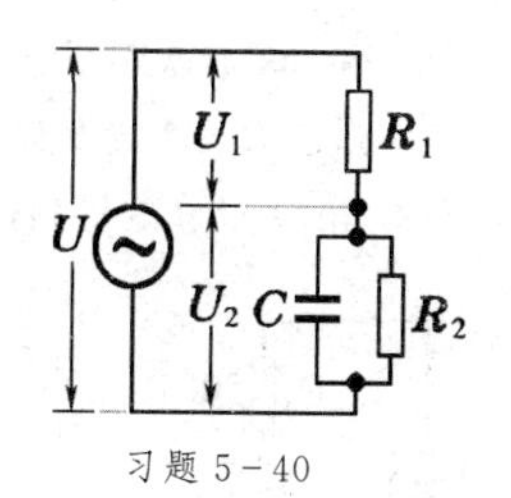

习题 5-40

**5-40**.在本题图中 $U_1=U_2=20\,\mathrm{V}$，$Z_C=R_2$，求总电压 $U$.

**5-41**.在上题图中已知 $U_1=U_2$，$Z_C:R_2=1:\sqrt{3}$，用矢量图解法求总电压与总电流的相位差。

**5-42**.在本题图中已知 $Z_L:Z_C:R=2:1:1$，求：

(1)$I_1$ 与 $I_2$ 间的相位差；

(2)$U$ 与 $U_C$ 间的相位差。并用矢量图说明之。

**5-43**.在本题图中 $Z_L=Z_C=R$，求下列各量间的相位差，并用矢量图说明之：

(1)$U_C$ 与 $U_R$；

(2)$I_C$ 与 $I_R$；

(3)$U_R$ 与 $U_L$；

(4)$U$ 与 $I$.

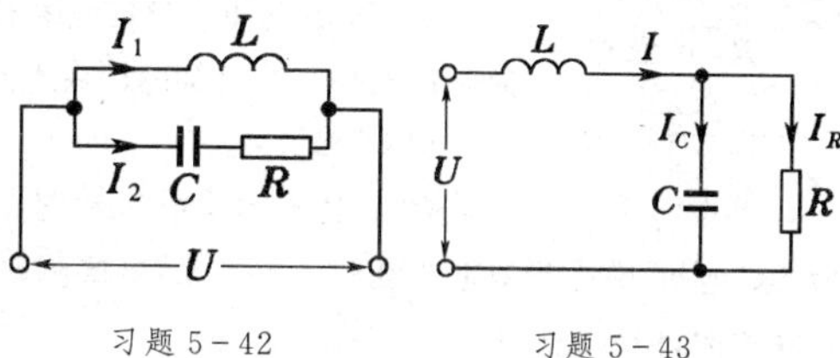

习题 5-42　　习题 5-43

**5-44**.用复数法推导表中各阻抗、相位差公式。

| 电　　路 | $Z$ | $\tan\varphi$ |
|---|---|---|
| 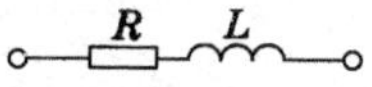 R　L | $\sqrt{R^2+(\omega L)^2}$ | $\dfrac{\omega L}{R}$ |
| 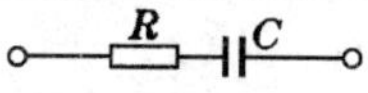 R　C | $\sqrt{R^2+\left(\dfrac{1}{\omega C}\right)^2}$ | $-\dfrac{1}{\omega CR}$ |
|  R　L　C | $\sqrt{R^2+\left(\omega L-\dfrac{1}{\omega C}\right)^2}$ | $\dfrac{\omega L-\dfrac{1}{\omega C}}{R}$ |
| 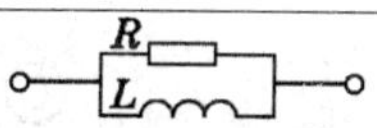 R　L | $\dfrac{R\omega L}{\sqrt{R^2+(\omega L)^2}}$ | $\dfrac{R}{\omega L}$ |
| 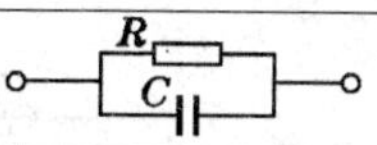 R　C | $\dfrac{R}{\sqrt{1+(\omega CR)^2}}$ | $-\omega CR$ |
| 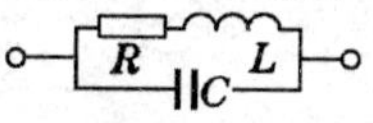 R　L　C | $\sqrt{\dfrac{R^2+(\omega L)^2}{(\omega CR)^2+(1-\omega^2LC)^2}}$ | $\dfrac{\omega L-\omega C(R^2+(\omega L)^2)}{R}$ |
| 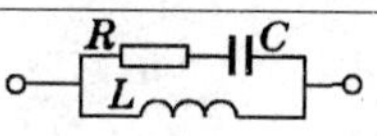 R　C　L | $\sqrt{\dfrac{(\omega L)^2[1+(\omega CR)^2]}{(\omega CR)^2+(1-\omega^2LC)^2}}$ | $\dfrac{(\omega CR)^2+1-\omega^2LC}{\omega^3RLC^2}$ |
| 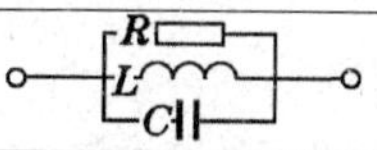 R　L　C | $\dfrac{\omega LR}{\sqrt{R^2(1-\omega^2LC)^2+(\omega L)^2}}$ | $\dfrac{R(1-\omega^2LC)}{\omega L}$ |

**5-45**.本题图中 $a$、$b$ 两点接到一个交流电源上，两点间的电压为 130 V，$R_1=6.0\,\Omega$，$R_2=R_3=3.0\,\Omega$，$Z_L=8.0\,\Omega$，$Z_C=3.0\,\Omega$，求：

(1)电路中的电流；

(2)$a$、$c$ 两点间的电压；

(3)$c$、$d$ 两点间的电压。

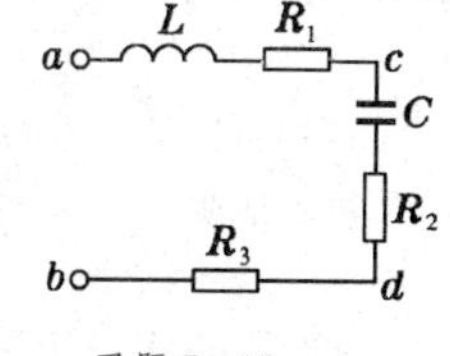

习题 5-45

**5-46**.一直流电阻为 120 Ω的抗流圈与一电容为 10 μF的电容器串联。当电源频率为 50 c、总电压为 120 V、电流为 1.0 A 时，求抗流圈的自感。

**5-47**.(1)一个电阻与一个电感串联在 100 V 的交流电源上，一个交流伏特计不论接在电阻或电感上时，读数都相等。这个读数应为多少？

(2)改变(1)中电阻及电感的大小，使接于电感上的伏特计读数为 50 V. 这时若把伏特计接于电阻上，其读数是多少？

**5-48**.如本题图所示,从 $AO$ 输入的信号中,有直流电压 6 V,交流成分 400 kHz,现在要信号到达 $BO$ 两端没有直流压降,而交流成分要有 90% 以上,为此在 $AB$ 路上安置一个电容 $C$,电容 $C$ 在这里起什么作用?它的容量至少该取多大?

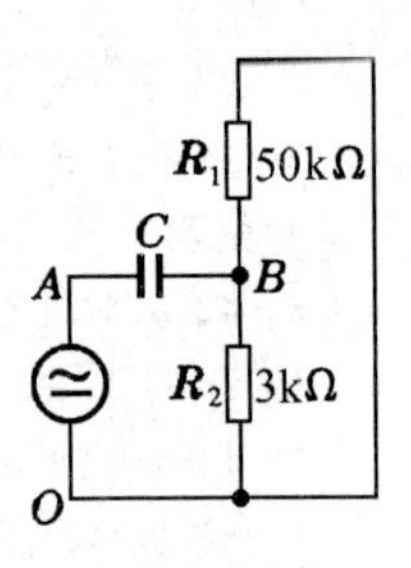

习题 5-48

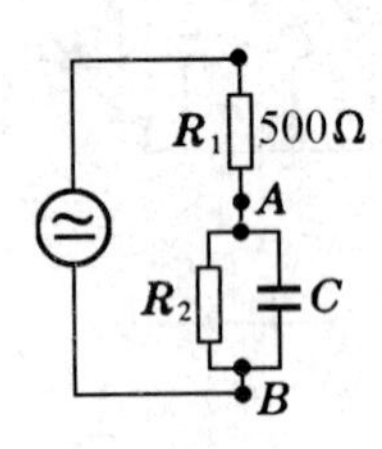

习题 5-49

**5-49**.如本题图所示,输入信号中包含直流成分 6 V,交流成分 500 Hz、1V. 要求在 $AB$ 两端获得直流电压 1 V,而交流电压小于 1 mV,问电阻 $R_2$ 该取多大,旁路电容 $C$ 至少该取多大?

**5-50**.本题图为测量线圈的电感及其损耗电阻而采用的一种电桥电路。$R_s$ 和 $C_s$ 为已知的固定电阻和电容,调节 $R_1$、$R_2$ 使电桥达到平衡,

(1)求 $L_x$、$r_x$.

(2)试比较这个电桥和图 5-86 所示的麦克斯韦 $LC$ 电桥,哪个计算起来比较方便? 如果待测电感的等效电路采用并联式的,情况怎样?

【提示:并联式等效电路与串联式等效电路中的损耗电阻含义不同。】

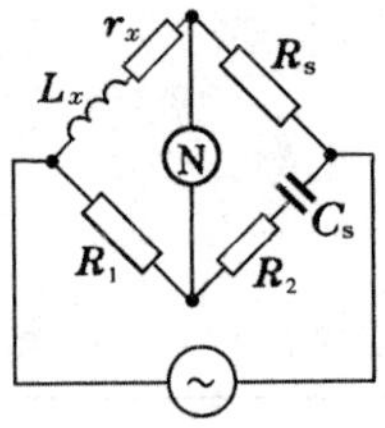

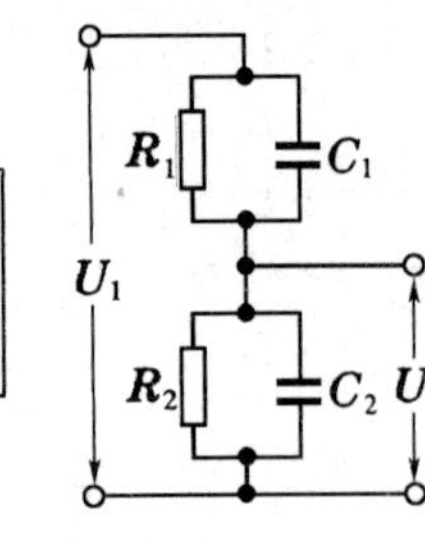

习题 5-50

**5-51**.本题图是为消除分布电容的影响而设计的一种脉冲分压器。当 $C_1$、$C_2$、$R_1$、$R_2$ 满足一定条件时,这分压器就能和直流电路一样,使输入电压 $U_1$ 与输出电压 $U_2$ 之比等于电阻之比:

$$\frac{U_1}{U_2}=\frac{R_2}{R_1+R_2},$$

而和频率无关。试求电容、电阻应满足的条件。

习题 5-51

**5-52**.在环形铁芯上绕有两个线圈,一个匝数为 $N$,接在电动势为 $\mathscr{E}$ 的交流电源上;另一个是均匀圆环,电阻为 $R$,自感很小,可略去不计。在这环上有等距离的三点:$a$、$b$ 和 $c$. G 是内阻为 $r$ 的交流电流计。

(1)如附图 a 联接,求通过 G 的电流;

(2)如附图 b 联接,求通过 G 的电流。

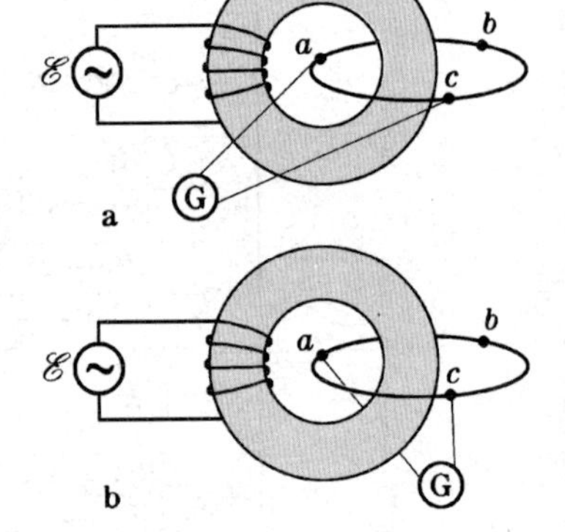

习题 5—52

**5-53**.在本题图的滤波电路中,在 $\nu=100\,\text{Hz}$ 的频率下欲使输出电压 $U_2$ 为输入电压 $U_1$ 的 1/10,求此时抗流圈自感 $L$,已知 $C_1=C_2=10\,\mu\text{F}$.

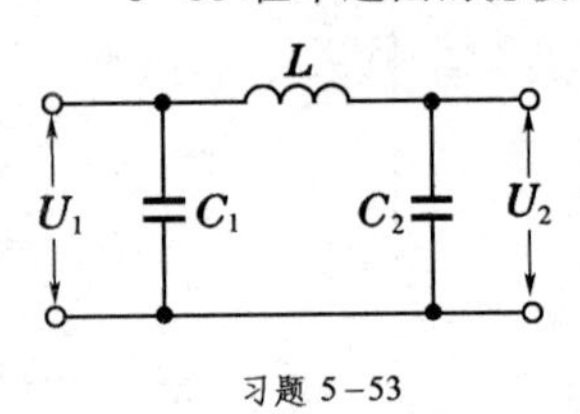

习题 5-53

**5-54**.本题图为电流高通型三级 $RC$ 相移电路。设输入信号电流为 $i(t)=I\cos\omega t$,输出信号电流为

$$i_3(t)=I\cos(\omega t+\varphi_3),$$

$\varphi_3$ 值为电流相移量,电流传输系数 $\eta=I_3/I$.

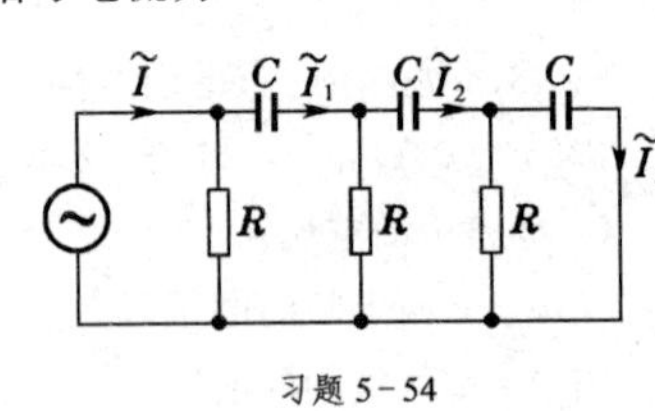

习题 5-54

(1)相移量 $\varphi_3$ 应该是正值还是负值?

(2)证明 $$\widetilde{I}_3=\frac{(\omega CR)^3}{\omega CR[(\omega CR)^2-5]+\mathrm{i}[1-6(\omega CR)^2]}\widetilde{I};$$

(3)算出当 $\omega CR=1$ 时的相移量 $\varphi_3$ 值及传输系数 $\eta$;

(4)证明:相移量达到 $\pi$ 值的频率条件为

$$\nu_0=\frac{1}{2\sqrt{6}\pi RC},$$

此时 $\eta=1/29$.

(5)已知 $R=10\,\text{k}\Omega$, $C=0.01\,\mu\text{F}$,算出振荡频率 $\nu_0$.

**5-55**.一单相电动机的铭牌告诉我们 $U=220\,\text{V}$, $I=3.0\,\text{A}$, $\cos\varphi=0.8$,试求电动机的视在功率、有功功率和绕阻的电阻。

**5-56**.一个 110 V、50 c 的交流电源供给一电路 330 W 的功率,功率因数为 0.6,且电流相位落后于电压。

(1)若在电路中并联一电容器使功率因数增到 1,求电容器的电容;

(2)这时电源供给多少功率?

**5-57**.一电路感抗 $X_L=8.0\,\Omega$,电阻 $R=6.0\,\Omega$,串接在 200 V、50 Hz 的市电上,问:

(1)要使功率因数提高到 95%,应在 $LR$ 上并联多大的电容?

(2)这时流过电容的电流是多少?

(3)若串联电容,情况如何?

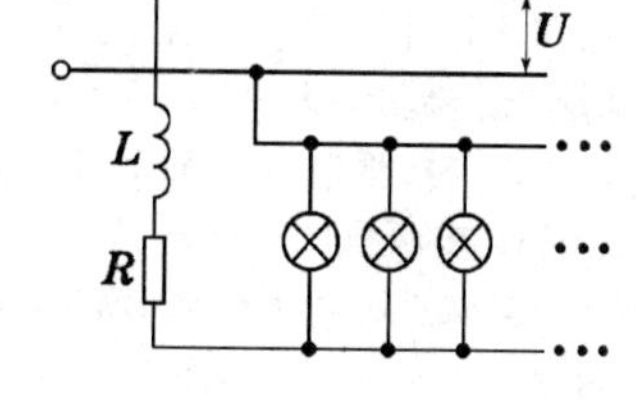

习题 5-59

**5-58**.一发电机沿干线输送电能给用户,此发电机电动势为 $\mathscr{E}$,角频率为 $\omega$,干线及发电机的电阻和电感各为 $R_0$ 和 $L_0$,用户电路中的电阻和电感各为 $R$ 和 $L$,求:

(1)电源所供给的全部功率 $P$;

(2)用户得到的功率 $P'$;

(3)整个装置的效率 $\eta=P'/P$.

**5-59**.输电干线的电压 $U=120\,\text{V}$,频率为 50.0 c. 用户照明电路与抗流圈串联后接于干线间,抗流圈的自感 $L=0.0500\,\text{H}$,电阻 $R=1.00\,\Omega$(见本题图),问:

(1)当用户共用电 $I_0=2.00\,\text{A}$ 时,他们电灯两端的电压 $U'$ 等于多少?

(2)用户电路(包括抗流圈在内)能得到最大的功率是多少?

(3)当用户电路中发生短路时,抗流圈中消耗功率多少?

习题 5-60

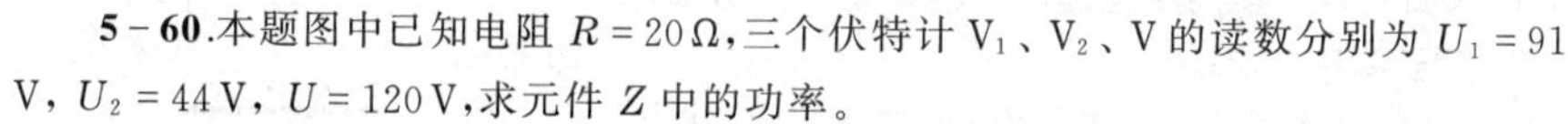

**5-60**.本题图中已知电阻 $R=20\,\Omega$,三个伏特计 $V_1$、$V_2$、V 的读数分别为 $U_1=91$ V,$U_2=44$ V,$U=120$ V,求元件 $Z$ 中的功率。

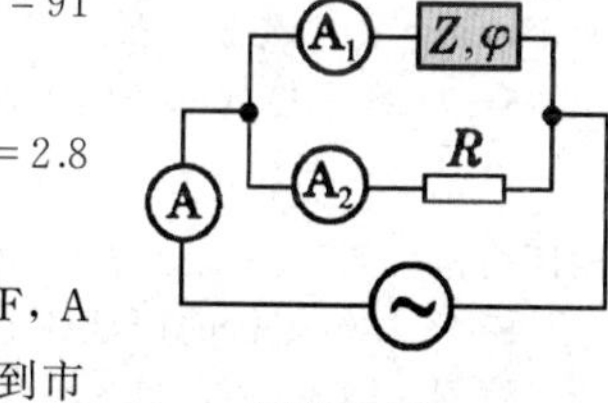

习题 5-61

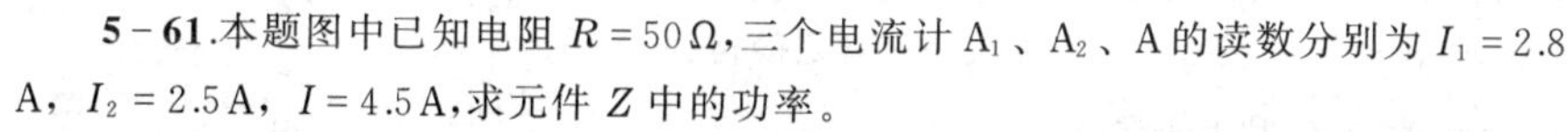

**5-61**.本题图中已知电阻 $R=50\,\Omega$,三个电流计 $A_1$、$A_2$、A 的读数分别为 $I_1=2.8$ A,$I_2=2.5$ A,$I=4.5$ A,求元件 $Z$ 中的功率。

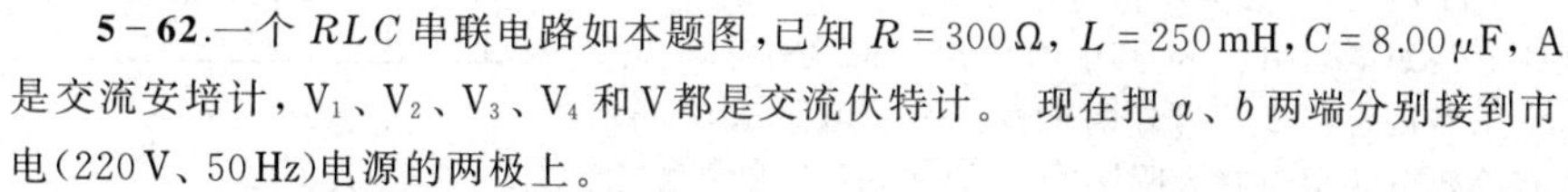

**5-62**.一个 $RLC$ 串联电路如本题图,已知 $R=300\,\Omega$,$L=250\,\text{mH}$,$C=8.00\,\mu\text{F}$,A 是交流安培计,$V_1$、$V_2$、$V_3$、$V_4$ 和 V 都是交流伏特计。 现在把 $a$、$b$ 两端分别接到市电(220 V、50 Hz)电源的两极上。

(1)问 A、$V_1$、$V_2$、$V_3$、$V_4$ 和 V 的读数各多少?

(2)求 $a$、$b$ 间消耗的功率。

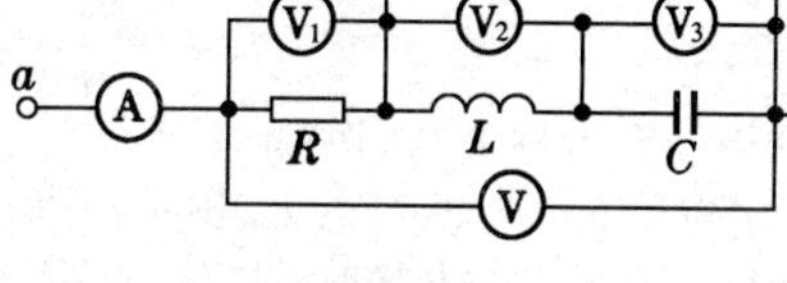

习题 5-62

**5-63**.计算 $LR$ 并联电路的有功电阻 $r$.

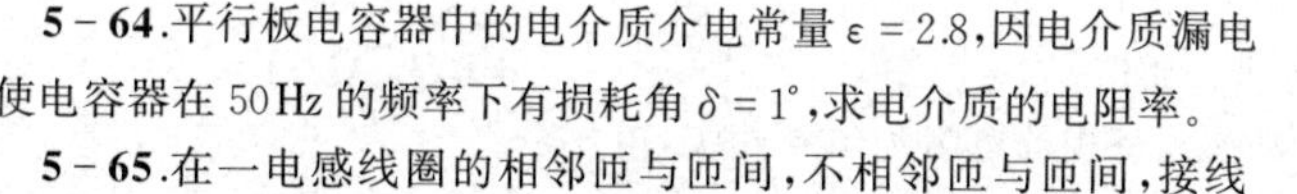

**5-64**.平行板电容器中的电介质介电常量 $\varepsilon=2.8$,因电介质漏电而使电容器在 50 Hz 的频率下有损耗角 $\delta=1^\circ$,求电介质的电阻率。

**5-65**.在一电感线圈的相邻匝与匝间,不相邻匝与匝间,接线端间,与地间都存在小的"分布电容"。这许多小电容的总效应可以用一个适当大小的电容 $C_0$ 并联在线圈两端来表示(见图本题图 a)。分布电容的数值取决于线圈的尺寸及绕法。分布电容的效应在频率越高时越显著(根据图 a 分析一下,为什么?),试证明:如果我们仍把电感线圈看成纯电感 $L'$ 和有功电阻 $r'$ 串联的话(见图 b),由于存在分布电容 $C_0$,则

$$L'=\frac{L}{1-\omega^2LC_0},\quad r'=\frac{r}{(1-\omega^2LC_0)^2},$$

从而

$$Q'=\frac{\omega L'}{r'}=Q(1-\omega^2LC_0).$$

即线圈的表观电感 $L'$ 增加,而表观 $Q$ 值下降(设 $Q\gg1$)。

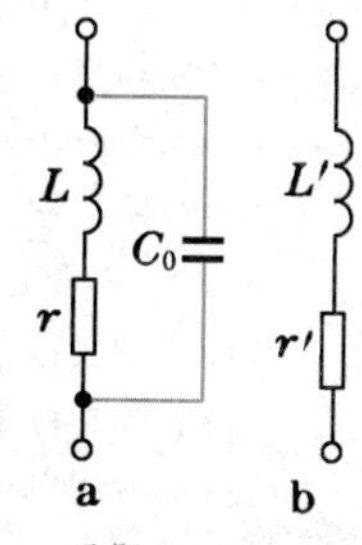

习题 5-65

**5-66**.串联谐振电路中 $L=0.10\,\text{H}$,$C=25.0\,\text{pF}$,$R=10\,\Omega$,

(1)求谐振频率;

(2)若总电压为 50 mV,求谐振时电感元件上的电压。

**5-67**.串联谐振电路接在 $\mathscr{E}=5.0\,\mathrm{V}$ 的电源上,谐振时电容器上的电压等于 150 V,求 $Q$ 值。

**5-68**.串联谐振电路的谐振频率 $\nu_0=600\,\mathrm{kHz}$,电容 $C=370\,\mathrm{pF}$,这频率下电路的有功电阻 $r=15\,\Omega$,求电路的 $Q$ 值。

**5-69**.将一个输入 220 V、输出 6.3 V 的变压器改绕成输入 220 V、输出 30 V 的变压器,现拆出次级线圈,数出圈数是 38 匝,应改绕成多少匝?

**5-70**.有一变压器能将 100 V 升高到 3300 V. 将一导线绕过其铁芯,两端接在伏特计上(见本题图)。此伏特计的读数为 0.5 V,问变压器二绕组的匝数(设变压器是理想的)。

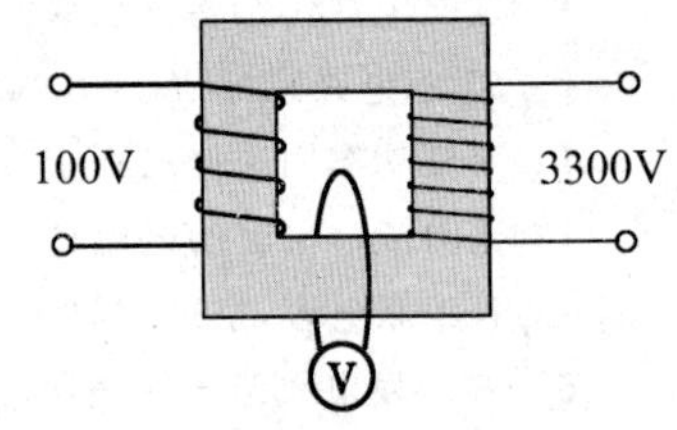


习题 5-70

**5-71**.理想变压器匝数比 $N_2/N_1=10$,交流电源电压为 110 V,负载 1.0 kΩ,求两线圈中的电流。

**5-72**.某电源变压器的原线圈是 660 匝,接在电压为 220 V 的电源上,问:

(1)要在三个副线圈上分别得到 5.0 V、6.3 V 和 350 V 的电压,三个副线圈各应绕多少匝?

(2)设通过三个副线圈的电流分别是 3.0 A、3.0 A 和 280 mA,通过原线圈的电流是多少?

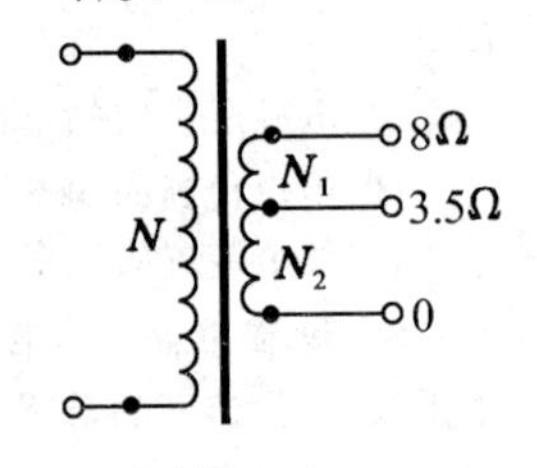


习题 5-73

**5-73**.如本题图所示,输出变压器的次级有中间抽头,以便接 3.5 Ω 的扬声器或接 8 Ω 的扬声器都能使阻抗匹配,次级线圈两部分匝数之比 $N_1/N_2$ 应为多少?

**5-74**.若需绕制一个电源变压器,接 220 V、50 Hz 的输入电压,要求有 40 V 和 6 V 的两组输出电压,试问原线圈及两组副线圈的匝数。已知铁芯的截面积为 $8.0\,\mathrm{cm}^2$,最大磁感应强度 $B_{\max}$ 选取 12 000 Gs.

**5-75**.在可控硅的控制系统中常用到 $RC$ 移相电桥电路(见本题图),电桥的输入电压由变压器次级提供,输出电压从变压器中心抽头 $O$ 和 $D$ 之间得到。试证明输出电压 $\widetilde{U}_{OD}$ 的相位随 $R$ 改变,但其大小保持不变。

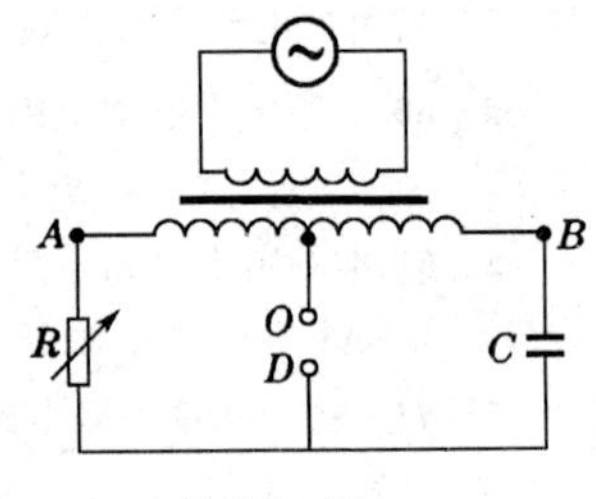


习题 5-75

**5-76**.导纳电桥的原理性电路如本题图所示,其中两个臂 1 和 2 是有抽头的变压器副线圈,电源通过这变压器耦合起来。另外两个臂一个是电阻 $R$,一个是电容 $C$ 和待测电感元件(其等效电路示于右旁阴影区内)的并联,$R$ 和 $C$ 都是可调的。试证明:电桥达到平衡时,待测电感元件的 $Q$ 值可通过下式算出:

$$Q=\frac{N_2}{N_1}\frac{1}{\omega CR},$$

其中 $N_1$、$N_2$ 分别是 1、2 两臂的匝数。

若等效电路设为 $R_x$ 与 $L_x$ 串联,$Q$ 的表达式如何?

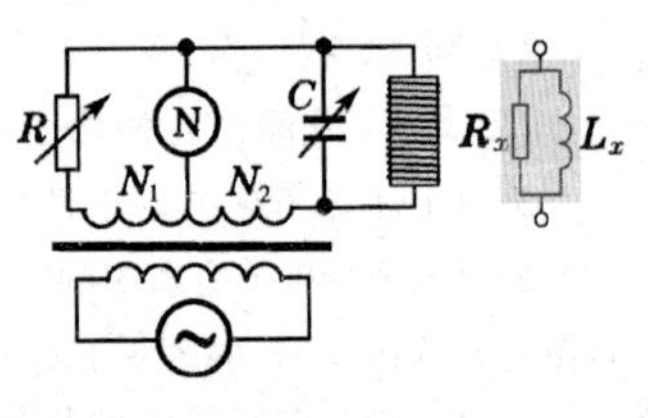


习题 5-76

**5-77**.有一星形联接的三相对称负载(电动机),每相的电阻为 $R=6.0\,\Omega$,电抗为 $X=8.0\,\Omega$;电源的线电压为 380 V,求:

(1)线电流;

(2)负载所消耗的功率;

(3)如果改接成三角形,求线电流和负载所消耗的功率。

**5-78**.三相交流电的线电压为 380 V,负载是不对称的纯电阻,$R_A=R_B=22\,\Omega$,$R_C=27.5\,\Omega$,作星形联接。

(1)求中线电流;

(2)求各相的相电压;

(3)若中线断开,各相电压将变为多少?

# 第六章 麦克斯韦电磁理论 电磁波 电磁单位制

## §1. 麦克斯韦电磁理论

若论19世纪最伟大的两位物理学家，毫无疑问应该是法拉第和麦克斯韦。法拉第没有受过很多数学教育，但他是一位具有深刻直觉能力的实验物理学家。他谙熟18世纪后半叶开始的几乎一个世纪内所有电和磁的基本实验规律，如库仑定律、安培定律，以及他自己发现的法拉第定律。他不用一个数学公式，凭直觉的可靠性创造出“力线”和“场”的概念，这是十分令人惊讶的。麦克斯韦比法拉第小40岁，出生于英国爱丁堡的世家，从小喜欢数学。麦克斯韦对法拉第的贡献非常佩服，他在二十几岁时就下决心，要把法拉第的物理思想用数学公式定量化地表达出来。当年轻的麦克斯韦部分地建立了他的方程组时，写信告诉了法拉第。法拉第称赞了他的努力，但也感到有些不安。1857年法拉第给麦克斯韦的回信是这样写的：

> 我亲爱的先生，我接到你的论文，为此深为感谢。我并不是说我要感谢你是因为你谈论了“力线”，因为我知道你已经在哲学真理的意义上处理了它；但你必然以为这项工作使我感到愉快，并给予我很大的鼓励去进一步思考。起初当我看到你用这样的数学威力来针对这样的主题，我几乎吓坏了。后来我才惊讶地看到这个主题居然处理得如此之好！

法拉第像许多实验物理学家通常那样，害怕太多的数学形式，担心数学形式会损害他的物理概念。

到了法拉第的时候，人们认为对电磁场基本规律的了解已经基本完成。当麦克斯韦把已有的电磁规律用几个方程式表达出来以后，发现其中有矛盾，只有加上他称之为“位移电流”的一项，方程式才是彼此相容的。这一点法拉第没有看出，大家也没有料到，连麦克斯韦自己事前也未曾注意到。然而就这样一项“位移电流”，却导致了另一项非常重大的发现——电磁波。

### 1.1 位移电流

麦克斯韦那个时代电磁场的基本规律可概括如下。

由库仑定律和场强叠加原理可得出静电场的两条重要定理：

(1)电场的高斯定理

$$\oiint \boldsymbol{D}\cdot \mathrm{d}\boldsymbol{S}=q_0;$$

(2)静电场的环路定理

$$\oint \boldsymbol{E}\cdot \mathrm{d}\boldsymbol{l}=0;$$

由毕奥-萨伐尔定律可得出恒磁场的两条重要定理：

(3)磁场的高斯定理

$$\oiint \boldsymbol{B}\cdot \mathrm{d}\boldsymbol{S}=0;$$

(4)安培环路定理

$$\oint \boldsymbol{H}\cdot \mathrm{d}\boldsymbol{l}=I_0;$$

此外还有磁场变化时的规律：

(5)法拉第电磁感应定律

$$\mathscr{E}=-\frac{\partial \Phi_B}{\partial t}.$$

这些规律是在不同的实验条件下得到的，它们的适用范围各不相同。

为了获得普遍情形下相互协调一致的电磁规律，麦克斯韦根据当时的实验资料和理论的分析，全面地系统地考查了这些规律。在第三章 2.3 节中我们已经提到麦克斯韦看出感生电动势现象预示着变化的磁场周围产生涡旋电场，因此，法拉第电磁感应定律预示，在普遍情形下电场的环路定理应是

$$\oint \boldsymbol{E}\cdot \mathrm{d}\boldsymbol{l} = -\iint \frac{\partial \boldsymbol{B}}{\partial t}\cdot \mathrm{d}\boldsymbol{S},$$

静电场的环路定理是它的一个特例。另外，从当时的实验资料和理论的分析中都没有发现电场的高斯定理和磁场的高斯定理有什么不合理的地方，麦克斯韦假定它们在普遍情形下仍成立。然而麦克斯韦在分析了安培环路定理后，发现将它应用到非恒定情形时遇到了矛盾。

为了克服这一矛盾，他提出了最重要的假设 ——“位移电流”。下面让我们来仔细讨论这个问题。

在恒定条件下，无论载流回路周围是真空或有磁介质，安培环路定理都可写成

$$\oint_{(L)} \boldsymbol{H}\cdot \mathrm{d}\boldsymbol{l} = I_0 = \iint_{(S)} \boldsymbol{j}_0\cdot \mathrm{d}\boldsymbol{S}, \tag{6.1}$$

式中 $I_0$ 是穿过以闭合回路 $L$ 为边界的任意曲面 $S$ 的传导电流。现在要问，在非恒定条件下，安培环路定理(6.1)式是否仍成立？ 要想(6.1)式有意义，必须穿过以 $L$ 为边界任意曲面的传导电流都相等，因为该式的左端只与回路 $L$ 有关。具体地说，如果我们以 $L$ 为边界取两个不同的曲面 $S_1$ 和 $S_2$(见图 6－1)，则应有

$$\iint_{(S_1)} \boldsymbol{j}_0\cdot \mathrm{d}\boldsymbol{S} = \iint_{(S_2)} \boldsymbol{j}_0\cdot \mathrm{d}\boldsymbol{S},$$

或

$$\iint_{(S_1)} \boldsymbol{j}_0\cdot \mathrm{d}\boldsymbol{S} - \iint_{(S_2)} \boldsymbol{j}_0\cdot \mathrm{d}\boldsymbol{S} = \oiint_{(S)} \boldsymbol{j}_0\cdot \mathrm{d}\boldsymbol{S} = 0,$$

这里 $S$ 为 $S_1$ 和 $S_2$ 组成的闭合曲面。在恒定情形下(图 6－1a)，上式是由电流的连续原理来保证的，但在非恒定情形下上式不成立。最突出的例子是电容器的充放电电路。电容器的充放电过程显然是个非恒定过程，导线中的电流是随时间变化的。如果我们取 $S_1$ 与导线相交，而 $S_2$ 穿过电容器两极板之间(图 6－1b)，则有

$$\iint_{(S_1)} \boldsymbol{j}_0\cdot \mathrm{d}\boldsymbol{S} \neq 0, \quad \iint_{(S_2)} \boldsymbol{j}_0\cdot \mathrm{d}\boldsymbol{S} = 0,$$

即

$$\iint_{(S_1)} \boldsymbol{j}_0\cdot \mathrm{d}\boldsymbol{S} - \iint_{(S_2)} \boldsymbol{j}_0\cdot \mathrm{d}\boldsymbol{S} = \oiint_{(S)} \boldsymbol{j}_0\cdot \mathrm{d}\boldsymbol{S} \neq 0,$$

此时以同一边界曲线 $L$ 所作的不同曲面 $S_1$ 和 $S_2$ 上的电流不同，从而(6.1)式失去了意义。因此，在非恒定的情况下安培环路定理(6.1)式不再适用，应以新的规律来代替它。

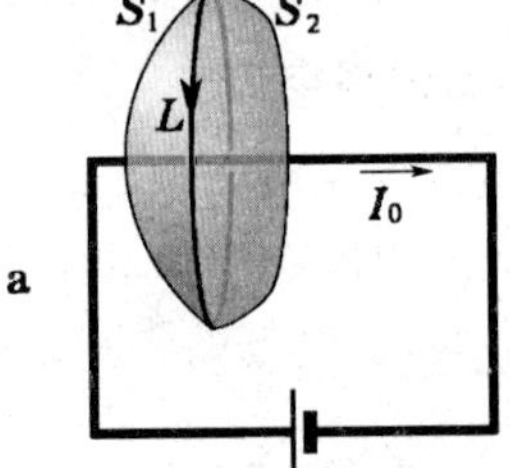


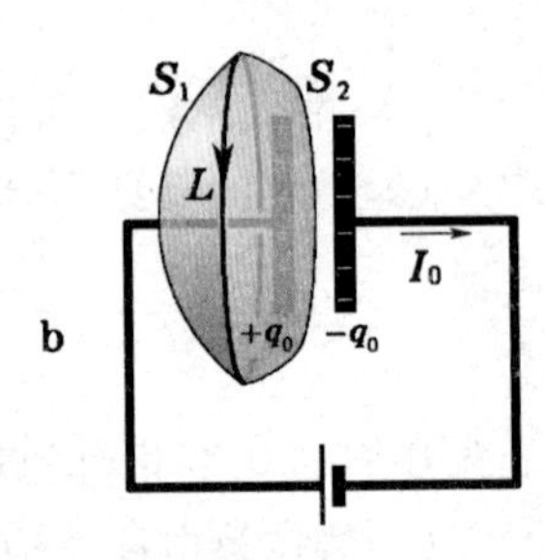


图 6—1 在非恒定情形下安培环路定理遇到的矛盾

在非恒定情况下代替安培环路定理的普遍规律是什么呢？其实在上面的讨论中，不仅暴露了矛盾，也提供了解决矛盾的线索。因为在非恒定情况下电流的连续原理给出

$$\oiint_{(S)} \boldsymbol{j}_0\cdot \mathrm{d}\boldsymbol{S} = -\frac{\mathrm{d}q_0}{\mathrm{d}t}, \tag{6.2}$$

其中 $q_0$ 是积累在 $S$ 面内的自由电荷(在图 6－1b 所示的例子里 $q_0$ 分布在电容器的极板表面)。另一方面，按高斯定理

$$\oiint_{(S)} \boldsymbol{D}\cdot\mathrm{d}\boldsymbol{S} = q_0,$$

从而

$$\frac{\mathrm{d}q_0}{\mathrm{d}t} = \frac{\mathrm{d}}{\mathrm{d}t}\oiint_{(S)} \boldsymbol{D}\cdot\mathrm{d}\boldsymbol{S} = \oiint_{(S)} \frac{\partial \boldsymbol{D}}{\partial t}\cdot\mathrm{d}\boldsymbol{S}. \tag{6.3}$$

将(6.3)式代入(6.2)式，得

$$\oiint_{(S)} \boldsymbol{j}_0\cdot\mathrm{d}\boldsymbol{S} = -\oiint_{(S)} \frac{\partial \boldsymbol{D}}{\partial t}\cdot\mathrm{d}\boldsymbol{S},$$

或

$$\oiint_{(S)} \left(\boldsymbol{j}_0 + \frac{\partial \boldsymbol{D}}{\partial t}\right)\cdot\mathrm{d}\boldsymbol{S} = 0, \tag{6.4}$$

或

$$\iint_{(S_1)} \left(\boldsymbol{j}_0 + \frac{\partial \boldsymbol{D}}{\partial t}\right)\cdot\mathrm{d}\boldsymbol{S} = \iint_{(S_2)} \left(\boldsymbol{j}_0 + \frac{\partial \boldsymbol{D}}{\partial t}\right)\cdot\mathrm{d}\boldsymbol{S}. \tag{6.5}$$

这就是说，$\boldsymbol{j}_0 + \dfrac{\partial \boldsymbol{D}}{\partial t}$ 这个量永远是连续的，只要边界 $L$ 相同，它在不同曲面 $S_1$、$S_2$ 上的面积分相等。令 $\Phi_D = \iint \boldsymbol{D}\cdot\mathrm{d}\boldsymbol{S}$ 代表通过某一曲面的电位移通量，则有

$$\frac{\mathrm{d}\Phi_D}{\mathrm{d}t} = \iint \frac{\partial \boldsymbol{D}}{\partial t}\cdot\mathrm{d}\boldsymbol{S}. \tag{6.6}$$

麦克斯韦把$\dfrac{\partial \Phi_D}{\partial t}$这个量叫做位移电流，$\dfrac{\partial \boldsymbol{D}}{\partial t}$ 则为位移电流密度，传导电流 $I_0 = \iint \boldsymbol{j}_0\cdot\mathrm{d}\boldsymbol{S}$ 与位移电流合在一起，称为全电流。(6.4)式或(6.5)式表明：全电流在任何情形下是连续的。

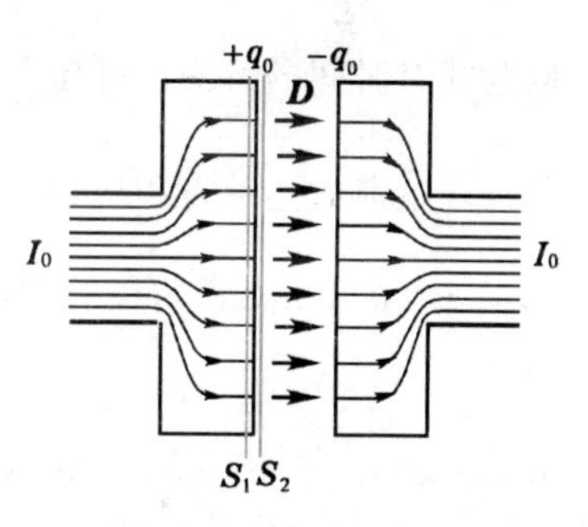

图 6-2 电容器极板间的位移电流

上述结论也可通过电容器的例子较直观地加以说明。

如图 6-2 所示，在一个极板表面内、外两侧各作一面 $S_1$ 和 $S_2$，则通过 $S_1$ 的既有传导电流，又有位移电流；通过 $S_2$ 的则只有位移电流。但是导体内的电位移 $D_内$ 和位移电流几乎总是可以忽略的。❶因而与静电情形类似，$D_内 \approx 0$，用高斯定理不难证明，$D_外 \approx \sigma_{e0}$（$\sigma_{e0}$ 为电容器极板表面的自由电荷面密度）。设电容器极板的面积为 $S$，则通过 $S_1$ 的全电流为

$$\left(j_0 + \frac{\partial D_内}{\partial t}\right)S \approx j_0\, S = I_0,$$

---

❶ 我们先考虑导体内外电位移之比。在导体内 $D_内 = \varepsilon\varepsilon_0 E$，$j_0 = \sigma E$（$\sigma$ 为电导率）。对于角频率为 $\omega$ 的交变电流来说，$j_0 = \dfrac{\partial \sigma_{e0}}{\partial t} \sim \omega\sigma_{e0}$，所以 $D_内 \sim \dfrac{\varepsilon\varepsilon_0\omega}{\sigma}\sigma_{e0}$. 在导体外 $D_外 = \sigma_{e0} + D_内 = (1+\varepsilon\varepsilon_0\,\omega/\sigma)\sigma_{e0}$，于是有

$$\frac{D_内}{D_外} = \frac{\varepsilon\varepsilon_0\omega/\sigma}{1+\varepsilon\varepsilon_0\omega/\sigma}.$$

在 MKSA 制中 $\sigma \sim 10^8\,\mathrm{S/m}$，$\varepsilon_0 \sim 10^{-11}\,\mathrm{C^2/(N\cdot m^2)}$，设 $\varepsilon < 10$，则在 $\omega \ll 10^{18}\,\mathrm{Hz}$（X 射线的频率）的条件下，$\varepsilon\varepsilon_0\omega/\sigma \ll 1$，于是 $D_内/D_外 \ll 1$，$D_内$ 相对于 $D_外$ 可忽略。

导体内的位移电流密度为$\dfrac{\partial D_内}{\partial t} \sim \omega D_内$，传导电流密度 $j_0 = \dfrac{\partial \sigma_{e0}}{\partial t} \sim \omega\sigma_{e0} = \omega D_外$. 故

$$\frac{\dfrac{\partial D_内}{\partial t}}{j_0} = \frac{D_内}{D_外},$$

在上述条件下，它也是远小于 1 的。

通过 $S_2$ 的全电流为　$\dfrac{d\Phi_D}{dt}=\dfrac{\partial D_{外}}{\partial t}S=\dfrac{\partial\sigma_{e0}}{\partial t}S$，

因 $j_0=\dfrac{\partial\sigma_{e0}}{\partial t}$，故以上两表达式相等。这样，在电容器极板表面中断了的传导电流 $I_0$ 被间隙中的位移电流$\dfrac{\partial\Phi_D}{\partial t}$ 接替下去，两者合在一起保持着连续性。

现在我们回到如何将安培环路定理推广到非恒定情形的问题。由于全电流具有连续性，所以很自然地可以想到，在非恒定情况下应该用它来代(6.1)式右端的传导电流，即

$$\oint_{(L)}\boldsymbol{H}\cdot d\boldsymbol{l}=I_0+\frac{d\Phi_D}{dt}. \tag{6.7}$$

以上便是麦克斯韦的位移电流假说(1861—1862 年)。

在电介质中 $\boldsymbol{D}=\varepsilon_0\boldsymbol{E}+\boldsymbol{P}$，位移电流为

$$\frac{d\Phi_D}{dt}=\frac{d}{dt}\iint\boldsymbol{D}\cdot d\boldsymbol{S}=\iint\frac{\partial\boldsymbol{D}}{\partial t}\cdot d\boldsymbol{S}=\varepsilon_0\iint\frac{\partial\boldsymbol{E}}{\partial t}\cdot d\boldsymbol{S}+\iint\frac{\partial\boldsymbol{P}}{\partial t}\cdot d\boldsymbol{S}. \tag{6.8}$$

让我们分别来看看(6.8)式右端两项的物理意义。先看第二项。按照第四章 1.3 节(4.2)式，极化强度 $\boldsymbol{P}$ 与极化电荷 $q'$ 有如下关系：　$\oiint\boldsymbol{P}\cdot d\boldsymbol{S}=-q'$，

取此式对时间的微商，则有　$\dfrac{d}{dt}\iint\boldsymbol{P}\cdot d\boldsymbol{S}=\iint\dfrac{\partial\boldsymbol{P}}{\partial t}\cdot d\boldsymbol{S}=-\dfrac{dq'}{dt}$，

而极化电荷的连续方程应为　$\iint\boldsymbol{j}_P\cdot d\boldsymbol{S}=-\dfrac{dq'}{dt}$，

这里 $\boldsymbol{j}_P$ 是极化电流密度。由此可见，

$$\iint\frac{\partial\boldsymbol{P}}{\partial t}\cdot d\boldsymbol{S}=\iint\boldsymbol{j}_P\cdot d\boldsymbol{S}.$$

此式表明，$\dfrac{\partial\boldsymbol{P}}{\partial t}$ 是与$\boldsymbol{j}_P$ 相联系的，即(6.8)式右端第二项是由极化电荷的运动引起的电流。

现在来看(6.8)式右端的第一项。它是与电场的时间变化率$\dfrac{\partial\boldsymbol{E}}{\partial t}$ 相联系的。在真空中 $\boldsymbol{P}=0$，$\dfrac{\partial\boldsymbol{P}}{\partial t}=0$，在位移电流中就只剩下这一项了。这项是位移电流的基本组成部分。由此可见，位移电流虽有“电流”之名，但它的基本部分却与“电荷的流动”无关，它本质上是电场的变化率。所以“位移电流”并不是一个很恰当的名称，但由于历史上从麦克斯韦沿用至今，改了会引起混乱，我们还将使用下去。

下面我们将看到，位移电流是产生电磁波基本机制中所必需的，在实验验证了电磁波的存在后，就为位移电流假说提供了最有力的证据。

## 1.2 麦克斯韦方程组

将以上分析的结果概括起来，就得到在普遍情况下电磁场满足的方程组：

$$\left.\begin{aligned}&\oiint\boldsymbol{D}\cdot d\boldsymbol{S}=q_0, &&(\text{I})\\&\oint\boldsymbol{E}\cdot d\boldsymbol{l}=-\iint\frac{\partial\boldsymbol{B}}{\partial t}\cdot d\boldsymbol{S}, &&(\text{II})\\&\oiint\boldsymbol{B}\cdot d\boldsymbol{S}=0, &&(\text{III})\\&\oint\boldsymbol{H}\cdot d\boldsymbol{l}=I_0+\iint\frac{\partial\boldsymbol{D}}{\partial t}\cdot d\boldsymbol{S}. &&(\text{IV})\end{aligned}\right\} \tag{6.9}$$

这便是麦克斯韦方程组的积分形式。利用矢量分析中的高斯定理和斯托克斯定理(参见附录B)可以由麦克斯韦方程组的积分形式导出其微分形式。

首先推导高斯定理的微分形式。假定自由电荷是体分布的,设电荷的体密度为 $\rho_{e0}$,则高斯定理可写成

$$\oiint_{(S)} \boldsymbol{D}\cdot d\boldsymbol{S} = \iiint_{(V)} \rho_{e0}\, dV.$$

式中 $V$ 是高斯面 $S$ 所包围的体积。利用矢量分析中的高斯定理(B.17)式可把上式左端的面积分化为体积分:

$$\iiint_{(V)} \nabla\cdot\boldsymbol{D}\, dV = \iiint_{(V)} \rho_{e0}\, dV.$$

因为上式对任何体积 $V$ 都成立,这除非是被积函数本身相等才可能,故得

$$\nabla\cdot\boldsymbol{D} = \rho_{e0},$$

这就是高斯定理的微分形式。

其次推导麦克斯韦方程组(6.9)式中(Ⅳ)式的微分形式。假定传导电流是体分布的,其密度为 $\boldsymbol{j}_0$,则有

$$\oint_{(L)} \boldsymbol{H}\cdot d\boldsymbol{l} = \iint_{(S)} \left(\boldsymbol{j}_0 + \frac{\partial \boldsymbol{D}}{\partial t}\right)\cdot d\boldsymbol{S}.$$

利用斯托克斯定理(B.25)式把上式左端的线积分化为面积分:

$$\iint_{(S)} \nabla\times\boldsymbol{H}\cdot d\boldsymbol{S} = \iint_{(S)} \left(\boldsymbol{j}_0 + \frac{\partial \boldsymbol{D}}{\partial t}\right)\cdot d\boldsymbol{S}.$$

因为上式的积分范围可以任意,这除非是被积函数自身相等才可能,故得

$$\nabla\times\boldsymbol{H} = \boldsymbol{j}_0 + \frac{\partial \boldsymbol{D}}{\partial t}.$$

麦克斯韦方程组中其他两个方程的微分形式都可按此法推出。最后得到下列四式:

$$\left.\begin{aligned} &\nabla\cdot\boldsymbol{D} = \rho_{e0}, && (\text{Ⅰ})\\ &\nabla\times\boldsymbol{E} = -\frac{\partial \boldsymbol{B}}{\partial t}, && (\text{Ⅱ})\\ &\nabla\cdot\boldsymbol{B} = 0, && (\text{Ⅲ})\\ &\nabla\times\boldsymbol{H} = \boldsymbol{j}_0 + \frac{\partial \boldsymbol{D}}{\partial t}. && (\text{Ⅳ}) \end{aligned}\right\} \quad (6.10)$$

式中 $\rho_{e0}$ 是自由电荷体密度,$\boldsymbol{j}_0$ 是传导电流密度,$\dfrac{\partial \boldsymbol{D}}{\partial t}$ 是位移电流密度。(6.10)式便是麦克斯韦方程组的微分形式。通常所说的麦克斯韦方程组,大都指它的微分形式。

在介质内,上述麦克斯韦方程组尚不完备,还需补充三个描述介质性质的方程式。对于各向同性线性介质来说,我们有

$$\left.\begin{aligned} &\boldsymbol{D} = \varepsilon\varepsilon_0 \boldsymbol{E}, && (\text{Ⅴ})\\ &\boldsymbol{B} = \mu\mu_0 \boldsymbol{H}, && (\text{Ⅵ})\\ &\boldsymbol{j}_0 = \sigma\boldsymbol{E}. && (\text{Ⅶ}) \end{aligned}\right\} \quad (6.11)$$

这里 $\varepsilon$、$\mu$ 和 $\sigma$ 分别是(相对)介电常量、(相对)磁导率和电导率。(Ⅶ)是欧姆定律的微分形式。[1]

麦克斯韦方程组(Ⅰ)～(Ⅳ)加上描述介质性质的方程(Ⅴ)～(Ⅶ),全面总结了电磁场的规

---

[1] 如果介质以速度 $\boldsymbol{v}$ 在运动,则(6.11)式的右端还应加上洛伦兹力的贡献:

$$\boldsymbol{j}_0 = \sigma(\boldsymbol{E} + \boldsymbol{v}\times\boldsymbol{B}).$$

如果有任何非静电的外来力 $\boldsymbol{K}$,则欧姆定律应写成

$$\boldsymbol{j}_0 = \sigma(\boldsymbol{E} + \boldsymbol{K}).$$

律，是宏观电动力学的基本方程组，利用它们原则上可以解决各种宏观电磁场问题。

(6.10)式是宏观的电磁场方程组，它并不是麦克斯韦方程组的最基本形式。最基本形式应是：

$$\left.\begin{aligned}&\nabla\cdot\boldsymbol{E}=\frac{\rho_{\mathrm{e}}}{\varepsilon_0}, &(\mathrm{I})\\&\nabla\times\boldsymbol{E}=-\frac{\partial\boldsymbol{B}}{\partial t}, &(\mathrm{II})\\&\nabla\cdot\boldsymbol{B}=0, &(\mathrm{III})\\&\nabla\times\boldsymbol{B}=\varepsilon_0\mu_0\frac{\partial\boldsymbol{E}}{\partial t}+\mu_0\boldsymbol{j}. &(\mathrm{IV})\end{aligned}\right\}\tag{6.12}$$

此方程组中只包含两个基本场矢量 $\boldsymbol{E}$ 和 $\boldsymbol{B}$，其中 $\rho_{\mathrm{e}}$ 和 $\boldsymbol{j}$ 代表所有电荷和电流的密度。(6.12)式中的所有量既可理解为微观量，也可理解为宏观量(后者是前者的统计平均)。对于宏观场，要由此式过渡到前面的(6.10)式，需将场源 $\rho_{\mathrm{e}}$ 和 $\boldsymbol{j}$ 作如下分解：

$$\left.\begin{aligned}&\rho_{\mathrm{e}}=\rho_{\mathrm{e0}}+\rho_{\mathrm{e}}', &(\mathrm{I})\\&\boldsymbol{j}=\boldsymbol{j}_0+\boldsymbol{j}',\quad \boldsymbol{j}'=\boldsymbol{j}_P+\boldsymbol{j}_M, &(\mathrm{II})\end{aligned}\right\}\tag{6.13}$$

$\rho_{\mathrm{e0}}$ 是自由电荷密度，$\rho_{\mathrm{e}}'$ 是极化电荷密度，$\boldsymbol{j}_0$ 是传导电流密度，$\boldsymbol{j}'$ 称为诱导电流密度，它又包含极化电流密度 $\boldsymbol{j}_P=\dfrac{\partial\boldsymbol{P}}{\partial t}$ 和磁化电流密度 $\boldsymbol{j}_M=\nabla\times\boldsymbol{M}$ 两部分。在作如上分解之后，引入辅助矢量 $\boldsymbol{D}=\varepsilon_0\boldsymbol{E}+\boldsymbol{P}$ 和 $\boldsymbol{H}=\dfrac{\boldsymbol{B}}{\mu_0}-\boldsymbol{M}$ 将 $\rho_{\mathrm{e}}'$ 和 $\boldsymbol{j}'$ 从方程组中消去，即得(6.10)式。然而，按(6.13)式的方式来分解场源，并非在所有的场合下都是方便的或可行的。故而即使在研究介质中的宏观电磁场时，人们有时还是使用方程组(6.12)式。

## 1.3 边界条件

在解麦克斯韦方程组的时候，只有在边界条件已知的情况下，才能唯一地确定方程组的解。在两种不同介质的分界面上，由于介电常量 $\varepsilon$、磁导率 $\mu$ 和电导率 $\sigma$ 不同，相应地有三组边界条件。

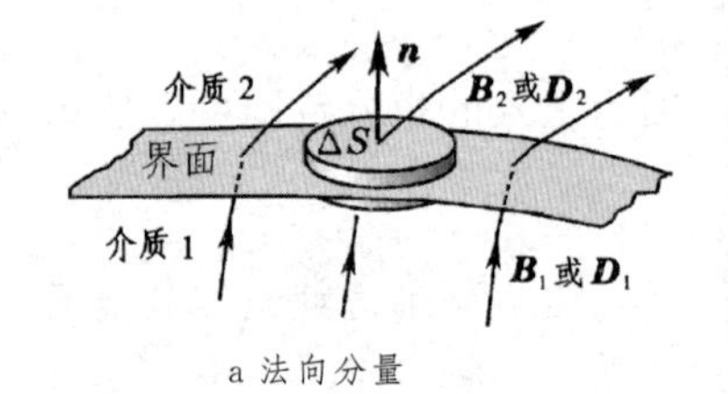


a 法向分量

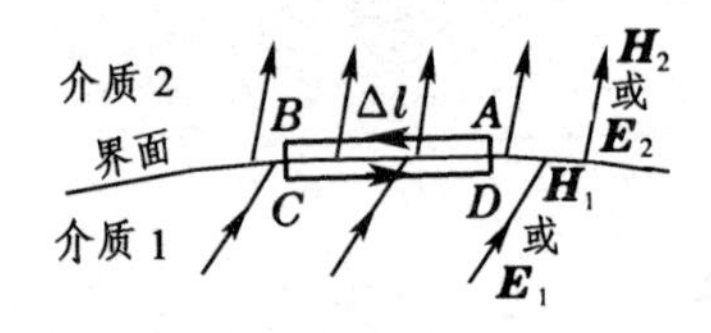


b 切向分量

图 6-3 磁介质或电介质界面上的边界条件

(1)磁介质界面上的边界条件

在第四章 §6 中已导出恒定条件下导体、电磁介质分界面上的边界条件。现扼要地归纳一下，并扩展到非恒定情形。

首先把磁场的“高斯定理”$\oiint \boldsymbol{B}\cdot\mathrm{d}\boldsymbol{S}=0$ 运用到图 6-3a 所示的扁盒状高斯面上，就得到了磁感应强度法向分量连续性的条件：

$$\boldsymbol{n}\cdot(\boldsymbol{B}_2-\boldsymbol{B}_1)=0,\quad 或\quad B_{2\mathrm{n}}=B_{1\mathrm{n}}.\tag{6.14}$$

然后把安培环路定理 $\oint_{(L)}\boldsymbol{H}\cdot\mathrm{d}\boldsymbol{l}=I_0$ 运用到图 6-3b 所示的狭长矩形回路上，并考虑到两介质分界面上没有传导电流(即 $I_0=0$)，就得到了磁场强度切向分量连续性的条件：

$$\boldsymbol{n}\times(\boldsymbol{H}_2-\boldsymbol{H}_1)=0,\quad 或\quad H_{2\mathrm{t}}=H_{1\mathrm{t}}.\tag{6.15}$$

(2)电介质界面上的边界条件

把高斯定理 $\oiint \boldsymbol{D}\cdot\mathrm{d}\boldsymbol{S}=q_0$ 运用到图 6-3a 所示的扁盒状高斯面上，并考虑到两介质分界面上没有自由电荷(即 $q_0=0$)，就得到电位移法向分量连续性的条件：

$$\boldsymbol{n}\cdot(\boldsymbol{D}_2-\boldsymbol{D}_1)=0,\quad 或\quad D_{2\mathrm{n}}=D_{1\mathrm{n}}.\tag{6.16}$$

把 $\oint\boldsymbol{E}\cdot\mathrm{d}\boldsymbol{l}=0$ 运用到图 6-3b 所示的狭长矩形回路上，就得到了电场强度切向分量连续性的条件：

$$\boldsymbol{n}\times(\boldsymbol{E}_2-\boldsymbol{E}_1)=0,\quad 或 \quad E_{2t}=E_{1t}. \tag{6.17}$$

以上的推导都用的是恒定态的规律，其实(6.14)、(6.15)、(6.16)、(6.17)各式对于非恒定态仍旧适用。这是因为非恒定态的规律与恒定态相比只有两点不同：① 安培环路定理中除 $I_0$ 外还应加一项位移电流 $\dfrac{\partial\Phi_D}{\partial t}$；② 电场的环路积分等于 $-\dfrac{\partial\Phi_B}{\partial t}$. 但这两项都正比于图 6-3b 里那个狭长矩形回路的面积，而这面积是高级无穷小量，最终是要趋于 0 的，所以它们并不影响最后的结果。

(3)导体界面上的边界条件

一般在导体表面会有自由电荷的积累，所以把高斯定理运用于图 6-3a 所示的扁盒状高斯面上，便会得到电位移矢量的法线分量的边界条件为

$$\boldsymbol{n}\cdot(\boldsymbol{D}_2-\boldsymbol{D}_1)=\sigma_{e0},\quad 或 \quad D_{2n}-D_{1n}=\sigma_{e0}. \tag{6.18}$$

这里 $\sigma_{e0}$ 是导体分界面上的自由电荷面密度。此外把电流的连续方程 $\dfrac{\mathrm{d}q_0}{\mathrm{d}t}+\oiint \boldsymbol{j}_0\cdot\mathrm{d}\boldsymbol{S}=0$ 运用于图 6-3a 所示的扁盒状高斯面，还可得到传导电流密度法向分量的边界条件：

$$\boldsymbol{n}\cdot(\boldsymbol{j}_{02}-\boldsymbol{j}_{01})=-\frac{\partial\sigma_{e0}}{\partial t},\quad 或 \quad (j_{02})_n-(j_{01})_n=-\frac{\partial\sigma_{e0}}{\partial t}. \tag{6.19}$$

在恒定条件下，则有

$$\boldsymbol{n}\cdot(\boldsymbol{j}_{02}-\boldsymbol{j}_{01})=0,\quad 或 \quad (j_{02})_n=(j_{01})_n. \tag{6.20}$$

即传导电流的法向分量连续。

除(6.18)式、(6.19)式和(6.20)式外，(6.14)式和(6.17)式对导体分界面也适用。在导体分界面上没有传导电流的面分布时，(6.15)式也适用。

在高频的情况下，由于趋肤效应，电流、电场和磁场都将分布在导体表面附近的一薄层内(见本章 5.2 节)。对于理想导体($\sigma=\infty$)，趋肤深度 $d_s\to 0$，我们可以把传导电流看成是沿导体表面分布的。在此有面电流分布的情况下，(6.15)式不再成立，它将为下面的公式(6.21)所取代。

考虑导体与真空(或空气)的界面。设面电流的密度为 $\boldsymbol{i}_0$. 如图 6-4 所示，在导体表面取一矩形回路 $L$，它的一对边与表面平行，且垂直于电流线，其长度为 $\Delta l$，另一对边与导体表面垂直，其长度则远小于 $\Delta l$(高级无穷小). 现运用安培环路定理于此回路(位移电流在此可忽略)。因通过此回路的传导电流 $I_0=i_0\Delta l$，故 $(H_{外t}-H_{内t})\Delta l=i_0\Delta l$. 又因 $H_{内t}=0$，故

$$H_{外t}=i_0.$$

从图 6-4 中 $\boldsymbol{H}_外$、$\boldsymbol{i}_0$ 和 $\boldsymbol{n}$(导体表面的外法向单位矢量)三个矢量的方向可以看出，它们满足如下矢量式：

$$\boldsymbol{n}\times\boldsymbol{H}_外=\boldsymbol{i}_0. \tag{6.21}$$

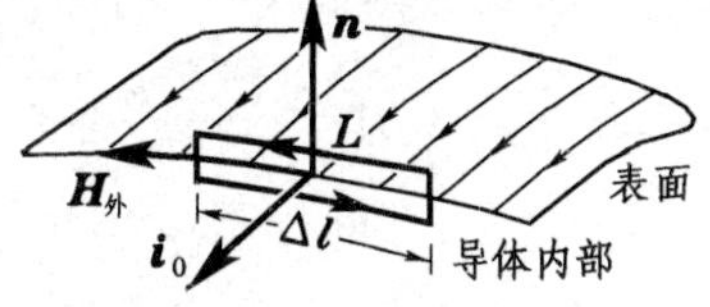

图 6-4 推导理想导体在高频场下的边界条件

# §2. 电磁波理论

## 2.1 平面电磁波的解

自由空间的麦克斯韦方程可写为

$$\left.\begin{aligned}&\nabla\cdot\boldsymbol{D}=0, &&(\mathrm{I})\\&\nabla\times\boldsymbol{E}=-\mu\mu_0\frac{\partial\boldsymbol{H}}{\partial t}, &&(\mathrm{II})\\&\nabla\cdot\boldsymbol{H}=0, &&(\mathrm{III})\\&\nabla\times\boldsymbol{H}=\varepsilon\varepsilon_0\frac{\partial\boldsymbol{E}}{\partial t}. &&(\mathrm{IV})\end{aligned}\right\} \tag{6.22}$$

将它们在直角坐标系中写成分量形式：

$$\left.\begin{aligned}
&\frac{\partial E_x}{\partial x}+\frac{\partial E_y}{\partial y}+\frac{\partial E_z}{\partial z}=0, && (\text{I})\\
&\frac{\partial E_z}{\partial y}-\frac{\partial E_y}{\partial z}=-\mu\mu_0\frac{\partial H_x}{\partial t}, && (\text{II}x)\\
&\frac{\partial E_x}{\partial z}-\frac{\partial E_z}{\partial x}=-\mu\mu_0\frac{\partial H_y}{\partial t}, && (\text{II}y)\\
&\frac{\partial E_y}{\partial x}-\frac{\partial E_x}{\partial y}=-\mu\mu_0\frac{\partial H_z}{\partial t}, && (\text{II}z)\\
&\frac{\partial H_x}{\partial x}+\frac{\partial H_y}{\partial y}+\frac{\partial H_z}{\partial z}=0, && (\text{III})\\
&\frac{\partial H_z}{\partial y}-\frac{\partial H_y}{\partial z}=\varepsilon\varepsilon_0\frac{\partial E_x}{\partial t}, && (\text{IV}x)\\
&\frac{\partial H_x}{\partial z}-\frac{\partial H_z}{\partial x}=\varepsilon\varepsilon_0\frac{\partial E_y}{\partial t}, && (\text{IV}y)\\
&\frac{\partial H_y}{\partial x}-\frac{\partial H_x}{\partial y}=\varepsilon\varepsilon_0\frac{\partial E_z}{\partial t}. && (\text{IV}z)
\end{aligned}\right\}\qquad(6.23)$$

设平面波沿 $+z$ 轴传播，则波面垂直于 $z$ 轴。在波面上的相位相同，即相位与 $x$、$y$ 变量无关。为了简单起见，我们假设振幅也与 $x$、$y$ 无关。这样一来，上式中所有对 $x$、$y$ 的偏微商全等于0，于是(I)、(II$z$)、(III)、(IV$z$)四式简化为

$$\frac{\partial E_z}{\partial z}=0,\quad \frac{\partial H_z}{\partial t}=0,\quad \frac{\partial H_z}{\partial z}=0,\quad \frac{\partial E_z}{\partial t}=0.$$

上式表明，电场矢量和磁场矢量沿波动传播方向的分量 $E_z$ 和 $H_z$(我们称之为纵分量)是与任何时空变量无关的常量，它们与我们这里考虑的电磁波无关，可以假定 $E_z=0$，$H_z=0$. 从这里就得到有关电磁波的第一个重要特性，即它是横波。

(6.23)式中的其余四式简化后给出电、磁矢量横分量满足的方程式：

$$\left.\begin{aligned}
&\frac{\partial E_y}{\partial z}=\mu\mu_0\frac{\partial H_x}{\partial t}, && (\text{II}x)\\
&\frac{\partial E_x}{\partial z}=-\mu\mu_0\frac{\partial H_y}{\partial t}, && (\text{II}y)\\
&\frac{\partial H_y}{\partial z}=-\varepsilon\varepsilon_0\frac{\partial E_x}{\partial t}, && (\text{IV}x)\\
&\frac{\partial H_x}{\partial z}=\varepsilon\varepsilon_0\frac{\partial E_y}{\partial t}. && (\text{IV}y)
\end{aligned}\right\}\qquad(6.24)$$

前面我们在取坐标时对 $x$、$y$ 轴在波面内的取向尚未作任何具体规定。如果我们取 $x$ 轴沿 $\boldsymbol{E}$ 矢量的方向，则 $\boldsymbol{E}$ 只剩下 $E_x$ 一个分量，而 $E_y$ 式 0.[1]这样一来，上列(6.23)式中的(II$x$)、(IV$y$)两式给出

$$\frac{\partial H_x}{\partial t}=0,\quad \frac{\partial H_x}{\partial z}=0,$$

即 $H_x$ 分量也是一个与任何时空变量无关的常量。这分量也与电磁波无关，可以设它为0，即 $H_x=0$.

---

[1] 这意味着我们考虑的是平面偏振波，即电矢量的方向始终在 $xz$ 平面内。对于其他偏振状态的电磁波，如圆偏振波、椭圆偏振波等，以下推导不适用，但可以证明 $\boldsymbol{E}\perp\boldsymbol{H}$ 的结论仍成立。

于是 $\boldsymbol{H}$ 矢量就只剩下一个 $H_y$ 分量了。由此可见，若 $\boldsymbol{E}$ 矢量沿 $x$ 方向，$\boldsymbol{H}$ 矢量就沿 $y$ 方向，它们彼此垂直。从这里我们得到电磁波的另一重要特性，即其中电场矢量和磁场矢量彼此垂直。与上面的结论联系起来，我们得到如下的物理图像：在电磁波中电场矢量 $\boldsymbol{E}$、磁场矢量 $\boldsymbol{H}$ 和传播方向 $\hat{\boldsymbol{k}}$ 三者两两垂直。

最后只剩下(6.24)式中的(Ⅱ$y$)、(Ⅳ$x$)两个方程式了，略去下标 $x$、$y$，得：

$$\frac{\partial E}{\partial z}=-\mu\mu_0\frac{\partial H}{\partial t},\quad \frac{\partial H}{\partial z}=-\varepsilon\varepsilon_0\frac{\partial E}{\partial t}. \tag{6.25}$$

上面的第一式是法拉第电磁感应定律，它反映着磁场的变化激发涡旋电场；第二式右端是位移电流，此式相当于前式中 $E$ 和 $H$ 对调，它反映着电场的变化(位移电流)激发磁场(它总是涡旋的)。$E$ 和 $H$ 两个场变量就这样联系在一起了，它们相互感生、相互激发，同时并存。为了解这一联立方程，只需将一个式子对 $z$ 取偏微商，另一式子对 $t$ 取偏微商，便可把一个场变量消去。消去 $H$ 的方程式为

$$\frac{\partial^2 E}{\partial z^2}=\varepsilon\varepsilon_0\mu\mu_0\frac{\partial^2 E}{\partial t^2}, \tag{6.26}$$

同理，消去 $E$ 的方程式为

$$\frac{\partial^2 H}{\partial z^2}=\varepsilon\varepsilon_0\mu\mu_0\frac{\partial^2 H}{\partial t^2}. \tag{6.27}$$

偏微分方程(6.26)式和(6.27)式具有完全相同的形式，这类偏微分方程叫做*波动方程*，因为它们的解具有波动的形式。为了证明这一点，我们可以把 $E$ 和 $H$ 设成沿 $z$ 方向传播的简谐波，它们可用如下复数形式来表示：

$$\begin{cases}\widetilde{E}=\widetilde{E}_0\mathrm{e}^{\mathrm{i}(\omega t-kz)},\\ \widetilde{H}=\widetilde{H}_0\mathrm{e}^{\mathrm{i}(\omega t-kz)},\end{cases} \tag{6.28}$$

其中 $\omega$ 和 $k$ 是角频率和波数，它们与周期 $T$ 和波长 $\lambda$ 的关系为

$$\omega=\frac{2\pi}{T},\quad k=\frac{2\pi}{\lambda}. \tag{6.29}$$

波的传播速度(相速)为

$$v=\frac{\lambda}{T}=\frac{\omega}{k}. \tag{6.30}$$

设 $E_0$、$H_0$、$\varphi_E$、$\varphi_H$ 分别是 $E$、$H$ 的振幅和初相位，(6.28)式中的复振幅 $\widetilde{E_0}$ 和 $\widetilde{H_0}$ 分别为

$$\widetilde{E}_0=E_0\,\mathrm{e}^{\mathrm{i}\varphi_E},\quad \widetilde{H}_0=H_0\,\mathrm{e}^{\mathrm{i}\varphi_H}. \tag{6.31}$$

现将试探解(6.28)式分别代入波动方程(6.26)式和(6.27)式，即可看出，只要 $\omega$ 和 $k$ 满足如下关系：

$$k^2=\varepsilon\varepsilon_0\mu\mu_0\omega^2. \tag{6.32}$$

(6.28)式即可满足(6.26)式和(6.27)式。由(6.32)式可知，波速为

$$v=\frac{\omega}{k}=\frac{1}{\sqrt{\varepsilon\varepsilon_0\mu\mu_0}}, \tag{6.33}$$

令其中 $\varepsilon=\mu=1$，立即得到真空中的电磁波速公式

$$c_{\mathrm{em}}=\frac{1}{\sqrt{\varepsilon_0\mu_0}}, \tag{6.34}$$

读者可自行验证，$1/\sqrt{\varepsilon_0\mu_0}$ 确实具有速度的量纲。

我们知道，$\varepsilon_0$ 是由实验测定的，它的量值约为 $8.9\times10^{12}\,\mathrm{C^2/(N\cdot m^2)}$(见第一章1.5节)；$\mu_0$ 的量值是规定的，它等于 $4\pi\times10^{-7}\,\mathrm{N/A^2}$(见第二章1.4节)，所以真空中的电磁波速度的值应为

$$c_{\mathrm{em}}=3\times10^8\,\mathrm{m/s}.$$

现在再将(6.28)式代入(6.25)式，并利用 $\omega$ 和 $k$ 的关系(6.32)式，我们可以得到复振幅之间的关系：

$$\sqrt{\varepsilon\varepsilon_0}\,\widetilde{E}_0=\sqrt{\mu\mu_0}\,\widetilde{H}_0. \tag{6.35}$$

这一复数等式实际上代表两个关系式，由(6.35)式两端的模量相等，得

$$\sqrt{\varepsilon\varepsilon_0}\,E_0=\sqrt{\mu\mu_0}\,H_0, \tag{6.36}$$

由(6.35)式两端的辐角相等，得

$$\varphi_E=\varphi_H. \tag{6.37}$$

因为这里我们是按右旋坐标系来标定 $\boldsymbol{E}$、$\boldsymbol{H}$、$\hat{\boldsymbol{k}}$ 三个矢量的取向的，$\varphi_E=\varphi_H$ 意味着 $E$ 和 $H$ 永远同号，即在任何时刻、任何地点，三个矢量都构成右旋系。

### 2.2 平面电磁波的性质

将上面推导的结果归纳起来，自由空间内传播的平面电磁波的性质有以下几点(参见图 6－5)：

(1)电磁波是横波：电矢量 $\boldsymbol{E}$ 和磁矢量 $\boldsymbol{H}$ 都与单位波矢 $\hat{\boldsymbol{k}}$ 垂直，即

$$\boldsymbol{E}\perp\hat{\boldsymbol{k}},\quad \boldsymbol{H}\perp\hat{\boldsymbol{k}}.$$

(2)电矢量与磁矢量垂直，即

$$\boldsymbol{E}\perp\boldsymbol{H}.$$

(3)$\boldsymbol{E}$ 和 $\boldsymbol{H}$ 同相位，并且在任何时刻、任何地点，$\boldsymbol{E}\times\boldsymbol{H}$ 的方向总是沿着传播方向 $\hat{\boldsymbol{k}}$ 的。

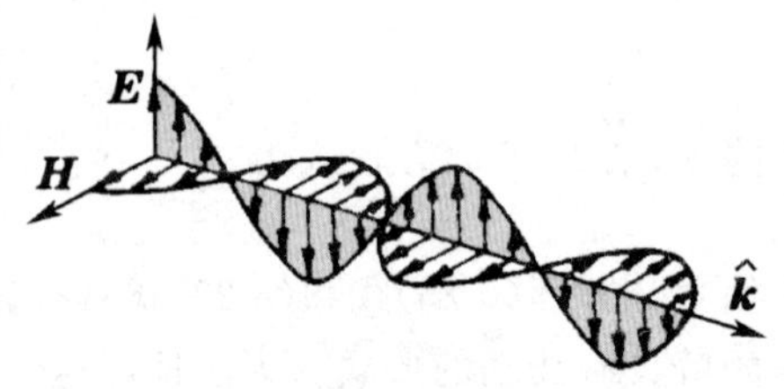

图 6－5 $\boldsymbol{E}$、$\boldsymbol{H}$、$\hat{\boldsymbol{k}}$ 三矢量构成直角右旋系

(4)$\boldsymbol{E}$ 和 $\boldsymbol{H}$ 的幅值 $E_0$ 和 $H_0$ 成比例：

$$\sqrt{\varepsilon\varepsilon_0}\;E_0=\sqrt{\mu\mu_0}\;H_0.$$

(5)电磁波的传播速度为

$$v=\frac{1}{\sqrt{\varepsilon\varepsilon_0\mu\mu_0}},$$

它在真空中的传播速度为

$$c_{\mathrm{em}}=\frac{1}{\sqrt{\varepsilon_0\mu_0}}.$$

### 2.3 光的电磁理论

17 世纪，当人们对几何光学的规律有了初步认识，并在实际中有了一定应用之后，开始探索光的本性。最早的理论是以牛顿为代表提出的微粒说，他们认为光是按照力学定律运动的微小粒子流。这种理论在 17、18 世纪占据着统治的地位。但是和牛顿同时代的惠更斯于 1687 年首先提出了光的波动说，他认为光是在一种特殊弹性介质“以太”中传播的机械波，并设想光是纵波。到 19 世纪初，托马斯·杨和菲涅耳等人研究了光的干涉、衍射现象，初步测定了光的波长，发展了光的波动理论，特别是他们根据光的偏振现象，确定了光是横波。后来又经过许多人的努力，到了 19 世纪中叶，微粒说被抛弃，确立了光的波动理论。不过，这时的波动理论没有跳出机械论的范畴。

对光的波动理论有进一步推动作用的，是光速的测量。 19 世纪中叶，许多人用不同方法对光速进行了测量，其中重要的结果有：[1]

1849 年斐索(A-H-L.Fizeau)314 000 000 m/s，

1850 年傅科(J.B.L.Foucault)298 360 000 m/s.

---

[1] 1975 年 5 月在巴黎召开的国际计量大会建议的真空光速为 $c=299792458\,\mathrm{m/s}$，估计误差是 $4\times10^{-9}$。这数值是通过气体激光测定的，其精确度已超过当时采用的 $^{86}\mathrm{Kr}$ 谱线的长度标准，故将它规定为定义值。

前已述及，按照麦克斯韦的理论，电磁波是横波，它在真空中的传播速度为 $c_{em}=1/\sqrt{\varepsilon_0\mu_0}$，$c_{em}$ 只与电磁学公式中的比例系数 $\varepsilon_0$、$\mu_0$ 有关，是一个普适常量。这结论是麦克斯韦在 1862 年预言的，在此之前 1856 年韦伯(W.Weber)和柯耳劳许(R.Kohlrausch)已通过实验测量比例系数，确定了这个常量的量值为

$$c_{em}=310\,740\,000\ \mathrm{m/s}.$$

当时科学上已经知道，这样大的速度是任何宏观物体(包括天体)和微观物体(如分子)所没有的，只有光速可与之比拟。从数值上看，这个常量 $c_{em}$ 也与已测得的光速 $c$ 吻合得相当好。由此麦克斯韦得出这样的结论：*光是一种电磁波，$c_{em}$ 就是光在真空中的传播速度 $c$.*

前面的(6.33)式表明，在介质中的电磁波速 $v$ 为真空中的 $1/\sqrt{\varepsilon\mu}$ 倍：

$$v=\frac{c_{em}}{\sqrt{\varepsilon\mu}}. \tag{6.38}$$

在光学中人们知道，光在透明介质(如水、玻璃等)里面的传播速度 $v$ 也是小于真空中的速度 $c$ 的。光学中二者的比值是折射率 $n$，即

$$v=\frac{c}{n}, \tag{6.39}$$

将(6.39)式和(6.38)式比较一下便可得知，如果光是电磁波的话，则有 $c_{em}=c$，和

$$n=\sqrt{\varepsilon\mu}. \tag{6.40}$$

对于非铁磁质，$\mu\approx1$，从而

$$n=\sqrt{\varepsilon}. \tag{6.41}$$

**表 6－1 折射率与介电常量**

| 物质 | $n$ | $\sqrt{\varepsilon}$ |
|---|---|---|
| $N_2$ | 1.000299 | 1.000307 |
| $H_2$ | 1.000139 | 1.000139 |
| Ne | 1.000035 | 1.000037 |
| $CO_2$ | 1.000499 | 1.000485 |
| NO | 1.000507 | 1.000547 |
| 甲苯 | 1.499 | 1.549 |
| 水 | 1.32 | 9.0 |
| 酒精 | 1.36 | 5.0 |
| 玻璃 | 1.5～1.7 | 2.35～2.65 |

这公式从理论上把光学和电磁学两个不同领域中的物理量联系起来了。实际情况怎样呢？表 6-1 给出一些物质的折射率 $n$ 和介电常量 $\varepsilon$ 的实验值。可以看出，除了最后几行外，此表中所列的大多数物质的 $n$ 和 $\sqrt{\varepsilon}$ 数值是相当符合的。以上事实进一步说明了光是一种电磁波。对于某些物质偏差的原因在于 $\varepsilon$ 与频率有关。上表的 $\sqrt{\varepsilon}$ 是静态测量值，而光的频率数量级为 $10^{14}$ Hz. 在这样高的频率下由于分子取向极化的惯性较大，跟不上外场的变化，介电常量值因而会显著下降。水分子具有较大的固有电偶极矩，在这方面表现得特别突出。

光与电磁波的同一性不仅表现在传播速度相等这一点上，§4 将指出，赫兹等人所做的大量实验事实从各方面证实了，光确是一种电磁波。过去光学和电磁学是两个彼此独立的领域，从此以后联系在一起了，麦克斯韦完成了物理学中一次伟大的统一。物理学(或者更普遍地说，所有科学)致力于把零散的现象和经验组织起来，使之成为系统化的知识结构。于是，看起来不相干的事物联系起来了，在不同的现象之间找到了它们的共同本质。这就是物理学家孜孜以求的物质世界的统一性。1820 年奥斯特发现电流的磁效应，导致安培提出磁棒的分子环流假说，把"电"和"磁"统一了起来。这是电磁学里一次伟大的统一。麦克斯韦的理论是把"电磁"和"光"统一了起来，其历史意义更为深远。我们在下节里还要回到这个话题上来。

## §3. 电磁场的能流密度与动量

### 3.1 电磁场的能量原理和能流密度矢量

我们在空间取一任意体积 $V$，设其表面为 $\Sigma$. 在此区域内也可能有电荷或电流以至电源，也

可能只有电磁场而没有电荷和电流。体积 $V$ 内的电磁能为

$$W=W_e+W_m=\frac{1}{2}\iiint_{(V)}(\boldsymbol{D}\cdot\boldsymbol{E}+\boldsymbol{B}\cdot\boldsymbol{H})\mathrm{d}V.$$

在非恒定情况下，各场量随时间变化，体积 $V$ 内的电磁能 $W$ 也将随时间变化，其变化率为

$$\frac{\mathrm{d}W}{\mathrm{d}t}=\frac{1}{2}\frac{\mathrm{d}}{\mathrm{d}t}\iiint_{(V)}(\boldsymbol{D}\cdot\boldsymbol{E}+\boldsymbol{B}\cdot\boldsymbol{H})\mathrm{d}V=\frac{1}{2}\iiint_{(V)}\frac{\partial}{\partial t}(\boldsymbol{D}\cdot\boldsymbol{E}+\boldsymbol{B}\cdot\boldsymbol{H})\mathrm{d}V.$$

因 $\boldsymbol{D}=\varepsilon\varepsilon_0\boldsymbol{E}$，$\boldsymbol{B}=\mu\mu_0\boldsymbol{H}$，

$$\begin{aligned}\frac{\partial}{\partial t}(\boldsymbol{D}\cdot\boldsymbol{E}+\boldsymbol{B}\cdot\boldsymbol{H})&=\varepsilon\varepsilon_0\frac{\partial}{\partial t}(\boldsymbol{E}\cdot\boldsymbol{E})+\mu\mu_0\frac{\partial}{\partial t}(\boldsymbol{H}\cdot\boldsymbol{H})\\&=2\varepsilon\varepsilon_0\boldsymbol{E}\cdot\frac{\partial\boldsymbol{E}}{\partial t}+2\mu\mu_0\boldsymbol{H}\cdot\frac{\partial\boldsymbol{H}}{\partial t}=2\boldsymbol{E}\cdot\frac{\partial\boldsymbol{D}}{\partial t}+2\boldsymbol{H}\cdot\frac{\partial\boldsymbol{B}}{\partial t}.\end{aligned}$$

利用麦克斯韦方程组，

$$\frac{\partial\boldsymbol{D}}{\partial t}=\nabla\times\boldsymbol{H}-\boldsymbol{j}_0,\quad\frac{\partial\boldsymbol{B}}{\partial t}=-\nabla\times\boldsymbol{E},$$

于是

$$\frac{\partial}{\partial t}(\boldsymbol{D}\cdot\boldsymbol{E}+\boldsymbol{B}\cdot\boldsymbol{H})=2(\boldsymbol{E}\cdot\nabla\times\boldsymbol{H}-\boldsymbol{H}\cdot\nabla\times\boldsymbol{E}-\boldsymbol{j}_0\cdot\boldsymbol{E}).$$

利用附录 B 中的(B.30)式，令其中 $\boldsymbol{A}\to\boldsymbol{E}$，$\boldsymbol{B}\to\boldsymbol{H}$，则有

$$\boldsymbol{E}\cdot\nabla\times\boldsymbol{H}-\boldsymbol{H}\cdot\nabla\times\boldsymbol{E}=-\nabla\cdot(\boldsymbol{E}\times\boldsymbol{H}),$$

于是

$$\frac{\mathrm{d}W}{\mathrm{d}t}=-\iiint_{(V)}\nabla\cdot(\boldsymbol{E}\times\boldsymbol{H})\mathrm{d}V-\iiint_{(V)}\boldsymbol{j}_0\cdot\boldsymbol{E}\,\mathrm{d}V,$$

利用矢量场论的高斯定理，可将上式右端第一项化为面积分，最后得到

$$\frac{\mathrm{d}W}{\mathrm{d}t}=-\oiint_{(\Sigma)}(\boldsymbol{E}\times\boldsymbol{H})\cdot\mathrm{d}\boldsymbol{\Sigma}-\iiint_{(V)}\boldsymbol{j}_0\cdot\boldsymbol{E}\,\mathrm{d}V.\tag{6.42}$$

现在我们来分析(6.42)式的物理意义。先看右端第二项。有非静电力 $\boldsymbol{K}$ 的情况下欧姆定律的微分形式为❶

$$\boldsymbol{j}_0=\sigma(\boldsymbol{E}+\boldsymbol{K}),\quad\text{或}\quad\boldsymbol{E}=\rho\boldsymbol{j}_0-\boldsymbol{K},$$

这里 $\rho=\dfrac{1}{\sigma}$ 为电阻率。于是(6.42)式右端第二项的被积函数变为

$$\boldsymbol{j}_0\cdot\boldsymbol{E}=\rho j_0^2+\boldsymbol{j}_0\cdot\boldsymbol{K}.$$

其中 $j_0^2=\boldsymbol{j}_0\cdot\boldsymbol{j}_0$. 为了看清楚上式中各项的物理意义，可取 $V$ 为一个小电流管，设其截面积和长度分别为 $\Delta\Sigma$ 和 $\Delta l$，考虑到 $\boldsymbol{j}_0$ 与 $\Delta\boldsymbol{l}$ 方向一致，于是

$$\begin{aligned}\iiint_{(\text{小流管})}\boldsymbol{j}_0\cdot\boldsymbol{E}\,\mathrm{d}V&=\boldsymbol{j}_0\cdot\boldsymbol{E}\,\Delta\Sigma\,\Delta l=\rho j_0^2\,\Delta\Sigma\,\Delta l+\boldsymbol{j}_0\cdot\boldsymbol{K}\,\Delta\Sigma\,\Delta l\\&=\left(\frac{\rho\,\Delta l}{\Delta\Sigma}\right)(j_0\Delta\Sigma)^2-(j_0\Delta\Sigma)(\boldsymbol{K}\cdot\Delta\boldsymbol{l}),\end{aligned}$$

因 $\rho\Delta l/\Delta\Sigma$ 为小流管的电阻 $R$，$j_0\Delta\Sigma$ 为其中的电流 $I_0$，$\boldsymbol{K}\cdot\Delta\boldsymbol{l}$ 是沿流管的电动势 $\Delta\mathscr{E}$，故

$$\iiint_{(\text{小流管})}\boldsymbol{j}_0\cdot\boldsymbol{E}\,\mathrm{d}V=I_0^2R-I_0\,\Delta\mathscr{E},$$

上式右端第一项 $I_0^2R$ 是单位时间释放出来的焦耳热，第二项 $I_0\,\Delta\mathscr{E}$ 是单位时间电源作的功。其实这个结论完全不限于 $V$ 是小流管的情形，对于任何体积 $V$，(6.42)式右端第二项体积分都代

---

❶ $\boldsymbol{K}$ 中不包含 $\boldsymbol{E}_{旋}$，后者已包含在 $\boldsymbol{E}$ 中。故在下面的(6.44)式的 $P$ 内也不含 $\boldsymbol{E}_{旋}$ 的功，即不再包含磁能向电能的转化。

表此体积内单位时间释放的焦耳热 $Q$ 与单位时间非静电力作的功 $P$ 之差,即

$$\iiint_{(\text{小流管})} \boldsymbol{j}_0 \cdot \boldsymbol{E} \, \mathrm{d}V = Q - P.$$

现在看(6.42)式右端第一项面积分。引入一个新的矢量 $\boldsymbol{S}$,其定义如下:

$$\boldsymbol{S} \equiv \boldsymbol{E} \times \boldsymbol{H}, \tag{6.43}$$

这矢量叫做坡印亭(Poynting)矢量。于是(6.42)式可写为

$$\frac{\mathrm{d}W}{\mathrm{d}t} = -\oiint_{(\Sigma)} (\boldsymbol{E} \times \boldsymbol{H}) \cdot \mathrm{d}\boldsymbol{\Sigma} - Q + P, \tag{6.44}$$

上式表明,在体积 $V$ 内单位时间增加的电磁能 $\frac{\mathrm{d}W}{\mathrm{d}t}$ 等于此体积内单位时间电源作的功 $P$ 减去焦耳损耗 $Q$ 和坡印亭矢量的面积分。

从能量守恒的观点来看,这面积分应代表单位时间从体积 $V$ 的表面流出的电磁能量(叫做电磁能流),而坡印亭矢量 $\boldsymbol{S}=\boldsymbol{E}\times\boldsymbol{H}$ 的方向代表电磁能传递的方向,其大小代表单位时间流过与之垂直的单位面积的电磁能量。亦即,$\boldsymbol{S}$ 是电磁能流密度矢量。

根据电磁波的 $\boldsymbol{E}$、$\boldsymbol{H}$、$\hat{\boldsymbol{k}}$ 构成右旋系的性质可以看出,电磁波的能流密度矢量 $\boldsymbol{S}$ 总是沿着电磁波的传播方向 $\hat{\boldsymbol{k}}$ 的,即能量总是向前传播的。

电磁波中 $\boldsymbol{E}$ 和 $\boldsymbol{H}$ 都随时间迅速变化,(6.43)式给出的是电磁波的瞬时能流密度。在实际中重要的是它在一个周期内的平均值,即平均能流密度。我们可以仿照第五章 9.1 节求交流电平均功率的办法来计算。对于简谐波平均能流密度为

$$\overline{S} = \frac{1}{2} E_0 H_0, \tag{6.45}$$

式中 $E_0$ 和 $H_0$ 是 $E$ 和 $H$ 的振幅。由于 $E_0$ 和 $H_0$ 之间存在比例关系:$\sqrt{\varepsilon\varepsilon_0}\,E_0=\sqrt{\mu\mu_0}\,H_0$,故

$$\overline{S} = \frac{1}{2}\sqrt{\frac{\varepsilon\varepsilon_0}{\mu\mu_0}}\,E_0^2 \propto E_0^2, \tag{6.46}$$

即电磁波中的能流密度正比于电场或磁场振幅的平方。

## 3.2 带电粒子的电磁辐射

在第三章 4.5 节中我们看到,一个匀速运动的带电粒子产生的电场都是径向的,它不会发射电磁波,因为电磁波是横波。要发射电磁波,粒子一定要有加速度。下面我们通过一个较简单的特例推导带电粒子的电磁辐射公式。

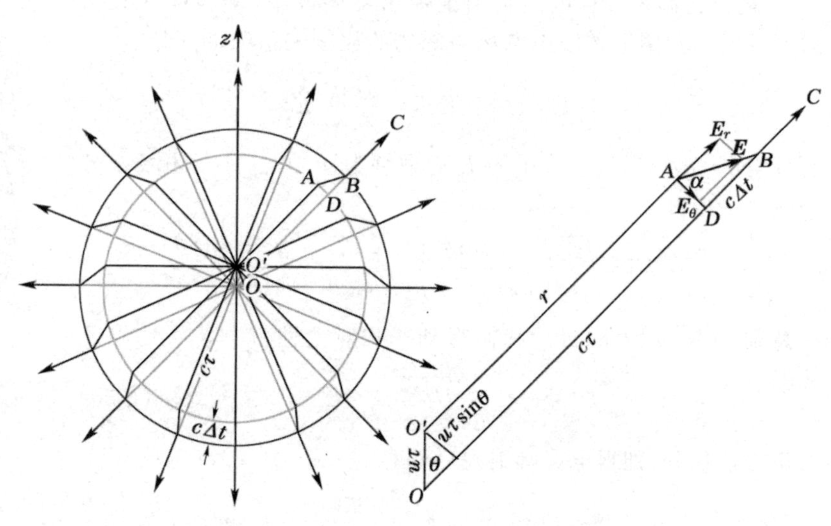

图 6-6 推导带电粒子电磁辐射公式

如图 6-6 所示,设带电粒子 $q$ 在时间 $t=0$ 以前静止在原点 $O$ 处,

在 $t=0$ 到 $\Delta t$ 区间在沿 $z$ 方向受到一个方脉冲力而产生加速度 $a$. 假定 $\Delta t$ 如此之短,可以认为粒子的位置几乎未离开 $O$ 点,但却已获得速度 $u=a\Delta t$,此后粒子以速度 $u$ 匀速前进。为简单起见,设 $u/c \ll 1$,即粒子的运动是非相对论性的。

考虑脉冲后又经过时间间隔 $\tau$ 的情况。这时脉冲前后的波前已传播到以 $O$ 为中心、半径分别为 $c(\Delta t+\tau)$和 $c\tau$ 的同心球面上(见图 6-6a),而粒子到达了 $O'$ 的位置,$OO'=u\tau$. 因为在 $t=0$ 以前粒子停留在 $O$ 不动,大球面以外的电场线以 $O$ 为中心沿着径向分布;按第三章 4.5 节的讨论,匀速运动的带电粒子所产生电场的瞬时分布也是以它自己为中心沿着径向的,即小球面以内的电场线以 $O'$ 为中心沿着径向分布。在两球面之间的过渡区里电场线发生曲折,这里正是带电粒子脉冲加速的影响传播所及的地方。在此区间电场 $\boldsymbol{E}$ 既有横分量$\boldsymbol{E}_\theta$,又有纵分量 $\boldsymbol{E}_r$(见图 6-6b)。对电磁辐射有贡献的只有横分量 $\boldsymbol{E}_\theta$.

考虑从 $O'$ 出发沿$\theta$ 方向的电场线$O'ABC$. 如图 6-6b 所示,在过渡区里

$$\boldsymbol{E}_\theta=\boldsymbol{E}_r/\tan\alpha,$$

然而

$$\tan\alpha=\frac{\overline{DB}}{\overline{AD}}=\frac{c\Delta t}{u\tau\sin\theta}=\frac{c\,\Delta t}{a\Delta t\,\tau\sin\theta}=\frac{c}{a\tau\sin\theta},$$

于是

$$\boldsymbol{E}_\theta=\boldsymbol{E}_r\frac{a\tau\sin\theta}{c}. \tag{6.47}$$

另一方面,在非相对论近似下,$\boldsymbol{E}_r$ 基本上是以$O'$ 为中心的库仑场:

$$\boldsymbol{E}_r=\frac{1}{4\pi\varepsilon_0}\frac{q}{r^2}, \tag{6.48}$$

这里 $r=\overline{O'B}\approx c\tau$,即(6.47)式里的 $\tau$ 可写成$r/c$. 于是将(6.48)式代入(6.47)式后,得

$$\boldsymbol{E}_\theta=\frac{1}{4\pi\varepsilon_0}\frac{qa\sin\theta}{c^2 r}. \tag{6.49}$$

图 6-7 所示为以带电粒子为原点,以它的速度和加速度为极轴的球坐标系。任何包含极轴的平面称为“子午面”,通过原点垂直于极轴的平面为“赤道面”。加速粒子辐射的电场 $\boldsymbol{E}_\theta$ 在子午面内;磁场与电场和径矢都垂直,沿纬度线方向,与赤道面平行。

现在我们来计算电磁辐射能流密度的大小,即坡印亭矢量的绝对值。利用电磁波中电场与磁场的比例关系(6.36)式,

$$S=|\boldsymbol{E}\times\boldsymbol{H}|=EH=\sqrt{\frac{\varepsilon\varepsilon_0}{\mu\mu_0}}E^2,$$

在真空中 $\varepsilon=\mu=1$,且上式中的 $E$ 应理解为(6.49)式中的电场横分量 $\boldsymbol{E}_\theta$,于是有

$$S=\sqrt{\frac{\varepsilon_0}{\mu_0}}\boldsymbol{E}_\theta^2=\sqrt{\frac{\varepsilon_0}{\mu_0}}\left(\frac{qa\sin\theta}{4\pi\varepsilon_0 c^2 r}\right)^2=\sqrt{\frac{1}{\varepsilon_0\mu_0}}\frac{q^2a^2\sin^2\theta}{16\pi^2\varepsilon_0 c^4 r^2},$$

注意到$\sqrt{1/\varepsilon_0\mu_0}=c$,最后我们得到非相对论性带电粒子的电磁辐射公式:

$$S=\frac{q^2a^2\sin^2\theta}{16\pi^2\varepsilon_0 c^3 r^2}. \tag{6.50}$$

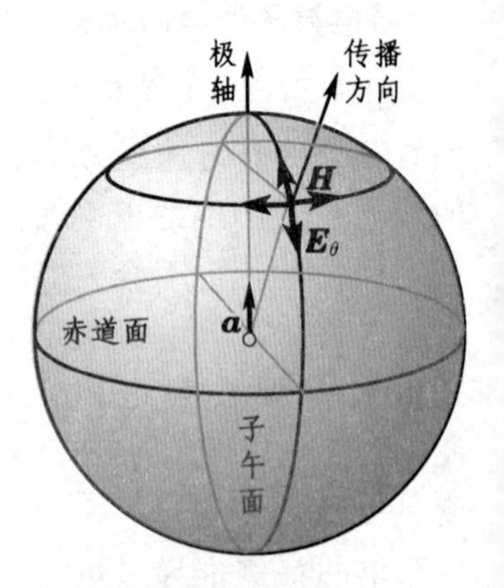


图 6-7 带电粒子电磁辐射的方向性

对全方位积分,即得电磁辐射总功率:

$$\frac{\mathrm{d}W}{\mathrm{d}t}=r^2\int_0^{2\pi}\mathrm{d}\varphi\int_0^{\pi}S\sin\theta\,\mathrm{d}\theta=2\pi r^2\frac{q^2a^2}{16\pi^2\varepsilon_0 c^3 r^2}\int_0^{\pi}\sin^3\theta\,\mathrm{d}\theta=\frac{q^2a^2}{8\pi\varepsilon_0 c^3}\left(\frac{\cos^3\theta}{3}-\cos\theta\right)\Bigg|_0^{\pi}=\frac{q^2a^2}{6\pi\varepsilon_0 c^3},$$

即
$$\frac{\mathrm{d}W}{\mathrm{d}t}=\frac{q^2a^2}{6\pi\varepsilon_0c^3}. \tag{6.51}$$

下面我们对上式给出的结果作一些分析。

(1)辐射的能流密度 $S$ 与粒子的加速度 $a$ 的平方成正比：
$$S\propto a^2, \tag{6.52}$$
匀速运动的带电粒子没有电磁辐射。带电粒子因其有加速度而产生电磁辐射的现象是十分普遍的。前面第三章 2.4 节讲到，电子感应加速器中作圆周运动的电子因存在加速度而引起辐射能量损失的现象，就是一例。

(2)辐射的能流密度 $S$ 与距离 $r$ 的平方成反比：
$$S\propto\frac{1}{r^2}, \tag{6.53}$$
这个结论并不意外，因为粒子发射的是球面波，根据能量守恒定律，通过任何以它为中心的球面的能流都应一样，而这能流应等于球面的面积 $4\pi r^2$ 乘以 $S$，即 $4\pi r^2S$，它应是与 $r$ 无关的常量，因此 $S$ 必然与 $r^2$ 成反比。$S$ 反比于 $r^2$ 要求电场强度 $\boldsymbol{E}$ 的横分量反比 $r$[参见(6.49)式]，而不像库仑场那样反比于 $r^2$.

(3)辐射的能流密度 $S$ 与极角正弦的平方成正比：
$$S\propto\sin^2\theta, \tag{6.54}$$
即辐射不是各向同性的，发射方向沿赤道面(极角 $\theta=\pi/2$，$\sin\theta=1$)时 $S$ 最大；发射方向越趋向极轴，$S$ 越小；到了极轴方向($\theta=0$，$\sin\theta=0$)，没有能量发出。这表明，对于给定的传播方向，只有粒子加速度在垂直于径矢 $\boldsymbol{r}$ 的投影 $a\sin\theta$ 才对辐射有贡献，而平行于径矢 $\boldsymbol{r}$ 的分量对辐射没有贡献。这是电磁波的横波性的反映。

### 3.3 偶极振子的辐射

最重要的电磁辐射振源模型是偶极振子，它可看作是一个偶极矩 $\boldsymbol{p}$ 作简谐振荡的偶极子：
$$\boldsymbol{p}=\boldsymbol{p}_0\cos\omega t,$$
它可看作是由一对相对作简谐振动的正、负电荷组成的，也可看作是一段导线，其中有交变电流，其两端所积累的电荷也正负交替地变化着。计算表明，偶极振子周围电场强度矢量 $\boldsymbol{E}$ 位于子午面内，磁场强度矢量 $\boldsymbol{H}$ 位于与赤道面平行的平面内，两者相互垂直(参见图 6-7，其中心单个带电粒子应为偶极振子所取代)。从振子附近电场分布的情形看，空间大体可分为两个区域，现分别讨论如下：

(1)在靠近振子中心的一个小范围内(即离振子中心点的距离 $r\ll$ 波长 $\lambda$ 或与 $\lambda$ 具有同样的数量级的范围内)，电场的瞬时分布与一个静态偶极振子的电场分布很相近，电场线的始末两端分别与偶极振子的正负电荷相连。我们把偶极振子简化为一对等值异号的点电荷围绕共同中心作相

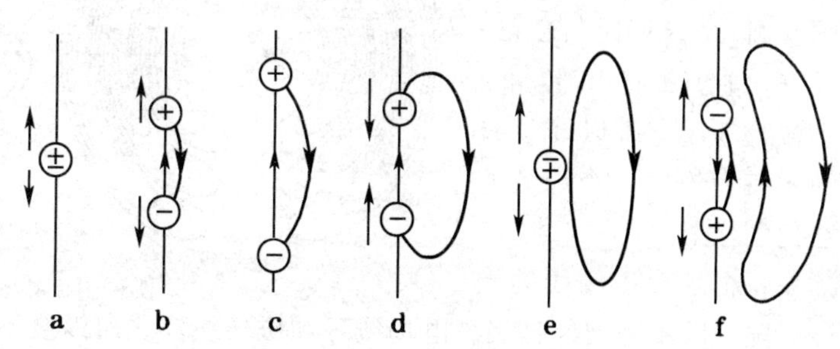

图 6-8 偶极振子附近电场线变化过程示意图

对简谐振动的模型,偶极振子附近电场线的变化如图 6-8 所示。设 $t=0$ 时正负电荷都正好在中心(图 6-8a)。由于这时振子不带电,没有电场线与它相连。然后两个分开,开始振动。在振动的前半个周期内,正负电荷分别朝上下两方向移动(图 6-8b),经过最远点后(图 6-8c)又移向中心(图 6-8d)。在这期间出现了由上面正电荷到下面负电荷的电场线,同时这电场线不断向外扩展。最后正负电荷又回到中心相遇(图 6-8e),完成了前半个周期。这时振子又不带电了,原来与正负电荷相连接的电场线两端衔接起来,形成一个闭合圈后脱离振子(图 6-8f)。在后半个周期中的情况与此类似,过程终了时再形成一个电场线的闭合圈。不过前后两个闭合圈的环绕方向相反。

以上只描述了一根电场线的形成,在图 6-9 中精确地绘出了前半个周期内电场线分布情况的全貌。后半个周期内的情况仅仅是正负电荷位置对调,电场线的环绕方向和图 6-9 中的相反。

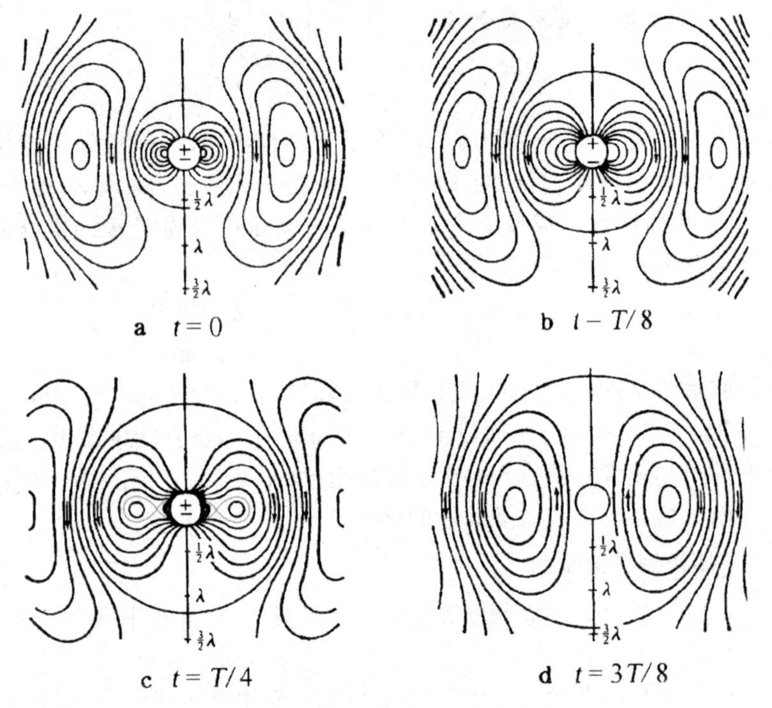


图 6-9 偶极振子附近电场线的分布

(2)离振源足够远的地方($r\gg\lambda$)称之为波场区。这里电场与磁场的分布情况比较简单,电场线都是闭合的(见图 6-10)当距离 $r$ 增大时,波面渐趋于球形,电场强度 $\boldsymbol{E}$ 趋于切线方向。也就是说,在波场区内 $\boldsymbol{E}$ 垂直于径矢 $\boldsymbol{r}$.

上面只描述了电场线的分布及其变化过程,实际上整个过程都有磁场线参与。无论在上述哪个区域里,磁场线皆如图 6-10b 所示,是平行于赤道面的一系列同心圆,故 $\boldsymbol{H}$ 同时与 $\boldsymbol{E}$ 和 $\boldsymbol{r}$ 垂直。前面曾指出,$\boldsymbol{E}$ 和 $\boldsymbol{r}$ 也彼此垂直,所以 $\boldsymbol{E}$、$\boldsymbol{H}$ 和 $\boldsymbol{r}$ 三者构成一个局域的直角坐标架。

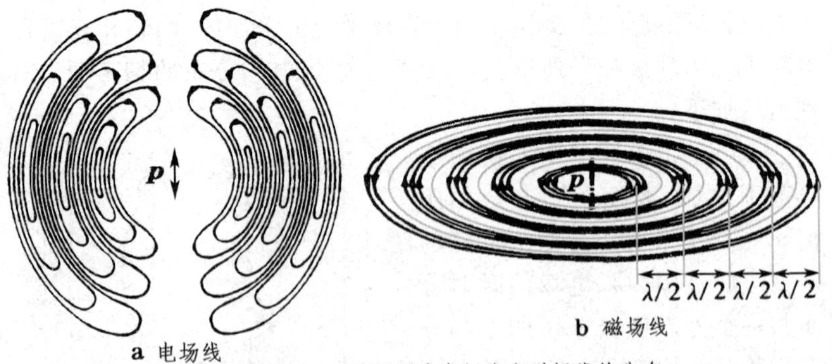


图 6-10 波场区内电场线和磁场线的分布

每根环形磁场线的半径都随时间不断向外扩展。电场线环和磁场线环之所以会不断向外扩展,是因为如前所述,它们相互激发、相互感生之故。

偶极振子辐射的能流密度在空间的分布规律与 3.2 节所讲的一样,坡印亭矢量的大小 $S$ 也是与

① 加速度 $a$ 的平方、② 距离 $r$ 的反平方、③$\sin^2\theta$ 成比例的。因振荡电荷的位移正比于 $\cos\omega t$,加速度 $a$ 正比于 $\omega^2\cos\omega t$,从而能流密度正比于频率的四次方：

$$S \propto \omega^4 \tag{6.55}$$

### 3.4 电磁场的动量　光压

在人类认识的历史上,“动量”概念的发展,和“能量”概念一样,起初都是从力学开始的。早期人们只有机械能(动能与势能)的概念和机械能守恒定律,它的适用范围是有限的。一旦发生机械能和其他形式能量之间的相互转化(如非弹性碰撞),机械能守恒定律就不成立了。经过相当长期的发展和论战,终于把“能量”的概念推广到物质运动的一切形式,建立了热能、电磁能以至原子能等概念,发现了普遍的能量守恒定律。“动量”的概念也是这样,最初它是在研究物体碰撞的问题时提出来的,人们发现两物体相互作用时,质量与速度乘积 $m\boldsymbol{v}$ 这个量的矢量和是守恒的(无论弹性碰撞或非弹性碰撞情形都是如此)。例如当一个动量为 $\boldsymbol{G}=m\boldsymbol{v}$ 的小球垂直地撞在一块平板上,以动量 $\boldsymbol{G}'=m\boldsymbol{v}'$ 弹射回来(图 6-11a),在此过程中小球的动量改变了 $\Delta\boldsymbol{G}=\boldsymbol{G}'-\boldsymbol{G}=m\boldsymbol{v}'-m\boldsymbol{v}$[因 $\boldsymbol{v}'$ 与 $v$ 方向相反,动量改变量的绝对值 $|\Delta\boldsymbol{G}|=m(\boldsymbol{v}'+\boldsymbol{v})$]。按照动量守恒定律我们知道,在此过程中有动量 $-\Delta\boldsymbol{G}$ 传递给平板。这就是力学中“动量”的概念和动量守恒定律。上面我们已看到,电磁场具有能量。“动量”的概念也像“能量”的概念一样,可以推广到力学领域之外,电磁场也具有动量。我们看一个例子。如图 6-11b 所示,一列平面电磁波垂直地射在一块金属平板上,在这里将有一部分电磁波被反射(反射多少,与金属板的反射率有关)。如图 6-12 所示,设入射波的传播方向为 $z$, $\boldsymbol{E}$ 和 $\boldsymbol{H}$ 分别沿 $x$ 和 $y$ 方向。当电磁波达到金属板上时,其表面附近的自由电子将在电场的作用下沿 $x$ 方向往复运动,形成传导电流 $\boldsymbol{j}_0$. 由于电子的运动方向与磁场垂直,它将受到一个洛伦兹力 $\boldsymbol{F}$, $\boldsymbol{F}$ 沿 $\boldsymbol{j}_0\times\boldsymbol{H}$ 的方向。由于 $\boldsymbol{j}_0=\sigma\boldsymbol{E}$,故 $\boldsymbol{F}$ 沿 $\boldsymbol{E}\times\boldsymbol{H}$(即入射波的坡印亭矢量 $\boldsymbol{S}_入$)的方向,在这里就是 $+z$ 方向。金属中自由电子受到的这个力最终会以某种方式传递给金属板本身。于是在电磁波的作用下,金属板将受到一个朝 $+z$ 方向的压力,或者说,在此压力作用一段时间后,金属板将获得沿 $+z$ 方向的动量。这样一来我们就要问,这动量是从哪里来的？ 我们所讨论的物体系只有金属板和电磁波,这个物体系没有受到外力,它的总动量是应该守恒的。现在其中一方(金属板)的动量发生了改变,就意味着另一方(电磁波)的动量发生了相反方向的改变。从这个例子可以看出,这里我们必须把“动量”的概念推广到电磁波,认为电磁波也具有动量。

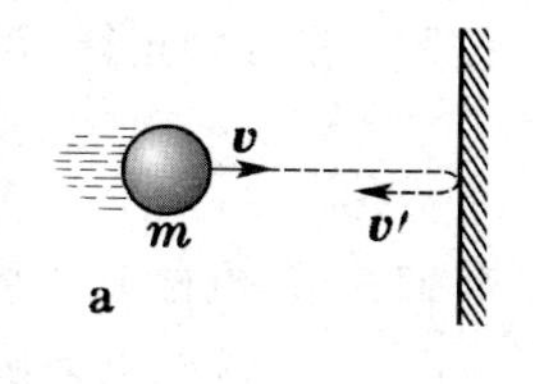


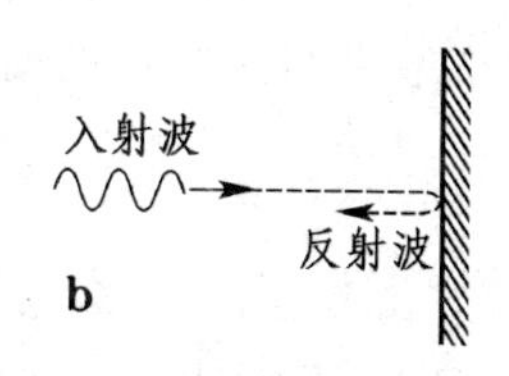


图 6-11 小球和电磁波动量的类比

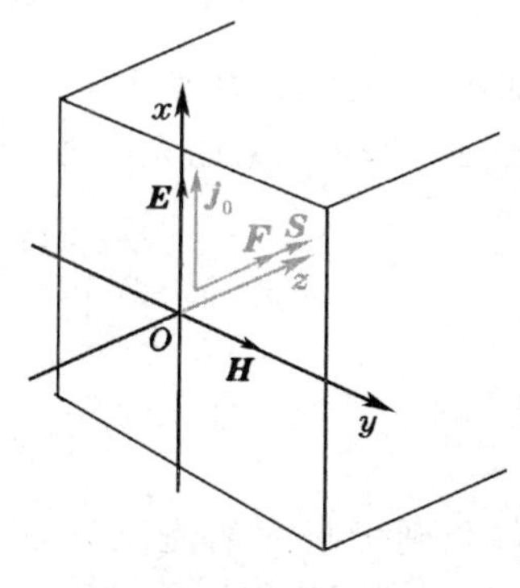


图 6-12 产生光压的机制

按照麦克斯韦电磁理论的计算表明,如果入射电磁波和反射电磁波的坡介质印亭矢量分别为 $\boldsymbol{S}_入$ 和 $\boldsymbol{S}_反$,则金属板上面元 $\Delta\Sigma$ 受到的力为

$$\Delta\boldsymbol{F}=\frac{1}{c}(\boldsymbol{S}_入-\boldsymbol{S}_反)\Delta\Sigma,$$

式中 $c$ 为真空中光速。由于 $\boldsymbol{S}_反$ 沿 $-z$ 方向,故金属板受到的压强为

$$p = \frac{|\Delta \boldsymbol{F}|}{\Delta\Sigma} = \frac{1}{c}|\boldsymbol{S}_{入} - \boldsymbol{S}_{反}|, \tag{6.56}$$

从(6.55)式我们可以推导出电磁波的动量公式来。考虑一段时间 $\Delta t$，在此期间金属板上面元 $\Delta\Sigma$ 受到的冲量为 $\Delta\boldsymbol{F}\Delta t$，这也就是此期间其动量的改变量 $\Delta\boldsymbol{G}_{板}$，于是

$$\Delta\boldsymbol{G}_{板} = \Delta\boldsymbol{F}\Delta t = \frac{1}{c}(\boldsymbol{S}_{入} - \boldsymbol{S}_{反})\Delta\Sigma\,\Delta t.$$

按照动量守恒定律，在 $\Delta t$ 时间内电磁波的动量改变量为

$$\Delta\boldsymbol{G} = -\Delta\boldsymbol{G}_{板} = \frac{1}{c}(\boldsymbol{S}_{反} - \boldsymbol{S}_{入})\Delta\Sigma\,\Delta t.$$

我们知道，电磁波的传播速度是 $c$，在 $\Delta t$ 期间它传播的距离为 $c\Delta t$，因此在这期间共有体积为 $\Delta V=\Delta\Sigma c\,\Delta t$ 的电磁波在金属板的面元 $\Delta\Sigma$ 上发生了反射，并在那里动量改变了 $\Delta\boldsymbol{G}$. 令 $\boldsymbol{g}$ 代表单位体积内电磁波的动量（$\boldsymbol{g}$ 叫做电磁波的*动量密度*），则反射过程中电磁波的动量密度改变量为

$$\Delta\boldsymbol{g} = \frac{\Delta\boldsymbol{G}}{\Delta V} = \frac{1}{c}(\boldsymbol{S}_{反} - \boldsymbol{S}_{入})\frac{\Delta\Sigma\,\Delta t}{\Delta\Sigma c\,\Delta t} = \frac{1}{c^2}(\boldsymbol{S}_{反} - \boldsymbol{S}_{入}).$$

上式中 $S_{反}/c^2$ 和 $S_{入}/c^2$ 可以分别理解为反射波和入射波的动量密度，二者之差正好是反射过程中动量密度的改变量。所以普遍地说，电磁波动量密度的公式为

$$\boldsymbol{g} = \frac{1}{c^2}\boldsymbol{S} = \frac{1}{c^2}\boldsymbol{E}\times\boldsymbol{H}, \tag{6.57}$$

它的大小正比于能流密度，方向沿电磁波传播的方向。

光是一种电磁波，所以当光线照射在物体上时，它对物体也会施加压力，这就是所谓*光压*。(6.56)式就是光压的公式。如果被照射面的反射率是 100%，则 $|\boldsymbol{S}_{反}|=|\boldsymbol{S}_{入}|$，正入射的光压为

$$p = \frac{2}{c}|\boldsymbol{S}_{入}| = \frac{2}{c}EH, \tag{6.58}$$

如果被照射面全吸收（绝对黑体），则 $|\boldsymbol{S}_{反}|=0$，正入射的光压是

$$p = \frac{1}{c}|\boldsymbol{S}_{入}| = \frac{1}{c}EH \tag{6.59}$$

光压是非常小的，例如距一个百万烛光的光源一米远的镜面上，受到可见光的光压只有 $10^{-5}\,\mathrm{N/m^2}$，所以一般很难观察到，也不起什么作用。光压只有在两个从尺度上看截然相反的领域内起重要作用。一是在天体物理中，星体外层受到其核心部分的万有引力相当大一部分是靠核心部分的辐射产生的光压来平衡的；另一是在原子物理中，最著名的现象是光在电子上散射时与电子交换动量（即康普顿效应）。

## §4. 电磁波的产生

### 4.1 从电磁振荡到电磁波

在第五章 10.1 节中介绍过 $LCR$ 电路的振荡特性。概括起来，主要的结论如下。当我们在开始时给 $LCR$ 电路中的电容器充电后，电荷 $q$ 满足的微分方程是

$$L\frac{\mathrm{d}^2 q}{\mathrm{d}t^2} + R\frac{\mathrm{d}q}{\mathrm{d}t} + \frac{q}{C} = 0,$$

在电阻 $R$ 较小时，它的解具有阻尼振荡的形式：

$$q = q_0 e^{-\alpha t}\cos(\omega_0 t+\varphi),$$

这里

$$\alpha = \frac{R}{2L},\quad \omega_0 \approx \frac{1}{\sqrt{LC}}. \tag{6.60}$$

由于在电路中没有持续不断的能量补给，且在电阻 $R$ 上有能量耗损，振荡是逐渐衰减的。为了产生持续的电磁振荡，必须把 $LCR$ 电路（下面简称 $LC$ 电路）接在电子管或晶体管上，组成振荡器，靠电路中的直流电源不断补给能量。

下面我们讨论电磁波的产生问题，这首先要有适当的振源。任何 $LC$ 振荡电路原则上都可以作为发射电磁波的振源，但要想有效地把电路中的电磁能发射出去，除了电路中必须有不断的能量补给之外，还需具备以下条件：

(1)频率必须足够高

电磁波在单位时间内辐射的能量是与频率的四次方成正比的[(6.55) 式]，只有振荡电路的固有频率越高，才能越有效地把能量发射出去。(6.60)式表明，要加大固有频率 $\omega_0$，必须减小电路中的 $L$ 和 $C$ 的值。

(2)电路必须开放

$LC$ 振荡电路是集中性元件的电路，即电场和电能都集中在电容元件中，磁场和磁能都集中在自感线圈中。为了把电磁场和电磁能发射出去，需要将电路加以改造，以便电场和磁场能够分散到空间里。为此，我们设想把 $LC$ 振荡电路按图 6-13a、b、c、d 的顺序逐步加以改造。改造的趋势是使电容器的极板面积愈来愈小，间隔愈来愈大，而自感线圈的匝数愈来愈少，这一方面可以使 $C$ 和 $L$ 的数值减小，以提高固有频率 $\omega_0$；另一方面是电路愈来愈开放，使电场和磁场分布到空间中去。最后振荡电路完全退化为一根直导线（图 6-13d），电流在其中往复振荡，两端出现正负交替的等量异号电荷。这样一个电路叫做振荡偶极子（或偶极振子），它已适合于作有效地发射电磁波的振源了。实际中广播电台或电视台的天线，都可以看成这类偶极振子。

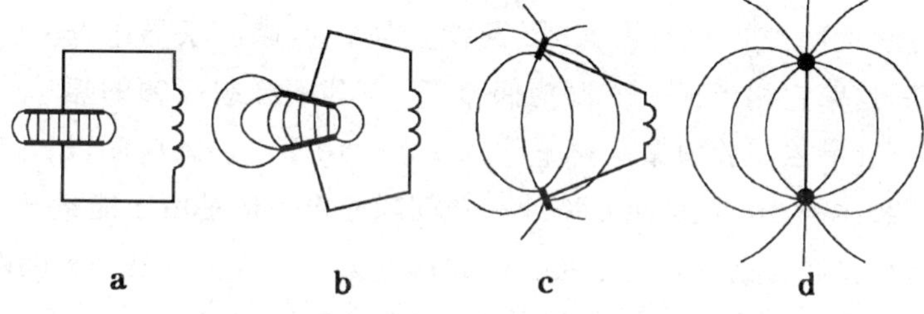

图 6-13 从 $LC$ 振荡电路过渡到偶极振子

我们知道，波就是振动在空间的传播。产生机械波的条件，除了必须有振源外，还必须有传播振动的介质。当介质的一部分振动起来时，通过弹性应力牵动离振源更远的那一部分介质，振动就一步步传播开去，介质中各点的相位随它到振源距离的增大而一步步落后。没有介质，机械波是无法传播的。例如在真空中就不能传播声波。但是电磁波在真空中也能传播。例如发射到大气层外宇宙空间里（这里几乎是真空）的人造地球卫星或飞船可以把无线电信号发回地球，太阳发射的光和无线电辐射（这些都是电磁波）也可以通过真空而达到地

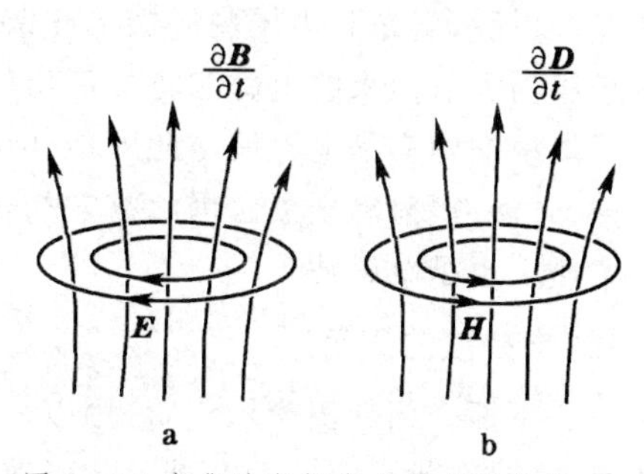

图 6-14 变化的电场和磁场相互激发

球。为什么电磁波的传播不像机械波那样需要介质呢？下面我们具体地分析一下这个问题。

电磁振荡能够在空间传播，就是靠两条：① 磁场的变化激发涡旋电场，② 电场的变化（位移电流）激发涡旋磁场（图 6-14）。我们设想在空间某处有一个电磁振源。在这里有交变的电流或电场，它在自己周围激发涡旋磁场，由于这磁场也是交变的，它又在自己周围激发涡旋电场。交变的涡旋电场和涡旋磁场同时并存，相互激发，形成电磁波在空间传播开来。由此我们看到，根据麦克斯韦的两个基本假设——涡旋电场和位移电流，就预言了电磁波的存在。

### 4.2 赫兹实验

麦克斯韦由电磁理论预见了电磁波的存在是在 1862 年，20 余年之后，赫兹于 1888 年用类似上述的振荡偶极子产生了电磁波。他的实验在历史上第一次直接验证了电磁波的存在。

赫兹实验中所用的振子如图 6-15 所示，A、B 是两段共轴的黄铜杆，它们是振荡偶极子的两半。A、B 中间留有一个火花间隙，间隙两边杆的端点上焊有一对磨光的黄铜球。振子的两半联接到感应圈的两极上。当充电到一定程度间隙被火花击穿时，两段金属杆连成一条导电通路，这时它相当于一个振荡偶极子，在其中激起高频的振荡（在赫兹实验中振荡频率约为 $10^8 \sim 10^9$ Hz）。感应圈以每秒 $10 \sim 10^2$ 次的重复率使火花间隙充电。但是由于能量不断辐射出去而损失，每次放电后引起的高频振荡衰减得很快。因此赫兹振子中产生的是一种间歇性的阻尼振荡（见图 6-16）。

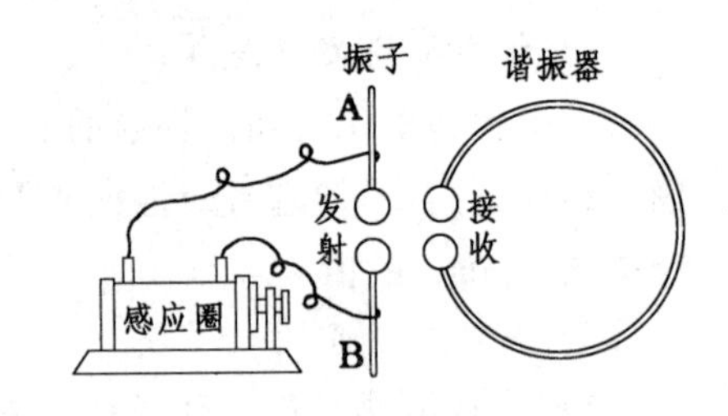


图 6-15 赫兹实验

为了探测由振子发射出来的电磁波，赫兹采用过两种类型的接收装置：一种与发射振子的形状和结构相同，另一种是一个圆形铜环，在其中也留有端点为球状的火花间隙（见图 6-15 右方），间隙的距离可利用螺旋作微小调节。接收装置称为谐振器。将谐振器放在距振子一定的距离以外，适当地选择其方位，并使之与振子谐振。赫兹发现，在发射振子的间隙有火花跳过的同时，谐振器的间隙里也有火花跳过，这样，他在实验中初次观察到电磁振荡在空间的传播。

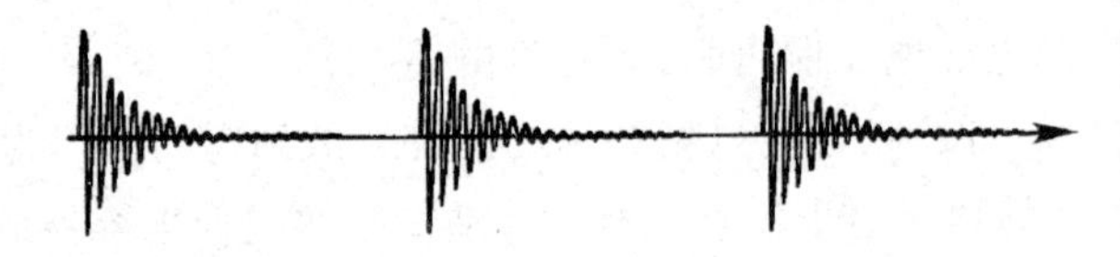

图 6-16 赫兹振子产生的间歇性阻尼振荡

以后，赫兹利用振荡偶极子和谐振器进行了许多实验，观察到振荡偶极子辐射的电磁波与由金属面反射回来的电磁波叠加产生的驻波现象，并测定了波长，这就令人信服地证实了振荡偶极子发射的确实是电磁波。此外他还证明这种电磁波与光波一样具有偏振性质，能产生折射、反射、干涉、衍射等现象。因此赫兹初步证实了麦克斯韦电磁理论的预言，即电磁波的存在和光波本质上也是电磁波。

### 4.3 电磁波的演示

下面介绍一组演示实验，用以显示上述有关电磁波的某些特性。所用的装置如图 6-17 所示，它是在赫兹实验的基础上加以改造而成的。

图 6-17a 是发射器，直线振子仍由两段相同的粗铜棒组成，其间留有约 0.1 mm 的火花间隙，用两根细软导线将振子与交流电源联接起来（电源可用 50 Hz、500 V，由小型变压器供给），由振

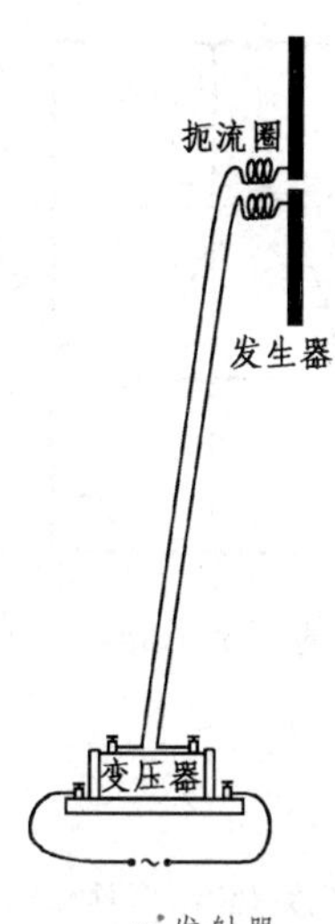

a 发射器

子两端联出的导线都经过匝数不多的线圈组成的扼流圈，它让来自变压器的低频交流电自由地通到振子上，但可阻止振子中高频的振荡进入导线和变压器绕组中去。图6-17b为接收器，它由同样长度的谐振子组成，以便与发射振子发生谐振，振荡指示器采用灵敏的直流电流计，进入电流计的电流需经过检波器整流。

为了方便，我们仍采用图6-7所示的球坐标系来描述，这时图中的振源应为发射振子。当接收的谐振子与场中的电场线平行时，其中得到的电流最大，与电场线垂直时没有电流。把谐振子放在离开发射器不同距离和不同角度的各个地方(图6-18a)，并改变谐振子的取向，使电流计偏转最大，我们便可测定电场强度的大小和方向。实验结果表明，电场矢量确实位于子午面内，且与径矢垂直，沿赤道面的强度最大，

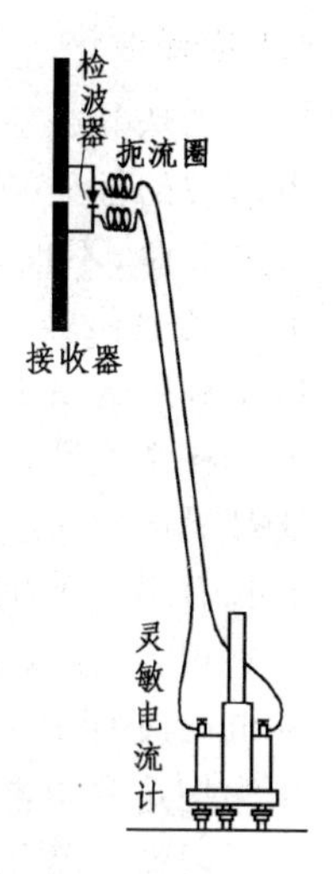

b 接收器

图6-17 电磁波的演示

靠近两极时变弱，并随距离的增大而减少。

为了研究磁场的分布，我们用矩形框谐振器来代替直线的谐振子，如图6-18b所示。如果矩形框的短边较电磁波的波长小得多，当我们使矩形框长边与电场线平行时，电场对称地作用在谐振器的两半上，因此不在电流计中引起电流。如果这时穿过矩形框的磁通量发生变化时，电流计就会发生偏转。当矩

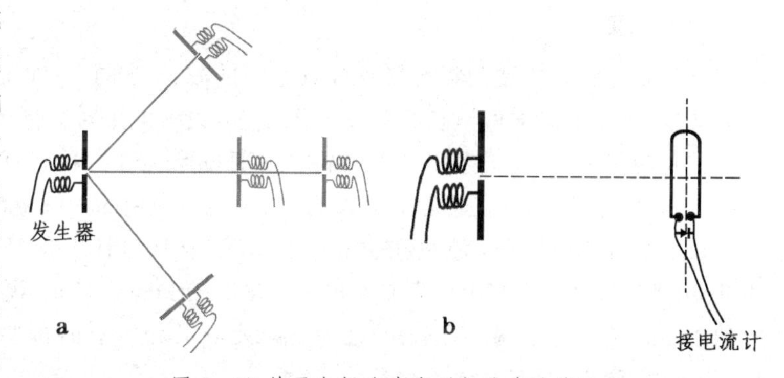

图6-18 关于电场分布和磁场分布的演示

形框平面的法线与磁感应线平行时，电流计偏转最大(图6-18b)。绕平行于长边的轴线转动矩形框，以便找到电流计中得到的最大偏转的取向，这样便可将各处的磁场的方向确定下来。实验结果表明，磁场矢量确实处处与子午面垂直，即与电场矢量和径矢垂直(图6-7)。

还可用实验证明，我们研究的振子周围的电磁场确实形成一种波动。为此在离振子若干米远的地方垂直于径矢放置一金属板，作为平面反射镜。如果交变电磁场真正形成波动过程，则入射波与反射波在反射镜前的空间相遇，形成电磁驻波而具有空间周期性。为了证实这一点，仍取图6-17b中的直线谐振子作为接收器，使其方向与电场矢量平行，并将它从反射镜处开始朝着发射振子的方向缓慢平移。可以看到，与谐振子联接的电流计读数确实周期性地改变着(图6-19)。电流计具有最大偏转和最小偏转的位置之间的距离相当于电磁驻波的波腹与波节之间的距离，它应等于1/4波长。实验表明，其波长等于振子总长度的两倍。由于这种发射振子产生的是间歇性阻尼振荡，发射的电磁波衰减得很快，因此只有在反射镜面附近入射波与反射波的强度才相近；随着接收器到镜面距离加大，入射波与反射波的强度相差越来越大，电流计读数随距离的周期性起伏将变得越来越不明显。

### 4.4 电磁波谱

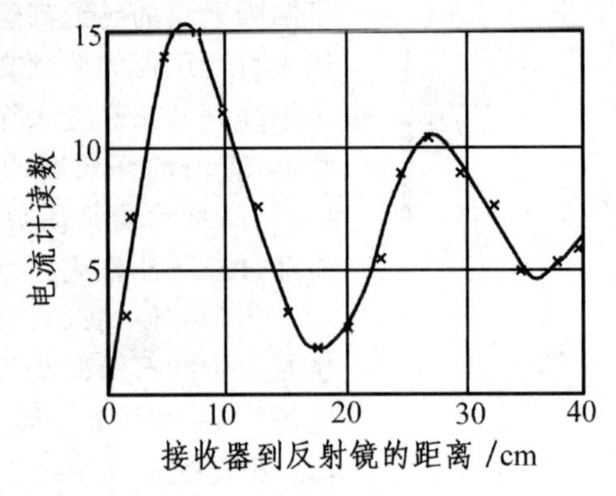

图 6-19 关于电磁驻波的演示结果

自从赫兹应用电磁振荡的方法产生电磁波，并证明电磁波的性质与光波的性质相同以后，人们又进行了许多实验，不仅证明光是一种电磁波，而且发现了更多形式的电磁波。1895 年伦琴发现了一种新型的射线，后来称之为 X 射线；1896 年贝可勒尔又发现放射性辐射。科学实践证明，X 射线和放射性辐射中的一种 $\gamma$ 射线都是电磁波。这些电磁波本质上相同，只是频率或波长有很大差别。例如光波的频率比无线电波的频率要高很多，而 X 射线和 $\gamma$ 射线的频率则更高。为了对各种电磁波有个全面了解，我们可以按照波长或频率的顺序把这些电磁波排列起来，这就是所谓电磁波谱。

习惯上常用真空中的波长作为电磁波谱的标度。我们知道，任何频率的电磁波在真空中是以速度 $c=3\times10^8\,\mathrm{m/s}$ 传播的，所以在真空中电磁波的波长 $\lambda$ 与频率 $\nu$ 成反比：

$$\lambda=\frac{c}{\nu}. \tag{6.61}$$

应用这公式可将电磁波的频率换算成真空中的波长。 图 6-20 是按频率和波长两种标度绘制的电磁波谱，由于电磁波的波长或频率范围很广，只可能用对数标度画出。

首先我们看无线电波，由于辐射强度随频率的减少而急剧下降，因此波长为几百 km（$10^7$ cm）的低频电磁波通常不为人们注意，实际中用的无线电波是从波长 $\lambda$ 几 km（相当于频率在几百 kHz 左右）开始。波长在 50 m～3 km（频率 100 kHz～6 MHz）范围，属于中波段，波长在（10～50）m［频率（6～30）MHz］范围为*短波*，波长在 1 cm～10 m［频率超过（30～$3\times10^4$）MHz］甚至达到 1 mm（频率为 $3\times10^5$ MHz）的则为*超短波*或*微波*。（有时按照波长的数量级大小也常出现米波、分米波、厘米波、毫米波等名称。）

中波和短波用于无线电广播和通信，微波应用于电视和无线电定位技术（雷达）。

可见光的波长范围很窄，在 400～760nm 之间［在光谱学中曾采用过另一个长度单位——埃（Å）计算波长，$1\,\text{Å}=10^{-10}\,\mathrm{m}=0.1\,\mathrm{nm}$，用 Å 来计算，可见光的波长在 4000～7600Å 范围内］。从可见光向两边扩展，波长比它长的称为*红外线*，波长从 760 nm 直到十分之几 mm，它的热效应特别显著；波长比可见光短的称为*紫外线*，波长为 5～400nm，它有显著的化学效应和荧光效应。红外线和紫外线都是人类的视觉所不能感受的，只能利用特殊的仪器来探测。无论可见光、红外线或紫外线，它们都是由原子或分子等微观客体的振荡所激发的。 20 世纪下半叶来，一方面由于超短波无线电技术的发展，无线电波的范围不断朝波长更短的方向拓展；另外一方面由于红外技术的发展，红外线的范围不断朝波长更长的方向扩充。目前超短波和红外线的分界已不存在，其范围有一定的重叠。

X 射线可用高速电子流轰击金属靶得到，它是由原子中的内层电子发射的，其波长范围在 $10^{-3}$～10nm 之间。随着 X 射线技术的发展，它的波长范围也不断朝着两个方向扩展，在长波段已与紫外线有所重叠，短波段已进入 $\gamma$ 射线领域。放射性辐射 $\gamma$ 射线的波长是从 0.1 nm 左右算起，直到无穷短的波长。

从这里我们看到，电磁波谱中上述各波段主要是按照得到和探测它们的方式不同来划分的。随着科学技术的发展，各波段都已冲破界限与其相邻波段重叠起来。目前在电磁波谱中除了波长极短的一端以外，不再留有任何未知的空白了。

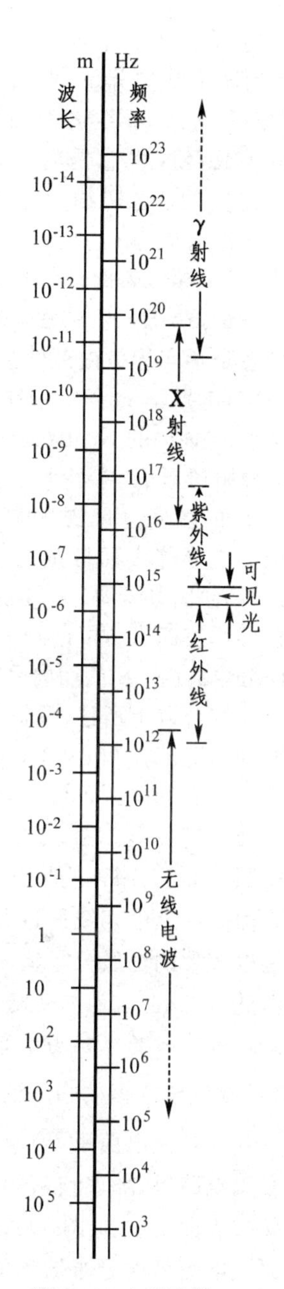

图 6-20 电磁波谱

### 4.5 牛顿宇宙观的瓦解

自古希腊以来，自然哲学家们普遍认为，宇宙是由极微小的粒子 —— 原子组成的，此外都是“虚空”。尽管从哥白尼到伽利略，从开普勒到牛顿，人们对宇宙结构的看法发生了根本性的变化，但古希腊的原子论却是一个与牛顿力学完全相容的观点。牛顿力学可以看作是原子运动所遵循的法则。18、19 世纪牛顿力学在科学中占据了统治地位，而且至今仍有着巨大的影响。其影响所及远远超出了科学的范畴，而成为统治一个时代的文化基础和宇宙观。按照这种宇宙观，实在的宇宙只包含原子和它们的物理属性(如重量、大小等)。感性知觉仅仅是派生的属性，不存在于实在的宇宙中。科学的任务就是要利用原子及其运动来解释自然现象。

当法拉第提出“力线”和“场”概念的时候，它们被看作仅仅是描述电磁力的一种有用方法，而不是物理的实在。但是当麦克斯韦提出光的电磁理论和赫兹作了实验验证以后，电磁场便不再是一个有用的虚构，它已经像光一样真实了。电磁场的实在性最有说服力的证据，来自它具有粒子所有的一切守恒量 —— 能量、动量和角动量。于是原子论者使用的“虚空”这个词成了问题，即使在没有“原子”的空间里，也充满了各种非实物的场，而且它们大多数是看不见的。物理学家不情愿放弃牛顿的机械式宇宙，他们提出了“以太”的概念，这是几种充满了宇宙的看不见的物质，分别起着传递电磁力和传播光波的作用。生于那个时代的麦克斯韦本人也是借助“以太”模型来构筑他的电磁理论的，尽管他所得到的方程式本身并不需要这种累赘的支撑物。彻底甩开“以太”的概念意味着牛顿宇宙观的最终瓦解，这是在 19、20 世纪之交由迈克耳孙-莫雷实验和爱因斯坦的相对论完成的。

## §5. 能量在电路里的传播

### 5.1 能量在直流电路里的传播

从 4.3 节里引入坡印亭矢量的过程可以看出，那里并未涉及电磁场是否变化的问题，故坡印亭矢量的概念不仅适用于电磁波，也适用于恒定场。这里我们利用坡印亭矢量的概念分析一下恒定电源对电路供电时，能量传输的图像。

电路里磁场线总是沿右旋方向环绕电流的。在电源内部(图 6-21a)有非静电力 $\boldsymbol{K}$，电流密度 $\boldsymbol{j}=\sigma(\boldsymbol{K}+\boldsymbol{E})$。这里 $\boldsymbol{E}$ 与 $\boldsymbol{K}$ 方向相反，且 $|\boldsymbol{E}|<|\boldsymbol{K}|$，故 $\boldsymbol{j}$ 与 $\boldsymbol{K}$ 方向一致，与 $\boldsymbol{E}$ 的方向相反。所以在电源里坡印亭矢量 $\boldsymbol{S}=\boldsymbol{E}\times\boldsymbol{H}$ 沿垂直于 $\boldsymbol{j}$ 的辐向向外，即电源向外部空间输出能量。在电源以外的导线里(图 6-21b、c)，$\boldsymbol{E}_{内}$ 与 $\boldsymbol{j}$ 方向一致，故 $\boldsymbol{S}=\boldsymbol{E}\times\boldsymbol{H}$ 沿垂直于 $\boldsymbol{j}$ 的辐向

向内；导线外的电场 $\boldsymbol{E}_{外}$ 一般有较大法向分量，但因切向分量连续，导线表面外的电场或多或少总是有些切线分量的，这切线分量与 $\boldsymbol{E}_{内}$ 和电流方向一致。由此可见，导体表面外的坡印亭矢量 $\boldsymbol{S}=\boldsymbol{E}\times\boldsymbol{H}$ 的法向分量总是指向导体内部的。$\boldsymbol{j}$ 一定，电导率 $\sigma$ 越大，$\boldsymbol{E}_{内}$ 本身与 $\boldsymbol{E}_{外}$ 的切向分量越小，导体内的 $\boldsymbol{S}$ 和导体外的 $\boldsymbol{S}$ 就越小。在 $\sigma\to\infty$ 的极限情形下，导体外的 $\boldsymbol{S}$ 与导体表面平行。至于 $\boldsymbol{S}$ 的切向分量的方向，则需分两个情形来讨论。在导体表面带正电荷的地方（图 6-21b），$\boldsymbol{E}_{外}$ 的法向分量向外，$\boldsymbol{S}$ 的切向分量与电流平行；在导体表面带负电的地方（图 6-21c），$\boldsymbol{E}_{外}$ 的法向分量向内，$\boldsymbol{S}$ 的切向分量与电流反平行。

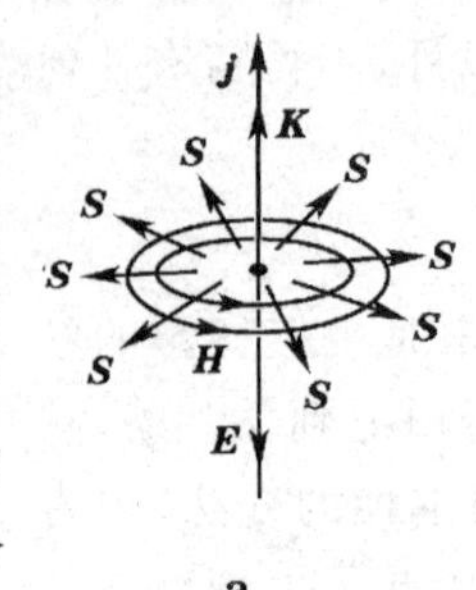


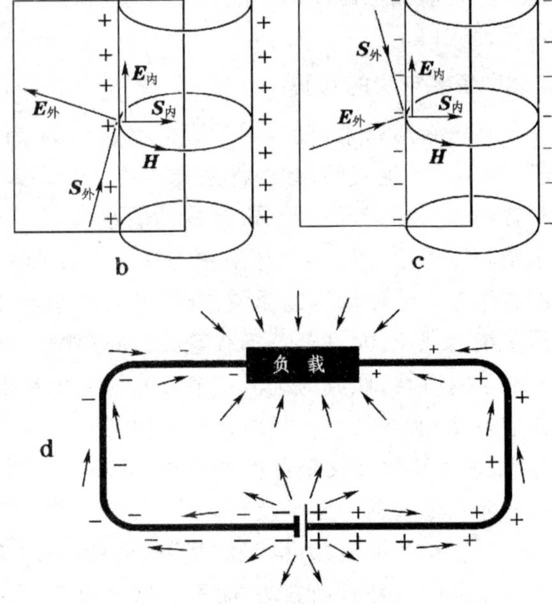


图 6-21 直流电路里能量传输的途径

综合以上所述，我们来看整个电路中能量传输的情况。如图 6-21d 所示，设电路由一个电源、一个电阻 $R$ 较大的负载和电阻很小的导线组成。在靠近电源正极的导线表面上带正电，在靠近电源负极的导线表面上带负电。图 6-21d 中的小箭头代表 $\boldsymbol{S}$，即能量流动的方向。按照上面的分析，能量从电源向周围空间发出，在电阻很小的导线表面基本上沿切线前进，流向负载。在电阻较大的负载表面，能量将以较大的法线分量输入。在导线表面经过折射，直指它的中心。由此可见，电磁能不是通过电流沿导线内部从电源传给负载的，而是通过空间的电磁场从导体的侧面输入的。

### 5.2 交流电路里的趋肤效应

在直流电路里，均匀导线横截面上的电流密度是均匀的。但在交流电路里，随着频率的增加，在导线截面上的电流分布越来越向导线表面集中。图 6-22 所示为一根半径 $R=0.1\,\mathrm{cm}$ 的铜导线横截面上电流密度分布随频率变化的情况。可以看出，在频率 $\nu=1\,\mathrm{kHz}$ 的情况下，导线轴线上的电流密度和表面附近的差别还不太大，但当 $\nu=100\,\mathrm{kHz}$ 时，电流已很明显地集中到表面附近了。这种现象叫做趋肤效应（skin effect）。

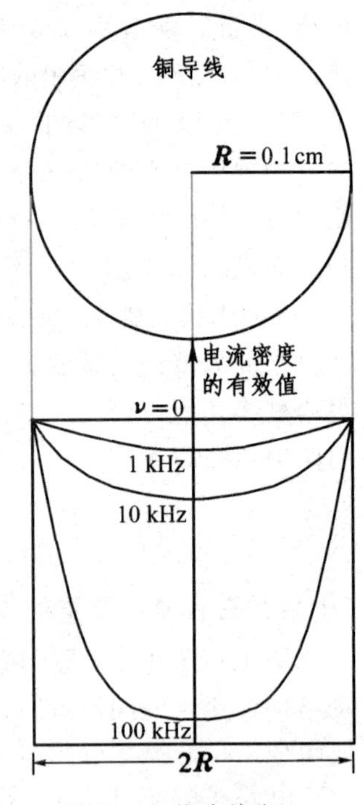


图 6-22 趋肤效应

趋肤效应使导线的有效截面积减小了，从而使它的等效电阻增加。所以在高频下导线的电阻会显著地随频率增加。为了减少这种效应，在频率不太高时（$\nu=10\sim100\,\mathrm{kHz}$）常采用辫线，即用相互绝缘的细导线编织成辫来代替同样总截面积的实心导线。而高频线圈所用的导线表面还需镀银，以减少表面层的电阻。

趋肤效应在工业上可用于金属的表面淬火。用高频强电流通过一块金属，由于趋肤效应，它的表面首先被加热，迅速达到可淬火的温度，而内部温度较低。这时立即淬火使之冷却，表面就会变得很硬，而内部仍保持原有的韧性。

下面我们来讨论趋肤效应的机制。如前所述，在一个电路里，能量是从空间通过电磁场由电源输入到联接导线和负载中去的。直流电路如此，交流电路也不例外。让我们来分析图6-21b或c所示能流输入处导线内部的情况。为了简单，我们只考虑某个$O$点附近很小的区域，在此区域内导体的表面可看作是平面(图6-23)。如前所述，导体内部电场$\boldsymbol{E}$和磁场$\boldsymbol{H}$都只有切向分量，且它们彼此垂直，而坡印亭矢量$\boldsymbol{S}$垂直内表面向里。不过与直流情形不同，这里$\boldsymbol{E}$、$\boldsymbol{H}$、$\boldsymbol{S}$都是交变的，亦即，它们组成一列由表及里的电磁波，在小范围内可看作是平面波。这里在导体内传播的电磁波与2.1节所讨论的真空中的电磁波不同，此处既有位移电流，又有传导电流，而且后者比前者大得多，前者可以忽略。所以我们下面的任务基本上是重复2.1节的推导，不过要把那里的位移电流换成传导电流。我们将看到，这一换情况就大有不同了。

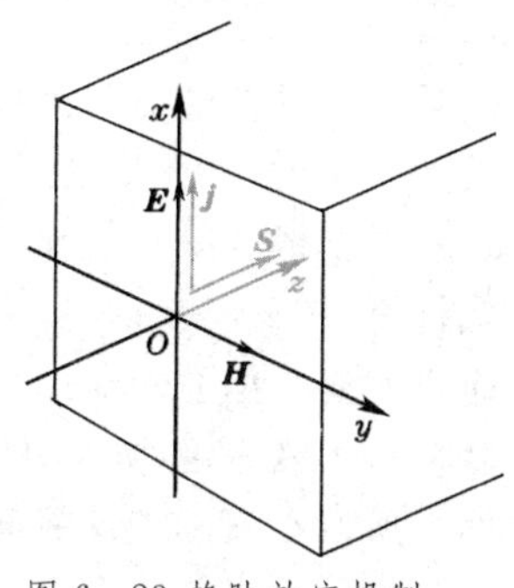

图6-23 趋肤效应机制

我们取与2.1节一致的直角坐标系：$x$轴沿电场方向，$y$轴沿磁场方向，$z$轴沿波动和能量传播方向。在麦克斯韦方程组(6.10)式中令$\rho_{e0}=0$，忽略掉位移电流项$\frac{\partial \boldsymbol{D}}{\partial t}$，把$\boldsymbol{B}$写成$\mu\mu_0\boldsymbol{H}$，且利用欧姆定律把传导电流$\boldsymbol{j}_0$代换成$\sigma\boldsymbol{E}$，于是有

$$\left.\begin{aligned}&\nabla\cdot\boldsymbol{E}=0,\\&\nabla\times\boldsymbol{E}=-\mu\mu_0\frac{\partial\boldsymbol{H}}{\partial t},\\&\nabla\cdot\boldsymbol{H}=0,\\&\nabla\times\boldsymbol{H}=\sigma\boldsymbol{E}.\end{aligned}\right\}\tag{6.62}$$

将上式写成分量形式，删去除$E_x$、$H_y$外的场分量，和除$\frac{\partial}{\partial z}$、$\frac{\partial}{\partial t}$外的导数项，最后剩下的两式为

$$\left\{\begin{aligned}&\frac{\partial E_x}{\partial z}=-\mu\mu_0\frac{\partial H_y}{\partial t},\\&\frac{\partial H_y}{\partial z}=\sigma E_x.\end{aligned}\right.\tag{6.63}$$

第一个式子对$z$取偏微商，第二个式子对$t$取偏微商，即可消去含$H_y$的项，得

$$\frac{\partial^2 E_x}{\partial z^2}=-\mu\mu_0\sigma\frac{\partial E_x}{\partial t}.\tag{6.64}$$

取试探解

$$E_x=E_0\mathrm{e}^{\mathrm{i}(\omega t-kz)},\tag{6.65}$$

代入(6.64)式，得$\omega$和$k$之间的关系：

$$k^2=-\mathrm{i}\mu\mu_0\sigma\omega,$$

开方后得

$$k=\sqrt{-\mathrm{i}\mu\mu_0\sigma\omega},$$

因$\sqrt{-\mathrm{i}}=\frac{1-\mathrm{i}}{\sqrt{2}}$，故

$$k=(1-\mathrm{i})\sqrt{\frac{\mu\mu_0\sigma\omega}{2}}.\tag{6.66}$$

令
$$d_s \equiv \sqrt{\frac{2}{\mu\mu_0\sigma\omega}}, \tag{6.67}$$
则
$$k = \frac{1-\mathrm{i}}{d_s},$$
代入(6.63)式,得
$$E_x = E_0\,\mathrm{e}^{-z/d_s}\mathrm{e}^{\mathrm{i}(\omega t - z/d_s)}, \tag{6.68}$$
这是一个振幅随纵深距离 $z$ 衰减的波动,这就是产生趋肤效应的原因,$d_s$ 代表振幅衰减到表面处的 $1/\mathrm{e}=36.8\%$ 的距离,称为*趋肤深度*。(6.67)式表明,趋肤深度与电导率 $\sigma$、磁导率 $\mu$ 和频率 $\omega$ 的平方根成反比。我们看些实际的数字例子。对于铜导线,$\sigma=5.9\times10^7\,\mathrm{S/m}$, $\mu\approx1$,按(6.67)式计算,在 $\nu=1\,\mathrm{kHz}$ 时,$d_s=2.1\times10^{-3}\,\mathrm{m}=0.21\,\mathrm{cm}$,这比图 6-22 所示导线的半径还大,故趋肤效应不明显。但在 $\nu=100\,\mathrm{kHz}$ 时,$d_s=0.021\,\mathrm{cm}$,它就比导线半径 $R=0.1\,\mathrm{cm}$ 小了,趋肤效应很显著。对于铁来说(如变压器中的铁芯),由于 $\mu$ 很大,即使在不太高的频率下趋肤效应也是显著的。所以在实际中计算硅钢片中的涡流损耗时,常常需要考虑趋肤效应对涡流分布的影响。

## §6. 准恒电路和迅变电磁场

近代无线电电子学使用的频率,从几百 kHz 的射频,直到 $10^6$ MHz 的微波,它覆盖了极其宽广的波段。在各个波段里无论实验技术和理论上处理问题的方法,都有较大的差别。概括地说,① 在频率较低时通常采用具有集总参量的元件,电路的性质有很多方面与恒定电路相似。这类电路叫准恒电路。处理准恒电路的方法,我们已在第五章中详细介绍过。② 随着频率的增高,电路中原来可以忽略的一些杂散的分布参量开始起作用。不过起初我们还可以用等效集总参量的概念对它们作近似处理,以便准恒电路的原理仍可使用。③ 频率再高,准恒电路中的一些基本概念(如电压)和基本定律(如基尔霍夫定律)开始失效,分布参量上升到主导地位。不过在有的场合,准恒电路的原理还可有限度地使用。例如在传输线中尽管已不能无所顾忌地使用电压的概念,我们还是保留了"横向电压"的概念,并把分布参量看成是许多集总参量的组合,从而导出近似的方程 —— 电报方程。然而采用这种处理方法时,必须随时准备着,一旦发生疑问,就得回到电磁波理论。④ 到了微波波段,准恒电路的成立条件彻底破坏,"电路"的概念完全由"电磁场"的概念所取代,处理问题必须从场的方程 —— 麦克斯韦方程出发。

本节的目的,是帮助读者在学过电磁场和电磁波的原理之后,站在新的高度重新认识惯用的电路理论,审核一下它的适用条件,并指出,当这条件破坏时出现的新问题,以及处理方法的梗概。

### 6.1 准恒条件和集总参量

严格地说,第五章所讲的交流电路原理,只是在以下条件下才成立:

(1)准恒条件

我们知道,电磁场的变化是以 $c=3\times10^8\,\mathrm{m/s}$ 量级的速度传播的。在一个周期 $T$ 内传播的距离等于波长 $\lambda$,即
$$\lambda = cT = \frac{c}{\nu}.$$
若电源的频率很高,$\lambda$ 就很短。当 $\lambda$ 与电路的尺寸 $l$ 可以比拟甚至更小时,电源中电流或电荷的分布发生的变化,就不能及时地影响到整个电路,电路中不同部分电磁场,以及电流、电荷的变化将按照距离的远近而落后不同的相位。这时即使在同一条无分支的导线上,同一时刻也会有不同的电流,即基尔霍夫第一定律不再适用。此外频率高了,电路中到处都产生较强的涡旋电

场,“电压”的概念已不再成立,基尔霍夫第二定律也就不适用了。

与此相反,当电源的频率$\nu$较低、电磁波的波长$\lambda$远大于电路尺寸$l$时,电磁场的变化传布整个电路所需的时间$l/c$远小于一个周期$T$,在此短暂的期间里,电流、电荷和电磁场的分布都未来得及发生显著变化。在这种情况下可以认为,每一时刻电磁场的分布与同一时刻电流、电荷分布的关系,和恒定电路完全一样,只不过它们一起同步地作缓慢的变化。这类电路叫做准恒(quasi-steady)电路。保证电路准恒的基本条件是

$$\lambda \ll l, \quad \text{或} \quad T \gg \frac{l}{c}, \quad \text{或} \quad \nu \ll \frac{c}{l}. \tag{6.69}$$

通常实验室中电子仪器的尺寸为几 cm 到几十 cm 的量级,故准恒定条件要求电磁波的波长远大于此量级,即频率低于$10^7 \sim 10^8$ Hz.

(2)集总参量

下面我们进一步从电磁场的方程组来分析准恒条件的意义。对电磁波传播具有关键性作用的是如下两个方程:

$$\oint \boldsymbol{E} \cdot \mathrm{d}\boldsymbol{l} = -\iint \frac{\partial \boldsymbol{B}}{\partial t} \cdot \mathrm{d}\boldsymbol{S},$$

$$\oint \boldsymbol{H} \cdot \mathrm{d}\boldsymbol{l} = I_0 + \iint \frac{\partial \boldsymbol{D}}{\partial t} \cdot \mathrm{d}\boldsymbol{S},$$

其中$\dfrac{\partial \boldsymbol{B}}{\partial t} \propto \omega B$, $\dfrac{\partial \boldsymbol{D}}{\partial t} \propto \omega D$. 当频率$\nu = \dfrac{\omega}{2\pi}$较低时,这两项一般比较小,往往可以忽略。忽略了位移电流$\dfrac{\partial \boldsymbol{D}}{\partial t}$, $\boldsymbol{H}$和$I_0$的关系就和恒定条件下一样,满足方程式:

$$\oint \boldsymbol{H} \cdot \mathrm{d}\boldsymbol{l} = I_0,$$

磁场几乎完全由传导电流的瞬时分布所决定。忽略了$\dfrac{\partial \boldsymbol{B}}{\partial t}$,则电场和恒定电路中一样:

$$\oint \boldsymbol{E} \cdot \mathrm{d}\boldsymbol{l} = 0,$$

由此可以引入“电压”的概念。

但是这里允许有个别的例外:

① 在电容器里传导电流中断了,但其中集中了较强的电场,位移电流总是和导线中的传导电流相等,从而不可忽略。因而其中基尔霍夫第一定律遭到破坏。

② 在电感线圈中集中了较强的磁场,这里磁通的变化和感生的涡旋电场也是不可忽略的,因而其中基尔霍夫第二定律不成立。

然而在普通的交流电路中,电容和电感元件在电路中只占据极小的体积。若撇开这些小范围不管,只从外部看一个电容器,则由一端流入的电流等于由另一端流出的电流,电流似乎仍保持连续;只在一个电感元件的外部取积分路线,电场的功仍近似与路径无关,即我们仍可以有“电压”的概念。在第五章处理交流电路时,我们实际上就是这样做的。

上述类型的电容和电感元件分别把电场和磁场集中在自己内部很小的范围内,所以叫做集总元件,它们的电路参量(电容$C$和电感$L$)称为集总参量。严格地说,准恒电路的原理,除要求准恒条件(6.69)式外,还要求电路中只具有集总参量。

### 6.2 高频时杂散参量的处理

在任何电路里,电场和磁场都不会绝对地集中在集总元件里,在导线的周围、电子管或晶体管的电极之间等地方或多或少总还有一些杂散的电磁场,从而在这些地方也有一定的电容和电感的性质。这种电容和电感分散在整个电路各处,叫做分布电容和分布电感,统称分布参量。当频率较低时,这些杂散的分布参量起的作用不大,可以忽略。当频率增加至1～100MHz量级(即

通常收音机的短波段以及电视频道)时,我们必须对这些寄生的杂散分布参量的影响予以考虑,并采取相应的措施,例如妥善地安排元件的位置,采用合理的结构布局,尽量缩短高频电路的接线,等等。这些措施都是为了削弱寄生参量所带来的不利影响,以保证高频电路工作稳定可靠和性能良好。又例如收音机或电视机的外接天线不能直接接入调谐回路,必须串接一个小电容或小电感(见图 6-24a),也是为了克服外接天线同地之间存在的寄生电容所带来的有害作用。同样道理,考虑到晶体管的基极和集电极之间存在集电结电容 $C_c$,为了避免由此造成寄生振荡,一般在电路设计时,有意附加中和电容 $C_N$,以抵消它的影响(见图 6-24b)。总之,在处理准恒条件(6.69)式尚未破坏的波段范围内的高频电路时,还必须注意到存在于导线与导线之间、元件与元件之间以及元件内部各部分之间的分布电容和分布电感所带来的各种可能的影响。在定性或定量估计这些影响时,可以用等效的集总元件来替代分布参量,然后再用准恒电路的方程或概念来分析问题。

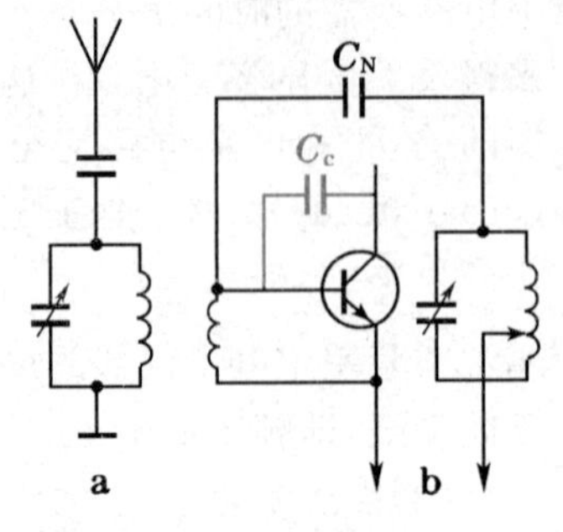

图 6-24 一些克服寄生参量有害影响的措施

### 6.3 传输线和电报方程

当频率高到准恒条件不成立时,准恒电路的方程就不能直接搬用了。作为非准恒电路的一个具体例子,我们研究一下传输线问题。

首先,让我们来看电磁能是怎样沿导线传输的? 当图 6-25 所示的电路接通时,导线终端的灯泡立刻就亮起来。按一般想法,可能会认为当导线的首端接上电源时,导线中的自由电子在电压的作用下流向负载,形成电流。在流动的电子到达负载(灯泡)时,灯泡就得到能量,亮了起来。其实这种想法是不正确的。有一种可能的想法:按经典电子论,金属导线中电子的定向运动速度不大(典型的数量级不过 $10^{-2}$ cm/s),若导线长 1 m,电子需要经过 $10^4$ s 才能由一端流到另一端。但实际上只要一接通电源,几乎同时灯泡就亮了。怎样解释这一种矛盾呢? 正如我们在 5.1 节已指出的,这是因为能量并非通过电子的流动,而是通过电磁场传输的。电磁场的传播速度具有 $c=3.0\times10^8$ m/s 的数量级,对于 1 m 的导线,只需 $10^{-9}$ s 的传输时间。导线在这里起的作用,一方面是使电源有较大的电流通过,从而提供较大的能量;另一方面是引导电磁场,使电磁能沿着导线定向传播,导线在电磁场的作用下产生电流和电荷分布,而电流和电荷又产生电磁场,从而在导线附近形成较强的电磁波,能量正是通过这电磁波传输的。当电源一接通后,传到灯泡的电磁波及时地推动本来已在灯丝中的自由电子运动,形成电流,所以灯泡就立即亮了。

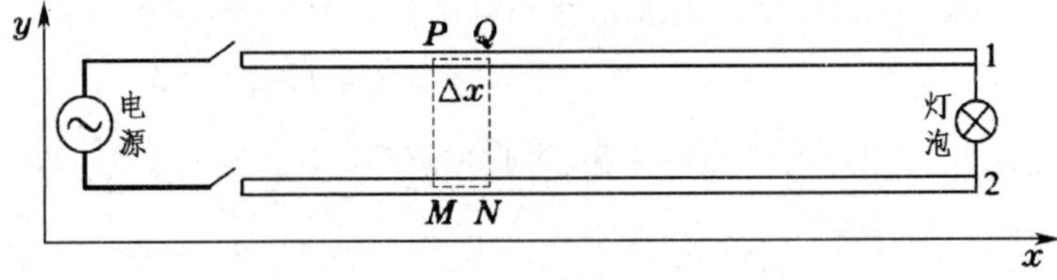

图 6-25 双线传输线

随着电源频率的增高,可能发生这样的情况,电磁波的波长 $\lambda$ 虽然比两导线的间隔大得多,但和导线的长度相比差不多,甚至更短。这时同一时刻沿每条导线的电流随距离而变,而且一般说来“电压”的概念也丧失了意义。解这类问题,应该用电磁场的方程。但是这样的方程只在少数特殊的情形里可以严格解出,解平行直导线的情形是很困难的。不过在横向准恒条件仍成立的情况下,解准恒电路时所用的概念和方法还可有限度地使用,由此可得大大简化了的近似方程。下面就来介绍这种方法。

设图 6-25 中导线是一对平行直线。若电源是恒定的，则在与导线垂直的平面内电磁场的分布如图 6-26 所示，电场线（黑线）从一条导线表面出发到达另一条导线的表面。这表明导线的表面像电容器的极板那样带有等量异号的电荷。磁感应线（灰线）则是环绕每条导线的闭合线。如果像图 6-25 中虚线所示，取一个长方形的闭合回路 $PQNMP$，则会有一定的磁感应通量通过它。换句话说，就是两导线上有着分布电容和分布电感。

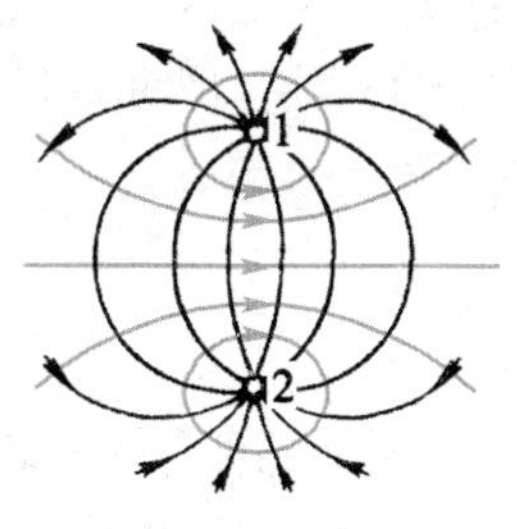

图 6-26 传输线横截面内电磁场的分布

电源改成交流之后，如果横向准恒定条件还成立，则可近似地认为，在与导线垂直的平面内电磁场的瞬时分布仍与图 6-26 所示的一样。

与恒定情形不同的地方有以下两点：

(1)导线中有一部分电流线指向了导线表面，改变着那里的电荷分布，同时在空间电场的变化形成位移电流。这就是说，有一部分电流经过两导线间的分布电容"漏过去"，沿导线的电流将各处不同。在图 6-25 中取坐标轴 $x$ 沿导线方向，设 $P$、$Q$ 两点的坐标分别为 $x$ 和 $x+\Delta x$，则两处的电流分别是 $I(x,t)$ 和 $I(x+\Delta x,t)$。按照电流连续原理，二者之差应等于 $PQ$ 这段导线表面上电荷的时间变化率的负值。设导线单位长度上的电荷为 $q^*$，则在 $PQ$ 段上共有电荷 $q^*\Delta x$，故 $P$、$Q$ 两处电流之差为

$$\Delta I = I(x+\Delta x,t)-I(x,t)=-\frac{\partial q^*}{\partial t}\Delta x.$$

取 $\Delta x\to 0$ 的极限，得到电流的方程为

$$\frac{\partial I}{\partial x}=-\frac{\partial q^*}{\partial t}. \tag{6.70}$$

(2)导线周围磁场的变化在导线中产生涡旋电场，或者说导线上具有分布电感。设 $\Phi_B^*$ 为两导线间单位长度上的磁通量，则通过上述长方形回路 $PQNMP$ 的磁感应通量为 $\Phi_B^*\Delta x$.按照电磁感应定律，电场沿闭合回路的积分等于 $\Phi_B^*\Delta x$ 时间变化率的负值：

$$\oint_{(PQNMP)}\boldsymbol{E}\cdot\mathrm{d}\boldsymbol{l}=-\frac{\partial\Phi_B}{\partial t}\Delta x,$$

为了简化，我们进一步假设导线的电阻可以忽略，即认为它的电导率 $\sigma$ 无穷大。这时电场与它的表面几乎垂直，沿 $PQ$ 和 $MN$ 两边积分可忽略。取 $y$ 轴与长方形的另外两边平行，在 $PM$ 边和 $QN$ 边上的场强分别为 $\boldsymbol{E}(x,y,t)$ 和 $\boldsymbol{E}(x+\Delta x,y,t)$，于是

$$\begin{aligned}\oint_{(PQNMP)}\boldsymbol{E}\cdot\mathrm{d}\boldsymbol{l}&=\int_Q^N E_y(x+\Delta x,y,t)\mathrm{d}y+\int_M^P E_y(x,y,t)\mathrm{d}y\\&=-\int_N^Q E_y(x+\Delta x,y,t)\mathrm{d}y+\int_M^P E_y(x,y,t)\mathrm{d}y.\end{aligned}$$

我们把上式中的每一项定义为两导线间的"横向电压"，用 $U$ 来表示。沿 $NQ$ 和 $MP$ 积分的负值分别是横向电压在 $x$ 和 $x+\Delta x$ 处的数值，二者之差是在 $\Delta x$ 段内横向电压的增值 $\Delta U$. 于是我们得到

$$\Delta U=U(x+\Delta x,t)-U(x,t)=-\frac{\partial\Phi_B^*}{\partial t}\Delta x.$$

$\Delta U\neq 0$ 表明，"横向电压" 不同于恒定电场的电压，对于不同的路径 $NQ$ 和 $MP$，它有不同的数值。在上式中取 $\Delta x\to 0$ 的极限，得到横向电压的方程为

$$\frac{\partial U}{\partial x}=-\frac{\partial\Phi_B^*}{\partial t}. \tag{6.71}$$

利用横向的准恒定条件，可以认为在 $\Delta x$ 的小范围内 $q^*$ 和 $\Phi_B^*$ 分别与 $U$ 和 $I$ 成正比：

$$q^{*}=C^{*}U,\quad \Phi_{B}^{*}=L^{*}I,\tag{6.72}$$

这里$C^{*}$和$L^{*}$的物理意义分别是单位长度内的分布电容和分布电感。把(6.72)式代入(6.70)式和(6.71)式后，即可得到$I$和$U$应满足的联立方程：

$$\begin{cases}\dfrac{\partial I}{\partial x}=-C^{*}\dfrac{\partial U}{\partial t}, & (6.73)\\[2ex] \dfrac{\partial U}{\partial x}=-L^{*}\dfrac{\partial I}{\partial t}, & (6.74)\end{cases}$$

(6.73)式和(6.74)式最初是在研究电报传输线的特性时提出来的，所以叫做*电报方程*。电报方程相当于把传输线用图6-27所示的等效电路来代替，在这里分布参量被看成是一系列小的集总元

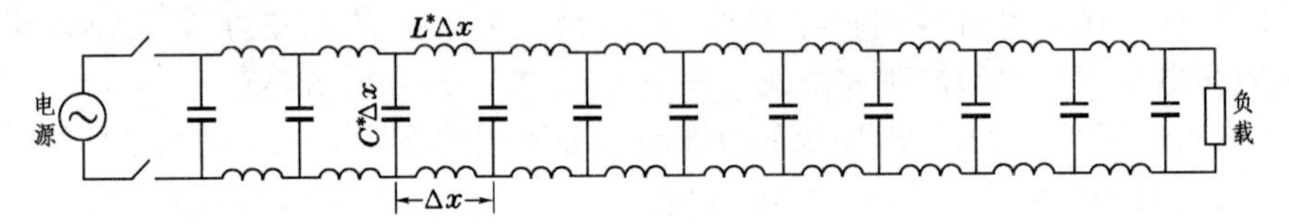


图6-27 传输线的等效电路

件的串、并联组合。实践证明，在横向准恒条件成立时，电报方程是传输线很好的近似描写。

为了解电报方程，可将两式分别对$x$和$t$取偏微商，然后消去一个变量$I$或$U$，即可得到只含一个变量的方程：

$$\begin{cases}\dfrac{\partial^{2} U}{\partial x^{2}}-L^{*}C^{*}\dfrac{\partial^{2} U}{\partial t^{2}}=0, & (6.75)\\[2ex] \dfrac{\partial^{2} I}{\partial x^{2}}-L^{*}C^{*}\dfrac{\partial^{2} I}{\partial t^{2}}=0. & (6.76)\end{cases}$$

前已述及(见2.1节)，这种类型的方程是波动方程，它们的解具有波动形式。仍采用复数表达式，设

$$\begin{cases}\widetilde{U}=\widetilde{U}_{0}\mathrm{e}^{\mathrm{i}(\omega t-kx)}, & (电压波)\\ \widetilde{I}=\widetilde{I}_{0}\mathrm{e}^{\mathrm{i}(\omega t-kx)}, & (电流波)\end{cases}$$

代入(6.75)式和(6.76)式，即可得到$\omega$和$k$的关系：

$$k^{2}-L^{*}C^{*}\omega^{2}=0,$$

由此可以求出波速为

$$v=\frac{\omega}{k}=\frac{1}{\sqrt{L^{*}C^{*}}}.\tag{6.77}$$

在每个具体情况下可以验证，这个$v$具有$c=3.0\times10^{8}\,\mathrm{m/s}$的数量级。

平行双线的分布电容$C^{*}$和分布电感$L^{*}$较难计算(参看习题6-10)，但对同轴线我们却有现成的结果。在第一章7.2节的(1.78)式和第三章5.2节的(3.78)式里我们分别计算过同轴圆柱的电容和自感：

$$C=\frac{2\pi\varepsilon_{0}l}{\ln\dfrac{R_{2}}{R_{1}}},\quad L=\frac{\mu_{0}l}{2\pi}\ln\frac{R_{2}}{R_{1}},$$

式中$l$为柱的长度。上式除以$l$，即得单位长度内的分布电容和分布电感：

$$C^{*}=\frac{2\pi\varepsilon_{0}}{\ln\dfrac{R_{2}}{R_{1}}},\quad L^{*}=\frac{\mu_{0}}{2\pi}\ln\frac{R_{2}}{R_{1}}.\tag{6.78}$$

把这结果代入(6.77)式，得$v=\dfrac{1}{\sqrt{\varepsilon_{0}\mu_{0}}}=c$. 如果在同轴线内有介电常量和磁导率分别为$\varepsilon$和$\mu$的

介质，则 $C^*$ 和 $L^*$ 分别大 $\varepsilon$ 和 $\mu$ 倍。从(6.77)式可以看出，在有介质的同轴线内波速比真空中小 $1/\sqrt{\varepsilon\mu}$ 倍。由此可见，同轴线中的电磁波速和在自由空间里一样。

由于上面我们完全忽略了各种损耗(导线中的焦耳损耗，辐射损耗等)，这里得到的是不衰减的等幅波。在有损耗的情况下，可以假设导线的单位长度内有一定的等效电阻 $R^*$. 这时(6.76)式化为

$$L^*\frac{\partial^2 I}{\partial t^2}+R^*\frac{\partial I}{\partial t}=\frac{1}{C^*}\frac{\partial^2 I}{\partial x^2}, \tag{6.79}$$

它的解具有随传输距离而衰减的波动形式：

$$\widetilde{I}=\widetilde{I}_0 e^{-\alpha x}e^{i(\omega t-kx)}. \tag{6.80}$$

详细的推导这里就不给出了。

### 6.4 微波的特点

微波也叫超高频，通常是指无线电波中波长最短的一个波段，其波长范围没有统一的规定，在 1 mm 到 $10^2$ cm 之间。微波的特点既不同于一般无线电波，又不同于光波。研究微波的产生、放大、辐射、接收、传输及测量等问题，已发展成为一个专门的学科 —— 微波技术，无论是在国防军事方面，还是在国民经济和科学研究中都有广泛的应用。

下面概括地介绍一下微波的特点。

(1)微波的波长比地球上一般物体(如飞机、舰船、火箭、建筑物)的几何尺寸要小得多。一般当波动遇到障碍物的时候就要发生衍射，即偏离直线传播或反射、折射等几何光学的定律，波长与障碍物的尺寸相比越大，这种现象越明显。若波长比障碍物的尺寸小得多，衍射效应可以忽略，这时波的传播服从几何光学的规律。所以微波的特点就和几何光学中的光线很接近，它不像一般无线电波那样可以绕过山峰、建筑物，而是在空间沿直线传播的，遇到障碍时就像光线一样被反射回来。利用这个特点，就能在微波波段制成方向性极高的天线系统，也可以收到由地面或宇宙空间各种物体反射回来的微弱回波，从而确定物体的方向和距离，甚至形状和大小，这一特性使微波在雷达技术(即无线电探测和测距技术)中得到了广泛应用。

(2)微波的电磁振荡周期很短($10^{-12}\sim10^{-9}$ s)，已经和电子管中电子在电极间飞越所经历的时间(约 $10^{-9}$ s)可以比拟，甚至还要小，因此普通电子管已经不能用于微波振荡器、放大器和检波器了，这里必须采用原理上完全不同的微波电子管(速调管、磁控管和行波管等)来代替。

(3)微波传输线、微波元件和微波测量设备的几何尺寸与波长具有相近的数量级，因此一般无线电元件(如电阻、电容、电感元件)由于辐射效应和趋肤效应严重而不能用了，必须采用原理上完全不同的微波元件(波导管、波导元件、谐振腔)来代替。

(4)由于在微波波段准恒条件完全破坏，处理一般无线电电路的那些概念(如电流、电压、阻抗)和方法不能用了，必须代之以新的方法。在新的方法中，总的思路是要考虑电磁场的分布和电磁波的传播。

## §7. 电磁单位制

### 7.1 单位制和量纲

有关单位制和量纲的一般讨论，读者可参阅《新概念物理教程 · 力学》(第三版) 第三章 §5。这里我们只谈些要点，侧重点在电磁学中的单位制和量纲问题。

制定一个单位制，首先要选取一定数量的基本量，并为每个基本量选定基本单位。基本量的数目和以哪些物理量作基本量，以及选什么单位为基本单位，都有一定的任意性。在力学里通常选长度(L)、质量(M)、时间(T)三个物理量作为基本量，而基本单位有两种选择：① 厘米(cm)、克(g)、秒(s)，② 米(m)、千克(kg)、秒(s)。前者叫做 CGS 单位制，后者叫做 MKS 单位制。后来，力学的单位制也被推广到其他领域，譬如电磁学的领域，并称为绝对单位制，因为在牛顿宇宙观统治的时代，自然界一切现象的本源都被归结为机械运动。本书采用的国际单位制(SI)是 1960 年第 11 届国际计量大会通过的，它选定的基本量有四个，即除长度、质量、时间外，增添了一个电流(I)，其单位是 1948 年第 9 届国际计量大会批准的安培(A)(其定义见第二章 5.2 节)，故这种单位制叫做MKSA 单位制。在不同的单位制内，同一物理量有不同的量纲，例如绝对静电单位制中电量 $q$ 的量纲为$[q]=\mathrm{L}^{3/2}\mathrm{M}^{1/2}\mathrm{T}^{-1}$，而在 MKSA 单位制中$[q]=\mathrm{TI}$(详见下文)。

### 7.2 电磁单位与电磁公式

在一个单位制中，导出量的单位，是由它们与基本量或其他导出量之间的公式(定义式、理论公式或经验公式)来规定的。这些公式总是包含一些系数的，不同的单位制对这些系数作不同的选择。现在我们回顾一下电磁学中用来定义各种单位的有关公式，对公式中的系数暂不确定。

(1)静电场公式

首先是库仑定律[见第一章(1.2)式]

$$\boldsymbol{F}_{12}=k_{\mathrm{e}}\frac{q_1q_2}{r_{12}{}^2},\tag{6.81}$$

这里出现了一个未定系数 $k_{\mathrm{e}}$. 将(6.81)式拆成两个：

$$\boldsymbol{F}_{12}=\alpha_{\mathrm{e}}q_1\boldsymbol{E},\qquad\text{即}\qquad\boldsymbol{E}=\frac{1}{\alpha_{\mathrm{e}}}\frac{\boldsymbol{F}_{12}}{q_1}\tag{6.82}$$

和

$$\boldsymbol{E}=\frac{k_{\mathrm{e}}}{\alpha_{\mathrm{e}}}\frac{q_2}{r_{12}{}^2},\tag{6.83}$$

(6.82)式是电场强度的定义式，(6.83)式是点电荷的电场强度公式。这里原则上是可以有一个未定系数 $\alpha_{\mathrm{e}}$ 的，但在所有常用的单位制中都选 $\alpha_{\mathrm{e}}=1$，以后我们不再写它了。从(6.83)式可以导出高斯定理：

$$\oiint_{(S)}\boldsymbol{E}\cdot\mathrm{d}\boldsymbol{S}=4\pi k_{\mathrm{e}}q,\qquad\text{或}\qquad\nabla\cdot\boldsymbol{E}=4\pi k_{\mathrm{e}}\rho_{\mathrm{e}},\tag{6.84}$$

式中 $q$ 是任意闭合高斯面 $S$ 内的总电量，$\rho_{\mathrm{e}}$ 是电荷体密度。

(2)磁场公式

首先是安培定律[见第二章(2.12)式]

$$\mathrm{d}\boldsymbol{F}_{12}=k_{\mathrm{m}}\frac{I_1I_2\mathrm{d}\boldsymbol{l}_2\times(\mathrm{d}\boldsymbol{l}_1\times\hat{\boldsymbol{r}}_{12})}{r_{12}{}^2},\tag{6.85}$$

这里又出现了一个未定系数 $k_{\mathrm{m}}$. 将(6.85)式拆成两个：

$$\mathrm{d}\boldsymbol{F}_{12}=\alpha_{\mathrm{m}}I_2\mathrm{d}\boldsymbol{l}_2\times\mathrm{d}\boldsymbol{B},\tag{6.86}$$

和

$$\mathrm{d}\boldsymbol{B}=\frac{k_{\mathrm{m}}}{\alpha_{\mathrm{m}}}\frac{I_1\mathrm{d}\boldsymbol{l}_1\times\hat{\boldsymbol{r}}_{12}}{r_{12}{}^2},\tag{6.87}$$

(6.86)式是磁感应强度的定义式，(6.87)式是毕奥-萨伐尔定律。这里我们也安插了一个未定系数 $\alpha_{\mathrm{m}}$. 与(6.86)式相联系的，洛伦兹力的公式中也应有这一系数：

$$\boldsymbol{F}=\alpha_{\mathrm{m}} q \boldsymbol{v} \times \boldsymbol{B}. \tag{6.88}$$

从(6.87)式可以导出安培环路定理：

$$\oint_{(L)} \boldsymbol{B} \cdot \mathrm{d} \boldsymbol{l}=\frac{4 \pi k_{\mathrm{m}}}{\alpha_{\mathrm{m}}} I, \quad \text{或} \quad \nabla \times \boldsymbol{B}=\frac{4 \pi k_{\mathrm{m}}}{\alpha_{\mathrm{m}}} \boldsymbol{j}, \tag{6.89}$$

式中 $I$ 是通过任意闭合环路 $L$ 的总电流，$\boldsymbol{j}$ 是电流密度。

(3)时变电磁场公式

首先是法拉第电磁感应定律：

$$\mathscr{E}=-k \frac{\mathrm{d} \Phi_{B}}{\mathrm{d} t}. \tag{6.90}$$

这里的 $k$ 似乎是一个独立的系数，需要由实验来测定。其实不然，因为(6.90)式中的 $k$ 对于感生电动势和动生电动势是一样的，然而动生电动势是与洛伦兹力相联系的，按(6.89)式，那个系数应该是 $\alpha_{\mathrm{m}}$，所以 $k=\alpha_{\mathrm{m}}$. 对于感生电动势，上式等价于

$$\oint_{(L)} \boldsymbol{E} \cdot \mathrm{d} \boldsymbol{l}=-\alpha_{\mathrm{m}} \iint_{(S)} \frac{\partial \boldsymbol{B}}{\partial t} \cdot \mathrm{d} \boldsymbol{S}, \quad \text{或} \quad \nabla \times \boldsymbol{E}=-\alpha_{\mathrm{m}} \frac{\partial \boldsymbol{B}}{\partial t}. \tag{6.91}$$

其次是把位移电流项添加到安培环路定理中去，这需要先肯定电荷连续方程的形式。只要取电流和电荷的单位协调一致，即认为

电荷的单位 = 电流的单位×时间的单位，

在电荷连续方程中就没有附加的系数：

$$\frac{\partial \rho_{\mathrm{e}}}{\partial t}+\nabla \cdot \boldsymbol{j}=0. \tag{6.92}$$

在上式的基础上，将位移电流项加到安培环路定理中以后，我们有

$$\oint_{(L)} \boldsymbol{B} \cdot \mathrm{d} \boldsymbol{l}=\frac{4 \pi k_{\mathrm{m}}}{\alpha_{\mathrm{m}}} I+\frac{k_{\mathrm{m}}}{k_{\mathrm{e}} \alpha_{\mathrm{m}}} \iint_{(S)} \frac{\partial \boldsymbol{E}}{\partial t} \cdot \mathrm{d} \boldsymbol{S}, \quad \text{或} \quad \nabla \times \boldsymbol{B}=\frac{4 \pi k_{\mathrm{m}}}{\alpha_{\mathrm{m}}} \boldsymbol{j}+\frac{k_{\mathrm{m}}}{k_{\mathrm{e}}} \frac{\partial \boldsymbol{E}}{\partial t}, \tag{6.93}$$

(4)电磁介质公式

先看电介质。将高斯定理(6.84)式中的电荷分解为自由电荷和极化电荷：

$$\oiint_{(S)} \boldsymbol{E} \cdot \mathrm{d} \boldsymbol{S}=4 \pi k_{\mathrm{e}}\left(q_{0}+q'\right), \quad \text{或} \quad \nabla \cdot \boldsymbol{E}=4 \pi k_{\mathrm{e}}\left(\rho_{\mathrm{e} 0}+\rho'\right), \tag{6.94}$$

极化强度 $\boldsymbol{P}$ 与极化电荷的关系总是

$$\oiint_{(S)} \boldsymbol{P} \cdot \mathrm{d} \boldsymbol{S}=-q', \quad \text{或} \quad \nabla \cdot \boldsymbol{P}=-\rho_{\mathrm{e}}', \tag{6.95}$$

为了在高斯定理中消去极化电荷项，电位移 $\boldsymbol{D}$ 必须正比于 $\boldsymbol{E}+4 \pi k_{\mathrm{e}} \boldsymbol{P}$，即

$$\boldsymbol{D}=b_{\mathrm{e}}\left(\boldsymbol{E}+4 \pi k_{\mathrm{e}} \boldsymbol{P}\right), \tag{6.96}$$

这里引进一个未定系数 $b_{\mathrm{e}}$. 于是高斯定理化为

$$\oiint_{(S)} \boldsymbol{D} \cdot \mathrm{d} \boldsymbol{S}=\frac{4 \pi k_{\mathrm{e}}}{b_{\mathrm{e}}} q_{0}, \quad \text{或} \quad \nabla \cdot \boldsymbol{D}=\frac{4 \pi k_{\mathrm{e}}}{b_{\mathrm{e}}} \rho_{\mathrm{e} 0}. \tag{6.97}$$

再看磁介质。将安培环路定理(6.89)式中的电流分解为传导电流和磁化电流：

$$\oint_{(L)} \boldsymbol{B} \cdot \mathrm{d} \boldsymbol{l}=\frac{4 \pi k_{\mathrm{m}}}{\alpha_{\mathrm{m}}}\left(I_{0}+I'\right), \quad \text{或} \quad \nabla \times \boldsymbol{B}=\frac{4 \pi k_{\mathrm{m}}}{\alpha_{\mathrm{m}}}\left(\boldsymbol{j}_{0}+\boldsymbol{j}'\right), \tag{6.98}$$

磁化强度 $\boldsymbol{M}$ 与磁化电流的关系有赖于电流环磁矩 $\boldsymbol{m}$ 的定义，这在不同单位制中有所不同。一般说来，这里也需要安插一个系数 $c_{\mathrm{m}}$，

$$c_{\mathrm{m}} m=I S,$$

式中 $I$ 和 $S$ 分别是电流环的电流和面积。于是

$$c_{\mathrm{m}}\oint_{(L)}\boldsymbol{M}\cdot\mathrm{d}\boldsymbol{l}=I',\quad 或\quad c_{\mathrm{m}}\nabla\times\boldsymbol{M}=\boldsymbol{j}'. \tag{6.99}$$

要在安培环路定理中消去磁化电流项，磁场强度 $\boldsymbol{H}$ 应正比于 $\boldsymbol{B}-\frac{4\pi k_{\mathrm{m}}}{\alpha_{\mathrm{m}}}\boldsymbol{M}$，即

$$\boldsymbol{H}=b_{\mathrm{m}}\left(\boldsymbol{B}-\frac{4\pi k_{\mathrm{m}}c_{\mathrm{m}}}{\alpha_{\mathrm{m}}}\boldsymbol{M}\right), \tag{6.100}$$

这里引进一个未定系数 $b_{\mathrm{m}}$. 用 $\boldsymbol{H}$ 和 $\boldsymbol{D}$ 表示，(6.93)式化为

$$\oint_{(L)}\boldsymbol{H}\cdot\mathrm{d}\boldsymbol{l}=\frac{4\pi k_{\mathrm{m}}b_{\mathrm{m}}}{\alpha_{\mathrm{m}}}I_0+\frac{k_{\mathrm{m}}b_{\mathrm{m}}}{k_{\mathrm{e}}\alpha_{\mathrm{m}}b_{\mathrm{e}}}\oiint_{(S)}\frac{\partial\boldsymbol{D}}{\partial t}\cdot\mathrm{d}\boldsymbol{S},$$

或

$$\nabla\times\boldsymbol{H}=\frac{4\pi k_{\mathrm{m}}b_{\mathrm{m}}}{\alpha_{\mathrm{m}}}\,\boldsymbol{j}_0+\frac{k_{\mathrm{m}}b_{\mathrm{m}}}{k_{\mathrm{e}}\alpha_{\mathrm{m}}b_{\mathrm{e}}}\frac{\partial\boldsymbol{D}}{\partial t}, \tag{6.101}$$

上面我们是用分子电流观点处理磁介质问题的，现在再用磁荷观点重新处理一次。平行于静电场，磁的库仑定律

$$F_{12}=k'_{\mathrm{m}}\frac{q_{\mathrm{m1}}q_{\mathrm{m2}}}{r_{12}{}^2}, \tag{6.102}$$

这里引进一个未定系数 $k'_{\mathrm{m}}$. 将(6.102)式拆成两个：

$$F_{12}=\alpha'_{\mathrm{m}}q_{\mathrm{m1}}E,\quad 即\quad H=\frac{1}{\alpha'_{\mathrm{m}}}\frac{F_{12}}{q_{\mathrm{m1}}}, \tag{6.103}$$

和

$$H=\frac{k'_{\mathrm{m}}}{\alpha'_{\mathrm{m}}}\frac{q_{\mathrm{m2}}}{r_{12}{}^2}, \tag{6.104}$$

(6.103)式是磁场强度的定义式，(6.104)式是点磁荷的磁场强度公式。这里我们安插了未定系数 $\alpha'_{\mathrm{m}}$，选 $\alpha'_{\mathrm{m}}=1$. 从(6.104)式可以导出磁的高斯定理：

$$\oiint_{(S)}\boldsymbol{H}\cdot\mathrm{d}\boldsymbol{S}=4\pi k'_{\mathrm{m}}q_{\mathrm{m}},\quad 或\quad \nabla\cdot\boldsymbol{H}=4\pi k'_{\mathrm{m}}\rho_{\mathrm{m}}, \tag{6.105}$$

式中 $q_{\mathrm{m}}$ 是任意闭合高斯面 $S$ 内的总磁荷，$\rho_{\mathrm{m}}$ 是磁荷体密度。

磁化强度 $\boldsymbol{J}$ 与极化电荷的关系总是

$$\oiint_{(S)}\boldsymbol{J}\cdot\mathrm{d}\boldsymbol{S}=-q_{\mathrm{m}},\quad 或\quad \nabla\cdot\boldsymbol{H}=-\rho_{\mathrm{m}}, \tag{6.106}$$

要在磁的高斯定理中消去磁荷项，磁感应强度 $\boldsymbol{B}$ 应正比于 $\boldsymbol{H}+4\pi k'_{\mathrm{m}}\boldsymbol{J}$，即

$$\boldsymbol{B}=b'_{\mathrm{m}}(\boldsymbol{H}+4\pi k'_{\mathrm{m}}\boldsymbol{J}), \tag{6.107}$$

这里引进一个未定系数 $b'_{\mathrm{m}}$. 于是磁的高斯定理化为

$$\oiint_{(S)}\boldsymbol{B}\cdot\mathrm{d}\boldsymbol{S}=0,\quad 或\quad \nabla\cdot\boldsymbol{B}=0, \tag{6.108}$$

磁荷观点是与分子电流观点等价的。比较(6.100)、(6.107)两式可知

$$b'_{\mathrm{m}}=1/b_{\mathrm{m}},\quad k'_{\mathrm{m}}J=\frac{k_{\mathrm{m}}c_{\mathrm{m}}b_{\mathrm{m}}}{\alpha_{\mathrm{m}}}M. \tag{6.109}$$

比较磁偶极子和电流环在真空磁场中受到的力矩公式：

$$\boldsymbol{L}=\boldsymbol{p}_{\mathrm{m}}\times\boldsymbol{H},\quad \boldsymbol{L}=\boldsymbol{m}\times\boldsymbol{B},$$

对于真空中磁场 $b_{\mathrm{m}}\boldsymbol{B}=\boldsymbol{H}$，故 $\boldsymbol{p}_{\mathrm{m}}=\boldsymbol{m}/b_{\mathrm{m}}$，即

$$\boldsymbol{J}=\boldsymbol{M}/b_{\mathrm{m}}, \tag{6.110}$$

由(6.109)式知

$$k'_{\mathrm{m}}=\frac{k_{\mathrm{m}}c_{\mathrm{m}}b_{\mathrm{m}}^2}{\alpha_{\mathrm{m}}}. \tag{6.111}$$

### 7.3 绝对单位制

在电磁学中绝对单位制包括绝对静电单位(e.s.u.)和绝对电磁单位(e.m.u.)两种单位，高斯单位制是它们的混合。绝对单位制所取的基本量是三个力学量，单位取的是 CGS 制，电荷和电流的单位要通过力学量表示出来。

(1)绝对静电单位制(e.s.u.)

绝对静电单位制是由库仑定律出发制定的：

$$F_{12}=k_{\mathrm{e}}\frac{q_1 q_2}{r_{12}{}^2},$$

取其中系数 $k_{\mathrm{e}}=1$ 来定义电荷的绝对静电单位：对于一对等量电荷，$q_1=q_2=q$，令 $r_{12}=r$，$F_{12}=F$，则

$$q^2=Fr^2,\quad q=\sqrt{Fr^2},$$

若 $r=1\,\mathrm{cm}$ 时这对电荷之间的相互作用力 $F=1\,\mathrm{dyn}$，则电荷 $q$ 的数量定义为 1 e.s.u.电量。所以在绝对静电单位制中电量的量纲为

$$[q]=[F]^{1/2}\mathrm{L}=\mathrm{L}^{3/2}\mathrm{M}^{1/2}\mathrm{T}^{-1}.\tag{6.112}$$

从而电流的量纲为

$$[I]=[q]\mathrm{T}^{-1}=\mathrm{L}^{3/2}\mathrm{M}^{1/2}\mathrm{T}^{-2}.\tag{6.113}$$

$\boldsymbol{E}$ 的高斯定理(6.94)式化为

$$\oiint_{(S)}\boldsymbol{E}\cdot\mathrm{d}\boldsymbol{S}=4\pi(q_0+q'),\quad 或\quad \nabla\cdot\boldsymbol{E}=4\pi(\rho_{\mathrm{e}0}+\rho_{\mathrm{e}}'),$$

(6.96)式中的系数 $b_{\mathrm{e}}$ 取作 1，则

$$\boldsymbol{D}=\boldsymbol{E}+4\pi\boldsymbol{P},\tag{6.114}$$

$\boldsymbol{D}$ 的高斯定理(6.97)式化为

$$\oiint_{(S)}\boldsymbol{D}\cdot\mathrm{d}\boldsymbol{S}=4\pi q_0,\quad 或\quad \nabla\cdot\boldsymbol{D}=4\pi\rho_{\mathrm{e}0}.\tag{6.115}$$

(2)绝对电磁单位制(e.m.u.)

绝对电磁单位制是由安培定律出发制定的：

$$\mathrm{d}\boldsymbol{F}_{12}=k_{\mathrm{m}}\frac{I_1 I_2\mathrm{d}\boldsymbol{l}_2\times(\mathrm{d}\boldsymbol{l}_1\times\hat{\boldsymbol{r}}_{12})}{r_{12}{}^2},$$

将此式运用于两根平行的直导线，则有

$$F_{12}=\frac{2k_{\mathrm{m}}I_1 I_2 l}{a},\tag{6.116}$$

式中 $l$ 是导线的长度，$a$ 是它们之间的垂直距离。取其中系数 $k_{\mathrm{m}}=1$ 来定义电流的绝对电磁单位：对于一对电流相等的平行直导线，$I_1=I_2=I$，令 $F_{12}=F$，则

$$I^2=F\frac{a}{2l},$$

若 $a=l=1\,\mathrm{cm}$ 时这对导线之间的相互作用力 $F=2\,\mathrm{dyn}$，则电流 $I$ 的数量定义为 1 e.m.u.电流。所以在绝对静电单位制中电流的量纲为

$$[I]=[F]^{1/2}=\mathrm{L}^{1/2}\mathrm{M}^{1/2}\mathrm{T}^{-1}.\tag{6.117}$$

在绝对电磁单位制中 $a_{\mathrm{m}}$、$b_{\mathrm{m}}$、$c_{\mathrm{m}}$ 等其余系数也是取作 1 的。

(3)高斯单位制

高斯单位制中所有电学量采用 e.s.u.单位，所有磁学量采用 e.m.u.单位。联系电和磁两方面的关键物理量是电流 $I$. 从(6.113)式和(6.117)式可以看出，两种单位制中电流的量纲之比为速度的量纲：

$$\frac{[I]_{\mathrm{e.s.u.}}}{[I]_{\mathrm{e.m.u.}}}=\mathrm{LT}^{-1}.$$

令 $I_{\text{e.s.u.}}$ 和 $I_{\text{e.m.u.}}$ 分别代表用两种单位衡量同一电流的数值，[1]将它们的比值写成 $c_{\text{em}}$：

$$\frac{I_{\text{e.s.u.}}}{I_{\text{e.m.u.}}} = c_{\text{em}}, \quad \text{或} \quad I_{\text{e.m.u.}} = \frac{I_{\text{e.s.u.}}}{c_{\text{em}}}, \tag{6.118}$$

$c_{\text{em}}$ 的数值应由实验来测定。两根平行的直导线相互作用力公式(6.116)可写作

$$F_{12} = \frac{2k_{\text{m}} I_1 I_2 l}{a} = \frac{2(I_1)_{\text{e.m.u.}}(I_2)_{\text{e.m.u.}} l}{a} = \frac{2(I_1)_{\text{e.s.u.}}(I_2)_{\text{e.s.u.}} l}{c_{\text{em}}^2 a}, \tag{6.119}$$

在高斯单位制中电流 $I$ 采用e.s.u.单位。上式表明，在高斯单位制中 $k_{\text{m}}=1/c_{\text{em}}^2$，毕奥-萨伐尔定律(6.87)

$$\mathrm{d}\boldsymbol{B} = \frac{k_{\text{m}}}{\alpha_{\text{m}}} \frac{I_1 \mathrm{d}\boldsymbol{l}_1 \times \hat{\boldsymbol{r}}_{12}}{r_{12}^2}$$

在 e.m.u.单位制中表现为

$$\mathrm{d}\boldsymbol{B}_{\text{e.m.u.}} = \frac{(I_1)_{\text{e.m.u.}} \mathrm{d}\boldsymbol{l}_1 \times \hat{\boldsymbol{r}}_{12}}{r_{12}^2},$$

在高斯单位制中应把电流的单位换成 e.s.u.单位，而 $\boldsymbol{B}$ 的单位不变：

$$\mathrm{d}\boldsymbol{B}_{\text{e.m.u.}} = \frac{(I_1)_{\text{e.s.u.}} \mathrm{d}\boldsymbol{l}_1 \times \hat{\boldsymbol{r}}_{12}}{c_{\text{em}} r_{12}^2}.$$

可见，在高斯单位制中应取 $k_{\text{m}}/\alpha_{\text{m}}=1/c_{\text{em}}$，因 $k_{\text{m}}=1/c_{\text{em}}^2$，故 $\alpha_{\text{m}}=1/c_{\text{em}}$. 把上述各系数的选择代入(6.97)、(6.91)、(6.109)、(6.101)各式，得高斯单位制中麦克斯韦方程组的表达式：

$$\left.\begin{aligned}
&\nabla\cdot\boldsymbol{D} = 4\pi\rho_{\text{e0}}, && (\text{I})\\
&\nabla\times\boldsymbol{E} = -\frac{1}{c_{\text{em}}}\frac{\partial\boldsymbol{B}}{\partial t}, && (\text{II})\\
&\nabla\cdot\boldsymbol{B} = 0, && (\text{III})\\
&\nabla\times\boldsymbol{H} = \frac{4\pi}{c_{\text{em}}}\boldsymbol{j}_0 + \frac{1}{c_{\text{em}}}\frac{\partial\boldsymbol{D}}{\partial t}. && (\text{IV})
\end{aligned}\right\} \tag{6.120}$$

由此得到的真空电磁波方程为

$$\left\{\begin{aligned}
&\nabla^2\boldsymbol{E} - \frac{1}{c_{\text{em}}^2}\frac{\partial^2\boldsymbol{E}}{\partial t^2} = 0,\\
&\nabla^2\boldsymbol{H} - \frac{1}{c_{\text{em}}^2}\frac{\partial^2\boldsymbol{H}}{\partial t^2} = 0.
\end{aligned}\right. \tag{6.121}$$

它表明，在高斯单位制中，电磁波的波速应为 $c_{\text{em}}$. 在本章2.3节曾经提到，1856年韦伯和柯耳劳许对此常量的测量值为 $c_{\text{em}}=310\,740\,000\ \text{m/s}$，十分接近真空中的光速 $c$. 今后我们就令 $c_{\text{em}}=c$，用现代规定的光速的精确值代入进行计算。

对于电磁介质，在高斯单位制中取 $b_{\text{e}}=1, b_{\text{m}}=1, c_{\text{m}}=c_{\text{em}}$，介质方程为

$$\left.\begin{aligned}
&\boldsymbol{D} \equiv \boldsymbol{E} + 4\pi\boldsymbol{P} = \varepsilon\boldsymbol{E}, && (\text{V})\\
&\boldsymbol{B} \equiv \boldsymbol{H} + 4\pi\boldsymbol{M} = \mu\boldsymbol{H}, && (\text{VI})
\end{aligned}\right\} \tag{6.122}$$

在高斯单位制中真空介电常量和真空磁导率都等于1，所以介电常量 $\varepsilon$ 和磁导率 $\mu$ 无“绝对”“相对”之说，它们都是无量纲的纯数。

在高斯单位制中，磁感应强度 $\boldsymbol{B}$ 的单位称为高斯(Gs)，磁场强度 $\boldsymbol{H}$ 的单位称为奥斯特(Oe)，它们是相等的。磁极化强度 $\boldsymbol{J}$=磁化强度 $\boldsymbol{M}$，其单位为 $\text{Gs}/4\pi$.

---

[1] 物理公式中各符号代表使用特定单位时物理量的量值，其换算与单位本身的换算相反，互为倒数关系。详见7.5节。

顺便说起，在上述麦克斯韦方程组中场源项之前都有系数 $4\pi$，这是个无理数，故高斯单位制属无理单位制。要使这个系数化为1，可取 $k_e$ 和 $k_m$ 反比于 $4\pi$. 这样得到的单位制叫做有理单位制。国际单位制属有理单位制。

### 7.4 国际单位制

国际单位制是四个基本量的单位制，电荷或电流有独立于力学量之外的量纲，所以无论库仑定律中的系数 $k_e$，还是安培定律中的系数 $k_m$，都不可能是纯数。此外，国际单位制还是有理化的 MKSA 单位制，$k_e$ 和 $k_m$ 都含有 $1/4\pi$ 的因子。再者，若要麦克斯韦方程组中场源项的系数 $4\pi k_e b_e$ 和 $4\pi k_m b_m$ 等于1，则 $k_e=1/4\pi b_e$，$k_m=1/4\pi b_m$，这里 $b_e$ 是真空中电位移 $\boldsymbol{D}$ 和电场强度 $\boldsymbol{E}$ 之间的比例系数，$b_m^{-1}$ 是磁感应强度 $\boldsymbol{B}$ 和磁场强度 $\boldsymbol{H}$ 之间的比例系数，即 $\boldsymbol{D}=b_e\boldsymbol{E}$ 和 $\boldsymbol{B}=b_m^{-1}\boldsymbol{H}$. 按高斯制的习惯，$\boldsymbol{D}$ 和 $\boldsymbol{E}$ 之间的比例系数是介电常量，$\boldsymbol{B}$ 和 $\boldsymbol{H}$ 之间的比例系数是磁导率，在国际单位制中把 $b_e$ 写成 $\varepsilon_0$，并称之为“真空介电常量”，把 $b_m^{-1}$ 写成 $\mu_0$，并称之为“真空磁导率”。综上所述，在国际单位制中取

$$b_e=\varepsilon_0,\quad k_e=\frac{1}{4\pi\varepsilon_0};\quad b_m^{-1}=\mu_0,\quad k_m=\frac{\mu_0}{4\pi}. \tag{6.123}$$

$\mu_0$ 数值的选择与电磁单位的历史沿革有关，早在1893年，第四届国际电气工程师大会就已作出规定，1国际安培等于 $\frac{1}{10}$ e.m.u.电流单位。将上述 $k_m$ 表达式代入两根平行的直导线的相互作用公式(6.116)后，得

$$F_{12}=\frac{\mu_0 I_1 I_2 l}{2\pi a},$$

可以看出，要以此式来定义“安培”单位，在 CGS 制中系数 $\mu_0/4\pi$ 应等于 $(1/10)^2=10^{-2}$。换到 MKS 制中力 $F_{12}$ 的单位由达因改为牛顿，$1\,\mathrm{N}=10^5\,\mathrm{dyn}$，系数 $\mu_0/4\pi$ 还要缩小 $10^{-5}$，即 $\mu_0/4\pi=10^{-7}$，$\mu_0=4\pi\times10^{-7}$. $\mu_0$ 的量纲可由上式定出：$[\mu_0]=[F]\mathrm{I}^{-2}=\mathrm{LMT}^{-2}\mathrm{I}^{-2}$，其单位为 $\mathrm{N/A^2}$.

在国际单位制中其他系数都取作1：$a_m=1$，$c_m=1$. 于是麦克斯韦方程组为

$$\left.\begin{aligned}
&\nabla\cdot\boldsymbol{D}=\rho_{e0}, && (\mathrm{I})\\
&\nabla\times\boldsymbol{E}=-\frac{\partial\boldsymbol{B}}{\partial t}, && (\mathrm{II})\\
&\nabla\cdot\boldsymbol{B}=0, && (\mathrm{III})\\
&\nabla\times\boldsymbol{H}=\boldsymbol{j}_0+\frac{\partial\boldsymbol{D}}{\partial t} && (\mathrm{IV})
\end{aligned}\right\} \tag{6.124}$$

介质方程为

$$\left.\begin{aligned}
&\boldsymbol{D}\equiv\varepsilon_0\boldsymbol{E}+\boldsymbol{P}=\varepsilon\varepsilon_0\boldsymbol{E}, && (\mathrm{V})\\
&\boldsymbol{B}\equiv\mu_0\boldsymbol{H}+\boldsymbol{M}=\mu\mu_0\boldsymbol{H}, && (\mathrm{VI})
\end{aligned}\right\} \tag{6.125}$$

式中 $\varepsilon$ 是介质的相对介电常量，$\mu$ 是介质的相对磁导率。由麦克斯韦方程组导出的真空中电磁波的方程为

$$\left\{\begin{aligned}
&\nabla^2\boldsymbol{E}-\varepsilon_0\mu_0\frac{\partial^2\boldsymbol{E}}{\partial t^2}=0,\\
&\nabla^2\boldsymbol{H}-\varepsilon_0\mu_0\frac{\partial^2\boldsymbol{H}}{\partial t^2}=0,
\end{aligned}\right. \tag{6.126}$$

由此解得的电磁波速为 $1/\sqrt{\varepsilon_0\mu_0}$，实验证明，它等于真空中的光速 $c$：

$$\frac{1}{\sqrt{\varepsilon_0\mu_0}}=c. \tag{6.127}$$

系数 $\varepsilon_0$ 本应根据库仑定律由实验来测定，但麦克斯韦理论确定了 $\varepsilon_0\mu_0=1/c^2$，所以 $\varepsilon_0$ 的的理论

值应等于 $1/\mu_0 c^2 = 10^7/4\pi c^2$.

对于磁荷观点，磁库仑定律的系数 $k'_{\mathrm{m}} = \dfrac{k_{\mathrm{m}} b_{\mathrm{m}}^2}{a_{\mathrm{m}}} = \dfrac{1}{4\pi\mu_0}$，磁极化强度与磁化强度的关系为

$$\boldsymbol{J} = \boldsymbol{M}/b_{\mathrm{m}} = \mu_0 \boldsymbol{M}. \tag{6.128}$$

### 7.5 各单位制中公式的对比

我们先把 7.2 节引进的各种系数归纳在表 6-2 中，表 6-3 是不同单位制的公式对照表。

国际单位制是有理化的单位制,而高斯单位制是未经有理化的。所谓“有理化”,实际上是把高斯定理、安培环路定理这类在实际应用中常用的公式有理化了(去掉了系数里的 $4\pi$ 因子)，其代价是把另外一些公式,如库仑定律、毕奥-萨伐尔定律里的系数“无理化”了。有人对电磁学里的公式做过统计，在有理化和无理单位制中，有“无理”因子的公式都大约各占一半。 $4\pi$ 因子来源于几何(立体角),是不可能从电磁学的公式中消失的。所谓“有理化”,不过是把这个因子搬一下地方,从一些公式搬到另一些公式中去。问题是谁更希望哪些公式更简单些罢了。搞实用的人希望安培环路定理(即磁路定理)简单些,因而偏爱有理化的国际单位制。搞理论(特别是微观理论)的人，希望库仑定律简单些，喜欢用高斯单位制。在量子力学的书籍和文献中几乎没有人用国际单位制。对于从事物理教学和研究工作的人,最好这两种单位制都熟悉。

**表 6-2 各单位制中公式里的系数**

| 单位制 | $k_{\mathrm{e}}$ | $a_{\mathrm{e}}$ | $b_{\mathrm{e}}$ | $k_{\mathrm{m}}$ | $a_{\mathrm{m}}$ | $b_{\mathrm{m}}$ | $c_{\mathrm{m}}$ | $k'_{\mathrm{m}}$ | $a'_{\mathrm{m}}$ | $b'_{\mathrm{m}}$ | $k$ |
|---|---|---|---|---|---|---|---|---|---|---|---|
| e.s.u.单位制 | 1 | 1 | 1 | | | | | | | | |
| e.m.u.单位制 | | | | 1 | 1 | 1 | 1 | 1 | 1 | 1 | 1 |
| 高斯单位制 | 1 | 1 | 1 | $\frac{1}{c^2}$ | $\frac{1}{c}$ | 1 | $c$ | 1 | 1 | 1 | $\frac{1}{c}$ |
| 国际单位制 | $\frac{1}{4\pi\varepsilon_0}$ | 1 | $\varepsilon_0$ | $\frac{\mu_0}{4\pi}$ | 1 | $\frac{1}{\mu_0}$ | 1 | $\frac{1}{4\pi\mu_0}$ | 1 | $\mu_0$ | 1 |

**表 6-3 各单位制的公式对照表**

| 公式 | 高斯单位制<br>(无理绝对 CGS 制) | 国际单位制<br>(有理 MKSA 制) |
|---|---|---|
| 库仑定律 | $\boldsymbol{F}_{12} = \dfrac{\boldsymbol{q}_1 \boldsymbol{q}_2}{\boldsymbol{r}_{12}^2}\hat{\boldsymbol{r}}_{12}$ | $\boldsymbol{F}_{12} = \dfrac{1}{4\pi\varepsilon_0}\dfrac{q_1 q_2}{r_{12}^2}\hat{\boldsymbol{r}}_{12}$ |
| 点电荷的场强(真空) | $\boldsymbol{E} = \dfrac{q}{r^2}\hat{\boldsymbol{r}}$ | $\boldsymbol{E} = \dfrac{1}{4\pi\varepsilon_0}\dfrac{q}{r^2}\hat{\boldsymbol{r}}_{12}$ |
| 点电荷的电势(真空) | $U = \dfrac{q}{r}$ | $U = \dfrac{1}{4\pi\varepsilon_0}\dfrac{q}{r}$ |
| 平行板电容器内的场强 | $E = \dfrac{4\pi\sigma_{\mathrm{e}0}}{\varepsilon}$ | $E = \dfrac{\sigma_{\mathrm{e}0}}{\varepsilon\varepsilon_0}$ |
| 平行板电容器的电容 | $C = \dfrac{\varepsilon S}{4\pi d}$ | $C = \dfrac{\varepsilon\varepsilon_0 S}{d}$ |
| 电偶极矩 | $\boldsymbol{p} = q\boldsymbol{l}$ | $\boldsymbol{p} = q\boldsymbol{l}$ |
| 极化强度 | $\boldsymbol{P} = \dfrac{\sum \boldsymbol{p}_{分子}}{\Delta V}$ | $\boldsymbol{P} = \dfrac{\sum \boldsymbol{p}_{分子}}{\Delta V}$ |
| $\boldsymbol{E}$、$\boldsymbol{D}$、$\boldsymbol{P}$ 之间的关系 | $\boldsymbol{D} = \boldsymbol{E} + 4\pi\boldsymbol{P}$ | $\boldsymbol{D} = \varepsilon_0\boldsymbol{E} + \boldsymbol{P}$ |
| $\varepsilon$ 与 $\chi_{\mathrm{e}}$ 的关系 | $\varepsilon = 1 + 4\pi\chi_{\mathrm{e}}$ | $\varepsilon = 1 + \chi_{\mathrm{e}}$ |
| 欧姆定律 | $U = IR$ | $U = IR$ |
| 欧姆定律的微分形式 | $\boldsymbol{j}_0 = \sigma\boldsymbol{E}$ | $\boldsymbol{j}_0 = \sigma\boldsymbol{E}$ |

续表

| | | |
|---|---|---|
| 安培定律 | $\mathrm{d}\boldsymbol{F}_{12}=\dfrac{I_1I_2\mathrm{d}\boldsymbol{l}_2\times(\mathrm{d}\boldsymbol{l}_1\times\hat{\boldsymbol{r}}_{12})}{c^2\ r_{12}{}^2}$ | $\mathrm{d}\boldsymbol{F}_{12}=\dfrac{\mu_0}{4\pi}\dfrac{I_1I_2\mathrm{d}\boldsymbol{l}_2\times(\mathrm{d}\boldsymbol{l}_1\times\hat{\boldsymbol{r}}_{12})}{r_{12}{}^2}$ |
| 平行直导线间的力 | $F_{12}=\dfrac{2I_1I_2l}{c^2a}$ | $F_{12}=\dfrac{\mu_0I_1I_2l}{2\pi a}$ |
| 安培力公式 | $\mathrm{d}\boldsymbol{F}=\dfrac{1}{c}I\mathrm{d}\boldsymbol{l}\times\boldsymbol{B}$ | $\mathrm{d}\boldsymbol{F}=I\mathrm{d}\boldsymbol{l}\times\boldsymbol{B}$ |
| 洛伦兹力公式 | $\boldsymbol{F}=q\left(\boldsymbol{E}+\dfrac{1}{c}\boldsymbol{v}\times\boldsymbol{B}\right)$ | $\boldsymbol{F}=q(\boldsymbol{E}+\boldsymbol{v}\times\boldsymbol{B})$ |
| 毕奥-萨伐尔定律 | $\mathrm{d}\boldsymbol{B}=\dfrac{I\mathrm{d}\boldsymbol{l}\times\hat{\boldsymbol{r}}}{cr^2}$ | $\mathrm{d}\boldsymbol{B}=\dfrac{\mu_0}{4\pi}\dfrac{I\mathrm{d}\boldsymbol{l}\times\hat{\boldsymbol{r}}}{r^2}$ |
| 闭合回路的磁矢势 | $\boldsymbol{A}=\dfrac{I}{c}\oint\dfrac{\mathrm{d}\boldsymbol{l}}{r}$ | $\boldsymbol{A}=\dfrac{\mu_0I}{4\pi}\oint\dfrac{\mathrm{d}\boldsymbol{l}}{r}$ |
| 无限长直导线的磁场 | $B=\dfrac{2I}{cr}$ | $B=\dfrac{\mu_0I}{2\pi r}$ |
| 无限长螺线管的磁场 | $B=\dfrac{4\pi}{c}\mu nI$ | $B=\mu\mu_0nI$ |
| 螺线管的自感 | $L=4\pi\mu n^2V$ | $L=\mu\mu_0n^2V$ |
| 电流环的磁矩 | $\boldsymbol{m}=\dfrac{1}{c}IS\boldsymbol{n}$ | $\boldsymbol{m}=IS\boldsymbol{n}$ |
| 磁化强度 | $\boldsymbol{M}=\dfrac{\sum\boldsymbol{m}_{分子}}{\Delta V}$ | $\boldsymbol{M}=\dfrac{\sum\boldsymbol{m}_{分子}}{\Delta V}$ |
| 磁的库仑定律 | $\boldsymbol{F}_{12}=\dfrac{q_{m1}q_{m2}}{r_{12}{}^2}\hat{\boldsymbol{r}}_{12}$ | $\boldsymbol{F}_{12}=\dfrac{1}{4\pi\mu_0}\dfrac{q_{m1}q_{m2}}{r_{12}{}^2}\hat{\boldsymbol{r}}_{12}$ |
| 磁偶极矩 | $\boldsymbol{p}_m=q\boldsymbol{l}$ | $\boldsymbol{p}_m=q\boldsymbol{l}$ |
| 磁极化强度 | $\boldsymbol{J}=\dfrac{\sum\boldsymbol{p}_{m分子}}{\Delta V}$ | $\boldsymbol{J}=\dfrac{\sum\boldsymbol{p}_{m分子}}{\Delta V}$ |
| 磁偶极矩与磁矩的对应 | $\boldsymbol{p}_m=\boldsymbol{m}$ | $\boldsymbol{p}_m=\mu_0\boldsymbol{m}$ |
| $\boldsymbol{J}$ 与 $\boldsymbol{M}$ 的对应 | $\boldsymbol{J}=\boldsymbol{M}$ | $\boldsymbol{J}=\mu_0\boldsymbol{M}$ |
| $\boldsymbol{B}$、$\boldsymbol{H}$、$\boldsymbol{M}$、$\boldsymbol{J}$ 之间的关系 | $\boldsymbol{B}=\boldsymbol{H}+4\pi\boldsymbol{M}=\boldsymbol{H}+4\pi\boldsymbol{J}$ | $\boldsymbol{B}=\mu_0(\boldsymbol{H}+\boldsymbol{M})=\mu_0\boldsymbol{H}+\boldsymbol{J}$ |
| $\mu$ 与 $\chi_m$ 的关系 | $\mu=1+4\pi\chi_m$ | $\mu=1+\chi_m$ |
| 磁动势 | $\mathscr{E}_m=\dfrac{4\pi}{c}NI$ | $\mathscr{E}_m=NI$ |
| 法拉第电磁感应定律 | $\mathscr{E}=-\dfrac{1}{c}\dfrac{\mathrm{d}\Phi_B}{\mathrm{d}t}$ | $\mathscr{E}=-\dfrac{\mathrm{d}\Phi_B}{\mathrm{d}t}$ |
| 麦克斯韦方程组（微分形式） | $\begin{cases}\nabla\cdot\boldsymbol{D}=4\pi\rho_{e0}\\ \nabla\times\boldsymbol{E}=-\dfrac{1}{c}\dfrac{\partial\boldsymbol{B}}{\partial t},\\ \nabla\cdot\boldsymbol{B}=0\\ \nabla\times\boldsymbol{H}=\dfrac{4\pi}{c}\boldsymbol{j}_0+\dfrac{1}{c}\dfrac{\partial\boldsymbol{D}}{\partial t}\end{cases}$ | $\begin{cases}\nabla\cdot\boldsymbol{D}=\rho_{e0}\\ \nabla\times\boldsymbol{E}=-\dfrac{\partial\boldsymbol{B}}{\partial t},\\ \nabla\cdot\boldsymbol{B}=0\\ \nabla\times\boldsymbol{H}=\boldsymbol{j}_0+\dfrac{\partial\boldsymbol{D}}{\partial t}\end{cases}$ |
| 电场能量密度 | $w_e=\dfrac{\varepsilon E^2}{8\pi}=\dfrac{\boldsymbol{D}\cdot\boldsymbol{E}}{8\pi}$ | $w_e=\dfrac{\varepsilon\varepsilon_0E^2}{2}=\dfrac{\boldsymbol{D}\cdot\boldsymbol{E}}{2}$ |
| 磁场能量密度 | $w_m=\dfrac{\mu H^2}{8\pi}=\dfrac{\boldsymbol{B}\cdot\boldsymbol{H}}{8\pi}$ | $w_m=\dfrac{\mu\mu_0H^2}{2}=\dfrac{\boldsymbol{B}\cdot\boldsymbol{H}}{2}$ |
| 坡印亭矢量 | $\boldsymbol{S}=\dfrac{c}{4\pi}\boldsymbol{E}\times\boldsymbol{H}$ | $\boldsymbol{S}=\boldsymbol{E}\times\boldsymbol{H}$ |
| 电磁动量密度 | $\boldsymbol{g}=\dfrac{1}{c^2}\boldsymbol{S}=\dfrac{1}{4\pi c}\boldsymbol{E}\times\boldsymbol{H}$ | $\boldsymbol{g}=\dfrac{1}{c^2}\boldsymbol{S}=\dfrac{1}{c^2}\boldsymbol{E}\times\boldsymbol{H}$ |

### 7.6 各单位制间单位的转换

由于各种书刊和文献往往采用不同的电磁单位制，阅读时需要在不同单位制之间进行转换。单位制的转换有两种方式：一是转换公式，即改变公式中的一些系数，这问题已在 7.5 节里解决了；另一是不改变公式，而将物理量换算到公式规定单位的量值。这就需要知道单位之间的换算关系。应注意，物理量量值的换算与单位的换算是相反的，即互为倒数关系。例如两物体之间的相互作用力 $F$ 用 MKS 单位制来表示，是 8N. 若换算到 CGS 单位制，因 $1\,\mathrm{N}=10^5\,\mathrm{dyn}$，$F$ 应等于 $8\times10^5\,\mathrm{dyn}$. 用 $F_{\mathrm{MKS}}$ 和 $F_{\mathrm{CGS}}$ 分别代表力 $F$ 在这两种单位制中的量值，则 $F_{\mathrm{MKS}}=8$，$F_{\mathrm{CGS}}=8\times10^5$，故 $F_{\mathrm{MKS}}=F_{\mathrm{CGS}}/10^5$. 即单位变小，量值变大，互为倒数关系。我们在 7.3 节中曾写过一个关系式：$I_{\mathrm{e.m.u.}}=I_{\mathrm{e.s.u.}}/c$，这表明，电流的 e.m.u.单位比 e.s.u.单位大 $c$ 倍，即 1e.m.u.电流单位 $=c$ e.s.u.电流单位。表 6-4 中给出高斯单位制和国际单位制间的单位换算关系，我们可以反过来求出物理量量值换算关系。

**表 6-4 各单位制中物理量的量纲和单位换算**

| 物理量 | 高斯单位制 | | 国际单位制 | | 单位换算* |
|---|---|---|---|---|---|
| | 量纲 | 单位 | 量纲 | 单位 | |
| 电量 $q$ | $\mathrm{L^{3/2}M^{1/2}T^{-1}}$ | e.s.u. | $\mathrm{TI}$ | C(库仑) | $1\,\mathrm{C}=\frac{c}{10}\,\mathrm{e.s.u.}$ |
| 电流 $I$ | $\mathrm{L^{3/2}M^{1/2}T^{-2}}$ | e.s.u. | $\mathrm{I}$ | A(安培) | $1\,\mathrm{A}=\frac{c}{10}\,\mathrm{e.s.u.}$ |
| 电场强度 $E$ | $\mathrm{L^{-1/2}M^{1/2}T^{-1}}$ | e.s.u. | $\mathrm{LMT^{-3}I^{-1}}$ | V/m | $1\,\mathrm{V/m}=\frac{10^6}{c}\,\mathrm{e.s.u.}$ |
| 电位移 $D$ | $\mathrm{L^{-1/2}M^{1/2}T^{-1}}$ | e.s.u. | $\mathrm{L^{-2}TI}$ | $\mathrm{C/m^2}$ | $1\,\mathrm{C/m^2}=\frac{4\pi c}{10^5}\,\mathrm{e.s.u.}$ |
| 极化强度 $P$ | $\mathrm{L^{-1/2}M^{1/2}T^{-1}}$ | 1e.s.u.$(P)$ $=1\,\frac{\mathrm{e.s.u.}(D)}{4\pi}$ | $\mathrm{L^{-2}TI}$ | $\mathrm{C/m^2}$ | $1\,\mathrm{C/m^2}=\frac{c}{10^5}\,\mathrm{e.s.u.}(P)$ |
| 电势 $U$ | $\mathrm{L^{1/2}M^{1/2}T^{-1}}$ | e.s.u. | $\mathrm{L^2MT^{-3}I^{-1}}$ | V(伏特) | $1\,\mathrm{V}=\frac{10^8}{c}\,\mathrm{e.s.u.}$ |
| 电容 $C$ | $\mathrm{L}$ | e.s.u. | $\mathrm{L^{-2}M^{-1}T^4I^2}$ | F(法拉) | $1\,\mathrm{F}=\frac{c^2}{10^9}\,\mathrm{e.s.u.}$ |
| 电阻 $R$ | $\mathrm{L^{-1}T}$ | e.s.u. | $\mathrm{L^2MT^{-3}I^{-2}}$ | Ω(欧姆) | $1\,\Omega=\frac{10^9}{c^2}\,\mathrm{e.s.u.}$ |
| 电导 $G$ | $\mathrm{LT^{-1}}$ | e.s.u. | $\mathrm{L^{-2}M^{-1}T^3I^2}$ | S(西门子) | $1\,\mathrm{S}=\frac{c^2}{10^9}\,\mathrm{e.s.u.}$ |
| (相对)介电常量 $\varepsilon$ | 1 | — | 1 | — | MKSA 制数值 = 高斯制数值 |
| 极化率 $\chi_e$ | 1 | — | 1 | — | MKSA 制数值 = $4\pi\times$ 高斯制数值 |
| 磁感应强度 $B$ | $\mathrm{L^{-1/2}M^{1/2}T^{-1}}$ | Gs(高斯) | $\mathrm{MT^{-2}I^{-1}}$ | T(特斯拉) | $1\,\mathrm{T}=10^4\,\mathrm{Gs}$ |
| 磁场强度 $H$ | $\mathrm{L^{-1/2}M^{1/2}T^{-1}}$ | Oe(奥斯特) | $\mathrm{L^{-1}I}$ | A/m | $1\,\mathrm{A/m}=4\pi\times10^{-3}\,\mathrm{Oe}$ |
| 磁化强度 $M$ | $\mathrm{L^{-1/2}M^{1/2}T^{-1}}$ | 1e.m.u.$(M)$ $=1\,\mathrm{Gs}/4\pi$ | $\mathrm{L^{-1}I}$ | A/m | $1\,\mathrm{A/m}=10^3\,\mathrm{e.m.u.}(M)$ |

续表

| 磁极化强度 $J$ | $L^{-1/2}M^{1/2}T^{-1}$ | 1 e.m.u.($J$) = 1 Gs/4π | $MT^{-2}I^{-1}$ | T | $1\,T=\frac{10^4}{4\pi}$e.m.u.($J$) |
|---|---|---|---|---|---|
| 磁感应通量 $\Phi_B$ | $L^{3/2}M^{1/2}T^{-1}$ | Mx（麦克斯韦） | $L^2MT^{-2}I^{-1}$ | Wb（韦伯） | $1\,Wb=10^8\,Mx$ |
| 电感$L,M$ | L | e.m.u. | $L^2MT^{-2}I^{-2}$ | H（亨利） | $1\,H=10^9$ e.m.u. |
| （相对）磁化率 $\mu$ | 1 | — | 1 | — | MKSA 制数值 = 高斯制数值 |
| 磁化率 $\chi_m$ | 1 | — | 1 | — | MKSA 制数值 = 4π×高斯制数值 |

* 表中 $c$ 代表 $3\times10^{10}$ 纯数。

**例题** 经典电子半径 $r_c$ 是从球形电子的静电势能与其静质能相等而推导出来的概念，在高斯单位制中它的表达式为

$$r_c=\frac{e^2}{mc^2}.\tag{6.129}$$

已知电子的电荷 $e=-1.6\times10^{-19}$C，质量 $m=0.9\times10^{-30}$kg，求 $r_c$.

**解：** 在高斯单位制中要求 $e$ 的单位用 e.s.u.，$m$ 的单位用 g. 在将已知量值代入上式之前，需要先把它们的单位换算过来。从表 6－4 上可以查出，$1\,C=\frac{c}{10}$e.s.u.，故

$$e_{e.s.u.}=\frac{c}{10}e_C=\frac{c}{10}\times(-1.6\times10^{-19})=-1.6\times10^{-20}c,$$

而 $m_g=10^3m_{kg}=0.9\times10^{-27}$. 将 $e$ 和 $m$ 的这些量值代入(6.129)式，得

$$r_c=\left[\frac{(-1.6\times10^{-20}c)^2}{0.9\times10^{-27}c^2}\right]\text{cm}=2.8\times10^{-13}\text{cm}. ▌$$

## 本章提要

1.麦克斯韦位移电流假说

在非恒定情况下安培环路定理应改为 $\oint_{(L)}\boldsymbol{H}\cdot d\boldsymbol{l}=I_0+\frac{d\Phi_D}{dt}$，

其中$\frac{d\Phi_D}{dt}=\frac{d}{dt}\iint\boldsymbol{D}\cdot d\boldsymbol{S}=\iint\frac{\partial\boldsymbol{D}}{\partial t}\cdot d\boldsymbol{S}$ 为位移电流， $\frac{\partial\boldsymbol{D}}{\partial t}$ 为位移电流密度。

2.麦克斯韦方程组

积分形式
$$\begin{cases}\oiint\boldsymbol{D}\cdot d\boldsymbol{S}=q_0,\\ \oint\boldsymbol{E}\cdot d\boldsymbol{l}=-\iint\frac{\partial\boldsymbol{B}}{\partial t}\cdot d\boldsymbol{S},\\ \oiint\boldsymbol{B}\cdot d\boldsymbol{S}=0,\\ \oint\boldsymbol{H}\cdot d\boldsymbol{l}=I_0+\iint\frac{\partial\boldsymbol{D}}{\partial t}\cdot d\boldsymbol{S}.\end{cases}$$

微分形式
$$\begin{cases}\nabla\cdot\boldsymbol{D}=\rho_{e0},\\ \nabla\times\boldsymbol{E}=-\frac{\partial\boldsymbol{B}}{\partial t},\\ \nabla\cdot\boldsymbol{B}=0,\\ \nabla\times\boldsymbol{H}=\boldsymbol{j}_0+\frac{\partial\boldsymbol{D}}{\partial t}.\end{cases}$$

3.介质方程

$$\begin{cases}\text{电介质}\quad\boldsymbol{D}=\varepsilon\varepsilon_0\boldsymbol{E},\\ \text{磁介质}\quad\boldsymbol{B}=\mu\mu_0\boldsymbol{H},\\ \text{导体}\quad\boldsymbol{j}_0=\sigma\boldsymbol{E}.\end{cases}$$

4.边界条件

(1)电介质$\begin{cases}\text{法向}\quad \boldsymbol{n}\cdot(\boldsymbol{D}_2-\boldsymbol{D}_1)=0, \quad \text{或}\quad D_{2n}=D_{1n}. \\ \text{切向}\quad \boldsymbol{n}\times(\boldsymbol{E}_2-\boldsymbol{E}_1)=0, \quad \text{或}\quad E_{2t}=E_{1t}.\end{cases}$

(2)磁介质$\begin{cases}\text{法向}\quad \boldsymbol{n}\cdot(\boldsymbol{B}_2-\boldsymbol{B}_1)=0, \quad \text{或}\quad B_{2n}=B_{1n}. \\ \text{切向}\quad \boldsymbol{n}\times(\boldsymbol{H}_2-\boldsymbol{H}_1)=0, \quad \text{或}\quad H_{2t}=H_{1t}.\end{cases}$

(3)导 体

$$\begin{cases}\text{法向}\begin{cases}\boldsymbol{n}\cdot(\boldsymbol{D}_2-\boldsymbol{D}_1)=\sigma_{e0}, \quad \text{或}\quad D_{2n}-D_{1n}=\sigma_{e0}. \\ \boldsymbol{n}\cdot(\boldsymbol{B}_2-\boldsymbol{B}_1)=0, \quad \text{或}\quad B_{2n}=B_{1n}. \\ \boldsymbol{n}\cdot(\boldsymbol{j}_{02}-\boldsymbol{j}_{01})=-\dfrac{\partial\sigma_{e0}}{\partial t}, \quad \text{或}\quad (j_{02})_n-(j_{01})_n=-\dfrac{\partial\sigma_{e0}}{\partial t}.\end{cases} \\ \text{切向}\begin{cases}\boldsymbol{n}\times(\boldsymbol{E}_2-\boldsymbol{E}_1)=0, \quad \text{或}\quad \boldsymbol{E}_{2t}=\boldsymbol{E}_{1t}. \\ \boldsymbol{n}\times\boldsymbol{H}_{\text{外}}=\boldsymbol{i}_0, \quad \text{或}\quad H_{\text{外}t}=i_0.\end{cases}\end{cases}$$

5.电磁波的性质

(1)横波性：$\boldsymbol{E}\perp\hat{\boldsymbol{k}}$，　$\boldsymbol{H}\perp\hat{\boldsymbol{k}}$，　$\boldsymbol{E}\perp\boldsymbol{H}$.

(2)电磁场的振幅与相位：$\sqrt{\varepsilon\varepsilon_0}E_0=\sqrt{\mu\mu_0}H_0$，　$\varphi_E=\varphi_H$.

(3)波速：真空中 $c=\dfrac{1}{\sqrt{\varepsilon_0\mu_0}}$(光速)，

介质中 $v=\dfrac{c}{\sqrt{\varepsilon\mu}}$，　折射率 $n=\sqrt{\varepsilon\mu}$.

(4)能流密度(坡印亭矢量)：　$\boldsymbol{S}=\boldsymbol{E}\times\boldsymbol{H}$，

电磁波的平均能流密度 $\overline{S}=\dfrac{1}{2}E_0H_0=\dfrac{1}{2}\sqrt{\dfrac{\varepsilon\varepsilon_0}{\mu\mu_0}}E_0^2\propto E_0^2$.

(5)动量密度：$\boldsymbol{g}=\dfrac{1}{c^2}\boldsymbol{S}=\dfrac{1}{c^2}\boldsymbol{E}\times\boldsymbol{H}$.

6.带电粒子的辐射：　$S=\dfrac{q^2a^2\sin^2\theta}{16\pi^2\varepsilon_0c^3r^2}\propto\begin{cases}a^2, \\ \sin^2\theta, \\ 1/r^2.\end{cases}$

7.电磁能在电路中的传播：电磁能通过空间的电磁场从侧面输入导体。

趋肤效应：在交流情况下，从导体侧面输入的是衰减电磁波，

电流较多集中在导体表面附近。

趋肤深度　$d_s=\sqrt{\dfrac{2}{\mu\mu_0\sigma\omega}}$.

8.准恒电路原理的成立条件

(1)准恒条件：　$\lambda\ll l$，　或　$T\gg\dfrac{l}{c}$，　或　$\nu\ll\dfrac{c}{l}$.

(2)集总参量：　电容和电感集中在小区域里。

9.传输线：纵向虽不满足准恒条件，横向满足准恒条件。

电报方程$\begin{cases}\dfrac{\partial I}{\partial x}=-C^*\dfrac{\partial U}{\partial t}, \\ \dfrac{\partial U}{\partial x}=-L^*\dfrac{\partial I}{\partial t}.\end{cases}$　　波速　$v=\dfrac{1}{\sqrt{L^*C^*}}$（真空中 $v=c$）.

10.电磁单位制

库仑定律： $\boldsymbol{F}_{12}=k_{\mathrm{e}}\dfrac{q_1q_2}{r_{12}^{\ 2}}$， $\boldsymbol{E}=\dfrac{k_{\mathrm{e}}}{a_{\mathrm{e}}}\dfrac{q}{r^2}$，

磁库仑定律： $F_{12}=k'_{\mathrm{m}}\dfrac{q_{\mathrm{m1}}q_{\mathrm{m2}}}{r_{12}^{\ 2}}$， $H=\dfrac{k'_{\mathrm{m}}}{a'_{\mathrm{m}}}\dfrac{q_{\mathrm{m}}}{r^2}$，

安培定律： $\mathrm{d}\boldsymbol{F}_{12}=k_{\mathrm{m}}\dfrac{I_1I_2\mathrm{d}\boldsymbol{l}_2\times(\mathrm{d}\boldsymbol{l}_1\times\hat{\boldsymbol{r}}_{12})}{r_{12}^{\ 2}}$，

安培力：$\mathrm{d}\boldsymbol{F}=a_{\mathrm{m}}I\mathrm{d}\boldsymbol{l}\times\mathrm{d}\boldsymbol{B}$， 洛伦兹力：$\boldsymbol{F}=a_{\mathrm{m}}q\boldsymbol{v}\times\boldsymbol{B}$，

毕奥-萨伐尔公式： $\mathrm{d}\boldsymbol{B}=\dfrac{k_{\mathrm{m}}}{a_{\mathrm{m}}}\dfrac{I\mathrm{d}\boldsymbol{l}\times\hat{\boldsymbol{r}}}{r^2}$，

麦克斯韦方程组

$$\begin{cases}\oiint\boldsymbol{D}\cdot\mathrm{d}\boldsymbol{S}=\dfrac{4\pi k_{\mathrm{e}}}{b_{\mathrm{e}}}q_0,\\ \oint\boldsymbol{E}\cdot\mathrm{d}\boldsymbol{l}=-k\oiint\dfrac{\partial\boldsymbol{B}}{\partial t}\cdot\mathrm{d}\boldsymbol{S},\\ \oiint\boldsymbol{B}\cdot\mathrm{d}\boldsymbol{S}=0,\\ \oint\boldsymbol{H}\cdot\mathrm{d}\boldsymbol{l}=\dfrac{4\pi k_{\mathrm{m}}b_{\mathrm{m}}}{a_{\mathrm{m}}}I_0+\dfrac{k_{\mathrm{m}}b_{\mathrm{m}}}{k_{\mathrm{e}}a_{\mathrm{m}}b_{\mathrm{e}}}\oiint\dfrac{\partial\boldsymbol{D}}{\partial t}\cdot\mathrm{d}\boldsymbol{S}.\end{cases}$$

***D*、*E*、*P*、*B*、*H*、*M* 等的关系：**

电介质 $\boldsymbol{D}=b_{\mathrm{e}}(\boldsymbol{E}+4\pi k_{\mathrm{e}}\boldsymbol{P})$， $\left(\oiint\boldsymbol{P}\cdot\mathrm{d}\boldsymbol{S}=-q'\right)$

磁介质：

- 分子电流观点：$\boldsymbol{H}=b_{\mathrm{m}}\left(\boldsymbol{B}-\dfrac{4\pi k_{\mathrm{m}}}{a_{\mathrm{m}}}\boldsymbol{M}\right)$， $\left(c_{\mathrm{m}}\oint\boldsymbol{M}\cdot\mathrm{d}\boldsymbol{l}=I'\right)$
- 磁荷观点：$\boldsymbol{B}=b'_{\mathrm{m}}(\boldsymbol{H}+4\pi k'_{\mathrm{m}}\boldsymbol{J})$， $\left(\oiint\boldsymbol{J}\cdot\mathrm{d}\boldsymbol{S}=-q_{\mathrm{m}}\right)$

  $\boldsymbol{J}=\boldsymbol{M}/b_{\mathrm{m}}$.

上列公式中的系数之间有如下关系：

$$k=a_{\mathrm{m}},\quad b'_{\mathrm{m}}=b_{\mathrm{m}}^{-1},\quad k'_{\mathrm{m}}=\frac{k_{\mathrm{m}}c_{\mathrm{m}}b_{\mathrm{m}}^2}{a_{\mathrm{m}}}.$$

各单位制中公式里所取的系数如下：

| 单位制 | $k_{\mathrm{e}}$ | $a_{\mathrm{e}}$ | $b_{\mathrm{e}}$ | $k_{\mathrm{m}}$ | $a_{\mathrm{m}}$ | $b_{\mathrm{m}}$ | $c_{\mathrm{m}}$ | $k'_{\mathrm{m}}$ | $a'_{\mathrm{m}}$ | $b'_{\mathrm{m}}$ | $k$ |
|---|---|---|---|---|---|---|---|---|---|---|---|
| e.s.u.单位制 | 1 | 1 | 1 | | | | | | | | |
| e.m.u.单位制 | | | | 1 | 1 | 1 | 1 | 1 | 1 | 1 | 1 |
| 高斯单位制 | 1 | 1 | 1 | $\frac{1}{c^2}$ | $\frac{1}{c}$ | 1 | $c$ | 1 | 1 | 1 | $\frac{1}{c}$ |
| 国际单位制 | $\frac{1}{4\pi\varepsilon_0}$ | 1 | $\varepsilon_0$ | $\frac{\mu_0}{4\pi}$ | 1 | $\frac{1}{\mu_0}$ | 1 | $\frac{1}{4\pi\mu_0}$ | 1 | $\mu_0$ | 1 |

## 思考题

**6-1**.对于镜像反射变换来说，电矢量 $\boldsymbol{E}$ 是极矢量，磁矢量 $\boldsymbol{B}$ 是轴矢量，

(1)它们的旋度各属于哪类矢量？

(2)它们的散度在镜像反射中的变化如何？

**6-2**.在时间反演变换（$t \to -t$）中，电矢量 $\boldsymbol{E}$、电偶极矩 $\boldsymbol{p}$ 不变，磁矢量 $\boldsymbol{B}$、磁矩 $\boldsymbol{m}$ 呢？

**6-3**.检验一下，麦克斯韦方程组中同一方程里各项对于镜像反射变换和时间反演变换的行为都是一样的。

**6-4**.磁荷 $q_m$ 对于镜像反射变换和时间反演变换的行为应如何？

**6-5**.电磁波的能量中电能和磁能各占多少？

**6-6**.设有一列平面电磁波正入射到理想导体（$\sigma=\infty$）的镜面上发生反射，

(1)电场和磁场在介面上应满足的边界条件分别是什么？

(2)反射时电矢量有无半波损失？ 磁矢量呢？

(3)入射波与反射波叠加形成驻波，反射面是电振荡的波腹还是波节？是磁振荡的波腹还是波节？

(4)在行波中电振荡和磁振荡是同相位的，在驻波中呢？

(5)设想一下，在电磁驻波中能流是怎样分布的。

**6-7**.如本题图所示，设在垂直纸面向内的均匀磁场中放置一平行板电容器，两极板上分别带有等量异号电荷。用一根导线联接两极板，使之放电。设导线与极板的电接触不妨碍它在极板间作无摩擦平行移动。问：

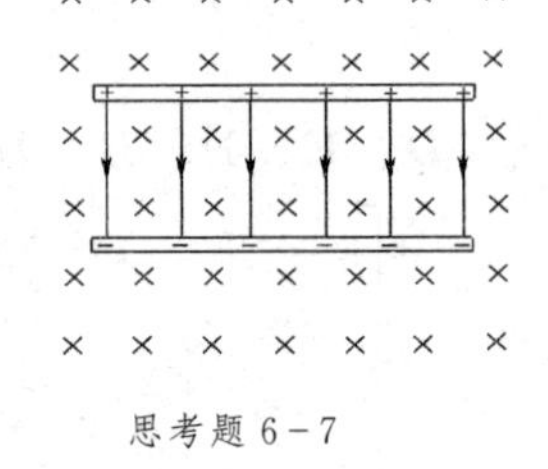

思考题 6-7

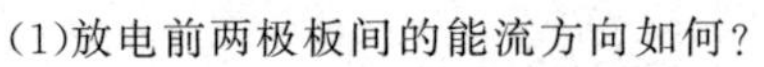

(1)放电前两极板间的能流方向如何？

(2)放电时，放电导线的运动方向如何？

(3)就整个系统来考虑，放电导线的动量是哪里来的？

**6-8**.如本题图所示，可绕竖直轴自由旋转的圆柱形电容器放置在均匀磁场中；电容器已充电，内筒带正电，外筒带负电。在电容器内外筒之间用放射性射线照射，引起放电，圆柱形电容器是否会绕竖直轴旋转？试根据电磁场能流和动量概念说明旋转角动量的来源。



思考题 6-8

**6-9**.如本题图所示，在一个可自由转动的塑料圆盘中部有一通电线圈，电流的方向如图所示。在圆盘的边缘镶有一些金属小球，小球均带正电。切断线圈的电流，圆盘是否会转动起来？转动的方向如何？转动的角动量是哪里来的？

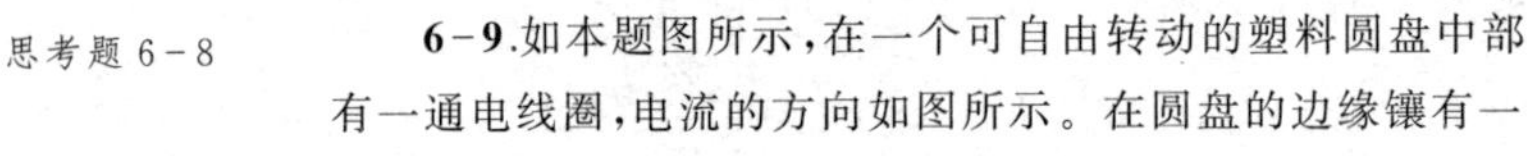

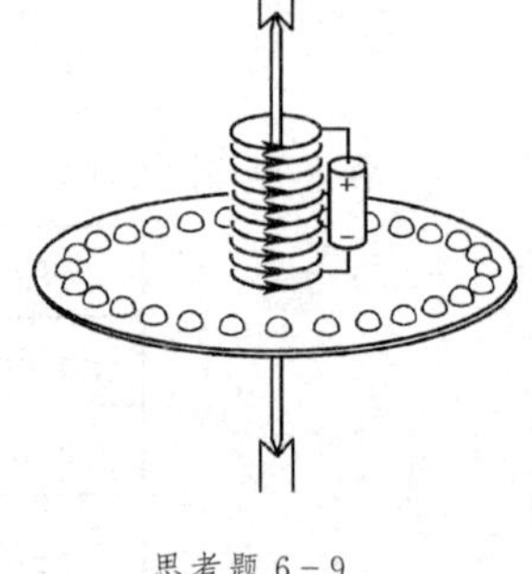

思考题 6-9

**6-10**.考虑两个等量异号电荷组成的系统，它们在空间形成静电场如本题图所示。当用导线联接这两个异号电荷，使之放电，导线上将产生焦耳热。 试定性说明，这部分能量是哪里来的？能量是通过什么途径传递到放电导线中去的？

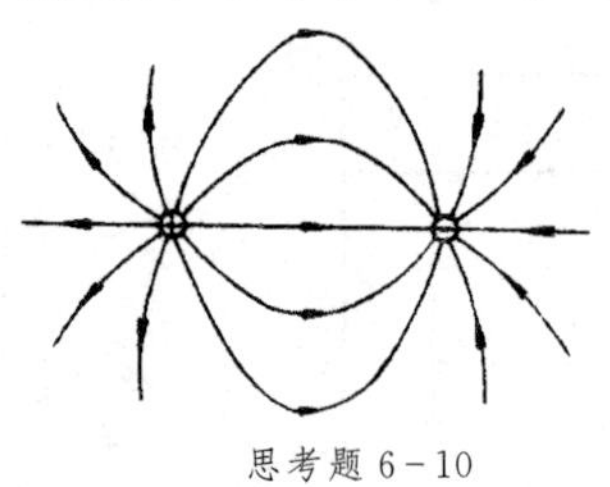

思考题 6-10

## 习　题

**6-1**.一平行板电容器的两极板都是半径为 5.0 cm 的圆导体片，在充电时，其中电场强度的变化率为 $\dfrac{\mathrm{d}E}{\mathrm{d}t}=1.0\times10^{12}\,\mathrm{V/(m\cdot s)}$. 求：

(1)两极板间的位移电流；

(2)极板边缘的磁感应强度。

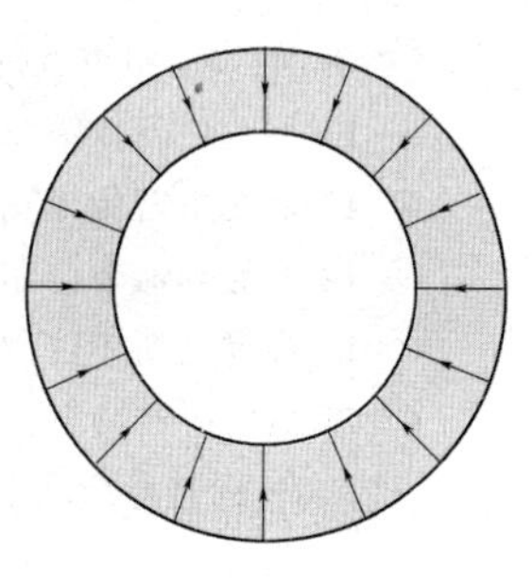
习题 6-3

**6-2**.设电荷在半径为 $R$ 的圆形平行板电容器极板上均匀分布,且边缘效应可以忽略。把电容器接在角频率为 $\omega$ 的简谐交流电路中,电路中的传导电流为 $I_0$(峰值),求电容器极板间磁场强度(峰值)的分布。

**6-3**.如本题图,同心球形电容器中有介电常量为 $\varepsilon$ 和导电率为 $\sigma$ 的漏电介质。电容器充电后遂即缓慢放电,这时在介质中有径向衰减电流通过。求此过程中的位移电流密度与传导电流密度的关系,以及磁场的分布。

**6-4**.太阳每分钟垂直射于地球表面上每 $\mathrm{cm}^2$ 的能量约为 $2\,\mathrm{cal}(1\,\mathrm{cal}\approx4.2\,\mathrm{J})$,求地面上日光中电场强度 $E$ 和磁场强度 $H$ 的方均根值。

**6-5**.(1)作为典型的原子内部电场强度,试计算氢原子核在玻尔轨道处产生电场强度的数量级。(玻尔半径 $a_{\mathrm{B}}=0.053\,\mathrm{nm}$)

(2)若要激光束中的电场强度达到此数量级,其能流密度应为多少?

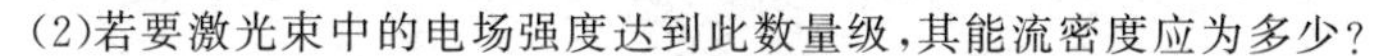

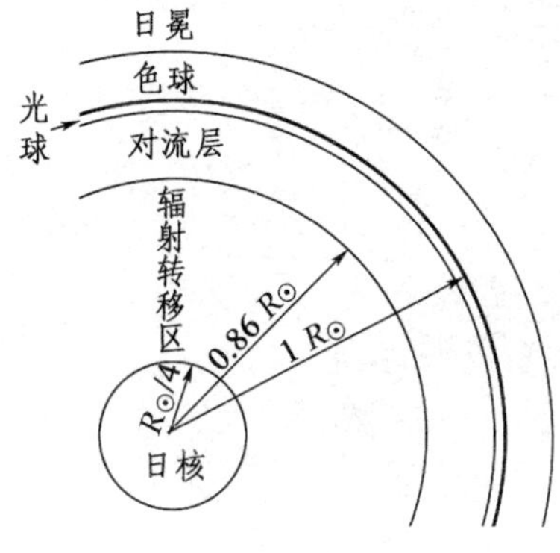

习题 6-6

**6-6**.本题图所示为太阳的结构模型,中心核约占 $0.25\,R_\odot$,是聚变反应区,密度为 $160\,\mathrm{g/cm^3}$(太阳平均密度的 114 倍),温度为 $1.5\times10^7\,\mathrm{K}$. 日核外面 $(0.25\sim0.86)R_\odot$ 是辐射转移区,能量靠辐射和扩散向外传输。再外面是对流层、光球、色球和日冕。各层的辐射光压可用斯特藩-玻耳兹曼定律算出:

$$p=\frac{1}{3}aT^4,$$

式中斯特藩-玻耳兹曼常量 $a=7.566\times10^{-16}\,\mathrm{J/(m^3\cdot K^4)}$.

(1)估算太阳中心的光压和电磁辐射中电场强度;

(2)在辐射转移区内取半径为 $0.4\,R_\odot$ 处的温度为 $4.8\times10^6\,\mathrm{K}$,求该处的光压和电磁辐射中电场强度;

(3)将以上两问的电场强度与原子内部电场强度作数量上的比较。

**6-7**.设 100 W 的电灯泡将所有能量以电磁波的形式沿各方向均匀地辐射出去,求:

(1)20 m 以外的地方电场强度和磁场强度的方均根值;

(2)在该处对理想反射面产生的光压。

**6-8**.设图 6-21b 或 c 中圆柱形导线长为 $l$,电阻为 $R$,载有电流 $I$. 求证:电磁场通过表面 $\Sigma$ 输入导线的功率 $\iint \boldsymbol{E}\times\boldsymbol{H}\cdot\mathrm{d}\boldsymbol{\Sigma}$ 等于焦耳热功率 $I^2R$.

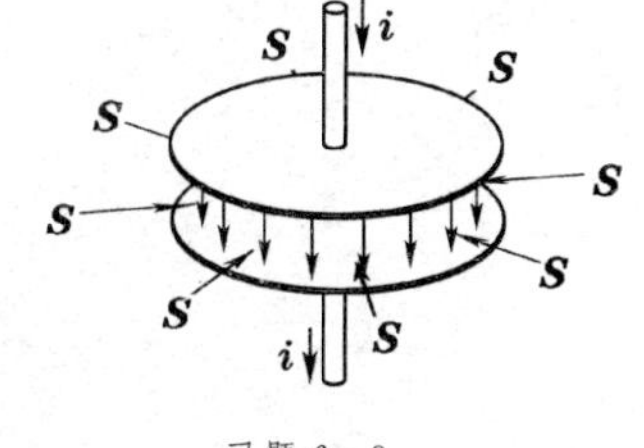

习题 6-9

**6-9**.本题图是一个正在充电的圆形平行板电容器,设边缘效应可以忽略,且电路是准恒的。求证:

(1)坡印亭矢量 $\boldsymbol{S}=\boldsymbol{E}\times\boldsymbol{H}$ 处处与两极板间圆柱形空间的侧面垂直;

(2)电磁场输入的功率 $\iint \boldsymbol{E}\times\boldsymbol{H}\cdot\mathrm{d}\boldsymbol{\Sigma}$ 等于电容器内静电能的增加率,即 $\dfrac{\mathrm{d}}{\mathrm{d}t}\left(\dfrac{q^2}{2C}\right)$,式中 $C$ 是电容,$q$ 是极板上的电量。

**6-10**.利用第一章习题 1-59 和第三章习题 3-31 的结果证明:在真空中沿平行双线传输线传播的电磁波速度为 $c$.

**6-11**.利用电报方程证明:长度为 $l$ 的平行双线(损耗可以忽略)两端开启时电压和电流分别形成如下形式的驻波:

$$\left.\begin{aligned}\widetilde{U}&=\widetilde{U}_0\cos\frac{p\pi x}{l}\exp(\mathrm{i}\omega_p t),\\ \widetilde{I}&=\widetilde{I}_0\sin\frac{p\pi x}{l}\exp(\mathrm{i}\omega_p t),\end{aligned}\right\}\quad(p=1,2,3,\cdots)$$

其中谐振角频率为 $\omega_p=\dfrac{p\pi}{l\sqrt{L^*C^*}}$. 指出电压、电流的波腹和波节的位置,以及波长的大小。

【提示:假设电报方程的解是入射波和反射波的叠加,利用两端的边界条件确定驻波的谐振频率。】

**6-12**.上题中若传输双线两端短路,情况若何?

**6-13**.上题中若传输双线一端开启、一端短路,情况若何?

**6-14**.推导高斯单位制中电能密度 $w_e$、磁能密度 $w_m$、坡印亭矢量 $\boldsymbol{S}$ 和电磁动量密度 $\boldsymbol{g}$ 的表达式。

**6-15**.推导高斯单位制中平行板电容器电容和螺线管自感的表达式。

**6-16**.实用中磁场强度的单位往往用 Oe,而电流的单位用 A,长度的单位用 cm(这是 MKSA 制和高斯制的混合)。试证明,在这种情况下螺线管磁场强度的公式为

$$H = 0.4\pi n I.$$

**6-17**.实用中磁通量的单位常常用 Mx,电动势的单位用 V. 试证明:在这种情况下法拉第电磁感应定律的表达式为

$$\mathscr{E} = -10^{-8}\frac{\mathrm{d}\Phi_B}{\mathrm{d}t}.$$

# 附录A　矢量的乘积和对称性

# 立体角　曲线坐标系

## 1. 矢量的标积

设 $\boldsymbol{A}$ 和 $\boldsymbol{B}$ 是两个任意矢量，它们的标积(常用 $\boldsymbol{A}\cdot\boldsymbol{B}$ 表示，故又称点乘)的解析定义为如下标量：

$$\boldsymbol{A}\cdot\boldsymbol{B}=A_xB_x+A_yB_y+A_zB_z. \tag{A.1}$$

由此定义不难看出，点乘是服从交换律和分配律的：

$$\boldsymbol{A}\cdot\boldsymbol{B}=\boldsymbol{B}\cdot\boldsymbol{A},\qquad \text{(交换律)} \tag{A.2}$$

$$\boldsymbol{A}\cdot(\boldsymbol{B}+\boldsymbol{C})=\boldsymbol{A}\cdot\boldsymbol{B}+\boldsymbol{A}\cdot\boldsymbol{C},\qquad \text{(分配律)} \tag{A.3}$$

下面看点乘的几何意义。把 $\boldsymbol{A}$、$\boldsymbol{B}$ 两矢量的起点 $O$ 叠在一起，二者决定一个平面，取此平面为直角坐标系的 $xy$ 面，从而 $A_z=B_z=0$. 令 $\boldsymbol{A}$、$\boldsymbol{B}$ 与 $Ox$ 轴的夹角分别为 $\alpha$、$\beta$(见图 A-1)，则 $A_x=A\cos\alpha$，$A_y=A\sin\alpha$，$B_x=B\cos\beta$，$B_y=B\sin\beta$，标积

$$\begin{aligned}\boldsymbol{A}\cdot\boldsymbol{B}&=A_xB_x+A_yB_y\\&=AB(\cos\alpha\cos\beta+\sin\alpha\sin\beta)\\&=AB\cos(\beta-\alpha),\end{aligned}$$

即

$$\boldsymbol{A}\cdot\boldsymbol{B}=AB\cos\theta, \tag{A.4}$$

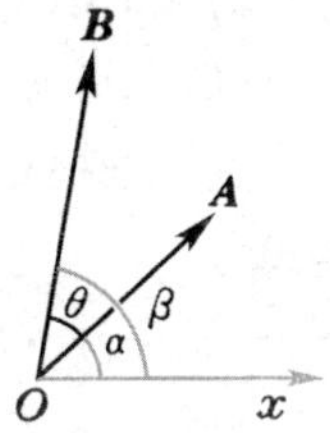

图 A-1 矢量的标积

式中 $\theta=\beta-\alpha$ 为两矢量之间的夹角。(A.4) 式可看作是标积的几何定义。从这个定义可立即看出：$\boldsymbol{A}$、$\boldsymbol{B}$ 平行时，$\theta=0$，标积 $\boldsymbol{A}\cdot\boldsymbol{B}=AB$；$\boldsymbol{A}$、$\boldsymbol{B}$ 反平行时，$\theta=\pi$，标积 $\boldsymbol{A}\cdot\boldsymbol{B}=-AB$；$\boldsymbol{A}$、$\boldsymbol{B}$ 垂直时，$\theta=\pi/2$，标积 $\boldsymbol{A}\cdot\boldsymbol{B}=0$. 一般说来，$\theta$ 为锐角时，标积取正值；$\theta$ 为钝角时，标积取负值。一个矢量 $\boldsymbol{A}$ 与自身的标积 $\boldsymbol{A}\cdot\boldsymbol{A}=A^2$.

## 2. 矢量的矢积

设 $\boldsymbol{A}$ 和 $\boldsymbol{B}$ 是两个任意矢量，它们的矢积(常用 $\boldsymbol{A}\times\boldsymbol{B}$ 表示，故又称叉乘)的解析定义为如下矢量：

$$\boldsymbol{A}\times\boldsymbol{B}=(A_yB_z-A_zB_y)\boldsymbol{i}+(A_zB_x-A_xB_z)\boldsymbol{j}+(A_xB_y-A_yB_x)\boldsymbol{k}$$

$$=\begin{vmatrix}\boldsymbol{i}&\boldsymbol{j}&\boldsymbol{k}\\A_x&A_y&A_z\\B_x&B_y&B_z\end{vmatrix}. \tag{A.5}$$

由此定义不难看出，点乘是服从反交换律和分配律的：

$$\boldsymbol{A}\times\boldsymbol{B}=-\boldsymbol{B}\times\boldsymbol{A},\qquad \text{(反交换律)} \tag{A.6}$$

$$\boldsymbol{A}\times(\boldsymbol{B}+\boldsymbol{C})=\boldsymbol{A}\times\boldsymbol{B}+\boldsymbol{A}\times\boldsymbol{C},\qquad \text{(分配律)} \tag{A.7}$$

下面看叉乘的几何意义。同前，把 $\boldsymbol{A}$、$\boldsymbol{B}$ 两矢量的起点 $O$ 叠在一起，二者决定一个平面，取此平面为直角坐标系的 $xy$ 面，从而 $A_z=B_z=0$。令 $\boldsymbol{A}$、$\boldsymbol{B}$ 与 $Ox$ 轴的夹角分别为 $\alpha$、$\beta$，则 $A_x=A\cos\alpha$，$A_y=A\sin\alpha$，$B_x=B\cos\beta$，$B_y=B\sin\beta$，矢积

$$\boldsymbol{A}\times\boldsymbol{B}=(A_xB_y-A_yB_x)\boldsymbol{k}=AB(\cos\alpha\sin\beta-\sin\alpha\cos\beta)\boldsymbol{k}=AB\sin(\beta-\alpha)\boldsymbol{k},$$

即矢积

$$\boldsymbol{C}=\boldsymbol{A}\times\boldsymbol{B}=AB\sin\theta\,\boldsymbol{k}, \tag{A.8}$$

式中 $\theta=\beta-\alpha$ 为两矢量之间的夹角。当 $\beta>\alpha$ 时，$\theta>0$，$\boldsymbol{C}$ 沿 $\boldsymbol{k}$ 的正方向；当 $\beta<\alpha$ 时，$\theta<0$，$\boldsymbol{C}$ 沿 $\boldsymbol{k}$ 的负方向。由于我们采用的是右手坐标系，$\boldsymbol{C}$ 的指向可用如图A-2a所示的右手定则来判断：

设想矢量 $\boldsymbol{A}$ 沿小于 $180^\circ$ 的角度转向矢量 $\boldsymbol{B}$. 将右手的四指弯曲,代表上述旋转方向,则伸直的姆指指向它们的矢积 $\boldsymbol{C}$.

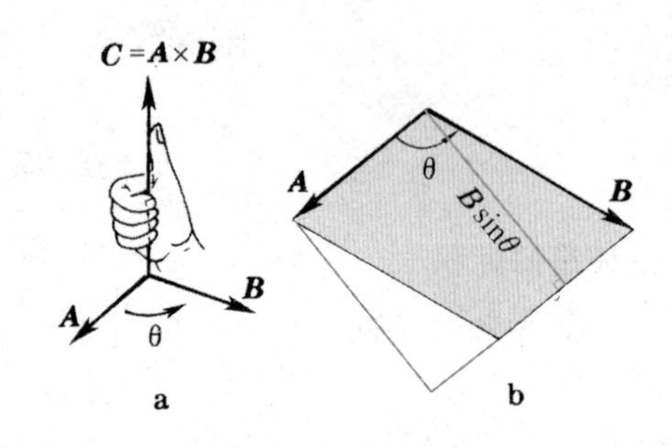


图 A-2 矢量的矢积

(A.8) 式可看作是矢积的几何意义：矢量 $\boldsymbol{A}$、$\boldsymbol{B}$ 的矢积 $\boldsymbol{C}=\boldsymbol{A}\times\boldsymbol{B}$ 的数值 $C=AB\sin\theta$，正好是由 $\boldsymbol{A}$、$\boldsymbol{B}$ 为边组成的平行四边形的面积(见图 A-2b)；$\boldsymbol{C}$ 的方向与 $\boldsymbol{A}$ 和 $\boldsymbol{B}$ 组成的平面垂直,其指向由上述右手定则来规定。从这个定义可立即看出：$\boldsymbol{A}$、$\boldsymbol{B}$ 平行或反平行时，$\theta=0$ 或 $\pi$，矢积 $\boldsymbol{C}=\boldsymbol{A}\times\boldsymbol{B}=0$；$\boldsymbol{A}$、$\boldsymbol{B}$ 垂直时，$\theta=\pi/2$，矢积的数值 $C=|\boldsymbol{A}\times\boldsymbol{B}|=AB$ 最大。一个矢量 $\boldsymbol{A}$ 与自身的矢积 $\boldsymbol{A}\times\boldsymbol{A}=0$.

**3.矢量的三重积**

物理学中经常遇到矢量的三重积。最常见的三重积有以下两个。

(1) 三重标积 $\boldsymbol{A}\cdot(\boldsymbol{B}\times\boldsymbol{C})$

这三重积是个标量。不难验证,此三重积的解析表达式为

$$\boldsymbol{A}\cdot(\boldsymbol{B}\times\boldsymbol{C})=\begin{vmatrix} A_x & A_y & A_z \\ B_x & B_y & B_z \\ C_x & C_y & C_z \end{vmatrix}. \tag{A.9}$$

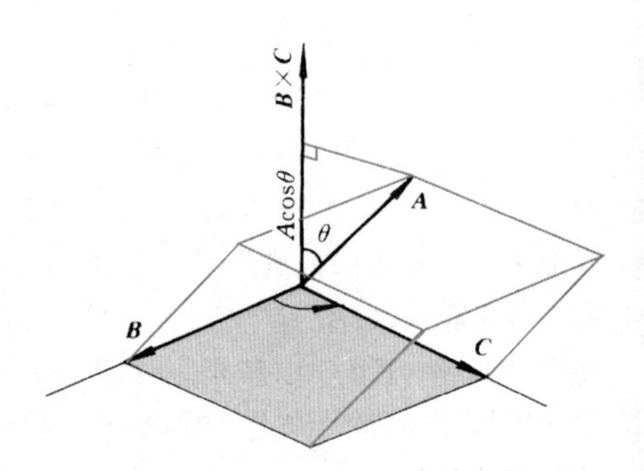


图 A-3 矢量的三重标积

从几何上看,因 $|\boldsymbol{B}\times\boldsymbol{C}|$ 是以 $\boldsymbol{B}$ 和 $\boldsymbol{C}$ 为边组成平行四边形的面积，矢积 $\boldsymbol{B}\times\boldsymbol{C}$ 的方向沿其法线,故而再与 $\boldsymbol{A}$ 点乘,相当于再乘上 $\boldsymbol{A}$ 在法线上的投影。亦即,这三重积的绝对值等于以 $\boldsymbol{A}$、$\boldsymbol{B}$、$\boldsymbol{C}$ 三矢量为棱组成的平行六面体的体积(见图 A-3),其正负号与三矢量的循环次序有关。由于计算平行六面体的体积与取哪一面为底无关,点乘又是可交换的,所以 $\boldsymbol{A}$、$\boldsymbol{B}$、$\boldsymbol{C}$ 三矢量的轮换,以及 $\cdot$ 和 $\times$ 的位置对调,都不影响此三重积的计算结果。唯一要注意的是三矢量的循环次序不能变,否则差一个负号。概括起来写成公式,我们有

$$\begin{aligned}
&\boldsymbol{A}\cdot(\boldsymbol{B}\times\boldsymbol{C})=\boldsymbol{B}\cdot(\boldsymbol{C}\times\boldsymbol{A})=\boldsymbol{C}\cdot(\boldsymbol{A}\times\boldsymbol{B})\\
&=(\boldsymbol{A}\times\boldsymbol{B})\cdot\boldsymbol{C}=(\boldsymbol{B}\times\boldsymbol{C})\cdot\boldsymbol{A}=(\boldsymbol{C}\times\boldsymbol{A})\cdot\boldsymbol{B}\\
&=-\boldsymbol{A}\cdot(\boldsymbol{C}\times\boldsymbol{B})=-\boldsymbol{C}\cdot(\boldsymbol{B}\times\boldsymbol{A})=-\boldsymbol{B}\cdot(\boldsymbol{A}\times\boldsymbol{C})\\
&=-(\boldsymbol{A}\times\boldsymbol{C})\cdot\boldsymbol{B}=-(\boldsymbol{C}\times\boldsymbol{B})\cdot\boldsymbol{A}=-(\boldsymbol{B}\times\boldsymbol{A})\cdot\boldsymbol{C}.
\end{aligned} \tag{A.10}$$

从解析表达式(A.9) 来看(A.10) 式的成立就更显然了。

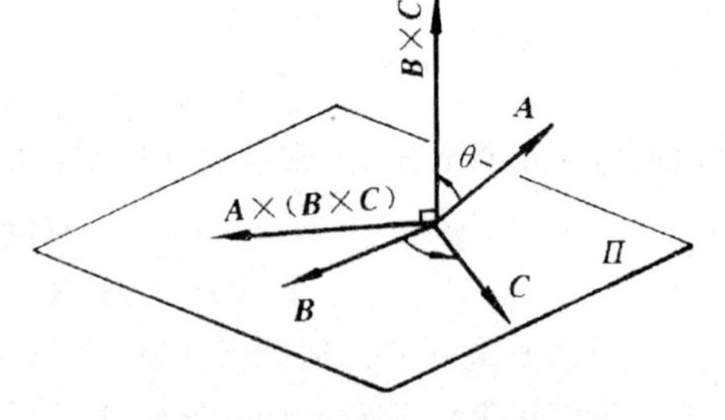


图 A-4 矢量的三重矢积

最后提请注意：在 $\boldsymbol{A}$、$\boldsymbol{B}$、$\boldsymbol{C}$ 三个矢量中有任意两个平行或反平行时,三重标积为 0.

(2) 三重矢积 $\boldsymbol{A}\times(\boldsymbol{B}\times\boldsymbol{C})$

这三重积是个矢量。矢积 $\boldsymbol{B}\times\boldsymbol{C}$ 与 $\boldsymbol{B}$、$\boldsymbol{C}$ 组成的平面 $\Pi$ 垂直,而 $\boldsymbol{A}$ 与它的矢积又回到 $\Pi$ 平面内。故矢量 $\boldsymbol{A}\times(\boldsymbol{B}\times\boldsymbol{C})$ 与 $\boldsymbol{B}$、$\boldsymbol{C}$ 共面(见图 A-4)。从而前者是后面二者的线性组合：$\boldsymbol{A}\times(\boldsymbol{B}\times\boldsymbol{C})=\alpha_1\boldsymbol{B}+\alpha_2\boldsymbol{C}$. 用矢量的解析表达式可以直接验证，$\alpha_1=\boldsymbol{A}\cdot\boldsymbol{C}$，$\alpha_2=-\boldsymbol{A}\cdot\boldsymbol{B}$，亦即存在列恒等式：

$$\boldsymbol{A}\times(\boldsymbol{B}\times\boldsymbol{C})=(\boldsymbol{A}\cdot\boldsymbol{C})\boldsymbol{B}-(\boldsymbol{A}\cdot\boldsymbol{B})\boldsymbol{C}. \tag{A.11}$$

这是有关这三重积最重要的恒等式。

**4. 矢量的镜像反射对称性 极矢量和轴矢量**

对称性原理是普遍的原理，它统帅着自然界各个领域，在当代物理学中有着广泛应用。有关对称性和对称性原理，请参阅《新概念物理教程·力学》(第三版)第三章 §5。简言之，一个系统在任何操作或变换下的不变性，都是"对称性"，例如绕固定轴旋转的不变性是轴对称性，绕固定点旋转的不变性是球对称性，沿特定方向平移的不变性是平移对称性，等等。在对称的条件下必然有对称的结果，例如点电荷具有球对称性，故电场的分布必然是球对称的，这便是"对称性原理"。在普通物理的各门课中电磁学里对称性原理的应用特别突出。

除旋转、平移等操作外，还有一种几何变换具有特殊的重要作用，即"空间反射"操作，在空间反射变换下的不变性叫做镜像对称性。

如图A-5所示，在镜面$\Pi$前取一右手坐标系$Oxyz$，它在镜面后成的像为左手坐标系$O'x'y'z'$. 如果$x$轴和$y$轴与$\Pi$平行，$z$轴与之垂直，则$x'$轴、$y'$轴分别与$x$轴、$y$轴平行，$z'$轴与$z$轴反平行。这便是镜像反射操作或镜像反射变换。

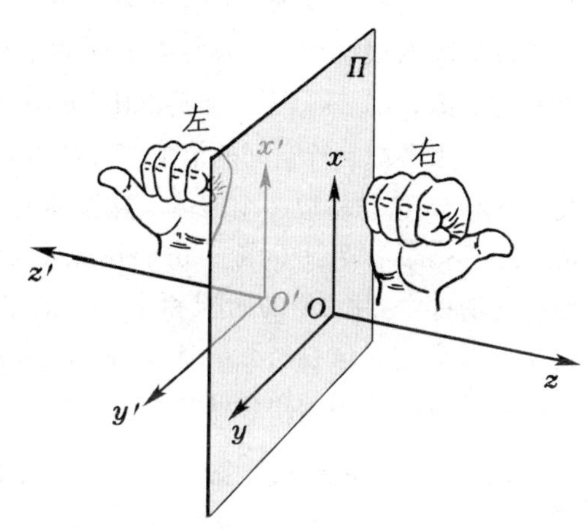

图A-5 坐标系与极矢量的镜像变换

物理学中有各种矢量，它们在镜像反射操作下怎样变换？对于位矢$\boldsymbol{r}$来说，这是清楚的：与镜面$\Pi$垂直的分量反向，平行分量不变。在电磁学中与$r$具有相同变换规律的有电场强度$\boldsymbol{E}$、电偶极矩$\boldsymbol{p}$等。但磁感应强度$\boldsymbol{B}$、磁矩$\boldsymbol{m}$等矢量在空间反射操作下服从不同的变换规律。在空间反射操作下，小线圈里的电流的变换如图A-6所示，从而按照右手定则磁感应强度$\boldsymbol{B}$、磁矩$\boldsymbol{m}$等矢量与镜面垂直的分量不变，平行的分量却反向。通常把在空间反射变换下服从前一类变换规律的矢量叫做极矢量，后一类的叫做轴矢量。

应指出，两个极矢量叉乘，得到的是轴矢量。譬如矢量$\boldsymbol{a}(a_x, a_y, a_z)$和$\boldsymbol{b}(b_x, b_y, b_z)$都是极矢量，$\boldsymbol{c}(c_x, c_y, c_z)=\boldsymbol{a}\times\boldsymbol{b}$是它们的叉乘：

$$\begin{cases} c_x=a_y b_z-a_z b_y, \\ c_y=a_z b_x-a_x b_z, \\ c_z=a_x b_y-a_y b_x. \end{cases}$$

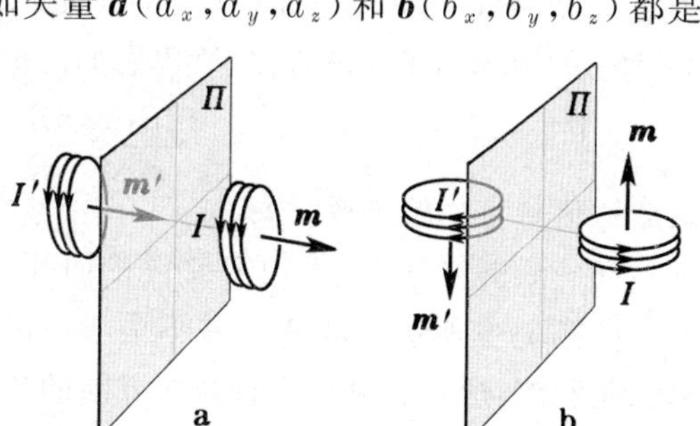

图A-6 轴矢量的镜像变换

取$z$轴沿镜面的法向。在镜像变换下

$$\begin{cases} \overline{a}_x=a_x, \quad \overline{a}_y=a_y, \quad \overline{a}_z=-a_z; \\ \overline{b}_x=b_x, \quad \overline{b}_y=b_y, \quad \overline{b}_z=-b_z. \end{cases}$$

而
$$\begin{cases} \overline{c}_x=\overline{a}_y\overline{b}_z-\overline{a}_z\overline{b}_y=-a_y b_z+a_z b_y=-c_x, \\ \overline{c}_y=\overline{a}_z\overline{b}_x-\overline{a}_x\overline{b}_z=-a_z b_x+a_x b_z=-c_y, \\ \overline{c}_z=\overline{a}_x\overline{b}_y-\overline{a}_y\overline{b}_x=a_x b_y-a_y b_x=c_z. \end{cases}$$

即$\boldsymbol{c}(c_x, c_y, c_z)$是个轴矢量。

实际上许多轴矢量都能写成两个极矢量叉乘的形式。例如毕奥-萨伐尔公式(2.2)中

$$\boldsymbol{B}=\frac{\mu_0}{4\pi}\oint_{(L_1)}\frac{I_1\mathrm{d}\boldsymbol{l}_1\times\hat{\boldsymbol{r}}_{12}}{r_{12}^2}$$

$\mathrm{d}\boldsymbol{l}_1$ 和 $\hat{\boldsymbol{r}}_{12}$ 是极矢量，而由它们叉乘构成的 $\boldsymbol{B}$ 是轴矢量。

**5. 立体角**

我们知道，平面角 $\varphi$ 的大小可以用“弧度”来量度。其办法如图 A－7a 所示，以 $\varphi$ 角的顶点 $O$ 为中心，任意长度 $r$ 为半径作圆，则 $\varphi$ 角所对的弧长 $\widehat{s_1}$ 与半径 $r$ 之比即为 $\varphi$ 角的弧度(rad)：

$$\varphi=\frac{\widehat{s}}{r}\,\mathrm{rad}.$$

a 弧度　　b $\widehat{s}$ 正比于 $r$

图 A－7 平面角

因为整个圆周的长度为 $2\pi r$，故圆周角是 $2\pi$ rad。半径 $r$ 可以任意选取的根据如下：因为以不同的半径 $r_1$、$r_2$ 作圆时，$\varphi$ 角所对的弧长 $\widehat{s_1}$、$\widehat{s_2}$ 与半径成正比(见图 A－7b)，它们的比值与 $r$ 的选择无关。

现在来考虑三维空间的情形。如图 A－8a 所示，在球面上取一面元 $\mathrm{d}S$，由它的边缘上各点引直线到球心 $O$，这样构成一个锥体。这锥体的“顶角”是立体的，称为立体角。仿照用弧度量度平面角的办法，用 $\mathrm{d}S$ 的面积和半径 $r$ 的平方之比来量度它在球心所张立体角 $\mathrm{d}\Omega$ 的大小，这种量度方法所用的单位叫球面度(sr)：

$$\mathrm{d}\Omega=\frac{\mathrm{d}S}{r^2}\,\mathrm{sr}.\qquad(\mathrm{A}.12)$$

因为整个球面的面积是 $4\pi r^2$，所以它所张的立体角是 $4\pi$ sr.

a 球面度　　b $\mathrm{d}S$ 正比于 $r^2$

图 A－8 立体角

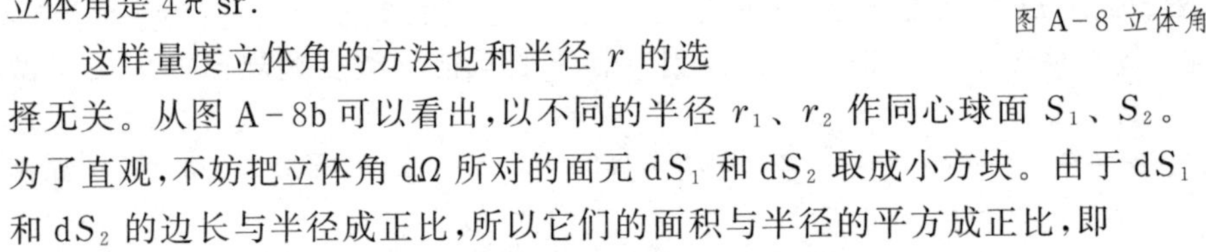

这样量度立体角的方法也和半径 $r$ 的选择无关。从图 A－8b 可以看出，以不同的半径 $r_1$、$r_2$ 作同心球面 $S_1$、$S_2$。为了直观，不妨把立体角 $\mathrm{d}\Omega$ 所对的面元 $\mathrm{d}S_1$ 和 $\mathrm{d}S_2$ 取成小方块。由于 $\mathrm{d}S_1$ 和 $\mathrm{d}S_2$ 的边长与半径成正比，所以它们的面积与半径的平方成正比，即

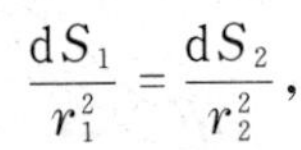

$$\frac{\mathrm{d}S_1}{r_1^2}=\frac{\mathrm{d}S_2}{r_2^2},$$

这个比值与半径的选择无关。

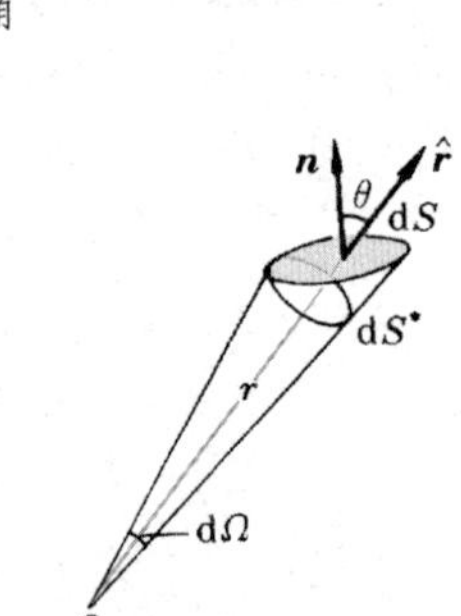


图 A－9 立体角的矢量表示

在一般的情形里，人们需要讨论面元 $\mathrm{d}S$ 对任意顶点 $O$ 所张的立体角 $\mathrm{d}\Omega$，如图 A－9 所示。这时 $O$ 并不是球心，$\mathrm{d}S$ 到 $O$ 的联线并不与它垂直。如果它是斜的，应计算它在垂直径矢方向的投影面积 $\mathrm{d}S^*=\mathrm{d}S\cos\theta$，这里 $\theta$ 是 $\mathrm{d}S$ 的法线与径矢之间的夹角。为了把上述关系表达得更简洁，我们可以引进面元矢量 $\mathrm{d}\boldsymbol{S}$ 的概念：在面元 $\mathrm{d}S$ 的法线方向取一单位矢量 $\boldsymbol{n}$，面元矢量定义为 $\mathrm{d}\boldsymbol{S}\equiv\mathrm{d}S\boldsymbol{n}$，即 $\mathrm{d}\boldsymbol{S}$ 的大小等于 $\mathrm{d}S$，方向沿法向 $\boldsymbol{n}$. 这样一来，立体角的公式(A.12) 推广为

$$\mathrm{d}\Omega=\frac{\hat{\boldsymbol{r}}\cdot\mathrm{d}\boldsymbol{S}}{r^2},\qquad(\mathrm{A}.13)$$

式中 $\hat{\boldsymbol{r}}$ 为单位径矢。

### 6. 一般正交曲线坐标系的概念

除直角坐标系外，在物理学中还常常根据被研究物体的几何形状，采用其他的坐标系，其中用到最多的是柱坐标系和球坐标系。

任何描述三维空间的坐标系都要有三个独立的坐标变量 $u_1$、$u_2$、$u_3$，例如在直角坐标系中 $u_1=x$，$u_2=y$，$u_3=z$. 方程式

$$\begin{cases} u_1 = 常量, \\ u_2 = 常量, \\ u_3 = 常量, \end{cases} \tag{A.14}$$

代表三组曲面（或平面），称为坐标面。例如在直角坐标系中的坐标面就是分别与 $x$、$y$、$z$ 轴垂直的三组平行平面（见图 A－10），一般坐标面是曲面。

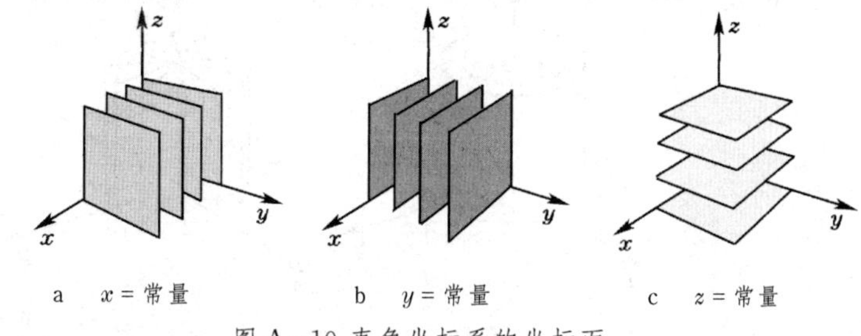

a　$x$ = 常量　　b　$y$ = 常量　　c　$z$ = 常量

图 A－10 直角坐标系的坐标面

若三组坐标面在空间每一点正交，则坐标面的交线（一般是曲线）也在空间每点正交（图 A－11），这种坐标系叫做正交曲线坐标系。在空间每点 $P$ 可沿坐标面的三条交线方向各取一个单位矢量（矢量指向 $u_1$、$u_2$、$u_3$ 增加的方向，顺序 $1\to2\to3$ 满足右旋法则），这三个矢量 $\boldsymbol{e}_1$、$\boldsymbol{e}_2$、$\boldsymbol{e}_3$ 叫做坐标系的单位基矢。在直角坐标系中的单位基矢通常写作 $\boldsymbol{e}_1=\boldsymbol{i}$、$\boldsymbol{e}_2=\boldsymbol{j}$、$\boldsymbol{e}_3=\boldsymbol{k}$，它们的方向是不变的。但在一般正交曲线坐标系中 $\boldsymbol{e}_1$、$\boldsymbol{e}_2$、$\boldsymbol{e}_3$ 的方向可能逐点变化，它们只构成局部的正交右旋系。

沿三个基矢的线段元 $\mathrm{d}l_1$、$\mathrm{d}l_2$、$\mathrm{d}l_3$ 分别与三坐标变量的微分 $\mathrm{d}u_1$、$\mathrm{d}u_2$、$\mathrm{d}u_3$ 成正比：

$$\begin{cases} \mathrm{d}l_1 = h_1\,\mathrm{d}u_1, \\ \mathrm{d}l_2 = h_2\,\mathrm{d}u_2, \\ \mathrm{d}l_3 = h_3\,\mathrm{d}u_3. \end{cases} \tag{A.15}$$

图 A－11 单位基矢

例如在直角坐标系中 $h_1=h_2=h_3=1$，$\mathrm{d}l_1=\mathrm{d}x$，$\mathrm{d}l_2=\mathrm{d}y$，$\mathrm{d}l_3=\mathrm{d}z$，但在一般坐标系中 $h_1$、$h_2$、$h_3$ 不仅不一定等于 1，而且还可能是坐标变量 $u_1$、$u_2$、$u_3$ 的函数（参见下文）。

### 7. 柱坐标系

柱坐标系相当于把直角坐标系中的 $x$、$y$ 换为二维极坐标 $\rho$、$\varphi$，同时保留 $z$ 轴（见图 A－12）。柱坐标变量 $u_1=\rho$、$u_2=\varphi$、$u_3=z$ 与直角坐标变量 $x$、$y$、$z$ 的变换关系如下：

$$\begin{cases} x = \rho\cos\varphi, \\ y = \rho\sin\varphi, \\ z = z. \end{cases} \quad \begin{cases} \rho = \sqrt{x^2+y^2}, \\ \varphi = \arctan\dfrac{y}{x}, \\ z = z. \end{cases} \tag{A.16}$$

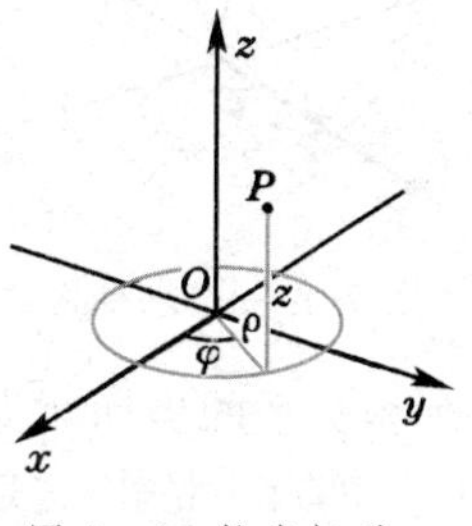

图 A－12 柱坐标系

柱坐标系三个变量的取值范围是

$$0\leqslant\rho<+\infty,\quad 0\leqslant\varphi<2\pi,\quad -\infty<z<+\infty. \tag{A.17}$$

柱坐标系的坐标面为

(i) $\rho$ = 常量，这是以 $z$ 轴为轴线的圆柱面（图 A－13a），

(ii) $\varphi$ = 常量，这是通过 $z$ 轴的半平面（图 A－13b），

(iii) $z$ = 常量，这是与 $z$ 轴垂直的平面（图 A－13c）。

三组坐标面彼此正交,从而三个基矢 $\boldsymbol{e}_1=\boldsymbol{e}_\rho$, $\boldsymbol{e}_2=\boldsymbol{e}_\varphi$, $\boldsymbol{e}_3=\boldsymbol{e}_z$ 彼此正交。一个矢量在柱坐标系中的表示式是

$$\boldsymbol{A}=A_\rho\,\boldsymbol{e}_\rho+A_\varphi\,\boldsymbol{e}_\varphi+A_z\,\boldsymbol{e}_z, \tag{A.18}$$

式中 $A_\rho$、$A_\varphi$、$A_z$ 分别称为 $A$ 的 $\rho$ 分量、$\varphi$ 分量和 $z$ 分量。

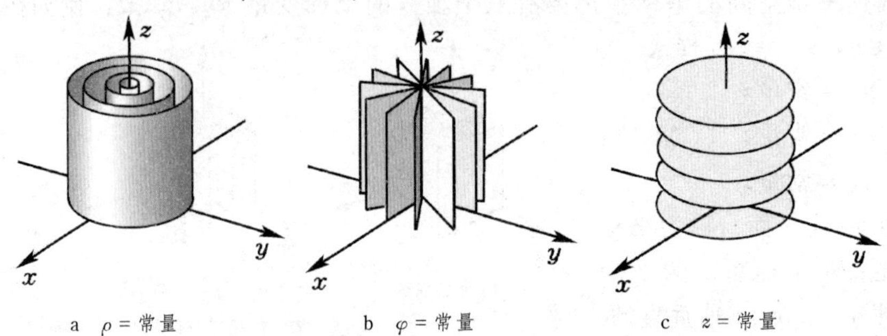


a $\rho$ = 常量  b $\varphi$ = 常量  c $z$ = 常量

图 A-13 柱坐标系的坐标面

在柱坐标系中沿基矢方向的三个线段元为

$$\mathrm{d}l_\rho=\mathrm{d}\rho,\quad \mathrm{d}l_\varphi=\rho\,\mathrm{d}\varphi,\quad \mathrm{d}l_z=\mathrm{d}z; \tag{A.19}$$

即

$$h_\rho=1,\quad h_\varphi=\rho,\quad h_z=z. \tag{A.20}$$

由 $\rho$、$\varphi$、$\varphi+\mathrm{d}\varphi$、$z$、$z+\mathrm{d}z$ 六个坐标面围成的曲边六面体上柱面元的面积是(见图 A-14 中有阴影的面元)

$$\mathrm{d}S=\mathrm{d}l_\varphi\mathrm{d}l_z=\rho\,\mathrm{d}\varphi\,\mathrm{d}z, \tag{A.21}$$

这体积元的体积为

$$\mathrm{d}V=\mathrm{d}l_\rho\mathrm{d}l_\varphi\mathrm{d}l_z=\rho\,\mathrm{d}\rho\,\mathrm{d}\varphi\,\mathrm{d}z. \tag{A.22}$$

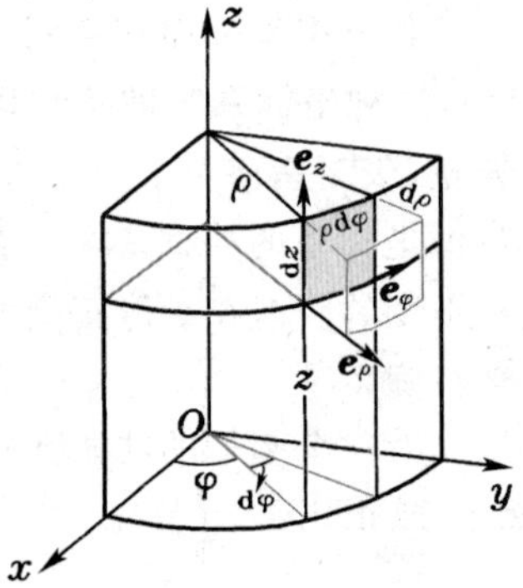

图 A-14 柱坐标系的面元与体积元

## 8. 球坐标系

球坐标系的三个坐标变量是径矢的长度 $r$、径矢与 $z$ 轴的夹角 $\theta$ 和径矢在 $xy$ 面上的投影与 $x$ 轴的夹角 $\varphi$(见图 A-15)。球坐标变量 $u_1=r$、$u_2=\theta$、$u_3=\varphi$ 与直角坐标变量 $x$、$y$、$z$ 的变换关系如下:

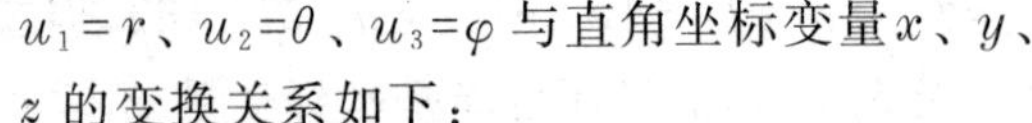

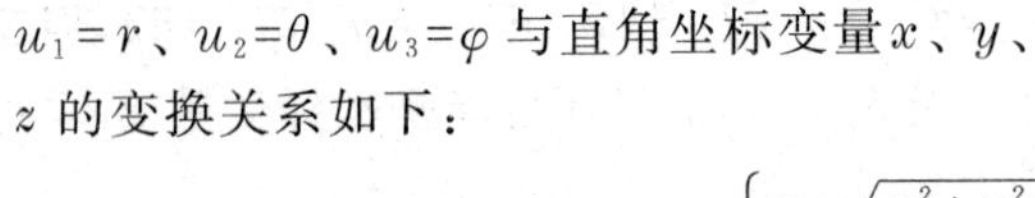

$$\begin{cases}x=r\sin\theta\cos\varphi,\\ y=r\sin\theta\sin\varphi,\\ z=r\cos\theta.\end{cases}\qquad \begin{cases}r=\sqrt{x^2+y^2+z^2},\\ \theta=\arccos\dfrac{z}{\sqrt{x^2+y^2+z^2}},\\ \varphi=\arctan\dfrac{y}{x}.\end{cases} \tag{A.23}$$

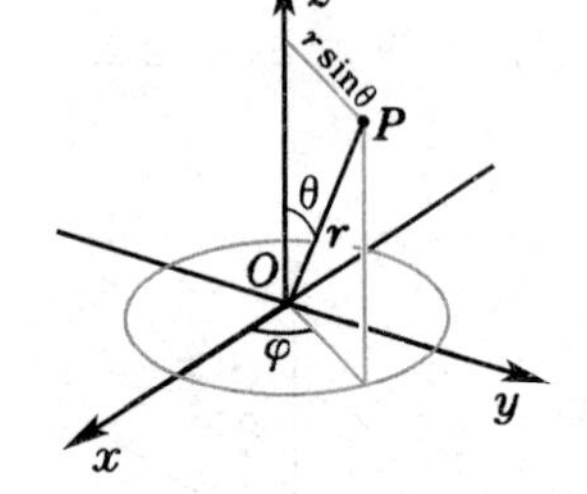


图 A-15 球坐标系

球坐标系三个变量的取值范围是

$$0\leqslant r<+\infty,\quad 0\leqslant\theta\leqslant\pi,\quad 0\leqslant\varphi<2\pi. \tag{A.24}$$

球坐标系的坐标面为

(i) $r$=常量,这是以原点为中心的球面(图 A-16a),;

(ii) $\theta$=常量,这是以原点为中心的圆锥面(图 A-16b);

(iii) $\varphi$=常量,这是通过 $z$ 轴的半平面(图 A-16c)。

三组坐标面彼此正交,从而三个基矢 $\boldsymbol{e}_1=\boldsymbol{e}_r$、$\boldsymbol{e}_2=\boldsymbol{e}_\theta$、$\boldsymbol{e}_3=\boldsymbol{e}_\varphi$ 彼此正交。一个矢量在球坐标系中的表示式是

$$\boldsymbol{A}=A_r\,\boldsymbol{e}_r+A_\theta\,\boldsymbol{e}_\theta+A_\varphi\,\boldsymbol{e}_\varphi, \tag{A.25}$$

$A_r$、$A_\theta$、$A_\varphi$ 分别称为 $A$ 的 $r$ 分量、$\theta$ 分量和 $\varphi$ 分量。

在球坐标系中沿基矢方向的三个线段元为

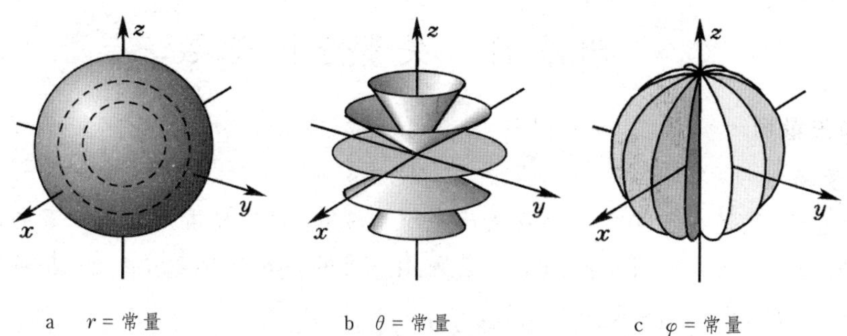


a　$r=$常量　　b　$\theta=$常量　　c　$\varphi=$常量

图 A-16 球坐标系的坐标面

$$dl_r=dr,\quad dl_\theta=r d\theta,\quad dl_\varphi=r\sin\theta d\varphi;\tag{A.26}$$

即

$$h_r=1,\quad h_\theta=r,\quad h_\varphi=r\sin\theta.\tag{A.27}$$

$r$、$r+dr$、$\theta$、$\theta+d\theta$、$\varphi$、$\varphi+d\varphi$ 六个坐标面围成的曲边六面体上柱面元的面积是(见图 A-17 中有阴影的面元)

$$dS=dl_\theta dl_\varphi=r^2\sin\theta\, d\theta\, d\varphi\tag{A.28}$$

这体积元的体积为

$$dV=dl_r dl_\theta dl_\varphi=r^2\sin\theta\, dr\, d\theta\, d\varphi.\tag{A.29}$$

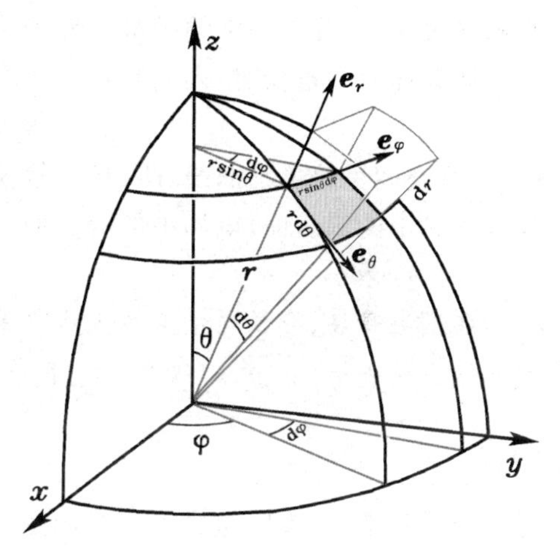


图 A-17 球坐标系的面元与体积元

**例题 1**　求整个球面对中心所张的立体角。

**解**：立体角 $\Omega=\oint\!\!\oint_{(球面)}\frac{dS}{r^2}=\int_0^\pi\sin\theta\,d\theta\int_0^{2\pi}d\varphi=4\pi.$ ▌

**例题 2**　求半径为 $R$ 的球体的体积。

**解**：体积 $V=\iiint_{(球体)}dV=\int_0^R r^2 dr\int_0^\pi\sin\theta\,d\theta\int_0^{2\pi}d\varphi=\frac{4\pi R^3}{3}.$ ▌

# 附录B　矢量分析提要

## 1. 标量场和矢量场

(1) 标量场

所谓标量场,就是在空间各点存在着的一个标量$\Phi$,它的数值是空间位置的函数。在一般的情况下,标量场是分布在三维空间里的。若采用三维的直角坐标$(x,y,z)$来描写空间各点的位置,则$\Phi$是$x$、$y$、$z$的三元函数,即

$$\Phi=\Phi(x,y,z), \tag{B.1}$$

如果标量$\Phi$指的是气压$P$,这个标量场就叫做气压场;如果标量$\Phi$指的是温度$T$,这个标量场就叫做温度场,等等。在电学中最重要的标量场例子是电势。

研究任何标量场时,人们常常引入"等值面"的概念。所谓等值面,就是下列方程式的轨迹:

$$\Phi(x,y,z)=\text{常量}。 \tag{B.2}$$

(在二维空间里轨迹是曲线,所以叫"等值线"。在三维空间里轨迹形成曲面,所以叫"等值面"。)如气压场中的等压面,电场中的等势面,都是等值面。

(2) 矢量场

所谓矢量场,就是在空间各点存在着的一个矢量,它的大小和方向是空间位置的函数。譬如我们用直角坐标$(x,y,z)$来描写空间各点的位置,则矢量$\boldsymbol{A}$是$x$、$y$、$z$的三元函数,即

$$\boldsymbol{A}=\boldsymbol{A}(x,y,z). \tag{B.3}$$

矢量$\boldsymbol{A}$还可以分解成三个分量$A_x$、$A_y$、$A_z$,每个分量都是$x$、$y$、$z$的函数,所以若将(B.3)式写成分量形式的话,它实际包含了三个函数式:

$$\begin{cases} A_x=A_x(x,y,z), \\ A_y=A_y(x,y,z), \\ A_z=A_z(x,y,z). \end{cases} \tag{B.4}$$

如果矢量$\boldsymbol{A}$指的是流体的流速$\boldsymbol{v}$,这矢量场就叫做流速场;如果矢量$\boldsymbol{A}$指的是电场强度$\boldsymbol{E}$,这矢量场就叫做电场,[❶]等等。

研究任何矢量场时,人们常引入"场线"和"场管"的概念。所谓场线,就是这样一些有方向的曲线,其上每一点的切线方向都和该点的场矢量$\boldsymbol{A}$的方向一致。由一束场线围成的管状区域,叫做场管。如流速场中的流线,电场中的电场线都是场线,流速场中的流管,电场中的电场管都是场管,等等。

## 2. 标量场的梯度

(1) 定义

平常所谓"梯度"是指一个空间位置函数的变化率,在数学上就是它的微商。对于多元函数,它对每个空间坐标变量都有一个偏微商,如$\dfrac{\partial\Phi}{\partial x}$、$\dfrac{\partial\Phi}{\partial y}$、$\dfrac{\partial\Phi}{\partial z}$等。这些偏微商表示标量场$\Phi(x,y,z)$沿三个坐标方向的变化率。如果要问$\Phi(x,y,z)$沿任意方向$\Delta\boldsymbol{l}$的变化率是多少呢?如图B-1所示,

---

❶　这里所说的"电场"和其他矢量场(如流速场)一样,是个偏重数学的概念。物理中所说的"电场"还具有不同的含义,它常常指的是一种物理实在,是物质存在的一种形式。

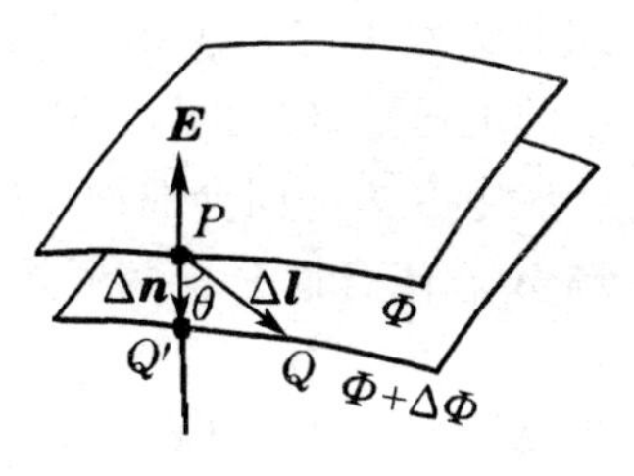

图 B-1 标量场的梯度

$P$ 是标量场中的某个点，设此点标量场的数值是 $\Phi(P)$，由 $P$ 点引一个位移矢量 $\Delta\boldsymbol{l}$，到达附近的另一点 $Q$，设 $Q$ 点标量场的数值为 $\Phi(Q)=\Phi(P)+\Delta\Phi$，令 $Q$ 点向 $P$ 点趋近，$\Delta\boldsymbol{l}\to 0$，则标量场沿 $\Delta\boldsymbol{l}$ 方向的变化率为

$$\frac{\partial\Phi}{\partial l}=\lim_{\Delta l\to 0}\frac{\Delta\Phi}{\Delta l},\tag{B.5}$$

$\dfrac{\partial\Phi}{\partial l}$ 叫做标量场 $\Phi$ 在 $P$ 点沿 $\Delta\boldsymbol{l}$ 方向的方向微商。

显然，在同一地点 $P$，$\Phi$ 沿不同方向的方向微商一般说来是不同的。那么沿哪个方向的方向微商最大呢？如图 B-1 所示，作通过 $P$、$Q$ 两点 $\Phi$ 的等值面，在两等值面上标量场的数值分别是 $\Phi(P)$ 和 $\Phi(P)+\Delta\Phi$. 在局部范围看来，两等值面近似平行。通过 $P$ 点引等值面的法线与另一等值面交于 $Q'$ 点。法线方向的位移矢量 $\Delta\boldsymbol{n}=\overrightarrow{PQ'}$ 是两等值面间最短的位移矢量，其他方向的位移矢量都比 $\Delta\boldsymbol{n}$ 长。例如对于上述位移矢量 $\Delta\boldsymbol{l}$，设它与 $\Delta\boldsymbol{n}$ 的夹角为 $\theta$，则由图 B-1 不难看出，

$$\Delta n=\Delta l\cos\theta\leqslant\Delta l,\quad 或\quad \Delta l=\frac{\Delta n}{\cos\theta}\geqslant\Delta n.$$

沿 $\Delta\boldsymbol{n}$ 方向的方向微商为

$$\frac{\partial\Phi}{\partial n}=\lim_{\Delta n\to 0}\frac{\Delta\Phi}{\Delta n}=\lim_{\Delta l\to 0}\frac{\Delta\Phi}{\Delta l}\,\frac{1}{\cos\theta}=\frac{\partial\Phi}{\partial l}\,\frac{1}{\cos\theta}\geqslant\frac{\partial\Phi}{\partial l}.\tag{B.6}$$

由此可见，沿 $\Delta\boldsymbol{n}$ 方向的方向微商比任何其他方向的方向微商都大。

标量场的梯度定义为这样一个矢量，它沿方向微商最大的方向(即 $\Delta\boldsymbol{n}$ 方向)，数值上等于这个最大的方向微商$\left(即\dfrac{\partial\Phi}{\partial n}\right)$。标量场 $\Phi$ 的梯度通常记作 $\mathrm{grad}\Phi$ 或 $\nabla\Phi$. 根据上面的分析可知，$\Phi$ 的梯度的方向总是与 $\Phi$ 的等值面垂直的。

标量场的梯度是个矢量场。例如，电场中电势 $U$ 是个标量场，它的负梯度等于场强 $\boldsymbol{E}$，是个矢量场。

(2) 坐标表示式

在正交曲线坐标系中标量场梯度的一般表示式为

$$\nabla U=\frac{\partial U}{\partial l_1}\boldsymbol{e}_1+\frac{\partial U}{\partial l_2}\boldsymbol{e}_2+\frac{\partial U}{\partial l_3}\boldsymbol{e}_3=\frac{1}{h_1}\frac{\partial U}{\partial u_1}\boldsymbol{e}_1+\frac{1}{h_2}\frac{\partial U}{\partial u_2}\boldsymbol{e}_2+\frac{1}{h_3}\frac{\partial U}{\partial u_3}\boldsymbol{e}_3.\tag{B.7}$$

$u_1$、$u_2$、$u_3$、$l_1$、$l_2$、$l_3$、$h_1$、$h_2$、$h_3$ 的含义见附录 A 中 6-8 节。在各种坐标系中的具体表示式如下：

直角坐标系
$$\nabla U=\frac{\partial U}{\partial x}\boldsymbol{i}+\frac{\partial U}{\partial y}\boldsymbol{j}+\frac{\partial U}{\partial z}\boldsymbol{k},\tag{B.8}$$

柱坐标系
$$\nabla U=\frac{\partial U}{\partial\rho}\boldsymbol{e}_\rho+\frac{1}{\rho}\frac{\partial U}{\partial\varphi}\boldsymbol{e}_\varphi+\frac{\partial U}{\partial z}\boldsymbol{e}_z,\tag{B.9}$$

球坐标系
$$\nabla U=\frac{\partial U}{\partial r}\boldsymbol{e}_r+\frac{1}{r}\frac{\partial U}{\partial\theta}\boldsymbol{e}_\theta+\frac{1}{r\sin\theta}\frac{\partial U}{\partial\varphi}\boldsymbol{e}_\varphi.\tag{B.10}$$

**3. 矢量场的通量和散度　高斯定理**

(1) 定义

矢量场 $\boldsymbol{A}$ 通过一个截面 $S$ 的通量 $\Phi_A$ 定义为下列面积分：

$$\Phi_A=\iint_{(S)}\boldsymbol{A}\cdot\mathrm{d}\boldsymbol{S}=\iint_{(S)}A\cos\theta\,\mathrm{d}S,\tag{B.11}$$

式中 $\theta$ 为 $\boldsymbol{A}$ 与面元 $\mathrm{d}S$ 的法向单位矢量 $\boldsymbol{n}$ 之间夹角，$\mathrm{d}\boldsymbol{S}=\boldsymbol{n}\mathrm{d}S$. 如流速场中的流量，电场和磁场中的电通量、磁通量，都属于“通量”的概念。

令 $S$ 为一闭合曲面，它包含的体积为 $\Delta V$，设想 $S$ 面逐渐缩小到空间某点 $P$. 用 $\Phi_A$ 代表矢量场 $\boldsymbol{A}$ 在闭合面 $S$ 上的通量：

$$\Phi_A=\oiint_{(S)}\boldsymbol{A}\cdot\mathrm{d}\boldsymbol{S}.$$

当 $\Delta V\to 0$，$\Phi_A$ 也趋于 0。若两者之比有一极限，则这极限值为矢量场 $\boldsymbol{A}$ 在 $P$ 点的散度，记作 $\mathrm{div}\boldsymbol{A}$ 或 $\nabla\cdot\boldsymbol{A}$：

$$\nabla\cdot\boldsymbol{A}=\lim_{\Delta V\to 0}\frac{\Phi_A}{\Delta V}=\lim_{\Delta V\to 0}\frac{\oiint_{(S)}\boldsymbol{A}\cdot\mathrm{d}\boldsymbol{S}}{\Delta V}. \tag{B.12}$$

矢量场的散度是个标量场。

(2) 散度的坐标表示式

上述散度的定义式(B.12)是与坐标的选取无关的，下面我们来研究它的直角坐标表示式。如图B-2所示，以 $P$ 点为中心取一个棱边分别与 $x$、$y$、$z$ 轴平行的平行六面体，设边长分别为 $\Delta x$、$\Delta y$、$\Delta z$. 现在来计算通过这平行六面体表面的通量。

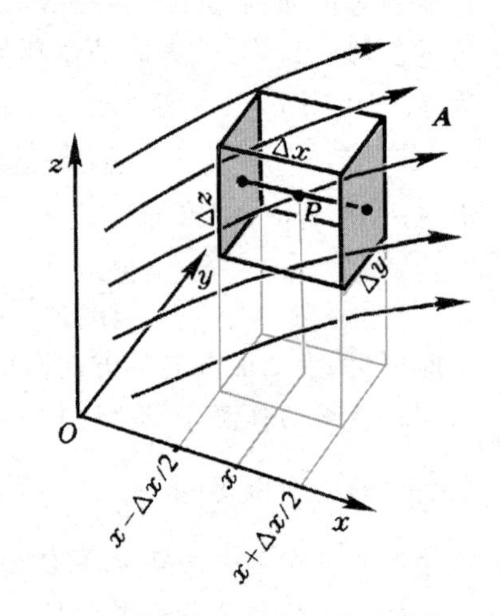

图 B-2 散度直角坐标表示式的推导

先考虑与 $x$ 轴垂直的一对表面。它们的面积都是 $\Delta y\Delta z$. 设 $P$ 点的坐标为 $x$、$y$、$z$，则这一对表面的 $x$ 坐标分别为 $x-\Delta x/2$ 和 $x+\Delta x/2$，从而在这一对表面上矢量场分别为 $\boldsymbol{A}(x-\Delta x/2,y,z)$ 和 $\boldsymbol{A}(x+\Delta x/2,y,z)$. 在计算通量的时候，只有与表面垂直的分量，即 $A_x$ 分量起作用，它们在两表面上的数值分别是 $A_x(x-\Delta x/2,y,z)$ 和 $A_x(x+\Delta x/2,y,z)$，于是穿过这一对表面的通量分别是

$$A_x(x-\Delta x/2,y,z)\Delta y\Delta z \text{ 和 } A_x(x+\Delta x/2,y,z)\Delta y\Delta z,$$

两者一进一出，它们的代数和为

$$\Phi_x=A_x(x+\Delta x/2,y,z)\Delta y\Delta z-A_x(x-\Delta x/2,y,z)\Delta y\Delta z.$$

围绕 $P$ 点将 $A_x$ 按泰勒级数展开：

$$A_x(x\pm\Delta x/2,y,z)=A_x(x,y,z)\pm\frac{\partial A_x}{\partial x}\frac{\Delta x}{2}+\text{高次项},$$

于是

$$\Phi_x=\left[A_x(x,y,z)+\frac{\partial A_x}{\partial x}\frac{\Delta x}{2}\right]\Delta y\Delta z-\left[A_x(x,y,z)-\frac{\partial A_x}{\partial x}\frac{\Delta x}{2}\right]\Delta y\Delta z+\text{高次项},$$

即

$$\Phi_x=\frac{\partial A_x}{\partial x}\Delta x\Delta y\Delta z+\text{高次项}.$$

同理可以得到穿过与 $y$ 轴和 $z$ 轴垂直的两对表面的通量代数和分别为

$$\Phi_y=\frac{\partial A_y}{\partial y}\Delta x\Delta y\Delta z+\text{高次项},$$

$$\Phi_z=\frac{\partial A_z}{\partial z}\Delta x\Delta y\Delta z+\text{高次项}.$$

最后我们得到穿过平行六面体六个表面的通量代数总和为

$$\Phi=\oiint_{(\text{平行六面体表面})}\boldsymbol{A}\cdot\mathrm{d}\boldsymbol{S}=\Phi_x+\Phi_y+\Phi_z=\left(\frac{\partial A_x}{\partial x}+\frac{\partial A_y}{\partial y}+\frac{\partial A_z}{\partial z}\right)\Delta x\Delta y\Delta z+\text{高次项},$$

因为平行六面体的体积 $\Delta V=\Delta x\Delta y\Delta z$,按照散度的定义(B.12)式,得

$$\nabla\cdot\boldsymbol{A}=\lim_{\Delta V\to 0}\frac{\oint\!\!\!\oint \boldsymbol{A}\cdot\mathrm{d}\boldsymbol{S}}{\Delta V}=\lim_{\substack{\Delta x\to 0\\ \Delta y\to 0\\ \Delta z\to 0}}\frac{\left(\frac{\partial A_x}{\partial x}+\frac{\partial A_y}{\partial y}+\frac{\partial A_z}{\partial z}\right)\Delta x\Delta y\Delta z+\text{高次项}}{\Delta x\Delta y\Delta z},$$

即
$$\nabla\cdot\boldsymbol{A}=\frac{\partial A_x}{\partial x}+\frac{\partial A_y}{\partial y}+\frac{\partial A_z}{\partial z}. \tag{B.13}$$

这就是散度的直角坐标表示式。下面我们不加推导地写出散度在其他常用坐标中的表示式,以备参考。

柱坐标系
$$\nabla\cdot\boldsymbol{A}=\frac{1}{\rho}\frac{\partial}{\partial\rho}(\rho A_\rho)+\frac{1}{\rho}\frac{\partial A_\varphi}{\partial\varphi}+\frac{\partial A_z}{\partial z}, \tag{B.14}$$

球坐标系
$$\nabla\cdot\boldsymbol{A}=\frac{1}{r^2}\frac{\partial}{\partial r}(r^2A_r)+\frac{1}{r\sin\theta}\frac{\partial}{\partial\theta}(\sin\theta A_\theta)+\frac{1}{r\sin\theta}\frac{\partial A_\varphi}{\partial\varphi}. \tag{B.15}$$

(3) 高斯定理

在矢量场 $\boldsymbol{A}(x,y,z)$ 中取任意闭合面 $S$,用 $V$ 代表它所包围的体积。如图 B-3a 所示,用一曲面 $D$(下面叫它“隔板”)把体积 $V$ 及其表面 $S$ 分为两部分:$V_1$ 和 $V_2$,以及 $S_1'$ 和 $S_2'$,这里 $V_1+V_2=V$, $S_1'+S_2'=S$,体积 $V_1$ 的全部表面为 $S_1'+D\equiv S_1$,体积 $V_2$ 的全部表面为 $S_2'+D\equiv S_2$. 穿过 $S_1$ 和 $S_2$ 的通量分别是

$$\Phi_{A1}=\oint\!\!\!\oint_{(S_1)}\boldsymbol{A}\cdot\mathrm{d}\boldsymbol{S}_1=\oint\!\!\!\oint_{(S_1')}\boldsymbol{A}\cdot\mathrm{d}\boldsymbol{S}_1+\oint\!\!\!\oint_{(D)}\boldsymbol{A}\cdot\mathrm{d}\boldsymbol{S}_1,$$

$$\Phi_{A2}=\oint\!\!\!\oint_{(S_2)}\boldsymbol{A}\cdot\mathrm{d}\boldsymbol{S}_2=\oint\!\!\!\oint_{(S_2')}\boldsymbol{A}\cdot\mathrm{d}\boldsymbol{S}_2+\oint\!\!\!\oint_{(D)}\boldsymbol{A}\cdot\mathrm{d}\boldsymbol{S}_2.$$

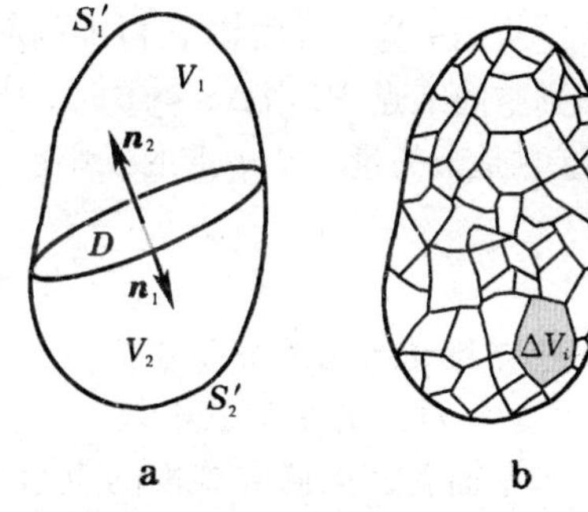

图 B-3 高斯定理的证明

在上两式中右端的第二项 $\oint\!\!\!\oint_{(D)}\boldsymbol{A}\cdot\mathrm{d}\boldsymbol{S}_1$ 和 $\oint\!\!\!\oint_{(D)}\boldsymbol{A}\cdot\mathrm{d}\boldsymbol{S}_2$ 虽然都是矢量场 $\boldsymbol{A}$ 穿过“隔板”$D$ 的通量,但对于闭合曲面 $S_1$ 和 $S_2$ 来说,在 $D$ 上的外法线 $\boldsymbol{n}_1$ 和 $\boldsymbol{n}_2$ 方向相反,所以这两项绝对值相等,正负号相反。于是

$$\Phi_{A1}+\Phi_{A2}=\oint\!\!\!\oint_{(S_1)}\boldsymbol{A}\cdot\mathrm{d}\boldsymbol{S}_1+\oint\!\!\!\oint_{(S_2)}\boldsymbol{A}\cdot\mathrm{d}\boldsymbol{S}_2=\oint\!\!\!\oint_{(S)}\boldsymbol{A}\cdot\mathrm{d}\boldsymbol{S}=\Phi_A.$$

这就是说,将闭合曲面 $S$ 所包围的空间用“隔板”隔开后,穿过两部分通量的代数和不变,它仍等于穿过 $S$ 的总通量 $\Phi_A$.

以上结论不难推广到把 $V$ 分割成更多块的情形(见图 B-3b)。这时我们有

$$\Phi_A=\sum_{i=1}^{n}\Phi_{Ai}. \tag{B.16}$$

如果把体积 $V$ 无限分割下去,使每块体积 $\Delta V_i$ 都趋于 0, 则按照散度的定义,

$$\Phi_{Ai}=\oint\!\!\!\oint_{(S_i)}\boldsymbol{A}\cdot\mathrm{d}\boldsymbol{S}_i=(\nabla\cdot\boldsymbol{A})_i\,\Delta V_i,$$

其中$(\nabla\cdot\boldsymbol{A})_i$ 是 $\boldsymbol{A}$ 的散度在体积元 $\Delta V_i$ 内的数值。把上式代入(B.16)式:

$$\Phi_A=\oint\!\!\!\oint_{(S)}\boldsymbol{A}\cdot\mathrm{d}\boldsymbol{S}\approx\sum_{i=1}^{n}(\nabla\cdot\boldsymbol{A})_i\,\Delta V_i,$$

取极限后右端变为体积分：

$$\oiint_{(S)} \boldsymbol{A}\cdot \mathrm{d}\boldsymbol{S} = \iiint_{(V)} \boldsymbol{\nabla}\cdot \boldsymbol{A}\,\mathrm{d}V. \tag{B.17}$$

(B.17) 式表明：矢量场通过任意闭合曲面 $S$ 的通量等于它所包围的体积 $V$ 内散度的积分。这就是矢量场论中的高斯定理。

高斯定理是矢量场论中重要的定理之一，利用它可以把面积分化为体积分，或反过来把体积分化为面积分。应注意，这是一个数学的定理，不要和第一章 §4 中静电场的高斯定理混淆！静电场高斯定理成立的前提是库仑定律（即平方反比律），而这个数学上的高斯定理对场的物理规律没有要求，只要求场函数是连续可微的。

### 4. 矢量场的环量和旋度 斯托克斯定理

(1) 定义

矢量场 $\boldsymbol{A}$ 沿闭合回路的线积分称为环量，用 $\varGamma_A$ 表示环量，则有：

$$\varGamma_A = \oint_{(L)} \boldsymbol{A}\cdot \mathrm{d}\boldsymbol{l}. \tag{B.18}$$

令 $\Delta S$ 为闭合曲线 $L$ 包围的面积，$\boldsymbol{n}$ 为 $\Delta S$ 的右旋单位法向矢量。设想回路 $L$ 逐渐缩小，最后缩到空间某点 $P$. 当 $\Delta S \to 0$ 时，$\varGamma_A$ 也趋于0。若两者之比有一极限，则这极限值为矢量场 $\boldsymbol{A}$ 的旋度（它是个矢量）在 $\boldsymbol{n}$ 上的投影。$\boldsymbol{A}$ 的旋度记作 curl$\boldsymbol{A}$ 或 rot$\boldsymbol{A}$，或$\boldsymbol{\nabla}\times\boldsymbol{A}$. 上述定义可写作

$$(\boldsymbol{\nabla}\times\boldsymbol{A})_n = \lim_{\Delta S\to 0}\frac{\varGamma_A}{\Delta S} = \lim_{\Delta S\to 0}\frac{\oint_{(L)} \boldsymbol{A}\cdot \mathrm{d}\boldsymbol{l}}{\Delta S}. \tag{B.19}$$

矢量场的旋度也是个矢量场。

(2) 旋度的坐标表示式

下面我们来研究旋度的直角坐标表示式。先看旋度的 $x$ 分量。如图 B－4a，取一个与 $x$ 轴垂直的矩形回路$L_x$，它的边分别与 $y$、$z$ 轴平行，边长为 $\Delta y$ 和 $\Delta z$. 取回路 $L_x$ 的环绕方向，使它的

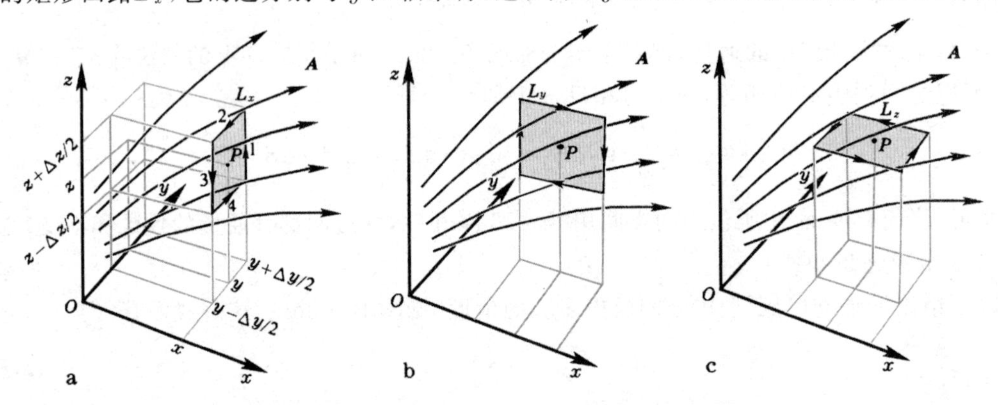


图 B－4 旋度直角坐标表示式的推导

右旋法向矢量 $\boldsymbol{n}$ 指向 $+x$ 方向。设回路的中心 $P$ 点的坐标为 $x$、$y$、$z$，则在 1、2、3、4 四边上矢量场 $\boldsymbol{A}$ 沿回路元的平行分量是

$A_z(x,y+\Delta y/2,z)$，$-A_y(x,y,z+\Delta z/2)$，$-A_z(x,y-\Delta y/2,z)$，$A_y(x,y,z-\Delta z/2)$.

所以

$$\oint_{(L_x)} \boldsymbol{A}\cdot \mathrm{d}\boldsymbol{l} = \begin{bmatrix} A_z(x,y+\Delta y/2,z) \\ -A_z(x,y-\Delta y/2,z)\end{bmatrix}\Delta z - \begin{bmatrix} A_y(x,y,z+\Delta z/2) \\ -A_y(x,y,z-\Delta z/2)\end{bmatrix}\Delta y,$$

围绕 $P$ 点将 $A_y$、$A_z$ 按泰勒级数展开：

$$A_y(x,y,z\pm\Delta z/2)=A_y(x,y,z)\pm\frac{\partial A_y}{\partial z}\frac{\Delta z}{2}+\text{高次项},$$

$$A_z(x,y\pm\Delta y/2,z)=A_z(x,y,z)\pm\frac{\partial A_z}{\partial y}\frac{\Delta y}{2}+\text{高次项},$$

代入前式，得

$$\oint_{(L_x)}\boldsymbol{A}\cdot\mathrm{d}\boldsymbol{l}=\left(\frac{\partial A_z}{\partial y}-\frac{\partial A_y}{\partial z}\right)\Delta y\Delta z+\text{高次项}.$$

因为回路 $L_x$ 包围的矩形面积为 $\Delta S=\Delta y\Delta z$，按照旋度的定义(B.19)式，得

$$(\nabla\times\boldsymbol{A})_x=\lim_{\Delta S\to 0}\frac{\oint_{(L_x)}\boldsymbol{A}\cdot\mathrm{d}\boldsymbol{l}}{\Delta S}=\lim_{\substack{\Delta x\to 0\\ \Delta y\to 0\\ \Delta z\to 0}}\frac{\left(\frac{\partial A_z}{\partial y}-\frac{\partial A_y}{\partial z}\right)\Delta y\Delta z+\text{高次项}}{\Delta y\Delta z}=\frac{\partial A_z}{\partial y}-\frac{\partial A_y}{\partial z}.\tag{B.20}$$

同理可以得到旋度的 $y$、$z$ 两个分量(参见图 B－4b 和 c)。现将全部分量的直角坐标表示罗列如下：

$$\begin{cases}(\nabla\times\boldsymbol{A})_x=\dfrac{\partial A_z}{\partial y}-\dfrac{\partial A_y}{\partial z},\\(\nabla\times\boldsymbol{A})_y=\dfrac{\partial A_x}{\partial z}-\dfrac{\partial A_z}{\partial x},\\(\nabla\times\boldsymbol{A})_z=\dfrac{\partial A_y}{\partial x}-\dfrac{\partial A_x}{\partial y}.\end{cases}\tag{B.21}$$

旋度矢量的直角坐标表示式为[1]

$$\nabla\times\boldsymbol{A}=\left(\frac{\partial A_z}{\partial y}-\frac{\partial A_y}{\partial z}\right)\boldsymbol{i}+\left(\frac{\partial A_x}{\partial z}-\frac{\partial A_z}{\partial x}\right)\boldsymbol{j}+\left(\frac{\partial A_y}{\partial x}-\frac{\partial A_x}{\partial y}\right)\boldsymbol{k}=\begin{vmatrix}\boldsymbol{i}&\boldsymbol{j}&\boldsymbol{k}\\\dfrac{\partial}{\partial x}&\dfrac{\partial}{\partial y}&\dfrac{\partial}{\partial z}\\A_x&A_y&A_z\end{vmatrix}.\tag{B.22}$$

下面不加推导地给出旋度在其他常用坐标中的表示式，以备参考。

柱坐标系

$$\nabla\times\boldsymbol{A}=\left(\frac{1}{\rho}\frac{\partial A_z}{\partial\varphi}-\frac{\partial A_\varphi}{\partial z}\right)\boldsymbol{e}_\rho+\left(\frac{\partial A_\rho}{\partial z}-\frac{\partial A_z}{\partial\rho}\right)\boldsymbol{e}_\varphi+\frac{1}{\rho}\left[\frac{\partial(\rho A_\varphi)}{\partial\rho}-\frac{\partial A_\rho}{\partial\varphi}\right]\boldsymbol{e}_z,\tag{B.23}$$

球坐标系

$$\nabla\times\boldsymbol{A}=\frac{1}{r\sin\theta}\left[\frac{\partial}{\partial\theta}(\sin\theta A_\varphi)-\frac{\partial A_\theta}{\partial\varphi}\right]\boldsymbol{e}_r+\left[\frac{1}{r\sin\theta}\frac{\partial A_r}{\partial\varphi}-\frac{1}{r}\frac{\partial(rA_\varphi)}{\partial r}\right]\boldsymbol{e}_\theta+\frac{1}{r}\left[\frac{\partial(rA_\theta)}{\partial r}-\frac{\partial A_r}{\partial\theta}\right]\boldsymbol{e}_\varphi.\tag{B.24}$$

(3) 斯托克斯定理

在矢量场 $\boldsymbol{A}(x,y,z)$ 中取任意闭合回路 $L$(见图 B－5a)。现用一条曲线搭在回路 $L$ 上的 $M$、$N$ 两点之间。 $M$ 和 $N$ 把 $L$ 分割为 $L_1'$ 和 $L_2'$ 两部分，$L_1'$ 和 $MN$ 组成新的小闭合回路 $L_1$，$L_2'$ 和 $NM$ 组成新的小闭合回路 $L_2$，$L_1$ 和 $L_2$ 的环绕方向一致。沿 $L_1$ 和 $L_2$ 的环量分别是

---

[1] 我们已多次使用了符号“$\nabla$”，但一直是将它和一个场函数 $\Phi$ 或 $\boldsymbol{A}$ 连起来写，而未说明它单独代表什么。其实 $\nabla$ 是个矢量性质的算符，叫做劈形算符或纳布拉算符，它的直角坐标表示式为

$$\nabla=\boldsymbol{i}\frac{\partial}{\partial x}+\boldsymbol{j}\frac{\partial}{\partial y}+\boldsymbol{k}\frac{\partial}{\partial z},$$

我们可以把 $\nabla$ 形式地“乘”在一个标量场 $\Phi$ 上，成为它的梯度 $\nabla\Phi$，也可以把 $\nabla$ 形式地“点乘”或“叉乘”在一个矢量场 $\boldsymbol{A}$ 上，成为它的散度 $\nabla\cdot\boldsymbol{A}$ 或旋度 $\nabla\times\boldsymbol{A}$. 不难验证，这样做的结果，我们得到的正是前面的(B.8)式、(B.13)式和(B.22)式。由此也可以看出，把梯度、散度和旋度写成 $\nabla\Phi$、$\nabla\cdot\boldsymbol{A}$、$\nabla\times\boldsymbol{A}$ 的依据。

$$\Gamma_{A1}\equiv\oint_{(L_1)}\boldsymbol{A}\cdot\mathrm{d}\boldsymbol{l}=\int_{(L_1')}\boldsymbol{A}\cdot\mathrm{d}\boldsymbol{l}+\int_M^N\boldsymbol{A}\cdot\mathrm{d}\boldsymbol{l},\qquad \Gamma_{A2}\equiv\oint_{(L_2)}\boldsymbol{A}\cdot\mathrm{d}\boldsymbol{l}=\int_{(L_2')}\boldsymbol{A}\cdot\mathrm{d}\boldsymbol{l}+\int_N^M\boldsymbol{A}\cdot\mathrm{d}\boldsymbol{l}.$$

故

$$\Gamma_{A1}+\Gamma_{A2}=\int_{(L_1')}\boldsymbol{A}\cdot\mathrm{d}\boldsymbol{l}+\int_{(L_2')}\boldsymbol{A}\cdot\mathrm{d}\boldsymbol{l}=\oint_{(L)}\boldsymbol{A}\cdot\mathrm{d}\boldsymbol{l}=\Gamma_A,$$

即矢量在闭合回路 $L$ 上的环量等于分割出来的两个闭合回路 $L_1$ 和 $L_2$ 上环量之和。这个结论不难推广到更多个小回路。如图 B-5b 所示，用许多曲线，像织成的网子一样绷在回路 $L$ 的“框架”上，则每个网眼是一小闭合回路 $L_i$. 令它们的环绕方向都一致，用 $\Gamma_{Ai}$ 代表 $L_i$ 上的环量，则有

$$\Gamma_A=\sum_{i=1}^{n}\Gamma_{Ai}.\tag{B.25}$$

这就是说，$L$ 上的环量是由各局部的环量累积起来的。

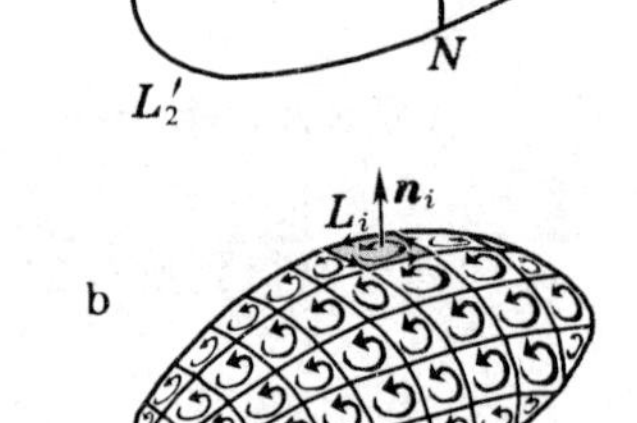


图 B-5　斯托克斯定理的证明

如果把上述分割过程无限继续下去，使每个小回路的面积 $\Delta S_i$ 都趋于 0，则按照旋度的定义，

$$\Gamma_{Ai}\equiv\oint_{(L_i)}\boldsymbol{A}\cdot\mathrm{d}\boldsymbol{l}=(\nabla\times\boldsymbol{A})_{ni}\Delta S_i=(\nabla\times\boldsymbol{A})\cdot\Delta\boldsymbol{S}_i,$$

这里 $(\nabla\times\boldsymbol{A})_{ni}$ 代表旋度 $\nabla\times\boldsymbol{A}$ 在 $\Delta S_i$ 的右旋单位法线矢量 $\boldsymbol{n}_i$ 上的投影，$\Delta\boldsymbol{S}_i=\boldsymbol{n}_i\,\Delta S_i$ 是矢量面元。代入(B.25)式，得

$$\Gamma_A\equiv\oint_{(L)}\boldsymbol{A}\cdot\mathrm{d}\boldsymbol{l}=\sum_{i=1}^{n}(\nabla\times\boldsymbol{A})\cdot\Delta\boldsymbol{S}_i.$$

取极限后，右端变为面积分：

$$\oint_{(L)}\boldsymbol{A}\cdot\mathrm{d}\boldsymbol{l}=\iint_{(S)}(\nabla\times\boldsymbol{A})\cdot\mathrm{d}\boldsymbol{S}.\tag{B.26}$$

(B.26) 式表明：*矢量场在任意闭合回路 $L$ 上的环量等于以它为边界的曲面 $S$ 上旋度的积分*。这就是*斯托克斯定理*。

斯托克斯定理和高斯定理一样，也是矢量场论中的一个重要定理。利用它可以把线积分化为面积分，或反过来把面积分化为线积分。

### 5. 一些公式

下面再给出一些常用的公式，推导从略。读者可用直角坐标表示式直接验证。

(1) *场量乘积的微商公式*

梯度

$$\nabla(\Phi\Psi)=(\nabla\Phi)\Psi+\Phi(\nabla\Psi),\tag{B.27}$$

$$\nabla(\boldsymbol{A}\cdot\boldsymbol{B})=(\boldsymbol{A}\cdot\nabla)\boldsymbol{B}+(\boldsymbol{B}\cdot\nabla)\boldsymbol{A}+\boldsymbol{A}\times(\nabla\times\boldsymbol{B})+\boldsymbol{B}\times(\nabla\times\boldsymbol{A}).\tag{B.28}$$

散度

$$\nabla\cdot(\Phi\boldsymbol{A})=\nabla\Phi\cdot\boldsymbol{A}+\Phi\,\nabla\cdot\boldsymbol{A},\tag{B.29}$$

$$\nabla\cdot(\boldsymbol{A}\times\boldsymbol{B})=\boldsymbol{B}\cdot\nabla\times\boldsymbol{A}-\boldsymbol{A}\cdot\nabla\times\boldsymbol{B}.\tag{B.30}$$

旋度

$$\nabla\times(\Phi\boldsymbol{A})=\Phi\,\nabla\times\boldsymbol{A}+\nabla\Phi\times\boldsymbol{A},\tag{B.31}$$

$$\nabla\times(\boldsymbol{A}\times\boldsymbol{B})=(\boldsymbol{B}\cdot\nabla)\boldsymbol{A}-(\boldsymbol{A}\cdot\nabla)\boldsymbol{B}+\boldsymbol{A}(\nabla\cdot\boldsymbol{B})-\boldsymbol{B}(\nabla\cdot\boldsymbol{A}).\tag{B.32}$$

其中 $\Phi$、$\Psi$ 是任意标量场，$\boldsymbol{A}$、$\boldsymbol{B}$ 是任意矢量场。[1]

---

[1] 在(B.28)式和(B.32)式中出现 $(\boldsymbol{B}\cdot\nabla)\boldsymbol{A}$ 一类的项，它代表矢量场 $\boldsymbol{B}$ 和矢量场的梯度 $\nabla\boldsymbol{A}$ 的点乘，后者是个张量。

（2）二阶微商的公式

$$\nabla\times\nabla\Phi=0,\tag{B.33}$$

$$\nabla\cdot\nabla\times\boldsymbol{A}=0,\tag{B.34}$$

$$\nabla\times(\nabla\times\boldsymbol{A})=\nabla(\nabla\cdot\boldsymbol{A})-\nabla\cdot\nabla\boldsymbol{A},\tag{B.35}$$

其中算符$\nabla\cdot\nabla$常写作$\nabla^2$，叫做拉普拉斯算符。

### 6. 矢量场的类别和分解

（1）有散场和无散场

若一矢量场在空间某范围内散度为0，我们就说它在此范围内无源，或它是无散场；若散度不为0，则这矢量场是有源的，或它是有散场。

（B.34）式表明，任何矢量场$\boldsymbol{A}$的旋度$\nabla\times\boldsymbol{A}$永远是个无散场。反之亦然，任何无散场$\boldsymbol{B}$可以表示成某个矢量场$\boldsymbol{A}$的旋度：

$$\boldsymbol{B}=\nabla\times\boldsymbol{A},\quad\nabla\cdot\boldsymbol{B}=0.\tag{B.36}$$

证明从略。

（2）有旋场和无旋场

若一矢量场在空间某范围内旋度为0，我们就说它在此范围内无旋，或它是无旋场；若旋度不为0，则这矢量场是有旋的，或它是有旋场。

（B.33）式表明，任何标量场$\Phi$的梯度$\nabla\Phi$永远是个无旋场。反之亦然，任何无旋场$\boldsymbol{A}$可以表成某个标量场$\Phi$的梯度：

$$\boldsymbol{A}=\nabla\Phi,\quad\nabla\times\boldsymbol{A}=0.\tag{B.37}$$

$\Phi$为无旋场$\boldsymbol{A}$的势函数，故无旋场又称为势场。

（3）谐和场

若一矢量场$\boldsymbol{A}$在某空间范围内既无散又无旋，则这矢量场称为谐和场。

因谐和场无旋，它也是势场：

$$\nabla\times\boldsymbol{A}=0,\quad\boldsymbol{A}=\nabla\Phi,$$

又因它同时无散：

$$\nabla\cdot\boldsymbol{A}=0,$$

故

$$\nabla\cdot\nabla\Phi=\nabla^2\Phi=0.\tag{B.38}$$

上式叫做拉普拉斯方程，即谐和场的势函数满足拉普拉斯方程。

（4）一般矢量场的分解

在普遍的情形下，一个矢量场$\boldsymbol{A}$可以既是有旋的，又是有散的。在这种情况下$\boldsymbol{A}$可以分解为两部分：

$$\boldsymbol{A}=\boldsymbol{A}_{势}+\boldsymbol{A}_{旋},\tag{B.39}$$

其中$\boldsymbol{A}_{势}$是势场，即无旋场；$\boldsymbol{A}_{旋}$是无散的有旋场。但上述分解并不唯一，其中可以相差一个任意的谐和场。

现以电磁场为例，麦克斯韦方程组（6.10）中的（Ⅰ）、（Ⅱ）两式表明，在非恒定的情况下，电场既有散度，又有旋度。这时电场$\boldsymbol{E}$可分解为势场和无散的有旋场：

$$\boldsymbol{E}=\boldsymbol{E}_{势}+\boldsymbol{E}_{旋}.$$

在恒定的状态下，$\nabla\times\boldsymbol{E}_{势}=0$，$\boldsymbol{E}_{旋}=0$，电场$\boldsymbol{E}$可以写成某个势函数$\Phi$的梯度，这势函数$\Phi$正是电势$U$的负值，即$\boldsymbol{E}=-\nabla U$.

麦克斯韦方程组（6.10）中的（Ⅲ）式表明，磁感应强度$\boldsymbol{B}$永远是个无散场，故它可写作某个矢量$\boldsymbol{A}$的旋度，即

$$\boldsymbol{B}=\nabla\times\boldsymbol{A},\tag{B.40}$$

这个$\boldsymbol{A}$就是磁矢势。

# 附录 C　二阶常系数微分方程

二阶线性常系数微分方程
$$a\frac{\mathrm{d}^2x}{\mathrm{d}t^2}+b\frac{\mathrm{d}x}{\mathrm{d}t}+cx=d \tag{C.1}$$
的解由两部分相加而成。一部分是非齐次方程式的特解
$$x=\frac{d}{c}, \tag{C.2}$$
另一部分是齐次方程式
$$a\frac{\mathrm{d}^2x}{\mathrm{d}t^2}+b\frac{\mathrm{d}x}{\mathrm{d}t}+cx=0 \tag{C.3}$$
的通解。通解可如下求得，首先设(C.3)式解的形式为
$$x=\mathrm{e}^{\gamma t}, \tag{C.4}$$
将(C.4)式代入(C.3)式即可看出，要(C.4)式能够满足(C.3)式，$\gamma$ 必须满足
$$a\gamma^2+b\gamma+c=0. \tag{C.5}$$
解此二次代数方程式(C.5)，即得
$$\gamma=-\alpha\pm\beta, \tag{C.6}$$
其中
$$\alpha=\frac{b}{2a},\quad \beta=\sqrt{\frac{b^2}{4a^2}-\frac{c}{a}}, \tag{C.7}$$
令
$$\lambda=\frac{b^2}{4ac}, \tag{C.8}$$
$\lambda$ 称为阻尼度。下面按 $\lambda$ 的不同值分三个情形讨论：

(1) 当 $\lambda>1$ 时，$\frac{b^2}{4a^2}>\frac{c}{a}$，$\beta$ 为实数，(C.5)式有两个实根：
$$\gamma_1=-\alpha+\beta \quad 和 \quad \gamma_2=-\alpha-\beta,$$
在此情况下(C.3)式的通解为
$$x=A\,\mathrm{e}^{(-\alpha+\beta)t}+B\,\mathrm{e}^{(-\alpha-\beta)t}=\mathrm{e}^{-\alpha t}(A\,\mathrm{e}^{\beta t}+B\,\mathrm{e}^{-\beta t}), \tag{C.9}$$
式中 $A$、$B$ 为任意常数，由起始条件决定。

(2) 当 $\lambda=1$ 时，$\frac{b^2}{4a^2}=\frac{c}{a}$，$\beta=0$，这时(C.5)式的两个实根重合，
$$\gamma_1=\gamma_2=-\alpha.$$
在此情况下(C.3)式的通解为
$$x=(A'+B't)\,\mathrm{e}^{-\alpha t}, \tag{C.10}$$
式中 $A'$、$B'$ 为任意常数，由起始条件决定。

(3) 当 $\lambda<1$ 时，$\frac{b^2}{4a^2}<\frac{c}{a}$，$\beta$ 为虚数，令 $\beta=\mathrm{i}\omega$，$\mathrm{i}=\sqrt{-1}$，则
$$\omega=\sqrt{\frac{c}{a}-\frac{b^2}{4a^2}}, \tag{C.11}$$
这时(C.5)式有两个复数根：
$$\gamma_1=-\alpha+\mathrm{i}\omega \quad 和 \quad \gamma_2=-\alpha-\mathrm{i}\omega,$$
在此情况下(C.3)式的通解为
$$x=A''\mathrm{e}^{(-\alpha+\mathrm{i}\omega)t}+B''\mathrm{e}^{(-\alpha-\mathrm{i}\omega)t}=\mathrm{e}^{-\alpha t}(A''\mathrm{e}^{\mathrm{i}\omega t}+B''\mathrm{e}^{-\mathrm{i}\omega t}), \tag{C.12}$$
式中 $A''$、$B''$ 为任意常数，由起始条件来决定。若用另外两个任意常数 $K$ 和 $\varphi$ 来代替 $A''$ 和 $B''$：

$$K = 2\sqrt{A''B''},\quad \varphi = \frac{1}{2\mathrm{i}}\ln\frac{A''}{B''},$$

或反过来

$$A'' = \frac{K}{2}\mathrm{e}^{\mathrm{i}\varphi},\quad B'' = \frac{K}{2}\mathrm{e}^{-\mathrm{i}\varphi},$$

则

$$x = \frac{K\,\mathrm{e}^{-\alpha t}}{2}\left[\mathrm{e}^{\mathrm{i}(\omega t+\varphi)} + \mathrm{e}^{-\mathrm{i}(\omega t+\varphi)}\right] = K\,\mathrm{e}^{-\alpha t}\cos(\omega t + \varphi),\tag{C.13}$$

此解具有衰减振荡的形式,振荡频率为

$$\nu = \frac{\omega}{2\pi} = \frac{1}{2\pi}\sqrt{\frac{c}{a}-\frac{b^2}{4a^2}},\tag{C.14}$$

周期为

$$T = \frac{1}{\nu} = 2\pi\Bigg/\sqrt{\frac{c}{a}-\frac{b^2}{4a^2}},\tag{C.15}$$

当 $b\to0$ 时，$\alpha=b/2a\to0$,方程式的解变为等幅振荡的形式：

$$x = K\cos(\omega_0 t+\varphi),\tag{C.16}$$

式中

$$\omega_0 = \sqrt{\frac{c}{a}},\tag{C.17}$$

这时振荡的频率和周期分别变为

$$\nu_0 = \frac{\omega_0}{2\pi} = \frac{1}{2\pi}\sqrt{\frac{c}{a}},\quad T_0 = \frac{1}{\nu_0} = 2\pi\sqrt{\frac{a}{c}},\tag{C.18}$$

微分方程式(C.1)、(C.3) 各种解的形式示于图 C－1 和图 C－2,其中图 C－1 所示为非齐次方程式(C.1) 在以下起始条件下三种解的形式，

$$t=0\text{ 时 } x=0,\ \frac{\mathrm{d}x}{\mathrm{d}t}=0.\tag{C.19}$$

图 C－2 所示则为齐次方程式(C.3) 在以下起始条件下三种解的形式，

$$t=0\text{ 时 } x=x_0,\ \frac{\mathrm{d}x}{\mathrm{d}t}=0.\tag{C.20}$$

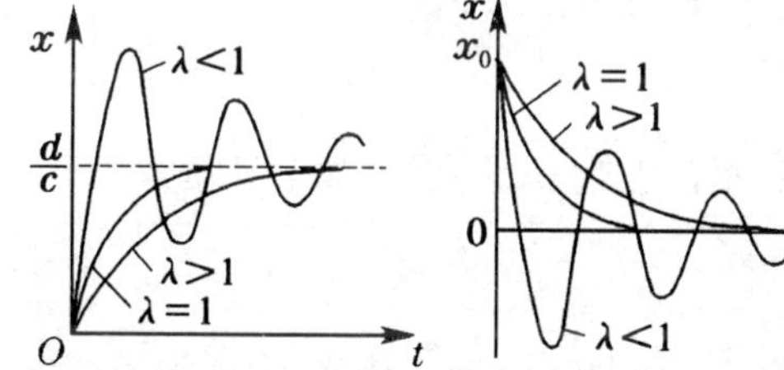


图 C－1 非齐次方程的三种解　　图 C－2 齐次方程的三种解

由图 C－1 和图 C－2 可见,当 $t\to\infty$ 时，$x$ 趋于某一稳定值$\left(\dfrac{d}{c}\text{ 或 }0\right)$。在 $\lambda>1$ 时过程是非周期性的；在 $\lambda<1$ 时,过程是衰减振荡式的。$\lambda=1$ 的情形是前两者转折点,这时 $x$ 达到稳定值的过程最短,这种情形称为临界情形。

# 附录D　复数的运算

## 1. 复数的表示法

复数 $\widetilde{A}$ 是一个二维数，它对应于复平面中的一个坐标为$(x,\ y)$的点，或对应于复平面中的一个长度为 $A$、仰角为 $\varphi$ 的矢量(见图 D-1)。与此相应地复数有下列两种表示法：

$$\begin{cases} \widetilde{A} = x + \mathrm{i}y, & \text{(D.1)} \\ \widetilde{A} = A\ \mathrm{e}^{\mathrm{i}\varphi}\quad, & \text{(D.2)} \end{cases}$$

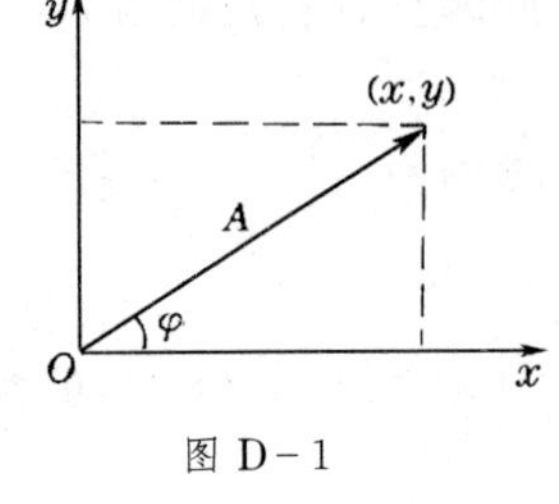

图 D-1

式中 $\mathrm{i}=\sqrt{-1}$，$\mathrm{e}^{\mathrm{i}\varphi}=\cos\varphi+\mathrm{i}\sin\varphi$（欧拉公式,详见第3节）。(D.1)式是复数的直角坐标表示,对应点的横坐标 $x$ 为复数的实部,记作 $x=\mathrm{Re}\widetilde{A}$;纵坐标 $y$ 为复数的虚部,记作 $y=\mathrm{Im}\ \widetilde{A}$. (D.2)式是复数的极坐标表示,对应矢量的长度 $A$ 为复数的模或绝对值,记作 $A=|\widetilde{A}|$;仰角 $\varphi$ 为复数的辐角,记作 $\varphi=\arg\widetilde{A}$. 两种表示法之间有如下换算关系：[1]

$$\begin{cases} A = \sqrt{x^2+y^2}, & \text{(D.3)} \\ \varphi = \arctan\dfrac{y}{x}. & \text{(D.4)} \end{cases}$$

或反过来,有

$$\begin{cases} x = A\ \cos\varphi, & \text{(D.5)} \\ y = A\ \sin\varphi. & \text{(D.6)} \end{cases}$$

单位虚数 $\mathrm{i}=\sqrt{-1}$ 有如下性质：

$$\mathrm{i}^2=-1,\qquad \frac{1}{\mathrm{i}}=-\mathrm{i},\qquad \mathrm{i}=\mathrm{e}^{\mathrm{i}\pi/2},\qquad \frac{1}{\mathrm{i}}=\mathrm{e}^{-\mathrm{i}\pi/2}.$$

复数 $\widetilde{A}=x+\mathrm{i}y=\mathrm{e}^{\mathrm{i}\varphi}$ 的共轭 $\widetilde{A}^*$ 定义为

$$\widetilde{A}^* = x - \mathrm{i}y = \mathrm{e}^{-\mathrm{i}\varphi} \tag{D.7}$$

所以

$$\widetilde{A}\widetilde{A}^* = A^2 = x^2+y^2. \tag{D.8}$$

即一对共轭复数的乘积等于模的平方。

两个复数 $\widetilde{A}_1=x_1+\mathrm{i}y_1=A_1\ \mathrm{e}^{\mathrm{i}\varphi_1}$ 、$\widetilde{A}_2=x_2+\mathrm{i}y_2=A_2\ \mathrm{e}^{\mathrm{i}\varphi_2}$ 相等的充要条件为

$$\begin{cases} \text{实部相等：} x_1 = x_2, \\ \text{虚部相等：} y_1 = y_2. \end{cases}$$

或

$$\begin{cases} \text{模相等：} A_1 = A_2, \\ \text{辐角相等：} \varphi_1 = \varphi_2. \end{cases}$$

## 2. 复数的四则运算

(1) 加减法

$$\widetilde{A}_1 \pm \widetilde{A}_2 = (x_1+\mathrm{i}y_1) \pm (x_2+\mathrm{i}y_2) = (x_1 \pm x_2) + \mathrm{i}(y_1 \pm y_2), \tag{D.9}$$

---

[1] 通常把反三角函数的符号，如 $\arctan\varphi$，理解为 $\varphi$ 在主值区间 $-\pi/2<\varphi<\pi/2$ 内，这里应该认为 $\varphi$ 在从 $-\pi$ 到 $\pi$ 的所有象限中取值。至于它在哪个象限，要根据 $x$ 和 $y$ 的正负来确定。

即实部、虚部分别加减。

（2）乘法

$$\widetilde{A}_1 \cdot \widetilde{A}_2 = (A_1\,\mathrm{e}^{\mathrm{i}\varphi_1}) \cdot (A_2\,\mathrm{e}^{\mathrm{i}\varphi_2}) = A_1 A_2\,\mathrm{e}^{\mathrm{i}(\varphi_1+\varphi_2)}, \tag{D.10}$$

即模相乘，辐角相加。或者

$$\widetilde{A}_1 \cdot \widetilde{A}_2 = (x_1+\mathrm{i}y_1)\cdot(x_2+\mathrm{i}y_2) = (x_1x_2-y_1y_2)+\mathrm{i}(x_1y_2+x_2y_1). \tag{D.11}$$

（3）除法

$$\frac{\widetilde{A}_1}{\widetilde{A}_2} = \frac{A_1\,\mathrm{e}^{\mathrm{i}\varphi_1}}{A_2\,\mathrm{e}^{\mathrm{i}\varphi_2}} = \frac{A_1}{A_2}\,\mathrm{e}^{\mathrm{i}(\varphi_1-\varphi_2)}, \tag{D.12}$$

即模相除，辐角相减。 或者

$$\frac{x_1+\mathrm{i}y_1}{x_2+\mathrm{i}y_2} = \frac{(x_1+\mathrm{i}y_1)(x_2-\mathrm{i}y_2)}{(x_2+\mathrm{i}y_2)(x_2-\mathrm{i}y_2)} = \frac{x_1x_2+y_1y_2}{x_2^{\,2}+y_2^{\,2}} + \mathrm{i}\,\frac{y_1x_2-x_1y_2}{x_2^{\,2}+y_2^{\,2}}. \tag{D.13}$$

倒数运算可以看作是除法的特例：

$$\frac{1}{\widetilde{A}} = \frac{1}{A\mathrm{e}^{\mathrm{i}\varphi}} = \frac{1}{A}\,\mathrm{e}^{-\mathrm{i}\varphi}, \tag{D.14}$$

或

$$\frac{1}{\widetilde{A}} = \frac{1}{x+\mathrm{i}y} = \frac{x-\mathrm{i}y}{(x+\mathrm{i}y)(x-\mathrm{i}y)} = \frac{x}{x^2+y^2} - \mathrm{i}\,\frac{y}{x^2+y^2}. \tag{D.15}$$

**3. 欧拉公式**

现在介绍一下欧拉公式是如何得来的。因为

$$\begin{cases} \mathrm{e}^x = 1 + \dfrac{x}{1!} + \dfrac{x^2}{2!} + \dfrac{x^3}{3!} + \dfrac{x^4}{4!} + \cdots, \\ \cos x = 1 - \dfrac{x^2}{2!} + \dfrac{x^4}{4!} - \dfrac{x^6}{6!} + \cdots, \\ \sin x = x - \dfrac{x^3}{3!} + \dfrac{x^5}{5!} - \cdots. \end{cases}$$

在 $\mathrm{e}^x$ 的展开式中把 $x$ 换成 $\pm\mathrm{i}x$，注意到 $(\pm\mathrm{i})^2=-1$，$(\pm\mathrm{i})^3=\mp\mathrm{i}$，$(\pm\mathrm{i})^4=1$，…，我们得到

$$\mathrm{e}^{\pm\mathrm{i}x} = 1 \pm \mathrm{i}\frac{x}{1!} - \frac{x^2}{2!} \mp \mathrm{i}\frac{x^3}{3!} + \frac{x^4}{4!} + \cdots = \left(1 - \frac{x^2}{2!} + \cdots\right) \pm \mathrm{i}\left(x - \frac{x^3}{3!}\cdots\right),$$

即

$$\mathrm{e}^{\pm\mathrm{i}x} = \cos x \pm \mathrm{i}\sin x, \tag{D.16}$$

这就是欧拉公式。下面给出几个常用的三角函数与复指数函数之间的变换公式。从欧拉公式可以反解出：

$$\cos\varphi = \frac{1}{2}(\mathrm{e}^{\mathrm{i}\varphi} + \mathrm{e}^{-\mathrm{i}\varphi}), \tag{D.17}$$

$$\sin\varphi = \frac{1}{2\mathrm{i}}(\mathrm{e}^{\mathrm{i}\varphi} - \mathrm{e}^{-\mathrm{i}\varphi}), \tag{D.18}$$

由此立即得到

$$\tan\varphi = -\mathrm{i}\,\frac{\mathrm{e}^{\mathrm{i}\varphi} - \mathrm{e}^{-\mathrm{i}\varphi}}{\mathrm{e}^{\mathrm{i}\varphi} + \mathrm{e}^{-\mathrm{i}\varphi}}. \tag{D.19}$$

**4. 简谐量的复数表示**

简谐量

$$s(t) = A\cos(\omega t + \varphi)$$

也可用一个复数

$$\widetilde{s}(t) = A\,\mathrm{e}^{\mathrm{i}(\omega t+\varphi)}$$

的实部或虚部来表示。上式右端又可写为 $(A\,\mathrm{e}^{\mathrm{i}\varphi})\,\mathrm{e}^{\mathrm{i}\omega t} = \widetilde{A}\mathrm{e}^{\mathrm{i}\omega t}$，其中

$$\widetilde{A} = \mathrm{e}^{\mathrm{i}\varphi}$$

称为复振幅，它集振幅 $A$ 和初相位 $\varphi$ 于一身。于是，简谐振动的复数表示可写为

$$\widetilde{s}(t)=\widetilde{A}\,\mathrm{e}^{\mathrm{i}\omega t}\quad. \tag{D.20}$$

用复数也可计算同频简谐量的叠加问题。譬如我们要计算两简谐量

$$s_1(t)=A_1\cos(\omega t+\varphi_1)\text{ 和 }s_2(t)=A_2\cos(\omega t+\varphi_2)$$

的叠加，$\widetilde{s}_1(t)$ 和 $\widetilde{s}_2(t)$ 都是对应复数量

$$\widetilde{s}_1(t)=A_1\mathrm{e}^{\mathrm{i}(\omega t+\varphi_1)}\quad\text{和}\quad\widetilde{s}_2(t)=A_2\mathrm{e}^{\mathrm{i}(\omega t+\varphi_2)}$$

的实部,所以它们的叠加 $s(t)=s_1(t)+s_2(t)$ 就是相应复数叠加

$$\widetilde{s}(t)=\widetilde{s}_1(t)+\widetilde{s}_2(t)=A\,\mathrm{e}^{\mathrm{i}(\omega t+\varphi)}$$

的实部：

$$s(t)=A\cos(\omega t+\varphi).$$

如果 $\widetilde{s}(t)$ 代表位移的话,则速度和加速度为

$$\widetilde{v}(t)=\frac{\mathrm{d}\,\widetilde{s}(t)}{\mathrm{d}t}=\mathrm{i}\omega\widetilde{s},$$

$$\widetilde{a}(t)=\frac{\mathrm{d}^2\,\widetilde{s}(t)}{\mathrm{d}t^2}=(\mathrm{i}\omega)^2\widetilde{s}=-\omega^2\widetilde{s},$$

亦即,对 $t$ 求导数相当于乘上一个因子 $\mathrm{i}\omega$,运算起来十分方便。

我们有时候需要计算两个同频简谐量乘积在一个周期里的平均值,如平均功率,这也可以用复数来运算。设两个同频简谐量为

$$\begin{cases} a_1(t)=A_1\cos(\omega t+\Phi_1),\\ a_2(t)=A_2\cos(\omega t+\Phi_2),\end{cases}$$

它们的乘积在一个周期内的平均值等于

$$\begin{aligned}\overline{a_1a_2}&=\frac{1}{T}\int_0^T a_1(t)a_2(t)\,\mathrm{d}t\\ &=\frac{\omega A_1A_2}{2\pi}\int_0^{2\pi/\omega}\cos(\omega t+\Phi_1)\cos(\omega t+\Phi_2)\,\mathrm{d}t\\ &=\frac{\omega A_1A_2}{4\pi}\int_0^{2\pi/\omega}[\cos(\Phi_1-\Phi_2)+\cos(2\omega t+\Phi_1+\Phi_2)]\,\mathrm{d}t\\ &=\frac{A_1A_2}{2}\cos(\Phi_1-\Phi_2).\end{aligned}$$

如果用相应的复数

$$\begin{cases}\widetilde{a}_1(t)=A_1\,\mathrm{e}^{\mathrm{i}(\omega t+\Phi_1)}\\ \widetilde{a}_2(t)=A_2\,\mathrm{e}^{\mathrm{i}(\omega t+\Phi_2)}\end{cases}$$

来计算的话,下列公式给出同样的结果：

$$\frac{1}{2}\mathrm{Re}(\widetilde{a}_1\widetilde{a}_2^*)=\frac{A_1A_2}{2}\mathrm{Re}\,[\mathrm{e}^{\mathrm{i}(\omega t+\Phi_1)}\mathrm{e}^{-\mathrm{i}(\omega t+\Phi_2)}]=\frac{A_1A_2}{2}\mathrm{Re}\,[\mathrm{e}^{\mathrm{i}(\Phi_1-\Phi_2)}]=\frac{A_1A_2}{2}\cos(\Phi_1-\Phi_2).$$

所以今后我们将用下式来计算两简谐量乘积的平均值：

$$\overline{a_1a_2}=\frac{1}{2}\mathrm{Re}(\widetilde{a}_1\,\widetilde{a}_2^*). \tag{D.21}$$

## 习　题

**D-1**. 计算下列复数的模和辐角。

(1) $(1+2\mathrm{i})+(2+3\mathrm{i})$；

(2) $(3+\mathrm{i})-[1+(1+\sqrt{3})\mathrm{i}]$；

(3) $(2+3i)-(3+4i)$；

(4) $(-2+7i)+(-1-2i)$.

D-**2**. 计算下列复数的实部和虚部。

(1) $(-1-\sqrt{3}i)\times(1+\sqrt{3}i)$；

(2) $(-1+\sqrt{3}i)^2$；

(3) $\dfrac{-2i}{1-i}$；

(4) $\dfrac{1-\sqrt{3}i}{\sqrt{3}+i}$.

D-**3**. 用复数求两个简谐量 $a(t)=A\cos(\omega t+\varphi_a)$ 和 $b(t)=B\cos(\omega t+\varphi_b)$ 乘积的平均值

$$\overline{a(t)b(t)}=\frac{1}{T}\int_0^T a(t)b(t)\,dt\ (T=2\pi/\omega):$$

| | $A$ | $\varphi_a$ | $B$ | $\varphi_b$ | 平均值 |
|---|---|---|---|---|---|
| (1) | 2 | $\pi/3$ | 1 | $2\pi/3$ | |
| (2) | 6 | $\pi/4$ | 2 | 0 | |
| (3) | 3 | $\pi/3$ | 1 | $-2\pi/3$ | |
| (4) | 0.2 | $4\pi/5$ | 7 | $6\pi/5$ | |

# 附录E　千克和安培的自然基准

## 1. 安培的自然基准

物理量的单位过去都以实物为基准，如保存在巴黎的米原器和千克原器。实物原器不可靠，很难保证和证实长久不变。现在人们逐步改为自然基准，即以已精确测量的普适常量为基准，如以光速及特种激光的频率为时间和长度的基准。质子的元电荷 $e$ 的测量相对不确定度由1973年的 $10^{-6}$ 降低到2014年的 $10^{-9}$，量子物理中的基本普适常量 $h$（普朗克常量）的测量相对不确定度更小。在此过程中最重要的是两个宏观量子效应的发现。

(1) 约瑟夫森效应：1962年英国的研究生约瑟夫森(Josephson)在理论上预言，若在两块超导体之间被一 极薄的氧化层隔开（超导结），并用频率为 $\nu$ 的微波辐照，加一直流电压，则电流–电压特性曲线上有一系列电压阶梯，其间隔为

$$\Delta V = \frac{h\nu}{2e} = K_J\nu, \tag{E.1}$$

$K_J$ 称为约瑟夫森常量。这一预言次年为美国贝尔实验室在实验上证实。经多年的测量，国际计量局(BIPM)推荐下列数值于1990年1月1日 起采用：

$$K_{J(1990)} = 2.067834\times10^{-6}\,\mathrm{V\cdot GHz^{-1}} \tag{E.2}$$

作为电压标准，其不确定度估计为 $4\times10^{-7}$。

(2) 量子霍尔效应：1980年德国的冯•克利青(von Klitzing) 在二维半导体霍尔电阻 $R_H$ 随栅级电压变化的曲线上观察到霍尔电阻的一系列平台，电阻对磁场呈阶梯式变化。理论证明，平台电阻值

$$R_H = \frac{R_K}{nI}, \qquad R_K = \frac{h}{e^2}, \tag{E.3}$$

这里 $I$ 是电流，$n$ 是正整数，$R_K$ 称为冯•克利青常量。$n=1$ 时冯•克利青常量 $R_K = \frac{h}{e^2}$。$R_H$ 的各个量子化值都十分精确，从1990年1月1日 起电学咨询委员会(CCE)推荐此数值作为监视国家欧姆值。

$$R_{K(1990)} = 25.8128\,\mathrm{k\Omega} \tag{E.4}$$

到2014年 $K_J$ 和 $R_K$ 与1990年的差值在 $10^{-7}$ 内，不超出它们作为电压和电阻标准的精度范围，仍可作为电压和电阻的基准。有了电压和电阻的基准，其它电磁学量的基准就可由此导出了。电流的基准应是电压的基准除以电阻的基准，但不是 $K_J/R_K$，这是因为约瑟夫森效应研究的是超导体，超导体中的载流子是库伯电子对，载有电荷 $2e$，所以

$$1\ 安培 = \frac{2K_{J(1990)}}{R_{K(1990)}} = \frac{1}{e}. \tag{E.5}$$

即安培的自然基准是元电荷 $e$ 的倒数。在计量操作上“安培”单位由约瑟夫森效应和冯•克利青效应的实验来实现，在理论上它等于每秒通过 $1/e$ 个元电荷的电流。

## 2. 千克的自然基准

安培的自然基准问题解决了，所有电磁学量的问题就都解决了，而质量是力学量，解决其自然基准问题要利用电磁学量和力学量的关系。能量和功率是跨越所有物理学分支学科的物理量，千克的自然基准问题由电功率和机械功率等当入手。所用的仪器叫功率天平，或称瓦特天平，其一端是力学的，另一端是电磁学的。

瓦特天平(见图 E-1)的力学端就是一个砝码,其质量$m=1\text{kg}$,受到的重力为$mg$,$g$ 为重力加速度,是可以精密测量的。瓦特天平(见图)的电磁学端是一个圆线圈,放在由中心向外呈辐射状的磁场$B$中。测量经过两个模式:测力模式和测速模式。

(1) 测力模式:圆线圈串联一个电阻接在电动势为 $\mathscr{E}_1$ 的直流电源上,线路的总电阻为 $R$,其中电流为 $I_1$,圆线圈的总长度为 $L$. 磁场的分布是轴对称的,用柱坐标($z$, $\varphi$, $\rho$) 来描述,磁场没有$B_\varphi$ 分量,水平分量$B_\rho$ 在线圈平面内呈辐射状,处处与线圈垂直。作用在其上的安培力 $I_1B_\rho L$ 向下,与天平另一端砝码的重量平衡,即

$$I_1B_\rho L=mg. \tag{E.6}$$

(2) 测速模式:将砝码和圆线圈从天平上取下,圆线圈扯离电源而短路,让它在原位置上下以匀速 $v$ 平移。磁场由超导电磁铁产生,磁场要设计得在圆线圈运动的范围内其水平分量 $B_\rho$ 取恒值。圆线圈切割磁力线产生动生电动势 $\mathscr{E}_2=B_\rho Lv$,趋动电流 $I_2$. 将这些量代入(E.6) 式,将不易测准的 $B_\rho$ 和$L$,以及电流消掉,我们得到

$$m=\frac{\mathscr{E}_1\mathscr{E}_2}{Rvg}. \tag{E.7}$$

电动势(电压)$\mathscr{E}_1$ 和 $\mathscr{E}_2$ 由约瑟夫森效应精确测定,电阻 $R=\mathscr{E}_1/I_1$ 由量子霍尔效应精确测定。

$$\begin{cases}\mathscr{E}_1=\dfrac{n_1h\nu_1}{2e}, & \text{(E.8)}\\ \mathscr{E}_2=\dfrac{n_2h\nu_2}{2e}, & \text{(E.9)}\\ R=\dfrac{h}{n_2e^2}. & \text{(E.10)}\end{cases}$$

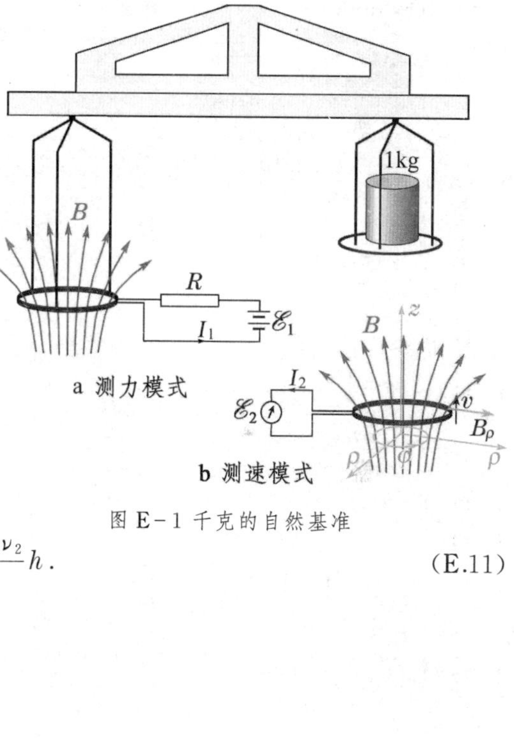

图 E-1 千克的自然基准

式中 $n_1$ 打和 $n_2$ 是正整数,打在约瑟夫森结上电磁波的频率 $\nu_1$ 和 $\nu_2$ 的相对不确定度在 $10^{-15}$ 量级,$e$ 的相对不确定度在 $10^{-8}$ 量级,$h$ 的相对不确定度在 $10^{-8}$ 量级。将以上三式代入(E.7),得

$$m=\frac{n_1^2n_2\nu_1\nu_2}{4gv}h. \tag{E.11}$$

此式以普朗克常量 $h$ 定义了质量的单位千克。

# 习 题 答 案

## 第一章

**1-1.**(1) $8.23\times10^{-8}\,\text{N}$，$3.63\times10^{-47}\,\text{N}$；

(2) $2.27\times10^{39}$ 倍；

(3) $2.19\times10^{6}\,\text{m/s}$.

**1-2.**(1) $7.64\times10^{-2}\,\text{N}$，

(2) $1.14\times10^{29}\,\text{m/s}^2$.

**1-3.**(1) $14.4\,\text{N}$，

(2) $8.8\times10^{26}$ 倍。

**1-4.** $q=\pm4\,l\sin\theta\sqrt{\pi\varepsilon_0 mg\tan\theta}$.

**1-5.** $-8.02\times10^{-19}\,\text{C}$.

**1-6.** $1.641\times10^{-19}\,\text{C}$.

**1-7.** $5.14\times10^{11}\,\text{V/m}$.

**1-8.**

$$E_r=\frac{1}{4\pi\varepsilon_0}\frac{2p\cos\theta}{r^3},$$

$$E_\theta=\frac{1}{4\pi\varepsilon_0}\frac{p\sin\theta}{r^3}.$$

**1-9.**(1) $F\approx\dfrac{1}{4\pi\varepsilon_0}\dfrac{2Qp}{r^3}$，$L=0$；

(2) $F\approx\dfrac{1}{4\pi\varepsilon_0}\dfrac{Qp}{r^3}$，$L=\dfrac{1}{4\pi\varepsilon_0}\dfrac{Qp}{r^2}$.

**1-10.**证明从略。

**1-11.** $E\approx\dfrac{1}{4\pi\varepsilon_0}\dfrac{3pl}{x^4}$.

**1-12.**(1) $E=\dfrac{\eta_e a}{2\pi\varepsilon_0(x^2-a^2/4)}$，

(2) $F=\dfrac{\eta_e^2}{2\pi\varepsilon_0 a}$.

**1-13.** $E\pi a^2$.

**1-14.**

$$E=\frac{e}{4\pi\varepsilon_0 r^2}\left[2\left(\frac{r}{a_B}\right)^2+2\left(\frac{r}{a_B}\right)+1\right]e^{-2r/a_B},$$

径向朝外。

**1-15.**(1) $4.4\times10^{-13}\,\text{C/m}^3$，

(2) $-8.9\times10^{-10}\,\text{C/m}^2$.

**1-16.** $E=\begin{cases}0, & r<R\\ \lambda/2\pi\varepsilon_0 r, & r>R\end{cases}$

曲线从略。

**1-17.** $E=\begin{cases}0, & \text{两带电平面外侧}\\ \sigma_e/\varepsilon_0, & \text{两带电平面之间}\end{cases}$

**1-18.** $E=\begin{cases}\sigma_e/\varepsilon_0, & \text{两带电平面外侧}\\ 0, & \text{两带电平面之间}\end{cases}$

**1-19.**各区域内 $E$(以 $\sigma_e/\varepsilon_0$ 为单位) 为

| | | $\sigma_{e1}$ | | $\sigma_{e2}$ | | $\sigma_{e3}$ | |
|---|---|---|---|---|---|---|---|
| (1) | $-3/2$ | | $-1/2$ | | $+1/2$ | | $+3/2$ |
| (2) | $-1/2$ | | $+1/2$ | | $-1/2$ | | $+1/2$ |
| (3) | $+1/2$ | | $-1/2$ | | $+1/2$ | | $-1/2$ |
| (4) | $+1/2$ | | $+3/2$ | | $+1/2$ | | $-1/2$ |

+——向右，-——向左。

**1-20.** $E_x=\begin{cases}\rho_0 x/\varepsilon_0, & \text{板内；}\\ \rho_0 d/\varepsilon_0, & \text{板外。}\end{cases}$

**1-21.** $3.0\times10^{9}\,\text{J}$，$7.2\times10^{3}\,\text{kg}$.

**1-22.** $2\times10^{8}\,\text{V}$.

**1-23.** $E=0$，$U=q/2\pi\varepsilon_0 l$.

**1-24.** $E=q/2\pi\varepsilon_0 l^2$，$U=0$.

**1-25.**(1) $E=\dfrac{1}{4\pi\varepsilon_0}\dfrac{qx}{(x^2+R^2)^{3/2}}$；

(2) 曲线从略；

(3) $x=\pm R/\sqrt{2}$ 处，$E=\pm\dfrac{\sqrt{3}\,q}{18\pi\varepsilon_0 R^2}$；

(4) $U=\dfrac{1}{4\pi\varepsilon_0}\dfrac{q}{\sqrt{x^2+R^2}}$；

(5) 曲线从略；

(6) $x=0$ 处，$U=\dfrac{q}{4\pi\varepsilon_0 R}$.

**1-26.**(1) $E=\dfrac{\sigma_e}{2\varepsilon_0}\left(\dfrac{x}{|x|}-\dfrac{x}{\sqrt{x^2+R^2}}\right)$；

(2) $R\to0$ 时 $E=0$，

$R\to\infty$ 时 $E=\dfrac{\sigma_e}{2\varepsilon_0}\dfrac{x}{|x|}$；

(3) $R\to0$ 时 $E\approx\dfrac{1}{4\pi\varepsilon_0}\dfrac{x}{|x|}\dfrac{Q}{x^2}$，

$R\to\infty$ 时 $E=0$；

(4) $U=\dfrac{\sigma_e}{2\varepsilon_0}\left(\sqrt{x^2+R^2}-|x|\right)$.

**1-27.**(1) $y=3.5\times10^{-4}\,\text{m}$，

(2) $y'=5.0\times10^{-3}\,\text{m}$.

**1-28.**(1) $U=0$ 的等势面方程为

$$\left(x-\frac{n^2a}{n^2-1}\right)^2+y^2+z^2=\left(\frac{na}{n^2-1}\right)^2;$$

(2) 证明从略；

(3) 半径 $R=\dfrac{na}{n^2-1}$.

**1-29.**(1) $1.6\times10^{7}\,\text{V}$，

(2) $1.5\times10^{-13}\,\text{m}$，

(3) $4.2\times10^{-14}\,\text{m}$.

**1-30.** $2.18\times10^{-18}\,\text{J}=13.6\,\text{eV}$.

**1-31.**(1) $10^{6}\,\text{eV}$，(2) $10^{10}\,\text{K}$.

**1-32.**(1) $1.16\times10^{4}\,\text{K}$，

（2）$5.8\times10^8$ K，

（3）$2.6\times10^{-2}$ eV.

**1-33.**（1）$U=\dfrac{\eta_e}{4\pi\varepsilon_0}\ln\dfrac{(x+a)^2+y^2}{(x-a)^2+y^2}$；

（2）证明从略；

（3）$yz$ 平面。

**1-34.**从左到右 5.0，11，28，40，50，40，40，50，46，25，12，5.0 V/m.

**1-35.**（1）$2.56\times10^5$ V，

（2）$2.24\times10^8$ m/s，74.5%；

（3）$\infty$，不可能。

**1-36.**（1）$E_{\text{I}}=0$，

$E_{\text{II}}=\dfrac{1}{4\pi\varepsilon_0}\dfrac{Q_1}{r^2}$，

$E_{\text{III}}=\dfrac{1}{4\pi\varepsilon_0}\dfrac{Q_1+Q_2}{r^2}$；

（2）$E_{\text{I}}=0$，

$E_{\text{II}}=\dfrac{1}{4\pi\varepsilon_0}\dfrac{Q_1}{r^2}$，

$E_{\text{III}}=0$；

（3）$U_{\text{I}}=\dfrac{Q_1}{4\pi\varepsilon_0}\left(\dfrac{1}{R_1}-\dfrac{1}{R_2}\right)$，

$U_{\text{II}}=\dfrac{Q_1}{4\pi\varepsilon_0}\left(\dfrac{1}{r}-\dfrac{1}{R_2}\right)$，

$U_{\text{III}}=0$.

**1-37.**（1）$E_{\text{I}}=0$，　$E_{\text{II}}=\dfrac{\lambda_1}{2\pi\varepsilon_0 r}$，

$E_{\text{III}}=\dfrac{\lambda_1+\lambda_2}{2\pi\varepsilon_0 r}$；

（2）$E_{\text{I}}=0, E_{\text{II}}=\dfrac{\lambda_1}{2\pi\varepsilon_0 r}$，

$E_{\text{III}}=0$，　曲线从略；

（3）$\Delta U=\dfrac{\lambda_1}{2\pi\varepsilon_0}\ln\dfrac{R_2}{R_1}$，

$U_{\text{I}}=\dfrac{\lambda_1}{2\pi\varepsilon_0}\ln\dfrac{R_2}{R_1}$，

$U_{\text{II}}=\dfrac{\lambda_1}{2\pi\varepsilon_0}\ln\dfrac{R_2}{r}$，

$U_{\text{III}}=0$.

**1-38.**

（1）$E=\begin{cases}\dfrac{R^2\rho_e}{2\varepsilon_0 r}, & r>R;\\ \dfrac{\rho_e}{2\varepsilon_0}r, & r<R.\end{cases}$

曲线从略。

（2）
$U=\begin{cases}-\dfrac{\rho_e}{4\varepsilon_0}r^2, & r<R;\\ -\dfrac{\rho_e}{4\varepsilon_0}R^2\left(1+2\ln\dfrac{r}{R}\right), & r>R.\end{cases}$

**1-39.**（1）$E=\dfrac{\rho_0 a^2 r}{2\varepsilon_0(a^2+r^2)}$；

（2）$U=\dfrac{\rho_0 a^2}{4\varepsilon_0}\ln\dfrac{a^2}{a^2+r^2}$.

**1-40.**（1）$8.8\times10^6$ m/s，

（2）$1.03\times10^7$ m/s.

**1-41.**

$E=\begin{cases}0, & x<-d/2;\\ -\sigma_e/\varepsilon_0; & -d/2<x<d/2;\\ 0, & x>d/2.\end{cases}$

$U=\begin{cases}-\sigma_e d/2\varepsilon_0, & x<-d/2;\\ \sigma_e x/\varepsilon_0, & -d/2<x<d/2;\\ \sigma_e d/2\varepsilon_0, & x>d/2.\end{cases}$

曲线从略。

**1-42.**（1）证明从略；

（2）电势零点在 $x=0$ 处，

$\Delta U=U_P-U_N=-\dfrac{e}{\varepsilon_0}(n_P x_P^2+n_N x_N^2)$.

**1-43.**（1）证明从略；

（2）电势零点在 $x=0$ 处，

电势差 $\Delta U=-\dfrac{eax_m^3}{12\varepsilon_0}$.

**1-44.**证明从略。

**1-45.**（1）$E_A=\sigma_e/2\varepsilon_0$，方向指 B；

（2）$E_B=\sigma_e/2\varepsilon_0$，方向指 B；

（3）$E=\sigma_e/\varepsilon_0$，方向指 B；

（4）$E_A=\sigma_e/2\varepsilon_0$，方向指 B.

**1-46.**（1）和（2）证明从略；

（3）$\sigma_1=5\,\mu\text{C/m}^2$，

$\sigma_2=-2\,\mu\text{C/m}^2$，

$\sigma_3=2\,\mu\text{C/m}^2$，

$\sigma_4=5\,\mu\text{C/m}^2$.

**1-47.** $7.5\times10^4$ V，$2.4\times10^{-10}$ C.

**1-48.**（1）$-1.0\times10^3$ V，

（2）$-2.0\times10^2$ V.

**1-49.** $q_B=-1.0\times10^{-7}$ C，

$q_C=-2.0\times10^{-7}$ C，

$2.3\times10^3$ V.

**1-50.**

$E=\begin{cases}\dfrac{1}{4\pi\varepsilon_0}\dfrac{q}{r^2}, & r<R_1;\\ 0, & R_1<r<R_2;\\ \dfrac{1}{4\pi\varepsilon_0}\dfrac{q}{r^2}, & r>R_2.\end{cases}$

$U=\begin{cases}\dfrac{q}{4\pi\varepsilon_0}\left(\dfrac{1}{r}-\dfrac{1}{R_1}+\dfrac{1}{R_2}\right), & r<R_1;\\ \dfrac{q}{4\pi\varepsilon_0}\dfrac{1}{R_2}; & R_1<r<R_2;\\ \dfrac{q}{4\pi\varepsilon_0}\dfrac{1}{r}, & r>R_2.\end{cases}$

**1-51.**（1）$1.2\times10^2$ V，

（2）$3.0\times10^2$ V，

（3）$1.2\times10^2$V.

**1-52**.(1)

$$U_1=\frac{1}{4\pi\varepsilon_0}\left(\frac{q}{R_1}-\frac{q}{R_2}+\frac{Q+q}{R_3}\right),$$

$$U_2=\frac{1}{4\pi\varepsilon_0}\frac{Q+q}{R_3};$$

(2) $\Delta U=U_1-U_2=\frac{q}{4\pi\varepsilon_0}\left(\frac{1}{R_1}-\frac{1}{R_2}\right)$,

(3) $U_1=U_2=\frac{1}{4\pi\varepsilon_0}\frac{Q+q}{R_3}$，$\Delta U=0$；

（4）$U_2=0$,

$$U_1=\Delta U=\frac{q}{4\pi\varepsilon_0}\left(\frac{1}{R_1}-\frac{1}{R_2}\right);$$

（5）$U_1=0$,

$$\Delta U=-U_2=\frac{1}{4\pi\varepsilon_0}\frac{(R_1-R_2)Q}{R_1R_2+R_2R_3-R_3R_1}.$$

**1-53**.(1) $U_1=3.3\times10^2$V,

$U_2=2.7\times10^2$V；

（2）$\Delta U=60$V；

（3）$U_1=U_2=2.7\times10^2$V，$\Delta U=0$；

（4）$U_2=0$，$U_1=\Delta U=60$V；

（5）$U_1=0$，$U_2=180$V,

$\Delta U=U_1-U_2=-180$V.

**1-54**. $9.0\times10^3$W.

**1-55**. $1.5\times10^6$V.

**1-56**. 7.08$\mu$F.

**1-57**.(1) $C=\frac{\varepsilon_0S}{d-t}$，（2）无影响。

**1-58**.证明从略。

**1-59**. $C=\frac{\pi\varepsilon_0}{\ln\left(\frac{d-a}{a}\right)}$.

**1-60**.证明从略。

**1-61**.证明从略。

**1-62**.(1) $\Delta U=\frac{Q}{4\pi\varepsilon_0}\left(\frac{1}{R_1}-\frac{1}{R_2}+\frac{1}{R_3}-\frac{1}{R_4}\right)$,

（2）

$$C=\frac{4\pi\varepsilon_0R_1R_2R_3R_4}{R_2R_3R_4-R_1R_3R_4+R_1R_2R_4-R_1R_2R_3}.$$

**1-63**.(1) $1.8\times10^{-4}$J，(2) $8.1\times10^{-5}$J.

**1-64**. $1.2\times10^4$J.

**1-65**.

$$E_x=\frac{\eta x}{2\pi\varepsilon_0}\left[\frac{1}{(y-a)^2+x^2}-\frac{1}{(y+a)^2+x^2}\right],$$

$$E_y=\frac{\eta}{2\pi\varepsilon_0}\left[\frac{y-a}{(y-a)^2+x^2}-\frac{y+a}{(y+a)^2+x^2}\right],$$

$$U=\frac{\eta}{4\pi\varepsilon_0}\ln\frac{(y+a)^2+x^2}{(y-a)^2+x^2},$$

$$\sigma=-\frac{\eta a}{\pi(x^2+a^2)}.$$

**1-66**.(1) $E_1=\frac{I}{\sigma_1S}$，$E_2=\frac{I}{\sigma_2S}$；

（2）$U_{AB}=\frac{Id_1}{\sigma_1S}$，$U_{BC}=\frac{Id_2}{\sigma_2S}$.

**1-67**. $R=\frac{1}{2\pi\sigma l}\ln\frac{b}{a}$.

# 第二章

**2-1**. $B=\mu_0I/8R$，垂直纸面向里。

**2-2**.

$$B=\frac{\mu_0}{2\pi x_1x_2}\sqrt{(I_1+I_2)(I_1x_2^2+I_2x_1^2)-4a^2I_1I_2}.$$

**2-3**. $B=\frac{\mu_0aI}{\pi x_1x_2}$.

**2-4**. 0.72Gs.

**2-5**.(1) $B=\frac{9\mu_0Ia^2}{2\pi(3r_0^2+a^2)\sqrt{3r_0^2+4a^2}}$,

（2）证明从略。

**2-6**.(1) $B=\frac{\mu_0I}{2\pi a}\arctan\frac{a}{x}$；

（2）$B=\mu_0\iota/2$,

**2-7**.(1) $B=\frac{\mu_0}{2}(\iota_2-\iota_1)$；

（2）$B=\frac{\mu_0}{2}(\iota_2+\iota_1)$；

（3）两面之间 $B=0$，两面外侧 $B=\mu_0\iota$；

（4）两面之间 $B=\mu_0\iota$，两面外侧 $B=0$；

（5）$B=\mu_0\iota/\sqrt{2}$，不同区域方向不同。

**2-8**. $B=\mu_0\iota\sin\theta$.

**2-9**. 44Gs.

**2-10**. $2.7\times10^2$Gs.

**2-11**. 44Gs，14W.

**2-12**.(1)、(2)、(3) $B=\frac{2}{3}\mu_0nI$,

（4）$B=\frac{2}{3}\mu_0nI\frac{R^3}{x_0^3}$.

**2-13**. $B=\begin{cases}\frac{2}{3}\mu_0\sigma_e\omega R, & \text{球内；}\\ \frac{2}{3}\mu_0\sigma_e\omega\frac{R^4}{x^3}, & \text{球外.}\end{cases}$

**2-14**. $B=\frac{\mu_0\sigma_e\omega}{2}\left(\frac{R^2+2x^2}{\sqrt{R^2+x^2}}-2x\right)$.

**2-15**. $1.3\times10^5$Gs.

**2-16**. $B=\begin{cases}0, & r<R;\\ \frac{\mu_0I}{2\pi r}, & r>R.\end{cases}$

**2-17**.(1) $B=0$, $r<a$;

(2) $B=\frac{\mu_0 I}{2\pi r}\frac{r^2-a^2}{b^2-a^2}$, $a<r<b$;

(3) $B=\frac{\mu_0 I}{2\pi r}$, $r>b$.

**2-18**.(1) 4.0Gs, (2) 0, (3) 2.1Gs.

**2-19**. $B=\begin{cases}\frac{\mu_0 Ir}{2\pi r_1^2}, & r<r_1;\\ \frac{\mu_0 I}{2\pi r}, & r_1<r<r_2;\\ \frac{\mu_0 I}{2\pi r}\frac{r_3^2-r^2}{r_3^2-r_2^2}, & r_2<r<r_3;\\ 0, & r>r_3.\end{cases}$

**2-20**.(1) $B=\frac{\mu_0 I}{2\pi r}$,

(2) $\Phi_B=\frac{\mu_0 Il}{2\pi}\ln\frac{R_2}{R_1}$,

(3) $A(r)=-\frac{\mu_0 I}{2\pi}\ln\frac{r}{R_1}$.

**2-21**.(1) $B=\frac{\mu_0 NI}{2\pi r}$,

(2) $\Phi_B=\frac{\mu_0 NIh}{2\pi}\ln\frac{D_1}{D_2}$.

**2-22**. $B=\frac{1}{2}\mu_0\iota$.

**2-23**.(1) 0.20A, (2) 大于0.20A.

**2-24**. 93Gs.

**2-25**.(1) $q=\frac{m}{lB}\sqrt{2gh}$, (2) 3.8C.

**2-26**.(1) $B=\frac{\Delta mg}{2NIl}$, (2) 0.478T.

**2-27**. $4.3\times10^{-3}$ kg·m.

**2-28**. $T=2\pi\sqrt{\frac{J}{Ia^2B}}$.

**2-29**.(1) $1.1\,\mathrm{A\cdot m^2}$, (2) 4.2kg·m.

**2-30**. 0.10N.

**2-31**. $1.2\times10^2$ N.

**2-32**.(1)

$F_x=\frac{\mu_0 aI_1I_2}{\pi}\left(\frac{b+a\cos\theta}{a^2+b^2+2ab\cos\theta}-\frac{b-a\cos\theta}{a^2+b^2-2ab\cos\theta}\right)$,

$F_y=\frac{\mu_0 aI_1I_2}{\pi}\left(\frac{a\sin\theta}{a^2+b^2+2ab\cos\theta}+\frac{a\sin\theta}{a^2+b^2-2ab\cos\theta}\right)$,

$L=\frac{2\mu_0 I_1I_2\,a^2b(a^2+b^2)\sin\theta}{\pi[(a^2+b^2)^2-4a^2b^2\cos^2\theta]}$.

(2) $\theta=\begin{cases}0, & 稳定平衡;\\ \pi, & 不稳定平衡。\end{cases}$

(3) 功 $A=-\frac{\mu_0 aI_1I_2}{\pi}\ln\frac{b-a}{b+a}$.

**2-33**. $F=\mu_0 I_1I_2\left(1-\frac{l}{\sqrt{l^2-r^2}}\right)$.

**2-34**.证明从略。

**2-35**.(1) $L_{磁}=1.0\times10^{-6}$ N·m,

(2) $D=3.3\times10^{-8}$ N·m/(°)。

**2-36**. 1.9MeV.

**2-37**.(1) $3.2\times10^{-14}$ N, $7.1\times10^{-6}$ m;

(2) $3.2\times10^{-13}$ N, $7.1\times10^{-5}$ m.

**2-38**. $4.8\times10^{-11}$ N,

为重力的 $5.4\times10^{18}$ 倍。

**2-39**.(1) $p=3.3\times10^{-17}$ kg·m/s,

$E=62$ GeV;

(2) $B=1.6\times10^{-4}$ Gs.

**2-40**.(1) 向东偏,

(2) $6.3\times10^{14}\,\mathrm{m/s^2}$,

(3) $2.398\times10^{-3}$ m,

(4) 影响不大。

**2-41**. $y=\frac{qBlL}{mv}$.

**2-42**.(1) $2.9\times10^7$ m/s, 4.4s,

(2) $8.6\times10^6$ V.

**2-43**.证明从略。

**2-44**. $\frac{q}{m}=4.4\times10^6$ C/kg.

**2-45**.(1) $B=0.48$ T, (2) $1.4\times10^{-5}$ s.

**2-46**. $7.05\times10^7$ m/s.

**2-47**.证明从略。

**2-48**. $\begin{cases}y=\frac{m}{eB}\left(v_0-\frac{E}{B}\right)\sin\frac{eB}{m}t+\frac{E}{B}t,\\ z=\frac{m}{eB}\left(v_0-\frac{E}{B}\right)\left(1-\cos\frac{eB}{m}t\right).\end{cases}$

轨迹为 $yz$ 面内的一条摆线。

**2-49**.(1) $U_{aa'}=-22\,\mu$V, (2) 无影响。

**2-50**.(1) N型, (2) $n=2.9\times10^{14}\,\mathrm{cm^{-3}}$.

# 第三章

**3-1**. $\mathscr{E}=1.3$ mV, 0.63mA.

**3-2**. (1) $\pi/2$ 或 $3\pi/2$ 时最大,

(2) $N=97$匝。

**3-3.**(1) $\Phi=\frac{\mu_0 I_0 l}{2\pi}\ln\frac{b}{a}\sin\omega t$,

(2) $\mathscr{E}=-\frac{\mu_0 I_0 l\omega}{2\pi}\ln\frac{b}{a}\cos\omega t$.

**3-4.** 3.0 mV.

**3-5.**

$$\mathscr{E}=\frac{\mu_0 I a^2 b\omega}{\pi}\left(\frac{1}{a^2+b^2+2ab\cos\omega t}+\frac{1}{a^2+b^2-2ab\cos\omega t}\right)\sin\omega t.$$

**3-6.**(1) 1.0 V, (2) 1.3 N,

(3) 皆为 5.0 W.

**3-7.**证明从略。

**3-8.** 1.3 Gs.

**3-9.** 1.5 V,沿 $badc$ 方向。

**3-10.** −1.9 V, $c$ 点电势高。

**3-11.** $-3.7\times10^{-5}$ V, $a$ 端电势高。

**3-12.** $-4.7\times10^{-5}$ V.

**3-13.**(1) $\mathscr{E}=\pi NBR^2$,

(2) 由中心到边缘,

(3) $\frac{1}{2}IBR^2$,方向垂直图面向里。

(4) 电流也反向,

(5) 感应电动势情形相同。

**3-14.**(1) $U=\frac{1}{2}\omega BR^2$, (2) 1.3 V,

(3) 盘的边缘电势高;

反转时,盘心的电势高。

**3-15.** $2.3\times10^5$ 周, $1.2\times10^3$ km.

**3-16.**(1) $\boldsymbol{A}=-\hat{\boldsymbol{z}}\frac{\mu_0 I}{2\pi}\ln\frac{r}{a}$,

(2) $v_0=\frac{|e|\mu_0 I}{2\pi m}\ln\frac{b}{a}$.

**3-17.**证明从略。

**3-18.**论证从略。

**3-19.**(1) $\boldsymbol{E}\perp\boldsymbol{B}$;

(2) $\boldsymbol{E}\perp\boldsymbol{B}$, $E^2-c^2B^2>0$;

(3) $\boldsymbol{E}\perp\boldsymbol{B}$, $E^2-c^2B^2<0$.

**3-20.** (1) $\begin{cases}E_x=0,\\ E_y=\frac{\gamma}{2\pi\varepsilon_0}\frac{\eta_e'}{y},\\ E_z=0.\end{cases}$

(2) $\begin{cases}B_x=0,\\ B_y=0,\\ B_z=\frac{\gamma}{2\pi\varepsilon_0}\frac{\eta_e' v}{c^2 y}.\end{cases}$

(3) 证明从略。

**3-21.** $E_y=\frac{\sigma_e}{2\varepsilon_0}$, $B_z=\frac{\mu_0}{2}\iota$],

其中 $\sigma_e=\gamma\sigma_e'$, $\iota=\gamma\sigma_e' v$,

其余分量为 0 。

**3-22.** $E_y=\frac{\sigma_e}{\varepsilon_0}$, $B_z=\mu_0\iota$,

其中 $\sigma_e=\gamma\sigma_e'$, $\iota=\gamma\sigma_e' v=\sigma_e v$,

其余分量为 0 。

**3-23.** $f=\frac{q^2}{4\pi\varepsilon_0 r^2}\sqrt{1-\frac{v^2}{c^2}}$, 排斥力。

**3-24.** 论证从略。

**3-25.** $M=\mu_0\frac{N_1 N_2}{2R}a^2$.

**3-26.**(1) $M=6.3\times10^{-6}$ H,

(2) $\mathscr{E}=3.2\times10^{-4}$ V.

**3-27.** 图 a, $2.8\times10^{-6}$ H; 图 b, 0.

**3-28.** 从略。

**3-29.** $1.2\times10^3$ 匝。

**3-30.**(1) $L=\frac{\mu_0 N^2 h}{2\pi}\ln\frac{D_1}{D_2}$,

(2) 1.4 mH.

**3-31.**证明从略。

**3-32.**(1) 0, (2) 0.20 H.

**3-33.**(1) 1.5 mH, (2) 5.0 mH.

**3-34.** 0.15 H.

**3-35.**(1) $2.1\times10^{-6}$ H,

(2) $5.5\times10^{-5}$ J,

(3) 增加 $5.5\times10^{-5}$ J,

磁场的功与磁能增加之和,来自电源所作的功。

## 第四章

**4-1.** $E=1.7\times10^6$ V/m, $\sigma_e'=1.5\times10^{-5}\,\mathrm{C/m^2}$.

**4-2.**(1) $C=\frac{\varepsilon_1\varepsilon_2\varepsilon_0 S}{\varepsilon_1 d_2+\varepsilon_2 d_1}$,

(2) $\sigma_e'=\pm\frac{\varepsilon_1-\varepsilon_2}{\varepsilon_1\varepsilon_2}\sigma_{e0}$,

(3) $U=\frac{(\varepsilon_1 d_2+\varepsilon_2 d_1)\sigma_{e0}}{\varepsilon_1\varepsilon_2\varepsilon_0}$,

(4) $D_1=D_2=\sigma_{e0}$.

**4-3.**(1) $P_1=3.7\times10^{-5}\,\mathrm{C/m^2}$,

$P_2=1.6\times10^{-5}\,\mathrm{C/m^2}$;

（2）$U=7.9\times10^3\,\text{V}$.

**4-4.**（1）$D_{\text{I}}=D_{\text{II}}=D_{\text{III}}=8.9\times10^{-11}\,\text{C/m}^2$，

$E_{\text{I}}=E_{\text{III}}=10\,\text{V/m}$，

$E_{\text{II}}=5.0\,\text{V/m}$；

$P_{\text{I}}=P_{\text{III}}=0$，

$P_{\text{II}}=4.5\times10^{-11}\,\text{C/m}^2$.

（2）$U_1=-0.10\,\text{V}$，$U_2=-0.15\,\text{V}$，

$U_3=-0.25\,\text{V}$；

（3）曲线从略；

（4）$C=1.2C_0=39\,\text{pF}$.

**4-5.**（1）$C=\dfrac{(\varepsilon_2-\varepsilon_1)\varepsilon_0 S}{d\ln\dfrac{\varepsilon_2}{\varepsilon_1}}$，

（2）$\rho_e'=\dfrac{-(\varepsilon_2-\varepsilon_1)Qd}{[\varepsilon_1 d+(\varepsilon_2-\varepsilon_1)x]^2 S}$，

$\sigma_{e1}'=-(\varepsilon_1-1)\dfrac{Q}{\varepsilon_1 S}$，

$\sigma_{e2}'=(\varepsilon_2-1)\dfrac{Q}{\varepsilon_2 S}$.

**4-6.** $C=\dfrac{\varepsilon_1\varepsilon_0 S_1+\varepsilon_2\varepsilon_0 S_2}{d}$.

**4-7.**（1）$U=\dfrac{2[\varepsilon d-(\varepsilon-1)t]Qd}{\varepsilon_0 S[2\varepsilon d-(\varepsilon-1)t]}$，

（2）$C=\dfrac{\varepsilon_0 S[2\varepsilon d-(\varepsilon-1)t]}{2[\varepsilon d-(\varepsilon-1)t]d}$，

（3）$\sigma_e'=\dfrac{2(\varepsilon-1)Qd}{S[2\varepsilon d-(\varepsilon-1)t]}$.

**4-8.**（1）$E=\dfrac{Q}{4\pi\varepsilon\varepsilon_0 r^2}$，

$U=\dfrac{Q}{4\pi\varepsilon\varepsilon_0}\left(\dfrac{1}{R_1}-\dfrac{1}{R_2}\right)$；

（2）$\sigma_{e1}'=-(\varepsilon-1)\dfrac{Q}{4\pi\varepsilon R_1^2}$，

$\sigma_{e2}'=(\varepsilon-1)\dfrac{Q}{4\pi\varepsilon R_2^2}$；

（3）$C=\dfrac{4\pi\varepsilon\varepsilon_0 R_1R_2}{R_2-R_1}=\varepsilon C_0$.

**4-9.**（1）

$$E=\begin{cases}\dfrac{Q}{4\pi\varepsilon\varepsilon_0 r^2}, & R<r<R'\\[2ex]\dfrac{Q}{4\pi\varepsilon_0 r^2}, & r>R'\end{cases}$$

（2）

$$U=\begin{cases}\dfrac{Q}{4\pi\varepsilon\varepsilon_0}\left(\dfrac{1}{r}+\dfrac{\varepsilon-1}{R'}\right), & R<r<R'\\[2ex]\dfrac{Q}{4\pi\varepsilon_0 r}, & r>R'\end{cases}$$

（3）$U=\dfrac{Q}{4\pi\varepsilon\varepsilon_0}\left(\dfrac{1}{R}+\dfrac{\varepsilon-1}{R'}\right)$.

**4-10.**（1）$D=\dfrac{Q}{4\pi r^2}$，$E=\dfrac{Q}{4\pi\varepsilon\varepsilon_0 r^2}$，

$P=\dfrac{(\varepsilon-1)Q}{4\pi\varepsilon r^2}$；

（2）$\sigma_e'=-\dfrac{(\varepsilon-1)Q}{4\pi\varepsilon r^2}$.

**4-11.**（1）

$$E=\begin{cases}\dfrac{Q}{4\pi\varepsilon\varepsilon_0 r^2}, & r<R\\[2ex]\dfrac{Q}{4\pi\varepsilon_0 r^2}, & r>R\end{cases}$$

$$U=\begin{cases}\dfrac{Q}{4\pi\varepsilon\varepsilon_0}\left(\dfrac{1}{r}+\dfrac{\varepsilon-1}{R}\right), & r<R\\[2ex]\dfrac{Q}{4\pi\varepsilon_0 r}, & r>R\end{cases}$$

（2）$\sigma_e=\dfrac{-Q}{4\pi R^2}$.

**4-12.**（1）

$C=\dfrac{4\pi\varepsilon_1\varepsilon_2\varepsilon_0 RR_1R_2}{\varepsilon_2R_2(R-R_1)+\varepsilon_1R_1(R_2-R_1)}$；

（2）$\sigma_e'(R_1)=\dfrac{(\varepsilon_1-1)Q}{4\pi\varepsilon_1R_1^2}$，

$\sigma_e'(R)=\dfrac{(\varepsilon_2-\varepsilon_1)Q}{4\pi\varepsilon_1\varepsilon_2R^2}$，

$\sigma_e'(R_2)=-\dfrac{(\varepsilon_2-1)Q}{4\pi\varepsilon_2R_2^2}$.

**4-13.** $C=\dfrac{2\pi\varepsilon_0(\varepsilon+1)R_1R_2}{R_2-R_1}$.

**4-14.**（1）$U=\dfrac{\lambda}{2\pi\varepsilon\varepsilon_0}\ln\dfrac{R_2}{R_1}$；

（2）$D=\dfrac{\lambda}{2\pi r}$，$E=\dfrac{\lambda}{2\pi\varepsilon\varepsilon_0 r}$，$P=\dfrac{(\varepsilon-1)\lambda}{2\pi\varepsilon r}$；

（3）$\sigma_{e1}'=-\dfrac{(\varepsilon-1)\lambda}{2\pi\varepsilon R_1}$

$\sigma_{e2}'=\dfrac{(\varepsilon-1)\lambda}{2\pi\varepsilon R_2}$；

（4）$C=\dfrac{2\pi\varepsilon\varepsilon_0 l}{\ln(R_2/R_1)}=\varepsilon C_0$.

**4-15.** $C=\dfrac{2\pi\varepsilon_1\varepsilon_2\varepsilon_0 l}{\varepsilon_2\ln\dfrac{r}{a}+\varepsilon_1\ln\dfrac{b}{r}}$.

**4-16.** $r=R_1$ 处场强最大，$4.8\times10^5\,\text{V/m}$，与其间介质无关。

**4-17.** $E'=-P/2\varepsilon_0$.

**4-18.** $E=\dfrac{\varepsilon+2}{3}E_0>E_0$.

**4-19.** $E=\dfrac{\varepsilon+1}{2}E_0>E_0$；

若挖去，上述结论不适用。

**4-20.**（1）$3.3\times10^{-8}\,\text{C}$，

（2）$5.9\times10^{-13}$，

（3）$8.6\times10^{-6}$.

**4-21.** 15 kV.

**4-22.** $1.7\times10^4\,\text{V}$.

**4-23.**（1）外层介质先被击穿，

（2）证明从略。

**4-24**.证明从略。

**4-25**. $3.3\times10^{8}$ A/m.

**4-26**.(1) $-6.2\times10^{2}$ Oe,

(2) $\sigma_m = J = 6.3\times10^{-2}$ Wb/m$^2$.

**4-27**.从略。

**4-28**.(1) 1.20 Wb/m$^2$,

(2) 7.5 A·m$^2$,

(3) $\left.\begin{array}{l} H = 1.9\,\text{A·m}, \\ B = 1.18\,\text{T}. \end{array}\right\}$ 方向相反。

**4-29**.(1)

$$H = \frac{\sigma_m}{2\mu_0}\left[\frac{x+l/2}{\sqrt{R^2+(x+l/2)^2}} - \frac{x-l/2}{\sqrt{R^2+(x-l/2)^2}}\right]$$

(2) $P_m = \mu_0 m = \sigma_m \pi R^2 l$,

(3) 证明从略。

**4-30**. $8.4\times10^{22}$ A·m$^2$.

**4-31**.证明从略。

**4-32**.(1) $I = 6.6\times10^{8}$ A, (2) 不能。

**4-33**. $2.5\times10^{-7}$ Wb.

**4-34**.(1) $B = 2.0\times10^{-2}$ T,

(2) $H = 32$ A/m,

(3) $\mu = 5.0\times10^{2}$, $\chi_m = \mu - 1 \approx \mu$,

(4) $M = 1.6\times10^{4}$ A/m.

**4-35**.(1) $H = \dfrac{I}{2\pi r}$(介质内外相同),

$$B = \begin{cases} \dfrac{\mu\mu_0 I}{2\pi r}, & R_1 < r < R_2 \\ \dfrac{\mu_0 I}{2\pi r}, & r > R_2 \end{cases}$$

(2) $i'(R_1) = \dfrac{(\mu-1)I}{2\pi R_1}$,

$i'(R_2) = \dfrac{(\mu-1)I}{2\pi R_2}$;

(3) 无磁荷。

**4-36**. $\mu_{最大} = 4.7\times10^{3}$,曲线从略。

**4-37**.(1) 曲线从略,

(2)

| $H$/(A/m) | $B$/(Wb/m$^2$) | $\mu/10^3$ |
|---|---|---|
| 0 | 0 | 0 |
| 33 | 0.2 | 4.8 |
| 50 | 0.4 | 6.4 |
| 61 | 0.6 | 7.8 |
| 72 | 0.8 | 8.8 |
| 93 | 1.0 | 8.6 |
| 155 | 1.2 | 6.2 |
| 290 | 1.4 | 3.8 |
| 600 | 1.6 | 2.1 |

(3) $\mu_{最大} = 8.8\times10^{3}$.

**4-38**.

| $B$/(Wb/m$^2$) | 0.1 | 0.6 | 1.2 | 1.8 |
|---|---|---|---|---|
| (1) $NI$/安匝 | 3.6 | 15 | $1.1\times10^2$ | $2.5\times10^3$ |
| (2) $I$/A | $3.6\times10^{-3}$ | $1.5\times10^{-2}$ | 0.11 | 2.5 |
| (3) $N$/匝 | 36 | 150 | $1.1\times10^3$ | $2.5\times10^4$ |
| (4) $\mu$ | $4.4\times10^3$ | $6.2\times10^3$ | $1.7\times10^3$ | $1.1\times10^2$ |

**4-39** 0.40 A.

**4-40**. 5.6′.

**4-41**. $NI = 5.0\times10^{2}$ 安匝,$2.1\times10^{3}$ 安匝.

**4-42**. $NI = 2.4\times10^{3}$ 安匝.

**4-43**. $\mu = 314$.

**4-44**.(1) $3.2\times10^{-4}$ Wb,

(2) $0.8\times10^{-4}$ Wb.

**4-45**. $NI = 4.8\times10^{3}$ 安匝.

**4-46**. 133 安匝, $1.46\times10^{4}$ 匝.

**4-47**.(1) 1.2 T, $9.6\times10^{5}$ A/m;

(2) 1.2 T, $5.6\times10^{2}$ A/m;

(3) $4.3\times10^{-4}$ m.

**4-48**.(1) 磁势降落 $= HD = \int_a^b \boldsymbol{H}\cdot \mathrm{d}\boldsymbol{l}$;

(2) $2.1\times10^{6}$ A/m,

切断励磁电流后磁场强度不为0。

**4-49**.证明从略。

**4-50**.(1) 证明从略。

(2) $x$ 的变化影响 $B$,从而影响起重力。

**4-51**. $1.2\times10^{4}$ N.

**4-52**. (1) 50 N, (2) 6.5 A.

**4-53**. (1) 串联:2与4相接,1与3分别接电源;或1与3相接,2与4分别接电源。

并联:1与4相接,2与3相接,将它们分别接电源。

(2) 并联是串联时的4倍。

(3) 串联是并联时的4倍。

(4) 串联与并联时相等。

**4-54**.(1) $m = 7.5$ A·m$^2$,

$p_m = 9.5\times10^{-6}$ Wb·m;

（2）$1.1\times10^{-3}\,\mathrm{N\cdot m}$.

**4-55**. $1.0\times10^{-4}\,\mathrm{N\cdot m}$.

**4-56**. $T=\dfrac{1}{\nu}=2\pi\sqrt{\dfrac{J}{\mu_0 mH}}$ .

**4-57**.(1) 证明从略。

（2）$\boldsymbol{p}_{\mathrm{m1}}$ 与 $\boldsymbol{p}_{\mathrm{m2}}$ 同向时吸引,反向时排斥。

**4-58**. $1.1\times10^{-22}\,\mathrm{N}$,向右。

**4-59**.(1) $\Delta W=\dfrac{Q^2 d}{2\varepsilon_0 S}\left(1-\dfrac{1}{\varepsilon}\right)$,

（2）功 $A=\Delta W$.

**4-60**.(1) $\Delta W=\dfrac{\varepsilon_0 SU^2}{2d}(\varepsilon-1)$,

（2）电源所作的功$=2\Delta W$,

（3）电场对介质所作的功$=\Delta W$.

**4-61**. $F=\dfrac{2(\varepsilon-1)Q^2 d}{\varepsilon_0(\varepsilon+1)^2 a^3}$,吸入介质。

**4-62**. $5.4\times10^{-5}\,\mathrm{J}\rightarrow4.6\times10^{-5}\,\mathrm{J}$,

减少的能量化为导线中的焦耳热。

**4-63**.(1) $W_{\mathrm{e}}=\dfrac{2\pi\varepsilon_0 R_1 R_2}{R_2-R_1}U^2$,

（2）结果相同。

**4-64**.(1) $W_{\mathrm{e}}=\dfrac{Q^2}{4\pi\varepsilon\varepsilon_0 l}\ln\dfrac{b}{a}$,

（2）证明从略。

**4-65**.证明从略。

**4-66**.电能 $4.4\times10^{-5}\,\mathrm{J}$,

磁能 $4.0\times10^{2}\,\mathrm{J}$.

**4-67**.(1) $w_{\mathrm{m}}=1.0\times10^{5}\,\mathrm{J/m^3}$,

（2）$1.5\times10^{8}\,\mathrm{V/m}$.

**4-68**.(1) 令从内到外为 1、2、3、4 四区,

$W_{\mathrm{m1}}=\dfrac{\mu_0 I^2}{16\pi}$, $W_{\mathrm{m2}}=\dfrac{\mu_0 I^2}{4\pi}\ln\dfrac{b}{a}$,

$W_{\mathrm{m3}}=\dfrac{\mu_0 I^2}{16\pi(c^2-b^2)^2}\left(4c^4\ln\dfrac{c}{b}-3c^4+4b^2c^2-b^4\right)$

$W_{\mathrm{m4}}=0$;

（2）$1.7\times10^{-5}\,\mathrm{J/m}$.

**4-69**. $L=\dfrac{\mu\mu_0}{2\pi}\ln\dfrac{R_2}{R_1}+\dfrac{\mu'\mu_0}{8\pi}$.

# 第五章

**5-1**.(1) 240 A, (2) 0.07 Ω.

**5-2**. $\mathscr{E}=12\,\mathrm{V}$, $r=5.0\,\Omega$.

**5-3**.推导从略。

**5-4**. $\sigma=2.6\times10^{-16}(\Omega\cdot\mathrm{m})^{-1}$.

**5-5**. $3.39\times10^{14}\,\mathrm{m^{-3}}$.

**5-6**. (1) 11.6 V, (2) 10.6 V.

**5-7**. $\mathscr{E}=1.50\,\mathrm{V}$, $r=2.05\,\Omega$.

**5-8**. $U_r=\dfrac{lxrU}{l^2r+Rlx-Rx^2}$,曲线从略。

**5-9**. (1)$R_{CD}=9.1\,\Omega$, (2)$R_{BC}=4.3\,\Omega$,

(3) $R_{AB}=10\,\Omega$.

**5-10**. a.$R=R_1+R_2+\dfrac{R_3(R_4+R_5)}{R_3+R_4+R_5}$,

b.$R=\dfrac{(R_1+R_2)(R_3+R_4)}{R_1+R_2+R_3+R_4}$,

c.$R=\dfrac{R_4[R_1(R_2+R_3)+R_2R_3]}{(R_4+R_1)(R_2+R_3)+R_2R_3}$,

e.$R=R_1+\dfrac{R_3[R_2(R_4+R_5)+R_4R_5]}{(R_3+R_2)(R_4+R_5)+R_4R_5}$,

g.$R=R_1+\dfrac{R_2R_3R_4}{R_3R_4+R_2R_4+R_2R_3}$.

其余不能。

**5-11**.(1) $R_{ab}=3\,\Omega$, (2) $R_{ab}=\dfrac{4}{3}\,\Omega$,

(3) $R_{ab}=0.5\,\Omega$, (4) $R_{ab}=0.25\,\Omega$.

**5-12**. $U_{ab}=-10\,\mathrm{V}$, $U_{ac}=2.0\,\mathrm{V}$,

$U_{ad}=-6.0\,\mathrm{V}$.

**5-13**. $R_1=950\,\Omega$, $R_2=45\,\Omega$, $R_3=5.0\,\Omega$.

**5-14**. $R_1=19.3\,\mathrm{k\Omega}$, $R_2=80\,\mathrm{k\Omega}$,

$R_3=400\,\mathrm{k\Omega}$, $R_4=500\,\mathrm{k\Omega}$, $R_5=1.0\,\mathrm{M\Omega}$.

**5-15**. $x=20\,\mathrm{k\Omega}$.

**5-16**. $x=6.4\,\mathrm{km}$.

**5-17**. 32 mA.

**5-18**.(1)1 V, (2) $\dfrac{2}{13}$A, 从左到右。

**5-19**.(1)0.29 A, (2)0.24 W, (3)0.78 W.

**5-20**. a.$R_{ab}=r$, b.$R_{ab}=1.4r$, c.$R_{ab}=r$.

**5-21**.

| 等效电流源 | $I_0$/A | $r_0$/Ω |
|---|---|---|
| a | 5 | 2 |
| b | 2 | 3 |
| c | 2.5 | 2 |
| d | 不可能 | |

**5-22**.

| 等效电压源 | $\mathscr{E}$/V | $r$/Ω |
|---|---|---|
| a | 10 | 2 |
| b | 15 | 3 |
| c | 12 | 2 |
| d | 不可能 | |

**5-23**. 同 5-18 题。

**5-24**. $I_G = \frac{(R_2R_3 - R_1R_4)\mathscr{E}}{R_G(R_1+R_3)(R_2+R_4)+R_1R_3(R_2+R_4)+R_2R_4(R_1+R_3)}$.

**5-25**. $I_{ab} = 3.4\,\mathrm{mA}$.

**5-26**.证明从略。

**5-27**. 0.12 s, $2.9\times10^2$ J, $1.1\times10^3$ J.

**5-28**.(1)

$$U_{bc}=\frac{\mathscr{E}}{R_0+R}\left[R+R_0\exp\left(-\frac{R_0+R}{L}t\right)\right],$$

(2) $U_{bc}=18\,\mathrm{V}$, $U_{ab}=2.0\,\mathrm{V}$;

(3) 0.33 A,由 $b$ 到 $c$ 通过 $K_2$。

**5-29**.(1)

$$U_{ab}=\mathscr{E}\left\{1-\frac{R_1}{R_1+R_2}\exp\left[-\frac{R_1R_2}{(R_1+R_2)L}t\right]\right\},$$

(2) $U_{ab}=\mathscr{E}\left[1+\frac{R_1}{R_2}\exp\left(-\frac{R_1}{L}t\right)\right]$.

**5-30**.(1) $q=\frac{M\mathscr{E}}{R_1(R_2+R_G)}$,

(2) 与自感无关。

**5-31**.从略。

**5-32**.(1) $t=\frac{\pi}{4}\sqrt{LC}$, (2) $q=\frac{\sqrt{2}}{2}Q$.

**5-33**.(1) 并联时不会振荡,

(2) 串联时会振荡。

**5-34**.

| | $u_1(t)$ | $u_2(t)$ |
|---|---|---|
| 峰值 /V | 311 | 311 |
| 有效值 /V | 220 | 220 |
| 频率 /Hz | 50 | 50 |
| 初相位 | $-2\pi/3$ | $-4\pi/3$ |

$u_1$ 超前 $u_2$ 相位 $2\pi/3$.

**5-35**.(1) 从略,

(2) $i_2$ 超前 $i_1$ 相位 $\pi/2$.

**5-36**.证明从略。

**5-37**.

| 阻抗 /Ω | 50 Hz | 500 Hz |
|---|---|---|
| (1) 电感 10 H | $3.14\times10^3$ | $3.14\times10^4$ |
| (2) 电容 10 μF | $3.2\times10^2$ | 32 |

(3) 16 Hz.

**5-38**.(1) $U_R=80\,\mathrm{V}$, $U_C=60\,\mathrm{V}$;

(2) 电流超前总电压相位 37°.

**5-39**. $I_L=1\,\mathrm{mA}$, $I_C=2\,\mathrm{mA}$.

**5-40**. $U=37\,\mathrm{V}$.

**5-41**. $-\pi/6$.

**5-42**.(1) $-3\pi/4$, (2) $\pi/4$.

**5-43**.(1) 0, (2) $\pi/2$,

(3) $-3\pi/4$, (4) $\pi/4$.

**5-44**.推导从略。

**5-45**.(1) 10 A, (2) 100 V, (3) 42 V.

**5-46**. 1.0 H.

**5-47**.(1) 71 V, (2) 87 V.

**5-48**.隔直作用, $2.9\times10^{-4}\,\mu\mathrm{F}$.

**5-49**. $R_2=100\,\Omega$, $C=20\,\mu\mathrm{F}$.

**5-50**.(1) $L_x=\frac{R_1R_sC_s}{(R_2\omega C_s)^2+1}$,

$$r_x=\frac{R_sR_1R_2(\omega C_s)^2}{(R_2\omega C_s)^2+1};$$

(2) 采用并联式

$$L_x=R_1R_2C_s,\quad r_x=\frac{R_1R_s}{R_2},$$

计算公式简便得多,且与频率无关。

**5-51**. $C_1R_1=C_2R_2$.

**5-52**.(1) $\widetilde{I}=\frac{3\widetilde{\mathscr{E}}}{N(9r+2R)}$,

(2) $\widetilde{I}=\frac{6\widetilde{\mathscr{E}}}{N(9r+2R)}$.

**5-53**. 2.8 H.

**5-54**.(1) $\varphi_3>0$; (2) 证明从略;

(3) $\varphi_3=128.7°$, $\eta=15.6\%$;

(4) 证明从略;

(5) 650 Hz.

**5-55**.视在功率 $=6.6\times10^2$ W,

有功功率 $=5.3\times10^2$ W

电阻 $=59\,\Omega$.

**5-56**.(1) $1.2\times10^2\,\mu\mathrm{F}$, (2) 330 W.

**5-57**.(1) $3.2\times10^2\,\mu\mathrm{F}$,或 $1.9\times10^2\,\mu\mathrm{F}$;

(2) 20 A,或 12 A; (3) 串接电容时

$5.3\times10^2\,\mu\mathrm{F}$,或 $3.2\times10^2\,\mu\mathrm{F}$;

32 A,但改变了电器的工作条件。

**5-58**.(1) $P=\frac{\mathscr{E}^2(R_0+R)}{(R_0+R)^2+\omega^2(L_0+L)^2}$,

(2) $P'=\frac{\mathscr{E}^2R}{(R_0+R)^2+\omega^2(L_0+L)^2}$,

(3) $\eta=\frac{R}{R_0+R}$.

**5-59**.(1) $U'=114\,\mathrm{V}$, (2) 464 W, (3) 58.2 W.

**5-60**. 105 W.

**5-61**. 154 W.

**5-62**.(1) 0.502 A, 151 V, 39.4 V,

200 V，161 V，220 V；

(2) 75.6 W.

**5-63**. $r=\dfrac{R(\omega L)^2}{R^2+(\omega L)^2}$.

**5-64**. $2.2\times10^6\ \Omega\cdot\text{m}$.

**5-65**.证明从略。

**5-66**.(1) $1.0\times10^5$ Hz， (2) $3.1\times10^2$ V.

**5-67**. $Q=30$.

**5-68**. $Q=48$.

**5-69**. 181 匝。

**5-70**. 200 匝，6600 匝。

**5-71**. 11 A，1.1 A.

**5-72**.(1) 15 匝，19 匝，1050 匝；

(2) 0.60 A.

**5-73**. $N_1/N_2=1.51$.

**5-74**.原线圈 1032 匝；

副线圈 187 匝，28 匝。

**5-75**.证明从略。

**5-76**.证明从略，串联时 $Q=\dfrac{N_2}{N_1}\omega CR$.

**5-77**.(1) 22 A， (2) 8.7 kW；

(3) 66 A，26 kW.

**5-78**.(1) 2.0 A， (2) 均为 220 V；

(3) 212 V，212 V，235 V.

# 第六章

**6-1**.(1) $7.0\times10^{-2}$ A， (2) $2.8\times10^{-7}$ T.

**6-2**. $H_0=\dfrac{rI_0}{2\pi R^2}$.

**6-3**. $j_D=j=\dfrac{\sigma Q}{4\pi\varepsilon\varepsilon_0 r^2}\exp\left(-\dfrac{\sigma}{\varepsilon\varepsilon_0}t\right)$，

磁场为 0。

**6-4**. $7.3\times10^2$ V/m，1.9 A/m.

**6-5**.(1) $5.1\times10^{11}$ V/m，

(2) $3.5\times10^{20}\ \text{W/m}^2$.

**6-6**.(1) $1.3\times10^{13}\ \text{N/m}^2$，$1.2\times10^{12}$ V/m，

(2) $1.3\times10^{11}\ \text{N/m}^2$，$1.2\times10^{11}$ V/m；

(3) 从略。

**6-7**.(1) 2.7 V/m，$7.3\times10^{-3}$ A/m；

(2) $1.3\times10^{-10}\ \text{N/m}^2$.

**6-8 至 6-10**.证明从略。

**6-11**. $\lambda=\dfrac{2l}{p}$，

电流波节在 $x=\dfrac{nl}{p}$ 处，$n=0,1,2,\cdots,p$.

电压波节在电流波腹处。

**6-12**.与上题波长相同，但波节、波腹位置对调。

**6-13**. $\lambda=\dfrac{4l}{p}$，$p$ 为奇数；

电流波节在 $x=\dfrac{2nl}{p}$ 处，

$n=0,1,2,\cdots\leqslant p/2$，

电压波节在电流波腹处。

**6-14 至 6-15**.推导从略。

**6-16 至 6-17**.证明从略。

# 附录 D

D-1.

| | 模 | 辐角 |
|---|---|---|
| (1) | $\sqrt{34}$ | 59° |
| (2) | $\sqrt{7}$ | 319° |
| (3) | $\sqrt{2}$ | 225° |
| (4) | $\sqrt{34}$ | 121° |

D-2.

| | 实部 | 虚部 |
|---|---|---|
| (1) | 2 | $-2\sqrt{3}$ |
| (2) | $-2$ | $-2\sqrt{3}$ |
| (3) | 1 | $-1$ |
| (4) | $\sqrt{3}/2$ | $-1$ |

D-3.

| | $A$ | $\varphi_a$ | $B$ | $\varphi_b$ | 平均值 |
|---|---|---|---|---|---|
| (1) | 2 | $\pi/3$ | 1 | $2\pi/3$ | 0.5 |
| (2) | 6 | $\pi/4$ | 2 | 0 | 4.23 |
| (3) | 3 | $\pi/3$ | 1 | $-2\pi/3$ | $-1.5$ |
| (4) | 0.2 | $4\pi/5$ | 7 | $6\pi/5$ | 0.22 |

# 索 引[1]

## A



## B



## C



[1] 方括弧内的字可省略。

## D

## F



## G



## H

## J



## K



## L

## M



## N



## O



## P



## Q



## R



## S

## Z

# 作者简介

**赵凯华**　北京大学物理系教授，曾任北京大学物理系主任，国家教委高等学校理科物理学与天文学教学指导委员会委员、基础物理教学指导组组长，中国物理学会副理事长，中国物理学会教学委员会主任。科研方向为等离子体理论和非线性物理。主要著作有《电磁学》（与陈熙谋合著，高等教育出版社出版，1987 年获第一届国家级全国高校优秀教材奖），《光学》（与钟锡华合著，北京大学出版社出版，1987 年获第一届国家级全国高校优秀教材奖），《定性与半定量物理学》（高等教育出版社出版，1995 年获第三届国家教委全国高校优秀教材一等奖），等。《新概念物理教程》中已出版的《力学》《热学》《量子物理》三卷是与罗蔚茵合写的，与罗蔚茵的合作项目："《新概念力学》面向 21 世纪教学内容和课程体系改革"，1997 年获国家级教学成果奖一等奖，"新概念物理"1998 年获国家教育委员会科学技术进步奖一等奖。2016 年 7 月在巴西圣保罗举行的世界物理教育大会上，获得国际物理教育委员会(IUPAP C14—ICPE) 设立的国际物理教育奖章(ICPE Medal)。

**陈熙谋**　北京大学物理系教授，曾任国家教委全国中小学教材审定委员会中学物理学科审查委员。主要著作有《电磁学》（与赵凯华合著，高等教育出版社出版，1987 年获第一届国家级全国高校优秀教材奖），主编《物理演示实验》（高等教育出版社出版，1987 年获第一届国家教委全国高校优秀教材二等奖），主持《计算机辅助大学物理教学系列软件·普通物理部分》（高等教育出版社出版，1997 年获国家级优秀教学成果一等奖）。其他著作还有《电磁学定律和电磁场理论的建立和发展》《常用物理概念精析》《原子物理学学习指南》《物理教学的理论思考》《大学物理通用教程：光学、近代物理》等。

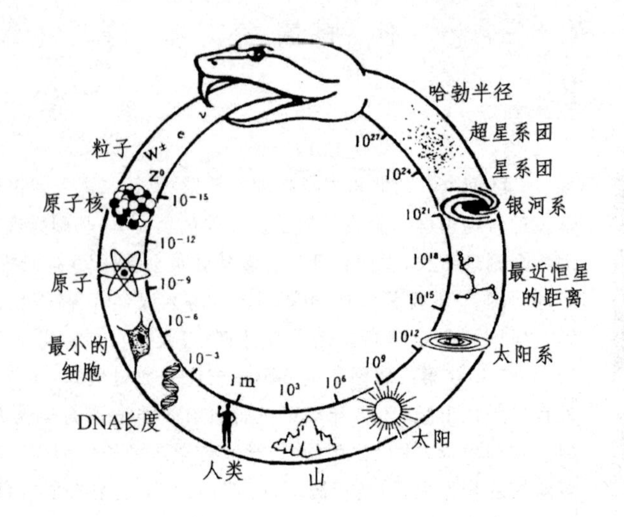


物理学是探讨物质基本结构和运动基本规律的学科。从研究对象的空间尺度来看，大小至少跨越了 42 个数量级。

人类是认识自然界的主体，我们以自身的大小为尺度规定了长度的基本单位——米(meter)。与此尺度相当的研究对象为宏观物体，以伽利略为标志，物理学的研究是从这个层次上开始的，即所谓宏观物理学。19-20 世纪之交物理学家开始深入到物质的分子、原子层次($10^{-10}$～$10^{-9}$ m)，在这个尺度上物质运动服从的规律与宏观物体有本质的区别，物理学家把分子、原子，以及后来发现更深层次的物质客体(各种粒子，如原子核、质子、中子、电子、中微子、夸克)称为微观物体。微观物理学的前沿是高能或粒子物理学，研究对象的尺度在 $10^{-15}$ m 以下，是物理学里的带头学科。20 世纪在这学科里的辉煌成就，是 20 世纪 60 年代以来逐步形成的粒子物理的标准模型。

近年来，由于材料科学的进步，在介于宏观和微观的尺度之间发展出研究宏观量子现象的一门新兴的学科——介观物理学。此外，生命的物质基础是生物大分子，如蛋白质、DNA，其中包含的原子数达 $10^4$～$10^5$ 之多，如果把缠绕盘旋的分子链拉直，长度可达 $10^{-4}$ m 的数量级。细胞是生命的基本单位，直径一般在 $10^{-6}$～$10^{-5}$ m 之间，最小的也至少有 $10^{-7}$ m 的数量级。从物理学的角度看，这是目前最活跃的交叉学科——生物物理学的研究领域。

现在把目光转向大尺度。离我们最近的研究对象是山川地体、大气海洋，尺度的数量级在 $10^3$～$10^7$ m 范围内，从物理学的角度看，属地球物理学的领域。扩大到日月星辰，属天文学和天体物理学的范围，从个别天体到太阳系、银河系，从星系团到超星系团，尺度横跨了十几个数量级。物理学最大的研究对象是整个宇宙，最远观察极限是哈勃半径，尺度达 $10^{26}$～$10^{27}$ m 的数量级。宇宙学实际上是物理学的一个分支，当代宇宙学的前沿课题是宇宙的起源和演化，20 世纪后半叶这方面的巨大成就是建立了大爆炸标准宇宙模型。这模型宣称，宇宙是在一百多亿年前的一次大爆炸中诞生的，开初物质的密度和温度都极高，那时既没有原子和分子，更谈不到恒星与星系，有的只是极高温的热辐射在其中隐现的高能粒子。于是，早期的宇宙成了粒子物理学研究的对象。粒子物理学的主要实验手段是加速器，但加速器能量的提高受到财力、物力和社会等因素的限制。粒子物理学家也希望从宇宙早期演化的观测中获得一些信息和证据来检验极高能量下的粒子理论。就这样，物理学中研究最大对象和最小对象的两个分支——宇宙学和粒子物理学，竟奇妙地衔接在一起，结成为密不可分的姊妹学科，犹如一条怪蟒咬住自己的尾巴。

# 《新概念物理教程·电磁学》(第三版)封面插图说明

电,汉许慎《说文解字》曰:“阴阳激耀也。”古象形文字作ᘐ,,闪电穿越云层貌。磁,即磁石,古作“慈石”,汉高诱在《吕氏春秋》的注中说:“石,铁之母也。以有慈石,故能引其子。”西文的“电”和“磁”则分别来源于能摩擦起电的琥珀的希腊文 ηλεκτρον 和发现磁铁矿的一个小亚细亚地名 Magnesia。18、19 世纪的物理学家对电磁现象的研究把人类社会从蒸汽机时代带进了电气化时代,这是一切现代高科技的肇基。电磁学在物理学中首次建立了一个精致的“场”的理论,它是塑造当代一切“场论”,特别是“规范场”的原型。

“场”的概念据信是法拉第最先创立的,他用“力线”(“电力线”和“磁力线”)来描绘电磁相互作用,率先突破了当时占统治地位的“超距作用”观点。本卷封面插图是一个磁铁下落穿过一个线圈的过程中周围空间里磁力线的变化图(计算机模拟)。由图可以看出,磁力线就像橡皮筋那样,被拉伸时纵向产生张力,被挤压时横向产生压力。在磁铁落入线圈前,磁力线侧向受到挤压,其作用是向上排挤磁铁,阻碍它下落(见图)。在磁铁穿过线圈后,磁力线纵向受到拉伸,其作用是向上牵扯磁铁,仍是阻碍它下落。这是符合楞次定律的。磁力线的分布与变化把电磁相互作用的特点形象地描绘出来。

**郑重声明**

高等教育出版社依法对本书享有专有出版权。任何未经许可的复制、销售行为均违反《中华人民共和国著作权法》，其行为人将承担相应的民事责任和行政责任；构成犯罪的，将被依法追究刑事责任。为了维护市场秩序，保护读者的合法权益，避免读者误用盗版书造成不良后果，我社将配合行政执法部门和司法机关对违法犯罪的单位和个人进行严厉打击。社会各界人士如发现上述侵权行为，希望及时举报，我社将奖励举报有功人员。

**反盗版举报电话**　（010）58581999　58582371

**反盗版举报邮箱**　dd@hep.com.cn

**通信地址**　北京市西城区德外大街4号　高等教育出版社法律事务部

**邮政编码**　100120

**读者意见反馈**

为收集对教材的意见建议，进一步完善教材编写并做好服务工作，读者可将对本教材的意见建议通过如下渠道反馈至我社。

**咨询电话**　400-810-0598

**反馈邮箱**　hepsci@pub.hep.cn

**通信地址**　北京市朝阳区惠新东街4号富盛大厦1座

高等教育出版社理科事业部

**邮政编码**　100029

**防伪查询说明**

用户购书后刮开封底防伪涂层，使用手机微信等软件扫描二维码，会跳转至防伪查询网页，获得所购图书详细信息。

**防伪客服电话**　（010）58582300

**教材配套数字课程使用说明**

1. 计算机访问 https://abook.hep.com.cn/1254523，或手机下载安装 Abook 应用。

2. 注册并登录，进入“我的课程”。

3. 输入封底数字课程账号（20位密码，刮开涂层可见），或通过 Abook 应用扫描封底数字课程账号二维码，完成课程绑定。

4. 单击“进入课程”按钮，开始配套数字课程的学习。

课程绑定后一年为数字课程使用有效期。受硬件限制，部分内容无法在手机端显示，请按提示通过计算机访问学习。

如有使用问题，请发邮件至 abook@hep.com.cn。

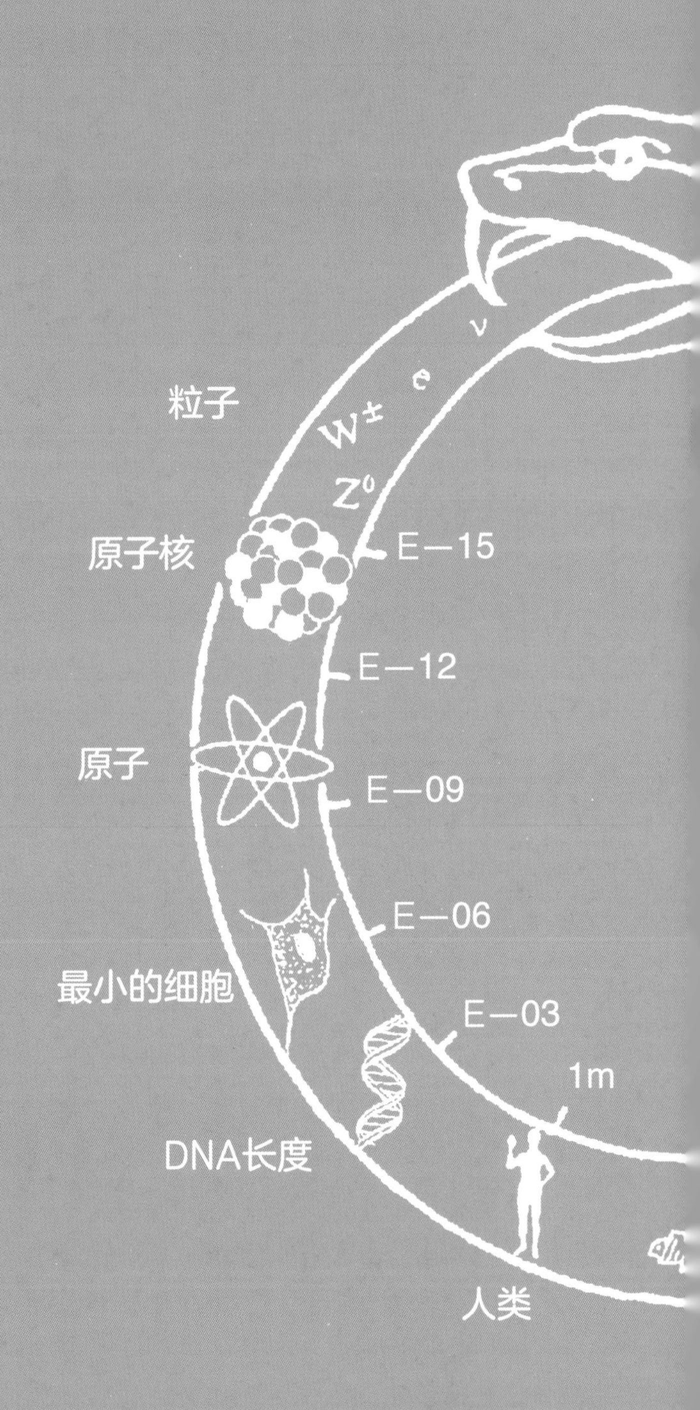

粒子
$W^{\pm}$ e ν
$Z^0$
原子核
E—15
E—12
原子
E—09
E—06
最小的细胞
E—03
1m
DNA长度
人类

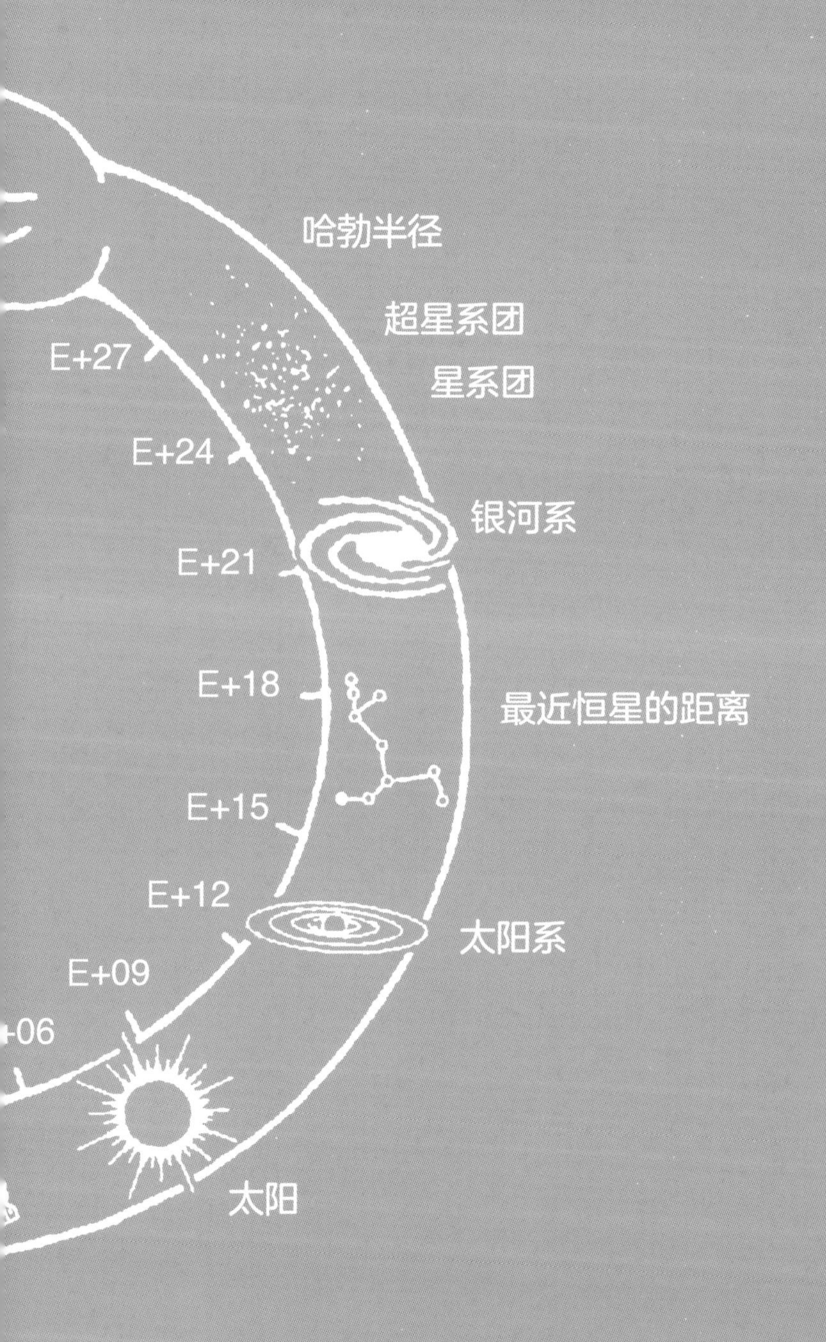

哈勃半径
超星系团
星系团
E+27
E+24
银河系
E+21
E+18
最近恒星的距离
E+15
E+12
太阳系
E+09
+06
太阳